广州市
轨道交通土建工程
工法应用与创新

Guangzhou Rail Transit Civil Engineering
Constrution Method Application and Innovation

竺维彬　张志良　林志元　等　编著
丁建隆　刘光武　刘应海　主审

人民交通出版社
China Communications Press

内 容 提 要

本书共9篇23章，总结了广州市轨道交通8条线路、144座车站、236公里运营里程的土建工程建设经验，涵盖轨道交通土建工程发展概况，盾构法、矿山法、明（盖）挖法、高架桥梁、沉管法与顶管法等施工技术，以及地基处理、建筑物保护、工程监测和风险管理等技术。

本书是广州地铁二十余年建设经验的总结，可为今后国内和世界轨道交通工程建设提供参考借鉴，可供从事轨道交通建设的科研、设计、施工、管理人员及相关专业的高校师生参考学习。

图书在版编目（CIP）数据

广州市轨道交通土建工程工法应用与创新 / 竺维彬等主编. —北京：人民交通出版社，2013.12

ISBN 978-7-114-11037-5

Ⅰ. ①广… Ⅱ. ①竺… Ⅲ. ①城市铁路－铁路工程－土木工程－工程施工 Ⅳ. ①U239.5

中国版本图书馆CIP数据核字（2013）第280256号

书　　名：广州市轨道交通土建工程工法应用与创新
著 作 者：竺维彬　张志良　林志元　等
责任编辑：刘彩云
出版发行：人民交通出版社
地　　址：（100011）北京市朝阳区安定门外外馆斜街3号
网　　址：http://www.ccpress.com.cn
销售电话：（010）59757973
总 经 销：人民交通出版社发行部
印　　刷：北京盛通印刷股份有限公司
开　　本：880×1230　1/16
印　　张：39.5
字　　数：1142千
版　　次：2013年12月　第1版
印　　次：2013年12月　第1次印刷
书　　号：ISBN 978-7-114-11037-5
定　　价：338.00元

本书编写委员会

樊善勇　曾爱军　张　宏　方恩权　李永骝　彭伟椿　刘铁民
吴丽冰　郭永顺　谈家龙　陈浚峰　倪志民　汤勇茂　王　岭
刘广明　孙伟辉　游声构　谢永盛　代　锋　王　唯　孙松岭
陈德明　周忠海　陈智辉　刘晓明　罗　欣　李志雄　程学昌
雷正辉　张伟洲　陈田华　莫暖娇　苏　宝　王怀志　张　耀
卫晓波　朱　艺　熊献华　王世煊　林进也　陈应思　任青山
方文革　黄　振　徐　资　万宗祥　苏应麟　熊　辉　王　晖
梁建华　吴晔晖　叶俊峰　刘国辉　田　力　张基灼　姚致远
陆剑伦　卓永辉　吴伟光　肖长敬　邓超荣　余希明　乔书光

谨将此书献给

为广州市轨道交通线网建设
发挥聪明才智、勇于探索创新、
付出辛勤汗水、奉献锦瑟年华的
全体建设者！

序一

PREFACE

就世界建筑业的发展趋势而言，19、20世纪是以占有大量地面土地资源为代价，修筑公路、铁路、桥梁、机场和争先恐后向空中延伸、建筑高楼的世纪。而第二次世界大战至今，世界人口数量迅速增加，城镇化进程加快，科学技术突飞猛进，城市的建筑有必要也有可能从地上转向地下开拓空间。因此，21世纪被称为地下空间开发的世纪，也是城市轨道交通大发展的世纪。

当前，国内城市轨道交通建设方兴未艾，广州市轨道交通业已步入大规模线网建设与运营的新时期。随着新线建设的全面铺开，轨道交通工程将向强度更大、范围更广、技术水平更高的方向发展，面临的施工风险和管理难度也更大。只有不断思索与探求，总结经验和教训，把建设者的心血和汗水凝聚成有利于生产实践的智慧结晶，使先行者不重蹈覆辙，为后来者提供有益借鉴，方能在今后波涛汹涌的建设大潮中经受住考验，推动城市轨道交通建设事业平稳、健康、可持续发展。

自广州市轨道交通一号线开始，我全程参与了广州市轨道交通的线路规划和工程建设，对广州市轨道交通建设发展历程比较了解。广州市轨道交通建设施工环境非常复杂，面对地质和环境复杂、施工风险大、前期征地拆迁和管线迁改难度大等一系列困难和挑战，广州地铁建设者们毫不畏惧，精心策划，严抓设计，科学管理。通过管理和技术创新，在土建工程中，针对不同地质条件采用不同施工工法，成功战胜塌方、涌水、顽石和流砂等艰难险阻，历尽艰辛建成开通236公里线路，并取得了可喜的创新成果。特别是在土建工程施工技术方面，取得了一批在国内甚至国际上都处于领先或先进水平的重大技术成果。

第一，成功修建我国内地第一座用沉管法施工的大型水下隧道——珠江沉管隧道。当时我国内地在这一技术领域尚未有过实践，曾有过选择一家有经验的外国工程顾问公司进行设计，由日本熊谷组公司施工的设想，但因对方报价过高而放弃。因此，广州地铁冒着巨大风险，依靠国内力量来进行设计和施工。在建设过程中，委托国内多家科研、高校、设计单位，对沉管法各项关键技术进行了大量基础理论研究及关键工序的施工工艺试验研究，珠江沉管隧道工程取得的科技成果和修建技术总体上达到了国内领先水平。

第二，具有先进管理理念的广州地铁管理层，历来着眼长远，注重技术创新与人才培养。一号线建设时，在资金十分紧张的情况下，打破常规，引进日本的盾构技术和队伍；二号线建设时，大胆创新，开放市场，锻炼队伍，培养人才。经过一、二号线的经验积累与探索，广州地铁创造性建立了复合地层盾构施工技术理论体系并出版专著。该体系的建立，为我国大部分城市乃至世界地下工程盾构施工起到了一定的指导和借鉴作用，进而将对全世界21世纪隧道工程的发展产生深远影响。广州地铁不断学习掌握欧、美、日软土地层盾构技术，又创立了复合地层盾构施工风险源三维程式识别法，并出版了世界上第一本论述盾构工程风险管理的专著，提出许多新观点、新方法，对盾构工程风险控制起到了重要指导作用。

第三，高架线路以其投资经济、施工周期快、运营成本低、线路适应性良好等优点，在城市轨道交通建设中得到了广泛运用，但也存在很多弊端和技术难题。对此，广州地铁大胆研究创新，取得了显著成果，特别是在四号线成功应用节段预制拼装技术，为国内首次大规模采用节段预制拼装梁（拼装方式有架桥机整体拼装和悬臂拼装两种），积累了短线法节段预制与拼装的宝贵经验。之后，又创造性地在六号线应用连续刚构节段拼装先简支后连续的施工方法。

另外，广州地铁国内首次在岩溶发育区按全地下线方式修建和敷设轨道交通线路，国内首次成功采用“铺盖法”，国内首次应用TSS管注浆工艺，国内首次采用梁拱式托换技术，国内首次采用“先隧后站”工法，国内首次利用专门导洞群空间进行地下托换，国内首次进行MJS工法水平加固试验，国内首次开创不同复杂地层条件下换刀作业的先河，国内首次成功处理极其复杂的溶洞区域盾构施工技术难题，国内首次应用超长距离水平+垂直相结合冻结加固技术……总之，建设者们紧跟科技发展步伐，跟踪施工技术发展趋势，创新应用施工技术，积累大量宝贵经验，为各种施工工法的发展、创新做出了巨大贡献。

本书作者是广州市地下铁道总公司建设事业总部一群勤奋好学的年轻土建工程技术管理者。他们在繁忙的建设管理工作中，注重搜集整理第一手资料，剖析地质条件变化，抓住关键工法、关键工艺、关键设备进行技术研究，科学分析，深究问题本质，提出解决方法，并及时总结，集结成书，实现从实践到理论的升华。

本书系统总结了在极其复杂的施工环境下，采用各种工法进行土建工程施工的实践经验。对各种工法进行了较为系统的阐述，非常适合初学者学习；同时，对其创新应用进行详细剖析，对其发展趋势进行探讨，如介绍“悬浮隧道”等新技术，非常适合专业人士参考。本书深入浅出、内容丰富、数据翔实，对广州市、广东省、全国乃至全世界轨道交通和地下空间施工都有着重要的参考价值。

最后，我衷心希望我国城市轨道交通工程建设者们继续努力学习，技术水平、管理水平更上一层楼，使我国的城市轨道交通事业蒸蒸日上，造福社会、造福人民、造福子孙后代。

中国工程院院士 施仲衡

2013年9月 于北京

序一

PREFACE

广州市轨道交通历尽二十余年艰辛建设，已建成开通8条线路、144座车站，运营总里程达236公里，运营日均客运量500多万人次。多条线路的迅速建成开通，标志着广州城市轨道交通线网的基本骨架已经形成，疏导了城市交通，改变了城市格局，提高了城市整体功能。广州的远郊，因城市轨道交通的开通而日益繁华；广州的商贸，因城市轨道交通的通达而焕发新机。

目前广州市轨道交通在建线路约93公里，2012年，《广州市城市轨道交通近期建设规划（2012—2018）》又获国家发改委批复，批复线路总长度约228.9公里。继第16届亚运会之前同时建设8条新线的高峰后，广州市轨道交通将迎来新一轮同时建设12条新线（段）的高潮。预计到2016年，建成总里程将超过500公里。

纵观全国城市轨道交通建设情况，广州市轨道交通建设面临的地质条件最为复杂。断裂带、岩溶、深厚的富水砂层、巨厚的淤泥层、沼气地层、花岗岩球状风化体及其残积土层、上软下硬的复合地层及煤层等，在广州市轨道交通建设过程中都曾遇到。而且，广州市城区建筑物密集，交通极其繁忙，修建城市轨道交通对周边环境的保护非常困难但又极为重要。

面对困难和挑战，广州地铁建设者们团结一致、不畏艰难，认真执行“标准化、规范化、精细化、信息化”管理制度，积极探索制度创新、管理创新、技术创新，奋力开拓广州地铁特色建设发展道路。就技术创新而言，在广东省、广州市各级领导与社会各界的关心、支持下，广州地铁做了大量尝试，注重技术先进性与工程实际相结合，注重技术先进性与“以人为本”的服务理念、高效率低成本的运营理念相结合，取得了显著成绩。由于篇幅有限，这里仅举几个例子。

一号线沉管隧道是我国内地第一座使用沉管法施工的大型水下隧道，标志着我国在该领域进入新的发展阶段。

复合地层盾构施工技术成功应用于二号线之后的各条新线建设。

二号线为国内首次成功应用站台屏蔽门技术、刚性接触网技术、集中供冷系统新技术的轨道交通线路，同时也是国际上首次采用非接触式IC卡单程票代币（Token）模式的轨道交通线路。

三号线是国内第一条最高时速达120公里的快线，采用了代表世界先进列车控制技术发展方向的移动闭塞信号系统。

四号线高架段采用短线法节段预制拼装技术，车辆选择直线电机作为驱动电机，开创了国内城市轨道交通建设的先河。

随着广州市轨道交通事业的快速发展，我们深刻体会到，广州地铁技术创新实践能够带来巨大的经济效益，并取得技术进步与降低成本的双重效果。我们更深刻认识到，从“建设为运营，运营为经营，经营为效益”的理念出发，仅实现某一条线的先进性还远远不够，更要始终树立全局观与可持续发展观，将实现广州市轨道交通整个线网的先进性作为更高目标。

通读书稿后可以发现，本书作者虽然从施工技术入手，但不拘泥于施工技术，而是实事求是地分析研究问题，挖掘问题的本质，提出解决问题的方法，这说明作者们的思维方式是开放的、科学的。本书全面系统地介绍了广州地铁对各种工法的应用及研究创新，并对各种工法的发展趋势和应用前景进行了展望，这说明作者们既善于总结经验，又勇于探索创新，勤于学习新知识、新技术。本书既通俗易懂，又具有一定的理论深度；既适合初学者学习，又可供从事轨道交通工程施工的同行参考。

感谢本书作者，我的老同事们，以及一直以来为轨道交通建设付出艰辛劳动的全体建设者。他们的不懈努力和无私奉献，成就了轨道交通事业今日的辉煌，托起了明天的希望！

广州市地下铁道总公司原总经理
广东省机场管理集团公司原党委书记
广州白云国际机场股份有限公司原董事长

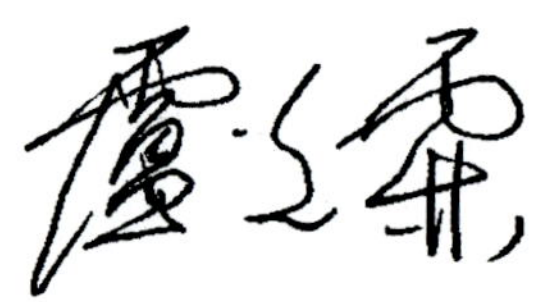

2013年9月　于广州

前言

FOREWORD

1863年1月10日，世界上第一条采用蒸汽机车牵引的地铁线路在英国伦敦建成。1965年7月1日，我国第一条地铁线路在北京正式开工。1993年12月28日，广州市轨道交通一号线工程举行开工典礼，工程建设全面铺开。纵观世界轨道交通发展史，广州市轨道交通起步虽晚，但发展迅速，堪称后起之秀。截至2011年年底，广州已建成开通236公里轨道交通线路，运营里程位居世界第九。目前，在建线路有六号线首期、广佛线西塱站—沥滘站、八号线凤凰新村站—文化公园站、六号线二期、七号线一期和九号线一期，合计约93公里。按照《广州市城市轨道交通近期建设规划（2012—2018）》及广州市政府建设计划最新成果，至2016年，广州市建成轨道交通线网长度将超过500公里。

广州地区素有“地质博物馆”之称，城市轨道交通建设周边环境非常复杂。广州地铁建设者们通过创新应用各种施工技术，破解众多地质和工程难题。在大规模、高强度工程建设的同时，编者们及时总结经验教训，编写了本书。本书在分析广州市轨道交通已建线路沿线施工环境的基础上，对盾构法、顶管法、矿山法、明（盖）挖法、沉管法、高架桥梁、地基处理、建筑物保护、工程监测以及风险管理等技术进行了深入细致的研究，力求达到“系统全面、通俗易懂、理论联系实际、紧跟技术发展前沿”四大目标，是一本专业性、针对性较强的轨道交通土建施工技术著作。

全书共由九部分构成：

第一篇工程概况（第一、二章），主要介绍广州市轨道交通发展和建设历程、线路线网、施工工法以及施工环境。重点介绍了广州地区工程地质特征、复合地层盾构施工技术理论、主要岩土工程问题，以及广州地铁对各种工法应用与研究创新情况。

第二篇盾构法施工技术（第三～六章），主要内容包括盾构机选型和配置、盾构掘进技术、盾构辅助施工技术，以及盾构法在广州市轨道交通中的应用与研究创新情况。重点介绍了盾构在广州地区各种典型地质条件下的掘进与辅助施工技术。

第三篇矿山法施工技术（第七～九章），主要内容包括矿山法施工与地层加固技术，以及矿山法在广州市轨道交通中的应用与研究创新情况。重点介绍了几种典型隧道的矿山法掘进技术，如大断面隧道、联拱隧道、上下重叠隧道、小间距隧道等，以及较典型的地层加固技术，如WSS注浆、TSS型注浆管注浆、冻结、水平旋喷桩等。

第四篇明（盖）挖法施工技术（第十～十二章），主要内容包括明（盖）挖法施工与特殊地层处理技术，以及明（盖）挖法在广州市轨道交通中的应用与研究创新情况。重点介绍了较典型设备和材料的应用，如双轮铣槽机、旋挖钻机、可回收锚索、凹凸形橡胶止水接头等，以及广州地区比较典型的地层处理，如岩溶、花岗岩残积土、软弱地层等。

第五篇高架桥梁施工技术（第十三～十五章），主要内容包括梁体预制和架桥施工，以及高架在广州市轨道交通中的应用与研究创新情况。重点介绍了梁体节段预制和梁体整孔预制，以及节段简支梁、连续梁、节段连续刚构梁、整孔简支梁、跨江（河）桥等施工技术。

第六篇沉管法施工技术（第十六、十七章），主要内容包括沉管法施工和发展趋势简介、沉管法在广州市轨道交通中的应用与研究创新概况，以及沉管法施工技术。重点介绍了沉管隧道干坞修筑、管节预制、浮运沉放对接、基槽开挖、基础处理等。

第七篇顶管法施工技术（第十八、十九章），主要内容包括顶管法施工和矩形顶管机简介、顶管法在广州市轨道交通中的应用与研究创新概况，以及矩形顶管掘进技术。重点介绍了矩形土压平衡顶管施工、矩形泥水平衡顶管施工、小间距平行矩形顶管施工等。

第八篇地基处理与建筑物保护（第二十、二十一章），主要内容包括车辆段与停车场地基处理技术和建（构）筑物保护技术。重点介绍了软基处理与岩溶处理技术，以及比较典型的建筑物基础托换和加固技术，如桩梁托换、筏板托换、树根桩托换、梁拱式托换、袖阀管注浆加固等。

第九篇工程监测与风险管理（第二十二、二十三章），主要内容包括工程监测和风险管理。重点介绍了第三方监测、实时自动监测技术、轨道交通工程监测信息系统，以及风险源识别的三维程式理论和应用、广州市轨道交通重大地质风险控制模式。

本书主要编者全程参加了广州市236公里轨道交通工程建设，并长期组织制订土建工程重、难、险问题应对决策。我们在工程建设管理过程中，深入现场，了解工程每一个细节，认真记录和搜集施工环境、施工参数、施工工艺等第一手资料，并利用业余时间进行理论分析和归纳总结。本书经过近一年的资料搜集、整理、调研、讨论，2007年12月形成课题提纲。广州市地下铁道总公司丁建隆总经理十分重视工程总结和研究工作，一直关注和大力指导本书编著工作。广州市地下铁道总公司副总经理竺维彬、建设事业总部总经理张志良和广州市地下铁道总公司副总工程师、建设事业总部副总经理兼总工程师林志元多次主持专题会，讨论确定了本书编写大纲。编写过程中，编写组以“科学性、实用性、高质量”为原则对素材进行分析取舍，力求素材可靠、翔实，并收集了几千张图片，从中筛选出一千多张，力求图文并茂。期间，还几次组织专家对书稿进行审查，听取专家的宝贵意见，及时修订完善。历时6年多，最终完稿。

本书大量引用了鞠世健等专家的研究成果——“复合地层中的盾构施工技术和地铁盾构施工风险源三维程式识别法”。本书参考了广州市轨道交通三号线、四号线、五号线、二/八号线、广佛线等多条线路的技术总结，陈韶章主编的《沉管隧道设计与施工》以及大量网络资料。广州轨道交通建设监理有限公司叶建兴、米晋生、钟长平、王晖、黄威然、罗淑仪等为本书的编写提供了合理的建议和帮助。各参建设计、施工、监理单位也无私提供了许多原始设计、施工和技术总结资料，广州市地下铁道设计研究院岩土分院张华、刘成军、姚江等为本书提供了广州线网基岩地质图。本书编写出版过程中，广州市地下铁道总公司建设事业总部程林、张景山、方三君、赵帅、严力群、陈俊文、陈慧瑜等也给予很多帮助。没有他们的大力支持和帮助，我们无论如何都无法将这本书呈现在读者面前。

本书是广州地铁二十年建设经验之总结，特别是广州市地下铁道总公司邵云平、陈清泉、卢光霖、陈韶章、王文斌、金峰、鞠世键、莫庭斌、曾耀昌、冯训、张育青、余哲夫、任孝思等老领导以及施仲衡院士、王振信总工、张弥教授、王策民、郭凤祥等资深老专家宝贵经验之结晶。本书体现了广州市地下铁道总公司老领导、老专家倡导的要坚持不移地走“管理创新、技术创新”之路，也是他们历来身体力行并严格要求全体参建者求实进取、好学勤业、善于总结的结果。本书还包含着路水记、马文义、沈林冲等一大批已退休或调离的老同事辛勤汗水的成果。

衷心地感谢上述领导、专家、同事及同行们的支持和帮助!

由于编者水平有限，加之时间仓促，疏误之处在所难免，敬请专家和读者批评指正。

编　者

2013年9月

目录

CONTENTS

第三篇　矿山法施工技术

第四篇　明（盖）挖法施工技术

第五篇　高架桥梁施工技术

第六篇　沉管法施工技术

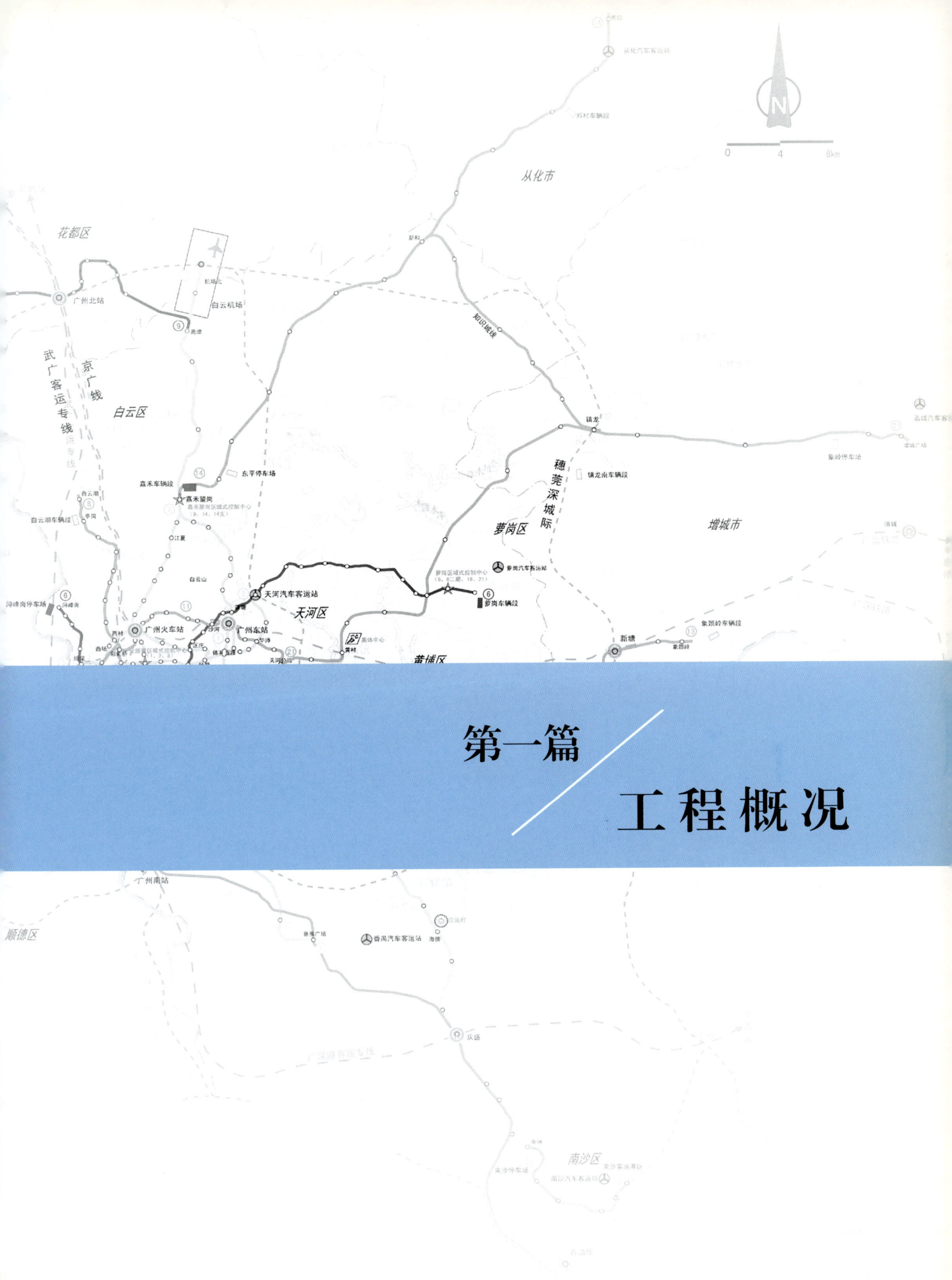
从化汽车客运站
从化市
花都区
广州北站
白云机场
机场北
武广客运专线
京广线
白云区
知识城线
东平停车场
嘉禾车辆段
嘉禾望岗
镇龙
镇龙南车辆段
穗莞深城际
萝岗区
增城市
白云湖车辆段
江夏
白云山
萝岗汽车客运站
天河汽车客运站
萝岗车辆段
广州火车站
天河区
广州东站
新塘
象颈岭车辆段
黄埔区
广州南站
顺德区
番禺汽车客运站
庆盛
广深港客运专线
南沙区
0
4
8km

第一篇

工程概况

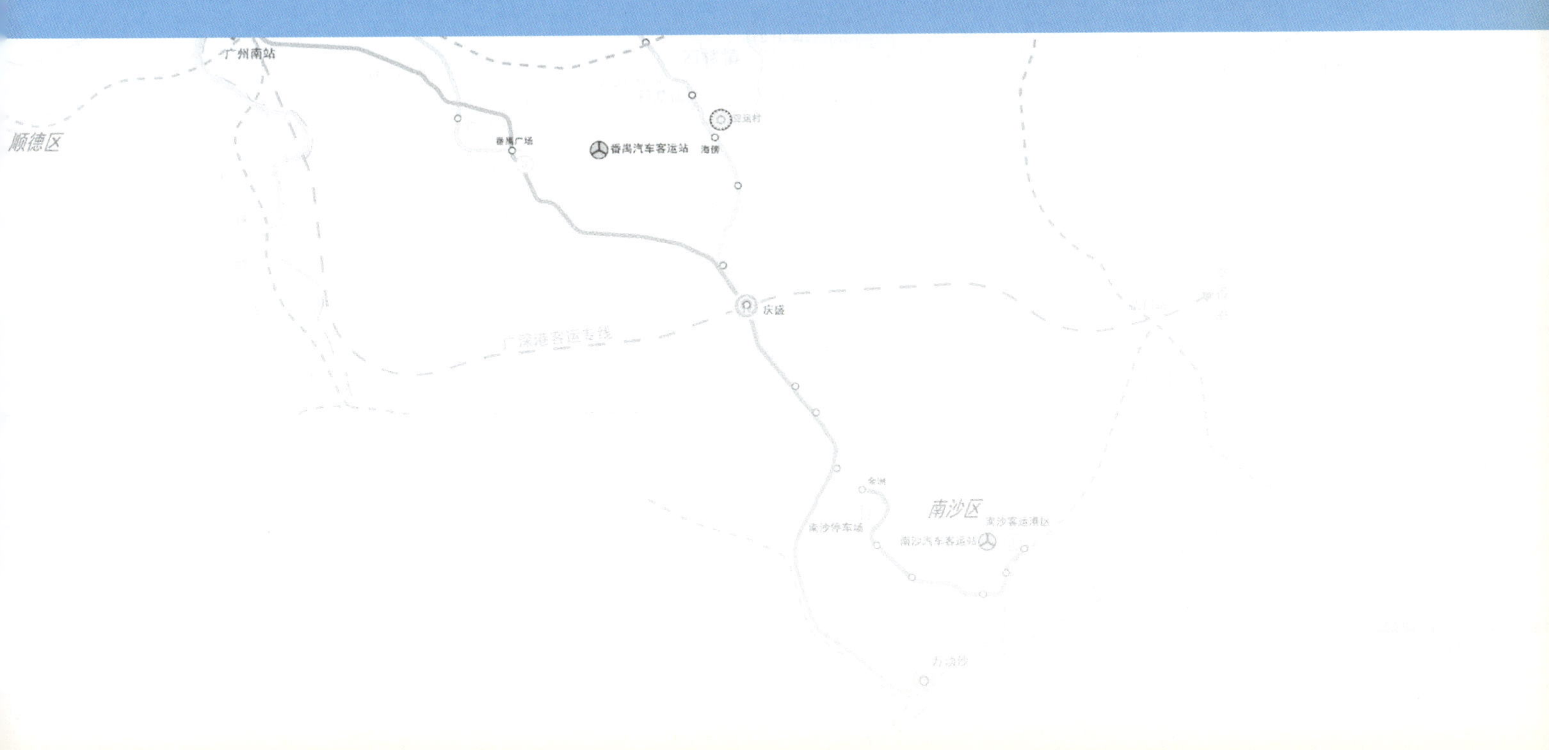

第一章　城市轨道交通工程概述

第一节　城市轨道交通发展历程与施工技术

城市轨道交通，以其快速、正点、安全、舒适、运量大、污染小等优点越来越为城市居民所青睐，而成为21世纪主要的城市公共交通工具之一。

一、城市轨道交通发展历程

世界上第一条城市轨道交通线路于1863年1月10日在伦敦建成，一开始采用蒸汽机车牵引，经过27年的发展，至1890年改为电力牵引。1863～1899年，世界上有7座城市修建了轨道交通，主要集中在欧洲和美国；1900～1949年，世界上又有13座城市修建了轨道交通，建设的重点地区开始向亚洲转移。第二次世界大战后，各国小汽车快速发展，造成了严重的交通问题，诸如道路拥挤、停车困难，影响经济活动及其发展，城市轨道交通又得到了重视。目前，全世界已有100多座城市建成了轨道交通，线路总长度超过了7000km。发达国家一直是城市轨道交通建设的重要地区，截至2011年年底，伦敦市内轨道交通共有12条线，总长408km；纽约轨道交通覆盖总面积为770km^2，共有462个站点，线路总长达369km；东京轨道交通系统拥有13条线路，220多座车站，线路总长326km；巴黎轨道交通承担了70%的公共交通运量，共214km；莫斯科拥有一个跨及全市的立体交叉轨道交通线网，线路总长243km，140多个车站，由1条环线和8条放射线组成，日运量高达800多万人次。随着20世纪50年代以后许多第三世界国家的独立以及经济发展，轨道交通开发热点地区开始转向亚洲、南美洲等经济起飞的发展中国家和地区。

我国是世界上最大的发展中国家，城市轨道交通起步较晚，但发展较快。1965年7月1日我国第一条轨道交通线路在北京正式开工，但在2000年之前，由于经济实力和技术水平的限制，内地仅有北京、上海、广州三座城市拥有轨道交通线路。进入21世纪，随着国家经济的飞速发展和城市化进程的加快，国内城市轨道交通也进入快速发展时期。截至2013年10月，我国共有20座城市正式开通运营城市轨道交通线路，分别是上海、北京、广州、香港、深圳、重庆、天津、台北、大连、南京、武汉、长春、沈阳、杭州、高雄、成都、昆明、苏州、西安、佛山，总运营里程超过2500km。在建的城市共41座，在建里程约3000km。其中，上海市轨道交通有12条线路，运营总长约469km，有303座车站，排名世界第一，北京市轨道交通为442km，广州市轨道交通为236km。

二、城市轨道交通施工技术

城市轨道交通修建过程中，主要涉及深基坑工程、隧道工程、高架结构工程、地基处理这四种类型的土建工程。选择合理的施工技术是决定城市轨道交通工程成败的关键因素。

（一）明挖法

明挖法是各国城市轨道交通车站施工的首选方法，在地面交通和环境允许的地方通常采用明挖法施工。它具有施工作业面多、速度快、工期短、工程质量易保证等优点，但对城市生活干扰大，其应用受到各种因素的限制。

(二)盖挖法

盖挖法在国外已是成熟的技术,但在我国的推广应用却经历了一个过程。盖挖法是由地面向下开挖至一定深度后,将顶盖封闭,恢复原地貌,其余的下部工程在封闭的顶盖下采用顺作法或者逆作法进行施工。在城市轨道交通工程施工期间,当道路交通只允许在一段时间内封闭部分车道时,可选用盖挖法。

(三)矿山法

矿山法在铁路和公路隧道中广泛应用,但在我国早期城市轨道交通建设中应用较少。与明挖法相比,矿山法的最大优点是避免了大量房屋拆迁、管线迁改,减少了对地表环境的影响,降低了对城市交通造成的干扰。其缺点是地下作业风险较大。目前,由于受到拆迁、管线迁改困难的影响,矿山法在城市轨道交通车站和区间施工中被大量采用。

(四)盾构法

盾构法是指使用盾构机,一边控制开挖面及围岩不发生坍塌失稳,一边进行隧道掘进,并在机内拼装管片形成衬砌、实施壁后注浆,从而不扰动围岩而修筑隧道的方法。盾构法于 1825 年由英国发明,两次世界大战期间发展缓慢,随后发展较快。我国盾构法施工试验和研究始于 20 世纪 60 年代,真正应用起步于 20 世纪 90 年代上海和广州。在盾构法施工技术这一领域中,日本处于世界领先地位;其次,德国的盾构法施工技术也达到了很高的水平。盾构法隧道覆土层可以很浅,在不稳定地层和含地下水地层可做到不引起较大沉陷。它可应用于很松散的土层或单轴抗压强度很高的岩层中,如软塑性或流塑性地层,以及中风化或微风化地层,因而有着很广阔的应用范围和前景。城市轨道交通隧道工程盾构掘进示意图如图 1-1 所示。

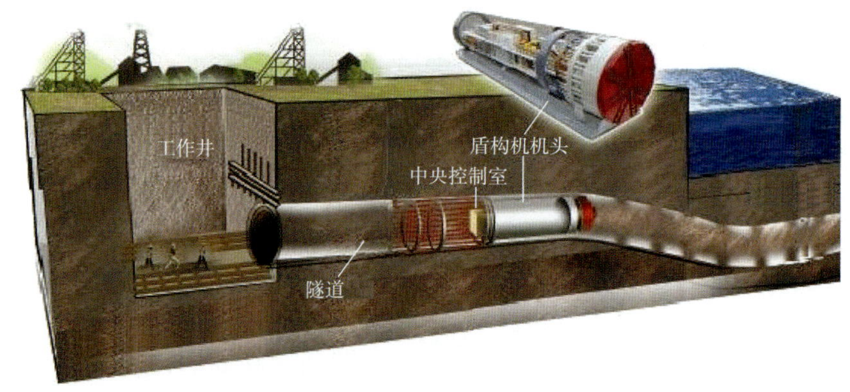

图 1-1　城市轨道交通隧道工程盾构掘进示意图

(五)顶管法

美国北太平洋铁路公司在 1896 ~ 1900 年间完成了早期的顶管施工作业。成熟的顶管施工技术是在盾构法问世以后的盾构机械应用时开始的。我国自 1953 年开始采用顶管法施工以来,经过几十年的工程实践,技术已比较成熟。顶管法是采用液压千斤顶或者具有顶进、牵引功能的设备,以顶管工作井作承压壁,在地层土体开挖的同时,将预制好的地下管道沿着设计路线分节向前推进,直达目的地。其优点是地面作业少,振动、噪声引起的环境影响较小,施工不影响地面交通和水面航道,受气候影响小等,同时大大加快施工进度。其缺点是需注意接缝防水处理、地表沉降控制等问题。顶管法适用于铁路、公路及不易或不宜开挖沟槽的地下管道或隧道施工。顶管法独特的优点使它在世界各国得到广泛应用。

(六)沉管法

沉管法最早于1810 年在伦敦的泰晤士河修筑水底隧道时进行了试验研究,1894 年利用沉管法在美国波士顿正式建成世界上第一条城市排水隧道。我国应用沉管法修建水底隧道虽然起步较晚,但发展较快,1993 年在广州珠江下建成了内地第一条沉管隧道。沉管法也称预制管节沉放法,即在船坞内预制管节,然后浮运、沉埋到设计位置,建成水下工程。这种方法的优点是:①容易保证隧道施工质量;②工程造价较低;③在隧道现场的施工工期短;④操作条件好,施工安全;⑤适用水深范围较大;⑥断面形状、大小可自由选择,断面空间可充分利用。沉管法施工的主要条件是:水道河床稳定和水流不过急,前者便于顺利开挖沟槽,并能减少土方量;后者便于管节浮运、定位和沉放。沉管隧道示意图如图 1-2 所示。

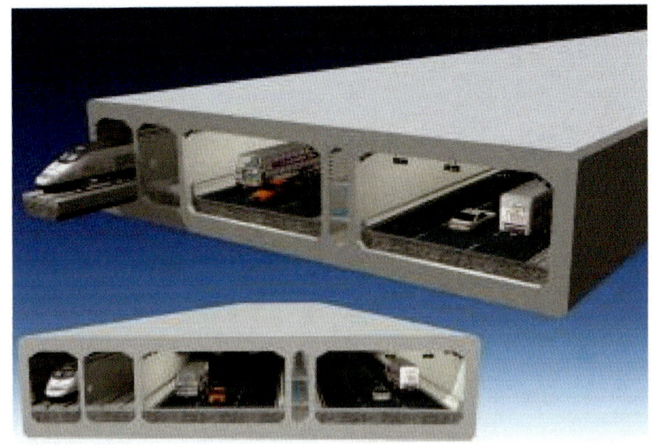

图 1-2 沉管隧道示意图

(七)高架

城市轨道交通线路铺设方式对工程建设投资的影响很大,同样规模的线路,按高架、地下不同方式铺设,其土建投资比例一般为 1:2。同时,由于地质条件的原因,如果采用地下敷设则施工风险大,为了减少造价并考虑施工及运营等的安全,城市轨道交通在城乡结合部和郊区等环境条件允许的情况下,往往采用高架线路。

(八)地基处理技术

车辆段及综合基地或停车场的地基一般需要进行必要的处理,如广州市轨道交通车辆段及综合基地或停车场的地基处理主要包括软土地基处理和岩溶处理。软土地基处理一般采用换填、预压、强夯、砂石桩、深层搅拌、高压喷射、CFG 桩等方法进行处理,溶(土)洞一般采用灌浆加固和密实填充的方法进行处理。

(九)建(构)筑物保护技术

城市轨道交通线路一般都穿越繁华市区,其施工对建(构)筑物都会造成一定的影响。因此,保护周围环境,避免工程施工和运营期间对建(构)筑物造成不利影响,是城市轨道交通工程设计和施工必须考虑的因素。城市轨道交通周边建(构)筑物保护一般采取隔离桩、注浆加固、基础加固、基础托换、建筑结构加固等方法处理。盾构施工过程中沿线建(构)筑物保护如图 1-3 所示。

(十)辅助施工技术

1. 岩土加固技术

岩土加固技术主要是指在特殊地质条件和外部环境下采用加固围岩和地基的技术措施。地层加固和预支护技术主要包括降水技术、注浆技术、人工冻结技术、搅拌桩、旋喷桩、锚杆、管棚、管幕等。

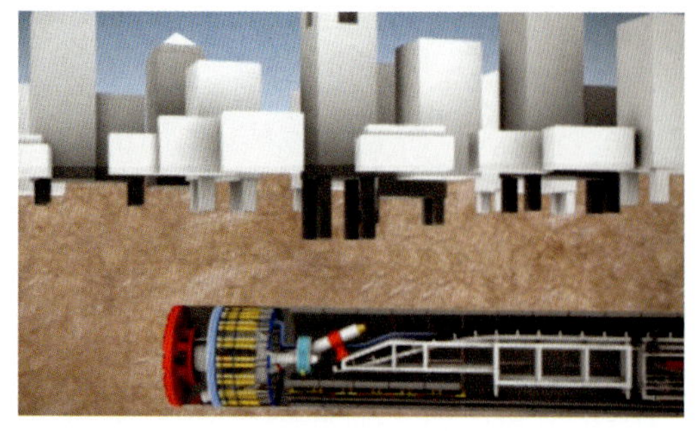
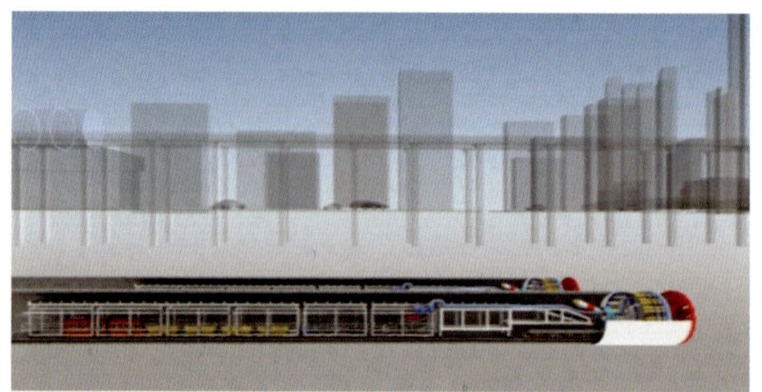

图 1-3　盾构施工过程中沿线建(构)筑物保护

2. 防水技术

防水技术是城市地下工程领域中的重要内容及关键技术之一。地下工程防水技术的整体质量要求是要做到不渗漏,保证排水畅通,确保工程结构良好的防水和使用功能。

3. 信息化施工技术

所谓信息化施工,即在施工过程中,以质量控制为目标,通过对大量施工及监测信息的采集、分解、分类以及处理,提取施工参数中影响施工质量的控制变量及其对应的信息因子,通过渐进逼近的方法将控制变量进行全过程调整和优化,指导整个施工过程,同时依据前步施工监测信息及施工参数的变化规律,推断下一步施工工况并制订对策。信息化施工影响与控制贯穿于整个施工过程,是一个动态跟踪的过程。

三、城市轨道交通发展趋势

随着世界经济技术的不断发展,城市轨道交通在投资、建设、运营和管理等方面的发展趋向于:①投资多元化;②建设模式选择多样化;③经营市场化;④管理法制化。随着社会不断发展、进步,城市轨道交通必须适应多样化需求,提高适用性、运行效率和服务水平,降低建设成本,减少对环境的影响,其发展趋势主要反映在以下几个方面:

1. 运输向高效、快速发展

为了适应运营的需求,提高服务水平,随着信号系统和车辆构造的更新发展,列车开行对数将大幅提高。目前,莫斯科轨道交通采用一系列高新技术,列车最短间隔只有 80s。

2. 车辆制式向多元化发展

传统轨道交通一般采用钢轮钢轨,但随着技术进步,结合线路特点和功能需求,因地制宜,车辆制式将向多元化发展,如重庆出现了跨座式单轨、广州部分线路采用了直线电机。

3. 快速线正悄然形成

随着大都市圈的形成,中心城与卫星城镇之间的联系加强,通常是加大站距,提高列车运行速度。美国旧金山轨道交通列车运行速度高达每小时 128km,为世界轨道交通列车时速之最。

4. 向网络化、一体化综合交通方向发展

目前,各大城市轨道交通已从单线建设过渡到网络化建设。作为城市交通骨干的城市轨道交通系统,不能单独存在,它必定要与地面公交、空港、干线铁路、市郊铁路、自行车等相配合,并向一体化综合交通方向发展。

5. 以轨道交通为载体,实现地下空间综合开发

21 世纪被称为地下空间开发的世纪。以轨道交通为骨干项目,带动地下空间综合开发,已引起各国高度重视,并正积极推进。

6. 全自动无人驾驶轨道交通

全自动无人驾驶系统是城市轨道交通系统集成技术的一次质的飞跃,它将引导现代城市轨道交通的发展趋势。目前无人自动驾驶轨道交通大致可以分为四类:APM(Automated People Mover,自动旅客捷运

系统)、Automated Monorails(自动单轨铁路)、Automated Metros(自动城市地铁)以及ART(Advanced Rapid Transit,高级快速公交)。如图1-4所示为广州市轨道交通APM线所采用的车辆。

图1-4 广州市轨道交通APM线所采用的车辆

7. 节能

城市轨道交通是用电大户,节能就显得更加重要。如地下车站采用天然采光或光导纤维采光,列车车厢内利用半导体光替代等,均可实现节能。

8. 施工技术不断创新

目前,城市轨道交通施工技术发展迅速,各种方法和技术屡有创新和突破。主要表现为:

(1)异形断面盾构机、扩径盾构机的研究不断取得新成果,如双圆盾构机、三圆盾构机、自由断面盾构机、局部扩大盾构机、MMSF盾构机(Multi-Micro Shield Tunnel)等,不断扩大盾构应用范围,如在异形断面隧道、轨道交通车站中的应用。如图1-5和图1-6所示为各种类型的盾构机。

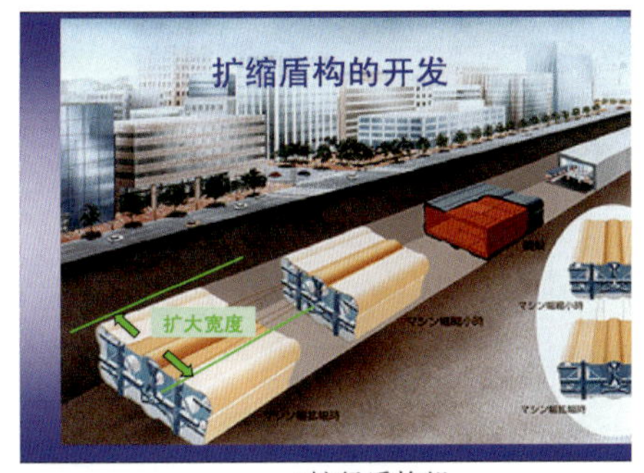

a)扩径盾构机

b)三圆盾构机

图1-5 扩径盾构机与三圆盾构机

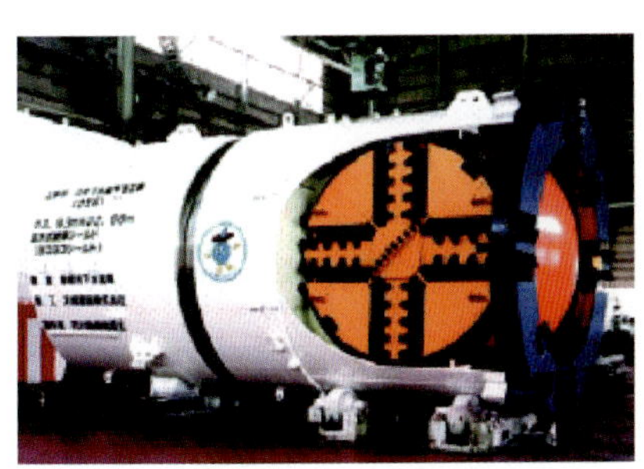

图1-6 球体盾构机

(2)矿山法不断取得突破。在长安街过街人行通道的工程中,由中铁隧道局、中铁十六局和北京城建集团创造了覆土仅1m左右,保证地面交通正常行车的暗挖世界纪录。北京城建集团还创造了“平顶直墙超浅埋暗挖法”,把暗挖、盖挖和房建的临时支撑等多项技术的优点集中应用,打破了暗挖拱形结构的传统理论,通过临时支撑实现受力转换,施工方法简便,可以应用到大型地下工程中去。国外矿山法也有新的进展,其中有大跨度的预制块法、预切槽法、气压法等。

(3)多种工法相结合。车站的施工通常采用明挖法、盖挖法和矿山法。明(盖)挖法易受城市地面条件制约;矿山法易受地质条件限制,施工风险也较大;采用三圆盾构机或扩径盾构机直接修筑车站,盾构机造价高,施工直接费用高,施工技术与管理费用也非常高。因此,如果能将盾构法和明(盖)挖法、矿山法的优势结合起来施工车站,使之成为一种综合而独特的施工方法,将会既降低工程成本、提高施工速度,又能适应目前施工水平和城市轨道交通建设的客观需要。

图1-7 管幕法在某车站的应用

(4)辅助施工技术不断发展,新技术不断得到应用。如管幕施工技术、MJS工法、远程自动化监测技术、HPE工法等,在城市轨道交通工程施工中都得到了成功应用。如图1-7所示为管幕法在某车站的应用。

第二节 广州市轨道交通建设历程与线路线网

一、广州市轨道交通建设历程

建轨道交通一直是广州人的梦想。广州筹建轨道交通的设想始于1958年,但受地质条件、经济技术水平等因素限制,三上三下,20世纪90年代才动工建设一号线,追“梦”三十年。1960年夏,广东省地质局以中山路为东西线、起义路为南北线进行地质勘察。1965年初,广州地下电车工程指挥部成立,按人防功能修建成“九号工程”。1979年6月,广州市人民防空办公室设地下铁道筹建处(简称轨道交通筹建处),拟结合人防修建轨道交通。1984年6月,轨道交通筹建处划归市建委管理,广州正式筹划建设城市轨道交通。1992年12月28日,广州市地下铁道总公司正式挂牌,广州市轨道交通建设由筹建转入实施。1993年12月28日,一号线工程在花地湾举行开工典礼,一号线工程建设全面铺开,首次大规模吸收、引进和应用各种新的土建工法,尝试和破解众多广州地质和工程难题,为之后的轨道交通线路建设奠定了技术和人才基础。1999年,广州市轨道交通大刀阔斧地进行企业改革、技术和理论创新,坚持技术和市场开放,培育国内施工队伍,按照模块运作的要求,对原来分管工程建设的业务处室进行重新整合,新成立建设事业总部作为业主代表,实行“一体化”管理,全面负责轨道交通工程建设管理,实施从初步设计、工程招标、设备采购、土建施工、机电安装、建筑装修,直至工程验收一条龙全面跟踪管理,初步形成了既符合现代企业制度,又具有广州市轨道交通特色的工程管理机制。

迈入21世纪后,广州市进入跨越式大发展时期,广州市轨道交通建设迎来了一个历史性的发展机遇。在广州市委、市政府的正确决策下,广州抓住轨道交通建设大发展契机,在广大市民的理解、配合和大力支持下,经过十几年的努力,建成开通了8条共236km的轨道交通线路。新线的迅速建成开通,标志着广州城市轨道交通线网的基本骨架已经形成,疏导了城市交通,改变了城市格局,提高了城市整体功能。如图1-8所示为APM(珠江新城旅客自动输送系统)线与广州市城市新中轴线和21世纪中央商务区模型图。

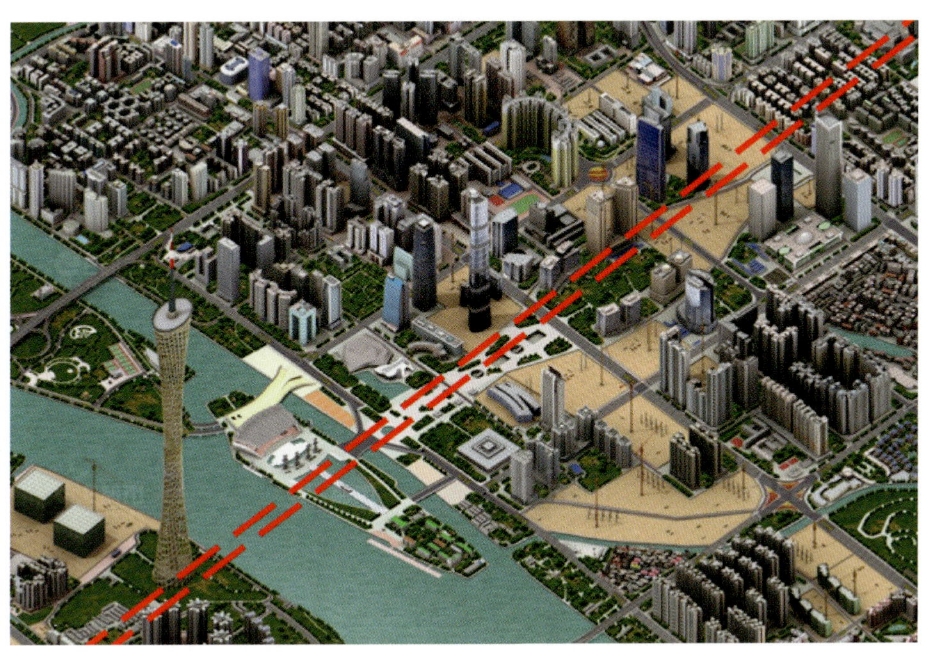

图 1-8　APM 线与广州市城市新中轴线和 21 世纪中央商务区模型图

二、广州市轨道交通线路线网

1993 年广州市轨道交通一号线开工，1999 年一号线正式开通。同年，广州市轨道交通开始了二号线的建设，并成立了建设事业总部，全面负责各条轨道交通新线的建设。2003 年开始三号线的建设，并陆续开工建设四号线、五号线、六号线、二号线延长线、三号线延长线、四号线延长线、八号线、广佛线、APM 等各条新线。高峰期共 8 条新线同时建设，建设工地达 220 处，建设规模和建设强度非常大。至今，广州已建成开通了 8 条共 236km 线路及 144 座车站，分别是：

一号线：西塱站—广州东站，18.5km；

二号线：嘉禾望岗站—广州南站，31.75km；

三号线：机场南站—番禺广场站（主线），天河客运站—体育西路站（支线），共 67.25km；

四号线：黄村站—金洲站，46.65km；

五号线：滘口站—文冲站，31.9km；

八号线：凤凰新村站—万胜围站，14.97km；

广佛线：魁奇路站—西塱站，20.73km；

APM：林和西站—赤岗塔站，3.94km。

如图 1-9 所示为广州市轨道交通开通运营线路图。

目前，在建线路有六号线首期、广佛线西塱站—沥滘站、八号线凤凰新村站—文化公园站、六号线二期、七号线一期和九号线一期线路，合计约 93km。

按照广州市目前城市轨道交通线网规划及市政府建设计划最新成果，至 2016 年，广州市建成线路包括一号线、二号线、三号线（含北延段）、四号线（含南延段）、五号线、六号线（含二期）、八号线（含北延段）、七号线一期、九号线一期、十三号线一期、十四号线（含知识城支线）以及二十一号线，轨道交通线网长度将超过 500km。如图 1-10 所示为广州市轨道交通线网规划。

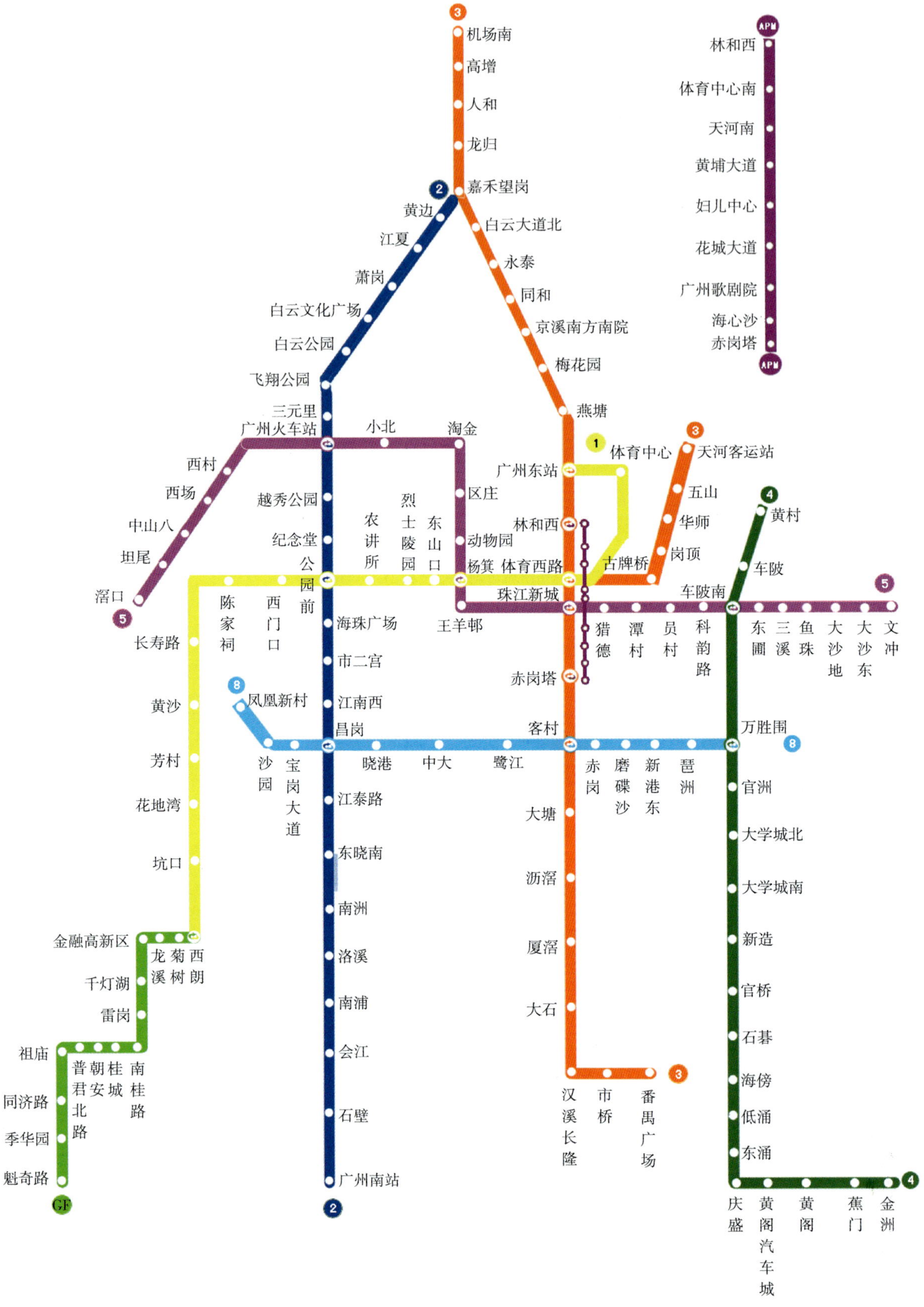

3 机场南 高增 人和 龙归 嘉禾望岗 白云大道北 永泰 同和 京溪南方南院 梅花园 燕塘 广州东站 林和西 体育西路 珠江新城 赤岗塔 客村 大塘 沥滘 厦滘 大石 汉溪长隆 市桥 番禺广场 3
体育西路 石牌桥 岗顶 华师 五山 天河客运站 3

2 嘉禾望岗 黄边 江夏 萧岗 白云文化广场 白云公园 飞翔公园 三元里 广州火车站 越秀公园 纪念堂 公园前 海珠广场 市二宫 江南西 昌岗 江泰路 东晓南 南洲 洛溪 南浦 会江 石壁 广州南站 2

5 滘口 坦尾 中山八 西场 西村 广州火车站 小北 淘金 区庄 动物园 杨箕 五羊邨 珠江新城 猎德 潭村 员村 科韵路 车陂南 东圃 三溪 鱼珠 大沙地 大沙东 文冲 5

1 西朗 坑口 花地湾 芳村 黄沙 长寿路 陈家祠 西门口 公园前 农讲所 烈士陵园 东山口 杨箕 体育西路 体育中心 广州东站

8 凤凰新村 沙园 宝岗大道 昌岗 晓港 中大 鹭江 客村 赤岗 磨碟沙 新港东 琶洲 万胜围 8

4 黄村 车陂 车陂南 万胜围 官洲 大学城北 大学城南 新造 官桥 石碁 海傍 低涌 东涌 庆盛 黄阁汽车城 黄阁 蕉门 金洲 4

GF 西朗 菊树 龙溪 金融高新区 千灯湖 雷岗 南桂路 桂城 朝安 普君北路 祖庙 同济路 季华园 魁奇路

APM 林和西 体育中心南 天河南 黄埔大道 妇儿中心 花城大道 广州歌剧院 海心沙 赤岗塔 APM

图 1-9　广州市轨道交通开通运营线路图

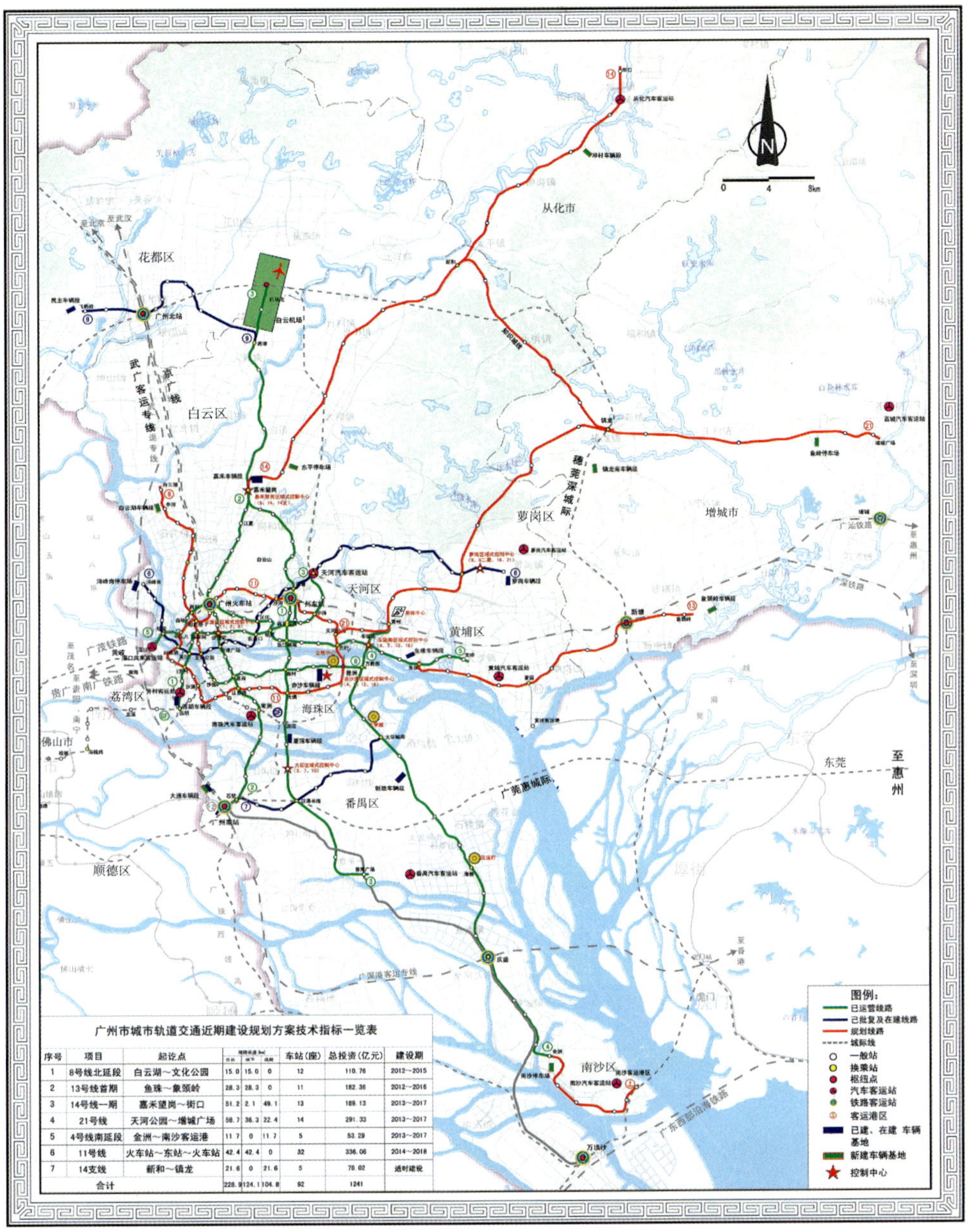
花都区
白云区
从化市
萝岗区
增城市
天河区
黄埔区
荔湾区
海珠区
番禺区
南沙区
顺德区
佛山市
东莞
至惠州
武广客运专线
京广线
穗莞深城际
广惠城际
广州北站
白云机场
广州火车站
0 4 8km
图例：
已运营线路
已批复及在建线路
规划线路
城际线
一般站
换乘站
枢纽点
汽车客运站
铁路客运站
客运港区
已建、在建 车辆基地
新建车辆基地
控制中心
广州市城市轨道交通近期建设规划方案技术指标一览表
序号 | 项目 | 起讫点 | 线路长度(km) | 车站(座) | 总投资(亿元) | 建设期
1 | 8号线北延段 | 白云湖～文化公园 | 15.0 | 15.0 | 0 | 12 | 110.76 | 2012～2015
2 | 13号线首期 | 鱼珠～象颈岭 | 28.3 | 28.3 | 0 | 11 | 182.36 | 2012～2016
3 | 14号线一期 | 嘉禾望岗～街口 | 51.2 | 2.1 | 49.1 | 13 | 189.13 | 2013～2017
4 | 21号线 | 天河公园～增城广场 | 58.7 | 36.3 | 22.4 | 14 | 291.33 | 2013～2017
5 | 4号线南延段 | 金洲～南沙客运港 | 11.7 | 0 | 11.7 | 5 | 53.29 | 2013～2017
6 | 11号线 | 火车站～东站～火车站 | 42.4 | 42.4 | 0 | 32 | 336.06 | 2014～2018
7 | 14支线 | 新和～镇龙 | 21.6 | 0 | 21.6 | 5 | 78.02 | 适时建设
合计 | 228.9 | 124.1 | 104.8 | 92 | 1241

图 1-10　2012～2018 年广州市轨道交通线网规划

第三节　广州市轨道交通施工工法应用与研究创新简介

一、车站

广州市轨道交通已建成 144 座车站，根据不同分类方法，可以分为：①地面车站、地下车站、高架车站；②单层车站、双层车站、多层车站；③普通车站、换乘车站；④明挖法车站、暗挖法车站及明暗结合施工车站等。换乘站的换乘方式主要分为：①平行换乘（同站台平行换乘、不同站台平行换乘、站台上下平行换乘；②节点换乘（十字换乘、T 形换乘、L 形换乘、H 形换乘）；③通道换乘。

在条件具备的情况下，车站主体尽量采用明挖法施工，但由于征地拆迁、交通疏解和管线迁改越来越困难，大量车站采用矿山法暗挖施工。出入口通道、过街隧道、风道基本属于超浅埋暗挖隧道，主要采用矿山法施工；对地质条件差的采用顶管法施工，极少采用明挖法施工。随着广州城市施工环境越来越复杂，车站单纯采用明挖法的越来越少，采用明(盖)挖法与矿山法结合施工的越来越多，而且随着技术进步，个别车站开始采用明挖法或矿山法与盾构法结合施工，如广州市轨道交通五号线五羊邨站为国内首次采用明挖法与盾构法结合施工的车站，六号线东山口站为国内首次采用矿山法与盾构法结合施工的车站。如图1-11所示为广州市轨道交通二号线越秀公园站，该站采用明暗法结合施工。

二、区间

区间线路按敷设方式可分为以下类型：

(1)地下线路：如一号线花地湾站—广州东站，二号线全线，三号线全线，四号线大学城专线段等。如图1-12所示为盾构法施工的地下区间。

图1-11　广州市轨道交通二号线越秀公园站

图1-12　盾构法施工的地下区间

(2)高架线路：如四号线新造站—金洲站，五号线滘口站—坦尾站，六号线浔峰岗站—坦尾站等。如图1-13所示为广州市轨道交通四号线高架区间。

图1-13　广州市轨道交通四号线高架区间

(3)地面线路：如一号线坑口站—西朗站。

轨道交通线路敷设方式取决于多种因素，如周边环境、地质条件、施工难易程度、对生态环境的影响以及投资等，需进行多方面比较。

区间线路按功能可分为正线、折返线、渡线、存车线、出入段线等，按施工工法可分为明挖法隧道、矿山法隧道、盾构法隧道、高架桥等。区间隧道主要采用盾构法施工，只有在变断面如折返线、渡线、存车线时才采用矿山法，极少采用明挖法。

三、车辆段

车辆段属于综合工程，主要包括站场、路基与道路、轨道、供电、通信信号、房建、钢结构、给排水、综合管线等。如图 1-14 所示为广州市轨道交通四号线新造车辆段运用库。广州市轨道交通车辆段及综合基地或停车场土建工程的重难点是地基处理,主要包括软土地基处理和岩溶处理。软土地基一般采用堆载(超载)预压排水固结、搅拌桩复合地基以及强夯法等方法进行处理,溶(土)洞一般进行压密灌浆处理,岩溶发育带一般采取固结注浆和搅拌桩进行处理。

图 1-14　广州市轨道交通四号线新造车辆段运用库

四、研究创新简介

广州是国内城市轨道交通发展最快的城市之一,也是各种新工法、新设备、新工艺应用最活跃的城市之一。广州市轨道交通在二十余年的建设过程中,结合目前的先进设计、施工技术,进行了大胆创新,解决了大量的技术难题,技术水平处于国内领先或国际先进水平。

(1)创造性建立了复合地层盾构施工技术理论体系并出版专著。

(2)创立了复合地层盾构施工风险源的三维识别法,并出版了世界上第一本论述盾构工程风险管理的专著。

(3)成功修建内地第一座用沉管法施工的大型水下隧道,该隧道的建成标志着我国在这一领域进入一个新的发展阶段。

(4)国内首次采用"先隧后站"工法,"矿山法扩挖盾构隧道"修建车站技术国内首次成功应用于六号线东山口站,"明挖法扩挖盾构隧道"修建车站技术国内首次成功应用于五号线五羊邨站。

(5)在轨道交通高架线路建设过程中,也取得了多项国内第一:①国内轨道交通首次采用短线法节段预制拼装技术;②连续刚构节段拼装先简支后连续的施工方法在国内首次用于轨道交通工程中。

另外,广州市轨道交通在明挖(盖)法、矿山法、建筑物保护技术、地基处理技术等方面都积累了大量的宝贵经验,取得了大量创新成果,如国内首次成功采用"铺盖法"、国内首次应用 TSS 管注浆工艺、国内首次采用梁拱式托换技术等,后面各篇章将详细介绍,在此不再一一赘述。

第二章　施工环境

在城市轨道交通工程施工过程中，要根据不同的施工环境及时调整施工工艺，几乎没有什么施工参数不是与基础地质和工程地质等因素有关，从这个意义上讲，如果不能准确地了解施工环境，就无法实现正常施工。本书将施工环境定义为基础地质、工程地质、水文地质、气候环境、地形地貌、周边环境［如建（构）筑物、地下管线、征地拆迁、交通疏解等情况］等特征总和。

第一节　广州的地理环境

一、气候环境

广州市位于广东省中部偏南，东经113°23′，北纬23°03′，地理位置处于北回归线以南，属南亚热带季风气候。

广州市终年气温相对较高，全年降水丰沛，雨季明显。降水量年内变化较大，4～9月为多雨季节，降水量占年降水量80%以上，其中4～6月为前汛期，降水量占全年40%～50%，7～9月为后汛期，降水量占全年30%～40%。10月～翌年3月为少雨季节，降水量占全年的20%以下。

广州市受季风环流所控制，冬季处于极地大陆高压的东南缘，常吹偏北风，且恰在冷暖气团交绥地带，气象要素变化大。夏季受副热带高压及南海低压槽的影响，常吹偏南风，由于暖湿气流的盛行，气候高温多雨，因而摆脱了回归干燥带及信风带的影响，而表现出季风气候的特色。受低纬海洋湿润气流的调节，夏季不像我国长江流域一些盆地那样酷热。广州南亚热带季风气候显著，日照充足，热量丰富，长夏无冬，雨量充沛，干湿季明显。四季树木常绿，花果常香，鱼虾常鲜。但热带气旋、暴雨、洪涝、干旱、寒潮和低温阴雨也常出现。影响广州市的灾害性天气主要有台风、暴雨洪涝、干旱、寒潮、霜冻、寒露风及春季低温阴雨等。台风是影响广州市的重要天气系统。每年5～10月是广州热带气旋活动的季节，7～9月热带气旋影响和袭击广州的可能性较大。

二、地形地貌

广州市位于广东省中南部、珠江三角洲北缘，地形总的特征是东北高西南低。它受各种自然因素的相互作用，形成中低山、丘陵、台地、冲积平原、滩涂和河谷六种地貌类型。北部以山地、丘陵为主，中部以台地、阶地为主，南部和西部平原是珠江三角洲河网地区的组成部分。其中，低山丘陵区约占70%，残丘台地及平原区约占30%。

第二节　广州地区地质特征

一、区域构造特征

广州地区位于华南褶皱系粤中坳陷的中部。广从断裂、瘦狗岭断裂、广三断裂是该区构造的基本骨架，自加里东构造阶段便开始活动，经历了海西—印支构造阶段、燕山构造阶段和喜马拉雅构造阶段。燕山期有规模较大的断块和岩浆侵入并伴有宽展的褶皱，形成广泛的数百米厚的白垩系红层建造，充填了广州一带的断陷盆地。喜马拉雅运动以褶断为主，形成西部属于第三纪的三水盆地（中心位于三水市）。广州北部及东西边缘一带分布的地层有下古生界、上古生界—中三叠系、上三叠系—白垩系，还有燕山期花岗岩和新生代火山岩出露，其余大部分地区被第四系覆盖。广州地区发育的较大断裂有广从断裂、广三断裂、瘦狗岭断裂、文冲断裂、化龙断裂、沙湾断裂。其中，广从断裂、瘦狗岭断裂、广三断裂将该区分成四个次级构造单元，即增城凸起、广花凹陷、三水断陷盆地、东莞盆地。次级断裂较多，主要有清泉街断裂、三元里温泉断裂等。其中影响工程建设的主要断裂有广从断裂、广三断裂、瘦狗岭断裂等。

广州市发育了不同规模的褶皱和断裂构造，并发育了沉积岩、岩浆岩、变质岩。广从断裂、瘦狗岭断裂等几条规模较大的活动断裂控制了广州地区岩土层的展布。

（1）广从断裂以东、瘦狗岭断裂以北构造区，位于东西向增城凸起的西部，主体构造是东西向，由早古生代变质岩中的东西向片理、片麻理及其一系列不对称褶曲，东西向的瘦狗岭断裂以及控制罗岗序列花岗岩入侵的东西构造带所组成。

（2）广从断裂以西构造区，位于北东向的广花凹陷的南西部，主体构造是北东向，由上古生界及其褶皱、伴生的走向断裂以及三叠系和第三系向斜盆地构造组成，是叠加在基底构造上的晚古生代至中新生代的北东向构造区。

（3）瘦狗岭断裂以南的构造区，包括广州市中心及黄埔港一带，处于三水断陷盆地东延部分，主体构造是东西向，其次是北西向。由中生界白垩系构成的东西向比较宽阔的褶皱和燕山期及喜马拉雅期形成的一系列北西向断层，是继承性构造。

二、地层与岩性

广州地区岩石地层中，自震旦纪以来，各时代的地层均有分布。地层由老至新为：

（1）元古代：震旦系的混合岩、石英岩、云母石英片岩。

（2）古生代：泥盆系的泥质灰岩、钙质泥岩、砂岩和泥质砂岩，石炭系的灰岩夹灰质泥岩、硅质岩和页岩、粉砂质泥岩、灰岩和白云质灰岩，二叠系的灰岩夹炭质泥岩、硅质岩和页岩、粉砂岩、泥质岩、炭质页岩。

（3）中生代：三叠系的薄层灰岩、泥岩及泥灰岩、粉细砂岩，侏罗系的细砂岩和粉砂岩夹泥岩，白垩系含砾砂岩、泥质粉砂岩。

（4）新生代：第三系的砂岩、泥岩，第四系的亚砂土、淤泥和砂层。

全市范围内的岩浆岩主要有加里东期和燕山期侵入岩，分布较广泛。岩性主要是混合岩黑云母二长花岗岩、黑云母花岗岩、花岗岩等。

广州市轨道交通沿线地层主要有第四系、白垩系、侏罗系、燕山期侵入岩、二叠系、石炭系、泥盆系、震旦系等地层。如图 2-1 所示为广州市轨道交通线网基岩地质图。

1. 第四系

该层顶部主要是人工填土层，上部为海陆交互相淤泥质土层或夹冲积砂层；中部是冲洪积砂层、黏性土层，少量淤积土和坡积土；底部是残积层。

2. 白垩系

白垩系上统岩性主要为棕红色砂岩，含砾砂岩、砾岩、泥质粉砂岩、泥灰岩等，钙质、泥质胶结。白垩系下统岩性主要为紫红色泥质粉岩、粉砂质泥岩、粉砂岩、粉细砂岩。

3. 侏罗系

该岩系是杂色岩系，主要为紫红色，主要由灰白色砂岩、粉砂岩、泥岩组成。

4. 石炭系

该岩系主要岩性为浅灰色、灰黑色灰岩，夹炭质页岩以及浅灰色、灰褐色砂岩。

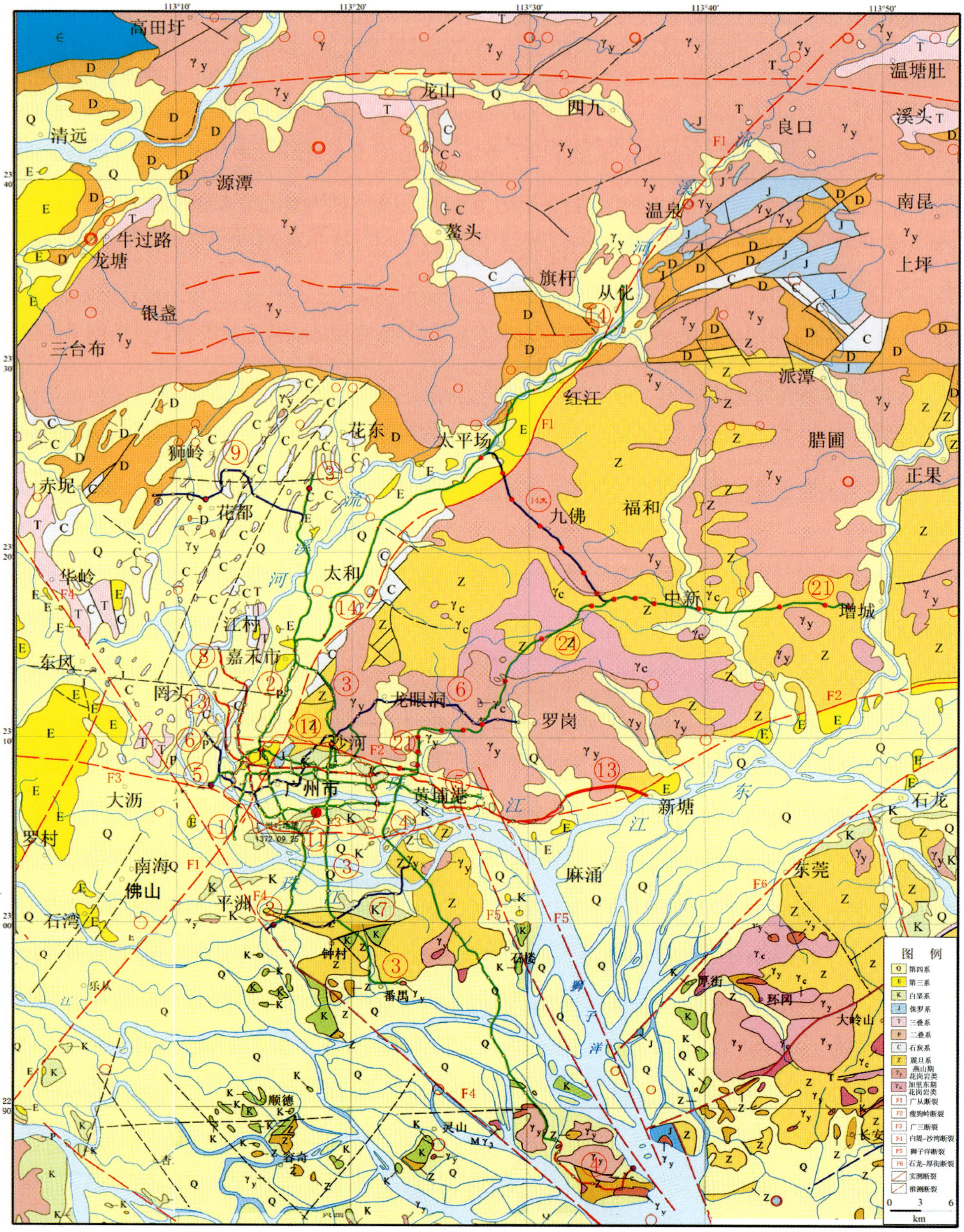

图 2-1　广州市轨道交通线网基岩地质图

5. 燕山期花岗岩

燕山三期的粗粒黑云母花岗岩岩性一般为肉红色，中、粗粒花岗岩结构。燕山四期黑云母二长花岗岩岩性为灰色、肉红色,细、粗粒结构。

6. 震旦系

该岩系以深变质海相岩石为主,主要由各类混合岩、绢云母千枚岩、片岩、石英岩、石英片麻岩组成,部分地方为残变质砂岩、长石石英砂岩及含石英粉砂质泥岩等。

三、地下水

地下水分布受沉积环境、构造、地貌的控制。岩性是地下水赋存条件的基础,构造是主导因素,地貌、水文、气象和植被是条件,它们互相依存、互相制约,决定了地下水补给、径流、排泄条件和动态变化。

(一)地下水类型

根据广州地区的水文地质特征,地下水可划分为五大类型:松散岩类孔隙水、碳酸盐类岩溶水、基岩裂隙水、红层孔隙裂隙岩溶水和断裂承压水。

1. 松散岩类孔隙水

从地下水资源条件的角度来看,松散岩类孔隙水一般指第四系的冲积、冲洪积、海冲积砂及山前古洪积扇等松散岩类孔隙水。海陆交替层孔隙水主要分布于珠江两岸,水位埋深一般小于1.5m,具有弱承压性;含水层以中细砂为主,局部为粗砾砂。冲洪积层孔隙水主要分布在流溪河冲积平原和广花冲积平原地区;含水层以中粗砂为主,层厚2~8m,呈南北向带状分布。

2. 基岩裂隙水

1)块状岩裂隙水

块状岩分布于花都北部芙蓉嶂、广从断裂以东、瘦狗岭断裂以北及新造等地的丘陵区。下古生界条痕状混合岩、燕山期黑云母花岗岩岩体节理裂隙发育,第四系残积土层较薄,地表植被茂盛,储存较丰富的块状岩裂隙水,富水性中等。

2)层状岩类裂隙水

层状岩主要包括三叠系、侏罗系、二叠系及泥盆系等地层。岩性主要为粉细砂岩、粗砂岩、砂砾岩及长石石英砂岩夹泥岩、页岩。在广花盆地内及边缘,砂岩、页岩、泥岩互层夹煤呈彼此分隔的条带状分布,含层状岩类裂隙水,富水性贫乏。平缓地区,因受广从断裂、雅髻岭断裂的影响,裂隙发育,有利于降水的渗入,富水性好。

3. 碳酸盐类岩溶水

碳酸盐类岩溶水分布于由广花复式向斜组成的广花冲积平原南部,呈北东—南西向条带状展布,除零星小面积基岩裸露外,其余均被第四系或红层覆盖,向南逐步收敛,过渡为埋藏型。因岩性、构造、地貌、补给条件等不同,岩溶发育程度各不相同,富水性差异较大。鸦岗、江夏、肖岗—三元里一带岩溶水丰富,海头村、夏茅—谭村、柯子岭等地富水性中等,古料村以南、田心村—螺涌等地水量贫乏,裂隙溶洞多被泥质等充填。碳酸盐岩裂隙溶洞水的特点是含水层厚度大,岩溶发育,富水性强,地下水位浅。

4. 红层孔隙裂隙岩溶水

红层主要分布于广州北郊太平场、龙归,东部赤岗等地。除赤岗等地有较大面积露头外,其余大部分地区被第四系覆盖。岩性主要为泥岩、砾岩、粉砂岩夹层,泥质、钙质及铁质胶结,含孔隙裂隙水。其中第三系莘庄组及怖心组泥质粉砂岩、灰质砾岩夹泥灰岩、灰岩、石膏及盐岩等可溶岩层,溶蚀裂隙发育,局部溶洞发育,含水性中等~丰富。红层中的泥岩质软,水分含量高;泥岩与砂岩相间出现;泥灰岩、灰岩层中溶蚀裂隙发育,地下水通道发育。

5. 断裂承压水

断裂承压水分布于断层破碎带。因受构造作用,岩体破碎,裂隙发育,赋水性较好,且补给来源较丰富，一般涌水量较大，如广从断裂。

（二）地下水补给、径流与排泄

广州市位于北江和西江的下游，珠江三角洲的中北部，境内河流纵横，属南方丰水地区。自然水体包括地表水和地下水，浅层地下水与河川径流互为渗补，大气降水是地表水和地下水的总补给来源。

全市地表径流主要靠降水补给，属雨水补给型。年径流量随降水量由平原向山区递增，径流在年内分配不均，汛期（4～9月）占全年径流量的80%～85%，最大月径流发生在5、6月份。

三角洲河网区均属感潮河道。广州河道属三角洲河网区，潮型属不规则半日潮，往复流十分明显。珠江河口地形复杂，上游来水量丰富，洪水期长，且受台风影响，潮汐年内变化比较复杂。每年的1～3月份平均潮位较低，从5月份开始明显提高，到6～9月份较高，从10月份开始逐渐下降，到12月份降到较低值。

城市轨道交通及城市地下空间的利用局部改变第四系松散岩类及浅层基岩的地下水的补给排泄条件。目前，地下水的主要排泄方式有四类：①通过泉水排泄；②通过河床排泄；③通过人工排泄；④通过基岩裂隙水和岩溶水向第四系含水层排泄。

第三节　广州市轨道交通岩土分层、分区及围岩分级

一、广州市轨道交通岩土分层系统建立历程

自20世纪60年代进行广州市轨道交通规划、勘探以来，50年间积累了大量的岩土分层资料，大规模的城市轨道交通工程建设又检验了岩土分层资料的准确性。因此，广州市轨道交通沿线的岩土分层已趋稳定和全面，被勘察、设计、施工广泛采用，并继续应用于今后广州市轨道交通新线勘察。另外，广州市其他市政工程的部分勘察也采纳了广州市轨道交通的岩土分层。

广州市轨道交通岩土分层系统的建立、改进和推广应用大致经历了三个阶段。

（1）岩土分层系统的雏形：时间为1960～1992年。1988年以前的工程地质层主要采用“直观”分带法，即松软土层带、土状带、块状带和完整带。1992年，勘察单位总结了一号线的勘察工作，认为以往按“带”划分工程地质层与国家标准不统一，从而提出结合岩土层的岩性、成因、风化程度及其物理力学指标划分工程地质层，并在剖面图上用同一符号表示性质相同（或接近）的层位。

（2）岩土分层系统的初步建立：时间为1992～1996年。在原有勘察基础上，一号线工程设计总体进行全线岩土特征对比，在1993～1996年完成的初勘、详勘各勘察报告中，逐步统一了全线的工程地质分层，并规定其符号加尖括号“〈〉”表示，以区别于其他符号。

（3）岩土分层系统的建立完善和推广应用：时间为1996年至今。二号线首期工程设计勘测专业负责人和勘察项目负责人，根据现行国家标准和行业标准的岩土分类要求以及在勘察中发现的新问题，制定了岩土分层原则，对一号线工程地质分层进行了完善，更加系统、规范地提出了广州市轨道交通的岩土分层。

该成果主要反映在二号线首期工程各阶段、各工点的岩土工程勘察报告、水文地质专题勘察报告、断裂专题勘察报告中，并推广应用到轨道交通新线岩土工程勘察中，广州市其他市政工程的部分勘察也采纳了广州市轨道交通的岩土分层。

二、广州市轨道交通岩土分层系统

根据“广州市轨道交通沿线岩土分层系统”，岩土分层自上而下统一分为9层，在各层中根据需要再细分亚层。其中，第四系地层根据沉积环境和土层性质的不同划分为5层；而第6～9层是把各类的基底

岩层简分为全风化岩(带)、强风化岩(带)、中风化岩(带)及微风化岩(带)(详见表2-1)。

广州市轨道交通岩土分层系统

表2-1

岩土层号	岩土层名称	岩土亚层号	岩土亚层名称	时代	成因
〈1〉	填土层	〈1〉	杂填土	Q_4^{ml}	人类活动形成
			素填土	Q_4^{ml}	人类活动形成
			耕植土	Q_4^{ml}	人类活动形成
〈2〉	淤泥层	〈2-1A〉	淤泥	Q_4^{mc}	海陆交互相沉积
		〈2-1B〉	淤泥质土层	Q_4^{mc}	海陆交互相沉积
		〈2-2〉	淤泥质粉细砂层(或灰色粉细砂层)	Q_4^{mc}	海陆交互相沉积
		〈2-3〉	淤泥质中粗砂层(或含蠔壳片中粗砂层,或灰色中粗砂层)	Q_4^{mc}	海陆交互相沉积
		〈2-4〉	粉质黏土层、粉土层	Q_4^{mc}	海陆交互相沉积
〈3〉	砂层	〈3-1〉	冲积—洪积粉细砂层	Q_3^{al+pl}或Q_{3+4}^{al+pl}	海相冲积、陆相冲积—洪积
		〈3-2〉	冲积—洪积中粗砂层	Q_3^{al+pl}或Q_{3+4}^{al+pl}	海相冲积、陆相冲积—洪积
		〈3-3〉	含卵石粗砾砂层	Q_3^{al+pl}或Q_{3+4}^{al+pl}	海相冲积、陆相冲积—洪积
〈4〉	冲积—洪积—坡积土层	〈4-1〉	冲积—洪积土层	Q_3^{al+pl}	冲积—洪积
		〈4-2〉	河湖相淤泥质土层	Q_3^{al}	河湖相沉积
		〈4-3〉	坡积土层	Q_3^{dl}	坡积
〈5〉	残积土层	〈5-1〉	红层可塑状或稍密残积土	Q^{el}	残积
		〈5H-1〉	花岗岩可塑状或稍密残积土	Q^{el}	残积
		〈5Z-1〉	变质岩可塑状或稍密残积土	Q^{el}	残积
		〈5C-1〉	灰岩软塑、可塑状黏性土	Q^{el}	残积
		〈5-2〉	红层硬塑状或中密残积土	Q^{el}	残积
		〈5H-2〉	花岗岩硬塑状或中密残积土	Q^{el}	残积
		〈5Z-2〉	变质岩硬塑状或中密残积土	Q^{el}	残积
		〈5C-2〉	灰岩硬塑状残积黏性土	Q^{el}	残积
〈6〉	岩石全风化带	〈6〉	红层全风化带		
		〈6H〉	花岗岩全风化带		
		〈6Z〉	变质岩全风化带	Z	上元古界震旦系
		〈6C〉	泥灰岩全风化带		
〈7〉	岩石强风化带	〈7〉	红层强风化带		
		〈7H〉	花岗岩强风化带		
		〈7Z〉	变质岩强风化带	Z	上元古界震旦系
〈8〉	岩石中等风化带	〈8〉	红层中等风化带		
		〈8H〉	花岗岩中等风化带		
		〈8Z〉	变质岩中等风化带	Z	上元古界震旦系
		〈8C〉	灰岩、泥灰岩中等风化带		
〈9〉	岩石微风化带	〈9〉	红层微风化带		
		〈9H〉	花岗岩微风化带		
		〈9Z〉	变质岩微风化带	Z	上元古界震旦系
		〈9C〉	灰岩、泥灰岩微风化带		

三、岩土层分区

根据广州地区地形地貌、地层与岩性、地质构造、水文地质条件等，通过对广州市轨道交通岩土工程勘察成果的统计分析、归纳总结，可将广州地区划分为五个分区：①花岗岩、混合岩丘陵区；②石灰岩低丘、残丘区；③碎屑岩低丘台地区；④丘前、丘间谷地冲洪积、冲积平原区；⑤冲积、海积平原区。再结合工程地质条件分成不同的亚区，参见表2-2。

广州地区岩土层分区　　表2-2

分区编号	分区名称	地貌	覆盖层特征	基岩特征
1	花岗岩、混合岩丘陵区	丘陵	坡积、残积砂、砾质黏性土，粗粒土含量高，易崩解	花岗岩、混合岩，硬质岩、强度高
2	石灰岩低丘、残丘区	低丘、残丘	坡积、残积红黏土，具膨胀性	灰岩，较硬岩、易溶蚀
3	碎屑岩低丘台地区	低丘台地	坡积、残积粉质黏土、粉土	碎屑岩，软岩或极软岩、易软化
4-1-1	丘前、丘间谷地冲洪积、冲积平原区	冲洪积平原	陆相冲洪积花斑状黏性土、砂层，Q_3及以前形成，砂层多呈中密～密实状，不液化	花岗岩、混合岩，硬质岩、强度高
4-1-2				灰岩，较硬岩、易溶蚀
4-1-3				碎屑岩，软岩或极软岩、易软化
4-2-1			陆相冲洪积花斑状黏性土、砂层，Q_4及以前形成，砂层多呈稍密～中密状，不液化～中等液化	花岗岩、混合岩，硬质岩、强度高
4-2-2				灰岩，较硬岩、易溶蚀
4-2-3				碎屑岩，软岩或极软岩、易软化
5-1	冲积、海积平原区	海冲洪积平原	海相、海陆交互相沉积淤泥、淤泥质砂、含蚝壳片砂，淤泥含量大，砂层松散，中等～强液化	花岗岩、混合岩，硬质岩、强度高
5-2				灰岩，较硬岩、易溶蚀
5-3				碎屑岩，软岩或极软岩、易软化

四、围岩分级

《地铁设计规范》（GB 50157—2003）已于2003年8月1日开始实施。该规范明确规定："暗挖结构的围岩分级按现行《铁路隧道设计规范》确定"。而现行的《铁路隧道设计规范》（TB 10003—2005）已于2005年4月25日发布实施，其中的"围岩分类"已改为"围岩分级"，两者之间有较大的差别。围岩分级是根据《工程岩体分级标准》（GB 50218—1994），结合工程经验得来的。根据广州市轨道交通岩土分层特征和二号线及其他线路的施工经验，参照《铁路隧道设计规范》（TB 10003—2005），隧道围岩分级参见表2-3。

隧道围岩分级表　　表2-3

围岩级别	围岩主要工程地质条件		围岩开挖后的稳定状态（单线）	建议岩土分层
	主要工程地质特征	结构特征和完整状态		
Ⅰ	极硬岩（单轴饱和抗压强度 $R_C>60MPa$）：受地质构造影响轻微，节理不发育，无软弱面（或夹层）；层状岩层为巨厚层或厚层，层间结合良好，岩体完整	呈巨块状整体结构	围岩稳定，无坍塌，可能产生岩爆	〈9H〉、〈9Z〉
Ⅱ	硬质岩（$R_C>30MPa$）：受地质构造影响较重，节理较发育，有少量软弱面（或夹层），贯通微张节理，但其产状及组合关系不致产生滑动；层状岩层为中厚层或厚层，层间结合一般，很少有分离现象，或为硬质岩石偶夹软质岩石	呈巨块或大块状结构	暴露时间长，可能会出现局部小坍塌；侧壁稳定，层间结合差的平缓岩层，顶板易塌落	〈9〉、〈9C〉、〈8H〉、〈8Z〉

续上表

围岩级别	围岩主要工程地质条件		围岩开挖后的稳定状态（单线）	建议岩土分层
	主要工程地质特征	结构特征和完整状态		
Ⅲ	硬质岩（$R_C>30$MPa）：受地质构造影响严重，节理发育，有层状软弱面（或夹层），但其产状及组合关系不致产生滑动；层状岩层为薄层或中厚层，层间结合差，多有分离现象，硬质、软质岩石互层	呈块（石）碎（石）状镶嵌结构	拱部无支护时可能产生小坍塌；侧壁基本稳定，爆破震动过大易塌	〈8〉、〈8C〉
	较软岩（$R_C=15\sim30$MPa）：受地质构造影响较重，节理较发育，层状岩层为薄层、中厚层、厚层，层间结合一般	呈大块状结构		
Ⅳ	硬质岩（$R_C>30$MPa）：受地质构造影响极严重，节理很发育，层状软弱面（或夹层）已基本破坏	呈碎石状压碎结构	拱部无支护时可能产生较大坍塌；侧壁有时失去稳定	〈7〉、〈7H〉、〈7Z〉
	软质岩（$R_C=5\sim30$MPa）：受地质构造影响严重，节理发育	呈块（石）碎（石）状镶嵌结构		
	土体： ①具压密或成岩作用的黏性土、粉土及砂类土； ②黄土（Q_1、Q_2）； ③一般钙质、铁质胶结的碎石土、卵石土、大块石土	①和②呈大块状压密结构，③呈巨块状整体结构		
Ⅴ	岩体：软岩，岩体破碎至极破碎；全部极软岩及全部极破碎岩（包括受构造影响严重的破碎带）	呈角砾碎石状松散结构	围岩易坍塌，处理不当会出现大坍塌，侧壁经常小坍塌；浅埋时易出现地表下沉（陷）或塌至地表	〈5Z-1〉、〈5-2〉、〈5H-2〉、〈5Z-2〉、〈6〉、〈6H〉、〈6Z〉、〈6C〉
	土体：一般第四系坚硬、硬塑黏性土，稍密及以上、稍湿或潮湿的碎石土、卵石土、圆砾土、角砾土、粉土及黄土（Q_3、Q_4）	非黏性土呈松散结构，黏性土及黄土呈松软结构		
Ⅵ	岩体：受构造影响严重呈破碎、角砾及粉末、泥土状的断层带	黏性土呈易蠕动的松软结构，砂性土呈潮湿松散结构	围岩极易坍塌变形，有水时土砂常与水一起涌出；浅埋时易塌至地表或塌至地表	〈1〉、〈2〉、〈3〉、〈4〉、〈5-1〉、〈5H-1〉
	土体：软塑状黏性土，饱和的粉土、砂类土等			

第四节　工程建设周边环境

广州市城区建筑物密集，交通极为繁忙，修建轨道交通对周边环境的保护非常困难但又极为重要。线路常常穿越建（构）筑物密集的商业区和建（构）筑物陈旧的老城区，沿途管线密布，地面道路交通车流量大，施工难度和风险极高。例如，广州市轨道交通一号线在人口最密集的老市区通过，许多民房都有几十年的历史了。根据调查，在4.43km的盾构区间中共调查1509间房屋，其中危房49（3.2%）间，严重破损房138（9.1%）间，一般破损房752（49.8%）间，基本完好房和完好房570（37.8%）间。也就是说，轨道交通沿线将近三分之二的房屋在施工的过程中要受到不同程度的保护或关注。如图2-2所示为环市东路与农林下路交叉口处的区庄站，周边环境复杂。

图2-2　环市东路与农林下路交叉口处的区庄站

广州市轨道交通建设前期征地拆迁、管线迁改、交通疏解难度大。特别是出入口和风亭等附属结构大多与周边建筑物合建或位于周边业主场地内，征地拆迁及管线迁改的协调量及协调难度非常大。例如，六号线一德路站拆迁工作历时6年之久；沥滘站（广佛线）因前期拆迁原因，自2006年10月开始停止施工，截至2013年10月，还有2户未完成拆迁。

第五节　复合地层理论

在土建工程施工过程中，必须重视围岩岩土力学、基础地质和工程地质等特征的各向均匀性问题，因为这些特征将会对工法、设备选型及施工工艺提出不同针对性的要求。从这个意义上讲，可以宏观地将工程涉及的围岩地层区分为两类：一类为均一地层，另一类为复合地层。

一、复合地层概念

（一）均一地层

严格意义上的各向同性均质地层在自然界是不存在的。本书定义的均一地层是指在开挖断面范围内和开挖延伸三维方向上，由一种或若干种地层组成的，但其岩土力学、工程地质和水文地质等特性相近的地层或地层组合。均一地层有两种情况：单纯的软土地层和单纯的岩石地层。

（二）复合地层

在开挖断面范围内和开挖延伸三维方向上，由两种或两种以上不同地层组成，且这些地层的岩土力学性质及工程和水文地质等特征相差悬殊的组合地层，定义为复合地层。

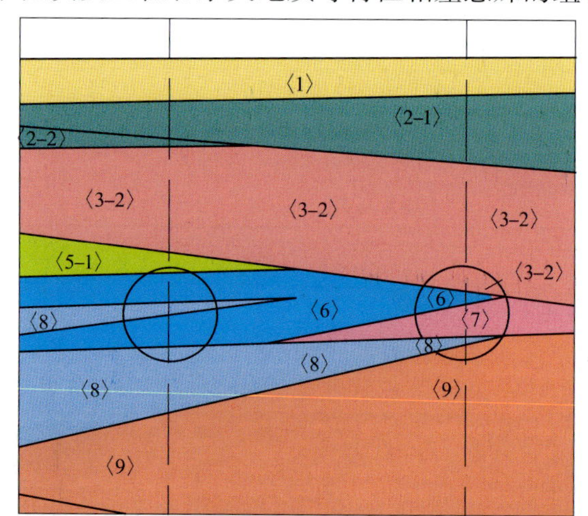

图2-3　广州市轨道交通复合地层垂直变化代表剖面图
〈1〉人工杂填土层；〈2-1〉淤泥质土层；〈2-2〉淤泥质砂土；〈3-2〉冲洪积土层；〈5-1〉残积土层；〈6〉岩层全风化带；〈7〉岩层强风化带；〈8〉岩层中风化带；〈9〉岩层微风化带

复合地层的组合方式是非常复杂多样的，但总的来说有两大类：一类是在断面垂直方向上不同地层的组合；另一类是在水平方向上不同地层的组合。

（1）复合地层在垂直方向上的变化。最典型的垂直方向上的复合地层就是所谓“上软下硬”地层。即隧道断面上部是松软土层，而下部是坚硬的岩石地层；或者上部是软弱岩层，而下部是硬岩层；或者是在硬岩层中夹软岩层；或者是软岩层中夹硬岩层；或者是岩石地层中夹破碎带、溶洞等。如图2-3所示为广州市轨道交通复合地层垂直变化代表剖面图。

（2）复合地层在水平方向上的变化。在一施工段当中，可能分布着不同时代、不同岩性、不同风化程度或不同层序的地层，从而表现出水平方向上工程地质性质的差异。如图2-4所示为广州市轨道交通五号线草暖公园始发井—淘金站区间的地层剖面图。

二、复合地层特点

（一）岩土形成的地史不同

广州地区地质年代见表2-4。

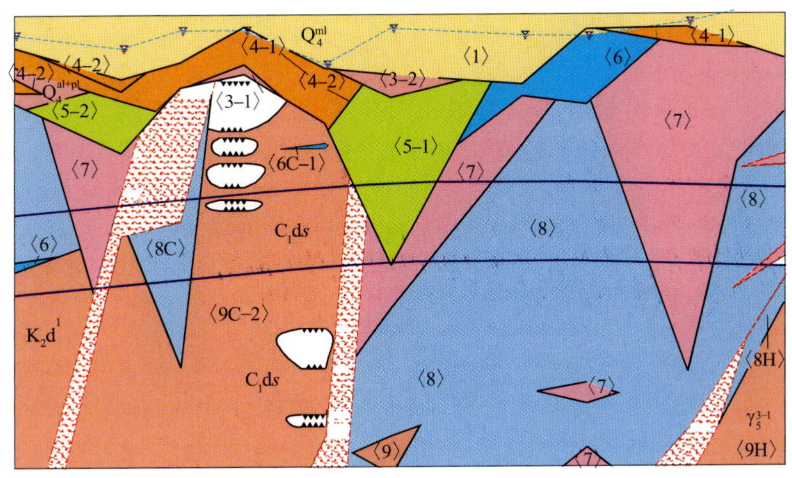

图 2-4　广州市轨道交通五号线草暖公园始发井—淘金站区间的地层剖面图

〈1〉人工填土层；〈3-1〉细砂土层；〈3-2〉中粗砂层；〈4-1〉冲积—洪积土层；〈4-2〉河湖相淤泥质土层；〈5-1〉可塑或稍密状残积层；〈5-2〉硬塑或中密状残积层；〈6〉岩石全风化带；〈6C-1〉石灰岩中等风化带；〈7〉岩石强风化带；〈8〉岩石中等风化带；〈8H〉花岗石中等风化带；〈8C〉灰岩、泥灰岩中等微风化带；〈9〉岩石微风化带；〈9H〉花岗岩微风化带；〈9C-2〉相对完整的石灰岩微风化带

广州地区地质年代表　　表 2-4

地质年代（单位：百万年）			地　层
新生代	第四纪（1.8 至今）		第四系
	第三纪（65～1.8）		第三系
中生代	白垩纪（145～65）	燕山期花岗岩（205～66±2）	白垩系、侏罗系、燕山期花岗岩
	侏罗纪（213～145）		
	三叠纪（248～213）		三叠系
古生代	二叠纪（286～248）		二叠系
	石炭纪（360～286）		石炭系
	泥盆纪（410～360）		泥盆系
	志留纪（440～410）		志留系
	奥陶纪（505～440）		奥陶系
	寒武纪（544～505）		寒武系
前寒武纪（地球起源～544）			前震旦系

1. 第四系地层

第四系地层是距今 180 万年以来在地球最表面形成的沉积盖层，是在地球表面内外营力相互作用过程中，岩石圈发生破坏—搬运—堆积形成的沉积地层。

第四系地层从宏观上可以分为陆相沉积和海相沉积。

陆相沉积物的特点是：

（1）松散性：一般都呈松散状态，胶结成岩作用较低。

（2）岩相的多变性：由于沉积环境极为复杂，因此沉积物的性质、结构厚度在水平方向和垂直方向都具有很大的差异性，甚至属于同一时代的沉积物，在较短距离内也可以变为另一岩性，厚度可由几米变为几十米或突变缺失。

（3）沉积物的移动性：第四纪沉积时间较短也较晚，来不及胶结成岩，又受到各种内外营力的作用，使沉积物经常处于再搬运堆积过程，物质成分也不断发生变化，大多数难以找到其原始产状。

（4）地貌形态的多样性：第四纪沉积物常构成各种堆积地貌形态，而沉积物的沉积类型、分布、产状、厚度等与地貌是紧密联系的。

海相沉积物的特点是：

(1)近岸沉积：分布于从海岸到海底受波浪作用显著的水下岸坡部分。形成的沉积物也具有复杂性，有砾石、砂、淤泥和生物贝壳堆积等，碎屑物主要来自陆源。

(2)大陆架沉积：其粗粒碎屑沉积物主要来源于水下岸坡破坏和河流或冰川搬运物质；砂质沉积物主要是河流的挟入物，部分为海岸带砂质延伸部分；淤泥质沉积物分布极广。

(3)深海沉积：以浮游性动植物钙质或硅质沉积为主，其次为火山灰沉积、化学沉积(锰结核等)和局部的浮冰碎屑沉积。

2. 岩石地层

不同地质时代形成的原生岩层，其成岩程度、变质程度、岩性、结构、构造等会有很大的差别，工程施工过程中出现的问题也就不一样。

例如，在广州地区盾构施工中穿越侏罗纪煤系地层时，盾构隧道内聚集了大量的瓦斯，是施工安全的极大隐患。而在同一地区盾构施工穿越白垩系地层时就不会碰到这类问题，因为在白垩纪不会成煤，因此也不会碰到煤系地层，也就没有聚集瓦斯的风险。

再如，在广州市区北部和东部出现的花岗岩是燕山四期形成的，在市区南部出现的花岗岩是燕山三期形成的。燕山四期花岗岩的残积层、全风化层和强风化层中残留着很多花岗岩球状风化体，给盾构施工造成极大困难，而在燕山三期花岗岩中至今还没有发现证据可靠的花岗岩球状风化体。

上述的差异是非常巨大的，对工程施工将要采取的对策产生极大的影响。

(二)岩石地层的岩性不同

岩性按成因可分为岩浆岩、沉积岩、变质岩三大类。

1. 岩浆岩

岩浆冷凝固化后形成的岩石，称为岩浆岩。

图2-5　广州市轨道交通三号线天河客运站—华师站盾构区间的花岗岩

根据成因，岩浆岩可分为深成侵入岩、浅成侵入岩、次火山岩、火山岩等。每种成因类型的岩浆岩又根据其所含的矿物成分不同分为若干种岩石。如图2-5所示为广州市轨道交通三号线天河客运站—华师站盾构区间的花岗岩。

2. 沉积岩

沉积岩是在温度不高、压力不大的条件下，由风化作用、生物作用和某种火山作用的产物，经搬运、沉积和成岩作用而形成的岩石。沉积岩的主要特征是具有层理。根据物质来源和胶结物特征可分为火山碎屑岩、正常碎屑岩、黏土岩、化学岩和生物化学岩。每一类岩石又根据其结构和构造以及矿物成分分为若干种岩石。如图2-6所示为广州市轨道交通一号线陈家祠站—西门口站盾构区间的沉积岩。

3. 变质岩

由变质作用形成的新的岩石，称为变质岩。变质作用是由地球内力作用引起的岩石改变或变化的作用。其中由岩浆岩形成的变质岩叫正变质岩，由沉积岩形成的变质岩叫副变质岩。

常见的变质岩有接触变质型的角岩、大理岩、石英岩等，动力变质型的构造角砾岩、压碎岩、碎裂岩、糜棱岩等，区域变质型的片麻岩、千枚岩、板岩等，混合岩化型的混合岩、混合片麻岩、混合花岗岩等，变质型的蛇纹岩、矽卡岩等。如图2-7所示为广州市轨道交通四号线大学城北站—大学城南站盾构区间的变质岩。

图 2-6　广州市轨道交通一号线陈家祠站—西门口站盾构区间的沉积岩

图 2-7　广州市轨道交通四号线大学城北站—大学城南站盾构区间的变质岩

(三)岩石的结构和构造不同

岩石的结构主要指岩石的各种组成部分在形貌的特征及相互间的组合关系,如颗粒的大小、形状和胶结形式等。岩石的构造主要指岩石的各种组成部分的空间分布和排列方式。岩石结构和构造的不同,岩石的物理力学性质将发生很大的变化。

(四)岩石的地质构造不同

在地壳运动中,岩体由于受力而发生的连续或不连续的永久变形,称为地质构造。常见的地质构造有褶皱与断裂两种基本类型。

(1)褶皱构造:是层状岩石在地质构造作用下所产生的一系列弯曲变形。

(2)断裂构造:是岩石受力产生的永久破坏变形。

(五)岩石的风化作用程度不同

风化作用指岩石在地表或接近地表的地方由于温度变化、水及水溶液的作用、大气及生物等的作用下发生的机械崩解及化学变化过程。

风化作用一般分为物理风化、化学风化和生物风化三类。其中物理风化作用包括类似突发的“5·12”汶川地震形成的构造风化。

风化程度一般由强至弱分为全风化、强风化、中风化和微风化四类。经过风化作用影响的岩体,会发生如下不同程度的变化。

(1)中微风化程度的岩层岩体整状性变差,RQD 值变低,岩石强度变低。例如,在微风化的花岗岩中施工,盾构机刀盘和刀具的磨损非常严重。广州市轨道交通五号线草暖公园站—淘金站区间,在微风化花岗岩中每掘进 30m,就要换一盘滚刀(39 把),但在中风化花岗岩中换刀的次数和换刀数量都要少得多。

(2)强全风化程度的岩层,完整的岩体变为碎块,碎块变为细粒。在广州地区,根据颗粒分析统计,在花岗岩、变质岩和白垩系碎屑沉积岩的全风化和强风化岩层中的粉粒和黏粒的含量大体上为 40% ~ 51%。因此,盾构机在这类地层中推进时,特别要防止在刀盘面和密封舱内结泥饼。另一方面,岩石中的石英不易风化,又会使全风化和强风化的岩体变为砂土状,在动水作用下的盾构施工过程中,工作面易塌方。

(3)岩石中的某些矿物发生了化学变化,产生了一些新矿物。例如,$CaSO_4 + 2H_2O = CaSO_4 \cdot 2H_2O$

(石膏在水的作用下变为二水石膏),广州市轨道交通某些白垩系红层中的溶洞,就是这样形成的。$K_2O \cdot Al_2O_3 \cdot 6SiO_2$(正长石)$+3H_2O = Al_2O_3 \cdot 2SiO_2 \cdot 2H_2O$(高岭石)$+4SiO_2$(石英)$+2KOH$,花岗岩中的长石经过水解作用变为高岭石。高岭石遇水微膨胀造成工作面不稳,同时也是刀盘结泥饼的主要原料。

(4)风化后的地层中裂隙水特别发育,尤其在全风化与强风化、强风化与中风化、中风化与微风化的界面上,往往是明挖或矿山法暗挖的突水点,是盾构法施工出现喷涌的原因。

第六节　广州地区几个主要岩土工程问题

随着广州经济建设的突飞猛进,广州市轨道交通建设又迎来新一轮建设高潮,但建设过程中也出现了各种岩土工程难题,需要建设者们高度重视,认真研究解决。例如,广州市轨道交通向南延伸,向南沙发展,首先遇到的最大问题就是软土问题;向北拓展,就会遇到岩溶问题;向东延伸,除了软土问题外,还会碰到花岗岩残积土和球状风化问题。

一、软土问题

珠江三角洲是由珠江从云贵高原,经广西进入广东后,河流坡降骤然降低,流速减慢,夹有的大量泥沙沉积造陆而成。珠江三角洲的软土深厚,土体软弱,其特点主要包括高含水量、高压缩性、高黏粒含量、低强度、低透水性,即“三高两低”的特性。广州地处珠江三角洲中前部,毗邻珠江出海口。广州软土的分布厚度由西北向东南逐渐加大,由老城区内厚度5m左右向南至番禺南沙厚度加大至30~40m。广州软土具有典型的三角洲中前部海陆交互相软土的性质,由于江水与海潮的复杂交替作用,淤泥与薄层砂交错沉积。而广州地区气候炎热、雨量充沛、植物茂盛、河网纵横,致使广州软土具有独特的工程性质。

(一)工程特性

广州软土与其他成因类型的软土性质不同,与同为三角洲相成因的上海软土性质也不同,具有其典型的工程特性。

1. 厚度变化大

广州地区岩层面起伏大,软土层由西北向东南逐渐加厚,向南延伸至南沙区厚度可达30~40m,分布很不均匀。软土层一般为淤泥层、淤泥质土夹砂层、淤泥质黏土层。

2. 含水量高、孔隙比大

广州地区软土的天然含水量高,特别是广州南片区,平均都在70%~80%,局部可达100%以上,这与国内其他地区相比(如上海45%~50%、天津60%)都普遍要高,因此土体的各项性质也大为恶化,如天然孔隙比一般为1.0~2.0,饱和度接近100%。

3. 渗透性较好

全国大部分地区淤泥和淤泥质土的渗透系数一般为10^{-7}~10^{-8}cm/s,而广州软土的渗透系数一般为10^{-6}cm/s。这是由于广州软土中夹有较多的粉砂、细砂、粉土颗粒,其颗粒分析显示细砂粒约占11%,粉粒约占40%,黏粒约占49%,且软土层中夹有厚度不等的薄层粉、细砂、粉土层。广州软土较其他三角洲相成因软土(如上海软土)的渗透性要好。

4. 压缩性高

广州淤泥和淤泥质土压缩系数一般在1.1~2.5MPa^{-1}之间。

5. 抗剪强度低

广州软土天然状态十字板抗剪强度一般小于15kPa,快剪黏聚力为4~15kPa,内摩擦角为4°~12°。

6. 触变性中等

广州软土的灵敏度一般为2~4,属中等灵敏度。

7. 含有蒙脱石、有机质

广州软土的矿物成分为较多的石英和斜长石，少量的钠长石、伊利石和高岭石，微量的蒙脱石。广州软土的有机质含量较高，一般为2%左右。由于蒙脱石和有机质的存在，这类软土的含水量及液限值较高。

（二）工程难题

广州软土这一工程特性给轨道交通工程建设带来一系列难题，主要有：

（1）工后沉降量可能会很大，沉降时间长，一般可能会长达3年以上，甚至出现不均匀沉降，从而导致作为永久结构的隧道、桥梁、车站、车辆段以及停车场等发生不稳定和损坏的现象，如管片的错台、开裂和破损，车站的开裂、漏水等。

（2）盾构机体的重量在轴向上是不均匀的，其前部的三分之一，包括刀盘主轴承和螺旋输送器等，占盾构机总重的三分之二以上。在这种软土地层中掘进时，易出现盾构机"栽头"问题。其结果是盾构机姿态难以控制，进而造成管片的错台、开裂、破损等。

（3）在软土地层条件下，深基坑施工容易产生挡土结构位移过大，基坑开挖时出现底涌，甚至出现基坑围护体系的坍塌、基坑失稳等严重问题。

（4）在软土地层条件下施工，可能导致基坑周边（隧道上方）建筑物、管线和道路的沉陷和开裂破坏等，并造成重大的经济损失和不良的社会影响。

（三）处理措施

1. 软土地基应采取合理的加固方法

单一的软土地基加固技术，据统计有七十多种，可分为五大类：①换土法；②密实法；③排水法；④胶结法；⑤加筋法。除此之外，近年来我国还发展了复合加固技术，即将两种或两种以上的方法结合起来使用，组合成一种复合加固法来解决工程问题。

对于建造在广州软土上的建（构）筑物，荷载较大的重要建筑需采用桩基穿过软土地基，软土层较薄、埋藏较浅的需换填，其他的一般需结合广州软土的工程特性进行方案比选，选择有针对性的、恰当的地基处理方法。

由于广州软土渗透性较好，排水固结法为地基处理首选方法。土工合成材料能提高地基稳定性、减小地基最终沉降量，可与其他方法结合使用。深层搅拌桩、振冲碎石桩等复合地基方法兼具置换、挤密软土的特点，且造价适中、加固快速，也为广州软土的有效处理方法。

2. 软土地层基坑工程应选择合理的支护体系

基坑支护设计的基本原则是"安全、经济、合理、可行"。基坑支护设计就是依据基坑工程要求（平面尺寸和深度）、场地工程地质条件和水文条件，以及场地周边环境条件等资料，首先对影响基坑围护体系安全的主要矛盾进行量化分析，据此进行方案合理性选择和结构稳定性的理论计算分析，并参考地区性经验判断，最终确定基坑围护体系类型。基坑围护体系一般包括挡土体系和止水降水体系两个部分，要求基坑支护结构体系一般能够承受土压力和水压力，且具有一定的刚度和整体稳定性。基坑围护形式主要有悬臂支护结构、重力式挡墙结构、桩（墙）加内支撑支护、组合拱形挡墙结构等。

由于广州市轨道交通地下车站基坑开挖深度一般都在15m以上，常用围护结构类型有地下连续墙与钻孔灌注桩两种。当施工场地受限，地质情况较好，连续墙成槽困难时，可采取钻孔灌注桩；若软土或砂层较厚，地下水丰富时，宜采用地下连续墙。

广州市轨道交通深基坑第一道支撑一般采用钢筋混凝土支撑，其余可采取钢管内支撑，但在深厚软土层时，因轴向压力大，钢支撑稳定性难以保证，应考虑采用钢筋混凝土支撑。

二、花岗岩残积土问题

花岗岩残积土在我国分布十分广泛,尤其是东南沿海地区,而且厚度较大。花岗岩残积土与沉积土的成因不同,因而具有不同的工程特性。过去人们总将其归类为砂性土,或砂质黏土,很少有资料真正将其分列出来。根据广州市轨道交通建设经验,发现花岗岩残积土的性状与一般的砂质黏土有很大区别。在广州地区的东北部、东部和南部,包括越秀山、白云山、从化、增城、天河、黄埔、番禺等地,广泛分布花岗岩地层。花岗岩的风化土(包括残积层、全风化层),都有遇水膨胀、软化、崩解,甚至液化流淌的特性,这些特性使地下工程的设计和施工遇到了不少难题。

(一)花岗岩残积土成因、成分和工程特性

花岗岩残积土是花岗岩经物理、化学风化后残留在原地的碎屑物,由于部分风化黏土已经被带走,导致石英等原生矿物含量较高。花岗岩的矿物成分主要为石英、长石,以及少量的黑云母、角闪石、辉石等。花岗岩造岩矿物的抗风化能力相差很大,石英抗风化能力最强,其次是长石,而云母、角闪石、辉石等抗风化能力较弱。因此,花岗岩残积土原生矿物主要为石英和未风化的长石碎屑,次生矿物主要为高岭石、伊利石、蒙脱石等。花岗岩风化作用与岩性特征、地形地貌、地质构造、水文地质条件、气候条件、人为活动等众多因素有关,其中气候作用对花岗岩的风化程度影响较大,气候条件越温暖潮湿的地区,风化程度越强烈。因此,不同地区花岗岩残积土的风化程度差异较大,导致矿物成分、颗粒级配、化学成分及物理力学性质也不尽相同。一般随着风化程度的逐渐加强,粒度随之变细。例如,广东地区花岗岩残积土风化程度较北方地区强烈得多,广东地区花岗岩残积土多属含砂砾的亚黏土,矿物主要是石英和高岭石,次要矿物有伊利石、长石等,化学成分以 SiO_2、Al_2O_3 和 Fe_2O_3 为主,硅铝比较少;而北方花岗岩残积土多属微含细粒的砾类土或砂土,矿物主要为伊利石、长石和石英,次要矿物为高岭石和蒙脱石,化学成分虽然仍以 SiO_2、Al_2O_3 和 Fe_2O_3 为主,但 RO、R_2O 含量都较大,硅铝也比较多,而 Al_2O_3 含量相对广东地区残积土较少。

总之,广东地区花岗岩残积土风化作用强烈,风化程度较深,属硬塑~可塑状亚黏土,孔隙比较大,中等压缩性,含较多游离氧化物,亲水性较弱,具有较高强度。它既具有黏性土的一般特性,又具有粗粒土的某些特性。

花岗岩残积土的特定成因、成分与其工程特性密切相关。花岗岩残积土具有不均匀性、各向异性、扰动敏感性、软化与崩解性等。

1. 不均匀性与各向异性

花岗岩中常见不均匀分布的岩脉,有些岩脉抗风化能力较强,如石英岩脉,而有些岩脉抗风化能力较弱,如二长岩脉、煌斑岩脉等,由此导致风化形成的花岗岩残积土具有不均匀性。调查发现花岗岩残积土的边坡失稳事故,大部分是由于花岗岩残积土的不均匀性和各向异性造成的,残积土中的原生和次生裂隙对边坡失稳起了决定性作用,特别是在南方。

2. 扰动敏感性

在天然状态下花岗岩残积土可保持中压缩性和较高的抗压强度,但扰动后,其物理力学性质急剧恶化。花岗岩残积土保留有原岩一定的残余结构强度,但由于其一般含有较多的砂砾碎屑,因此极易因扰动而破坏其结构性。

3. 软化与崩解性

花岗岩残积土的软化特性是指随着含水量的增加,其压缩性增大、强度降低的性质。崩解是指浸泡在水中的花岗岩残积土呈散粒状、片状及块状掉剥崩落的现象。根据花岗岩残积土的微结构特征,天然状态的花岗岩残积土,其土骨架近乎刚架,由于起胶结作用的游离氧化物可溶于水,当土体浸水后,随着

胶结物的溶解,刚架的节点逐渐被减弱,即由刚节点逐渐变为铰节点,引起土体强度降低,压缩性增大。在有临空面条件下,当胶结物完全溶解时,节点完全破坏,临空面部分土体就自然崩解塌落。

(二)工程问题

(1)花岗岩残积土扰动敏感性强,吸水性强,遇水易膨胀、软化、甚至崩解,隧道施工过程中若处理不当,容易造成掌子面失稳,地面沉降难以控制,甚至会导致隧道塌方、地面沉陷、建筑物开裂损坏。

(2)花岗岩残积土不良地层遇水软化、泥化、崩解特性引起的明挖基坑工程风险主要有:①大型挖土设备土方开挖将非常困难,开挖工效严重降低,甚至机械无法开挖,开挖面极易坍塌,并且随着开挖暴露时间的延长,影响范围将进一步扩大;②土体强度等力学性质急剧变差,地基承载力降低甚至丧失,导致基坑内被动土压力降低,支撑轴力增大,围护结构变形加大,甚至造成围护结构失稳、坍塌以及周边建筑物沉降变形等风险。

(3)人工挖孔桩施工易遇到护壁流土、桩底管涌等问题。经验证明,如在花岗岩残积土地区进行挖孔桩工程,首先必须进行止水工程,将地盘围水以后,才能进行桩基施工。

(三)处理建议

(1)解决花岗岩残积土不良地层工程风险的关键是处理好“水”,因为该土层天然状态下具有较好的力学性质,“水”就是风化土层软化、崩解的诱因。而“水”的来源及影响主要有以下两类:①地下水的影响,按赋存方式主要分为第四系松散土层孔隙水和块状基岩裂隙水;②大气降水影响。

(2)矿山法隧道施工中,应对周边地下水加以严格控制,并对掘进区土体进行必要的注浆加固,以尽可能截断水的来源。工程实践证明,认真进行袖阀管注浆加固或系统持续降水是有效方法。

(3)在花岗岩残积土中应尽可能避免采用人工挖孔桩,尤其是在地下水丰富的环境下。

(4)对于深基坑工程,广州市轨道交通一般采用围护结构隔水 + 主动式止水或降水方式 + 地基加固的方法。

三、花岗岩球状风化问题

广州地区的东北部、东部和南部,广泛分布花岗岩构造地层,其风化层甚至残积土层中可能埋藏有大小不等、随机分布的球状风化体,给地下工程带来巨大风险。

(一)花岗岩球状风化体形成机理与分布规律

1. 形成机理

花岗岩球状风化体属风化产物,主要赋存于花岗岩岩体风化壳内。球状风化是花岗岩岩层中十分常见的一种现象,属于花岗岩的不均匀风化。花岗岩风化作用与岩性特征、地形地貌、地质构造、水文地质条件、气候条件、人为活动等众多因素有关,其中岩性特征和原生节理是控制风化作用的内因,气候、地形地貌及水文地质等则是控制风化作用的外因,而花岗岩原生的三组相互正交的节理则是造成球形外观的主要原因。花岗岩有三组相互正交的原生节理,这些节理把岩体分割成许多长方形或近似正方形的岩块。由于化学风化特别集中在三组节理相交会的棱角部位,当经过一段时间之后,棱角就逐步圆化,方形岩块逐渐变为球形岩块,这种现象称为球状风化。球状风化主要是由于岩石岩性不均匀、抗风化能力差异大所致。花岗岩的矿物成分主要为石英、长石,以及少量的黑云母、角闪石、辉石等。花岗岩造岩矿物的抗风化能力相差很大,石英抗风化能力最强,其次是长石,而云母、角闪石、辉石等抗风化能力较弱。抗风化能力较弱的矿物风化较快且彻底,抗风化能力较强的矿物风化较慢。如果花岗岩岩体某些部分的抗风化能力较强的矿物比较集中,节理发育程度较差,风化的过程就会大大减缓,从而形成被大量风化碎屑包围的风化程度较低的球形岩块。

但目前关于风化球体为何在一个地方会形成，而在另一个地方不会形成的现象，则缺乏比较深入的研究。例如，广州地区在燕山四期花岗岩地层中常发现球状风化体，而燕山三期花岗岩球状风化现象较少见，这值得深入研究。

2. 分布规律

虽然花岗岩球状风化体的分布具有离散性大、埋藏深度大、空间赋存特征不规则的特点，但还是具有一定的规律：

(1)花岗岩球状风化体主要分布于全风化带和强风化带。

(2)花岗岩球状风化体在垂直风化剖面上具有“上多下少、上小下大”的特点，即随着高程的增加，球状风化体越来越密集，而体积越来越小。

(3)花岗岩球状风化体的大小随着风化程度的增强而减小，而数量却随着风化程度的增强而增加，这一特征正好与(2)相吻合。

(4)在全风化带中也可能存在较大的球状风化体，在强风化带中也有可能出现较小直径的球状风化体，这说明球状风化体的大小还受到局部风化条件和地质条件等因素的影响。但这种情况一般比较少见。

(二)工程问题

(1)由于花岗岩球状风化体单轴抗压强度非常高，与四周岩土层的强度差异大，因此很难被盾构刀具破碎，常在刀盘前方滚动，这给盾构施工带来极大困难和风险。例如，易造成刀具和刀盘的严重损坏，对地层的扰动非常大，易造成地层沉降大，甚至塌方及上方建(构)筑物损坏的安全风险。

(2)这种地质条件下进行钻孔桩施工，存在钻进速度慢，钻具寿命短，易发生偏孔、卡钻、掉钻头、塌孔等事故，出现嵌岩桩终孔条件难判定的情况；同时桩周土阻抗的变化也给桩基检测评定带来一定影响。

(三)处理措施

(1)加密补充地质勘探，掌握花岗岩球状风化体体量、位置及分布情况。提前做好准备工作，如地面预加固，为破除花岗岩球状风化体、更换刀具等做准备。不能通过盾构机直接破除的花岗岩球状风化体，应采取诸如地面钻孔微差爆破、冲孔或冲击法等适当的方法进行提前破除。

(2)桩基钻孔成孔过程中，突然遇到硬岩钻进困难时，应注意分析工程地质资料和周边桩位钻进情况，避免将风化体误判为达到持力层。若采用常规冲击法无法穿越球状风化体，可采取其他方法，如钻孔爆破冲击法。

四、岩溶问题

广州市轨道交通向北、向西建设时，便进入可溶性很强的灰岩地带，不可避免地会遇到岩溶(溶洞、溶槽、溶沟等)、土洞等岩土工程问题。广州市轨道交通五号线、六号线、九号线、二号线北延段、三号线北延段、八号线北延段都遇到该问题。

(一)岩溶分布特征

广州市西部及北部在区域地质上属于广花凹陷，沉积了巨厚的石灰岩建造。西部的大坦沙主要分布石炭系壶天群、石磴子组地层。灰岩溶洞发育，勘察揭示溶洞呈串珠状分布，单个溶洞最大高度达21m。根据抽水试验成果，壶天群灰岩溶蚀裂隙和溶洞发育，碳酸盐类裂隙溶洞水渗透系数大，是轨道交通地下线路极不利地段。

北部的嘉禾至新机场一带，主要分布石炭系壶天群、石磴子组和第三系莘庄村组地层，见洞率为20%，埋藏深度为18.7～43.3m，洞高为0.2～10.9m。这些溶洞对轨道交通地下线路掘进影响较大，可能造成地面沉陷、突水、盾构机塌落等工程事故。岩溶发育给高架线桩长选择和施工成孔等带来困难。

总的来说，石炭系灰岩溶洞一般为空洞，地下水丰富，且与砂层直接连通，有进一步发展的可能；第三系莘庄村组灰岩溶洞多为半充填或全充填，经常在岩层界面出露。

（二）岩溶成因特征

灰岩地层在沉积过程中由于多孔介质产生了原生孔隙，构造运动增添了节理、断层等构造痕迹，为雨水向地表岩石的渗透溶蚀提供了条件。同时广州市高温多雨的亚热带季风气候又创造了强烈的溶蚀动力条件。丰沛的雨量增强了水动力条件和溶蚀量，雨季的高温环境增加了生物的活性，大大提高了土中CO_2的含量，十分有利于岩溶的发育，形成岩石尖柱、狭缝、岩石与黏土互层、穹隆状土洞、空洞。溶洞和土洞塌陷后，形成上部漏斗形凹陷以及开放式落水洞。

（三）工程问题

（1）隧道穿越岩溶区时，常常遇到大小不等、部位不同、充填物及充填程度不同、含水量不同的溶洞，这些溶洞的存在将给隧道的施工和围岩的稳定带来不同程度的困难。不同位置、不同大小的溶洞对隧道开挖过程中围岩稳定性的影响是各不相同的，经常引发地面沉陷和突水以及盾构机塌落等工程事故。如图2-8所示为盾构机穿越岩溶地段示意图。

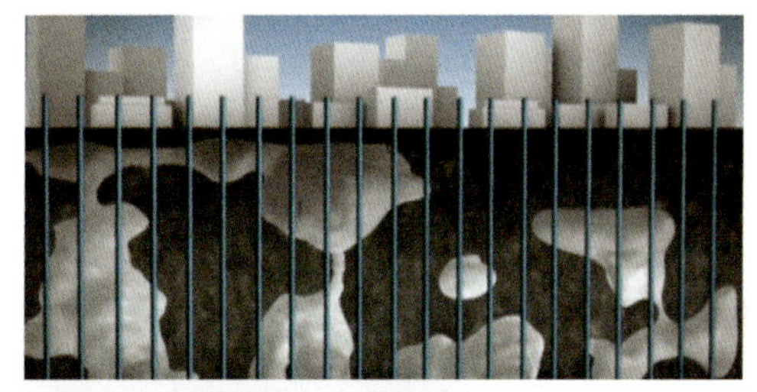

图2-8　盾构机穿越岩溶地段示意图

（2）岩溶地质条件同样给高架桥梁桩基础设计与施工带来比较严重的问题。桥梁本身及其承受的荷载通过桩基础传递到地层中，在岩溶地区，溶洞对桩基的承载能力产生重大影响。如桩周的溶洞直接影响桩周土与桩基的摩阻力；桩基底部的溶洞，可能因溶洞顶板厚度不够，在桥梁荷载作用下，压碎顶板，导致桩基承载能力损失，桥梁结构破坏。同时，岩溶在桩基施工过程中可能引起垮孔、偏孔、断桩等施工事故。

（3）对明挖工法，岩溶还会引起围护结构施工过程中的坍塌及基坑开挖过程中围护结构渗漏水、基底突涌水等风险。

（四）处理措施

（1）由于岩溶对隧道施工与线路运营的影响极大，在岩溶地区地铁设计中，在规划条件和地面条件许可的情况下，尽可能采用地面线或高架线。如果必须采用地下线，应采取周详的工程措施，隔离岩溶水，如采用冻结法、高压注浆等。隧道底板下有溶洞分布时，采取灌浆和结构措施处理，穿过溶洞地段先进行灌浆止水再开挖；在工程施工时，防止溶洞给周边建筑物及附近道路设施带来的不利影响。

（2）对于地面线，在土洞发育地段施工前应对土洞进行振塌或填灌处理，避免施工过程中因加载和振动作用产生地面塌陷。

（3）对于高架线路，根据溶洞具体位置对桩位和桥跨进行合理调整，桩位布置尽量避开溶洞。桩端置于溶洞以下一定深度内，确保桩端以下 $3D$ 深度内没有溶洞或软弱夹层。在岩溶发育的高架地段进行桩基施工时，要进行超前钻探，以确保桩基的稳定性。当承载力达不到要求时，桩端采用扩大头桩或采用群桩并经检测合格后方可进行上部结构施工，并加强不良地段的桩位的沉降观测。

五、富水断裂破碎带问题

广州地区地质条件复杂，构造断裂相当发育，轨道交通工程施工中经常遇到断裂带，给施工带来不利影响。

（一）广州地区的主要断裂构造

广州地区发育的较大断裂有广从断裂、广三断裂、瘦狗岭断裂、文冲断裂、化龙断裂、沙湾断裂。次级断裂较多，主要有清泉街断裂、三元里温泉断裂等。其中影响轨道交通工程建设的主要断裂有广从断裂、广三断裂、瘦狗岭断裂。

（二）断裂对工程施工的影响

断裂构造在区域上可以延伸几公里至数百公里不等，可以是活动断裂和非活动断裂，可以是正断层、逆断层和平移断层。具体到场地时，断裂构造总是表现为破碎带、构造变质岩带、风化深槽等形式。一般来说，活动断裂对建筑物的危害有蠕动和突然错动（伴随地震发生）。活动断裂的蠕动破坏建筑物的情况在广州地区未发生过。断裂错动总是伴随地震发生的。根据《建筑抗震设计规范》（GB 50011—2010），抗震设防烈度小于 8 度，可以忽略断裂错动对地面建筑的影响。广州地区抗震设防烈度为 7 度，相邻地区没有 8 度或 9 度烈度区，故工程建设可忽略断裂错动的影响。

广州市轨道交通施工过程中，很多线路都碰到断裂带，大部分施工受阻，造成工程投资增加、工期拖延、危及安全。断裂带来的主要不良影响和危害有以下几个方面：

（1）断裂破碎带破坏了岩体的完整性，降低了地层的稳定性和隧道围岩类别，增加了隧道开挖的难度。若断裂面是极不稳定的滑移面，对隧道或高架线桥桩的稳定有重要影响。

（2）断裂破碎带通常是地下水富集带和导水通道。隧道开挖、深基坑开挖时可能产生突水和涌砂现象，盾构掘进时易形成喷涌，甚至会导致坍塌、周边建（构）筑物损坏。

（3）断裂带岩性通常不均匀，其附近岩面起伏变化大，易造成盾构刀具损坏，导致盾构掘进速度缓慢。而富水断层中，刀具更换困难。

（4）断裂带在石灰岩地层中通过，断裂带影响范围内常伴随岩溶发育、地下水丰富等特殊地质条件。岩溶发育比断裂带本身在工程上更难处理。

（三）工程措施

（1）做好勘察。应采用多种手段方法查明断裂的主要工程特征，主要包括断裂的范围、产状、构造特征、岩性、水文地质特征、空间展布与轨道交通线路的关系等。

（2）矿山法开挖时应做好止水和防水措施，必要时应采用帷幕注浆处理；盾构掘进不能采用敞开式掘进，必须采用土压或泥水平衡掘进，且应做好防喷涌措施，更换刀具应根据实际情况可考虑提前加固地层；深基坑开挖时，除了基坑侧壁止水外，还应在基坑底采取止水措施，防止基坑底涌水或过量排水导致基坑外侧周边建筑发生沉降开裂。

（3）车站应尽量避开断层，否则应采取结构抗震设防措施。高架段应调整布跨，墩位尽量避开断层破碎带，无法避开的，要采取必要的工程结构防范措施。

六、复合地层问题

该问题在相关章节已经论述，这里不在赘述。

第二篇 盾构法施工技术

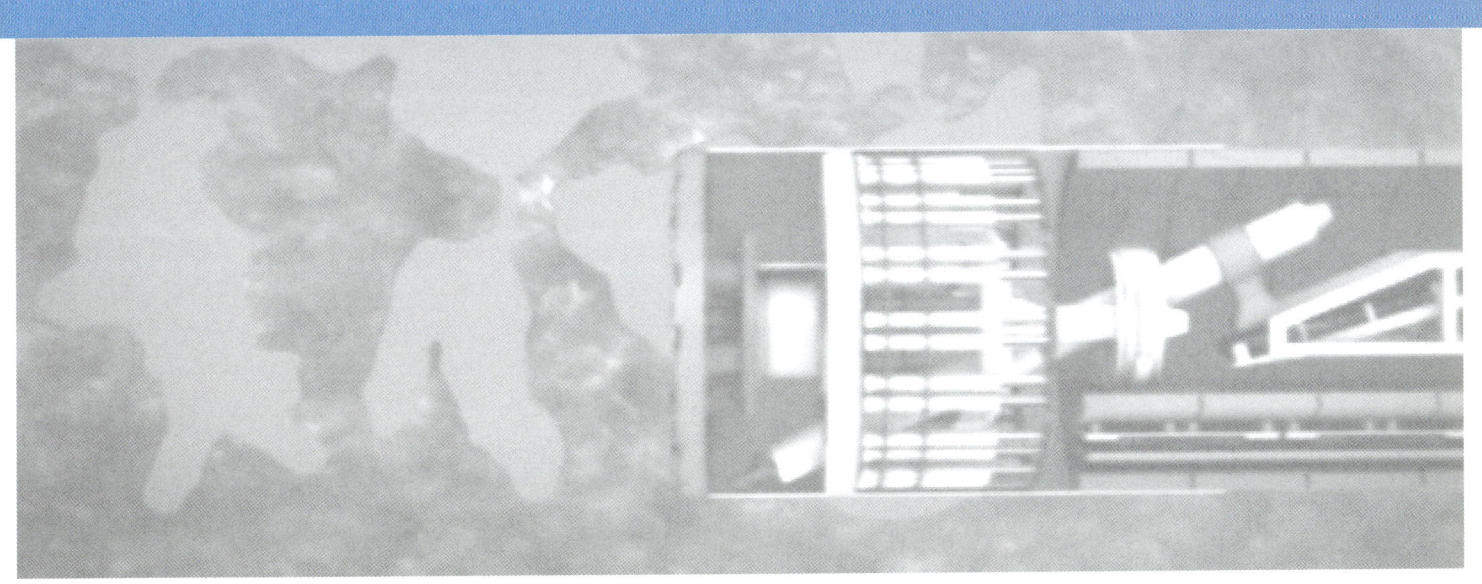

第三章　盾构法概述

第一节　盾构法简介

一、发展历史

1818 年英国工程师布鲁诺在蛀虫钻孔现象启示下发明盾构机雏形。1825 年开始用一个宽 11.58m、高 6.7m 的矩形盾构机，在英国伦教的泰晤士河下面修建世界第一条水底隧道。施工中遇到泥水涌入隧道的极大困难，两次被淹，直至 1835 年对盾构机作了改良，用压气辅助施工，才于 1843 年完工，隧道全长 458m。1874 年格雷塞德较完整地提出了气压盾构法的施工工艺，并且首创了在盾尾后面的衬砌外围环形空隙中注浆的施工方法，对盾构法发展起了巨大的推动作用。20 世纪初，盾构法已在美、英、德、苏、法等国家开始推广，并广泛应用于修建水下公路隧道、地下铁道、水工隧道及小断面市政隧道等工程。20 世纪 60 年代初期，英国、日本和德国先后开发了泥水加压盾构施工工艺。1974 年日本首先研究开发了一台直径 3.72m 的土压平衡盾构机，在含水砂层中修建隧道取得成功。20 世纪 70 年代后，土压平衡盾构技术日趋完善，并得到广泛应用。

我国对盾构法的研究应用较晚，1956 年东北阜新煤矿国内第一次采用直径 2.6m 的盾构机及小型混凝土预制块修建疏水巷道。20 世纪 60 年代，上海开始研究用盾构法修建黄浦江江底隧道及地下铁道试验段。1967 ~ 1969 年，采用直径 10m 的盾构机及单层钢筋混凝土管片建成了上海第一条黄浦江越江道路隧道。20 世纪 80 年代后期，上海市轨道交通一号线开始应用盾构技术修建隧道。20 世纪 90 年代后，上海、北京、广州、深圳等城市轨道交通建设开始大量采用盾构法。

二、施工原理及流程

（一）施工原理

盾构法是使用盾构机在地下掘进，在盾壳的掩护下，切削刀盘可以安全地开挖地层，一次掘进相当于装配式衬砌一环的宽度。尾部可以装配管片，迅速拼装成隧道永久衬砌，并将衬砌与土层之间用水泥砂浆填实，防止周围地层变形。盾构推进主要依靠盾构机内部设置的千斤顶，千斤顶顶在拼成的衬砌环上。推进一环后，千斤顶缩回活塞杆，为下一环衬砌拼装创造条件。重复上述过程，不断开挖，不断拼装，并不断推进，完成隧道施工。盾构施工是由稳定开挖面、盾构机挖掘和衬砌三大部分组成。土压平衡盾构施工概貌如图 3-1 所示。在隧道的一端建造工作井（始发井），将盾构机安装就位，盾构机从始发井墙壁开孔出发，在地层中沿着设计轴线，向另一端工作井（接收井）推进。

（二）施工流程

盾构施工总体工艺流程如图 3-2 所示，总体施工步骤如下所述，盾构施工一个循环工艺流程如图 3-3 所示。

（1）在盾构法隧道的起始端和终端各建一个工作井。

（2）盾构机在起始端工作井（始发井）内安装就位。

（3）依靠盾构千斤顶推力（作用在新拼装好的衬砌和工作井后壁上）将盾构机从始发井的壁墙开孔处推出。

（4）盾构机在地层中沿着设计轴线推进，在推进的同时不断出土和安装衬砌管片。

（5）及时向衬砌背后的空隙注浆，防止地层移动，并固定衬砌环。

（6）盾构机进入终端工作井（接收井）或车站，如施工需要，可穿越车站再向前推进，最终在接收井或车站被拆除吊出。

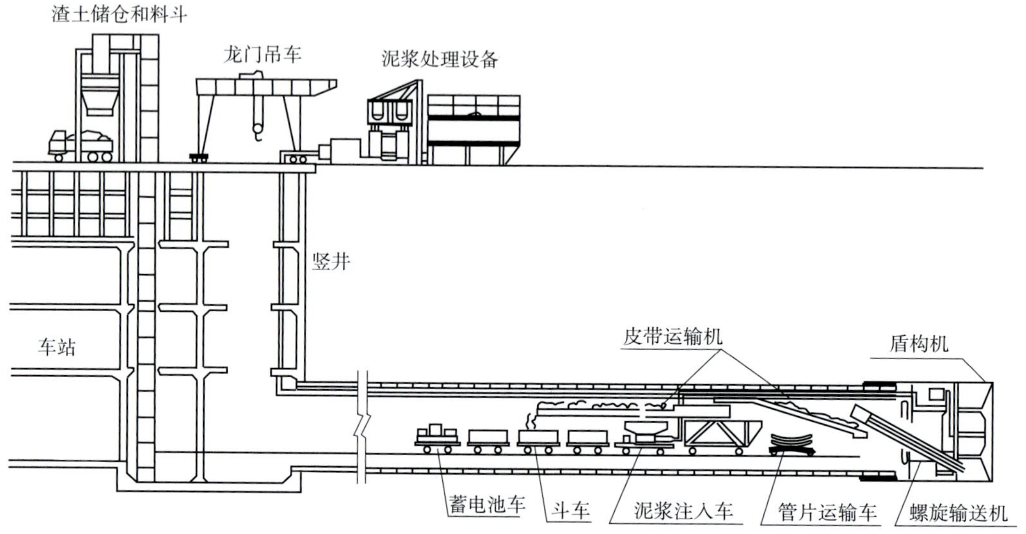

图 3-1　土压平衡盾构施工概貌图

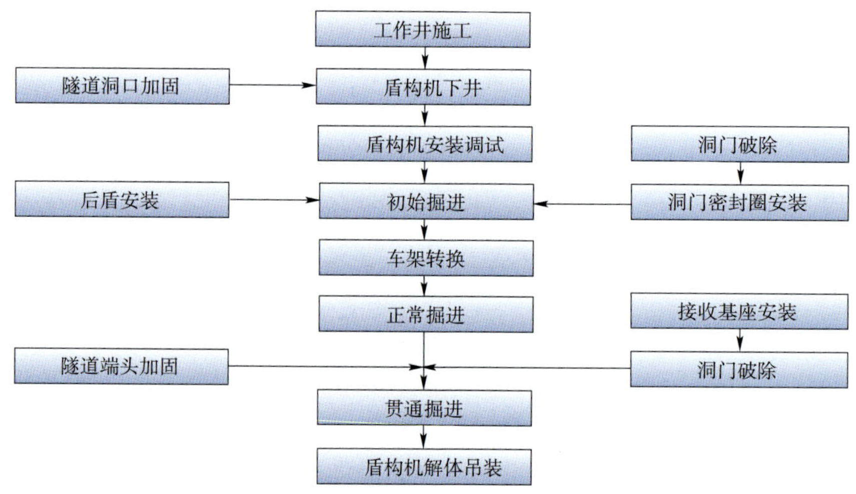

图 3-2　盾构施工总体工艺流程图

三、盾构机分类

盾构机分类方法较多，可按盾构机切削断面的形状，盾构机自身构造的特征、尺寸的大小、功能，挖掘土体的方式，掘削面的挡土形式，稳定掘削面的加压方式，施工方法，适用土质的状况等多种方式分类。

1. 按挖掘土体的方式分类

按挖掘土体的方式，可分为手掘式、半机械式及机械式三种。

(1)手掘式:即掘削和出土均靠人工操作进行。

(2)半机械:即大部分掘削和出土作业由机械装置完成,但另一部分仍靠人工完成。

(3)机械式:即掘削和出土等作业均由机械装备完成。

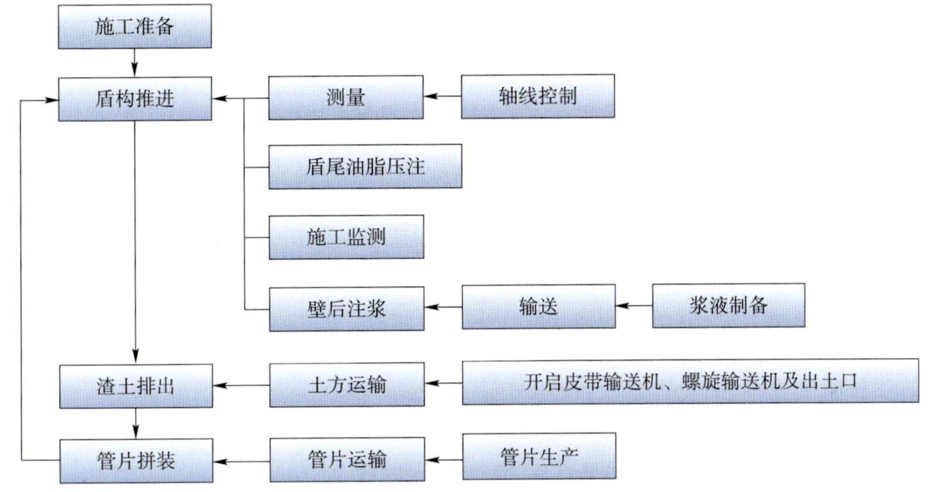

图 3-3 盾构施工一个循环工艺流程图

2. 按掘削面的挡土形式分类

按掘削面的挡土形式,可分为开放式、部分开放式、封闭式三种。

(1)敞开式:即掘削面敞开,并可直接看到掘削面的掘削方式。

(2)部分敞开式:即掘削面不完全敞开,而是部分敞开的掘削方式。

(3)封闭式:即掘削面封闭,不能直接看到掘削面,而是靠各种装置间接地掌握掘削面的方式。

3. 按加压稳定掘削面的形式分类

按加压稳定掘削面的形式,可分为压气式、泥水加压式、削土加压式、加水式、加泥式、泥浆式六种。

(1)压气式:即向掘削面施加压缩空气,用气压稳定掘削面。

(2)泥水加压式:即用外加泥水向掘削面加压稳定掘削面。

(3)削土加压式(也称土压平衡式):即用掘削下来的土体的土压稳定掘削面。

(4)加水式:即向掘削面注入高压水,通过水压稳定掘削面。

(5)泥浆式:即向掘削面注入高浓度泥浆,靠泥浆压力稳定掘削面。

(6)加泥式:即向掘削面注入润滑性泥土,使之与掘削下来的砂卵石混合,由混合泥土稳定掘削面。

4. 按盾构机切削断面形状分类

按盾构机切削断面形状,可分为圆形、非圆形两大类。圆形又可分为单圆形、半圆形、双圆搭接形、三圆搭接形。非圆形又分为马蹄形、矩形(长方形、正方形、凹矩形、凸矩形)、椭圆形(纵向椭圆形、横向椭圆形)。

5. 按盾构机的尺寸大小分类

按盾构机的尺寸大小,可分为超小型、小型、中型、大型、特大型、超特大型。

(1)超小型:D(盾构机直径)$\leqslant$1m。

(2)小型:1m $< D \leqslant$ 3.5m。

(3)中型:3.5m $< D \leqslant$ 6m。

(4)大型:6m $< D \leqslant$ 14m。

(5)特大型:14m $< D \leqslant$ 17m。

(6)超特大型:$D >$ 17m。

四、施工特点

1. 优点

（1）除竖井施工外，施工作业均在地下进行，既不影响地面交通，又可减少对附近居民的噪声和振动影响。

（2）盾构隧道施工费用受埋深影响较小，在土质差水位高的地方建设埋深较大的隧道，盾构法有较好的技术经济优越性。

（3）盾构推进、出土、拼装衬砌等主要工序循环进行，易于管理，施工人员较少，劳动强度低，生产效率高。

（4）穿越江、河、海道时，不影响航运，且施工不受风雨等气候条件影响。

（5）土方量较少。

2. 缺点

（1）当隧道曲线半径过小时，施工较为困难。

（2）在陆地建造隧道时，如隧道埋深太浅，则盾构法施工困难很大，而在水下时，如覆土太浅，则盾构法不够安全，要确保有一定厚度的覆土。

（3）盾构施工中采用全气压方法以疏干和稳定地层时，对劳动保护要求较高，施工条件差，目前已多用局部气压代替。

（4）盾构施工过程中引起的隧道上方一定范围内的地表下沉较难完全防止。

（5）在饱和含水地层中，盾构施工所用的拼装衬砌对达到整体结构防水性的技术要求较高。

五、发展趋势

随着国际上盾构技术的日趋完善以及国内对盾构技术的需求加大，盾构机的发展逐渐趋向于微型化和超大型化、形式多样化、高度自动化和高适应性。在这一背景下，大量的盾构施工新技术应运而生，这些新技术主要反映在以下几个方面：

（1）施工断面从常规的单圆形向双圆形、三圆形、方形、矩形等异形断面发展。城市轨道交通车站一般设置在城市繁华地区，很多工程已经遇到难以确保施工用地或施工用地拆迁费过高的问题，如果能够采用异形断面盾构机施工车站，将会使这一难题得到解决。如图3-4所示为双圆盾构机。

（2）盾构隧道向长、深、大方向发展。跨江河湖海隧道掘进距离常超长，高铁和公路隧道要求超大断面，跨海、跨河、上下穿越隧道等地下空间开发向深层发展。如图3-5所示为应用于长江崇明岛公路隧道的世界最大直径泥水盾构机（ϕ15.3m）。

图3-4 双圆盾构机

图3-5 世界最大直径泥水盾构机（ϕ15.3m）

（3）施工新技术飞速发展，包括进出洞技术、地下对接技术、长距离施工刀具配置技术、小曲线半径施工技术、重叠隧道施工技术、扩径盾构施工技术、球体盾构施工技术、高水压盾构密封技术、超低压和超高压下人工介入工作面技术等。

(4)隧道衬砌新技术也在不断发展,包括压注混凝土衬砌、管片自动化组装、管片接头、管片接缝防渗等技术。

(5)复杂地质条件下盾构施工:随着掘进距离增加,各种复杂的地质情况不断挑战盾构工法,如广州、深圳等地区复合地层,沈阳、北京、成都等地区砂砾石地层,广州、杭州、武汉等地区的瓦斯、煤成气等地层。

(6)泥水—土压双模盾构机的研发与应用。

目前应用广泛的盾构机有两种,即土压平衡盾构机和泥水盾构机,各有优缺点,适应的地层条件也不同。土压平衡盾构机一般适应于渗透系数小、黏粒含量高的地层,对高水压地层适应性差;而泥水盾构机一般适应于渗透系数大、黏粒含量低的地层,对高水压地层适应性好。与土压平衡盾构机相比,泥水盾构机对地层扰动较小,地层沉降较小,但排泄卵石、漂石、人工片石等较大石块的能力较差。

盾构机对地层条件的适应性是盾构隧道施工成败的关键,但由于工程地质的复杂性,对于同一个盾构标段,经常出现某些部分适合选用土压平衡盾构机,而其他部分又适合采用泥水盾构机,这就给盾构机选型带来极大困难,无论选择哪一种盾构机都面临巨大工程风险。为了解决该问题,德国、日本以及我国盾构工程技术人员综合两种盾构机的优点,研发出一种新型盾构机,即双模盾构机。双模盾构机目前有两种,一种出泥口均位于螺旋输送机前部,破碎机位于泥土仓;另外一种出泥口和破碎机均位于螺旋输送机尾部。双模盾构机既能利用土压平衡模式掘进,又能转换为泥水平衡 + 螺旋输送器出土模式掘进,排泄较大石块的能力增强,地层适应性广泛。德国海瑞克公司设计、广州制造的双模盾构机即将在马来西亚复合地层中应用,中日联合设计、广州制造的双模盾构机将在广州市轨道交通九号线复合地层中尝试应用。如图 3-6 ~ 图 3-10 所示为海瑞克公司泥水—土压双模盾构机。如图 3-11 所示为将应用于广州市轨道交通九号线的泥水—土压双模盾构机。

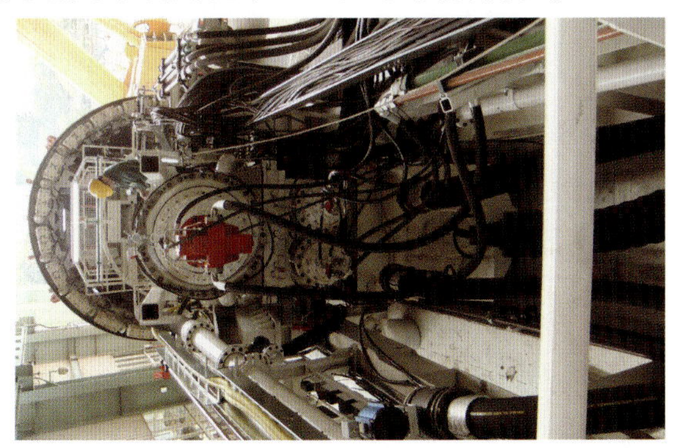

图 3-6　出泥口和破碎机均位于螺旋输送机尾部的双模盾构机

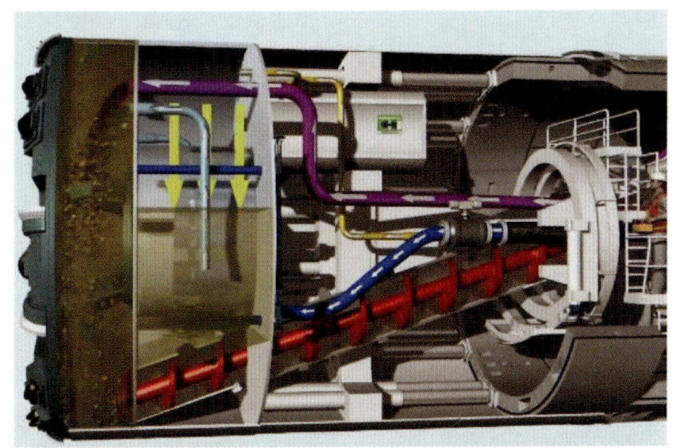

图 3-7　双模盾构机原理图

图 3-8　双模盾构碎石机

图 3-9　双模盾构机(复合地层中泥水模式)

目前,全国的盾构隧道建设正迅猛发展,但是,这一发展规模和速度远远超过了现有“人、财、物”的适应能力,如何有效提高行业的整体技术水平,各方认知不一。广州市轨道交通积累近二十年盾构工程

图 3-10　双模盾构机(土层中土压模式)

建设经验,对盾构技术的前沿课题进行了研究,认为以下方面应作为盾构工程发展的突破口,或许对盾构产业"又快又好"发展有重要的促进作用。

(1)开班授徒、著书立说、一线实践、培养人才。

(2)科学应对、精细管理;勤于思考、勇于创新。

(3)坚持"地质是基础、盾构机是关键、人是根本"的盾构施工技术原则,加强风险研究和预防。

(4)探索隧道质量全寿命周期的考量,及其检测、评估、维修技术的研究。

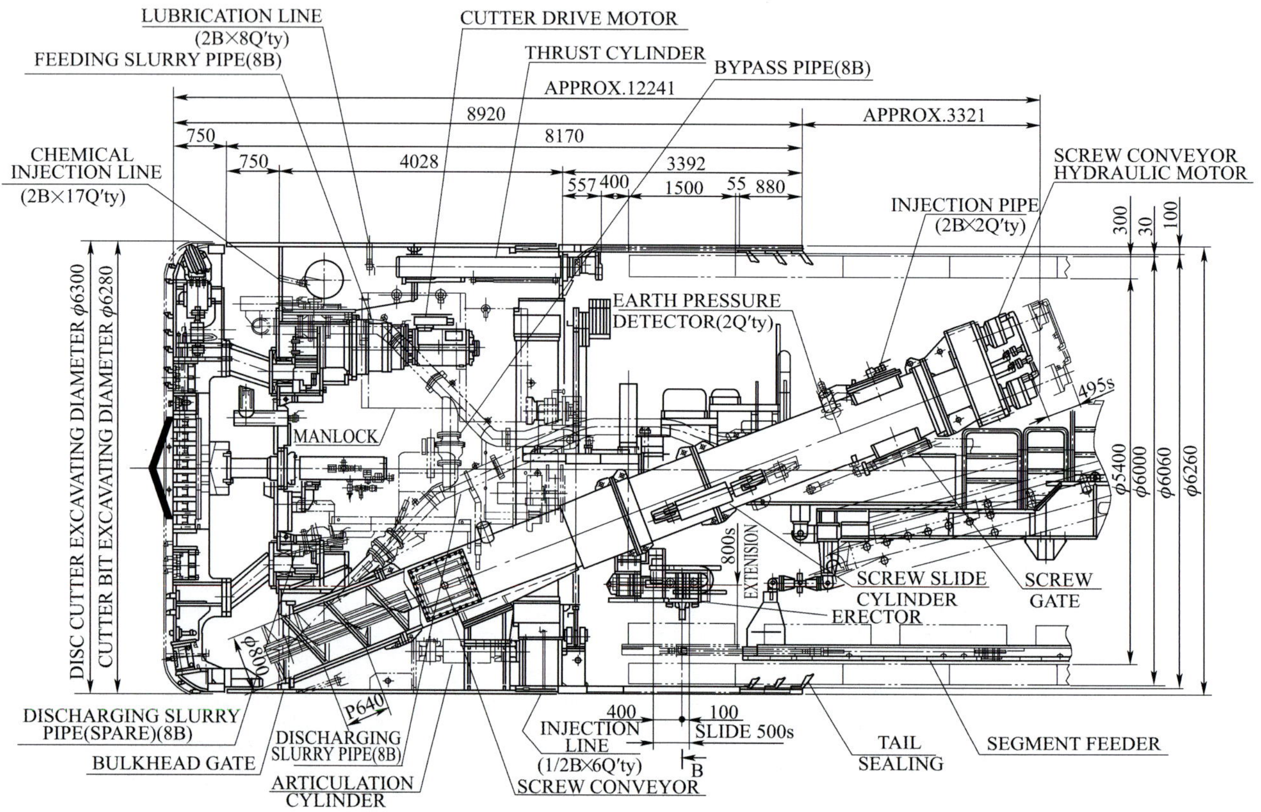

图 3-11　将应用于广州市轨道交通九号线的双模盾构机(尺寸单位:mm)

第二节　广州市轨道交通盾构法应用概况

广州市轨道交通自 1994 年一号线采用盾构法施工隧道至今,已先后投入了 120 多台次盾构机,完成了 200 余公里的盾构隧道施工。这些隧道分布于已投入运营的广州市轨道交通一号线、二号线、三号线、四号线、五号线、二/八号线拆解段、广佛线首通段及 APM 线,以及正在建设的六号线、七号线、九号线、广佛线后通段等新线。

广州市轨道交通一号线盾构工程通过国际招标,有英国、法国、德国、意大利、日本和韩国 6 个国家的 9 家承包人参与投标,于 1994 年选择日本青木公司为设计施工总承包;采用 FIDIC 合同条款,由法国索菲图公司监理;广州市地下铁道总公司盾构处代表业主实施管理,从而开创了我国在复合地层中使用中大型直径混合盾构机的先河。广州市轨道交通一号线盾构工程黄沙至公园前 4 个区间采用 2 台日本住友公司制造的泥水盾构机;公园前至烈士陵园 2 个区间采用 1 台日本川崎公司制造的土压平衡盾构机,双线线路全长 8.8km。该工程于 1997 年 11 月比合同工期提前 6d 高质量完成。

广州市轨道交通二号线 6 个区间(3 个标段)采用盾构法施工,使用了 4 台德国海瑞克公司制造的土压平衡盾构机和 2 台广州市轨道交通一号线使用过的泥水盾构机(经上海隧道股份有限公司改造成混合式土压平衡盾构机),盾构隧道线路全长约 12km。广州市轨道交通二号线盾构工程全部由国内承包人施工并成功穿越了珠江,为盾构工程技术进一步在广州推广积累了大量的经验。

广州市轨道交通三号线 11 个区间(8 个标段)采用盾构法施工,使用了 15 台盾构机施工(其中,德国海瑞克公司制造的土压平衡盾构机 11 台,德国维尔特公司制造的土压平衡盾构机 2 台,日本三菱公司制造的泥水盾构机 2 台),盾构隧道双线线路全长约 40km。盾构隧道穿越了在广州地区能遇到的所有时代的地层,10 台次穿越珠江、河涌和大断裂带,在盾构施工工程中遇到的问题及总结的经验和发生事故时所采取的对策,几乎成了广州地区乃至国内同类地层中盾构施工的百科全书。

从四号线开始,区间隧道基本上采用盾构法施工,只有在变断面如折返线、渡线、存车线才采用矿山法施工。这些线路的盾构施工进一步丰富了在复合地层中进行盾构施工的经验。

第三节　广州市轨道交通盾构法研究创新简介

一、主要研究内容与创新点

隧道建设是地下空间开发中的重要组成部分,盾构法以其无以比拟的优越性在国内外隧道建设中得到了广泛应用。我国在 1950 ~ 1960 年引进盾构工法,目前该工法在软土地层已经得到发展并走向成熟。我国幅员辽阔,地质条件复杂,区域差别极大。复杂地质条件下盾构技术一直制约了我国隧道工法的突破,广州市轨道交通以国内不同地质条件下实际盾构工程碰到的前沿课题为目标,进行了系列课题的科研攻关,研究过程中既采用了计算机模拟和实验室试验的方法,更是采用了工程实际应用检验的方法。研究的成果不仅包括复合地层中系列概念的界定和定义,也包括了系列盾构工法的发展和完善,最终成果集成为复合地层盾构技术。研究的主要内容及创新如下:

(1)创建了复合地层条件下盾构施工的理论体系,首次提出了"泥饼"、"喷涌"、"有效推力"、"盾构机刀盘设计和刀具配置理论"等概念,为复合地层盾构机设计、盾构施工提供了指导性理论依据,并有效地运用在复合地层盾构施工中。

(2)创立了在复合地层中盾构施工的风险源三维识别法,首次提出了许多盾构工程风险管理的新观点和新方法,对盾构工程风险控制起到了重要指导作用。

(3)国内首次研究解决复合地层盾构掘进对地面沉降和周边环境影响的控制技术,规范了监测内容和频率。广州市轨道交通二号线之后,国内施工队伍无论是过江、过铁路、过密集和旧建筑物,还是超深桩基,都没有发生过严重损坏建筑物和构筑物事件。

(4)国内首次成功攻克复合地层盾构过江技术难题,为类似工程过江项目提供了参考依据。

(5)丰富和完善盾构辅助工法:

①矿山法开挖硬岩段、盾构拼装管片通过的施工技术。

②玻璃纤维棒桩、连续墙法、砂桩法、钻孔素混凝土桩法加固盾构端头技术。

③高水头江底气压法换刀技术。

④过花岗岩球状风化体,以及过钢筋混凝土桩技术。

⑤拔除深度超过 40m 预应力管桩技术。

(6)国内首次探索出复合地层掘进中同步注浆及二次注浆的关键技术,为盾构在复合地层的注浆方法指明了方向。

(7)解决盾构机在复合地层掘进过程中姿态控制难题,研制出复合地层盾构施工的导向系统,为复合地层盾构掘进导向系统国产化做出了重要贡献,并在工程中得以成功使用。

(8)完善了复合地层盾构机设计理论,主要包括动力系统、刀盘开口率、刀盘选型、刀具配置、注浆系统、添加剂系统等。

(9)国内首次成功处理极其复杂的溶洞区域盾构施工技术难题,为同类地层的处理提供了参考依据。

(10)国内首次成功处理极其困难的花岗岩球状风化体难题,为同类地层施工积累了宝贵的经验。

(11)丰富和完善了复合地层条件下始发到达的施工技术,为各种复杂条件下盾构始发到达提供了参考方案。

(12)国内首次开创不同复杂地层条件下换刀作业的先河,形成的开仓作业和换刀理论已经在全国各地的开仓作业施工中广泛应用,并取得了良好成效。

(13)丰富了不同类型添加剂的应用,提出了一系列被证实有效的对策,如不同类型的复合地层,应选择不同的添加剂,且添加剂的注入方式、注入量也应不同等。

(14)研究优化了砂砾地层盾构机选型和施工控制,为今后类似地层的盾构机设计和盾构施工提供了非常有意义的指导。

复合地层理论体系的建立,对我国大部分城市乃至世界地下工程盾构施工起到了有价值的指导和借鉴作用,进而将对全世界21世纪隧道工程的发展产生深远的影响。广州地区的工程实践表明,特别是在复合地层中盾构施工,应遵循“地质条件是基础,盾构机是关键,管理是根本”的原则。

二、主要研究成果

1. 专著一:《复合地层的盾构施工技术》

中国工程院施仲衡院士评价为“据我所知,这应是在我国出版的有关复合地层盾构施工技术的第一本专著,为我国今后在复合地层条件下盾构技术的发展奠定了基础。”

中科院广州分院、广东省科学院陈勇院长评价说本书“提出了在复合地层施工环境中应以地质为基础,以盾构机为关键,以人为本的盾构施工技术的研究和管理思路,对复合地层、混合盾构机及其盾构施工技术等核心概念给出了定义,提出了许多被实践证明成功的新方法、新工艺,对盾构施工技术在复合地层中的应用做了大量卓有成效的独创性、探索性工作,令广东工程技术界欣慰和振奋。”

2. 专著二:《广州地铁三号线盾构隧道工程施工技术研究》

2008年本书被原中华人民共和国新闻出版总署批准为“十一五”国家重点图书出版项目。获此殊荣的,广东省仅9本书,工程技术仅此一本书。

3. 专著三:《盾构施工监理指南》

这是我国出版的第一本论及盾构施工监理的专著,填补了这项技术的空白。

4. 专著四:《地铁盾构施工风险源及典型事故的研究》

该书建立了可预测盾构风险三维识别模式,即通过对地质环境、盾构机适应性和设计、施工及相关人员所做的方案设计、施工组织等的正确分析,进一步确定风险源,并制订有针对性的预控或控制措施。本书是世界上第一本专门论述盾构工程风险管理的专著。

第四节　复合地层盾构施工概述

广州市轨道交通一号线决策时,专家一致认为需要邀请国外承包人来施工的主要原因是广州复杂的地质环境。由于地质条件的不同,在广州进行的盾构施工与在上海等地进行的盾构施工有许多本质上的区别。广州地质素有“地质博物馆”之称,地质千变万化,工程要取得成功,清楚了解地质是基础,结合地质特点合理选择盾构机、刀盘和配置刀具是关键。其中,重点是认识病害地质并采取合理的处理措施。

一、主要不良地质层

所谓的病害地质是对应于特定的工法而言的。在黏土层中采用明挖法,甚至采用矿山法施工时,不一定有什么困难之处,但采用盾构法施工时结泥饼就会是一大问题,20 世纪,结泥饼问题被一些人称为是一个世界性的难题;如果在富水砂层中采用矿山法施工,恐怕是如履薄冰,但采用泥水盾构法施工则没有大的风险。广州市轨道交通盾构法在复合地层中施工的主要不良地质层有:

(一)第四系流塑状淤泥地层

在这种地层中施工,已知的事故和风险主要反映在如下几方面:

(1)作为永久结构的盾构隧道本身是不稳定的,工后沉降可能很大,以至于造成线路纵坡的变化及管片的错台、开裂和破损等。

(2)盾构机机体的重量在轴向上是不均匀的,其前部的三分之一,包括刀盘主轴承和螺旋输送器等,大约占了盾构机总重的三分之二以上。在这种流塑状淤泥地层中掘进时,易出现盾构机"栽头"问题。其结果是盾构机姿态难以控制,进而造成管片的错台、开裂、破损等。

(3)若盾构的工作井或隧道的横通道位于这种地层,主要的问题是如何保证围护结构的施工质量及防止基坑开挖时的底涌。

(二)第四系黏土地层

盾构机在软塑状黏土层中掘进碰到的问题可能小一点,在硬塑状的黏土层中问题会大些,出现的问题主要是结泥饼。此外,在黏土中还可能含有一定量的砂砾成分,它对刀具的磨损也有影响。

在均一黏土层中,盾构机刀盘和刀具的配置相对容易和简单一些,但在复合地层中难度就大多了。因为在选择刀盘和刀具时既要考虑盾构机的大开口率,又要考虑在岩石地层中破岩功能对刀盘强度的要求;既要防滚刀在黏土层中的偏磨,又不能不配置一定量的滚刀等。

黏土地层中结泥饼问题,通过增加搅拌棒和有针对性地采用添加剂,特别是泡沫,已经较好地得到解决。至于添加剂的使用量,根据黏土特性的不同而有所不同,通常都是在施工过程中经试验之后才能确定下来。

(三)第四系粉细砂层和砂层

以我国城市轨道交通盾构工程为例,最近几年发生的几起灾难性大事故都与粉土层、细砂层和中粗砂层或它们组合的复合土层有关。

1. *粉细砂层*

该砂层在饱和地下水状态下是具有液化特性的。目前,还没有明显的证据说明,城市轨道交通永久结构在这类地层中是不稳定的;使用土压平衡盾构机,只要添加剂使用得当,也没有大问题。若使用泥水盾构机,除了泥水分离较困难之外,掘进本身没有严重的技术问题要解决。

在这种地层中施工出现的主要问题是发生在盾构隧道之间的横通道施工和盾构机进出工作井这两大方面。主要原因在于上述这些特殊部位的土体加固效果不佳或采取的施工工艺、施工程序欠妥当使得粉细砂大量涌入隧道或工作井,造成地面大范围塌方,甚至可能对已完成的隧道或车站结构造成严重破坏。

2. *中砂、粗砂或中粗砂层*

该砂层非常松散,粉土和黏土颗粒一般含量很少。盾构机在中粗砂地层中施工,除了可能引发上述在粉细砂地层中出现的问题之外,若采用土压平衡盾构机施工,盾构推进时平衡较难控制,主要反映在以下两方面:

(1)工作面上的中粗砂在地下水的作用下,是极不稳定的,一旦出现土压较大波动(包括欠压或过压),就会造成过量的砂涌入盾构机密封舱,若不及时采取措施,则会造成地面沉降。

(2)由于在该层中黏土颗粒很少,在密封舱和螺旋输送器中的渣土和易性很差,在地下水的作用下,会发生螺旋输送器喷涌,进而由于密封舱内的突然失压,立即引发地面沉陷。

即便选用泥水盾构机施工,若对出土的干砂量控制稍有不当,也会立即出现地面沉陷。

(四)硬岩层

由于岩性、结构、构造、风化程度等的变化,盾构隧道线路的某些地段遇到硬岩层,这在复合地层中施工时并不奇怪。

在复合地层中使用的盾构机不是对付硬岩的典型TBM(隧道掘进机),因此刀盘刀具的配置、刀间距的设计等用于硬岩地段存在较大的缺陷,这是由混合盾构机应用于复合地层中的局限性决定的。在这种情况下,一般都用矿山法辅助解决这一问题。根据统计资料显示,在围岩质量好的地层中,使用矿山法施工比盾构法施工的效率和效益更高。

(五)复合地层

根据地层组合的形式,复合地层大体上可以划分为三种类型。

1.第四系土层的上软下硬

这种组合特点主要反映在地层的土力学性质(如标贯级数的差别、含水量的差别和颗粒粒径)的差别上。盾构机在推进过程中,刀盘上部和下部受力不均,需要配置的刀具不同,会造成盾构机姿态难以控制,刀具磨损严重等一系列问题。

2.岩石地层的上软下硬

这种地层组合的特点主要反映在岩石岩性的变化、风化程度的变化、沉积岩结构和构造的变化及断裂带两侧地层的变化等方面。这种完全不同的岩层组合,对刀具的要求和施工参数的选择都不同。盾构机在这种复合地层中掘进是极其困难的。

3.岩土复合地层的上软下硬

在这种地层中推进,土压平衡盾构机机头前方部位一般会发生较大沉降。

(六)花岗岩的球状风化体

花岗岩的球状风化是该类岩石的一种普遍的风化现象,即在深度风化的花岗岩岩体中残留了微风化的较新鲜坚硬的球状花岗岩体。

花岗岩的球状风化体的形成过程大体上分为以下三个阶段:

第一阶段:高温的花岗岩岩浆从地球深处侵入到地壳表层。

第二阶段:地壳表层的花岗岩浆冷却结晶,岩体的浅部因极大的温差,收缩形成三维的网状开裂。

第三阶段:浅部的花岗岩体受到风化作用,形成残积层、全风化层和强风化层。由于岩体的裂隙部分比岩体内部在同样的地质年代过程中风化的程度更高,就形成了在深度风化层(比如残积层和全风化、强风化花岗岩)中存在相对风化程度很低的岩体。这些岩体即花岗岩球状风化体。

目前的施工实践证明,典型的花岗岩球状风化体仅存在于花岗岩中。在广州地区燕山三期花岗岩和燕山四期花岗岩中,球状风化体的发育程度差异比较大,在燕山三期花岗岩中目前还没发现典型的花岗岩球状风化体。在震旦系的混合岩中暂没有发现球状风化体。

(七)地层中的溶洞和土洞

在广州地区发现的溶洞有两种类型:一种是发生在石灰岩地层当中;一种是发生在碎屑沉积岩当中。

后者产生溶洞的原因主要是含石灰岩质砾石和石膏层的地层在地质构造运动中最易断裂破碎，为地下水提供了通道和空间，进而被溶蚀成洞。土洞通常与石灰岩溶洞或石灰岩裂隙共生，且生成在特定的硬塑状的砂质黏土或砾质黏土当中。

盾构机在石灰岩溶洞地区掘进时遇到的主要风险是：

(1) 盾构机在溶洞处可能会栽头。

(2) 地下水及地下水水压很大，造成注浆困难、螺旋输送器喷涌等问题。

(3) 刀盘在旋转过程中由于突然遇到表面凹凸不平的溶洞，会因为瞬间荷载增大造成刀具损坏。

(4) 穿越溶洞的隧道的稳定性是永久结构隧道需要解决的一个问题。

在这类地区遇到土洞将是一个更大的问题，因为土洞的形成时间跨度较短，如隧道在土洞上方通过，遇到土洞塌方时隧道就无法保证稳定和安全。特别困难的是，土洞很难通过钻探或物探查明。

(八) 地层中的有害气体

在盾构施工过程中，遇到的可燃易爆有毒气体可能来自三个方面：一是地层中自然储存的；二是在施工过程中产生的；三是不明来源气体。

(九) 采空区

煤层被采空后，其顶板及围岩在自身重力和地面荷载的压力下会产生变形、裂开和冒落，在煤层采空上方形成冒落带、裂隙弯曲，继而使地面产生下沉。

(十) 地下障碍物

地下障碍物主要是指除了花岗岩球状风化体、岩溶等地质体或地质现象外的人类活动形成的地下结构或物体。

在盾构施工的过程中发现的这类物体主要有桩基础（钢筋混凝土、木桩等）、古建筑（包括古城墙、古墓等）、海岸或河流的堤坝、人工回填大块抛石、墓穴等。在修建通过长江的盾构隧道时，在盾构机的密封舱中甚至还发现已经失效的炮弹。

盾构隧道因为在城市中修建，遇到最多的是盾构机通过桩基础的问题，即盾构机能否直接通过刀盘破碎桩基础。

资料显示，盾构机可将 45mm 的钢筋和 ϕ110mm 壁厚 2mm 的岩芯管绞断，但这并不是说，盾构机直接破除这类地下异物没有问题，恰恰相反，只有在万不得已的情况下，经过充分论证，才可试用盾构机直接通过桩基础。

二、处理措施

对于这些不良地质层，处理原则是：首先尽量避让，无法避让时在盾构掘进达到之前预先进行处理。例如，对于硬岩段可以采取先矿山法开挖然后盾构通过，对于溶（土）洞可以预先进行注浆处理等，这些内容将在“盾构掘进技术”一章进行详细介绍，这里不再赘述。

避让不良地质层主要应在线路设计时考虑，在保证线路技术要求、运营条件和节能的前提下，为减少盾构施工风险和难度，线路设计时要做到：

(1) 应尽量避免花岗岩球状风化体地层、复合地层及溶土洞等典型不良地质层。

(2) 应尽量避免隧道在不良地层下穿越建筑物密集的居民区、商业区。

第四章　盾构机选型和配置

第一节　盾构机主要系统配置

到目前为止，广州市轨道交通使用的盾构机可归述为德国系列和日本系列两大类，其制造商主要有德国的海瑞克公司和维尔特公司，日本的三菱公司、小松公司、住友公司和川崎公司。不同制造商的盾构机设计原理并没有本质上的区别，只是反映在平衡模式、刀盘、刀具、螺旋输送器、泡沫注入器、土仓容积及搅拌强度等个别地方有一些差异。从系统配置、参数选择及使用情况看，这些盾构机之间存在不小差别，除了考虑地质适应性之外，主要是由于各厂家的设计理念存在不同。总体来说，德国系盾构机一般刚度和适应性较强，比较适合复合地层，而日本系盾构机针对性比较强，贯彻为某个工程专门设计配置使用的原则。

一、刀盘及刀具

刀盘和刀具将在第三节具体介绍，这里不再赘述。

二、刀盘驱动系统

目前，盾构机刀盘驱动方式主要有液压马达驱动、变频电机驱动、双速电机驱动等三种方式。变频电机驱动和双速电机驱动比液压马达驱动效率高、更节能；液压马达驱动、变频电机驱动可以实现无极平滑调速，而双速电机驱动只有两档速度，两档调速系统对围岩的适应性较差，不利于脱困；在相同驱动负荷的情况下，双速电机驱动系统较液压马达驱动系统和变频电机驱动系统便宜；由于电机一般比液压马达体积大，需要较大安装空间，所以小盾构机使用液压马达驱动的较多，而大盾构机一般使用变频电机驱动或双速电机驱动。广州市轨道交通采用的盾构机大部分采用液压马达驱动。刀盘驱动马达及主轴承结构如图4-1所示。

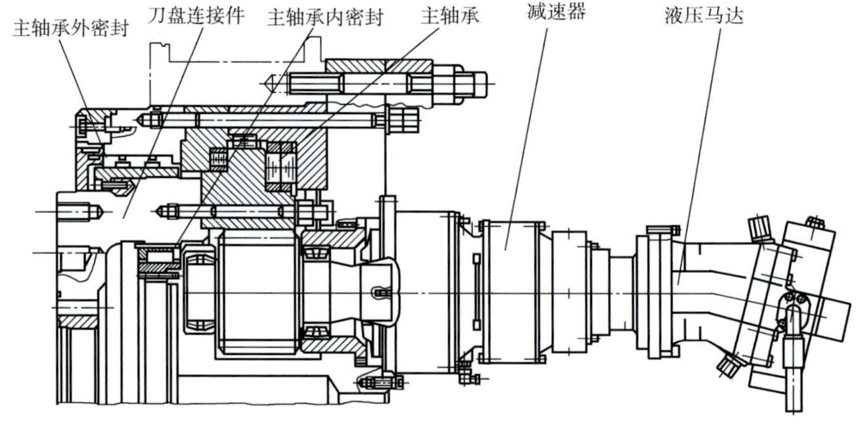

图4-1　刀盘驱动马达及主轴承结构图

扭矩是刀盘驱动系统的重要参数指标，直接反映了刀盘驱动系统的工作能力。维尔特盾构机的刀盘额定工作扭矩一般为7340kN·m，最大脱困扭矩为9550kN·m；海瑞克盾构机的刀盘工作扭矩一般为

4500kN·m,最大脱困扭矩为5300kN·m;三菱盾构机的刀盘最大扭矩一般为6327kN·m。针对广州地区复杂多变的复合地层,维尔特刀盘驱动系统显得更加游刃有余。

三、盾体

盾构机的盾体一般由前体、中体和盾尾构成。海瑞克和维尔特盾构机的盾体采用阶梯轴的外径设计方式,海瑞克盾构机的前体、中体和盾尾的外径分别为6250mm、6240mm、6230mm;维尔特盾构机的前体、中体和盾尾的外径分别为6260mm、6250mm、6240mm,这种设计方式使盾壳在复杂地层(尤其是硬岩)中掘进时不易被卡受困。而三菱盾构机是直筒形的设计,虽然也分为前体、中体和盾尾,但外壳直径一样,都是6260mm,这导致盾壳在复杂地层掘进时,容易被卡住,没有前者灵活。

四、密封系统

盾构机主要有三处需要有效密封,即主轴承密封、盾尾密封、铰接密封。在主轴承密封上,海瑞克和维尔特盾构机是内2道,外4道;三菱盾构机内外都是3道。在盾尾密封上,海瑞克、维尔特、三菱盾构机均为3道钢丝刷,如图4-2所示。在铰接密封上,海瑞克和维尔特盾构机由3道盘根密封、1道气囊密封构成;三菱盾构机则采用唇形密封。

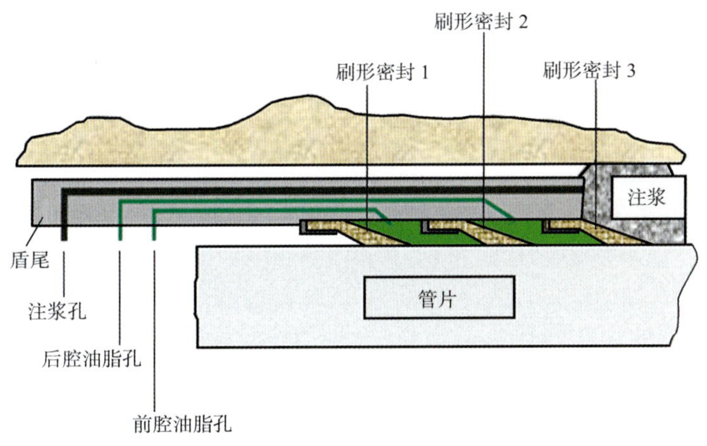

图4-2 盾尾密封示意图

五、推进系统

海瑞克盾构机配置了30个推进油缸,三菱泥水盾构机配置了24个推进油缸,维尔特盾构机配置了20个推进油缸。相对来讲,海瑞克盾构机使用了小缸径的推进油缸,在盾构机壳体圆周上布置得更为均匀,使管片的受力状态更为合理。

海瑞克和维尔特盾构机的推进油缸是固定在前体上,推动刀盘前进时,依靠铰接油缸来拖动盾尾;三菱盾构机的推进缸则是固定在盾尾上,推进力先通过铰接油缸传到前体,而后传到刀盘,这种后置式的推进设计方式对掘进方向控制提出了更高要求。

六、管片安装系统

管片安装过程:海瑞克和维尔特盾构机首先由管片吊机将管片从管片小车上吊到管片输送器,然后由管片输送器将管片输送到安装区,最后由管片安装机进行安装;而三菱盾构机则没有管片输送器,管片输送过程由一个单轨梁吊机和两个双轨梁吊机完成,首先由单轨梁吊机将管片从管片小车上吊到连接桥下面,然后由2号双轨梁吊机将管片吊到张出台下面,接着由1号双轨梁吊机将管片吊到安装区,最后由管片安装机进行安装。从现场管片作业工效上来看,三菱盾构机要差些。

广州市轨道交通盾构机上的管片安装机基本上采用了回转式管片安装机(见图4-3),由大梁、支撑架、旋转架、安装头构成。海瑞克和维尔特盾构管片安装机的安装头有6个自由度,而三菱盾构机只有5个,这种自由度上的差异,使得海瑞克和维尔特盾构管片安装机运作灵活,易于实现管片的高质量安装。

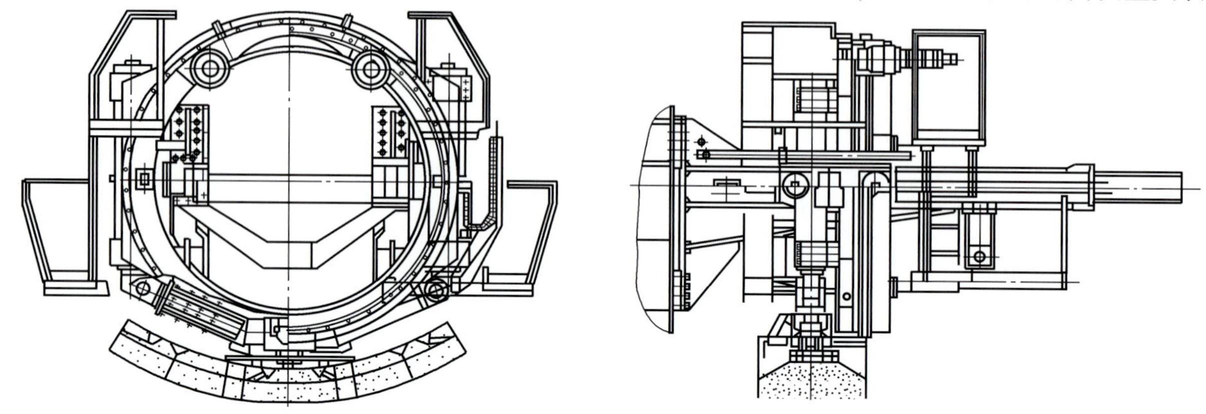

图4-3　回转式管片安装机

七、出渣系统

土压平衡盾构机和泥水盾构机的出渣系统是完全不同的,土压平衡盾构机的出渣系统是由螺旋输送器和皮带机构成;而泥水盾构机的渣土则由泥浆循环系统排送到地面,然后由泥砂分离设备进行处理。

螺旋输送器按照螺旋带(见图4-4)的方式可分为有中心轴和无中心轴两种。由于广州地区岩层裂隙水丰富,为了更好地形成土塞效应,防止喷涌现象发生,广州市轨道交通土压平衡盾构机大部分采用了有中心轴的螺旋输送器。但具体参数有些差别:海瑞克螺旋输送器输送直径为900mm,导程为600mm,速度范围(无级变速)为0~22.4r/min,液压马达驱动,最大扭矩为225kN·m,输送能力300m^3/h,采用单出料闸门,出料闸门的开口尺寸为500mm×600mm。维尔特盾构机螺旋输送器的直径略小,为700mm,但设计的最大出土能力基本相同,为270m^3/h左右,最大扭矩也基本相同,均为225kN·m左右。

图4-4　螺旋输送器的螺旋带

海瑞克和维尔特盾构机的皮带机都是由30kW的电机驱动,皮带宽度都是800mm,但长度有差别,海瑞克盾构机的是45m,而维尔特盾构机的是56m。

泥水盾构工法即一边以机械开挖方式进行开挖,一边使泥水循环,利用泥水压力实现开挖面的稳定,渣土以泥水形式用流体输送方式运到地面上进行分离处理。泥水输送系统如图4-5所示,泥水分离设备如图4-6所示。

八、同步注浆系统

根据注浆管与盾壳的相对位置关系,盾尾同步注浆方式可以分为外凸式和内凹式。海瑞克和维尔特盾构机的盾尾同步注浆方式采用内凹式,有两台注浆泵,分别供应两路注浆管,不易堵塞,一台泵出故障时另一台可作备用。而三菱盾构机则采用外凸式,只有一台注浆泵同时供应四路注浆管,易于堵塞,没有备用，不过三菱盾构机的管路上设计配有自动清洗系统，管路堵塞时可以自动疏通，这是海瑞克和维尔特盾构机所没有的。

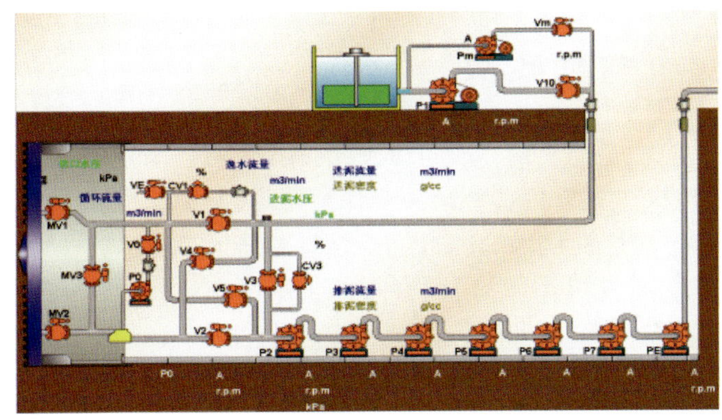

图 4-5 泥水输送系统

图 4-6 泥水分离设备

九、渣土改良系统

盾构机一般在刀盘、土仓、螺旋输送器上设有渣土改良添加材料注入口，根据渣土的不同，添加材料可以是泡沫、膨润土等。泡沫注入系统由泡沫剂储罐、泡沫剂泵、水泵、安全阀、溶液计量调节阀、空气计量调节阀、液体流量计、气体流量计、泡沫发生器及连接管路等组成，其原理如图 4-7 所示。膨润土注入装置主要包括膨润土箱、膨润土泵、相关的管路控制阀及连接管路等。广州市轨道交通盾构机基本上都配有泡沫系统和膨润土注入装置。

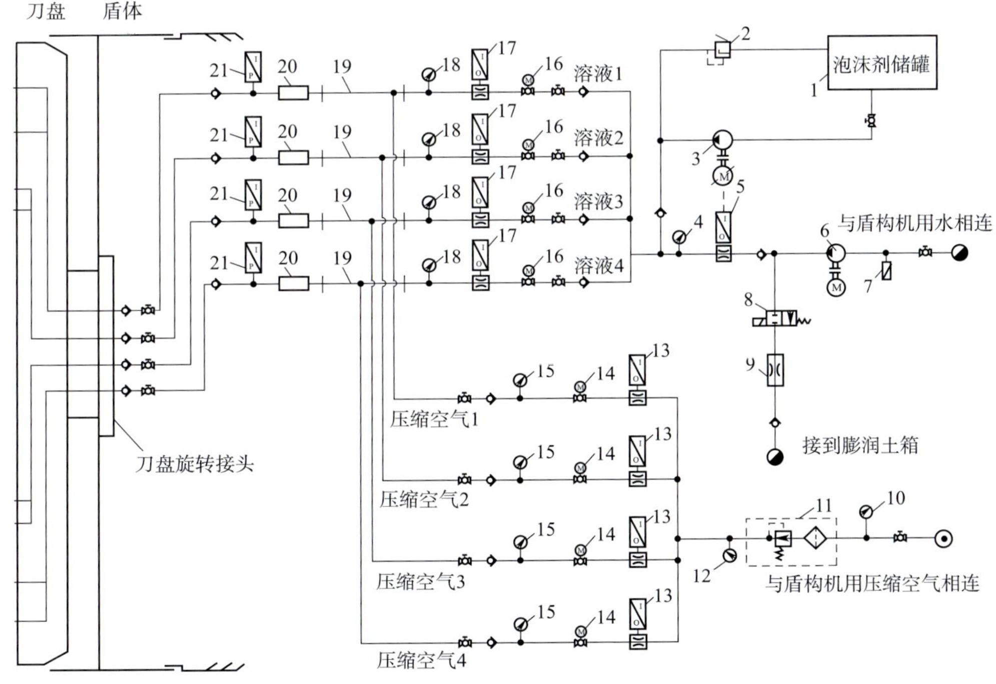

图 4-7 泡沫注入系统原理图

十、后配套台车系统

后配套台车系统的长短取决于配套设备的多少，其布置方式也导致后配套区域作业环境的不同。海瑞克和维尔特盾构机的后配套设备向两侧方向布置，中间留出人行通道，这样显得宽敞、便于作业，但作业人员在水平运输车辆运行时，要特别注意安全。而三菱盾构机的后配套设备是向中间方向布置，仅留出列车运行通道，作业人员在两侧狭小的平台上活动，虽然相对安全，但作业极为不便，影响工作效率。

第二节　盾构机选型

盾构机的性能及其与地质条件、工程条件的适应性是盾构隧道施工成败的关键，所以采用盾构法施工就必须选择最佳的盾构施工方法和最适宜的盾构机。盾构机选型第一要保证可靠性，第二要讲究技术先进性，第三需考虑经济性，尽量做到盾构施工的安全性、适用性、先进性、经济性相统一。

类似广州地区复合地层的施工环境，可供选择的盾构机类型只有两种，即土压平衡盾构机和泥水盾构机。两者所适应的地层条件不同，各有优缺点。

一、土压平衡盾构机与泥水盾构机的特点比较

(1)稳定工作面的方式不同。土压平衡盾构机是利用土仓中聚积的土体来平衡工作面的土压力，而泥水盾构机是利用泥水作为支护材料形成泥膜来平衡工作面的土压力。

(2)适应的地层有所不同。土压平衡盾构机适用于泥土地质条件，由于泥土的黏合性，泥土在螺旋输送机内输送连续性好，出渣速度容易控制，容易形成土塞效应，这有利于稳定掌子面。而土压平衡盾构机在砂层中掘进时，由于砂粒在螺旋输送机上输送连续性差，不易形成土塞效应，掌子面不易稳定。土压平衡盾构机对高水压的地层适应性差，由于水压力的作用，螺旋输送机无法保证正常的压力梯降，不能形成有效的土塞效应，易产生渣土喷涌现象。泥水盾构机适用于软黏土层、滞水细砂层、砂砾层、漂砾层、固结淤泥层及含甲烷气体的特殊地层等，最适于在洪积层砂性土中掘进。

(3)装备扭矩和功耗不同。由于泥水渗入地层的浸泡作用，致使掘削地层不同程度有些松软，故泥水盾构机的刀盘掘削扭矩小，而对于土压平衡盾构机，因添加材料的相对密度大，对掘削地层的浸渗作用小，所以掘削摩阻力大，即掘削扭矩大，致使土压平衡盾构机的装备扭矩大、功耗大。所以同样扭矩驱动设备的情况下，泥水盾构机的直径可以做得更大。

(4)造价成本以及对环境影响不同。泥水盾构机由于设置泥水管理系统、泥水处理系统，致使工序、设备复杂，成本高。另外，由于泥水配制系统、泥水处理系统的存在，致使地表占地面积大增，且影响交通、市容。相对来说，土压平衡盾构机造价低，对环境影响较小。

(5)土压平衡盾构机的刀盘与开挖面的摩擦力大，土仓中渣土与添加材料搅拌阻力也大，而泥水盾构机的切削面及土仓中充满泥水，对刀具、刀盘起到润滑冷却作用，摩擦阻力与土压平衡盾构机相比要小，因此，泥水盾构机的刀具、刀盘的寿命较土压平衡盾构机要长。

(6)与泥水盾构机相比，土压平衡盾构机的推力较大，且对周围地层的扰动大，故可能导致地层沉降也略大。

二、盾构机选型一般原则

1. 根据地层的渗透系数进行选择

地下水在土层中的渗透作用会产生渗透力，导致土体中产生应力应变，可能引起流土或管涌等渗透变形，因此，地下水渗透作用是影响工作面稳定的主要因素。反映土体透水性的指标是渗透系数。根据国内外盾构施工经验，当地层的渗透系数小于 10^{-7}m/s 时，可以选用土压平衡盾构机；当地层的渗透系数在 $10^{-7} \sim 10^{-4}$m/s 之间时，既可以选用土压平衡盾构机，也可以选用泥水盾构机；当地层的渗透系数大于 10^{-4}m/s 时，宜选用泥水盾构机，如图 4-8 所示。也就是说，当土层的渗透系数较低时，地下水的渗透速度较慢，完全可以使用土仓内的土压力进行支撑；而当土层的渗透系数较高时，地下水的渗透速度较快，

则需要使用泥浆形成不透水的泥膜来稳定工作面。

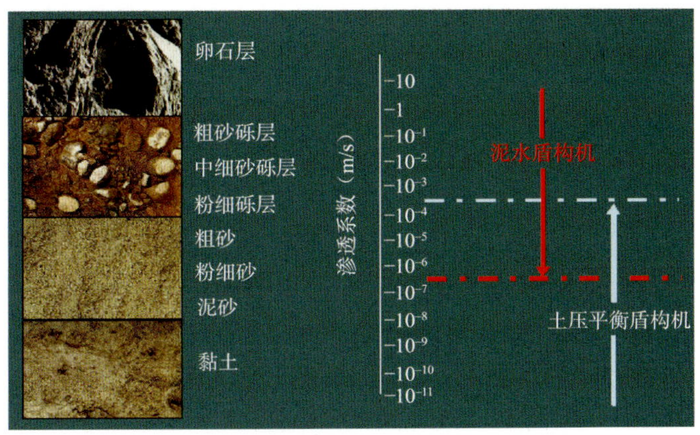

图 4-8　地层的渗透性与盾构机选型的关系

2. 根据地层的颗粒级配进行选择

仅以渗透系数来判定是不够的，颗粒的级配也应当是一个重要的参考指标。即便土层的渗透系数很小，若土体中的粗颗粒较多，想要实现土体的平衡也是很困难的。因为当土体进入土仓之后，逐渐将土仓堆满以建立土压力，然而若粗颗粒较多，土的流塑性就较差，那么进入土仓之后虽能堆满，但内部仍然空隙较多，无法形成土塞效应。土压平衡盾构机一般适用于黏土地质，黏土进入土仓能够充满土仓的各个部位以形成土塞效应；而泥水盾构机则适用于硬度较高的砾石、粗砂地质，还可以用在地质情况较为复杂的地方。大体上，当岩土中的粉粒和黏粒的总量达到 40% 以上时，通常会选用土压平衡盾构机；相反的情况，则选择泥水盾构机比较合适。粉粒的绝对大小通常以 0.075mm 为界，如图 4-9 所示。

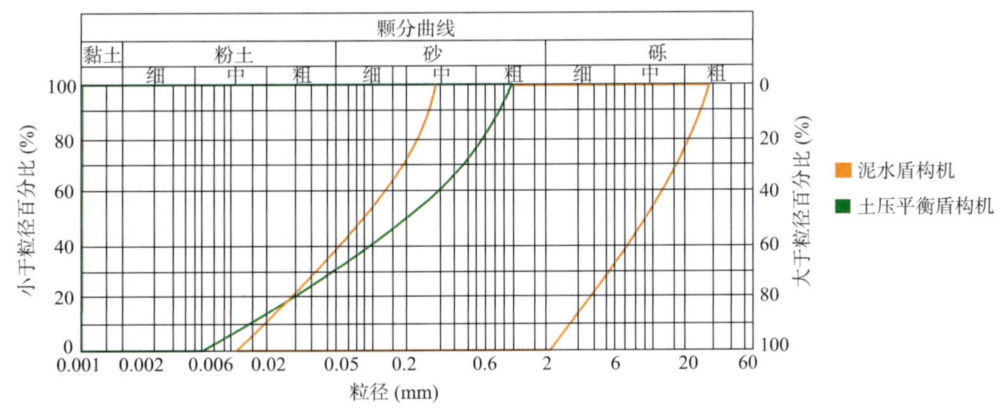

图 4-9　岩土颗粒与盾构机选型的关系

3. 根据地下水压进行选择

当水压大于 0.3MPa 时，适宜采用泥水盾构机。如果采用土压平衡盾构机，螺旋输送机难以形成有效的土塞效应，在螺旋输送机排土闸门处易发生渣土喷涌现象，引起土仓中土压力下降，导致开挖面坍塌。当水压大于 0.3MPa 时，若需采用土压平衡盾构机，则需要增大螺旋输送机的长度或采用二级螺旋输送机，或采用保压泵。

总之，要根据地下水的情况和土体的颗粒级配情况选择适当的盾构机类型。另外，需综合考虑其他特殊因素。

三、盾构机适应性的局限性

盾构施工方法是一种先进的工法，但并不是一点问题都没有。盾构机选型时必须重视盾构机适应性的局限性。具体来讲,盾构机适应性的局限性主要表现在以下两方面。

(一)盾构机及盾构施工方法本身是有缺陷的

这种缺陷是盾构机及盾构施工方法诞生时的胎记,目前阶段只能接受,主要表现在如下几个方面:

(1)刀盘开挖直径与盾壳直径之间形成的施工间隙不能立即填充补偿。在软地层当中,该间隙是通过围岩土的变形或损失来补偿的,其后果是可能造成某种程度的地面沉降。

(2)刀盘开挖直径与隧道管片直径差形成的间隙不能立即填充补偿。这个间隙是通过同步注浆来充填和补充的,由于补偿注浆的压力、注浆液的性质、注浆的及时性等因素的影响,往往并不充分或不能做到理论上的同步,这样会造成围岩的变形而引起地面沉降。

(3)刀盘与前体盾壳之间有20~50mm的间隙,对于软弱地层,特别是淤泥层、砂层、砾石层的土体会通过这个间隙进入土仓,从而造成盾构机上部地层损失或变形。

(4)盾构机在推进的过程中不可避免地会对前方土体产生一定程度的扰动,产生地下水的新通道,在一定程度上破坏局部地层的稳定性。

(5)盾构机在推进的过程中不可避免地会产生一定程度的振动,对上部建筑物和构筑物的稳定性造成一定程度的影响。

(二)盾构机选型的理论合理性与施工条件可能性的矛盾

盾构机选型除了根据上述原则外,在具体实施时,还要解决理论的合理性与实际的可能性之间的矛盾,必须考虑环保、地质和安全因素。

1.环保因素

对于泥水盾构机而言,虽然经过过筛、旋流、沉淀等程序,可以将弃土浆液中的一些粗颗粒分离出来,并通过汽车、船等工具运输弃渣,但泥浆中的悬浮或半悬浮状态的细土颗粒仍不能完全分离出来,而这些物质又不能随意处理,就形成了使用泥水盾构机的一大困难。降低污染、保护环境是泥水盾构机选型面临的十分重要的课题,需要解决的是如何防止将这些泥浆弃置江河湖海等水体中造成范围更大、更严重的污染。

当然,要把弃土泥浆彻底处理到可以作为固体物料运输的程度也是可以做到的,这种做法在国内外都有许多成功的事例,但做到这一点也并非易事,这是因为:①处理设备价格较高,增大了工程的投资;②用来安装这些设备的施工场地较大;③处理的时间比较长。所以,在理论上最合理的选择,往往并不是国内承包人最终的选择。

2.工程地质因素

由于工程地质的复杂性,对于同一个盾构标段,可能出现某些部分适合选用土压平衡盾构机,而其他部分又适合采用泥水盾构机的情况,但作为同一个施工标段,不可能中途更换盾构机,因此,只好选择一种类型的盾构机,这就需要综合考虑并分析不同选择的风险,最终择优选取。

3.安全因素

从保持工作面的稳定、控制地面沉降的角度来看,当隧道断面较大时,使用泥水盾构机要比使用土压平衡盾构机的效果好一些,特别是在江河湖海等水体和建(构)筑物下,以及在上软下硬的地层中施工时。在这些特殊的施工环境中,施工过程的安全性将是盾构机选型的一项极其重要的考虑因素。

四、辅助工法的应用

盾构机是以施工环境为前提条件选择和制造的,这就是所谓的“度身定做”。当施工环境变化以后,盾构机的类型也应跟着变化,这在实际操作中这是很难办到的。从这个意义上说,盾构法决不是一种万能的手段,在盾构施工过程中,由于施工环境和施工条件的变化,采用其他工法来辅助盾构法去完成某项工程,就成为必须考虑的一种选择。例如,广州市轨道交通二号线海珠广场站—江南西站区间盾构机到达市二宫后,左线按计划继续采用盾构法向江南西站掘进,而右线由于盾构机故障,迫于工期压力,不得不改为矿山法施工。

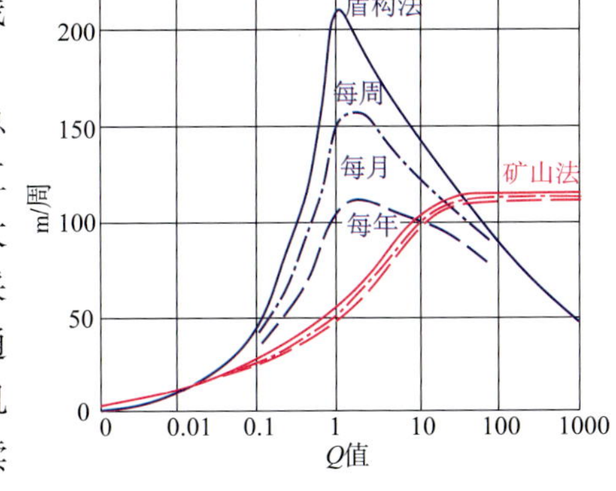

图 4-10　盾构法与矿山法 Q 系统关系示意图

在广州地区的软岩和中硬岩的条件下,采用盾构法施工的总体效果较好,因此,在一般的情况下,尽可能不选择其他的辅助工法。据国外的研究资料,当岩石非常稳定坚硬时(一般 RQD 值大于 85%),采用传统的矿山法施工隧道,其掘进速度可能要大于采用盾构法掘进速度(见图 4-10)。根据这一规律,广州市轨道交通三号线大石站—汉溪站盾构区间的硬岩段,采用矿山法在盾构机到达该地段前就将隧道打通,修筑导台,然后盾构机沿着导台继续边推进边安装管片、边吹砂注浆等。

五、广州市轨道交通主要采用的盾构机参数

广州市轨道交通使用的盾构机主要包括海瑞克公司、维尔特公司以及三菱公司的盾构机,其中海瑞克盾构机的设计参数请参见附录 1,维尔特盾构机的设计参数请参见附录 2,三菱盾构机的设计参数请参见附录 3。

第三节　刀盘选型和刀具配置

盾构机刀盘刀具的选型至关重要,很多工程由于刀盘刀具不适应工程地质,导致掘进困难,甚至造成严重的经济损失或人员伤亡事故。刀盘选型及刀具配置主要依据工程地质及水文地质条件,不同的地层应采用不同的刀盘结构形式和刀具配置,但这方面还缺少完整的理论依据和可靠的试验数据,在很大程度上还依赖于工程经验。

一、刀盘功能及结构形式

(一)主要功能

盾构机刀盘的主要功能有以下几点:

(1)开挖功能。刀盘旋转时,通过布置在刀盘上各种形式的刀具切削土体,并将切削下来的土体刮到土仓,从而实现开挖的功能。

(2)稳定掌子面的功能。依靠辐条或面板起到支撑掌子面土体的作用。

(3)搅拌功能。通过刀盘的旋转及搅拌棒的配合作用,使开挖土体和膨润土、泡沫等添加材料充分混合,以改善渣土的和易性、可塑性,增强渣土的流动性,便于出渣,提高掘进效率。

(4)控制出渣的功能。通过刀盘结构形式及单个开口的大小控制进入土仓内开挖土体的粒径,以防堵塞或卡住出渣设备。

(二)结构形式

刀盘的常见结构形式有辐条式和面板式两种。

(1)辐条式刀盘:辐条式刀盘主要由轮缘、辐条及布设在辐条上的刀具组成。刀具布置在辐条的两侧,刀盘开口率一般很大,可以达到 60% 以上,所以布置滚刀比较困难。

(2)面板式刀盘:面板式刀盘一般为焊接箱形结构,其上设置刀座刀具、添加剂注入口等。刮刀布置

在面板开口的两侧，滚刀、齿刀安装在刀座上。刀盘开口率一般较小，通常为25%～35%。

二、刀盘选型时需考虑的因素

1. 刀具配置

对于软土地层，一般只需要配置切削型刀具，如齿刀、刮刀，刀盘，结构相对简单。对于含有岩石的复合岩土地层，刀盘除配置切削型刀具(如齿刀、刮刀)外，还需要配置盘形滚刀，因而刀盘结构相对复杂。双刃滚刀破岩能力较低，起动扭矩小，适应于软岩地层，一般适应抗压强度小于80MPa的岩石地层。单刃滚刀破岩能力强，滚刀起动扭矩大，适应于硬岩地层。对于广州地区，刀具配置需考虑：①由于地层的变化大，刀盘应该能够方便地更换滚刀和齿刀；②刀具的硬度要高、耐磨性要好。

2. 掌子面的稳定性

辐条式刀盘和面板式刀盘起支撑作用的主体不同，辐条式刀盘土仓内外压差很小，从土仓内的土压计上易确定土压值，这为掘进过程中土压的控制提供了真实有效的依据，但其支撑作用主要是靠土仓完成；面板式刀盘承受来自掌子面上的土压力，起到很好的支撑作用，但土仓内的土压力不仅与掌子面的土压力有关，还与土仓内土体的密实度有关，掌子面和土仓内土压有一定差值，且这个差值受到刀盘旋转速度、推进速度等多方面影响，不确定性较强，所以将土仓内的土压力值视为掌子面的土压力值来指导掘进会导致一定误差。

3. 刀盘的结构强度与刚度

根据地质情况，确定荷载条件下的刀盘轴向推力、刀盘面板的摩擦阻力、刀盘外周的阻力，根据这些参数，选定刀盘的结构强度与刚度系数。对于广州地区，由于地质条件变化非常大，条件限制等导致勘探有时也不是很准确，需要充分考虑刀盘结构强度与刚度的安全系数。例如，三号线某区间曾出现刀盘刚度不够，导致刀盘变形、断裂的现象。

4. 刀盘的扭矩

刀盘扭矩主要包括额定转速时的扭矩、最大转速时的扭矩、脱困时的扭矩。刀盘旋转主要克服刀具的切削阻力扭矩、刀盘面板与掌子面摩擦阻力扭矩、刀盘外周与地层的摩擦阻力扭矩、支撑梁的阻力扭矩等四个阻力扭矩。

5. 开口率和开口位置

开口率指开口面积占整个刀盘面积的百分比。刀盘开口的大小和位置取决于下列因素：

(1)开口要足够大，以保证开挖出的位于刀盘前的预处理渣土能够穿过刀盘进入后部的土仓，并且不会造成大幅度的压力下降。

(2)单个开口的大小将限制进入土仓的颗粒的大小，以防堵塞或卡住出渣设备。

开口的位置比开口率更为重要，刀盘的中心区域是最容易堵塞的区域，对于土压平衡盾构机，在刀盘的中心区域几乎没有搅拌动力；对于泥水盾构机，可以在刀盘的中心区域设置冲洗喷嘴，从而可以在一定程度上缓解这一问题，当然，刀盘中心区域的开口比刀盘外围区域的开口更重要。对于广州地区，盾构机过白垩系红层时，非常容易出现结泥饼的现象，这就要求在不影响刀盘强度的前提条件下，刀盘的开口率特别是中心部位的开口率尽量大。

6. 经济因素

一般来说，辐条式刀盘扭矩阻力小，设备造价低。在满足地质适应性的前提条件下，需要考虑经济性。

三、刀具类型及切削原理

盾构机刀具可根据切削原理、几何形状及布置位置等进行分类。按切削原理划分，一般分为齿刀、刮刀、滚刀及辅助刀具等，滚刀又分为单刃滚刀、双刃滚刀等。其中滚刀和齿刀的刀座形式一般相同，根据不同的地层条件可进行更换。

1. 滚刀

滚刀的刀刃截面为楔形，在推力作用下滚刀随着刀盘的转动和自身的旋转在开挖面上压切出沟槽，每一个刀刃在岩石上压切出一条沟槽，如图 4-11 所示。相邻两条沟槽在半径方向上的间距 B 随岩石类型而异，一般在 4～12cm 之间。在圆周方向上第二个沟槽的刀刃比第一个刀刃延迟一定的角度。这样保证了每两个沟槽之间的岩石具有一个临空面，在向沟槽施加压力 P、P_1、P_2 时，如果侧向剪切分力 Q 高到足以使槽间岩石破碎时，由于岩石具有脆性，槽间的岩石就会形成碎块而掉落。对于破碎硬岩和软土中的较大石块，滚刀尤其适用。滚刀又分为单刃滚刀和双刃滚刀，如图 4-12 所示。

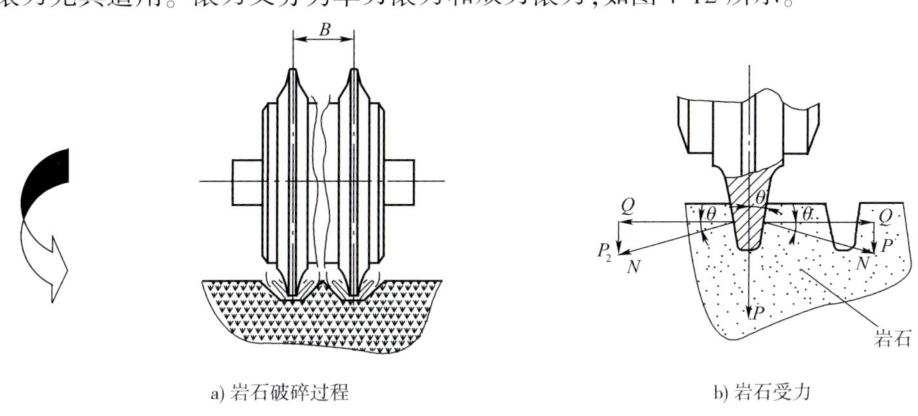

a) 岩石破碎过程　　b) 岩石受力

图 4-11　滚刀破岩机理示意图

2. 齿刀

在岩石较软的情况下掘进时，如果盘形滚刀与岩石掌子面之间不能产生足够的摩擦力使滚刀产生滚动，滚刀将会产生偏磨。滚刀不能滚动，将失去有效的破岩功能，此时在较软的岩层中可以采用齿刀（见图 4-13）进行破岩，齿刀安装方式同滚刀。由于齿刀上装有两个切削刃，因此刀盘正反转时齿刀都能进行破岩。如图 4-14 所示为齿刀破岩示意图。

图 4-12　单、双刃滚刀

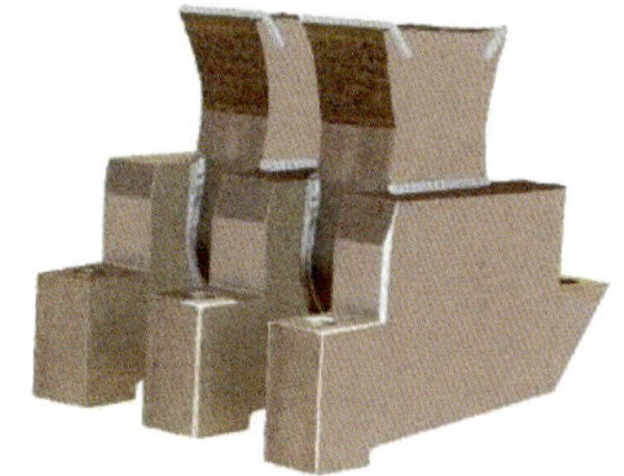

图 4-13　齿刀

3. 刮刀

在软土地层或滚刀破碎后的渣土通过刮刀进行开挖，渣土随刮刀正面进入渣槽，因此刮刀既具有切削渣土的功能，也具有装载渣土的功能。刮刀切削渣土如图 4-15 所示，正面刮刀如图 4-16 所示。

4. 先行刀

先行刀是先行切削土体的刀具，设计中主要考虑与其他刀具组合协同工作，如图 4-17 所示。先行刀在齿刀、刮刀等切削土体之前先行切削土体，将土体切割分块，为齿刀、刮刀等创造良好的切削条件。先行刀的切削宽度一般比齿刀、刮刀等窄，切削效率较高。采用先行刀，可显著增加切削土体的流动性，大大降低齿刀、刮刀等的扭矩，提高齿刀、刮刀等的切削效率，减少齿刀、刮刀等的磨耗。在松散地层，尤其是砂卵石地层，先行刀的使用效果十分明显。

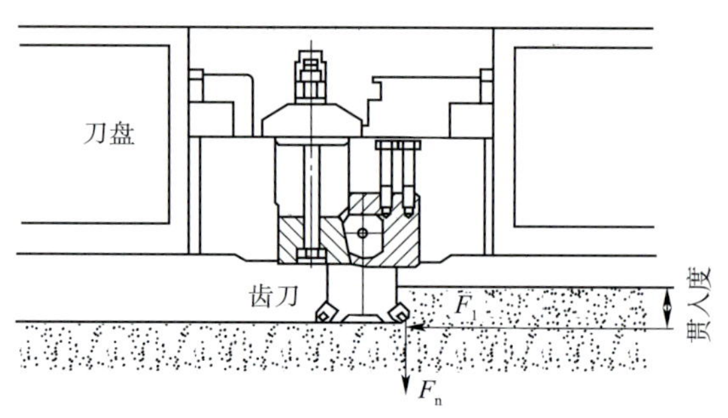

图 4-14　齿刀破岩示意图

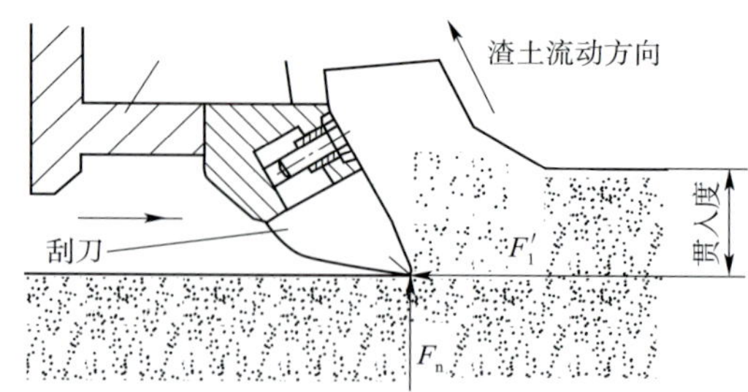

图 4-15　刮刀切削渣土示意图

图 4-16　正面刮刀

图 4-17　先行刀

5. 扩挖刀

盾构机一般设计两把扩挖刀(一把备用),布置在刀盘的边缘上,如图 4-18 所示。施工时可以根据超挖多少和超挖范围的要求,从边缘径向伸出和缩回扩挖刀。扩挖刀伸出最大值一般在 70～150mm 之间。盾构机在曲线段掘进或纠偏时,通过扩挖刀超挖土体创造所需空间,保证盾构机在对周边土体干扰小的条件下,实现曲线掘进及纠偏。

6. 鱼尾刀

在软土地层掘进时,因刀盘中心部位不能布置齿刀、刮刀等刀具,为改善中心部位土体的切削和搅拌效果,可在中心部位设计一把尺寸较大的鱼尾刀,一般鱼尾刀超前 600mm 左右。鱼尾刀的设计和配置作用有:

(1)让盾构机分两步切削土体,利用鱼尾刀先切削中心部位小圆断面土体,而后扩大到全断面切削土体,即将鱼尾刀与其他切削刀具设计在不同平面上,鱼尾刀超前其他切削刀具布置,保证鱼尾刀最先切削土体。

(2)将鱼尾刀根部设计成锥形,使刀盘旋转时随鱼尾刀切削下来的土体,在切向、径向运动的基础上,又增加一项翻转运动,这样既可解决中心部分土体的切削问题和改善切削土体的流动性和搅拌效果,又大大提高盾构整体掘进效果。如图 4-19 所示为锥形中心刀。

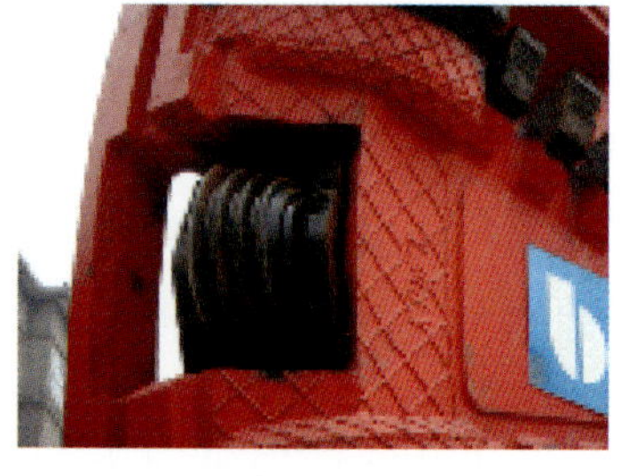

图 4-18　扩挖刀

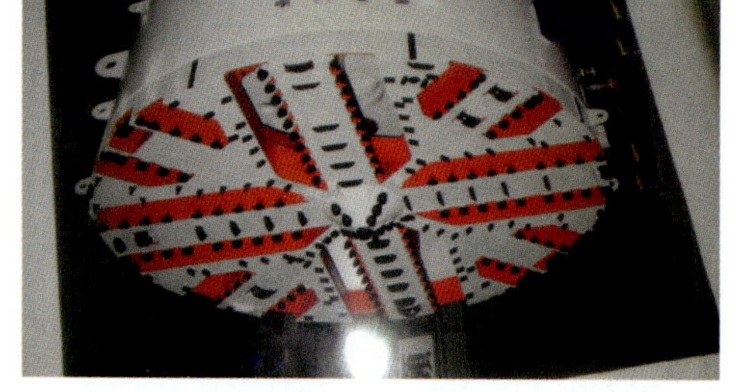

图 4-19　锥形中心刀

四、刀具配置的关键问题

在复合地层中施工刀具配置的困难主要反映在三方面:一是破岩的刀具类型;二是刀具配置的数量;

三是不同种类刀具配置的高度。

1. 破岩刀具类型的选择

理论上硬岩地段只需滚刀不需刮刀,在软土或软岩地区,通常只需安装刮刀不安装滚刀,但复合地层中选择破岩的刀具类型却要复杂得多,具体参见本节第五条刀具配置的矛盾论第一点。

2. 滚刀数量的选择

滚刀数量的问题实质上是滚刀的刀间距问题。刀间距是影响滚刀破岩能力的关键因素之一。刀间距过大,会在两滚刀之间出现破岩的盲区而形成“岩脊”(见图4-20)。刀间距过小,会将岩体碾成小碎块,降低破岩功效(见图4-21)。所以刀间距过大或过小都不利于破岩。

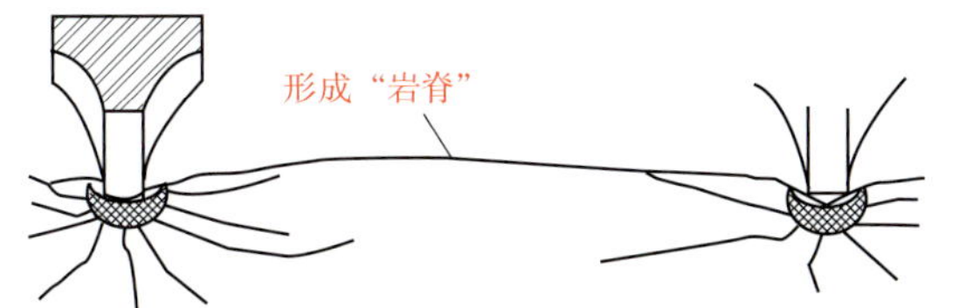

图4-20 刀间距过大,在两滚刀之间形成“岩脊”(Rostami,1993)

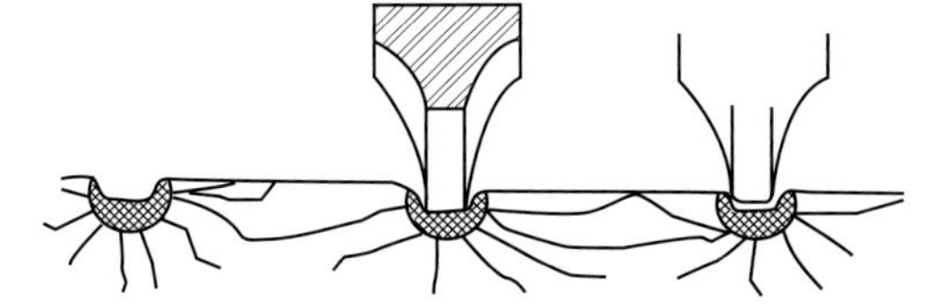

图4-21 刀间距过小,岩体被碾成小碎块(Rostami,1993)

目前广州地区使用的盾构机,刀盘边缘部分滚刀的间距一般都小于90mm,正面滚刀的刀间距一般是100mm,有的是115mm或120mm(见图4-22)。

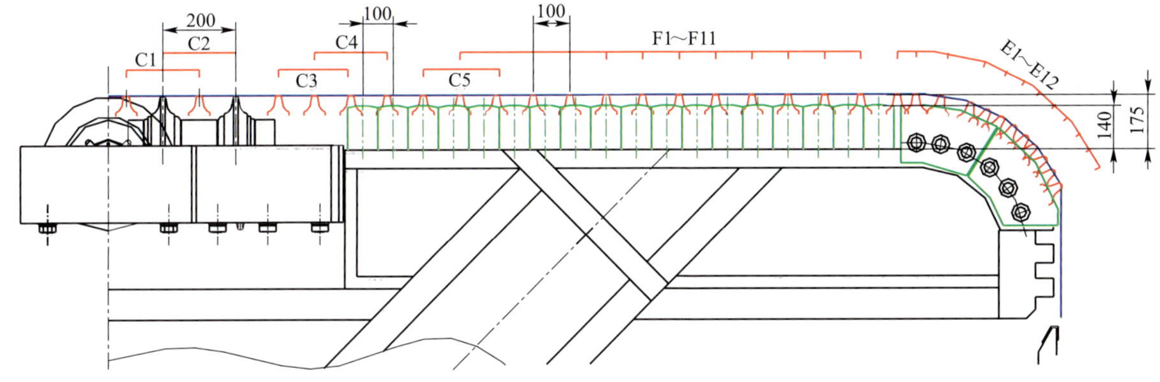

图4-22 滚刀刀间距关系图(尺寸单位:mm)

当盾构机通过坚硬岩层时,刀间距应设计多少才是合理的,目前还没有更多的试验资料来定量地说明这个问题。但根据广州地区花岗岩的特点(单轴抗压强度、RQD值等指标)与国外的研究资料进行对比,特别是参照国内外类似的盾构(或TBM)施工实例,对于整体性好(即层理不明显),且岩石坚硬时,滚刀的刀间距控制在70~90mm之间可能是恰当的。也就是说,目前广州滚刀刀间距的设计,特别是在坚硬的微风化花岗岩中施工是有先天缺陷的。

3. 刀具配置的高度及其组合高度差

刀具配置高度在盾构施工中有重要意义:

(1)刀具配置高一些对防结泥饼有利。广州地区岩土中的粉黏粒成分较高,这些细颗粒成分给盾构施工带来的问题就是极易结泥饼,从而限制了掘进速度并引发一系列的故障。当刀具配置较高时,即使刀盘面上结了一些泥饼,只要其厚度不足以将刀具全部“糊死”,那么刀具仍可起到切削作用。从这个意义上讲,刀具配置高一些有其优点。

(2)刀具高度差大有利于破岩。在岩石地层中破岩,主要是通过滚刀对岩石的压碎来实现的。这就要求对滚刀提供一定的正面压力,且使滚刀能贯入到岩石中一定深度(h)才能达到这一目的。但如果滚刀与刮刀的高度差(d)很小,当滚刀破岩时,如果滚刀的贯入深度大于或等于滚刀与刮刀的高度差,刮刀就“顶住”了岩面,限制了滚刀向岩层的进一步贯入,从而限制了滚刀的破岩能力(见图4-23)。显然,当

滚刀的贯入深度 $h < d$ 时，滚刀的破岩效果肯定会变差。

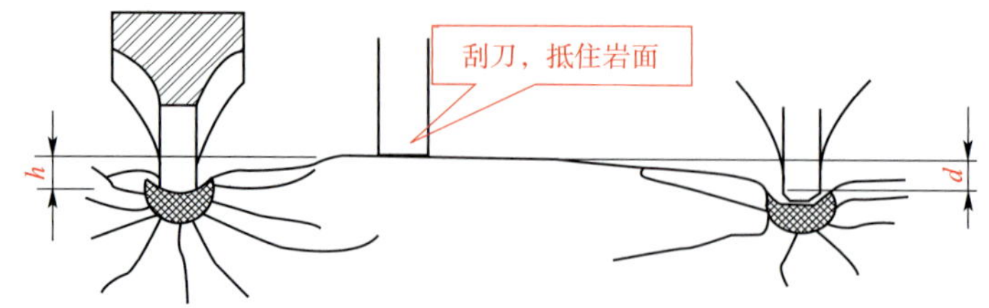

图4-23　高度差小，刮刀会限制滚刀破岩

4. *单刃滚刀和多刃滚刀的选择*

从理论上讲，单刃滚刀适用于中硬岩和硬岩，而双刃滚刀和多刃滚刀在软岩中掘进的效率更高。但在实际应用中，不可能根据地层的变化，随时随地任意更换刀具，而且如果不是特殊设计，单刃滚刀与多刃滚刀的刀座就不能互换，在这种情况下，换刀是不可能的。

从实际的应用来看，在复合地层中配置单刃滚刀的适应性更好一些，但要注意调整滚刀的启动扭矩。

滚刀的起动扭矩是一个非常重要的参数，因为使滚刀转动的力是刀盘转动过程中由滚刀刃与其要切割的岩石面之间的摩擦力提供的，所以，如果要想滚刀正常破岩，必须满足相关的两个条件之一：

(1)工作面的岩层要具有一定的强度，当对盾构机施加一定推力后，在刀盘转动时，切割的岩石面只有使滚刀产生足够大的摩擦转矩，滚刀才能够转动。

(2)滚刀的起动扭矩很小，刀圈只要能提供很小的周边摩擦力就可以滚动。

工程实践表明，在较长距离施工时，绝对地满足上述任何一个条件几乎是不可能的，其原因如下：

(1)地质问题。广州地区的工程地质条件过于复杂，基岩面起伏很大，在均一的软岩或硬岩地段推进可以很顺利，一旦盾构机进入上软下硬或全断面软土环境时，滚刀就无法转动。在这种情况下，滚刀非但不能起到破岩作用，反而由于滚刀无法转动，在刀盘旋转的过程中，增大了阻力，滚刀与工作面之间的摩擦大量发热，加剧了刀具的磨损。

(2)制造质量及工艺问题。降低滚刀自身扭矩会遇到诸多的限制，比如，制造工艺方面对密封的要求，因为这涉及滚刀使用寿命的问题。

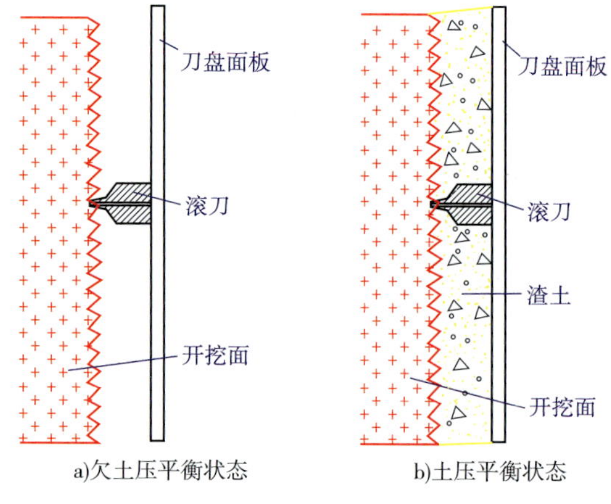

图4-24　刀具与围岩空间关系示意图

(3)滚刀质量的一致性问题。在施工过程中，碰到最多的问题是，是否每一把滚刀都严格地按设计的扭矩来制造。以17in[1]、起动扭矩为50kN·m的滚刀为例，只要提供大约250kN的摩擦力就应使滚刀得以转动了。但实际上，当我们对新刀进行检查时，却发现产品的一致性往往较差，有时摩擦力远大于250kN，也不足以使滚刀转动。

(4)开挖模式问题。在敞开式或欠土压模式掘进时，滚刀处于相对独立的状态；一旦建立土压后，土仓压力将部分抵消盾构总推力，从而易造成滚刀的正面压力不足，摩擦转矩不足，致使滚刀转动更困难(见图4-24)。一旦这种情况出现，就会造成滚刀在较软地层中的偏磨。

五、刀具配置的矛盾论

(1)硬岩地段只需滚刀不需刮刀，但又不得不安装刮刀。根据破岩机理的研究，盾构机在硬岩中的破岩是通过滚刀给岩石以一定的压力使之产生裂缝，当相邻滚刀产生的裂缝连接在一起时，岩石就会破

---

[1] 英寸，1in = 25.4mm。

碎并脱落。因此,在硬岩破岩的过程中无须刮刀起任何作用。事实上,刮刀在破硬岩的过程中的作用很小,要么被磨平,要么被崩断。之所以会崩断是由于刀盘在转动的过程中,滚刀的贯入深度超过了滚刀与刮刀的高度差,刮刀突然碰到硬岩受到瞬间荷载造成的。

理论上不需要而又要安装刮刀的客观原因是广州地区复合地层的地质条件太复杂了。一方面,在同一线路中,除了有硬岩之外,有些地段又有软岩或软土;另一方面,在同一断面中又会有硬岩和软岩。在这种情况下,还必须安装刮刀以适应对非硬岩的需要。

同理,相反的"矛盾论"也存在着,即在软土或软岩地区,本不需要安装滚刀,但又不得不安装滚刀,因为软土或软岩中有可能碰到硬岩或球状风化体。

(2)目前广州市轨道交通盾构区间使用的盾构机滚刀刀间距一般为 100 ~ 120mm,在软岩地区其破岩原理是由滚刀压碎岩石,滚刀之间无法破碎的"岩脊"部分由刮刀铲除。从目前施工的效果来看,此种刀间距还算令人满意。但是,这种刀间距在盾构机通过单轴抗压强度超过 60MPa,尤其是超过 100MPa 硬岩地段时就完全不适合了。

盾构机刀盘刀具配置上存在的问题是由于工程地质特征极为悬殊的地层共生在一个施工体中造成的。因此,上述的"矛盾论"为混合盾构机特别是盾构机刀盘和刀具及刀具组合模式的优化改进提出了新思路、新观点,可望不久的将来盾构机制造商、施工承包人以及业主统一设计理念、通力合作实践这一新思路。

六、广州市轨道交通刀盘刀具配置的差异性

广州市轨道交通采用的盾构机刀盘及其刀具配置的相同点是:①都采用平面圆角或平面斜角刀盘;②都配置了滚刀和刮刀;③开口率大体上都在 25% ~30% 左右。

在工程实践中发现,按上述的共性配置刀盘刀具,采用相近的施工参数,掘进相同的地层时,并没有出现共同的施工效果,这说明了在刀盘刀具配置上的细微差异都是极其重要的。

(一)刀盘配置差异

广州市轨道交通使用的盾构机刀盘的主要形式如图 4-25 所示。

三菱公司刀盘自重约 25 ~30t;海瑞克公司刀盘自重约 45 ~60t,刀盘整体刚度较三菱公司的大得多。

(二)刀具配置差异

不同制造商刀具配置的参数如表 4-1 所示。

刀具配置的差异性表现在滚刀和刮刀的配置数量和高度及组合高度差等方面。

1. 刀具高度及高度差不同

参见表 4-1。

2. 滚刀启动扭矩不同

海瑞克的滚刀启动扭矩是 20 ~50N · m,维尔特的滚刀启动扭矩是 50 ~80N · m,三菱的滚刀启动扭矩是 30 ~50N · m,一般来说启动扭矩越小越好。

3. 滚刀刀间距不同

刀间距也是影响破岩能力的关键因素。滚刀间距应根据其岩石特性、滚刀直径、类型、滚刀突出面板高度等进行合理选择。经过广州复合地层掘进的经验和东北工学院[1]岩石破碎室的试验,建议在不同的岩性条件下,直径 6 ~6.5m 的盾构机最优刀间距按表 4-2 进行选择。

[1] 东北工学院即现今的东北大学。

一号线：住友公司泥水盾构机	一号线：川崎公司土压平衡盾构机	二号线：上海隧道股份有限公司改造的土压平衡盾构机

二号线：海瑞克公司土压平衡盾构机	三号线：三菱公司泥水加压盾构机	三号线：维尔特公司土压平衡盾构机

四号线：海瑞克公司土压平衡盾构机	四号线：三菱公司土压平衡盾构机	四号线：小松公司土压平衡盾构机

五号线：双刃滚刀土压平衡盾构机	二/八号线拆解工程拆解线：三刃中心滚刀（海瑞克）	广佛线：罗宾斯刀盘
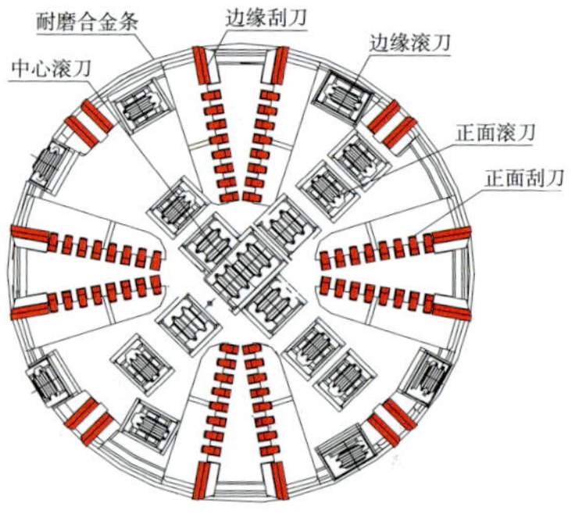	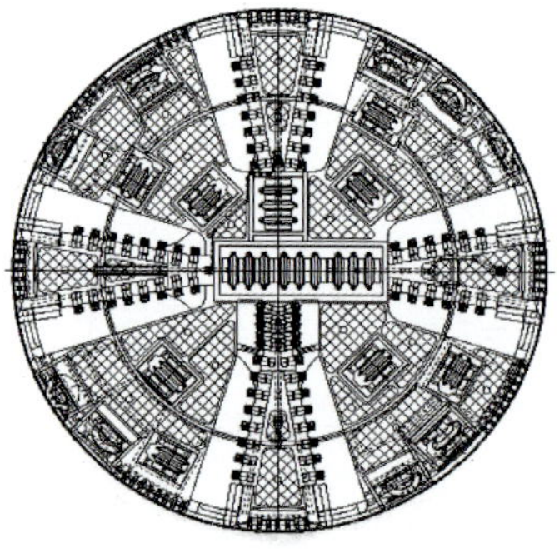	

图 4-25　广州市轨道交通使用的盾构机刀盘的主要形式

不同制造商刀具配置的参数表 表 4-1

参数 \ 制造商	海瑞克	维尔特	三菱
滚刀起动扭矩（N·m）	50	50～80	30～50
滚刀直径（in）	17	17	13 或 17
滚刀磨损量限制（mm）	20（刀圈厚 70）	30（刀圈厚 80）	20
边缘滚刀高度（mm）	高出盾壳 15～20	高出盾壳 15～20	高出盾壳 15～20
中心滚刀高度（mm/把数）	175/8	110/10	110/8
正面滚刀高度（mm/把数）	175/30	110/25	110/30
切刀高度（mm/把数）	140/（32×2）	70/（37×2）	70/（30×2）
刮刀高度（mm/把数）	140/16	—	70/42
刀盘先行刮刀	无，另加与滚刀互换刮刀	无，另加与滚刀互换刮刀	90/若干，另加与滚刀互换刮刀

不同岩层条件下滚刀间距效果比较及建议 表 4-2

岩石	滚刀间距				建议间距
	东北工学院/效果		广州/效果		
微风化花岗岩	5cm	好	8～12cm	差	5～8cm
微风化大理岩	6cm	好	8～12cm		7～10cm
微风化片麻岩	7cm	好	8～12cm	一般	6～9cm
微风化泥岩			8～12cm	好	双刃滚刀 8～12cm
微风化砂砾岩			8～12cm	好	8～12cm
微风化混合岩			8～12cm	好	8～10cm

第五章　盾构掘进技术

第一节　盾构机穿越江河掘进技术

迄今为止，广州市轨道交通盾构工程已在珠江下和超过100m宽的河涌下总计穿越了几十台次，其中最长的江面宽度为500多米。过江段地层与陆地地层并没有本质上的不同，最大的差别在于：隧道上方始终“悬挂”着一个巨大的水源，万一这个水源从盾构的工作面涌入隧道，那将是无法想像的灾难。到目前为止，盾构机在广州多次穿越了珠江，并没有发生人们担心的问题，究其本质来讲，这正体现了盾构机的优越性。因为盾构机的切削系统和出土系统与其后面的隧道是密封隔离开的，这就保证了工作面前方的水源不会直接涌入隧道。盾构机的这一优势不仅在过江时显现出来，实际上广州很多第四系砂层的潜水水量也是很大的，若没有这种优越性，即使不在江下也同样有被“淹井”的危险。

一、主要风险

1. 在浅覆土处易产生冒顶

由于很多过江段隧道上方覆土厚度较浅，最小处只有几米，在高水头压力情况下，掌子面的泥土压力平衡不容易建立，若盾构机密封失效，江水将从扰动土体的裂缝中经主轴承密封、铰接密封、盾尾密封及螺旋输送机密封进入隧道，导致盾构机被淹没，甚至隧道报废的巨大风险。

2. 掌子面失稳塌方

由于很多过江隧道顶部覆土层薄，且多为淤泥、淤泥质土和砂层等稳定性很差的软弱地层，一旦土仓(泥水仓)的泥土压力(泥水压力)控制不好，刀盘前方及其上部的软弱土层被扰动，便会造成失稳，甚至塌方。

3. 泥水盾构机堵管

对于泥水盾构机，一旦刀盘前方及其上部的软弱土层失稳塌方，则河床上的杂物将随坍塌的土体进入泥水仓内，一方面堵塞泥水仓，造成清洗困难；另一方面造成泥浆管路堵塞，杂物难以排出，盾构机难以继续掘进。

4. 土压平衡盾构机喷涌

过江段的地下水基本上与珠江水连通，补给较迅速，受江水涨落影响较大；岩层层面起伏较大，各地层交接带容易形成涌水通道。盾构施工中，若土仓内渣土改良控制不好，将会引起螺旋输送器出土口大量喷泥水，甚至会引起江底塌方、江水灌入隧道等严重事故。

5. 隧道上浮、管片开裂、漏水

在江河湖海下推进的盾构机，若隧道上方覆土浅，在高水头的压力作用下，盾构姿态容易上扬、压坡困难。拼装完成的隧道管片脱开盾尾后，由于上部压载及自重无法抵抗地下水引起的浮力致使隧道上浮，如果不采取相应措施，极易引起管片开裂、漏水。

6. 江中换刀或设备检修时的风险

当过江段较长，且隧道存在风化夹层，强度较高，这可能导致在江底进行换刀作业，甚至设备可能发生故障需进行检修。因过江段土体自稳性差，故在江中换刀难度极大，虽然可以考虑采用气压法进行换刀，但因覆土层薄，该方法也有很大风险；另外，若停机时间长，掌子面失稳塌方的风险很大。

二、施工措施

(1)必须在过江前对盾构机进行全面检修。在盾构机过江施工前,找定一个地层自稳性较好的地方,让盾构机停下作检修工作,根据刀具磨损情况对刀具进行更换,提高盾构机过江破岩能力。此外,还需对盾尾和铰接密封、注浆管路等进行重点检修,为确保盾构机顺利过江打下基础。

(2)保持开挖面压力平衡,以维持开挖面的稳定。开挖面的稳定是一种动态的平衡,盾构机在江底施工时,无论是掘进阶段还是停止掘进阶段,都应该随时注意压力的变化,使其尽可能的接近实际压力值。

(3)控制掘进速度。盾构机过江虽然以"快速通过"为原则,但并非盲目地加快掘进速度。在过江段,以确保开挖面稳定为原则,保持盾构机匀速前进较好。

(4)控制盾构机掘进姿态,在过江施工中更为重要。盾构机产生偏差后,不宜急纠。管片选型时,保持与盾构机在同一中心线上,使盾尾间隙保持均衡。若盾尾间隙不均衡,则盾尾容易产生漏水、漏浆等情况,在过江段特别容易产生险情。

(5)加强管片背后注浆管理。同步注浆压力、注浆量、浆液配合比等均根据江底下的地质情况和地下水的情况进行调整。

(6)土压平衡盾构机应选择合理的掘进模式、适宜的掘进参数,加强渣土改良,严格控制出渣量,使出渣量与掘进速度相对应,以避免产生喷涌现象。

(7)加强江底监测。例如,三号线沥滘站—大石站区间采用了创新性的传感器法监测江底沉降,大大提高了监测的准确性,且在实用性、经济性等方面都较目前普遍使用的声纳法有较大的提高。

(8)成立必要的指挥和决策机构,准备充分的抢险物资。

(9)在铰接密封之前的盾壳上预设径向注浆孔。当机头前方塌方时,可以通过这些孔注入化学浆液或者水泥浆,力保铰接密封和盾尾密封的完好。

(10)若要开仓或换刀,须采取必要的保障和地层加固措施。

三、监测技术

盾构机过江的主要监测技术包括声纳法和压力传感器法两种方法。

1. *声纳法*

声纳法是一种较普遍用于监测江底沉降的方法,其特征是利用船只和卫星定位系统在江面上的指定监测点上通过声纳仪器对河床水深进行测量,通过比较同一点前后两次测量的数据得出江底的沉降情况。声纳法的定位测量精度为200mm,水深测量精度为100mm。

2. *传感器法*

(1)监测原理:传感器法是一种用于隧道过江施工中监测河床沉降的方法,其特征在于通过采集沉入江底固定的水压传感装置的信号,比较前后两次所采集到的数据而得到传感器埋设深度的变化,从而得到河床沉降的数据。传感器的测量精度为20mm。

(2)布设范围:沿江宽每隔10m布置一个传感器测点,采用专用信号接收仪获取每个测点的水底压力,通过设定水位基准,以改正潮水涨落的影响,并换算成每个测点的标高,作为数据处理的基本参数,最终得出各个测点水压力变化和沉降值(见图5-1)。测量的范围为盾构机刀盘前20m和后40m。

(3)布设方法:

①沿隧道轴线方向布设,即在每条隧道的中轴线上布设一条中轴测线,然后左右两边每相隔5m布设一条测线,共布设两条平行于中轴线的测线。

②垂直于中轴线方向布设,即在垂直于中轴线方向布设测线,长度为两轴线间距离加上从轴线往外测出15m宽度,测线间距为3m。测量范围为沿遂道轴线方向左右各15m,盾构机刀盘前20m和后40m,

即面积为 30m × 60m = 1800m^2。

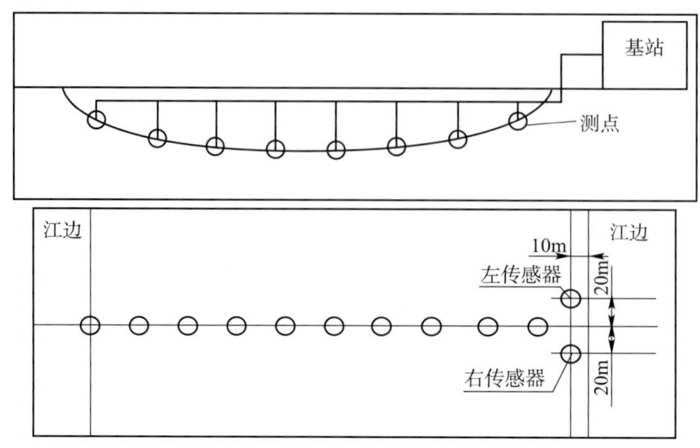

图 5-1　压力传感器布设示意图

3. 两种监测结果的比较

三号线某区间右线过三枝香水道采用传感器法和声纳法两种方法同时进行，声纳法收集的资料量大、点密、断面多（3m 一测点，6m 一断面），显示出的结果起伏大，传感器法点稀、断面少（5m 一测点），显示出的结果基本为一条直线，很难判断传感器法监测的精度。其具体表现出为：

（1）传感器法布点需在河道中打入钢管，各测点和测站间要连线，无法沿轴线连续布设，在繁忙航道中布设也会影响通航，在主要航道很难实施。

（2）河道中来往船只多，可能会对江底淤泥层或沉积物造成搅动（特别是低潮位时），几厘米甚至十几厘米的波动是可能存在的，数值变化不一定说明就是江底的沉降。

（3）涨落潮对江底的沉积物影响更大。

（4）传感器不能做出江底的连续剖面和断面，根据右线传感器法监测资料，一个测点的数据基本上在 ±4mm 左右波动，某一测点的累计沉降在 –35mm 左右，各点基本可以连成一条直线，说明传感器法精度不高。

（5）在塌方后，传感器失落，无法进行监测。

通过右线 731 环（开始过江）至 903 环的江底沉降监测结果可以看出，声纳法测量结果起伏明显，传感器法基本无变化，如图 5-2 所示。

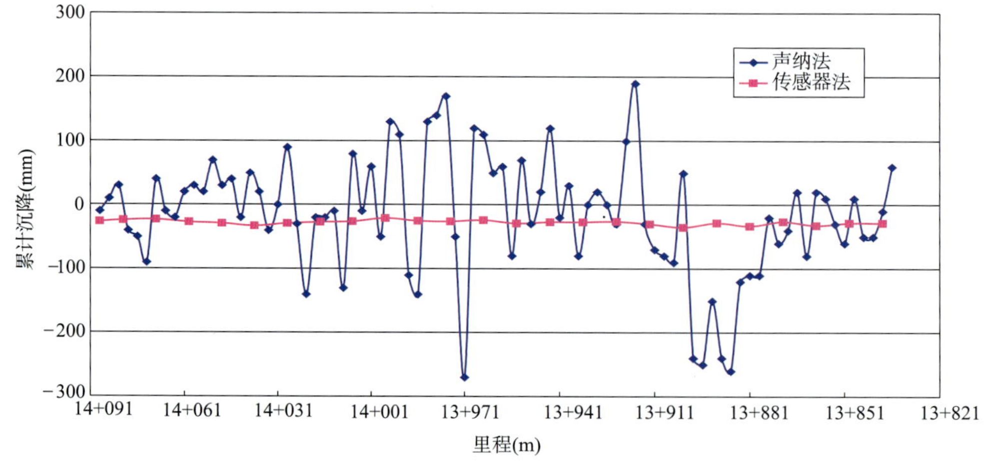

图 5-2　盾构机过三枝香水道传感器法与声纳法江底监测对比曲线图（右线）

四、工程实例

实例 1：三号线沥滘站—大石站区间泥水盾构机过江施工

本工程盾构机两次过江，分别为通过 312m 宽三枝香水道及 505m 宽南珠江，如图 5-3 所示。

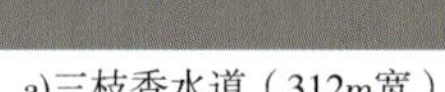
a)三枝香水道（312m宽）

b)南珠江（505m宽）

图 5-3　312m 宽的三枝香水道与 505m 宽的南珠江

（一）过江段地质条件

如图 5-4 所示，隧道在过三枝香水道范围内覆土厚度最小仅 7.5m，隧道断面内存在着强风化、中风化和微风化等泥质粉砂岩的复合地层，拱顶以上主要为淤泥、淤泥质细砂和黏土。过江段隧道存在风化夹层，强度较高，岩体较为破碎，地表水与砂层及基岩裂隙水联系较为密切，且隧道上方存在软弱地层，对盾构机破岩能力及防冒浆的能力要求较高。

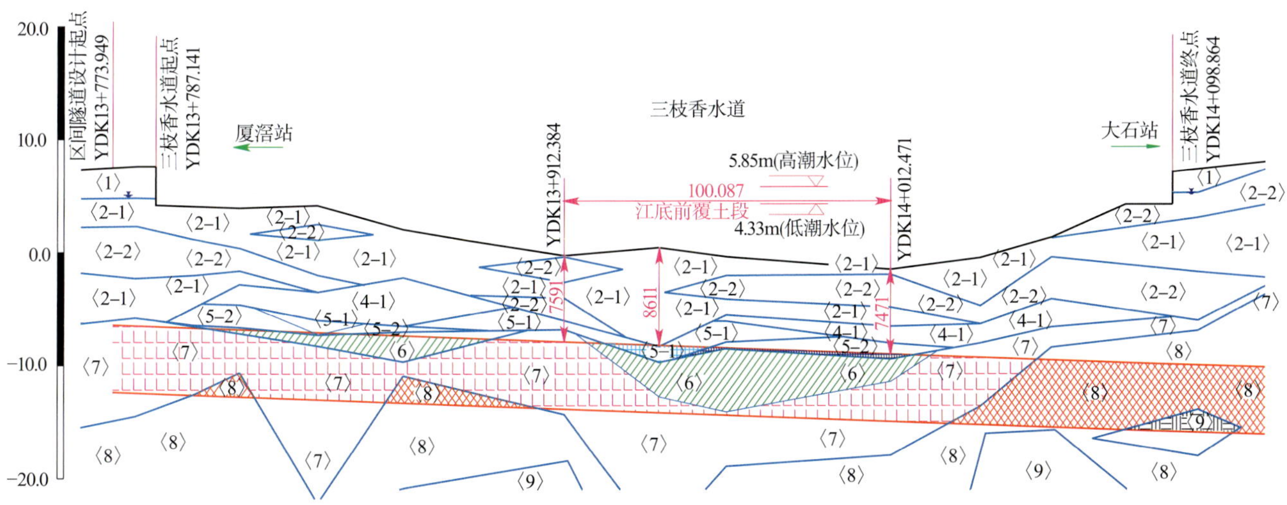

图 5-4　盾构机过三枝香水道地质剖面图（右线）

如图 5-5 所示，隧道在过南珠江范围内覆土厚度为 9.65～14.35m 不等，河床底以下的隧道平均覆土厚度为 12m 左右，从地质情况来说较三枝香水道有利。盾构机在过南珠江底的断面内存在着强风化、中风化和微风化等泥质粉砂岩的复合地层，拱顶以上主要为淤泥质砂层和冲洪积砂层。

（二）过江风险分析

（1）因隧道顶部覆土层薄，且为淤泥、淤泥质土，一旦泥水仓的泥水压力不稳定，刀盘前方及其上部的软弱土层被扰动，将造成失稳，使河床上的杂物随坍塌的土体进入泥土仓内，一方面堵塞泥水仓，造成清洗困难；另一方面造成泥浆管路堵塞，杂物难以排出，盾构机难以继续掘进。而且，在清洗泥水仓过程中，由于不停地正逆冲洗，引起泥水仓压力波动，容易引起新的塌方。

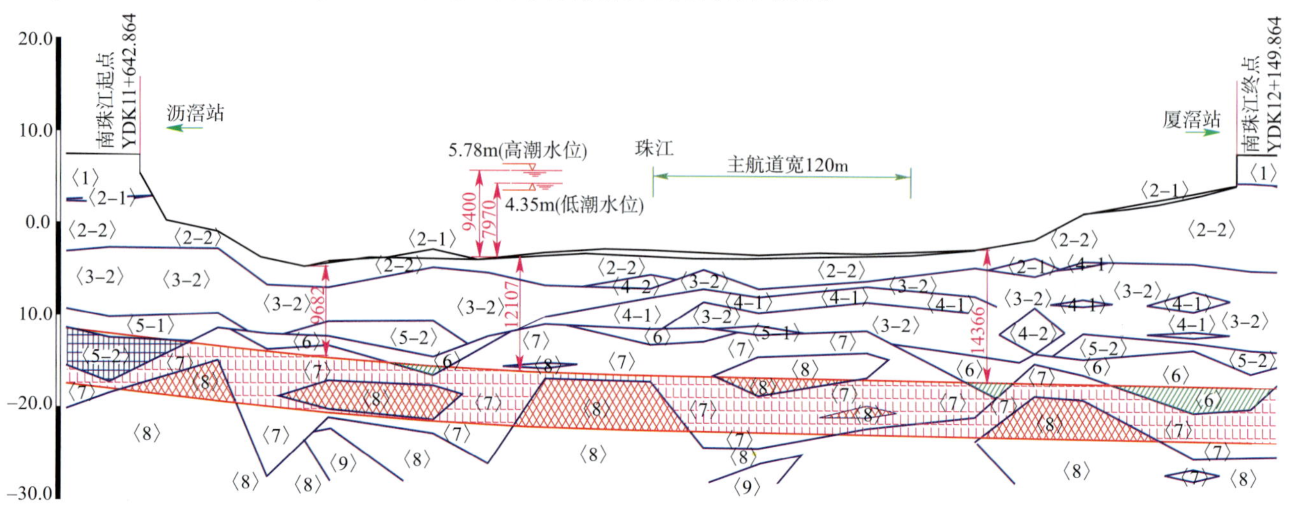

图 5-5　盾构机过南珠江地质剖面图(右线)

(2)当盾构机刀具磨损严重，必须在江中停机换刀时，因江中段土体较软弱，尤其是隧道顶部为淤泥和淤泥质土，无法自稳，故在江中换刀难度极大，虽然可以考虑采用气压法进行换刀，但因覆土层薄，该方法也有一定的风险。

(3)如若盾尾漏浆严重，一方面导致切口水压下降，刀盘前方土体失稳；另一方面，隧道内大量淤积泥浆，若抽排不及时，将造成盾构机被淹没。

(4)在三枝香水道 YDK13 +912.384 ~ YDK14 +012.471 处，即 790 环 ~860 环之间，为江底盾构隧道覆土厚度较浅的范围(约 100m 宽)，特别是在 840 环处，隧道上部为淤泥质土层，该土层含有粉细砂，渗透性较强，且与河水直接有水力联系，是盾构机过江最大的风险地段。

(三)过江掘进技术

1. 过江前盾构机检修

盾构机在过江时，地层主要为微 ~ 强风化岩层，该地层属于硬岩地层，故在盾构机过江施工前，找定一个地层自稳性较好的里程处，让盾构机停下作检修工作，并对刀具予以检查，根据刀具磨损情况对刀具进行更换，提高盾构机过江破岩能力。此外，还需进行盾尾刷、注浆管路等检修工作，为确保盾构机顺利过江打下基础。

2. 开挖面泥水压力指标控制

开挖面的稳定是一种动态的平衡，盾构机在江底施工时，无论是掘进阶段还是停止掘进阶段，都应该随时注意泥水压力的变化，使其尽可能的接近设计泥水压力值，设计泥水压力 = 自然压力 + 附加压力。

一般附加压力值控制在 10 ~ 20kPa，加压过大将使开挖面的渗透力加强甚至产生“冒顶”，过小可能会导致塌方。自然压力值要根据地下水压力、地层的强度指标、渗透系数等进行设定。其中，地下水压力值还应根据江中潮位变化随时调整。

过江时，切口水压应控制在设定值的 ±5%，以保证切削面稳定。图 5-6 中设定切口水压值分别为：三枝香水道是 165kPa，南珠江是 275kPa。

3. 切削干砂量管理及控制

干砂量的监控也是确保开挖面稳定的重要手段。根据送泥、排泥的流量计和密度计测定的数据，对送、排泥浆中所含有的干砂量的体积进行计算，以此来反映出盾构机每掘进一环切削下来的土体量的数值。

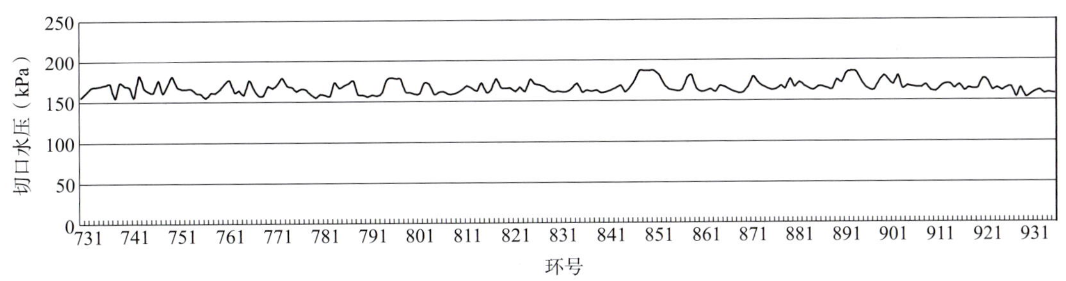

图 5-6 盾构机过三枝香水道段切口水压情况（右线）

计算后的理论干砂量可与中央控制室监视盘显示的掘削干砂量（即实际掘削干砂量）作比较，根据两者之间的差距，判断开挖面是否有超挖或欠挖，以及地质变化情况。

过江时浅覆土段的单环理论干砂量：

$$G=(\pi D^2L/4)\times(1-\alpha/100)$$
$$=(3.14\times6.26^2\times1.5/4)\times(1-24.9/100)$$
$$=34.653\text{m}^3$$

实际单环干砂量 G'，可根据仪器测定送泥水和排泥水的差值，通过计算求出：

$$G'=\frac{\gamma_s}{\gamma_s-1}[Q_1(\rho_1-1)-Q_0(\rho_0-1)]\times t$$

式中：G'——实际单环干砂量（kN/环）；

γ_s——土的重度；

Q_1——排泥流量（m^3/min）；

ρ_1——排泥密度（kN/m^3）；

Q_0——送泥流量（m^3/min）；

ρ_0——送泥密度（kN/m^3）；

t——掘削时间（min）。

根据实际开挖干砂量与理论干砂量的比较判断开挖面地质是否与地勘相符，如相符，可为下步掘进参数的选定提供依据和参考；如不符，则可根据干砂量的变化（还有环流系统出渣的情况）判断开挖面地质的变化情况，从而适当调节盾构掘进参数。

当发现掘削干砂量过大（如单环干砂量超过 60m^3）或出现突变（如相邻两环干砂量相差超过 50%）时，要快速引起警惕，立即检查泥水密度、黏度和切口水压，同时检查土体是否有坍塌情况。可根据江底沉降监测数据判断，在查明原因后及时调整有关参数，确保开挖面稳定。

4. 注浆管理

采用双液注浆，A 液为水泥浆液，B 液为水玻璃，A、B 液的比例为 9～11:1，初凝时间根据开挖地质情况及地下水情况具体调控，一般为 13～15s，注浆压力控制在 0.3～0.5MPa。双液浆液的性能指标如表 5-1 所示。

双液注浆液的性能指标 表 5-1

项　目	指　标	项　目	指　标
凝结时间	13～15s	1d 抗压强度	0.5～1MPa
1h 抗压强度	0.05～0.1MPa	1h 析水率	<5%

为了提高注浆与盾构推进的同步性，使浆液能及时充填管片外侧空隙，严格控制管片位移量，并控制地面沉降，管片注浆的位置选在出盾尾第一环管片的 11 点、1 点、5 点和 7 点的位置(时钟位置)，注浆的顺序根据对管片测量的结果来确定。当注浆充填量小于 130% 时，采用二次补压双液浆的措施，注浆范围为最近安装的 5～8 环管片。本项目在过江段的平均注浆量为 4.96m^3/环，达到 130% 充填率的要求(设计 100% 为 3.75m^3/环，130% 为 4.88m^3/环)。管片的沉降监测情况也反映了盾尾注浆的效果。如图 5-7 所示为过三枝香水道段管片的水平与垂直方向的位移、沉降情况。从图中可以看出，绝大多数管片的位移、沉降量均在 5mm 以内，仅有 6 环管片的位移(或沉降)量到达 10mm 以上，最大数值为 15mm，可见采用双液注浆后的隧道的变化量是很小的，也说明注浆质量是好的。

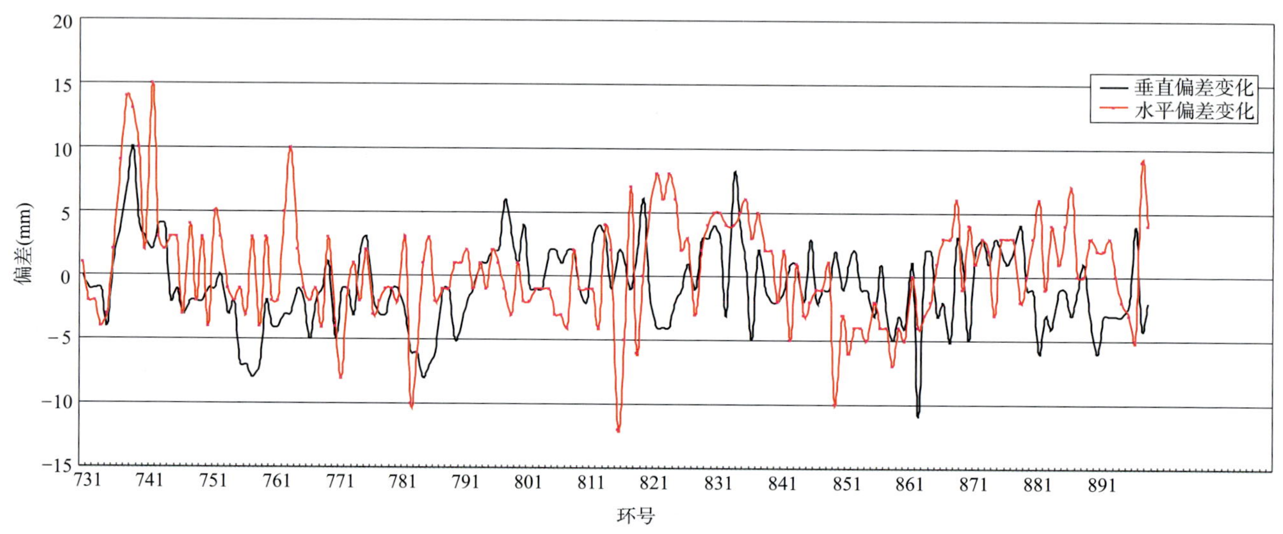

图 5-7　盾构机过三枝香水道段管片水平与垂直方向位移、沉降情况(右线)

5. 掘进速度控制

掘进速度必须在确保注浆质量和保持环流系统畅通的前提下逐步合理加快。在过江段，以确保开挖面稳定为原则，保持盾构机匀速前进，保持环流系统畅通。如图 5-8 所示为过三枝香隧道掘进速度情况图。从图中可以看出，过江段的掘进速度均控制在 20mm/min 左右。

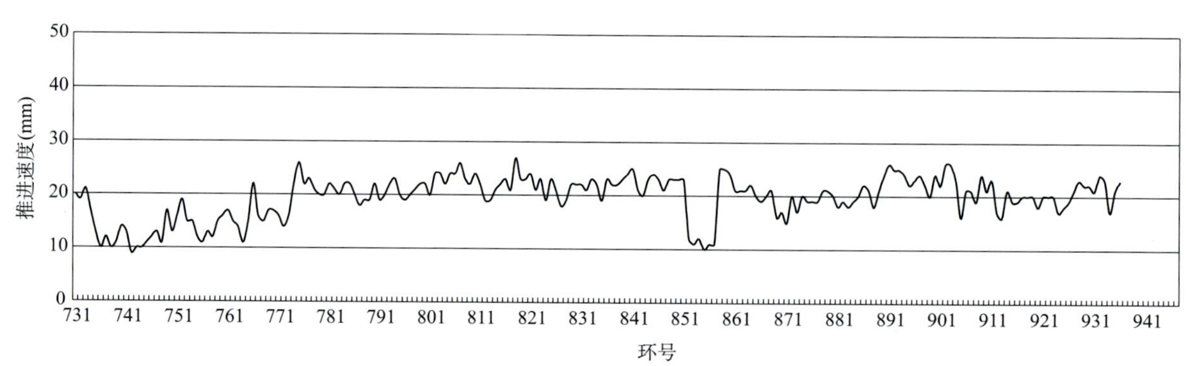

图 5-8　盾构机过三枝香隧道掘进速度情况图(右线)

6. 掘进姿态控制

盾构姿态的控制在过江段更为重要，一是隧道处于上坡段，二是覆土层薄，三是在复合地层中掘进，盾构机容易产生“抬头”，向下纠偏难。因此，在过江段掘进设定报警值为 30mm(偏移值)，限制值为 50mm，严格控制盾构机在 ±50mm(垂直和水平方向)范围内行走。

7. 泥浆性能控制

(1)相对密度控制：根据过江段的盾构掘进面主要是岩石全风化层〈6〉、岩石强风化层〈7〉和岩石中风化层〈8〉，该地层具有较好的自造浆能力，故把泥浆相对密度控制在1.10～1.15g/cm³，当泥浆的相对密度、黏度较大时，可加泥浆水进行稀释，来降低其数值。

(2)黏度控制：泥水的黏度决定了泥水的内部摩擦力。从有利于土颗粒的悬浮性而言，要求泥水的黏度越高越好，但黏度的提高会使泥水的凝胶强度和塑变值提高，甚至加大在泥水分离处理阶段的分离难度，综合考虑以上因素，黏度值取约为20s。

8. 江底沉降监测

该技术作为保证盾构机过江施工安全的一项重要技术措施，由于采用了创新性的传感器法监测江底沉降，大大提高了监测的准确性，且在实用性、经济性等方面都较目前普遍使用的声纳法有较大的提高，故在此单独列项阐述。

根据项目要求，采取投入式传感器测量江底水压。将传感器固定在混凝土桩位上，沿江宽每隔10m布置一个传感器测点，信号传输电缆沿水底引出至岸边的基站；采用专用信号接收仪自动实时获取每个测点的水底压力，通过设定水位基准，以改正潮水涨落的影响，并换算成每个测点的标高，作为数据处理的基本参数；同时开发出相应软件进行图形处理，以直观描述水底各个测点水压力和沉降，如图5-9所示。

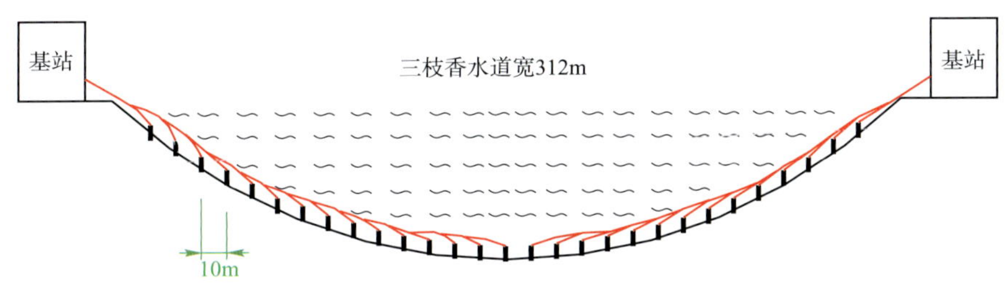

图5-9　传感器法监测点布置示意图

9. 实施效果

通过采取以上技术措施，两台盾构机先后安全、迅速地完成穿越三枝香水道和南珠江的掘进，其中右线盾构机于2004年6月17日～7月16日仅用30天的时间成功穿越312m三枝香水道。

实例2：六号线大坦沙站—如意坊站区间土压平衡盾构机过江施工

(一)工程概况

六号线大坦沙站—如意坊站区间在双桥公园内设盾构始发井，沿坦尾中路，下穿珠江、火车南站站场股道(南站已停运)，到达如意坊站吊出。

盾构机下穿珠江全长189m，里程为YDK6+024～YDK6+213(ZDK6+000～ZDK6+187)，水面宽度179m，一般水深7m，最深10.88m，河床平缓，线路平面位于500m曲线上，纵断面位于8.433‰的下坡上，隧道上覆土厚17.4～18.5m。

过珠江段右线隧道主要穿过强风化泥质粉砂岩〈7〉和中风化泥质粉砂岩〈8〉，局部隧道夹微风化泥质粉砂岩〈9〉，覆盖层厚度最小处为16.67m。左线隧道主要穿过强风化泥质粉砂岩〈7〉，局部隧道夹微风化泥质粉砂岩〈9〉，覆盖层厚度最小处为16.68m。隧道顶部覆土为〈6〉～〈9〉地层。

(二)施工重难点

(1)盾构机穿过河堤，如何确保河堤安全，是本工程的重点。该段堤岸为锤击预制方桩，因此盾构机通过堤岸时的沉降变形控制尤为重要。

(2)工程水文地质条件较为复杂，易出现喷涌现象，施工难度较大。冲洪积的粉细砂〈3-1〉及中粗砂层〈3-2〉中富含孔隙水。基岩风化裂隙水含水层主要赋存于中、微风化岩中的风化裂隙之中，为承压水。地下水与珠江联系，水压力大，加上 2m 左右高差的涨落潮反复影响，盾构掘进过程中易出现喷涌现象。另外，由于水系连通，有可能因水压过高而造成盾尾漏浆、漏水，因此盾尾刷要具备相应高水头的密封耐压能力。

(3) 地层软硬不均，对刀具磨损大，合理设定掘进参数、刀具配置等尤为重要。

盾构机掘进珠江段隧道主要穿过中风化泥质粉砂岩〈8〉和强风化泥质粉砂岩〈7〉，局部隧道中部夹微风化泥质粉砂岩〈9〉，地质软硬不均，盾构掘进过程中对刀具的磨损大。如何进行合理的刀具配置，防止刀具发生非正常磨损；如何在掘进过程中设定合理的盾构掘进参数，保护好刀盘、刀具，减小刀具的磨损，保证盾构掘进顺利进行，是本段盾构施工的难点。

(4) 江底换刀作业风险较大。本珠江水面宽度为 180m，较多地段是强风化泥质粉砂岩〈7〉和中风化泥质粉砂岩〈8〉，如果刀具磨损较大，就需进行一次换刀。如何选择适当的换刀位置，制订安全、合理、可靠的换刀方案，从而保证换刀工作的安全、快捷，是本段盾构施工的一大难点。

(三) 采取的措施

1. 盾构机的配置

(1) 采用二级螺旋输送机(见图 5-10)，对控制土压动态平衡、防喷涌有重要意义。

(2) 刀具配置：珠江段盾构隧道主要穿过强风化泥质粉砂岩〈7〉和中风化泥质粉砂岩〈8〉，局部隧道中部夹杂微风化泥质粉砂岩〈9〉。盾构机掘进通过珠江时，刀盘配置 4 把中心双刃滚刀，31 把单刃滚刀，64 把切刀，8 把弧形刮刀，1 把超挖刀，如图 5-11 所示。4 把中心双刃滚刀采用耐磨的合金球齿滚刀(见图 5-12)，对提高刀具耐磨能力，尽量避免江底换刀有重要意义。

图 5-10　二级螺旋输运机

图 5-11　盾构机刀盘布置图

图 5-12　刀盘配置 4 把合金球齿滚刀

2. 准备工作

盾构机在进入珠江前，左线盾构机选择在 ZDK5 +725 处进行换刀，右线盾构机在 YDK5 +965 处对刀具进行了检查、更换，为顺利通过珠江做好准备。

3. 掘进模式及主要掘进参数

1) 掘进模式

珠江段盾构隧道主要穿过强风化泥质粉砂岩〈7〉和中风化泥质粉砂岩〈8〉，围岩自稳能力较好，盾构隧道上方覆盖有较厚的不透水层，盾构机采用半开仓模式掘进，为保证施工安全可以向土仓加入一定气压。一旦发现前方地层与资料不符，变差时立即转换到土压平衡模式掘进。

2)掘进参数

(1)土仓压力 P_1:当按土压平衡模式掘进时,控制土仓土压要确保略大于外界水土压力,避免出现涌水、涌砂、塌方等事故。

(2)千斤顶推力 F:盾构机推力设定必须满足克服盾构机外壳与围岩、管片等的摩擦力及前方水土压力的水平侧向力,使盾构机能够以 30 ~ 50mm/min 速度向前推进。

(3)刀盘转速 n:根据前方围岩性质设定刀盘转速,一般红层控制在 1.5 ~ 2.2r/min,破碎层控制在 1.2 ~ 1.5r/min。

(4)刀盘扭矩 T:过江前清理刀盘并调整泡沫和水的注入量和压力,尽量将扭矩控制在 3500kN · m 以内。

(5)注浆:注浆压力是在注浆处的水土压力的基础上相应提高 0.5 ~ 1.0bar❶,且使浆液不会进入盾尾和压坏管片。注浆量为 5m^3/环。

(6)发泡剂:泡沫剂浓度为 3%,泡沫剂每环使用量不小于 35L。

(7)出渣量控制:出渣量一般采用体积控制,每环(1.5m)理论出渣量约为 46.5m^3,红层松散系数通常取 1.4 ~ 1.5,因此实际出渣量控制为 65 ~ 70m^3。

4. 同步注浆、二次注浆

在连接桥右侧的平台上放置一台气动注浆泵,在进行同步注浆的同时,在管片脱出盾尾 3 环后通过吊装孔进行二次补注双液浆,并形成有效的止水环。根据前期试验,初步确定盾尾同步注浆的配合比见表 5-2。

同步注浆的配合比　　表 5-2

水泥(kg)	砂(kg)	粉煤灰(kg)	膨润土(kg)	水(kg)	外加剂(kg)
130	880	430	20	430	
110	890	430	40	436	

保证注浆液的初凝时间为 8 ~ 10h。

双液浆采用纯水泥浆加水玻璃溶液进行配制,水泥浆水灰比为 1:2,水玻璃溶液的体积比为水:水玻璃 = 1:2。

过江段的注浆压力初步确定将控制在 2.5 ~ 3.5bar,在掘进过程中进行适当的调整。二次注浆的终浆压力控制在 3bar。

(四)小结

(1)充分利用双级螺旋输送机对喷涌治理的功能,快速通过珠江。

(2)可能因水压过高而造成盾尾漏浆、漏水。因此,盾构机在过江前必须做好刀具更换和设备维修保养,保证盾构机的设备性能和密封性完好,同时加强渣土改良和出渣量控制。

(3)采用耐磨的合金球齿滚刀。在掘进施工中,严格控制盾构机各项掘进参数及姿态,减少刀具非正常磨损及避免形成泥饼。

五、经验总结

(1)从线路设计方面考虑,应选择较好的地层过江,使隧道洞身有一定的自稳能力,隧道上方有一定隔水层,切断隧道与江底河床的水力联系,以便于盾构机在江底掘进施工、刀具更换及设备检修。

(2)对于过江地段,应选用先进的、运行状况良好的盾构机进行掘进施工,盾构机的刀盘应有足够的强度,刀盘钢板应有足够的厚度、强度以满足所在区间任意地层掘进需求;对于采用旧盾构机的工地,应

❶ 1bar = 0.1MPa。

进行系统全面检测及维修，在地面消除设备故障并有良好的保障及应急措施后，方可下井开始掘进施工。

(3)在盾构机掘进施工进入江底河床前，应选择具有自稳能力较好的地层停机，对盾构机刀具、泡沫系统、盾构机铰接、盾尾密封、注浆系统以及设备运行情况进行系统的检查，更换磨损严重的刀具，疏通泡沫管及注浆管，更换损坏严重的盾尾密封刷，堵住盾构机铰接漏水处等。

(4)在盾构机掘进进入江底时，最好选择一段作为试验段，对江底沉降、江面状况、掘进参数、出土量以及回填注浆压力、注浆量等进行分析、总结，选择合理的掘进参数及注浆量来指导施工。

(5)盾构机过江掘进的原则是在满足盾构机及盾尾注浆能力的前提下，做到"平稳掘进、快速通过"。

(6)加强出土量(泥水盾构机的干砂量)观测，严格控制出土量，避免过量出土造成超挖或江底坍塌现象，如出现上述情况，应控制好土仓内压力，限制出土量，同时增大盾尾注浆量。

(7)盾构机过江掘进时，建议采用土压(泥水)平衡模式掘进，当出现意外停机或停电时，应设法保证掌子面的压力，土压平衡盾构机可通过不出土来保持土压，泥水盾构机需通过向土仓注入泥水来保压。

(8)土压平衡盾构机注浆浆液宜采用凝结时间较短的水泥浆，泥水盾构机注浆浆液宜采用双液浆(水玻璃及水泥浆)，同时不定期开孔对管片注浆饱满程度及凝结情况进行检查，及时进行二次注浆。

(9)加强对江底的沉降监测，及时反馈监测数据。

(10)当螺旋输送机出现喷涌现象时，应首先分析水来自于盾构机刀盘前方还是来自于盾尾，打开管片顶部的注浆孔检查漏水情况及注浆饱满情况，通过二次注浆的方式将管片及土层之间的空隙填充密实，切断盾构机后部的水源，而后再考虑通过调整掘进模式、在土仓内加入澎润土等添加材料和放水减压的方式来控制喷涌。

(11)在江底停机进行设备检修、刀具更换等，应选择基岩裂隙水小且具有较强自稳能力的地层进行，且在江底进行停机时间不宜过长，停机前最后一环注浆完成后，应该通过注浆管注入澎润土，同时停机过程中应该每隔 2 ~4h 左右对刀盘进行转动，避免注浆浆液将盾构机壳体或刀盘包裹住，造成二次掘进困难。

第二节　复合地层盾构掘进技术

广州地区复合地层最普遍最困难的情况是上部为残积土、坡积土、淤泥质土以及砂层等软弱地层，下部为坚硬的岩石微风化带。滚刀在此类地层的上部难以滚动，造成偏磨，此类地层下部坚硬的岩石对滚刀破坏严重，上部软弱地层难以提供自稳的掌子面以进行刀具更换，需采用各种措施来保护刀具并进行刀具更换。本节通过在不同地质条件的复合地层中的施工情况，阐述在复合地层的盾构掘进技术。

一、花岗岩(混合岩)复合地层掘进技术

花岗岩(混合岩)复合地层是广州地区盾构施工的最大难点之一，本节以三号线天河客运站—五山站区间复合地层盾构掘进为例进行介绍。

(一)施工难点及风险

花岗岩(混合岩)复合地层是一种特殊的不良地质，既有软岩地层的不稳定性，又具有硬岩的高强度。因此，在这类地层中施工比较困难，主要施工难点及风险如下。

1. 盾构姿态难以控制

盾构机推进过程中，由于上部软地层较易被切削进入密封土仓，而下部较硬岩体不易破碎，盾构机的姿态较难控制。

2. 刀具损坏严重且更换困难

由于隧道断面下部坚硬的岩石强度高达 150MPa 以上，刀具完全不能适应，整盘刀在很短距离内就

可能损坏殆尽,需要频繁换刀。而开挖面上半部花岗岩(混合岩)风化土层遇水软化,易崩解,甚至泥化呈流塑状,自稳性极差,这给换刀带来极大的困难和风险。

3. 地面沉降难以控制,易造成地面塌方、建筑物开裂损坏

在这种地层中掘进,地面沉降难以控制,易造成塌方、地面建筑物开裂损坏,其原因是:一方面,刀具和软硬不均岩面作周期性碰撞,刀盘的振动很大,且掘进速度非常慢,这对地层的扰动比较大;另一方面,上部软弱地层稳定性差,易坍塌。

4. 盾构机易被卡住

在此类地层中掘进,边缘滚刀及扩挖刀极易被破坏,造成开挖直径缩小,导致盾构机卡壳的现象时有发生。

(二)施工对策

针对以上施工难点和风险,需采取如下施工对策:

(1)加强地质补勘,摸清复合地层的地层特性以及岩石分界线;对周边建(构)筑物进行详细调查和鉴定,若有必要可采取注浆加固或基础托换等措施。

(2)盾构机施工进入复合地层前,在具备条件的地段停机进行盾构机设备检查、修复,同时对损坏的刀具进行更换。

(3)刀具布置应采用全断面滚刀的刀具配置形式。

(4)在工程施工前,应根据工程地质条件,提前安排刀具更换计划,对于换刀困难的地段,可进行预加固,以增加换刀时的安全性,预加固地点应合理,宁可提前也不能滞后,否则就失去作用,或采用压气作业进行换刀。特别要加强对边缘滚刀的检查和更换。

(5)掘进时,如发生掘进速度、刀盘转速、刀盘扭矩、盾构机的推力发生突变或不在正常的范围,应立即分析原因,检查刀具情况,不可盲目掘进。

(6)对于隧道下部坚硬岩石,若盾构机实在无法破除,可采用辅助措施进行处理,如采用冲孔桩冲孔破除,或创造临空面,采用火工爆破的方法进行处理,然后盾构机掘进通过。

(7)应合理选择、控制掘进参数(如盾构机推力、刀盘扭矩等),减少对地层的扰动,避免造成上部软弱地层沉降塌陷。特别是花岗岩全风化、强风化、残积层受到扰动极易软化、崩解。

(8)做好监测工作,及时反馈监测信息。适当加密监测频率,根据地表沉降和建筑物沉降的监测数据,结合地质情况,及时调整土仓压力、千斤顶推力等施工参数。

(三)工程实例

2003 年 12 月 16 日 ~2004 年 7 月 21 日,历时 8 个月,天河客运站—五山站区间左线盾构机掘进仅仅 42m,即从里程支 ZDK0 +947 ~ 支 ZDK0 +989(环号 119 ~ 147)。本段洞身下部为〈9H〉,强度在 150MPa 上,上部为〈6H〉的复合地层,如图 5-13、图 5-14 所示。下部坚硬的花岗岩使一盘刀在很短距离内损耗殆尽。由于软硬差异极大,掘进速度极其缓慢,一般在 0 ~5mm/min,刀盘对上部已遇水软化崩解的花岗岩残积层扰动大,土仓压力难以控制,造成顶部土体多次塌方(见图 5-15),塌方后又给换刀带来困难。换刀前必须对上部地层进行加固(见图 5-16),在 119 ~ 147 环即 42m 距离内先后对上方地层加固了 5 次,压气换刀 5 次,更换滚刀 107 把、刮刀 15 把、齿刀 88 把,工程为此付出了巨大代价。以下是这 42m 上软下硬地段,历时 8 个月盾构掘进的施工过程。

1. 天河客运站—五山站区间左线第一次地层加固、换刀耗时 81d

吸取右线在本段需停机加固换刀耽误工期的经验,按左右线相对地层,在左线支 ZDK0 +964 里程,采用 52 根旋喷桩进行了预加固,但 2003 年 12 月 16 日掘进至里程支 ZDK0 +947 时,盾构机掘进困难并频卡刀盘,已无法掘进至预加固处,只好停机(距离预加固处约 17m),在地面采用钻孔桩加固(共施钻孔桩 15 根),并于 2004 年 1 月 16 日开仓检查刀具,发生泥浆从桩间喷涌事件,引起地面塌方,塌方面积为

25m^2左右,深度为约2.5m,塌方体积约60m^3,于是1月18日开始进行地面旋喷桩补强加固施工(共施工旋喷桩54根)。加固完成后,于2月16日进行开仓换刀成功,至3月6日恢复掘进,前后耗时81d。如图5-17所示为天河客运站—五山站区间TW119~147环左右线各42m复合地层地面旋喷桩加固。

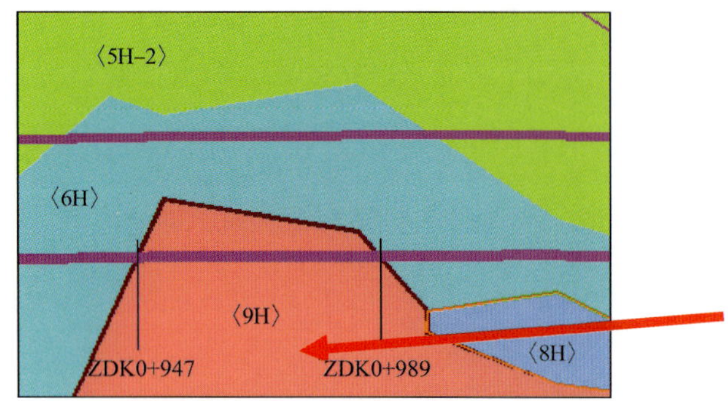

图5-13　天河客运站—五山站左线支ZDK0+947~交ZDK0+989地质剖面(环号119~147)

图5-14　隧道洞身下半部的花岗岩(强度150MPa以上)

图5-15　左线地面坍塌

图5-16　旋喷桩加固效果

天河客运站—五山站区间TW119~147环左右线各42m复合地层区段先后尝试了袖阀管加固、搅拌桩、冲孔等地面辅助措施,最后成功采用旋喷桩加固后换刀掘进通过。图为TWZ119环旋喷桩加固,完成后又在TWZ136环进行了预加固。前后经过3个月时间,3月6日恢复掘进

图5-17　复合地层地面旋喷桩加固

2. 天河客运站—五山站区间左线第二次地层加固、换刀耗时31d

2004年3月21日,左线盾构掘进到里程支ZDK0+972时,推进速度非常慢,经研究决定,停机采用地面旋喷加固措施(旋喷桩共59根),2004年4月12日开始进行刀具更换,至4月22日晚恢复掘进。此次加固换刀耗时31d。

3. 第三次地层加固、换刀耗时90d

2004年4月25日,天河客运站—五山站区间左线盾构机掘进到140环时,盾构机出现推力大、刀盘扭矩小、掘进速度缓慢等异常现象,开仓发现边缘滚刀偏磨严重,有些边缘刮刀已掉。2004年5月1日~5月7日采取压气作业进行刀具更换,共换滚刀8把,8把刮刀全部掉完,后未安装。5月7日晚班开始掘

进，但推力加到27000kN仍无法推进，并突然发生巨响，怀疑滚刀刀圈崩断，5月8日采用压气作业进行检查，换滚刀6把，在刮刀刀座上装两块钢板以代替刮刀。继续掘进141环，由于出现推力大、掘进速度慢的情况，5月15日进行压气检查，发现土体不稳定，压气人员及时退出土仓及人闸，已无法继续压气，后采用冲孔桩（见图5-18）+旋喷桩加固，用冲孔桩对盾构机前方坚硬的岩石进行破除，使盾构机姿态易于控制。加固完成后，2004年7月5日试开仓发现土体不稳定，无法清理人闸，再采用袖阀管补注浆加固，2004年7月13日，加固完成后，清理人闸，泥水砂土涌进土仓，再涌入人闸（见图5-19），没能进行压气作业，后继续采用袖阀管补注浆（见图5-20）使土体稳定，到2004年7月21日，压气条件下清理土仓，并进仓检查边缘滚刀，只有35号单边磨损，没进行更换，并于7月22日恢复掘进，掘进时在盾体外注膨润土等润滑剂，减少岩石对盾壳的摩阻力。至7月27日，盾构机基本已通过复合地层。盾构机在140～141环处停机更换滚刀共14把，总耗时约3个月。损坏的刀具如图5-21所示。

TWZ119环，上软下硬地段，隧道岩面超过一半，强度达到150MPa，刀具大量损坏，2003年12月16日停止掘进。地面尝试采用5根横排ϕ1200mm冲孔桩破岩，但实施过程中由于岩石强度高，进尺慢，卡冲头等问题，工期严重耽误

图5-18　复合地层地面冲孔破岩

图5-19　泥水砂土涌进土仓、人闸

2004年7月5日，采用袖阀管打到隧道顶部进行注浆加固后开仓换刀。该处在恢复掘进1.5环后再次停机，采用搅拌桩进行加固，过程中造成泥浆直接冲进土仓，从螺旋输送器口喷涌出近100m^{3}的泥浆

图5-20　复合地层地面袖阀管注浆加固

图5-21　损坏的刀具

(四)经验教训总结

(1)因为对花岗岩(混合岩)复合地层认识不足,导致多次发生塌方事故。花岗岩(混合岩)复合地层中软土与硬岩差异很大,且上部软弱的花岗岩(混合岩)残积层易软化、崩解,甚至泥化。由于软弱差异大,在盾构机掘进过程中,极其容易造成刀具崩裂及偏磨,而且由于掘进速度慢,刀盘对隧道上部花岗岩(混合岩)残积层的扰动大,掘进时土压力较难控制,容易造成顶部土体塌方,塌方后又给换刀带来困难。

(2)由于参照二号线换刀经验,过高估计刀具的开挖能力及使用寿命,在施工过程中,没有深入考虑是否因刀具损坏造成掘进缓慢,而是一味地增大推力,以致开仓检查时发现大部分刀具已偏磨到刀鼓,甚至有些已磨到轴心。由于上部土层的不稳定,换刀前需要加固地层,以致每次换刀时间都很长。

(3)今后在类似地层施工,在前期勘查过程中,发现有花岗岩(混合岩)分布的地段,应加密地质勘探,查清楚花岗岩(混合岩)复合地层的分布范围。应根据复合地层的分布状况进行线路设计,有条件的情况下,隧道洞身应避开复合地层;若不能避开,在具备地面处理条件的情况下,盾构掘进之前,可考虑从地面打竖井清除隧道洞身下部的坚硬岩石。

(4)从天河客运站—华师站区间盾构机刀盘滚刀在花岗岩微风化地层掘进的情况来看,相邻两把刀具滚过的痕迹中,有明显的"岩脊"存在,说明目前采用的这种正滚刀间距100mm的刀具布置模式难以完全适应此类花岗岩微风化地层掘进的需求,应增加刀盘滚刀刀刃的数量,缩小滚刀间距。

(5)目前,广州市轨道交通配置的盾构机对这类坚硬地层不适应,其中另一个主要原因是扩挖边缘滚刀布置较少,且它仅比盾壳高出15~20mm,在推进的过程中,一旦将这个余量磨掉之后,围岩就会将盾壳"卡住",从而限制了盾构机的推进。

(6)在工程施工前,应根据工程地质条件以及其他类似地层掘进换刀情况,提前安排刀具更换计划,同时对于换刀困难的地段,进行预加固,以减少换刀加固的时间,预加固应比类似地层换刀地点提前。天河客运站—华师站区间支ZDK0+947~支ZDK0+989(环号119~147)掘进施工时,曾根据右线掘进换刀的情况,提前做了预加固,但是在离加固区还有6m的位置,盾构机突然掘进缓慢,不得不停机再次对地层进行加固。

(7)对于在花岗岩(混合岩)复合地层掘进,刀具布置应采用全断面滚刀的刀具配置形式。

(8)在花岗岩(混合岩)复合地层掘进时,若掘进速度、刀盘转速、刀盘扭矩、盾构机的推力发生突变或不在正常的范围,应立即停机分析原因,检查刀具情况,不可盲目掘进。

(9)对花岗岩(混合岩)复合地层中的处理,可采用冲孔桩冲孔破除下部坚硬岩石,而后盾构机掘进通过;或创造临空面,采用火工爆破的方法进行处理后,盾构机掘进通过。

(10)在花岗岩(混合岩)复合地层掘进时,应严格控制掘进参数,设定盾构机推力上限、扭矩上限,减少对地层的扰动,避免在上部的花岗岩(混合岩)全风化、强风化、残积层受到扰动软化、崩解、泥化,产生坍塌。若出现坍塌,将对刀具更换带来极大困难。

(11)进行地层加固时,应尽量避免采用钻孔桩进行加固,钻孔桩的泥浆会将坍塌部位填充满,混凝土浇筑难以完全将泥浆置换出来,剩余的泥浆形成有压力的"脓包",开仓时压力释放,造成坍塌。

(12)盾构机在花岗岩(混合岩)复合地层掘进,特别是小曲线半径的地段上掘进换刀时,加强对边缘滚刀的检查,若边缘滚刀严重偏磨而不更换,将造成开挖洞径缩小、盾构机卡壳的事件发生。若发生卡壳现象,可采用冲孔桩对前方硬岩进行破除,或采用在盾体外注膨润土等润滑剂措施,以减小岩石对盾壳的摩阻力。

(13)袖阀管注浆、旋喷桩加固是刀具更换最有效的加固措施,但需要防止注浆浆液或旋喷浆液将盾构机刀盘、壳体包死。

(14)压气作业是解决在花岗岩(混合岩)复合地层换刀难题的有效措施。

二、上部为砂层,下部为泥岩、砂砾岩的复合地层掘进技术

(一)工程重难点

盾构断面上部为砂层,下部为泥岩、砂砾岩的复合地层在广州是很常见的,特别是在珠江(及其支流)所流经的区域,如图5-22和图5-23所示。这种地层施工的难点主要是:

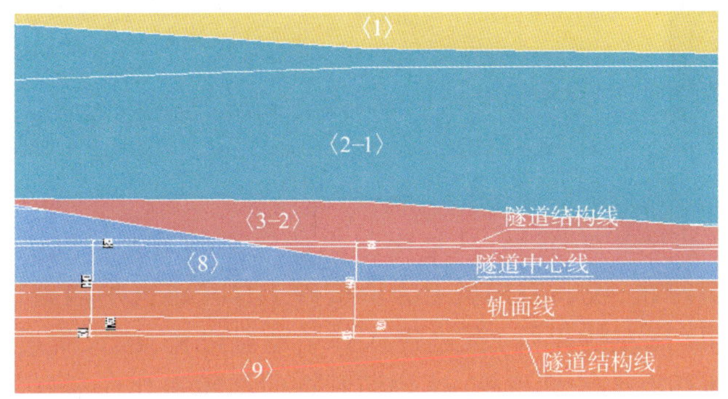

图5-22 隧道纵断面地质情况

〈1〉人工填土;〈2-1〉淤泥、淤泥质土;〈3-2〉冲积—洪积中粗砂层;〈8〉碎屑岩中风化带;〈9〉碎屑岩微风化带

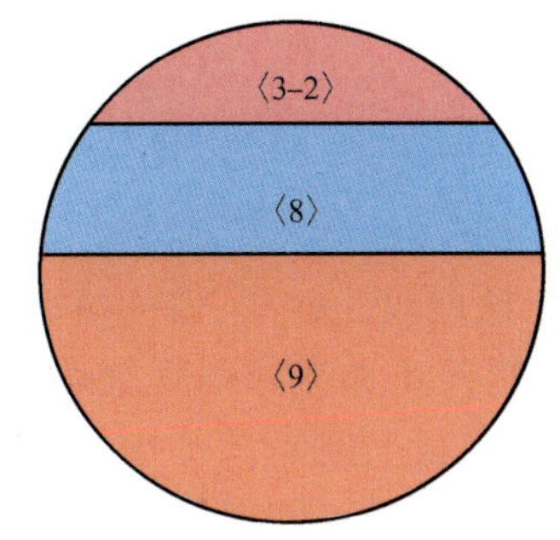

图5-23 隧道横断面地质情况示意图

〈3-2〉冲积—洪积中粗砂层;〈8〉碎屑岩中风化带;〈9〉碎屑岩微风化带

(1)盾构机通过这种地层时,由于与砂层直接接触的岩层已受力变形产生裂隙或裂缝,从而形成了与砂层〈3-2〉中的水有直接联系的通道,进而也将成为该砂层流失的通道,其最终结果是造成较大的地面沉降,甚至地面塌陷。

(2)下部为泥岩、砂砾岩极易造成刀盘前方出现泥饼,造成掘进缓慢,加剧了对地层的扰动,需开仓进行清理。

(3)泥岩、砾岩微风化地层,易造成刀具的损坏,进而造成施工困难。

(二)施工对策

(1)在盾构机掘进至这类地层之前,应停机检修,疏通泡沫管,修补好铰接密封系统,更换损毁的盾尾刷。

(2)在此类地层掘进,刀具布置模式应采用全断面滚刀模式,盾构机掘进前应进行刀具检查及更换。

(3)掘进施工过程中应严格控制掘进参数,观察掘进参数变化,对于参数突变应立即停机分析原因,不可盲目掘进,避免刀具损坏、刀盘变形。

(4)施工过程中应合理地使用渣土改良系统,以避免结泥饼。

(5)对于施工过程中需停机清理泥饼或进行刀具更换,应提前采用袖阀管注浆、旋喷桩等措施加固,或利用现有构筑物保护后,方可进行开仓作业。

(三)工程实例

2004年12月6日,左线盾构赤岗塔站—客村站区间砂层地段掘进至第52环时地面突然发生沉陷,沉陷位置位于刀盘正上方,面积约$80m^2$,地面监测点最大累积沉降为368.6mm,造成附近一居民小区的围墙及一幢两层临时建筑严重开裂,如图5-24所示。同时,沉陷点附近地面冒出大量泡沫。隧道掘进断面中,下部为〈9〉微风化泥岩,上部为〈8〉中风化泥岩和〈3-2〉砂层。隧道上方则为〈3-2〉砂层、〈2-1〉淤泥和〈1〉杂填土。

通过对沉陷点地质情况的分析,认为沉陷的原因有以下几点:

图 5-24　两层临时建筑开裂损坏

(1)由于该地段为砂层,盾构机掘进时对地表的影响强烈,从地面冒出的泡沫与盾构机掘进使用泡沫同步,盾构机停止加泡沫剂则地面冒泡也相应停止,说明盾构机上方所覆砂土存在透气的通道,掘进时用的泡沫剂直接冒上地面。另外,在右线盾构机(比左线先行)掘进进入砂层地段之初,机头附近的地下水位监测孔已经向上冒气泡,而盾构机通过后水位孔停止冒气泡,这说明开挖面与地表存在透气的通道。根据地质构成分析,该地段不太可能会产生沼气,所以推断该水位监测孔冒的气泡可能是盾构施工时所加的压缩空气。

(2)根据地面沉降监测数据,不论盾构机在地下掘进与否,地面沉降均反应敏感。所以尽管掘进时土仓压力维持在 0.17 ~0.23MPa 之间,但由于刀盘的扰动,仍然难以保持地表的稳定。

(3)由于刀盘掘进断面存在黏性较大的泥岩,在较大的土压力下在刀盘和刀具间结成硬块,形成泥饼,使掘进速度从原来的 25 ~30mm/mim 急降到 1 ~5mm/min;刀盘在原地的扰动又加剧了沉降的发展,使地面沉陷加大,并致使建筑物损坏。

三、经验总结

(1)线路设计过程中,根据复合地层的分布状况,隧道洞身应避开复合地层,特别是花岗岩、混合岩复合地层,若不可避免,应在施工中采取针对性措施。

(2)对于混合岩、花岗岩复合地层,其软土与硬岩的软弱差异大(红层中的复合地层软弱差异小),盾构机掘进过程中,极易造成刀具崩裂及偏磨,因此,应提前策划刀具检查和更换计划。在盾构机进入复合地层前需认真进行刀具检查和更换,同时对于换刀困难的地段,应进行预加固,以减少换刀加固的时间。预加固应比类似地层换刀地点提前。对于上部为砂层,下部为砂砾岩的复合地层,亦应该提前策划刀具检查和更换计划,并进行提前加固。

(3)对于上部为砂层,下部为砂砾岩的复合地层,要充分考虑石英含量高的砂砾岩对刀具的磨损。对于下部为泥岩的复合地层,要充分考虑黏性较大的泥岩。当土压力较大时,在刀盘和刀具间容易结成硬块,形成泥饼。

(4)压气作业是复合地层换刀的有效措施。

(5)当发现掘进速度变小、推力增大、渣温高等异常迹象时,决不能贸然继续掘进,必须停下来对刀具进行检查,以免造成刀盘损坏。

(6)正确、合理地使用泡沫剂、膨润土等渣土改良剂,将会给施工带来极大的帮助。

第三节　花岗岩球状风化地层盾构掘进技术

花岗岩的球状风化,是花岗岩岩体风化过程中特有的一种地质现象。在广州地区修建地下工程的过程中，尚未在变质岩（包括其母岩为花岗岩的花岗片麻岩）中发现有球状风化体。花岗岩球状风化体的特征是体量比较小，一般为1.0～3.0m（个别体量较大），多赋存在花岗岩的全风化〈6H〉、强风化〈7H〉、残积层〈5H〉中。由于它与其周围围岩的强度相差巨大，且体量小，因此不易被钻探发现。在施工过程中由于瞬间荷载突然加大，甚至会造成刀盘变形和刀具的严重损坏。

一、施工难点及风险

（1）由于花岗岩球状风化体单轴抗压强度非常高，与四周岩土层的强度差异大，因此很难被刀具破碎，常在刀盘前方滚动，这易造成刀具和刀盘的严重损坏，导致掘进非常困难，掘进速度极其缓慢。

（2）由于花岗岩球状风化体被刀具破碎时无法固定，常在刀盘前方滚动，因此盾构机姿态难以控制；且掘进速度缓慢，导致对地层的扰动非常大，易造成地层沉降大，甚至塌方及上方建（构）筑物损坏的安全风险。

（3）由于花岗岩球状风化体四周的花岗岩强、全风化层稳定性差，且遇水极易软化崩解，这给刀具更换带来极大困难，同时对上方建（构）筑物的保护极其不利。

二、破碎花岗岩球状风化体的主要方法

破碎花岗岩球状风化体的主要方法有直接破除法和人工破除法。

1. 直接破除法

盾构机直接破除球状风化体，但这需要满足两个条件：

（1）盾构机必须具有足够的破岩能力，即刀具要有足够的切削岩石的能力。

（2）在刀具破碎球状风化体的过程中，球状风化体必须处于固定状态，不能在刀盘前方滚动。

这通常需要对球状风化体周边风化岩土层进行地面或洞内预加固，以固定球状风化体。另外，需要配置破岩能力强的单刃滚刀。

2. 人工破除法

1）洞内人工破除

洞内人工破除的主要方法有静态爆破、火药定向爆破、岩石分裂机等设备进行破除等。这通常需要对球状风化体周边风化岩土层进行地面或洞内预加固，以维持掌子面的稳定，提供人工洞内作业的安全环境，或者采用压气作业方式。

2）地面人工破除

地面人工破除的主要方法有地面钻孔地下爆破、人工挖孔破碎移走、冲孔破除等。

（1）地面钻孔地下爆破

这种方法的思路是，通过钻探放炮将坚硬完整的花岗岩球状风化体崩碎，即通过人为的方法改变开挖面的岩土性质，从而便于盾构机破岩。

采用这种方法的困难是：一方面难以在地面事先确定体量较小的球状风化体的精确位置；另一方面如果爆破不均匀，坚硬的花岗岩大碎块会造成刀具的损坏。

（2）人工挖孔破碎移走

在人工挖孔前，沿孤石处理范围周边先进行双重管帷幕注浆，以切断开挖范围与外界的水力联系，为人工挖孔桩安全施工创造有利条件。把孤石周边的土层或岩层挖除后，将影响盾构掘进施工的孤石用膨胀剂或静力破碎机破成小块后取出，然后回填C10低强度等级混凝土。

（3）冲孔破除

在确定了球状风化体位置的基础上，用冲孔桩的方法将其破碎。

每种方法都有自己的优缺点，具体到某个工程要采用何种方法，需要根据地质条件、地面环境、球状风化体分布情况等综合分析确定。

三、施工措施

(1)加密补充地质勘探,掌握球状风化体分布情况。提前做好准备工作,如地面预加固,为破除球状风化体、更换刀具作准备。

(2)施工过程中预测和判断是否存在花岗岩球状风化体。

掘进过程中注意观察盾构机掘进的异常情况以及掘进参数的异常变化,如速度突然变慢,推力、扭矩突然增大,刀盘振动,盾构机有异响声等,判断是否碰上球状风化岩体。有经验的操作手据此可初步判断刀盘前球状风化体情况。

掘进过程中随时监测刀具和刀盘的受力状态,确保其不超载并观测刀盘是否受力不均,以防刀盘产生变形。

(3)勤检查刀盘和刀具、勤更换刀具。

在花岗岩球状风化体群这种地层中施工,刀具、刀盘的损坏是很严重的。因此,对刀具、刀盘的检查和刀具更换是非常重要的。为了尽量减小刀具、刀盘的损坏,掘进过程中应通过控制掘进速度、刀盘扭矩、贯入度、刀盘转速等措施减少刀圈崩断、刀圈偏磨,通过控制推力来减少刀座、刀盘变形。另外,掘进时应注意控制土仓的温度,土仓温度过高亦会加速刀具和刀盘的损坏。

(4)不能通过盾构机直接破除的球状风化体,应采取适当的方法进行破除。

(5)盾构机在花岗岩球状风化地层掘进时,应控制掘进速度、刀盘扭矩、盾构机的推力,刀盘的贯入量以及刀盘的转速,做到平稳掘进,减少对地层的扰动。当掘进速度、刀盘的扭矩、盾构机推力有异样状况时,应停机分析原因。

四、工程实例

实例1:三号线天河客运站—五山站区间盾构机过球状风化地层

天河客运站—五山站区间右线自2004年2月7日掘进至614环开始进入花岗岩球状风化地层,2004年9月底脱离困境,历时8个月,花岗岩球状风化区段长度为348m,先后进行气压法换刀15次,更换各类刀具251把,工程为此付出了巨大代价。盾构机穿越花岗岩球状风化地层是一个世界性难题,目前在国际上尚未有重大技术突破。由于对花岗岩球状风化体认识不深,在右线第一次遇到球状风化体时竟束手无策,盾构机一停就是三个多月。以下是天河客运站—五山站区间盾构机穿越花岗岩球状风化体区段的施工过程。刀盘前方的花岗岩球状风化体如图5-25所示。

图5-25 刀盘前方的花岗岩球状风化体

1.区间右线第一段花岗岩球状风化区段长15m,盾构掘进历时107d,更换滚刀51把

2004年2月7日~6月8日,天河客运站—五山站区间右线盾构机掘进支YDK1+691~支YDK1+

706(环号 614 ~ 624,即 15m),历时 107d,更换滚刀 51 把。

2004 年 2 月 19 日,天河客运站—五山站区间右线盾构机掘进到支 YDK1 + 691(距上次开仓换刀 85 环),掘进期间遇花岗岩球状风化体,刀具损坏严重,开始第二次压气作业换刀工作,至 2004 年 3 月 11 日完成换刀,共计更换滚刀 24 把。2004 年 3 月 12 日恢复掘进。

由于盾构机在球状风化区掘进过长,造成刀具严重损坏,有些刀座已变形,需要动火方可拆除,但压气作业条件下无法动火,所以有些刀具没进行更换,造成了以后换刀困难的情况。

2004 年 3 月 15 日,天河客运站—五山站区间右线盾构机掘进到支 YDK1 + 706 里程处(距上次换刀 10 环),推进过程困难并频繁卡刀盘,3 月 16 日,进行第三次压气检查刀具作业,发现掌子面下方有球状风化体,第二次压气作业换刀时更换的滚刀已严重磨损,有很多刀具在压气作业下无法更换。为保护刀盘并顺利通过该花岗岩球状风化地段,决定尝试盾构机后退洞内注浆加固、喷射混凝土注浆加固等方法,以便开仓进行刀具更换。期间曾采用静态爆破、火工爆破对球状风化体进行清除。本次停机历时 85d,累计注浆 200 多立方米,共换滚刀 27 把。由于掌子面不稳定,所有的刮刀、齿刀均没更换。到 2004 年 6 月 9 日下午恢复掘进。损坏的刀具如图 5-26 和图 5-27 所示。

图 5-26　刀盘上拆下的滚刀

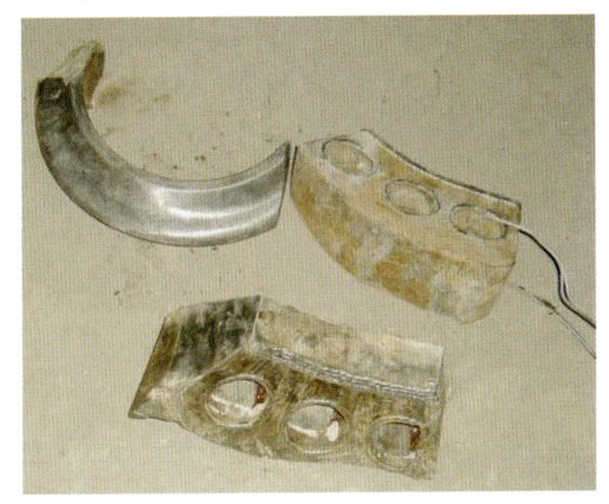

图 5-27　土仓捞出的刀具

经验教训总结:

(1)原来有些损坏的刀具没有完全更换,造成新更换的刀具很快被破坏,主要原因是压气条件下无法动火作业。

(2)尝试了盾构机后退洞内注浆加固方法,但效果依然不理想,主要是周边无法加固,刀盘转动后加固体全被损坏。

(3)采用喷射混凝土注浆加固可以使掌子面稳定,但工期过长,且滚刀位置无法加固,在换滚刀时会从刀座处涌泥,增加换刀困难,且刀盘旋转后注浆加固体被破坏,需重新喷混凝土注浆加固。

(4)静态爆破清除球状风化体不理想,但可在压气条件下进行。采用火工爆破清除球状风化体需开仓进行,且对掌子面挠动破坏较大,在掌子面不稳定条件下实施存在很大的危险性。

(5)盾构机在花岗岩球状风化地层中掘进,较小的球状风化体会随着刀盘的转动而转动,并与盾构机一起向前移动,这些转动前移的球状风化体会持续对刀具产生严重破坏,引起崩刀。在遇到此类球状风化体时,最好采用人工清除后再掘进。

盾构机在球状风化地层中掘进缓慢,再加上前面有转动前移的球状风化体,使盾构机刀盘对土体的挠动加大,在土压力控制不好的情况下,会增加出土量,引起地面过大沉降,甚至塌方。2004 年 5 月 14 日,即盾构掘进到此处 2 个月后,地面出现了直径 6m 的大坑,如图 5-28 所示。

图 5-28　右线盾构施工造成地面下沉

2. 区间左线盾构机过华农兽药厂球状风化区段历时73d,更换滚刀40把

2005年3月17日,天河客运站—五山站区间左线盾构隧道掘进到ZDK2+381.86时遇到花岗岩球状风化体。停机后进行压气换刀,但由于地面漏气,无法进行换刀。因此,采用洞内注浆加固后进行换刀,累计10把,其中26号刀更换两次。由于地面漏气过大,需更换的刀具无法全部更换。尝试采用地面钻孔爆破的方法对球状风化体进行爆破,共钻7孔,其中在刀盘前端0.7m处的3个孔钻到球状风化体。对有球状风化体的3个孔实施爆破后,4月8日恢复掘进,但掘进速度仍很慢,并频卡刀盘,掘了一环后停机,压气检查发现外围除29号刀以外的刀均损坏。但由于地面漏气不能保压,无法进行更换。4月10日,在盾构机前方钻孔继续探明球状风化体情况,共钻10个,其中5个探到球状风化体(见图5-29~图5-31)。经研究决定采用直径2.5m的冲孔桩对球状风化体进行清除。冲孔桩施工完成后,4月17日试恢复掘进到支ZDK2+381.86,仍出现掘进缓慢且频卡刀盘。4月18日,经开会讨论认为:①由于对球状风化体形状、大小均不清楚,采用爆破进行清除效果不理想,且爆破冲击力对刀盘的影响也无法估计;②采用冲孔桩清除球状风化体,无法做到完全清除干净,使得盾构机在刀具损坏的情况下仍无法通过没清除的少量球状风化体;③目前地面已具备加固的条件,应采取地面加固后换刀方案,考虑到需从洞内清除球状风化体,加固应以能开仓常压换刀为目标进行。经讨论,拟采用地面三重管高压旋喷加固方法。共设7排ϕ700mm旋喷桩,排距500mm,刀盘前面一排及顶上一排桩间距500mm,其他桩间距600mm。旋喷范围为隧道上部5m至底部1m。

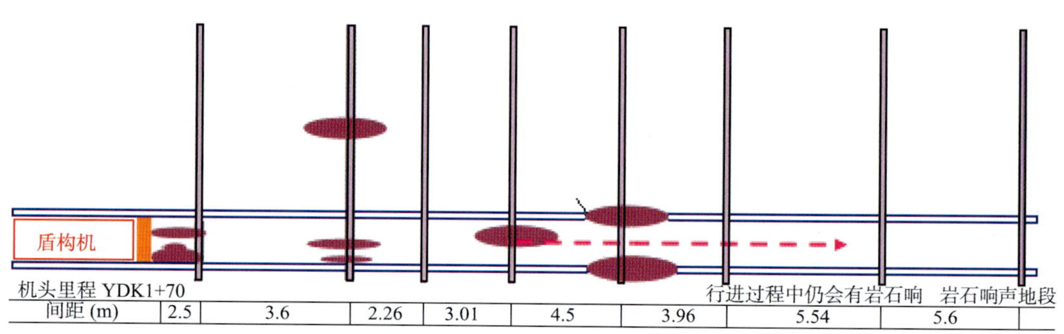

图5-29 华农兽药厂花岗岩球状风化区段加密补充地质勘探示意图

图5-30 球状风化体

2005年5月13日完成加固后,于2005年5月20日压气试开仓,结果仍出现地面漏气,无法进仓,后于2005年5月23日常压条件下开仓换刀成功,共换刀27把,于2005年5月30日恢复掘进。

在判断遇到球状风化体后,立即进行了压气检查和刀具更换,但是由于地层原因,刀具更换无法全面完成。由于钻孔探测无法准确探明球状风化体性质和位置,因此爆破和冲孔桩清除球状风化体效果不佳。可见该处球状风化体范围大,强度高,清除困难是这次掘进困难的主要原因。

后采用旋喷桩进行地面加固，准备换刀后盾构机强行通过。旋喷桩加固完成后7d进行试压气换刀，压气控制在1.5bar，结果地面大面积漏气，气压仅能控制在0.9bar以内。这表明，旋喷桩并没有将地层很好地封闭，其原因可能是土体内存在树根木块所致，因为在冲孔桩施工时捞出很多树根木块。但根据旋喷施工记录，每米水泥用量均达400kg以上，用量较大，所以只要土体内水泥强度能上来，加固体达到稳定效果后，即使有水也不会产生塌方。于是在加固完成10d后，进行开仓检查，发现加固效果良好，掌子面土体稳定，使得换刀成功，并顺利通过该段花岗岩球状风化区段。

图5-31　刀具在球状风化体上留下的痕迹

相关工程图片如图5-32～图5-37所示。

2004年1月13日，右线掘进通过能源所10号楼后，529环首次遇到大量球状风化体，地面没有加固的场地条件，先后尝试刀盘前施作水泥墙，掌子面注浆加固。图为对掌子面进行喷浆封闭后注双液浆加固

图5-32　土仓内换刀前掌子面注双液浆加固

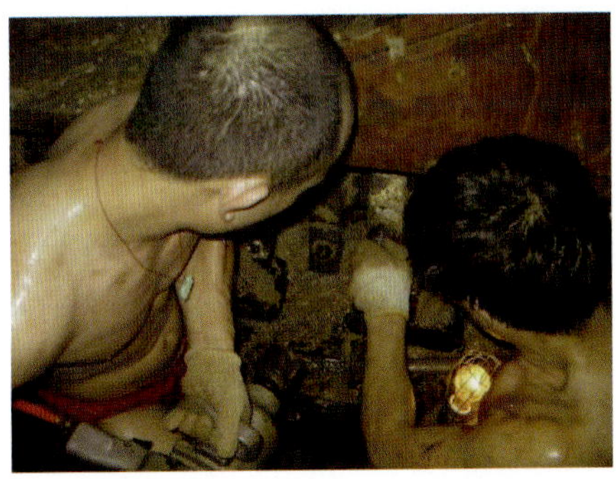
天河客运站—五山站区间右线614～750环204m球状风化体密集段累计压气换刀11次，共换135把刀，图为工人在压气条件下更换滚刀

图5-33　压气换刀作业

对于在刀盘前刀具难以破碎的滚动球状风化体采用人工液压钻孔分裂机破除。图为工人对球状风化体钻孔

图5-34　进入刀盘前实施人工破岩

2004年5月21日，624环遇到球状风化体，损坏了很多刀具，尝试膨胀剂不理想后，尝试爆破。图为火工爆破用的硝酸氨炸药

图5-35　实施洞内火攻控制爆破

2004年11月9日，右线掘进到1089环，地面为华农游泳池边上，遇到大块球状风化体，试图压气检查更换刀具，由于隧道上部为淤泥层，地面严重漏气。图为地面喷涌出的泥浆

图5-36　TWY1089环华南农业大学校园内冒浆

2004年11月9日，华农游泳池边，天河客运站—五山站区间右线TWY1089环掘进地面漏气冒浆，无法压气，钻探表明为大块球状风化体，先后尝试地面钻孔爆破，冲孔破岩，最后采用旋喷加固压气换刀后掘进通过，前后历时2个多月

图5-37　华农地面加固

实例2：三号线北延段梅花园站—同和站区间球状风化体人工挖孔破除

1. 孤石勘察概况

三号线北延段梅花园站—同和站区间详勘报告共有3个钻孔揭示存在孤石，分别是京溪南方医院站—梅花园站区间MCZ2-NO48（强风化地层的中风化石）、京溪南方医院站—同和站区间MCZ3-NT11（隧道底板以下的强风化地层中的微风化石）、MCZ2-NO74（隧道底板以下强风化地层中的微风化石），均不在隧道范围内，施工前在原孤石钻孔附近及怀疑的地段做了29个补勘孔，均未发现孤石。在2008年9月孤石补勘中，在京溪南方医院站—同和站区间左线里程ZDK-4-211.4～ZDK-4-225.9之间的隧道中心线以东3.5m左右有连续4个钻孔发现微风化孤石，孤石埋深分布情况：36号13.20～15.20m、16.00～16.90m，36-1号13.90～14.50m、15.20～16.20m、16.30～17.00m，36-2号17.50～18.65m，38号16.80～18.50m。随后进一步补勘，按照1.5m×1.5m的间排距在隧道轮廓线外0.5m范围内钻孔，共钻孔64个（见弧石补勘钻孔位置图5-38），其中30个钻孔发现孤石，且基本在隧道洞身范围内，有26个钻孔揭示的孤石为微风化花岗岩，孤石均位于〈5H-2〉及〈6H〉地层中。孤石最大厚度为3.6m，最小厚度为0.2m，同一个钻孔有多达4块孤石进入隧道范围。其中中风化岩样单轴极限抗压强度最大为26.20MPa，微风化岩样单轴极限抗压强最大120.3MPa。据此断定左线在ZDK-4-211.2～ZDK-4-216.7段存在孤石群。孤石在各钻孔中的分布情况详见表5-3。

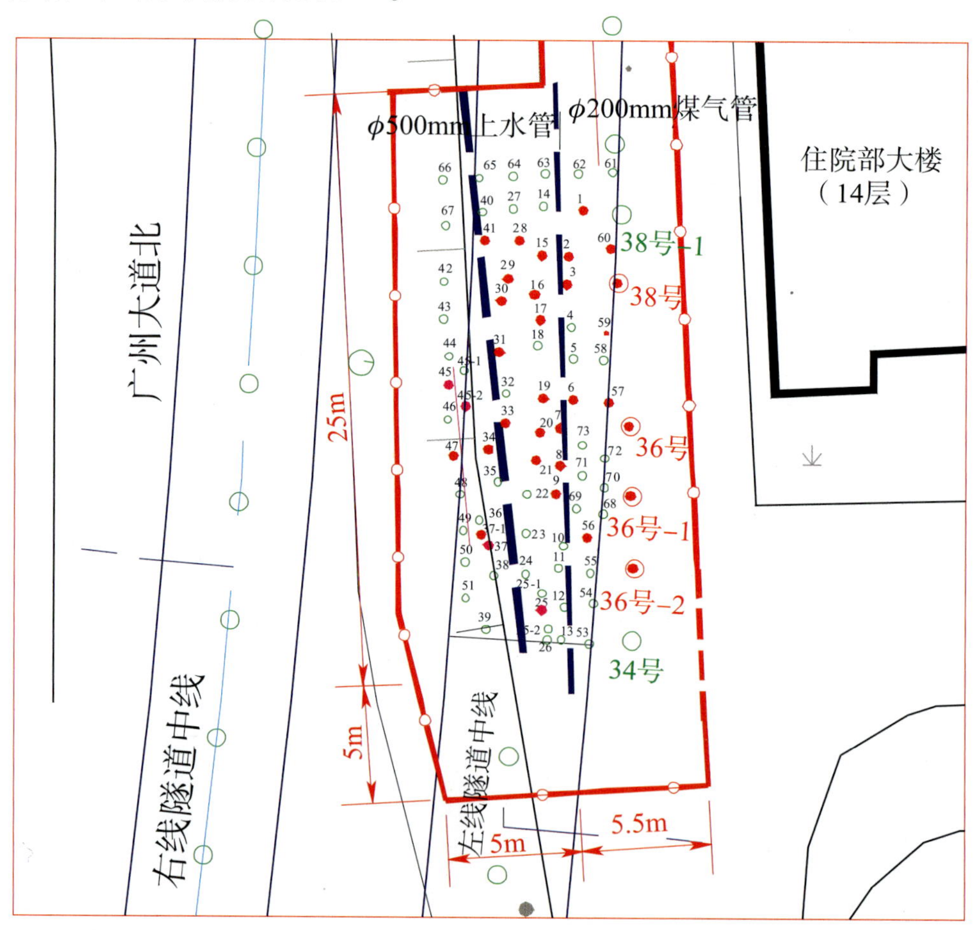

图5-38　孤石补勘钻孔位置图

2. 盾构机通过该段孤石群可能发生的地质灾害

如此高强度、如此密集的孤石分布，且又主要分布在软弱的〈5H-2〉中，盾构机将难以克服，如不提前进行人工地面预处理，不仅工期风险异常大，而且极有可能在盾构机通过该孤石群过程中导致地面严重塌陷、管线断裂、周边建(构)筑物严重开裂或倒塌的地质灾害。

密排补勘孔孤石情况统计表　　表 5-3

序号	孔　号	孤石埋深(m)	岩石名称	与隧道关系
1	ZK1	17.5～18.3	微风化花岗岩	在隧道内
2	ZK2	15.4～18.3	微风化花岗岩	在隧道内
3	ZK3	15.9～17.8,18.7～19.4	微风化花岗岩	在隧道内
4	ZK6	13.2～14.7,15.0～18.6	微风化花岗岩	在隧道内
5	ZK7	13.4～ 4.6,15.4～18.1	微风化花岗岩	在隧道内
6	ZK8	13.7～15,15.5～17.5,18.2～19.1	微风化花岗岩	在隧道内
7	ZK9	16.9～18.3	微风化花岗岩	在隧道内
8	ZK15	15.4～15.7,17.4～19.7	微风化花岗岩	在隧道内
9	ZK16	16.1～18.1,18.8～19.5	微风化花岗岩	在隧道内
10	ZK19	13.5～14.7,15～15.3,15.8～16.1,16.9～19	微风化花岗岩	在隧道内
11	ZK20	13.9～14.2,14.4～15.4,15.6～18	微风化花岗岩	在隧道内
12	ZK21	17.9～18.4,18.6～19.1	微风化花岗岩	在隧道内
13	ZK25	17.5～18.8	微风化花岗岩	在隧道内
14	ZK28	16.8～17,17.8～19.3	微风化花岗岩	在隧道内
15	ZK29	15.4～17.7,18.5～19.7	微风化花岗岩	在隧道内
16	ZK30	15.2～17.2,17.4～18,18.4～19.7	微风化花岗岩	在隧道内
17	ZK31	16～19.1	微风化花岗岩	在隧道内
18	ZK33	16.4～17.4	微风化花岗岩	在隧道内
19	ZK34	15.4～17.2	微风化花岗岩	在隧道内
20	ZK37	17.3～18.1	微风化花岗岩	在隧道内
21	ZK37-1	17.8～18.9	微风化花岗岩	在隧道内
22	ZK41	17.2～19.0	微风化花岗岩	在隧道内
23	ZK45	15.4～16.0	微风化花岗岩	在隧道内
24	ZK45-2	15.0～15.6	微风化花岗岩	在隧道内
25	ZK47	17～18.0	微风化花岗岩	在隧道内
26	ZK56	17.5～18.3	微风化花岗岩	在隧道内
27	ZK57	12.6～15.7,16.1～18.7	微风化花岗岩	在隧道内
28	ZK59	18.6～19.7	微风化花岗岩	在隧道内
29	ZK60	15.5～17.0,17.6～18.1	微风化花岗岩	在隧道内

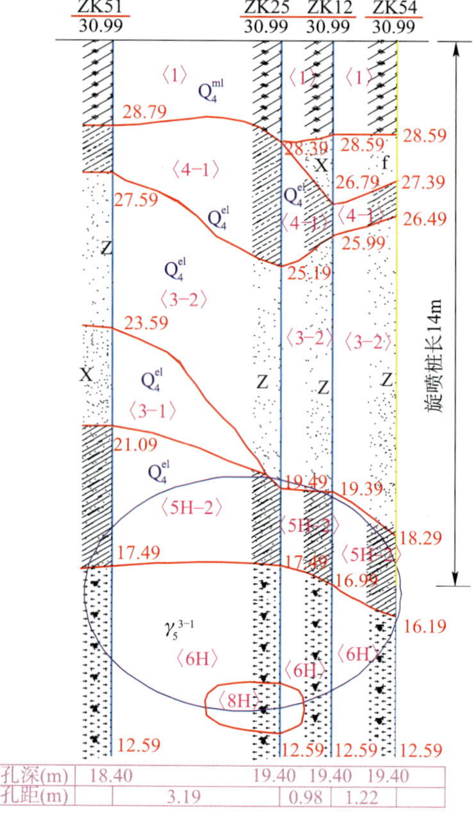

图 5-39　孤石处理处地质剖面图

3. 孤石群地面预处理施工方案

地面预处理孤石的主要方法有冲孔法、深孔爆破法、旋挖法、连续墙成槽机抓取法、人工挖孔爆破取出法、人工挖孔人工破除法、施作一竖井取出法、地面预注浆加固后盾构破除法等。由于该孤石区位于南方医院住院部大楼旁，医院严禁采取冲孔法、爆破法等振动和噪声较大的方法预处理；由于现场狭小，大型设备无法进场作业，噪声稍小的潜孔锤冲孔法、旋挖法、连续墙成槽机抓取法也无法实施；只能采取人工挖孔人工破除、施作竖井取出、地面预注浆加固后盾构破除等措施，但竖井施工需要较大施工场地，葫芦吊、空压机等设备噪声大，也不可实施；地面预注浆加固后盾构破除法不但工期风险太大，而且因为加固效果难以保证，极有可能在盾构通过该孤石群过程中导致地面严重塌陷、管线断裂、周边建（构）筑物严重开裂或倒塌的地质灾害。经深入分析研究，最终决定采取效果直观、对周边环境影响最小、最原始的人工挖孔法对该孤石群进行地面预处理。在人工挖孔前，沿孤石处理范围周边先进行双重管帷幕注浆，以切断开挖范围与外界的水力联系，确保住院部大楼及周边管线的安全，并为人工挖孔桩安全施工创造有利条件。帷幕注浆为双排双重管旋喷注浆。为确保止水效果，双重管旋喷桩桩径按600mm 考虑，桩中心间距400mm，桩间咬合200mm，梅花形布置，旋喷桩孔底钻至进入〈5H-2〉地层3m 为止。如图 5-39 所示为弧石处理处地质剖面图，如图 5-40 所示为挖孔桩下弧石原状。

4. 人工挖孔法处理该段孤石群

人工挖孔桩布置：在有孤石段隧道纵向做 3 排 ϕ2m（净空 ϕ1.6m ）人工挖孔桩，每排 7 个，共 21 个（见图 5-41）；人工挖孔桩间距 2.2m、排距 2.2m、孔深至底板以下 0.5m（孔深 18.5m）。开挖时首先用 ϕ16@ 50 钢筋超前支护，然后开挖，每循环 0.5m，采用现浇 C20 钢筋混凝土护壁，下部 7.5m 采用同规格玻璃纤维筋代替钢筋。将影响盾构掘进施工的孤石用膨胀剂或静力破碎机破成小块（见图 5-42）后取出，然后回填 C10 混凝土。

图 5-40　挖孔桩下孤石原状

5. 孤石群处理情况

人工挖孔桩处理孤石，一目了然，但人工挖孔桩工法自身安全风险较大，再加上花岗岩残积土遇水崩解的特点，增加了人工挖孔桩的施工风险。同时孤石强度高，破碎较为困难。

地面预处理孤石，可以有效降低盾构掘进风险。但是，地面处理需涉及借地和占道，处理成本也较大。如果采用爆破处理，处理效果难以确认，岩块体积较大，依然产生“孤石”同样的危害。孤石处理是地下工程施工的难题，需结合实际工作环境制订有针对性的处理方案。

五、经验总结

（1）在地质勘探方面，对于花岗岩风化地层，目前采用的每 30 ~ 50m 钻一个地质钻探孔难以满足要求，应加密钻探，对于有球状风化体存在的地段，钻探孔的间距应该更加小，更有针对性。

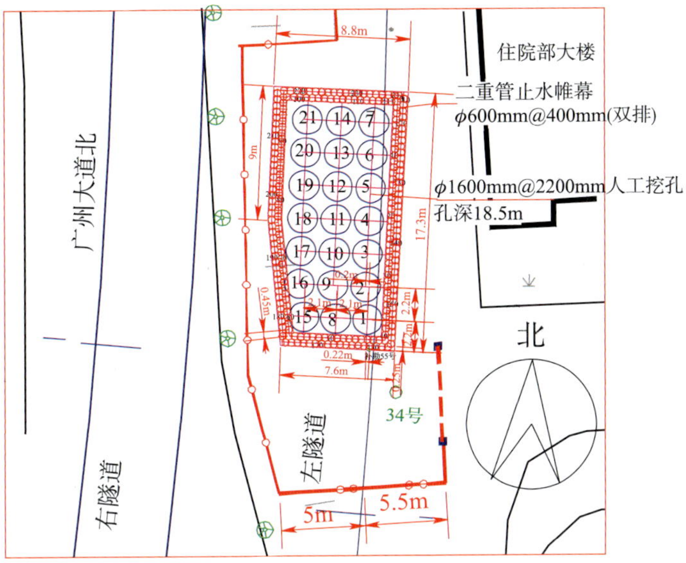

图5-41　人工挖孔桩布置

（2）应合理选择盾构机，盾构机的掘进能力、刀盘刀具的布置以及滚刀的数量、强度应适应区间地质条件。

（3）盾构机在花岗岩球状风化地层掘进时，应控制掘进速度、刀盘扭矩、盾构机的推力、刀盘的贯入量以及刀盘的转速，做到平稳掘进，减少对地层的扰动。当掘进速度、刀盘的扭矩、盾构机推力有异样状况时，如掘进速度突然变慢，推力、扭矩突然增大，刀盘振动，盾构机有异常响声等，应停机分析原因。

图5-42　孤石破碎后的碎块

（4）在花岗岩球状风化地层施工时，刀具（包括刀盘）的磨损和破损速度很快，对刀具和刀盘的检查和刀具更换应成为一种例行工作，掘进过程中应做到勤检查勤换刀，以防止刀具的破坏引起刀座的变形和刀盘破坏。

（5）刀具检查应全面，刀具更换应彻底。在掘进过程中，破损未更换的刀不能破除岩石，会形成岩脊，对周边的刀具产生侧压，加速周边刀具的破坏。

（6）在花岗岩球状风化地层，由于周边地层为花岗岩全风化和残积土，遇水易软化崩解，刀具更换最安全的方法是进行地层加固，但加固换刀时间长、成本高。采用压气作业，可以解决这一问题。压气作业时，首先应试压，确保掌子面能保住压力后才能进行带压工作。

（7）对于花岗岩球状风化体的处理，除采用盾构机直接破除外，还可根据掌子面稳定情况及球状风化体周边临空面情况，采取适当的方法破除。

（8）对于在花岗岩球状风化地层掘进，盾构机刀具最主要的破坏形式有刀圈崩断，刀圈偏磨，刀座、刀盘变形等，应通过控制掘进速度、刀盘扭矩、贯入度、刀盘转速等措施减少刀圈崩断、刀圈偏磨，通过控制推力来减少刀座、刀盘变形。

（9）在花岗岩球状风化地层掘进时，应注意控制土仓的温度，土仓温度过高，可能会加速刀具的破坏。

第四节　全断面硬岩盾构掘进技术

全断面硬岩主要是指隧道洞身整个断面都是微风化和中风化岩石，岩石强度高，有很好的自稳能力。本节主要介绍全断面花岗岩和全断面变质岩微风化地层的盾构掘进技术。

一、施工重难点

以三号线为例，天河客运站—华师站区间的微风化花岗岩，其实验室测得的单轴抗压强度为47.65～153.40MPa。市桥站—番禺广场站区间多个区段存在花岗岩微风化带（见图5-43），抗压强度f_c=30.7～150.7MPa，番禺广场站以西700m左右线隧道存在着不同长度的f_c≥150MPa的微风化花岗岩地层〈9H〉。汉溪站—市桥站区间变质岩的单轴抗压强度极值为：中风化地层，f_c=10.9～55.8MPa；微风化地层，f_c=49.7～161.0MPa。盾构机在此类岩石中掘进时具有以下特点：

图5-43 市桥站—番禺广场站区间右线掌子面岩石

（1）滚刀和刮刀磨损严重（见图5-44），平均每掘进10环（15m）就要更换一盘刀具。严重时，更换一盘刀具之后，只掘进一环（1.5m）就又掘不动了。而且每次都是滚刀刀圈磨损、崩断以及刀座变形，换刀困难。刀具无法有效破岩、频繁换刀，表明三号线的盾构机刀盘、刀具的设计不适合〈8H〉、〈8Z〉、〈9H〉、〈9Z〉硬岩地层的掘进。

（2）推进速度非常慢。在开挖面上显示花岗岩非常坚硬，看不到岩石被滚刀明显破碎的痕迹，如图5-45所示。

图5-44 市桥站—番禺广场站区间盾构机刀具被花岗岩严重磨坏

图5-45 工作面上滚刀破岩的痕迹

（3）在硬岩段，如果滚刀的刀间距过大，则相邻两滚刀之间的岩石就不能充分被破碎，这部分岩石就会阻止盾构机继续掘进。目前广州使用的盾构机，刀间距一般为100～120mm，边缘滚刀少，且它仅比盾壳高出15～20mm，在推进的过程中，一旦将这个余量磨掉之后，围岩就会将盾壳"卡住"，从而限制了盾构机的推进。

二、施工措施

盾构机在花岗岩、混合岩中掘进时，可采取以下施工措施：

（1）对于在花岗岩微风化及变质混合岩微风化地层中掘进，可采用重型滚刀、镶高强度合金的滚刀等刀具。

（2）对于长距离微风化地层，可采用矿山法开挖初期支护、盾构机拼装管片通过的方式，减少盾构机掘进刀具掘进微风化地层的长度，这种做法既节约成本，同时也确保了隧道的施工质量，如本节工程实例2。也可采用矿山法初期支护、现浇二次衬砌等辅助措施开挖硬岩段。

（3）对于盾构机壳体卡住的情况（如本书工程实例1），可采用爆破作业扩孔，清除卡住刀盘的岩石后再掘进。

三、工程实例

实例1：市桥站—番禺广场站区间右线全断面花岗岩中盾构机卡壳处理

2006年3月13日，右线盾构掘进1578环时，掘进困难，停机更换刀具，本次共更换滚刀12把，晚班恢复推进，完成1578、1579环掘拼，当继续推进1580环至千斤顶行程400mm时，掘进推力及速度异常（盾构机推力达到20000kN，掘进速度为1～3mm/min），故决定停机检查刀具，14日更换19号、32号滚刀后恢复掘进，但掘进依然十分困难，推进至千斤顶行程700mm后停机检查刀具，检查发现刀盘边缘滚刀磨损严重且全部为偏磨（35号、37号、38号、39号均偏磨至刀箍位置），并且由于边刀磨损导致开挖轮廓缩小，盾构机切口环外侧密贴周边围岩（见图5-46和图5-47），盾构机受前方围岩的约束，无法继续前进。针对此情况，15日决定凿除突出盾体切口环位置的岩体后再进行推进，15日～20日期间对上半部突出岩体进行凿除并3次尝试向前推进，但均未脱困，盾构机仅前进260mm（千斤顶行程为960mm），21日决定将岩体打凿范围扩大到整个圆周范围，22日继续尝试推进，但盾构机仅前进约100mm（千斤顶行程为1060mm），又无法继续前进，此时从土仓内观察，切口环前方已无突出岩体阻挡盾构前进，盾构机前体已被周边围岩卡住。

图5-46　上部盾壳被岩层卡死

图5-47　盾壳与岩层密贴

1. 原因分析

经讨论分析，认为造成此次盾构机卡壳的原因主要有以下三个方面：

（1）刀具检查及更换不及时，边刀磨损严重，导致开挖轮廓缩小。

（2）盾构卡壳发生后，处理措施不当，导致卡壳程度加剧。

（3）15～20日盾构机卡壳处理中仅对盾构机切口环上半断面（及稍向下）突出的岩体进行凿除，底部突出切口环的围岩未进行处理，盾构机推进后前体上抬，导致卡壳程度加剧。

2. 卡壳爆破处理

为尽快使盾构机解困，经研究决定采用爆破方式清除盾体（主要是盾构机前体）上半部围岩，根据地质剖面图（见图5-48），本次爆破地层主要为〈8H〉、〈9H〉中风化及微风化花岗岩，施工作业空间位于盾构机土仓内，作业空间狭小，爆破不能一次成型，只能分步进行。

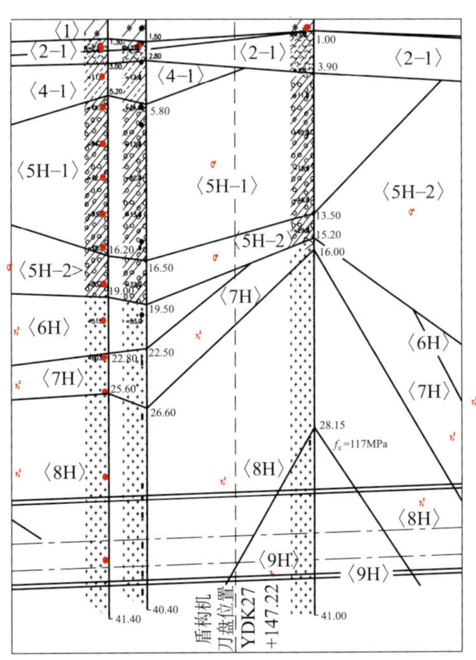

图5-48　右线1578环地质剖面图

图 5-49　开挖面打眼爆破

岩体清除工作分两个阶段进行:第一阶段利用刀盘开口,在刀盘前方岩体上爆破开挖一个工作洞,工作洞呈扇形,沿线路方向深度为 1000mm;第二阶段是利用第一阶段形成的工作面,清除盾构机前体半部围岩,使盾构机脱困。

爆破处理(见图 5-49 ~ 图 5-51)从 3 月 28 日开始,至 4 月 6 日结束,历时 10d,共进行爆破 16 次,耗用炸药 96.6kg,电雷管 33 发,非电雷管 313 发。于 4 月 6 日下午进行试推进,顺利脱困,脱困最大推力约为 10000kN。

图 5-50　盾构机上部和前方围岩爆破清除后

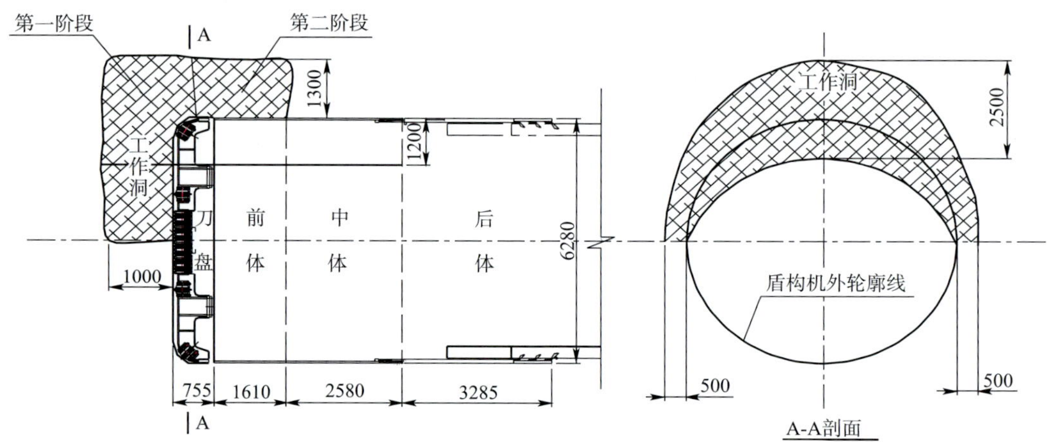

图 5-51　盾构机上部围岩爆破清除示意图(尺寸单位:mm)

实例 2:三号线大石站—汉溪站区间选择辅助工法使盾构机通过硬岩段

在 YDK16 + 715 ~ YDK16 + 937 区间,隧道通过范围内主要地层为中风化混合岩〈8Z-2〉、微风化混合岩〈9Z-2〉,属Ⅴ、Ⅵ类围岩,岩石抗压强度为 62.5 ~ 113MPa,为全断面硬岩段(见图 5-52)。

隧道平面为曲线,曲线半径 R = 1800m,纵断面为 4‰上坡。根据该段地层的地质特征,如果采用盾构法通过,可能会出现刀具大量损坏、工期严重滞后,甚至盾构机刀盘严重损坏等风险。经研究,决定采用在盾构机到达前,先矿山法开挖,然后由盾构机步进、拼装管片的方法通过该段地层。

1. 隧道开挖

为了不影响进度,必须在盾构机贯通前将隧道挖通,将导台、接收台施工完毕,并符合设计要求。

根据该区间地质特征,隧道采用人工光面爆破开挖,超前小导管、锚杆 + 钢筋网 + 喷射混凝土等支护措施,根据地质条件不同,采用不同的初期支护参数。

隧道的开挖断面要满足盾构机安全平稳通过要求,考虑到围岩的类型、施工误差等因素,将开挖断面设计为外放 200mm,即开挖直径为 6560 ~ 6640mm,并设置盾构机导台。

在矿山法施工时，要控制好隧道的中心线、隧道的超欠挖、导台的标高、导台的弧度及导台的中心线。如果不符合设计要求，要立即进行处理，否则会影响盾构机的步进。右线施工过程中，由于导台的标高及弧度不符合要求，造成返工而影响工期。左线吸取右线的经验及早对导台的标高进行测量，及时调整导台的标高，最终使左线顺利通过暗挖段。

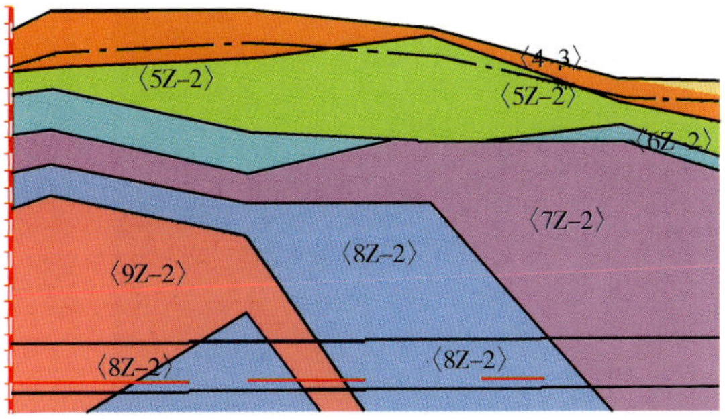

2. 盾构机通过矿山法段

隧道贯通后盾构机步进上导台，盾构机过矿山法段拼装管片主要有盾构机步进、拼装管片、喷射豆砾石、管片背填注浆等工序流程。

图 5-52　矿山法段地质剖面图

〈4-3〉坡积土层；〈5Z-2〉硬塑或密实状变质岩残积土层；〈6Z-2〉变质岩全风化带；〈7Z-2〉变质岩强风化带；〈8Z-2〉变质岩中风化带；〈9Z-2〉变质岩微风化带

3. 管片背填注浆

注浆采用水泥砂浆，配比为水泥:膨润土:粉煤灰:砂:水 = 120:60:381:779:460，注浆在每环管片喷射小碎石回填后进行，通过盾构机自身的同步注浆系统注浆，采用手控方式进行。注浆结束由两种标准控制，即当注浆压力达到设定值(0.1 ~ 0.2MPa)或注浆量达到小碎石理论空隙率的 80% 以上时，即可暂停注浆。过矿山法段喷射豆砾石纵剖面示意图如图 5-53 所示。

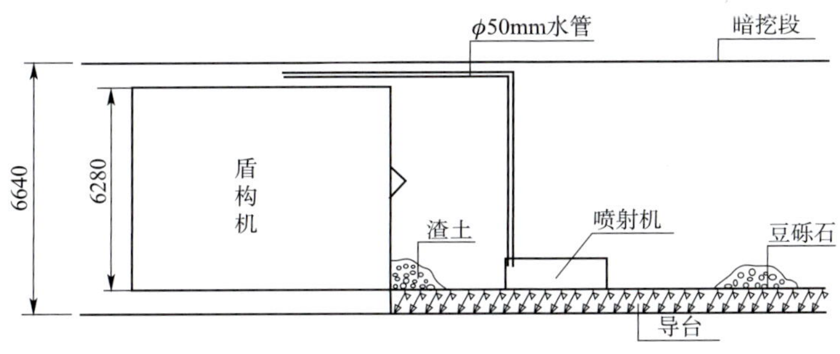

图 5-53　过矿山法段喷射豆砾石纵剖面示意图(尺寸单位：mm)

4. 补充注浆

由于管片背填注浆时，盾构机前方是敞开的，管片注浆效果肯定不理想，必须对管片进行补充注浆。管片安装 10 环后，间隔 6m 在管片吊装处开口检查注浆效果，若注浆效果不好，则进行回填注浆。回填注浆采用水泥浆，通过普通注浆机，采用人工操作方式进行即可。注浆结束标准为注浆压力单指标控制，即当注浆压力达到设定值时，即可认为达到了质量要求。

盾构机通过左、右线暗挖段后，对管片的姿态、渗水、碎裂、错台进行检查，发现管片安装质量较好，管片垂直偏差、水平偏差也基本控制在 ±50mm 以内。

实例 3：市桥站—番禺广场站区间左右线 700m 硬岩段改为矿山法施工

单就掘进速度而言，并非在任何地层条件下，盾构法都是最快的，在围岩非常坚硬的情况下，采用传统的钻爆法要比盾构法掘进快。番禺广场以西 700m，隧道穿越的硬岩均为〈8H〉、〈9H〉花岗岩。盾构机在〈8H〉、〈9H〉花岗岩中掘进时，平均每掘进 10 环(15m)就要更换一盘刀具。严重时，更换一盘刀具之后，只掘进一环(1.5m)就又掘不动了。而且每次都是滚刀刀圈磨损、崩断以及刀座变形，换刀困难。刀具无法有效破岩，需频繁换刀，表明市桥站—番禺广场站区间的两台盾构机刀盘、刀具的设计不适合长距离〈8H〉、〈8Z〉、〈9H〉、〈9Z〉硬岩地层的掘进。迫于工期压力及盾构机不适应长距离硬岩掘进，将市桥站—番禺广场站区间左右线番禺广场站以西 700m 硬岩段由盾构法施工改为矿山法施工。如图 5-54 所示为硬岩地段改矿山法出渣情况，如图 5-55 所示为市桥站—番禺广场站区间番禺广场站以西 700m 硬岩段地质剖面图。

图 5-54　硬岩地段改矿山法出渣情况

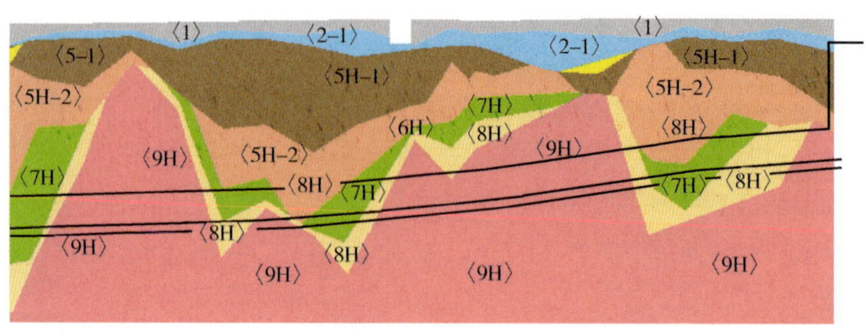

图 5-55　市桥站—番禺广场站区间番禺广场站以西 700m 硬岩段地质剖面图

四、全断面硬岩中盾构掘进的经验教训总结

(1)目前采用的盾构机在长距离全断面花岗岩、混合岩硬岩段掘进困难,刀具损坏频繁,工程造价大,且施工速度慢。为节约成本,对于长距离硬岩可采用矿山法开挖初期支护、盾构机拼装管片通过的方案,也可采用矿山法初期支护、二次衬砌施工的方案。

(2)在硬岩段进行盾构施工,应加强对刀具的检查,特别是对边缘滚刀的检查,避免因开挖直径不够,造成盾构机卡壳的现象。

(3)若采用矿山法开挖初期支护、盾构机拼装管片通过的方案,矿山法初期支护开挖面直径应比盾构机开挖直径大 40cm,盾构机导台应平顺,导台上提供反力的装置应能提供足够的反力,确保有足够推力能将管片挤压紧,保证管片拼装质量。

(4)若采用矿山法开挖初期支护、盾构机拼装管片通过的方案,吹填豆砾石、盾尾注浆要饱满,否则一旦隧道封闭,将会造成管片上浮,影响隧道线形及质量。

(5)目前采用的海瑞克盾构机刀间距偏大,在滚刀掘进痕迹间,存在明显脊背,同时边缘滚刀数量偏少,容易造成因边缘滚刀损坏而出现卡壳的现象。

第五节　盾构机穿越断裂带掘进技术

一、施工风险

断裂带,特别是区域性的断裂带,通常规模宏大、岩性复杂、破碎或坚硬,地下水较为丰富。在断裂带中,可见到震旦系的混合岩、石炭系的石灰岩、侏罗系的煤系地层、白垩系的红色沉积碎屑岩和燕山期的花岗岩。这些岩石的成因、类型、成分、结构和构造有着天壤之别。同时,在断层形成的时候,随之也形成了一些新的角砾岩,其中某些岩石受到了不同程度的矽化作用。因此,断裂带的岩性非常复杂,某些岩层可能很松散,某些部位会出现十分坚硬的岩体或岩块,某些地段可能软硬突变,某些石灰岩地段,“溶洞”还可能会十分发育。因为断层形成的性质不同,含水特性也不一样,某些断层或断层的某些部分富含地下水,是地下水的通道。因此,盾构机在断裂带中施工,可能存在以下风险:

(1)由于某些地段可能软硬突变,对刀具破坏较大。

(2)由于地层不稳,可能会导致掌子面坍塌。

(3)某些断层或断层的某些部分富含地下水,是地下水的通道,可能会导致喷涌的现象发生。

二、施工措施

在断裂带中施工,应详细掌握断裂带的分布宽度、走向、地下水等情况,弄清其对盾构施工的影响。针对以上施工风险,可以采取以下相应的技术措施:

(1)在盾构机到达断裂带前,对刀具进行检查及更换,以最合理可靠的刀具组合通过断裂带。

(2)在地层不稳地段应采用土压平衡模式掘进,确保工作面的稳定。

(3)在富水地段,盾构掘进过程中向土仓内和掘进面及螺旋输送机内注入添加材料,改善渣土性能,提高渣土的流动性和止水性,以防喷涌。

三、工程实例

实例1:三号线大石站—汉溪站区间盾构机穿越礼村断裂带

(一)工程概况

礼村断裂带位于YCK16+340~YCK16+540,断裂带宽度为50~60m,影响带宽度为200m。断裂带上盘地层为泥质粉砂岩,下盘为混合岩,断裂带为角砾岩、硅化角砾岩和断层泥。钻孔揭露的硅化角砾岩天然单轴抗压强度达到156.5MPa。断裂带节理裂隙发育,透水能力强,渗透系数高达16.81m/d,属规模较大的强透水性、强富水性含水带。礼村断裂带地质剖面如图5-56所示。

该段隧道为直线段,坡度为5‰,针对该段地层的复杂性,应采取相应措施才能快速安全通过。

(二)右线掘进

右线在掘进399环(里程YDK16+490.24)时,渣土中开始出现硅化角砾岩岩块,从401~406环渣土中基本为硅化角砾岩,个别直径达200mm(见图5-57)。在掘进411环时,渣土中发现1把圆弧刮刀和3根连接螺栓。右线406~411环掘进参数见表5-4。

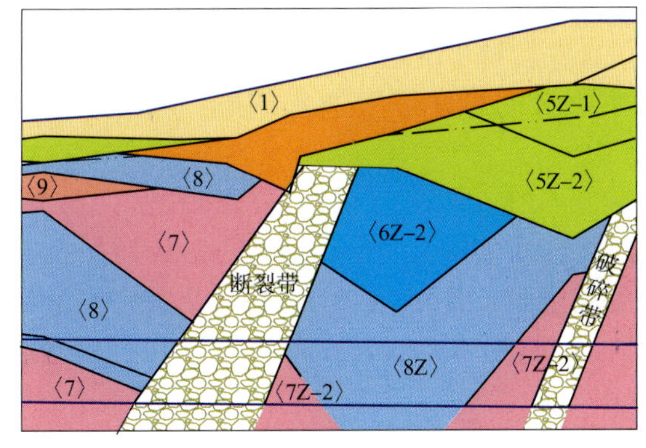

图5-56 礼村断裂带地质剖面图

图5-57 掘进中发现的硅化角砾岩岩块

406~411环掘进参数 表5-4

总推力	10000~20000kN	刀盘转速	1.7r/min
扭矩	950~1520kN·m	掘进速度	10~20mm/min(最大35mm/min)

初步分析:由于硅化角砾岩的不规则性及高强度,刀盘在转动的过程中,刀具受岩石的冲击而导致连接螺栓松动,致使螺栓受拉断裂。从掘进情况及渣土中含大量硅化角砾岩分析,可能刀具磨损比较严重,不宜继续掘进,决定开仓检查刀具。

处理:通过试开仓,发现地层含水量大且含断层泥,地层不稳定,因此不能开仓,必须对地层进行加固处理。

结合隧道的埋深(埋深20m)、地表的环境、地层条件、盾构机的条件,决定在地表对掌子面的地层进行加固,采用袖阀管注双液浆的方法,加固范围如图5-58所示。经加固处理及检查注浆效果后,决定开仓处理刀具。从开仓结果看,注浆加固效果比较理想,地层稳定,可以进仓处理刀具。经过检查,共有14把滚刀偏磨,2块刮刀断螺栓。

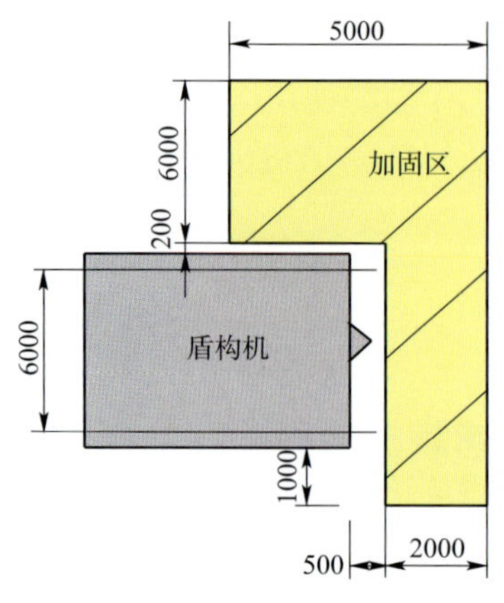

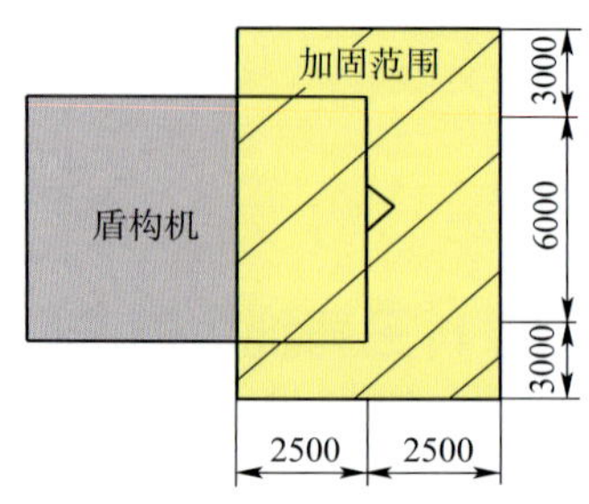

图 5-58　注浆加固示意图(尺寸单位:mm)

应该注意的问题:水泥浆的凝结作用对盾构机的影响显著。本次注浆浆液为双液浆,处理时间比较长,由于水泥的凝固作用,对盾构机盾壳产生固结作用,造成盾构机在 30000kN 推力下却不能前进。后经过对盾壳的振动及铰接油缸的处理,才使盾构机脱困。

经过 411 环(YDK16 +507)换刀处理,继续掘进,从 474 环开始,刀盘扭矩波动大,刀盘推力逐渐增大,掘进速度逐渐缓慢,喷涌严重。

487 环推力明显变大为 15730kN,掘进速度只有 9mm/min,刀盘扭矩波动较大,刀盘转动时偶有异响,至 489 环(YDK16 +625)推力达 19000kN,速度只有 0 ~ 1mm/min,刀盘转动声音尖利,且有较固定频率。从声音判断刀盘刀具滚动不良,渣土中含大量微风化岩块,初步判断,刀具损坏比较严重,决定开仓检查。根据地质资料显示,此处地层为断裂带影响范围,地层含水量大、埋深深,开仓有一定困难,经过带压进仓检查确认掌子面地层为〈9Z-2〉和〈7Z-2〉地层。

根据实际地层情况、涌水量、隧道埋深(39m)及地表情况,初步决定在隧道内利用盾构机预留的超前注浆孔进行注双液浆的办法解决封堵地层涌水问题,然后开仓检查更换刀具。

图 5-59　超前注浆孔位示意图

在工程施工中,首先施工 E 孔(见图 5-59 和图 5-60),钻进到 10.12m 时从 E 孔涌出大量水(见图 5-61,涌水量为 70m^3/h),无法继续钻进,而输送机内水量变小,E 孔地层为微风化混合岩;改钻 B 孔,B 孔钻进到 14m 有大量水涌出,B 孔地层为微风化岩,B 孔涌水后 E 孔无涌水,输送机内水量很小。土仓 1 号传感器只有 0.019MPa,5 号为 0。根据 B、E 孔的岩芯(见图 5-62)及涌水量的变化,判断掌子面(见图 5-63)地层稳定,涌水量变小,可以不需要进行注浆处理,可以直接开仓更换刀具。开仓结果显示地层很稳定,涌水量很小,可以满足检查刀具的需要。经检查刀具磨损严重。

图 5-60　利用盾构机预留孔打水平孔(E 孔)

图 5-61　超前钻孔排水(约 70m^3/h)

图 5-62　超前钻孔取芯

图 5-63　掌子面地质情况

(三)左线掘进

针对右线通过礼村断裂带出现的问题,左线在通过礼村断裂带时,采取了相应措施。

(1)在盾构机到达断裂带前,对刀具进行检查及更换,以最合理可靠的刀具组合通过断裂带,在 ZDK16 +416 检查刀具,并更换一把正面滚刀。

(2)在掘进过程中控制好掘进参数。

(3)在掘进过程中调整泡沫剂用量。右线平均每环用量为 26L,左线调整为 45L。

(4)在适合地段,对地层进行加固,然后开仓检查刀具。左线在 ZDK16 +540 进行地层加固,然后开仓检查及更换刀具。

通过采取以上措施,左线快速顺利通过礼村断裂带。

(四)经验教训总结

(1)施工前,在断裂带范围内补充地质钻探,进一步详细掌握断裂带的分布宽度、走向、地下水等情况,弄清其对盾构施工的影响。

(2)盾构掘进到达断裂带前,对盾构机进行全面保养维修,保证盾构机况的良好,并检查更换刀具。

(3)盾构掘进中加强盾尾密封油脂的注入,确保盾尾密封效果;加强铰接处的密封检查,及时调节密封压板螺栓,保证其密封效果。

(4)采用土压平衡模式掘进,确保工作面的稳定;盾构掘进过程中向土仓内和掘进面及螺旋输送机内注入添加材料,改善渣土性能,提高渣土的流动性和止水性,以防喷涌。

(5)加强地表沉降、地下水位及房屋倾斜监测,并及时反馈指导施工。

(6)预备好钻机、压水泵和双液注浆泵,一旦出现因地层严重失水引起地表沉降较大的情况,应立即采取相应措施从地表向地层补充注浆,从而减小地表沉降。

(7)应采用凝胶时间较短的浆液,严格控制注浆程序,确保注浆效果。

(8)掘进中密切关注盾构掘进参数和盾构姿态的变化,及时判断刀盘是否明显偏载,一旦出现偏载,可降低推力、转速,以防刀盘刀具损坏。

(9)在断裂影响带泥质粉砂岩段(〈7〉、〈8〉号地层)掘进时,采用滚刀和齿刀破岩,半敞开式掘进。采取向刀盘面和土仓注入泡沫来防止刀盘结泥饼,并改善渣土流动性。同时密切关注盾构机掘进参数变化和渣土状况的变化,一旦遇到次生断层,应及时转换掘进模式为土压平衡模式,以防开挖面地层失稳、涌水而引起大的地表沉降。

实例2：三号线沥滘站—大石站区间泥水盾构机穿越河村断裂带

(一)断层破碎带地质条件

在穿越三枝香水道前，左右线盾构机需先分别穿越一段长约50m断层破碎带。该断层主要由粉砂角砾岩、硅化粉砂岩、硅化泥岩、泥灰岩角砾组成，天然单轴最大抗压强度为27.8MPa，岩体破碎，岩质坚硬，富水性较好。断层带开挖面岩层如图5-64所示。

图5-64　断层带开挖面岩层

(二)过断层破碎带施工技术

1. 刀具选用

过断层破裂带采用滚刀和刮刀相配合的方式掘进，具体为在原来软岩刀盘模式的基础上，将最外圈的3把先行刀更换为13in的双刃滚刀，以加强刀盘的破岩能力。实践证明，在更换刀具后，盾构机的掘进速度得到明显地提高。

2. 盾构姿态控制

在断层破裂带中掘进，盾构机刀盘由于开挖面的软硬不一容易发生"偏载"的现象，因此必须密切关注盾构掘进参数与盾构姿态的变化，及时判断掘进至粉砂角砾岩时刀盘是否出现明显偏载，一旦出现偏载，可降低推力、转速掘进，以防止刀盘损坏。

从盾构机开始进入断层破裂带，每掘进2环即进行一次人工测量校核盾构姿态及管片姿态，并及时将测量数据反馈至中央控制室，与盾构机自动测量系统进行对比，指导调整盾构掘进姿态。盾构机在断层破裂带中纠偏不宜过急，以防止刀盘过分偏心受压产生变形，并对刀具造成损坏。

3. 盾尾密封管理

盾尾密封件为3道钢丝刷，内部注满盾尾油脂，安装于盾构机尾部内侧，位于盾尾与管片之间，用来防止地下水、泥水和壁后注浆浆液对盾尾的渗漏。若泥水加压盾构机切口部位的泥水仓中加压泥水通过盾尾密封渗漏到盾构机内部，将会引起开挖面压力降低，影响开挖面稳定。因此，盾尾密封装置的耐久性和密封性能是一个特殊而重要的问题。另外，若盾尾密封刷损坏，就会导致浆液、泥水等渗漏到管片拼装区，不但影响管片拼装，且对盾构隧道的成型质量造成重大影响。因此，必须重视和经常检查盾尾的密封情况，以保证管片的拼装质量。此外，加强盾构铰接处的密封检查，及时调节密封压板螺栓，确保盾构铰接处各个部位的密封效果。

4. 同步注浆管理

当盾构机在断层破裂带中掘进时，适当调整同步注浆的浆液配合比，相对增长胶凝时间，加大注浆量，使浆液更为饱满、更大范围地填充壁后断层破碎带裂隙；同时严格控制注浆程序，确保注浆效果和注浆量,必要时进行补充注浆加固地层。

5. 泥浆管理

断层破碎带的渗透系数很大,破碎带块体之间较大的裂隙很难形成泥皮,泥浆渗透量很大,开始时实测到最大泥浆流失量达 $2m^3/min$,通过预备大量泥浆,加大人工造浆量,增加泥浆相对密度和黏度,适度降低切口压力,使泥浆流失量降到 $1m^3/min$ 以下,使盾构机顺利穿越破碎带。

(三)实施效果

从图 5-65 可以看出,盾构隧道的水平偏差控制在 ±50mm 之间,垂直偏差在 0～100mm 之间。由此可见,盾构施工在断层破裂带中的姿态控制和管理是比较成功的。另外,由于有效的同步注浆管理,隧道防水效果良好。

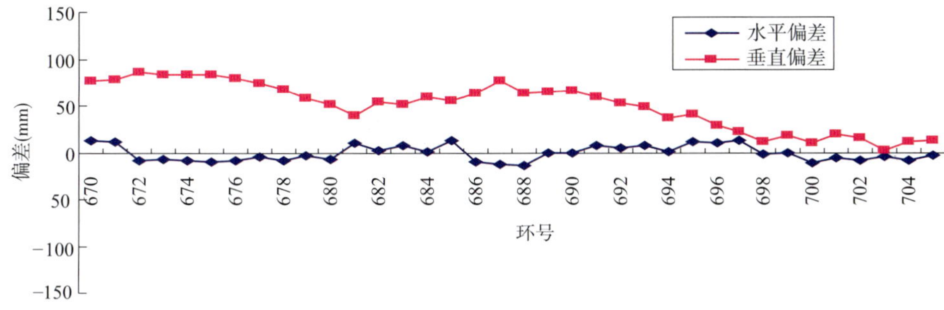

图 5-65 断层破碎带管片姿态图

四、经验总结

(1)施工前在断裂带范围内应补充地质钻探,进一步详细掌握断裂带的分布宽度、走向、地下水等情况,弄清其对盾构施工的影响。

(2)掘进中密切关注盾构掘进参数和盾构姿态的变化,及时判断是否出现偏载、偏磨现象,一旦出现偏载,可降低推力、转速掘进,以防刀盘损坏。

(3)盾构掘进中加强盾尾密封油脂的注入,确保盾尾密封效果;加强铰接处的密封检查,保证其密封效果。

(4)加强地表沉降、地下水位及房屋倾斜监测,并及时反馈指导施工。

第六节　土压平衡盾构机穿越富水砂层掘进技术

对于富含地下水的砂层,考虑到地下水的含量及水压,以及土的塑性流动性及透水性等问题,一般宜选用泥水盾构机。但由于广州地区工程地质复杂,同类型地层延续长度较短,有时对于同一个盾构标段,可能出现某些部分适合选用土压平衡盾构机,其他部分又适合泥水盾构机,而作为同一个施工标段,不可能中途更换盾构机,因此,只好选择一种类型的盾构机,这就需要综合考虑并分析不同选择的风险,最终择优选取。另外,城市轨道交通工程施工,由于施工场地的限制,导致泥水盾构机的应用越来越少。

土压平衡盾构机通过富水砂层时,若按传统做法采用注入膨润土、泡沫等添加剂进行渣土改良来实现土压平衡往往效果较差,砂层流动性状没有得到实质改变。由于砂层的极易流动性造成动态平衡无法建立,当失水失砂过多时,会引起地面沉降加大,进而导致地面塌陷。针对土压平衡盾构机在砂层中掘进存在较大的风险,广州市轨道交通五号线车陂南站—三溪站盾构区间施工时,引进日本 TAC 公司生产的 TAC 新型高分子添加剂,进行渣土改良,克服按传统工法施工的瓶颈,有效地控制了地面沉降。

一、施工风险

1. 易形成喷涌，导致地面塌方、建(构)筑物开裂损坏

由于富水砂层含水量丰富，渗透性好，且受扰动后易液化，因此土压平衡盾构机在富水砂层中掘进很容易出现喷涌现象。一方面，需用大量时间进行盾尾清理，严重影响盾构施工进度；另一方面，大量泥砂喷出或砂遇水液化，均易引起地层沉降，从而最终导致地面建(构)筑物沉降变形，甚至破坏。

2. 地面沉降难以控制，易造成地面塌方、建(构)筑物开裂损坏

(1)砂层自身自稳性差，而刀盘开挖直径比盾体外径一般至少大200mm，从刀盘开挖到注浆填充这需要一段较长时间，这期间不可避免产生砂层沉降。

(2)掘进过程中，不可避免要造成砂层失水，且一定会对砂层产生扰动，这都会导致砂层产生沉降。

二、喷涌形成条件及防治方法

1. 喷涌形成条件

造成喷涌的原因多种多样，但无论何种原因，喷涌的发生都必须同时具备以下条件：

(1)具有足够高水头压力的充足水源。水的来源主要有两个，即掌子面和盾构后方的汇水通道。

(2)螺旋输送器内未形成土塞效应，导致高压力的水体穿越输送器形成集中渗流，并带动渣土颗粒一起运动。

(3)渗流水在输送至螺旋输送器最终出口的一瞬间，由于其压力水头还没有递减到零，且前方临空的隧道内部处于无压状态，带压的渗流水便携带砂土喷涌而出。

2. 防治方法

以上三个条件是缺一不可的，因此防治方法就是阻止其中某个或某几个条件的形成。防治方法主要有：

(1)切断水的补充通道，或尽量减少土仓中积水。例如，针对水的主要来源为盾构后方的汇水通道，可通过管片进行双液注浆，形成止水环，防止隧道后方的水进入土仓。

(2)改善渣土的和易性。处理方法是添加适量的添加剂，如膨润土、高分子聚合物等。

(3)让渗流水在到达螺旋输送器最终出口之前，压力降低到零。这主要从设备上考虑，如采用双螺旋输送器，或对螺旋输送器的出口进行改造等。

三、施工措施

盾构机通过砂层地段的关键是防止因喷涌、失水、扰动等原因造成的沉降，并做好上方建(构)筑物的保护。主要措施有：

(1)在过砂层之前，对盾构机进行全面检查及维修保养。一方面，防止泥水、砂浆从盾尾密封冒出，以免造成失水沉降，无法及时对管片背后进行填充；另一方面，防止因故障长时间停机，导致土仓大量积水及盾体外壳与开挖隧道之间的空隙无法及时填充。

(2)进行土体改良。主要是采用聚合物添加剂、膨润土等来改良渣土，以改善渣土的和易性，增加止水效果，避免喷涌的发生。

(3)做好同步注浆和二次注浆工作。一方面，防止隧道后方的水流入土仓；另一方面，及时填充管片背后空隙，防止沉降进一步扩大。

(4)合理选择掘进模式和掘进参数。一般采用土压平衡模式，根据地下水位、地层条件、隧道埋深等合理选择掘进参数，如螺旋输送器的转速、闸门开度，刀盘转速，推进千斤顶的推力等。

(5)控制好盾构机的姿态。若盾构机的姿态不好，需要纠偏，这对控制沉降极其不利。

(6)合理确定渣土的松散系数，严格控制出土量。若少出，造成土仓压力增大，掘进速度减慢；若多

出，造成地面沉降增大，甚至地面塌方。

(7)尽量做到快速通过。应该尽量提高掘进速度，避免刀盘转动对地层扰动时间过长，造成上部砂层松动；同时掘进速度加快能够及早为管片背后注浆创造条件，有利于隧道稳定和控制地表沉降。

(8)做好监测工作，及时反馈监测信息。适当加密监测频率，根据地表沉降和建筑物沉降的监测数据，结合地质情况，及时调整土仓压力、千斤顶推力等施工参数。

(9)对附近建筑物进行原始鉴定，若有必要提前进行注浆加固或基础托换。

四、工程实例

(一)工程概况

广州市轨道交通五号线车陂南站—三溪站盾构区间采用两台三菱土压平衡盾构机，分别用于左右线隧道掘进。其中位于车陂南站东端砂层段左右线各94.45m，里程范围为YDK23+303.557～YDK23+209.107，隧道埋深9～11m，隧顶上方人工填土层厚2.5～4.5m，中粗砂层厚3.0～9m，侵入隧道最大厚度达5.4m，其地质剖面详见图5-66与图5-67。原设计采用旋喷桩加固此范围砂层，以保证盾构机顺利通过。但由于隧道上方为黄埔大道路面，路面下埋设有供水管、煤气管、排污管、电信、电缆等各种市政管线，且黄埔大道路面交通繁忙，无法进行交通疏解和地面预加固措施。在没有任何地面加固措施前提下，如何采取洞内掘进措施有效控制地面沉降和对各种管线以及黄埔大道的保护，是本工程盾构掘进过程中必须解决的问题。基于以上原因采用添加TAC新型高分子材料的方案过车陂南东端砂层。

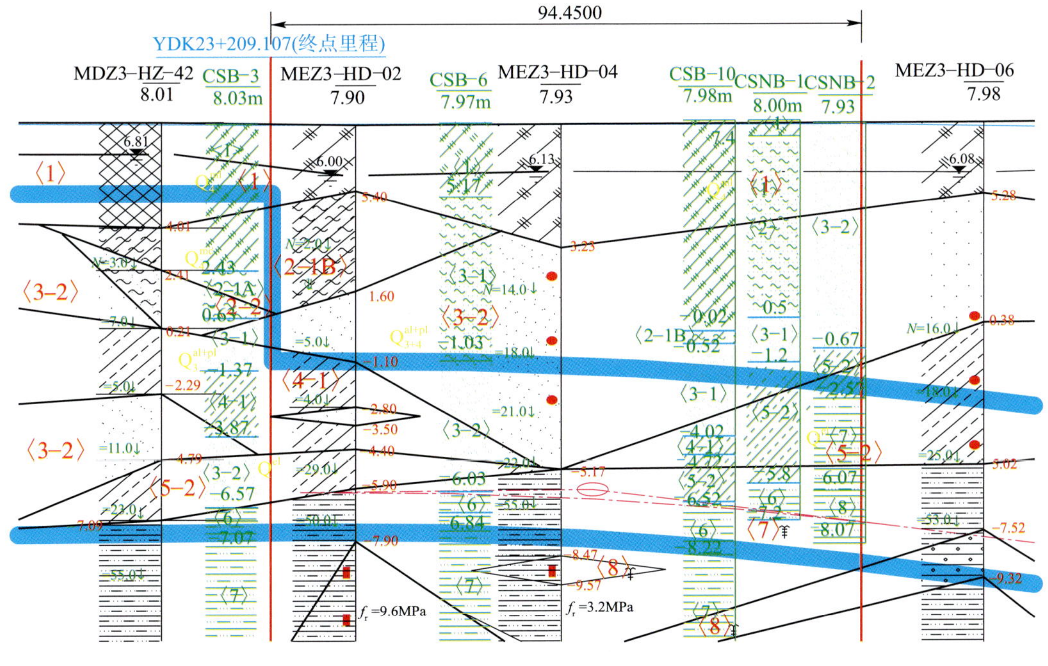

图5-66 右线地质剖面图

(二)TAC高分子材料性能及作用原理

TAC高分子材料是一种淡黄色液体聚合物，pH值6.8左右，黏度348MPa·s，在25℃常温下相对密度为1.06。TAC高分子材料具有出色的吸水性和显著的增黏效果，是一种新型加泥工法的添加剂。对用于富水砂层中，由于砂层孔隙比大、渗透性较强，黏土泥浆颗粒在地下水压作用下流出，从而降低黏土泥浆混合物的效果，而添加TAC高分子材料溶液后可以在很短时间内吸收大量水分，使砂层中的水瞬间被吸收，形成稠状的混合物，致使土仓和螺旋输送机充满黏状土，可以形成土塞，建立土压，并有效地控制出土量，达到控制地面沉降的目的。

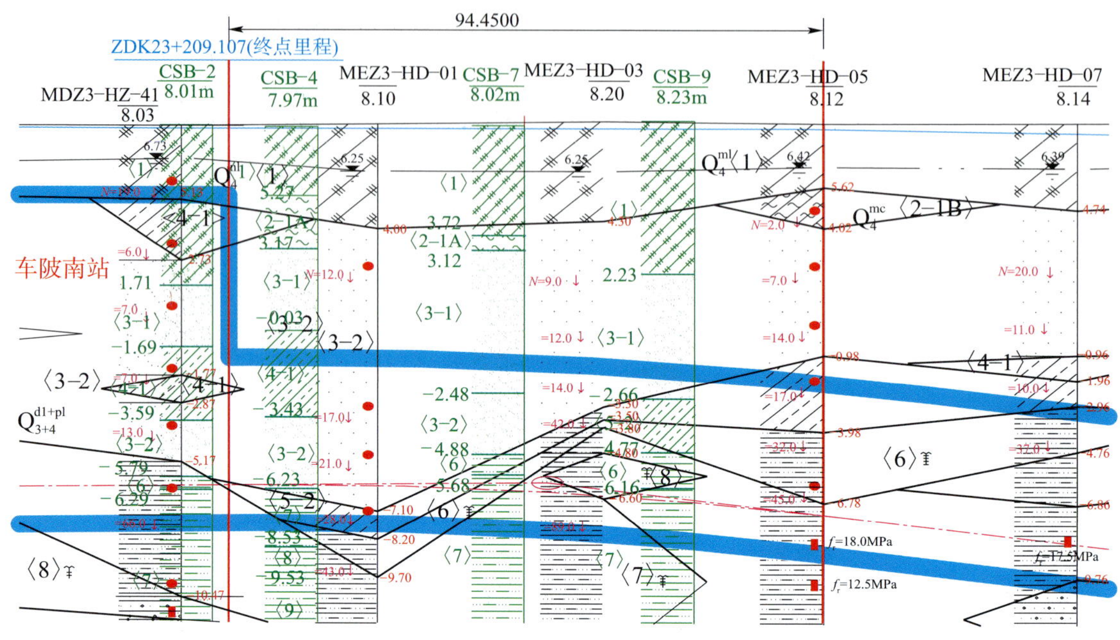

图 5-67　左线地质剖面图

（三）验证和认识

试验目的主要是验证 TAC 高分子材料吸水性能、注入率及浓度配比情况，试验根据地质详勘提供的地质水文情况，采用人工模拟方式进行，将膨润土、砂、水人工按体积比配合组成分三组，试验情况见表 5-5。

TAC 高分子材料吸水性能和注入率和浓度配比情况　　表 5-5

组序	膨润土(%)	砂(%)	水(%)	TAC 浓度(‰)	注入率(%)	扩散度(cm)	凝胶时间(s)
1	10	70	20	3	10	38	15
2	10	70	20	5	10	30	50
3	30	50	20	3	10	32	120

注：TAC 浓度指高分子原液掺入水后原液体积和掺水后总体积之比。

注入率指注入高分子材料量和砂土水量的总体积比值（实际施工时为注入高分子材料量和掘削渣土量的比值）。

扩散度指浆液的主剂与固化剂混合时起，到混合液失去流动性止，浆液凝胶时扩散的最大距离。

1. 试验结论

（1）当 70% 砂、20% 水、10% 黏性土 +5‰TAC 混合时，泥浆状变成泥团状（见图 5-68、图 5-69），扩散度由 50cm 减少至 30cm。

图 5-68　砂 + 膨润土 + 水混合物状态

图 5-69　砂 + 膨润土试配

(2)加入TAC高分子材料后,黏土的含量、TAC高分子浓度大小吸水效果显著,随后采用1‰~5‰不同TAC浓度及10%~40%不同注入率进行试验。通过试验得出,TAC浓度、注入率的变化与吸收砂层水分成正比;此外本次试验证明,TAC对没有黏土的水、砂混合物基本上没有改良效果。

因此采用TAC时,地层中必须有一定量的黏性土,或需往土仓中掺入一定量的黏性土。

2. 具体实施阶段

1)高分子材料注入方式

高分子材料通过盾构机上注水泵、注泡沫泵打入刀盘正面。对三菱盾构机刀盘注入孔和注入设备进行了改造,可实现注水、注泡沫和注入高分子材料的灵活转换。注入设备方面,在较好的层掘进时,可通过注入水和泡沫来改良渣土进行掘进;在砂层等软弱地层掘进时,通过设备管路阀门转换注入高分子材料和水来进行掘进。刀盘注入孔也可灵活转换,改造后刀盘有7个注入孔,其中在刀盘中心辐条侧面有2个高压注水孔,刀盘正面有5个注入孔。7个注入孔可通过管路和阀门转换实现注入不同的添加材料。注入设备和管路以及刀盘注入孔如图5-70所示。

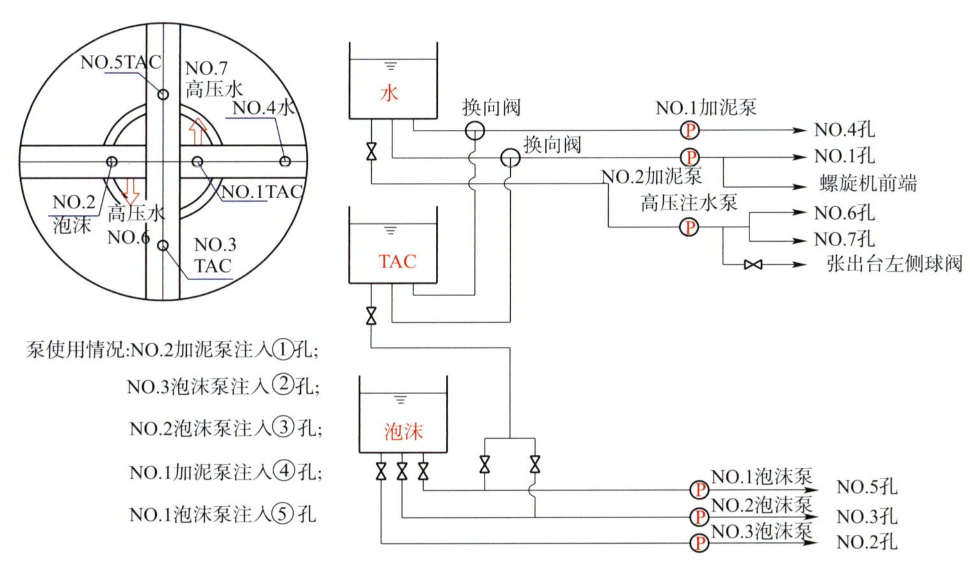

图5-70 高分子材料注入设备和管路以及刀盘注入孔

2)高分子材料浓度选择和注入率的选择

(1)本工程盾构机通过车陂南砂层段,高分子材料注入浓度为0.05%~0.1%,注入率为8%~15%,渣土改良效果良好(见图5-71)。

(2)车陂南站砂层个别断面侵入隧道厚度最大达5m,掘进时土仓含砂量加大,根据注入浓度和注入率与吸收砂层水分成正比原理,在盾构过车陂南站东端砂层段时,选择相对较大的浓度和注入率进行渣土改良。

3. 盾构掘进参数及地面沉降

盾构机在过车陂南段砂层过程中,采取如表5-6所示掘进参数进行掘进效果较好,地面沉降最大为12.2mm,远小于施工规范+10~-30mm的要求,且对地面建(构)无任何影响。

图5-71 砂层中加入TAC后渣土实际状态

(四)总结与建议

(1)在富水砂层中掘进,宜首选泥水盾构机;若选择土压平衡盾构机,应先在地面加固砂层后进行盾构掘进，这样对地面沉降控制的效果较好，但加固费用高且需占地施工，对城市生活有一定的干扰。

(2)当无条件进行地面加固时，土压平衡盾构机通过在刀盘前方加入TAC高分子材料，能有效改良渣土和易性，易建立土压，防止“喷涌”，有效控制地面沉降。目前TAC材料还需进口，相对其他添加剂成本略高，但比进行地面加固的费用低。

盾构机在过车陂南段砂层掘进参数　　表5-6

序号	项　目	参　数	备　注
1	刀盘转速	1.0～1.5r/min	
2	土仓压力	180～230kPa	土仓中部
3	掘进速度	20～35mm/min	
4	推力	14000～18000kN	
5	扭矩	1000～1500kN·m	
6	注浆压力	0.3～0.5MPa	
7	注浆量	5.0～5.2m^3	每环
8	刀盘注入材料	1、3、5号注入高分子材料，2号注泡沫，4、6、7号注水	
9	高分子材料注入	砂层地质：浓度0.5%～1%，注入率8%～15%； 黏土地层：浓度0.3%～0.5%，注入率8%～10%	
10	出土量	65～74m^3	每环
11	泡沫用量	0.7～1.5m^3	每环按3%注入
12	高分子用量	1.0～5m^3	每环按0.3%～1%浓度注入

(3)TAC高分子材料的浓度、注入率应根据开挖的实际地质水文、推进参数变化、地面沉降等信息，适时进行调整，并进行现场动态管理才能保证高分子材料的有效使用。

(4)目前土压平衡盾构机在设备上未考虑高分子材料使用，因此使用高分子材料须相应增加注入设备。

(5)高分子材料具有止水性、增黏性等特性，对渣土改良较好，可相应减少推力、扭矩、刀具磨损、泡沫用量，同时出土顺畅，为下道工序创造较好施工条件，工效得到较大提高。

五、经验总结

(1)广州市轨道交通土压平衡盾构机穿越砂层比较顺利，主要是对盾构机通过砂层比较重视，主要表现为：

①盾构机穿越砂层前停机，对盾构机刀具进行更换，增加耐磨损型刀具，对盾尾密封、铰接密封进行检查，并更换已损坏的盾尾密封，对盾构机的主要部件性能进行检查。

②采用土压平衡模式掘进时，严格控制出土量，并加强注浆量的控制，同时及时进行补充注浆。

③平稳、快速通过，加强地面监测，及时反馈信息。

(2)在此类地层中掘进，容易产生喷涌。如出现喷涌现象，应首先分析地下水的来源，若地下水从盾构机后部来，则应打开管片吊装孔，进行补充注浆，确保管片背后填充密实后，再采用添加高分子聚合物的办法进行控制，不可长时间出现喷涌。

(3)施工前后应分别对地表建筑物进行鉴定，分清责任。对于结构形式差、可能会造成严重影响的建筑物进行保护。

第七节　盾构机穿越溶(土)洞区域掘进技术

广州市轨道交通在岩溶地层中采用盾构法施工在国内尚属首次。盾构掘进中可能发生盾构机栽头、陷落,地层大量失水、坍塌以及严重差异沉降而致隧道结构破坏等事故。本节从溶(土)洞的空间分布和大小探测、溶(土)洞处理、盾构掘进技术措施三个方面进行深入研究,并提出"充填处理"和"岩面注浆"及"道床预留注浆管"的点面结合、治理与预防兼施的溶(土)洞综合处理方案。

一、溶(土)洞特点及其危害

在广州市轨道交通建设中,五号线的火车站前后区间隧道、三号线北延段和二号线北延段都在典型的广花凹陷冲积盆地内的岩溶盆地中。在该范围内的石灰岩强度较高,但由于年代较长,灰岩含有黄铁矿结核,其风化产生 SO_2 可以加剧碳酸钙的溶解,促进岩溶较强烈发育,风化后产生溶(土)洞。根据理论分析,岩(土)溶洞是地壳岩石圈内可溶岩在具有侵蚀性和腐蚀能力的水体作用下,以近代化学溶蚀作用为特征,包括水体对可溶岩层的机械侵蚀和崩解作用,经携出、转移和再沉积的综合地质作用而形成的。

溶洞主要按发育条件进行区分,分为溶洞和土洞两种类型。

溶洞:主要发育于石灰岩与岩质灰岩地层中,多为充填状态,充填物多为流塑状、软流塑状黏性土,局部夹岩石碎块、角砾石。无填充物岩溶为空洞。

土洞:埋藏在溶洞地区可溶性岩层上覆土层内的空洞,充填状态下,充填物多为流塑性粉质黏土。无填充物土洞为空洞。

溶(土)洞的发育,对结构稳定有较大的影响,同时对盾构施工中的危害也有很多。如容易发生"喷涌"、"盾构机栽头",甚至可能使整个盾构机下沉淹没,其中溶(土)洞突水及造成不均匀沉降的情况最为明显。另外,钻孔过程中,极容易由于溶(土)洞过大或者地层突变发生钻机掉钻、地面坍陷及桩机陷入地层中,甚至机废人亡事故。其中最有可能就是钻杆掉落在隧道掘进轮廓中,进而导致盾构机通过时出现卡刀盘等事故;遇上有压力的溶(土)洞,在压力释放过程中,会发生"喷流"伤人事故。所以在溶岩处理过程,必须要加大监管力度,做好过程现场管理督促工作,保证处理质量。

1. 尽量避免盾构机突陷等事故及隧道结构后期过大沉降

以海瑞克盾构机为例,其本体质量为 320t,长 12m,重心在前 3.2m 处。掘进时隧道底部若突现大于 3.2m 以上的空洞或极软弱地层,可能致使盾构机栽头或陷落。处理的重点对象是隧道下部填充物为淤泥、松散砂层、软塑状泥炭质黏土(承载力 40 ~ 80kPa)的溶(土)洞,处理深度为隧底 5m。处理方法是对隧道中线底部,采用袖阀管水泥浆注浆加固工艺,利用补充钻探孔并将注浆孔间距加密至 2.5m。

2. 防止地表塌陷和过大沉降

隧道洞身周围 3m 范围内的溶(土)洞要密实充填并注浆固结,以有利于建立土压平衡,防止坍塌;要对处理区与外界开放连通的主要地下水裂隙通道进行封闭,防止大量失水以减少地表沉降。

3. 满足永久隧道结构的承载力、变形、防水要求

溶(土)洞填充物和灰岩承载力有很大的差别,可通过处理地层的方法,提高填充物的承载力,减小不同地层之间的差异沉降,减少管片渗漏,满足轨道交通的正常运营需求。

二、溶(土)洞探测技术

有效地探测溶(土)洞的分布与填充状况的技术参数,为溶(土)洞处理提供技术依据。根据目前可行的勘测手段,广州市轨道交通五号线草暖公园站—小北站区间溶(土)洞探测采用以钻探为主、多种方法综合运用的探测方案,即高密度电阻率法物探(总体探查溶洞分布情况)、加密钻孔(直观掌握溶洞及

充填物状况)、电磁波深孔 CT 物探(在钻孔间加密剖切面勘查,判断边界)综合判断后结合注浆孔布置补孔探测。

1. 高密度电阻率法物探

对 YCK7 +880 ~ YCK8 +035 范围内纵向进行探测,共设计物探剖面 6 条,剖面长均为 177m。每条剖面均有 2 个基点控制。

勘察的结果表明,本区地下有 4 处岩溶发育区。据其成果将勘察范围划分为 5 个区域单元进一步深入勘察。

2. 补充钻孔勘探

在勘察区域内,分别在距离左右线隧道外侧 3m 处、区间隧道中线上和左右两隧道中间位置布置 5 列、25 排钻孔。每一排钻孔的间距约为 5m,布孔 124 个(其中技术孔 37 个),共计钻孔长度 4109m。因隧道底板埋深为 22.86 ~ 24.30m,位于左右线区间隧道中心线位置的 2 列钻孔设计深度原则为 35m,另外 3 列钻孔设计深度原则为 30m,且有溶洞的钻孔要钻至溶(土)洞底下 2 ~ 3m。

3. 电磁波深孔 CT 物探

CT 相邻孔对间距为 5m,共 27 对,孔深为 35m,各 CT 钻孔的终孔高程一般应基本一致,若在预定终孔深度处为溶(土)洞时,钻孔深入溶(土)洞地板 3m,孔径不小于 75mm。

CT 剖面与隧道中心线呈约 70°斜交,使隧道的勘察剖面间距加密为 2.5m 左右。实测工作中,在岩溶发育异常复杂地段另增加了 5 条 CT 剖面,故实际共完成 CT 剖面 27 条,发射孔与接收孔的间距为 26.1m,定点发射点数为 5 个,各探孔内的动点观测间距为 1.0m。出现异常特征时,加密定点发射点距与点数,实测探测点为 11137 个。

为尽可能利用钻探孔,在每个区域单元内应先钻外侧 2 列的孔,并进行孔间跨孔 CT 物探,而后按一般钻孔的顺序进行。

采用跨孔电磁波透视对隐伏岩溶进行探测,弥补了勘探钻孔网点稀少的不足。通过 CT 资料分析,自上而下可分为土层软土 CT 异常带、浅部岩溶 CT 异常带和较深部岩溶 CT 异常带,岩溶发育具有竖向分带差异。较深部岩溶异常带具有规模大、呈"串珠状"竖向分布等特点。

4. 探测成果综合分析判断

通过对钻探、高密度电阻率、深孔 CT 物探勘察成果的综合研究分析,较深入地掌握了溶(土)洞及充填情况。

三、区间溶(土)洞处理原则及方法

1. 溶(土)处理原则

盾构隧道线路走向均存在穿越岩溶地区,采取以下几点原则进行溶(土)洞处理。

(1)根据勘察资料,隧道底板以下 5m 内且位于隧道投影范围的溶洞必须充填处理,隧道底板以下 5m 内但不在隧道投影范围的溶洞根据具体情况采取处理措施,隧道底板以下 5m 范围外的溶洞可不处理。充填处理主要是根据洞的大小及充填情况采取先充填砂夹石,再静压灌浆或直接静压灌浆。根据以往在防治岩溶地面塌陷实践,充填注浆乃是有效的措施。采用密布的压浆孔可以揭露土洞,消除隐患;压浆可以充填洞穴,防止土洞坍塌;浆液扩散渗透,可消除或击破相邻土洞,使之坍塌。

(2)所有勘察资料揭示的土洞都必须处理,且处理时应一并完成岩面注浆施工,其目的主要是压浆封堵基岩和土层界面。压浆管只在界面附近开孔,用较高的压力将界面上的溶槽、溶沟、破碎带、构造带、节理、裂隙全部用浆液固结,并将界面周边的溶洞、土洞填满,将溶洞、土洞和界面连通的通路(洞口)封住,甚至固结,从而阻止已有溶洞、土洞的发生发展,阻止或延缓新土洞的形成。

(3)根据详勘及补勘钻孔揭示的溶洞,以该孔位为中心,按 2m × 2m 的间距由中心向外探寻溶洞及土洞的范围，直至找到溶洞边界，然后划分区域，注双液浆及单液浆充填。

(4)结构范围内的溶洞和土洞都必须找出溶洞边界。在明挖结构和区间隧道边界再向外 3m 钻孔，仍没有找到溶洞边界，不再外扩钻孔，而是平行结构 3m 位置钻排孔，施工止浆墙。

2. 三号线北延段高增站—机场南站区间溶洞处理案例

根据详勘及补勘资料，盾构始发 150m 段揭示了 3 个溶洞，其补勘孔号分别为 MCZ3-AX-02、MCZ4-AX-04、MCZ3-AX-03，以已揭示溶洞钻孔为中心，按 2m×2m 的间距由中心向外探寻溶洞的范围，直至找到溶洞边界。通过钻孔，始发区段溶洞高度如图 5-72 所示的红线，平面溶洞的边界大小如图 5-73 所示的紫线圈定范围。

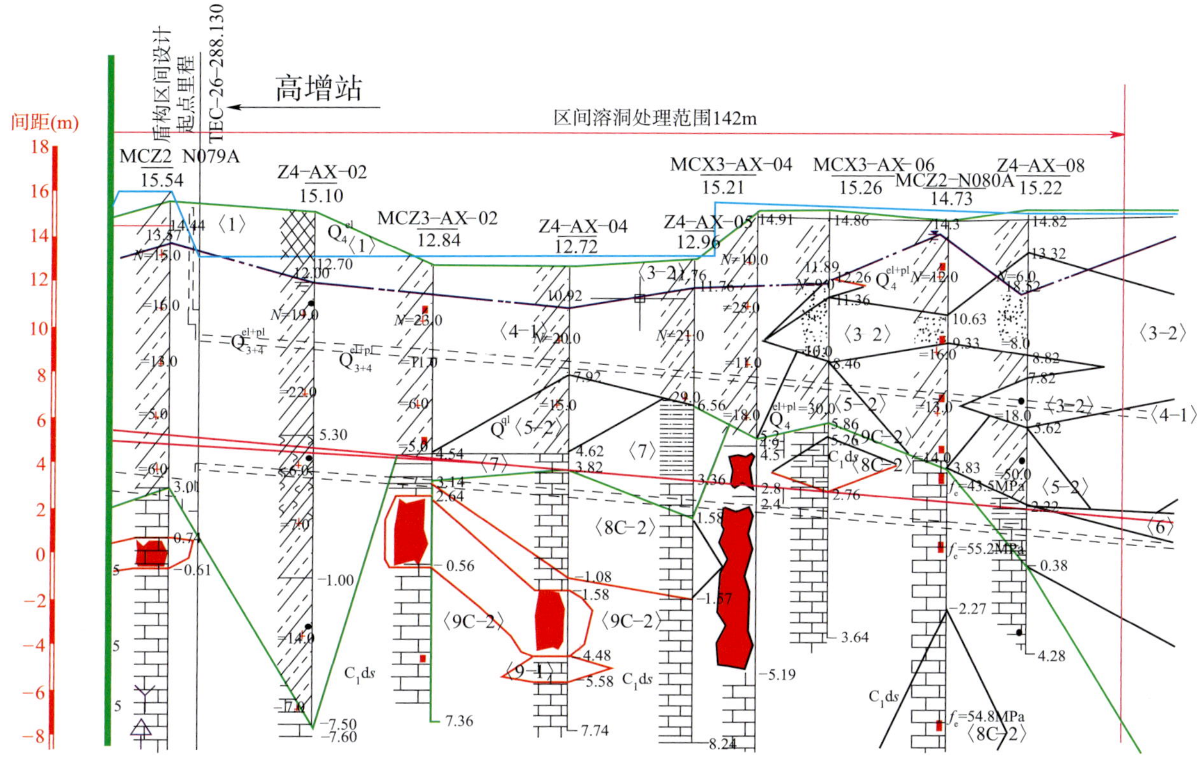

图 5-72 始发段区间隧道轮廓与溶洞位置空间关系图

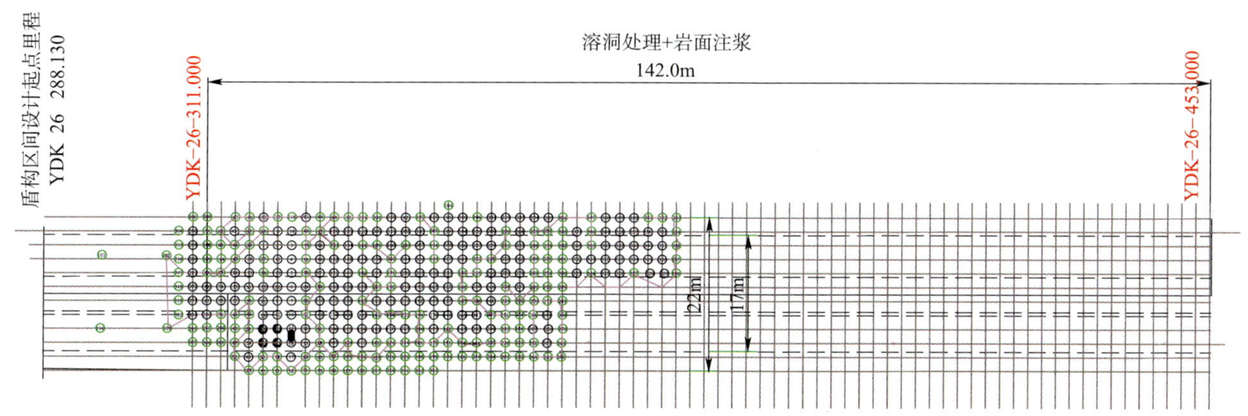

图 5-73 始发区间溶洞处理钻孔布置及溶洞边界示意图

3. 区间溶(土)洞处理的关键工序

(1)钻孔顺序：先钻中心孔，由内向外逐步扩大钻孔探查范围。每个钻孔完成后，凡发现有溶(土)洞的钻孔，随即安装袖阀灌浆管。

(2)及时根据钻孔地质情况编制溶洞轮廓图,结合隧道轮廓分析已完成钻孔位置形成的溶(土)洞轮廓,并根据探明溶洞大小及所属性质判断下步是否需增加处理范围。

(3)溶(土)洞填充灌浆:周边孔先注双液浆,形成止浆墙,再从中间向四周钻孔注浆,每次都必须跳开一个孔进行注浆,以防止发生窜浆现象。中间一般先注单液浆,注浆压力达到设计要求后,再注入双液浆对注浆效果进行加强。

注浆液采用R32.5普通硅酸盐水泥。注浆时按先灌入稀浆后灌入浓浆的原则逐渐调整水灰比。注浆压力控制在0.4~1.2MPa以内,并由下而上逐渐减小,视具体情况分别采用或作适当调整。实际浓浆注浆配比按现场调配确定,水泥用量不得小于1:1的水灰比。

全孔段注浆完成后,间歇一段时间再进行第二次注浆,间歇时间控制在10~30min之内。由于涉及溶(土)洞连通的关系,注浆的过程要注意检查临近孔洞是否有串孔冒浆的情况。如发现出现串浆情况时,要及时停止灌浆,先对出现串浆孔洞进行补压双液浆封孔处理,完成封孔后再恢复对先前孔洞灌浆。

每孔注完浆后,必须使用ϕ20mm水管插入袖阀管内,泵入清水将袖阀管内残留水泥浆冲洗干净,以保证袖阀管反复注浆的效果。

(4)终灌控制标准:

①当地层中有了足够的注入浆量时。

②当注浆压力达到设计值时。

③当发现被加固建筑物有上抬的趋势时。

④当发生窜浆或浆液漏失严重时。

(5)袖阀管封孔:在分区完成注浆处理后,要注意督促进行二次注浆封孔处理,不得在隧道轮廓范围内留有未封堵的袖阀管。没有封堵好的钻孔,将是一条人为的导水通道,盾构掘进通过时,容易发生掌子面塌方和地面冒浆等安全事件。

四、溶(土)洞处理效果检测

图5-74　溶洞处理抽芯芯样

根据相关溶(土)洞处理检测效果要求,目前执行的溶(土)洞处理检测标准为:

(1)按孔数总数量的1%抽查,且不小于3点,要求每个溶(土)洞处理区域均要检测一次。

(2)采用随机钻孔取芯,做抗压试验,要求无侧限抗压强度不小于0.2MPa。

(3)现场按以上要求随机取芯6组,芯样连续性均符合要求,强度达到0.3MPa以上,龄期为46~56d,强度最高为5.7MPa,最低强度为3.2MPa,其中一组芯样如图5-74所示。浆液灌注密实,芯样连续,根据抽芯试验结果判定本区间溶洞处理质量符合要求。

五、盾构掘进中揭示的溶(土)洞及其处理

在线路下方5m内勘察揭示有灰岩的地层段,都要求沿线路中心每隔8m布置钻孔进行溶(土)洞揭示,并进行处理,基本上大的溶(土)洞都能通过勘察发现。但是较小的溶(土)洞通过以上钻孔的方法无法判断。有些建筑物和高速公路处无法进行钻孔工作,此时还会存在没有处理的溶(土)洞。

盾构掘进中遇上溶(土)洞,有如下几个现象:①盾构机土仓压力瞬间突变,含有承压水带填充物的溶(土)洞会使土仓压力不断波动,会出现喷涌现象;②较大的空洞会导致土仓压力迅速下降,甚至变为

零;③同步注浆压力会变小,注入大量的浆液都没法达到注浆恒压要求。

盾构掘进遇上带填充物的溶(土)洞,宜加大注浆量,快速通过,同时在成型隧道上安排二次补充注浆,防止隧道下沉影响结构质量。盾构遇上溶(土)洞,不宜长时间停机注浆,以避免发生浆液固结盾构机。盾构遇上较大的空洞,土仓压力为零时,这时不宜冒险推进,要立即安排盾构机下沉,进行变形监测,当变形较小时,安排开仓观察溶(土)洞情况。如果溶洞较小,安排快速注浆通过;如果溶(土)洞较大,会危及盾构的安全,应安排地面钻孔,泵送入泥砂把溶(土)洞填充密实后再向前推进。

三号线北延段高增站—机场南站区间工程在盾构斜穿机场高速时,由于高速路车流量较大无法占道勘探,地质剖面图中没有揭示溶(土)洞,但盾构掘进时,出现"喷涌",同步注浆压力迅速下降,因此判断岩面可能发生较大的变形,遇上较大的溶洞,故迅速制定对策。盾构快速向前掘进,每向前掘进 50cm 注浆一罐(约 $5m^3$),这样反复掘进注浆,既预防停机注浆导致盾构机被固结,又能确保盾构机迅速向前掘进,直到盾构机通过溶洞区域,注浆恒压为止。同时盾构机每向前掘进 5 环,安排一次双液补充注浆,加强溶洞的填充效果。最终工程在该溶洞区域注入浆液约 $60m^3$。

六、工程实例

(一)工程概况

三号线北延段自广州东站向北延伸到新机场,原始地貌形态属广花凹陷沉积盆地,第四系地层以冲洪积砂层、土层及残坡积堆积为主。线路全长约 30.84km,共 11 个车站,其中约 22.49km 位于广花盆地。除龙归沉积盆地下伏基岩为第三系地层外,永泰站—嘉禾站—龙归站、人和站—新机场区间,位于广花盆地,处于岩溶发育区,总长约 9km,其中盾构掘进段 7455m。经统计,左右线共有 3890m 隧道底板下 5m 深度以内遇到中微风化灰岩,有 1989m 长的隧道洞身范围内遇到中微风化灰岩和泥灰岩。

三号线北延段沿线穿越的地层有上古生界石炭系下统大塘阶石蹬子组(C_1ds)、石炭系下统大塘阶测水组(C_1dc)、石炭系中上统壶天群($C_{2+3}ht$)、二叠系下统栖霞组(P_1q)炭质灰岩、三叠系小坪组地层(T_3x)、下第三系莘庄村组地层(E_1x)及第四系地层等。本区岩溶主要发育在石炭系石灰岩层中,石磴子段、壶天群、测水段灰岩中均有发育。砂层分布较广且厚度大,基本与岩溶水贯通,水量丰富;揭示溶洞最大洞高为 11.2m;揭示土洞最大洞高为 3.6m。

灰岩地层:永泰站—嘉禾站—龙归站下伏基岩局部为三叠系炭质页岩、泥岩及砂岩,风化强烈,挟持于广从断裂与震旦系变质岩之间;永泰站—嘉禾站—龙归站其余部分以及人和站—新机场为石炭系地层分布范围,岩性主要为灰岩,其次为炭质灰岩、炭质页岩、泥岩等。

龙归沉积盆地:下伏基岩为第三系地层分布地段,岩性较复杂,为下粗上细的海陆河湖交互相沉积岩,主要岩性有粉砂质泥岩、钙质泥岩、泥灰岩、石灰岩、砾岩和粗砂岩等,石灰岩一般呈夹层出现。在龙归盆地范围,只在局部石灰岩夹层或钙质砾岩中发育有溶洞,地面较为稳定。

(二)岩溶处理

龙归站—人和站区间岩溶主要分布在三个区段:始发井、原人和科技城、凤和村。

其中始发井和凤和村溶洞,采用袖阀管注水泥浆回填;科技城溶洞区遭遇大范围溶洞,"分三序注浆兼检查洞穴填充效果",采用先注水泥混合砂浆后充填水泥浆的方式进行填充。

分三序进行填充:一序孔,布孔间距 8m,采用 M1.5 水泥砂浆,每个溶洞应有一个排气孔,管下至揭露的最下一层洞底上 500mm,至下往上灌填空洞。然后为加密二序孔,布孔间距 4m,灌 M1.5 水泥砂浆。最后为三序孔,布孔间距 2m,检查灌填效果,若填充不密实或仍见洞,则以此孔扩孔,袖阀管补注水泥浆,管下至洞底下 500mm,注浆范围从洞底下 500mm 至洞顶上 500mm。注浆扩散半径按 1.5m 设计。钻孔采用89mm的孔径。

处理原则：

(1)因隧道底板以下为深厚砂层，溶(土)洞处理范围为横向左右线隧道边线外侧5m。

(2)以3m洞高为分界，科技城岩溶区前后三次勘察钻孔56孔，揭露溶(土)洞29个。洞高3m以上的溶洞均在此区段揭露，此段溶洞高度为0.20～6.50m，平均洞高度为1.38m。无充填溶洞占溶洞总数的52.4%。溶洞高度大于3m以上的基本有填充(1个为空洞)，因此以洞高3m为界，对溶洞高度大于3m的(空洞或半填充的)，填充水泥混合砂浆；对溶洞高度小于3m的(有填充物)，袖阀管注水泥浆。

(3)对该地段采用4m×4m间距的钻孔对溶(土)洞进行探查。探查钻孔探至岩面以下5m，若灰岩、泥灰岩有2m厚的完整顶板，则终孔；若在2m内发现有岩溶，则继续钻进，并探查清楚岩溶的发育深度与大小。

(4)岩石溶洞顶板厚度小于3m或溶洞厚跨比小于0.5的溶洞需要进行灌注充填处理。

(5)岩溶地段盾构隧道管片及道床要预留注浆管。

七、经验总结

(1)岩溶地基处理有很大的难度和复杂性，需因地制宜地设计和选择施工方法，本盾构区间溶(土)洞加固处理方案是经过一段时间的摸索总结出来的，根据施工验证，也是行之有效的。

(2)根据工程实际情况，参照国内地面铁路研究试验数据以及理论、半理论的各种计算，提出以结构底板以下10m深度内是否出现洞穴和岩土交界面作为划分高风险区的依据。

(3)盾构机应具有超前探测和超前注浆功能，对地表钻孔注浆处理遗漏地段，在洞内要进行超前探测并补充注浆处理。

(4)岩溶、土洞处理是一项长期工程，应采取预防和治理相结合的防治措施。

(5)为确保永久隧道的安全，凡在溶岩发育段的盾构隧道，工程都设计在每环管片的下方预埋注浆孔。一旦隧道在运营中发生较大变形，可以利用预埋在道床内的注浆管进行填充注浆。

第八节　复合地层盾构掘进对地面沉降和周边环境影响

一、沉降控制技术简述

在城市里进行轨道交通隧道工程施工，必然会遇到临近建筑物，引起地基位移、变形，产生建(构)筑物沉降(或隆起)，带来建(构)筑物保护问题。当发生地基下沉(或隆起)时，会损坏或损伤煤气管道、自来水管、电力电缆、通信电缆等邻近埋设物以及房屋、桥梁、道路等建(构)筑物，对周边环境产生不良影响。盾构隧道施工工法与其他隧道施工工法相比，地基的位移少，可以大大减少对原有建(构)筑物的影响，因而得到广泛的推广应用。与其他工法一样，盾构法施工产生变形(沉降或隆起)是不可避免的。但是，通过选择适当的施工工艺和加强施工管理，一般可以把地基变形控制在最小限度以内。为此，应选择适合地层并具有开挖面稳定装置的盾构形式，进行认真的推进管理，同时妥当地进行初期支护、壁后注浆，做好施工地基变形控制。

二、地基沉降(或隆起)的原因及发生机理

1.开挖时的水、土压力不均衡

土压平衡盾构机或泥水盾构机，由于推进量与排土量不等的原因，开挖面水压力、土压力与压力舱压力产生不均衡，致使开挖面失去平衡状态，从而发生地基变形。开挖面的土压力、水压力小于压力舱压力

时产生地基下沉，大于压力舱压力时产生隆起。这是由开挖时开挖面的应力释放、附加应力等引起的弹塑性变形。

2. 推进时围岩的扰动

盾构推进时，由于盾构机的壳板与围岩摩擦和围岩的扰动从而引起地基下沉或隆起。特别是蛇行修正和曲线推进时引起的超挖，是产生围岩松动的原因。

3. 盾尾空隙的发生和壁后注浆不充分

盾尾空隙的发生使盾壳支撑的围岩朝着盾尾空隙变形而产生地基下沉，这是由应力释放引起的弹塑性变形。地基下沉的大小受壁后注浆材料材质及注入时间、位置、压力、数量等影响。另外，黏性土地基中的壁后注浆压力过大是引起临时性地基隆起的原因。

4. 初期支护的变形及变位

接头螺栓紧固不足时，管片环容易变形，盾尾空隙的实际量增大，盾尾脱出后外压不均等使衬砌变形或变位，从而增大地基下沉。

5. 地下水位下降

来自开挖面的涌水或一次衬砌产生漏水时，地下水位下降而使地基下沉。这一现象是由于地基的有效应力增加而引起固结沉降。

三、地基变形规律

1. 隧道纵向的地基变形

随着盾构推进，上述各种原因引起的地基下沉或隆起现象重叠发生，其时序过程如图 5-75 所示，最后达到最终值。其中，①、②是盾构通过前，③是通过中，④、⑤是通过后发生的下沉（隆起）现象。①～⑤的现象并非不可避免，如果选择了合适地基盾构形式，是可以控制在最小限度以内的。

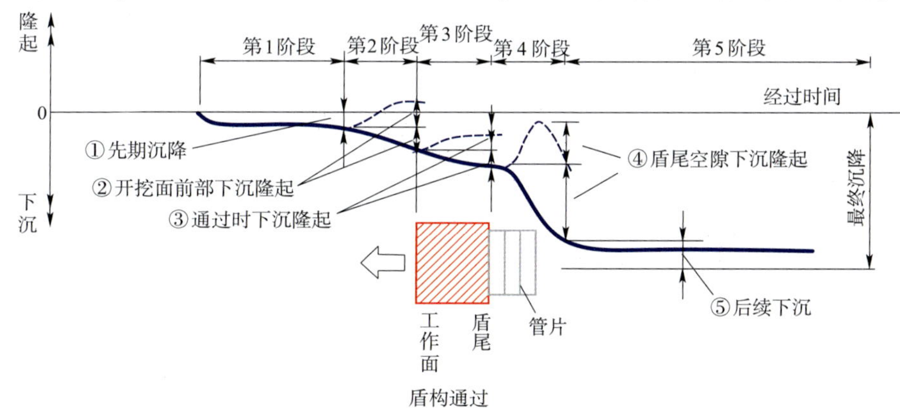

图 5-75　盾构推进时地基变形的分类

施工过程中可通过监测结果来确认这些现象的有无及其程度，以便修正后续区段的施工方法。

(1)先期沉降：是在盾构机到达前发生的下沉。对于砂质土，先期沉降是由地下水位下降引起的。对极软弱黏土，先期沉降则由开挖面的过量取土而引起的。

(2)开挖面前部下沉（隆起）：是在盾构开挖面即将到达之前发生的下沉或隆起。开挖面的水土压力不平衡是其发生的原因。

(3)通过时下沉（隆起）：盾构机通过时发生的下沉或隆起。盾构机外周面与围岩发生摩擦，或超挖使围岩扰动是其发生的主要原因。

(4)盾尾空隙下沉（隆起）：盾尾刚刚通过发生的下沉或隆起，是由于盾尾空隙的产生引起应力释放或壁后注浆压力过大而产生的。大部分地基下沉都是这种盾尾空隙下沉。

(5)后续下沉:是软弱黏土中出现的现象,主要是由于盾构推进引起整个地基松弛或扰动而发生的,可持续到盾构机通过后3~4个月。

2. 隧道断面方向的沉降

由盾构推进引起的横断面方向的最终地基下沉分布,一般以隧道为中心单向横坡,近似于倒立的标准概率曲线的形状(如图5-76所示为某区间实测横断面沉降曲线图)。其影响范围大致保持在盾构下端处起仰角45°(或45°+$\varphi/2$)扩散区域内。

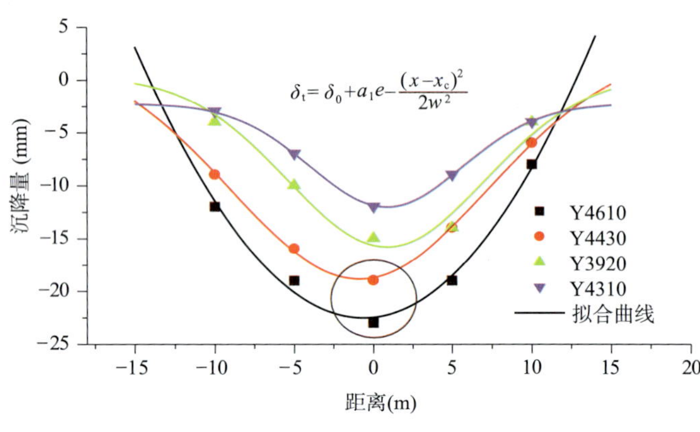

图5-76　某区间横断面沉降曲线图

3. 地基变形的大小

地基下沉量的大小与传递状况、地基条件、施工情况和覆土比(覆土厚度与盾构机直径之比)等因素有关。过洪积性地基和冲积性砂土时,地中下沉在传递到地表的过程中减少。而冲积性黏性土正相反,盾构机通过后,即使覆土比大,下沉还长时间继续(达几个月),最终地表下沉与地中下沉一样。

四、防止地基变形的主要技术措施

1. 地基变形的预测与监测

为了减少地基变形,盾构推进前事先根据过去的实绩和有限单元法等进行预测,以预测结果为依据来设定管理基准值。同时,在推进时,要在隧道中心向上及其两侧范围内设定监测点,进行水准测量,并根据监测结果指导施工,调整施工参数,总结经验,应用到后续区段的施工管理中。

盾构法施工地基变形的产生,归根结底主要是由于施工时地层的变化,即地层的损失(分正、负)而造成,而地基变形的产生是有个过程的。因此,控制地层的损失,及时补偿地层的损失,是控制地基变形的主要措施。

2. 开挖过程中水土压力不均衡的防止措施

土压平衡盾构机可通过调整推进速度和螺旋式排土器的转速,使土仓压力与开挖面土水压力相对应。另外可根据需要注入适当的添加剂增加开挖土的塑性流动性,使压力舱内不产生空隙。泥水盾构机可根据围岩的透水性来调整泥浆性状,并仔细进行泥浆管理,使压力舱压力始终对应于开挖面的土水压力。

实施这些开挖面稳定管理的同时,还应根据需要研究采用辅助施工方法以保证围岩的稳定。

3. 推进中围岩扰动的防止措施

为了减少推进中盾构机与围岩之间的摩擦,尽量不扰动围岩,必须控制好盾构姿态,防止盾构偏转及横向偏移等蛇行发生,减少超挖量。盾构姿态发生偏差时,应缓慢纠偏,不能操之过急。

4. 盾尾空隙下沉与壁后注浆引起的地基隆起的防止措施

根据围岩状态来选择渗透性好、固结强度大的壁后注浆材料,并尽量在盾构推进的同时进行壁后注浆。另外,还应根据需要进行二次注浆控制下沉,但需要注意控制由二次注浆压力引起地基隆起或地基扰动。

5. 初期支护的变形防止措施

为了防止管片环变形,必须使用形状保持装置等来确保管片组装精度,同时充分紧固接头螺栓,必要时要作二次紧固。

6. 地下水位下降的防止措施

为了防止从管片接头、壁后注浆孔等漏水,必须仔细进行管片的组装及防水作业。施工过程中,盾构机的螺旋输送器、盾尾密封刷等必须保持良好的密封性能,防止失效漏水。对完成施工的隧道渗漏水,必须及时采取措施进行堵漏。

7. 其他施工工序中的地面沉降

盾构法施工的不同阶段会有不同的工况，必须有针对性地采取措施，把沉降控制在最少限度以内。

1）盾构施工的始发与到达

为了减少推进过程中盾构机与围岩之间的摩擦，盾构机机型设计为前大后小。刀盘开挖出来的轮廓比盾体外径大，掌子面的地下水会流向盾尾方向。因此，首先，必须保证始发与到达洞门橡胶帘布的密封效果；其次，管片脱出盾尾后应及时注浆充填。

2）施工过程中的刀具更换

施工过程中刀具磨损到一定的程度或者为了适应不同的地层，都必须进行换刀。换刀通常在欠压状态下进行，此时容易造成开挖面失稳，甚至发生塌方、地基变形。因此，必须选择合适的地质条件和地面环境的地点进行换刀，或者预先对地层进行加固后换刀，又或者采用压气作业等措施进行换刀。

3）过重点保护建（构）筑物的措施

重点保护建（构）筑物离隧道较近，对地基变形很敏感，控制不好容易发生较大的沉降或隆起而遭到损坏，因而对沉降的控制要求较高。因此，对这类建（构）筑物必须预先调查了解清楚（包括地面环境、地基与基础、隧道穿越的地层等），制订切实可靠的方案后方可实施。往往是几种措施都同时用上，并有应急预案。通常的做法是，采取土压平衡模式掘进；连续、快速、均衡推进；及时、足量注浆（根据监测结果，必要时作二次注浆）。

五、复合地层产生地面沉降因素及主要控制技术

1. 沉降滞后性强

在广州类似复合地层中，盾构施工过程中的施工测量分析的结果表明，一般情况下横断面的沉降呈正态曲线分布，最大沉降量在盾构机的正上方，宽度为两侧离轴线 9～12m，符合 Peck 理论。从纵剖面看，盾构推进切口前约 10～15m 范围，地面有一隆起，隆起的数值与前舱压力基本成正比。

施工造成的地表变形大致可分为三个阶段。第一阶段为盾构切口到达前 10～15m，因受前舱压力影响，地面呈隆起状态，如出现下沉，可视为前舱压力偏低；第二阶段，随着切口前移，压力消失，地表较快回落，且如果第一阶段隆起值大，回落值亦较大；第三阶段为滞后沉降，实测资料表明，滞后沉降是个相对较长的阶段。因此，复合地层中的地面沉降会表现出一定的滞后性。

控制滞后沉降常用的手段是从管片吊装孔进行二次（或多次）注浆。盾构施工实践表明，如同步注浆掌握得好，滞后沉降的影响将很小。

2. 出土量控制难度大

在类似广州复合地层中，因盾构机在软弱不均地层掘进或受喷涌等因素影响，掘进中出土量难以控制，从而导致地面相应出现较大沉降。

在软硬不均地层中掘进，控制好掘进参数是对出土量进行精确控制的一项最基本、最重要的措施。掘进参数的选择如下：

（1）准确计算各种地层的理论土方出土量，施工中必须严格按计算结果控制好实际出土量。

（2）采用土压平衡模式掘进，合理地设定土压力值。

（3）当穿越沉降敏感地层或大量地下水区域时，必须采用全土压掘进。

（4）通过建（构）筑物时应保持连续掘进。

（5）控制好盾构姿态，避免因纠偏而造成超挖。

（6）同步注浆和二次注浆必须到位，确保管片与地层间隙密实。

（7）采用耐磨性较高的刀具，减少换刀次数，制订合理的换刀计划，提前在到达建（构）筑物前做好换

刀工作,避免盾构机在建(构)筑物下停留。

(8)控制衬砌拼装偏差,提高隧道质量,减少后期沉降。

在施工的过程中,通过对围岩的分析不难判断造成喷涌的原因。处理的基本思路就是要从形成喷涌的原因入手。

对于喷涌引起的地面沉降,主要控制的原则如下:

(1)在富水的砂层中,其处理方法是:加入适量的添加剂,如盾构机在砂层或中~微风化岩层中施工时,可以加入适量的膨润土泥浆、高分子聚合物、高分子树脂等,以改善渣土的和易性。

(2)在自稳性好的地层中,如〈8〉、〈9〉地层,如果同步注浆不充分,应该再通过管片吊装孔进行双液注浆,以尽快封堵隧道背后的汇水通道。

(3)在黏性土中防喷涌的办法是先防止结泥饼。

3. 溶(土)洞扰动后易出现突发性沉降

在含有溶(土)洞的地层中掘进时,隧道掘进中可能发生盾构机栽头、陷落,地层大量失水、坍塌,严重差异沉降而致隧道结构破坏等事故。

主要采取如下施工控制措施,以避免揭穿溶(土)洞后引起的地面塌陷:

(1)首先应用多种探测方法,对勘测结果进行综合分析,探明溶(土)洞的分布及填充物特征。

(2)确定合理的加固方案,满足盾构施工安全及隧道结构稳定。

(3)针对该地层特点,对盾构机设计作必要改进,提高其性能。

(4)严格控制盾构掘进姿态。

(5)对富水区域进行盾构超前钻探并采用双液浆加固溶(土)洞地层。

(6)盾构机通过时如果水压大,启动保压泵装置,防止大量失水,保证隧道上方建筑物的安全。

(7)掘进时判断掌子面的岩层和地下水量情况,当掌子面岩层稳定,地下水量不大,开仓检查和更换刀具,必要时采用带压作业。

(8)足量同步注浆,并及时进行二次双液注浆,对地下水通道进行封堵,稳固管片。

4. 盾尾渗漏易导致沉降

在隧道掘进中,尤其是在砂层或者富水地层中掘进时,若盾尾发生渗漏,就会破坏土仓内压力平衡和注浆质量,并污染盾构管片安装的工作面,给管片安装造成不便,严重者,导致地面出现较大沉降,影响盾构机的正常掘进。

因此,控制好地面沉降,主要就是要分析盾尾渗漏的确切原因,并采取有针对性的措施。

1)管片组装

实际施工中由于自重等因素影响,管片拼装成横向椭圆较为多见,这就增大了管片之间止水条外缘纵缝的宽度。纵缝处的油脂无法承受浆液和泥水的压力,就形成一个渗漏通道,造成盾尾渗漏。

管片拼装错台严重,特别是在纵缝错台产生后,盾尾刷无法紧密包裹整环管片,很易形成渗水通道。虽然盾构推进时盾尾舱内有盾尾油脂填充纵缝,但在较高的注浆压力和泥水压力等作用下,极有可能将油脂冲脱而击穿盾尾刷,造成管片渗漏。

防治措施如下:

(1)加强拼装施工培训,提高拼装人员的技术水平,要求管片拼装不变形,且一环管片安装后必须使用整圆器进行整圆,以减少椭圆和纵缝、环缝错台的现象。

(2)在每次管片安装前,应清除盾体内的渣土,避免安装管片时难以对位,造成错台现象。

(3)封顶K块拼装前,必须调整好开口尺寸,使封顶块能顺利插入到位。

(4)管片构造可减小管环纵缝沿止水条外缘的构造缝宽度和高度,以减少渗漏水力通道。

2)壁后注浆

盾构机在掘进过程中浆液凝固时间过短,浆液不能充分填充管片后空隙,而是堆积在注浆口附近,造成注浆通道受阻,后续浆液压力必然剧增。当浆液压力高于盾尾刷和油脂的抗压力时,就会击穿盾尾刷和油脂衬背而造成窜浆。

因此,在施工中必须严格控制双液浆的配比,经常进行试验和现场抽检,确保其凝固时间为12~14s。另外,在注浆压力剧增时,应立即停止注浆,查明原因或者更换孔位后再进行注浆。

3)泥水压力过大

由于在环流系统操作时开挖面的泥水压力设定值过高,或切削下来的岩块堵塞排泥管道口或泥水仓,都有可能导致泥水仓内泥水压力过高,超过盾尾刷的抗压能力,瞬间击穿盾尾刷而造成漏浆。

在管道发生堵塞时,若开挖面水压高于上限值则应立即暂停掘进,通过旁路调节使压力从逸流阀卸掉,开挖面水压恢复正常后逸流阀自动关闭,再把泥水送进土仓对管路进行逆洗清通,或通过检查判断具体堵塞位置后人工清除岩块。

4)盾尾油脂量和压力不足

在盾构掘进过程中,盾尾刷与管片的摩擦消耗的油脂与掘进速度成正比。速度过快则注入盾尾的密封油脂在单位时间内不能满足其消耗量,若不及时调整油脂泵注脂率,则盾尾刷内的油脂量和注入油脂的压力不能及时密封盾尾,势必造成尾刷的密封效果减弱,形成盾尾渗漏。

在广州市轨道交通三号线盾构施工中,针对性地采取了以下措施:

(1)采用法国产的优质盾尾油脂,可耐负压5bar。

(2)采用正确方法补充油脂,并合理保养维护。按理论计算正常补油脂单孔约为36s,每隔5R补充一次。但考虑到管片外壁质量、管片姿态和组装质量等问题,一般在2R~3R要补充一次,但发生漏浆后必须在漏浆处局部打油脂,如背填浆液漏浆,则最好进行局部清洗。

(3)当发生严重渗漏或窜浆现象时,采用盾尾全舱处理法,以确保油脂舱内有足够的量和压力,并清除盾尾舱内的杂物。具体做法是从内圈开始,也就是千斤顶推至1505mm处,从上往下在内圈单孔打油脂,把相邻孔逆止阀打开至干净油脂溢出后停机,再从溢出孔处继续打油后把相邻孔打开,依次环向进行一周,再将千斤顶推至1877mm处,在外圈进行上述操作。

5)盾尾密封损坏

其原因如下:

(1)盾尾刷密封装置受偏心管片过度挤压后产生塑性变形而失去弹性,密封性能下降,在压力作用下导致浆液渗漏。

(2)泥水盾构机停止掘进时,土仓内有泥水的压力作用,管片组装时很易导致盾尾后退,造成盾尾刷与管片间发生刷毛向相反方向运动,使刷毛反卷,盾尾刷变形,密封性能下降而造成渗漏。

防治措施包括:

(1)严格控制盾构推进的纠偏量,尽量使管片四周的盾尾间隙均匀一致,减轻管片对盾尾刷的挤压程度。

(2)控制盾构姿态,严格控制管片组装时的千斤顶伸缩量,避免盾构机产生后退。

(3)在条件允许的情况下,可更换第三道即最里面一道盾尾刷,以保证盾尾刷的密封性。

5.致密砂层中易导致沉降

在类似地层中掘进,常常出现的问题是,盾构的推力、扭矩很大,从而土仓内的平衡土压力难以建立起来,进而导致地面沉降。

在此类地层中掘进,主要的控制措施如下:

(1)通过砂层前做好盾构机的维修和保养。对盾构机进行全面检查、维修和保养,保证盾构机能够快速通过砂层地段。特别是对盾尾尾刷要进行检查和更换,保持盾尾尾刷有效,防止砂土、泥水从盾尾间隙冒出。

(2)采用土压平衡模式掘进。盾构机通过砂层地段,由于砂土具有渗水性大、受到振动容易发生液化的特点,需采取土压平衡模式掘进,确保土仓压力以稳定开挖面,控制地表沉降,防止地层出现塌陷。

(3)尽量快速通过。在条件允许的情况下,应该尽量提高掘进速度,避免刀盘转动对地层扰动时间过长，造成上部砂层液化，同时掘进速度加快能够及早为管片背后注浆创造条件，有利于隧道稳定和控制地表沉降。

（4）注意土体改良。尽量使用聚合物添加剂、膨润土来改良渣土，使水土混合，以增加止水效果，避免流砂的发生。

（5）加强注浆控制。由于砂土的渗透性较好，实际注浆量应大于理论计算量，以保证注浆质量。必要时，调整砂浆的配合比，增加水泥用量，缩短砂浆的初凝时间，加快管片周围土体的固结，避免地面沉降超限。

根据实际情况，为弥补同步注浆的不足，可以考虑采用管片背后二次注浆作为补充。二次注浆可采用双液浆。根据地质情况调整水泥浆的初凝时间，注浆压力控制在0.4～0.5MPa，最大不超过0.5MPa，以免造成管片外周围压力过大，对管片造成破坏。此外，必须保证管片背后空隙充填密实。

（6）控制好盾构机的姿态。掘进时要特别注意对盾构姿态的控制，防止盾构机上偏。为防止盾构机头上偏，掘进时宜使盾构机适当保持下俯姿态（即倾角为负）。

（7）加强对出土量的计量。及时掌握开挖面的地质情况和出土量。广州盾构隧道掘进中，一般每环的出土量在75m^3左右，最大不超过80m^3，以防止超挖而造成地表塌陷。

（8）加强监测工作，及时反馈监测信息。加强地表沉降监测以及建筑物监测，根据监测数据，结合地质情况，及时调整土仓压力、千斤顶推力等施工参数，做到信息化施工。监测项目有地表沉降监测、建筑物沉降及倾斜监测、深层土体移动监测和地下水位监测等。盾构通过时的监测频率为2次/d，发现异常情况时应加大监测频率和监测范围，及时掌握情况。监测报告要对监测数据的变化趋势进行分析，设定监测警戒值，以便发现问题并及时调整监测频率。

由于砂层地段的透水性强，所以尽量避免排水，以免引起地表沉降超限。当遇到地下水很大时，可加入适当压力的压缩空气，以期排出土仓内的水。

（9）对附近建筑物的原始状况做好记录，在盾构通过前委托有资质的单位对附近有关建筑物进行鉴定备案。

（10）准备必要的应急措施。盾构机过砂层施工是盾构工程施工的重难点之一，为降低过砂层风险，除了做好必要的施工准备外，还需要对可能发生的意外进行分析，制订详细的应急方案，在组织、技术和物资准备等方面做好准备，提高出现险情时的反应速度。

六、沉降控制技术总结

（1）盾构机的选型必须适应具体工程的工程地质、水文地质条件要求。在盾构掘进施工过程中，应做好盾构机的维护与保养，确保功能完整。

（2）在盾构法施工过程中，必须根据工程的具体特点和需要，建立真正有效的土仓压力，使土仓压力始终对应于开挖面的水土压力，达到压力平衡。

（3）施工过程中应及时、足量进行同步注浆，保证注浆的数量和质量，这对沉降的控制十分重要。

（4）正常掘进过程中，保持连续、均衡、快速掘进，及时、足量注浆是有效控制沉降的主要手段。

（5）正常掘进过程中，选择合适的添加剂是确保出土顺畅的关键。

（6）在盾构始发和到达、刀具更换、过软弱土层等特殊施工阶段，必须有针对性的可行措施，确保不产生局部坍方而造成较大的沉降。

（7）一般来说，建筑物的沉降要比地面的沉降大。

第六章　盾构辅助施工技术

第一节　盾构始发和到达

盾构始发和到达是盾构工法的关键工序，也是施工中的事故多发环节。所谓盾构始发就是盾构机在始发井或过站车站始发端，自安装调试与定位开始，沿设计线路向前掘进，直至具备拆除负环条件为止。而盾构到达是指盾构机刀盘到达吊出井或过站车站到达端的加固区开始，直至盾构机盾体完全上到接收托架。盾构始发阶段准备工作主要包括始发托架和反力架的安装固定、盾构机的安装调试、洞门密封安装、负环管片安装、洞门凿除、导向系统的安装调试及始发定位等。盾构到达阶段准备工作主要是到达前的定位测量、接收托架的安装、洞门密封的安装、管片连接装置的安装和洞门凿除等。应根据始发和到达端头的地质条件、场地条件、始发和到达方式确定始发和到达端头地层是否需要预加固。端头加固方法有很多种，其选择主要取决于地质情况、地下水、覆盖层厚度、盾构机直径、盾构机类型、施工环境等因素。

一、风险及常见问题

盾构始发和到达阶段是施工中的事故多发环节，主要风险是从洞门与盾体之间的空隙处涌水涌砂，造成地面沉降，甚至洞门失稳、地面塌陷。盾构始发和到达期间，由于在较长的一段时间内，盾体和围岩之间的空隙得不到及时有效填充，此时，若地层较差或加固体质量差，很容易形成渗流通道，造成涌水涌砂事故。另外，由于准备工作不充分或疏忽大意，常常出现以下问题。

(一)端头加固问题导致涌水涌砂或坍塌

1. 端头加固工法的选择不合理

端头加固所采用的施工工法很多，根据地质情况不同，软土地层多用搅拌桩、旋喷桩、注浆、SMW、SEW、水平冻结、垂直冻结等工法，硬塑土层或软岩地层多用与围护结构类似的素钻孔桩、素挖孔桩、素连续墙、砂浆桩等工法。工法选择不当，会使加固效果达不到设计要求，不仅造成外部水土流失、坍塌等风险，还会造成工程造价成倍增长。

2. 端头加固范围不够

主要体现在加固长度、深度上，具体如下：

(1)加固长度的多少对于软土地层(特别是砂层)和采用泥水盾构机特别重要，其最大的风险不仅仅来自加固强度，更是来自于盾构机机壳与土体之间间隙形成的渗流通道。

(2)加固深度对于下部有承压水的地层至关重要，如果洞门下部为承压水层，洞门破除和盾构机顶进掌子面的过程，均容易发生管涌现象。

(3)加固深度还要考虑上部大件吊装作业时，地基承载力能否满足要求。

3. 端头加固质量未能达到设计要求

主要体现在三个方面：

(1)加固体本身强度不够，难以满足抗滑移或剪切的要求。

(2)加固体不连续，局部出现渗漏。

(3)加固节点处理不好,特别是围护桩与加固体之间的间隙处理、不同工法之间的界面处理。

(二)洞门密封渗漏

为了防止盾构始发(到达)掘进时泥水、浆液从盾壳和洞门的间隙处流失,需安装洞门临时密封装置,临时密封装置由橡胶帘布、压板、垫片和螺栓等组成。导致洞门密封失效的主要原因有:

1.洞门密封系统选择不当

常用的洞门密封系统有三种形式(见图6-1):折形压板式、扇形压板式和钢套筒式。折形压板式是比较通用的安全的密封设施,在各种地层都适用;而扇形压板式因其密封性和操作可靠性相对较差,多用于较好的地层;钢套筒式是最安全的密封形式,可以在套筒内增加特殊密封设施,如橡胶密封或钢丝刷密封,并注入油脂加强,这种适用于各种地层,但由于价格昂贵,多用于大型、异形盾构机或泥水盾构机的始发洞门密封。根据盾构机外形特点,有时要采用两种密封系统相结合的方式。

a)折形压板式

b)扇形压板式

c)钢套筒式

图6-1 洞门密封系统对比图

2.洞门密封失效

常见的现象有:①洞门密封固定螺栓松动,密封压板无法正常紧固;②密封安装精度较差导致盾构机进入时环形间隙不均匀;③一些过大的间隙处折形压板外翻;④扇形压板没有及时移位紧固;⑤钢套筒内没有及时注入密封填充材料;⑥掘进管理失误,当盾构主机进入钢环时,没有及时紧固压板或处理松动外翻的压板。

3.注浆液穿透密封进入始发井

(三)反力架、始发托架、接收托架变形、移位

由于在盾构始发(到达)掘进过程中推力过大,或由于反力架和始发托架(接收托架)固定效果不好,常导致反力架和始发托架(接收托架)变形、移位,这将造成盾构姿态难以控制,甚至超限。

(四)盾构机栽头

盾构始发掘进阶段,由于盾构机盾体自重的原因,当盾体逐渐离开始发托架过程中,容易出现栽头现象。

(五)盾构机滚动、轴线偏移

盾构始发掘进阶段,由于盾构机没有进洞后的周围岩土侧压力摩擦作用,且盾构油缸的推力和掌子面通过刀盘的反力都很小,所以,掘进过程中盾构姿态控制困难,容易造成盾构机滚动、轴线偏移。

(六)盾构机上接受托架困难

盾构机到达掘进阶段,由于接收托架定位误差大,或盾构机出洞时姿态太差,导致盾构上接收托架困难。

二、技术措施

为了避免事故的发生，尽可能让盾构始发和到达顺利，应从以下几点进行控制：

(1)根据地质条件、地下水、盾构机类型、施工环境等因素选择合适的始发和到达方法。如当地质条件较差，但又不具备地层加固条件时，可考虑钢套筒接收、水中到达等盾构到达方法。

(2)当地质条件较差，具备地层加固条件时，应根据地层情况合理选择端头加固方法和加固范围，严格控制加固质量，并且对加固效果进行抽芯检测。

①常用的处理方法有搅拌桩、旋喷桩、注浆法，SMW 法、冻结法等。选定了加固方法后，应针对地层特点选择可靠的机械设备和合理的施工参数。如果选用旋喷或搅拌桩施工，应通过试桩确定施工工艺参数；选用深层搅拌桩工法时，当加固深度大于 14m，一般应采用三轴搅拌桩机进行加固，以确保质量。

②加固长度应大于盾构机长度加一环管片宽度，加固深度应穿透承压水层或经过验算可以抵抗承压水头。

③重点控制加固的薄弱环节，包括桩的咬合位置、加固体与围护结构之间的间隙等。

④采用竖直抽芯和水平探孔相结合的方式检查洞门加固效果，垂直抽芯的检查部位更注重于桩的咬合位置，芯样的连续性应达到 90% 以上；水平探孔的位置主要分布在洞门周圈，其深度应以深入加固体 1m 左右为基准。发现加固效果达不到要求，立即采取补充加固措施。

(3)严格控制盾构姿态和盾构掘进参数，特别是盾构机推力、扭矩等。

(4)通常采用始发推进前抬高盾构机的始发姿态，合理安装始发导轨，推进过程中加强盾构姿态控制，尽量避免盾构机栽头。

(5)根据地质条件、盾构机类型、盾构机外壳形状来选择洞门密封系统形式，部分密封系统甚至是两种密封结合的方式。折形压板应设计为单向转动式。严格控制洞门预埋件与车站结构钢筋连接质量及密封装置安装质量。

(6)为防止盾构机滚动，除了在始发托架上焊接防滚动装置外，掘进过程要严格控制始发扭矩，并特别注意不能在千斤顶推力很小的情况下转动刀盘。

(7)尽快拉紧洞门橡胶帘布将“开口”封堵。注浆的时机要注意把握。当盾尾刚刚进入密封钢环时，对于 1 ~ 3 环范围均不宜采用高压力的单液注浆，而应该采用低压力的双液注浆，土仓压力也不宜建立过高，以减小后部渗流。

(8)加强监测，及时反馈以指导施工。

(9)对于软土地层，当具备降水条件时，可以采用降水作为辅助措施。

(10)严格控制洞门破除时间。盾构机组装期间，逐步破除洞门混凝土并保留外排钢筋；盾构机负环管片拼装完成 2 ~ 3 环，具备向前推进的条件时，再割除外排钢筋。

(11)在 0 环管片外侧预埋钢板，与洞门密封焊接固定，以提高抗渗漏能力。

(12)在盾构机中体上设置环向注浆孔，以便从盾构机内部注入聚氨酯等材料封堵盾构机机壳与土体之间的间隙。

三、工程实例

实例 1：软弱地层中泥水盾构机的始发

盾构始发是事故的多发阶段，泥水盾构机过江工程更是盾构工程中的重大挑战，本文结合泥水盾构工法的特点和典型工程实例进行了研究分析，最终提出相应建议以控制工程风险。

(一)风险分析

(1)地质情况复杂:泥水盾构机过江工程多处于江河湖海滨的软弱地层,多为富水自稳性极差的淤泥或砂层,不仅容易发生塌方,还极易发生涌水(砂泥)。

(2)泥水压力可能瞬间丧失:一旦洞门密封或者存在向地面泄压的通道(如枯水井),泥水压力会在瞬间丧失,软弱地层随之塌陷。

(3)泥水压力容易波动:泥水盾构机的渣土大小受排浆管尺寸限制,盾构井施工和端头加固施工时可能存在高强度渣块,如果控制不当可能造成排浆管堵塞,随之进行清管的正逆洗操作会造成压力大幅波动,这种波动对隧道盖层和洞门密封都可能造成损坏,一旦泄压就会发生风险分析(2)的塌陷。

针对以上风险,可以从端头加固、洞门密封和施工措施三方面应对。

(二)应对措施

1.端头加固的合理选择

端头加固体的选择包括尺寸和工法两个方面。加固体的最小尺寸一般可以通过土体强度验算求得(见图6-2),计算时须注意选择水土分算还是水土合算。为防止盾构始发栽头,一般在隧道下部加固1m深度;为保证有效覆土盖层和地面大型起重设备要求,可加固到地面。加固强度并非越强越好,高强度的加固体对刀具的寿命并无裨益;加固强度应该均匀,人造孤石容易引起风险分析(3)的情况发生。

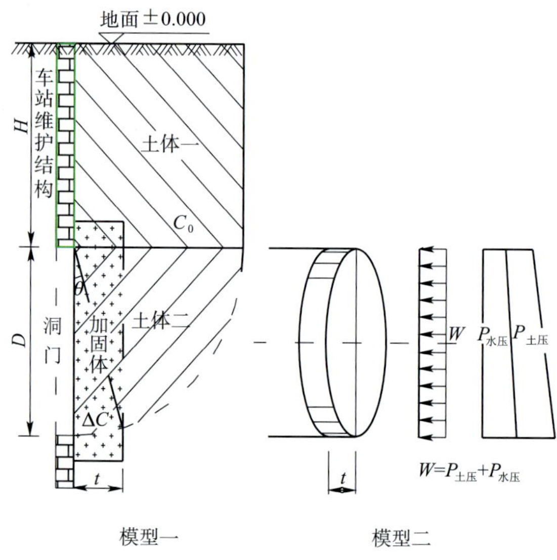

图6-2 土体验算模型示意图

端头加固的另一个关键是密封性,这是加固的难点。过江隧道为保证江底覆土厚度,一般埋深都较大,地层一般与江水存在水力联系,高水压作用下一旦洞门有间隙就可能涌水(砂泥)。以直径6m泥水盾构机为例,要求洞门圈近6.6m直径的土体经过破除洞门的振动后不仅仍然能够自立稳定,而且要保证34.21m^{2}范围的土体没有任何渗漏通道,否则一旦发生风险分析(1)的情况,涌水(砂泥)可能将盾构机掩埋。密封难点一是必须保证加固体全断面密封性,二是加固体与盾构井围护结合面缝隙封堵。如果盾构井采用连续墙或排桩作为围护结构,施工围护结构时可能会出现塌孔超灌倾斜等情况,主体结构施工时还可能发生位移,这都给缝隙封堵增加了难度。

综合加固的强度和密封要求如下:①加固体应连续均匀,但强度不必太高;②密封特性良好,特别要保证与围护结构紧密结合。

合理选择工法是一个关键,本文讨论搅拌桩+旋喷桩+降水井工法。

该工法一般采用加固强度较低的搅拌桩和质量较高的旋喷桩组合。国内一般的搅拌桩施工一是受机具加固深度限制,二是加固的质量不易保证,特别是与盾构井围护结构结合处容易卡钻,往往难以封堵间隙,所以采用旋喷桩外包搅拌桩加固体,并封堵间隙。在富水砂层,尤其是中粗砂层,必须选用三重管旋喷桩,否则在目前的一般施工管理水平下很难保证封堵质量。厦滘北端头断面有富水中粗砂层,洞门前方约15m为一小河。如图6-3所示初步加固方案为核心区搅拌桩ϕ550mm@550mm,外包3排搭接的搅拌桩ϕ550mm@400mm,最外包1排单管旋喷桩ϕ550mm@400mm。抽芯显示搅拌桩在砂层中基本无效,旋喷桩有不连续水泥块。加固完成后,盾构井开挖发现800mm厚的连续墙严重歪斜,在15m深处约向盾构井内歪斜860mm,在凿除连续墙过程中有缝隙多次发生间断涌砂引起地表塌陷,前后持续一个多月。遂进行如图 6-4 所示补充加固，采用三重管旋喷桩封堵与车站围护结构的间隙，在连续墙歪斜区旋喷桩相应倾斜施工。洞门水平探孔仍然发现个别孔有水砂，遂在两条隧道两侧各施作一个降水井。右线顺利开洞门，但左线仍然发生涌砂，地面在 3 号井旁边约 2m 处原盾构井施工塌方处再次塌方。由此判断，3 号井周边土体加固质量较好，但在加固体和连续墙接合部仍然有涌砂通道。

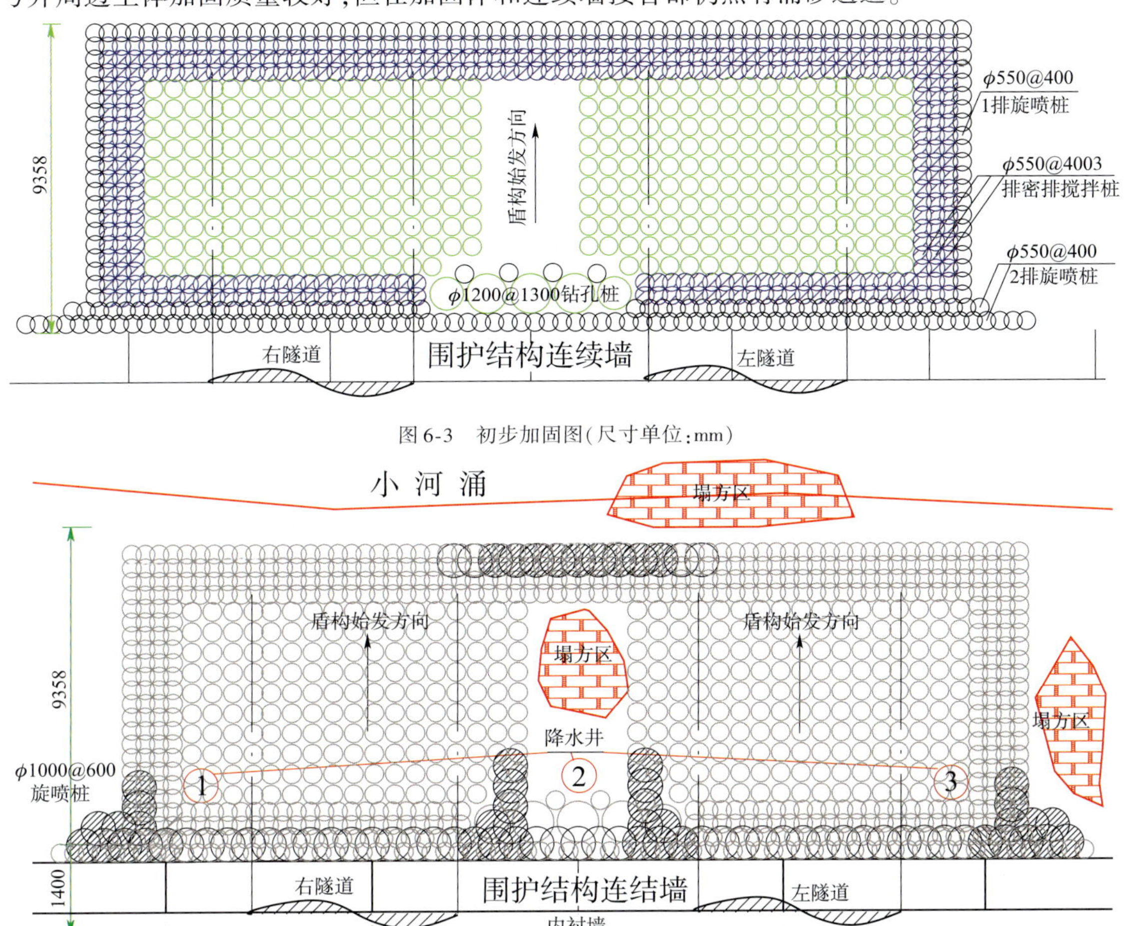

图 6-3　初步加固图（尺寸单位：mm）

图 6-4　补充加固图（尺寸单位：mm）

2. 洞门密封的处理方法

如图 6-5 所示，洞门圈、盾构和管片三者直径间的关系是洞门圈外径 > 盾构机外径 > 管片外径。这样，在隧道与围岩之间就形成一建筑间隙，此间隙成了水砂的通道。在盾构机全部进入土体并开始注浆封堵间隙前，必须依靠洞门密封进行临时封堵。泥水盾构机依靠带压泥水稳定土体和排出土渣，但带压泥水增加了洞门密封的难度。洞门密封一旦失效，泥水压力瞬间丧失可能引起塌方，无压泥水也无法排出土渣，导致掘进不得不停止。所以洞门密封是泥水盾构机始发的又一关键。

目前洞门密封分为直板压板（见图 6-6 甲）和折板压板（见图 6-6 乙）两种设计，个别采用了辅助措施。由于盾构机外径大于管片外径，盾构尾壳完全进入洞门范围后，需要收紧橡胶帘布板，直板压板需要人工放松螺栓将钢压板径向插入，在此时间差内很可能发生泥水泄压，因此辅助以气囊等其他止水装置。折板压板具有自动调节能力，在泥水压力下压板和橡胶帘布板会紧密贴近盾构机外壳。目前，折板压板已逐渐成为主流工法。

在盾构始发过程中，洞门止水装置很容易被破坏。因为相对于盾构机而言，压板十分薄弱，如果盾构姿态偏移，一旦扇形钢压板被破坏，橡胶帘布板被泥水压力挤出，洞门止水即告失效。洞门底部的止水装置尤其容易破坏，一是盾构始发有栽头的趋势，二是洞门底部可能积聚土砂，二者作用使得底部橡胶帘布板被盾构机和砂土夹紧，盾构机前进时摩擦力可将大块的橡胶帘布板撕裂。此时必须人工强行封堵洞门，为此一般在洞门底部设计一低于底板的检修坑，工人由此进入用混凝土或其他止水材料封堵洞门圈。

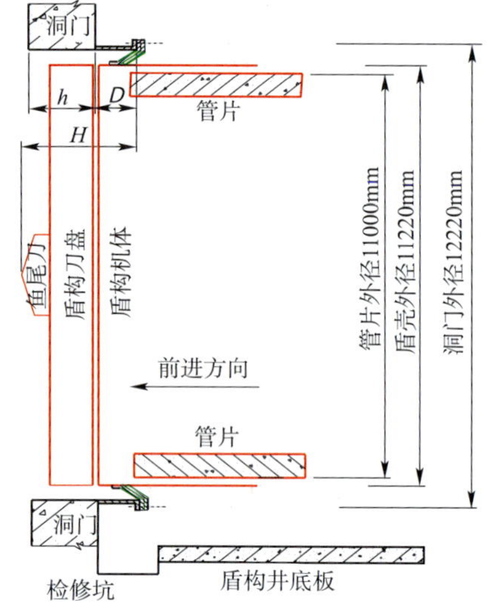

图6-5 洞门尺寸示意图

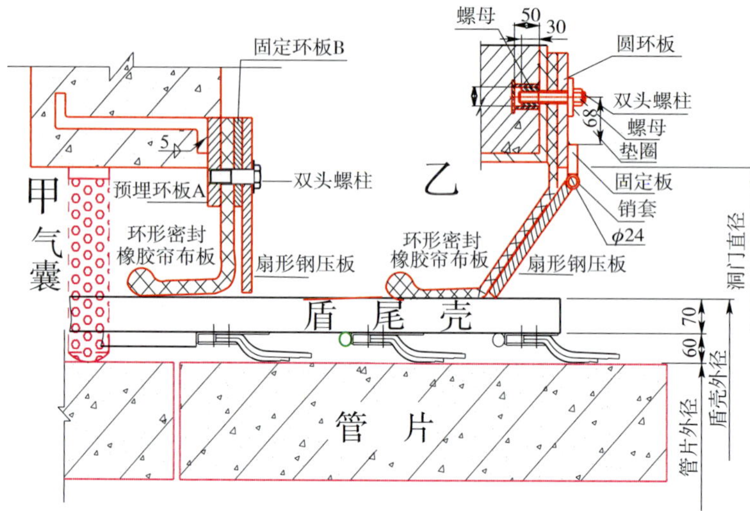

图6-6 洞门密封压板对比图(尺寸单位:mm)

洞门密封失效引起泥水泄压是极大的工程风险。为保险起见，端头加固区长度应超过盾构机长度，加固区长度(9358mm 加固体 +1400mm 盾构井结构厚度)10758mm > 盾构机长度 8770mm(350mm 中心刀高度 +8170mm 盾构机主体长度 +250mm 盾尾刷压平长度)，保证洞门封堵失效时土体仍能保持稳定。

洞门密封设计施工中需要注意 h(洞门深度) > H(中心刀高度 + 刀盘厚度 + 刀盘与前筒间隙 + 洞门帘布板伸展长度 + 富裕量)(见图6-5)，否则橡胶帘布板无法紧贴盾壳，无法实现洞门密封。上述沥滘站—大石站工程因连续墙严重倾斜，洞门深度无法满足该要求，而人工凿除加固体存在风险，后在盾构井内侧加装洞门钢圈(见图6-7)。

图6-7 洞门钢圈

3. 施工措施

盾构始发中最后的关键环节是破除洞门至盾构刀盘顶上土体、洞门密封收紧贴上盾壳的时段。破除洞门需要凿除围护结构的混凝土和切割钢筋(对盾构井以钢筋混凝土作为围护结构)，此时盾构机已完成组装等在洞门前，工人的操作空间狭小，甚至偶然的渣土掉块都会造成不可意料的伤亡事故；破除盾构井围护结构后，盾构开挖断面的洞门加固体处于敞露状态，此时很可能发生风险分析(1)的险情，而此时盾构机往往还需拼装负环管片，无法立即进入洞门密封圈。因此，必须采取有效措施避免以上两个阶段的风险。

破除洞门前必须对加固体进行有效检测。一是垂直全取芯，二是洞门范围内水平探孔。垂直全取芯最好在加固体内且在隧道范围外，避免形成冒浆通道，如果在隧道范围内取芯必须严格封堵。垂直取芯后对芯样做强度试验，以判断加固体是否满足抗滑移要求。水平探孔一般为9孔，即洞门圈周边间隔45°共8个，洞门中心1个，探孔应用水平钻机施工，深度以穿越围护结构进入加固体为准，主要目的是判断加固体与围护结构结合是否紧密。加密探孔可进一步增加检测的可信度。水平探孔时应做好应急封堵准备。

破除洞门一般分为两步(以钢筋混凝土作为围护结构)，即分别破除内层钢筋混凝土(以靠盾构井里边为内)和外层钢筋混凝土。风险点在破除外层钢筋，此时加固土体敞露，塌方涌水(砂泥)多在此时发生。

沥滘站—大石站工程左线在厦滘北始发时碰到如上所述的复杂情况，多次反复水平探孔和注浆仍发现洞门下部个别孔位有少量水砂，后制订完备方案开启洞门。参考上海将6m多直径洞门外排钢筋混凝土分割9块后逐一拉除方案，沥滘站—大石站工程在此基础上缩少为3块，上半圈因抽芯和探孔质量良好，按照一般方法凿除；下半圈分两块（见图6-8），分块体积加大后为保证钢筋混凝土块整体性，焊接了型钢加固，每块设置双吊点，同时为保证切割钢筋混凝土块的稳定，临时用圆木顶在盾构刀盘上作为水平支撑。一切就绪后，两台吊车就位，沿分块周边割除钢筋后，转动刀盘，用细绳将脱落的圆木拉除，吊车拉除分块，此时洞门右下角出现约400mm直径的孔洞涌砂（见图6-9）。按照预案，只装封底3块管片，盾构机强行推入洞门密封圈，全过程约40min，成功避免了人员进入洞门与盾构机间危险地带，避免了大范围不可控制的涌砂，但底部洞门密封因砂层和盾构机摩擦损坏，后采用人工方式封堵。

图6-8 下半圈分两块，型钢加固和圆木支撑

图6-9 拉除半边后涌砂（右下角）

盾构始发的最后阶段是建立泥水压力开始掘进，由无压到有压需缓慢进行，并按照洞门密封的承受能力，判断施加的泥水压力。掘进速度不宜过快，以保证刀具充分破碎加固体，渣块不至于过大堵塞泥浆管。一旦盾尾进入洞门密封圈具备注浆条件后，必须进行充分注浆，待注浆体形成可靠强度后才进行下一步掘进。

（三）小结

目前泥水盾构机多用于过江湖河海工程，盾构机直径一般较大，泥水盾构工程已成为特殊工程、重点工程的代名词。为有效控制工程风险，建议泥水盾构机始发应优先采用以下工法：软弱富水地层中应采用冻结法进行端头加固，洞门圈采用折板式洞门密封，辅以气囊等密封装置，洞门破除可考虑分块吊出，始发阶段的盾构姿态和参数须仔细控制，各种应急预案和措施必须就位。

实例2：玻璃纤维筋（GFRP）在盾构端头围护结构中的应用

盾构始发前一般应先凿除开挖范围内的围护结构，凿除过程中极易发生端头土体失稳现象，给盾构机顺利始发带来了安全隐患。使用玻璃纤维筋作为盾构机通过范围内的围护结构的受力筋（见图6-10），盾构机刀具直接破除围护结构，确保了盾构机的顺利始发。

（一）GFRP力学试验

为对GFRP筋的有关物理、力学性能有一个更为直观、更为具体的了解，我们用美国Hughes Brothers公司提供的#[1]6、#8、#9三种规格的GFRP筋各3根进行了试验，并将试验结果与钢筋进行了比较。

1. 抗拉强度和弹性模量的试验测定

根据试验数据整理得出的应力—应变关系曲线，不难发现这9根试验筋在破坏之前都基本呈直线变

[1] #表示规格。

图6-10 端头围护结构运用玻璃纤维筋

化，无屈服阶段，为线弹性材料，破坏形式为脆性破坏，不像普通碳素钢那样有明显的屈服台阶。根据有关规范，我们仿照没有明显屈服台阶的钢筋，近似取它的极限抗拉强度标准值的80%作为其屈服强度标准值，并以屈服强度标准值作为其设计强度指标。

将GFRP筋的基本力学指标与钢筋进行比较，发现GFRP筋具有比普通钢筋更高的抗拉强度。用于本试验的三种规格GFRP筋的抗拉强度介于517~727MPa之间，而直径为25mm的热轧三级钢筋强度为340MPa、同直径的冷拉三级钢筋强度为500MPa；3根GFRP筋的弹性模量均在42~52GPa之间，较之一般钢筋(E_s=180~210MPa)要低得多。

同规格，即直径相近的GFRP筋，如本试验中的3根#6筋，测得其弹性模量分别为51.97GPa、48.55GPa、42.35GPa，抗拉强度分别为707.28MPa、649.75MPa、727.58MPa。由此可见，对于复合材料，不同个体之间的力学性质可能会差别较大，这与生产玻璃纤维筋的过程中纤维丝所占的体积分数、所用纤维和树脂的类型、纤维的方向取向以及生产过程中的质量控制等很多因素有关。

不同直径的玻璃纤维筋，如本试验中的#6和#9GFRP筋，抗拉强度分别为649.75~727.58MPa和513.18~603.1MPa，由此可见，GFRP筋的抗拉强度随其直径的增大而减小，这可能是由于所谓的剪力滞后现象引起的，即纤维筋横截面中部处的纤维所承受的应力较远离中心处的纤维要小，这就导致大直径的玻璃纤维筋的抗拉效率降低，以致GFRP筋的抗拉强度随直径的增大而减小。

2. 玻璃纤维筋与混凝土的握裹力试验

选用#8规格的玻璃纤维筋进行其与混凝土之间的握裹力试验，玻璃纤维筋公称直径为25.40mm。如图6-11所示，用模板在一条1m长的纤维筋周围浇筑混凝土块，为控制混凝土块内的埋置长度，在纤维筋周围放置塑料管，使纤维筋与混凝土实际接触长度为5倍纤维筋直径，混凝土设计抗压强度为50MPa。

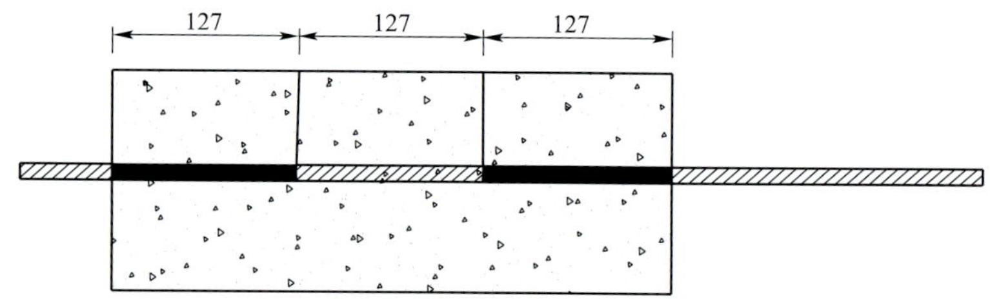

图6-11 玻璃纤维筋握裹力试验试样图(尺寸单位：mm)

试验在WA-600电液式万能试验机上进行，并采用滑动位移LVDT自动监测，最大抗拔荷载为P_s，握裹力计算如下：

$$T_b = P_s / A_b$$
$$A_b = \pi \cdot d_b \cdot L_b$$

式中：d_b——纤维筋有效直径；

L_b——埋置长度。

握裹刀试验结果见表6-1。

结果分析：纤维筋与混凝土握裹力试验结果较为均匀，握裹力在11.5~12.2MPa之间。

有关资料显示，玻璃纤维筋与混凝土握裹力主要取决于化学握裹力、由于纤维筋表面粗糙而形成的摩擦力，以及纤维筋与混凝土间产生的机械互锁力，因此纤维筋中纤维取向和纤维筋表面处理方式对其与混凝土的黏结性能影响较大，而混凝土的强度对其几乎没有什么影响。

握裹力试验结果 表 6-1

试样名称	玻璃纤维筋混凝土（混凝土 C50,纤维筋#8）		
纤维筋接触长度(mm)	127		
编号	1	2	3
最大荷载(kN)	116	122	123
最大握裹力(MPa)	11.5	12.1	12.2

3. 玻璃纤维筋的抗剪试验

抗剪试验按照普通钢筋的试验标准,采用双向剪切试验,测量抗剪强度。

抗剪试验结果见表 6-2。抗剪强度如图 6-12 所示。

抗 剪 试 验 结 果 表 6-2

试样名称	#9 玻璃纤维筋		
编号	1	2	3
抗剪面积(mm^2)	1290	1290	1290
最大荷载(kN)	20.0	19.7	19.7
抗剪强度(MPa)	156	153	153

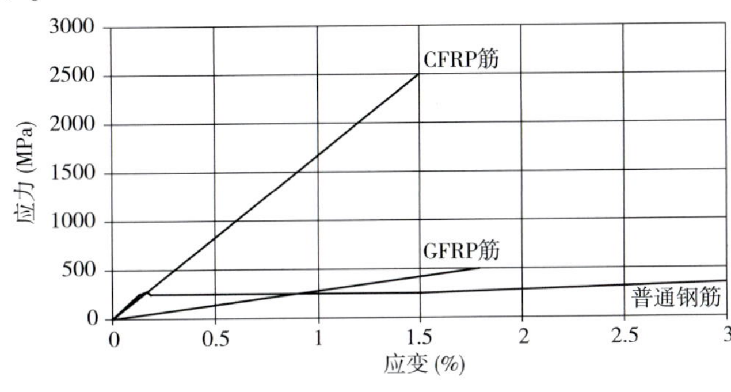

图 6-12 抗剪强度图

结果分析:纤维筋的抗剪强度均值为 152MPa,小于钢筋的剪切强度;而且由于玻璃纤维筋为线弹性脆性材料,在破坏前不会出现塑性屈服,有关资料表明其缺口韧性要明显低于钢筋,易于切削。

(二)围护桩施工和端头加固

根据砂砾地层的特点,在围护结构中采用等直径 GFRP 筋代换钢筋,GFRP 筋与钢筋采用搭接,搭接长度为 40d(见图 6-13)。另外,为防止地下水的影响,在始发端前 15m 区间隧道的两侧 3.5m 各设置一处降水井,通过降水提高地层的自稳能力。

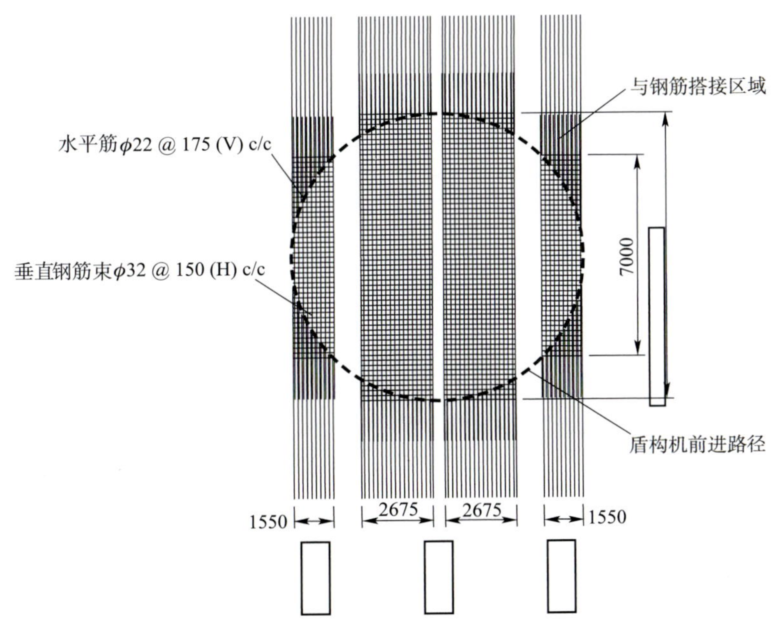

图 6-13 端头加固情况(尺寸单位:mm)

实例 3:盾构机分体始发

盾构机始发模式分为两种:一种为整体始发,当盾构始发在车站或者大竖井内时,将盾构机盾体连同后配套台车一起吊入始发端,连成整体一起始发掘进;另一种为分体始发,当盾构始发不在车站且施工场地内竖井较小时,将盾构机盾体和一部分主要的后配套台车吊入到始发端,另一部分台车安装在地面上,在盾构隧道达到足够能容纳所有的后配套台车放入的长度后,再按整体始发的模式进行第二次始发。

盾构分体始发在地下工程施工中是非常普遍的,分体始发的技术也比较成熟,但就每个工程项目的特点综合考虑工期、场地环境、经济指标等要素,制订出综合效益最优的分体始发方案,对于盾构施工中频繁的分体始发来讲具有重要意义。

(一)工程概况

广州市轨道交通二/八号线拆解工程会江站—南浦站区间的中间风井至石壁站—会江站区间的中间风井之间的隧道采用盾构法施工,里程范围为 YDK5 +215.039 ~ YDK2 +916.2(ZDK5 +220.368 ~ ZDK2 +909.897),安排两台经维修改造后的盾构机(编号 S244、S245)在会江站—南浦站区间中间风井始发,向会江站方向掘进,到达会江站后过站,进行二次始发,继续掘进至石壁站—会江站区间中间风井吊出。

工程使用的盾构机是德国海瑞克公司生产的直径 6.28m 的土压平衡盾构机(其尺寸见表 6-3),刀盘外径为 6280mm。盾构机分为刀盘、前体、中体、后体、连接桥、拖车 1、拖车 2、拖车 3、拖车 4、拖车 5,总长度为 76m,总质量约为 500t。

盾构机尺寸　　表 6-3

部　件	长(m)	直径(mm)			主要设备
刀盘	0.75	6.28			
前体	1.7	6.25			
中体	2.58	6.24			
后体	3.285	6.23			盾体总长 8.315m
		左	右	总宽	
连接桥	13.3	1900	1900	3800	
1 号拖车	9.32	2475	2235	4710	控制室、砂浆斗、盾体到 1 号拖车 31m
2 号拖车	10.8	2225	2130	4355	液压泵系统、膨润土
3 号拖车	9.96	2360	2110	4470	配电系统、注脂系统
4 号拖车	10.62	2125	2300	4425	变压器、电缆卷盘、空压系统
5 号拖车	8.9	2520	2525	5045	水管盘
5 号尾架	4.8				
盾构机总长	76.015				

会江站—南浦站区间中间风井结构尺寸为长 36.6m、宽 22.8m、埋深约 31.4m(见表 6-4),长度不能满足盾构机在井下整机始发的条件,因此根据场地实际情况,左、右线均须采用盾构机分体始发方式吊出。

始发井结构内部空间尺寸　　表 6-4

项　目	右　线	左　线
长度	36.6m	36.6m
始发端头宽度	8.5m	8.5m
始发井深度	31.4m	31.4m

(二)施工部署

施工部署首先从左线始发,再组织右线始发。

经过综合考虑各种因素,现场采取盾构机动力装置放置在井下的方式,该方案不占用地面场地,整体调试方便。该方法同时减少了动力系统和发泡系统的垂直传递可能出现的问题。由于管线都在井下,因此方便了管线的延放和机械维修与检查,施工部署如下。

(1)左线盾构机下井安装调试:盾体和1号拖车放在左线,2~4号拖车放于右线,5号拖车放于地面,始发掘进30m,计划每天掘进2~3环。左线盾构机吊装下井顺序流程如图6-14所示。左线盾构机分体始发平面布置如图6-15所示。

(2)在左线始发掘进30m阶段,加紧部署右线盾构机下井安装前的工作,另外,组织好左线快速掘进,确保左线的盾体和1号拖车在两星期内进入隧道。

(3)左线盾体和1号拖车进入隧道后,将2~4号拖车由右线调整到左线安装,完全腾出右线底板空间。如图6-16所示为左线盾体和1号拖车剖面图。

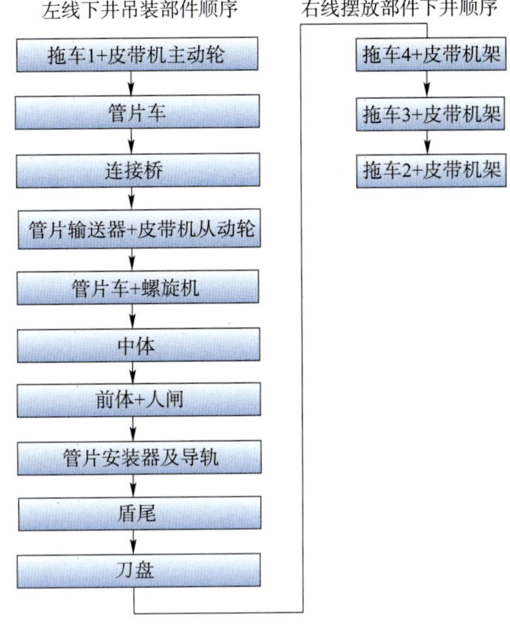

图6-14 左线盾构机吊装下井顺序流程图

(4)右线盾构机下井安装调试:盾体和1号拖车放在右线,计划安装15d。在这15d时间内,左线仍然照常掘进直至累计完成掘进60m。

(5)左线累计完成掘进60m后,将左线5号拖车吊入井下,左线盾构机完成整机安装。

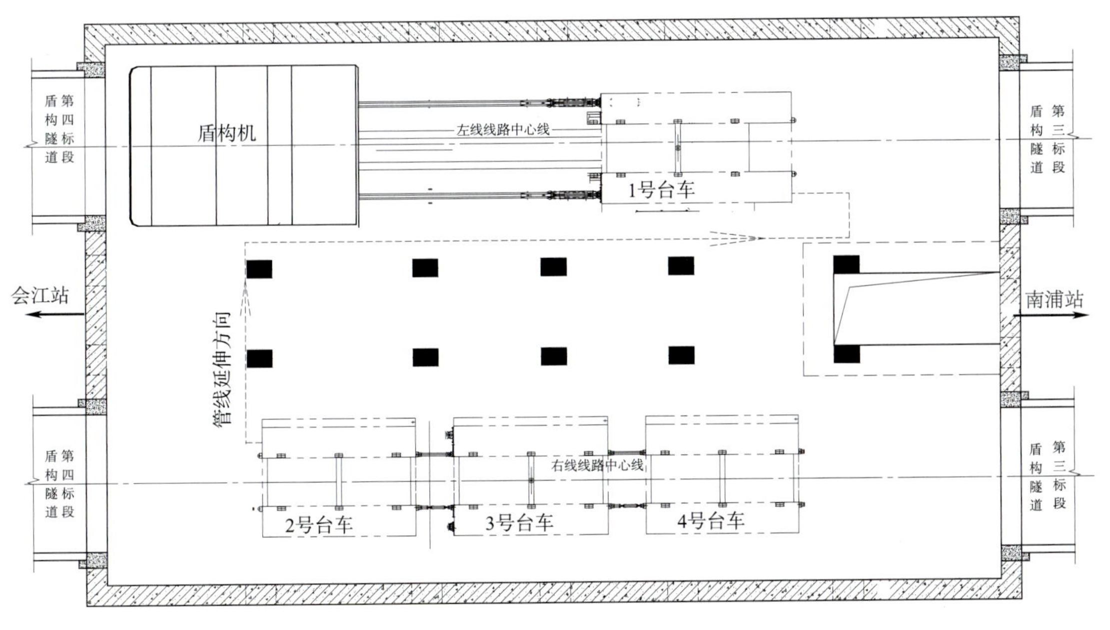

图6-15 左线盾构机分体始发平面布置图

(6)腾出左线底板空间后再将右线的2~4号拖车(剖面见图6-17)放于左线底板。连接右线盾构机1号台车和2号台车的管路,5号拖车放在地面。

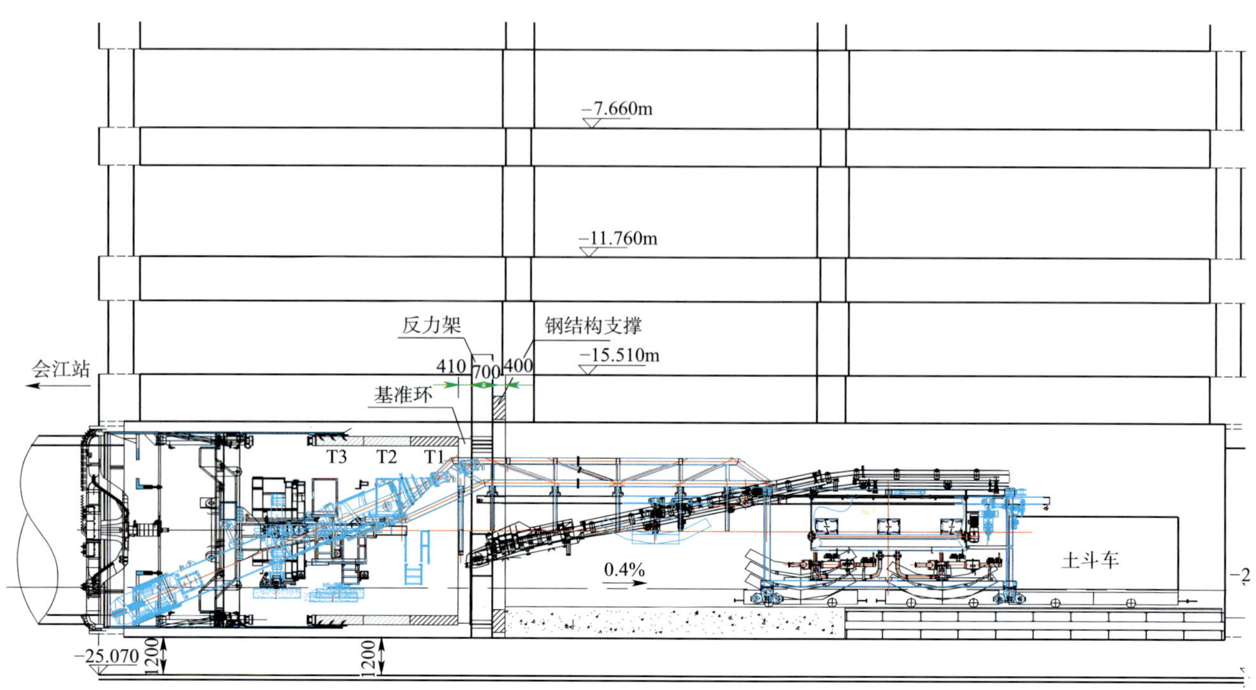

图 6-16　左线盾体和 1 号拖车剖面图(放在左线底板)(尺寸单位:mm)

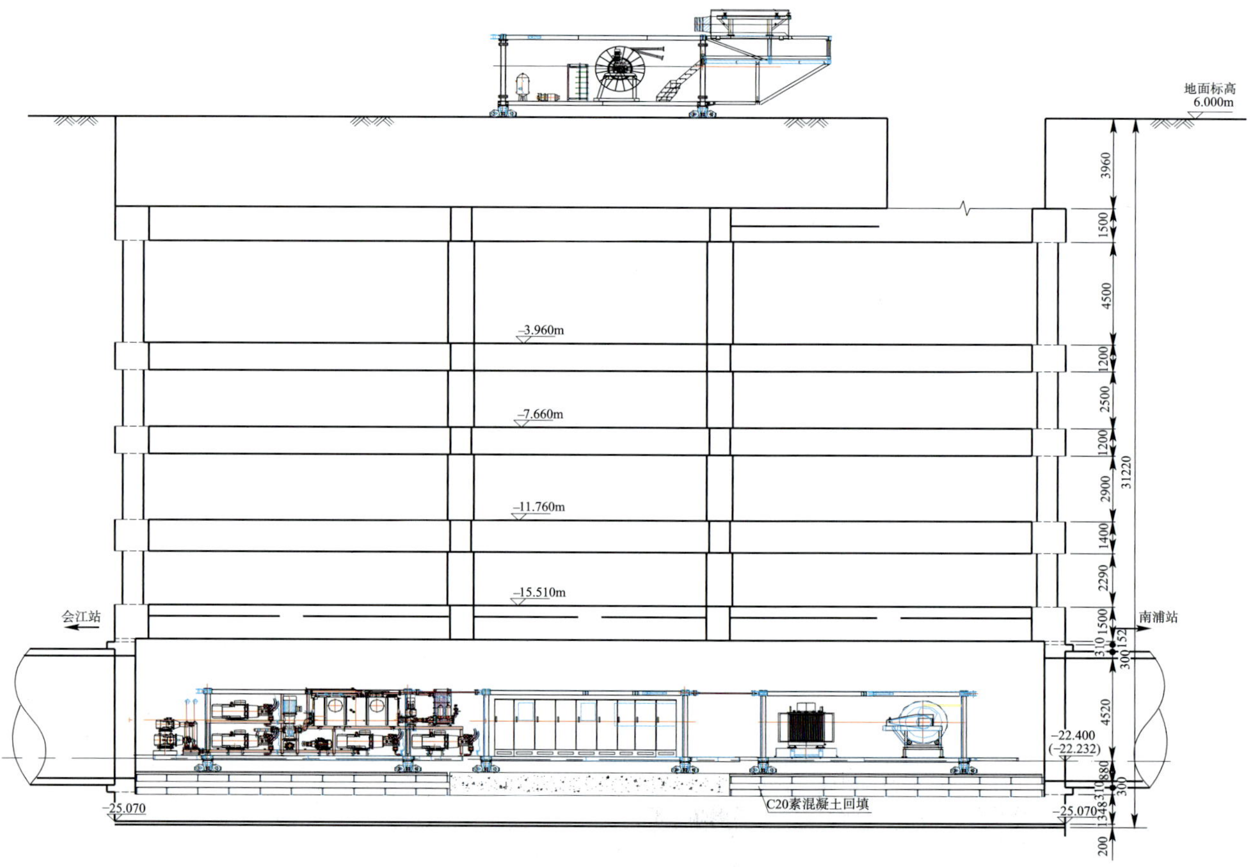

图 6-17　左线盾构机 2～4 号拖车剖面图(放在左线底板)(尺寸单位:mm)

以上分体始发步骤紧凑，一环紧扣一环，在掘进距离控制上，已经适当考虑了施工上有足够的空间，但施工过程仍然要根据盾构机实物尺寸严格复核和检查，如果局部空间（长度）不足，可以根据实际情况多掘进1～3环，主要原则：一方面，要确保拖车放置有足够的空间；另一方面，要确保出土吊运有足够的空间，不能影响掘进。

（三）施工中遇到的问题及解决措施

（1）始发阶段水平、垂直运输困难：始发初始阶段受始发井长度不足所限，在负环拼装至掘进到第15环前都无法使用蓄电池车以及土斗车进行水平、垂直运输，施工效率极低，现场只能通过使用人工配合卷扬机拉动平板小车作水平运输，以及集中使用1号龙门吊（负环至第4环期间，第4环后2号龙门吊可投入使用）进行所有垂直吊运工作（包括土斗、管片、6m长钢轨等），容易出现安全事故。因此，如何提高运输功效同时保障施工安全，成为始发阶段控制重点之一。如图6-18所示为拼装至第4环时盾构机拖车与运输车关系。

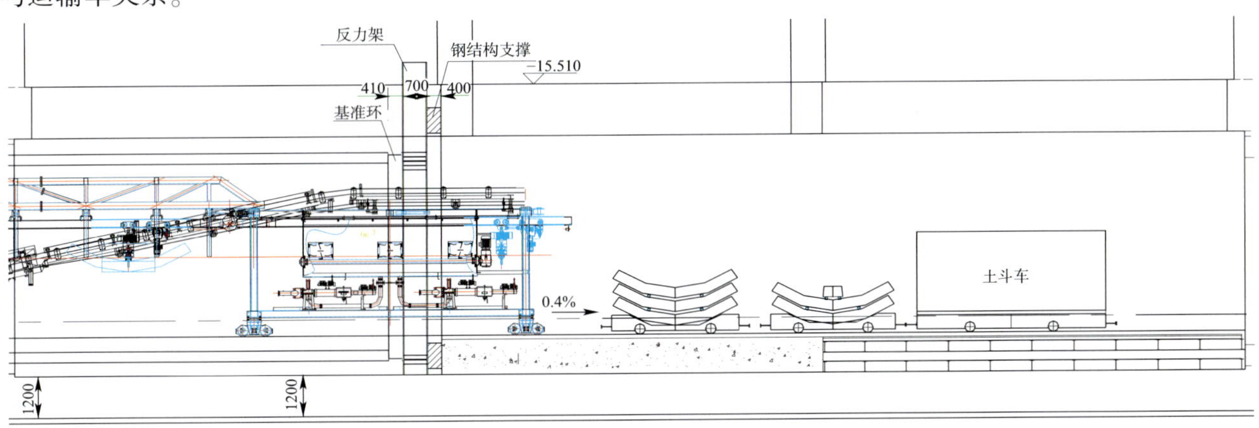

图6-18　拼装至第4环时盾构机拖车与运输车关系（尺寸单位：mm）

（2）油管、设备的放置和电缆、水管的保护：由于分体始发的原因，后配套台车间距离较远，油管、电缆、水管等均进行了延长，容易因施工等原因造成破坏，须做好保护，并根据施工进度及时做好管线延伸工作。

（四）实际始发过程中对方案的改进

原计划右线的分体始发需将2～4号台车存放于左线风井底板，考虑到虽然可以使右线盾构机如期下井并始发掘进，但2～4号台车位于左线底板直接影响了左线的一台50t与一台12.5t龙门吊的使用效率（见图6-19）。经分析认为，右线迟发一周，为左线盾构延伸增加40m，使右线2～4号台车直接存放于左线隧道内，这样就不会影响左线各龙门吊的正常工作，提高了后配套设备的使用率，为左线快速掘进创造了良好的条件。

（五）优缺点分析

井内分体始发优点：

（1）腾出了非常有限的地面空间，为地面充分储备材料及构配件创造了条件。

（2）1号至2号台车间动力系统传递距离相对缩短，减少了传递能量的损失，减少了动力系统和发泡系统的垂直传递可能出现的问题，可方便推进过程中管线的延放与检查、维修工作。

（3）由水平管线连接、延放、维修作业代替了地面分体始发相应的垂直作业，极大地降低了安全风险。

（4）由于井深较深，井内分体始发可节省管线投入。

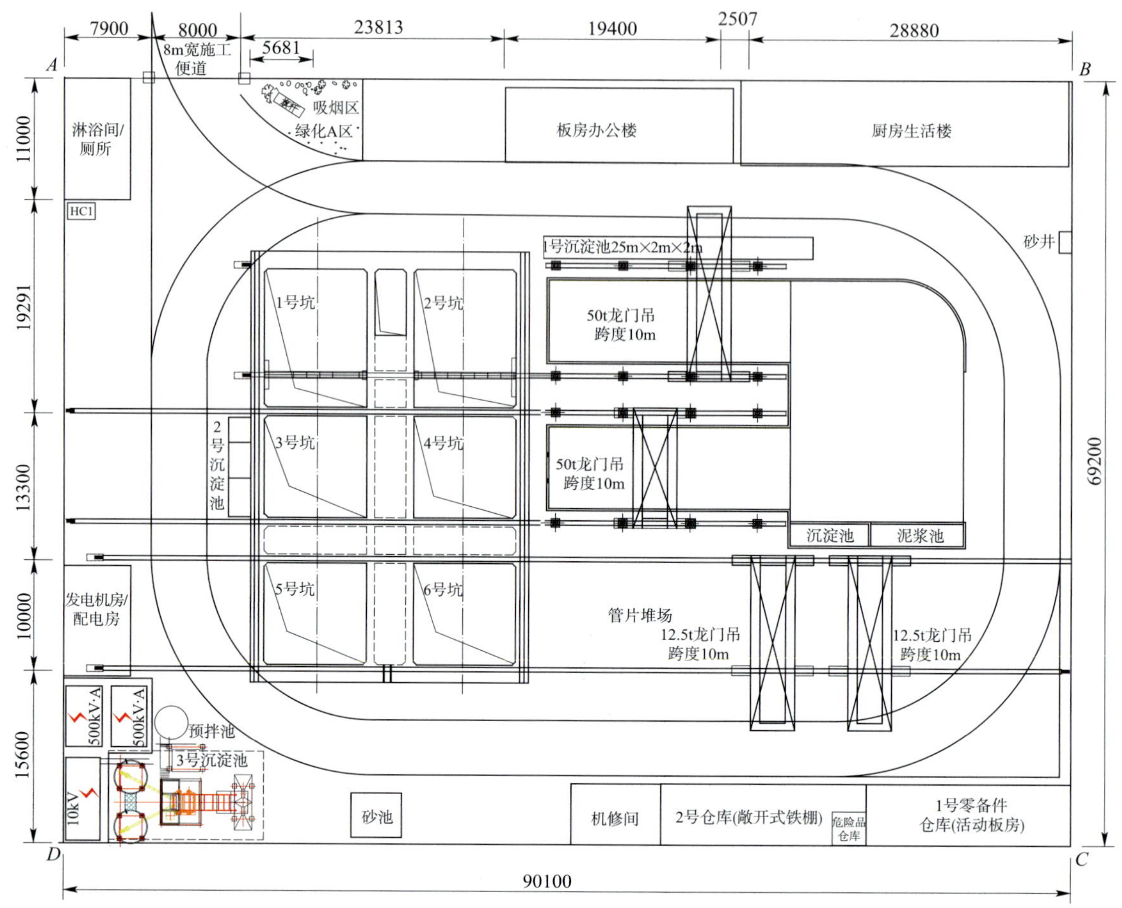

图6-19　盾构施工阶段4台龙门吊布置图(尺寸单位:mm)

井内分体始发的缺点:

(1)增加了左右线之间的平面交叉,组织不当会造成相互冲突,从而降低生产效率,只局限于左右线相继始发可以采用(左右线空间互用)。

(2)当始发井埋深较浅(深度小于两线间距)时采用此法不经济,除非场地面积极有限,不得已将台车放于井下。

(3)左、右线2~4号台车分别自右、左线转移至左、右线才能整体连接,显然较地面分体始发增加了大型起重设备的工作台班,增加了大型设备起重吊装也就意味增加了财力投入与风险,需要在台车吊装下井、出井及再次下井间做好充分组织准备,以防过多增加经济风险与安全风险。

(六)小结

与广州市轨道交通一、二、三号线相比,目前施工更多地使用中间风井进行盾构始发,而一般中间风井由于长度较短,其盾构分体始发将越来越频繁地应用在现场施工中。通过本次分体始发作业顺利完成的实例分析可知,分体始发关键在于如何根据工程特点制订适用的分体始发计划,从而在千变万化的工程条件下通过较适合的分体始发方式实现工程项目较好的经济效益、环境效益乃至社会效益。深入研究工程条件,严格依据工程条件制订始发方案,努力优化始发计划、实施过程,并根据工程环境的改变灵活变化始发计划是成功始发的关键。

实例4:小半径盾构机分体始发施工技术

广州市轨道交通六号线黄沙站—海珠广场站盾构区间位于海珠广场站的始发井,不仅始发场地小,而且还处于最小转弯半径曲线上,始发难度相当大,这在广州市轨道交通历史上是属于首例。

(一)始发环境及设备情况

1. 始发条件及特点

盾构始发竖井的平面尺寸小(结构净空仅为 12m×8.288m),深度大(深达 35.132m),在龙门吊的安装和技术上就必须解决提升速度这一问题,采用两台 50t 龙门吊,提升速度达到 20.7m/min。始发井后可利用的暗挖段隧道很短(仅约 29.5m),且始发时隧道处于小半径曲线段上(半径为 250m),始发条件及特点制约了盾构始发方案的确定。盾构始发时,始发井侧结构施工 16.332m,至第五层钢筋混凝土腰梁以下 800mm,暗挖隧道只施工仰拱。

2. 盾构机的吊装

采用两台全新海瑞克盾构机(前盾重达 94t,尺寸:6.25m×6.25m×3.2m;螺旋输送机尺寸:12.06m×1.2m×1.2m),受始发条件限制,只能在两个竖井中间平台上吊装。吊装刀盘、前盾、中盾、盾尾是采用一台 250t 履带吊车和一台 80t 汽车吊配合起吊完成。盾构吊装如图 6-20 所示。

图 6-20 盾构吊装图

3. 始发方式的确定

针对本工程始发井条件及特点,计划采取分体始发的方式;为增加盾构始发的空间,在始发之前,需沿盾构掘进方向暗挖 1m。

(1)台车的布置:1 号、2 号、3 号台车及泡沫发生器置于暗挖隧道内,4 号、5 号台车置于始发井西侧地面上。

(2)管线的布置:3 号、4 号台车之间临时管线(水、气及控制电缆)固定在井壁上,穿过开口负环反力架与 3 号台车进行连接。1 号台车与盾体之间的加长管线悬吊在竖井井壁上,两端分别穿过开口负环与盾体、1 号台车连接。加长管线 80m 是由海瑞克厂直接定做。管线布置如图 6-21 所示。

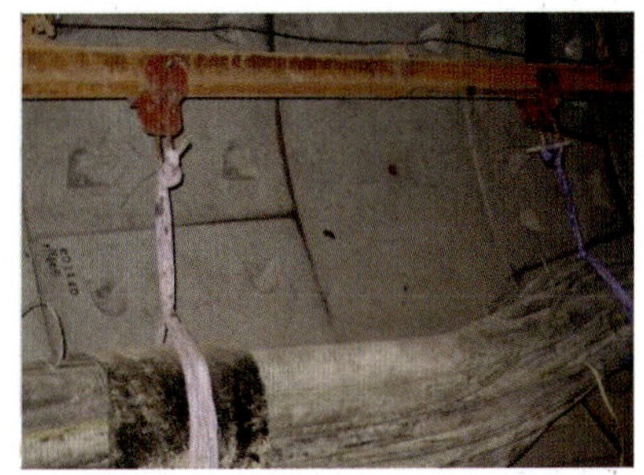

图 6-21 管线布置图

4. 始发阶段的划分

本次始发共推进负环 7 环(1.5m 宽直线环),正环 66 环(+1 ~ +4 环为 1.5m 宽直线环,+5 ~ +66 环为 1.2m 宽通用环);负环掘进段共 11.35m(包括 7 环负环及楔形环、反力环),正环掘进段共 80.4m,长于本盾构机总长 78m。根据本工程的特点,将始发掘进分为三个阶段论述如下。

(1)第一阶段:是指 -7 ~ -5 环的掘进。前三环负环均为开口环,每环由 3 块 A 型管片组成,开口环左右对称,圆心角为 216°,在竖井内利用龙门吊配合拼装。

(2)第二阶段:是指 -4 ~ +4 环的掘进。共掘进 8 环整环,共 12m,此阶段采用直线掘进。在 -4 环拼装之前，在 −5 环的前端固定支撑环，并在支撑环与反力环之间加设 6 根支撑钢管(每侧 3 根)，中间预留土斗车进出空间。

(3)第三阶段：是指 +5 ~ +66 环的掘进。共掘进 62 环 1.2m 宽通用环，共 74.4m。从 +5 环开始，盾尾脱离洞门处的导台，盾构机在 VMT 系统指导下，开始曲线段掘进。

5. 安装始发基座

根据始发竖井的长度，盾构机始发基座设计为两段，分别为 5.4m 和 5.1m。由于盾构机是在半径为 250m 的曲线上始发，为保证盾构隧道的中心偏差在规范允许范围内(−50 ~ +50mm)，始发基座定位依据割线始发的原则。盾构隧道的中心偏差在 −50 ~ +49mm 之间，符合规范要求。考虑始发基座在盾构始发时要承受纵向、横向的推力以及抵抗盾构机旋转的扭矩，所以在盾构始发之前，对始发基座两侧用 H 型钢进行加固。

盾构始发时处于 4.692‰的上坡上，为防止盾构机栽头，始发基座设计时考虑当盾构机安装在基座上后，刀盘的中心比盾构洞门的理论中心略高 1.7cm，保证盾构机沿设计坡度始发。每段基座都设计为两侧螺接的方式，解体下井后再从井下拼接。基座连接、调平后沿设计轴线焊接在底板预埋件上。

6. 始发掘进阶段的列车编组

始发掘进示意如图 6-22 所示。

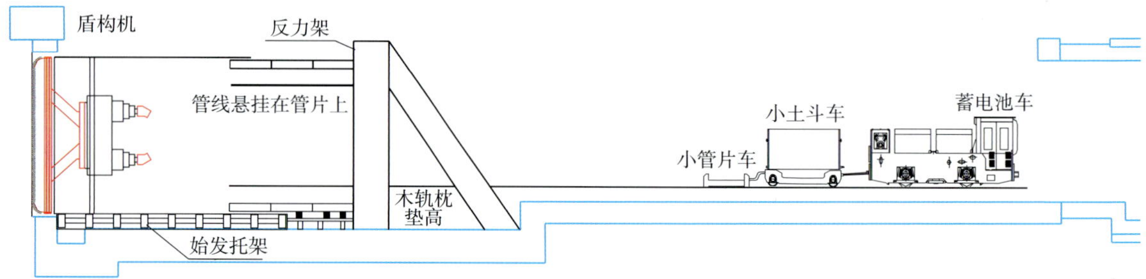

图 6-22 始发掘进示意图

由于始发井长度条件的限制，盾构机不能全套始发，因此始发阶段的出渣、运输采用特殊的编组形式，采用一节 18t 蓄电池、一节渣车、一节小管片车，始发编组的总长度为 11.5m。

管片运输采用一节小管片车进行，如图 6-23 所示。小管片车与机车共用轨道，管片横向放置，每次运送 1 片管片。

图 6-23 管片运输

同步注浆施工时，连接临时注浆管线，由于注浆泵位于第一节台车之上，所以搅拌站拌浆后直接将浆液泵送到 1 号台车，再由同步注浆泵注浆。施工时由于出渣和管片运输时间较长，且临时注浆管较长，应注意及时清洗注浆管线。

(二)盾构始发掘进阶段轨道转换

始发掘进阶段的轨道转换分为四个阶段，分别如下：

第一阶段：下台车、螺旋、泡沫发生器，后移；

第二阶段：始发掘进阶段；

第三阶段：始发掘进结束，拆负环、反力架，进入单线正常掘进阶段；

第四阶段：铺设道岔，盾构洞口处及暗挖段再次提高 230mm。

(三)始发掘进技术要点

(1)为保证隧道中心的精度和避免始发支撑系统由于安装偏差而承受过大的侧向力，要严格控制始发基座、反力架和负环的安装定位精度，确保盾构始发姿态与设计线路基本重合。

(2)在盾尾壳体内安装管片支撑垫块(采用高50mm、长1500mm槽钢)，为管片在盾尾内的定位做好准备。

(3)前三环开口负环管片的定位非常重要。安装时要注意使管片的位置与理论位置相对应，转动角度一定要符合设计要求，位置误差不能超过10mm。

(4)从+5环开始，盾尾通过洞门导台，盾构机在VMT系统指导下，开始曲线段掘进，此时整个始发支撑系统承受较大的侧向力，因此，反力架、始发基座、负环的加固极为重要。在始发过程中，如发现支撑系统出现变形，应立即停机加固。

(5)开始曲线段掘进时，盾构机产生强大的侧向力，将对盾构机的姿态控制和始发支撑系统的稳定以及成环管片的质量产生不利影响，因此盾尾脱离洞口密封后，同步注浆及利用洞口预埋注浆管进行双液浆封堵极为重要。同步注浆采用凝结时间短的配比。

(6)管片在被推出盾尾时，要及时进行支撑加固，防止管片下沉或失圆。同时也要考虑到盾构推进时可能产生的偏心力，因此支撑应稳固。

(7)初始掘进时，盾构机处于始发基座上。因此，需在始发基座及盾构机上焊接相对的防转支座，为盾构机初始掘进提供反扭矩。

(8)在始发阶段要注意推力、扭矩的控制，尽量使用底部千斤顶，并利用左右千斤顶编组的推力差来控制盾构机的姿态；同时要注意各部位油脂的有效使用。掘进总推力应控制在反力架承受能力以下，同时确保在此推力下刀具切入地层所产生的扭矩小于始发基座提供的反扭矩。

(9)盾构机进入洞门前把盾壳上的焊接棱角打平，防止割坏洞门防水帘布。

(10)随盾构机的推进，下放悬吊在竖井井壁上的1号台车与盾体之间的加长管线，以免加长管线承受较大应力。

(四)分体始发位置的确定

1.割线始发

盾构机在曲线始发时理论上应该是盾头盾尾的连线在盾头位置沿曲线切线始发，且随曲线转弯。在实际工程中，由于始发条件有限，在狭窄的竖井里，盾构机必须在托架上直线掘进一小部分(本工程为12m，即3.5m的导台加8.5m的盾构机本身长度)，如图6-24所示。

因此推断出盾构机在直线掘进12m脱离托架后以盾构机本身最小的转弯半径(250m)转弯时的姿态，此时盾头已经偏离隧道中心线288mm(见图6-24)，大大超出了规范的要求(-50~+50mm)，也不利于盾构机本身的纠偏。由此可见，切线始发不合要求，必须以割线进行始发。

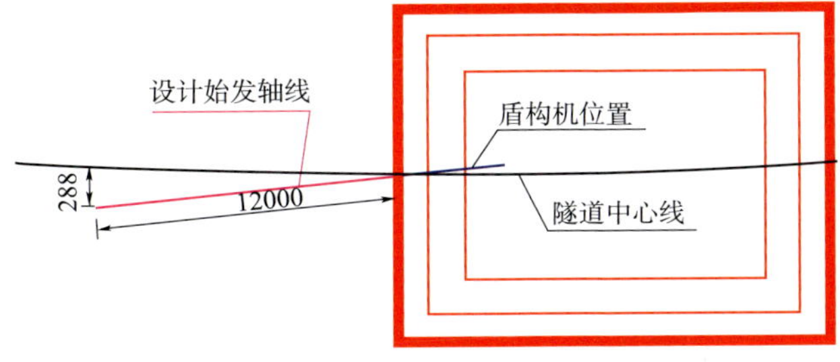

图6-24 (尺寸单位:mm)

以图6-25为例来计算，假设盾头位置正在隧道中心线上，以盾头位置作圆心画出半径为12m的圆弧，可以得到一个与隧道中心线在前方的交点，这个交点位置正好是盾构机脱离托架可以转弯的地方，且正好在隧道中心线上，因此认为，可以以这条割线进行始发。但是经过计算发现，始发时隧道处于$R=250\text{m}$的小曲线上，割线长度为12m，则割线与弧线(设计盾构隧道中心线)之间的最大理论偏差为：

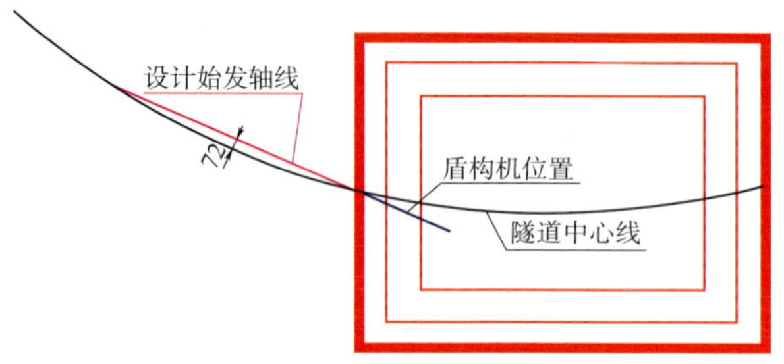

图 6-25 （尺寸单位：mm）

$$\delta = 250000 - \sqrt{250000^2 - 6000^2} = 72\text{mm}$$

这同样超出了规范的限值（-50～+50mm），必须重新寻找一条符合条件的割线。以图 6-25 为基础，将这条割线向隧道中心线方向移动（起点位置不变），则这条割线变成了与隧道中心线相交的割线，如图 6-26 所示，当这条割线的内切割线部分的中点与隧道中心线的最大距离到 49mm 时，可以计算出 12m 处端点即盾构机脱离托架可以转弯时的盾头姿态为 -40mm（即盾头偏左 40mm），此时盾构机可以以半径 200m（小于隧道中心线的曲线半径）的纠偏曲线向着隧道中心线掘进，此时的盾构姿态 -40mm 已经是偏移的最大量。因此可以以这条割线为始发割线。

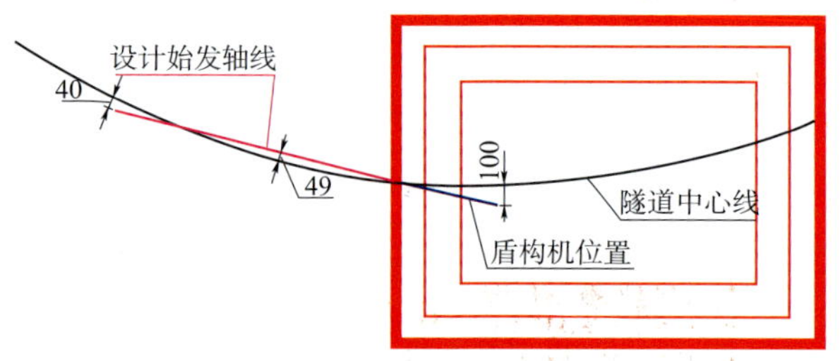

图 6-26 （尺寸单位：mm）

以这条割线为始发线可以计算出盾构机的始发姿态为前点 0mm，后点 -100mm（即盾头位于隧道中心线上，盾尾偏左 100mm），虽然盾尾超出了规范的要求，但是因为盾体本身位于竖井内，隧道中心线在这里只是一条虚拟线，因此对始发没有影响，随着盾构机的掘进，盾尾会随着盾头沿着隧道中心线前进，隧道偏移量并没有超出要求。如果将转弯处的最大偏移量定为 -50mm（即盾头偏左 50mm），以这点与最大偏移量为 49mm 的点相连形成的割线也可以作为始发割线。以这条割线计算出的盾构姿态为前点 +3mm，后点 -80mm（即盾头偏右 3mm，盾尾偏左 80mm），即盾尾往隧道中心线收了一点，也是可行的。在确定了始发的割线之后，再在竖井里安放精确的托架位置。

2. 楔形环楔形量的确定

经过计算，确定楔形量为 169mm。

3. 盾构隧道管片设计

在 250m 的小半径上始发，为了更好控制盾构姿态，避免过多错台，最后决定始发曲线隧道上采用 1.2m 管片进行拼装。但是本次始发还是有 20mm 左右错台出现。究其原因是，施工方对地质情况不太熟悉，急于纠偏造成错台。左线隧道始发时，这一情况就得到了很好地解决。

实例 5：可重复使用的密闭始发及接收装置——钢套筒

盾构始发和到达为盾构施工过程中的高风险点，仍以端头加固为主，个别采用了水中到达技术，成功的例子很多，但涌砂、涌水、地面坍塌、隧道结构破坏等事故也时有发生。搅拌桩、旋喷桩、注浆、冻结法等传统的端头加固方式，存在下述问题：①加固效果不稳定，为盾构始发及到达施工埋下风险因素，特别是在隧道埋深较深、富水砂层和软弱地层中;②加固效果难以全面准确地检测;③施工占地面积大,当地下管线多或周围建筑物多等时,征地困难,征迁时间长,投入大;④盾构进出洞布帘密封装置一旦漏水或漏砂,对地面和隧道结构影响较大;⑤投入的施工材料多,能耗多,且不能重复使用,不适应我国当前发展低碳经济的趋势。

2009 年 4 月广州市轨道交通二/八号线拆解工程南浦站—洛溪站盾构区间盾构到达采用可重复使用的密闭接收装置——钢套筒(见图 6-27),在国内尚属首次。同年 9 月,该密闭接收装置在广佛祖庙站盾构到达中重复使用。

图 6-27　密闭接收装置——钢套筒

(一)工作原理

该技术利用平衡原理,通过在车站内设置密闭钢套筒,将端头加固体改移到站内,增加盾构机的掘进长度,即盾构始发、到达均在钢套筒内模拟盾构掘进。

密闭始发及接收装置的优点:①适用于各类地层的盾构始发、到达,在淤泥、砂层等复杂风险地层,尤显其安全、经济效果;②施工占地小,有效减少施工征地及管线改迁的费用;③盾构密闭接收装置可多次重复使用,有较高的经济性。

(二)制作与安装

整个钢套筒结构由筒体(见图 6-28)、后端盖板(见图 6-29)、反力架(见图 6-30)、顶推托轮组和前后左右支撑等部分组成。钢套筒耐压能力可按 2 倍切口水压设计。钢板选择 Q235B,板厚 $\delta=16$mm。每段筒体的外周焊接纵、环向筋板以保证筒体刚度。

图 6-28　筒体图

图 6-29　后端盖图

(1)筒体长 9600mm,内径 6500mm。分三段,每段 3200mm,每段又分为上、下两半圆。

(2)后端盖由冠球盖和平面环板组成。

(3)反力架:采用盾构始发反力架紧贴后盖平面板安装,冠球部分不与反力架接触。

(4)筒体与洞门的连接:钢套筒与洞门环板之间设一过渡连接板(见图6-31)。

(5)进料口和注排浆管(见图6-32、图6-33):每段筒体中部右上角设置600mm×600mm进料口,在每段钢套筒底部预留3个3寸❶带球阀的注排浆管,共9个,等间距布置,一旦盾构机有栽头趋势,即可在下部注双液浆回顶。

图6-30　反力架图

图6-31　过渡连接板图

图6-32　进料口图

图6-33　注排浆管图

(三)施工工艺流程

盾构机完全进入密封钢套筒后,先对盾尾后5环管片进行补充注浆,确保隔断端头与钢套筒的水力联系,然后排空钢套筒内泥浆,打开加料孔试水,最后拆解密封钢套筒吊出盾构机。盾构到达基本流程如图6-34所示。

(四)施工案例

1. 工程概况

二/八号线拆解工程南浦站—洛溪站盾构区间(见图6-35)穿越三枝香水道,水道宽约180.0m,距离洛溪站到达端头约280m。根据大石水文站历年统计资料,高潮平均水位为5.85m,低潮平均水位为4.33m,属珠江水系潮汐影响带,潮差为2m左右。该区间采用2台泥水盾构机由南浦站始发,到达洛溪站吊出。

洛溪站到达端头隧道洞身范围主要地层为饱和粉细砂层〈3-1〉、强风化泥质粉质岩〈7〉、中风化泥质粉质岩层〈8〉,隧道拱顶部位覆盖饱和粉细砂层〈3-1〉、饱和中粗砂层〈3-2〉(较厚),拱部覆盖层稳定性差。〈3-1〉、〈3-2〉与三枝香水道有水力联系,盾构机到达进洞时,存在漏水、涌砂、坍塌的危险。南浦站—洛溪站区间地质剖面图如图6-36所示。到达端头纵剖面图及平面示意图分别如图6-37和图6-38所示。

---

❶ 1寸≈0.033m。

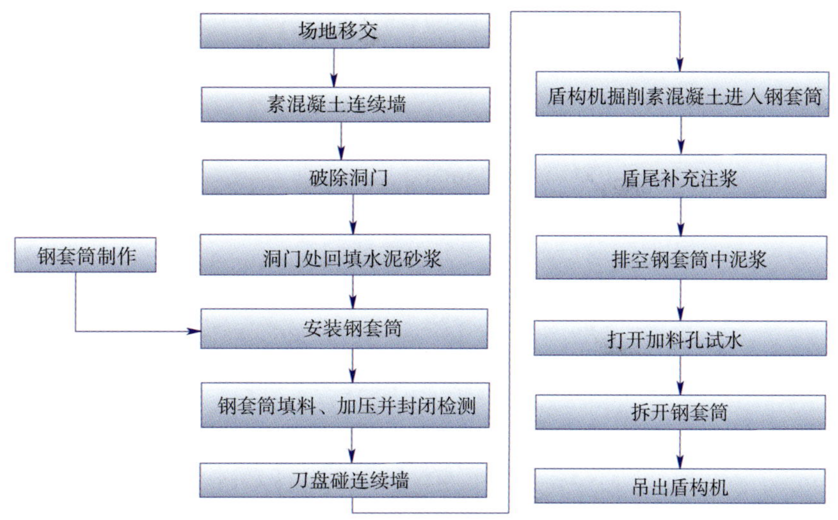

图 6-34　盾构机进站施工流程图

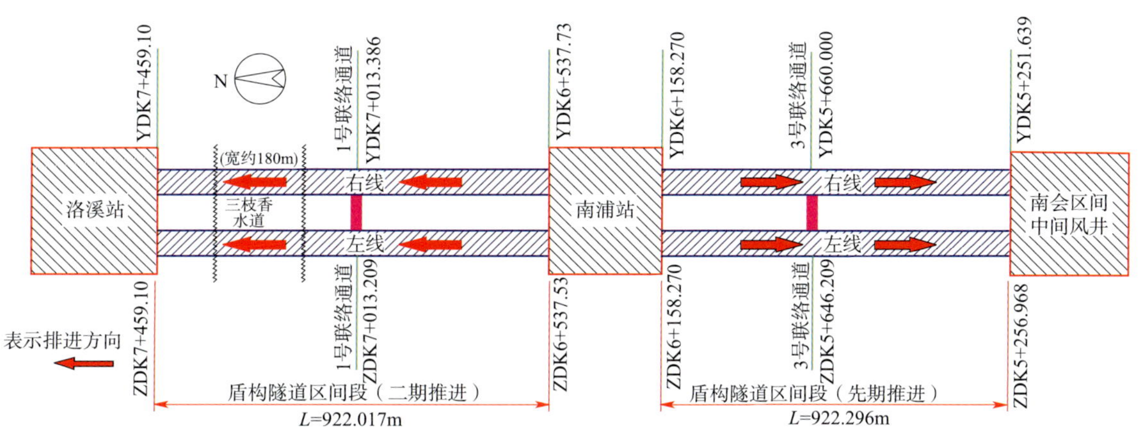

图 6-35　二/八号线拆解工程南浦站—洛溪站盾构区间

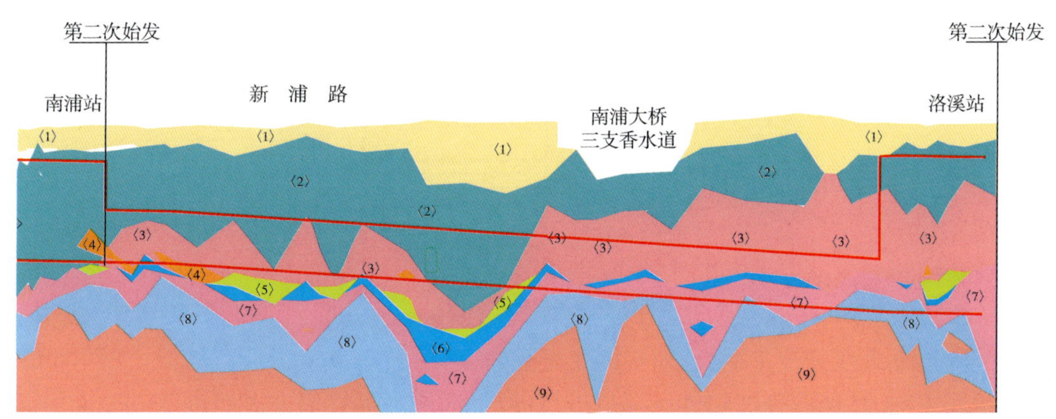

图 6-36　南浦站—洛溪站区间地质剖面图

2. 到达端头方案确定

该端头原设计方案是采用紧贴车站原连续墙加设一素混凝土连续墙，并采用水泥土搅拌桩、旋喷桩和地面注浆进行加固。该方案存在如下困难：

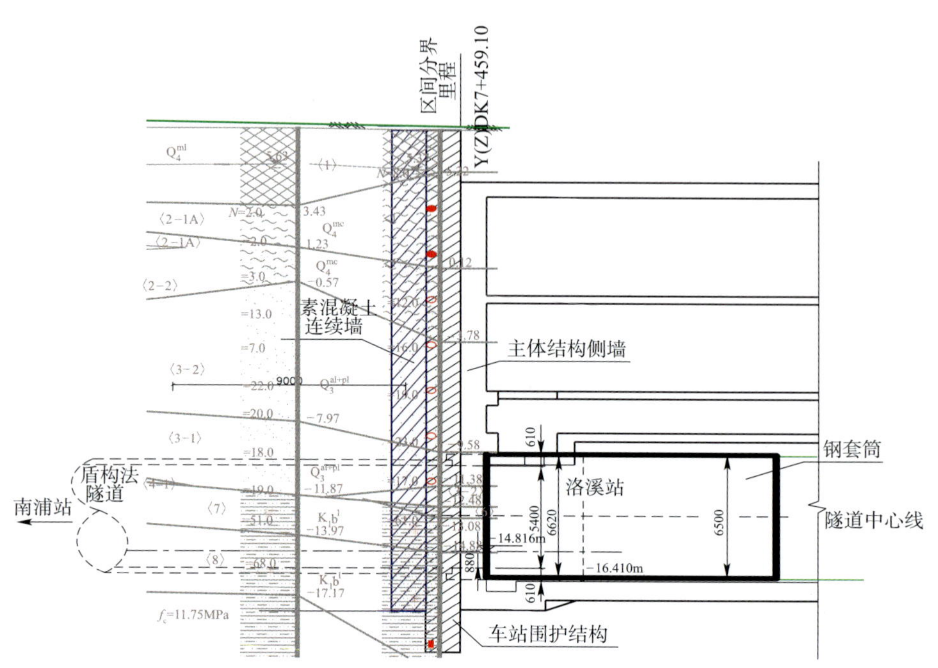

图 6-37　到达端头纵剖面图(尺寸单位:mm)

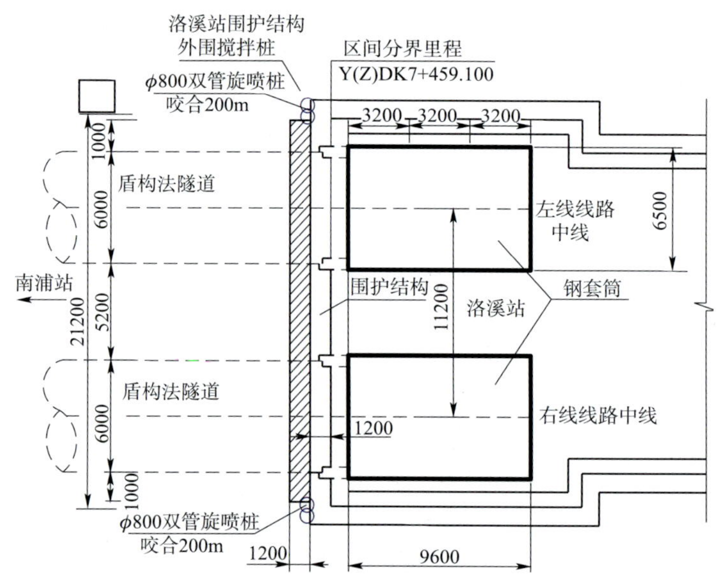

图 6-38　到达端头平面示意图(尺寸单位:mm)

(1)加固范围地下管线迁改工期长,对区间工期影响大。

(2)加固深度太深,从地面到加固体底部超过 20m,下部地层标贯值大多超过 20 击,采用搅拌桩和旋喷桩加固施工质量难以保证,漏水、涌砂等风险不能完全消除。

为规避风险和保证洞门破除与盾构机出洞到达施工的安全,结合泥水盾构机保压性能优势,经综合比选,决定采用车站内密闭式钢套筒接收盾构机到达。

3. 钢套筒接收盾构机重点、难点

钢套筒接收盾构机安全到达原则:保压、注浆饱满、姿态精准且匀速通过。

(1)原先洞门环板(A 板)安装质量差,存在漏浆、漏水的风险;钢套筒与洞门预埋钢环板连接处易拉裂引起涌水、涌砂,最终淹没到达井,需重新加固、加强。

(2)盾构机在穿越洞门结构新回填的低强度等级素混凝土连续墙、M75 水泥砂浆洞门墙以及进入接收钢套筒施工过程中,各项施工参数应控制平稳,掘进速度应控制在 10mm/min 以下,刀盘转速也不宜过大,控制在 1.5 ~2rad/min 之间,防止掘进过程中墙体跨塌,大块混凝土堆积在刀盘前方,堵塞环流系统,引发盾构机掘进异常。

(3)盾构机钢套筒接收到达操控过程中,一旦盾构姿态偏差过大,盾构机将发生"栽头"并直接与钢套筒发生接触,导致拉裂钢套筒与洞门钢环板连接部位,引发安全隐患;采用顶推托轮组预防盾构机进入钢套筒过程中由于盾体重心偏移而导致的"栽头"工况。

(4)盾构到达端头靠近三枝香水道,地层与该水系存在直接水力联系(受潮汐影响较大);水压力大,注浆质量难以保证。

盾构机到达掘进施工须穿越新施作的 1200mm 厚素混凝土连续墙、2000mm 厚 M75 水泥砂浆洞门墙(含已被置换的车站 1200mm 厚地下连续墙),共计 3200mm,须确保掘进该区段时,加强同步注浆、盾构机壳体径向注浆或聚氨酯、管片二次注浆,避免因水土压力过大击穿注浆加固体而形成涌水涌砂通道。

(5)检查钢套筒的承载能力及密封性能,套筒回填完成后,须对钢套筒进行水压力试验,压力不小于切口水压。

(6)盾构机出洞过程中须时时严格控制接收钢套筒压力和位移变化情况,出现异常应立即查找原因并采取措施解决。

(五)注意事项

盾构机到达及掘进时应注意如下事项:

(1)出洞前刀具评估检查:为了防止盾构机到达过程中,刀盘被混凝土卡死的情况发生,要根据在盾构机碰壁前的掘进参数(推力、扭矩)判断刀具磨损状况,一旦发现参数异常,需要立即停机换刀。

(2)碰壁前、出洞、进钢套筒推进设置:速度提前减小,推力减小;刀盘转速小于 1.5 ~2r/min;流量控制顺利带出渣土。出洞时姿态控制:为了防止出洞时盾构机载头,要求盾构机机头高于轴线 2 ~3cm,呈略抬头向上姿势。

(3)盾构机在进入钢套筒内之后,要注意姿态控制和顶推托轮组的适时调整。在刀盘通过每个托轮组之后,立即将托轮顶升至支撑盾体,确保盾体不出现栽头。钢套筒托轮组分布如图 6-39 所示。

图 6-39 钢套筒托轮组分布图

(4)注浆封堵:在盾体出洞时,每环均补充双液注浆,注浆量为管片与洞门和隧道间隙的 180%。时刻检查钢套筒是否有漏浆、形变等情况,如有漏浆或者变形过大等情况发生,可以采取调低气压,减小推速等措施。

(5)盾构机筒体推到位置并完成盾尾密封后,刀盘不转,开环流清洗土仓。然后逐步泄压,并通过环流将钢套筒土仓中的浆液抽走。

(6)打开钢套筒底部的排浆管,排出剩余的浆液,并检查筒体的漏浆情况。在盾尾双液浆凝固后,情况稳定安全的情况下,开始拆除钢套筒。

(7)测量与监测:测量端头围护结构、地面及周围建筑物、钢套筒、洞门变形。在盾构机出洞过程中每天测量 2 次,若变形较大,增加测量频率。

(六)实施效果

盾构机钢套筒接收和到达整体控制良好,盾构姿态以及各施工参数正常,钢套筒位移为0.2mm,满足结构允许变形要求。泥水仓压力稳定,管片背填注浆密实。

洛溪到达端头为富水砂层和裂隙较发育的复合地质,杜绝管片背后的涌水涌砂通道是工程成功的关键,因此过程中的注浆控制尤为重要。盾构机采用盾体注聚氨酯、管片同步注双液浆、管片二次补注双液浆相结合的注浆方式,对渗漏通道进行了有效封堵。

实例6:FFU材料的应用(五号线大坦沙南—西场站区间)

(一)概述

盾构始发和到达是整个盾构施工中非常重要也是风险较高的环节,且洞门凿除事故风险较高,在五号线大坦沙南—西场站区间采用泥水盾构机,并引进了国外先进的盾构始发技术。在始发和到达洞门处用FFU材料替代制作洞门围护结构的钢筋材料;在盾构始发时,盾构机直接对使用FFU材料的SEW墙进行切削,省略了洞门凿除的工序,从而使盾构机能快速安全地始发及到达。

初步设计方案:在盾构隧道始发洞门范围内,用FFU材料代替始发井基坑的围护结构(地下连续墙)的钢筋,利用FFU材料抗拉强度大和抗剪强度低易被刀具切割的特点,将FFU材料部件两端的预留筋与连续墙的钢筋进行连接,在连续墙成槽后,把钢筋笼整体放入槽内,然后浇筑混凝土,形成始发井基坑的围护结构。

原基坑围护结构及端头加固设计(见图6-40):大坦沙南—西场站始发端头加固靠近洞门用双排ϕ1000mm@600mm三管旋喷桩、外围用单排ϕ1000mm@600mm三管旋喷桩止水、中间用ϕ600mm@500mm搅拌桩,搅拌桩桩间加ϕ600mm单管旋喷桩作洞门底部止水。加固长度为9m,宽度为隧道左右各2.5m,加固体做到隧道底下4m。

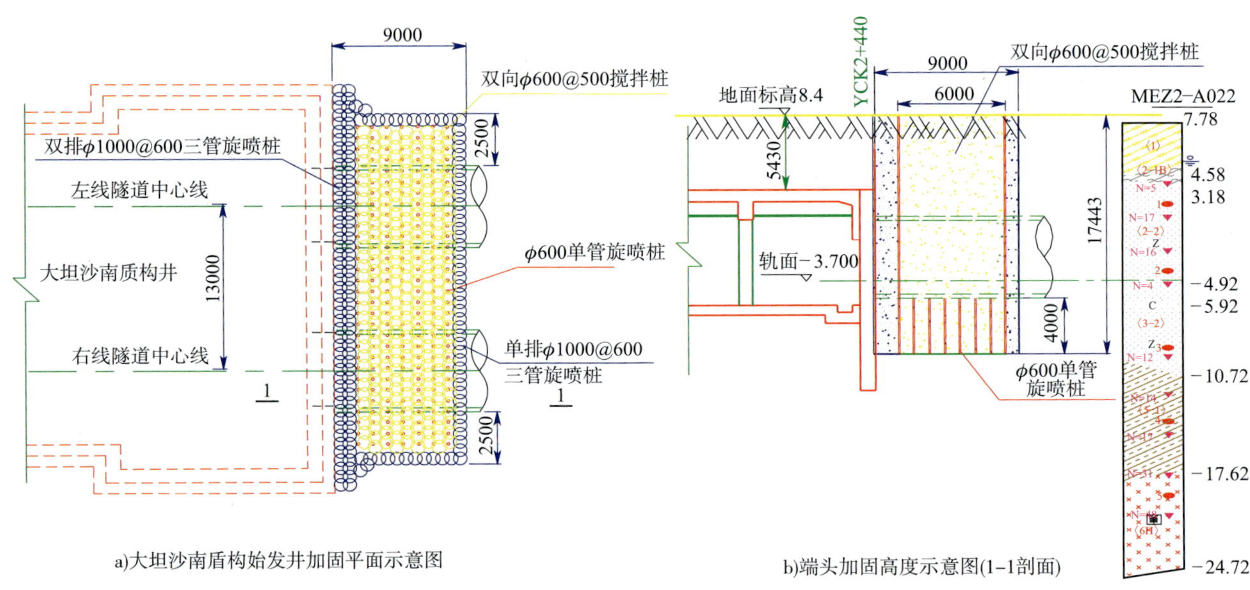

图6-40 大坦沙南盾构始发端头原设计加固范围示意图(尺寸单位:mm;高程单位:m)

(二)FFU 材料设计

始发洞门直径为 6500mm,且原围护结构设计为 800mm 厚连续墙, FFU 材料的保护厚度为 100mm 以上,采用 6 条 FFU 材料,4 条长、2 条短,较长的 FFU 材料长度为 7.69m,较短的 FFU 材料长度为 5.62m。FFU 材料的截面积:$b=600\text{mm}$,$h=650\text{mm}$。每条 FFU 的间距为 1.1m。如图 6-41 所示为 FFU 材料布置示意图。

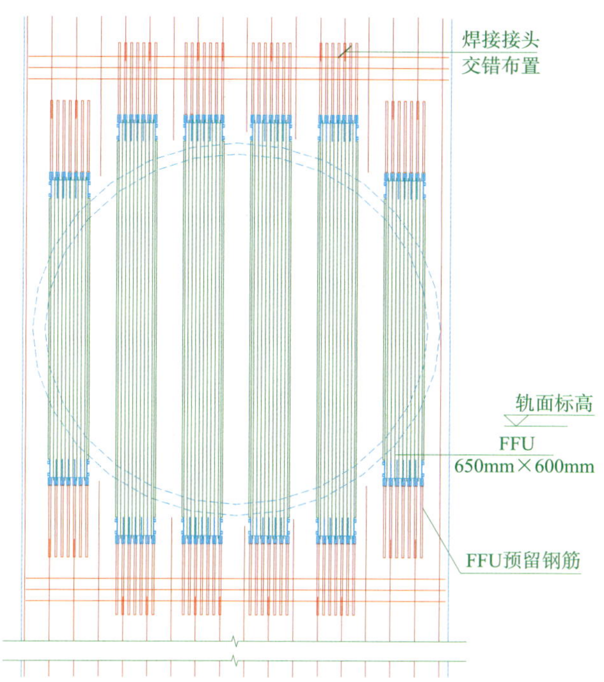

图 6-41 FFU 材料布置示意图

根据由 FFU 材料供货商提供的 FFU 材料相关参数,具体如下:

FFU 材料的容许弯曲应力值:$\sigma_{\text{fba}}=36.0\text{Mpa}$;

FFU 材料的容许剪切应力值:$\tau_{\text{f2a}}=3.1\text{MPa}$。

FFU 材料与连续墙钢筋笼的接头设计

FFU 材料与连续墙钢筋笼的连接处是整个 SEW 连续墙钢筋笼中最为薄弱的环节,须对 FFU 材料与钢筋笼的连接处进行加强处理。拟采用机械接头与钢板加强的形式加固接口,通过计算获得接口长度及钢板厚度。如图 6-42 与图 6-43 所示为 FFU 材料与钢筋笼连接。

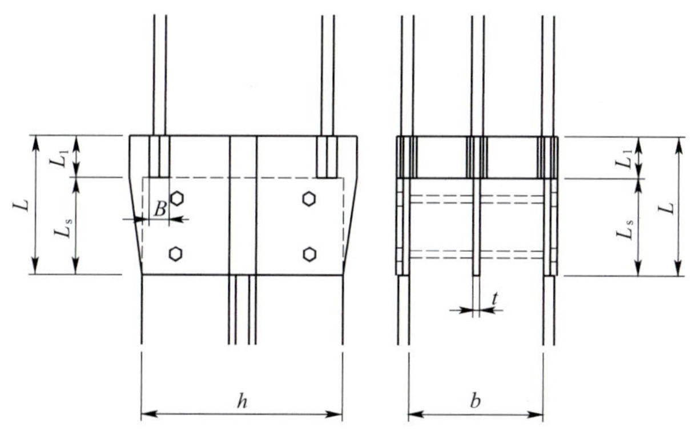

图 6-42 FFU 材料与钢筋笼接头图

图 6-43 FFU 材料与钢筋笼

(三)SEW 连续墙施工

1. 钢筋笼组装(见图 6-44)

由于采用一次性升吊,为增加整个钢筋笼的刚度,桁架筋由 ϕ22mm 改为 ϕ28mm,间距为 200mm,侧和每条 FFU 上各设置一条桁架,共 8 条。接口位置进行加强处理:将钢筋笼两侧开口"鱼头"改为闭口"鱼头",两侧"鱼头"处各两条主筋采用 I10 槽钢代替;并另行加固吊点处,以防止换钩时脱焊,共设置 8 个主吊吊点,其中 4 个在钢筋笼顶端,4 个在洞门圈上方;4 个副吊吊点,位于洞门圈下方。

图 6-44 钢筋笼组装

投入两台吊机进行吊装施工,分别为一台 150t 汽车吊、一台 80t 履带吊。先利用履带吊和汽车吊平吊钢筋笼至合适位置,然后以汽车吊为主吊,履带吊为副吊,协助将钢筋笼竖立。钢筋笼竖起以后,卸掉履带吊钢丝绳,以汽车吊单独起吊。此时钢筋笼底部离地约 20cm,以绳子系于钢筋笼下部,人力牵引，避免钢筋笼大幅摆动；然后缓慢转动吊臂，将钢筋笼转至槽段处，对准槽段，缓慢下放，将钢筋笼放至槽段中。如图6-45与图6-46所示为钢筋笼吊放图。

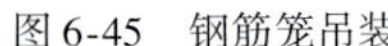

图6-45　钢筋笼吊装

图6-46　放至槽段中的钢筋笼

2. 浇筑混凝土

FFU尺寸为650mm×600mm，FFU材料之间的间隙为440mm，FFU与槽壁之间的距离只有100mm。为保证混凝土在不同间隙中充满，拟提高混凝土塌落度为22～24cm，初凝时间为6h。

浇筑过程中由于上浮力过大，导致FFU钢筋笼沉至离设计位置约5m左右时无法继续下沉，后调用一台钩机，强行将钢筋笼压至设计位置，然后将钢筋笼两侧“鱼头”处的槽钢与导墙钢筋焊接，固定钢筋笼，防止其继续上浮。

（四）盾构始发掘进

SEW连续墙盾构始发井施工结束后，至盾构始发约4个月时间，SEW墙表现良好，墙面变形（变位）在容许的范围之内。盾构机对FFU材料直接进行切削，直接建立泥水平衡，盾构机安全、顺利地始发掘进。FFU材料切削碎片如图6-47与图6-48所示。

图6-47　较小的切削碎片

1. 施工过程

2006年8月1日11:00，左线盾构机正式开始掘进。

13:30当距FFU的切削距离为160mm左右时，泥浆槽的排泥口开始有泡沫产生。

15:00泥浆池泡沫量增加。

17:00第一次开仓视察室内SEW切削情况：土仓内切削碎片较小，均可通过排泥管；至深夜（具体时间不详）泥浆槽内泡沫过多，为清除泡沫，暂停施工。

图6-48　较大的 FFU 切削碎片

2006 年 8 月 2 日 04:00 清除泡沫后继续掘进。

09:00 泥浆池内再次产生大量泡沫。因抽泥泵堵塞、泥浆无法循环,停止切削,进行泡沫清除及堵塞疏通处理。

12:00 第二次开仓确认土仓内情况:发现土仓内最大 FFU 切削碎片(长 80cm、宽 10cm、高 30cm)悬浮于土仓内。

15:30 排泥管堵塞、泥浆循环停止,进行堵塞原因排查,确定堵塞物为混凝土块(体积:21cm × 15cm × 10cm),尚未发现 FFU 切削碎片堵塞。

2006 年 8 月 3 日 04:00 继续开始 FFU 壁切削作业。

06:00 FFU 构件切削结束。因施工前方 100m 处有河,且护岸的覆盖土较少(约 4.4m),考虑河床下陷造成堵塞,以及切削面压力会给排渣及护岸造成负面影响,因此,决定清扫土仓。

09:00 为清扫土仓,第三次开仓作业:发现土仓内水面聚积约 20cm 高的泡沫及约 30cm 高的 FFU 切削碎片(最大的 FFU 切削碎片为:长 120cm、宽 10cm、高 3cm),土仓下端聚积有混混凝土块。

17:00 土仓清扫结束,继续施工。

2006 年 8 月 4 日 07:00 继续施工后掘进约 1m,无任何异常情况发生。

2. 施工难点分析及处理措施

(1)当盾构掘进约 500mm 时,泥浆池内产生大量的泡沫,导致抽泥泵堵塞、泥浆无法循环,为了保证环流系统顺畅,多次停机清理泡沫。分析原因如下:当盾构机刀盘切削 FFU 时,产生的切削碎片除了较大的碎片,同时也有 FFU 小粉末产生。由于小粉末的形状复杂多样,在水中搅拌时,很多气泡会附着在粉末上产生泡沫,在泥浆中进而产生大量的泡沫,泥浆输送泵停止工作,导致盾构掘进中断。

(2)当盾构机对 FFU 进行切削过程中,通过多次开仓检查土仓,发现大块 FFU 材料(最大切削碎块为:长 120cm、宽 10cm、高 3cm)和大块混凝土块(体积:21cm × 15cm × 10cm),由于不能随泥浆一同排出,容易造成环流系统的堵塞。分析原因如下:

①当盾构机刀盘切削 SEW 墙时,也切削到 FFU 构件与 FFU 构件之间的混凝土。但是,与 FFU 构件具有高度韧性相比,混凝土压缩强度高,但易碎。因此,随着切削作业的进行,混凝土先于 FFU 构件破裂;FFU 构件变薄时,钻头回转方向的反作用力减少,FFU 横着折断,所以产生棒状 FFU 碎片。

②左线始发线路坡度达 55‰,而 FFU 材料预埋时为竖直状态,从而使得盾构机刀盘与 FFU 材料间形成夹角,刀盘与 FFU 材料的接触为点接触(而非面接触),FFU 构件在切削结束时处于悬臂状态,故 FFU 材料更容易破裂。盾构机刀盘切削 SEW 墙状态分析如图 6-49 所示。

(五)应用效果

采用 FUU 材料形成的 SEW 墙,其整体表现良好,达到了预期的目标,盾构机顺利始发。整个施工过程中遇到几个难题,即钢筋笼的整体吊装难度大、钢筋笼的上浮力较大、掘进过程中产生泡沫及大块 FFU

材料碎片堵塞排泥管的情况,增加了施工难度,对施工进度产生了一定的影响。采用此材料加固洞门,一般每处投资约 80 万元。

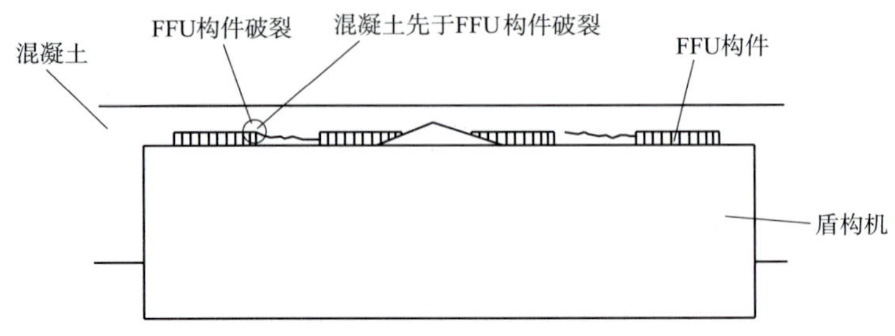

图 6-49　盾构机刀盘切削 SEW 墙状态分析图

四、经验总结

(1)在盾构始发、到达之前,一定要根据洞口地层的稳定情况制定有针对性的处理措施。常用的处理方法有搅拌桩、旋喷桩、注浆法,SMW 法、冻结法等。应根据地层具体情况选择工法,并且严格控制整个过程。

(2)端头加固完工后,不仅要在加固体内进行抽芯检验,而且在加固体外也要检验,以明确加固体内和加固体外的地质条件。

(3)破除洞门时,失稳主要表现为土体坍塌和水土流失两种,其主要原因也是由端头加固效果不好所致。在小范围的情况下可采用边破除洞门混凝土、边利用喷素混凝土的方法对土体临空面进行封闭。如果土体坍塌失稳情况严重时,只有封闭洞门重新加固。

(4)盾构机刀盘露出后,及时拉紧钢丝绳,有效密封洞门与橡胶帘布的空隙;盾构机破洞后,要尽快脱出全部盾体。

(5)当发现有险情时,要及时采取有针对性的措施,以确保盾构机和隧道的安全。

第二节　压气作业技术

土压平衡盾构机在复合地层掘进施工中,由于刀具磨损严重,经常需要开仓更换刀具。若开挖面上部土体自稳性较差,或地层中富含地下水时,直接开仓会造成开挖面的坍塌甚至引起地面的沉陷,因此,需要先从地面对开挖面进行加固处理,才能开仓检查刀具或者更换刀具。但在某些特殊情况下,如地面加固效果不理想,或地面加固所需时间过长,或地面不具备加固条件时,需要采取压气作业进行检查刀具或更换刀具。广州市轨道交通三号线市桥站—番禺广场站盾构区间要穿越 2.5km 的密集建筑物群,且隧道多处于花岗岩残积土层及断面为上软下硬的地层,施工过程中多次成功采用了压气作业开仓检查刀具和更换刀具,先后多达 14 次,取得了较好的效果。下面就压气施工方法作简要介绍。

一、作用

土压平衡盾构机依靠土仓内充满渣土保持一定的土压力来平衡开挖面的土压,而开仓换刀需要排出一定量的渣土来提供操作空间。压气作业方法就是在未进行地面加固的情况下,利用气压代替土压来平衡开挖面的土压力,提供检查刀具或换刀操作的条件。压气对开挖面的稳定作用,可大致分为下述三种:

(1)可阻止来自开挖面的涌水,防止开挖面坍塌。

(2)压气气压本身的挡土作用使开挖面保持稳定。

(3)压气产生的围岩脱水作用增加了粉砂、黏土层或含有粉砂、黏土成分的砂质土的强度。

二、地质条件选择

压气施工也并非任何地层都适用。由于覆土厚度、土质、地下水等条件的不同，有时压气施工收不到预期的效果，采用压气施工前必须仔细研究。

压气的效果受围岩的条件所影响。故应充分调查土的粒度组成、土的透水性和透气性、地下水的状态等。另外，工程进展的同时必须观察开挖面的状态，测定并记录涌水量、空气消耗量，并与事先调查资料进行比较，及时反馈以指导施工。

土质不同，压气的效果也不同，大致如下：

(1)砂砾地基：由于透气性好，有地下水时涌水也多，增加压气气压时，则往往增加漏气(隧道内的空气连续向围岩侧泄漏的现象)。压气效果不明显，支护作用也收不到预期的效果。

(2)砂质地基：由于透气性好，故空气消耗量也大。小覆土时，如果气压太高，则产生喷发(隧道内的空气破坏围岩，爆发性地喷出地面)的危险性很大。虽然涌水量比砂砾地层少，但是完全避免很困难。涌水处发生开挖面坍塌的危险性很大。

(3)粉砂质地基：透水性差，压气效果好，是适合压气施工的地基。只要注意覆土与气压的关系就不会发生喷发现象，基本可以防止涌水。

(4)土质地基：土质软弱，开挖面不稳定时，可依靠压气气压本身的挡土作用和脱水作用使地基得到加固，故多采用压气施工。

(5)互层地基：一般的围岩都是由各种土质的互层构成，比较复杂，地下水压也往往被不透水层隔断。例如，即使是砂砾或砂质层，如果开挖面的上部有粉砂或黏土等透气性差的地层时，也是较为理想的压气施工地层。在开挖面的地下水压高的透水层与低透水层之间夹着难透水层时，由于低透水层的漏气非常多，不得不降低压气压力。此时，透水层出现很多涌水，成为主要问题。故一般在透水系数大于 1×10^{-2}cm/s 时，往往很难采用压气施工。

三、压气压力设定

压气压力应大于确保开挖面稳定和防止涌水所必需的最小压气压力，以免对施工环境及附近建(构)筑物产生影响。一般，在不发生漏气、喷发现象时，压气压力越高，开挖面稳定效果越好。但是，从作业效率和隧道工作人员的健康方面考虑，压气压力则越低越好。因此，必须综合研究上述情况，选择最合适的压气压力。另外，必须供应必要的空气量以确保需要的压气压力。

通常，压气压力以开挖面的地下水压力为基准，再考虑其他因素来确定。但是，压气压力对开挖面的任一部分都作用同一压力，而对于隧道顶部与底部的作用水压和土压是不同的，因此，对所有的位置都给予最适合的条件，也是比较困难的。

压气压力选择的方法，因覆土厚度、地质、隧道直径而异，一般多取压气压力等于从盾构顶部往下 $D/2 \sim D/3$ 位置的地下水压力。小直径隧道，一般多取 $D/2$ 位置的地下水压力。但是在黏性土围岩且透气性小的条件下，可采用较上述数值略小的压力进行施工。

四、准备工作

在进行压气作业之前，必须采取特殊措施对机头前方开挖面土层的孔隙，以及盾构机壳体与圆周土体之间的空隙进行密封处理，然后再通过加减压对人闸(见图 6-50)及土仓气密性进行检验。在人闸及土仓气密性满足要求的条件下，才能进行下一程序的作业。

1. 压气设备的检查

压气作业前，先对空压机的性能、人闸的气密性、仪表的灵敏性等进行检查，同时对人闸的前舱、主舱进行加减压试验。

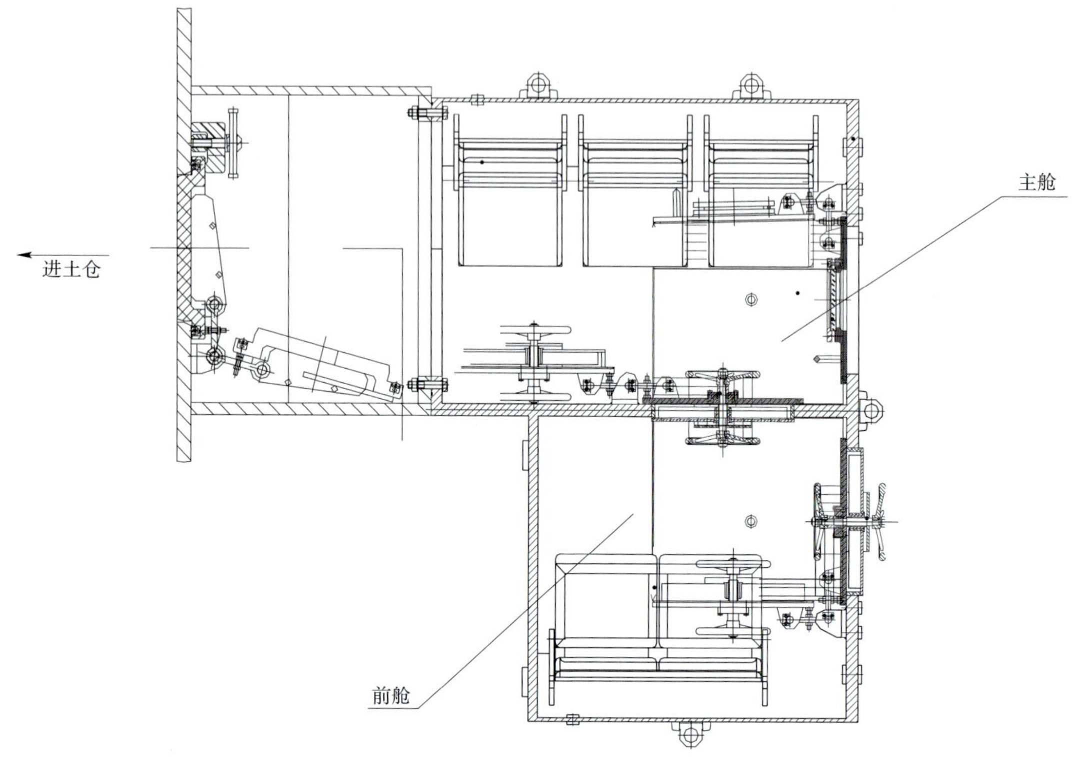

图6-50　人闸示意图

2. 气压的选择确定

在进行压气作业前先确定需要多大的气压才能达到止水及土体自稳，操作步骤为：

(1)先把土仓的土出空一半(上部土压为零)；

(2)打开土仓壁中部的两个土仓加气大球阀，要求在球阀位置土仓里没有泥土；

(3)做好上述两项工作后等待1h，检查土仓的上部压力，确定所需气压。

3. 油脂和砂浆注入量

为确保土仓气压在压气作业期间保持稳定，在确定准备进行压气前，首先要确保盾尾的油脂注入量和砂浆注入量足够。

五、工程实例

天河客运站—华师站区间多次成功应用压气作业。压气作业即利用压缩空气平衡盾构围岩水土压力，使其保持稳定，操作人员在气压状态下通过人闸进入土仓进行检查、更换刀具等工作。适用的压力范围在0.6~6.9bar之间，一般为1.8~3bar(见图6-51)，超过4.5bar时，需要采用很高的潜水技术和设备。

(一)压气作业设备——人闸、医疗舱

(1)盾构机验收时应对人闸(见图6-52)进行气密性试验。

(2)跟人闸管理人员有关的操作设备及显示设备安装在人闸的外边。

(3)所有人闸舱中都配有同样的设备，如压力计(见图6-53)、时钟、电话等。

(4)必须备用柴油空压机，以防停电。

(5)对所有组件的性能必须定期检查，如显示设备、带式记录仪、钟表，温度计、密封及阀门等。

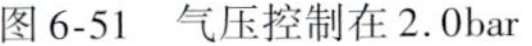
图6-51　气压控制在2.0bar

图6-52　人闸

(6)压力传感器安装在土仓中,用来测定土仓中土压的实际值。压力调节器将实际的土压与预设的参考压力值相比较,并使供气阀动作以达到正确的支撑压力。压缩空气调节系统仅调节供气,如开挖仓中压力太高,可通过溢流阀排气。

(7)压气作业现场必须配备医疗舱(见图6-54)。及时将人员送入高压舱中再加压治疗减压病是唯一有效的方法,可使90%以上的急性减压病获得治愈。而且加压治疗愈早愈好,以免时间过久导致组织严重损害而产生持久的后遗症。必要时尚需辅以其他治疗措施,如补液或注射血浆以治疗休克等。患者出舱后,应在舱旁观察6~24h。若症状复发,应立即再次加压治疗。

图6-53　压力计

图6-54　医疗舱在洞内备用

(二)压气作业人员基本守则

(1)作业开始时,在第一个人进入土仓空间前,人闸值班员应持续充气10min,以确保土仓空间内空气新鲜。

(2)压气作业人员必须是经过培训且通过身体检查的健康工作人员。要进行医学防治知识教育,使其了解减压病的发生原因及防止方法。

(3)应严格遵守压气作业工作时间,以24h为一个周期,总的工作时间不得超过6h。

(4)进行压气作业的人员在作业前8h内不许饮酒,作业过程中不许饮用含有酒精的饮料,不许吸烟。

(5)减压之前,更换干燥、洁净和暖和的衣服。

(6)患流感的人员不能进入人闸(见图6-53),这可能导致耳膜破裂。

(7)当工作舱温度超过27℃时,必须采取特殊的充气方法。如果温度不能维持在27℃以下,压气作业必须停止。高温下,必须向员工提供特殊的供水装置。减压时,人闸内的温度不允许在5min内降至10℃以下或升至27℃以上。

(8)在压力超过1bar的环境下作业的人员,减压后应留在人闸附近或医疗舱内一段时间。

(9)作业后的24h内,不许飞行和潜水。

(三)加压、减压

1. 严格遵守加减压规程

一般采用美国海军潜水规程,日本、新加坡等发达国家及香港地区同样有相应的标准可参考,我国交通部(现为交通运输部)和原铁道部也曾制定过有关规程。

2. 人闸加减压试验

进行无人压力试验,以检查主舱与前舱的各功能部件在试验压力下的工作情况。如图6-55所示为减压舱减压。

3. 土仓加压

在确定所需气压后,往前掘进1~2环,把土仓的土快速出空,然后加膨润土和气,直到气压升到所需气压为止,在加膨润土的过程中需要不停地转动刀盘。如图6-56所示为压气作业加压。

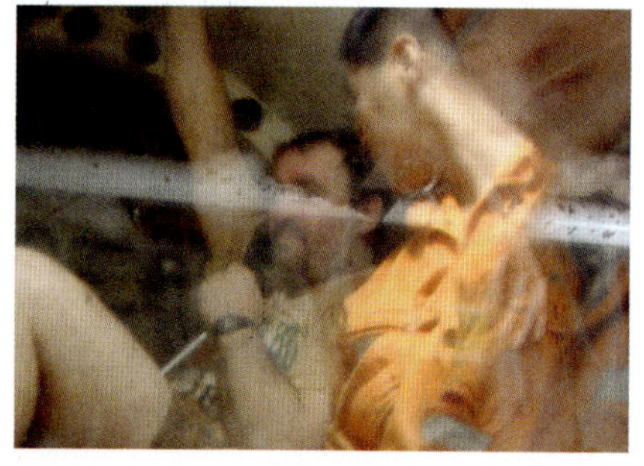

图6-55　减压舱减压

图6-56　压气作业加压

4. 主舱加压

(1)人闸管理员缓慢地打开进气阀;

(2)缓慢地升高主舱的压力,直到达到工作压力;

(3)当主舱内压力达到工作压力时,人闸管理员关闭带式记录器。

5. 压气作业换刀

为了更换刀盘上的刀具,根据地质条件不同,应适当降低开挖仓中渣土的高度。作业过程中,必须时刻密切注意开挖面的稳定性。

(四)压气作业应用

天河客运站—华师站区间于2004年1月26日首次采用压气作业并取得了成功。由于当时国内尚无相关操作规程,因此决定执行最适合中国人体能的、由香港劳工处制定的气压作业规程。作业期间,租用了广州打捞公司医疗仓,整个加减压的操作均由广州打捞公司的潜水医生及德国专家指导实施。如图6-57所示为压气操作员控制气压。

图6-57　压气操作员控制气压

(五)小结

压气作业优势是可以解决在地面无加固条件或隧道埋深太大、实施地面加固效果不佳等情况下无法检查、更换刀具的难题,但它也具有风险大、成本高的缺点。

(六)有待解决的问题

(1)规范:有关部门应尽快制定压气作业操作规程。

(2)设备:施工单位应配备急救医疗舱,而可利用的社会资源不多。压气下焊接和切割设备昂贵,且市桥站—番禺广场站区间试验未成功。

(3)经验:主要是缺乏根据开挖面情况正确判断压气作业的适应性的经验,并非任何地层都可以实施压气作业。

(4)人员:熟悉人闸结构并能有效地加以利用的操作人员不多,尚需大量培养。能够进行监护和急救的潜水医生比较难找,社会医院不能提供治疗服务。

第三节 盾构机洞内调头技术

在盾构标段较短、施工场地不允许左右线同时施工、接口标段不具备盾构机吊出地面条件等情况下,一般采用单台盾构机施工,在掘完区间一条线后盾构机在接口部位(车站或隧道)进行调头,调头后再继续掘进另一条线。1996年广州市轨道交通在国内最早采用盾构机在车站内调头的方案,尽管随后在上海和南京相继有多次盾构机在车站内调头实例,但是广州市轨道交通三号线客村站—大塘站区间在隧道内调头乃是国内首次。

一、工程概况

客村站—大塘站盾构区间隧道采用一台海瑞克土压平衡盾构机,从大塘站右线下井始发,向北掘进过扩大段矿山法隧道,到达客村折返段后调头移至左线,并向南继续掘进施工左线。盾构机主体在调头断面处调头,台车在客村折返段施工竖井内调头,如图6-58所示。主机调头隧道断面总长13.5m,横通道宽10.5m,左线始发长度为15.908m。

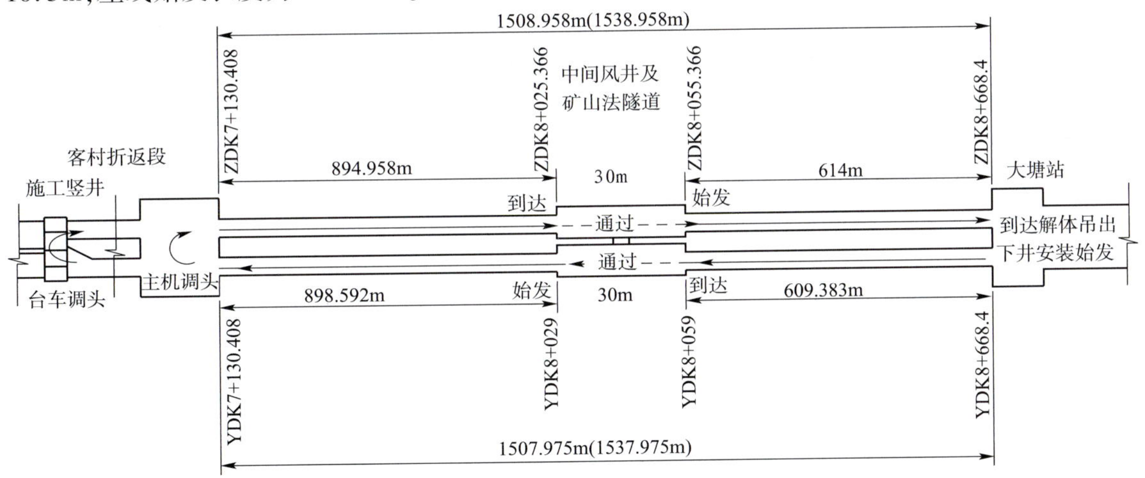

说明:1.括号内的数字含矿山法隧道段长度;
2.盾构隧道全长为3016.933m,含矿山法隧道区间全长3076.933m;
3.施工竖井平面尺寸为24m×6m,深30m,中间有3道中隔墙,深20m

图6-58 盾构隧道掘进过程示意图

二、盾构机隧道内调头重难点

(1)调头结构断面宽为10.5m,长12m直径6.28m的盾构主机在洞内掉头的难度大。

(2)客村折返段没有提供后配台车调头施工条件,就客村折返段现有结构进行后配台车调头条件苛刻。

(3)后配台车需往返穿越267m矿山法隧道,在6m×24m的施工竖井下调头,且施工竖井有3道等分中隔壁,施工竖井左右线卡口部位最大距离只有7.6m,为吊车起吊增加了难度。

（4）左线马蹄形小断面矿山法隧道最大净空只有6.2m，而后配台车理论直径就为6.2m，且有局部超限。这使台车调头后从左线矿山法隧道到达始发位置变得异常困难。

三、盾构机调头方法

（一）前期准备

（1）准确实测调头场地的空间尺寸，特别是调头的关键位置和卡口位置，避免因为施工误差对掉头方案的影响。

（2）在计算机上预先做好调头尺寸模拟，确定各种限界尺寸，并根据模拟结果确定调头步骤和调头方案。

（3）在盾构机调头位置预埋用于托架固定、盾构机平移、盾构机调头及始发的预埋件，并兼顾托架、负环等重型结构的安装和拆除。

（4）将盾构机接收托架、钢板、钢轨及调头其他设备提前运输到接收和调头断面。

（5）确保调头位置基面的平整度，必要时用砂浆找平。

（6）在掉头位置基面上铺设钢板并保证钢板平面和钢板接缝的平整，将钢板四周固定，加强钢板接茬的连接，确保钢板在掉头施工中不发生移动、钢板连接不会断裂。

（7）在钢板上放出盾构机旋转和平移过程的轨迹点，标示出已模拟的盾构机调头过程的托架轨迹和趋势，并标示出掉头的各种限界。

（二）主机调头

盾构机步入托架与托架固定为整体，通过托架底部钢板直接在钢板上平移旋转，实现调头。

如果现场空间高度足够，盾构机步入托架与托架固定为整体后，可用千斤顶将托架和盾构机一起顶升，在如图6-59所示的托架和钢板之间增加某种减小摩擦的构件，如钢珠万象轮，或在托架底部安装一层四氟乙烯板等，从而在摩擦力较小情况下实现托架在基面上平移旋转，完成盾构主机调头。

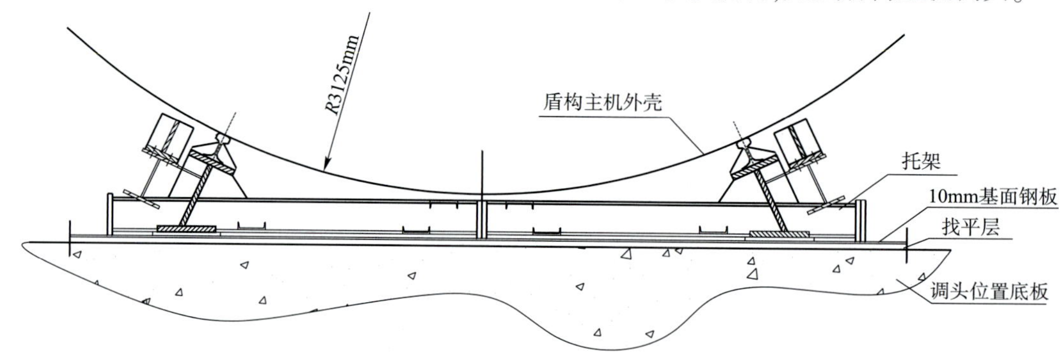

图6-59　盾构机调头断面图

1. 盾构机接收

先在洞门前按盾构机到达的实际姿态调整好托架位置和高度，再把托架焊接固定在地面的钢板上，在托架前方和托架两侧用工字钢和限位块固定好托架，防止盾构机步入托架时托架发生移动。如图6-60所示为盾构机接收平面位置及托架固定示意图。

2. 盾构主机调头步骤

（1）将钢板上的泥和土等杂物清理干净，在钢板上涂抹黄油。

（2）将托架与盾构机固定在一起，先通过倒链并用千斤顶辅助将盾构机向左前方拉出事先模拟的距离，使人和设备可以到托架的四周进行调头施工。

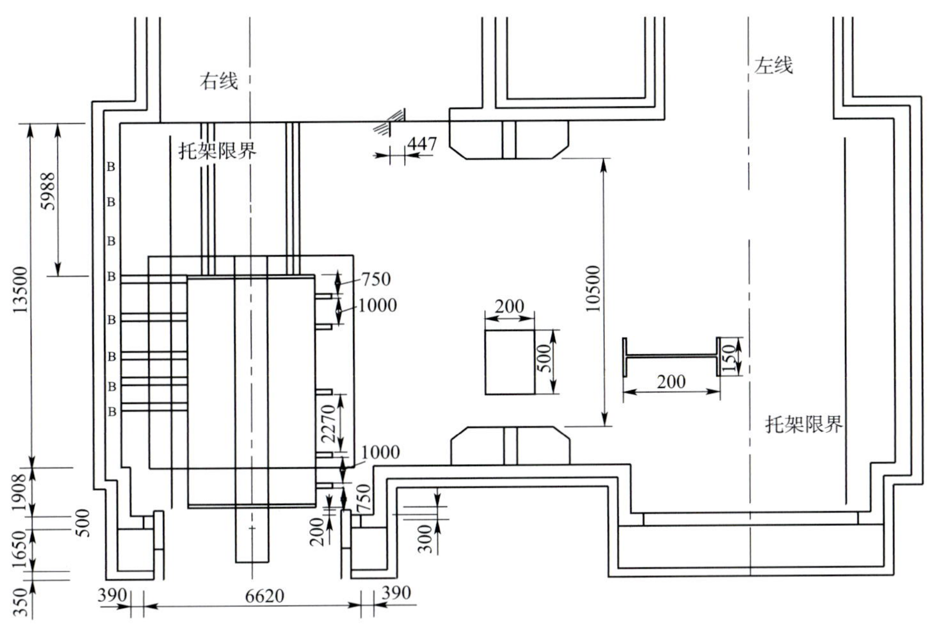

图 6-60　盾构机接收平面位置及托架固定示意图(尺寸单位:mm)

注:固定托架为 150mm×200mm 的工字钢,两侧分别焊接在铺面钢板上和预埋件 B 上,后面顶在 E 型端面下部混凝土面上。

(3)依照既定盾构机调头模拟位置,根据钢板上已经标示出的托架旋转平移位置及趋势平移旋转盾构机。如图 6-61 所示为盾构机调头位置及托架接收横断面示意图,如图 6-62 所示为盾构机调头步骤示意图。

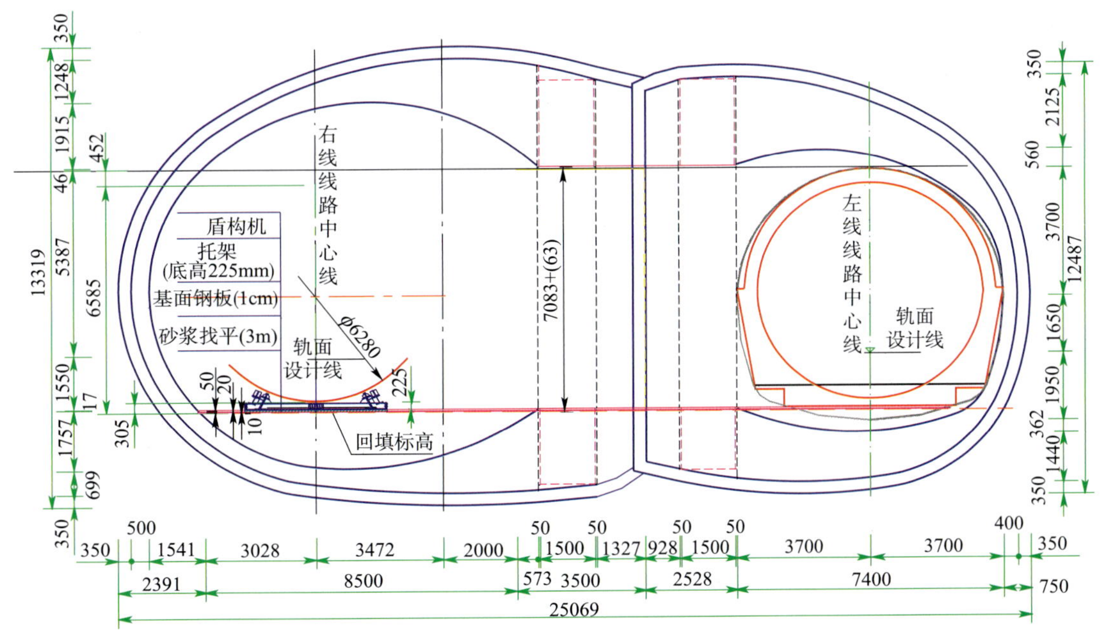

图 6-61　盾构机调头位置(中隔墙上有 10.5m 横通道)及托架接收横断面示意图(尺寸单位:mm)

盾构机平移:在钢板上焊工字钢钢块作为千斤顶反力支座,用 4 台 80t 千斤顶在托架最佳顶推位置附近按实际需要顶推托架,使托架移动和转动。顶推过程中可以在托架和千斤顶之间加设工字钢垫块以增加千斤顶行程;在顶进一定长度后调整千斤顶反力支座钢块位置,使托架及盾构机按预定轨迹平移。

盾构机旋转:托架旋转时在托架旋转中心的角上用一千斤顶作为支点,用另一千斤顶在托架最佳顶推位置附近顶推托架,形成旋转力偶,使托架以固定转轴为旋转中心按预定旋转轨迹旋转。

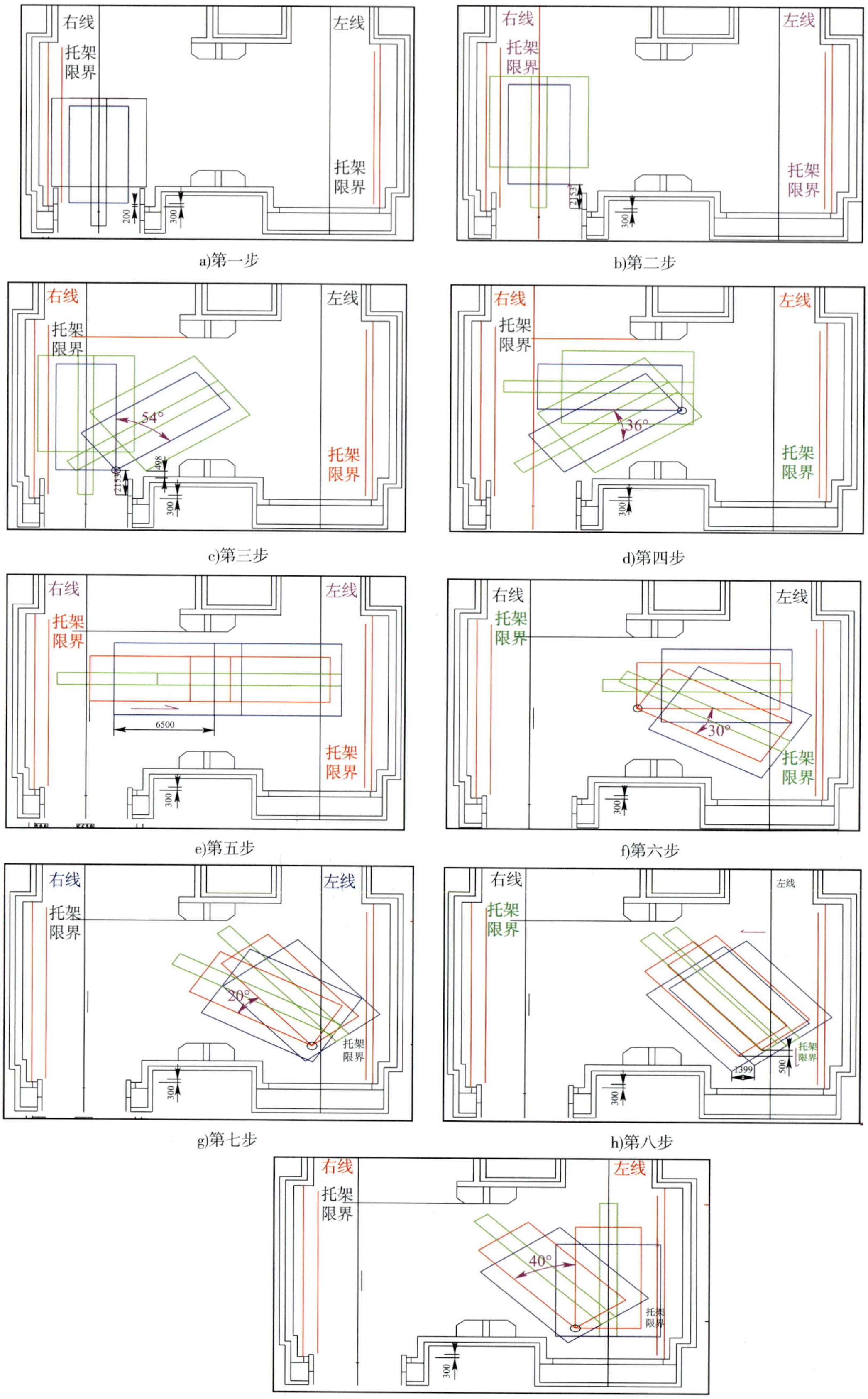

a)第一步

b)第二步

c)第三步

d)第四步

e)第五步

f)第六步

g)第七步

h)第八步

i)第九步

图6-62　盾构机调头步骤示意图(尺寸单位:mm)

3. 盾构机后配套台车调头

后配套台车调头时根据调头位置的空间条件，有以下三种常用方案：①用大吨位吊车将台车吊起，在空中旋转实现调头；②采取与主机调头类似的方法，让台车步入特制托架，将托架和台车固定好后在基面上旋转实现调头；③在现有折返段施作一调头用斜通道，台车通过道岔调头。

客村站—大塘站区间盾构主机调头采用托架在钢板上直接平移旋转的方法，台车采用吊车在空中调头的方法，其施工过程详述如下：

(1)在盾构主机调头的过程中，即对台车进行分解，在盾构主机调完头后，即可进行后配台车调头。

(2)利用大吨位吊车在施工竖井将台车吊起，根据现场条件不断变化吊点，旋转180°后实现台车从右线吊到左线。最终采用50t吊车利用7个班将5台台车调头，其中最重的2号台车采用2台50t吊车配合起吊完成。

四、盾构机调头注意事项及措施

1. 预埋件的设计

盾构机在封闭的隧道内调头，预埋件的设计对于后期调头施工操作的简易优化具有现实意义。在隧道内托架的固定、盾构机初始平移、盾构机调头过程及盾构机始发均需位置比较准确的预埋件。托架、负环等重型结构的安装和拆除，也需要一定的预埋件，如果事先设计好这些预埋件，可以大大方便后期具体施工操作。

2. 调头断面基面及钢板平整度要求

(1)精确复测调头断面和K形断面回填平整度。

(2)砂浆强度保证不小于10MPa，砂浆表面平整度不大于$10mm/m^2$。

(3)钢板之间焊接牢固，焊缝打磨平整，四周固定牢靠，避免盾构机调头时钢板发生移动。

3. 基面钢板铺设时机

调头位置基面铺设钢板的时间需把握：应在贯通前准备阶段就铺设好钢板，如等到贯通后才将基面泥砂清理干净铺设、固定钢板，则会使盾构机调头起始时间延后；但在贯通时需在钢板及钢板四周铺垫彩条布或用棉纱封口，以防贯通瞬间泥砂及水在巨大压力情况下涌入钢板底部，避免钢板铺设工作返工。

4. 反力点和调头工具的准备

提前准备调头需要的结构件和工具，并就千斤顶的反力点做出大致的设计，以保证调头工作开始后顺利快速进行。

托架比较笨重，在准确放置托架前，先在托架底部钢板上涂抹黄油，能确保润滑效果；若后期在钢板上涂抹黄油，因为托架钢板与基面钢板接触紧密，基面钢板上的黄油进不了托架内部，达不到理想的润滑效果。

五、盾构机调头实施情况

客村站—大塘站区间盾构机在客村折返线快速安全顺利完成调头。其中主机调头用时5个班(每班12h)，盾构机从静止开始向前移动，初始推力达到1000kN时，在随后的平移和旋转过程中推力在300～500kN之间，基面钢板曾出现移动，加固后顺利完成调头；后配套调头采用50t吊车，用时7个班完成调头，因2号台车自重加配重达45t，最终采用2台50t吊车倒钩顺利完成调头。

第四节　特殊条件下的盾构吊出技术

由于场地和工期原因，有些地点无法采用常规的吊出方法对盾构机进行吊出，只能采用其他的非常规方案。如广州市轨道交通三号线沥滘站—大塘站区间为缩短工期，在2004年，率先采用盾构机整体吊出、整体地面运输、整体吊入技术，为国内首创；五号线西村站—草暖公园站区间右线西村站狭小空间内将盾构机平移吊出；二号线南延段在东晓南站采用盾构机在无主体结构状态下进行拆吊的方案等，较好地解决了场地和工期的问题。

一、盾构机整体吊出

三号线沥滘站—大塘站区间采用2台三菱泥水盾构机，主机前、中、后体为焊接。外形尺寸为ϕ6280mm×8600mm，单台质量为320t。以前在国内是分件解体吊装和运输，此次由于工期的原因，率先采用盾构机整体出井和整体下井以节约时间。另外，由于盾构机无法从厦窖站出入段线过站，整体地面运输距离约为600m。

吊出时采用改造后的400t发电机定子吊装架（见图6-63与图6-64），以满足盾构机整体出井和整体下井需要。吊装系统采用4台LSD-200型液压提升机构，每台液压提升机构配15条钢索（ϕ8.7mm），配吊装钢丝绳1对（长30m）。

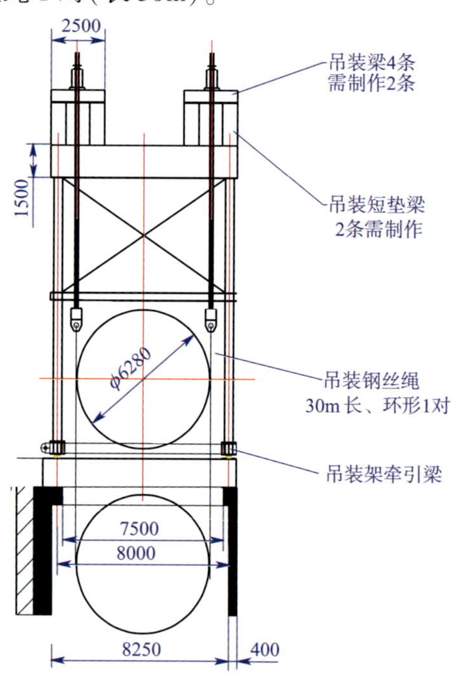

图6-63　吊装架正面图（尺寸单位：mm）

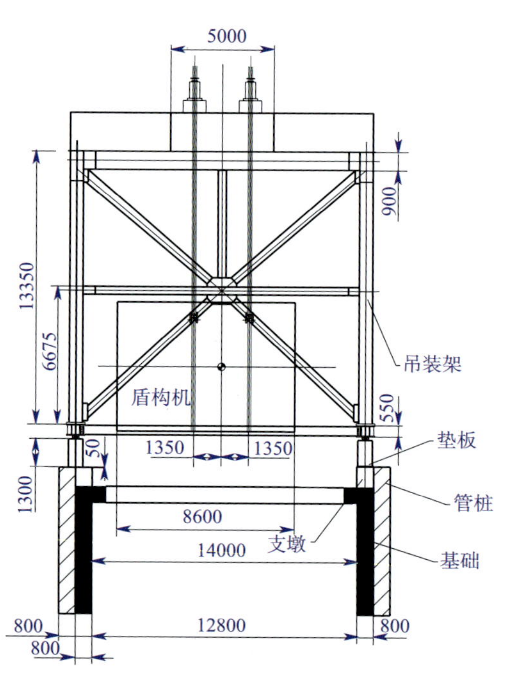

图6-64　吊装架侧面图（尺寸单位：mm）

由于盾构机在吊至井口后需要水平移位最大（31m），吊装架和盾构机的组合质量达到540t，定子吊装架需要移动。而定子吊装架设计是二次灌浆于基础上，需要进行吊装架移动系统、牵引系统、运输支座的设计以及运输系统的布置。

定子吊装架的中心尺寸为14m×8m，布置在墙上。在出井位置用混凝土浇筑8个垫高支墩，要求该支墩可移动。在盾构机的整体下井位置要求设置2条垂直支撑柱，支柱既要水平稳定，又能承受200kN垂直荷载。

地面运输道路，要保证纵向坡度不大于6°、横向坡度不大于3°。

（一）作业顺序

1. 整体吊出

布置垫高支墩→布置拖运轨道梁→布置小坦克→组装牵引架→组装吊装架→布置吊装短梁和

14.25m 长梁→布置专用吊装梁→布置液压提升机构→穿钢索→布置吊装钢丝绳和限位→穿下锚头调钢索→试吊→吊装→移动吊装架到位(见图 6-65)→放下盾构机焊接牛腿→提升盾构机→拆掉拖运轨道梁 →全挂车倒车到位→布置运输托架→ 放下盾构机→ 绑扎好准备运输。

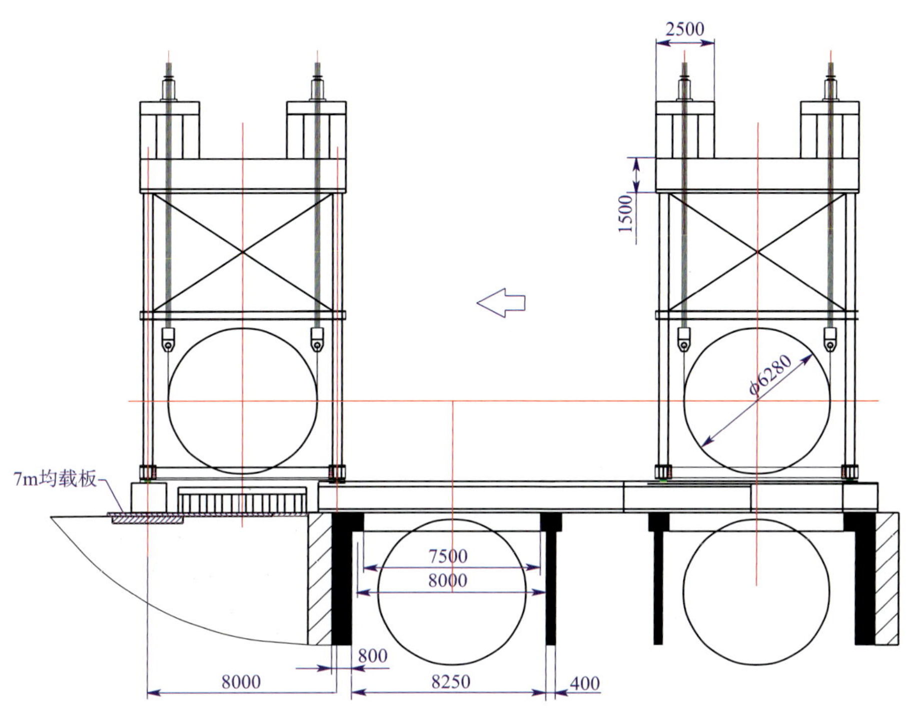

图 6-65 吊装架移动(尺寸单位:mm)

2. 地面整体运输

采用 1 台 12×3 轴 400t 工况液压全挂车运输。盾构机是一个圆柱体,其长度为 8.6m,承载长度仅 6m,不符合液压全挂车承载长度要求和稳定性要求,需在盾构机两边焊接 4 个运输承载牛腿并在运输承载牛腿布置 2 条长度不小于 12m 的均载梁才能满足盾构机运输所需的承载长度和稳定性要求。运输承载牛腿下铺设 2 条 14m×300mm×600mm 均载梁,并充分考虑液压全挂车的横向承载要求,利用薄木板调整盾构机中间最低承载点与承载梁间的高度差,保证了液压全挂车横向三点承载。如图 6-66 所示为盾构机整体运输。

3. 整体下井

布置支柱→布置拖运轨道梁和平台→布置小坦克→组装牵引架→组装吊装架→布置吊装短梁和 14.25m 长梁→布置专用吊装梁→布置液压提升机构→穿钢索→布置吊装钢丝绳→穿下锚头调钢索→试吊→吊装→开走平板车→连接轨道梁→放下盾构机割除牛腿→提升盾构机→移动吊装架到位→放下盾构机。

(二)与常规拆解吊运方案比较

三菱泥水盾构机,其主体为焊接而非螺栓连接,常规拆解吊出—运输—吊入—焊接成整体,每台用时 45d。利用整体吊运技术:盾构机的整体吊出—整体地面运输过站—整体吊入,右线盾构机用时 17d,左线用时 12d。此方法在国内尚属首次,取得了较高的经济效益。

随后,在五号线大坦沙站—西场站区间,又尝试三菱泥水盾构机在地面整体组装后,主机整体吊入,每台用时约半天,有着良好的工期—成本效益。

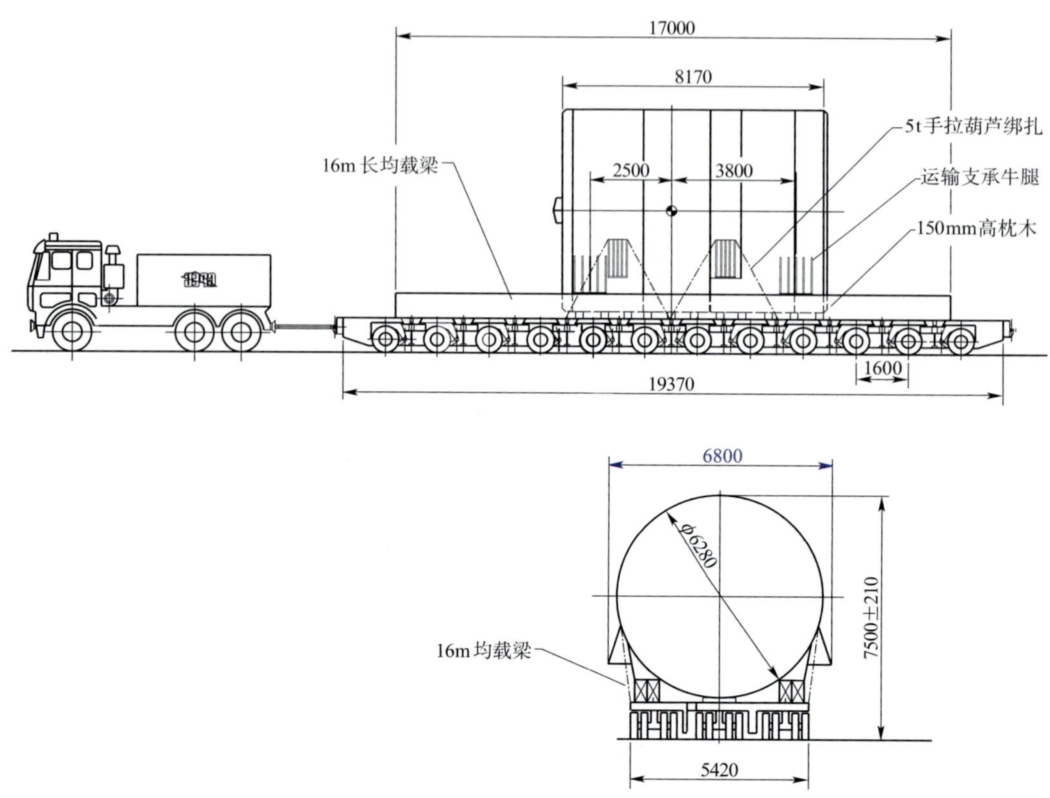

图 6-66　盾构机整体运输（尺寸单位：mm）

二、盾构机平移吊出

五号线西村站—草暖公园站右线采用海瑞克土压平衡盾构机，由草暖公园站始发，西村站吊出。西村站为暗挖站，受条件限制，只能利用唯一的具有地面出口的东端风机房扩大段平移到风道后，再进行盾构主机和后配套的拆解与吊出。

1. 主机拆解与吊运

工序如下：从东端风机房扩大段接收托架下铺设 20mm 厚的钢板→盾构机在此扩大段到达→主机上接收托架—主机与托架加焊连接成体→在主机左右侧各焊接 2 个 200t 牛腿（前体与中体各 2 个，并选好受力点）→拆千斤顶靴板、断开主机与后配套之间的电气液压及机械连接、拆解螺旋输送器减速箱部分吊于管片上方→以侧面洞壁作为反力点，平移主机，使主机中心线与标准段中心线相吻合→4 个 200t 的千斤顶将主机与接收托架一起抬升 40cm→用 200mm 工字钢将东端风机房扩大段垫高 40cm，使之与风道持平→主机在风道内平移：盾构主机长度为 9500mm，大于风道内净空，需将主机逐节（盾尾、中体、前体加刀盘）进行分离、平移并吊出。盾构主机平移过程中，采用 4 个 100t 千斤顶顶推主机使其到达吊输井，前端两千斤顶起导向作用，后端两千斤顶起顶推作用。

2. 后配套拆解

支撑 1 号连接桥，拆解管片小车，平移至吊出井并吊出。吊下自制台车接收托架（上铺台车轨道），将 1 号、2 号连接桥和 1～7 号台车分别平移至吊出井吊出。

1）1 号、2 号连接桥拆解、平移与吊出由于受东端风机房扩大段、风道及吊出井结构尺寸所限制，1 号连接桥长 11.2m，2 号连接桥长 9.1m，不能整体平移与吊出，需将 1 号、2 号连接桥上所有管路、线路、皮带机架拆除，并将连接桥骨架平均分成两部分。

由于油管的焊接工艺要求较高，并且焊接过程中管路内壁不能残留焊渣，本次拆除时采用单根管路整体拆除的方式，且做好单根管路在管排中的位置标示以便于以后的管路恢复。

由于 2 号连接桥上的油管和气管、水管管排的拆除采用管排的整体拆除方式，需注意管排在连接桥上的分布方向。

将 1 号、2 号皮带机架整体提升并悬挂于管片上，待 1 号连接桥和 2 号连接桥运出后将 1 号、2 号皮带机架放下并吊出。

利用卷扬机将断开后的 4 部分 1 号、2 号连接桥逐步节拉上自制接收托架，顶推自制托架完成过风道并吊出。

2）1 ~ 7 号台车拆解、平移与吊出

风道及吊出井结构尺寸满足台车的整体平移与吊出，拆除台车上的管路和线路后即可达到 1 ~ 7 号台车的平移与吊出要求。如图 6-67 所示为风道及台车行走示意图。

利用卷扬机将 7 节台车逐个拉上自制接收托架，顶推自制托架完成过风道及吊出。

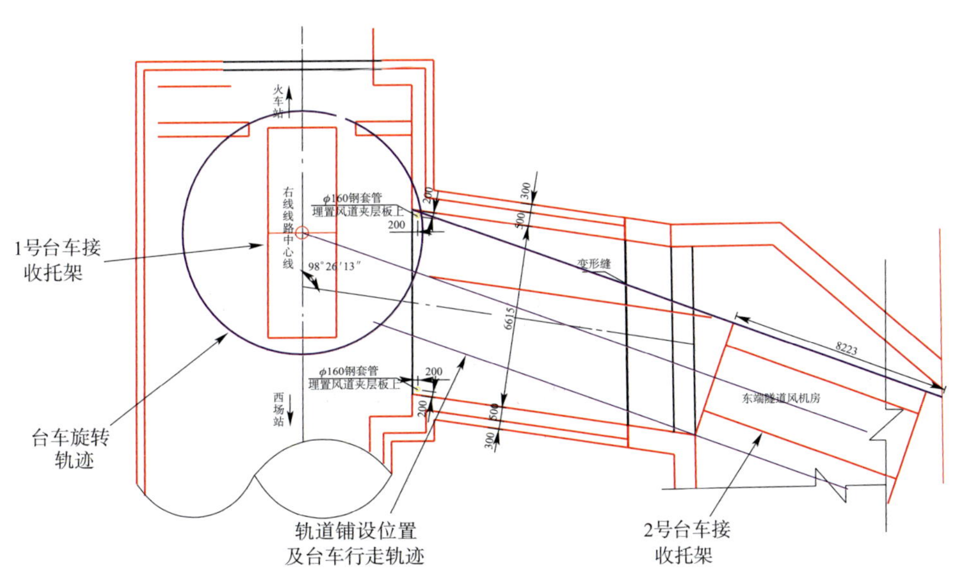

图 6-67　风道及台车行走示意图（尺寸单位：mm）

三、盾构机无主体结构状态下拆吊方案

（一）工程概况

二号线江泰路站—东晓南站盾构区间由一台海瑞克土压平衡盾构机施工，盾构机由江泰路站始发井左线始发，到东晓南站吊出井吊出。之后盾构机转场至始发井，进行右线二次始发，完成右线掘进任务。

吊出井施工由于受到前期拆迁、管线改移和交通疏解的制约，工期滞后较多，为保证工期，施工方案筹划调整为：吊出井围护结构完成后，盾构机掘进进入吊出井，然后进行土石方开挖；先将盾构机本体从吊出井挖出，后进行分解、吊拆、转场，在始发井基坑内二次始发施工右线隧道。如图 6-68 所示为盾构机在左线吊出井停机示意图。

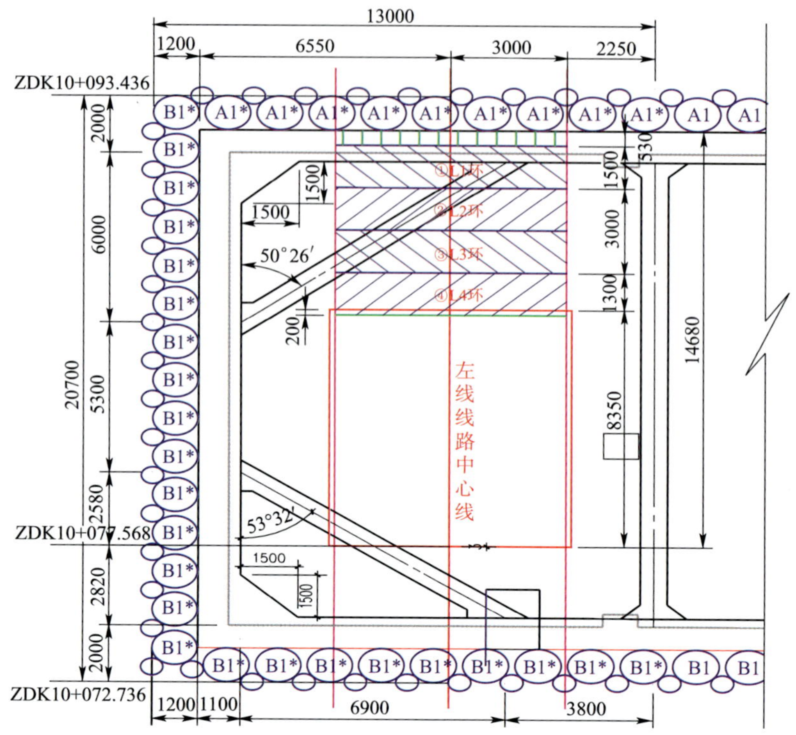

图 6-68　盾构机在左线吊出井停机示意图(尺寸单位:mm)

(二)无主体结构状态下的拆吊工艺

1. 盾构机到达吊出井的掘进

拼装的管片进入端头加固范围后,浆液改为双浆液,提前在加固范围内将泥水堵在加固区外;在盾构贯通前后安装的几环管片,一定要保证注浆饱满密实。

盾构机到达吊出井后将以原线路设计轴线进行掘进。由于此时吊出井基坑内上层土体已开挖到第5道撑,盾构掘进推力要适当减小,速度控制在15mm/min以内。为防止浆液上冒,此时的注浆压力控制在0.2MPa以内。

2. 临时管片拼装

盾构机到达吊出井端头后,继续掘进前行,为方便拆除,临时管片通缝拼装,拼装点位为2点(时钟位置)的位置。

3. 盾构机停机

(1)停机后隧道防水施工:盾构机停机后,对端头处隧道的渗、漏水处进行防水施工,及时进行二次注浆。

(2)停机后后配套与盾构机本体分离及保养:将后配台车及桥架与盾构机本体进行分离,分离后的桥架搭设在管片车上,与管片车固定在一起,准备开始将后配套台车及桥架拖拉回始发井。分离后的盾构机本体则做好保养和维修,并对液压管路、连接电缆头进行接头封堵和保护,防止盾构机开挖时对此造成破坏。

4. 盾构机在吊出井内开挖

吊出井土方开挖至盾构机上覆土厚度为1.5m时,人工清理盾构机正上方土体,盾构机两侧面土体则由小型挖掘机进行开挖,两侧开挖至盾构机的腰部以下约70mm。如图6-69、图6-70所示为盾构机开挖示意图及纵断面图。

5. 盾构机本体分解、吊拆

(1)从端头第一环开始依次拆吊临时管片。

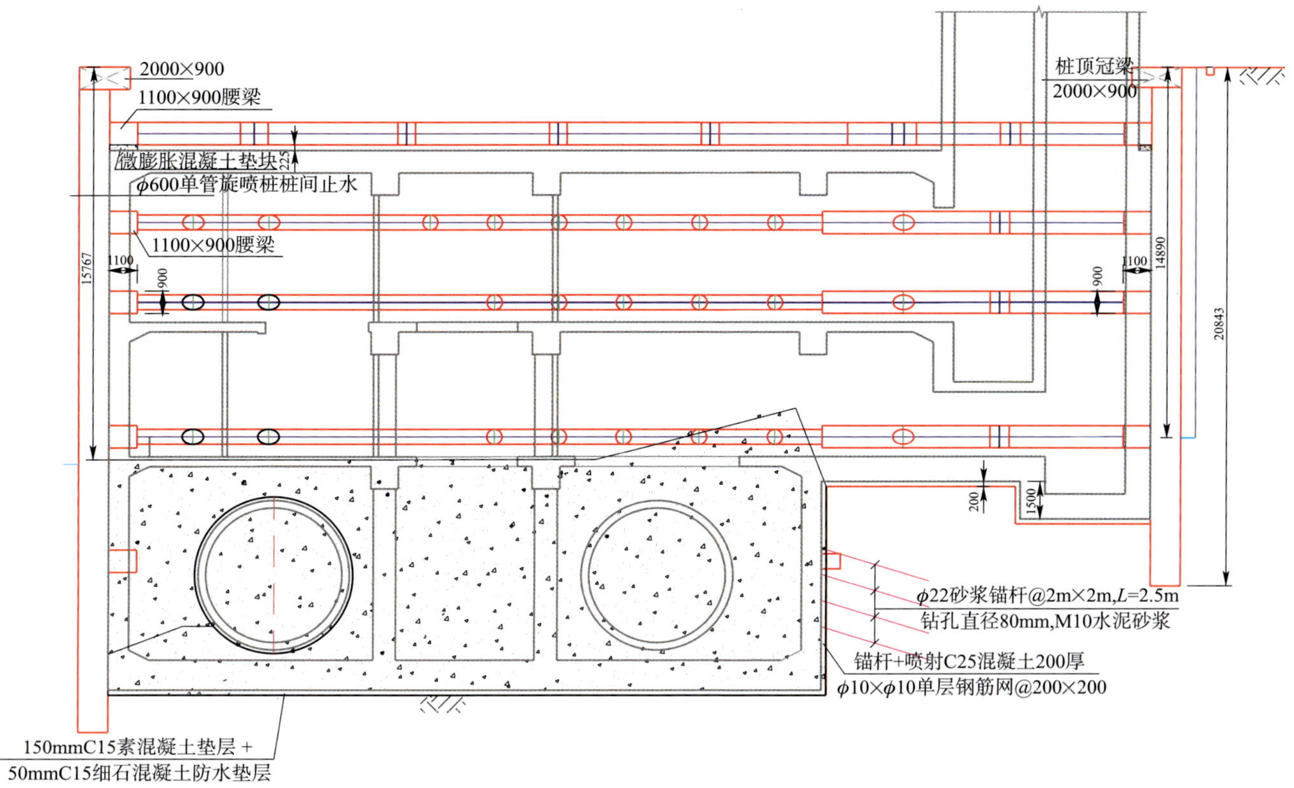

图 6-69　盾构机开挖示意图(尺寸单位:mm)

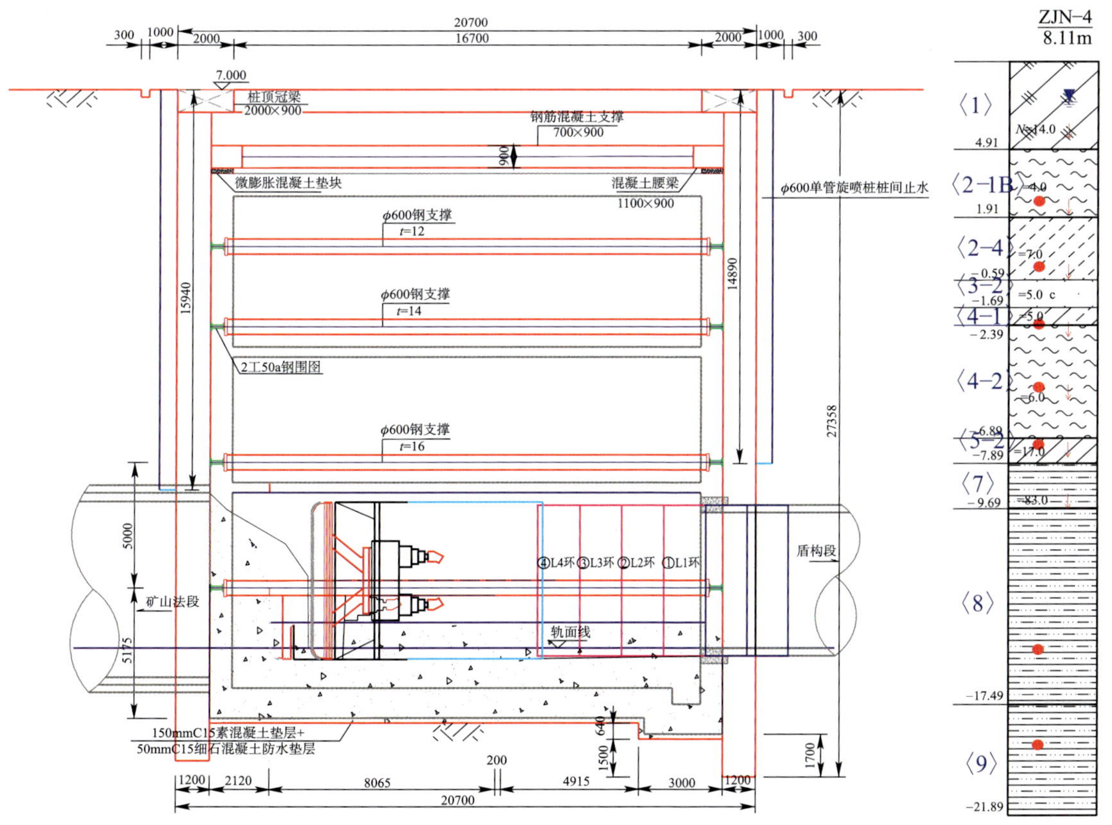

图 6-70　盾构机开挖纵断面图(尺寸单位:mm)

(2)拆螺旋输送器:在地面使用250t吊车斜向吊拉,在盾构本体内设置两处倒链进行辅助将其吊起,待其拆离后平放于两节管片车上,从洞内拉回始发井基坑。

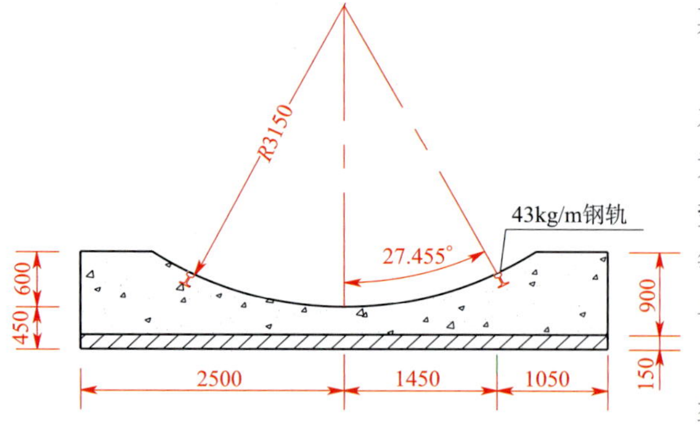

图6-71 弧形导台断面图(尺寸单位:mm)

(3)在临时管片安装处向下开挖450mm,架设弧形木质模板,施工沿隧道轴线方向长6m厚300mm的C35素混凝土弧形导台。弧形导台下部为150mm素混凝土垫层,在导台两侧预埋设2根43kg/m钢轨,钢轨与导台等长,钢轨轨面沿圆心方向比盾构机本体低5mm,弧形导台断面图如图6-71所示。

将弧形导台预埋钢轨面用黄油润滑。在盾构机刀盘前方土体处安设20mm厚后座钢板,在盾构机本体两侧分别锚固20mm厚钢板,在钢板处用千斤顶顶推实现盾构机本体的后退,使盾构机在导台钢轨面上移动,直至导台末端。此时依次将盾构机本体尾盾、中盾、刀盘、前盾分批、分次用250t吊车直接拆吊至地面平板车上,运抵盾构始发井。

如图6-72所示为吊车停放位置平面,如图6-73所示为盾构机主体起吊示意图。

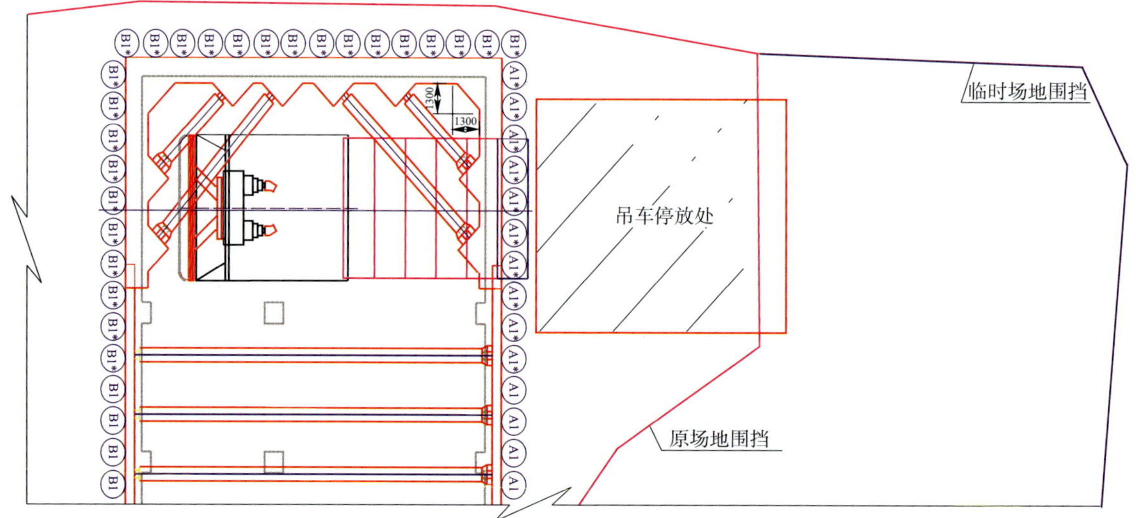

图6-72 吊车停放位置平面图

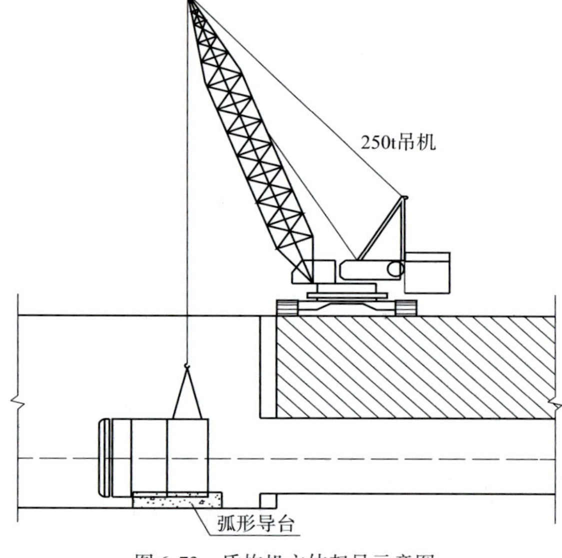

图6-73 盾构机主体起吊示意图

6. 后配套台车及桥架拖拉回始发井

后配套台车及桥架和主机分离后，用蓄电池车拉回始发井。桥架固定到管片车上，边铺轨边用两台蓄电池车往回拉。配备足量的“铁鞋”，在竖曲线处，及时安放“铁鞋”，可用一台蓄电池车拖，另一台蓄电池车拉拽的方式通过。

第五节　复合地层掘进中衬背注浆

由于盾构机刀盘的开挖直径大于管片外径，管片拼装完毕并脱出盾尾后，与土体间形成一个环形间隙，简称盾尾间隙。盾尾间隙如果不及时得到填充，势必造成地层变形，使相邻地表建(构)筑物沉降或隧道本身偏移。因此，衬背注浆是盾构法中必不可少的关键性辅助措施。合理的施工工艺选择是盾构掘进施工安全顺利的保证。

一、衬背注浆目的

1. 控制地表沉降

衬背注浆的最重要目的就是及时填充盾尾间隙，防止因盾尾间隙的存在导致地层发生较大变形或坍塌。

2. 控制管片的稳定性，提高管片与围岩的共同作用力

用具备一定早期强度的浆液及时填充盾尾间隙，可以确保管片衬砌的早期和后期稳定。盾构隧道是一种管片衬砌与围岩共同作用的结构稳定的构造物。均匀、密实地注入、充填管片背面空隙是确保土压力均匀作用的前提条件。

3. 提高隧道抗渗能力

盾尾注浆液凝固后，一般有一定抗渗性能，可作为隧道的第一道止水防线，提高隧道抗渗性能。

4. 预防盾尾水源流入土仓而造成的喷涌

在复合地层施工时，如果管片背后的间隙没有得到良好填充，很长的一段距离内地下水系连成一体，该水系通过盾壳与土体之间的缝隙流至开挖面，将对开挖面形成一股较大水压力，造成喷涌。良好的衬背注浆可以截断盾尾水源，减少喷涌发生。

二、衬背注浆系统分类

根据衬背注浆与盾构掘进的关系，从时效性上可将衬背注浆分为以下三大类：

(1)同步注浆：盾构机向前推进、盾尾间隙形成的同时，立即注浆，使浆液即时填充盾尾间隙，从而使周围土体获得及时补偿，有效防止土体的塌陷，控制地表的沉降。

(2)及时注浆：掘进了一环或数环后，盾尾存在大量间隙空间时才对盾尾间隙进行注浆。这种注浆方式由于不能迅速对盾尾间隙进行填充，增大了对土的扰动性，不利于地面沉降控制，而且由于早期管片脱出盾尾后处于悬空状态，受力状态较差，管片不能得到及时稳定，容易发生错台。

(3)二次注浆：一次注浆效果不理想时，需要通过二次注浆对前期注浆进行补充。一般在隧道发生偏移、地表沉降异常、渗漏水严重、盾尾漏浆严重或喷涌时使用。一些特殊地段，如盾构机进出洞地段和联络通道附近，也需要进行二次注浆。二次注浆可以反复进行，即多次注浆。

根据衬背注浆的位置和方向不同，可将衬背注浆分为以下两类：

(1)水平衬背注浆：这种注浆方式大多采用盾构机本身配置的注浆系统，构造形式如图 6-74 所示，注浆管平行于盾壳埋设，浆液水平向注入。

大多数水平衬背注浆均注入单液浆，但一些盾构机也配备了便于清洗的水平双液注浆系统，如图 6-75 所示。

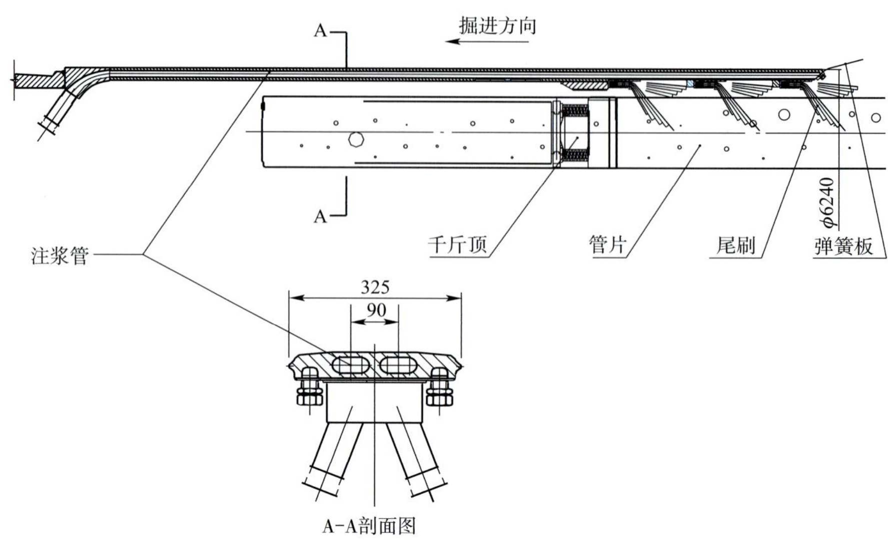

图 6-74　同步注浆管在盾尾的位置(尺寸单位:mm)

根据注浆管与盾壳的相对位置关系,可将注浆管分为内凹式和外凸式两种(见图 6-76)。两种不同的形式主要是从盾构机设计上考虑的。外凸式注浆管减小了盾尾内部的占用空间,可一定程度地减小盾构机外径,从而减小盾尾间隙,有利于减小土体扰动和控制掘进过程的地面沉降,但由于盾壳的非圆性,不利于盾构机进、出洞,且在较硬土层容易磨损,一旦磨损后无法修复。而内凹式注浆管则在一定程度上增大了盾构机外径和盾尾间隙,相对而言,增加了盾构掘进过程对周围土体的扰动,但有利于管片拼装,且由于不易磨损,其地层适应性更为广泛。如图 6-77 所示为配备清洗装置的双液水平注浆系统图。

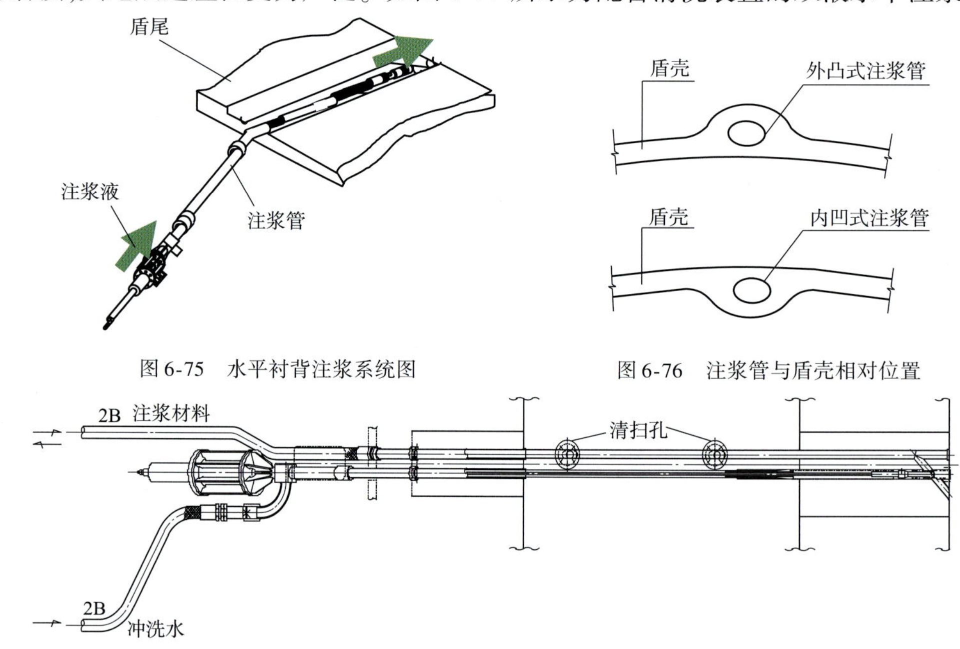

图 6-75　水平衬背注浆系统图

图 6-76　注浆管与盾壳相对位置

图 6-77　配备清洗装置的双液水平注浆系统图

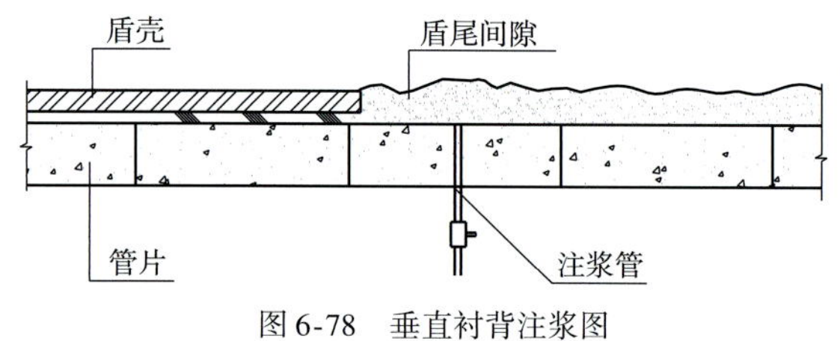

图 6-78　垂直衬背注浆图

(2)垂直衬背注浆:通过管片上的注浆孔注浆,如图 6-78 所示,注浆管垂直于管片内表面,浆液注入方向与管片垂直。这种注浆方式既可进行同步注浆,也可进行及时注浆和二次注浆。当进行同步注浆时,一般为多点注入。这种注浆方式注浆路径较短,可注入凝固时间很短的浆液,充填的及时性更有保障。

(3)两种注浆方式的差异:两种注浆方式各有其优缺点,具体见表6-5。

两种注浆方式比较表　　表6-5

注浆方式	水平衬背注浆	垂直衬背注浆
优点	1. 自动化程度高,施工控制相对简单; 2. 可以通过调整不同注浆管的压力和注浆量使浆液均匀地分布于地层中	1. 应用广泛,适用于各种地层和地段; 2. 浆液的可选性高,既可选用单液浆,也可选用双液浆,甚至可选聚合物等; 3. 可通过二次注浆对盾构机进出洞、联络通道地段补充加固,以及对隧道偏移、地表建筑物变形等特殊情况进行处理; 4. 可系统地截断盾尾地下水,防止喷涌
缺点	1. 浆液的可选性低,多使用单液浆,使用双液浆时易堵管; 2. 对于裂隙丰富的岩层、断裂带、极软地层,填充效果会受到限制; 3. 一旦堵管,清洗较困难	1. 工艺相对复杂,实际施工中,若没有严格的工序控制,往往做不到真正意义的同步注浆; 2. 浆液不易分布均匀,充填的均质性难以保障; 3. 采用双液浆时,容易发生堵管现象,而且浆液较难充分混合

三、注浆液的选择

(一)浆液种类

衬背注浆浆液一般分为单液浆和双液浆两大类。

1. 单液浆

单液浆多由粉煤灰、砂、水泥、水、外加剂等在搅拌机等搅拌器中一次拌和而成,这种浆液又可分为惰性浆液和硬性浆液。惰性浆液即浆液中没有掺加水泥等凝胶物质,早期强度和后期强度均很低的浆液。而硬性浆液即在浆液中掺加了水泥等凝胶物质,具备一定早期强度和后期强度的浆液。表6-6是几组不同单液注浆液配合比。

几组单液注浆液配合比　　表6-6

主要材料	配合比1	配合比2	配合比3	配合比4
水泥	50	100	147	102
粉煤灰	510	400	291	423
水	200	230	425	487
膨润土	20	30	45	48
砂	220	240	873	731
胶凝时间	10h	6h	10h15min	12h35min

2. 双液浆

双液浆是由水泥砂浆等搅拌成的A液与由水玻璃等组成的B液混合而成的浆液。这种浆又可根据初凝时间不同分为缓凝型(初凝时间30~60s)和瞬凝型(初凝时间小于20s)。胶凝时间越长,越容易发生向土仓泄漏和向土体内流失的情况,限定范围的填充越困难;而且在没有初凝前,容易被地下水稀释,产生材料分离,因此,目前多采用瞬凝型浆液注浆。但胶凝时间过短,也会造成注入还没结束,浆液便失去了流动性,导致填充效果不佳。表6-7是几组双液浆主要材料配合比。

几组双液注浆液配合比

表 6-7

主要材料	配合比1	配合比2	配合比3	配合比4
水玻璃	80	100	60	150
水泥	250	250	100	100
膨润土	150	150	100	100
粉煤灰	0	0	500	500
砂	0	0	400	400
水	500	500	550	550
凝胶时间	14s	25s	60s	105s

(二)浆液的应用

1. 特性

作为盾构注浆浆液,必须具备以下特性:

(1)良好的和易性,不易离析,不易被地下水稀释;

(2)要有一定的早期强度,浆液硬化后收缩率和渗透系数小;

(3)无公害。

2. 单液浆和双液浆的优缺点

单液浆和双液浆优缺点比较见表 6-8。

单液浆和双液浆优缺点比较表

表 6-8

注浆类型	单液浆	双液浆
优点	1. 工艺简单,易于施工控制; 2. 不易堵管; 3. 浆液扩散较为均匀; 4. 造价低,尤其是惰性浆液	1. 迅速凝结,保证管片衬砌的早期稳定; 2. 堵管后清洗相对简单; 3. 地下水大时,可有效阻截水流
缺点	1. 易被地下水稀释,产生材料分离; 2. 管片脱出盾尾后上浮; 3. 惰性浆液后期隧道下沉; 4. 在盾构机进出洞处易渗漏,发生事故	1. 工艺复杂; 2. 易堵管,难以完全实现真正意义的同步注浆; 3. 注浆的均匀性难以保证; 4. 安全文明施工环境差,影响隧道外观质量

惰性浆液初凝时间长,制备成本低,在上海等软弱地层为主的地区应用较为广泛,但由于其强度较低,不利于隧道衬砌的早期稳定。而硬性浆液制备成本相对较高,初凝时间为 12 ~ 16h,早期具有一定强度,对于隧道衬砌的稳定较为有利。

单液浆由于其施工工艺简单、易于控制、不易堵管等优点,较广泛地应用于衬背注浆系统。

初凝时间的选择是注浆施工中至关重要的考虑因素。胶凝时间较长的浆液一般早期强度较低,而过短的胶凝时间极易使注浆管堵塞,或填充效果不佳。

四、注浆参数的确定

(一)注浆量

$$Q = Va$$

式中,V 为理论填充空隙,a 为注入率。相关地铁施工规范规定,衬背注浆的注入率宜为 130% ~ 180%,而从实际施工情况看,在不同工法、不同地层、不同施工条件下,注入率往往超出这个范围,某些地段施工时，甚至经常达到 250% 以上。注入率主要与下列因素有关。

(1)土层情况：注入压力不变的情况下，在渗透系数低的的淤泥质粉质黏土、黏土、硬岩中，浆液一般不易流失到土体之外，由土层造成的损失较小。而透水性较高的砂砾层、裂隙岩层等，浆液的流失现象会很明显，如果存在土洞或溶洞，注浆量会进一步增加。另外，盾构机在黏性较高的黏土层掘进时，盾壳外壁会附着一层较厚的固结土体，与盾构机同步前进，无形中增大了盾尾间隙，根据以往盾构隧道在此类地层的施工经验，硬壳层厚度可达 10cm。

(2)注入压力：注入压力增大，浆液密度会有一定增大，而且更易流失到土体中，对于双液浆而言，产生凝胶后到硬化前的时间里，很容易在高压力下发生压密现象。

(3)超挖量：超挖量主要和盾构机转弯半径、纠偏量等有关。转弯半径越小，纠偏量越大，超挖量越大。土体损失最大百分比为：

$$\Delta V_{w}(\%)=\frac{8l}{R+r}$$

式中：l——盾构长度；

R——曲率半径；

r——隧道半径。

纠偏时土体损失最大百分比为：

$$\Delta V_{w}(\%)=(d\%)\frac{1}{2r}$$

式中：$d\%$——盾构轴线与隧道轴线的坡度差。

(4)施工损耗：浆液运输、泵送注浆的过程中，在运浆车、输送管路或储浆罐中均会发生损耗，输送距离越长，损耗越严重。

(二)注浆压力的设定

为使盾尾间隙能够得到有效补充，必须以一定的压力压送浆液，才能使浆液均匀地分布于管片周围。正常掘进时，压力设定等于土层阻力加上 0.1～0.2MPa，土层阻力一般取盾构埋深的水土压力。

注浆压力应以出口压力为准，一般不超过 0.4MPa。注浆压力管理时，还应注意以下问题：

(1)不大于盾尾密封压力的警戒值。

(2)不大于管片能承受的最大压力。

(3)根据管片脱出盾尾后的位移情况进行及时调整。

(4)根据地表建筑物沉降情况进行及时调整。

五、施工中常见问题

(一)地表沉降或隆起超限

1. 造成地表沉降过大的原因

(1)注浆工艺的选择或使用不当。如软土地层中应进行同步注浆，但在注浆的施工过程，如果没有严格的过程控制，或者注浆液初凝时间设定不合理，造成堵管，就做不到真正意义的同步注浆。又如在岩层中没有进行及时注浆时，间隔距离过远，使岩层失稳等，这些都会造成围岩变形加剧。

(2)掘进过程仅以注浆量为控制指标，限定每环的注浆量范围，而不是依据实际情况的改变调整注浆量，将导致注浆量偏少，不能有效地对盾尾间隙进行填充。这种情况大多发生在以下情况：

①某些特殊地段或较小的转弯半径上，土层损失加大。

②由于地质条件或其他特殊原因，掘进过程某环出土量剧增，却没有相应增大注浆量。

③地层特性变化，却没有相应调整注浆量，如从黏土变为砂土、从黏土变为裂隙水丰富的风化岩层等情况。

④盾构机在黏性较高的黏土层掘进时，盾壳外壁会附着一层较厚的固结土体，与盾构机同步前进，无形中增大了盾尾间隙，从已有盾构隧道的施工情况看，硬壳层厚度可达10cm。

(3)浆液强度过低，或浆液和易性差，易离析而渗透到地层中，发生浆液损失。浆液拌和时的投料顺序也可能对浆液强度造成较大影响。

(4)某些浆液凝结后，自身收缩量较大；或者双液浆过早初凝，未能有效填充盾尾间隙。

(5)浆液流动性太好，隧道管片最重要的顶部出现无浆液填充；或者双液浆混合不充分，在土中逐渐流失。

(6)没有与监测紧密结合，没有以监测成果指导施工。从盾构机掘进过程的地表沉降规律来看，一般盾构机前方地表沉降量在5mm以内时，盾尾穿越这个位置时沉降不会超出规范允许的30mm。因此，当监测结果显示前方沉降量超过5mm，又没有及时采取有效注浆措施，沉降超出规范允许范围的可能性相当大。

2. 造成地表隆起的原因

(1)注浆压力过大，注浆量偏高，主要在土质软弱的地层出现。如南京某盾构掘进过程，当盾构机经过建筑物时，增大了盾尾注浆压力，盾尾脱出建筑物下方后，没有及时调整压力，地表出现隆起，甚至有少量浆液沿地层裂隙冒出，污染地表。又如某盾构机在流砂地层始发时，因端头加固质量和洞门密封效果均较差，掘进过程前方有大量流砂涌入，由于其位于一重要道路正上方，为防止地表下沉，采用了二次注浆进行补充注浆，但因为没有控制好注浆压力和注浆量，注浆结束后发现道路中间鼓起近1m高的小山包，造成交通堵塞，花费了大量财力和时间进行处理。

(2)隧道顶部有渗水通道连至地表。如原地质勘探孔，如果没有封堵或封堵效果不佳，浆液会沿着该孔喷出或渗出，不仅严重污染地面环境，还可能造成地表隆起。

(二)浆液流失

(1)注浆压力过大时，浆液会沿着盾壳流入土仓中，进而从螺旋输送机输出。

(2)注浆压力一旦大于盾尾密封的承压能力，将击穿盾尾密封。如果没有及时对盾尾密封注入油脂，浆液在盾尾刷中凝固后，会使盾尾密封失效，严重影响施工安全。

(3)当盾构机掘进一段距离后，盾尾刷局部损坏，注浆液流入并在尾刷中凝固，进一步扩大了渗漏范围，使浆液大量流失。

(4)浆液配比不当，易离析或被地下水稀释。

(5)管片构造不合理。如某盾构管片设计时，过多地考虑了管片拼装过程可能发生混凝土面碰撞而破损的问题，将外弧面接缝处设计成斜角，如图6-79所示。由于这个宽度大于10mm接缝，注浆压力稍高时，浆液即会沿着盾壳与管片之间的间隙流入。在富水砂层掘进时，外部水土也会沿接缝流入。为解决这个问题，施工过程中除了要提前采取措施将缝隙填充外，还必须加大盾尾油脂的自动注入压力，同时密切注意掘进过程发生渗漏的部位，及时用手动注入方式在相应位置补充油脂。这种管片构造形式导致盾构掘进过程的盾尾油脂消耗量增加1/2以上。

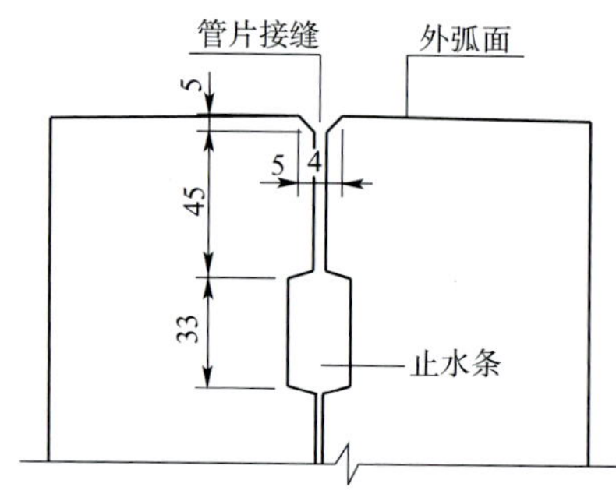

图6-79　管片接缝(尺寸单位:mm)

(三)管片上浮、错台

广州、上海、南京等盾构施工中，都不同程度地出现过管片脱出盾尾后上浮或发生位移的现象，由此引起管片错台，隧道变形。主要原因有：

(1)地质条件不同。根据复合地层的盾构施工经验,黏土层的上浮量大于砂层,中、微风化岩层管片容易上浮。

(2)浆液选型不当。浆液早期强度偏低,不能及时与围岩土体形成共同作用,使管片在地下水浮力的作用下发生上浮。如某土压平衡盾构机,盾尾间隙为15cm,在微风化砂岩中掘进时,由于采用了惰性浆液作为注浆材料,浆液初凝时间长,强度与围岩强度相差太大,隧道成形后,在裂隙水作用下上浮,而浆液无法快速凝结以抵抗浮力的作用,造成管片脱出盾尾后最大上浮量达170mm。

(3)浆液初凝时间控制不当,没有及时填充盾尾间隙或填充效果不佳。

(4)由于管片之间的连接是一种柔性连接,当较长一段距离的管片外部间隙均未被及时填充,或填充体强度不足时,在盾构机反推力的作用下,这一段管片成为一个长细比很大的受弯构件,易出现管片位移、错台。

(5)注浆位置选择不当。采用管片注浆孔注浆时,以中下部注浆孔为注浆孔位。

(6)小曲率半径施工时,管片脱离盾尾后,如果没有立即和土体产生作用力,将无法抵抗盾构前进的反推力,因此造成管片变形、错台,隧道位移。

某市轨道交通A区间盾构隧道160~290号衬砌发生了上浮(见图6-80),最大上浮值为128mm,其中NO.260~NO.280环间上浮均值为97mm。该区间隧道主要穿越高富水砂层,掘进的盾构机和隧道如同水中的潜艇,特别是自重轻的隧道极易上浮。同步注浆采用了惰性浆液,24h强度很低,饱和浆液反而加大了对管片的浮力。施工单位试图加大上部注浆压力压下隧道,效果不明显。因为注浆压力为注浆管口的压力,如果浆液不凝固,一定距离后浆液压力趋向于相同,此时无异于将隧道泡在惰性浆液中,在盾构机掘进振动和隧道内蓄电池车运动振动下,惰性浆液材料很可能被有上浮趋势的管片挤到隧道底部。

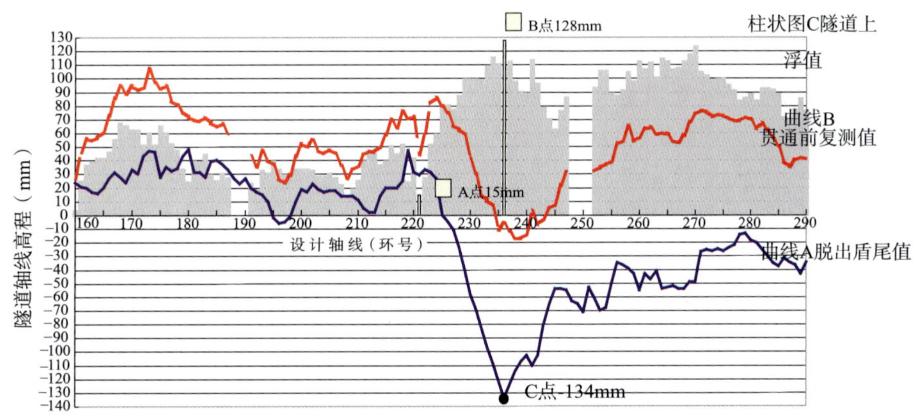

图6-80 A区间某段隧道高程位移图

注:曲线B为贯通前测量隧道高程偏离轴线值;曲线A为衬砌脱出盾尾时高程偏离轴线值;柱状图C为衬砌脱出盾尾后至贯通时上浮量,即B-A值

与A区间同一城市、地质情况类似的B区间采用了有一定早期强度的硬性浆,但还是遇到了隧道上浮问题,只不过上浮值普遍较A区间小。

与A区间不同城市的C区间隧道,围岩为中、微风化砂岩,采用惰性浆液,同样发生了明显上浮,最大上浮量达到17cm。

可见,浆液初凝时间和强度是造成隧道上浮的最主要原因。但如果选择快凝单液浆或双液浆,工程造价增高,同时较易发生堵管事件,而同步注浆管在掘进结束前只能清洗而无法更换,这也是某些施工单位仍然坚持采用惰性浆液的原因之一。

(四)注浆系统管路堵塞

管路堵塞是注浆过程最常见、最易发生的问题。注浆系统管路包括注浆管路堵塞、输浆管路堵塞等,主要是由于浆液初凝时间偏短、强度高、工序衔接不合理等原因造成。采用长距离管路输送的,尤其容易发生管路堵塞现象,浆液在管路中的损失量较大。广州某盾构隧道掘进初期,采用水平衬背注浆系统进行同步注浆,且下一环浆液的拌制在上一环管片拼装时即开始,但由于管片拼装花费时间过长,期间没有对浆液采取任何处理措施,加上掘进速度很慢,导致浆液堵塞了水平衬背注浆管。因没有配备专用疏通工具,浆液在注浆管中凝固,最后只能变换注浆工艺,采用垂直衬背注浆系统,通过管片注浆孔进行注浆。

(五)管片注浆孔渗漏

从管片注浆孔进行注浆时,如果处于砂层、流塑状淤泥质地层或地下承压水较高的地层中,开孔时,外部的水土很可能涌入而造成隧道偏移、地表沉降。

(六)盾构机壳体被卡

当盾构机长时间停机时,浆液将盾壳裹住,与围岩形成很大的摩擦力,导致盾构机壳体被卡。

(七)管片破裂、隧道变形

当注浆压力和注浆量没有得到控制时,在很高的注浆压力下,管片发生破损,甚至断裂。这种情况多发生于二次注浆过程中。

六、注浆控制措施

从不同注浆方式的优劣、常见问题的分析,盾构机注浆控制措施主要在于以下几个方面:

(1)盾构机设计制造时,应根据地层情况,选择不同的衬背注浆方式。

①在条件允许的情况下,尽可能采用水平衬背注浆方式进行同步注浆的自动控制注浆系统,而将垂直衬背注浆方式作为备选注浆方案或补充应急方案。

②在岩层施工时,水平衬背注浆管尽可能不要设计成外凸式,如果一定要设计成外凸式,要考虑足够的超挖量,确保该部分不会发生磨损。

③在盾构机尾壳的水平衬背注浆管上设置疏通口,以便堵塞时疏通。

④每套注浆管路设置备用管,一旦出现堵塞而无法疏通的情况,可以立即启用备用管路。

(2)合理选择注浆液类型:

①惰性浆液初凝时间长,制备成本低,在上海等软弱地层为主的地区应用较为广泛,但由于其强度较低,抗渗性能差,不利于隧道衬砌的早期稳定和隧道防渗效果。硬性浆液制备成本相对较高,初凝时间较长,早期具有一定强度,对于隧道衬砌的稳定较为有利。双液浆初凝时间很短,强度高,相对另外两种浆液而言,注入量少,沉降量少,注浆效果佳,广泛适用于各种地层,但施工工艺较为复杂,施工过程控制要求较高。

②根据隧道区段变化而调整。在曲率半径小的区段,应采用早强快凝型浆液;靠近洞门和联络通道前后的注浆液,应提高浆液强度和抗渗性能;在洞门结构和联络通道施工前,应采用双液浆等进行二次注浆补强;在盾构机长时间停机前,应采用惰性浆液注浆,防止盾壳被卡。

③根据地质情况变化而调整浆液配比。正式掘进前,应根据地质勘探和补充地质勘探成果,进行浆液配合比试验,最好是每种地层准备单液浆和双液浆配比各2组以上;浆液初凝时间、早期强度和28d强度均应满足与围岩共同作用的要求;在液化地层,还应进行浆液抗液化试验。

④根据盾尾渗漏情况调整浆液种类。在掘进过程严格控制盾尾油脂的注入压力和注入量,尽可能保护盾尾不发生渗漏。一旦出现局部渗漏,可采用手动和自动结合的油脂注入方式。如果渗漏量较大,衬

背注浆应调整为初凝时间很短的双液浆。

⑤根据盾构机种类而调整。在采用泥水盾构时，多采用双液注浆液。

⑥根据浆液运输方式选择。

(3)合理选择注浆参数。正常施工阶段，以注浆压力控制注浆量，沉降控制要求相当高的地段，采用注浆压力和注浆量双重控制标准。为防止盾尾被击穿，注浆压力不能大于盾尾密封所能承受的设计压力，一般不易大于0.4MPa。

(4)合理选择注浆位置：

①为控制管片上浮，并防止因浆液流动性好而造成隧道顶部出现无浆液填充现象，在通过水平衬背注浆方式进行同步注浆过程中，顶部注浆管压力不宜低于底部注浆管压力；在通过垂直衬背注浆方式的操作中，除非纠偏的需要，否则注浆点应选择在隧道上半断面。

②在地下水丰富的岩层施工时，每隔数环应采用双液注浆的方式全环二次注浆，并将盾尾后方的水源截断，减小喷涌发生的机会。

(5)通过监测调整注浆参数。加强管片沉浮的监测，摸清盾构机通过不同地质断面的沉浮规律，以相应调节盾构机姿态和注浆参数。

(6)合理选择管片外弧面接缝构造形式，防止因管片构造不合理而造成的浆液流失及盾尾渗漏。

(7)通过地面沉降监测成果指导衬背注浆施工。当盾构机某环掘进过程发现出土量远超出理论出土量，则有可能前方地层发生坍塌，应增加衬背注浆量。

(8)制定详细的注浆施工设计和工艺流程及注浆质量控制程序，严格按要求实施注浆、检查、记录、分析，及时作出P(注浆压力)$-Q$(注浆量)$-t$(时间)曲线，分析注浆效果，反馈指导下次注浆。

(9)盾构掘进指令要和浆液拌制指令相配合，避免过早拌制浆液后发生堵管。盾构机停机前应用膨润土等将注浆管充满，以防浆液回流而堵塞注浆管。同时，配备专用的高压疏通器具，制定有效的疏通措施，使注浆管堵塞时能得以及时疏通。使用双液浆时，还应注意A、B液混合形式的选择，A、B液压力差应较小。

(10)在砂层或透水性高的地层掘进时，若通过管片注浆孔进行注浆，应在管片制造过程即考虑在注浆孔位置埋设逆止阀。

第六节　添加剂应用技术

一、技术简述

(一)泡沫剂和聚合物应用技术的研究意义

1.盾构隧道工程中泡沫剂应用技术是保证施工顺利进行的一项关键技术

广州市轨道交通隧道工程既要穿越较为软弱的砾质黏土、砂质黏土层，又要遇到风化花岗岩地层，地质条件比较复杂，土压平衡盾构掘进对压力舱内渣土所要求的塑性流动状态往往难以满足。施工中经常容易出现渣土黏附于刀盘及压力舱的现象，导致刀盘扭矩及千斤顶推力加大，严重时导致压力舱发生“闭塞”及“结饼”。当盾构机在透水性较大的砂砾土层掘进时，开挖面过大的水压力容易导致螺旋排土器出口土砂发生流砂进而导致“喷涌”的发生。当盾构机在摩擦性较大的弱风化层掘进时，为了减少土层对刀具的磨损，往往减小开挖面支护压力，甚至采用敞开模式掘进，这容易导致地面过大的沉降，甚至开挖面坍塌。上述几种情况的出现都与泡沫剂应用技术密切相关。合理地、科学地运用泡沫剂辅助技术，完全可以避免上述问题，使得盾构法的技术优势完全发挥出来。

2. 泡沫剂来源制约着国内盾构施工的发展

随着国民经济发展对地下空间开发需求的不断增加，盾构施工技术在国内得到越来越广泛的应用，其市场潜力巨大。面对日益增长的盾构施工工程量，国内相关企业已经开始自主研发盾构机并投入使用。而作为施工所必备的辅助材料——泡沫剂，目前一直依赖于从法、日、德等国进口，其高昂的价格及对国内土层条件的适用状况都极大制约着其在盾构掘进工程中的使用。因此自主研发国产泡沫剂势在必行。

3. 泡沫剂效果评价技术的确定是科学选择应用泡沫剂的前提

针对泡沫剂依赖于进口的现状，国内一些科研院校及施工企业正在逐步开始国产泡沫剂的研发工作，但仍然未能投入生产应用。面对以后即将出现的各类品牌的国产发泡产品，如何科学合理选择适应于相应工程地质条件及盾构机等现场条件的泡沫剂产品非常关键。所以建立一套有关泡沫剂在盾构掘进施工中的功效评价方法及指标，能够使得承包人合理选择适用于自己的泡沫产品，对以后泡沫剂在盾构施工应用中的良性发展有着十分重要的意义。

4. 解决广州市轨道交通盾构工程中泡沫剂应用技术问题是保证今后广州市轨道交通建设的关键

在广州市轨道交通建设过程中，合理使用泡沫剂技术有利于避免施工中出现诸多问题的发生，这些问题的避免不但是广州市轨道交通工期和施工质量的保证，也可以推动我国盾构隧道施工技术的发展。因此，研究这些问题对于高标准高质量地建设广州市轨道交通，最大限度地降低工程造价，防止施工过程中不必要的停工或延误具有重要的意义。

（二）复合地层泡沫剂和聚合物应用技术要解决的主要问题

盾构机是针对特定施工环境的掘进设备，不同的围岩使用的盾构机不同。然而，复合地层的特殊性在于施工环境会发生突变，在施工的过程中由于环境的变化而随时随地更换盾构机是不可能的。五号线某区间的地质剖面图如6-81所示。隧道的左部地层为〈3-2〉的中粗砂层，如果用泥水盾构机将是理想的选择。但是，通过砂层〈3-2〉后，地层很快变为〈5-2〉和〈6〉含黏土颗粒超过50%的黏土层，而这种地层最好使用土压平衡盾构机。显然，最终的选择或是泥水盾构机或是土压盾构机，就目前的经济技术水平，不会选择泥水—土压混合盾构机。

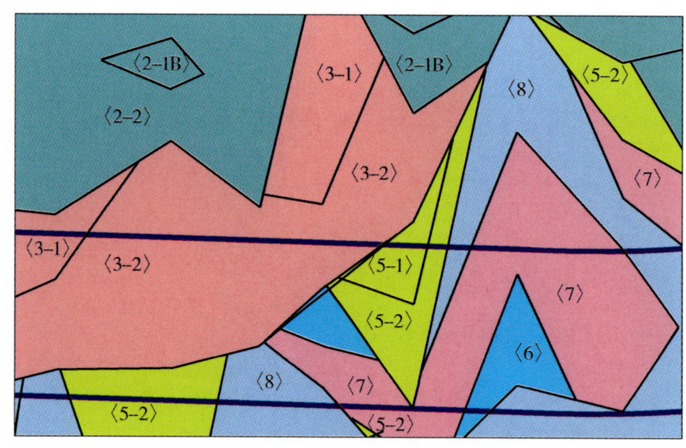

图6-81　五号线某区间地质剖面图

〈2-1B〉淤泥质土；〈2-2〉淤泥质砂土；〈3-1〉细砂；〈3-2〉中粗砂；〈5-1〉可塑或稍密状残积层；〈5-2〉硬塑或中密状残积层；〈6〉红层全风化带；〈7〉红层强风化带；〈8〉红层中等风化带

在这种情况下，人们自然就会想到如何能扩大盾构机适应地层的范围。为此，选择合适的添加剂是最合理、简单的方法。使用添加剂的主要作用是：

（1）降低刀具和出土系统的磨损；

（2）通过添加剂渗入到土体诸如形成泥膜，可改善工作面土体的稳定性，便于对切割土体的控制；

（3）改善土仓内渣土的流动性和和易性；

(4)减小刀盘的动力要求,并使开挖出的土体成为流塑状态;

(5)对泥水系统来说,降低渣土在管道、阀门和泵中的摩擦力;

(6)从泥水系统中便于分离;

(7)对所弃的土更易于被接受;

(8)改善了工人在隧道中的安全条件;

(9)对于土压平衡盾构机来说,其优点还有:①密封舱内的压力更均匀;②对地下水更易于控制;③降低了在密封舱内形成泥饼的可能性;④螺旋输送器的渣土和水能得到控制;⑤渣土易于运输。

二、几种代表性的外加剂及其作用

(一)膨润土

膨润土的主要成分是蒙脱石,由于其含钾、钙、钠元素的不同,其性质也略有不同。蒙脱石具有层状结构,易吸水膨胀,并具有润滑性。

在实际应用当中,常用活性指数来区分不同的黏土矿物。活性指数是塑性指数(用百分比表示)与黏土含量(用百分比表示)的比值。比如,高岭土的活性为0.5,伊利石的活性为0.5~1.0,膨润土的活性为1.0~7.0。

膨润土的功能为:

(1)可以在工作面上形成低渗透性的泥膜,这样有利于给工作面传递密封舱的压力,以便平衡更大的水土压力。如图6-82所示为膨润土形成的泥膜。

(2)可以改变密封舱内土的和易性,提高砂性土的塑性,以便于出土,减少喷涌。

(3)盾壳周边充满膨润土,可以减少盾构推进力,提高有效推力;降低扭矩、节约能耗。

(二)聚合物

聚合物是一种长链分子的有机化合物。它可以单独使用,也可与膨润土及泡沫混合使用。当聚合物与渣土混合时,聚合物的分子就会附着在土的颗粒表面,当这些颗粒相互碰到一起时,聚合物的分子就将颗粒黏结在一起,如图6-83所示。

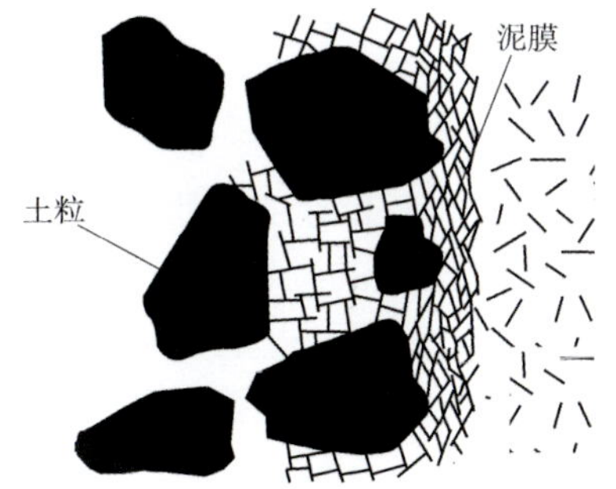

图6-82 膨润土形成的泥膜

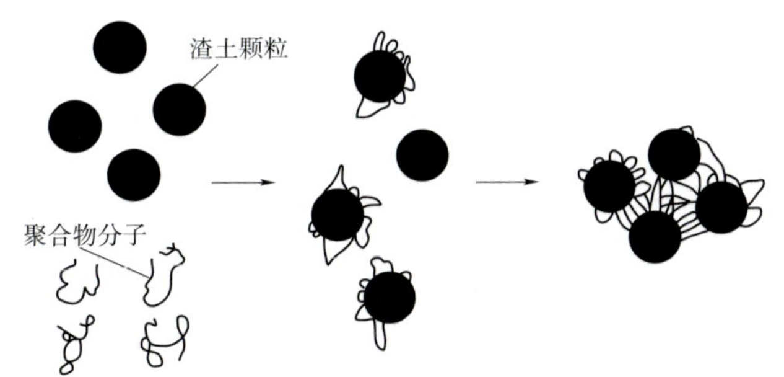

图6-83 聚合物的功能示意图

(三)泡沫剂

与膨润土相比较,使用泡沫剂的优势是体积小,可分离黏结在一起的黏土矿物颗粒。泡沫剂中90%是空气,另外10%中的90%~99%是水分,剩下的才是发泡剂。数小时内,渣土中泡沫里的大部分空气就会逃逸而恢复原来的黏结状态,更便于运输。

(1)泡沫剂的适用范围。泡沫剂适用于细颗粒土层中。一般来说,在渗透系数超过10^{-5}m/s的较粗颗粒土层中不适用。

(2)泡沫剂的作用:①可以防止可重塑的黏土形成泥饼。其原理是在黏土块外面形成薄膜,从而阻止了块与块之间的黏结。②降低摩擦力,节约能耗,扭矩是核定扭矩的20%~50%。③便于螺旋输送器出土。④加到工作面上去的泡沫剂,会形成一个不透水层,对工作面起到保护作用。⑤可增加土体的可压缩性,这样更易于土压平衡的控制。

(3)泡沫剂用量计算:泡沫剂用量由注入比(FIR)或混合率(Q)来表示,其意义是泡沫剂的体积与出土体积的比。

日本Obayashi公司提供的公式为:

$$Q=0.5a[(60-4x^{0.8})+(80-3.3y^{0.8})+(90-2.7z^{0.8})]$$

式中:x——0.075mm颗粒的比率;

y——0.420mm颗粒的比率;

z——2.0mm颗粒的比率;

a——相关系数,与均匀系数C_u有关,$1<a<1.6$。

这是经验公式,必须结合特定的地质条件作进一步的试验(见图6-84)。

图6-84 试验

三、广州复合地层泡沫剂和聚合物应用技术

(一)土体改良技术对于土体的要求

土压平衡盾构机能在砂层中顺利施工,需要使开挖下来的砂土呈塑性流动状态,且具有一定的止水性,充满土仓以控制开挖面;同时,用螺旋排土器来调整排土,使排土量和切削量保持平衡,并使土仓内的砂土有一定的压力,以抵抗开挖面的土压力和水压力。

因此,一方面砂土作为支撑开挖面稳定的介质,其土性对开挖面的稳定起着决定性的作用;另一方面,它又源源不断的由螺旋排土器向外排出,它的土性好坏又直接影响着出土的顺利与否。

国内外诸多施工实例表明,土压平衡盾构机在砂土中施工成功非常关键的一点是要将开挖面上切削下来的砂土在土仓内调整成一种比较理想的状态,使混合土体的一些性质在达到或满足一些基本条件后,盾构机的开挖和排土能够顺利地进行。

首先土仓和螺旋排土器内的砂土应该具有良好的塑性流动性,这一点主要是为了使千斤顶作用于隔板上的推力能够均匀、有规则地作用于开挖面,也保证了开挖下来的砂土能不断地流送到螺旋排土器,这样就可以避免砂土在土仓低压部位的堆积、对刀盘的黏附以及对土仓的堵塞,避免刀盘和螺旋排土器的旋转力矩与驱动力矩的上升。

由刀盘切削下来的砂土通过螺旋排土器从有压的土仓内输送到大气压下的隧道里,从螺旋排土器到带式输送机的转运如果没有使用料闸或泵送装置,则砂土还应该具有低渗透性。低渗透性可以避免砂土中的水穿过螺旋排土器而产生喷涌。

另外施工中对砂土还有非常重要的一点要求,就是砂土的内摩擦角要比较小。如果砂土的内摩擦角较大的话,土的摩擦阻力就会增大,这一方面会导致砂土难以获得好的流动性;另一方面也会使切削刀盘的扭矩、螺旋排土器的扭矩、盾构千斤顶的推力增大,致使开挖排土均难以进行。

为了满足土压平衡盾构机的顺利施工,必须使用外加剂对开挖土体进行改良,使之接近理想状态。即应该满足:①不易固结排水(不易"结饼",尤其是上部砂层下部残积土地层);②土体处于流塑状态(易于压力传递、易于搅拌,尤其是中粗砂层);③土体具有不透水性(不发生"喷涌",尤其是上覆砂层或上部砂层下部岩层)。

(二)常见外加剂及其对土体的适用条件

1. 膨润土

适合细粒含量少的砂土。根据国内外众多的施工经验,在土压平衡盾构施工中,为了使开挖下来的渣土具有一定的流动性和止水性,以保证盾构机的正常推进,盾构机压力舱内的土体必须保证一定含量的微细颗粒,有相关资料显示这种微细颗粒的含量应该在30%以上。所以膨润土泥浆适用于细料含量少的中粗砂土、砂砾土、卵石漂石地层等,主要原因就在于膨润土泥浆能够补充砂砾土中相对缺乏的微细粒含量,提高和易性、级配性,从而可以提高其止水性。如图6-85所示为膨润土泥浆与土体作用形成混合土体的结构。

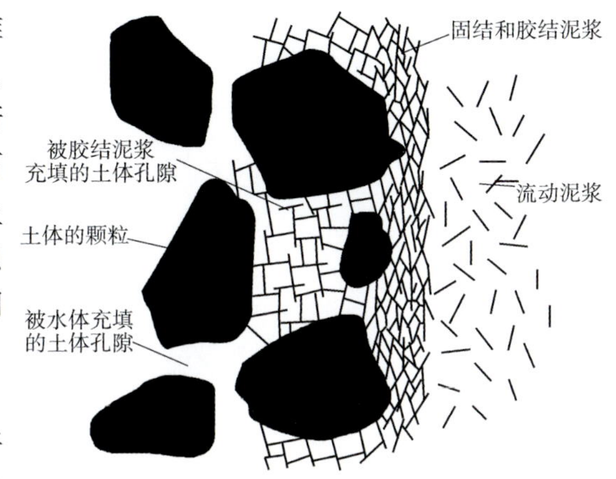

图6-85 膨润土泥浆与土体作用形成混合土体的结构

2. 泡沫剂

适合于颗粒级配相对良好的砂土。对于颗粒级配良好的砂土,其粒径分布范围较广,而泡沫剂本身的尺寸也不均一,这样更容易落到土粒间的孔隙中,使土颗粒接触更紧密。在级配相对良好的砂土中,因为泡沫剂会与土体颗粒结合得更完整和致密,能更充分地置换砂土中的孔隙水进而填充原来的孔隙,所以容易形成更多封闭的泡沫。正是由于大量封闭泡沫的存在,才使得砂土的渗透系数降低,止水性增强。如图6-86所示为泡沫结构。

3. 高分子材料

适用于黏土、淤泥及泥质砂层,它附着于黏土和淤泥及泥质砂层的表面,从而形成非常黏稠的保护皮膜,使其提高挖掘土塑性流动性而达到提高止水效果的目的。高分子材料对于砂层能提高塑性和止水效果,对于黏性土层能防止刀盘前及土仓内结泥饼现象。加入适量高分子材料后渣土保水性好,排土顺畅。所以,高分子材料适应软弱地层盾构掘进。如图6-87所示为TAC高分子原液及与黏性砂土混合后渣样。

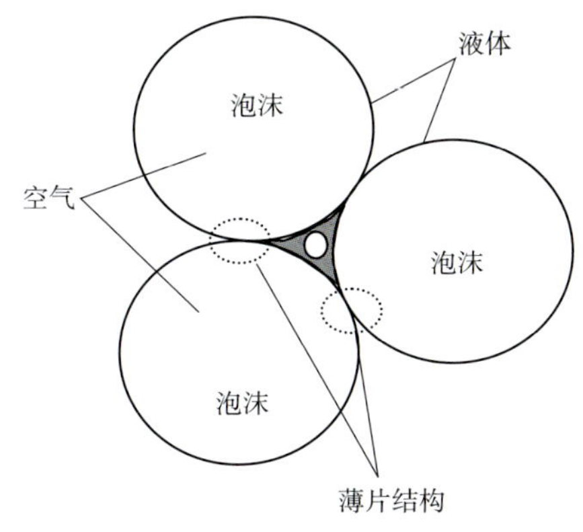

图6-86 泡沫结构

图6-87 TAC高分子原液及与黏性砂土混合后渣样

需要注意的是,对水+砂的混合料掺入高分子材料没有明显效果。这点告诉我们在盾构掘进过程中,保持土仓中适当的黏土比例对注入高分子材料的效果是有正面影响的。

(三)不同地层的外加剂使用原则

以广州地区典型地段中,砂层与残积土、风化岩层不同组合的地层的掘进为例,不同地层外加剂的使用情况如图6-88所示。

图6-88　不同地层外加剂使用情况

在各类地层中使用外加剂需要注意的几个问题:

(1)在推进或停机过程中,须排除由于泡沫存在导致土仓内气压增大,出现“虚土压”效应;否则,达不到真正的土压平衡掘进,容易导致掌子面失稳,继而出土量超限,地表沉降加剧。

(2)对于含水量大的砂层,应适当降低泡沫剂的发泡倍率(FER = 10 ~ 12,即泡沫不能太稀);否则,会因为泡沫的表面张力降低而降低土层稳定性,即提前破灭。

(3)若断面内砂层颗粒较粗且级配不连续,即细颗粒缺失时,应考虑向仓内添加膨润土浆液。膨润土浆液按照膨润土:水 = 1:10(质量比)配制,注入率为10% ~15%。

(4)TAC高分子材料的浓度和注入比例主要依据砂层的含水量,以及掌子面内的黏粒、粉粒总含量来进行调整。若含水量大,黏粒、粉粒含量低,则相应地增加浓度与注入比例。如中粗砂层:浓度为0.2% ~0.3%,注入率为15% ~40%;粉细砂层或存在残积土层:浓度为0.03% ~0.1%,注入率为8% ~10%。

如广州佛山城际轨道交通线路中,广州段的白垩系红层残积土黏粒含量要稍高于佛山段第三系基岩的残积土,因此高分子使用的比例稍低。

四、复合地层中外加剂使用技术实例

广佛轨道交通施工中,某施工标段盾构隧道穿越珠江水产研究所,该研究所位于里程YCK19 +100 ~YCK19 +540范围内,花地河位于研究所以西100m附近,此段隧道顶部距地面最小距离为16.4m,最大纵坡为3.4‰,线路为直线。该段长度约为440m,起点距盾构始发井距离约为680m。该段地面主要为珠江水产研究所科研养殖鱼塘,其中在桩号ZCK19 +200段左线离科研大楼距离约为6m。

根据地质勘察报告,对于盾构机通过珠江水产研究所的地层情况,左右线隧道主要穿越的地层为〈2-1A〉淤泥、〈2-2〉淤泥质粉细砂、〈2-3〉蠔壳片中粗砂层为主,通过最厚砂层为140m左右,并且多次穿过〈8〉中风化泥质粉砂岩、〈9〉微风化泥质粉砂岩与〈2-3〉蠔壳片中粗砂、〈3-2〉中粗砂层的混合地层以及〈2-1A〉淤泥与〈2-3〉蠔壳片中粗砂层的混合地层。隧道覆土部分主要为〈1〉人工填土、〈2-1A〉淤泥、

〈2-2〉淤泥质粉细砂地层。隧道顶部主要位于〈2-1A〉淤泥、〈2-2〉淤泥质粉细砂、〈2-3〉蠔壳片中粗砂层，隧道底板主要位于〈2-3〉蠔壳片中粗砂、〈8〉中风化泥质粉砂岩、〈9〉微风化泥质粉砂岩层。盾构机穿越地层统计见表 6-9。

盾构机穿越地层统计表 表 6-9

桩号		ZDK19 +230		ZDK19 +254		ZDK19 +303		ZDK19 +342	
地质	上	〈2-1B〉	淤泥质土	〈2-3〉、〈3-2〉	中砂	〈2-2〉	粉细砂	〈2-1A〉	淤泥
	中	〈9〉	19.6MPa	〈8〉		〈2-2〉	粉细砂	〈2-3〉	贝壳中砂
	下	〈9〉	16.3MPa	〈9〉	8.7MPa	〈5-2〉	粉质黏土	〈2-3〉	贝壳中砂
桩号		ZDK19 +402		ZDK19 +467		ZDK19 +546			
地质	上	〈2-1A〉	淤泥	〈9〉	粉砂质泥岩	〈2-1A〉	淤泥		
	中	〈2-1A〉	淤泥	〈9〉	21MPa	〈5-2〉	粉质黏土		
	下	〈2-1A〉	淤泥	〈9〉		〈9〉	粉砂岩 7MPa		

由于本段地层主要为砂层，并且与花地河连通，涌水量大，上部覆土为淤泥不透水层，此处主要为地下承压水。

(一)复合地层掘进

1. 施工过程简介

左线盾构机于 2009 年 4 月 14 日掘进至 530 环(里程 ZDK19 +224)时开仓清除泥饼，此时地层为〈7〉、〈9〉号地层，4 月 17 日掘进至 542 环(里程 ZDK19 +242)，推进油缸行程至 1.1m 时，土仓压力迅速增加到 0.25MPa，渣样中出现〈2-1B〉淤泥质土、〈2-2〉淤泥质粉细砂、〈2-3〉蠔壳中粗砂、〈7〉强风化泥岩、〈9〉微风化泥岩，由此判断盾构机已进入复合地层，采用土压平衡模式继续掘进，严格控制出土量。

当正常掘进至第 544 环，推进油缸行程至 1.5m 时，螺旋输送机液压闸门被一块直径约 22cm 硬石卡住无法完全关闭(闸门开度为 11%)，螺旋输送器出现喷涌。经迅速反转螺旋输送机，控制住喷涌，并立即组织人员敲碎石块，闸门才完全关闭。18 日晨 3:30，隧道上方珠江水产研究所中心鱼塘开始冒泡，9:30 水面气体翻滚，判断鱼塘已冒顶，掌子面土压平衡已破坏。

4 月 20 日，发现在里程桩号为 ZDK19 +260 处及科技楼前方 6m 处路面出现较大沉降，截止 4 月 22 日上午，盾构机头通过科技楼后累计最大沉降为 283mm，下沉面积约 15m^2。附近科技楼沉降 2mm，实验楼无沉降。

2. 掘进参数记录

盾构掘进参数记录见表 6-10。

盾构掘进参数记录表 表 6-10

环　号	刀盘力矩 (kN·m)	刀盘转速 (r/min)	推力 (kN)	推进速度 (mm/min)	土压左 (kPa)	土压下 (kPa)	土压右 (kPa)
542	1138	180	518	30	20	58	22
543	2814	150	1289	30	202	247	199
544	1046	150	1018	30	177	256	183
545	3517	148	1705	16	188	251	188
546	4000	154	1895	10	149	210	195
547	3077	145	1756	13	179	257	166
548	4000	144	1791	32	227	316	202
549	3294	144	1371	35	194	246	200

3. 原因分析

经勘探地面塌陷现场后，对事故原因进行了分析，认为主要有以下两个方面原因：

(1)原中心鱼塘塌陷漏斗影响。经实测，中心鱼塘塌陷中心桩号位于 K19 +246 处，形成深 2m、直径 12m 左右的塌陷坑。该段隧道覆土埋深为 18m，沉降影响范围至 K19 +264 处，此次鱼塘塌陷已对地面形成了塌陷漏斗影响，K19 +255 ~ 19 +270 路面下方先期已产生部分沉降。

(2)土仓高压气体流动引起砂层流动损失。由于此段地层为砂层和泥岩、砂岩的复合性地层，渣土中黏粒含量很高，为了预防土仓、刀盘结饼，盾构掘进添加剂采用泡沫剂，发泡倍率控制在 15 ~ 20 之间，注入率为 40%，泡沫注入土仓内破裂后汇聚为气体，砂层在压力和气体衬托下产生向后方鱼塘的流动从而造成鱼塘内翻气泡、掌子面塌陷、盾体后砂层流动损失，连续掘进第 546 ~ 565 环的压缩空气挟带砂层泥水向后流动并从鱼塘喷出，最后加剧了地面沉降。

4. 掘进措施

分析坍塌原因后，为了避免引起地面进一步沉降，危及楼房安全，针对性地制订了以下几点改进措施。

(1)掘进过程中增加中部土仓压力，保持其值在 220 ~ 240kPa 之间，稍高于中部水土侧压力，以超水土压的掘进模式进行推进，让地面稍稍隆起，减少地面沉降值。

(2)降低刀盘转速。将刀盘转速控制在 1 ~ 1.2rad/min，在掘进速度相同的情况下可减少刀盘对土体的扰动次数，从而减少地面沉降。

(3)稳定推进速度。将其控制在 30mm/min，保持匀速推进，避免刀盘转动时间过长而造成上部砂层坍塌。

(4)密切关注推力、扭矩、推速、渣温等参数变化，分析判断土仓内可能存在的大块石对刀具产生的破坏。

(5)加大同步注浆量。及时填充盾构机通过后的施工间隙，一方面防止因间隙的存在导致地层发生较大变形或坍塌。另一方面良好的衬背注浆可以阻断盾尾水源流向土仓，减少喷涌发生的机会，从而减少水土过度流失造成的地面沉降。

(6)出土精细化管理。加强管理，严格控制出土量，每掘进一斗土控制盾构机推进 38cm，最终控制每环出土量 $60m^3$ 左右。

(7)使用泡沫剂、分散剂或 TAC 高分子聚合物及膨润土添加剂。

当渣土中黏粒含量大于 15% 时，采用泡沫剂，以防止泥饼的发生；当判断土仓内可能结泥饼时，采用分散剂进行浸泡。

当黏粒含量小于 15% 时，在盾构机通过珠江水产研究所 3 号鱼塘前采用 TAC 高分子聚合物及膨润土，其主要作用为：①增加土仓内土体的流动性，在刀盘转动切削土体的过程中在掌子面形成泥膜，起到护壁作用，有利于保持土仓内土压平衡，从而避免开挖面的土体坍塌，保持掘进的持续顺利进行；②改善土仓内渣土的保水性，使砂层中的地下水在膨润土及聚合物的共同作用下不会从渣土中分离出来造成大量地下水从螺旋输送机出渣口喷涌而出，导致土仓内压力急剧下降，致使地表变形。

(8)在盾尾后部布置压密注浆管，按 3m ×3m 净距布置，钻孔深度为 10m。在盾尾脱出盾壳后，根据现场沉降观测情况，及时补充压注水泥浆，注浆压力控制在 0.3MPa 以内，从而控制盾尾沉降。

(9)在掘进过程中加强沉降观测。在盾构机前 30m 至后 20m 范围，沿隧道轴线的地表每隔 5m 设置一处测点，用于监测盾构机掘进到达和离去阶段。根据各点的沉降值与盾构掘进参数之间的关系，总结出适应该地层掘进参数，并及时调整推进参数，控制地面沉降。

(10)准备好聚氨酯堵水材料。当出现螺旋输送器出口被卡等意外情况时，迅速从螺旋输送器下口压注聚氨酯，封堵螺旋输送器，防止喷涌发生而引起地面沉降。

(二)砂层地段掘进

1. 施工过程简介

2009 年 4 月 25 日,左线盾构掘进至 566 环(里程 ZDK19 + 277)时,出渣渣样中蠔壳、中粗砂的比重明显增加,水量增多,渣土颜色由褐红色逐渐转变为红黑色,由此判断盾构机已通过上软下硬的过渡层,进入了砂层。

砂层中夹杂的大直径孤石,经常卡住螺旋输送机液压闸门,导致闸门无法正常关闭,渣土从闸门喷涌而出,造成皮带机压死,大量渣土涌出。人工清理涌出渣土效率低,严重影响了掘进的速度;其次出土量无法控制,从而使地面沉降量增大。

2. 掘进措施

(1)全断面砂层尽量快速通过。快速掘进能为管片背后注浆创造条件,有利于隧道稳定和控制地表沉降,避免刀盘转动时间过长而造成上部砂层液化。

(2)特别重视土体改良。

渣土改良方法:向土仓内注入钠基膨润土,同时注入高分子聚合物。其主要作用为:①增加土仓内土体的流动性,在刀盘转动切削土体的过程中在掌子面形成泥膜,起到护壁作用,有利于保持土仓内土压平衡,从而避免开挖面的土体坍塌,保持掘进的持续顺利进行;②改善土仓内渣土的保水性,使砂层中的地下水在膨润土及聚合物的共同作用下不会从渣土中分离出来造成大量地下水从螺旋输送机出渣口喷涌而出,导致土仓内压力急剧下降,致使地表变形。

针对本段砂层地质条件,根据前期的室内试验数据,确定采用膨润土及高浓度高分子聚合物 TAC 对其进行改良,使砂、黏土、水重新组合,具有一定量塑性,以便于出土,同时防止喷涌,增加止水效果。

在砂、砂砾(含有 10% 的黏土成分)中注入 20% ~30% 高分子溶液,溶液比例为 1%;如水压较高,高分子溶液比例采用 2%。

如不含黏土成分,则注入 20% 膨润土溶液或注入 20% ~30% 高分子溶液,溶液比例为 1%;如水压较高,高分子溶液比例采用 2%。

(3)加强注浆控制。由于砂层的渗透性好,实际注浆量应大于理论注浆量,以保证注浆质量。调整同步注浆配合比,提高水泥掺加量,使之大于 160kg/m^3,或加入适量早强剂,使浆液凝胶时间缩短到 3 ~5h,使同步注浆尽快发挥其止水作用,防止管片背后水力通道的形成,防止或减小喷涌的发生,阻止管片上浮。必要时,及时进行二次补强注浆(水泥—水玻璃双液浆),注浆压力控制在 0.4 ~0.5MPa,不得超过 0.5MPa。对管片背后进行堵水,防止管片上浮超限。

(4)在盾尾后部布置压密注浆管,按 3m ×3m 净距布置,钻孔深度为 10m。在盾尾脱出盾壳后,根据现场沉降观测情况,及时补充压注水泥浆,注浆压力控制在 0.3MPa 以内,从而控制盾尾沉降。

(5)准备好聚氨酯堵水材料。当出现螺旋输送器出口被卡等意外情况时,迅速从螺旋输送器下口压注聚氨酯,封堵螺旋输送器,防止发生喷涌而引起地面沉降。

第七节　端头加固技术

端头加固是盾构始发、到达的一个重要技术环节,端头加固的成败直接影响到盾构机能否安全始发、到达。因此合理选择端头加固施工工艺是保证盾构机顺利施工的非常重要的一个技术手段。

一、端头加固目的

端头加固是指通过改良端头土体,提高端头土体强度和自稳能力,堵塞颗粒的间隙和地层的水,防止坍塌、流砂、涌水现象发生，确保盾构机始发和到达的安全。因此，端头加固不仅仅要有强度要求，还要有抗渗透性要求。

1. 控制地表沉降，端头不坍塌

始发、到达前往往需要凿除洞口井壁的混凝土，割断钢筋，以满足盾构机顺利进出洞的条件。而洞口的井壁混凝土有时达到800mm或者更厚，凿除时间长，要避免凿除过程中发生坍塌，更要避免因开挖面暴露时间过长而坍塌或造成地表过大的沉降。

2. 控制水土流失

盾构机始发进入加固体，或盾构机到达穿过加固体时，在含水量较高、水平渗透系数大的含砂层、卵石层等地层，盾构机进出洞易造成水土流失。采用泥水盾构机，泥水压力的作用也会使加固体发生水土流失，导致无法达到泥水平衡状态，如果土体不具备一定强度，很容易坍塌。

3. 保证重型机械作用时土体的承载力

由于盾构机吊装或卸载时，重型吊机往往作用在端头位置，为防止重型机械作用在软弱土体上起吊时发生失稳、坍塌，或对已成型隧道安全造成不利影响，对地表的软弱地层进行加固。

4. 保证周边建(构)筑物安全

当端头周边存在不具备迁改条件的房屋、管线和道路时，必须采取保护措施，端头加固尤显重要。

二、端头加固方法

端头加固方法主要有、搅拌桩、旋喷桩、人工挖孔桩、素混凝土钻孔桩、素混凝土地下连续墙、注浆加固、复合处理法、冻结法等。

1. 注浆加固

注浆加固是将浆液注入地层以改善地层强度和止水性。该方法对强度的改良有限，主要是增强凝聚力，注浆材料的种类多种多样，按浆液固结状态分类主要有填充注浆、渗透注浆、劈裂注浆、压密注浆等。

2. 搅拌桩加固

搅拌桩加固是软土地层常用的端头加固方法，主要适用于淤泥、黏土层和砂层，在砂层加固时深度受国产设备性能限制，处理深度一般小于15m。当大于15m深度时，由于钻头摇摆幅度加大，垂直度较难控制，下部易开叉，止水效果很差。一般不单独使用，与旋喷桩等工法配合使用时经济效益较好。其优点是工程造价相对较低。

3. 旋喷桩加固

旋喷桩加固是软土地层最常用的端头加固方法之一，适用于淤泥、粉土、黏土层、砂层，加固效果好，可以和其他已到龄期的地下结构密贴，但遇到砾砂地层和黏着力大的黏土时，抗渗效果欠佳。由于旋喷桩造价偏高，往往不单独采用，常与搅拌桩等其他工法配合使用。旋喷桩主要有三种工法：单重管、双重管、三重管。在经济上，两排以上的旋喷桩造价就可能高于素混凝土连续墙。

4. 冻结法

冻结法是利用钻孔机械对土体钻孔布置一定数量的垂直冻结孔，利用氨压缩调节制冷，通过盐水媒介热传导原理进行冻结。盐水在热交换中不断循环，冻结管周围地层的冻土圆柱体直径不断扩展变大，并与相邻冻土圆柱体相交，在冷冻土体范围内成完整的屏蔽，成为具有一定厚度和强度且能防渗的挡土墙或拱形体。冻结法适应面广，适用于任何含一定水量的松散岩土层，在复杂水文地质如软土、含水不稳定土层、流砂、高水压及高地压地层条件下，冻结技术有效、可行。冻结法的缺点：对于动水层，质量不易保证；对于含水量低的地层也不适用；冻土产生的冻胀和融沉效应，对地面沉降控制和周边建筑物影响较大；对土体加固为临时性质，不能长期起作用。该工法占用场地较大，费用较高。广州地区较少采用。

5. 素混凝土人工挖孔桩、素混凝土钻孔桩、素混凝土地下连续墙

该法适用于强度较高、旋喷桩难以施工的地层。施工时要注意做好连续墙、钻孔桩、挖孔桩上部的充

填；素混凝土连续墙、钻孔桩、挖孔桩与围护结构形成离壁式的双层结构，其加固体与围护结构之间的夹层需要处理，可采用旋喷桩加固将夹层的两端头封闭。

6. SMW 法

SMW 法是水泥类悬浊液在原地层中与土体搅拌混合形成墙体的技术。该法作挡土墙使用时，一般使用 H 型钢芯材，适用于砂层、淤泥、黏土层，加固宽度小，造价较低，是此类地层最安全可靠的加固方法之一。该法成桩效果好，止水性好，对周围地层影响小。

7. 降水法

降水法也是一种地层加固方法，尤其适合于花岗岩残积土地层，主要作用机理是固结作用和压密作用。但在有些土质条件下，降水法往往会产生地基沉降和水井地下水位下降等现象，必须事先周密研究地下水位下降对周围地基等的影响。因此，一般在地层较好，周边环境适应，对建(构)筑物影响范围小时采用，且主要应用于始发时。盾构机到达时要考虑降水对隧道的影响，须与其他加固措施相结合。

8. MJS 工法

日本在传统旋喷工艺基础上，通过加入多孔管排泥装置，克服了传统旋喷工艺压力过大，对周围环境影响较大的缺点，形成了新型的 MJS 工法。MJS 工法的特点主要包括：①可以进行水平、倾斜、垂直各方向、任意角度的施工，特别是其特有的排浆方式，能够在富水土层情况下进行水平加固施工；②成桩直径大，桩身质量好；③对周边环境影响小，超深施工有保证；④专有废浆排放管路，对环境污染少。但目前市场价格较贵。

9. 组合处理法

在端头加固处理时，由于受地质条件、施工条件和工程造价等诸多因素的限制，往往不采用单一的加固方法，而是采用两种或两种以上加固方法组合处理。常见的组合如下。

1)旋喷桩 + 搅拌桩方案

加固范围四周用旋喷桩封闭，加固处理范围内部采用搅拌桩，适用于淤泥、粉土、黏土层、砂层。相比单一的搅拌桩加固，此法止水效果好、工程安全性高，造价相对较高；相比单一的旋喷桩加固，此法安全性相当，但造价低。

2)钻孔桩(人工挖孔桩) + 袖阀管注浆

加固范围外圈用钻孔桩(或挖孔桩)，桩间采用旋喷桩止水，圈内采用注浆加固，适用于旋喷桩、搅拌桩不适应的强度较高的地层。该法比单一的注浆效果好，但造价稍高。应当注意，钻孔桩(或挖孔桩)与围护结构之间的夹层需要处理，可以用旋喷桩加固将夹层的两端头封堵或在该处进行注浆加固。

三、端头加固范围

(1)盾构始发端头加固范围应该根据始发端的地层情况和盾构主机长度以及强度、整体稳定性验算结果来综合确定。当盾构始发端地层稳定性较差且受地下水影响较大时，端头加固长度应该取盾构主机长度 +(1.5 ~2.0)m 和强度、整体稳定性验算结果两者中的大值。

(2)盾构到达端头加固范围应该根据到达端的地层情况和盾构主机长度来综合确定。当盾构到达端地层稳定性较差且受地下水影响较大时，盾构到达端加固长度应该取盾构主机长度加上 2 ~3 环管片长度。

(3)盾构始发、到达端头底部加固厚度取 1.0 ~3.0m，底部加固厚度太大不会提高加固区底部的止水性，反而会增加工程成本。

(4)盾构始发、到达端上部加固除了起止水和稳定地层的作用外，还能减小始发/到达时的地表沉降量,上部加固高度一般取2.0~3.0m。当始发到达端地表沉降要求较严格时,可以适当增加上部加固高度,以减小地面沉降。

(5)盾构始发/到达端两侧加固主要起止水作用,对地层稳定性也起到一定的影响,两侧加固宽度一般取1.0~3.0m。

四、端头加固效果检测

加固体的检测方法多种多样,如标准贯入试验、静力触探、旋转触探、弹性波检测、电探、化学分析等,但端头加固的主要检测手段如下。

1. 竖向抽芯检测

目测判断加固体强度可否满足设计要求,是否连续(抽芯率);试验判断加固体强度、抗渗性能。在砂层中,特别注意加固体连续性是否良好,抽芯率要达到90%以上。抽芯位置一般选取在桩间咬合部位。(桩体垂直度的控制)抽芯数量按规范选取,且每个端头不应少于1根。

2. 水平抽芯检测

沿洞门四周加固体范围内打数个水平探孔,观察渗水情况。探孔数量不少于6个,中间和四周均布。

3. 挖孔桩检测

在粉细砂地层,加固后可以采用挖孔桩代替竖向抽芯进行检测。

4. 冻结法测温检测

确定冷却速度、厚度等参数。

五、端头加固事故多发因素

(1)桩身垂直度不满足规范要求,桩身倾斜致使加固体不连续,桩间咬合达不到设计要求,止水失败引发涌水、涌砂,地面沉陷。

(2)砂层中施工参数选取不合理,达不到预想的加固效果。可通过试桩和调整施工工艺解决。

(3)端头加固体与围护结构之间的夹层处理措施不当。

(4)过早破除围护结构,使掌子面暴露时间过长,或拆除墙体方法错误引起掌子面坍塌。

(5)洞门密封措施选用不得当。

(6)抽芯后未回灌砂浆使之密实。

(7)冻结施工过程的冻结管渗漏。

(8)未处理好承压水层的降水工作。

六、工程实例

实例1:三轴搅拌桩在盾构端头加固中的应用

(一)工程概况

1. 工程概述

广州市轨道交通三号线北延段人和站南端盾构吊出端左右线洞口位于软弱地层,需要进行端头地层加固处理。区间隧道端头覆土埋深为10.281m,端头隧道范围内地层为冲积—洪积砾砂层,具有强透水性的特性。由于周边埋设有军用光缆及通信光缆,因此加固工作面比较狭窄。另外,加固区域紧邻人和车站,人和车站也正在施工,双方施工干扰较大。

2. 工程地质

工程位于广花盆地冲积平原,上覆第四系填土、冲积层、砂层、粉质黏土、残积土,下伏风化泥质粉砂岩或泥灰岩。盾构吊出井(人和车站)工程地质从上到下分别为:①素填土,标高为14.78~15.68m;②〈4-1〉粉质黏土夹粉土,标高为12.18~14.78m;③〈3-1〉粉细砂层,标高为9.18~12.18m;④〈3-3〉砾砂层,标高为-2.28~9.18m;⑤〈4-1〉粉质黏土,标高为-0.12~-2.28m;⑥〈3-3〉砾砂层,标高为-0.12~-1.32m;⑦〈7〉强风化泥质粉砂岩,标高为-0.12~-6.54m。

3. 水文地质

本场地地下水按赋存条件主要分为孔隙水及基岩裂隙水。场区地下水较丰富,略具承压性;地下水水位标高一般为3.40~13.86m。

地下水补给主要为大气降水及旁侧的流溪河补给,地下水的排泄途径主要为蒸发及向流溪河的排泄。

盾构到达端地质及地下水文情况见表6-11。

盾构到达端地质及地下水文情况　表6-11

层号	地层名称	颜　色	特征描述	水文情况
〈3-1〉	粉细砂层	灰黄色	松散、饱和、质较纯,含少量粉砂及黏性土	地下稳定水位为2.88m,渗透系数为5m/d
〈3-3〉	砾砂层	灰色	松散~稍密、饱和、质较纯含少量中粗砂及黏性土	渗透系数为30m/d
〈4-1〉	粉质黏土层	灰黄色	可塑、冲积—洪积,以黏粒为主,质较纯,含少量细、粉砂	渗透系数为0.005m/d

(二)端头加固方案的选择

1. 方案筛选

方案一:采用旋喷桩加搅拌桩。即采用ϕ600mm咬合150mm双管旋喷桩和ϕ500mm咬合100mm单轴搅拌桩加固处理。

方案二:采用ϕ850mm咬合250mm三轴搅拌桩加固处理。

2. 两套方案的比选

(1)方案的相同之处,搅拌桩之间相互搭接,形成具有一定强度、抗渗性、整体性以及无接缝的水泥加固土体,提高地基抗渗性和强度。

(2)广州的复合地质条件,特别是在砂层、砾砂层以及渗透系数较大的饱和砂层中进行单轴搅拌桩、旋喷桩加固后,多次发生突涌水,甚至涌泥砂等现象,给盾构始发到达带来诸多的危险,延误了工期,也加剧了施工成本。对于方案二,虽然在广州盾构端头加固尚没有先例,但在上海、南京、杭州等城市建设中已经普遍使用。三轴型钻掘搅拌机重量大,稳定性好,加固深度可以满足要求,三个定向钻头是一起向一定深度进行钻掘,减少了搭接和桩间咬合的几率。

经过论证认为,本工程盾构吊出端左右线洞口位于粉细砂层、砾砂层,为确保工程安全,决定采用方案二。

(三)加固范围

人和站到达南端头采用ϕ850mm密排咬合250mm三轴搅拌桩加固。加固范围为:纵向为围护结构外侧10m范围,横向为25m。加固深度:桩底达到〈7〉地层顶端,即钻孔深度在20m处。其中隧道顶部及底部3m范围内为强加固区,隧道顶3m以上至地面范围为弱加固区,水泥掺量可减半。盾构到达端端头加固如图6-89与图6-90所示。

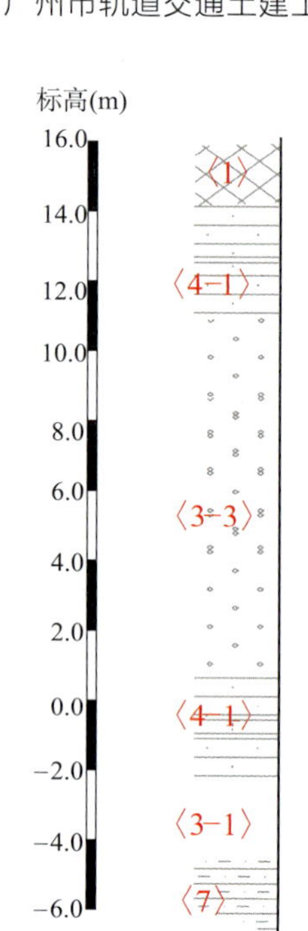

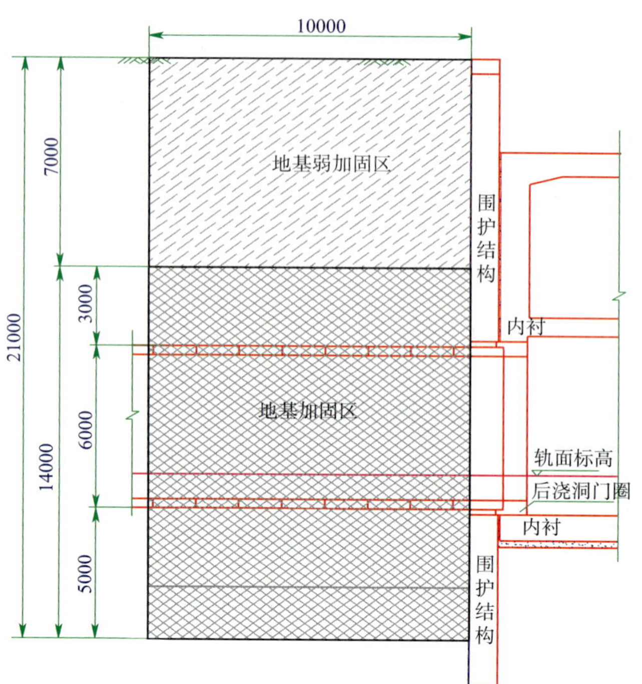

图 6-89　盾构到达端头加固剖面图(尺寸单位:mm)

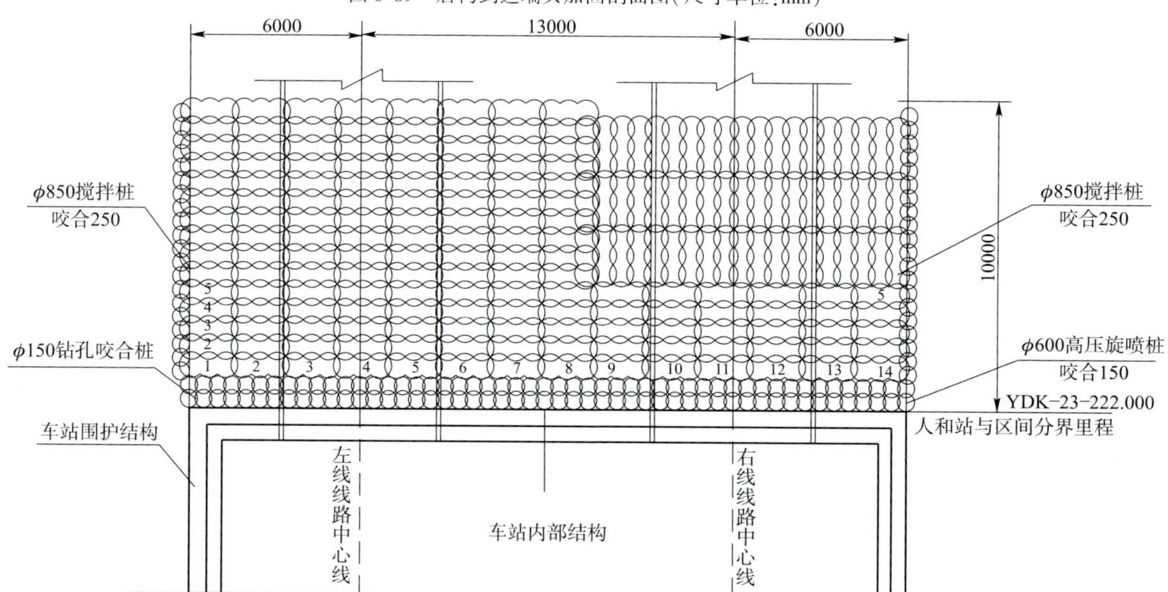

图 6-90　盾构到达端头加固平面图(尺寸单位:mm)

(四)三轴搅拌桩施工顺序

施工时成桩的顺序如图 6-91 所示。图中咬合部分为重复套钻,以保证墙体的连续性和接头的施工质量。

(五)盾构到达端头施工参数的选择

1. 确定施工参数

施工参数的选择对三轴搅拌桩成桩质量至关重要,因此三轴搅拌桩施工前需选择合理的施工参数。根据以往在南京的施工经验,结合本工程地质资料,确定了三种试桩参数供选择,具体见表 6-12。

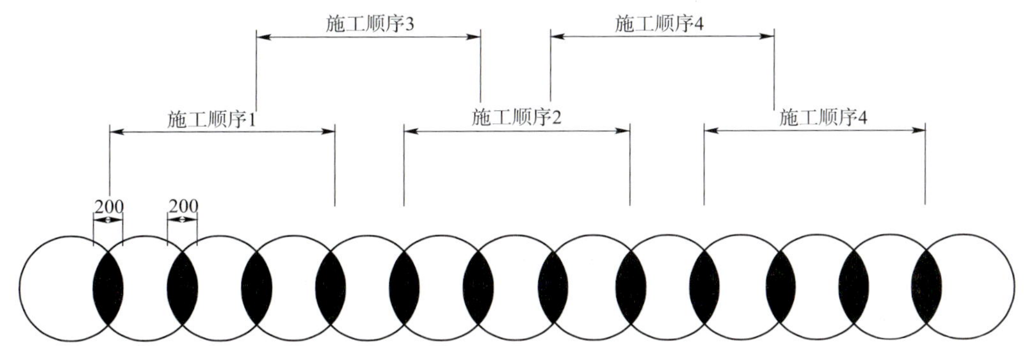

图 6-91　三轴搅拌桩施工顺序图(尺寸单位:mm)

三种试桩参数　　表 6-12

参数 / 桩号	水泥掺入比(%)	水灰比	水泥浆相对密度	下沉速度(m/min)	提升速度(m/min)	到底部定喷时间(min)
试桩 1	22	1:1	1.50～1.55	1	1	1
试桩 2	20	1:1	1.50～1.55	1	0.8	10
试桩 3	18	1:1	1.50～1.55	1	0.6	1

2. 第一次试桩参数比较

通过对盾构到达端头加固工程试桩抽取芯样(见图 6-92)分析(3d),由于 1 号桩取芯偏位,造成抽芯失败。2 号、3 号桩的抽芯样抽芯率均达到 45% 左右,成桩质量也不理想,桩的完整性较差。但从 3 号芯样的截面观察,芯样的颜色成深黄色,可以判断本桩水泥参量偏小。最终对三组试桩芯样进行对比分析,确定采用试桩 1 的参数为本次加固工程的指导参数。

图 6-92　芯样

3. 第二次试桩参数对比

为了保证端头加固的效果,又对三抽搅伴桩进行了抽芯。从抽取的芯样分析,抽芯率达到 57%,

15.5～19m 的范围内芯样颜色较黄，并且有一段不成桩，砂砾呈松散状。后将三轴搅拌桩在砾砂层施工参数的定喷时间改为 5min，提升速度由 1m/min 降低为 0.6m/min。再经过抽取的芯样分析，抽芯率达 70%，15.5～19m 的范围内芯样颜色由黄变灰，但芯样多处成球状，有的呈多节芯状。第二次试桩抽芯取样如图 6-93 所示。

图 6-93　第二次试桩抽芯取样

最后经过多次试验确定，将两搅两喷方式改为四搅四喷，其他参数不变。从抽取的芯样分析，抽芯率达 95% 以上，整体桩身颜色均匀一致，色泽较好，均成灰色。

通过对试桩抽取芯样，最终确定采用调整后的参数对本盾构端头进行加固。

三轴搅拌桩施工主要技术参数见表 6-13。

三轴搅拌施工图如图 6-94 所示。

三轴搅拌桩施工主要技术参数表　　表 6-13

序号	技术参数项目	参 数 指 标
1	水泥掺入比	22%
2	供浆流量(L/min)	230
3	浆液配比	水:水泥 = 1:1
4	泵送压力(MPa)	0.8～1.2
5	下沉速度(cm/min)	<100
6	提升速度(cm/min)	<80
7	搅拌方式	四搅四喷
8	28d 无侧限抗压强度(MPa)	≥0.8
9	水泥浆的相对密度	1.50～1.55
10	搅拌速度(r/min)	两边搅拌头:26.0;中间搅拌头:14.5
11	每立方土体水泥用量(kg)	396

图 6-94　三轴搅拌桩施工图

(六)小结

(1)根据本工程实践，单台搅拌机每天最多可成桩 16 幅，搅拌深度大(目前最深可达 35m)，施工费用比同其他工艺加固形式相对较低。

(2)在解决柱与柱之间重叠搭接方面取得了很好的效果，加固体的防渗性能得以提高。此工法可用于围护结构止水帷幕，亦可进行素连续墙的施工，以及结合进行 SMW 工法的施工。

(3)本工程深层搅拌水泥土强度、防渗质量的检测只限于桩体抽芯，而对于土体水平方向水泥土的均匀性等的检测有待进一步研究更加合理可行的办法。

实例 2：水平注浆在盾构端头加固中的应用

广州市珠江新城旅客自动输送系统，南起海珠区赤岗塔，向北下穿珠江主航道到达海心沙、珠江新城、黄埔大道、体育中心,北至林和西站,线路总长为3.88km,全部采用地下线路。

(一)工程概况

赤岗塔站—海心沙站—站广州歌剧院站盾构左右线区间,其掘进设备为2台海瑞克土压平衡盾构机。始发场地设在赤岗塔站北端头,盾构机一前一后(右线先行)从赤岗塔始发,下穿大珠江后到达海心沙岛,再次穿越小珠江后从广州歌剧院站吊出。右线盾构机于2008年6月初先行始发,事前对端头进行了搅拌桩加固。但由于地质条件差及搅拌桩施工质量不良等原因,始发时发生了较大的涌水涌砂事故,导致始发失败。后采用双管旋喷桩止水帷幕、旋喷桩范围内砂层注膨润土浆液、施作降水井等措施对北端头大范围进行了综合处理,又在盾构外部施工了混凝土箱体,最终右线盾构完成了始发,但耗费了大量的人力、物力、财力,工期也受到影响。左线始发时为避免类似事故发生,在端头地面加固的基础上,对洞门进行了水平注浆加固,最终确保了左线盾构始发成功。

根据详勘地质报告,始发端头地层自上而下分述为:

(1)人工填土层(Q_4^{ml}):主要为素填土和杂填土,其中素填土为人工堆填的黏性土、中粗砂、碎石、混凝土块等;杂填土主要为建筑和生活垃圾等堆填而成,欠压实,层厚为1.8~7.05m,分布广泛。

(2)海陆交互相沉积层(Q_4^{mc}):揭露3个亚层。〈2-1B〉淤泥质土层,含较多粉砂和贝壳碎片,局部含淤泥,属高压缩性软土,层厚为0.6~3.9m;〈2-2〉淤泥质粉细砂层,主要为粉砂、细砂,部分含较多粉、黏粒,部分与薄层淤泥质土互层,饱和,层厚为0.6~9.7m品;〈2-3〉淤泥质中粗砂层,主要为中、粗砂,部分含较多粉、黏粒,饱和,层厚为0.6~3.5m,在赤岗塔一带少量分布;〈8〉中风化岩带(K_2),主要为泥质粉砂岩和粉砂质泥岩,裂隙发育,层厚为1.3~17.2m,沿线广泛分布。

地下水主要为第四系松散层孔隙潜水和基岩风化裂隙承压水。孔隙水主要赋存于沉积砂层〈2-2〉、〈2-3〉中,在珠江及两岸砂层地下水与珠江水水力联系密切,透水性中等,渗透系数为2~3m/d;裂隙水主要赋存于白垩系碎屑岩的强、中风化岩中,一般具弱透水性和富水性,渗透系数为0.05~0.1m/d,具承压水特征。地下水位变化受地形地貌、地层岩性、地下水补给来源等因素控制,每年5~10月雨季水位上升,冬季水位下降,年变化幅度为2.5~3.2m。勘察期间揭露沿线地下水稳定水位埋深为1.1~7.0m。

(二)端头加固范围

为了确保盾构机在完全进入地层前不发生涌水、涌砂事故,同时减少投资,本次水平注浆纵向加固范围定为8m,横向加固范围为洞门圈以外径向2~5m。

(三)水平注浆加固施工

根据详勘地质资料及左线水平探孔揭露的地质情况,左线洞门范围内在-4.1m以上均为淤泥质粉细砂,虽然前期进行了搅拌桩及旋喷桩等加固,但效果仍不太理想。为此,参考此前对该种地层的处理经验,决定采用水平注浆加固对左线进行洞门加固,以确保盾构始发及初始掘进的安全。

水平注浆与高压旋喷桩、搅拌桩的根本区别,在于旋喷桩和搅拌桩是打孔后在孔内旋喷、搅拌,孔口是敞开的,孔口返浆后视为成桩,其范围和成桩体积受压力影响变化较大;而水平注浆则是在打孔后安装注浆孔口管,由孔口管向内进行钻孔注浆,整个注浆过程是在一个封闭状态体系中进行的,其作用原理是浆液通过孔口注浆管进入封闭状态下被注地层(流砂层、粉质黏土层、黏土层)中,通过注浆泵产生的压力使浆液在被注地层变为密实的坚固地层,达到注浆堵水的目的。

水平注浆加固适应于各类地层,尤其是含水流砂层(高压旋喷桩和搅拌桩成桩困难的地层),不仅能满足加固土体的止水要求,同时也增加加固土体的强度,其优点是加固堵水效果好,不占用地面场地。

注浆结束后,按设计要求打设检查孔进行检测,沿洞门加固体范围内打设水平探孔,孔深8m,观察分析加固效果,经检查注浆效果达到设计要求后,即可凿除洞门围护结构,进行始发。

（四）施工完成情况

由于盾构始发位置距离珠江仅70多米，且〈2-2〉淤泥质粉细砂层厚度达到10m，下方近邻〈8〉地层，水平加固工期由原计划14d延迟至51d，水泥水玻璃用量也大大超出计划用量。钻孔施工过程中时有发生高压涌水涌砂现象，但注浆完成后效果较好，刀盘进入加固体后未发生涌水涌砂情况，左线盾构顺利始发。水平加固导致地面隆起，以及地面龙门吊轨道变形和破坏，今后施工时应对注浆压力、注浆量等参数作进一步优化。

实例3：人工挖孔桩在泥水盾构端头加固中的应用

（一）工程概况

广州市珠江新城旅客自动输送系统工程林和西站—天河南一路站区间，沿线穿过天河体育中心、天河路和宏城广场，地处繁华的城市中心地段。隧道沿线地形较平坦，地貌形态为珠江三角洲冲洪积平原和珠江三角洲海陆交互相沉积平原。林和西站南端为盾构始发端头，盾构井所处地层自上而下依次为：①人工填土层；②冲积—洪积土层；③可塑或稍密状白垩系红层残积土层；④硬塑或中密状白垩系红层残积土层；⑤粉砂质泥岩中风化带。地下水类型主要为赋存于第四系土层中的孔隙潜水和赋存于白垩系碎屑岩基岩风化裂隙的承压水。勘察资料显示，地下水位埋深约为2～3m，但现场围护桩开挖时揭示端头部位地下水位埋深约为4m，水量不大。隧道覆土厚度约为7m，开挖面地层在没有支护的情况下自然稳定性较差，在盾构掘进时容易扰动周围土体，使端头土体稳定性降低，同时由于地下水的存在，可能使端头地层出现坍塌和漏水等事故。

（二）加固方案的选择

根据原投标文件，林和西站车站围护桩采用挖孔咬合排桩，南侧盾构始发井地层加固采用搅拌桩+旋喷桩止水的形式。但根据该场地详勘地质报告及人工挖孔桩围护桩施工反映的土层岩样，隧道始发段位于黏土地层，地层渗水性很小，承载力较高，其标贯值高达14～20击，搅拌桩施工难度很大，较难保证成桩质量，因此必须改成其他加固方式。根据围护结构的施工情况，认为对于该地层，人工挖孔桩施工条件较好，造价低，成孔及混凝土浇筑质量均可直接观测而便于控制，质量均衡稳定，承载力好，桩间相互咬合，能达到最佳的止水效果，因此该站南侧始发端头地层加固采用挖孔咬合排桩是合理的优化方案。

（三）人工挖孔桩端头加固设计方案

在盾构始发端头紧靠盾构井围护桩处，进行单排ϕ1800mm和ϕ1200mm人工挖孔桩加固施工，两洞门处各采用3根ϕ1800mm桩，其他部位采用ϕ1200桩，桩芯混凝土均为C15。采用护壁咬合桩芯相切的方式将所有挖孔桩联成整体以满足工程要求，两侧的桩与基坑围护结构挖孔桩也采用护壁咬合桩芯相切的形式连接，以防止地下水从侧面渗漏。对于其他部位的桩，其护壁要与基坑围护桩的桩芯相切。桩芯位置可根据主体围护结构位置适当调整，洞门范围的护壁钢筋采用竹筋代替，其余部位仍采用钢筋。如图6-95所示为人工挖孔桩施工。

图6-95　人工挖孔桩施工

（四）小结

盾构始发端头加固设计必须认真研究地质条件因素，

在技术可行的前提下，采用人工挖孔桩设计可达到节约施工成本和降低工程造价的目的，但在挖桩施工时必须按规定做好安全保护措施，确保施工人员的安全。

实例4：新二管高压旋喷桩在盾构端头加固中的应用

新二管高压旋喷桩法是在从日本引进的RJP工法基础上开发形成的，其机理是以34MPa的高压水泥浆通过两个ϕ2mm的喷嘴喷出，在事先已成孔的钻孔中以高压水泥浆射流直接冲切破坏土体，浆射流以环绕压缩气保护，随着喷杆的旋转提升，在压缩气的作用下水泥浆液同冲切下的部分土体和少量水泥浆流出孔口，留下的大部分水泥和切割下的土体混合成水泥土，凝结后形成加固防渗体。该旋喷桩机高度为18m，旋喷钻杆长度为7～13m，旋喷时不必进行频繁的换钻杆等一系列工作而是一次提升喷杆长，减少了接、卸管次数，相应节约了时间，重要的是减少了喷射中的停顿次数，保证成桩连续，成桩质量好。新二管高压旋喷桩施工参数见表6-14。

新二管高压旋喷桩施工参数　　表6-14

高压水泥浆	压力(MPa)	35～38
	流量(L/min)	70～80
	喷嘴个数、孔径	2×ϕ2.0mm
压缩空气	压力(MPa)	0.6～0.8
	流量(m^3/min)	0.6～1.2
旋喷提升速度(cm/min)		7～12
旋转速度(r/min)		0.8～1.0v(v为提升速度)
水泥浆相对密度		1.47～1.53
高喷钻孔入岩深度(m)		嵌入强风化层1.0m

(一)工程概况

广佛线同济路站—祖庙站区间采用盾构法施工。祖庙站到达端隧道埋深约为17m，隧道断面全部为〈3-2〉中粗砂(隧道底部为〈7〉强风化泥质粉砂岩)，拱顶以上大多为〈3-2〉中粗砂及〈3-1〉粉细砂(〈3-2〉与〈3-1〉之间存在〈2-1〉淤泥夹层)，断面及拱顶砂层合计最大厚度达19.7m。砂层中地下水流动性强，砂层渗透系数较大，其中$K_{\langle 3\text{-}1\rangle}=2.0$m/d，$K_{\langle 3\text{-}2\rangle}=4.0$m/d。根据地层情况，为保证洞门破除施工及盾构机进站安全，祖庙站端头首选新二管高压旋喷桩进行加固。由于场地及时间限制，本次加固纵向长度仅为7.16m，即靠近祖庙站围护结构为4排ϕ1000mm@800mm，外加5排ϕ1200mm@1000mm的新二管旋喷桩(共196根)，新二管旋喷桩设计桩长为23.6m，其中靠近连续墙的2排旋喷桩为通长实桩，其余旋喷桩实桩范围为隧道顶以上3.0m至隧道底以下2.0m，共11.0m。本次加固工期为43d，平均每天施工4.6根，其施工参数与开仓加固时新二管高压旋喷施工参数基本一致。

端头加固完成后，抽芯检测新二管旋喷桩成桩连续性、强度、桩间咬合情况等指标均满足要求，抽芯芯样(见图6-96)与开仓加固芯样基本相同。盾构机通过采用及时环向注浆、渐进式土仓降压、管片注浆等手段成功进站。

图6-96　新二管高压旋喷桩抽芯芯样

(二)新二管高压旋喷与双管旋喷比较

新二管高压旋喷相对于双管旋喷具有桩机身及后续作业平台较大,需占用较大的施工场地,对于电力、水及水泥需求量较大,返浆量较大等缺点;但由于新二管桩机高、钻杆长,在施工过程中拆卸钻杆次数很少;而且新二管法具有水泥浆液压力大、流量大、能量大等特点,能直接以浆液切割土体,避免了浆液送入地下被二次稀释,所以具有水泥利用率高、工效快、孔口废浆少、施工队伍专业化程度高等优点。从加固效果来看,由于所切削范围被水泥浆液充填、固结形成所需桩体的旋喷压力较大(浆压达到37MPa,空气压达到0.7~0.8MPa),故成桩半径较大,成桩桩身连续性强,效果好(根据现场抽芯结果,在砂层中成桩时试件的抗压强度最高能够达到37MPa,至少也能够达到4MPa)。另外,因在新二管旋喷之前需用百米机进行引孔,故其桩的垂直度较好,排桩止水效果较好。

新二管高压旋喷是粉细砂、中粗砂等不良地层加固的有效手段,在深度大、地下水丰富的情况下也能形成有效的排桩止水帷幕或高强度、不透水的加固体。

实例5:素混凝土墙+搅拌桩在盾构端头加固中的应用

(一)工程概况

六号线高架线入洞口站—大坦沙站盾构区间盾构机始发后向大坦沙站掘进,需要在河沙站过站,然后在河沙站南端头进行二次始发。

根据地质勘察报告以及实际调查,河沙站南端头隧道拱顶及洞身主要为〈2-1A〉、〈2-1B〉、〈2-2〉、〈3-2〉层,均属软弱地层,覆土厚度为4.2~10m,淤泥、砂层较厚,稳定性很差,存在涌砂、坍塌危险。地下水主要为富存于第四系各地层中的潜水类型,受大气降水及地表水补给,水位变化因气候、季节而异,水位埋藏深度介于1.2~2.88m之间。

施工方对河沙站南端头地层实施了两次加固施工,第一次实施的是经过优化的设计方案,第二次为补充加固方案。

(二)原设计加固方案

根据原设计方案,盾构机进洞的端头地层采用三排旋喷桩结合搅拌桩加固,旋喷桩直径为1000mm,搅拌桩直径为500mm。旋喷桩采用三重管法施工,旋喷桩和搅拌桩桩顶在隧道结构拱顶以上4m,桩底在隧道拱结构拱底以下3m。旋喷桩与车站围护结构及搅拌桩搭接250mm以上。先施工搅拌桩,后施作旋喷桩,确保旋喷桩与搅拌桩搭接处的加固密实性。对旋喷桩与围护结构、旋喷桩桩间以及旋喷桩和搅拌桩之间可能产生的空隙均需布注浆孔进行压力注浆,以求共同形成止水帷幕。

(三)第一次端头加固

1.优化设计方案

左线盾构机在河沙站北端头加固体中掘进时,发现地面冒浆现象,进站时,曾发生涌水涌砂,由此判断北端头加固体加固效果不理想。河沙站北端头的加固体是按照设计方案实施的,考虑到南端头的设计加固方案与此方案相近,且工法相同,地质条件相似,再综合考虑设计采用的旋喷桩加搅拌桩的端头加固法在类似地层中的加固效果并不理想,对设计端头加固方案进行了优化。

根据地层含水量的情况,为了提高端头加固的防水效果,在紧贴河沙站南端围护结构施作2幅素混凝土连续墙结合旋喷桩的止水帷幕,采用长度为8.5m、厚0.8m的素混凝土连续墙结合ϕ800mm@500mm的三管旋喷桩,其余三边均采用3排ϕ500mm@400mm的搅拌桩由地面加固至隧道底3m,加固范围内部采用ϕ500mm@400mm的搅拌桩填充,桩长为隧道顶4m至隧道底3m。如图6-97所示为优化的河沙站南端头加固平面图。

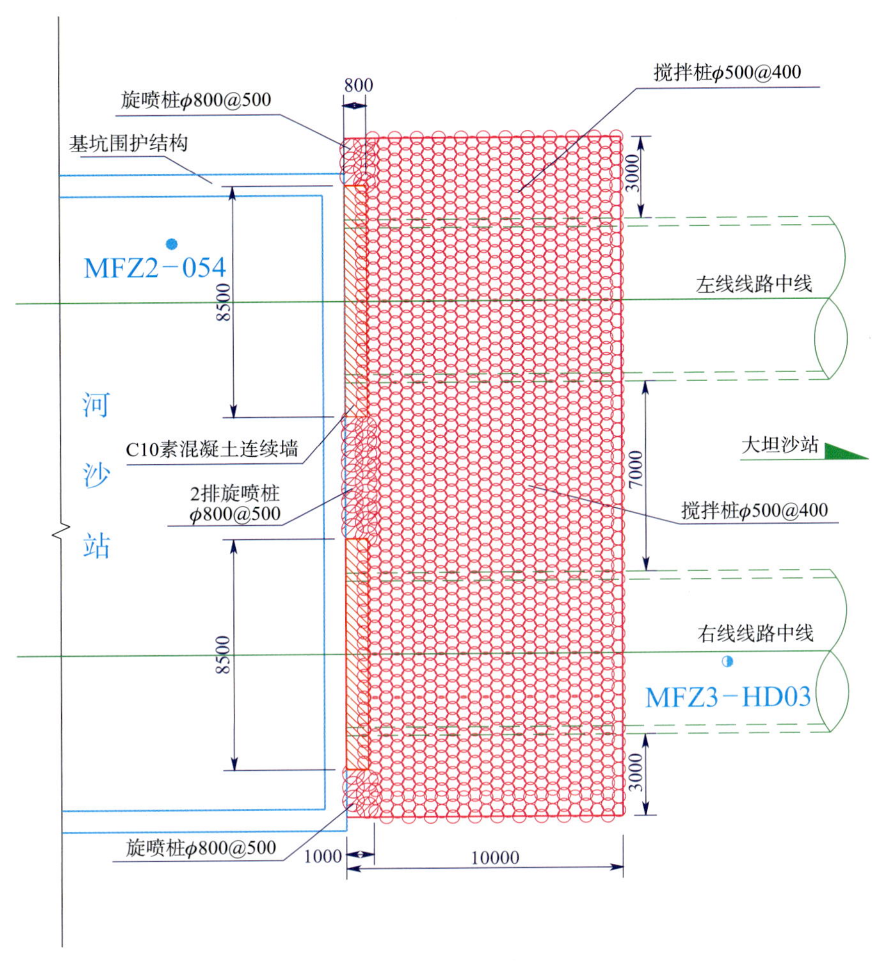

图 6-97　优化的河沙站南端头加固平面图(尺寸单位:mm)

2. 加固体质量检测

首先,对端头加固体进行了垂直钻孔抽芯检测,钻孔 3 个,检测结果为抽芯体成柱状,加固土体的强度满足设计要求,具有较好的均匀性、自稳性。如图 6-98 所示为 1 号、2 号、3 号垂直抽芯孔岩样。

图 6-98　1 号、2 号、3 号垂直抽芯孔岩样

接着,进行水平抽芯检测。第一次洞门水平抽芯检测采用了口径约 4 寸的钻管进行钻孔,钻管口径较大。在右线洞门的周边与中心共钻孔 7 个,均未发生涌水涌砂情况,仅有部分孔有少量水从钻孔渗出。在左线洞门进行水平抽芯检测时,先在洞门上侧进行了 2 个钻孔抽芯,无涌水涌砂的情况,接着在洞门中心点位置处进行第 3 个钻孔,钻至 70cm 深时,发生了涌水涌砂现象,涌砂超过 $30m^3$。随后立即对钻孔进行了封堵,并很快控制住涌水涌砂的情况。

为了更好地了解端头加固效果情况,对河沙站南端头左右线洞门进行了加密式水平抽芯钻孔检测,每个洞门增加 14 个钻孔抽芯,采用口径约 2 寸的钻管进行钻孔。检测结果:右线洞门部分钻孔有少量水渗出;左线洞门中心位置处的钻孔有喷水喷砂情况,其他的周边钻孔仅有少量水渗出,均无喷水喷砂的现象。

加密水平抽芯检测的同时，在河沙站南端头进行了二次垂直钻孔抽芯检测，钻孔 3 个，钻孔深为 20m。检测结果为：4 号钻孔抽芯样体中 9.8 ~ 10.9m 和 15.8 ~ 16.4m（此处高程与发生涌水涌砂的位置的高程基本相同）存在松散泥层；5 号、6 号钻孔抽芯样体均为松散细砂。由此判断，第一次端头加固的效果很不理想。

（四）补充加固

1. 涌水涌砂原因分析

根据第一次端头加固的方式、加固的情况和洞门发生涌水涌砂的位置，推断涌水涌砂的原因为素混凝土连续墙夹有泥层并形成流水流砂通道。素混凝土连续墙夹有泥层的原因可能是在素混凝土连续墙在施工过程中，在采用三根导管浇筑混凝土时，由于两侧的导管提升速度较快，中间的导管提升速度较慢，三根导管存在较大的高差，两侧的泥浆向中间集中，当中间的泥浆被混凝土覆盖后就在素混凝土连续墙中产生了泥夹层。并推断在素混凝土连续墙两侧施作的三管旋喷桩加固效果不理想，没有起到止水帷幕的作用，从而导致了素混凝土连续墙中的夹泥层与四周地层有水流通道连通，故在左线洞门中心处钻到夹泥层时，端头四周的地下水从钻孔涌出，造成涌水涌砂的险情。

2. 补充加固方案

根据河沙站南端头的地质情况、加固情况和涌水涌砂情况，对河沙站南端进行补充加固。为了能保证有效地切断端头四周通向洞门处的水流通道，补充方案采用止水效果可靠的连续墙。加固形式为紧贴着原有素混凝土连续墙施作一 C 形的外包素混凝土连续墙，连续墙厚 800mm，深度约为 20m，保证连续墙底进入不透水层的深度不少于 2m。如图 6-99 所示为补充加固方案平面示意图。

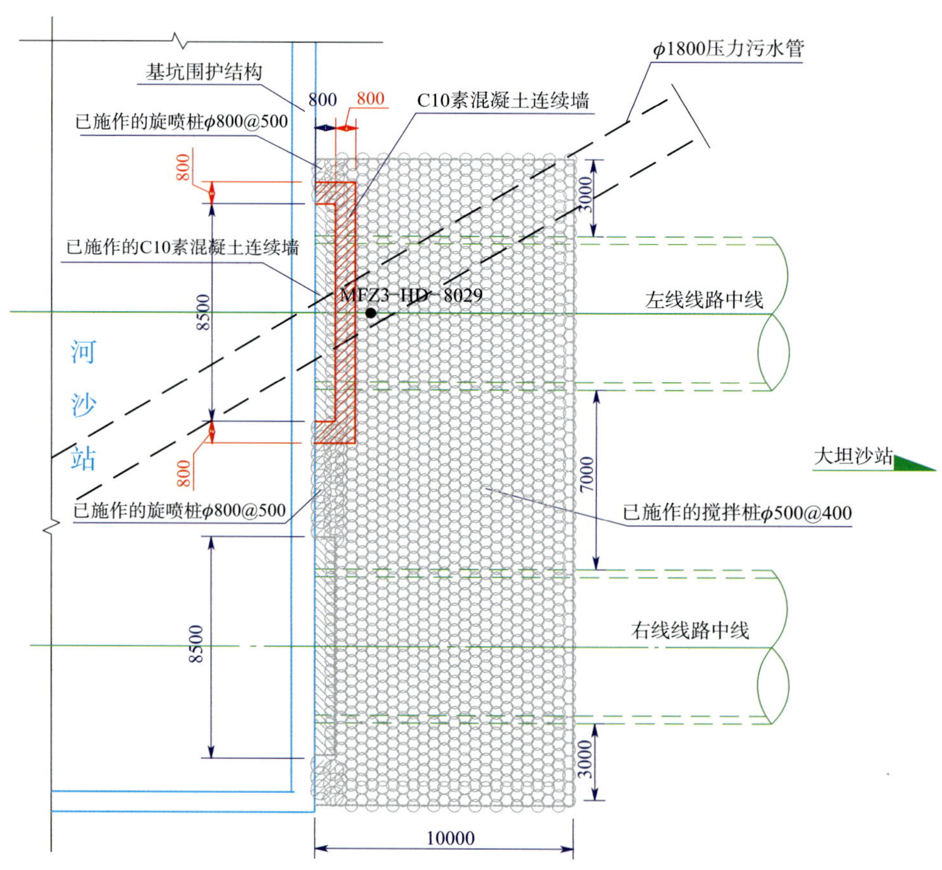

图 6-99 补充加固方案平面示意图（尺寸单位：mm）

3. 加固体质量检测

连续墙达到设计龄期强度要求后,进行水平抽芯取样检测。围绕洞门中心重新钻水平探孔 4 个,其中靠近先前发生涌水涌砂探孔的钻孔深为 1.75m,即钻穿第一次端头加固施作的混凝土连续墙,孔端探到 C 形连续墙体内,另外 3 孔钻深为 1.2m,孔端探至第一次端头加固施作的混凝土连续墙体内。打开先前被封堵的探孔,探孔发现渗水为清水,没有泥砂流出,且渗水量很小,可判断补充加固止水效果较好,质量可靠。后来洞门范围内的钢筋混凝土连续墙破除后,进一步揭示了补充加固体止水效果较好的结论。

(五)综合分析及小结

(1)盾构机在高架入洞口第一次始发时,洞门出现较大的涌水,而盾构机在前段掘进并没有出现栽头,说明按原来的设计方案使用旋喷桩加搅拌桩施工后,旋喷桩没有起到很好的止水作用,所以第二次始发方案取消了搅拌桩,改用紧贴原连续墙增加素混凝土连续墙的办法,保证刀盘到达素混凝土连续墙前帘布裹住盾构机盾体,确保减小前方掌子面失稳及涌水涌砂的风险。在富水砂层、淤泥等软弱地层中进行盾构始发端头加固,使用素混凝土连续墙加搅拌桩的施工方案是合适的。

(2)沿线路方向 10m 搅拌桩加固体主要是对土体进行改良加固,防止盾构机栽头,并在盾尾进入洞门帘布时,避免大量的漏水漏砂引起地面变形。在第一次始发时效果较好,所以在第二次始发时继续延用。

(3)从本次及以往的加固体抽芯结果来看,10m 深的搅拌桩基本可以保证桩芯样连续完好,随着深度的加大,桩身垂直偏差越大,出现短桩的机会就越大,加固体的完整程度越差,因此搅拌桩只能做浅埋隧道顶层加固及 10m 以下较深层土质改良。如果在上述地层且隧道底埋深更深(超过 15m)情况下加固,考虑到搅拌桩下部成桩质量不好及地下水压力较大,可以使用沿隧道方向 10m 搅拌桩加四周外包连续墙的加固方法。

(4)三管旋喷桩由于受地层变化影响较大,从以往各次加固抽芯结果显示,成桩质量较差,盾构始发基本起不到很好的止水作用。特别是靠近连续墙一侧,不管是搅拌桩或旋喷桩,抽芯结果更不理想。

第三篇 矿山法施工技术

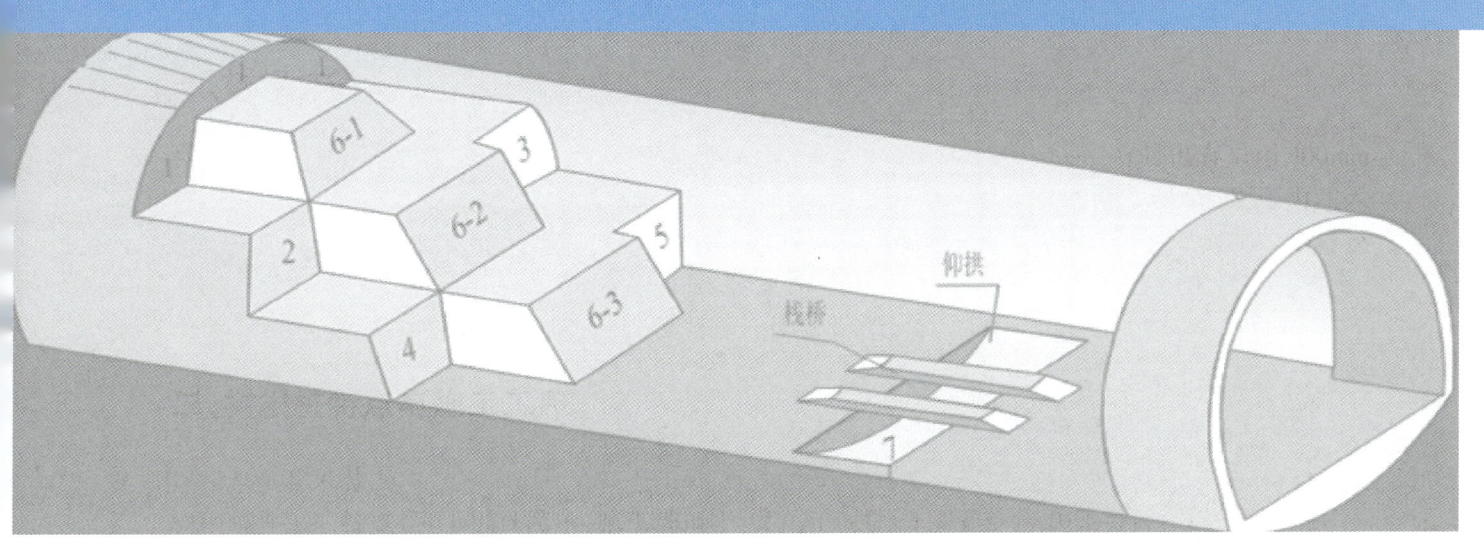

第七章　矿山法概述

第一节　矿山法简介

一、发展历程及基本原理

在很久以前，人们利用自然洞穴作为住处。当社会发展到一定程度，人们开始使用工具，这时就出现人工开凿的隧道。我国最早有文字记载的地下人工建筑物，出现在东周末期（约公元前700年）。最早用于交通的隧道为“石门”隧道，建于东汉明帝永平九年（公元66年），今位于陕西省汉中市褒谷口内。

约于公元7世纪，我国隋末唐初时发明了火药，13世纪后期传到了欧洲，17世纪初（1627年）被奥地利的工业家首先用于开矿。1866年瑞典人诺贝尔发明了黄色炸药，为开凿硬岩提供了条件。这就产生了矿山法开挖隧道，即传统矿山法。在很长一段时间内，大多都采用这种方法开挖隧道。它的基本原理是，隧道开挖后受爆破影响，造成岩体破裂，形成松弛状态，随时都有可能坍落。基于这种松弛荷载理论依据，其施工方法是按分部顺序采取分割式一块一块地开挖，并要求边挖边撑以求安全，所以支撑复杂，支撑材料耗用多。喷锚支护的出现，使分部数目得以减少，并进而发展成新奥法。

新奥法（New Austrian Tunnelling Method）是20世纪60年代奥地利专家拉布西维兹（L. V. RABCEWICZ）总结前人在隧道工程中累积的经验后所提出来的一套隧道设计、施工新技术，它的核心思想是利用围岩支护隧道使围岩本身形成支撑环。新奥法是在利用围岩本身所具有的承载效能的前提下，采用毫秒爆破和光面爆破技术，进行全断面开挖施工，并采用复合式内外两层衬砌来修建隧道的洞身。蕴藏在山体中的地应力由于开挖成洞而产生再分配，隧道空间靠空洞效应而得以保持稳定，也就是说，承载地应力的主要是围岩体本身。采用初期喷锚柔性支护的作用是使围岩体自身的承载能力得到最大限度地发挥，而二次衬砌主要是起安全储备和装饰美化作用。

20世纪80年代我国工程师在新奥法的基础上，结合我国国情，创立了浅埋暗挖法，它的特点是沿用新奥法原理分析体系，建立量测信息反馈设计和施工，同时采取超前支护和改良地层以及注浆加固等配套技术来完成隧道的设计与施工。初期支护按承担全部基本荷载设计，二次模筑衬砌作为安全储备；初期支护和二次衬砌共同承担特殊荷载。应用浅埋暗挖法设计、施工时，同时采用多种辅助工法，超前支护，改善加固围岩，调动部分围岩的自承能力；并采用不同的开挖方法，及时支护、封闭成环，使其与围岩共同作用形成联合支护体系；在施工过程中应用监控量测、信息反馈和优化设计，实现不塌方、少沉降、安全施工等目的，并形成多种综合配套技术。本文所述矿山法包括传统矿山法、新奥法以及浅埋暗挖法。

二、深埋与浅埋

国外在20世纪70年代初开始将新奥法应用于浅埋地层的研究，到20世纪70年代末80年代初已基本形成一套完整技术并应用于城市轨道交通、市政工程等。目前，德国、日本、美国、法国、意大利、韩国、香港等国家和地区都有新奥法成功应用的实例。日本的城市轨道交通多修建在浅埋软弱地层中，过去大多采用明挖法施工，自1976年采用新奥法以后，就逐渐地把山岭隧道使用的新奥法转移到了城市轨道交通中来。德国是当今地下工程中应用新奥法技术最多的国家，不仅在轨道交通区间隧道中应用，而且还在多层多线路大断面轨道交通车站中广泛应用，如慕尼黑、法兰克福、埃森、波鸿、纽伦堡轨道交通车站等，其施工技术已发展到了较高水平。

我国于20世纪70年代末80年代初开始将新奥法应用于地下工程施工，并于20世纪80年代中后期开始系统研究新奥法在浅埋软弱地层中的应用。1984年我国新奥法首先在大秦线军都山隧道进口黄土段研究试验成功，之后又成功地运用在北京市轨道交通复兴门车站折返线工程，并首先在复兴门站—西单站区间、西单车站、国家计委地下停车场、首钢地下运输廊道、城市地下热力、电力隧道、长安街地下过街通道、深圳地上过街通道等地下工程中推广应用。经过多年的不断总结、完善，这一方法已在城市轨道交通、市政、电力隧道、城市地下过街通道、地下停车场等工程中推广应用，并已形成一套完整的配套技术，同时具有各地域各城市的特色，如南京市轨道交通软流塑地层暗挖施工工法，广州市轨道交通含水砂层暗挖施工工法等。以北京市轨道交通工程为实例形成的“隧道与地铁浅埋暗挖工法”已被住房和城乡建设部批准为国家级工法。

目前深埋、浅埋的提法很多，但都不太确切，有必要进行分析。浅埋和深埋隧道的分界，可按荷载等效高度值(h_q)，并结合围岩级别、断面形式及跨度、施工方法等因素综合判定。按荷载等效高度的判定公式为：

$$H_p=(2\sim2.5)h_q \tag{7-1}$$

式中：H_p——浅埋隧道分界深度(m)；

h_q——荷载等效高度(m)，按下式计算：

$$h_q=\frac{q}{\gamma} \tag{7-2}$$

q——按式(7-3)算出的深埋隧道的垂直均布压力(kN/m²)；

$$q=\gamma\times h \tag{7-3}$$

$$h=0.45\times2^{s-1}\times\omega \tag{7-4}$$

γ——围岩重度(kN/m³)；

s——围岩级别；

ω——宽度影响系数，$\omega=1+i(B-5)$；

B——隧道宽度(m)；

i——隧道宽度每增减1m时的围岩压力增减率，以$B=5$m的围岩垂直均布压力为准，当$B<5$m时，取$i=0.2$，当$B>5$m时，取$i=0.1$。

在矿山法隧道施工的条件下，Ⅰ、Ⅱ、Ⅲ级围岩取$H_p=2h_q$，Ⅳ、Ⅴ、Ⅵ级围岩取$H_p=2.5h_q$。按上述公式计算的深、浅埋隧道分界深度见表7-1。假设H为拱顶到地面的覆土厚度(m)，如果$H>H_p$，可视为深埋隧道；如果$H\leqslant H_p$，可视为浅埋隧道。

深、浅埋隧道分界深度表 表7-1

隧道宽度(m) / H_p(m) / 围岩级别	3	4	5	6	7	8	9	10	11	12	13	14	15	16
Ⅰ	0.5	0.7	0.9	1.0	1.1	1.2	1.3	1.4	1.4	1.5	1.6	1.7	1.8	1.9
Ⅱ	1.1	1.4	1.8	2.0	2.2	2.3	2.5	2.7	2.9	3.1	3.2	3.4	3.6	3.8
Ⅲ	2.2	2.9	3.6	4.0	4.3	4.7	5.0	5.4	5.8	6.1	6.5	6.8	7.2	7.6
Ⅳ	5.4	7.2	9.0	9.9	10.8	11.7	12.6	13.5	14.4	15.3	16.2	17.1	18.0	18.9
Ⅴ	10.8	14.4	18.0	19.8	21.6	23.4	25.2	27.0	28.8	30.6	32.4	34.2	36.0	37.8
Ⅵ	21.6	28.8	36.0	39.6	43.2	46.8	50.4	54.0	57.6	61.2	64.8	68.4	72.0	75.6

三、矿山法施工工艺流程

矿山法施工步骤为：施工准备→超前支护→土方开挖→格栅架立→钢筋网片、连接筋→喷射混凝土→防水施工→二次衬砌。其施工工艺流程如图 7-1 所示。

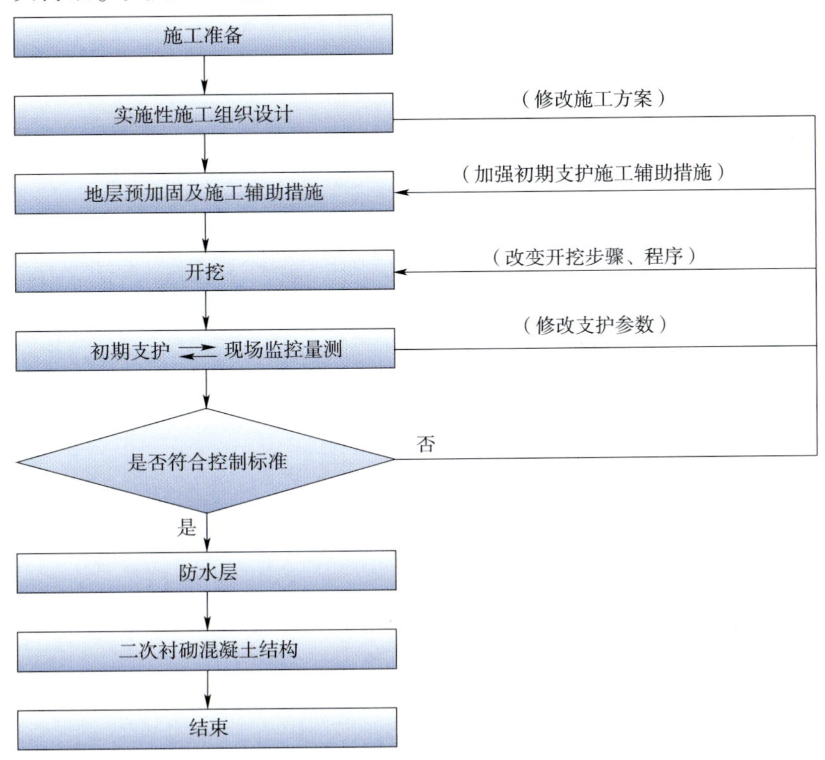

图 7-1　矿山法施工工艺流程

四、在城市轨道交通工程中的应用条件

矿山法以往多应用在城市轨道交通工程区间隧道中，但目前在城市轨道交通车站施工中也常常被采用，并作为盾构法过硬岩段的辅助工法。由于城区周边环境的控制以及线路埋深的影响，城市轨道交通隧道采用明挖法施工受到较大的限制。矿山法的应用一方面受到工程地质条件的影响，如在淤泥、砂层较发育的地段不宜采用矿山法施工；另一方面也受到其工程质量相对较低的影响。盾构技术发展较快的广州市轨道交通，除大断面、异形隧道、全断面高强度硬岩等仍采用矿山法外，其余标准隧道多已改用盾构法施工。而用矿山法施工的车站主要是位于楼房林立、用地紧张、拆迁困难地段的车站。如图 7-2 所示为采用矿山法施工的某大跨度车站。如图 7-3 所示为三通道式扩挖车站方案。

图 7-2　采用矿山法施工的某大跨度车站

五、常用施工方法

采用矿山法施工时，依据工程地质、水文情况、工程规模、覆土埋深及工期等因素，常用施工方法有全断面开挖法、台阶法、中隔墙法（CD 法）、交叉中隔墙法（CRD 法）、双侧壁导坑法（眼镜法）、洞桩法（PBA

法)、中洞法及侧洞法等。

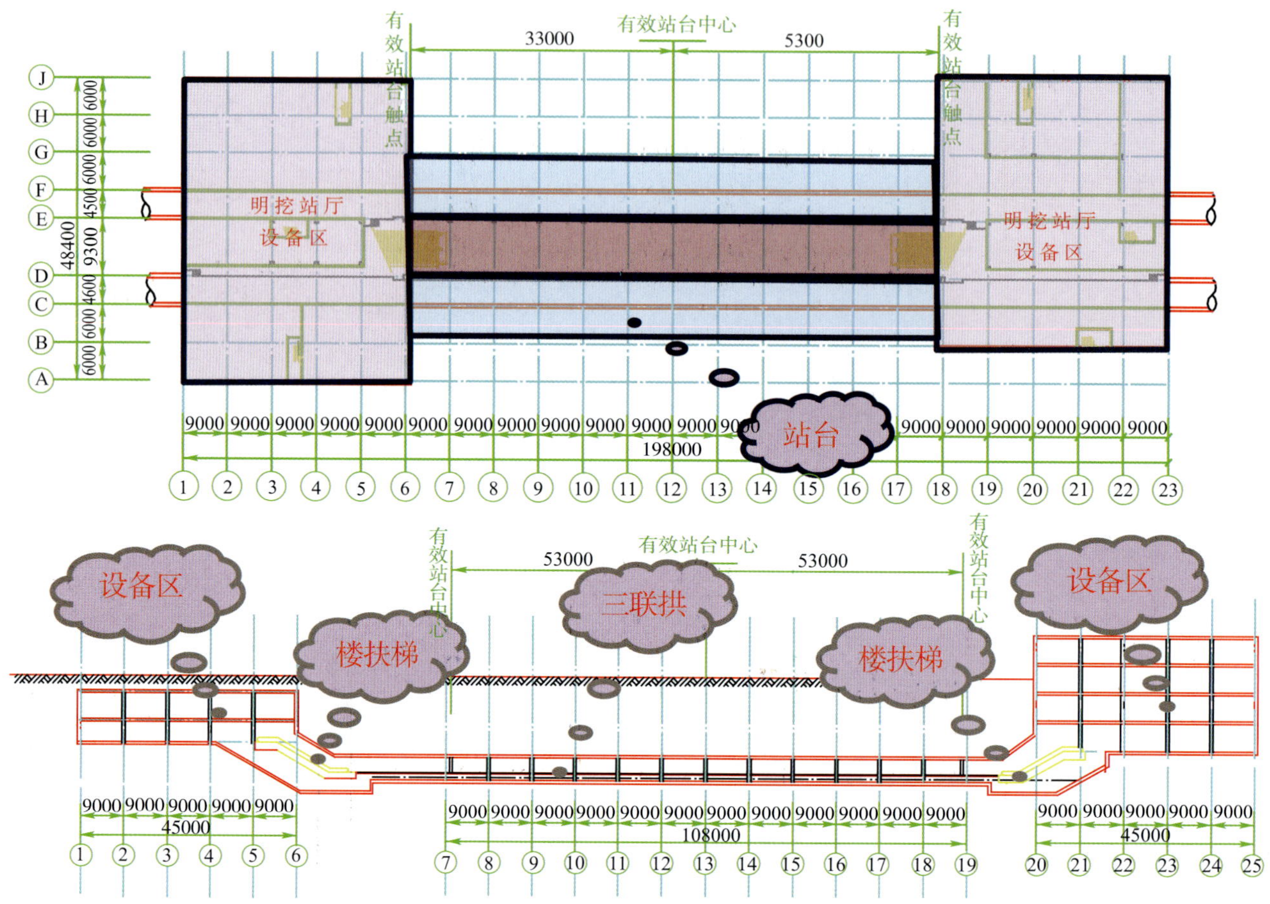

图 7-3　三通道式扩挖车站方案(尺寸单位:mm)

(一)全断面开挖法

全断面开挖法(见图 7-4)主要适用于围岩较好地层,其施工操作比较简单。为了减少对地层的扰动次数,在采取局部注浆等辅助施工措施加固地层后,也可采用全断面开挖法施工。采用全断面开挖法有较大的作业空间,有利于大型配套机械化作业,能提高施工速度,且工序少,便于施工组织和管理。但由于开挖面较大,围岩稳定性降低,每个循环工作量较大,每次深孔爆破引起的振动也较大,因此要求进行精心的钻爆设计,并严格控制爆破作业。

(二)台阶法

台阶法(见图 7-5)是最基本、运用最广泛的施工方法,而且是实现其他施工方法的重要手段。当开挖断面较高时可进行多台阶施工,每层台阶的高度常用 3.5 ~ 4.5m,或以人站立方便操作为原则选择台阶高度。当拱部围岩条件发生较大变化时,可适当延长或缩短台阶长度,确保开挖、支护质量及施工安全。

(三)环形开挖预留核心土法

环形开挖预留核心土法(见图 7-6)适用于较稳定的地层,但掌子面可能坍塌而引起前方围岩失稳。该方法实际为台阶法的一种,拱部采用环形导坑开挖,利用核心土施压掌子面,下部开挖也是先开挖两侧,保持中部岩柱不动,其核心是保持掌子面稳定。该方法广泛应用于双线黄土隧道和公路隧道的施工,其特点是工序简单、施工进度快,但对大跨隧道和新黄土隧道有一定的安全风险。

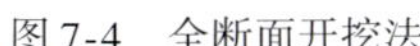
图 7-4　全断面开挖法

图 7-5　台阶法

(四)台阶七步开挖法

台阶七步开挖法(见图 7-7)是指在隧道洞身开挖过程中,分 7 个开挖面,以前后 7 个不同的位置相互错开同时开挖,然后分部同时支护,形成支护整体,缩短作业循环时间,并逐步向纵深推进的作业方法。

图 7-6　环形开挖留核心土法

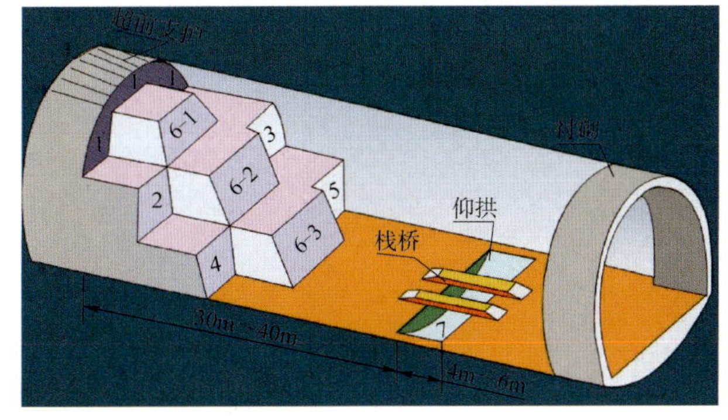

图 7-7　台阶七步开挖法

第一步:拱部进行超前支护后,采取上弧导预留核心土进行短台阶开挖。开挖后及时进行喷、锚、网系统支护,架设工字钢架并复喷至设计厚度,形成较稳定的承载拱。

第二、三步:在承载拱的支护下,分别开挖中导左右边墙,以一定的时间差进行中导边墙初期支护,使同一断面处暴露开挖面仅限于一侧。

第四、五步:在完成上中导支护后,分段左右开挖下导,以一定的时间差施作下导初期支护。

第六步:开挖中部上中下台阶预留土。

第七步:下台阶开挖落底并及时施作仰拱初期支护和仰拱混凝土,及早封闭成环。

(五)中隔墙法和交叉中隔墙法

中隔墙法,也称 CD 法(见图 7-8),主要适用于地层较差、岩体不稳定且地面沉降要求严格的地下工程施工。当 CD 法仍不能满足要求时,可在 CD 法的基础上加设临时仰拱,即所谓的交叉中隔墙法,也称 CRD 法(见图 7-9)。CRD 法的最大特点是将大断面施工化成小断面施工,各个局部封闭成环的时间短,控制早期沉降好,每个步序受力体系完整,因此结构受力均匀,形变小。另外,由于 CRD 法支护刚度大,施工时隧道整体下沉微弱,地层沉降量不大,而且容易控制。

大量施工实例资料的统计结果表明,CRD 法优于 CD 法(前者比后者减少地面沉降近 50%)。但 CRD 法施工工序复杂,隔墙拆除困难,成本较高,进度较慢,一般在地面沉降要求严格时才使用。

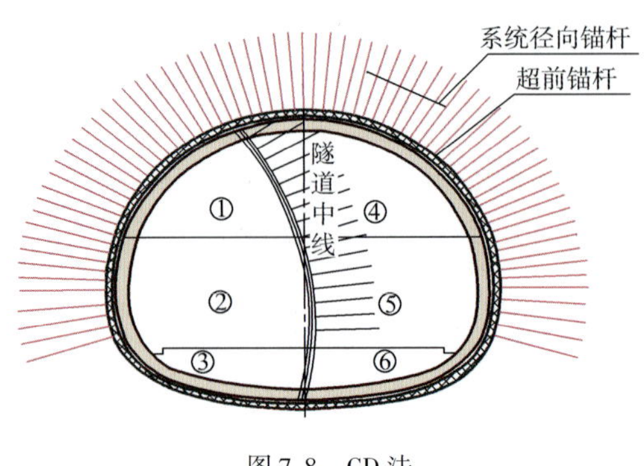

图 7-8 CD 法

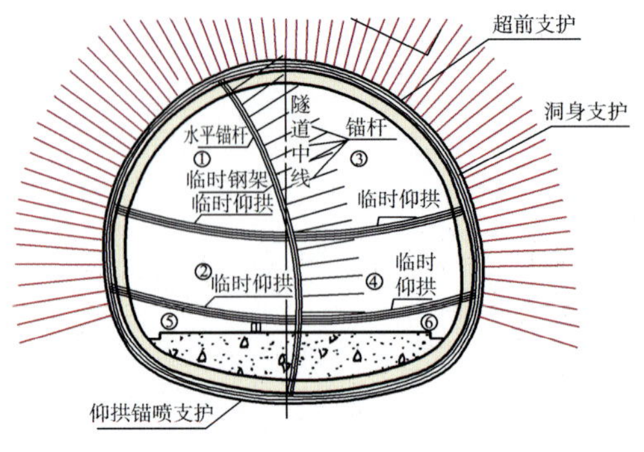

图 7-9 CRD 法

(六) 大断面暗挖法

大断面车站开挖方法的选择,受地表沉陷影响较大。大跨变为小跨,可减小地表沉陷;开挖分块越多,扰动地层次数越多,地表沉陷就越大;初期支护及时,开挖支护封闭时间越快,地表沉陷就越小。采用正确施工方法和相应的辅助施工措施,可以达到安全、经济、快速施工的目的。

图 7-10 双侧壁导坑法

大断面暗挖主要集中在城市轨道交通车站及渡线段,主要工法为双侧壁导坑法(见图 7-10)、洞桩法(PBA 法)、中洞法、侧洞法等。在大断面施工中以下几点值得注意:

(1)大断面划小断面,不是越小越好,要根据地层作调整。小断面开挖固然安全,但多次力的转换,易造成累计沉降过大。

(2)较好的方法为洞桩法,但洞桩法导洞多,洞内施工桩时作业条件差。

(3)中洞法较为安全,控制沉降好,但该法在完成中洞后,开挖侧洞时,侧向抵抗侧压的能力减弱,会造成中洞过大变形,有的造成中拱二次衬砌开裂。

(4)多层导洞开挖,一般先从上部洞室开挖,然后落底,但是整体下沉、总累计沉降较大。为减少累计沉降,可采取反复注浆措施,也可以考虑先挖下部导洞,逐层上挖,但每层开挖要增加超前小导管。

六、隧道施工常见问题及原因

矿山法隧道施工过程中常出现沉降过大,甚至塌方。在地下工程施工中,随着土石方的开挖移除、地下水的排出,地层中原有的应力平衡状态被打破,使之处于非平衡状态。这种非平衡状态需要一定时间(短时间或较长时间)进行调整,调整过程中造成的地层损失或支护变形(沉降或收敛)表现为地面或支护空间位置向下改变,称为沉降。隧道开挖时,在土压、地下水等作用下,随着地层出现临空面后的应力调整,在软弱围岩内产生裂缝或破坏,或者由于围岩内已有的层理和节理等松弛、剥离,土体、岩石或泥砂等发生大量塌落的现象,称为塌方。塌方过程一般为:开挖→围岩塑性变形→支护过大变形→支护局部破坏→支护与围岩破坏失稳→塌方。隧道在开挖时、开挖后、施工支护后,甚至衬砌之后,都可能发生隧道塌方。如图 7-11 所示为某市矿山法隧道工程发生塌方。一

图 7-11 某市矿山法隧道工程发生塌方

般引起塌方的原因或因素如下。

1. 地层预加固效果不佳

浅埋暗挖是以地层预加固为前提的一种施工技术。地层加固是隧道施工的关键，如果加固效果不佳，那么极易在开挖的过程，更主要的是支护的过程发生坍塌事故。

2. 开挖面暴露时间长

在预加固后开挖过程中，围岩土体会出现一个短暂的稳定，随着暴露时间延长，坍塌的可能性也会增大。

3. 地面振动

地面车辆行驶过程中产生的振动是坍塌的重要诱因之一，尤其夜间重车高速行驶更为明显。

4. 降水后地层残留水

土层隧道施工最为关键的是地下水。施工有地下水时，施工前都要采取降水措施。但部分地层中形成砂和黏土的混合体，管井很难达到疏干的目的，开挖过程中可能产生潜蚀作用，并出现流砂、坍塌现象。

5. 雨、污水等市政管线渗漏或下穿河、湖

地下管线纵横交错，一些雨、污水管修建年代较早，渗漏严重，下穿河、湖水渗漏严重，周围地层处于饱和状态，部分地段还形成一个水囊。暗挖施工扰动土体，破坏原有平衡，可能引起坍塌。

6. 马头门及断面变换处

马头门和断面变换处是工程施工的一大难点，由于受力转换比较复杂，施工中易引起坍塌。

7. 人为、管理等因素

表现为施工方法不当、施工方案不当、管理上重开挖轻支护等。

8. 爆破工程管理存在脱节或对接漏洞问题

目前爆破工程由公安部门和建设方双重管理，如果对接和协调不到位，有的工程会存在严重的管理脱节和对接漏洞，由此已多次引发重大伤亡事故或工程事故，应引起各地政府的高度重视和警觉。

七、常用辅助工法

稳定地层的主要手段是用注浆加固隧道周边地层，用管棚加固隧道拱部地层。要根据地质和施工的具体情况确定注浆的范围、压力和材料，达到改善地层的物理力学参数、提高地层的自稳能力的目的。常用辅助方法如下。

1. 管棚支护

一般开挖洞门或结构受力转换、大断面以及重要管线通过等地方，设计普遍采用管棚支护方案。常用管棚为 108 ~ 159mm ，也有采用更大的管棚，但管棚直径不是越大越好，施工过程中要注意沉降控制。管棚施工带水作业时要间隔进行，完成一个管就要立即进行注浆，防止地层中地下水的串流。

2. 小导管超前支护

在软弱地层中沿着开挖轮廓线和加固轮廓线，按照一定的入射角度，打设一定数量的小导管，用注浆设备把配置好的注浆材料，通过小导管注入到地层里，使注浆材料在软弱地层里向四周迅速扩散和固结，并使小导管和土体固结在一起，起到棚护和加固地层的作用。常用的小导管为 25 ~ 42mm，仰角不宜过大，一般控制在 15°以内。对于较好的黏性土层，小导管打入较困难，只要采取措施能够使开挖面稳定，可不必强求打小导管。

3. 水平旋喷法

开挖前采用水平旋喷法加固土体，一般土柱直径为 300mm，相互咬合搭接，形成整体壳体，开挖时起到棚护作用。目前一般旋喷长度为 20m 左右，开挖 18m，留 2m 搭接。喷浆压力不小于 20MPa，覆土较薄时要减压，且适当缩小间距。目前采用水平旋喷法加固土体的主要问题是浆液流失较大，另外长距离水

平旋喷易产生方向性偏差。水平旋喷施工期间会有较大沉降,有时可超过10mm,但开挖时沉降较小,初期支护背后压浆亦少。对于个别点棚护不好的情况,可补打小导管注浆处理。

4. 地表降水及洞内排水方法

地表井点降水是常用方法,在布置井点时应控制单井抽水量,在施工时做好反滤层,并且分段抽水,以减少因降水引起的地表沉降和地下水的流失。由于黏土层中夹有砂层或砂层中夹有黏土等,管井降水很难全部疏干,地层中存在残留水,这时经常采用水平排水和注浆止水等办法进行处理。

5. 冻结法

冻结法是利用人工制冷技术,使地层中的水冻结,把天然岩土变成冻土,增加其强度和稳定性,隔绝地下水与地下工程的联系,以便在冻结壁的保护下进行隧道和地下工程的开挖与衬砌施工。该法多用于具流塑或流砂地层的止水与加固。

另外还有一些小的辅助办法,如开挖留核心土、喷射混凝土封闭开挖工作面、锁脚锚管、设置临时仰拱等。

第二节　矿山法发展趋势

传统矿山法所采用的钢木构件支撑类似地上的"荷载—结构"力学体系。作为一种维持坑道稳定的措施,矿山法是很直观和奏效的,也易于理解和掌握。这种方法在不便于采用锚喷支护的隧道中或处理塌方等应用较多。但衬砌的设计和实际工作状态难以一致,临时支撑也存在很多缺陷,这限制了矿山法的发展和应用。当前新奥法在实际工程应用中还存在一些问题:光面爆破技术未得到较好应用、锚杆作用未得到充分发挥、喷射混凝土施工质量不高、施工机具不配套、监测不及时甚至不监测等。浅埋暗挖技术虽然有一些发展,但从机械设备来看,目前的施工机械还是比较落后的,施工的速度较低;从目前国内施工队伍来看,施工水平参差不齐,施工质量很难保证。

纵观国内外交通隧道的发展,有三个非常明显的趋势:①需修建的长隧道越来越多,长度越来越长;②以隧道方式跨越江、河、湖、海水域的工程越来越多;③城市隧道尤其是城市轨道交通隧道的建设将迎来高潮。在隧道施工中,虽然很久以前就有人预测TBM法将取代矿山法,但从近期的发展来看,矿山法仍将与TBM法同时存在。在有些场合TBM法仍然无法取代矿山法,如高膨胀地层、短隧道和复杂形状的隧道。就目前国内隧道工程施工发展趋势而言,在今后相当长一段时间内,矿山法仍然是修建山岭隧道的主流施工方法,其主导地位是其他施工方法所无法替代的。

随着世界经济和科技的发展,矿山法在施工机械、新型材料、新工艺等方面不断发展创新,主要发展方向表现为:

(1)开发新设备、推行新工艺。如为了解决长期以来困扰着人们的粉尘环境污染,回弹严重以及混凝土品质的不均匀性等问题,最近国内开发了一种"转子—活塞"型的新型喷射机。这种机型采用湿喷工艺,即往机器中加入按配合比制备好的成品混凝土拌和料,但物料输送又区别于一般的泵送式湿喷机,采用稀薄流输送方式。因此机器结构紧凑,使用方便。

(2)提高开挖成洞速度。由于长大及特长隧道工程将会越来越多,提高长大隧道矿山法掘进技术极限能力是山岭隧道发展的趋势。

(3)与其他工法结合,扩大矿山法应用范围。当隧道长度过长时,采用矿山法进行隧道施工将需要相当长的工期;鉴于长大隧道地质条件复杂,采用TBM(见图7-12)对地质条件的适应性远不如矿山法灵活;且TBM主机重量大、前期订购的费用高,要求施工人员技术水平和管理水平高,因此,对复杂地质条件的长大隧道施工,TBM不能发挥其优越性。矿山法与TBM法混合使用,可发挥两者的优势,互相取长补短。因此,将矿山法和中小直径TBM在大断面隧道施工中结合使用,效果是比较理想的。目前,受城市周边环境限制,城市轨道交通车站完全采用明挖法施工的实例越来越少,由于矿山法施工对周边环境影响小,采用矿山法与明挖法或 TBM 法结合修建车站的实例越来越多。

(4)不断提高特大断面矿山法施工技术。在修筑地下发电厂、地下仓库、地下商业街及城市轨道交通车站时,经常出现地下大空间的施工问题。这些建筑物若在埋深较浅、软弱不稳定的Ⅲ ~ Ⅴ级围岩中,一般用浅埋暗挖法施工。当地质条件差、断面特大时,一般设计成多跨结构,跨与跨之间有梁、柱连接。比如常见的三跨两柱的大型城市轨道交通车站、地下商业街、地下停车场等,一般采用中洞法、侧洞法、柱洞法及洞桩墙法(地下盖挖法)等方法施工,其核心思想是变大断面为中小断面,提高施工安全度。

图 7-12 TBM

第三节 广州市轨道交通矿山法应用与创新概况

一、应用概况

矿山法作为地下工程和隧道工程主要工法之一,在广州市轨道交通工程中得到了广泛应用。已开通线路中,一、二、三号线大量采用矿山法,占总工程的约三分之一。一号线建设中,根据地质情况和地面条件,选取地质较好的烈士陵园站—广州东站 5 个区间隧道采用矿山法施工,区间隧道基本上为标准轨道交通单线马蹄形隧道;二号线赤岗以西线路地质条件基本都适合矿山法,鹭江站—中大站—晓港站区间、海珠广场站—公园前站区间、越秀公园站—纪念堂站区间等标准单线区间采用了矿山法施工,二号线还在越秀公园站和江南西站采用了矿山法,形成了广州标准的暗挖车站形式;三号线也大量采用了矿山法,支线华师站—岗顶站—石牌桥站—体育西路站区间、主线广州东站—林和西站—体育西路站—珠江新城站区间均为单线矿山法暗挖,天河客运站折返线、体育西折返线、客村站—大塘站区间也采用了矿山法施工,其中天河客运站折返线 138m 长双线隧道采用水平冻结加固,为目前全世界水平冻结之最,三号线广州东站在大铁站房下修建了面积达 19000m^2 的全暗挖车站,通过采用矿山法暗挖成功地在体育西路站、客村站穿越既有的一、二号线。由于四号线主要为高架线路,矿山法应用较少,只有新造站—石基站区间和小谷围联络线采用了矿山法。随着盾构技术的发展成熟,从五号线开始,区间隧道基本上采用盾构法施工,只有在变断面如折返线、渡线、存车线才采用矿山法。但随着城市拆迁、管线迁改以及交通疏解越来越困难,在城市轨道交通车站、出入口通道、过街隧道、风道开始大量采用矿山法施工,如五号线中山八站、西场站、西村站、火车站、小北路站、区庄站、动物园站,六号线如意坊站、文化公园站、一德路站、海珠广场站、越秀南站、东湖站、东山口站、黄花岗站、沙河站,八号线凤凰新村站,广州火车站过环市路到汽车站、越秀公园站过解放北路和流花路、纪念堂站过东风路、五号线小北路站过环市路、三号线北延段白云大道站过广从路等。

广州市轨道交通已建成线路中,矿山法暗挖工程已累计达 60 项(参见附录四),矿山法从单线隧道的全断面开挖法和台阶法,到车站隧道和双线隧道的 CD 法、CRD 法,再到三线四线隧道双侧壁导坑法、联拱隧道的中洞法，各种暗挖工法都得到了应用。隧道加固技术也在不断进步，如从地面超细水泥加固到洞内 WSS、TSS、水平袖阀管注浆和前进式注浆全断面加固，从小导管到大管棚、再到水平冻结等。

二、研究创新概况

广州地区地质条件极其复杂，有时受各种条件限制，在通常不太适合选用矿山法的地质条件下，广州市轨道交通大胆创新研究，不断取得新突破，例如，采用矿山法暗挖在石炭系溶洞地区完成二号线三元里折返线等工程；在花岗岩残积层修建了二号线越秀公园站、三号线天河客运站折返线等；在全断面砂层中修建了一号线杨箕站—体育西路站区间、五号线珠江新城站—猎德站区间等。广州市轨道交通所取得的创新有：

(1)先盾构通过后矿山法扩挖车站工法国内首次成功应用于六号线东山口站。

(2)一号线杨箕站—体育西路站区间国内首次采用 TSS 管注浆工艺，成功解决了本区间饱和动态含水砂层加固难题，保证了开挖安全。

(3)二号线新磨区间采用水平旋喷超前支护，是国内首次水平加固深度达到 41m 的案例，成功解决了受珠江潮汐影响严重的透水砂层加固难题。

(4)三号线广州东站国内首次采用梁拱式托换技术。

(5)MJS 工法目前在我国的应用还较少，特别是水平加固案例尚无，九号线采用该工法进行了水平加固试验，通过土方开挖，检验成桩的效果很好。

(6)六号线大坦沙站—如意坊站区间暗挖段隧道是国内首次采用水平 + 垂直冻结加固方案的最浅覆土隧道。

第八章　矿山法施工

第一节　大断面隧道矿山法施工技术

一、大断面隧道

所谓大断面隧道，可以参照日本和国际隧道协会的相关划分标准。国际隧道协会把断面为50～100m^2称为大断面，超过100m^2为超大断面；日本把断面为100～140m^2称为大断面，超过140m^2为超大断面。我国公路隧道建设宽度分级将开挖宽度为14～18m称为大跨度隧道，大于18m为超大跨度隧道。为提高隧道空间的利用率，大断面隧道多采取扁平的断面形式。大断面隧道主要应用于公路隧道、城市轨道交通车站、城市轨道交通渡线段、海底隧道、地下厂房、地下停车场等对洞室横向空间要求较高的地下建筑物中。

二、大断面隧道施工力学特性

目前，国内外对于大断面隧道的施工力学特性进行了较多的研究，归纳起来，大断面隧道施工力学特性主要表现在以下几个方面：

(1)大跨隧道由于宽度加大而高度基本保持不变，因此形成一个扁平的拱形结构，其在力学分析上可近似看作椭圆。

(2)跨度加大使得开挖引起的应力重分布趋于不利。如果围岩的单轴抗压强度比重分布的应力小，隧道周边围岩将出现塑性区，为此，需要强大的支护结构来控制变形。对于扁平的大断面隧道来说，根据有限元解析，开挖后最大主应力在侧压系数$K=1$时是初始应力的3倍，$K=0.7$时是初始应力的4倍，因此，即使是围岩条件较好的情况，也会出现塑性区和大的变形，需要强大的支护体系。

(3)隧道在开挖过程中应力集中程度大，是普通隧道的1.5～2倍，隧道墙脚处应力集中过大，要求围岩具有较高的地基承载力。

(4)拱顶稳定性降低，施工过程中易坍塌。

(5)会产生较大的松弛地压。开挖宽度和开挖高度越大，要求产生拱作用的埋深越大。在埋深小且拱作用不能发挥时，就会产生很大的松弛地压，因此，对大断面隧道而言，会产生较大的松弛荷载。

(6)支护结构的承载力相对较小。跨度越大，扁平形状的拱形支护结构的承载力越小。

三、大断面隧道主要施工方法

大断面隧道，一般设计成多跨结构，跨与跨之间有梁、柱连接。比如常见的三跨两柱的大型城市轨道交通车站、地下商业街、地下停车场等，一般采用双侧壁导坑法、中洞法、侧洞法、洞柱法及洞桩法等方法施工，其核心思想是变大断面为中小断面，提高施工安全度。

1. 中洞法

中洞法就是先开挖中间部分(中洞)，中洞内施作梁、柱结构。由于中洞的跨度较大，施工中一般采用CD法、CRD法或眼镜法等进行施作。中洞法施工工序复杂，但两侧洞对称施工，比较容易解决从中洞初期支护转移到梁、柱上时产生的不平衡侧压力问题，施工引起的地面沉降较易控制。该工法多在无水、地层相对较好时应用。其工法空间大，施工方便，混凝土质量也能得到保证。当施工队伍水平较高时，多采用该工法施工。采用该工法施工，地面沉降均匀，两侧洞的沉降曲线不会在中洞施工的沉降曲线最大点叠加。

2. 洞柱法

洞柱法施工中，先在立柱位置施作一个小导洞，可用台阶法开挖。当小导洞做好后，在洞内再做底梁、立柱和顶梁，形成一个细而高的纵向结构。该工法的关键是确保两侧开挖后初期支护同步作用在顶纵梁上，而且柱子左右水平力要同时加上且保持相等，这是很困难的力的平衡和力的转换交织在一起的问题。

3. 侧洞法

侧洞法就是先开挖两侧部分（侧洞），在侧洞内做梁、柱结构，然后再开挖中间部分（中洞），并逐渐将中洞顶部荷载通过侧洞初期支护转移到梁、柱上。这种施工方法，在处理中洞顶部荷载转移时，相对于中洞法要困难一些。两侧洞施工时，中洞上方土体经受多次扰动，形成危及中洞的上小下大的梯形、三角形土体。该土体直接压在中洞上，中洞施工若不够谨慎就可能发生坍塌。采用该工法施工引起的地面沉降较大，而中洞法则不会出现这种情况。

4. 洞桩法

洞桩法就是先开挖小导洞，在小导洞内制作挖孔桩。梁柱完成后，再施作顶部结构，然后在其保护下施工，实际上就是将盖挖法施工的挖孔桩、梁、柱等转入地下进行，因此也称作地下式盖挖法。该工法施工工序较多，且由于地下工作环境很差，施工质量较难保证。

5. 双侧壁导坑法

双侧壁导坑法也称眼镜法，是变大跨度为小跨度的施工方法，其实质是将大跨度分成 3 个小跨度进行作业，主要适用于地层较差、断面很大、三线或多线大断面铁路隧道及地下工程。该法工序较复杂，导坑的支护拆除困难，有可能由于测量误差而引起钢架连接困难，从而加大下沉值，而且成本较高，进度较慢。

四、工程实例

实例 1：三号线体育西折返线大跨断面隧道施工

（一）工程概况

在里程 ZDK2 +855.161 ~ ZDK2 +878.661 与 ZDK2 +886.661 ~ ZDK2 +910.161 两处折返线与左线间设置了交叉渡线，在渡线区形成了一个宽 20.5m、高 14.9m 的超大断面隧道。该段隧道位于体育西路与黄埔大道交汇处下方，该处客流集中，交通繁忙，房屋建筑较多。如图 8-1 所示为体育西折返线大跨断面隧道施工，如图 8-2 所示为大跨侧壁导洞初期支护。

（二）工程地质及水文地质

根据地质资料显示，该段隧道拱部位于〈5-2〉硬塑状残积土层以及全、强风化岩层中，洞身位于中、微风化岩层中。隧道围岩上软下硬，且拱部土体强度低。

（三）施工步序

施工时采用双侧壁导洞法，将大断面化分为若干个小洞分步开挖，同时在其拱部采用 ϕ108mm 大管棚注浆等多种措施加固地层，确保隧道施工时安全。

图 8-1 体育西折返线大跨断面隧道施工

图 8-2 大跨侧壁导洞初期支护

1. 大断面隧道开挖初期支护

大断面隧道开挖时采用了双侧壁导洞法进行施工，将大断面隧道（含二次衬砌）分成 14 个分部进行施工，开挖分部如图 8-3 所示，其二次衬砌分部如图 8-4 所示。

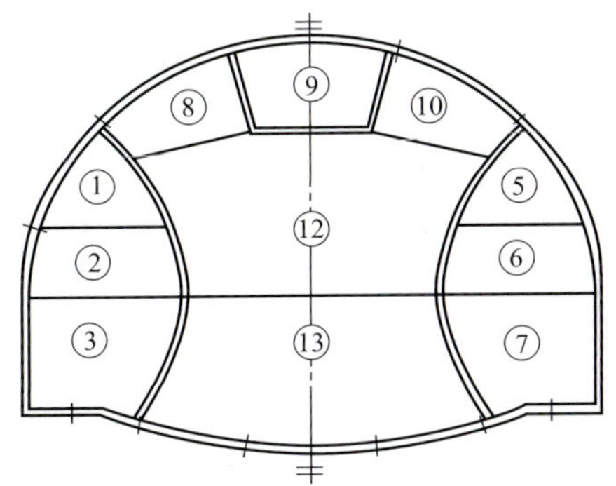

图 8-3 大跨隧道开挖分部示意图

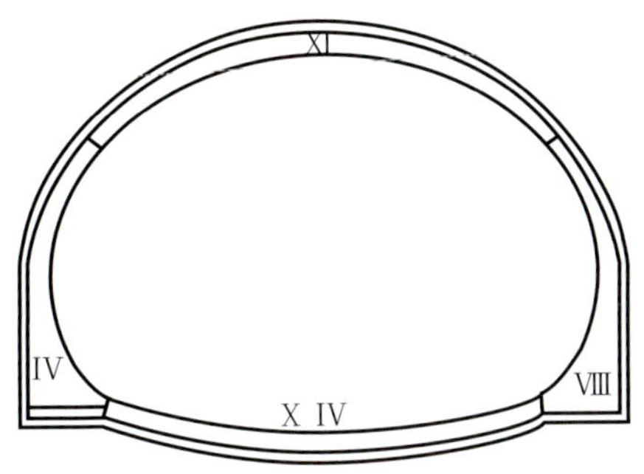

图 8-4 大跨隧道二次衬砌分部示意图

各个导洞施工时，严格控制了开挖进尺，每一循环进尺为 0.5～0.6m，即进行一榀格栅钢架的施工，采用短台阶、微台阶进行施工，确保了上下导洞的及时跟进，克服了上软下硬及台阶长引起的隧道沉降问题。

⑨部导洞施工时，现场根据⑨、⑩部导洞围岩均为Ⅰ、Ⅱ类围岩，将⑨部开挖高度由 4.5m 改为 3m，工人施工时便于操作，核心土便于保留，每一循环的出土量减少，加快了循环，保证了在土质围岩下隧道施工的安全，确保了大跨隧道开挖初期支护的顺利完成。

2. 大断面隧道衬砌

渡线大跨度隧道采用双侧壁导洞、先墙后拱的施工方法。在双侧导洞开挖支护完成后拆除横联，施工侧墙二次衬砌；然后开挖支护拱顶，施工拱部钢筋混凝土二次衬砌；最后拆除顶撑，开挖隧道核心土至拱底，加设横撑，施工仰拱二次衬砌。大跨隧道二次衬砌立模如图 8-5 所示。

（四）技术措施

渡线大跨度隧道施工时主要采取以下措施：

（1）采用双侧壁导洞、先墙后拱的施工方法，将大跨分解为中跨或小跨施工，边开挖边支护，步步为营。

（2）施工条件允许的情况下尽量采用人工开挖或机械开挖。必须采用爆破开挖时，选择爆力、爆速、猛度较低的炸药，采用微爆，控制爆破振速。

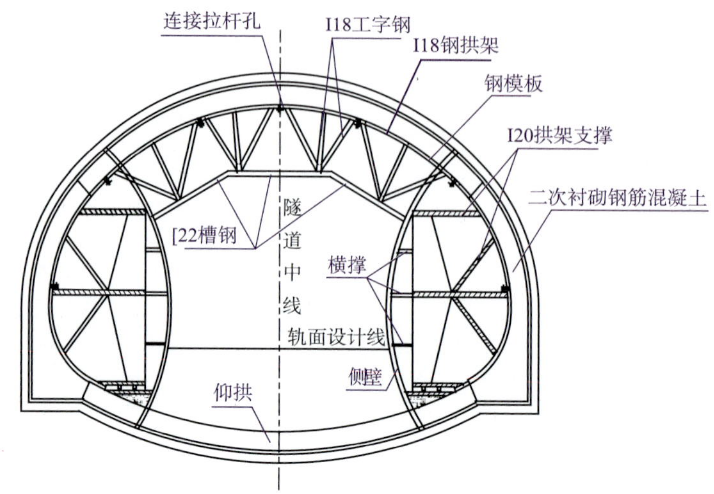

图 8-5　大跨隧道二次衬砌立模示意图

(3)在隧道的拱部采用 ϕ108mm 大管棚和 ϕ42mm 超前小导管注浆加固地层。

(4)严格控制开挖循环进尺和台阶长度。采用垫槽钢、设锁脚注浆锚管等措施加固钢架拱脚。

(5)每一步骤开挖后立即初喷 40mm 混凝土、挂网、架立钢架、打锚杆(管),钢架与喷层间隙楔紧后,立即续喷至设计厚度。

(6)施工期间加强施工排水,必要时在掌子面下设超前钻孔局部排水,以保证开挖面处于无水状态,提高地层自稳能力。

(7)施工时加强监测,随时掌握洞内外的变化情况,发现地面沉降量、洞内拱顶下沉量等超过警戒值时,及时采取处理措施。

(五)实施效果

本工程实施过程中,对地表沉降、建筑物沉降、隧道拱顶沉降、水平收敛、爆破振速等进行监测,实测结果为:地表最大沉降值为 26.2mm,未超过控制值,其他各监测项目也均控制在设计允许范围内,周边建(构)筑物处于稳定状态。

实例 2:区庄站南站厅大断面隧道施工

(一)工程概况

区庄站是五、六号线的换乘站,为典型的洞群暗挖车站。车站为明、暗挖结合的隧道,由于场地原因,站厅与站台分离布置,站厅又分为南、北两个,分别位于环市路的两侧。其中南站厅隧道长度为 62.4m,拱顶覆土厚度为 14.2 ~ 16.8m,断面总宽度为 24.208m,总高度为 16.932m,开挖面积为 359m^2,覆跨比为 0.58,属超大跨、超大断面、超浅埋暗挖隧道。该隧道结构形式为双层三拱两柱式,是我国目前地铁车站暗挖规模最大的三跨联拱隧道,设计采用中洞法施工。该隧道周边地面建筑物临近,地下管线复杂,地下水位高,围岩“上软下硬”,复合交互,变化频繁,所属地质及环境条件极其复杂。

(二)初期支护施工技术

南站厅隧道由于断面大、开挖高度高、隧道上断面处于强风化岩层内、下断面围岩为全风化和微风化岩层,上断面开挖采用人工手持风钻开挖,下断面采用钻爆法光面爆破施工。施工开挖时先进中洞,中洞采用 CRD 法施工,分三层六部进行。为了加快施工进度,减少多台阶多工作面施工间的相互影响,中洞拟先贯通①、②、③、④部，⑤、⑥紧随其后跟进。中洞开挖完后再进行中洞衬砌施工，两侧导坑开挖是在该段范围内中洞衬砌结束后并达到设计要求强度后再进行。两侧侧壁导坑开挖采用台阶法施工，分上、中、下三层开挖，两侧上、中、下台阶同时对称开挖，每层开挖后及时设临时仰拱封闭成环，石质段采用控制爆破开挖施工。隧道拱上断面开挖进尺控制为0.5m/循环，下部开挖为1m/循环。如图8-6所示为隧道分部开挖施工示意图。

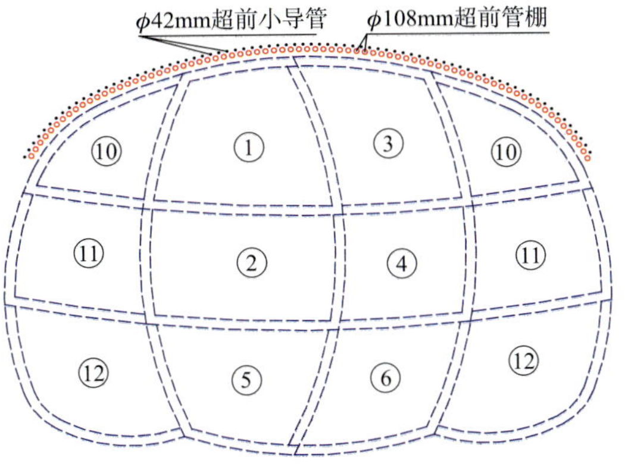

图8-6　隧道分部开挖施工示意图

（三）二次衬砌施工技术

南站厅主体隧道施工从初期支护转衬砌施工的临时支护拆除方法、拆除长度、结构施工缝留设位置、施工方法、工期等多方面考虑。为了减少体系转换时产生的应力重分配对结构的影响，减少结构附加沉降变化，施工时尽量在不破坏原临时支护结构的情况下进行衬砌。为了减少施工接缝，保证底、中、顶纵梁的连续性和有利防水及加快循环施工，确定仰拱临时支护的拆除长度为6m，个别施工段临时支护拆除长度最短为5.5m，拱顶临时支护拆除长度为6m，中板衬砌时临时支护拆除长度为6m，偏拱临时支护拆除长度为6m。隧道二次衬砌从里往外、从下往上进行施工，按照仰拱、边墙及中板、拱顶及偏拱分段分层、分块组织施工。如图8-7所示为二次衬砌工序图。

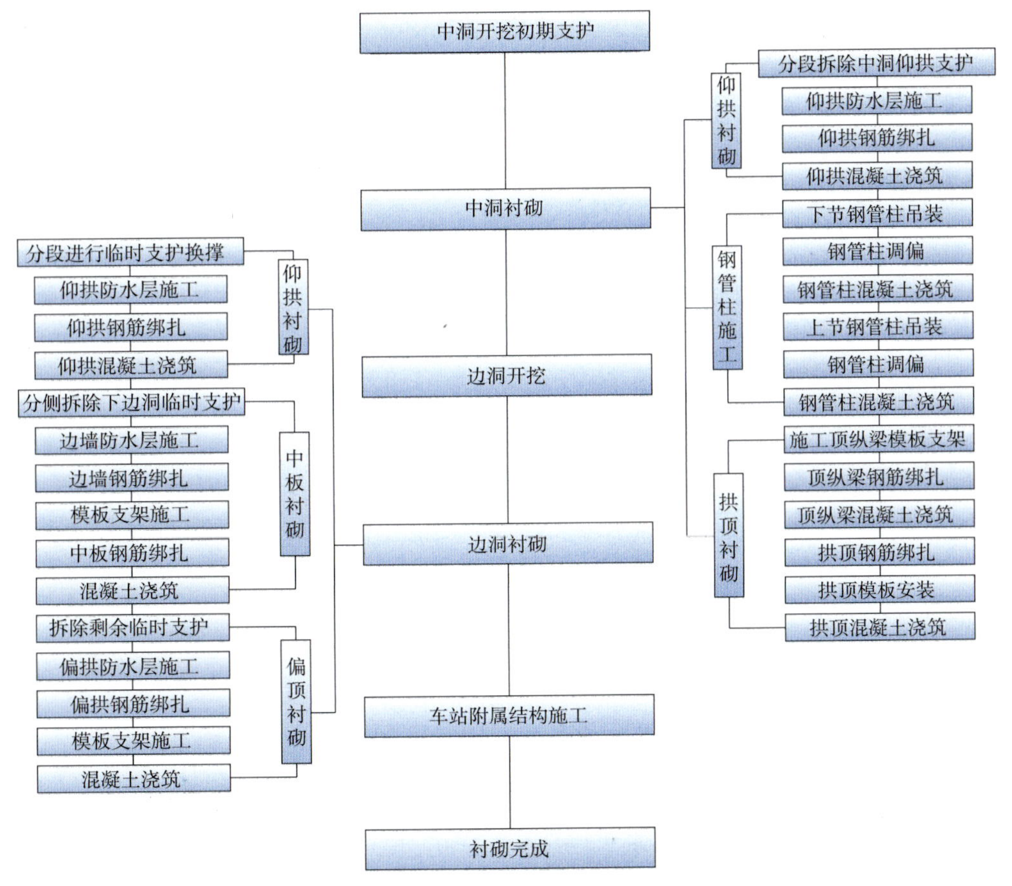

图8-7　二次衬砌工序图

南站厅隧道衬砌施工模板支撑体系采用型钢拱架、型钢支架及碗扣式支架；模板采用曲面3015钢模板、双覆膜竹胶板；混凝土采用泵车泵送入模，并使用人工插入式振捣器振捣。

(四)施工体会

(1)采用长大管棚+小导管注浆加固地层,可以很好地对隧道拱顶地层进行改良和加固,为隧道的施工提供保障和有利条件。

(2)中洞法施工大断面隧道安全可行,但是临时工程量多,工序复杂,转换频繁,特别是初期支护同二次衬砌间的转换繁复,工期较慢。

(3)大断面隧道内的钢管柱运输、安装施工困难。

(4)大断面隧道拱顶的大体积混凝土施工质量控制较难,特别是拱顶混凝土的振捣及充填密实。

五、经验小结

在同样围岩条件下,开挖断面积的增加意味着:①掌子面的稳定性降低;②施工难度特别是施工安全管理的难度增大;③施工风险的发生概率加大。

在大断面条件下,控制掌子面的稳定性,减少和预防掌子面出现坍塌的风险,是极为重要的(特别是在通过各种不良地质地段时)。预防和减少上述风险发生的主要方法也是多种多样,主要包括:①超前支护;②扩大拱脚、设置拱脚锚杆或锚管;③正面喷射混凝土和锚杆;④设底脚锚杆或锚管等。

在大断面的条件下,隧道支护结构需要加强。加强的途径有两种:一种是改变过去采用的支护结构参数,如增加喷混凝土厚度,加密钢支撑间距等,这是我们目前采用的主要方法。另一种就是改变材料的规格,如高强度喷混凝土、高承载力锚杆等。第一种方法的结果就是加大了开挖断面积,这也是在同样净空断面积的条件下,开挖断面积比较大的原因之一。第二种方法是其他国家采用的主要方法,其结果不仅提高了支护结构的效果,也缩短了作业的时间。

第二节 联拱隧道施工技术

一、联拱隧道

随着施工工艺水平及能力的提高,国内外采用联拱形式的隧道也逐渐增多,如从双联拱、三联拱、四联拱到更多的联拱形式等均有实例。

由于受结构形式所限,联拱隧道施工步序较难简化,导致施工工期较长。就目前已用工法而言,一般不会少于5步,这使得结构受力状态频繁变化,质量控制点多,同时由于工序及施工空间等的限制,质量难以保证,导致隧道出现衬砌开裂、中墙漏水等问题。联拱隧道的施工方法与联拱隧道的结构以及地质条件密切相关。按照中墙的构造,联拱隧道可分为整体直中墙、整体曲中墙、三层直中墙和三层曲中墙四种形式。在不同的结构形式和工程地质、水文地质条件下,不同围岩级别将采用不同的开挖方法,以做到技术可行和经济合理。

二、施工方法

联拱隧道施工方法主要有四种:①三导洞施工法;②中导洞施工法;③单洞施工法;④双洞全断面平行施工法。其中后两种方法应用较少,此处不做具体介绍。

(一)三导洞施工法

三导洞施工法,其工序流程为:①中导洞开挖及支护;②中墙衬砌;③左导洞开挖及支护;④左侧边墙衬砌;⑤右导洞开挖及支护;⑥右侧边墙衬砌;⑦左洞上半断面开挖及支护;⑧左洞拱部衬砌;⑨右洞上半断面开挖及支护；⑩右洞拱部衬砌；⑪左洞下半断面开挖及仰拱衬砌；⑫右洞下半断面开挖及仰拱衬砌。

这种施工方法的优点是：

(1)采用三导洞施工法安全可靠，特别是很好地处理了左右拱部施工由不对称性结构体系到左右洞拱部均施工完毕后的对称结构体系的转换，确保了结构在施工过程中的安全。

(2)适用于地质情况很差、埋深较浅的软弱围岩，如桐油山隧道 180m 浅埋人工杂填土地层就采用了这种方法。

该方法缺点是：

(1)由于施工工序多，该法对围岩和已建结构存在多次扰动，不同部位衬砌间隔时间长，使得施工缝更加明显化。

(2)拱墙衬砌分步施工，防水系统施工质量难以保证，特别是中墙顶处易出现渗漏水现象。

(3)从经济上考虑，由于多导洞开挖和支护，加大了成本，隧道造价较高。

(4)多导洞施工工序多，耗时长，施工断面小，不利于大型机械作业。

(二)中导洞施工法

对于围岩较好的地层，可以考虑不设两侧导洞，而是在中导洞中墙施工后，直接进行左、右正洞的开挖，开挖方法可采取全断面开挖或正台阶法。

中导洞施工法的工序流程为：中导洞开挖及支护→中隔墙浇筑→左洞开挖及初期支护→左洞二次衬砌→右洞开挖及初期支护→右洞二次衬砌。

相对于三导洞施工法，采取中导洞施工法减少了两个边导洞的施工，拱墙采取整体一次衬砌，具有工序较简单、机械化程度较高、临时初期支护工作量小、施工进度较快、节约成本的特点；而且中导洞先施工，起到了超前探明隧道地质情况的作用，为左右正洞施工创造了条件。

三、中隔墙稳定性

在联拱隧道施工中，中隔墙扮演着至关重要的角色。中隔墙作为联拱隧道的主要承载结构，自身的稳定性直接影响着隧道工程整体的稳定性，是联拱隧道设计和施工的重点。中隔墙失稳的主要力学原因是中隔墙受力不均而产生偏压失稳，因此，控制中隔墙稳定的关键是控制中隔墙偏压及其偏压程度。中隔墙发生偏压的根本因素有两个：一是隧道上覆围岩厚度分布不均匀(称为地层偏压因素)；二是中隔墙两侧正洞不对称施工(称为施工偏压因素)。地层偏压和施工偏压在隧道施工过程中共同作用于中隔墙。联拱隧道中隔墙偏压产生的力学条件主要有两种：①中隔墙顶部围岩压力分布不均匀；②中隔墙下部两侧水平压力分布不对称。

四、工程实例

实例 1：三号线林和西站过天河北路双联拱施工技术

(一)工程概况

广州市轨道交通三号线林和西站主体暗挖隧道工程为双联拱隧道，起止里程为 YDK1 +539 ~ YDK1 +589.8，隧道全长 50.8m。隧道横穿天河北路，连接林和西站南、北站厅。

隧道断面开挖尺寸为 20.2m×9.37m，采用复合式衬砌，衬砌后断面尺寸为 18.3m×7.27m。初期支护为厚 350mm 的格栅钢架 + 网喷 C20P6 早强混凝土，二次衬砌为厚 600mm 的 C30P8 钢筋混凝土结构。

设计防水层为 PVC 卷材全包防水,防水等级为一级。林和西站双联拱隧道断面如图 8-8 所示。

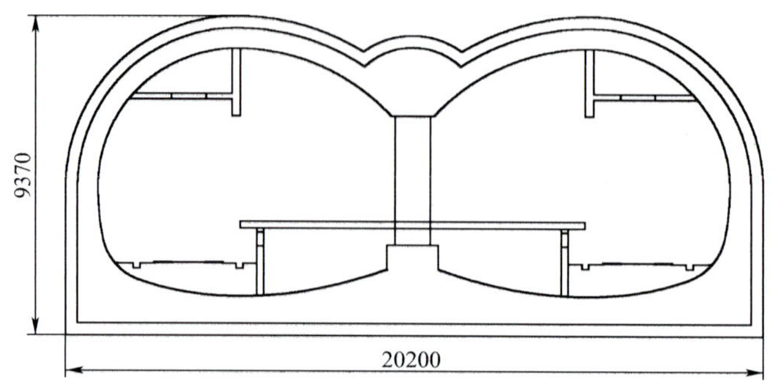

图 8-8　林和西站双联拱隧道断面示意图(尺寸单位:mm)

(二)工程地质和水文地质

隧道埋深 7.5 ~ 8m,隧道主要穿越〈5-1〉可塑、稍密残积土层和〈5-2〉硬塑、中密残积土层。

地下水主要为第四系孔隙水和基岩裂隙水,不丰富,主要为〈1〉人工杂填土层地表渗水、〈6〉~〈9〉地层的基岩裂隙水。

(三)断面施工步序

暗挖双联拱隧道开挖尺寸为 20.2m × 9.37m,共分为 5 个导洞施工,每个导洞分为上、下两个断面开挖,每个断面又分上、下台阶支护。暗挖双联拱隧道施工工序如图 8-9 所示。

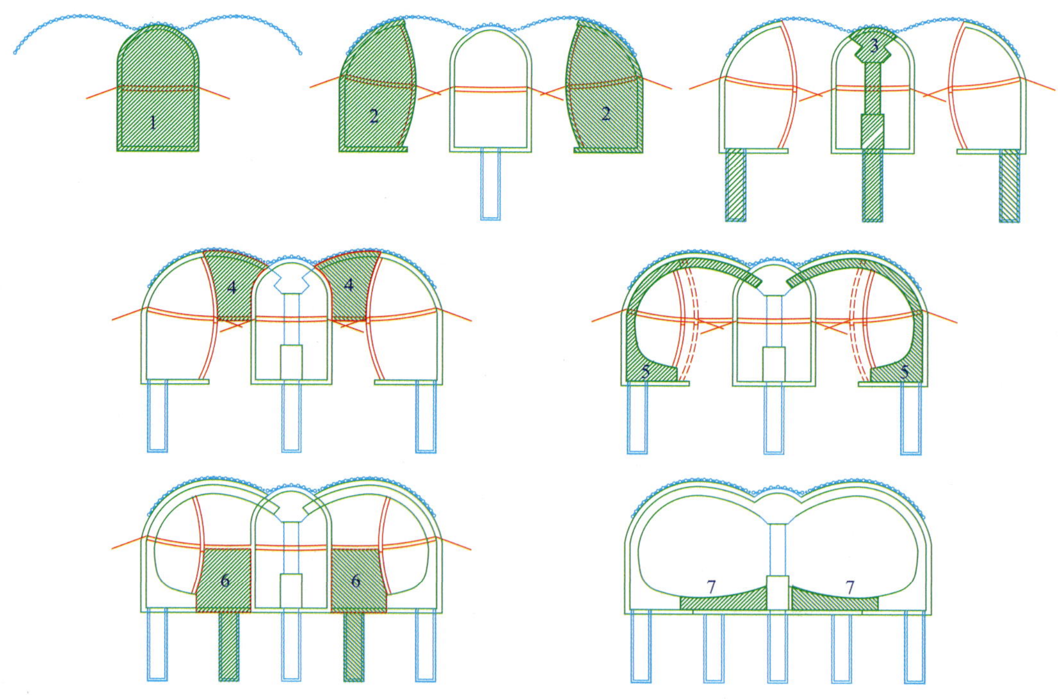

图 8-9　暗挖双联拱隧道施工工序图

施工采用三导洞分部施工法,施工过程使用了中柱法 + 台阶法 + CRD 法,采用人工配合风镐机具开挖。每循环的开挖进尺根据设计要求或围岩的实际情况,控制在 1.0m 之内,做到开挖和支护时间尽可能短。

开挖施工工序为：平行开挖初期支护中导洞及左右外侧导洞的上断面及下断面→施作位于中导洞隧道轴线的底、顶纵梁、中柱及外侧导洞二次衬砌→待中纵梁及柱达到设计强度并对外侧导洞二次衬砌进行换撑后开挖初期支护左右内侧导洞→开挖二次衬砌内侧导洞→施工站台内部结构。

（四）几个特殊部位的二次衬砌混凝土施工

二次衬砌施工采用满堂红脚手架作为支撑体系，木拱架结合胶合板作为模筑系统。由于二次衬砌厚度为600mm，故施工均为人工入仓振捣。几个特殊部位采用了非常规的施工方法，介绍如下：

（1）中导洞顶纵梁的混凝土施工时，为了保证混凝土顺利入仓及混凝土的振捣密实度，在顶纵梁侧面开窗，作为振捣孔及观察孔，间距为2m，采用退管浇筑。为了方便退管，防止普通泵管接头接触钢筋引起退管困难，采用特制泵管 ϕ127mm（壁厚5mm）丝扣连接，最长的3m一节，最短的1m一节，调节使用。施工中将泵管悬挂于面筋下面，并加设一定的支撑筋。采用该方法在浇筑顶纵梁的过程中取得了成功。

（2）只有在顶纵梁与顶部初期支护面紧贴并承受一定荷载后，才能破除中导洞的临时侧壁，进行内侧导洞的开挖及初期支护，故在顶纵梁混凝土浇筑完成后，即进行回填注浆。由于二次衬砌没有封闭成环，注浆压力无法上升，因此对浆液进行改进。采用双液浆，浆液的水泥：水玻璃为1:1，解决了上述问题。

（五）信息化施工

隧道施工引起的地表沉降可导致地面建（构）筑物及地下管线的破坏，影响城市交通、居民的正常生活，后果不堪设想，因此必须加强监测，进行结构变形的安全评价，指导施工。

在开挖初期支护过程中，由于三洞平行作业引起了一系列监测数据的发散，其中地面沉降最大速率达到了2～3mm/d，根据反馈的信息，采取了如下措施，确保了施工安全：

（1）当地面沉降速率大于顶拱沉降速率，两者的变形不同步时，对隧道周边打设 ϕ32mm、壁厚3.5mm的注浆小导管。

（2）洞内加设竖向临时型钢支撑。

（3）上下台阶施工时，上台阶超前时拱脚加临时槽钢垫板。

（4）对临时仰拱进行注浆加固。

（六）经验教训总结

通过采取一系列的施工措施，林和西站双联拱暗挖隧道于2005年4月竣工，地面沉降较小，对天河北路的交通、周边建（构）筑物及地下管线没有造成影响。本工程的成功实施，说明双侧壁导洞法+中洞法在软弱围岩中具有可实施性。对于在〈5-1〉、〈5-2〉地层中开挖隧道，必须保证周边建（构）筑物及地下管线不受太大的影响，因此地面沉降控制成为本工程的重点。

1. 降低地面沉降速率的主要措施

（1）严格控制进尺：每一进尺不能超过一榀格栅钢架。

（2）尽快闭合成环：在开挖的每一步序均设置了仰拱或临时仰拱，使得初期支护闭合成环，它有效地减小了初期支护的变形与下沉。临时仰拱随下一步开挖一并拆除，并使得新旧初期支护重新闭合成环。

（3）拱脚设槽钢垫板：由于在整个隧道的底部有少量〈6〉地层出现，隧道的大部分处于〈5-2〉地层中，锁脚锚杆受力后将有较大的变形，且开挖过程中难免有超欠挖，为了使格栅钢架准确就位及减少沉降，在每榀格栅钢架下均支垫槽钢及钢板。

(4)加强注浆:除大管棚加固隧道顶部、超前小导管预注浆加固顶部围岩外,在完成初期支护后,及时对围岩及初期支护背后进行注浆,分别起加固围岩和填充注浆的作用。

2. 影响地面沉降的因素

(1)由于型钢支撑架设不规范,顶部和底部没有与格栅钢架焊接起来,而且临时仰拱与拱部沉降不同步,一段时间后发现型钢支撑顶部与初期支护格栅钢架脱离几厘米,而且没有及时打入契块,因此型钢支撑没有发挥其应有的支撑作用。

(2)对在〈5-1〉、〈5-2〉地层中施工认识不足,部分措施不到位或者不够及时,缺乏一定的预见性,问题较严重时才开始补救。如格栅钢架间距人为加大,开挖进尺过大,拱脚土体松软、泡水,注浆不及时等,事后发现虽然补救但是沉降已经产生。

(3)为满足此处预留线路的实施条件,在隧道底部设置了5排人工挖孔桩,使得隧道不能及时施工仰拱,施工时间及隧道变形时间延长。

实例2:三号线体育西折返线三联拱施工技术

(一)工程概况

广州市轨道交通三号线体育西路站站后折返线,结构形式复杂,在DK3+016.047~DK3+037.157分别设置了不等跨双联拱结构、三联拱结构等隧道群。三联拱隧道开挖跨度为19.9m,开挖高度为7.885m,跨矢比为1:0.1。

(二)工程地质及水文地质

隧道所处地质为泥质粉砂岩、粉砂质泥岩、砾岩,隧道拱顶覆盖层厚度为5.5~18m,其中大部分拱顶位于Ⅳ类围岩中,覆盖层厚度为5.6~7.6m。本标段地下水位埋深为2.28~4.1m,第四系松散土层中存在孔隙水,岩石中存在裂隙水,富水性和透水性较差,区间隧道均在地下水位以下。

(三)联拱隧道断面结构

三联拱隧道断面如图8-10所示。

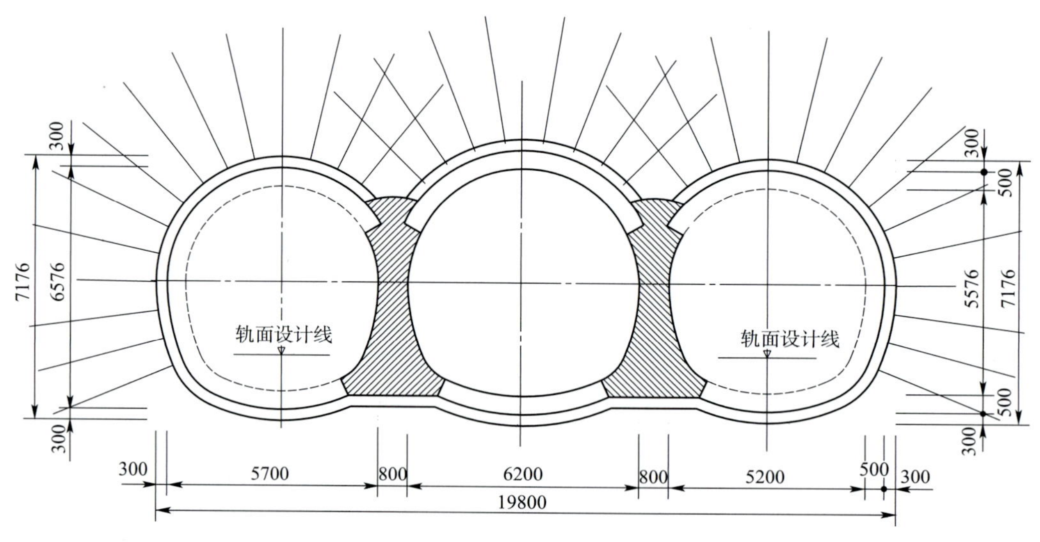

图8-10 三联拱隧道断面结构图(尺寸单位:mm)

(四)联拱隧道段施工步骤

常规联拱隧道施工工序转换多,各步序间干扰大,施工进展缓慢。为加快施工进度,对联拱隧道施工工序进行了调整,将不等跨双联拱隧道改为单洞施工。联拱段隧道开挖如图 8-11 所示。

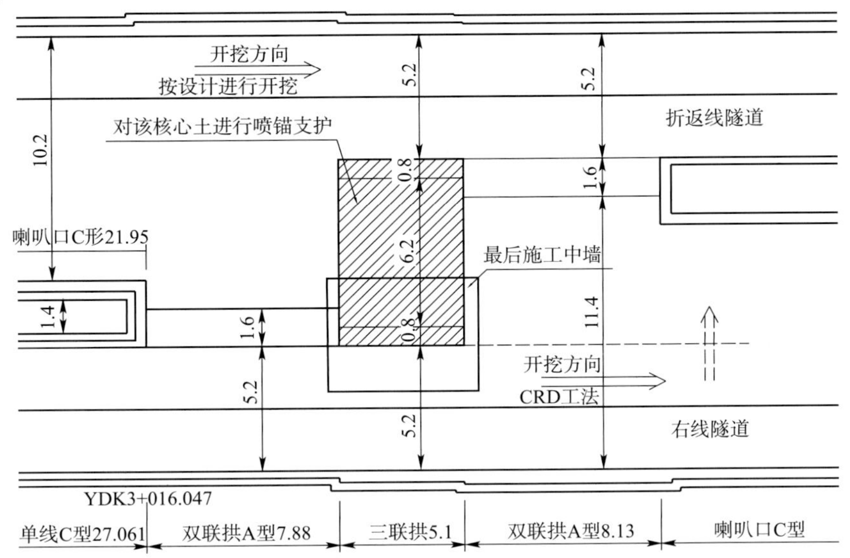

图 8-11 联拱隧道段开挖示意图(尺寸单位:m)

右线施工至双联拱小洞时,将不等跨双联拱隧道改为两个单洞,不设中墙,先从右线单线隧道往前施工;施工至三联拱隧道时,先不施工中墙衬砌,按照单线工况通过;施工至双联拱大洞时,按照 CRD 法侧壁通过。

采用该方案实际就是按照两条单线的施工方法进行,将不进行初期支护和二次衬砌相互间的转换,减少了施工工序的转换,进度加快。双联拱的中墙取消后,对结构的防水将更有利。由于施工顺序的改变,三联拱隧道中洞后施工,相当于大跨度隧道预留了该核心岩体,有利于两侧双联拱隧道施工安全。

(五)三联拱隧道断面施工步序

三联拱隧道调整工序后施工步序如下:

(1)先施工两侧单洞,开挖上台阶,砂浆锚杆施作,并进行初期支护,如图 8-12 所示。

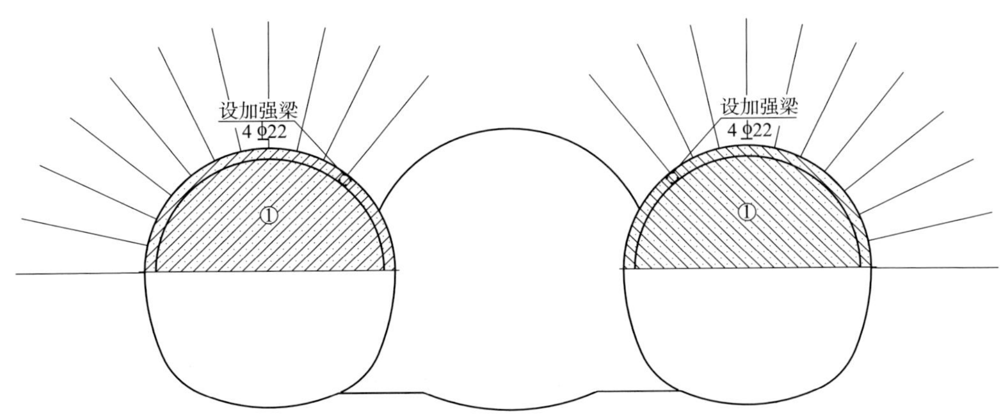

图 8-12 开挖两侧单洞上台阶并进行初期支护

(2)施工两侧单洞,开挖下台阶,砂浆锚杆施作,并进行初期支护,如图 8-13 所示。

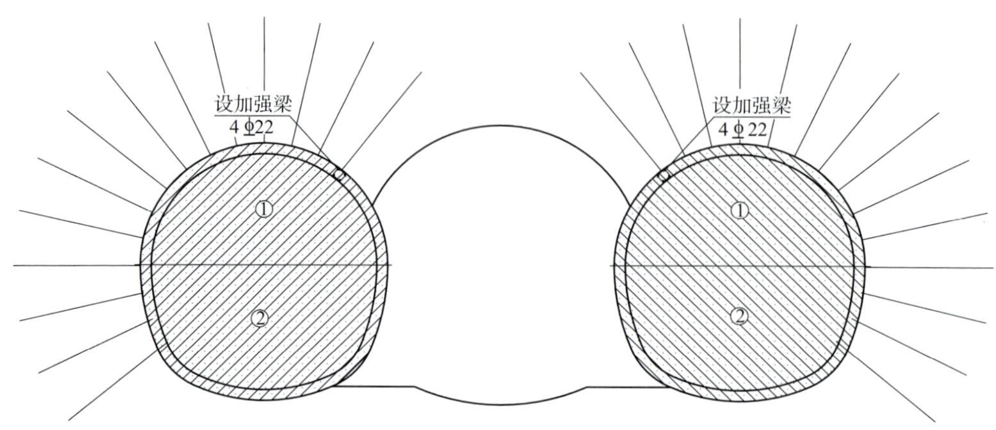

图 8-13 开挖两侧单洞下台阶并进行初期支护

(3)架设临时支撑,破除中墙部位初期支护混凝土,开挖中墙部位剩余土体,每循环 0.6m,中墙拱顶支护时做到密实,预防沉降,如图 8-14 所示。

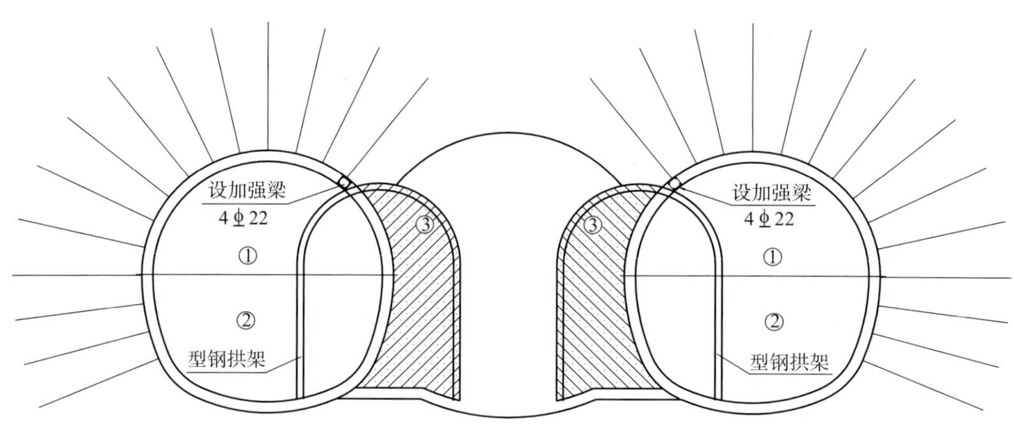

图 8-14 架设临时支撑,开挖中墙部位土体

(4)开挖完成后立即进行中墙的衬砌,中墙衬砌时拱顶模筑混凝土很难浇筑满,采用喷射混凝土把空隙喷满,防止架空空隙造成的沉降。中墙衬砌施工时防水板用土工布双面保护,防止施工破坏。一侧中墙施工完成后才施工另一侧中墙,如图 8-15 所示。

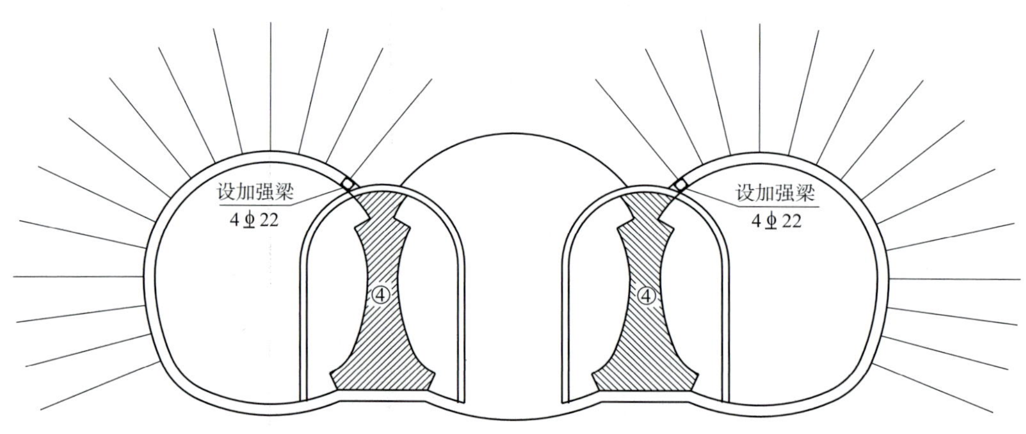

图 8-15 进行中墙衬砌

(5)施工两侧单洞仰拱和拱墙二次衬砌,为防止成型隧道产生偏压,在中墙与临时拱架支护之间设置千斤顶,如图8-16所示。

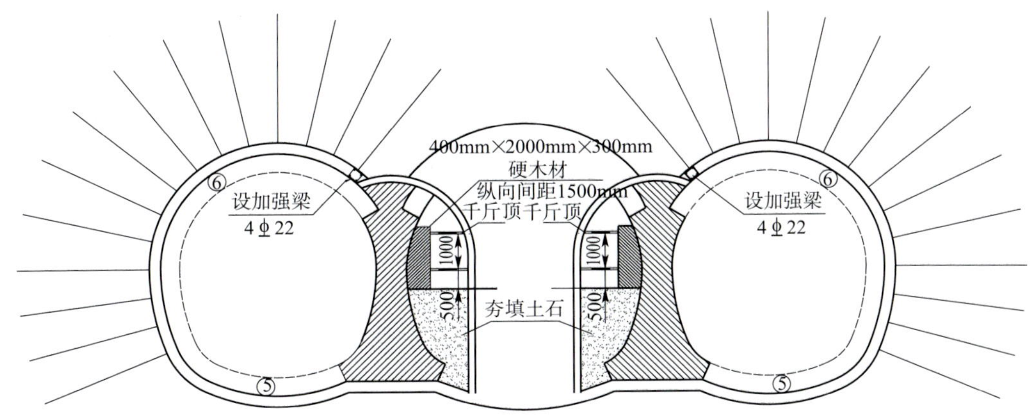

图8-16 进行两侧单洞二次衬砌施工

(6)开挖中洞上台阶,初期支护,并架设横联,防止两侧隧道产生偏压,如图8-17所示。

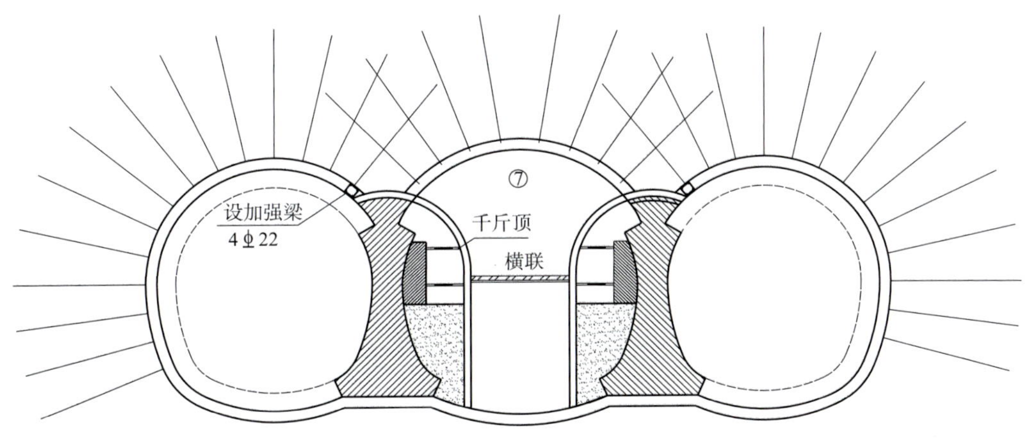

图8-17 开挖中洞上台阶并进行初期支护

(7)开挖中洞下台阶并进行初期支护,如图8-18所示。

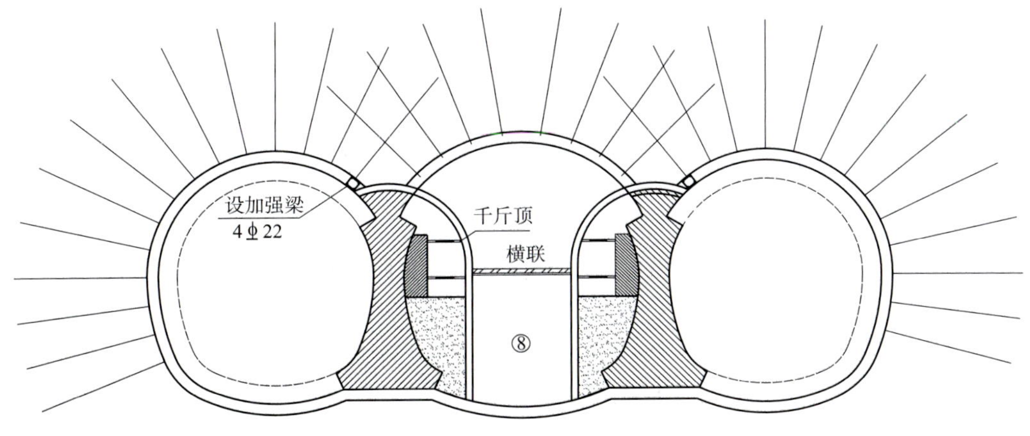

图8-18 开挖中洞下台阶并进行初期支护

(8)拆除临时支撑,施工中洞仰拱及拱部二次衬砌,三联拱隧道成型,如图 8-19 所示。

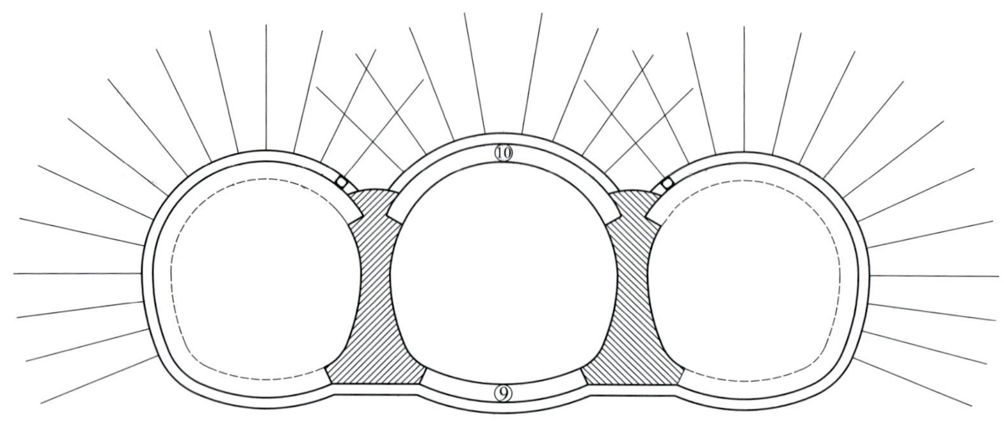

图 8-19 拆除临时支撑并施工中洞仰拱及拱部二次衬砌

实例 3:三号线番禺广场站折返线不对称大跨双联拱施工技术

(一)工程概况

广州市轨道交通三号线番禺广场站折返线隧道西起番禺广场站,沿清河东路向东,穿过东环路跨线桥,止于外经贸中心大楼。左右线长均为 354.5m。两条线路的隧道净距为 1.75 ~8.10m。隧道埋深为 14.0 ~17.5m。

区间线路相互交错,断面类型较多,变化频繁,断面跨度大,结构较复杂。其中大跨度不对称双联拱地段位于 DK28 +546.05 ~ DK28 +566.5,其开挖跨度为 21.7m,开挖高度为 10.21m,隧道拱顶埋深为 15.2m。双联拱段基岩为燕山三期花岗岩。隧道洞身位于一条宽度达 15m 的断层破碎带上,该破碎带岩石多为全风化花岗岩,岩石呈碎粒、碎块状,地下裂隙水丰富,岩石黏结力差,开挖易坍塌。

(二)结构设计

双联拱隧道断面结构设计如图 8-20 所示。

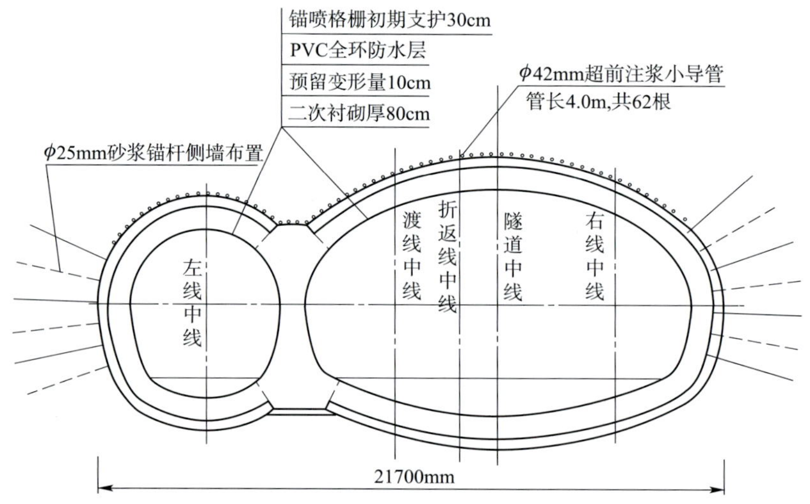

图 8-20 双联拱隧道断面结构设计图

(三)施工方法

结合单线断面、双线断面的施工方法,该大跨度不对称双联拱的施工采用中墙法 + 台阶法 + CRD法,先施工中导洞,浇筑中墙混凝土,然后进行单线断面施工,最后施工双线断面。

1. 中导洞施工

中导洞按短台阶法施工,上下台阶拉开步距为 3 ~ 5m;每循环进尺为 0.5 ~ 1.2m。根据现场围岩情况,开挖前沿中导洞开挖轮廓外侧拱部环向布置超前注浆小导管,导管采用 ϕ42mm 热扎无缝钢管,壁厚 3.5mm,单根长度为 4.0m,环向间距为 0.35m,纵向间距为 2.4m,外插角约为 10°。

开挖完成后及时对掌子面初喷厚约 5cm 的 C20 混凝土,临时封闭掌子面,以防止掌子面失稳坍塌。依次立设格栅钢架,间距为 50cm,挂设钢筋网并喷射混凝土至设计厚度。钢筋网采用 ϕ6.5mm 钢筋,单层铺设于格栅外侧,网距为 150mm × 150mm,喷射混凝土厚度不小于 20mm。

2. 单线断面台阶法施工

单线断面仍按短台阶法施工(见图 8-21),上半断面预留核心土呈环形开挖,上下台阶拉开步距为 3 ~ 5m;每循环进尺为 0.5 ~ 1.2m。考虑到围岩为Ⅱ类围岩,全风化花岗岩,遇水溶解成泥状,依次进行掌子面临时喷混凝土封闭,超前小导管注浆加固围岩,注浆浆液采用 42.5 级普通硅酸盐水泥浆,水灰比为 1:0.5 ~ 1:0.8,注浆压力为 0.5MPa,浆液强度等级为 20MPa。

单线断面的初期支护为格栅钢架喷锚支护,格栅钢架间距为 0.5m,喷射混凝土厚度为 30cm。

3. 双线断面 CRD 法施工

双线断面采用 CRD 法施工(见图 8-22),先施工③、④部,③、④部与①、②部错开距离为 5m 左右。③部施工前钻设超前小导管对围岩进行注浆加固,开挖时预留核心土呈环形开挖,及时支立格栅钢架、临时隔壁及仰拱型钢,挂设钢筋网,喷射 C20 早强混凝土,喷射混凝土厚度分别为:格栅钢架为 30cm,临时隔壁及仰拱为 20cm。③部施工完成后进行④部施工,③部与④部拉开步距为 3 ~ 5m。

图 8-21 短台阶法施工

图 8-22 CRD 法施工

单线断面二次衬砌完成后方可进行双线断面⑩、⑪部的施工,⑩部与⑪部施工仍采取短台阶法施工。双线断面二次衬砌施工时先进行⑫部施工,再进行⑬部施工。大跨度不对称双联拱隧道开挖顺序如图 8-23 所示,双联拱各部开挖的相邻掌子面最小错开距离见表 8-1。

4. 双联拱防水施工技术

由于双联拱段纵环向施工缝较多,结构复杂,因此双联拱防水是防水施工的薄弱环节。对双联拱段的防水采用外贴式 PVC 防水板实现全包防水,防水板外侧设置单层无纺布作缓冲层。

双联拱纵环向施工缝中部埋设镀锌钢板止水,每条环向施工缝外侧设置一道平蹼式止水带以实现分区防水的目的。

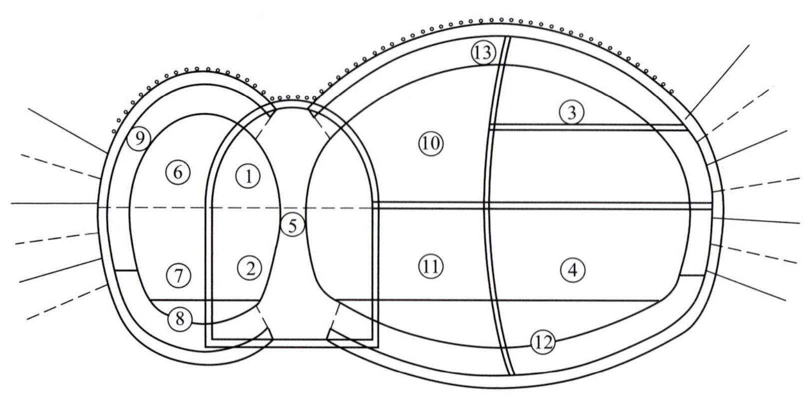

图 8-23　大跨度不对称双联拱开挖顺序图

①-中导洞上导挖支；②-中导洞下导挖支；③-双线断面右半侧上导挖支；④-双线断面右半侧下导挖支；⑤-中墙衬砌；⑥-单线断面上导挖支；⑦-单线断面下导挖支；⑧-单线断面仰拱衬砌及回填；⑨-单线断面拱墙衬砌；⑩-双线断面左半侧上导挖支；⑪-双线断面左半侧下导挖支；⑫-双线断面仰拱衬砌及回填；⑬-双线断面拱墙衬砌

双联拱各部开挖的相邻掌子面最小错开距离　　表 8-1

开 挖 步 骤	前后错距(m)	开 挖 步 骤	前后错距(m)
①与②	3	①与③	15
③与④	3	③与⑩	15
②与⑤	15	⑤与⑥	15
⑥与⑦	3	⑨与⑩	15
⑩与⑪	3		

双联拱全包防水施工如图 8-24 所示。

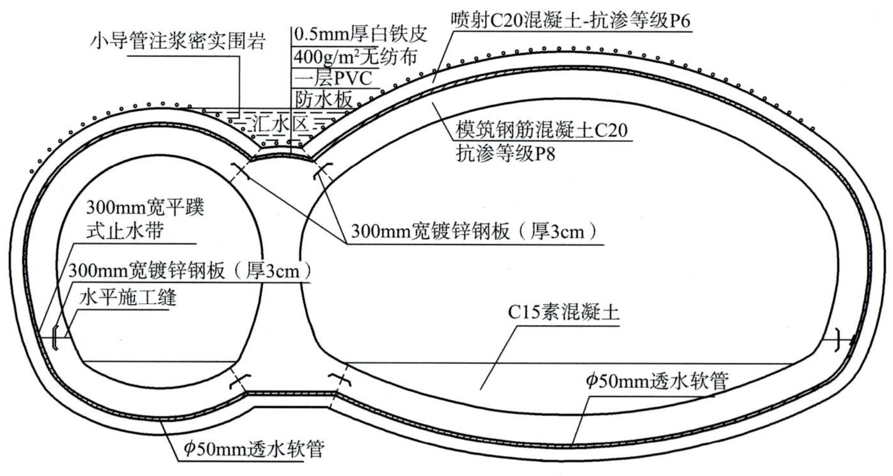

图 8-24　双联拱全包防水施工图

(四)工程实施效果评价

(1)对结构进行受力模拟分析，确定合理的施工方法。实践证明，中墙法 + 台阶法 + CRD 法对大跨度不对称双联拱的施工是合理可行的。

(2)通过对现场地面、拱顶下沉和隧道的收敛监测结果分析，该施工方法确保了大跨度双联拱的结构安全，有效地控制了地表沉降和隧道结构变形。另外，超前注浆小导管、预留核心土环形开挖等辅助施工措施也为开挖施工安全提供了有力的保障。

(3)大跨度不对称双联拱的施工，特别要注意采取合理的施工方法，尤其是在复杂地质条件下要采取合理的辅助措施。在施工过程中还应做好监控量测，并及时反馈各种信息以便指导施工，从而确保施工顺利进行。

五、经验与不足总结

(一)经验

(1)在工序转换多、地质条件差、施工工期紧的条件下施工双联拱、三联拱，采用多导洞错开一定距离平行作业，对于加快施工进度有明显效果，如林和西站双联拱、体育西路站三联拱等隧道。

(2)在地质条件差的情况下，加强对地层的预注浆加固，如超前大管棚及小导管注浆，并采用与地层相适应的单液或双液浆，以及在初期支护完成后对初期支护背后松动围岩进行注浆加固，确实起到了保证开挖安全及有效控制隧道变形的作用，如林和西路站—体育西路站区间、林和西站双联拱、体育西折返线等。

(3)在贯彻暗挖"十八字"方针方面，尤其在信息化施工技术应用方面，大部分工点在原则性和灵活性上把握恰当，洞内开挖安全及地面房屋道路安全得到有效保证，开挖及二次衬砌进度快，防水质量较好，比较典型的有林和西站双联拱隧道，体育西折返线双联拱隧道和三联拱隧道、岗顶站—石牌桥站区间及客村站—大塘站暗挖区间双联拱隧道等。

(二)不足

(1)个别隧道爆破开挖振动过大，对地面居民区房屋造成了一些影响，有些房屋甚至出现裂纹损坏。主要原因是针对不同岩层，爆破参数控制不太好，导致爆破振速超标。

(2)个别隧道防水质量处理不太好，导致运营后出现渗漏，如体育西折返线及林和西路站—体育西路站区间隧道。主要原因是联拱接口注浆不够到位，施工缝处理不够好，以及抢进度造成初期支护及二次衬砌背后注浆不饱满。

第三节　变断面及工法转换施工技术

一、断面过渡分类

城市轨道交通折返线、渡线、存车线以及横通道等断面变化多，工法转换较为频繁，施工较为复杂。这些断面变化处有的断面尺寸相差不大，直接过渡即可，有的断面尺寸相差大，需采取工程措施才能实现过渡。一般可将这些断面过渡分为两类：一类是由大断面过渡到小断面，过渡比较容易；另一类是由小断面过渡到大断面，过渡难度比较大一些。

二、技术对策

大断面过渡到小断面，常规的做法是将大断面全部施作到设计位置后封端，再破口进入小断面施工；小断面过渡到大断面，可通过挑高、加宽来实现。在工法、断面变化较小处，可直接采用错台方式实现过渡。在工法与断面较大处，考虑采取渐变方式，充分利用超前支护手段加固围岩，利用钢架喷混凝土逐渐挑高、加宽进入大断面。此过程关键在于挑高，只要过渡到大断面的上部，下部就容易施工了。

三、工程实例

五号线动物园站位于环市东路与梅东路交叉路口及环市东路动物园南门前广场下方，车站包括明挖车站、暗挖主体隧道和过街通道。明挖车站基坑长为76m，宽为39m，顶板覆土厚为1.1m，底板埋深为20.7m（局部达31m）；暗挖主体隧道左右线叠加布置，为一单洞隧道，左线在上，右线在下，隧道标准断面开挖跨度为11.2m，开挖高度为17.905m，拱顶埋深为12m，暗挖主体隧道利用Ⅱ、Ⅲ号两个施工竖井进行施工。暗挖过街通道开挖跨度为6.7m，开挖高度为6.341m，拱顶埋深为4m，过街通道利用Ⅰ号施工竖井进行施工。

本站位于瘦狗岭断裂以南构造区，处于三水断陷盆地东延部分。其主体构造走向是东西向，其次是西北向，由中生界白垩系构成的东西向比较宽阔的褶皱和燕山期及喜马拉雅期形成的一系列北西向断层所组成，是继承性构造。根据野外钻探和岩性分析，本场地内没有发现断裂构造迹象（断层泥、断层滑面、断层角砾、破碎岩性等），也没有发现风化深槽现象。

由于本场地的地貌单元属珠江三角洲冲积—洪积地带，地势较平坦，场地的稳定地下水位埋深总体变化不大，水位埋深处于1.6～4.1m，地下水类型主要为上层滞水和基岩裂隙水。根据前期施工情况揭露，基岩裂隙水比较发育。

（一）横通道转主隧道的施工

横通道开挖轮廓尺寸为9.2m×21.74m，主隧道开挖轮廓尺寸为11.2m×17.905m，两者支护形式相同，超前支护采用ϕ108mm大管棚和ϕ42mm超前小导管超前注浆，初期支护采用C25P6喷射混凝土以及格栅钢架、ϕ22mm砂浆锚杆和ϕ42mm超前锚管联合支护；二次衬砌采用600mm厚C30P8聚合物纤维防水钢筋混凝土。

1. 施工工序

横通道转主隧道的转换段施工工序如图8-25所示。

2. 施工方法及措施

（1）横通道转主隧道的施工是一个受力复杂的体系转换过程，为保证结构安全，主隧道施工需在横通道二次衬砌施工完成后进行。

（2）主隧道的超前支护在横通道二次衬砌施工前应施工完毕。

（3）主隧道格栅钢筋应与横通道格栅钢筋焊接牢固，打设砂浆锚杆，喷射混凝土支护，完成结构受力的转换。

（4）转换段采用CRD法施工，各台阶错开4～5m。

序　号	图　示	施工步骤及技术措施
1	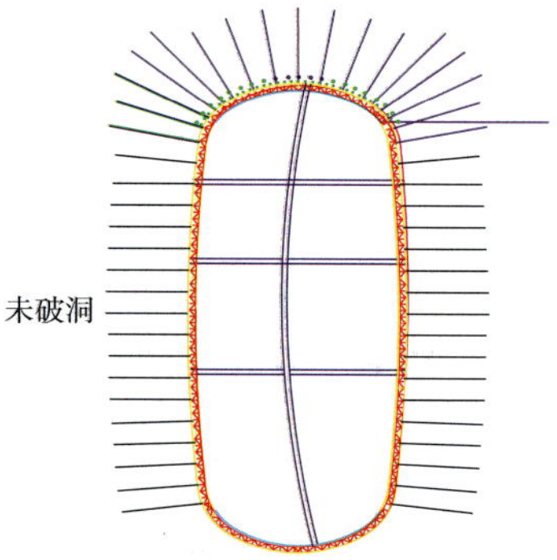 未破洞	（1）开挖横通道土方，进行初期支护； （2）施工主隧道超前支护

图　8-25

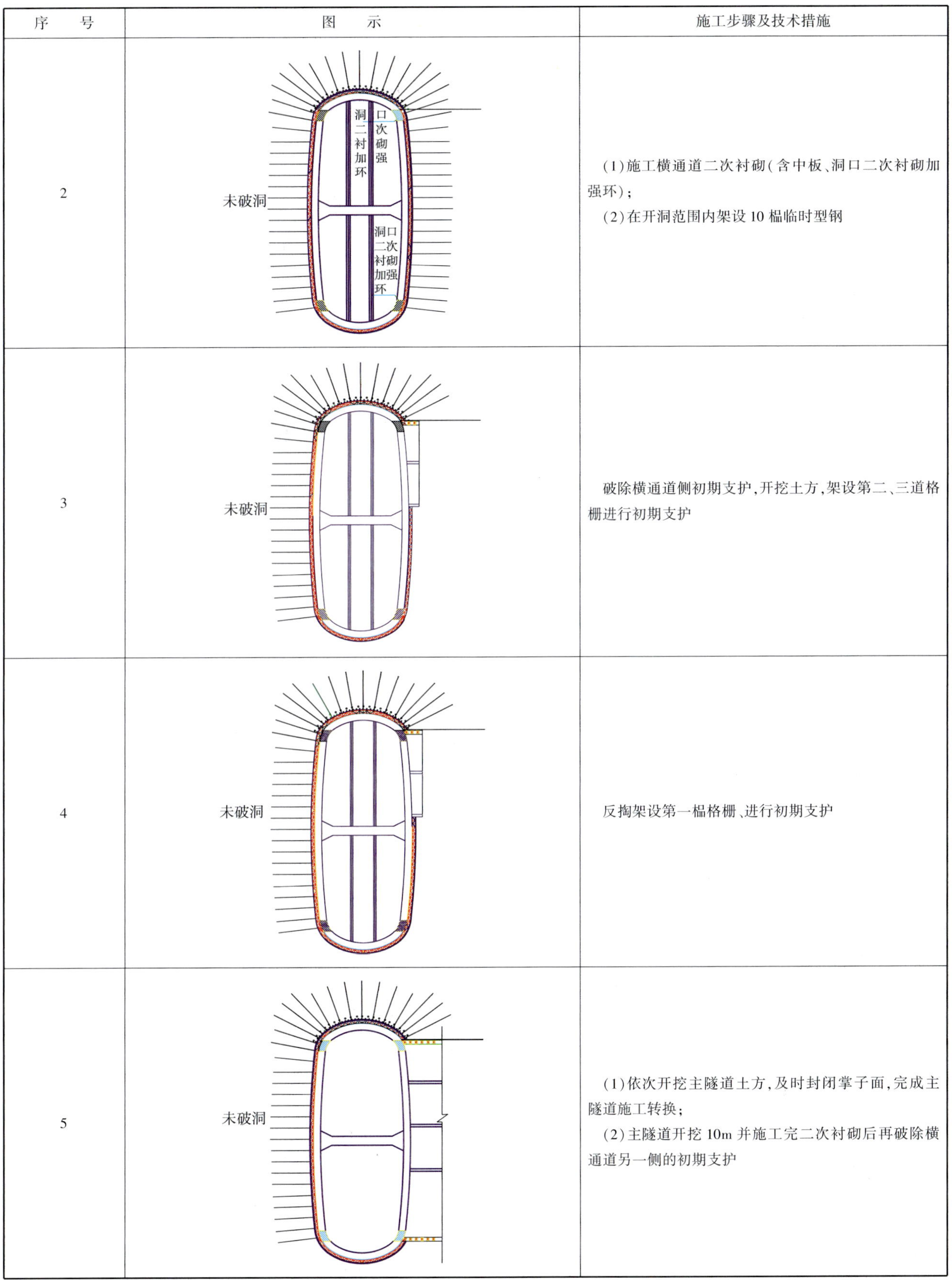

序号	图示	施工步骤及技术措施
2		(1)施工横通道二次衬砌(含中板、洞口二次衬砌加强环); (2)在开洞范围内架设10榀临时型钢
3		破除横通道侧初期支护,开挖土方,架设第二、三道格栅进行初期支护
4		反掏架设第一榀格栅、进行初期支护
5		(1)依次开挖主隧道土方,及时封闭掌子面,完成主隧道施工转换; (2)主隧道开挖10m并施工完二次衬砌后再破除横通道另一侧的初期支护

图8-25 横通道转主隧道的转换段施工工序图

（二）小断面向大断面施工

小断面向大断面过渡，其断面类型相同，一边基本对齐，另一边两断面间露出形状为半圆环形。如图8-26所示为小断面向大断面过渡透视图。

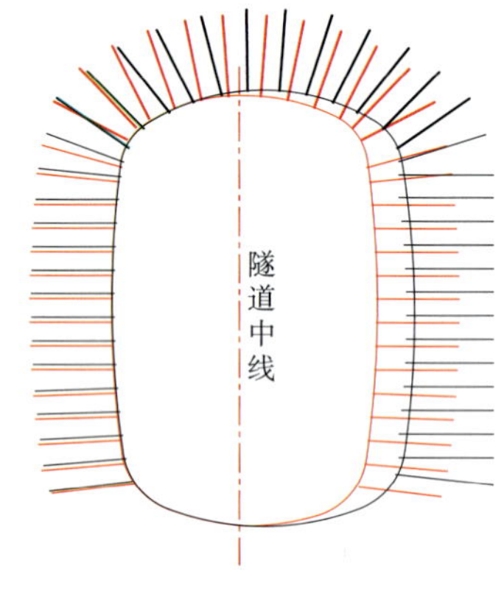

图8-26　小断面向大断面过渡透视图

主要施工方法及技术措施：

过渡方法采用小断面隧道掘进至大断面内3.0m左右，再侧扩至大断面开挖轮廓位置的方法。过渡时，采用CRD法分别进行过渡。

（1）小断面隧道拱部施工开挖到与大断面分界位置时，按小断面隧道断面继续向大断面隧道内掘进3.0m停止，封堵掌子面。

（2）按CRD法侧向开挖过渡段3.0m大断面隧道，局部较薄处采用风镐进行修凿，打设锚杆，喷射钢纤维混凝土，支护大断面拱部。

（3）测量放线，开挖拱部；打设锚杆，喷射混凝土支护大断面拱部。

（4）小断面隧道中下部施工开挖到与大断面分界位置时，按小断面隧道断面继续向大断面隧道内掘进3.0m停止，封堵掌子面。

（5）分台阶侧向开挖过渡段3.0m中下部大断面隧道，局部较薄处采用风镐进行修凿，打设锚杆，喷射混凝土支护大断面边墙。

（6）开挖大断面中下台阶；打设锚杆，喷射钢纤维混凝土，支护边墙；至此完成小断面向大断面的开挖过渡。

（7）衬砌至大断面设计位置时，端面墙混凝土与小断面衬砌一起施工，且于与之相接的大断面（边墙）连接处，预埋接茬钢筋，防水施工均按正洞施工方法进行。

（三）暗挖主体隧道与区间盾构接口施工

暗挖主体隧道两端头与盾构区间相连，由于暗挖主体隧道断面比盾构区间断面大，在此处存在端头墙的施工。

（1）端头墙施工早于端头墙外侧5m范围内大管棚超前小导管注浆加固，其支护参数同隧道边墙。

（2）二次衬砌混凝土施工同最后一模隧道边墙一起进行，模板采用钢模板，支撑采用钢管脚手架支撑，并加斜撑钢管保证模板稳定。浇筑相邻仰拱、中板时，预留钢筋支座。

（3）暗挖主体隧道与区间接口施工是本工程防水的一个重点，暗挖隧道与区间盾构接口处的防水采用在主体结构侧墙上安设平蹼止水带进行收口，采用缓膨型遇水膨胀止水橡胶条进行施工缝止水，必须严格按照设计要求进行施工。

（4）施工时要做好盾构密封环的施工。

（四）竖井转横通道施工

施工竖井位于隧道与明挖站房之间，明挖站房、施工竖井和暗挖隧道通过横通道连接。竖井开挖到位后需进行转向横通道施工，由于横通道开挖断面高、相距隧道较近、岩石开挖需进行爆破、CRD法分部开挖面较多和各开挖工作面相互干扰大等因素，需合理组织和布置该转换段的施工，为正线隧道施工开辟一个好的工作面。施工方法及措施如下：

（1）在竖井开挖到横通道拱部位置时，进行横通道超前注浆加固；转向横通道断面施工，采用CRD法，开挖采用人工开挖；需要爆破时采用微振爆破技术爆破开挖，掘进循环进尺为0.5m。

（2）转换段CRD法各台阶错开2～3m，根据临时支护和竖井环撑位置合理布置施工顺序。

（3）横通道拱部开挖到主隧道另一侧壁后，开始主隧道超前支护和开挖施工。

(4)施工技术措施:由施工竖井进入横通道的施工为接口施工,该段地层因施工竖井施工已经扰动,而且该处又是应力集中区,支护体系需要进行转换,受力情况比较复杂,是工程结构的薄弱区,施工时必须加强支护,确保安全。

①竖井开挖至横通道拱部时,沿开挖轮廓线进行管棚和小导管超前支护,进行注浆,加固洞顶上方土层。

②竖井围护结构采用挖孔桩+钢筋混凝土内环撑,为保证钢筋混凝土环撑稳定,进行竖井转横通道施工时只凿除4根挖孔桩,满足施工要求即可,待进行横通道施工时再按照横通道设计轮廓进行挖孔桩的破除。

第四节　小间距隧道施工技术

一、小间距隧道

小净距隧道是指双洞间中夹岩柱的宽度介于联拱隧道和普通双线分离隧道之间且一般小于1.5倍隧道开挖断面宽度的一种特殊结构形式隧道。

由于小净距隧道中夹岩柱的宽度较小,而所受围岩压力大,因此,可以看出,小净距隧道施工的关键是加固中夹岩柱。如何确保中夹岩柱的稳定,事关隧道施工的成败。

二、中夹岩柱力学行为

小净距隧道施工难点是对中夹岩柱的施工处理。由于净距小,施工产生的扰动必然会影响隧道围岩的力学特性,所以小净距隧道一般采用一先一后的施工方法。先行隧道施工时,与一般单洞施工无异。后行隧道施工时,围岩将会产生复杂的应力重分布。受力特性表现为先行隧道和后行隧道发生相互耦合作用,即施工过程中的二次应力场在中夹岩柱处叠加,极有可能出现应力集中现象。

此外,爆破过程中,后行洞靠先行洞侧的中夹岩柱实际上处于临空状态,后行洞的爆破会对中夹岩柱产生二次扰动。若中夹岩柱为软岩,爆破震动可能导致其发生破坏;若为中硬岩,爆破震动容易使其破碎,出现裂隙现象,其岩体的承载能力会有所减弱。由此说明,在爆破开挖中夹岩柱附近的岩体时,其围岩易失稳,需注意加强爆破减振措施,同时还应对中夹岩柱进行注浆加固处理,以提高围岩参数,保证其稳定性。

三、中夹岩加固技术

中夹岩的稳定是小净距隧道建设成功的关键。而小导管注浆、打系统锚杆及水平贯通预应力锚杆是应用最为广泛的三种中夹岩加固技术,并在实践工程中得到有效验证。中夹岩加固技术主要通过提高围岩力学参数与改变力学状态等发挥加固作用。小导管注浆多适用于低类别围岩;高类别围岩中采用系统锚杆较为合理;水平贯通预应力锚杆及其组合加固方法适用于各类别围岩。

四、工程实例

三号线岗顶站—石牌桥站区间超小间距隧道上覆土层主要是人工填土层和粉质黏土,区间隧道洞身穿越土层主要是〈5-2〉、〈7〉地层,左、右线拱顶均处于〈5-2〉地层中。隧道底板处在中风化和微风化的泥质粉砂岩地层中,属Ⅵ级围岩(按现行《铁路隧道设计规范》,以下同),这部分地层岩性差,受隧道开挖多

次扰动影响，会发生整体沉降，导致支护上围岩应力增大和地表沉降量过大。隧道围岩是粉土、全风化砾岩和强风化砾岩，以风化砾岩为主，Ⅴ～Ⅵ级围岩；隧道底板围岩为中风化岩石和微风化岩石，Ⅲ～Ⅳ级围岩。如图8-27与图8-28所示为岗顶站—石牌桥站区间左线和右线隧道纵断面图。

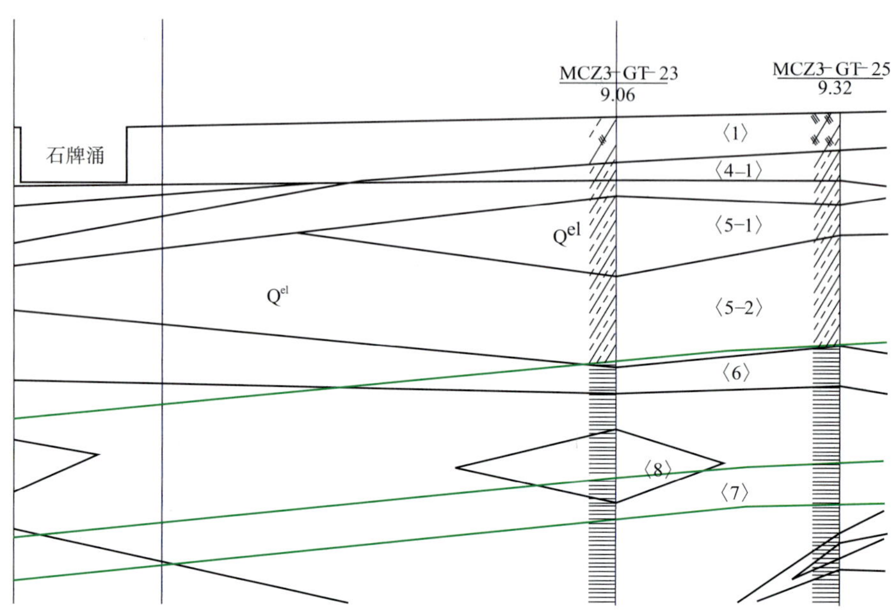

图8-27　岗顶站—石牌桥站区间左线隧道纵断面图

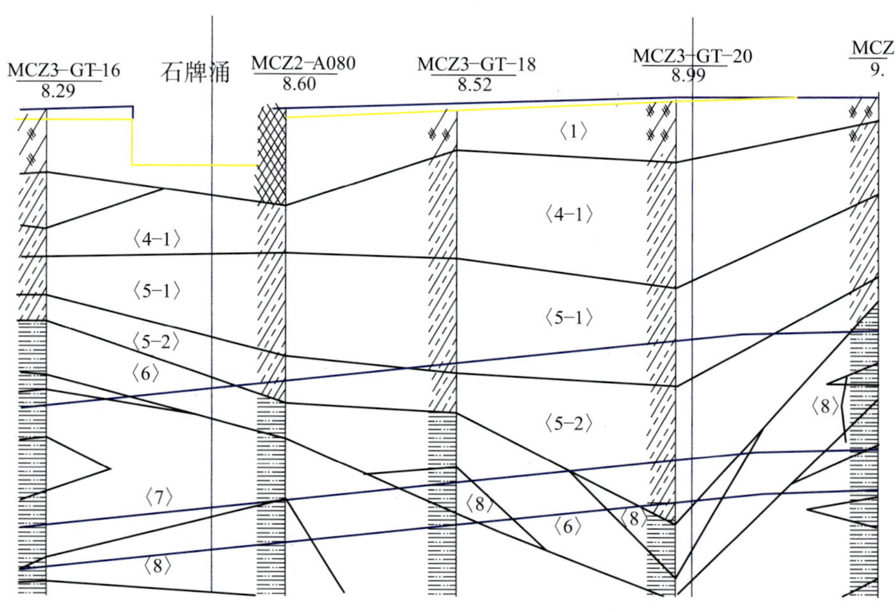

图8-28　岗顶站—石牌桥站区间右线隧道纵断面图

地下水主要为第四系松散层、全风化带潜水型孔隙水和基岩强、中风化带的裂隙水。在区间的岗顶站端，隧道顶板围岩为冲洪积砂层，隧道的涌水量较大。同时隧道范围内处于强风化、中等风化岩层中，特别是在砾岩分布区域，地下水分布具有较大的随机性，局部有存在大量地下水的可能。地层稳定水位埋深为2.2～4.6m，平均为3.03m。

隧道线间距分别为6320～6490mm、6490～6685mm、≥6685mm三种，据此设计了三种断面形式，分别为①左、右线均为单侧直墙断面(P 断面)、②左、右线均为曲墙断面(Q 断面)和③左线两侧曲墙、右线单侧直墙断面(R 断面),如图 8-29 ~ 图 8-31 所示。

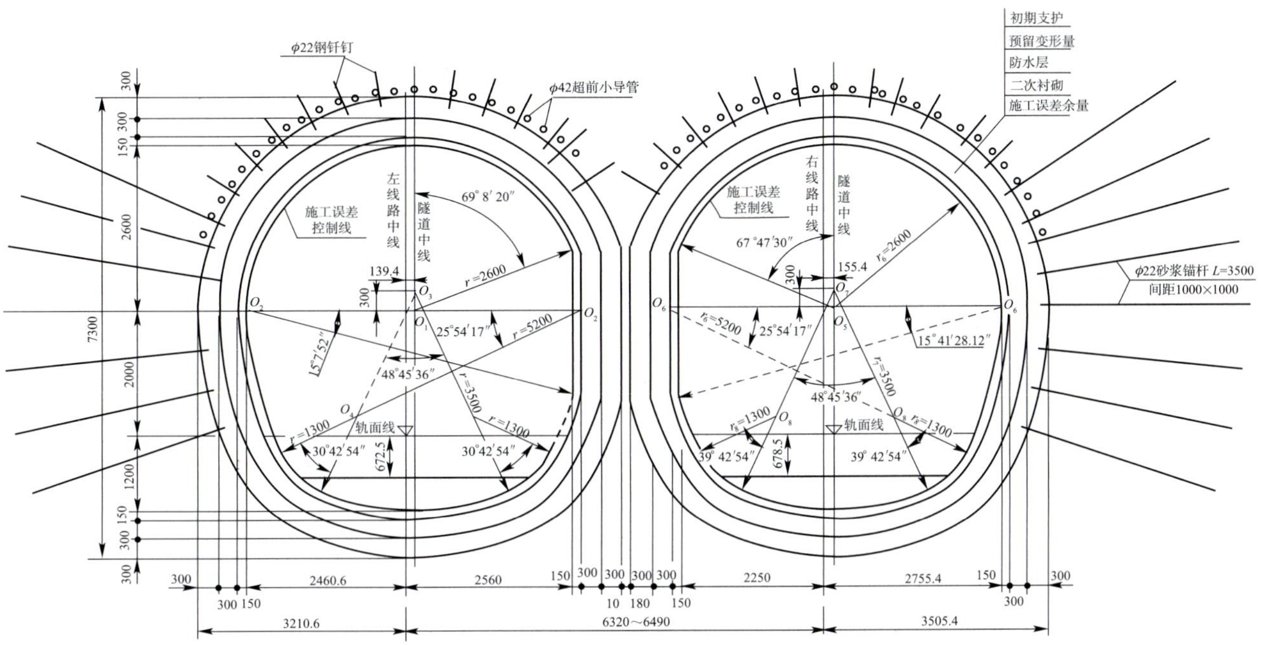

图 8-29 左、右线均为单侧直墙断面(P 断面)(尺寸单位:mm)

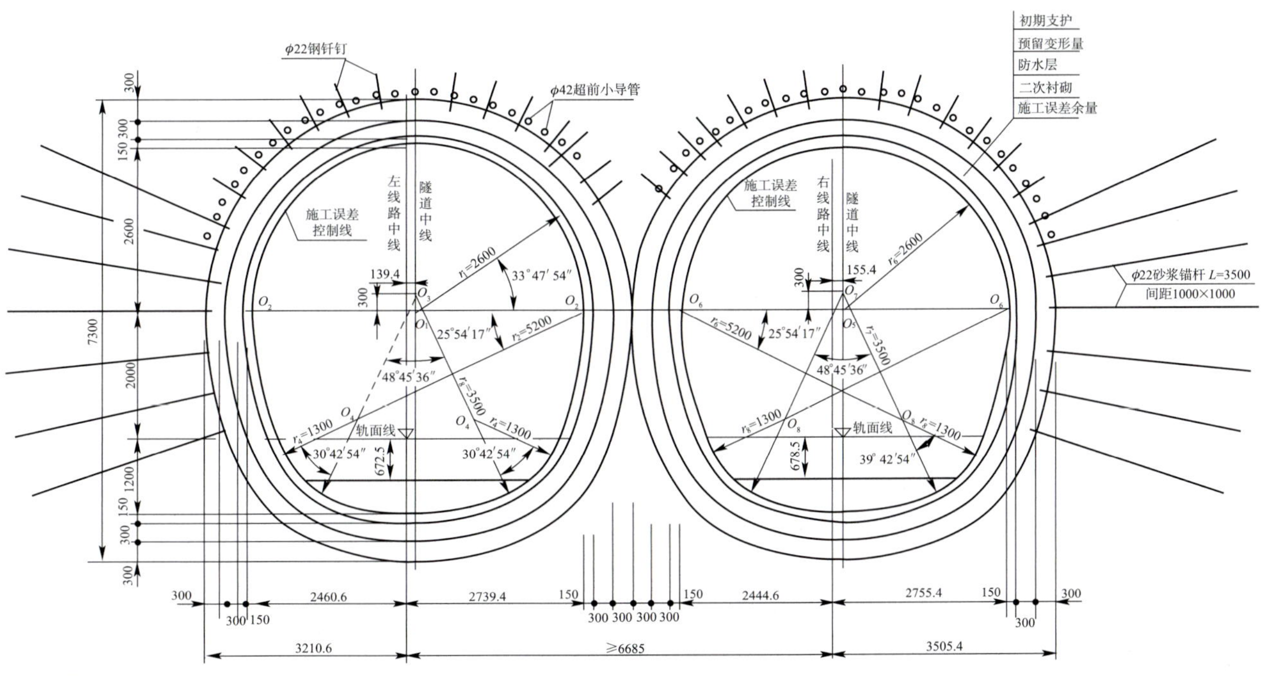

图 8-30 左、右线均为曲墙断面(Q 断面)(尺寸单位:mm)

三种断面均采用两次支护,一次支护为喷锚网与格栅钢架,二次衬砌为钢筋混凝土,支护参数见表 8-2。

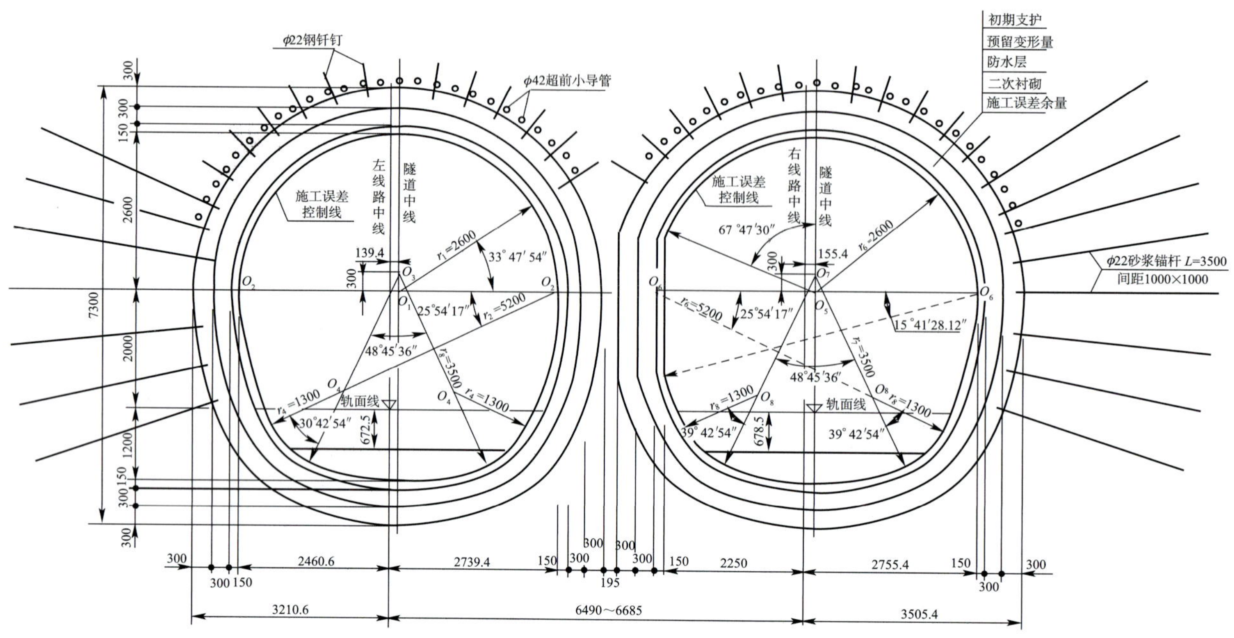

图 8-31　左线两侧曲墙、右线单侧直墙断面(R 断面)(尺寸单位:mm)

岗顶站—石牌桥站区间超小间距隧道设计支护方案与参数　　表 8-2

断面型号	超前注浆	初期支护	二次衬砌
P 断面	隧道拱部 φ42mm 长 3500mm 超前小导管注浆	喷混凝土 300mm 锚杆 φ22mm 长 3500mm 钢筋网 φ8mm×8mm 格栅钢架 1 榀/0.5m	钢筋混凝土厚 300mm
Q 断面	隧道拱部 φ42mm 长 3500mm 超前小导管注浆	喷混凝土 250～300mm 锚杆 φ20mm 长 3000mm 间排距 1000×1000mm 钢筋网 φ8mm×8mm 格栅钢架 1 榀/0.5m	钢筋混凝土厚 300mm
R 断面	隧道拱部 φ42mm 长 3500mm 超前小导管注浆	喷混凝土 300mm 锚杆 φ22mm 长 3500mm 钢筋网 φ8mm×8mm 格栅钢架 1 榀/0.5m	钢筋混凝土厚 300mm

与广州市轨道交通一号线浅埋暗挖隧道相比,支护方案基本相同,只是一次支护参数略有加强,更强调初期支护各构件之间的相互连接和左、右线隧道支护之间的多道连接(见表 8-3)。

(一)工程难点

小(超小)间距隧道施工中,必须充分考虑两隧道先后开挖引起围岩应力再分配的相互影响。根据前述岗顶站—石牌桥站区间超小间距隧道工程的特点,隧道施工必须妥善解决以下技术难点:

(1)先掘隧道对后掘隧道的偏压影响。

(2)后掘隧道对先掘隧道围岩的再次扰动增大作用在支护上的围岩荷载。

(3)两隧间中间 T 形土体在两次开挖扰动情况下的稳定。

(4)两条隧道先后开挖引起的地面沉降等围岩变形控制。

岗顶站—石牌桥站区间超小间距隧道与广州市轨道交通一号线浅埋暗挖隧道支护参数比较　　表 8-3

工程名称	超前注浆	初期支护	二次衬砌
岗石区间超小间距隧道	隧道拱部 ϕ42mm 长 3500mm 超前小导管注浆	喷混凝土 300mm 锚杆 ϕ22mm 长 3500mm 间排距 1000×1000mm 钢筋网 ϕ8mm×8mm 格栅钢架 1 榀/0.5m	钢筋混凝土厚 300mm
广州市轨道交通一号线浅埋暗挖隧道	隧道拱部 ϕ42mm 长 4300mm 超前小导管注浆	喷混凝土 300mm 锚杆 ϕ20mm 长 3000mm 间排距 1000×750mm 钢筋网 ϕ6mm×8mm 格栅钢架 1 榀/0.5m	混凝土厚 300mm

(二)对超小间距隧道关键问题的体会

根据本工程隧道施工的量测结果和其他类似工程资料,超小间距隧道客观存在偏压和两条隧道先后开挖引起地表沉降的群洞效应。对偏压的量值、变化过程及其影响因素的认识是设计与施工需要预先考虑的,偏压对隧道结构的长期影响也需考虑。另外,对地表沉降的量值和过程也应预先估计,并采取针对性的控制措施。两隧道之间 T 形土体是围岩变形集中区域,对其介质、受力和变形特点进行分析,有助于采取合理的加固措施。解决这些难点成为应用超小间距隧道工法的技术关键,也是超小间距隧道设计和施工必须重视的问题。

1. 偏压

1)围岩应力

围岩应力能够直接反映超小间距隧道开挖过程中的偏压。围岩应力的断面分布反映了偏压的形态,围岩应力的量值反映了偏压的程度,围岩应力的变化过程则反映了偏压的变化过程。

(1)最大围岩应力出现的位置

最大围岩应力一般出现在左侧拱腰或右侧帮脚。如图 8-32 所示是左线(先掘)隧道围岩应力典型断面图,可见,最大围岩应力一般出现在左侧拱腰或右侧帮脚;相对来讲,右侧拱腰围岩应力明显小于左侧拱腰,左侧帮脚围岩应力明显小于右侧帮脚。

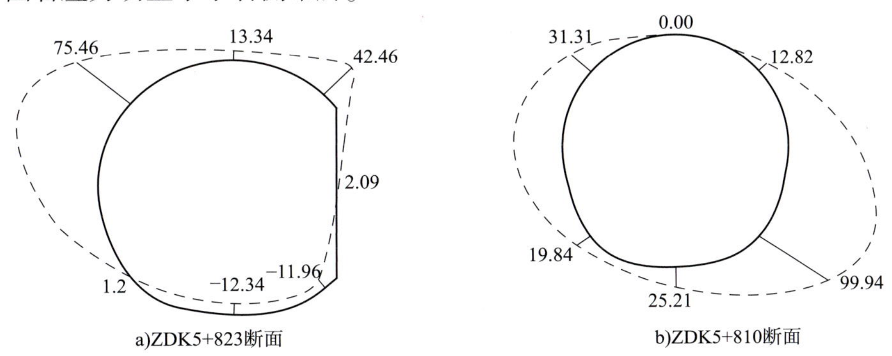

图 8-32　左线(先掘)隧道围岩应力典型断面图(单位:kPa)

(2)围岩应力的断面分布

表 8-4 为左线隧道围岩应力分布形态比较,ZDK5+823 和 ZDK5+810 断面的偏压主要是由于后掘的右线隧道开挖引起的,而 ZDK5+801 断面在右线隧道开挖影响前就产生严重偏压。因此,格栅钢架与围岩的接触状态对围岩应力和格栅钢架应力均有重要影响(见表 8-5)。类似 ZDK5+801 断面围岩应力的分布形式应避免出现。

左线隧道围岩应力分布形态比较

表 8-4

断面型号里程	偏压分类与特征		偏压系数	
	分类	特征与过程	拱腰	帮脚
P 断面 ZDK5 +823	一般	后掘隧道开挖对偏压影响显著,偏压变化过程与开挖关系密切	2.74	7.31
Q 断面 ZDK5 +810	一般	后掘隧道开挖对偏压影响显著,偏压变化过程与开挖关系密切	4.23	5.04
R 断面 ZDK5 +801	严重异常	后掘隧道开挖对偏压影响不大,偏压变化过程与开挖关系不大	71	1.92

左线隧道围岩应力与格栅钢架内力特征

表 8-5

断面型号及里程	围岩应力	格栅钢架内力	
	最大压应力(MPa)	最大压力(kN)	最大拉力(kN)
P 断面 ZDK5 +823	0.0774	-27.83	14.70 37.51(短时)
Q 断面 ZDK5 +810	0.0999	-17.00	12.30
R 断面 ZDK5 +801	0.5339	-39.86	17.10

从三个监测断面的围岩应力分布和变化可知,钢架与围岩的接触状态对围岩应力和格栅钢架内力均有重要影响。

2)量值

监测结果发现,围岩应力有时出现短时的剧烈变化,这种剧烈变化的产生原因可能是后掘隧道开挖引起,也可能是施工中的工序转换或者左、右线格栅钢架的连接工序引起。这种剧烈变化要求围岩和初期支护具有足够的承载能力。这种围岩应力的剧烈变化不是压力盒故障,而是围岩应力的真实反映,因为格栅钢架的内力与此围岩应力对应关系良好。

3)变化过程——后掘隧道对先掘隧道围岩应力的影响有超前和滞后现象

格栅钢架内力变化反映了围岩应力变化过程。

围岩应力直接作用在格栅钢架上,先掘隧道受后掘隧道开挖影响,围岩应力的变化会引起格栅钢架应力的变化,其特征表现为以下三点:

(1)围岩应力增长幅度大,格栅钢架变化过程剧烈,如 ZDK5 +810 断面;围岩应力增长幅度小,格栅钢架变化平稳,如 ZDK5 +823 断面。

(2)三个观测断面中,围岩应力最大时,对应的格栅钢架内力也最大。

(3)围岩应力短时剧烈变化在格栅钢架内力变化上都有对应反映。

初期支护的偏压受力状态会转嫁到二次衬砌上,二次衬砌一般按非偏压受力进行设计。因此,偏压也对二次衬砌提出更高要求。为使二次衬砌具有足够的承载能力和强度储备,保证初期支护与围岩之间、二次衬砌和初期支护之间,特别是 T 形土体区域和二次衬砌混凝土浇筑后拱顶处的密实无空洞是十分重要的。

2. 地表沉降

超小间距隧道两条隧道先后开挖,会引起地表沉降的群洞效应。分析地表沉降组成和地表沉降过程及其特征,可深化对地表沉降问题的认识。

1)地表沉降的组成

根据成因不同,地表沉降可分为两部分,其一是上覆地层的整体下沉,这部分相当于隧道拱顶下沉;其二是上覆地层的压缩变形。

表 8-6 为各观测断面地表沉降与拱顶下沉量,可见,由于超小间距隧道支护刚度和强度大,拱顶下沉量差别不大。因此,地表沉降量差别大主要是由于上覆地层的压缩变形不同造成的,这部分变形往往成为地表沉降的主要部分。

地表沉降与拱顶下沉统计 表 8-6

量测断面里程	地表沉降最大值		拱顶下沉量(mm)
	平面位置	数值(mm)	
ZDK5 +856	左线隧道中线	78	
ZDK5 +840	左线隧道中线	23	13.75
ZDK5 +820	左线隧道中线	22.5	13.53
ZDK5 +810	左线隧道中线	33	17.56
ZDK5 +800	左线隧道中线	30.5	10.74
ZDK5 +770	左线隧道中线	11	9.46

上覆地层的压缩变形与土层失水引起的固结沉降密切相关,这部分变形应作为地表沉降控制的重点,施工中通过控制地下水位的剧烈变化等途径来实现。

2)地表沉降过程

受左、右线上、下台阶开挖的影响,地表沉降具有显著的阶段性。如图 8-33 所示为 ZDK5 +856 地表沉降过程与速率曲线,如图 8-34 所示为 ZDK5 +820 地表沉降过程与速率曲线。ZDK5 +820 地表沉降过程曲线与 ZDK5 +856 地表沉降过程曲线表明,各阶段地表沉降速率也有显著差别。如表 8-7 所示,将沉降过程划分为 4 个阶段,阶段Ⅰ、Ⅱ、Ⅲ、Ⅳ各阶段沉降占总沉降量的比例约为 30%、30%、20%、20%。

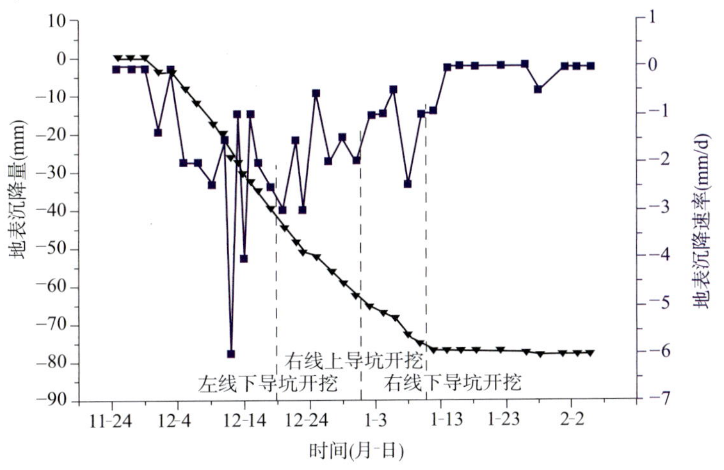

图 8-33 ZDK5 +856 地表沉降过程与速率曲线

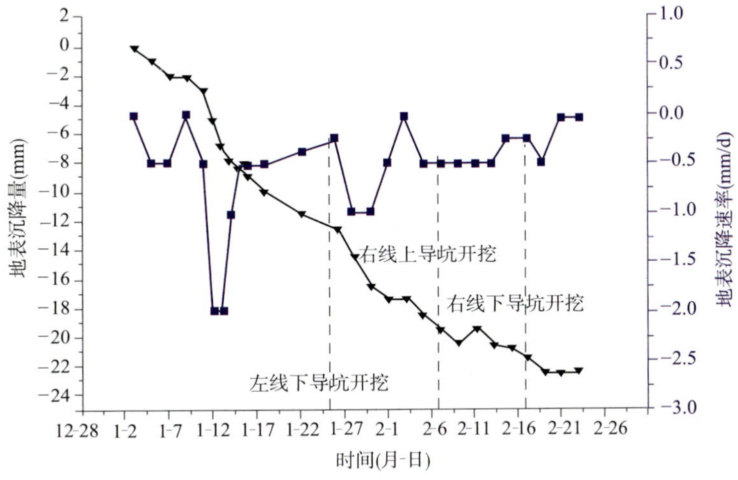

图 8-34 ZDK5 +820 地表沉降过程与速率曲线

可见，后掘的右线隧道开挖引起先掘的左线隧道的地表沉降约为地表沉降总量的30%～40%，这就是超小间距隧道地表沉降量大的原因，也是超小间距隧道地表沉降超出单条隧道地表沉降的部分。

3）存在的问题

由表8-7可知，施工中地表沉降量过大。在6条地表沉降测线中，有3条最大沉降量超过30mm，其中最大值达78mm。城市地表建筑物众多，过大的沉降威胁地面建筑物安全。该段隧道临近南方信托大厦基础施工扰动区域，在扰动过的土层下先后开挖两条超小间距隧道，势必引起地表沉降量过大。

典型断面地表沉降分阶段特征　　表8-7

量测断面	总沉降量（mm）	左线上导坑开挖到量测断面（阶段Ⅰ）时的沉降			左线下导坑开挖到量测断面（阶段Ⅱ）时的沉降			右线上导坑开挖到量测断面（阶段Ⅲ）时的沉降			右线下导坑开挖到量测断面（阶段Ⅳ）时的沉降		
		量值（mm）	占总沉降比例	最大沉降速率（mm/d）	量值（mm）	占总沉降比例	最大沉降速率（mm/d）	量值（mm）	占总沉降比例	最大沉降速率（mm/d）	量值（mm）	占总沉降比例	最大沉降速率（mm/d）
ZDK5+876	66							53	80.3%		60	90.9%	
ZDK5+856	78	27	34.6%	6	45	57.7%	3	65	83.3%	2.5	77	98.7%	0.5
ZDK5+820	22.5	5	22.2%	2	13.5	60%	1	18.5	82.2%	0.5	21	93.3%	0.5

3. T形土体稳定

1）介质与形状特点

本超小（小）间距隧道两隧道间T形土体上部为填土和粉质黏土，Ⅵ级围岩；下部为风化岩层，Ⅳ～Ⅴ级围岩。T形土体有上软下硬的特点。

超小间距隧道两隧道间T形土体断面呈上宽下窄的结构形式。两隧道边墙之间土体宽度小于0.5m时，施工中难于保持自身稳定，在多道工序扰动情况下易坍塌破坏，从而导致T形土体下部失去支撑，恶化隧道围岩和支护的整体受力状态。

2）受力特点

首先，偏压是超小间距隧道施工的主要特点，这对T形土体的影响尤甚。其次，左、右线上、下台阶开挖过程中，应力多次转移和重新分布，造成T形土体内应力剧烈变化，出现复杂和不利的（剪应力甚至拉应力）受力状态，实测中T形土体内就出现过拉应力状态。

3）变形特点

如图8-35所示，在间距超小情况下，两隧道的变形破坏区会在T形土体内连为一体，许多试验和数值模拟研究结果都验证了这一结论。

T形土体是超小间距隧道围岩变形量最大、变形集中区域，如图8-36所示。

T形土体易松弛，与支护接触不密贴，在异常受力状态下会发生过大变形。

图8-35　典型隧道垂向位移场图

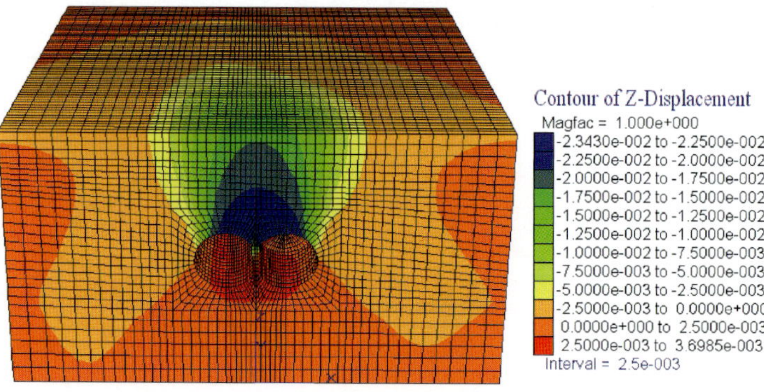

图8-36　超小间距隧道开挖垂向位移场俯视图

第五节　先盾构通过后矿山法扩挖施工技术

一、先隧后站法概述

城市轨道交通建设常规的施工程序是先建车站，达到盾构施工要求的条件后，利用车站结构作为盾构施工作业场地，进行盾构施工，待盾构段施工完毕后封闭车站主体。此程序能够有效减少重复工作量，降低工程成本，易于车站与隧道工程的接口施工。但其中任何一个车站不能如期动工或不满足盾构作业条件都可能制约全线工程目标工期的实现。先隧后站法的基本思路是盾构施工先行通过，后施作车站主体结构，以减缓整个工程或局部工程的工期压力，缩短工程的建设周期。扩挖车站的方法有矿山法、明挖法等。

前苏联列宁格勒轨道交通工程首次采用区间隧道通过后再扩挖车站的施工方法，其后日本、英国、美国等轨道交通工程也先后采用类似工法。近年来，国内城市轨道交通建设者尝试在区间隧道以盾构法施工为主体的轨道交通工程中，直接采用盾构法或在盾构法的基础上扩建车站，充分发挥盾构法良好的防渗漏性、施工安全快速、与埋深条件无关、对周围环境影响小等优点，使盾构法在城市轨道交通工程中得到大规模应用，达到提高工程建设质量、缩短建设周期及从总体上较大幅度降低工程造价的目的。明挖车站采用先隧后站法在国内首次应用于广州市轨道交通五号线五羊邨站，暗挖车站采用先隧后站法首次应用广州市轨道交通六号线东山口站。

二、施工形式

1. 托梁法

此法是直接在两条单线区间盾构隧道的基础上扩挖形成车站，多用于单层岛式站台，且单线区间盾构隧道的建筑界限还应满足车站的使用要求。

2. 半盾构法

与托梁法基本一样，多用于单层岛式站台，也是用两台盾构机并行施工修建两条单线区间隧道，而后修建两侧立柱，再利用半盾构法修筑车站顶部结构，最后进行管片的拆除和下部土体的开挖并施作下部结构。

3. 结合矿山法

在盾构法的基础上结合矿山法修建车站，即在两盾构隧道中间破除部分管片，开挖导洞，然后施工底板、开挖并施工柱和顶板，最后施工顶板形成车站。

4. 管棚法

在两条盾构隧道上方施工弧形管棚，在管棚支护作用下进行下部管片的拆除和开挖。

5. 采用固定式或分离式连体盾构机

根据断面的形状设计专用的盾构机或切割刀盘，日本在这方面研究较为成熟并已应用到工程实际。

6. 扩径盾构法

扩径盾构法是在原有盾构隧道上的部分区间修建能够设置扩径盾构机的空间作为其出发基地，然后进行直径扩展形成断面。

三、管片拆除及扩挖方案

1. 管片拆除

第一、二环管片采用直接破除的方法，然后把临时支架推入盾构管片内，在后续拆除工作中，临时支架既是工作平台，又对管片内部进行支撑加固，防止意外的发生。先拆除上部K管片，支架到达预定位置后，操作工人拆除待拆除管片的连接螺栓，用挖掘机吊出；然后，上部剩余管片（B、C块）利用临时支架的手动葫芦进行拉松，由上部吊出；最后，在支架保护下松开下部A1、A2、A3管片的连接螺栓，向前顶推临时支架到达下一管片位置，利用挖机拆除剩余管片。

2. 扩挖措施

考虑到站台隧道面积与盾构管片的相对位置，一般采用三台阶法进行扩挖。上台阶为管片以上部位，中台阶为整个管片高度，下台阶为管片至隧道底之间的部位。台阶长度宜短，一般控制在3m左右，方便初期支护快速成环，及时进行背后注浆，控制地表沉降。

四、辅助措施

1. 盾构推进方式及管片拼缝调整

为保证扩挖时管片拆除速度，盾构机进入暗挖站台隧道后开始有计划偏离线路中线，每米偏离4～6cm，偏离60cm后维持不变，在接近端头30m处开始回归中线拼装。为便于后续管片拆除，管片采用通缝拼装，同时在顶部多设注浆孔，盾构机通过后即对暗挖站台范围以及两端外侧各20环管片进行补充注浆，确保管片注浆饱满并加强站台隧道开挖过程的防水。

2. 隧道加固措施

由于盾构管片的存在，在扩挖时无法采用CD法、CRD法施工，只能采用台阶法扩挖。盾构推进及隧道扩挖过程中会多次扰动地层，为确保隧道扩挖及地面建筑物的安全，一般应采取加固措施。通常采用大管棚超前支护结合袖阀管注浆加固措施，可以明显控制拱顶沉降，对地表及建筑物沉降也可以有效控制。

3. 变形及沉降监测措施

为准确掌握在盾构推进及扩挖过程中建筑物及隧道的安全状态，必须进行地表、建筑物、地下水位、洞内围岩收敛、变形及爆破振速的监测工作，通过对监测数据的分析、整理、反馈动态调整施工方法。

五、工程实例

六号线东山口站位于广州市越秀区署前路下，车站呈南北走向，包括暗挖站台和明挖站厅两大部分，其中左线暗挖站台全长约91m。左线隧道正上方为20世纪60年代修建的6层省二轻综合楼，该楼采用框架结构，基础为锤击灌注桩。

左线暗挖站台原设计为盾构过站，后受前期征借地及管线迁改工作滞后的影响，无法满足盾构如期过站的需要。为确保六号线总体工程策划，规避盾构机在车站前长期停机带来的巨大工程风险及经济损失，采取盾构机先行通过后破除盾构区间管片扩挖成站台的方案。

东山口站下伏基岩为白垩系上统大塱山组三元里段地层，岩性为杂色砾岩夹暗紫红色粉细砂岩，砾岩与粉细砂岩互层。上覆土层为第四系冲积—洪积土层、砂层及残积土层。地层自上而下主要包括人工填土层、海陆交互相沉积层、冲积—洪积砂层、冲积—洪积土层、河湖相淤泥质土层、残积土层、岩石全风化带、岩石强风化带、岩石微风化带。

该地区地下水水位埋藏较浅，稳定水位埋深为1.87～5.20m，平均埋深为3.74m。地下水位的变化与地下水的赋存、补给及排泄关系密切，每年5～10月为雨季，大气降雨充沛，水位会明显上升，而在冬季因降水减少，地下水位随之下降，年变化幅度为2.5～3.0m。地下水按赋存方式分为第四系松散岩类孔隙水和基岩风化裂隙水。

（一）设计及施工方案

六号线东山口站位于城市繁华地带，该站左线隧道上方存在一座采用摩擦桩基础的6层省二轻综合楼，扩挖方案主要包括省二轻综合楼保护方案和隧道扩挖方案两大部分。

1. 省二轻综合楼保护方案

（1）在左线隧道施工前，其相邻的右线隧道、中间横通道及左右线的联络通道大部分均已实施完成。根据之前相邻隧道的实施对省二轻综合楼的影响、沉降监测资料及开挖暴露岩层的具体情况，结合勘察资料得出如下判断：

①隧道埋深地质条件总体由北向南逐渐变差，由隧顶全部在中风化岩层中逐渐改变为隧顶 1.5m 范围内有全风化岩层。岩层主要为泥质粉砂岩，局部存在砂砾岩，岩层节理发育健全。

②根据相邻隧道开挖对省二轻综合楼造成沉降情况的分析得知地层失水后，综合楼摩擦桩周地层固结沉降以及隧道开挖过程的围岩变形是主要因素。

（2）基于上述两点，研究制订了相应的建筑物保护方案，即用大管棚结合袖阀管注浆加固地层（见图 8-37）。方案主要包括大管棚及三排袖阀管。大管棚起棚护作用，抑制围岩变形；袖阀管封闭围岩节理，抑制地下水渗漏，加固软弱土层并抬升摩擦桩基。具体方案如下：

①管棚采用直径 108mm、壁厚 5mm 热轧无缝钢管。管棚沿隧道拱顶环向 150°，开挖轮廓线外放 300mm 布置，环向间距为 450mm。单根长度为 70m，为确保精度采取两端向中间打设方式施工，搭接长度为 5m。

②两排袖阀管沿隧道拱顶环向 150° 梅花形布置。第一排沿开挖轮廓线外放 1300mm，环向间距为 1091mm。第二排沿开挖轮廓线外放 2.5m，环向间距为 1306mm。单根长度为 70m，采取单向一次钻进。

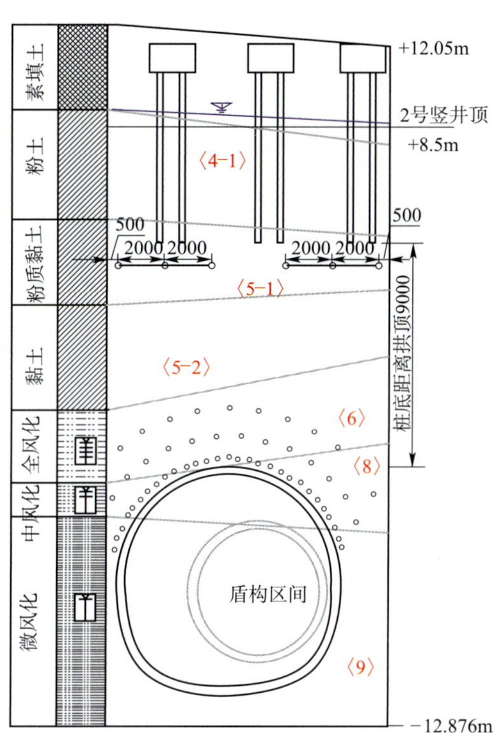

图 8-37 大管棚、袖阀管布置示意图（尺寸单位：mm）

③一排袖阀管位于省二轻综合楼桩底以下 1m，直线排列布置（主要是加固综合楼桩基底所在〈5-1〉地层，同时对桩基抬升有一定效果）。袖阀管管间距为 2m，单根长度为 60m，采取单向一次钻进。具体见图 8-37。

2. 隧道扩挖方案

隧道扩挖的总体方案是以左线隧道正上方的 2 号竖井为起始作业面，破除 2 号竖井内的盾构管片后向竖井两侧方向，分两个作业面同时进行剩余管片破除及隧道扩挖。扩挖采用台阶法施工，开挖方式为爆破开挖。具体施工方案如下：

1）井内管片破除及修筑后续管片拆除平台

由于竖井段盾构区间是在竖井回填后才实施的，考虑管片初始破除的安全及可实施性，在竖井内开始盾构管片破除施工（见图 8-38）。破除管片的方式是采用炮机直接破除盾构区间顶部的楔形块，然后通过该缺口往盾构区间内充填砂土，构筑管片拆除的平台（见图 8-39），靠回填砂土反压区间管片，维持盾构区间在管片破除期间的稳定性，确保盾构管片拆除施工的安全。

2）后续管片拆除及隧道扩挖

形成管片拆除平台后，向竖井南北两侧配合隧道扩挖分台阶进行盾构管片的破除。如图 8-40 所示为管片拆除及开挖示意图。

（1）各台阶、分部的划分及施工要点

开挖台阶的划分是本次扩挖施工的重点，上台阶的划分首先是考虑到隧道拱顶成型是整个隧道开挖初期支护施工的最大风险及关键所在，上台阶初期支护应尽快成型。在满足锁脚锚杆、隔栅架设等人工操作空间的前提下尽可能地减少上台阶的高度；由于中台阶的工程量比较大且分左右分部进行开挖，上台阶初期支护需在一段时间靠自身拱脚保持稳定，应根据勘察资料及相邻隧道开挖暴露的具体地质情况，尽量保证上台阶的拱脚落在中风化、微风化等稳固岩层上，最大限度减少拱顶沉降，保证拱顶的安全稳定。再次是结合盾构管片拆除，台阶分界尽量设在管片的分缝位置，以利于对管片进行拆除。如图8-41所示为隧道开挖台阶示意图。

图8-38　竖井内管片初始破除

图8-39　堆砌管片拆除平台

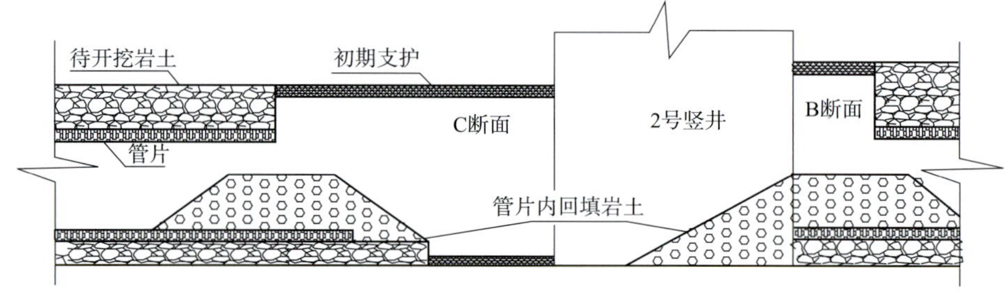

图8-40　管片拆除及开挖示意图

上台阶拱脚虽基本位于中风化层，但高度小，洞型较扁，不利于保持长期稳定，中台阶须较快跟进。同时考虑避免上台阶拱脚同时悬空以及拆除中台阶位置盾构管片后上台阶右侧拱脚下方围岩削弱较大，分左右侧开挖衬砌，待右侧进尺6m后再进行左侧的开挖衬砌，这样可以减少单次开挖的工作量，有利于中台阶及时跟进，保证上台阶成型初期支护的稳定。

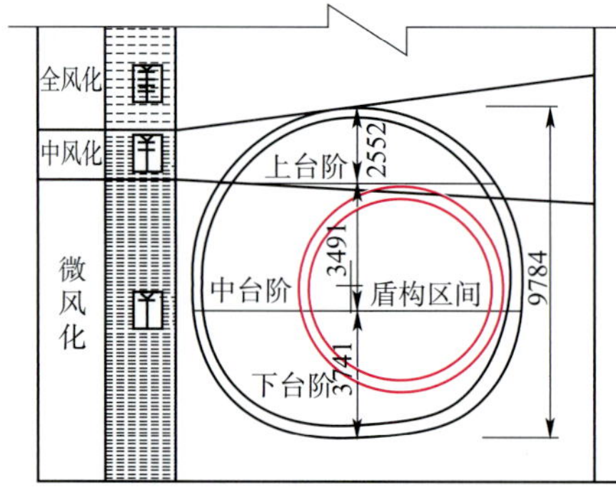

图8-41　隧道开挖台阶示意图(尺寸单位：mm)

中台阶全部位于中风化、微风化岩层，稳定性较好。中台阶施工完，隧道虽未完全封闭成环但亦相对稳定，剩余部分作为下台阶一次爆破开挖。考虑下台阶施工时须破坏隧道内施工便道且出渣量大(包括上台阶、中台阶部分渣土)对其余两个台阶的施工影响较大，宜采取次少量大(即上、中台阶循环进尺几次，下台阶才循环进尺一次，进尺长度相应放大)的方式进行施工。

(2)主要施工工序

隧道分三个台阶进行爆破开挖。上台阶开挖6~9m进行中台阶开挖；中台阶开挖分左右两部，左侧部分开挖6m后再进行右侧部分开挖。中台阶范围内的管片采取先拆除管片连接螺栓，然后炮机配合挖掘机松动，视情况采取局部爆破的方式进行拆除。下台阶通过挖土机直接拆除剩余管片后，对仰拱岩层进行爆破清底。

(二)方案的实施

2008年11月15日~2009年1月10日不到三个月的时间，完成东山口站左线站台91m的隧道扩挖施工，开挖期间省二轻综合楼最大沉降点累计沉降不到3cm，隧道拱顶最大沉降累计不到1.5cm，整个盾构区间扩挖施工取得圆满成功。

在施工中经过不断对方案进行优化及总结得出以下几点经验：

(1)隧顶袖阀管注浆对岩层节理的封闭效果明显，在左线扩挖过程中，岩层渗水量比相邻隧道小，隧道成型后总体渗水量小于20m³/d。

(2)大管棚在拱顶为中风化岩层的地段作用不显著，甚至由于对岩层起到切割作用而导致爆破超挖现象明显；对拱顶在全风化、强风化岩层中的情况能起到很好的棚护作用，为隧道开挖安全及进度提供保障。

(3)对省二轻综合楼桩底地层布设袖阀管的桩基抬升作用初期有一定效果，后期因多次注浆，管周地层经多次加固后吃浆量大幅减少，抬升作用不明显。

(4)利用开挖渣土回填盾构隧道，构筑管片拆除平台方案经济合理。整个扩挖过程中没有发生管片失稳垮塌现象，同时由于减少了上、中台阶出渣时间，加快了隧道开挖衬砌的速度。

(5)贯穿开挖过程中的初期支护背后反复注浆对隧道的防水效果起到重要的作用。反复注浆后隧道渗水比开挖衬砌初期有明显地减少。

(6)合理的台阶划分对隧道开挖、管片拆除的顺利实施起关键作用。同时充分利用盾构区间作为爆破临空面，自管片向外依次采用微差爆破的爆破方案很大程度减少了爆破开挖对地层及地面建筑物的影响。

东山口左线盾构区间扩挖成车站站台施工的成功实施，为在城市修建轨道交通提供了新的思路，为解决盾构区间施工与车站施工矛盾、增加盾构长距离应用提供了新的方向。

第六节　上下重叠隧道施工技术

一、重叠隧道概况与分类

在城市轨道交通的规划和施工过程中，将不可避免地要穿越繁华闹市区，而这些闹市区往往都是老街区，建筑物密集，地下管线纵横，轨道交通从密集建筑物间通过时往往很难采用双洞平行方案，只能采用重叠隧道方案。重叠隧道所占用的地下空间减少约55%，穿越建(构)筑物桩基几率将会大大减少，选线自由度更大，影响范围减小。

目前世界上所建设的隧道主要为分离式隧道、联拱式隧道和小净距隧道，且一般为直墙式或曲墙式单层隧道，而重叠隧道较为少见，采用矿山法施工的重叠隧道就更少。日本有采用矿山法修建单洞双层重叠隧道，采用矩形盾构机修筑双层重叠隧道的实例。此外，俄罗斯有采用盾构法修建双洞双层八车道隧道的实例。巴塞罗那最长的轨道交通9号线也是采用盾构法施工的双层隧道。在国内，上海复兴东路双层隧道是我国第一条采用盾构法施工修建的单洞双层隧道，深圳轨道交通一号线罗大段工程首先采用暗挖法施工大规模重叠隧道，广州市轨道交通三、五、八号线工程中也广泛应用重叠隧道。

重叠隧道形式多样，但主要分为两类，即单洞双层隧道和双洞重叠隧道，如图8-42所示。与双洞重叠隧道相比，单洞双层结构最简单、相互干扰小、施工进度快。

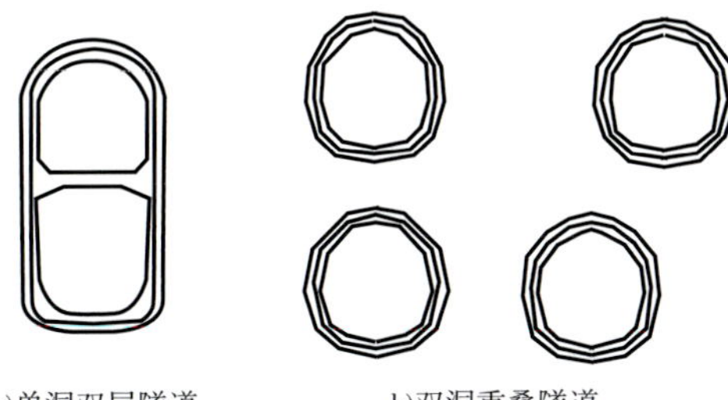

图8-42　重叠隧道

二、重叠隧道的相互影响

1.施工阶段

两条隧道只可能是一前一后或者是同时施工，同时施工对土体的扰动非常大，而且可能造成两条隧道轴线偏离;采用一前一后进行施工,后施工的隧道必将对已建成的隧道产生影响。

2. 运营阶段

相对于非重叠相邻隧道来讲,由于上下隧道间的最小净距一般较小,列车行驶的动荷载所产生的附加应力对相邻隧道会产生较大影响。

三、单洞双层隧道特点

(1)单洞双层隧道对围岩影响深度要大于分离式隧道,在拱脚的应力集中程度要大于分离式隧道,在拱顶的应力松弛区要小于分离式隧道,在洞底的应力松弛区范围要略大于分离式隧道。

(2)单洞双层隧道由于边墙较高,水平位移明显大于分离式隧道。边墙部位水平位移大,应力松弛显著,是其薄弱部位,因此在开挖过程中要增加临时支护,防止水平变形过大。

(3)单洞双层隧道开挖高度较大,施工工序多,开挖和支护相互交错,对围岩的扰动比较大,应力变化复杂,尤其是边墙的受力状况。

(4)单洞双层隧道与双洞重叠隧道的施工技术有着较大的区别,前者为双洞重合为一,可按单洞来考虑,不考虑相互影响,只是边墙的受力要加强支撑而已。而双洞重叠隧道只是两个接近的隧道,其相互影响程度是首要考虑的因素。

(5)单洞双层隧道的施工重点在于如何形成有序循环的工作面、减少各开挖面施工的相互干扰以及临时支撑对各层间施工的相互干扰等方面。其二次衬砌的施工是一个难点,涉及支撑轴力的相互转换以及衬砌台车的选型与组装等问题。

四、双洞重叠隧道施工关键问题

双洞重叠隧道施工的核心问题是近接的两个隧道在施工中相互影响,对围岩的扰动相互叠加,因此施工中的每一道工序都是围绕着如何减小相互影响,确保施工过程中两洞自身的安全和周围环境的稳定而进行的。要达到这些目的,就必须解决以下几个难题。

1. 先修上洞还是先修下洞

根据受力分析,新建隧道在既有隧道上方时,既有隧道会向上发生拉伸变形和位移,在非常接近时,会损伤既有隧道的拱作用,从而使既有隧道的衬砌荷载加大。反之,新建隧道在既有隧道的下方时,既有隧道会发生下沉,在非常接近时,会使既有隧道产生不均匀下沉,有可能发生隧道的变形。目前对于既有隧道的拉伸变形可以通过预先加强衬砌和施工时预加固等措施处理,而对于既有隧道的下沉处理是很困难的。

城市轨道交通工程的暗挖区间覆盖层均很小,相比来说,下洞施工时的覆盖层相对大一些,安全保障性也强些。从上洞的出渣和进料方面考虑,如果先修建下洞,将各种管线等一次布置到位,在上洞位置处预留接口,以后上洞施工时布置很方便。若先修上洞,待施工一段长度后再施工下洞时,上洞洞口就会变成一个悬空面,出渣进料必须重新规划,整个上洞的工序也会变成停滞状态。因此,双洞重叠隧道一般采取先施工下洞方案。

2. 上、下两洞掌子面应拉开多长的距离

上、下两洞的工作面应拉开一定的距离,把重叠隧道尽量简化为单洞施工。这个距离与隧道的埋深、围岩情况、地下水流失的情况以及上、下两洞的工作空间都有很大关系。在采取先施工下洞方案时,一般应保证上洞施工前此段下洞的二次衬砌已做完,并达到设计强度。

3. 上洞开挖时对下洞既有结构造成的影响

在下洞先行施工后,上洞再施工时将产生以下影响:

(1)在非常近接情况下,两洞间围岩的稳定受到影响;

(2)当两洞间距加大时,其相互位置关系也从正上方偏移到侧上方,两洞将受到偏压的影响;

(3)施工上洞仰拱若需爆破时,下洞中已完成的二次衬砌会受到爆破振动的影响。

4. 采用何种加固措施控制两洞间的围岩变形

上下洞隧道施工都会对两洞间所夹岩土体产生扰动;而运营阶段,上洞列车的振动也会对上下洞间所夹岩土体产生扰动,进而影响到上下洞隧道的变形和稳定性。为了增强上下隧道间岩土体的抗压、抗剪能力,对上下洞间所夹岩土体应进行加固处理,以保证重叠隧道的施工安全及后期的运营安全。

5. 如何减少两洞开挖对地面沉降的叠加影响

控制重叠隧道施工沉降的重点是加强下洞的初期支护,减少洞内失水,上洞快速支护封闭成环,必要时及早安排二次衬砌。

五、工程实例

实例1:五号线动物园站单洞重叠隧道施工技术

(一)工程概况

五号线动物园站位于广州市环市东路与梅东路文叉路口,环市东路动物园南门前广场,西接区庄站,东接杨箕站,车站总长129.3m,总建筑面积为18305.26m^2。车站主体工程包括暗挖站台隧道和明挖站厅。暗挖隧道左右线叠加布置为一单洞隧道,左线在上,右线在下,共四种断面形式,标准断面开挖跨度为11.2m,开挖高度17.905m。断面主要尺寸见表8-8。隧道设计采用CRD法,分8部开挖施工,初期支护采用350mm厚C25P6喷射混凝土,内设双层钢筋网和格栅钢架(纵向间距500mm)。拱部采用ϕ108mm大管棚和ϕ42mm小导管超前注浆加固。拱部径向采用ϕ42mm锚管、边墙径向采用ϕ22mm砂浆锚杆加强。大断面浅埋暗挖单洞重叠隧道国内尚属罕见。如图8-43所示为暗挖站台隧道标准断面图,如图8-44所示为暗挖隧道平面布置图。

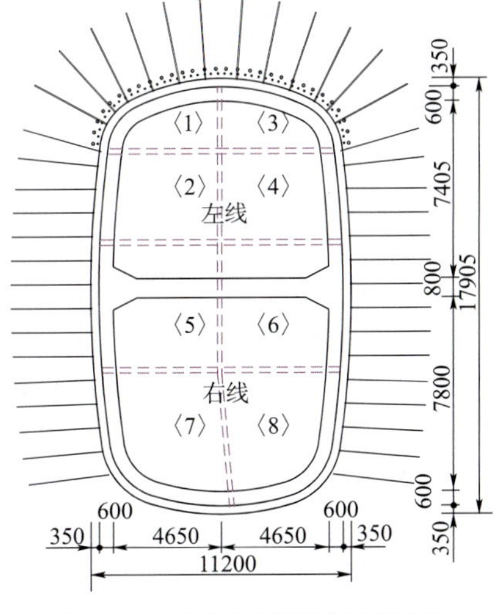

图8-43 暗挖站台隧道标准断面图(尺寸单位:mm)

本工程地质上软下硬。隧道顶部主要为塑状残积土粉质黏土,泡水软化强度降低,下部主要为全风化、强风化、中等风化和微风化岩石,均具有受水软化后强度降低和露空时间长加速裂隙发育甚至崩解的特点,地下基岩裂隙水发育。

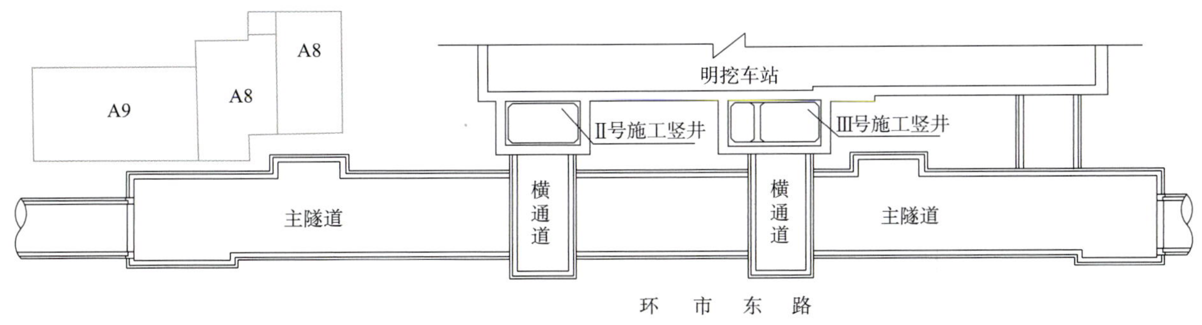

图8-44 暗挖隧道平面布置图

暗挖隧道参数 表 8-8

工程部位	断面类型	开挖长度(m)	开挖跨度(m)	开挖高度(m)	初期支护厚度(cm)	二次衬砌厚度(cm)
暗挖横通道	7-7	15.7	9.2	21.74	350	600
暗挖主隧道	6-6	57.2	11.2	17.905	350	600
	6a-6a	21.4	13.4	18.105	350	700
	8-8	32.3	12.726	18.652	350	650

(二)施工重点及难点

(1)隧道埋深浅,开挖高度高、跨度大,且地层岩性上软下硬,开挖施工沉降控制难度大。

(2)工序转换频繁,由竖井转横通道、横通道转正洞的转换施工是一个受力复杂的转化体系,是本工程施工的控制难点。

(3)隧道临时支撑复杂。确定分区,破除支护,加强监测,完成二次衬砌施工,是确保施工和结构安全的技术关键。

(4)隧道位于环市东路下面,交通挤忙,且周边建筑物较多,控制隧道施工的地表沉降、保证周边建筑物的安全是本工程的施工技术难点之一。

(三)隧道开挖施工方案

按新奥法原则,结合工程所处的特殊周边环境及地质、水文条件,有针对性地采取可靠的技术措施以控制地下水流失和地层变形。

1. 竖井转横通道、横通道转主隧道施工

竖井转横通道、横通道转主隧道施工均存在破除原有支护体系建立新的受力体系的转换过程,施工中均设置马头门。竖井转横通道施工工序如图 8-45 所示,横通道转主隧道施工工序如图 8-46 所示。为确保施工安全,在施工中采取如下措施。

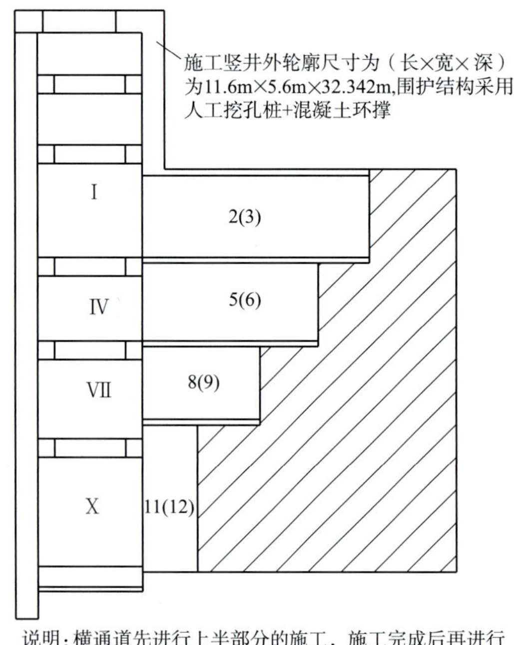

图 8-45 竖井转换横通道施工工序图

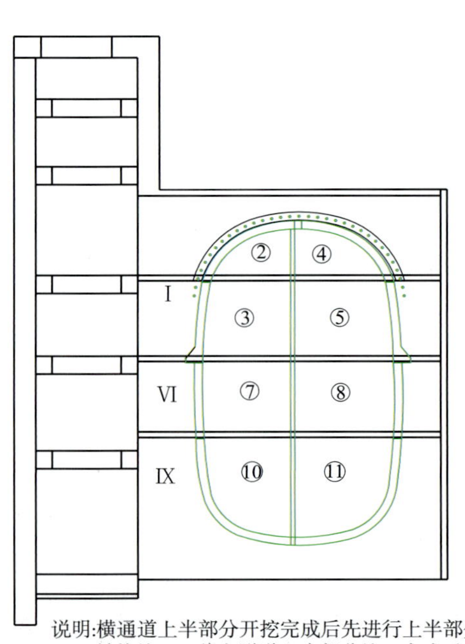

图 8-46 横通道转主隧道施工工序图

1)结构加强处理

竖井转横通道马头门采用加密格栅,破除竖井围护桩时预留钢筋,横通道格栅与桩预留钢筋焊接牢固,保证结构受力安全。

横通道转主隧道马头门均采用暗梁,横通道开挖时,在其与主隧道连接位置外扩600mm。格栅架立时,在外扩范围内设置弧形纵向连接筋并加密,喷射混凝土后形成第一道临时暗梁,尺寸为350mm×400mm。隧道管棚和小导管施工完成后,施工管棚连接梁,将单根管棚连接成整体,对隧道洞门进行加强,保证隧道洞门破除时结构安全稳定。测量拱部暗环梁的结构位置,保留横通道中隔壁、临时仰拱,在主隧道洞门处开槽,自上而下按CRD法施工450mm×500mm的加强环梁,与临时横撑连接形成封闭环,对洞门进行加强,保证结构安全可靠。

2)超前支护和预加固马头门围岩

竖井转横通道马头门:先破除横通道超前大管棚施工范围内围护桩,按设计和规范要求做好大管棚和小导管的施工,加固地层,保证破口安全。

横通道转主隧道马头门:在施工临时暗环梁时预埋超前管棚套管,破除横通道初期支护,前按设计和规范要求做好大管棚和小导管的施工,加固地层,保证破口安全。

3)开口施工化大为小,环形开挖,快速封闭

在横通道马头门破口时,按照台阶法要求的施工顺序,分块破口施工,分块掘进,并迅速破除开口部分初期支护,掘进3~4m后开始下一块破口施工。

主隧道马头门破口时,上部按CRD法进行施工,下部按台阶法施工,横通道两侧主隧道洞门按先后顺序分开进行施工,一侧主隧道进洞8~10m后,方可进行另一侧主隧道洞门的施工,以保证结构安全。

4)破口过程中加强监测,确保施工安全

2. 洞身开挖施工

隧道采用CRD法分8部进行开挖:首先进行①~④导洞施工,各导洞相互错开3m,①、③导洞采用人工手持风镐开挖,土方采用手推车运至②、④导洞,②、④导洞采用挖掘机开挖。①~④导洞开挖完成后进行⑤、⑥导洞的施工,采用微振动爆破技术开挖,挖掘机装渣、翻斗车运输;⑤、⑥导洞开挖完成后再进行⑦、⑧导洞的施工,方法同⑤、⑥导洞。

3. 主要施工工法

(1)超前管棚施工。本隧道超前支护采用ϕ108mm×8mm注浆管棚,环向间距为0.5m,外插角为1°,长度分别为22m和50m。

(2)ϕ42mm小导管超前注浆。超前小导管采用ϕ42mm无缝钢管,管长为3.5m,搭接1.0m,外插角为12°。喷5cm厚混凝土封闭掌子面,注浆顺序自下而上,采用水泥—水玻璃双液浆,注浆压力为0.5~1.2MPa。

(3)格栅钢架安设。暗挖隧道格栅钢架统一采用主筋为ϕ25mm的格栅钢架,每片格栅钢架节点及相邻格栅纵向必须分别连接牢固。

(4)暗挖隧道拱部采用系统注浆锚管,长为3.5m,间距为1.2m×1.2m,梅花形布置,注浆采用水泥—水玻璃双液浆。边墙部分采用ϕ22mm砂浆锚杆,长为3.5m,间距为1.0m×1.0m。

(5)喷射混凝土施工。隧道内喷混凝土分两次施工,第一次先初喷5cm,封闭开挖面,拱架安装后,侧向锚杆安设完毕后,再复喷至设计厚度。

(6)临时支撑架设。为确保重叠隧道开挖初期支护阶段侧墙的稳定,暗挖隧道共设置三道横向支撑,支撑采用I22b工字钢,支撑间设纵向连接筋和钢筋网,并喷25cm厚C25混凝土,起到临时横向支撑及临时仰拱作用;每道支撑均采用螺栓与格栅钢架上钢垫板连接,保证下台阶施工时初期支护受力良好,避免初期支护处于悬空状态,防止初期支护下沉过大。

为了验证上述施工措施的可行性,采用了有限元分析软件对开挖过程进行了仿真模拟,如图8-47所示是建立的分析模型,如图8-48所示是有限元分析模拟结果。

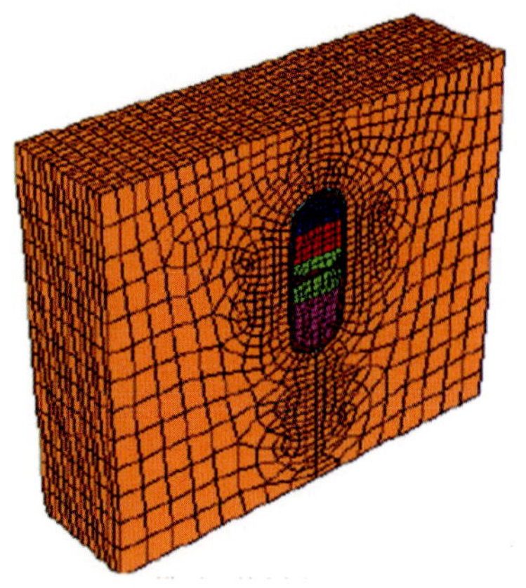

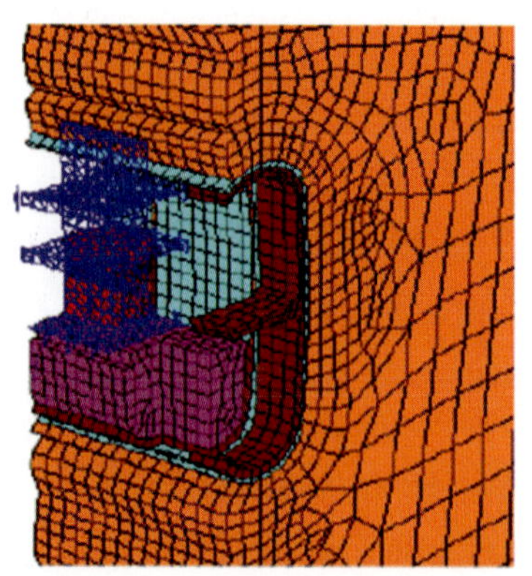

图 8-47　有限元分析模型

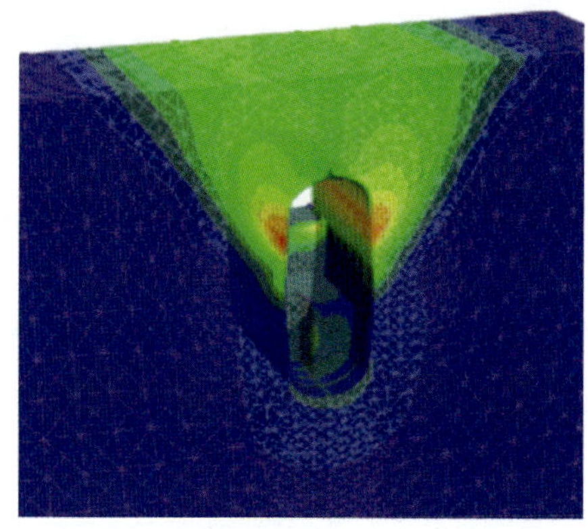

a)围岩变形分布

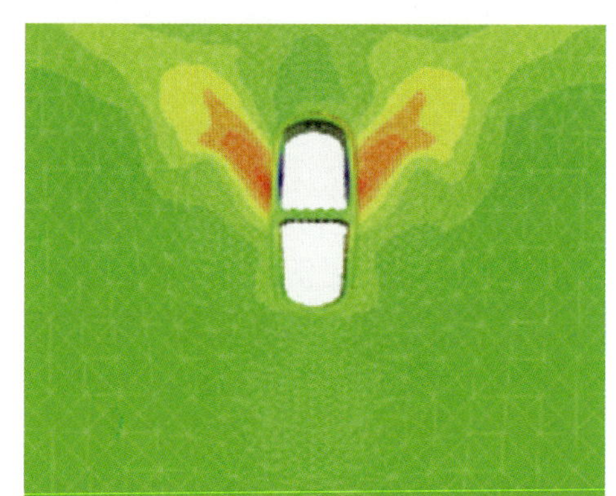

b)围岩应变分布

图 8-48　有限元分析模拟结果

(四)监控量测

1. 监测内容

根据隧道开挖施工特点和技术要求,监测主要内容包括周围建(构)筑物的沉降及倾斜观测,洞内拱顶下沉监测,洞内周边位移收敛监测,临时支撑沉降、变形监测,格栅钢筋应力监测,围岩压力监测。隧道内监测点布置如图 8-49 所示。

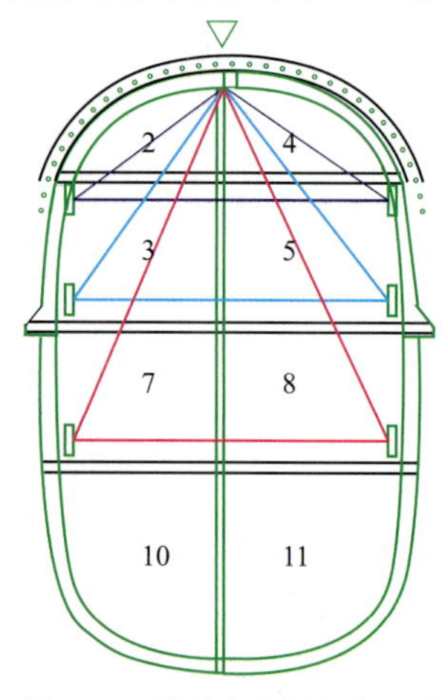

图 8-49　隧道内监测点布置图

2. 监测基准值

主要监测项目限值如下:地面沉降 30mm,地面隆起 10mm,建筑物沉降倾斜 0.2%,拱顶沉降开挖中 50mm、成环后 15mm,周边收敛开挖中 30mm、成环后 0.2mm/d,格栅应力 117kPa。

3. 监测数据分析

施工过程中隧道内主要进行了拱顶沉降、周边收敛和格栅应力的监测,其中周边收敛和格栅应力变化速率和累计值较小,拱顶沉降变化比较明显,取 3 个沉降点的数据进行分析。监测结果参见表 8-9。

监测数据表明,隧道①~④导洞开挖过程中拱顶沉降的变化最大,这与隧道所处的岩层是密切相关的,①、③导洞基本位于黏土层中,②、④导洞大部分处于强风化层中,⑤、⑥导洞处于中等风化岩,而⑦、⑧导洞大部分位于微风化岩层中。

对监测数据分析可知,施工所产生的各种变形主要与地质条件有关。本暗挖车站埋深浅,拱部处于黏土层中,上半断面基本处于全风化～强风化岩层中,下半断面处于中风化～微风化岩层中。隧道①、③导洞开挖所引起的拱顶下沉、收敛最大,而⑦、⑧导洞开挖时拱项下沉、收敛监测均无明显变形,表明在上部已封闭,下部围岩较好的情况下,隧道变形处于稳定状态。

监测结果　　表 8-9

项目＼工序	完成①～④部开挖	完成⑤、⑥部开挖	完成⑦、⑧部开挖
拱顶下沉(mm)	18.8	26.4	27.1
周边收敛(mm)	7.8	9.0	9.1
格栅应力(kPa)	32.3	38.4	40.2

监测结果(见图 8-50 与图 8-51)表明,隧道开挖、施工引起的隧道变形均满足设计和规范要求,施工方法科学可行。

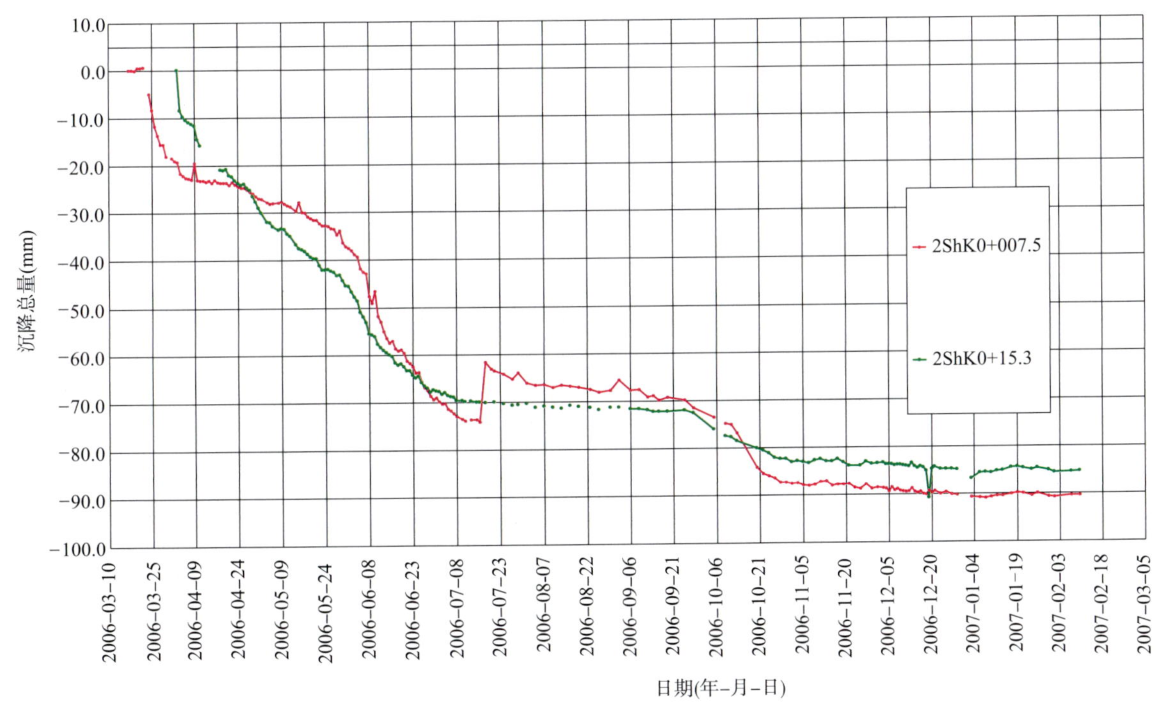

图 8-50　横通道拱顶沉降曲线

实例 2:区庄站立体交叉重叠隧道施工技术

(一)工程概况

五号线区庄站位于广州市环市东路与农林下路交叉的丁字路口处,是五号线与六号线的换乘站,五号线位于六号线上方。因区庄站地处闹市区,应尽量减少对地面交通以及周边居民的影响。原北站厅设计基坑范围内有一栋广东工业大学 9 层宿舍楼未能全部拆迁,导致北站厅基坑范围缩小,需在北站厅东侧 2 号竖井处新增基坑,将五号线东端风亭与六号线北端风亭进行合建。经过反复比选论证,最终确定采用全暗挖站厅换乘方案,即通过地面施工竖井对五、六号线车站主体进行暗挖施工,在环市路北侧拆迁空地设置明挖北站厅为公用站厅以实现两线换乘功能。如图 8-52 所示为区庄站重叠隧道三维模型图。

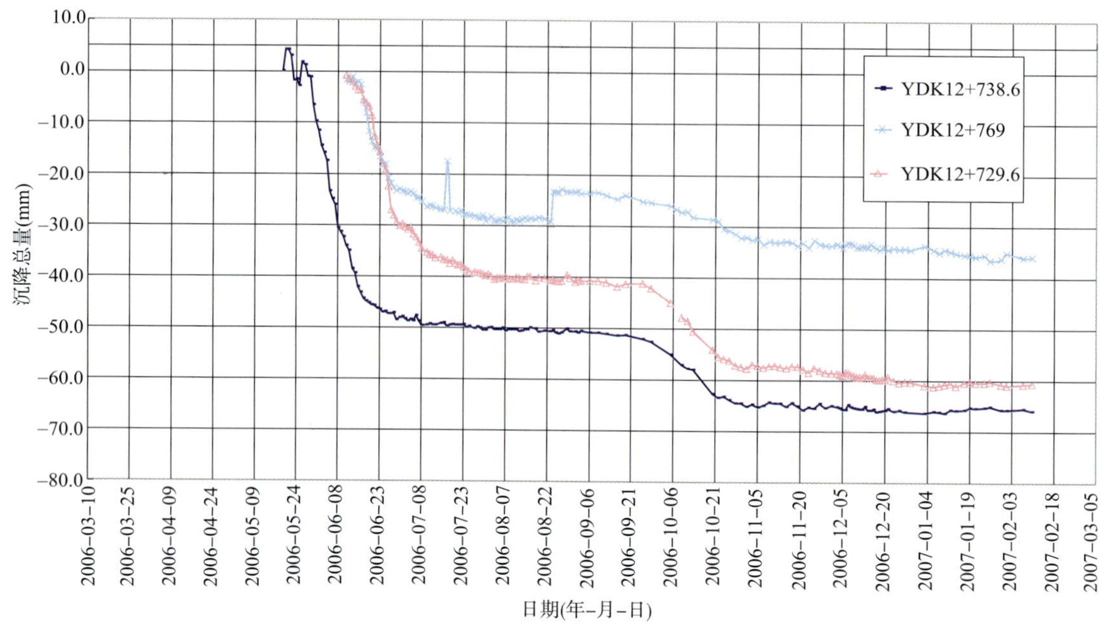

图 8-51　主隧道拱顶沉降曲线

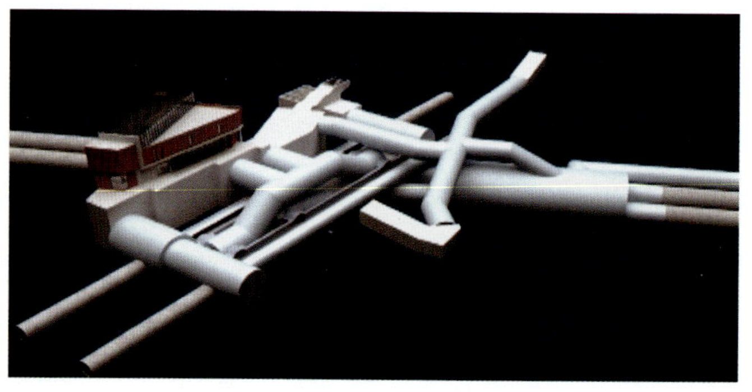

图 8-52　区庄站重叠隧道三维模型图

两条线车站站台独立设置,在车站北部共用一个站厅公共区作为换乘点;六号线在南端另外设置一个小站厅,方便车站南部的乘客乘车;南、北两个站厅之间通过一个暗挖的非付费区通道进行联系。五、六号线主体为地下单孔暗挖分离岛式站台车站,六号线南站厅为暗挖地下二层两柱三跨形式,北站厅为地下四层明挖站厅(地面为控制中心),南北站厅之间通过暗挖的非付费区通道进行联系。

为实现以上功能要求,五号线区庄站多处存在隧道交叉重叠,其中五、六号线重叠隧道处对施工影响较大。此处从上至下共有 3 层隧道:第 1 层过街通道;第 2 层五号线主体隧道以及五号线站台 3 号横通道、B 风道;第 3 层六号线北端隧道。其中五号线主体隧道距六号线隧道拱顶仅有 2.47m,B 风道距六号线隧道拱顶仅有 1.806m,过街通道距五号线拱顶仅有 2.066m。

六号线北端隧道 B 型隧道断面总宽度为 8.107m,总高度为 9.958m;C 型隧道断面总宽度为 9.6m,总高度为 9.85m;五号线主体隧道断面总宽度为 9.21m,断面总高度为 8.8m。

区庄站站址所处地段为微丘台地,西临越秀山,北临白云山。场地岩土自上而下分布有:〈1〉人工填土层、〈3-1〉粉细砂层、〈4-1〉冲积—洪积土层、〈4-2〉河湖相淤泥质土层、〈4-3〉坡积土层、〈5-1〉可塑或稍密~中密状残积土层、〈5-2〉硬塑或密实状残积土层、〈6〉岩石全风化带、〈7〉红层强风化带、〈8〉红层中风化带、〈9〉红层微风化岩。车站周边无地表水系,地下水位在现有地面以下 2m。

地面沉降与软土震陷:场地内软土层为〈4-2〉第四纪河湖相淤泥质土层,埋藏较浅,层厚 0.35 ~

2.40m，平均厚度0.86m，淤泥质土层具有含水量高、孔隙比大、压缩性高、抗剪强度低、灵敏度高的特点，易发生压缩变形，埋藏较浅时易导致地面沉降和软土震陷。

（二）关键施工控制技术

1. 总体施工顺序

斜交重叠段总体施工顺序如下：六号线北端隧道初期支护→六号线北端隧道初期支护拱部地层注浆加固→五号线东端隧道及B风道初期支护仰拱超前注浆加固→五号线东端隧道初期支护、B风道初期支护→五号线东端隧道拱顶注浆加固→隧道衬砌→过街通道开挖初期支护→过街通道衬砌。

2. 重叠段隧道施工工况及对应技术措施

区庄站五、六号线及B风道斜交重叠段开挖初期支护施工工况和对应技术措施如下：

（1）六号线采用短台阶法施工（见图8-53），即上台阶循环进尺为0.5m；隧道下半断面为石质围岩，采用光面微振微差爆破开挖，一次开挖长度为1～1.5m；及时施作边墙及仰拱初期支护，上、下部台阶之间距离为5～10m。

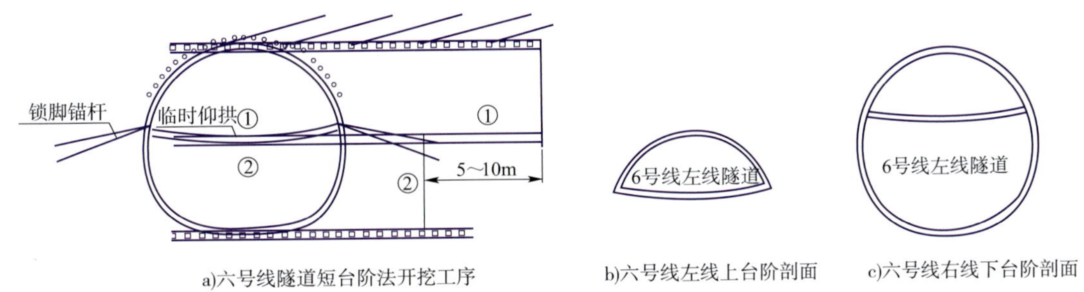

图8-53　六号线隧道施工短台阶法

（2）五号线主体隧道采用短台阶法分三部开挖施工（见图8-54），①部人工开挖，②、③部机械开挖。①部初期支护长度控制在1m以内，①、②部台阶间距离控制在20m以内，②部边墙初期支护长度为3～4m，②、③部台阶之间的距离不大于8m。五号线右线上台阶施工纵向、平面如图8-55所示。

（3）六号线右线从施工横通道进洞分别往左、右两边开挖，如图8-56所示。

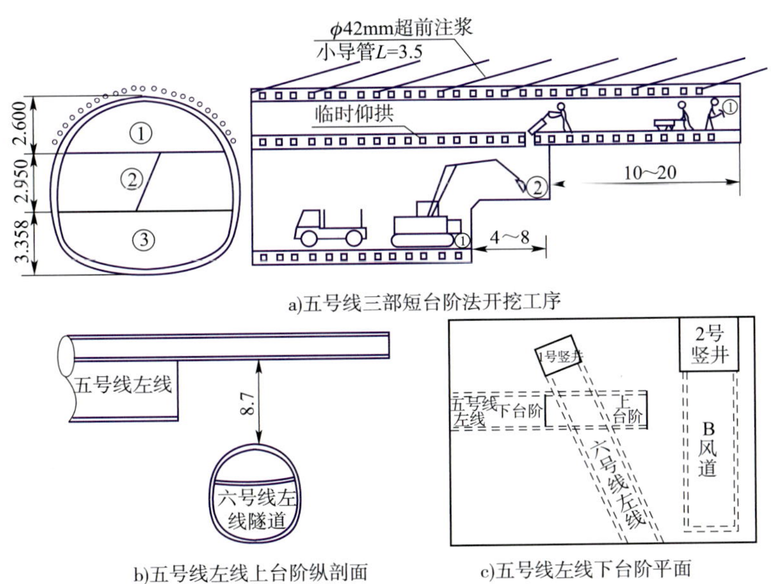

图8-54　五号线隧道短台阶法（尺寸单位：m）

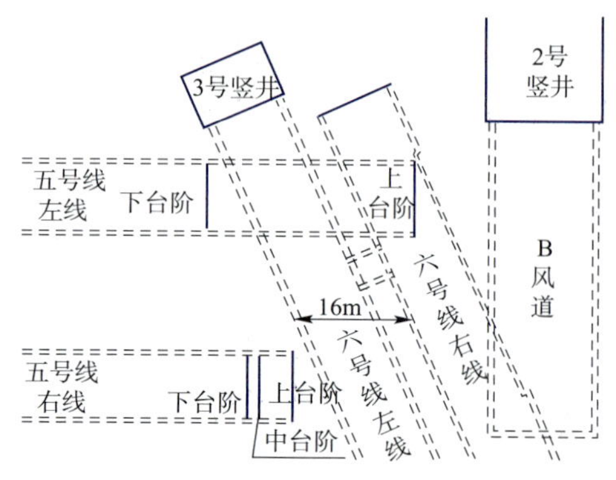

图 8-55　五号线右线上台阶施工纵向、平面图

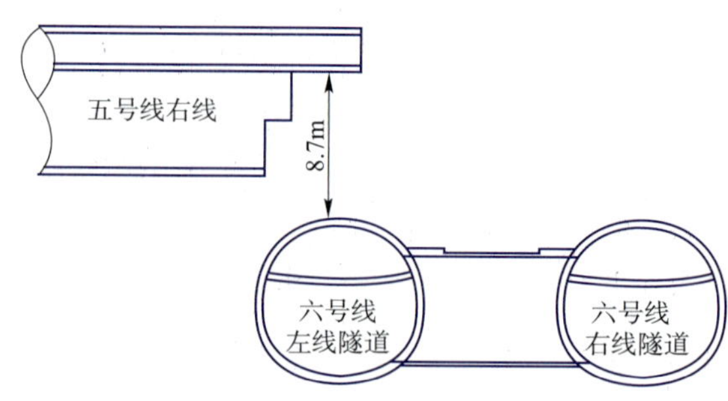

图 8-56　六号线右线下台阶开挖初期支护剖面图

(4)B 风道采用 CRD 法分八部开挖(施工工序见图 8-57),①~④部导坑先行贯通,⑤~⑧部紧随其后。①、③部采用人工开挖,②、④部采用机械开挖,⑤~⑧部的开挖同①~④部。

六号线初期支护拱部地层注浆加固剖面如图 8-58 所示,五号线仰拱下地层注浆加固剖面如图 8-59 所示。

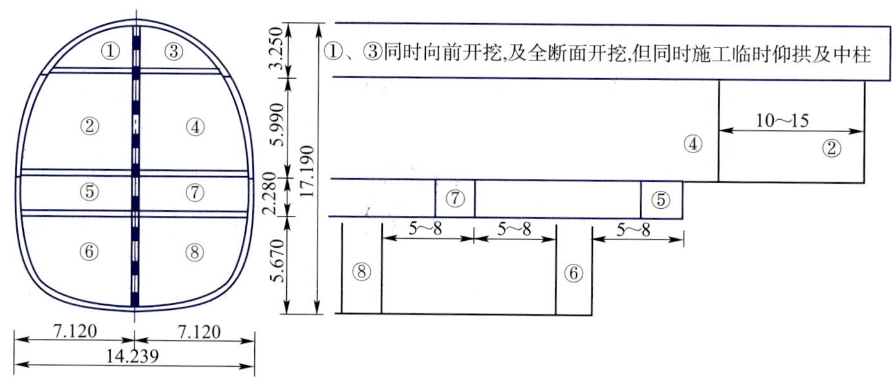

图 8-57　B 风道八部 CRD 法开挖施工工序(尺寸单位:m)

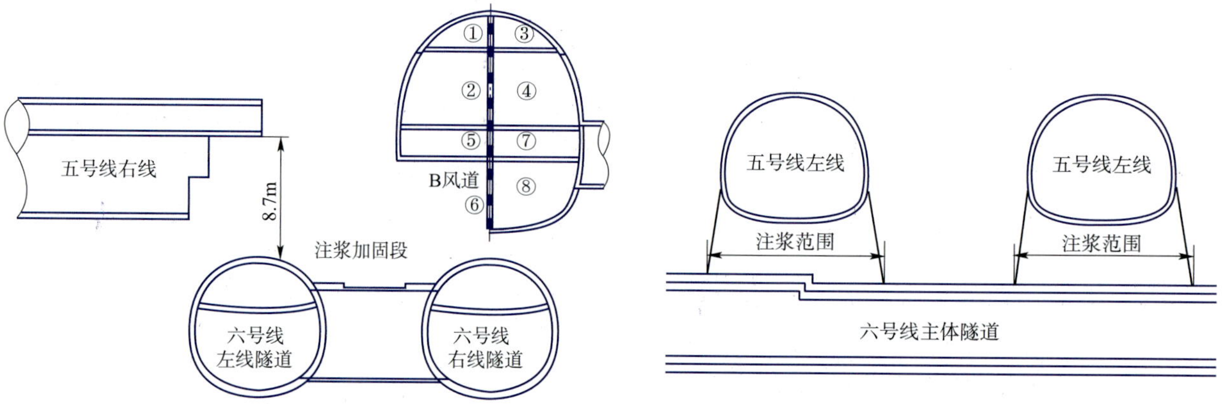

图 8-58　六号线初期支护拱部地层注浆加固剖面

图 8-59　五号线仰拱下地层注浆加固剖面

(三)施工监测及分析

1. 监测断面及测点布置

隧道拱顶沉降、断面收敛测线布置如图 8-60 所示。

2. 监测信息处理及分析

1)地表沉降

选取交叉段变化较为典型的地表沉降点 Z228、Y228 两点进行沉降分析,沉降监测时间曲线如

图 8-61、图 8-62 所示。

2)六号线隧道拱顶沉降

六号线拱顶沉降观测点沿隧道中线方向共布置了 9 条测线，测线布置从 3 号竖井洞门位置处开始，测线距离 3 号竖井洞门的位置分别为 0.5m、9m、15m、20m、25m、30m、35m、45m，六号线左线拱顶测点沉降时间历程曲线如图 8-63 所示。

3)五号线隧道拱项沉降

拱顶沉降测线的布置与五号线的开挖施工一致，沿五号线右线隧道中线拱顶，距离 A 风道内车站隧道洞门 0m、5m、…、95m 位置处布置 20 条测线，五号线右线拱顶测点沉降时间历程曲线如图 8-64 所示。

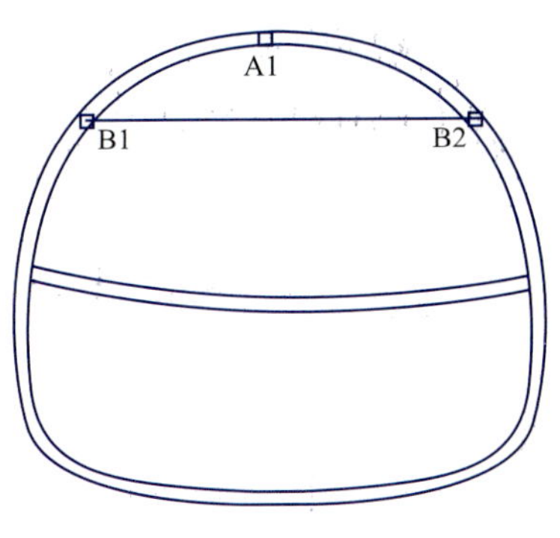

图 8-60 隧道拱顶沉降、断面收敛测线布置图

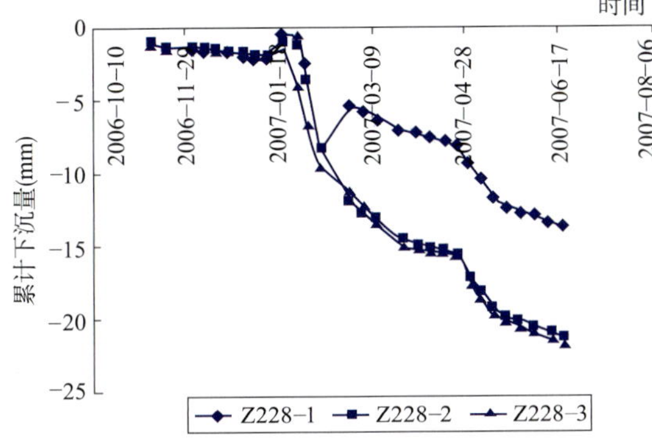
图 8-61 交叉段 Z228 观测线测点地面沉降

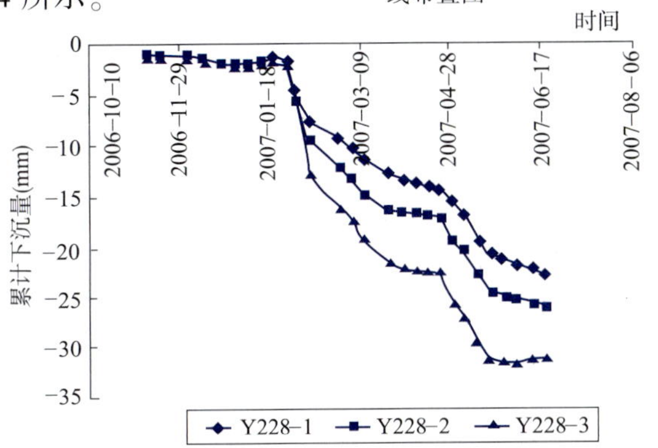
图 8-62 交叉段 Y228 观测线测点地面沉降

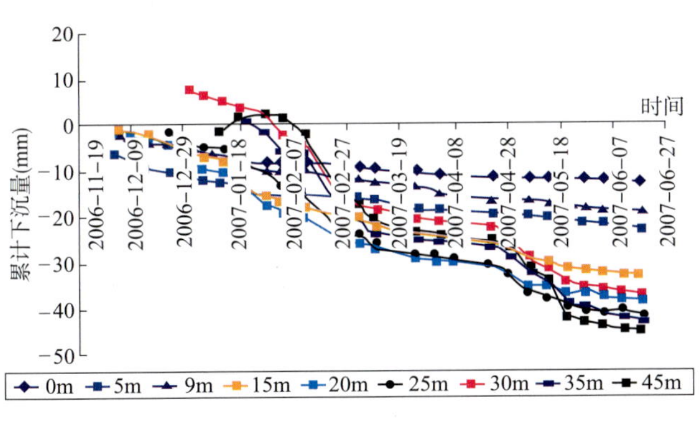
图 8-63 六号线左线拱顶测点沉降时间历程曲线

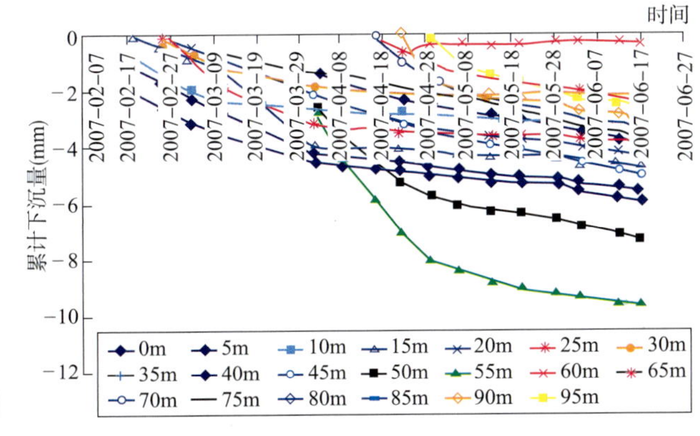
图 8-64 五号线右线拱顶测点沉降时间历程曲线

4)监测结果分析

(1)交叠隧道段在重复开挖作用下，土体受到多次开挖扰动，地表变形重叠，导致地表在该段时间内发生了较大变形和地表沉降，最大值达 125.7mm，远大于一般单隧道开挖引起的地表沉降量，隧道左右线上方沉降槽呈不对称分布。

(2)六号线左线隧道拱顶沉降达 92.84mm，沉降量较大。2007 年 1 月 28 日开挖位于 25m 测线附近的施工横通道，2007 年 2 月 15 日 C 形隧道下台阶的施工位置也到达该位置附近，后续的横通道施工和 C 形隧道下台阶开挖在 30m、35m、45m 测线位置处交替进行。交替施工对土体应力产生叠加影响，导致上述 3 条测线拱顶沉降在该段时间内出现较大变化。因此，在交叉施工中要及时施作仰拱、封闭成环，加强初期支护背后的注浆，加强施工组织管理，尽量减少交叉施工带来的不利影响。

(3)六号线施工时隧道拱顶沉降值比五号线隧道拱顶沉降值数量级大，五号线个别拱顶测线出现明显下沉阶段，主要原因是测点位置在未开挖前已经受到了相邻施工隧道的影响，在重复扰动作用下土体应力反复调整,拱顶出现了较明显的沉降下降阶段。

(四)总结

由立体交叉隧道段监测结果看,虽然个别沉降点变化较大,但总体上均在受控范围内。主要结论和体会如下:

(1)近接立体交叉隧道同时施工时,安全距离的控制最为关键,当水平近接隧道同时施工距离大于16m、上下重叠近接隧道同时施工距离大于8.7m时,近接隧道的相互影响处于安全可控范围内。

(2)合理确定地层加固方法和加固范围,采用正确的开挖方法施工近接隧道时,下层隧道初期支护完成后,即可进行上层隧道施工。

(3)近接立体交叉隧道同时施工时,要加强施工过程控制和管理,随时掌握现场施工工况,同时加强施工监测,及时反馈信息并采取相应控制措施。

(4)根据监测结果并结合施工工况分析,地面沉降主要原因是隧道下部开挖引起的。施工过程中要及时施作仰拱、封闭成环,加强初期支护背后的注浆,控制拱顶下沉,从而减小地面沉降。

(5)在近接立体交叉隧道施工过程中,要合理控制开挖时间,合理控制开挖步骤及施工工序的转换,做好隧道施工协调工作,以减少相邻施工的影响和控制拱顶沉降。

第七节　悬臂式掘进机施工技术

城市轨道交通作为城市交通的一个手段越来越受到重视,而其隧道往往建于城市中心,为防止工程施工对周边环境的破坏,不宜采用传统的钻爆法施工,盾构法施工又受开挖面断面和经济性等方面的限制,也不完全适用。而悬臂式掘进机施工技术因其开挖质量高、对围岩扰动小、经济性好等诸多优点,在城市轨道交通工程中逐渐得到应用。

一、发展概况

自世界上第一台悬臂式掘进机于1947年在匈牙利诞生以来,已经历了半个多世纪。1951年,现代悬臂式掘进机在匈牙利形成雏形。20世纪60年代至今,悬臂式掘进机获得了迅速发展。我国于1962年以后定型生产了几种悬臂式掘进机,1979年大量引进国外悬臂式掘进机,1984年后分别与奥地利、日本合作生产了AM50型和S100型掘进机,并逐步实现国产化。

图8-65　EBJ-132型悬臂式掘进机

目前国外生产悬臂式掘进机的主要国家有奥地利、英国、德国、日本等,其代表机型有英国多斯克公司的LH1300型、德国保拉特公司的E200型、奥地利阿尔卑尼公司的AM75型、日本三井三池公司的S220型等。目前我国悬臂式掘进机的主要代表机型是EBJ-160、EBJ-160H和EBJ-132、AM50、S100、ELMB-75型等。如图8-65所示为EBJ-132型悬臂式掘进机。

二、基本构成与用途

悬臂式掘进机是一种综合掘进设备,集切割、行走、装运、喷雾灭尘于一体,包含多种机构,具有多重功能。悬臂式掘进机主要由主机与后配套设备组成。主机把岩石切割破落下来,转运机构把破碎的岩渣转运至机器尾部卸下,由后配套转载机、运输机或梭车运走。悬臂式掘进机的切割臂可以上下、左右自由摆动,能切割任意形状的巷道断面,切割出的表面精确、平整,便于支护。履带式行走机构使机器调动灵活,便于转弯、爬坡,对复杂地质条件适应性强。

悬臂式掘进机按切割头布置方式分为横轴式和纵轴式两种,按切割机构功率可分为特轻、轻、中、重四种。

悬臂式掘进机经过半个多世纪的不断研究、试验、改进,在国外发达国家充分应用到煤矿、交通等地下工程施工领域;在国内也已成为煤炭系统主流巷道掘进设备之一,并成功应用到城市轨道交通、公路等地下隧道工程。

三、施工特点

悬臂式掘进机在隧道施工中,尤其在软岩隧道施工中对围岩扰动小、适应能力强、开挖质量高、安全有保障,具有传统钻爆法隧道施工无法比拟的优势,但也存在一些缺点,如粉尘控制难度大。

(1)悬臂式掘进机在开挖支护方面采用了先掘进切削、后喷锚支护方法,体现了掘进法通过中小断面软弱围岩的独特施工特点,使施工进度及安全性得到明显提高。

(2)悬臂式掘进机施工工序简单,易于组织。钻爆法施工用的部分机械设备可以同悬臂式掘进机施工相配套,便于施工期间因地质条件变化,及时调整施工方案。

(3)悬臂式掘进机开挖无爆破产生的有害气体,减少了隧道的施工通风压力,有效地改变了隧道的施工环境,降低了工人的劳动强度。

(4)悬臂式掘进机施工对围岩扰动小,超欠挖小,提高了隧道的开挖质量。洞室开挖断面圆顺度高,便于喷混凝土支护,同时也提高了初期支护的质量。

(5)悬臂式掘进机具有多功能性,可作为工作平台进行挂网支护和钢格栅作业等。

(6)悬臂式掘进机施工对地面建筑物影响小,可以确保建筑物的安全。

(7)悬臂式掘进机投入相对较大,电力消耗高。

(8)悬臂式掘进机施工的最大难题是粉尘控制难度大,可以通过适当的措施进行处理,如采用冻结法。

四、工程实例

实例1:六号线东湖站站前停车线采用悬臂式掘进机施工

广州市轨道交通六号线东湖站站前停车线隧道全长574.922m,线路埋深超过20m。根据设计的功能需要,共有单洞单线、单洞双线及双联拱等十几种断面形式。线路上方有大量年代久远的建筑物及精密仪器、设备。隧道所在的岩层为粉砂质泥岩的中风化带及微风化带,隧道顶部局部有粉砂质泥岩的强风化带入侵。上覆土层中有10m厚的饱和含水粉细砂层,在砂层与粉砂质泥岩间,隔水层缺失,隧道开挖施工中对周边地层的扰动过大将会引起上覆砂层的失水固结沉降,加上线路上方的建筑物年代久远、基础形式薄弱,一旦砂层失水固结沉降,将会引起建筑物基础的不均匀沉降,为此隧道施工对周边岩体的扰动控制是本工程施工的关键。

(一)施工方案选定

本段线路隧道断面形式多,且变化频繁,无法采用盾构法进行施工。由于地质条件复杂,用传统的钻爆法施工,需采取超前管棚、固结注浆等特殊施工工艺,工艺复杂,进度慢,且对周边岩体扰动大。为了减少隧道开挖施工对周边岩体的扰动,确保地面建筑物的安全,引进了在采煤矿业地下巷道开挖工程施工普遍运用的悬臂式掘进机进行隧道开挖。停车线存在单孔双线及联拱隧道,断面大,须分部开挖。考虑掘进机机身自重大,转场困难,隧道工程开挖施工采用了悬臂式掘进机开挖与钻爆法施工相结合的方法进行。本工程选用EBJ132型悬臂式掘进机进行暗挖隧道开挖施工。

(二)悬臂式掘进机的构造特点

EBJ132 型悬臂式掘进机由截割部、铲板部、第一运输机、本体部、行走部、后支承部、润滑系统、液压系统、水系统和电气系统、护板部共 11 部分构成,设备总长 13m。通过切割头旋转切削,由耙爪、第一运输机实现落渣的装运与转载。切割头可以伸缩及摆动,利用截割头上下、左右移动截割,可截割出初步断面形状。此截割断面与实际所需要的形状和尺寸有一定的差别,可进行二次修整,以达到准确的断面尺寸。该设备在掘进时可以通过喷雾装置较好地控制开挖产生的粉尘。

(三)施工方法

东湖站站前停车线隧道根据功能的需要设置有单线标准断面、双线断面及双联拱断面。标准断面采用台阶法开挖施工,双线断面采用 CRD 法开挖施工,双联拱断面采用中洞法 + 双侧壁导坑法开挖施工。

1. 台阶法

对于单线标准断面,采用上、下台阶法进行开挖。为有效控制上部岩体的扰动,上台阶采用悬臂式掘进机开挖,下台阶采用钻爆法开挖。上、下台阶的长度为一台悬臂式掘进机的机身长度。

2. CRD 法

对于双线断面,采用 CRD 法分四部分开挖(参见图 8-66)。其中,Ⅰ、Ⅲ部(即隧道上半部)采用悬臂式掘进机开挖,Ⅱ、Ⅳ部(隧道下半部)采用钻爆法开挖。

为方便悬臂式掘进机尾部出渣,临时横支撑须滞后在下半断面Ⅱ、Ⅳ部施工完成后才能架设。为了提高机械的使用率,一台悬臂式掘进机可兼顾两个掌子面(Ⅰ、Ⅲ)施工。为方便悬臂式掘进机的转场,临时中隔墙每隔一定距离,设置一个转场通道。

3. 中洞法 + 双侧壁导坑法

结合单线标准断面的台阶法及双线断面 CRD 法,采用悬臂式掘进机和钻爆法进行开挖施工。

4. 切削法

地质勘察报告揭示的岩石强度显示,隧道岩石强度不会超过 20MPa,而 EBZ-132 型悬臂式掘进机切削强度达到 70MPa。掘进机就位后,开始从掌子面底部由左到右水平切削出一条槽,然后采取自下而上、左右循环切削。在切削的同时,铲板部耙爪将切削下来的落渣通过机械的输运部输送至尾部的装渣车,由装渣车运出洞外。第一次对断面开挖完成后,进行二次修整以达到准确的设计断面。如图 8-67 所示为悬臂式掘进机开挖作业。

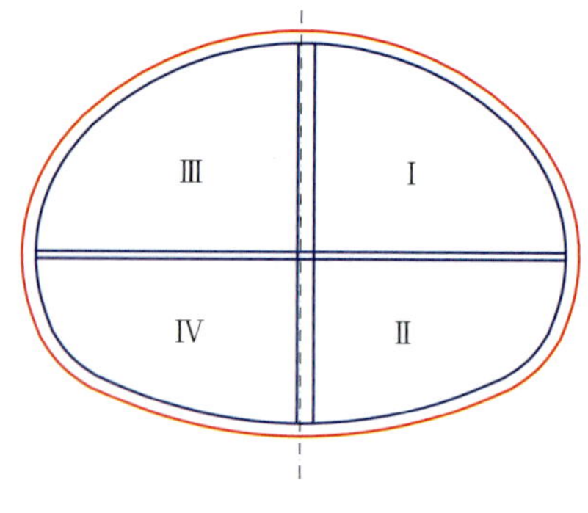

图 8-66 CRD 法开挖

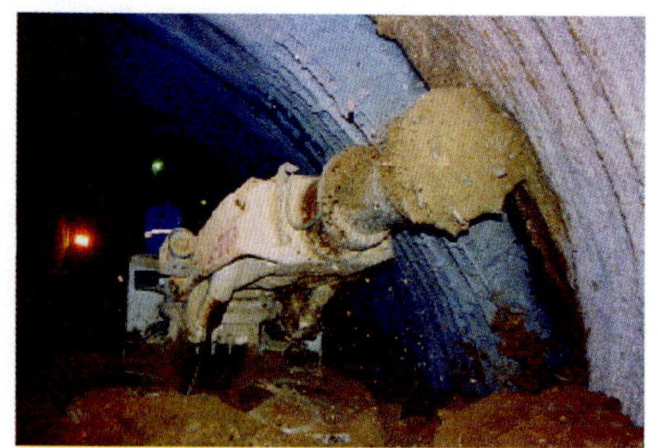

图 8-67 悬臂式掘进机开挖作业

(四)施工效果

悬臂式掘进机于 2007 年 9 月 1 日正式对右线单线标准断面(总长 230m)进行掘进施工,2007 年 12 月 8 日完成开挖,综合平均日进尺为 2.5m;2007 年 12 月 15 日开始对右线双线断面(总长 147m)进行掘进施工,2008 年 5 月 12 日完成开挖,综合平均日进尺为 1.3m。施工初期,由于刚进洞、洞室地质条件差、基岩裂隙水发育、操作不熟练、机械本身存在不足(如出渣系统不完善、卡链故障频繁发生)等原因,平均日进尺仅为0.5m。随着掘进施工的进行,操作熟练程度提高,机械故障减少,平均日进尺有所提高,后期施工机械的掘进速度迅速提高。

通过采用EBZ-132型悬臂式掘进机对停车线隧道的施工,总结了如下几点:

(1)初步摸索出了EBZ-132型悬臂式掘进机在粉砂质泥岩条件下的掘进参数:在一次性掘进标准断面1.5m/循环施工中,扣除其他因素影响(包括切削、故障排除、维修保养、换截齿、测量、除尘等),开挖占总体作业时间的30%,其中切削占开挖作业时间的80%,支护占总体作业时间的70%;在双线断面1.5m/循环施工中,扣除其他因素影响(包括切削、故障排除、维修保养、换截齿、测量、除尘、转场等),开挖占总体作业时间的40%,其中切削占开挖总体作业时间的90%,支护占总体作业时间的60%。

(2)对悬臂式掘进机掘进施工各种经济指标进行了初步测算:采用悬臂式掘进机施工(不包括支护成本)比传统钻爆法施工费用高出15%,但考虑支护成本及施工功效等方面因素,悬臂式掘进机施工费用则低于钻爆法施工。

(五)体会

东湖站前停车线隧道顺利贯通后,表明悬臂式掘进机在隧道施工中,尤其在软岩隧道施工中对围岩扰动小,适应能力强,开挖质量高,安全有保障,具有传统钻爆法隧道施工无法比拟的优势。

EBZ-132型悬臂式掘进机施工为轻型机,过去主要为煤矿巷道掘进配套设备,应用到城市轨道交通隧道工程中还存在一些缺点和不足,应根据城市轨道交通隧道工程的具体地质条件和开挖断面要求进行适当的改进。它最适用于岩石强度不高,但整体性好的、无需强大的超前支护以及断面单一、可一次性全断面开挖的隧道工程。悬臂式掘进机施工进度由支护工序时间控制,由于开挖断面规范,格栅、网片拼装快捷,喷射混凝土可节省大量时间。

应用悬臂式掘进机施工,技术成熟,经济合理。如果悬臂式掘进机经过合理的改进,并借鉴国内外的先进经验,制定合理的施工方案,充分发挥悬臂式掘进机的优越性,可在城市轨道交通隧道工程掘进施工领域中得到广泛的应用。

实例2:天河客运站折返线隧道采用冻结法+悬臂式掘进机施工

(一)工程概况及技术难点

三号线天河客运站折返线及风道位于广州市天河区广汕公路下方。折返线斜穿广汕公路和沙河立交桥,风道在折返线北端。由于该区段道路两侧地下管线纵横交错,数量较多;其次,广汕公路是连接广州与汕头、增城之间的重要交通干道,交通繁忙,不能封路施工,因此采用暗挖法施工。折返线长为147.8m,折返线北端暗挖风道长为24m。折返线隧道坡度为2‰,隧道顶面距离地面最小距离约为8m,隧道最大开挖跨度约为13m。

隧道拱顶位于砂层,侧墙及仰拱位于花岗岩残积层及砂质黏性土层〈5〉,该土层在自然条件下结构致密,自稳能力高,但在开挖过程中遇水易软化、坍塌。在明挖过程中,在无水情况下,该土层自稳能力高,开挖亦十分方便。由于冻结法将隧道周围一定范围的地下水及土层冻结,既增加了围岩的强度,又起到了止水帷幕的作用。经充分论证,决定采用水平冻结法进行隧道止水及围岩加固。冻结法设计、施工情况将在第九章第三节详细介绍,这里就不赘述。

(二)悬臂式掘进机开挖隧道

由于折返线冻结设计取值参数较后期现场试验实际值有较大折减,为确保隧道开挖的安全,延长了冻结期,冻结壁侵入隧道内较多。经对人工、机械、爆破等工法比选,综合考虑功效和安全的因素,决定采用人工配合悬臂式掘进机进行隧道的掘进。

本项目引进了 EBJ-120 型悬臂式掘进机，它是通过前端可摆动的旋转钻头将围岩切割破碎后，再由下部扒渣铲板和机身中部的传输链将破碎岩石和渣土传输至机身尾部来实现掘进的。机身总重 36t，平直长 8.6m，高 1.55m，履带外缘宽 2.1m，转臂长 3.25m，切割钻头直径为 700mm。最大工作仰角为 42°，最大开挖高度为 3.75m，最大开挖宽度为 5m，最大向下开挖深度为停机平面下 0.25m，爬坡能力为 16°。机械工作过程中行走速度为 3m/min，停止作业时行走部的行走速度为 8m/min。

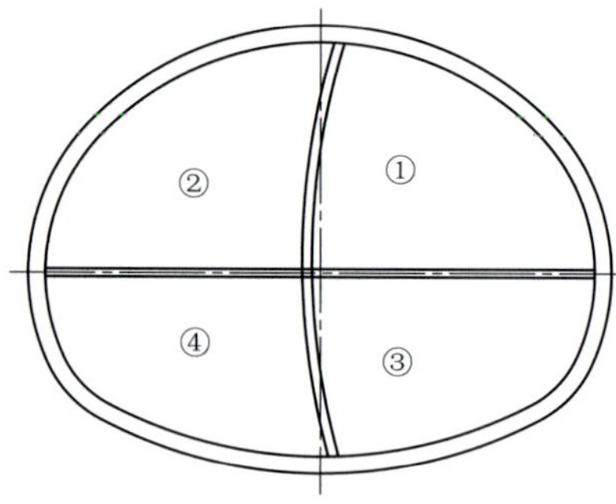

图 8-68 隧道开挖工序图

由于试挖证实了冻结效果理想，隧道开挖由原设计的六部开挖变更为四部开挖。施工中充分考虑了施工场地、机械设备的特点和地面提升能力大小等因素，决定由南端单头开挖掘进，先行开挖支护①部，然后开挖支护②部，①、②部开挖面保持 12 ~ 15m 间距，①、②部贯通后悬臂式掘进机转入下台阶进行③、④部开挖支护，③、④部开挖面同样保持 12 ~ 15m 间距。如图 8-68 所示为隧道开挖工序图。

第九章　地层加固技术

第一节　WSS 注浆技术

一、加固与止水原理

WSS 注浆技术起源于日本，在我国台湾应用比较广泛。WSS 是中文无收缩双液注浆的拼音缩写。该技术是采用二重管钻机钻孔至预定深度后，采用一台同步注浆机注浆。浆液有两种，即 A 液和 B 液（或 C 液），两种浆液通过二重管端头的浆液混合器充分混合。注浆时采用电子监控手段实施定向、定量、定压注浆，使岩土层的空隙或孔隙间充满浆液并固化，以达到改变岩土层性状的目的。

喷浆时在不改变地层组成的情况下，将土层颗粒间存在的水强迫挤出，使颗粒间的空隙充满浆材并使其固结，以达到改良土层性状的目的。其喷浆特性是使该土层黏结力、内摩擦角值增大，从而使地层黏结强度及密实度增加，起到加固作用。颗粒间隙中充满了不流动且固结的浆材后，土层透水性降低，进而形成相对隔水层。注浆中，当达到一定压力后，在注浆孔周围会产生一定大小的泡体，随着压力的不断增加，在浆液泡体上方的土体会产生一个倒立锥形剪切面。此外，当浆液泡体的直径增大时，周围的土体将提供越来越大的阻力。

二、技术特点

WSS 注浆技术有如下特点：

（1）钻机采用的二重管直接作为钻杆钻孔达到预定深度或地点，同时二重管可以用来直接注浆，管头装有 30cm 混合器用来使双液充分混合。

（2）注浆过程中注浆管可以旋转（正反均可），不会发生钻杆卡死及浆液溢流现象，节省了其他注浆管一次性投入的费用，另外有利于保护环境不受污染。

（3）浆液分溶液型（A、B 液组成）和悬浊型（A、C 液组成）。浆液对土层有很强的渗透性，采用调节浆液配比和注浆压力的办法可使注浆范围人为控制；凝结时间可以调节，并可以复合注入施工，以满足不同的要求。

（4）二重管端头的浆液混合器可使两种浆液在出管的时候完全混合，既能使浆液均匀，又不会出现常规方法容易出现的堵管现象。

（5）平常的加固可从地面垂直注浆，对于隧道的周边亦可倾斜注浆。调整好注浆压力，亦可进行水平超前注浆。

（6）从钻孔至注浆完毕，可连续作业。

（7）注浆材料是水泥、水玻璃、冰醋酸、二氧化硅系胶质体等，材料来源普遍。

（8）钻机体型较小，移动方便，适用较困难的施工环境。

（9）该工艺适用范围广，可用于各种土层。岩层亦可适用，前提是要通过另外的钻机提前引孔。

三、适用范围

WSS 注浆技术的适用范围为：

(1)隧道及地下工程。如改良盾构隧道,加固地下工程掘进竖井洞口地层,保护地下管线,对通过地面建筑物基础的隧道进行跟踪注浆等。

(2)深基坑工程。如防止围护结构的漏水及基坑底面隆起,保护基坑外地下管线和建筑物。

(3)既有建(构)筑物或拟建建(构)筑物基础加固工程。如改良地基,提高地基承载力,控制沉降量、沉降差和沉降速率。

四、工艺流程

WSS注浆技术工艺流程为:

1. 钻孔

根据设计要求放线定孔位,钻机按指定位置就位,调整角度,对准孔位。钻孔机将注浆管设于预定深度后,注入清水并从浆液混合器端部流出。

2. 横喷射注浆

注浆管设置完毕,浆端点关闭,进行横喷射切换,一般为15L/min,可根据工程实际进行调整。

3. 回抽注浆

施加压力注浆时,必须精心操作控制压力。提升钻杆时,严格控制提升幅度,匀速上升,注意注浆参数变化。

4. 注浆结束

注浆完毕将注浆管冲洗干净,全部收回,并对注浆孔进行密封,恢复原状。

浆液强度、硬化时间、渗透性能可根据工程实际需要调整。注浆压力一定要严格控制,专人操作。当压力突然上升或从孔壁溢浆时,应立即停止注浆,查明原因后采取调整注浆参数或移位等措施重新注浆。

五、注浆材料

WSS注浆技术材料可分为悬浊液型和溶液型两种。在实际施工时,可根据地质状况、设计要求从这两种类型材料中选择,以达到更佳的注入效果。

1. 悬浊液型浆材适用范围

(1)软弱黏性土。

(2)松弛冲积复合层,改良前缝隙大、松弛的冲积砂层。

(3)砂砾层的前处理。

(4)裂隙及其他空隙。

(5)人为造成的松弛地层。

2. 溶液型浆材适用范围

(1)洪积砂层。

(2)改良前缝隙大、松弛的冲积砂层。

(3)改良前缝隙大的砂砾层。

六、工程实例

广州市轨道交通五号线珠江新城站—猎德站区间为浅埋暗挖隧道,设计里程为右线YDK15+796.064~YDK16+530.3,左线ZDK15+796.064~ZDK16+530.3。区间隧道位于花城大道下,沿线属珠江三角洲平原,地形较为平坦,线路经过珠江大道与花城大道交叉路口、花城大道下沉式广场、花城大道冼村路口地下人行通道(16号地道)后,在花城大道猎德路口前到达猎德站。

隧道为马蹄形断面,采用台阶法开挖,上台阶高3.0m,下台阶高度根据断面形式相应变化。上下台阶保持不大于5m的距离，每步土方爆破的进尺根据地层情况控制。非含水砂层段隧道开挖工艺流程：上台阶土方开挖→初喷5cm厚混凝土→施工砂浆锚杆（或超前小导管）→上台阶钢格栅安装、焊接纵向连接筋、挂网→打锁脚锚杆→喷射混凝土→下台阶土方开挖→下台阶钢格栅安装、焊接纵向连接筋、挂网→喷射混凝土→背后注浆。

隧道施工中由于部分含水砂层侵入隧道围岩及隧道净空影响了隧道施工安全，根据地勘报告资料显示，左线过砂层段里程为ZDK16+443.26～ZDK16+530.3，右线为YDK16+479～YDK16+530.3。对隧道影响较大的为砾砂层，主要为中粗砂，含少量黏粒，局部含粉细砂，在本区成层状分布。在本层进行标准贯入试验31次，其实测击数为5～30击，平均为13.0击；层面埋深标高为-1.68～4.27m，层底埋深标高为-3.32～2.37m；砂层的渗透系数为15.0m/d，影响半径为80m。

本区砂层为第四系砂层，是典型的强透水层，直接或间接通过大气降水补给，同时受附近河流涌水或其他地表水的渗透补给，因此水位不仅与季节性降水有关，还受河涌潮汐动态水的影响。

（一）施工方案

1. 选择WSS注浆技术的原因

五号线珠江新城站—猎德站区间隧道穿越市政16号地道时须穿越砂层，且地下水丰富。砂层厚1.2～1.8m，侵入隧道拱顶0.4m。原方案采用地面高压旋喷桩施工，累计施工9个月，共打补充地质探孔25个，抽芯检测孔32个，试验桩46根。试验桩水泥用量共计120t，水玻璃30t，膨润土5t，隧道内注浆累计350t。隧道塌方8次，更换了3个旋喷桩施工队伍。在完成旋喷桩施工开挖时仍出现大量涌砂，取芯发现旋喷桩在砂层不能成桩，隧道掘进被迫停工3个月。期间，曾讨论过采用冻结法、连续墙封闭法、井点降水等方案，但都由于各种原因无法实施，最终提出采用WSS注浆工艺加固砂层方案。如图9-1所示为旋喷桩取芯，如图9-2为旋喷桩加固后不成桩的钻孔取芯。

图9-1 旋喷桩钻孔取芯

图9-2 旋喷桩加固后不成桩的钻孔取芯

2. 施工工艺

1）注浆设计流程

如图9-3所示的流程图说明了注浆设计与施工的全过程。在进行注浆前，需要进行参数的初步设计，然后根据注浆试验的效果反馈修改设计参数，即所谓的注浆动态设计，以选择最佳的注浆参数和注浆方案。

2）注浆参数设计及优化

注浆范围的确定对隧道安全开挖和地面沉降控制是一个非常重要的因素，确定合理的注浆范围在注浆设计中是关键的一个环节。实施中可通过调整注浆压力、浆液的注入能力和注浆时间来调整注浆扩散半径。考虑到各注浆孔浆液固结有效的搭接，注浆工程孔距多采用1.5～1.7倍浆液扩散半径进行布置。对化学浆液，砂砾层为1.3～2.5m，粗砂层为1.1～1.6m，中砂层为0.7～1.1m。

根据已有的施工经验和隧道三台阶开挖的实际情况，结合隧道开挖时暴露的地质及地下水情况，确定垂直方向加固范围为拱顶上方3.0m，设计采用9排孔注浆，每排孔位环向间距为600mm，具体施工过程中可根据注浆情况进行调整。钻机在同一位置以不同的角度、不同深度进行钻孔注浆。每循环注浆段长度为10m，开挖7m，留下3m作下一循环段注浆的止浆墙。WSS注浆孔位布置及加固纵断面如图9-4和图9-5所示，其孔位参考角度见表9-1。

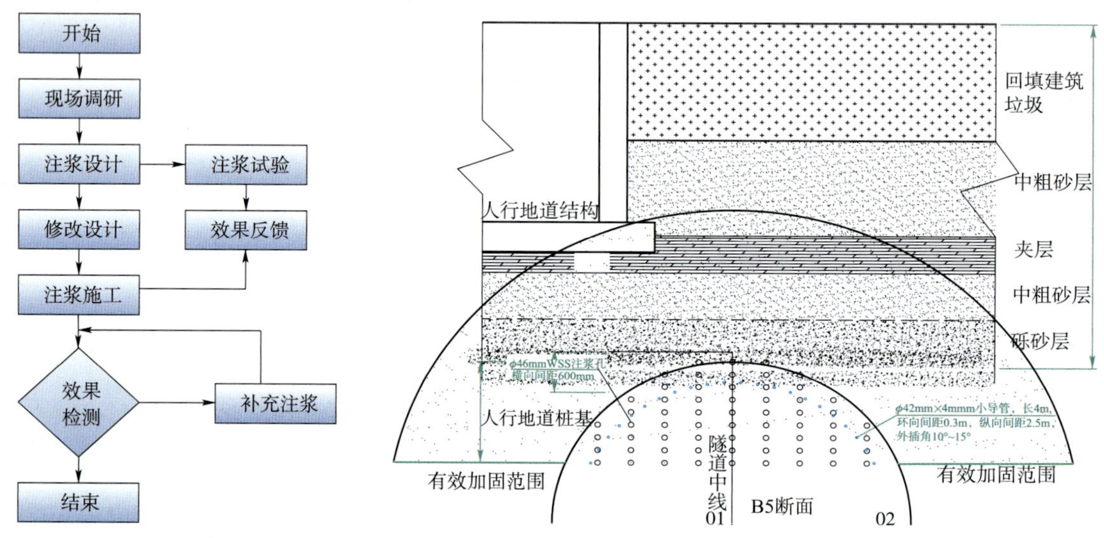

图9-3　注浆施工流程图

图9-4　WSS注浆孔位布置

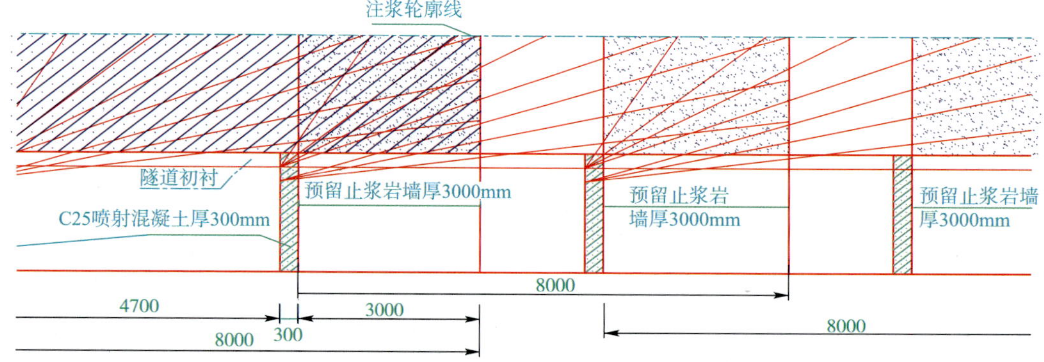

图9-5　WSS注浆加固纵断面图（尺寸单位：mm）

WSS注浆孔位参考角度表

表9-1

角度(°)	孔深(m)	浆　液	角度(°)	孔深(m)	浆　液
45	5	锚杆注A、B液	17	10.5	A、B液
35	7	锚杆注A、C液	14	10.5	A、C液
27	9	A、B液	10	10.5	A、B液
21	9	A、C液	5	11	A、C液

3）浆液的选择

注浆材料及施工配比表见表9-2及表9-3。

注浆材料表 表 9-2

浆液种类	水泥品号	原水玻璃浓度	水灰比（W:C）	体积比(C:S)	注浆用水玻璃浓度
水泥—水玻璃双液浆	P. O42.5	40°Be′	1.5:1 ~ 2.0:1	1:1	30 ~ 35°Be′

施工配比单 表 9-3

A 液	B 液	C 液
40°Be′水玻璃 175kg	Gs 剂 8.5 kg P 剂 4.5kg DHP 剂 6.7kg	P. O 42.5 水泥 250 kg 外加剂 6.9kg
A、B 液 1000L 或 A、C 液 1000L		
溶液由 A、B 液组成，悬浊液由 A、C 液组成		

注浆顺序，由两侧到中间，由下而上。由于浆液的扩散情况不同，因此可根据现场实际地层情况，调整注浆孔位，以达到更好的注浆效果。

主要注浆参数如下：

注浆压力：0.5 ~ 2.0MPa；

注浆终压：2.0MPa；

浆液扩散半径：500mm；

浆液初凝时间：10s ~ 60s ；

注入率：40% 左右；

注浆管孔径：ϕ42mm；

注浆量：根据注浆压力或溢浆情况控制，若注浆压力稳定在 2.0MPa、孔口返浆量较大、注浆压力高于 2.0MPa、注入困难，即可认为此孔注浆完成。

4）注浆技术改进措施

针对格栅下沉及地面隆起过大现象，在架立格栅时，根据坡度，预抬 5cm，加强拱脚处的锁脚锚杆，控制上台阶长度不超过 4.0m。同时，不再单纯以注浆压力控制注浆量，应根据实际的地层情况，调整孔距和注浆量，采取多布孔，限定单孔注浆量等办法，降低注浆压力，以达到控制格栅下沉与地面隆起的目的。如出现地面冒浆，可通过缩小浆液凝结时间来减小浆液扩散范围；或者停止注浆 10min，待浆液完全凝固后再开始注浆。

检测方法主要以现场取样试验为主，对取样品进行无侧限抗压强度测试，双液浆结石体抗压强度 q = 2.3MPa，强度能满足安全开挖施工要求。

（二）施工的重点与难点

1. 浆液扩散

隧道穿越的砂层的均匀性往往很差，砂层孔隙率各不相同，饱和水水压也随深度不同。为了克服这些不利因素对注浆浆液均匀性的影响，实际注浆时可将注浆断面"化整为零"，也即结合隧道分部开挖，注浆断面也随分部开挖的进度不同，配合相互错台的开挖工作面向前推进，形成几个注浆工作面，这样将地层的不均匀性相对弱化，而且通过调整浆液的配合比和注浆压力，基本上可达到使浆液均匀扩散的效果。除分部注浆外，对注浆管的布置方式也可进行调整。施工中注浆管可采取注浆断面内水平布置，最佳终孔间距可根据注浆材料的扩散半径确定。这种方式可保证注浆长度范围内无注浆死角，浆液基本能均匀到达断面内的各个方向，降低了补充注浆率。开挖过程中发现，在黏土层与全风化的岩层之间，形成一层 5 ~ 10cm 厚的水泥带，固结的浆液在砂层中大体呈层状或团状分布，将砂层分层或包裹；加固到位的地方，砂层中的水基本被化学浆液置换，局部有化学浆液形成的脉状晶体。

2. 地表隆起

因城市轨道交通隧道埋深较浅，有压力的注浆操作会引起地表的隆起，以致对地面造成破坏。注浆施工中可采取以下措施避免此种情况发生：①采用单台注浆泵注浆，减小作用于地层的压力；②在隧洞上半断面注浆时，适当降低注浆压力，减小浆液流量和扩散速度；③注浆过程中对地表沉降严密监控量测，及时根据量测数据反馈信息，并调整注浆参数。

3. 初期支护背后返浆

在注浆过程中，浆液在掌子面后方的初期支护空隙及前期施工打入的小导管处返浆较为严重。从漏浆点可以看出，初期支护背后最远点（为掌子面后方6m处）有浆液外溢，所用A、B化学浆液固结后形成白色颗粒状晶体。同时，由于WSS注浆本质上属于挤水作业，因此，掌子面后方初期支护背后经常渗水漏水。另外，由于左右线上方杂填土较多，浆液经常会顺着缝隙返至地面。针对漏浆、跑浆现象，主要解决的手段是观察周围情况，发现渗漏马上停止注浆。另外也可采用间隙停顿注浆，以控制浆液流失。

4. 钻进过程中涌砂涌水

由于该地段地层中水量、压力较大，在钻孔过程中时常出现沿管壁向外涌水涌砂，为解决这一问题，采取在钻孔过程中注入化学浆液自封孔措施。

5. 格栅下沉

由于掌子面后方4m范围内格栅没有封闭，注浆压力造成了拱顶下沉5～10cm，但在初期支护封闭段没有变形。解决措施是，在注浆作业前尽可能将初期支护多封闭，未封闭段长度越短越有利。

6. 开挖过程中局部漏水流砂

由于地层的不均匀性，注浆之后总会有薄弱地带的存在，在开挖过程中曾出现拱顶、掌子面前方渗水、流砂。针对这种情况，应当及时将掌子面封闭，在漏水点安放引流管，然后打小导管，补注化学浆液。虽然砂体被固结，在开挖过程中始终会伴有少量滴水、流水，这种水量不会影响掌子面开挖安全，但是，注浆所用浆液具弱腐蚀性，这种渗水会对作业工人皮肤造成损害。因此，开挖过程中除了穿戴雨衣等防护用具外，在附近应设置有水管，以便及时冲洗。

（三）实施效果及总结

1. 辅助工法

注浆结束后，由于地层不均匀性，可能仍有局部薄弱情况，如侵入隧道背后的岩层可能没有加固到位。为保证施工安全，必须采用3.5mϕ42mm×4mm小导管进行二次注浆，注浆管环向间距为0.3m，纵向间距为2.5m，每前进2.0m打一环。

为了配合小导管及套管施工，将之字筋作适当调整，拱顶套管范围内之字筋取消，改为U形筋对扣。小导管间距不大于300mm，每榀用量不少于8根。小导管采用ϕ42mm无缝钢管，壁厚不小于3mm，长度为2.5m。如图9-6所示为小导管与格栅钢架的连接。

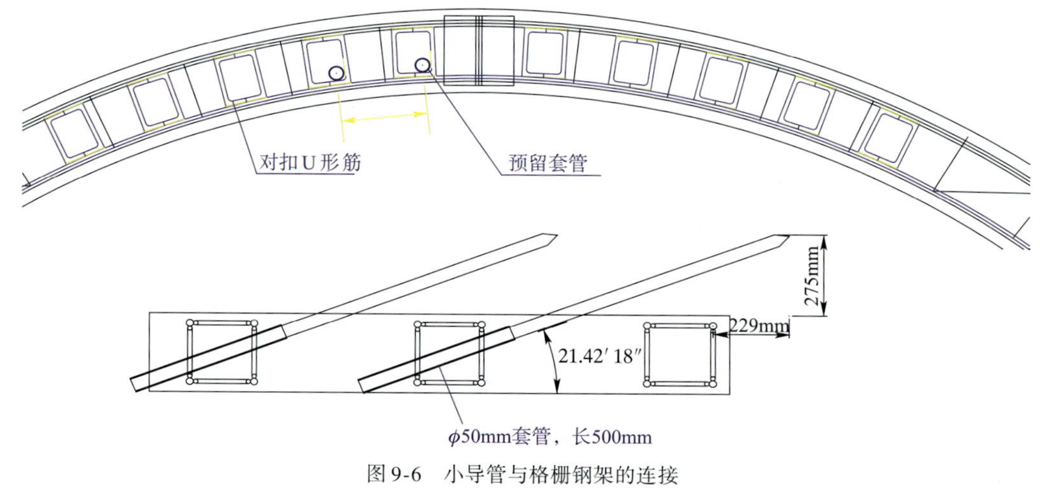

图9-6　小导管与格栅钢架的连接

2. 开挖方法

注浆后开挖前，先进行超前探测，在格栅下 5cm 处沿 30°向前探测 1.3m，此时探测前方高度高于拱顶开挖轮廓 30cm 左右，如图 9-7 所示。当无渗水时，可进行开挖。

含水砂层段隧道采用三台阶施工方法，其中上台阶高 1.875m，采用人工开挖，开挖步距控制在 0.5m，分左右两个半拱开挖。掌子面先开挖 0.3m 后，另外 0.2m 由人工在周边挖槽预留核心土，将格栅支护喷锚完成后，方可开挖核心土。

3. 特殊情况下的处理

当个别地段掌子面开挖前，超前探测发现前方砂层距拱顶小于 20cm 或侵入拱顶，可考虑采用降低初期支护拱顶格栅局部标高的方法（降低高度 20～50cm），使隧道避开砂层掘进，待砂层标高抬高后再恢复初期支护正常拱顶格栅标高。

图 9-7 开挖面超前探测示意图（尺寸单位：mm）

WSS 注浆技术是以加固含水砂层为目的，一方面增加砂层的强度，另一方面又可以达到止水的效果。WSS 注浆技术经过在广州市轨道交通五号线珠江新城站—猎德站区间隧道含水砂层的成功应用，已经成为含水砂层有效加固的施工方法之一。

WSS 加固后开挖面浆液分布状况如图 9-8 所示。

图 9-8 WSS 加固后开挖面浆液分布状况

第二节 TSS 型注浆管注浆技术

一、技术特点

一号线杨箕站—体育西路站区间隧道通过采用超细水泥—水玻璃双液浆（简称 MC-S 双液浆）作为注浆材料；采用一次性钻头，跟管钻机钻进成孔，后退式分段注浆技术，洞内长短管相结合注浆堵水方案，成功地解决了该区间长 111.8m 饱和动态含水砂层的注浆加固难题，保证了隧道的安全开挖，并研究出了一套配套技术。该技术是一种新型的 TSS 型注浆工艺，历经其他工程应用，在不断完善、发展和总结的基础上逐渐形成。该技术的主要特点包括：

（1）TSS 型注浆管具有袖阀管的作用。花管部分溢浆孔上覆盖着贴片，这样可以保证浆液通过溢浆孔进入地层，而地层中的水和砂粒难以进入注浆管材，从而起到注浆管的单向阀作用。

（2）采取超细水泥—水玻璃配双液浆进行注浆施工，浆液在砂层中主要发生均匀渗透扩散，不易发生大量的劈裂、挤压状况，可以较好地均匀加固砂层，形成完整的防水帷幕。

(3)利用风钻、风镐,采取顶管技术布设注浆管,避免了注浆管布设过程中砂粒的排出,较好地解决了在饱和动态含水砂层中的成孔、布管难题。

(4)采用 TSS 型注浆管的配套系列设备,可以满足后退式分段注浆工艺,其注浆分段长度短(一般取 0.6 ~ 1.0m),可以有效地确保海陆交互相冲积饱和动态含水砂层中,中、粗、细砂交互出现及地质多变等复杂条件下,注浆加固的均一性,提高其整体加固效果。

(5)利用监控量测技术,及时修正设计参数,完善注浆参数,有效地控制地表隆起,保护环境。

(6)TSS 型注浆管采用普通焊接钢管加工制作,管材料来源广,加工容易。施工设备配套简单,工艺易操作,施工成本较低。

二、适用范围

本技术主要适用于饱和动态含水砂层(砂层为中细砂、中砂、中粗砂、粗砂,砂层渗透系数范围为 10^{-2} ~ 10^{-4}cm/s)的铁路、市政、公路、水工、电力等各种地下隧道工程的注浆加固堵水。其他地层根据要求可选用。

三、工艺流程

(一)施工工艺流程

TSS 型注浆管注浆施工工艺流程如图 9-9 所示。

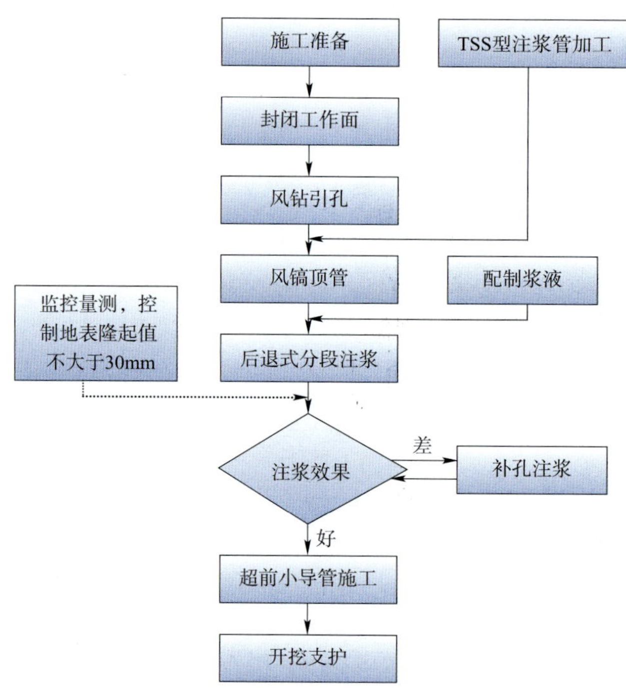

图 9-9　TSS 型注浆管注浆施工工艺流程图

(二)注浆管布设

(1)采用 0.5m 立杆作为开孔位置相对坐标,采用相对距离定位技术进行钻杆定位,用 1m 钻杆对混凝土封闭层进行钻穿引孔。

(2)用冲击套将注浆管顶入地层,注浆管外露 10 ~ 20cm。

(3)注浆管布设后,采用棉纱+速凝水泥砂浆将注浆管周围封填,以避免注浆施工中产生返浆。

(三)注浆作业

1. 注浆参数

注浆参数见表9-4。

注浆参数表　　表9-4

参数名称	参数值
注浆加固范围	开挖轮廓线外拱部及边墙2~3m,底板以下1~2m,掌子面砂层
注浆管长	4~6m,根据需要进行选择
止浆岩墙	50cm喷射混凝土层+(1.5~2m)余留止浆墙
凝胶时间	30~60s
扩散半径	0.5~0.8m
终孔间距	按式$\alpha \leqslant \sqrt{3}R$进行计算确定。式中,$\alpha$指注浆终孔间距(m);指浆液扩散半径(m)
注浆速度	5~30L/min
注浆段长	0.6m
注浆终压	0.5~1.2MPa(地下管线影响地带取低压,其他取中、高压)
单段注浆量	按式$Q=\pi \cdot R^2 \cdot h \cdot n \cdot \alpha \cdot (1+\beta)$进行计算确定。式中,$Q$指注浆量($m^3$);$R$指浆液扩散半径(m);$h$指注浆段长(m);$n$指地层空隙率;$\alpha$指地层空隙充填率;$\beta$指浆液损失率,一般取10%~30%

2. 注浆作业

注浆管全部布设完成后,开始进行注浆作业。采用TSS型注浆管配套设备及双液注浆泵,采取后退式分段注浆工艺进行注浆作业。

后退式分段注浆工艺:将带有止浆塞的芯管和顶管连接后插入到注浆管相应位置,顺时针旋转芯管上的法兰盘,使止浆塞膨胀,以达到止浆效果。连接注浆管路,采用双液注浆泵向孔内注浆,每次注浆段长度选择为0.6m,即第一段注浆完成后,反时针旋转芯管上的法兰盘,使止浆塞恢复到原状,将芯管后退0.6m,进行第二段注浆,如此下去,直至将整个注浆段完成。

后退式分段注浆要特别注意止浆塞的损坏程度,施工过程中若发现止浆塞存在问题,应立即更换,以免引起注浆管堵塞,造成芯管无法拔出,影响正常施工。

(四)监控量测

采用精密水准仪测试在注浆过程中地表的变形情况,控制注浆过程中地表的隆起变形。在注浆过程中,地表隆起限值为30mm。地表隆起超限时,应调整设计参数,采取增加注浆管数量、缩短布管间距等措施,以达到控制地表隆起变形、确保工程施工安全、有效保护周围环境的目的。

四、材料

(一)注浆材料

施工中主要采用超细水泥—水玻璃双液浆。超细水泥的粒径选择按J C King可灌性判式进行。J C King可灌性判式如下:

$$N_1=\frac{D_{15}}{G_{85}}\geqslant 15 \text{ 或 } N_1=\frac{D_{10}}{G_{95}}\geqslant 8$$

式中:N_1——注浆比;

D_{15}、D_{10}——地层的粒径累计曲线对应15%、10%的颗粒直径；

G_{85}、G_{95}——注浆材料的粒径累计曲线对应85%、95%的颗粒直径(通常采用注浆材料颗粒的85%、95%粒径作为注浆材料的"最代表粒径")。

(二)注浆管材及其配套止浆系统

施工中采用TSS型注浆管及其配套止浆系统。TSS型注浆管采用小口径的焊接钢管(加厚型)加工制作。其系列配套止浆系统由TS-A顶杆、TS-B注浆芯管、TS-C顶杆螺母、TS-D止浆塞等四部分组成。

五、工程实例

五号线小北路站东端联络通道连接左、右线站台隧道,并相接于东端站厅通道下直段,中心里程为YDK9+568.756,处于站台隧道C型断面。东端联络通道开挖断面尺寸为8.7m×8.1m,采用CRD法施工,设一道临时仰拱和一道中隔墙临时支护。站台隧道采用台阶法施工。

西端站厅通道横跨环市中路,位于本车站的西端,连接Ⅳ号出入口与Ⅰ号出入口。西端站厅隧道为马蹄形断面(边墙为直墙),最大开挖断面尺寸为11.7m×9.9m。西端站厅通道采用CRD法施工,设两道临时仰拱和一道中隔墙临时支护。

东、西端斜通道上直段各与东、西端站厅通道相接,并呈直角相交。斜通道上直段开挖断面尺寸均为7.19m×6m。东端斜通道上直段中心线位于东端站厅通道中心里程DZK0+29.8处;西端斜通道上直段中心线位于西端站厅通道中心里程XZK0+17.64处。站厅通道与斜通道上直段相交的三岔口采用CRD中隔壁法施工。

采用TSS型注浆管注浆工艺超前加固地层的部位有:站台隧道左、右线与东端联络通道相交三岔口;西端站厅通掌子面及拱顶;站厅通道与斜通道上直段相交三岔口。

(一)施工参数

西端站厅通道施工参数:TSS型注浆管沿拱顶按环向布置,间距设计为400mm,外插角为10°~15°。含砂层及软弱地层掌子面的TSS型注浆管间距为1m×1m,呈梅花形布置。洞门段单根长度为4m,普通标准段单根长度为3m。西端站厅通道开挖初期支护格栅钢拱架纵向间距为500mm一榀,按TSS管的搭接长度,即每开挖1.5m或立三榀格栅钢拱架就打设一环TSS型注浆管,对地层进行注浆超前加固。

东端联络通道站台隧道相交的三岔口施工参数:加固范围为东端联络通道所对应的左、右线站台隧道及各向东西两侧2m的拱顶,左线洞门至斜通道南侧3m,右线洞门进东端联络通道3m。TSS型注浆管沿拱顶按纵、环向布置,间距设计为1m×1m,外插角为10°~15°,单根长度为3m。

站厅通道与斜通道相交三岔口施工参数:加固范围为斜通道所对应的东、西端站厅通道的拱顶,斜通道洞门上120°范围内。站厅通道的TSS型注浆管沿拱顶按纵、环向布置,间距设计为1m×1m,斜通道洞门按环向间距400mm布置,外插角为10°~15°,单根长度为3m。TSS管身施钻内径为3~5mm、外径为6~8mm的溢浆孔,溢浆孔呈螺旋形布置,相邻两孔中心间距为50mm。

1. 注浆压力

(1)注浆压力应根据地层致密程度决定,一般为0.5~1.0MPa。

(2)注水泥浆或改性水玻璃浆液:初压宜为0.1~0.3MPa,砂质土终压一般应不大于0.5MPa,黏质土终压一般不应大于0.7MPa。

(3)注水泥—水玻璃浆液:初压为0.3~1.0MPa,终压为1.2~1.5MPa,并持续10min,压力下降值小于0.1MPa。

2. 注浆材料及浆液配比

注浆材料及配合比根据地质不同情况和要求采用以下两种:

（1）纯水泥浆：原材料为掺入 10% 微膨胀剂的普通水泥，水灰比为 -0.5:1 ~ 1:1。

（2）水泥—水玻璃双液浆：水泥采用 32.5R 普通硅酸盐水泥，水玻璃为 35°Be′。水泥浆液水灰比为 1:1 ~ 1:1.2；水泥浆液与水玻璃体积比为 1:1。

3. 注浆顺序及注浆量控制

（1）注浆时相邻孔位应错开，交叉进行。注浆顺序由下而上，以间隔对称注浆为宜。

（2）单根结束标准：当压力达到注浆终压，注浆量达到设计注浆量的 80% 以上，可结束该孔注浆；注浆压力未能达到设计终压，注浆量已达到设计注浆量，并无漏浆现象，亦可结束该孔注浆。单孔注浆量不超过 0.5m^3/m。

（3）本循环结束标准：所有注浆孔均达到注浆结束标准，无漏注现象，即可结束本循环注浆。

（二）施工工艺流程

TSS 管加工（提前加工）→注浆设备检查与维修→施工准备→施工作业平台搭设→孔位测量放样→成孔→TSS 型注浆管安设→TSS 型注浆管与成孔间隙封填→挂钢筋网喷 350mm 厚喷射混凝土封闭开挖面→TS-B 芯管与 TS-A 顶管安装→TS-C 顶杆螺母安装→接输送 TSS 管路→注浆机具设备调试→进行注水试验→浆液配制→第一段注浆施工→松开 TS-C 顶杆螺母→将 TS-B 芯管向外抽 60cm→拧紧 TS-C 顶杆螺母→第二段注浆施工→单管注浆完成→进入下一根 TSS 管施工（重复以上相关步骤）→本循注浆完成→清理场地及机具→施工结束。

（三）主要工序技术要求

1. TS-B 芯管加工

（1）TS-A 顶管：采用 ϕ30mm（外）×2mm（壁厚）、长 3.0m 的无缝钢管作为 TS-A 顶管。TS-A 顶管主要是起到推动 TS-D 型止浆塞，使止浆塞膨胀的作用，进而起到止浆作用。

（2）TS-B 芯管：采用 ϕ20mm（外）×2.5mm（壁厚）、长 3.3m 的无缝钢管加工 TS-B 芯管。TS-B 芯管加工示意图如图 9-10 所示。TS-B 芯管一端采用车床加工 3cm 外丝，配合螺栓和垫片，起到阻挡止浆塞作用；另一端采用车床加工 27cm 外丝，用于顶杆螺母的移动，以及连接 TSS 管路。

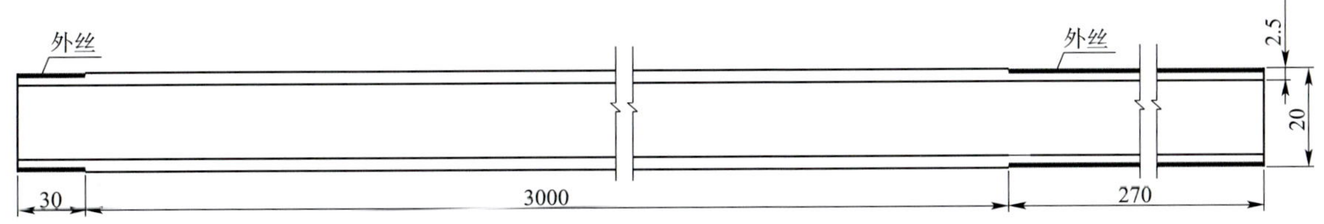

图 9-10　TS-B 芯管加工示意图（尺寸单位：mm）

2. TS-C 顶杆螺母及止浆塞加工

采用 ϕ60mm（外）×30mm（长）的圆钢加工 TS-C 顶杆螺母。TS-C 顶杆螺母内径应与 TS-B 芯管外丝形成内外丝配套。TS-C 顶杆螺母加工示意图如图 9-11 所示。螺母对应两侧钻 ϕ12 钻孔，深度为 10mm，安设 ϕ12mm、长 21cm 的螺杆。施工中主要通过旋转 TS-C 顶杆螺母，顶动 TS-A 顶管使止浆塞膨胀，从而达到止浆目的。

3. TSS 型注浆管制作

采用 ϕ42mm（外）×3.25mm（壁厚）、长 2.5m 的钢管作为 TSS 型注浆管，将管一端切割成尖形，并把切缝焊严密，使其密闭性良好。TSS 型注浆管应保证浆液通过压力注入地层，同时避免地层中的砂粒涌入 TSS 型注浆管，减免地下水渗流入 TSS 型注浆管中，起到单向袖阀作用。TSS 型注浆管管身采用钻床钻孔，施钻内径为 3 ~ 5mm、外径为 6 ~ 8mm 的溢浆孔，溢浆孔呈螺旋形布置，相邻两孔中心间距为 50mm。

为保证注浆过程不反浆，在 TSS 型注浆管的尾端宜留 800mm 不布孔，埋设时外露 200mm。在 TSS 型注浆管打入前用直径为 6 ~ 8mm 小铝片黏胶将注浆孔封盖，并用透明胶布黏牢，防止 TSS 型注浆管在打入时泥土进入管内导致注浆芯管无法进入。

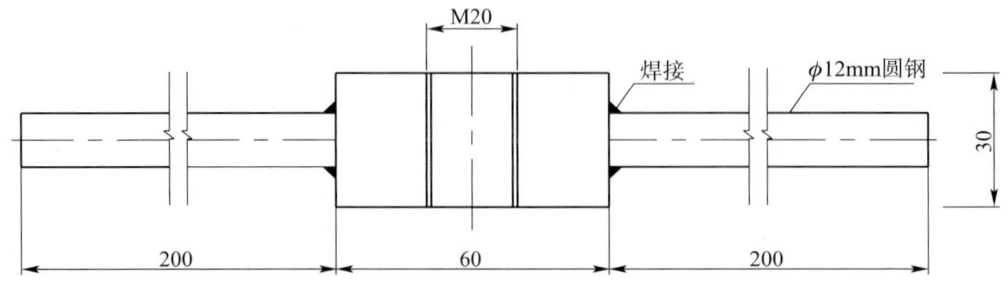

图 9-11　TS-C 顶杆螺母加工示意图（尺寸单位：mm）

如图 9-12 所示为 TSS 型注浆管钻孔布置纵剖面图，如图 9-13 所示为 TSS 型注浆管钻孔布置横截面图，如图 9-14 所示为 TSS 型注浆管 1-1 剖面钻孔大样图。

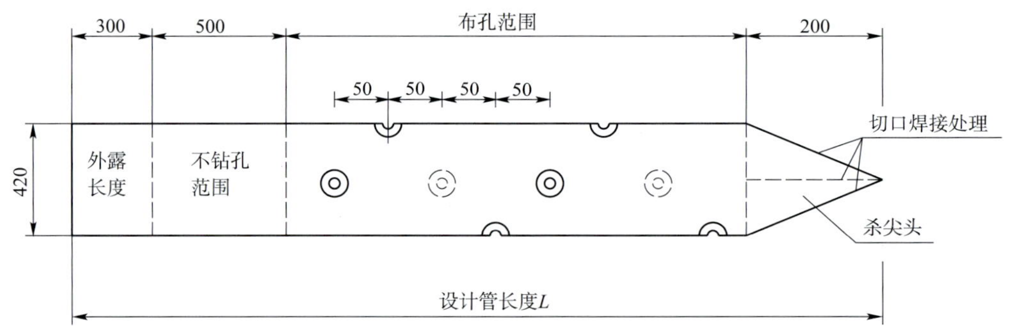

图 9-12　TSS 型注浆管钻孔布置纵剖面图（尺寸单位：mm）

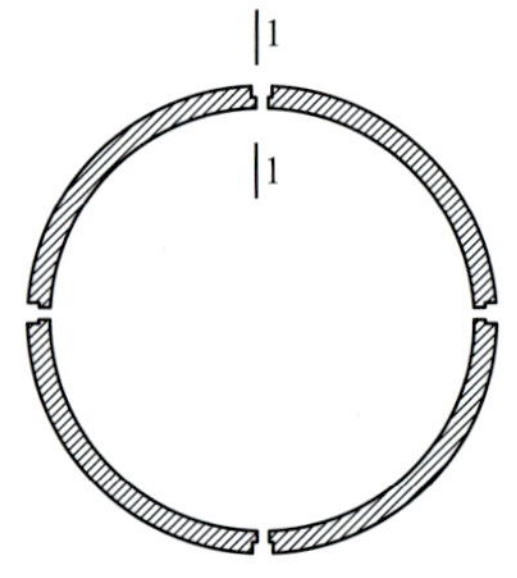

图 9-13　TSS 型注浆管钻孔布置横截面图

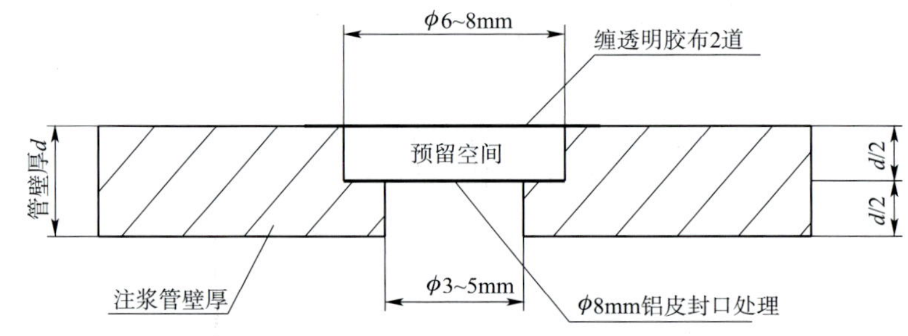

图 9-14　TSS 型注浆管 1-1 剖面钻孔大样图

4. TSS 管构件的组装

采用 ϕ34mm（外）×ϕ20mm（内）×80mm（长）尺寸的橡胶止浆塞（见图 9-15）进行止浆。将 TS-A 顶管、TS-B 芯管、TS-C 顶杆螺母和 TS-D 止浆塞配套后装入独头焊接钢管中。顺时针旋转 TS-C 顶杆螺母，使止浆塞膨胀至旋转困难时为止，停止旋转，将止浆系统固定牢固后，可进行注浆，如图 9-16 所示。

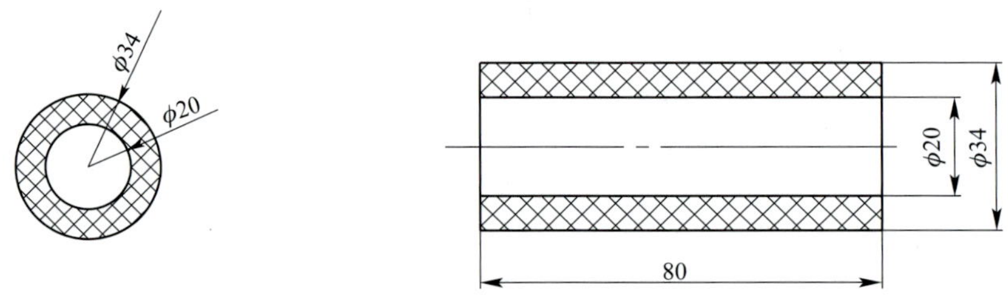

图 9-15　TS-D 橡胶止浆塞加工示意图（尺寸单位：mm）

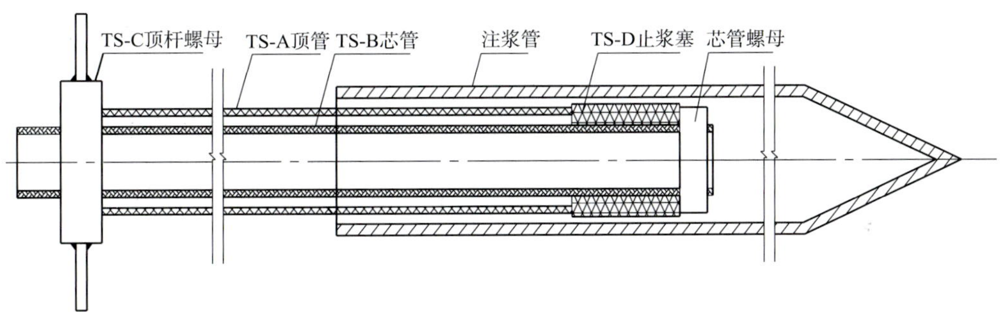

图 9-16 TSS 型注浆管组装图

第三节 冻结法加固技术

一、技术应用

冻结法施工技术最早于 1862 年在英国应用,此后德国、比利时、美国、法国、奥地利、荷兰、前苏联、瑞典和日本等相继开始应用。冻结法最初应用最多的领域是矿山工程,但在其他工程领域起步也较早。1886 年瑞典在一个长 24 m 的人行隧道施工中使用了冻结法,1906 年法国把冻结法应用于横穿河底的地铁工程中,前苏联在 20 世纪 70 年代使用冻结法构筑了 70 个城市轨道交通斜井隧道,日本自 20 世纪 60 年代开始在城市轨道交通、市政隧道等工程中采用冻结法。

我国于 1955 年在开滦煤矿林西风井首次使用冻结法,经过几十年的探索、实践和研究,冻结法已日臻成熟与完善,但其服务对象主要是煤矿竖井建设。自 1992 年起,冻结法工艺被广泛应用于上海、北京、深圳、南京等城市轨道交通工程施工中,其中 1997 年 11 月 ~ 1998 年 4 月,在北京市轨道交通大北窑车站南隧道进行了我国首例水平法冻结施工,水平距离为 45m。

广州市轨道交通从二号线开始采用冻结法,之后三号线、二/八号线、广佛线、六号线相继应用。二号线海珠广场站南端头采用冻结法加固为广东省首次利用冻结法进行地层加固,紧接着海珠广场站—公元前站区间左线隧道塌陷处理工程也采取了冻结封水加固方案;越秀公园站采用冻结侧壁封水方案,该基坑周长为 191m,冻结深度为 30m,为当时国内面积最大的冻结支护基坑;纪念堂站—越秀公园站区间隧道的南端穿越清泉街断裂破碎带时采用了水平冻结法作为辅助施工方法,冻结施工总长度为 115m,冻结管单管长度最长达 62m,为当时国内外水平冻结长度最长。三号线天河客运站折返线工程是当时国内水平冻结长度最长(冻结管单管长度达 72m)、开挖断面最大(直径 > 10m)的水平冻结隧道工程。二/八号线延长线工程南浦站—洛溪站区间联络通道采用先井挖联络通道、后切割隧道管片的方法,即在隧道内利用水平孔和部分倾斜孔冻结加固土层,使联络通道的外围土体冻结,形成强度高、封闭性好的冻土帷幕。广佛线普君北路站—朝安站区间左线隧道明挖修复工程采用冻结法对基坑东西两端头进行冷冻处理,使明挖修复施工在冻结帷幕的保护下顺利进行。这是目前国内在最浅覆土情况下首次采用水平 + 垂直冻结加固技术的工程。

二、冻结加固原理及施工阶段

冻结法是在岩土工程开挖之前,用人工制冷的方法将开挖工程周围的岩土层冻结成封闭的冻结圈(壁),以临时加固地层,抵抗地压,隔绝地下水,然后在冻结壁的保护下进行正常施工的一种特殊施工法。首先要打一定数量的冻结孔,孔内安装冻结管或冻结器,冻结站制出的低温冷媒经输送干管到各孔内冻结器,再由回路干管返回到冻结站。低温冷媒在冻结管中沿环形空间流动时,吸收其周围岩层的热量,使周围岩层冻结,逐渐扩展形成冻结壁。随着冷媒循环的进行,冻结壁厚度逐渐增大,直到达到设计厚度和强度为止。

冻结法施工分为三个阶段：

(1)积极冻结期：该阶段用设备的最大制冷能力工作，使地层尽快达到冻结厚度和冻结强度。

(2)消极冻结期：工程开挖期间称为消极冻结期。由于消极冻结期间只需要维护冻结壁不再扩展，又叫维护冻结期。

(3)解冻阶段：地下结构工程施工完成，停止制冷，地温恢复原状。

三、工法特点

冻结法具有以下几个特点：

(1)冻结加固体强度高。冻结后地层的抗压强度明显提高。

(2)封水效果好。可保证开挖工作面在不渗、不漏的无水条件下作业，其隔水性能是其他施工方法无法相比的。

(3)适应性强、灵活性好。可以人为地控制冻结体的形状和扩展范围，必要时可以绕过地下障碍物进行冻结。能适用于多种地层和各种地下工程，几乎不受地基土的地质条件影响，可形成任意深度、任意形状的冻土墙。尤其适用于含水量大、地质软弱、采用其他方法加固有困难的地层或难于施工的地下工程。

(4)整体支护性能和安全性好。冻结体形成后，冻结体内部不会存在任何缝隙，冻结加固均匀，是一个完整的支护体。在整体冻结体的遮护下，可保证隧道掘进的安全施工。

(5)环境保护好。由于冻结法是一种临时措施，地层冻结仅仅是将地层中的水变成冰，并且所固结的地层最终要恢复到原始状态，因而能保护城市地质结构和地下水不受污染。

四、注意事项

冻结法是一种重要的辅助工法，需要和地下工程的常规施工方法配套使用。在地下工程中采用冻结法施工，要想得到预期的效果，必须处理好以下几个环节。

1. 地下水质及地层含水率和地下水流速对冻结效果的影响

采用冻结法时，为了确定冻结法施工方案中的冻结温度，首先需要测量出地层中水溶液的低温冰盐共晶点。当地层含盐或受到盐水侵害时冰点都会降低，其程度与溶解物质的数量成正比。

一般地层含水率大于10%、地下水流速小于6m/d时，冻结壁就可以较快地形成。地层含水率小于10%时，可采取一定的措施增加土体湿度，以利冻结。地下水流速过大时，可加大制冷功率、降低冻结温度、加密上流区域冻结管分布或采取地下注浆的方法封闭土层中的部分空隙和孔洞，以减缓地下水流速的方法完成冻结。

2. 冻胀和融沉的影响

人工冻结法形成的人工冻土与未冻结土体相比，冻土的工程性质要复杂得多，其中最重要的原因是土体在冻结过程中有冰的形成。冰的形成往往导致土体体积增大和内部水分的重新分布，这使得土体的力学性质变得极不稳定。同时这也是人工冻结技术在城市地下工程施工中的主要问题。人工冻土的冻胀与融沉问题及其在施工过程中的控制方法是其重要的。在地层的冻结过程中，地层中的自由水变成冰，体积会膨胀，土中的自由水要迁移。而冻结后的地层在解冻过程中，土体中的冰会融为水，体积要减小，自由水也要发生迁移。过量的冻胀和融降量会对地表建筑交通和地下管线产生破坏作用。冻胀时，土体中产生的水压差导致地下水向冻结峰面迁移，致使冻胀现象越来越显著。当冻土融化时，体积减小，又产生较大的土层沉降。

一般可实施的抑制冻胀措施有：降低冷却温度，增大冻结速度，把冻结范围控制在必要的最小限度；

研究冻结管的布置，使冻结膨胀变形和热的传递方向一致；利用钻孔使地基产生沉降和松动，以抵消部分变形；研究冻土形成的顺序，尽量用横向位移吸收膨胀等。

融沉的防治措施有：采用局部冻结，减小冻土墙体积，从而减少融沉量；冻结管拔除后，管孔内要充填密实；解冻后，可进行适当的跟踪注浆；冻结孔施工时要保证黏土浆的质量，减少水土流失；采用快速冻结方法，缩短冻结时间；加强地面及冻结壁的监测，视情况可采取液氮冻结补强、泄压或注浆等措施，控制位移冻胀和融沉。

3. 冻土壁蠕变的影响

蠕变是指在应力状态不变的条件下，应变随时间逐渐增长的现象。冻土是具有弹塑性的黏滞体，在持久的外荷载作用下，会产生蠕变并引起应力松弛。所谓应力松弛是指维持应变不变，材料内应力随时间逐渐减小的现象。因此在冻土层开挖和开挖面暴露时间过长的情况下（如初期支护未能及时施作或初期支护的混凝土强度增长过于缓慢），就必须考虑冻土壁的蠕变对开挖安全性的影响。

4. 低温环境对混凝土浇筑施工的影响

地层中冻结壁的形成因阻水和增加地层的局部稳定性而有利于地下结构的施工。但是，地层温度的降低也会在一定程度上延长混凝土的凝结时间。可以采取加入热水搅拌、加热集料、加外加剂等方法保证结构混凝土的正常养护。但也应注意到，混凝土释放的水化热，也会使冻土壁融解，破坏冻土壁的整体性，不利于地层稳定。为避免这种影响，可以在开挖后的冻土壁和初期支护之间铺设适当的隔热层。

5. 水平钻孔时应注意的问题

(1) 众所周知，冻结法施工的地层都是含水地层，而在冻结孔施工时地层尚未进行冻结，如何防止冻结孔钻进时地层中的水由钻孔涌出是水平冻结孔施工必须解决的难题之一。

(2) 冻结孔钻进时偏斜率控制：冻结孔钻进时，孔的偏斜方向是多种因素共同作用的结果。地层条件、钻进压力、钻头的结构、钻杆的旋转速度等对钻孔的偏斜都有影响，要控制钻孔的方向，就目前的施工工艺很难做到。一般而言，孔的偏斜在垂直孔钻进中符合右旋法则，但在水平钻孔中表现得不明显。

6. 浅埋地层采用冻结法时应注意的问题

冻结过程埋深较浅的位置易受地表环境（昼夜温差、下雨等）、地下水位的变化、有流动水的地下管道等的影响，设计施工时必须采取相应的措施。

五、工程实例

实例 1：冻结法应用于二号线纪念堂站—越秀公园站区间清泉街断裂破碎带

（一）工程概况

广州市轨道交通二号线纪念堂站—越秀公园站区间隧道，斜穿清泉街断裂破碎带。而通过该断裂破碎带的区间隧道正上方是交通繁忙的应元路与连新路口，东侧为著名的中山纪念堂，西侧为广东省科技馆，北侧为三元宫等，这些建筑均为国家级或省级文物保护建筑。据地质勘察报告，清泉街断裂带稳定性差、导水性好并且直接与地表土接触，其施工成败直接关系到地面居民生命、财产安全和国家财产安全，施工难度与风险都很大，属于二号线隧道的咽喉工程之一。经专家多方论证，施工方案定为全断面水平冻结加固隧道、矿山法开挖。冻结施工总长度为115m，冻结管单管长度最长达62m。这是国内第一个穿越断裂带的水平冻结工程，其水平冻结长度当时在国内为最长，在国际上也不多见。

（二）工程地质

根据提供的工程地质及水文地质资料，施工区段内的地质构造与地层岩性变化复杂。其中清泉街断裂带与轨道交通线路斜交，中间是层间挤压带，为冻结加固的主要对象。冻结钻孔施工位于断层和层间挤压带，断层破碎带的母岩为碳质页岩，挤压带的母岩是碳质页岩及白云质灰岩；断层破碎带由砾岩和断层泥组成，胶结差，呈强风化状；中间挤压带中碳质岩呈全风化状，白云质灰岩为中风化岩和微风化岩，其中挤压部分岩芯成破碎状，裂隙发育，有溶蚀现象；在钻孔开口位置处开挖时曾因不明水源而淹井，因此在冻结钻孔施工时地层有大量涌水的可能性。

（三）冻结施工方案设计要点

1. 冻结钻孔设计

根据本工程的地质条件和水平分布情况，结合以往的施工经验，决定在本工程中采用冻结孔一次性钻孔并同时布设冻结管的施工方案。其技术难点有以下几点：

（1）水平冻结孔施工必须解决涌水的问题：根据经验研制了水平钻孔专用的封水装置，这套装置既能保证冻结孔钻进时泥浆的正常循环，又可以控制地层中水涌出量的大小。

（2）冻结孔钻进时偏斜率控制：为保证本次工程钻孔的精度，针对地层特点专门设计了钻头、改进了钻机，增加了特制的扶正器，对钻机的动力系统也作了相应的改进。其次在钻孔前先在地面将钻杆配好以保证钻杆的同心度，降低由于钻杆的不同心造成的偏斜。

（3）加强冻结孔钻进时的偏斜监测：特别是在最初钻进的几个孔，一定要在冻结孔钻进较浅时校核钻杆的方向，一旦发生钻孔偏斜可以采取相应措施进行处理，防止冻结管的偏斜。在找到一定的规律后，便可依地层的规律进行钻进。

（4）冻结孔钻井与冻结管铺设同时完成：此工艺的关键是采用专用水平钻孔钻头，该钻头允许钻孔内泥浆从内往外冲洗钻头但不允许钻孔外泥浆回流，同时在钻孔形成后可以保证钻孔的密封并承受住1MPa压力，以保证冻结器的正常运转。

2. 冻结设计

1）冻结壁强度设计

根据地质资料，设计中的土层物理力学特性按粉状土取值。土的重度为18.5kN/m^3，侧压系数取0.5。根据经验，冻土的单轴抗压强度取5MPa，抗折强度取2MPa，变形模量取250MPa，泊松比取0.4，隧道开挖取顶面埋深按15m计算。将冻结隧道简化为无限长圆筒计算，其内径为6.7m，取冻结壁厚度为1.2m。冻结壁顶面和底面深度分别为13.8m和22.8m，隧道中心深度为18.3m。经计算表明，冻结壁厚度取1.2m是安全可靠的。

2）冻结孔布置与冻结壁形成预测

根据冻结壁设计厚度1.2m和冻结钻孔允许偏差0.8%，以及为保证钻孔在含水地层中的间距在1.5m之内、终孔间距不大于2m的要求，冻结孔的开孔间距定为886mm。其次，对冻结孔布置进行了优化，根据设计的隧道掘进速度将冻结孔沿隧道方向设计为放射状（设计了外偏角），以满足冻结壁控制在适当的温度，既能满足隧道的安全需要，又不使冻土过多地进入开挖区而增加开挖的难度，并保证了隧道初期支护的质量。根据经验，设计冻结壁交圈时间为30d。

3）冻结壁对隧道外衬的影响

冻结法施工存在冻结壁与现浇混凝土（或喷射混凝土）相互作用的问题，为此，多年来许多专家做了很多研究。根据研究，温度对混凝土早期（1～3d）强度的影响大，对后期（7～28d）强度影响小。

4）冻结制冷设计

根据隧道冻结要求，北侧右线的冻结长度为62m，左线的冻结长度为53m，总计冻结管长度为3451m。根据矿山冻结的经验，按两条隧道同时积极冻结计算，冻结总需冷量为448289kcal/h。

但由于城市冻结法施工中盐水干管远远长于矿山冻结施工，加之广州地区的气温高、湿度大，以及原始地层温度高等种种因素，该工程选用了3套冷冻机组（其中一套备用），当盐水温度在-24℃，冷却水温度为 28℃时，其总制冷量为 677680kcal/h。

为准确地掌握冻结地层温度的发展情况，每条隧道均设计了两个测温孔布置在冻结壁相对薄弱的地方，以便对冻结壁的温度进行观测。

（四）施工中采用的新技术及遇到的难题

1. 水平钻孔的防水

首次使用钻孔密封装置防止冻结孔钻进时地层中涌水，特别是在钻进出水量大的钻孔时，这套装置发挥了非常大的作用。经过施工中的不断改进，现在使用的钻孔密封装置能够做到在控制地层水涌出量大小的同时保证冻结钻孔的正常钻进。

2. 水平测斜仪

由于本次施工是当时国内最长的水平冻结孔施工，为保证钻孔的精度，研制了两套水平测斜仪，并且首次在工程施工中使用。根据水准仪校对的结果，水平测斜仪的精度完全能够满足冻结孔的测量需要。

3. 冻结系统的监测

为提高冻结系统的自动化程度，研制了一套全数字式冻结运转的监测系统，所有冻结参数都由计算机直接处理，冻结系统的运转可动画演示，并备有一套摄像系统进行实时监控，使操作人员在控制室内就能看到冷冻机的运转状态。

4. 间隔式供冷冻结

为处理好冻结壁的安全与掘进的关系，在冻结设计时改进了冻结孔布置方式，采用了放射形的冻结孔布置。但为适应市政建设工期紧的要求，冻结孔的开孔间距取得比较小。其次，在冻结壁形成以后进行隧道开挖时，由于隧道开挖进度与设计时不可能完全一致，在具体施工时应根据开挖隧道的测温情况，在适当时候将冻结器间隔关闭，使整个冻结壁的冷源减少，以达到控制冻结壁的均匀发展的目的。

5. 设置冻结器密封检测装置

由于工程施工的特殊要求，对冻结器的可靠性要求比较严。为保证工程的安全可靠，本次施工时首次在每一个冻结器上均安装了冻结器密封检测装置，将检测时间缩短到了原来的 1/10。

6. 钻孔中遇到土洞或空穴

当 23 号孔钻到 17m 时发现不返浆，再往前钻进时钻孔卡钻严重，在钻到 43m 左右时已无法钻进，起钻后进行处理，消耗水泥、优质膨润土几十吨，估计该钻孔遇到了断层中的土洞或类似的空穴，该钻孔总共施工了 70h。

7. 冻结孔偏斜测量

冻结法的成功与否与冻结孔偏斜程度有很大关系，因此在钻孔过程中控制冻结孔的偏斜非常重要。而要控制冻结孔的偏斜首先要对冻结孔进行测斜，考虑本次施工的特点与测斜重点，选用了两种测斜方法：灯光测斜和水平陀螺测斜。灯光测斜的特点是直观、操作简单、方便、相对误差小，但测距相对较短且要求孔内除空气外不能有其他介质；水平陀螺测斜仪的系统复杂，但自动化程度高，理论测深可以无限远，且不受管内有无泥浆等液体介质的限制。如图 9-17 所示为水平陀螺测斜仪。

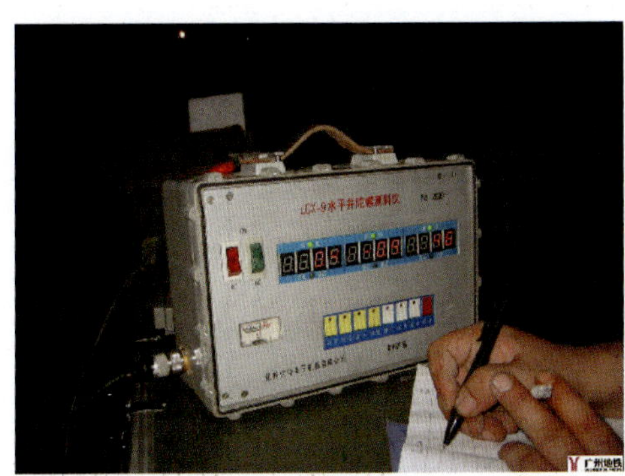

图 9-17　水平陀螺测斜仪

根据冻结工程需要，钻进过程中测斜工艺是不同的。根据施工经验与地层的地质条件，最后确定试孔，并进行地层检查工作。结合水平陀螺测斜仪的特点，前 20m 钻孔每 5m 设一个测点，而后 40m 钻孔每 20m 设一个测点。沿右线北侧隧道的前 3 个钻孔的测斜工作均按此原则进行，而钻进第 4 个钻孔及以后的钻孔时，则根据情况将测斜间距控制在每 20～30m 设一个测点，甚至直到钻完钻孔全深后再测斜。

(五)施工效果及分析

1. 测斜结果及分析

通过对测斜数据的分析:①水平钻孔由于在钻孔的工艺本质上与垂直钻孔不一样,对于垂直钻孔中普遍遵循的右旋法则,在水平钻孔中表现得不明显;②钻孔的地质条件,特别是断层的走向,对钻孔的偏斜方向影响较大;③总的来说,虽然此次是第一次施工 62m 的钻孔,除了两个测温孔之外,29 个冻结孔较好地达到了沿右线隧道均布的要求。

2. 冻结效果分析

采用长距离水平冻结施工技术对二号线纪念堂段破碎层含水地段进行了加固和封水,保证了隧道的正常掘进和支护,解决了二号线的一大施工障碍,也创造了当时国内最长距离水平冻结纪录。从隧道开挖情况和冻结壁的测温数据看,冻结效果非常理想,实测的冻结壁温度与所设计的冻结壁温度几乎一致。

实例 2:三号线天河客运站折返线区间水平冻结法施工

三号线天河客运站折返线区间位于广州市天河区广(州)汕(头)公路下,隧道净断面为马蹄形,净高 9146mm,净宽 11400mm,为双线隧道。隧道全长 140.8m,埋深约 10m,其衬砌断面如图 9-18 所示。隧道上方是连接广州与汕头、增城的重要交通干道,交通繁忙,不允许封路施工。

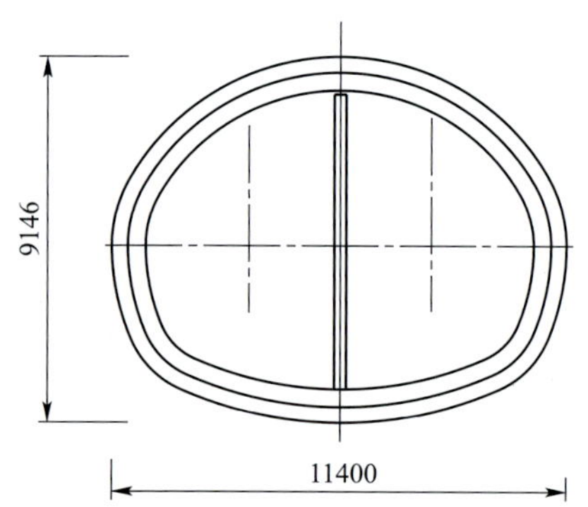

图 9-18　隧道衬砌断面图(尺寸单位:mm)

该工点地层属花岗岩风化残积层区,其上还分布有河湖相沉积土层,呈淤泥质存在。天河客运站折返线处的稳定地下水位埋深为 1.25 ~ 3m,平均埋深为 1.76m,地下水按赋存方式分为第四系孔隙水和基岩裂隙水两种;具有水力联系的孔隙水主要赋存在第四系杂填土层、冲积(洪积)砂层、花岗岩风化残积层、全风化带中,主要靠大气降水补给;河湖相淤泥质土层基本处于饱和状态,透水性差;冲洪积土层相对不饱水,透水性弱,但其含水量远大于 10%。由于这些地质因素,采用传统的支护方法难以对围岩进行支护并进行后序施工作业,故设计采用水平冻结法加固地层(全断面帷幕冻结)、矿山法开挖。

(一)冻结设计方案

根据本工程的实际情况确定冷冻的主要指标如下:

(1)冻结盐水温度:积极期, $-28 \sim -30$℃;维护期, $-22 \sim -25$℃。

(2)冻结壁平均温度: -8℃。

(3)冻结孔单孔盐水流量:$6 \sim 8m^3/h$。

(4)冷冻速率确定为冷冻壁发展的速度:向内约 20mm/d,向外 12mm/d,相邻孔之间为 25mm/d,但在实际中,在积极冷冻期平均各向都达到了 28 mm/d。

(5)有效冷冻壁厚度:2.5m。

(6)积极冻结期 150d、围护冻结期 90d。

(二)方案的实施

1. 冻结站的建立

建站前首先要考虑的是制冷设备的选择。制冷设备包括制冷压缩机、冷凝器与蒸发器、盐水循环系统。

冻结站建立的程序如图 9-19 所示。

我国冻结法施工所使用的制冷压缩机主要有活塞式和螺杆式两种。其中,螺杆式制冷压缩机具有性能稳定、制冷量大、可持续时间长等优点。根据设计冷量需求并结合现有设备施工经验，选择国内最新型氟利昂螺杆式冷冻机组，南、北端冻结站各配备两台 W-YSLGF600II(D)型冷冻机组和两台 W-YSLGF300II(D)型冷冻机组。冷冻机油选用 N46 冷冻机油，总计用量 3500kg。制冷剂选用氟立昂(R-22)制冷剂，总计用量 2800kg。

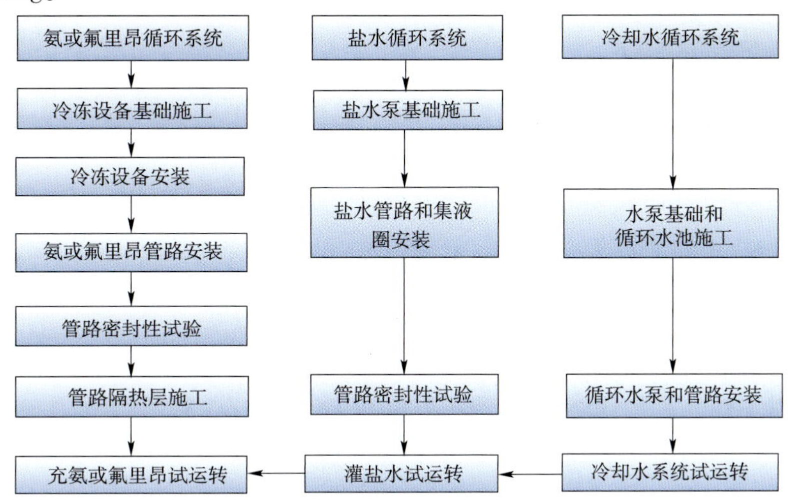

图 9-19　冻结站建立的程序框图

单台 W-YSLGF600II(D)型冷冻机组，当盐水温度在 −30℃，冷却水温度在 32℃时，其制冷量可达18.3×10^4kcal/h。单台 W-YSLGF300II(D)型冷冻机组，当盐水温度在 −25℃，冷却水温度在32℃时，其制冷量可达9.7×10^4kcal/h。单站冻结设计工况制冷量为 56×10^4kcal/h，富裕量约 26%，可保证备用一台。

冷却水管总管和支管分别选用 ϕ325mm 和 ϕ159mm 螺旋焊管。根据安装制冷机和制冷量要求，每个冻结站冷却水循环量约 380m^3/h，冷却水进水温度设计为 27 ~ 30℃，回水温度设计为 31 ~ 34℃。为节约用水，每站安装 6 台 SR-100 冷却塔、3 台 IS200-150-250A 型清水泵，对回水进行冷却，保证循环水利用率在 80% 以上。据此计算每站自来水消耗约为 15m^3/h，实际消耗仅为 2m^3/h。

冻结用电设备功率见表 9-5。

冻结用电设备功率表　　　　表 9-5

序号	名　称	型　号	电机功率(kW)	单位	台数	备　注
1	螺杆冷冻机组	W-YSLGF600II(D)	200	台	4	制冷量 561kW
2	螺杆冷冻机组	W-YSLGF300II(D)	100	台	4	制冷量 215kW
3	盐水泵	IS150-125-135	30	台	6	流量 240m^3/h
4	清水泵	IS200-150-250A	30	台	6	流量 374m^3/h
5	冷却塔	LBN-100	5.5	台	12	流量 100m^3/h
功率小计			1626kW			

2. 水平钻孔的分类与作用及布置情况

冻结法施工中的水平孔按其作用与功能可以分为水平冷冻孔、水平监测孔、水平卸压孔三种。

1)水平冻结孔的布置

根据冻结帷幕的设计厚度、温度及强度要求，结合隧道开挖平面及断面尺寸、土层性质和受力特征等，隧道单端设冻结孔 46 个，拱部开孔间距为 0.7m，边墙和仰拱部位为 0.8 ~ 1.0m，冻结孔距隧道开挖线 1.0m。为避免两端对打相遇，两端冻结孔错位布置；为减少冻土挖掘量，冻结孔原则上不允许内偏；为确保冻结壁顺利交圈，钻孔的偏斜应控制在 10‰以内，终孔最大间距不大于 2.5m。如图 9-20 所示为冻结孔开孔施工。

图 9-20　冻结孔开孔施工

2）冻结监测孔的布置

设计冻结帷幕范围内不同方向各布置 4 个测温孔，拱部、隧底冻结壁外侧各一个，长度 75.0m，两边墙冻结壁内侧各一个，长度为 20～30m。根据测量地层温度变化并结合冻结温度场的模拟计算，预报、判断冻结壁的扩展情况。

隧道南北、两端开挖断面内各设水平压孔 4 个，视情况分散布置，深度为 2～8m。孔口安装压力表和卸压阀，通过观察压力表的变化可判断冻结壁是否交圈。交圈后，随着冻结壁不断内扩，受冻胀影响，隧道内地下水压力不断增大，并反映到孔口压力表上。为避免压力过大危及端壁墙的安全，要及时通过孔口卸压阀放水卸压。

天河客运站水平冻结钻孔质量成果见表 9-6。

天河客运站水平冻结钻孔质量成果表　　表 9-6

位置	孔　类	孔数	达到设计深度孔数	一次试压合格孔数	偏斜控制合格孔数	备　注
南端	水温孔	4	4		4	13 号、28 号冻结孔因抱钻孔深分别差 2.0m、1.2m
	测温孔	4	4		4	
	冻结孔	46	44	43	46	
北端	水温孔	4	4		4	为补偿南端 13 号、28 号长度不足，将北端对应相临 4 个孔加长
	测温孔	4	4		4	
	冻结孔	46	46	46	46	
小计		108	106	89	108	相临孔最大间距为 1970mm

3. 冻结施工

冻结施工分为两个时间段：积极冻结期和维护冻结期。积极冻结期是冻结站投入正式运转后，在最大地压水平的冻结管最大间距处，冻土墙（冻结壁）扩展到设计厚度和强度的时间。维护冻结期是指在冻结壁扩展到设计厚度和强度后，由于冷量损失，冻结站仍需继续工作以维持冻结壁必要的厚度和强度的时间。

在积极冻结期中，以冻结壁交圈为时间点划分成两个阶段。交圈前称为冻结壁形成阶段，交圈后称为冻结壁发展阶段。其冻结壁交圈时间预计按冷冻场温度梯度理论通过下列公式计算：

$$t=\frac{L_{max}}{2v}=\frac{L+S\times1\%\times2}{2v}=\frac{1000+71900\times1\%\times2}{2\times25}=49\text{d}$$

式中：L——相临冻结孔布孔间距（mm）；

S——冻结孔长度（mm）；

v——相临冻结孔间冻土发展速度（mm/d），取经验值。

冻结壁达到原设计厚度及强度时间预计为：

$$t=k\frac{H-H_1+(0-T)/\delta}{v}=1\times\frac{2000-1000+8/0.1}{12}=90\text{d}$$

式中：k——环境温度边界条件的修正系数，取 1～1.2；

H——设计冻结壁厚度（mm）；

H_1——冻结孔距开挖轮廓线距离（mm）；

T——设计平均冻土温度（℃）；

δ——冷冻场温度梯度（℃/mm）；

v——冻土向外发展速度（mm/d），主要取经验取值。

隧道开挖后即进入维护冻结期，该时间长短视隧道施工时间而定。

天河客运站冻结施工原设计冻结壁强度（依据经验取值为 -8℃时对应强度）为 5～6MPa，但实际冻土试验得出本地质段冻土在 -8℃时强度仅为 2.09MPa。为保障施工安全,冻结壁厚度进行相应变更,即开挖轮廓线以外冻结壁厚度变为 2.5m,结合现场的实际情况,积极冻结期延长两个月,变为 150d。

4. 停冻,冻结管充填注浆

隧道开挖支护贯通后即停止冻结,自上而下依次拆除回收盐水干管、集配液圈和内供液管(冻结器),用相对密度为 1.6~1.7 的水泥浆充填冻结管。

5. 融沉治理跟踪注浆

冻结法施工冻胀和融沉都是必然发生的,目前融沉治理基本上都采用注浆补偿的办法,即在隧道内径向预埋注浆管,并在解冻过程中反复注浆,但由于预埋注浆管要穿透外防水结构,对隧道防水十分不利。一般情况下隧道拱部冻土外圈解冻快于内圈解冻,不利于地面融沉的控制。本工程充分考虑了这些因素,采取了地面和隧道内注浆相结合的方法。

地面注浆在沿隧道轴线两侧 14m 宽范围内布管,纵向每 5~6m 设一个断面,每个断面设注浆管 3~4 个,间距为 4~5m,深度至隧道拱腰或距初期支护 0.2~0.5m,注浆管采用袖阀管。隧道内注浆时,在隧道仰拱预埋 ϕ60mm 注浆钢管,纵向每 5m 设一个断面,每断面设注浆管 3 个,分别位于隧道中间和仰拱两侧边。

由于融沉治理注浆仅为补偿注浆,浆体固结强度不作要求,可采用纯水泥浆和混合浆液。注浆压力以不超过地层原状土注浆压力(试验取得)为准,一般为 0.6~0.8MPa。

实例 3:广佛线冻结法施工

(一)工程概况

珠江三角洲城际快速轨道交通广佛线普君北路站—朝安站区间左线隧道在盾构推进至 196 环时,由于地质条件复杂,196~225 环已经拼装完成的隧道管片发生超限情况。为了确保以后轨道交通运营的安全,对该段隧道采取原位明挖修复。在修复区域施作钢筋混凝土连续墙对原位变形隧道进行加固;在垂直隧道延伸方向的基坑东西两侧,连续墙只能施作至盾构隧道管片上部 0.5m 范围外,因此成了没有生根的吊脚墙,在隧道顶部上方形成了约 0.5m 高透水缝隙。根据地质资料勘察报告和物探报告,工程范围内的土层从上至下依次为〈1-1〉杂填土、〈1-2〉素填土、〈2-1〉淤泥质土、〈2-2〉淤泥质粉细砂、〈3-1〉粉细砂层、〈3-2〉中粗砂层、〈4-1〉粉质黏土、〈5-2〉硬塑性残积岩、〈7〉强风化层。隧道顶部范围内地层主要为富水性好的〈3-1〉粉细砂层。

考虑到搅拌桩、连续墙、旋喷桩等只能位于管片 0.5m 范围外,因此,管片顶部和下部的封水将无法保证,故采用人工冻结法对基坑东西两端头进行冷冻处理,使原位明挖修复管片在冻结帷幕的保护下顺利进行。

(二)冻结设计

1. 冻结孔布置

冻结方案为地面垂直孔全深冻结封顶加隧道内施工钻孔冻结封底,即在地面适当位置施作长度不同的冻结孔,在隧道顶部与竖井维护结构周围形成封闭的冻结帷幕,然后在隧道内施作一定数目的浅孔。为确保隧道顶部管片与土体交接面处冻土交圈,在两端头隧道腰线以上各布置两道冻结冷板,以加强冻结。地面垂直冻结孔共计 48 个,隧道内冻结孔共计 32 个。如图 9-21 所示为明挖修复段施工,如图 9-22 所示为洞内冻结孔剖面图。

2. 冻结参数

1)制冷设备

根据计算制冷量选用 2 台 JYSLCF300Ⅲ型氟利昂螺杆式冷冻机组,标准制冷量为 25×10^4kcal/h(功率为单台 110kW)。当盐水温度为 -30℃、冷却水温度为 32℃时,单台套工况制冷量可达 8.75×10^4kcal/h。

图 9-21 明挖修复段施工

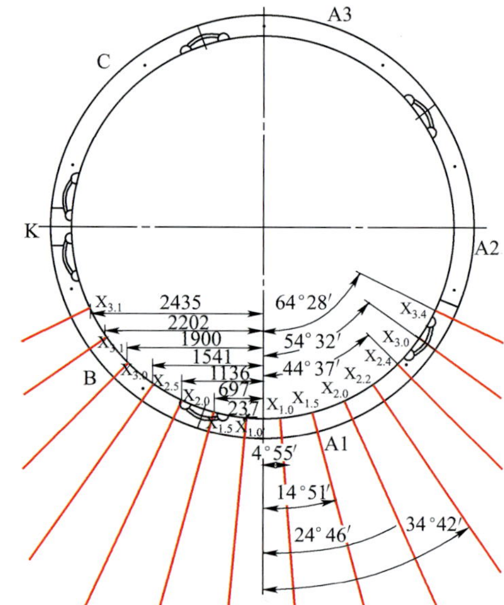

图 9-22 洞内冻结孔剖面图(尺寸单位:mm)

2)冷冻系统辅助设备

盐水泵选用 IS150-125-315 型 2 台,电机功率为 30kW,流量为 240m³/h,扬程为 29m。冷却水循环选用 IS200-150-250A 型清水泵 2 台。水泵性能:电机功率为 22.5kW,流量为 200m³/h,扬程为 17.5m。冷却塔选择 LBN-50 型玻璃钢冷却塔 4 台,单台循环水量为 50m³/h。

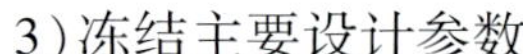

3)冻结主要设计参数

(1)积极冻结盐水温度最低为 -30℃。

(2)冻结孔单孔流量不小于 4~6 m³/h。

(3)冻结帷幕交圈达到设计防水要求的时间为 25d。

(4)采用全过程积极冻结。

(三)冻结效果

1. 盐水温度

在冻结初期因为冻结面的增加需要补充新的盐水,盐水温度出现大的波动现象,待至开机 10d 后各工作面全部开始正常冻结,盐水温度开始稳定下降。冻结初期由于热负荷较大,盐水去、回路温差在 -1.5℃左右。冻结 20d 时,去路盐水温度降至 -29.63℃,回路盐水温度为 -28.63℃,温差为 -1℃,去、回路温差变小。

2010 年 4 月 17 日开始基坑的降水开挖施工,由于基坑两侧地下连续墙突然大面积暴露和气温大幅上升等原因,盐水干管温度有所回升。为确保基坑开挖安全,仍采取积极冻结,去、回路盐水温差在 -1℃左右波动。5 月 27 日隧道修复段底板基本完成浇筑,对冷冻机组进行减载,盐水温度回温较大。

2. 土体冻胀压力

在隧道底部冻结区域布置冻胀压力测孔。压力传感器采用 YL-50 型振弦式土压力盒,使用时固定在测压管上,测压管下放时打入土体,信号通过屏蔽电缆连出,用 CTY-202 型频率测试仪采集信号数据。4 月 12 日,管片后压力发生突变,迅速增加,4 月 18 日压力达到最大值。其主要原因是突变期内大量的未冻水发生相变,引起土体体积的急剧增长,但土体的变形受到限制,从而引起应力的剧增。在交圈完成后,冻胀压力逐渐减小并趋于稳定。

(四)小结

(1)由于本工程工期紧、冻结时间短,应慎重考虑基坑开挖过程中降水对冻结壁的影响,开挖过程及管片拆除等工序要避免对冻结壁产生较大影响。

(2)在开挖修复全过程中两冻结封水端未出现流水现象,冻结封水很成功。

(3)基坑北侧地下连续墙接缝漏水(距离最近冻结壁约12m)短时间内对冻结壁无较大影响。

(4)本冻结工程在隧道顶部布置了冻结冷板加强冻结,提高了冻结效率,保证了工程安全。

实例4:六号线坦尾站—如意坊站区间水平+垂直冻结加固

(一)工程概况

1. 工程概述

六号线坦尾站—如意坊站区间暗挖段隧道冻结加固工程位于坦尾站东端,隧道与车站对接,为双线矩形断面。地面有已运营五号线车站,对接段有近10m的长度在五号线车站的正下方,正上方为五号线站厅出入口及雨棚等。采用水平+垂直冻结加固土体,进行矿山法施工。隧道结构为现浇混凝土结构,结构厚度为侧墙700m、顶板800mm和底板900mm。如图9-23所示为地下工作面冻结区域,如图9-24所示为地上工作面冻结区域。

图9-23 地下工作面冻结区域

图9-24 地上工作面冻结区域

2. 地质条件

本段场地较平坦,砂层分布广泛,厚度较大,地下水丰富。根据地质资料,暗挖隧道埋深较浅,深度范围内为〈2-2〉淤泥质粉细砂层,隧道结构下部为〈4-1〉粉质黏土层,结构上部为人工填土。

3. 施工难点及工程特点

本工程结构所处的土层为砂性土,含水量高,渗透性强,为透水土层。本段砂层分布广泛,且厚度大,连通好,与地表水水力联系密切,富水性强。在钻孔和开挖时,易发生涌水坍孔等事故。

冻结施工地点离两侧珠江水系较近,只有500多米,易受江面潮水起落影响,引起地下水的流动,造成一定的冷量损失。

冻结地层离地面较近,顶板冻结边线离地面约2.4m。广州的气温较高,气温对地面的温度影响对冻结帷幕不利。

地面有正在运营的五号线,冻结区域离站厅较近,冻结胀力释放较直接,控制不当容易引起车站站棚变形。

防水难度大,由于初衬后预埋注浆管的原因,本暗挖结构无法采用PVC防水板全包防水。结构分区浇筑,施工缝多,接缝处漏水控制也是防水控制一个难点。

由于采用分区开挖,施工作业空间狭小,钢支撑只能采用人工安装,施工难度较大。

(二)冻结法施工设计

1. 冻结施工相关技术参数

冻结法设计前对加固现场土体进行抽芯取样试验,试验结果表明冻结加固范围内土层主要为〈2-2〉淤泥质粉细砂。根据中国矿业大学《广州地铁盾构二标二期暗挖段水平冻结土样冻土力学性能试验报告》,取冻土强度指标如下:抗压 6.4MPa,抗折 3.0MPa,抗剪 5.5MPa(-10℃)。

2. 冻结帷幕设计

冻结帷幕(见图 9-25 和图 9-26)设计厚度为 2.0m,其有效平均温度不高于 -10℃。

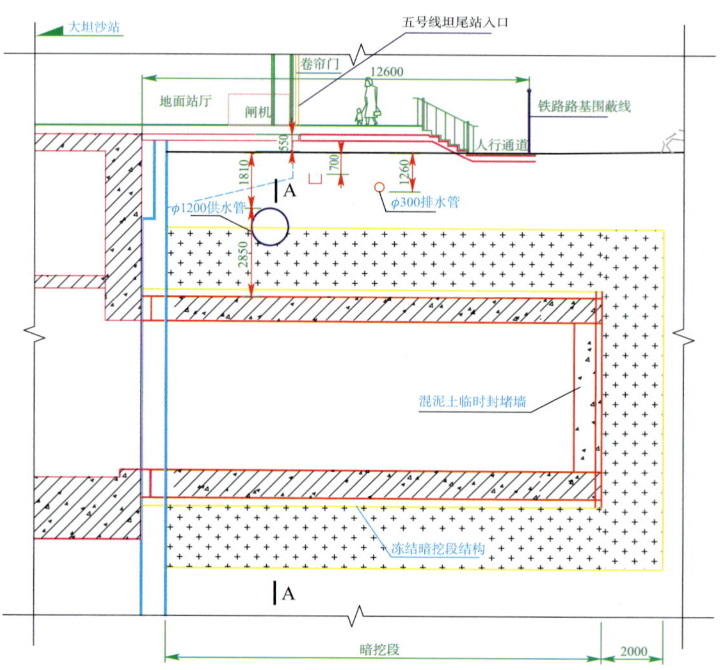

图 9-25 冻土帷幕平面图(尺寸单位:mm)

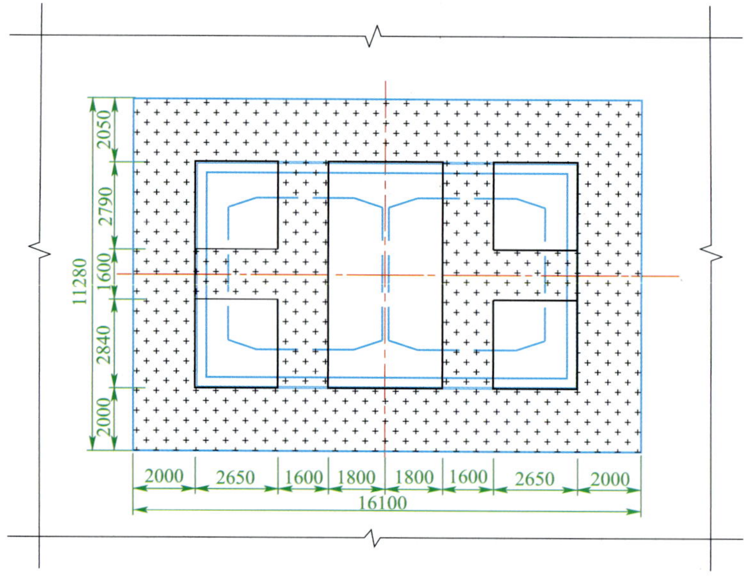

图 9-26 冻土帷幕剖面图(A-A)(尺寸单位:mm)

开挖区外围冻结孔布置圈上冻结帷幕与维护结构交界面处平均温度不高于 -5℃。其他部位设计冻结帷幕平均温度不高于设计平均温度。

设计积极冻结时间为 45 ~ 50d，要求冻结孔单孔盐水流量为 5 ~ 7.5m³/h。积极冻结 7d 盐水温度降至 -20℃以下；积极冻结 15d 盐水温度降至 -24℃以下；开挖时盐水温度降至 -28℃以下。去回路温差不大于 2℃，如盐水温度和盐水流量达不到设计要求，应延长积极冻结时间。

3. 钻孔布置设计

对接暗挖段隧道设计冻结孔 120 个，冻结孔补孔 3 个，测温孔 15 个，泄压孔 8 个，泄压注浆孔 13 个。冻结过程中发现，冻结上部土体情况较为复杂，多为回填土，降温效果不太理想。为了能够更好地了解上部冻结孔周围土体的降温情况，施工方在上部冻结孔周围先后增加了 7 个测温孔（T16-T22）。垂直测温孔平面布置如图 9-27 所示。

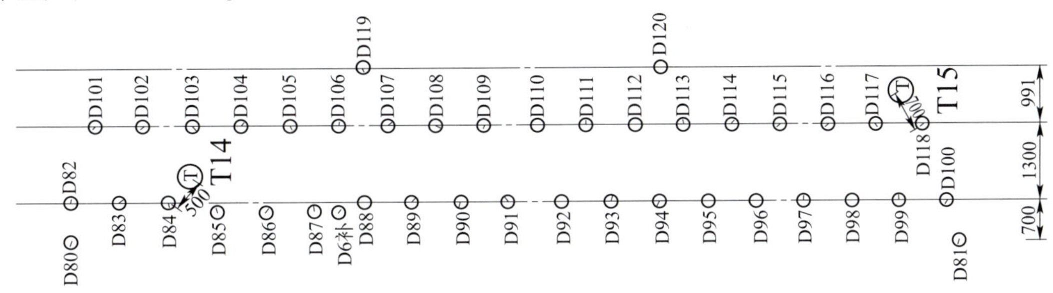

图 9-27 地面垂直冻结孔平面布置图（T 为测温孔、D 为冻结孔）（尺寸单位：mm）

（三）冷冻施工中所遇问题及采取措施

1. 冷冻效果受端头渗漏影响

1）所遇问题情况简述

结构所处的土层为砂性土，含水量高，渗透性强，为透水土层。本段砂层分布广泛，且厚度大，连通好，与地表水水力联系密切，富水性强。从测温孔 T13 的降温数据（见图 9-28）来看，冻结初期受地下水位变化和盐水温度波动影响温度出现波动，尤其是 T13-1 和 T13-2 两个测点波动更为明显，除受空气环境影响外，更大的一个原因是灌注桩墙面往外渗水。冻结初期插入墙面的水管有大量水流淌出，由于水的流动带走大量冷量，对冻结的效果有很大的影响。

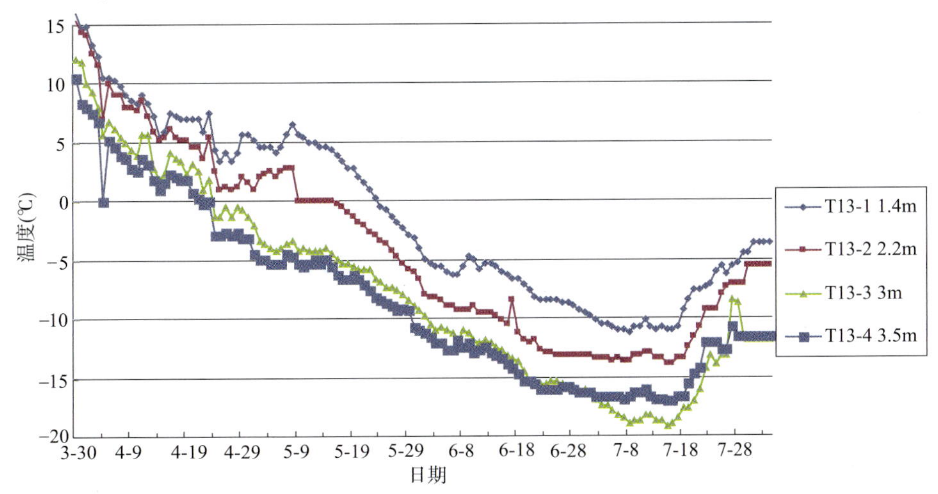

图 9-28 T13 测温孔内各测点的温度随时间变化曲线

2）处理措施以及效果

查明原因后，在墙面挂网喷射混凝土，并在其表面涂抹沥青进行防水。处理后除极个别地方仍然流水外,整体效果较好,没有再出现大面积的渗水情况,各测点温度波动情况明显减弱。

因此,在施工之初做好掌子面堵漏封堵,将有效减少水流对冻结效果造成的影响。

2. 上部冻结帷幕发展受地下水影响严重及地下土层注浆处理

1)所遇问题情况简述

根据检测数据显示,冻结一区的侧墙和底部冻结情况良好,但上部冻结孔发展缓慢,历次阴雨天都导致 T7、T8、T9 测温孔温度升高(见图 9-29),打开上部泄压孔都有大量水流流出。对地面相关雨水管、污水管进行封堵处理,但效果甚微。讨论分析认为地面以下 4.5m 大都为杂填土、砖块等,土层缝隙很大,这就为历次下雨敞开了流水的通道。专业数据显示,晴天水位在 2.4 ~ 2.5m 之间,而阴雨天水位在 1.56 ~ 2.03m,水位变化幅度很大很快,地下水的流动带走了很大的冷量,使得该地层冻结难度加大。

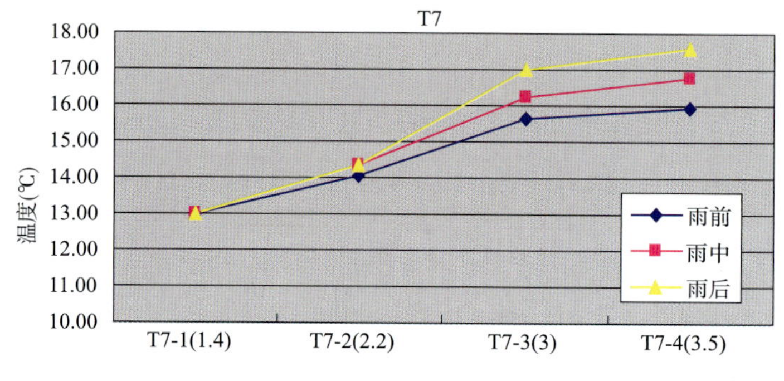

图 9-29　T7 测温孔雨前雨后温度对比图

2)处理措施以及效果

限于工程的特殊性,结合现场的施工情况,制订注浆实施可行性方案。为了快速完成注浆充填地层,最大限度地保证工期,直接利用上部第一排冻结孔上方 13 个泄压孔作为注浆管路。注浆目的:封堵、充填、改良上部杂填土层,用两侧注水泥浆来隔绝外部水流,中间充填混合浆液来填充其内部空隙,从而减小对冻结区的不良影响,减少冷量散失,为冻结的完全交圈创造良好的外部环境。

(1)两侧封堵

注浆孔布置:针对两侧位置泄压孔 XT1、XT2、XT3、XT11、XT12、XT13 进行封堵注浆,目的在于阻止上部冻结加固体两侧水流的侵袭。

注浆材料:浆液为单液浆,重量配比为水:水泥 = 1:0.8 ~ 1。

注浆顺序:先注 XT3、XT11,再注 XT2、XT12,最后注 XT1、XT13。

注意事项:在注入水泥浆前应先注入清水,检查各注浆孔之间衬砌后间隙是否畅通。在对每一个孔注浆完毕后要用清水清洗,再继续用膨润土填充该注浆孔,不能因为存在水泥浆液而将该孔废掉。

(2)中间填充

注浆孔布置:针对中间位置泄压孔 XT4、XT5、XT6、XT7、XT8、XT9、XT10 进行充填注浆,目的在于充填冻结加固上部中间土体的缝隙,以阻止上部雨水浸渍。

注浆材料:浆液为惰性浆液,质量配比为每立方水含粉煤灰 1200kg,水泥 75kg,膨润土 75kg。

注浆顺序:先注 XT4、XT10,再注 XT5、XT9,最后注 XT6、XT8,结尾注 XT7。

注意事项:在注入水泥浆前应先注入清水,检查各注浆孔之间衬砌后间隙是否畅通。在对每一个孔注浆完毕后要用清水清洗,再继续用膨润土填充该注浆孔,从而保证该孔可以重复利用。

(3)处理效果

在整个 4 月下旬到 5 月 9 日,阴雨天频繁,每次下雨之后温度都回升。5 月 25 日受注浆影响,T7 温度短暂回升,但之后 5 月 26 日就下降了,这说明注浆对测温孔的温度回升的影响小且短暂。

根据气象资料及测温,5 月 27 日(暴雨)及 28 日(阵雨到中雨),T7 测温孔虽有升温但幅度明显减小,在 0 ~ 0.5℃之间。但总体趋势显示,T7 的温度都呈现下降趋势,至此,注浆处理结束,且效果达到预期目标。如图9-30示为T7注浆后温度变化趋势。

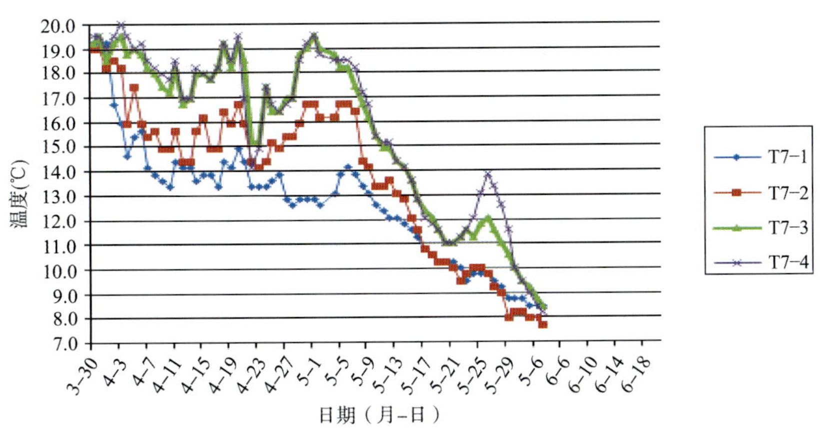

图9-30　T7注浆后温度变化趋势

3. 冻结过程中遇停电突发事件及处理措施

1）事件发生经过

2012年6月21日下午约15:00时，水平、垂直冷冻机因市政电力管网停电而停机，现场冻结一区开挖受到严重影响，因而进入紧急状态。

2）应急处理过程

现场第一时间对安全防护门进行关闭，并安排专职人员对土体温度进行监测。

经全力抢修，水平冻结站、垂直冻结站设备分别于当晚19:35及21:15恢复运转，经监测，冷冻盐水温度回升约4℃，开挖掌子面稳定，未受到太大影响。

发生本次事件后，各方吸取教训，在现场放置备用发电机，并组织了现场停电应急演练工作，保证类似情况发生时及时做出正确应对措施，确保施工安全。

（四）小结

本工程冻结法施工，自2011年12月22日开始施作水平钻孔开始至2012年9月20日结构施工结束，共计273d，期间端墙渗漏、地下水位情况未掌握、地下管路未能提前处理等问题使冻结壁形成受到影响，后通过地层注浆、地下流水管路封堵等措施，最终使冻结壁厚度达到设计要求，顺利完成本次冻结法加固暗挖隧道施工。

第四节　水平旋喷桩加固技术

一、技术介绍

水平旋喷加固技术是在常规旋喷注浆技术基础上发展起来的一种新的施工技术，在国外已成功地应用于各种软弱不良地层的预支护。水平旋喷桩工艺是采用水平定向钻机先打设精度高于3‰的预导孔，预导孔打设到设计长度后旋转回撤钻杆，在回撤钻杆的同时，用35MPa的压力，将配制好的水泥浆液通过钻杆喷射到土体中。喷射流以巨大的冲击力切削土体，强制使土体颗粒与水泥浆液搅拌混合，在胶结硬化后，形成水平圆柱状水泥土固结体，即水平旋喷桩。桩体之间相互啮合，在隧道拱顶及周边形成封闭的水平旋喷帷幕体。如图9-31所示为导向水平旋喷示意图。

图 9-31　导向水平旋喷示意图

二、适用范围

(1)本技术主要适用于黏性土、砂类土、泥面岩及小粒径的砂砾层和破碎带。一般桩径能达到 500～800mm。

(2)本技术可灵活适应于全断面法或台阶法的不同施工。

三、技术特点

(1)隧道开挖之前,在掌子面前方构筑拱形刚性体,减轻了传到掌子面和支护上的荷载,控制了开挖引起的变形。

(2)旋喷土体形成了强度较高的改良体,支撑了上部荷载,控制了不良地层的坍塌。

(3)可根据需要控制水泥桩体的直径,当旋喷直径较大时,可与复喷、定喷、摆喷等工艺相结合,或加大喷射压力,或适当放慢回提速度等,使之满足预定的设计要求。

(4)水泥用量及切削土体的方向可以控制,旋喷桩重叠比较规则,形成的衬砌体均匀,且强度较高。

(5)因允许有较大的浆液溢流和回灌补浆,可有效地控制地面隆起和旋喷桩断桩等现象的出现。

四、工艺流程

水平旋喷桩工艺流程如图 9-32 所示。

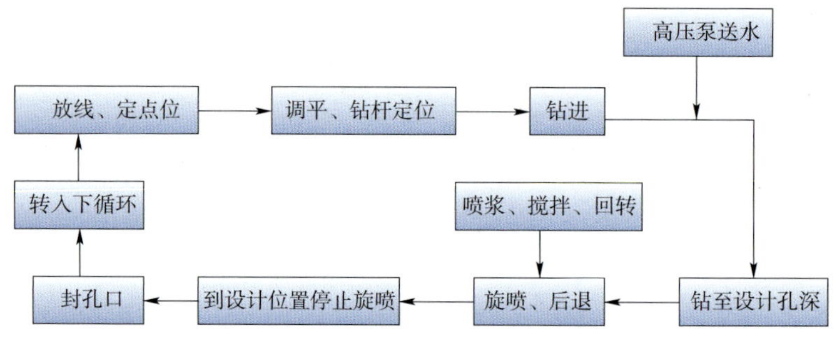

图 9-32　水平旋喷桩工艺流程图

五、工程实例

(一)工程概况

二号线新港东站—磨碟沙站区间,东段穿越华南快速干线。快速干线为双线八车道,路基宽 60m,辅道宽 20m。隧道设计为两条单线隧道,净间距为 2.5m,暗挖区间长 80m,埋深约 5m。本区段地形平缓,基岩为砂岩,埋深约 20m,其上覆土依次为杂填土(层厚 3.3m)、淤泥质土(层厚 2.2m)、粉砂(层厚 5.5m)、粗砂(层厚 7.2m)。本地区地下水丰富,水位深约 2.5m,砂土层透水严重且水位受珠江潮汐的影响。隧道在粉砂及粗砂层中穿过。

(二)工程特点

(1)地质条件差,水文情况复杂。本工程暗挖隧道所处地层为杂填土、淤泥质土、淤泥质粉砂、砂砾地层,地下水丰富,且随珠江水位升降。隧道穿过淤泥质粉砂、砂砾地层,围岩松散,自稳能力差,含水量大,地下水位高,地下水补给极易引起开挖中的涌水、流砂现象,对洞室稳定和开挖工作极为不利。

(2)隧道埋深浅,地表沉降控制要求高。隧道拱顶埋深为 5m 左右,地面为华南快速干线。施工期间要求地表沉降不影响快速干线的正常运行,对水平旋喷桩及洞室开挖的施工要求高,影响大。

(3)本工程两隧道净间距为 2.5m,相邻两隧道开挖施工影响大。

(三)方案选定

要保证隧道暗挖施工顺利、安全进行,首先要对隧道周边土体进行预先加固,防止隧道开挖时发生涌水、流砂、崩塌等现象。根据现场情况,主要考虑了两种工法,一种是冻结法,另一种是水平旋喷桩法。两种工法当时都是比较新的施工工法,特别是长达 41m 的水平旋喷桩法在国内尚属首次。本工程地下水丰富且与珠江水相连通,随珠江水位变化,冷冻较为困难。从造价上,两种工法的造价相差不大。综合各种因素,最后采用水平旋喷桩法。其支护方案如下:

(1)在隧道开挖轮廓外施作两排水平旋喷桩,水平旋喷桩咬合形成超前支护拱壳。水平旋喷桩桩径为 500mm,间距为 350mm,互相搭接咬合 150mm,形成具有止水、挡土、加固周围地层、超前支护为一体的地下拱形连续墙。

(2)为了增加超前支护水平旋喷桩的抗弯、抗剪强度,在内排水平旋喷桩中心通常插一根 ϕ42mm 无缝钢管。

(3)在隧道开挖轮廓内施作密排水平旋喷桩,全断面加固洞内土层,以确保开挖掌子面的稳定,防止涌水涌砂现象发生。洞内水平旋喷桩桩径为 800mm,密排布置。

(四)水平旋喷桩施工

1. 施工参数

施工技术参数包括旋喷压力、旋进速度、旋转速度以及水泥用量等。根据本工程的水文地质情况和桩径桩长等情况,有关的施工参数如下:

(1)旋喷压力:15 ~ 20MPa;

(2)旋进速度:0.5m/min;

(3)旋转速度:10 ~ 20r/min;

(4)水泥用量:100kg/m(32.5 普通硅酸盐水泥);

(5)水灰比:0.75。

2. 施工程序

考虑本工程工期较紧,施工时分别在东西两侧各布置一个竖井同时施工。

(五)施工效果

经过 50d 时间顺利完成了水平旋喷桩施工任务,然后进行洞内土方开挖,东侧左线开始开挖较为顺利,平均每天进尺达 1.5m,但上断面开挖至 21m 时,拱顶部位出现崩塌现象,主要原因是拱顶部位的水平旋喷桩偏位较大,后来采取在拱部轮廓线加打一圈水平旋喷桩,其间距为 0.25m,长 15m。受场地限制,

图 9-33　水平旋喷效果图

水平旋喷桩的仰角较大,造成桩向上偏位较大和返浆量大,成桩效果不理想。后来采取沿拱部开挖轮廓线水平方向打入长 2m、间距 0.25m 的 ϕ22mm 螺纹钢。对于有空洞的地方及时用砂袋将其填充满,防止路面沉降,然后再向前开挖,效果比较好。如图 9-33 所示为水平旋喷效果图。

共施工了 832 根桩,经过洞内土方开挖检查了成桩情况,其中 790 根合格,合格率达 95%。这些桩在隧道轮廓线形成一圈封闭的拱壳,为隧道的安全开挖奠定基础。作为一种新工艺,水平旋喷桩法还存在一些问题,主要是桩的定位和旋喷过程返浆量偏大,这是因为没有配套的施工机具,用地质钻机无论是性能还是刚度稳定性方面均存在缺陷,造成旋喷过程容易偏位和返浆。

第五节　MJS 工法加固技术

一、工法简介

日本在传统旋喷工艺基础上,通过加入多孔管排泥装置(见图 9-34),克服了传统旋喷工艺压力过大、对周围环境影响较大的缺点,形成了新型的 MJS(MetroJet System)工法。目前,MJS 工法在日本应用相当广泛,已经能够进行水平、倾斜、垂直和超大深度的地基加固和围护工程施工。MJS 工法在 2008 年引进国内,在上海进行了几次试验性运用,并且取得了良好的效果。在上海某轻轨车站换乘通道基坑工程中,MJS 工法的运用成功解决了许多工程难题,很好地保护了上部结构和周边环境的稳定问题。

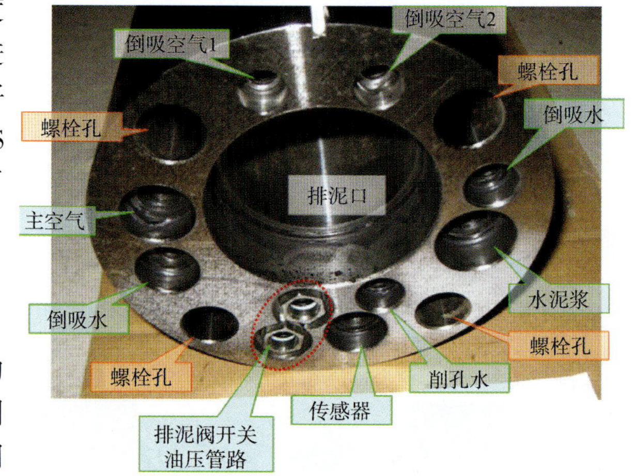

图 9-34　多孔管排泥装置

二、工法原理

MJS 工法也叫全方位高压喷射工法,是根据以往的高压旋喷工法进行改良、发展后的产物。MJS 工法是利用高压下喷射出流体的运动能量,对土体进行切削,用硬化材料进行混合搅拌,从而对土体进行改良的工法。空气的运用是为了使高压喷射流体的切削距离更广以便形成更大口径的改良体,同时起到将被切削后废土从地表排出的作用。因此,深度越深,排泥也越困难。钻杆以及钻杆前端部分周围的地内压力上升,喷射搅拌效率变低,特别是大深度(40m 以上)改良效果难以达到要求。另外水平施工时,地内压力的上升对周边地表有影响,也成为地面隆起等现象发生的一个因素。

MJS 工法是为了解决以上缺点而开发出来的新的工法并同时开发了新的多孔管。此工法最大的特点是具有排泥装置,能在专用管中进行强制吸引废泥并将其排出地外,能应对大深度的施工。同时根据压力管理系统来调整排泥量,能有效地控制喷射搅拌带来的地表隆起、下沉等情况。因此,排泥不仅靠空气的升降来控制,压力管理也可以强制吸出废泥。该工法不仅仅适应大深度,而且还能进行倾斜、水平施工。

MJS 工法同时还能实现高标贯土层中大桩径、垂直施工大深度、水平施工长距离、倾斜施工高精度、管道排浆零污染。如图 9-35 所示为 MJS 水平施工图。

图 9-35　MJS 水平施工图

三、工法特点

(1)“全方位”进行高压喷射注浆施工:MJS 工法可以进行水平、倾斜、垂直各方向以及任意角度的施工。特别是其特有的排浆方式,使得在富水土层、需进行孔口密封的情况下进行水平施工变得安全可行。MJS 工法适用于市政、房建及路桥等各类工程项目中的底层加固。

(2)成桩桩径大,桩身质量好(喷射压力 40MPa)。

(3)通过强制排浆减小压力影响范围,可做到地面沉降控制。

(4)多孔管旋喷,可添加多种材料或安置仪器。多孔管除中间最大的排浆孔,四周还包括空气、水、浆液、信号线及油压管路等 9 个小孔。

(5)可长距离施工,单桩桩长较大(可施工单桩最长 60m)。采用大直径、高级优质碳钢多孔管,强度高、耐磨性好。钻机最大扭矩为 10780N · m。

(6)长距离成桩精度高:配备两套测量设备确保成桩精度,测斜最小测量精度为 0.01°。

四、工程实例

(一)试验目的

虽然该工法在日本得到广泛应用,但在我国的应用还较少,特别是水平加固无先例。广州市交通轨道九号线对该工法水平加固进行了试验,通过土方开挖,检验其成桩的效果。如图 9-36 所示为 MJS 设备。该试验的主要目的有:

(1)研究 MJS 工法水平施工时不同参数、不同地层成桩质量和有效桩径,以及相同地层不同参数成桩直径,为后续施工提供施工技术参数。

(2)对水平施工时的成桩形态进行研究,为以后施工作必要的技术储备。

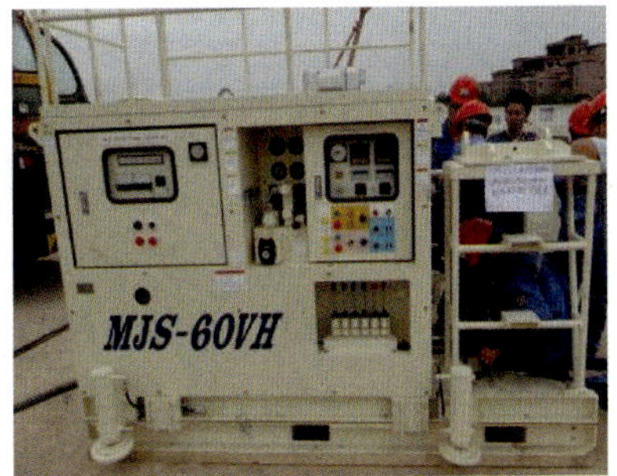

图 9-36　MJS 设备

(3)在试验场地周边布置沉降监测点,取得群桩施工对周边环境影响的数据,为以后的水平现场施工积累经验,并提供一定的依据。

(4)对孔口密封、钻机固定、人员搭配及协调、设备摆放、成孔、摆喷成桩等施工工艺进行熟练掌握。

(二)桩位设计及现场情况

本次 MJS 加固试验于2012 年2 月5 日 ~2 月25 日进行,共用时21d,完成4 根水平 MJS 桩(长度分别为11.7m、20.8m、29.7m、46.4m),一共成桩 108.6m。每根水平桩喷射角度设计为 180°。三根主要水平桩(长度分别为 20.8m、29.7m、46.4m)呈 L 形布置(横剖面),上下两根桩(长度分别为 46.4m、29.7m)进行垂直搭接(搭接长度为 29.7m),左右两根桩(长度分别为 46.4m、20.8m)进行水平搭接(搭接长度为 20.8m)。

(三)施工流程及施工参数

施工流程如图 9-37 所示,施工主要技术参数如下:

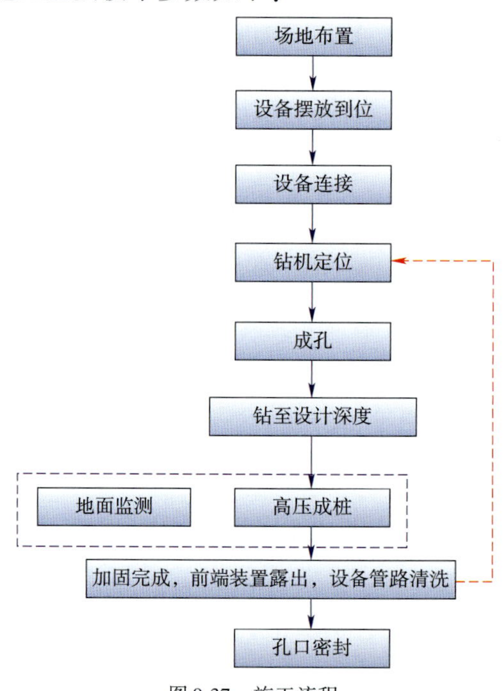

图 9-37　施工流程

(1)水灰比:水:水泥 = 0.7:1:1;

(2)水泥浆相对密度:1.48 ~1.52;

(3)设计桩径:2.0m;

(4)浆压力:40MPa;

(5)空气压力:0.7 MPa;

(6)空气流量:≥ 1.0Nm^3/min;

(7)成桩垂直度误差:≤1/100;

(8)浆液流量:80 ~100L/min。

(四)地面沉降监测情况

在试验场地周边布置沉降监测点对深层土体进行沉降监测,其主要监测方法是沿 MJS 水平试桩方向每 3m 设一测点,每隔 20m 布设一个监测横断面。横断面方向测点间隔为 2 ~3m,在一个监测断面内应设 3 ~5 个测点,地表测点顶凸出地面 10mm 以内。在每一测点位置预埋一段钢管,钢管内钢筋埋设深度约为1～1.5m,施工时通过标尺来测量钢筋顶部的标高变化,以此确定水平桩周边土体的沉降情况。施工中特别是喷射过程中的监测频率为2h/次。通过对施工过程中地面沉降数据的分析,地面累计沉降约为3mm。如图9-38所示为地面沉降情况。

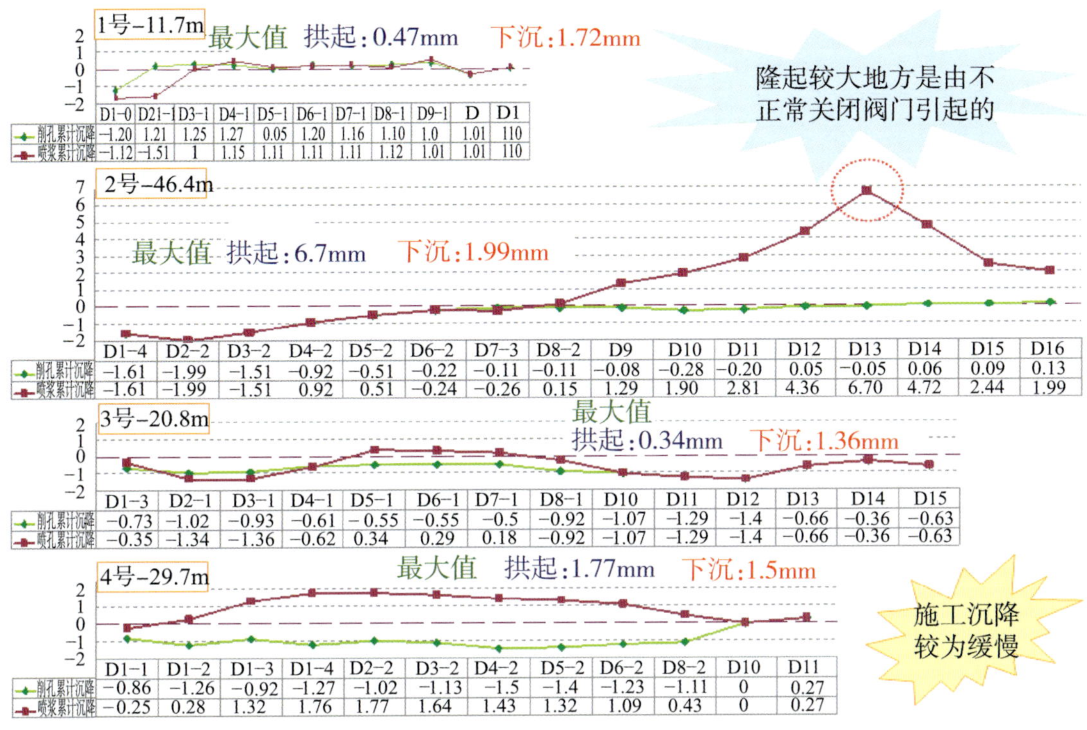

图9-38 地面沉降情况

(五)成桩情况

在2012年6月份,对2月份进行的MJS试验成桩效果进行开挖查探。此次MJS试验成桩半径均大于1.2m,桩与桩的上下搭接和水平搭接都达到了设计要求。所喷射的水泥桩强度达到1.5～8.4MPa。如图9-39所示为开挖探查成桩情况。

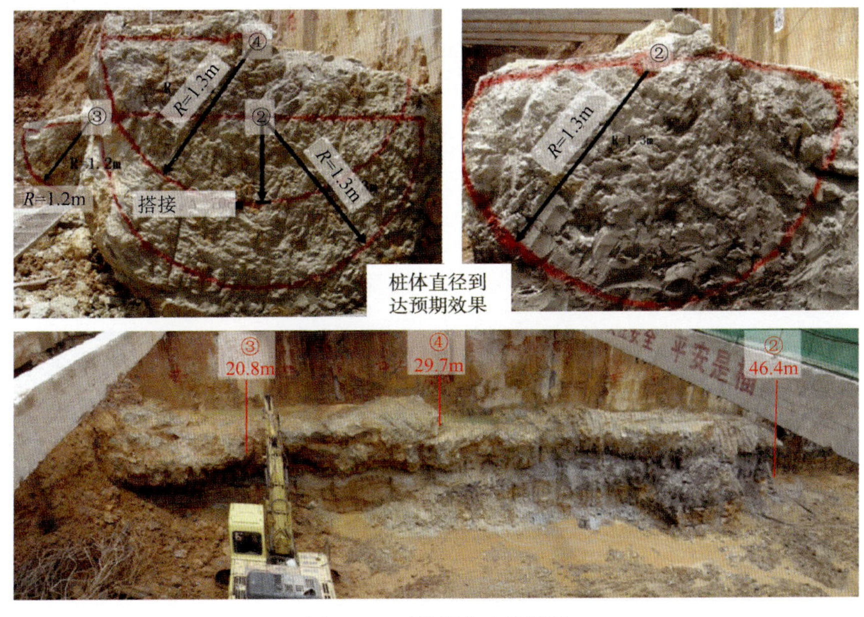

图9-39 开挖探查成桩情况

第六节　综合加固措施

由于围岩的自稳能力差，软弱地层的隧道开挖需要进行超前加固处理。超前加固方法主要包括管棚法，超前小导管法，各种注浆加固法、冻结法等。各种方法都有其优缺点和适应范围，可以单独用于地层加固，也可以几种方法组合应用。本节将介绍五号线淘金站过街暗挖隧道加固措施，主要包括大管棚超前支护、高压旋喷桩加固、TSS管注浆加固。其中，TSS管注浆加固技术已经在本章第二节详细介绍，这里就不再赘述。

一、大管棚超前支护

（一）管棚注浆支护

管棚注浆支护就是把一组钢管沿开挖轮廓外已钻好的孔打入地层内，并与钢拱架组合形成强大的棚架预支护加固体系，支承来自于管棚上部的荷载，并通过梅花形布置的注浆孔中的钢管向地层中加压注浆，以加固软弱破碎的地层，提高地层的自稳能力。管棚注浆是一种长距离超前支护方法，超前距离长，刚度较大，适用于掌子面不能自稳、含水的地层，其控制地表沉降、防渗止水的效果较好，施工工艺要求较高。如将管棚注浆与小导管补充注浆法结合，除具有大管棚的特点外，还能够防止管棚下方三角土体的塌落，这种长短结合的预支护效果更为理想。

（二）工艺流程

管棚施工工艺流程如图9-40所示。

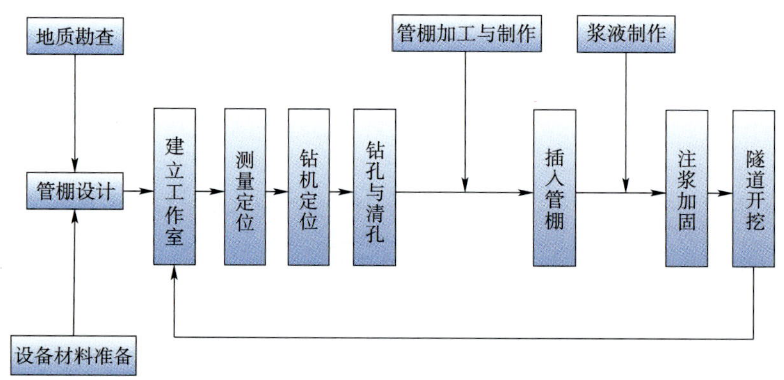

图9-40 管棚施工工艺流程图

（三）适用范围

根据国内外的施工实践，综合我国目前地下工程管棚支护应用的实际案例，管棚支护可适用于软弱砂土质地层、砂卵砾石地层，膨胀性软流塑、硬可塑状粉质黏土地层；可用于裂隙发育岩体、突泥突水段、断层破碎带、塌方段、破碎土岩堆地段、浅埋大偏压等地质和地下水丰富条件的地下构筑物施工的支护以及隧道进出口段开挖的支护，也多应用于轨道交通等穿越城区的地下工程的开挖预支护；可作为穿越既有建筑物、公路、铁路及地下结构物下方修建隧道的辅助方法；作为隧道洞口段及修建大断面隧道施工的辅助工法及作为其他施工的辅助工法，也常用于浅埋但不宜明挖地段或浅埋隧道情况下，地表有建筑物或隧道接近地中结构物时等对施工沉降有特殊要求的工程等。

二、高压旋喷桩加固

(一)桩加固机理

高压旋喷是高压喷射注浆法的一种,是将带有特殊喷嘴的注浆管插入设计的土层深度,然后将水泥浆以高压流的形式从喷嘴内射出,冲击切削土体。土体在高压喷射流的强大动力等作用下,发生强度破坏,土颗粒从土层中剥落下来,与水泥浆搅拌形成混合浆液。一部分细颗粒随混合浆液冒出地面,其余土粒在射流的冲击力、离心力和重力等力的作用下,按一定的浆土比例和质量大小,有规律地重新排列。这样从下向上不断地喷射注浆,混合浆液凝固后,在土层中形成具有一定强度的固结体,并且固结体呈圆柱状。

高压旋喷桩的基本工艺类型有单管法、二重管法、三重管法和多重管法等四种方法。使用较多的是单管法和二重管法。

单管法是利用钻机把安装在注浆管(单管)底部侧面的特殊喷嘴置入土层预定深度后,用高压泥浆泵等装置,以20MPa左右的压力,把浆液从喷嘴中喷射出来冲击破坏土体,使浆液与从土体上崩落下来的土搅拌混合,经过一定时间凝固,便在土中形成一定的固结体。

二重管法使用双通道的二重注浆管,当二重注浆管钻进到土层的预定深度后,通过在管底部侧面的一个同轴双重喷嘴,同时喷射出高压浆液和空气两种介质的喷射流冲击破坏土体。即以高压泥浆泵等高压发生装置喷射出20MPa左右的浆液,从内喷嘴中高速喷出,并用0.7MPa左右压力把压缩空气从外喷嘴中喷出。在高压浆液和外环气流的共同作用下,破坏土体的能量显著增大,最后在土中形成较大的固结体。

三重管法是一种浆液、水、气喷射法,使用分别输送水、气、浆液三种介质的三重注浆管,在以高压泵等高压发生装置产生高压水流的周围环绕一股圆筒状气流,进行高压水流喷射和气流同轴喷射,冲切土体,形成较大的空隙,再由泥浆泵将水泥浆以较低压力注入到被切割、破碎的地基中,喷嘴作旋转和提升运动,使水泥浆与土混合,在土中凝固,形成较大的固结体,其加固体直径最大可达2m。

(二)工艺特点

(1)施工机具设备简单,施工简便。

(2)具有较好的耐久性,且料源广阔。

(3)噪声小,无污染。

(三)适用范围

(1)受土层、土的粒度、土的密度、硬化剂黏性、硬化剂硬化时间影响小,可广泛应用于淤泥、淤泥质土、黏性土、粉质黏土、(亚黏土)、粉土(亚砂土)、砂土、黄土及人工填土中的素填土甚至碎石土等多种土层。

(2)可用于既有建筑和新建建筑的地基加固,也可用于基础防渗;可作为施工中的临时措施(如深基坑侧壁挡土或挡水、防水帷幕等),也可作为永久建筑物地基加固、防渗处理的措施。

(3)当用于处理泥炭土或地下水具有侵蚀性、地下水流速过大和已涌水的地基工程时,宜通过试验确定其适用性。

(四)工艺流程

高压旋喷桩施工工艺流程如图9-41所示。

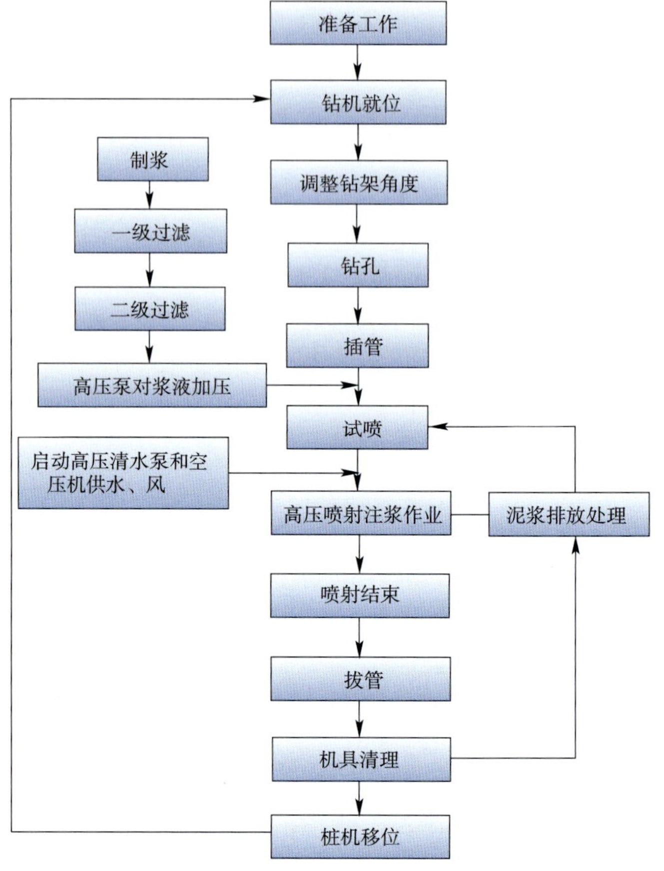

图 9-41　施工工艺流程图

三、工程实例

(一)工程概况

滘金站Ⅰ号出入口横通道、Ⅱ号出入口横通道、A 端风道、B 端风道采用暗挖施工。Ⅰ号出入口暗挖横通道位于车站中部南向,长度为 17.05m,马蹄形断面,断面参数净宽 × 净高为 7.8m × 4.8m,拱顶埋深约为 8.1m。隧道穿过的地层主要有〈4-1〉冲积—洪积黏性土层、〈5-2〉硬塑 ~ 坚硬状风化残积粉质黏土层,拱顶以上 2.2m 处有〈3-1〉粉细砂层(厚 0.5 ~ 1.0m)。采用四部 CRD 法开挖施工,初期支护 350mm,二次衬砌 500mm。

Ⅱ号出入口暗挖横通道位于车站中部北向,长度为 14.35m,马蹄形断面,断面参数净宽 × 净高为 7.8m × 9.3m,拱顶埋深约为 8.1m,隧道穿过的地层主要有〈3-1〉粉细砂层、〈5-1〉可塑状残积土粉质黏土层。其中〈3-1〉粉细砂层厚约 5.9m,分布于拱顶及部分掌子面位置。采用六部 CRD 法开挖施工,初期支护 400mm,二次衬砌 500mm。

A 端Ⅰ号暗挖风道位于车站中部北向,长度为 16.385m,断面参数净宽 × 净高为 6.7m × 9.0m,拱顶埋深约为 8.7m。隧道穿过的地层主要有〈5-2〉硬塑 ~ 坚硬状风化残积粉质黏土层,拱顶以上 0.8m 处有〈3-1〉粉细砂层(厚约 0.5 ~ 1.0m)。采用六部 CRD 法开挖施工,初期支护 400mm,二次衬砌 500mm。

B 端Ⅰ号暗挖风道位于车站 B 端南向,长度为 17.05m,马蹄形断面,断面参数净宽 × 净高为 4.5m × 4.5m,拱顶埋深约为 7.9m。穿过的地层主要有〈3-2〉中粗砂层、〈4-1〉冲积—洪积黏性土层,拱顶以上 0.5m处有〈3-1〉粉细砂层(厚约 1.0m)。采用台阶法开挖,初期支护 300mm,二次衬砌 300mm。

四条暗挖隧道埋深为7.2～8.35m，隧道上覆地层为〈1〉人工填土层、〈3-1〉粉细砂层、〈3-2〉中粗砂层、〈4-1〉冲积-洪积黏性土层、〈5-1〉可塑状残积土粉质黏土层、〈5-2〉硬塑～坚硬状风化残积粉质黏土层。隧道开挖断面通过的地层主要为〈3-2〉中粗砂层、〈4-1〉冲积-洪积黏性土层、〈5-1〉可塑状残积土粉质黏土层、〈5-2〉硬塑～坚硬状风化残积粉质黏土层和〈6〉岩石全风化带，Ⅱ号出入口通道局部进入〈7〉岩石强风化带。各地层岩土物理力学参数见表9-7。

地层岩土物理力学参数表 表9-7

岩土层号	岩土名称	承载力标准值(kPa)	基床系数K(MPa/m)	侧压力系数
〈1〉	人工填土层(Q^{ml})		8～15	0.63
〈3-1〉	粉细砂层	130	10	0.33
〈3-2〉	中粗砂层	180	15	0.38
〈4-1〉	冲积—洪积黏性土层	200	15	0.47
〈4-2〉	淤泥层	80	4	0.57
〈5-1〉	可塑状残积土粉质黏土层	220	20	0.43
〈5-2〉	硬塑状风化残积粉质黏土层	250	40	0.39
〈6〉	岩石全风化带(K)	350	80	0.33
〈7〉	岩石强风化带(K)	600	200	0.3

本区段地下水补给来源主要是大气降水。本站地下水有第四系松散岩类孔隙水和层状基岩裂隙水两种类型。勘察所揭露的地下水水位埋深为1.7～5.3m，地下水位的变化与地下水的赋存、补给及排泄关系密切。

第四系冲积—洪积砂层〈3-1〉、〈3-2〉为主要含水层，透水性强，含水量丰富，但仅局部地段有分布。总的来说，由于本站砂层埋藏较浅，厚度较小，分布范围不广，砂层富水性一般，因此总的储量不大。

隧道上方环市东路车流繁忙，周边是广州最繁华的商务中心，有白金五星级花园酒店、五星级白云宾馆、世贸大厦等高级商务酒店。因此，此暗挖隧道施工安全异常重要，地面沉降控制要求极高。本工程重难点主要有：

(1)隧道开挖断面跨度大，埋深浅，围岩自稳性差，施工风险大。

(2)结构位于粉细砂层、中粗砂层，开挖时必须做好砂层固结处理，以防漏水、防流砂、防坍塌、防涌水。

(3)隧道位于环市东路下面，交通繁忙，隧道施工控制地表沉降、保证环市路道路通行不受影响是本工程的施工技术难点之一。

(二)浅埋暗挖隧道加固施工

开挖前在围蔽范围内采取高压旋喷桩加固、大管棚与TSS型注浆管超前注浆预加固措施，隧道开挖范围上方地面满铺3mm厚钢板。如图9-42所示为高压旋喷桩加固范围。

1. *单管旋喷桩地面加固措施*

由于本工程四个暗挖段拱顶都分布厚度不等的砂层：Ⅰ号暗挖通道拱顶以上2.2m处有〈3-1〉粉细砂层(厚0.5～1.0m)，Ⅱ号暗挖通道拱顶〈3-1〉粉细砂层厚约5.9m，A端风道拱顶以上0.8m处有〈3-1〉粉细砂层(厚约0.5～1.0m)，B端风道拱顶以上0.5m处有〈3-1〉粉细砂层(厚约1.0m)。为降低暗挖通道施工风险，在暗挖施工前，在隧道拱顶位置(施工围蔽范围内的)采取单管旋喷桩加固措施。

控制标准：注浆压力大于20MPa，提升速度不大于12cm/min，旋转速度20～25r/min；采用M32.5复合硅酸盐水泥，水泥浆液水灰比为1.0；钻孔的垂直偏差不超过1%，桩位偏差不大于50mm；桩径600mm，中心距450mm，错开布置。

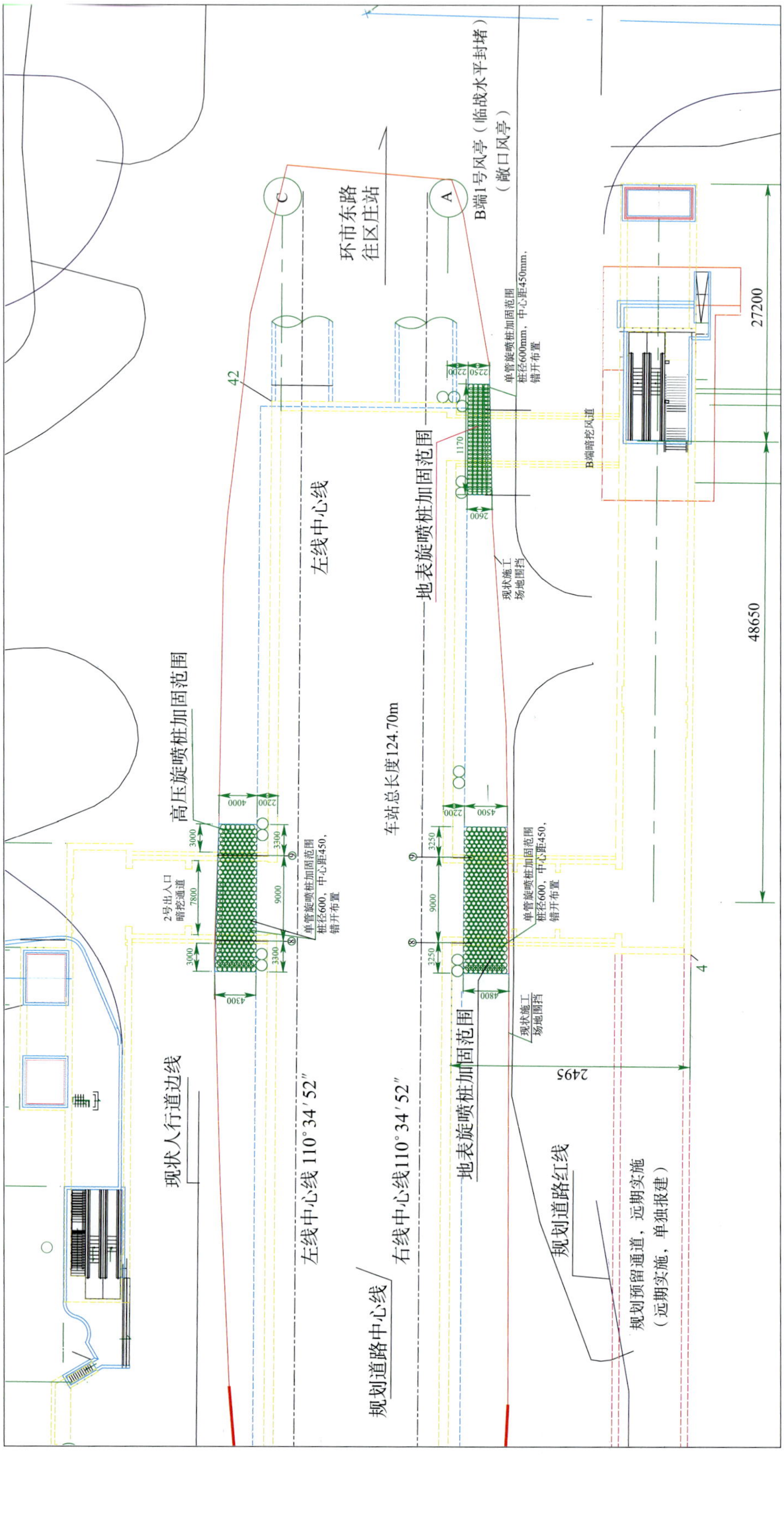

图9-42 高压旋喷桩加固范围(尺寸单位:mm)

注浆深度要求：开挖面范围内要求进入〈5-2〉红层残积硬塑粉质黏土层 2m 或进入〈6〉红层全风化层 1m，开挖面以外 3m 范围要求尽量进入开挖底面深度。

2. 大管棚超前支护

1）概况

本工程拱部采用 ϕ108mm 大管棚超前支护。管棚在入洞口处一次施工完成。管棚所处地层：Ⅰ号横通道位于〈4-1〉粉土层、〈5-2〉粉质黏土层，Ⅱ号横通道位于〈3-1〉粉砂层，A 端风道位于〈5-2〉粉质黏土层，B 端风道位于〈3-2〉粗砂层、〈4-1〉粉土层。

2）设计参数

采用 ϕ108mm×8mm 热轧无缝钢管，钢管加工成 2.0 ~3.5m 短节，两端采用 ϕ108mm×8mm 梯形丝扣连接。每根钢管前导端加工自钻性钻头，以利于入孔；管身不设注浆眼。

浆液采用标号 32.5 复合水泥，按水灰比 0.6:1 ~1:1 配制纯水泥浆，注浆压力为 0.5MPa，浆液固结体抗压强度为 20MPa。

采用 XY100 型管棚钻机，按水平方向钻进成孔。管棚在入洞口处一次施工完成。各部位管棚长度见表 9-8。

管棚长度统计表　　表 9-8

部　　位	暗挖长度(m)	单根管棚长度(m)	布置数量(支)	管棚总长(m)
Ⅰ号暗挖横通道	17.05	17.05	27	460.35
Ⅱ号暗挖横通道	14.35	14.35	27	387.45
A 端风道	16.385	16.385	32	524.32
B 端风道	17.05	17.05	25	426.25
合计	64.835			1798.37

3. TSS 型注浆管注浆

本工程 TSS 注浆施工包括以下几种类型：

(1)拱顶 TSS 长管注浆，采用 ϕ42mm 无缝钢管，长度视隧道长度而定，在进洞前一次施作完成。

(2)超前 TSS 短管注浆，采用 ϕ42mm 无缝钢管，长度 3.5m，环向间距 0.3m，纵向间距 1.0m。

(3)不良地质(地层〈3-1〉、〈3-2〉、〈5-1〉)掌子面 TSS 短管注浆，采用 ϕ42mm 无缝钢管，长度 3.5m，间距 0.8m，梅花形布置。

(4)拱肩竖向 TSS 短管注浆，采用 ϕ42mm 无缝钢管，长度 4.0m，环向间距 0.3m，纵向间距 1.0m。

1）TSS 型注浆管施工方法

对于较软弱的地层，采用风镐直接将注浆管打入地层中；对于较硬的地层，可采用 YT-28 型手持式风动凿岩机进行钻孔(钻头稍大于注浆管外径)，确保成孔顺直，并及时清理孔内的残积渣土，然后将注浆管埋设进去。所有的注浆管外露 10 ~20cm，注浆管埋设后，采用棉纱 + 速凝水泥砂浆将注浆管周围封填，以避免注浆施工中产生返浆。每环注浆管全部安设完成后，初喷 50mm 厚的喷射混凝土封闭开挖面。

注浆工艺施工采用后退式分段注浆，将带有止浆塞的芯管和顶管连接后插入到注浆管孔底，顺时针旋转芯管上的法兰盘，使止浆塞膨胀，以达到止浆效果。接上注浆管路，向孔内注浆，每次注浆段长选择为 0.5 ~0.6m，即第一段注浆完成后，逆时针旋转芯管上的法兰盘，使止浆塞恢复到原状，将芯管后退 0.5 ~0.6m，进行第二段注浆，如此下去，直到将整个注浆段完成。分段后退式注浆要特别注意止浆塞损坏程度，施工过程中若发现止浆塞出现破损失效，应立即更换，以免引起注浆管堵塞，造成芯管无法拔出。

2）施工参数

拱顶注浆管环向设计间距为 300mm，纵向间距为 1.0m，外插角为 15°；拱肩 TSS 型注浆管环向设计间距为300mm，设于拱肩部，纵向间距为1.0m，外插角为30～45°。注浆管采用ϕ42mm无缝钢管，壁厚为3.5mm，拱顶单根长度为3.5m，拱肩单根长度为4m。注浆管身施钻内径为3～5mm、外径为6～8mm的溢浆孔，溢浆孔呈螺旋形布置，相邻两孔中心间距为50mm。开挖初期支护格栅钢拱架纵向间距设计为500mm一榀，按注浆管的搭接长度，即每开挖1.5m或立三榀格栅钢拱架就打设一环注浆管，对地层进行注浆超前加固。

(1)注浆压力

注浆压力应根据地层致密程度决定，一般为0.5～1.0MPa；对路面范围有供水管、煤气管等管线的隧道，注浆压力为0.2～0.5MPa。

(2)注浆材料及浆液配比。

①水泥—水玻璃双液浆：水泥采用32.5R普通硅酸盐水泥，水玻璃为30～35°Be′。水泥浆液水灰比为1:1，水泥浆液与水玻璃体积比为1:1。

②根据预配制水泥浆的体积，按水灰比计算出所需要的超细水泥和水的用量。

③根据用量，在搅拌机中加入水和超细水泥，强力搅拌，混合均匀。

④水玻璃浆的配制：在浓水玻璃中加入水，边加水边搅拌，边用玻美计测试其浓度，直到所需要的稀浓度35°Be′时为止。

4.降水措施

暗挖开挖时，附属明挖部分围护挖孔桩还在施工，利用一根成孔的人工挖孔桩作为降水井抽水，作为降水辅助措施。开挖前，在掌子面打一根探孔，渗水量较少，开挖过程掌子面基本稳定。

5.破洞门安全技术措施

(1)进行分步开挖，施工时本着化大为小、先支后挖的原则进行。破除围护桩时，须将破除位置的围护桩切割成高度1～2m的小块，从上至下依次破除，严禁从下部掏挖。

(2)破除上部围护桩时须搭设稳固的作业平台，严禁随便抛掷渣屑。

(3)切割围护桩时如果出现涌水涌砂，则先进行超前TSS注浆，并打水平孔探水，直至确定注浆达到效果后才进行破洞施工。

(4)加强监控量测，反馈信息，指导施工。

(三)经验总结

(1)大管棚+TSS长管双液浆拱顶加固措施在本工程砂层中加固处理合理，效果明显，路面沉降控制在10mm以内。

(2)掌子面TSS管双液浆加固及利用附属挖孔桩降水措施有效，开挖面无明显渗水，掌子面自稳性较好。

(3)Ⅱ号出入口横通道、A端Ⅰ号暗挖风道大断面隧道开挖采用六部CRD法，配合临时中隔壁、临时仰拱，对道路沉降控制比较有效，该工法适合闹市区过街暗挖隧道。

第四篇

明（盖）挖法施工技术

第十章　明(盖)挖法概述

第一节　明(盖)挖法简介

一、明(盖)挖法的发展

城市轨道交通车站经常采用明挖法施工,而明挖法施工须应用基坑工程技术。基坑工程是一个古老而具有时代特点的岩土工程课题,尤其放坡开挖和简易木桩围护可以追溯到远古时代。事实上,人类土木工程的频繁活动促进了基坑工程的发展。特别是在20世纪,随着大量高层、超高层建筑以及地下工程的不断涌现,对基坑工程的要求越来越高,随之出现的问题也越来越多,迫使工程技术人员须从新的角度去审视基坑工程这一古老的课题,而工程实践使许多新理论、新经验或研究方法得以出现与成熟。

在一些重要道路、路口进行明挖施工难以被人们接受,从而出现了盖挖法。20世纪50年代末期和60年代,盖挖法分别在米兰和布鲁塞尔获得成功应用,后来逐渐在欧洲和日本被广泛推广,尤其日本,通过工程实践,总结了一套完整的设计施工经验,在路面系统、支撑系统方面已实现标准化、产业化。

我国盖挖法始于20世纪80年代中期,哈尔滨秋林街地下通道、奋斗路地下商业街都是盖挖法成功应用的范例。20世纪90年代中、后期,北京、上海、广州等城市轨道交通工程大规模建设,而城市轨道交通线路主要沿城市道路地下敷设,使得适于城市闹市区施工的盖挖法得到了广泛应用。时至今日,我国工程界人士在盖挖法的施工工序、盖板类型、节点处理等方面进行了深入的研究,研究成果广泛应用于工程实践。

二、明(盖)挖法施工特点

明挖法一般指敞口明挖或施工围护结构后进行开挖并施工主体结构的一种施工方法。明挖法适用于各种地质条件,具有施工作业面多、速度快、工期短、易保证工程质量、工程造价低等优点,因此在地面交通和环境条件允许的地方,应尽可能采用。但是轨道交通工程采用明挖法有一个缺点,那就是施工期间对城市交通及居民生活干扰较大,一般需要对道路进行较长时间的封闭。

盖挖法根据不同的工程地质和水文地质条件,设计以连续墙、混凝土灌注桩作为支护结构,然后施作盖板,形成框架结构后,其上可以恢复交通,在其保护下开挖土方,并完成结构施工。盖挖法是一种快速、经济、安全的施工方法,对人们生活干扰少,采取措施后可以做到基本不影响交通。

三、明(盖)挖法分类

明(盖)挖法可分为明挖顺作法、盖挖逆作法、盖挖顺作法(铺盖法),以及多种支护形式、开挖方法组合的施工方法。

1.明挖顺作法

明挖顺作法是先施工围护结构,从地面向下开挖基坑至设计标高,然后在基坑内的预定位置由下而上地建造主体结构及防水措施,最后回填土并恢复路面,其工序如图10-1所示。明挖顺作法施工中的基坑可以分为敞口放坡基坑和有围护结构的基坑两类。在这两类基坑施工中,又根据采用围护结构形式的不同,分为放坡开挖、土钉墙支护、排桩支护、连续墙支护等,见表10-1。

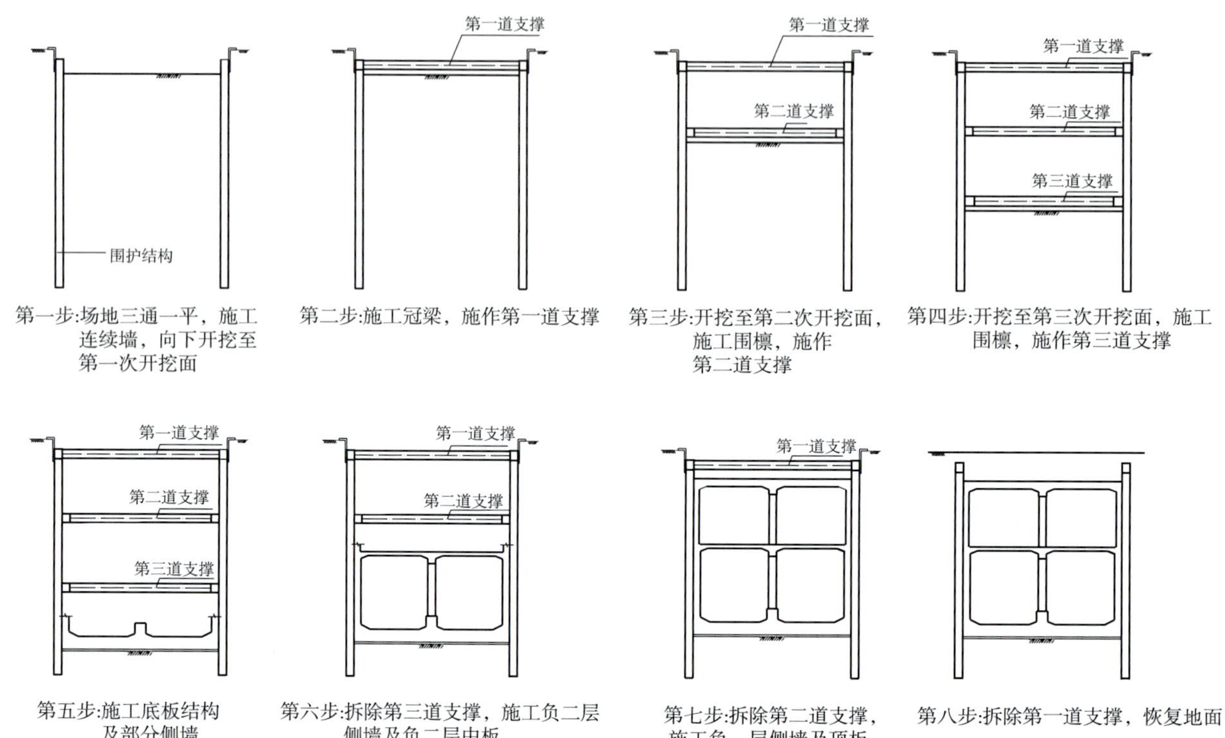

图10-1　明挖顺作法工序图

明挖结构围护结构形式分类　　表10-1

	基坑类型	基坑支护形式	具体类型
明挖顺作法基坑类型	敞口放坡基坑	边坡不加支护的基坑	直接放坡式
		喷射混凝土面和锚杆护坡基坑	基坑面喷射混凝土,打插锚杆
	有围护结构的基坑	板桩式围护结构	钢板桩
			钢筋混凝土板桩
			主桩横挡板
		柱列式围护结构	人工挖孔桩支护
			钻孔灌注桩支护
		地下连续墙围护结构	地下连续墙支护
		自立式水泥土挡墙	深层搅拌桩挡墙
			高压旋喷桩挡墙
		组合式围护结构	各种形式的组合

2. 盖挖逆作法

如果开挖面积较大,周边建筑物过于靠近,为防止因基坑开挖引起建筑物沉降,或者需要及早恢复交通,但又缺乏定型铺盖系统,也可采用盖挖逆作法。其施工步骤为:先在地面施工围护结构和中间桩柱,然后开挖表层土至顶板底标高,利用未开挖的土体作为土模施工顶板。顶板可作为一道支撑,防止围护结构向基坑内变形。顶板施工完成后即回填土方,恢复路面和交通。以后的土方开挖和结构施工均在顶板以下进行,即自上而下逐层开挖并施工主体结构直至底板。在软弱地层中,除以顶板、中板等作为支撑外,尚需要设置一定数量的临时横撑,并施加一定的横撑轴力。

由于盖挖逆作方法是在顶板覆盖下开挖土方,因此大型机械开挖受到限制,同时需要垂直提升运输土方,且节点处主体结构防水质量控制难度较大,目前该工法在广州较少应用。

3.盖挖顺作法

在路面交通不能长期中断的道路下修建车站或区间隧道时,可采用盖挖顺作法,盖挖顺作作业如图10-2所示。该方法是在现有道路上按照所需宽度,由地面完成围护结构后,以定型的预制标准将铺盖结构(包括纵、横梁和路面板)置于围护结构上,恢复交通。在盖板下开挖土方和架设支撑,直至开挖至设计标高,然后依次由下而上施工主体结构和防水,最后拆除铺盖系统,并永久恢复路面。该方法在施工铺盖系统时,需要短期内中断交通。若交通无法中断,或基坑宽度较大,无法一次性完成铺盖系统,则需要进行半边铺盖,完成后再施工另一半边铺盖系统。

盖挖顺作法施工由于对路面交通的影响可以利用铺盖系统进行调整,施工铺盖系统时对交通的影响时间较短,在交通繁忙地段应用较多。盖挖顺作法铺盖系统施工如图10-3所示。

图10-2　盖挖顺作作业

图10-3　盖挖顺作法铺盖系统施工

四、围护结构设计与施工

明挖法设计中,首先要考虑的就是围护结构的类型,需要根据场地条件、地质条件、基坑规模和深度、工期要求等因素确定。不论采取何种围护结构,确保基坑安全均为第一要素。

(一)放坡开挖

放坡开挖就是直接放坡开挖基坑,不需要施工围护结构,必要时需要在边坡表面喷射混凝土和插打土钉。放坡开挖施工如图10-4所示。这种方法安全、快捷、造价低,在场地条件和地质条件较好时可以应用。

为保证放坡边坡的稳定性,设计时需要采取以下措施:

(1)根据土层的物理力学性质确定基坑边坡坡度,并于不同土层处做成折线形或留置台阶。

(2)必须做好基坑降水、排水和防洪设计,保持基底和边坡的干燥。

(3)基坑放坡坡度受到一定限制而采取围护结构又不经济时,可采用坡面土钉、挂网喷射混凝土或抹水泥砂浆护面。

(4)严格控制在基坑边坡坡顶堆放材料、土方和其他重物以及较大的机械荷载等。

图10-4　放坡开挖施工

(5)基坑开挖过程中,随挖随刷边坡,不得反挖土坡。

(6)基坑开挖后暴露时间不能过长。

(二)钢板(型钢)桩围护结构

如图 10-5 所示,钢板(型钢)桩围护结构主要适用于黏性土、砂性土和粒径不大于 10cm 且地下水位较低、埋深较浅的砂卵石层。钢板桩是采用机械冲击打桩形式或静压形式,将具有一定刚度的钢板(断面多为 U 形或 Z 形)或型钢沿基坑设计边线打入地下。若地下水位较高,则普遍采用相互咬合式的钢板桩(拉森式钢板桩);基坑深度超过 3m 时,一般需要在基坑内部增加横撑并设置腰梁。由于钢板(型钢)桩围护结构刚度受到限制,因此只能用于深度不大于 6m 且宽度较小的基坑,如管线迁改的给水、排水基坑,桥梁承台的基坑等。由于可重复利用,钢板(型钢)桩造价相对较低。近年来,搅拌桩内插型钢(SMW 工法)作为基坑围护结构形式也在应用,即沿基坑设计边线先施工密排的搅拌桩,在搅拌桩凝固之前,机械插入型钢作为围护结构。

(三)人工挖孔灌注桩围护结构

如图 10-6 所示,人工挖孔灌注桩具有应用灵活、无机械噪声和泥浆污染、易调整纠偏和控制精度、对施工场地和机械设备要求不高等优点,被广泛应用于基坑的围护结构和建筑物基础。人工挖孔桩采用人工成孔方式,每挖一节桩身土方后,随即立模浇筑混凝土护壁,逐节交替由上往下进行直至到设计标高。随着桩身加深,应及时通风、照明,并及时抽排地下水。若地下水量较大或存在软弱地层,则需要提前加固地层或采取止水措施后才能进行挖孔。

图 10-5 钢板(型钢)桩围护结构

图 10-6 人工挖孔桩围护结构

人工挖孔桩是人在孔内作业,存在很大的施工风险,因此目前我国限制人工挖孔桩作业。广州市要求禁止采用人工挖孔桩设计和施工,若由于条件限制不得已采用人工挖孔桩,则桩径不得小于 1.2m,深度不得大于 25m,软弱地层厚度不得大于 4m 且必须事先加固地层。

(四)钻孔灌注桩围护结构

钻孔灌注桩采用机械成孔,由于其适用水文地质和工程地质条件较广,在基坑围护结构中被广泛应用。根据其成孔方式,可分为干成孔作业和湿成孔作业两种。

1. 干成孔作业

如图 10-7 所示,干成孔作业是指在成孔时不需要泥浆护壁,采用直接成孔或用钢护筒护壁成孔(孔内无水),成孔后直接吊放钢筋笼、浇筑混凝土的作业方式。其成孔方式采用螺旋钻或旋挖钻,适用于无砂层和淤泥且地下水量小的地层。旋挖钻机具有成孔速度快、对地层扰动较小等特点,在地质条件相对简单的地层中具有较好的应用前景,但地层的强度不能大于 30MPa。螺旋钻机具有成孔速度快、噪声小等特点,但其适用于第四系地层和残积土层,无法解决进入岩层的问题。

2. 湿成孔作业

湿成孔作业是指利用泥浆护壁,采用旋转钻进或冲击钻进的方式成孔,然后吊放钢筋笼,浇筑水下混凝土的作业方式。湿成孔作业具有适用条件广、对场地条件要求不高等特点,被广泛应用于基坑围护结构中。目前应用最多的是钢丝绳冲击钻机成孔,有时为减少施工噪声,需要采用旋转钻机进行成孔。如图 10-8 所示为冲孔桩成孔作业。

采用钻孔桩作为围护结构时,由于钻孔桩不能相互密贴,因此桩间需要进行止水,通常采用桩间旋喷桩止水或桩外侧咬合搅拌桩止水。为了解决钻孔桩相互之间不能密贴的问题,目前发展了钻孔咬合桩。即先施工一序钻孔桩,在施工二序桩时,将一序桩的混凝土部分切削,形成咬合桩,可解决桩间止水的问题。但这种方法需要专门的机械设备,造价相对较高。

(五)地下连续墙

地下连续墙目前是广州市轨道交通基坑支护应用最为广泛的围护结构,具有地下连续性好、适用于各种地层及地下水条件、止水效果好等优点。它是利用泥浆护壁,用冲孔和挖槽机相结合的方式挖出狭长的槽段,然后吊放钢筋笼,浇筑水下混凝土。槽段之间采用工字钢、锁口管或翼形钢板连接,使各槽段连成整体,形成封闭的围护结构。地下连续墙施工需要较大的机械设备以及较宽阔的施工场地。如图 10-9 所示为地下连续墙作业。

图 10-7 干作业成孔

图 10-8 冲孔桩成孔作业

图 10-9 地下连续墙作业

五、明(盖)挖基坑围护结构的支撑体系

明(盖)挖基坑的围护结构一般均需要架设内支撑,支撑的道数及间距需要根据计算确定。支撑的道数越多、间距越密,越有利于基坑的稳定,但施工工序多、工期长、造价高。因此在确定了围护结构形式后,如何合理地确定支撑形式、间距、道数,既能确保基坑安全又能保证施工顺利是设计必须要解决的问题。一般情况下,竖向支撑的间距控制在 3.5 ~ 4.5m,水平间距控制在钢支撑 3 ~ 4m、混凝土支撑 6 ~ 9m。在无法设计横撑的位置,根据计算需要设计预应力锚索进行支护。如图 10-10 所示为基坑采用钢支撑,如图 10-11 所示为预应力锚索支护。

图 10-10 基坑采用钢支撑

图 10-11 预应力锚索支护

六、明(盖)挖法发展趋势

(1)基坑向着超深、超大的方向发展,且周边环境要求越来越高,使得基坑开挖与支护的难度愈来愈大,基坑支护体系与盖板体系、施工工艺与施工方法、地层加固与建(构)筑物保护措施等需要进一步发展创新。

(2)为减少喷射混凝土的回弹量以及保护环境的需要,湿式喷射混凝土将逐步取代干式喷射混凝土。

(3)施工监测是指在围护结构施工、基坑开挖与地下工程施工过程中,对基坑土层性状、支护结构变位和周边环境条件的变化,进行各种观测及分析,并将观测结果及时反馈,以指导设计与施工。随着国内科学技术的发展,尤其是计算机技术的发展,未来的监测系统将向自动化、智能化的方向发展。

(4)采用装配式铺盖法施工能有效地解决工程建设与地面交通和环境存在的矛盾;将既有地下管线悬吊和采取保护措施,可以避免改、移管线带来的风险,节约投资和时间,是城市轨道交通及地下工程建设发展的一个方向。铺盖板及临时支撑构件标准化的实施,不但可以降低工程造价,而且可以推动车站盖挖法设计的标准化。盖板等构件具有通用性,可推行铺盖板的标准化及成品化,循环使用,并研究制订相关的技术标准、配套设备、施工工艺等,将装配式铺盖法逐步推广应用。

第二节　广州市轨道交通明(盖)法应用与创新简介

一、应用概况

明(盖)挖法作为地下工程主要工法之一,在广州市轨道交通工程中得到了广泛应用。已建成开通的144座车站大部分都采用了明(盖)挖法;正线标准断面区间较少采用该工法,断面形式非常复杂的区段,如出入段线与正线的节点段,基本都采用明挖法。新设备、新材料的应用可以有效提高施工效率、施工质量和施工安全,广州市轨道交通对其大胆尝试,积极推广应用,取得了较好效果。

(一)旋挖钻机成孔技术的应用

旋挖钻机成孔技术也叫干成孔作业技术,是应用专门的旋挖钻机进行回旋钻进成孔,不需要泥浆护壁,具有成孔速度快、施工噪声小等优点。但其适用的地质条件有限,要求不能有较厚的软弱地层,地下水量较小,岩层的抗压强度不大于30MPa。随着旋挖钻机机械的改进,新型的旋挖钻机适用的岩层强度可进一步提高。在相同的地层条件下,旋挖钻机的成孔速度可达到冲孔桩机成孔的5倍以上,但造价较高,因此在广州市轨道交通工程地质条件适宜的地段,在有工期要求的情况下采用旋挖钻机成孔技术。

(二)双轮铣槽机的应用

双轮铣槽机是一种专门的地下连续墙成槽设备,具有成槽速度快、入岩强度高、垂直度容易控制等优点。与传统的成槽工艺相比,其成槽速度可达到3倍以上,但由于设备比较昂贵,其成本相对较高,在工期紧张的情况下,广州市轨道交通在部分工点应用了双轮铣槽机,取得了较好的效果。

(三)可回收锚索的应用

可回收锚索目前在国内外应用较为广泛,其通过对锚头的专门设计,在锚索使用完成后,通过一定的技术措施将锚索回收并可重复利用,只将锚头(长2~2.5m)留在地层中,因此对周边地块的开挖影响较小。广州市轨道交通工程的部分轨排井明挖基坑应用了可回收锚索,取得较好效果。但由于可回收锚索的设计是靠专门的锚头与地层锚固达到设计锚固力的要求,锚索均为自由段,因此它对锚头处的地层条件有较高的要求。锚头段的地层一般为中、微风化岩层,或者强度(c、φ 值)较高的地层。另外,可回收锚索要求套管成孔,且灌注水泥砂浆后才能拔出套管。在广州市轨道交通工程的应用过程中,曾发生可回收锚索锚固力不够,以及没有全部回收的事例。

二、研究创新概况

广州市轨道交通线路多数沿城市主干道地下敷设,周边建(构)筑物和管线密集,施工环境恶劣;相较北京、上海等城市的单一地层而言,广州地区的复合地层及不良地质条件要复杂得多,传统的明挖法已较难适应施工的需要。广州市轨道交通在长期的工程实践中,结合目前的先进设计施工技术,进行了大量研究试验,大胆创新,使明挖施工技术水平得到了较大的提高,解决了大量的实际技术难题。

(一)铺盖法、半铺盖法的创新应用

由于在城市房屋密集区、交通密集区,受征地拆迁、交通疏解等条件的制约,明挖法受到很大的限制。在广州市轨道交通一号线农讲所站、二号线公园前站曾采用盖挖逆作法。盖挖逆作法可短暂中断交通,待围护结构和中立柱、顶板完成后即可恢复路面,土方开挖及剩余结构在顶板下施作。但由于土方开挖和主体结构施工都在盖板下,且主体结构为逆作法,土方开挖比较困难,防水板铺设、混凝土浇筑的质量比较难控制,主体结构完成后渗漏水比较严重。

广州市轨道交通经过多年的探索,将明挖顺作法和盖挖逆作法相结合,创造性提出盖挖顺作法(铺盖法)和半盖挖顺作法(半铺盖法)。广州市轨道交通二号线江南西站是我国首例采用铺盖法施工的轨道交通车站,它采用柱列式挖孔桩作为基坑围护结构及路面系统的支撑传力体系,采用六四式军用梁作为临时路面的支撑构件,军用梁上敷设钢板及沥青路面,用来对各类既有地下管线进行悬吊或换管处理。广州市轨道交通二号线晓港站工程首次在国内应用半盖挖法工艺进行施工并获得成功,既保证了施工的顺利进行,又不影响市内繁忙的交通运输。盖挖顺作法在第一节已经详细介绍,这里就不重复。

半盖挖顺作法是在道路可倒边的情况下,先封闭半边道路进行围护结构和临时中立柱的施工,将围护结构和临时中立柱作为支撑,然后施工临时铺盖系统。临时铺盖系统应根据路面交通的荷载、支撑的跨度、路面宽度及标高等条件综合考虑进行设计。常用的铺盖系统有军用梁、贝雷架以及预制空心混凝土盖板等。围护结构和临时中立柱的设计除了要考虑围护结构的受力外,尚应考虑路面系统的竖向荷载和水平冲击力。为了节约投资和工期,铺盖系统一般设计为梁板结构,明挖基坑的第一道支撑设计为钢筋混凝土支撑,兼作铺盖系统的受力纵横梁。因此,第一道混凝土支撑的设计除了考虑支撑的水平受力外,还必须考虑作为承重梁的竖向荷载及行车的冲击力。

临时铺盖系统施工完成后,进行道路倒边施工,将道路交通疏解到铺盖系统上,然后封闭另一半边道路,并施工该半边的围护结构。围护结构完成后,可进行全面土方开挖。由于铺盖系统高于顶板,且整个基坑的半边可以作为出土空间,因此土方开挖基本与明挖顺作法相同。土方边开挖边架设支撑,直至开挖至基底再由下至上施工主体结构。

主体结构封顶后,回填土方,在施工围蔽范围内恢复管线和路面,半边恢复交通。然后封闭铺盖系统另一侧的交通,拆除铺盖系统恢复路面,全面恢复交通。

半铺盖顺作法的优点是可以在不中断交通的情况下,进行明挖顺作,其工期、质量容易保证。与明挖顺作法相比,半铺盖顺作法只增加了临时铺盖系统的费用,可在城市交通比较密集、不允许中断交通的路段修建车站。

该工法在广州市轨道交通昌岗站、宝岗大道站、沙园站、凤凰新村站等车站得到很好地应用。

（二）“先隧道后明挖车站”施工技术

广州市轨道交通五号线五羊邨站在国内第一次应用“先隧道后明挖车站”新工法，达到了节省场地、加快总工期的目标。

在轨道交通工程的设计施工中，根据工程筹划及车站设置、区间长度等因素，经常需要“盾构过站”。即车站主体结构建成后，盾构机从车站通过进入下一个区间隧道进行掘进，这种方法在广州市轨道交通的建设过程中经常采用。盾构过站的前提条件是车站的主体结构必须在盾构机到达之前全部完成，或至少完成站台层的结构（即至少完成结构的中板）。对盾构过站的车站设计，要求车站主体结构的内净空需要加大，轨顶风道不能施工，站台板的外缘板不能施工，以保证盾构机通过的净空要求。只有盾构机通过并完成下一区间的掘进，且盾构机吊出后，才能进行车站轨顶风道和剩余站台板的施工。

由于受用地的影响，部分车站不能按期开工，工期受到严重影响，往往在盾构机到达时车站主体结构尚未完成，无法满足盾构过站的要求，给盾构施工和总工期带来影响。针对这种情况，广州市轨道交通率先进行了“先隧道后明挖车站”的施工方法应用研究，即在车站尚未施工的情况下盾构机先行通过车站，然后再进行车站施工。这样盾构施工和车站围护结构施工及土方开挖可以同时进行，双方的工期干扰大大减小。待盾构机完成施工后，车站开挖破除管片进行主体结构施工。

“先隧道后明挖车站”的施工有两种方法：一种是先完成车站两端的围护结构，围护结构在盾构隧道范围内采用玻璃纤维钢筋或素混凝土墙，盾构机通过时直接破除围护结构；另一种是盾构机先行通过后再施工车站围护结构，这种方法必须要处理好围护结构端头墙与盾构隧道的接口，一般采用水泥土挡墙或人工挖孔桩结合旋喷桩的方式。

“先隧道后明挖车站”工法的应用须在工程筹划阶段决策，且工期策划应周密，其工程造价略高于正常的明挖车站方法。

第十一章　明(盖)挖法施工

第一节　超深基坑施工技术

一、超深基坑工程

基坑工程根据深度一般分为浅基坑、深基坑、超深基坑。随着我国经济的发展和施工技术的不断进步,城市中高层及超高层建筑、跨江大桥、地下铁路等越修越多,所涉及的超深基坑工程也越来越多。超深基坑工程是一项风险性工程,它涉及工程地质、水文地质、土力学、岩土工程、结构工程、结构力学、施工技术、土与结构的共同作用以及环境保护等多门学科,是理论上尚待进一步发展的、工程实践经验相对而言有所超前的、具有综合性和交叉性的技术学科;是一项涉及支护结构强度、变形和稳定,地下水的渗流与处理,实施过程涉及管理、建设、勘察、设计、施工、监测、监理等众多相关单位的协调配合的系统工程。超深基坑工程的设计与施工既要保证整个支护结构在施工过程中的安全,又要控制支护结构及其周围土体的变形,保证周围环境的安全。在保证安全前提下,设计既要合理,又要节约造价、方便施工、缩短工期。

二、深基坑支护的类型及选择依据

(一)支护类型与特点

根据被支护土体的作用机理,可将基坑支护分为两大类:支护型和加固型。支护型基坑支护包括板桩墙、排桩、地下连续墙等;加固型基坑支护包括水泥搅拌桩、高压旋喷桩、注浆和树根桩等。在实际应用中往往将两者结合,形成混合型。按其受力性能,大致可划分为悬臂式支护结构、单(多)支点混合结构、重力式挡土结构及拱式支护结构四类。各种支护方案都有它们的适用范围和优缺点。比如,拉锚式支护虽然可改善支护结构的内力分布形式,但具有一定技术难度和施工范围限制;内支撑式支护不需要基坑以外的空间,但却会妨碍基坑内的土方施工等。在实际应用中,应综合考虑各种因素,经比较后最终确定支护方案。

(二)选择基坑支护结构类型的基本依据

分析众多深基坑支护工程事故发生的原因,其中最主要的还是基坑工程结构选型不合理,考虑的因素不够全面。基坑支护方法较多,为达到同一目的,可以有多种方法,而每一种方法都有其独特的优点,有的速度快,有的经济省,有的噪声小,有的用电用水量小等。选择支护结构类型的基本依据如下:

(1)基坑的形状、尺寸。

(2)基坑支护结构所受的荷载:侧向荷载、竖向荷载、施工活载、地面超载等。

(3)工程地质及水文地质条件:地下水情况及分布、地表水位、承压水层、承压气体等。

(4)环境条件:基坑周围建筑物状况,基坑周围公用设施分布及地下构筑物、管线状况,基坑周围交通状况及道路状况,基坑周围水域(河流)状况,对基坑施工的特殊要求等。

(5)建筑物的基础结构及上部结构对支护结构的要求。

(6)基坑开挖及排水等方案方法。

(7)对基坑支护结构施工(噪声、振动、地面污染)的要求。

(8)基坑场地周围已有基坑支护结构形式或类似基坑支护结构的形式在施工中的成功经验、失败原因、教训。

(9)现已应用的各种支护技术的特点与适用范围。

(10)相应基坑支护设计规程、规范、指南等。

三、超深基坑工程施工要点

深基坑施工包括各种支护结构、隔渗设施、降水井及抽排水井及土方开挖的实施。深基坑工程施工应掌握以下要点:

(1)深基坑工程施工前应了解基坑周边的地表水以及场地的地下水情况,做好坑周及坑内的明水排放。对有可能排入或渗入基坑的地面雨水、生活用水、上下水管渗漏应设法堵、截、排,并在土方开挖前结合路面硬化做好排水工作。

(2)基坑工程施工前应了解基坑周边建(构)筑物的基础形式与埋置深度,上部结构情况,基坑周围地下市政管网的位置与走向,市政道路等周边环境,确保基坑施工对建筑物场地及周边环境的使用安全。

(3)基坑工程施工前必须编制详尽的、切实可行的施工组织设计,对可能发生的问题要制订应对预案。在降水施工过程中,必须先施工具有代表性的1~2口井进行抽水试验,校核水文地质设计参数后,方可进行其他降水井施工。

(4)基坑土方开挖应分段进行,严禁超深度开挖,符合基坑工程设计工况的要求。充分考虑时空效应,合理确定土方分层开挖层数、时间限制,尽可能减少基坑临空边的长度和高度。分层开挖深度在软土中一般不宜超过2m,较好土质也不宜超过5m。对设有支护结构和隔渗、降水系统的基坑,必须在支护结构和隔渗结构的强度达到设计要求,降水系统运用正常,满足施工要求后,方可进行土方开挖。

(5)基坑工程施工过程中应搞好各分项工程的协调管理,注意工序衔接,合理安排工期,使得支护结构能够按设计要求运行。采用内支撑的基坑必须按"由上而下,先撑后挖"的原则施工。设置好的内支撑受力状况必须和设计计算的工况一致。拆除支撑应有安全换撑措施,由下而上逐层进行。注意拆除下层支撑时严禁损坏支护结构主体、立柱和上层支撑,吊运拆除的支撑构件时不得碰撞支撑系统和结构构件。

(6)对设计有锚杆的基坑工程,应正确选择锚杆成孔机械和成孔工艺。必要时,应按设计要求事先进行成锚工艺及极限抗拨力试验,并根据试验结果对设计进行必要的调整。

(7)基坑工程实施阶段必须采用信息化施工,实时跟踪监测基坑支护结构、地下水以及周围环境的动态变化,并及时采取有效应急措施,确保环境安全。

(8)基坑工程施工过程中必须进行监测,制订切实可行的、详细的监测方案,并通过监测数据指导基坑工程的施工全过程。监测方案的主要内容应包括监测目的、监测项目、监测方法及精度要求,监测设备,监测点的布置,监测周期,监测预警值,记录制度以及信息反馈系统等。基坑工程应按有关技术标准规范进行,做好施工过程中各工序质量控制及施工记录。

(9)基坑工程验收按分项工程进行,验收时应提供以下资料:施工测量放线定位图,基坑工程竣工图,各种主要材料的合格证、复验报告,隐蔽工程验收记录,设计变更通知,事故处理记录,有关试验及质量检测报告,基坑工程施工的管理资料以及其他有关资料。

四、工程实例

(一)工程概况

1.站位及周边条件

广州市轨道交通区庄站位于广州市环市东路和农林下路交汇处,是五、六号线换乘站。五号线车站站台层位于环市东路下方,六号线在五号线下方斜交穿过,车站主体位于农林下路下方。五号线车站全长134.2m,六号线车站全长213.1m,其中暗挖段长度161.1m。五号线上方为车站站厅连接通道,北站厅为五、六号线共用站厅层,地下六层为六号线轨行区。除北站厅为明挖基坑施工以外,其余五、六号线隧道及风道结构均为暗挖施工。

工程所处环市东路为双向六车道,农林下路为三车道道路,车流、人流繁忙。六号线车站地面周边高层林立,有广州市公路局大楼、浦东发展银行、农林下路小学、北京同仁堂等重要建筑,民房也多为军区用房,环市东路、农林下路地下管线众多,纵横交错,类型多样。如图11-1所示为区庄站周边环境。

图11-1 区庄站周边环境

2. 工程地质与水文地质条件

区庄站站址所处地段为微丘台地,西临越秀山,北临白云山。场地岩土自上而下分布有〈1〉人工填土层、〈3-1〉粉细砂层、〈4-1〉冲积—洪积土层、〈4-2〉河湖相淤泥质土层、〈4-3〉坡积土层、〈5-1〉可塑或稍密~中密状残积土层、〈5-2〉硬塑或密实状残积土层、〈6〉岩石全风化带、〈7〉红层强风化带、〈8〉红层中风化带、〈9〉红层微风化岩。车站周边无地表水系,地下水位在现有地面以下2m。

地面沉降与软土震陷:场地内软土层为〈4-2〉第四纪河湖相淤泥质土层,埋藏较浅,层厚0.35~2.40m,平均厚度0.86m,淤泥质土层具有含水量高、孔隙比大、压缩性高、抗剪强度低、灵敏度高的特点,易发生压缩变形,埋藏较浅时易导致地面沉降和软土震陷。

3. 车站的规模、形式、埋深等

车站建筑面积为25495m^2,其中主体建筑面积为17784m^2,其他附属建筑面积为7711m^2。

五号线西端区间为矿山法,东端区间为盾构法,站台层为暗挖单洞隧道形式,侧站台宽度3.73m,线间距28m,轨面埋深19m,其中车站有效站台长度106m,车站外包总长134.1m,标准段外包总宽34.36m。

六号线为盾构过站,南站厅为暗挖双层双柱大跨断面,外包总长62.4m,外包总宽24.21m,外包总高16.93m,底板埋深约30.6m。六号线站台长度为75m,车站标准段外包总宽度为22.6m,车站外包总长度为214.7m。整个六号线站台主要由三段组成:南站厅暗挖两层部分、有效站台长度内暗挖单洞部分和北站厅明挖地下五层部分。六号线站台设计范围内,为满足盾构过站的要求,断面变化众多。

(二)明挖施工

依据本项目工程场区地质条件,车站明挖站厅及设备管理用房采用"钻孔桩+内支撑体系"形成围护结构,钻孔桩之间设ϕ600mm旋喷桩止水,旋喷桩均进入相对不透水层。钻孔桩桩径为1200mm,桩间距为1350mm。旋喷桩止水采用三重管旋喷施工。支撑均采用钢筋混凝土撑,支撑跨度太大时采用中间一道或两道450mm×450mm钢格柱和连系梁。

1. 基坑土方开挖及支撑施工技术

基坑开挖总体顺序是先西侧后东侧,先两侧后中间。先采用台阶法施工西侧基坑和东侧基坑的地下三层,长臂挖掘机负责在基坑上部挖掉最后的台阶。台阶底部剩余部分土方和东侧基坑的地下三层以下的土方由提升塔架负责垂直运输。基坑开挖施工现场如图11-2a)所示。

水平分段:西段为23~140号连线西侧,东段为58~121号连线东侧,其余为中间段(见图11-2b)。

竖向分层:竖向分层厚度为混凝土支撑竖向间距。

纵向放坡:在首层开挖时采用纵向边坡,坡度1:3.5,坡顶设截水沟,坡底设集水井,首层开挖的坡度有挖掘机和载土车行走,台阶放坡只有挖掘机行走。

a)施工现场

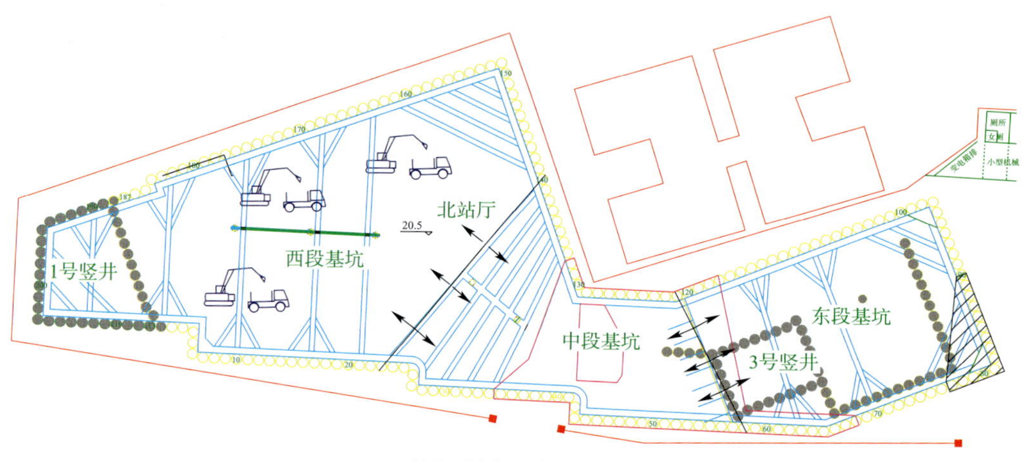

b)基坑开挖水平分段示意图

图 11-2 基坑开挖

抽槽开挖：当每段土体开挖及支撑施工时间过长时，须充分考虑基坑开挖的时空效应，必要时可考虑采用抽槽开挖方法。即先抽槽挖除混凝土支撑位置的土方，待该部混凝土支撑达到强度后，再开挖周边的土体。

由于北站厅东侧基坑较深(基底标高 -12.746m)，与中段基坑(基底标高 -5.956m)形成错台，高差为6.79~9.378m，设计考虑采用土钉墙进行支护。土钉墙长 16.78m，总面积约 $114m^2$。土钉孔直径为120mm，浆体采用水灰比为0.45∶1 的纯水泥浆，主筋采用 ϕ25mm 钢筋，垂向间距为 1.0m，水平间距为1.0m，倾角为15°。墙体采用120mm 厚 C25 喷射混凝土；内设 ϕ6.5mm@200mm×200mm 网片。土钉之间采用 ϕ16mm 加强筋进行连接。土钉墙施工大样如图 11-3 所示。

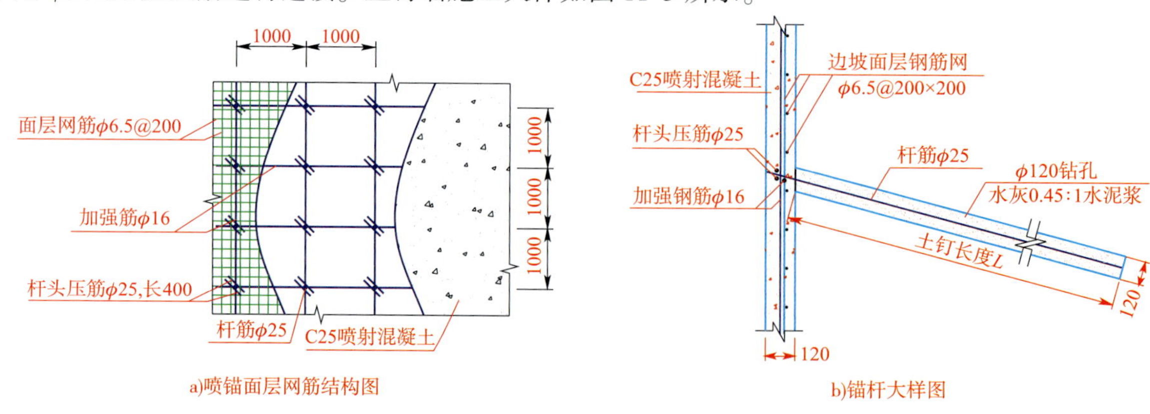

图 11-3 土钉墙施工大样(尺寸单位：mm)

2. 基坑石方静态爆破施工技术

基坑的石方开挖拟采用机械施工或静态爆破,减少施工振动对大楼结构的影响。

1)静态爆破方案的优点

(1)环保无害:使用中无声、无振、无飞石、无毒气、无冲击波、无有毒有害残留物,属无公害环保型产品,并且夜间也可以施工。

(2)安全、易管理:无声破碎剂属建材类产品,产品标准为《无声破碎剂》(JC 506—2008),非易燃易爆危险品,可以和普通货物一样购买、运输、使用,不受国家危险品、爆炸品管理法规限制。

(3)施工简单、易操作:本品用洁净水搅拌后灌入钻孔中捅紧即可,不需雷管炸药,不需放炮,不需专业工种。操作人员培训时间很短。

2)静态爆破方案

根据区庄站北站厅基坑的地质情况,东侧深基坑微风化岩层需要静态爆破开挖,开挖的石方约为 $5000m^3$。区庄站北站厅基坑需要爆破的地层为〈8〉、〈9〉。

静态爆破设计:

(1)孔距与排距布置:孔距与排距的大小与岩石硬度有直接关系,硬度越大,孔距与排距越小,反之则大。静态爆破孔距与排距布置见表11-1,静态爆破剂布孔参数见表11-2。

静态爆破孔距与排距布置表　　表11-1

岩石硬度	$F=4$	$F=6$	$F=8$
孔距(cm)	50~100	40	30
排距(cm)	80	50	40

静态破碎剂布孔设计参数表　　表11-2

破碎目标	孔深 L	相邻孔距 a(cm)	排距 b	孔径 d(mm)	使用量(kg/m^3)
低硬度岩石	1.0H	40~100	$(0.6\sim0.9)a$	38~50	5~10
中硬度岩石	1.05H	30~40	$(0.6\sim0.9)a$	38~50	12~22

(2)药剂反应时间的控制:反应时间控制在30~60min。当气温较低,药剂反应时间会相应延长,解决办法是加入促发剂和提高拌和水温度。拌和水温可根据实际情况适当提高,但最高不可超过50℃。

(三)主体结构施工

根据本工程的结构设计情况及基坑开挖施工安排,北站厅基坑开挖完成后先按照要求进行基底检测验收,然后进行车站接地施工和抗拔桩施工,北站厅主体衬砌在这之后进行。

北站厅为明挖多层框架结构,主体结构采用模筑钢筋混凝土,明挖顺作法施工,由基坑底部先施作底板,依次分层拆除钢筋混凝土腰梁内支撑,向上衬砌至地面。

结构梁、板施工模板采用双覆膜竹胶板,侧墙采用钢模板,曲墙及圆立柱采用曲面钢模板;模板支架采用钢管扣件式脚手架;混凝土采用泵送混凝土浇筑,插入式振捣器人工振捣。

北站厅采用明挖顺作法施工,主要施工步骤如下:

(1)施工主体围护桩及止水围幕,后期平行施作支撑中间型钢格构柱。

(2)开挖至第一次开挖面,施工第一道内支撑。

(3)依次向下开挖至第二、三、四、五、六次开挖面,施作第二、三、四、五、六道支撑,并向下开挖至基底。

(4)施工抗拔桩、接地网。

(5)施工垫层、底板防水层,浇筑六号线轨行区底板和支撑下侧墙防水层及结构。

(6)第六道支撑破除。

(7)施工轨行区剩余侧墙防水层侧墙和集中冷站(地下四层)底板,待其达到强度后破除第五、六道支撑。

(8)施工侧墙防水层，浇筑侧墙及夹层板，待其达到强度后破除第四道支撑。

(9)依此类推施工侧墙防水层，浇筑侧墙及地下三层、二层、一层板直至破除第一道支撑。

(10)浇筑地面控制中心部分。

北站厅基坑采用明挖出土，西基坑为 3 道支撑，东基坑为 6 道支撑，中部扶梯通道处基坑为 4 道支撑，开挖完成后支撑分布情况如图 11-4 和图 11-5 所示。

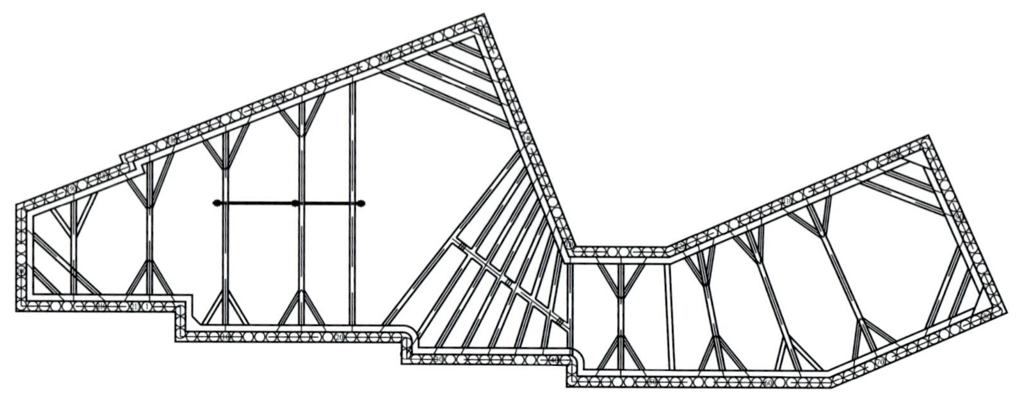

图 11-4 北站厅基坑支撑系统平面示意图

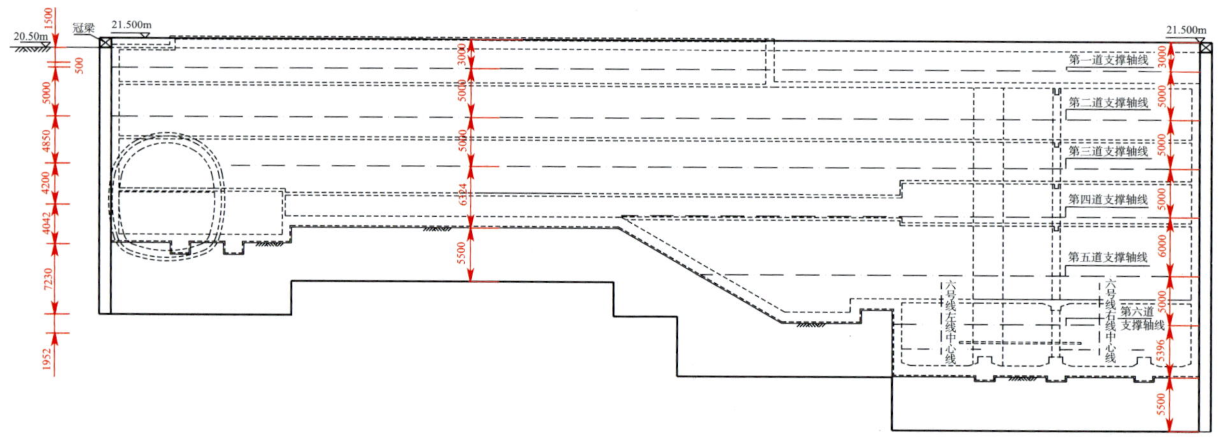

图 11-5 北站厅基坑支撑系统立面示意图(尺寸单位:mm)

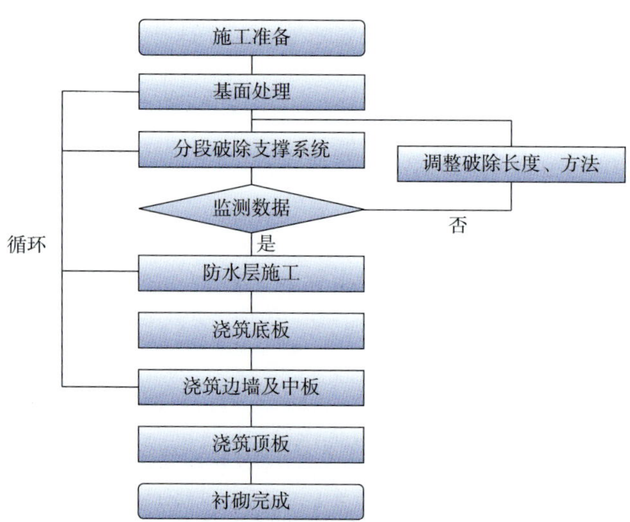

图 11-6 北站厅结构施工工艺流程图

因为北站厅的开挖采用明挖顺作法施工，基坑支护采用钢筋混凝土内支撑，在基坑开挖完成后转入结构施工时由于支撑系统的存在，将进行从支撑系统到结构的体系转换。

考虑施工进度因素，西基坑要先于东基坑开挖完成，所以西基坑主体结构可以于西基坑开挖完成后即开始施工，按基坑结构施工分段位置预留与东基坑结构接头，待东基坑开挖完成后再开始施工东基坑结构，具体施工工艺流程如图11-6所示。

根据结构施工原则，北站厅由下向上分层依次浇筑，水平施工缝设置在侧墙位置板面以上。北站厅水平分段共分六段施工，其结构水平分段和竖向分层施工示意图分别如图 11-7 和图 11-8 所示。

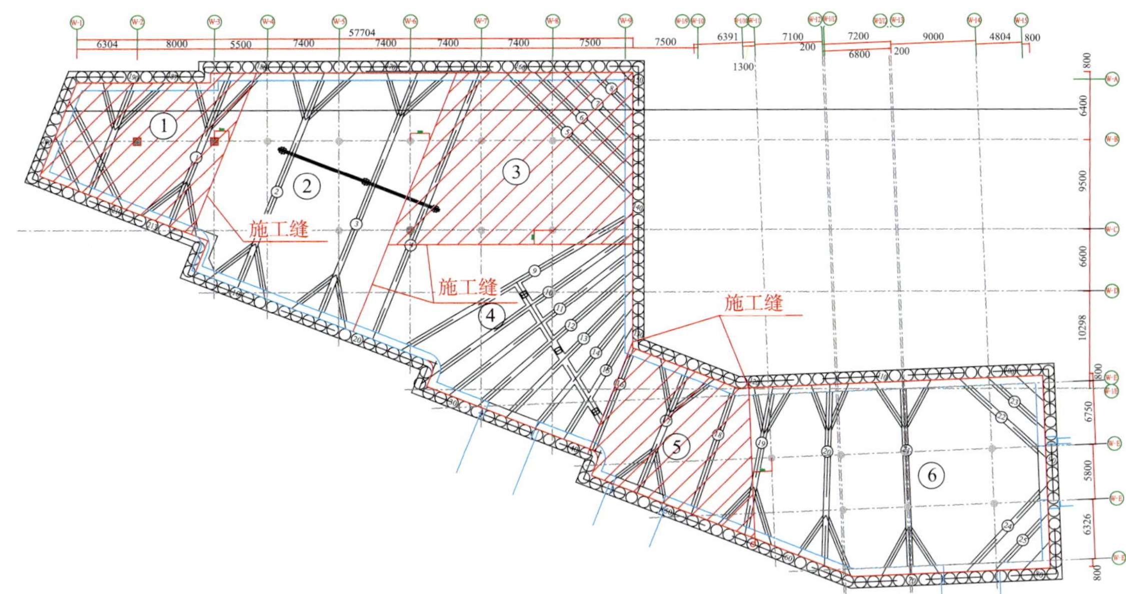

图 11-7 北站厅结构水平分段施工示意图(尺寸单位:mm)

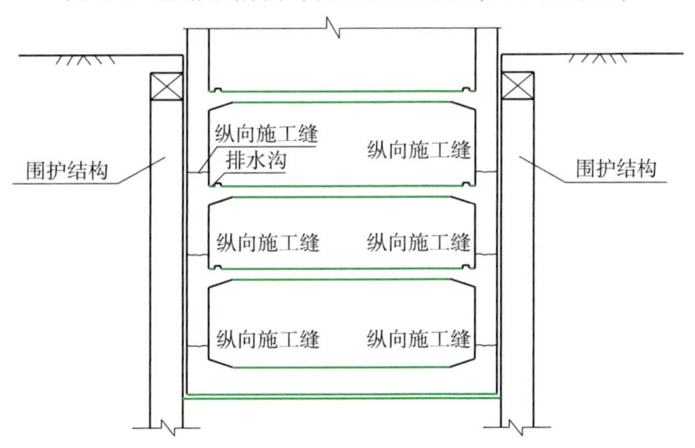

图 11-8 北站厅结构竖向分层施工示意图

第二节 半盖挖法

广州市轨道交通二号线晓港站工程首次在国内应用半盖挖法工艺进行施工并获得成功,既保证了施工的顺利进行,又不影响市内繁忙的交通运输,在城市深基坑工程施工中是值得参考的范例。

一、半盖挖法的特点

半盖挖法分为半盖挖顺作法和半盖挖逆作法,是为了不影响交通或其他城市功能,在深基坑开挖前先施工临时路桥遮盖一半,另一半敞开明挖施工基础结构的一种工法。半盖挖法利用明挖及盖挖两种方法的优势,将两者合理结合,其特点是可克服全盖挖法施工进度慢、质量较难控制的缺点,可明挖施工基坑,以便加快进度,又不影响基坑上面的交通或其他功能。

二、半盖挖体系

半盖挖体系主要包含路面系统和竖向支撑体系。

1. 路面系统

国内常见的半盖挖顺作法路面系统有混凝土临时路面系统、军用梁临时路面系统、贝雷架临时路面系统。半盖挖逆作法一般采用顶板兼作路面系统,主要优势是上部路面及管线改迁一次完成,而主体结构施工工效基本不受影响,节省临时路面系统投资,缩短工期。

2. 竖向支撑体系

竖向支撑体系一般采用永久立柱和临时立柱相结合的方式。

三、工程实例

(一)工程概况

1. 站位与周边条件

沙园站为广州市轨道交通八号线与广佛线的换乘站,站位位于交通繁忙的工业大道下,地面较平坦,地形起伏高差1m左右。工业大道为双向六车道,是城市主干道,附近有12条公共汽车线路,路面车流、人流密集,交通比较繁忙,不能全部中断交通,经过技术方案论证,本站采用了半盖挖顺作法施工技术。

2. 车站概况

沙园站全长202.2m,标准段宽23.50m(其中盖挖部分宽度11.75m),车站顶板埋深超过3.0m,基坑深约25m,为地下三层双柱三跨结构。车站设2组风井,近期设4个出入口。

3. 工程地质与水文地质

明挖车站部分地层主要为:〈1〉人工填土层,0.4~3.4m;〈3-1〉层冲积—洪积中细砂层,0.5~1.75m;〈4-1〉粉质黏土层,1.4~5.9m;〈4-2〉淤泥质土层,0.4~3.6m;〈5-1〉可塑状态的粉质土黏土以及呈稍密状的粉土.2.00m;〈5-2〉残积硬塑状粉质黏土层,1.1~4.9m;〈6〉全风化泥岩粉砂质,0.4~6.0m;〈7〉强风化泥质粉砂岩,0.5~15.90m;〈8〉棕红色泥质粉砂岩中风化带,0.5~15.9m;〈9〉泥质粉砂岩微风化带。底板基本位于〈9〉号地层。

地下水位为地表以下0.78~3.1m,地下水主要为孔隙水和基岩裂隙水两种类型。孔隙水主要分布在上部的杂填土层和冲洪积砂层中。基岩裂隙水主要分布在岩石强、中风化带。

(二)实施过程中可能遇到的主要问题和风险

由于沙园站位于旧城综合发展区域范围内,其上方工业大道为双向六车道,是城市主干道,明挖部分施工造成交通堵塞,交通疏解困难;本工程按照交管部门要求需要进行三期交通疏解,施工场地狭小,基坑处于一半盖挖状态;施工过程中作为交通疏解道的盖板按永久道路标准设计,保证车辆正常、安全行驶,尽量减少不利影响。

(三)盖挖顺作施工方法简述

1. 主要施工工艺流程

盖挖顺作法施工顺序如图11-9所示。

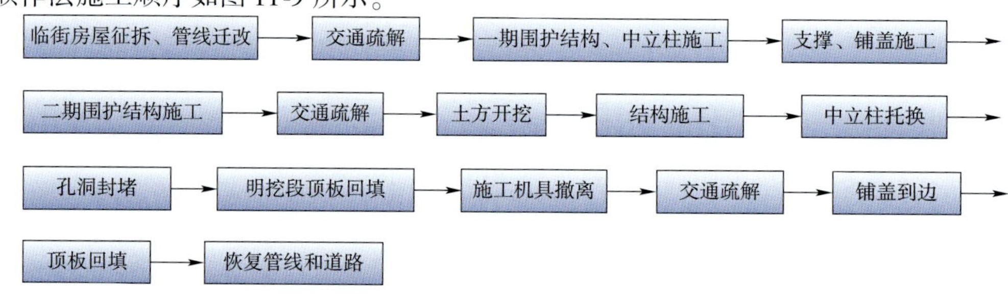

图11-9 盖挖顺作法施工顺序示意图

2. 交通疏解

鉴于明挖车站部分位于交通繁忙的工业大道北主干道下,交通疏解不当将引起严重交通堵塞,影响市民出行。为基本保持原有机动车道的数量,必须分三期倒边施工。

一期交通疏解时,加宽工业大道至原人行道,施工东侧围护结构及中间临时支柱,然后安装预制空心板,浇筑钢筋混凝土路面及安全隔离带,达到设计强度后开通一期施工场地,进行二期交通疏解。

二期交通疏解时,施工西侧围护结构,钢筋混凝土冠梁、柱支撑,与东侧第一层混凝土支撑连接成整根;混凝土支撑达到设计强度后,开挖土方,并及时安装钢管支撑与挂网,填充柱间混凝土,分段施工接地体、垫层、防水层、主体结构等;主体结构施工完毕,做好顶板和底板的防水以及孔洞的封堵后,回填西侧土方进行三期交通疏解。

三期交通疏解时,同时封闭半铺盖道路,拆除半遮盖及中间立柱,恢复原工业大道的交通,开始附属工程施工。三期铺盖完成后可完全恢复原有交通。

3. 铺盖、支撑系统

铺盖板按永久道路标准设计,采用400mm厚预制钢筋空心混凝土,板跨6m,板宽1.2m;铺盖梁采用1.4m(高)×1m(宽)钢筋混凝土梁,兼作第一道混凝土支撑梁。中立柱采用ϕ1200mm钻孔灌注桩,桩底深度大于构底板以下4m。支撑采用1道混凝土支撑+3道钢管支撑。如图11-10~图11-12所示为铺盖系统布置与施工图。

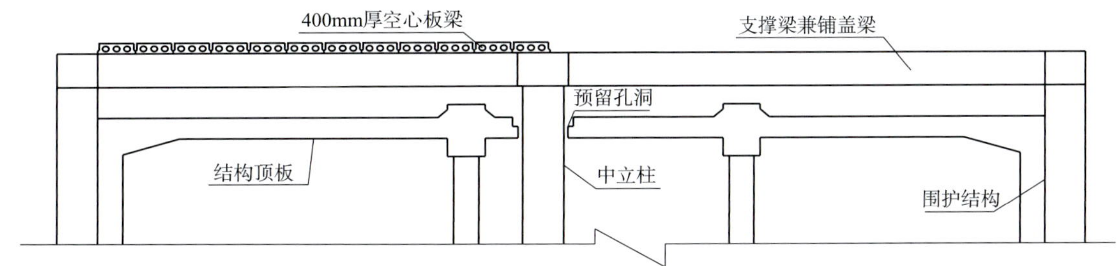

图11-10 铺盖系统布置图

图11-11 预制空心板铺盖安装

图11-12 铺盖面混凝土养护

4. 结构板孔洞预留

因铺盖系统中立柱的干扰,结构底板、中板、顶板均要预留孔洞,预留孔洞2.1m×2.1m,中部设0.1m台阶。为方便封堵,主筋采用钢筋接驳器连接。底板防水层铺设时应注意保证外露0.2m以上,并加强保护,以便于孔洞封堵时连接。如图11-13所示为结构板预留孔洞示意图。

5. 铺盖中立柱托换和拆除

结构顶板浇筑完成后,需要回填明挖部分土方,铺盖系统的中立柱预留孔洞将影响回填,应提前对中立柱进行托换。另外,中立柱若不提前拆除,待铺盖完全拆除后再拆除中立柱,将严重影响总体工期,因此,需要对中立柱进行托换。如图 11-14 所示为中立柱托换示意图。

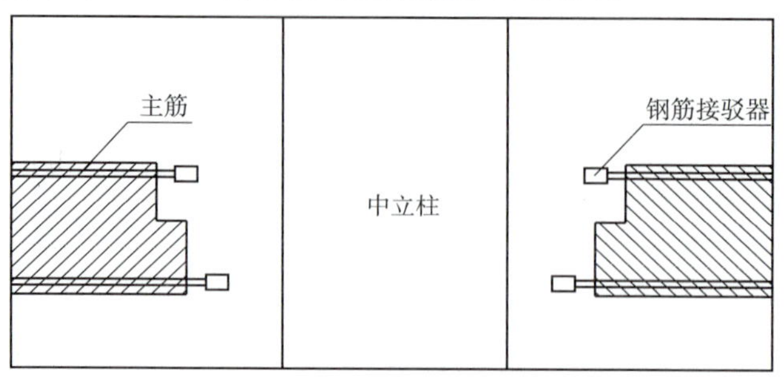

图 11-13　结构板预留孔洞示意图

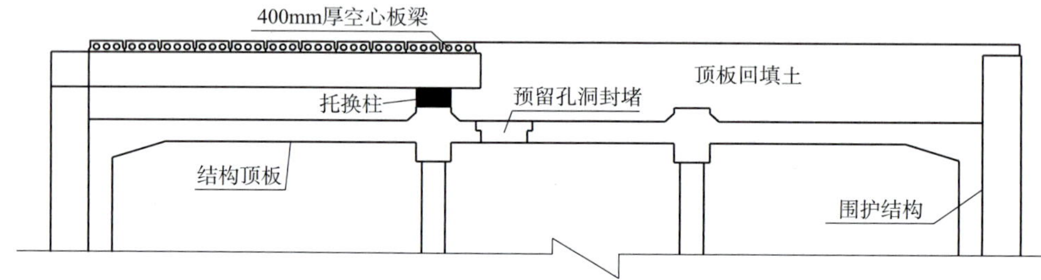

图 11-14　中立柱托换示意图

托换方式可根据结构顶板和结构柱设计情况确定,一般托换点在结构柱、结构纵梁上方时,设支撑柱即可,并可根据柱的高度确定是否需要配筋;若托换点不在结构柱和纵梁上方,则应设纵向托换梁,以分散荷载。沙园站托换点正好在结构柱上,纵梁顶至铺盖梁底间距仅 0.4m,因此采用素混凝土填充即可。

托换梁或柱应在顶板防水层和保护层完成后实施。

6. 结构板预留孔洞封堵

中立柱拆除后封堵预留孔洞,封堵的质量控制重点是钢筋连接和防、堵水。封堵钢筋分两段分别接入钢筋接驳器后焊接,注意焊接点间隔错位布置。如图 11-15 所示为结构底板封堵示意图。

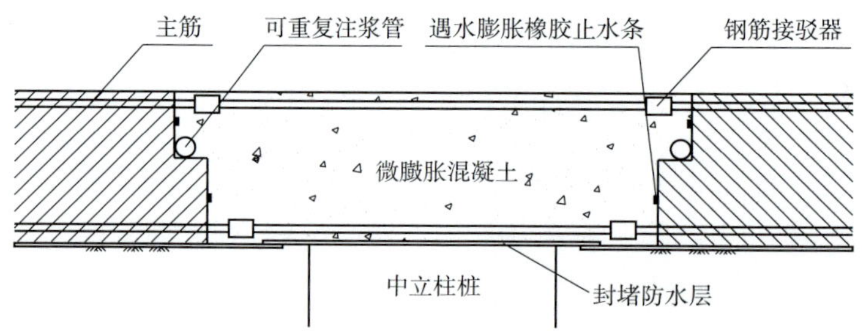

图 11-15　结构底板封堵示意图

堵水措施有如下几个环节:①封堵防水板焊接前,应仔细清洗原有防水板,保证焊接质量;②接口处旧混凝土面应凿毛处理;③接缝贴遇水膨胀橡胶止水条;④转交处安装可重复注浆管,待混凝土收缩完成后注浆填缝;⑤采用微膨胀混凝土封堵。

(四)实施效果评价

由于采用了三期倒边施工,未对交通造成堵塞,但围护结构和铺盖时间长,需要 10 个月时间,约为普通明挖车站的 3 倍;出土时间为 8 个月,约为普通明挖车站的 2 倍;中立柱和铺盖拆除、孔洞封堵时间为 2 个月;周边建筑最大沉降为 28.2mm,完全在规范控制允许范围内。

第三节 双轮铣槽机应用

一、双轮铣槽机的基本结构

双轮铣槽机的基本结构包括八个部分如图 11-16 所示。

二、双轮铣槽机的工作原理

铣刀架是一个带有液压和电气控制系统的钢架，下部安装 3 个液压马达，水平向排列，两边马达分别驱动两个装有铣齿的铣轮。铣槽时，通过主机的电脑控制，两个铣轮低速(一般 20r/min)转动，方向相反，其铣齿将地层围岩铣削破碎；中间液压马达驱动泥浆泵，通过铣轮中间的吸砂口将钻掘出的岩渣与泥浆混合物排到地面泥浆站进行集中除砂处理，然后将净化后的泥浆返回槽段内，如此往复循环，直至终孔成槽。如图 11-17 所示为铣削工艺的布置。

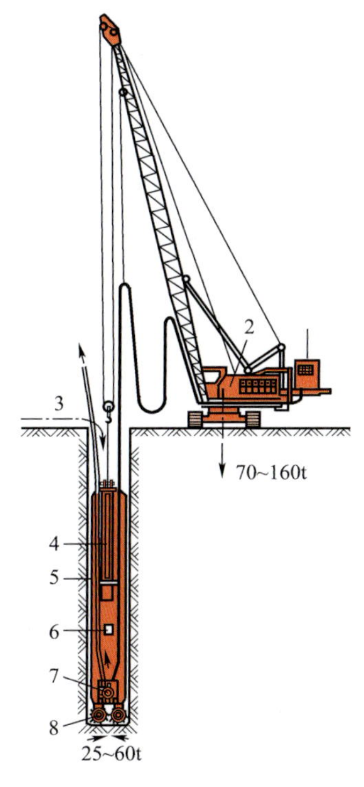

图 11-16 双轮铣槽机的构成

1-配重；2-起重机；3-泥浆管；4-液压管；5-铣刀架；6-位置传感器；7-泥浆泵；8-铣轮

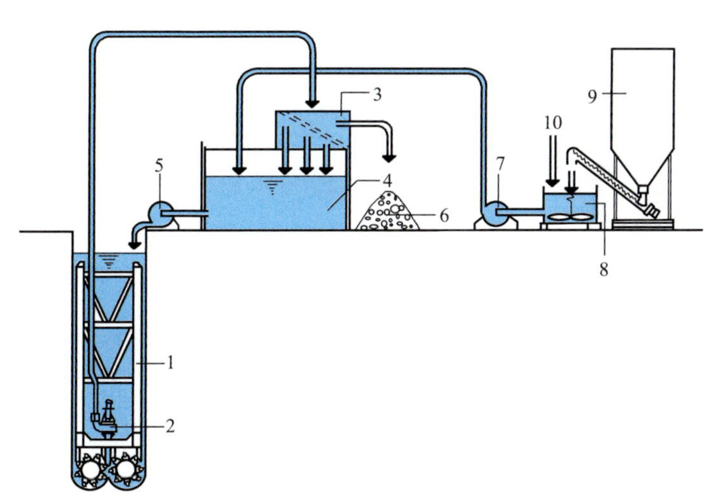

图 11-17 铣削工艺的布置

1-旋转铣刀；2-铣刀泥浆泵；3-除砂器；4-供浆池；5-地泵；6-出砂；7-供浆泵；8-泥浆搅拌机；9-斑脱土罐；10-水

三、双轮铣槽机的优缺点

(一)优点

1. 适应范围广

适应范围广，尤其在强度较大的硬岩地层具有绝对的优势。单机可一次完成松软地层及岩层的深基础成槽施工。同时，对于不同地层情况，可配置不同的铣轮。

2. 质量佳

成槽精度高，孔形规则，可对铣削过程进行全电脑跟踪，随时对槽孔进行纠正。成槽垂直精度可控制在0.3%以内。

3. 环境优

具有密闭的泥浆循环系统，对施工的环境污染小。施工噪声低（关闭车门对15m外的正常生活无影响）、无振动（成槽过程整套设备对地面无任何冲击），尤其适用于城市内建筑密集区的深基础施工（最近可离建筑物1m）。

4. 性能好

施工过程全自动控制。铣削时自动进给，性能稳定。整机安全报警系统先进、安全可靠。

5. 效率高

成槽效率高、施工工期短。

（二）缺点

（1）对场地的地面强度要求较高，一般要求20cm厚的加筋且C20以上的混凝土路面，在地层不好的作业面甚至要在地面铺设钢板，否则在设备行走范围会出现严重的地面下沉。

（2）要求场地有较大的作业空间，同时满足设备成槽、钢筋笼加工（至少同时3个班组以上加工）、钢筋笼下设、混凝土浇筑、泥浆处理等多种设备同时作业。

（3）对施工单位的专业施工技术要求非常高，包括土建技术人员、设备技术人员、专业泥浆制作人员、专业的熟练操作手以及非常熟练的劳务协作队伍。

（4）设备配件的库存量大，设备的关键技术配件在国内很难购买，必须通过厂商在国外购买，其整个流程很长（有的超过半年）。

（5）在强度超过80MPa的岩层中作业非常困难，需配合多种设备作业。

四、双轮铣槽机成槽工艺与传统成槽工艺的对比分析

（一）成槽工艺原理

“冲孔抓槽”传统成槽工艺采用液压抓斗和冲击钻机配合施工，采取“两钻一抓”的成槽工艺施工成槽。如图11-18所示为传统成槽工艺原理。

a) 冲孔施工

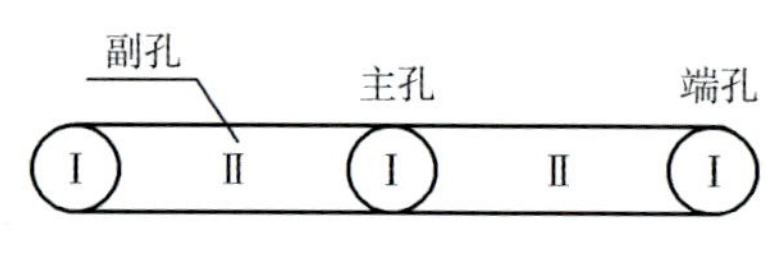

b) 两钻一抓示意

c) 抓槽施工

图11-18　传统成槽工艺原理

双轮铣槽机成槽工艺原理如图11-19所示。

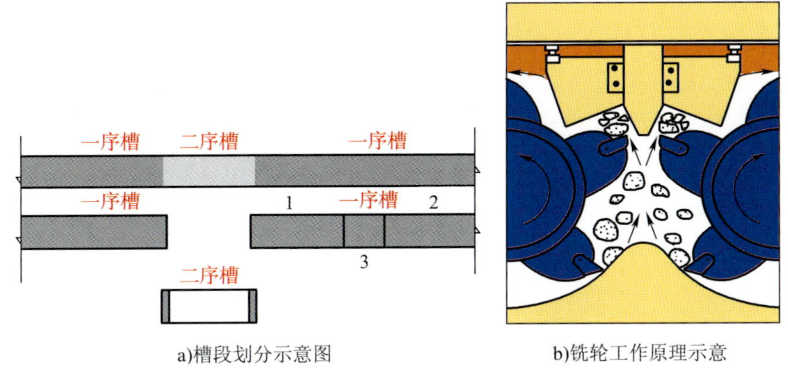

a)槽段划分示意图　　b)铣轮工作原理示意

图 11-19　双轮铣槽机成槽工艺原理

(二)成槽工艺对比分析

1. 工艺适应范围对比

传统的"冲孔抓槽"施工工艺成熟,适用范围较广,但同时存在一定的局限性。如岩层中冲孔成槽施工难度大,砂层厚、砂层—岩层组合地质情况下容易塌槽;容易造成连续墙偏斜、接头漏水漏砂等较严重危及周遍安全的问题;受抓槽机械限制,对施工的连续墙厚度有一定的限制,难以施工大于 1m 厚以上的地下连续墙。

双轮铣槽机对于各种复杂地质条件下的连续墙成槽均可适应,同等护壁泥浆质量条件下,铣槽机对槽壁的影响相对冲锤、抓斗影响更小;铣槽机宽度可适应 1.2m 甚至 1.4m 内的连续墙成槽施工。

2. 成槽施工效率对比

施工场地条件及地质条件较适宜的情况下,可采用大量的冲孔桩机配合抓槽机械同时施工,以加快地下连续墙成槽的整体施工进度,但同时会需耗费大量的人力物力及机械的投入,"冲孔抓槽"工序较繁杂,易造成施工进度快但施工效益低的情况。

洛溪站连续墙厚 1.2m,地层情况为:地面下 1m 起即为厚度大于 15m 砂层,砂层以下即为硬度约 25 ~45MPa 的中、微风化岩石。铣槽施工每刀只需连续铣槽 8h 即可完成,铣槽机铣刀宽度为 2.8m,一个 6.8m 的 Ⅰ 序槽只需 3 刀(2.8m +2.8m +1.2m)即可完成,完成一个槽段只需 24h。

洛溪站连续墙成槽若采用"冲孔抓槽"工艺,按以往施工经验粗略估算,6m 长的槽段 3 个端头孔冲孔就需要 3d 以上,加上中、微风化层部分无法使用抓斗进行抓槽,必须使用冲孔桩机进行修整,按 9m 的修岩深度,使用 2 台套冲孔桩机需 3 ~4d 时间方可完成槽底修整。整个成槽施工由 2 台套冲孔桩机 +1 台液压抓斗配合需 7d 以上方可完成。

由此可见,在洛溪站地质条件相似的入岩较深的连续墙成孔施工中,铣槽机成槽施工效率远远高于传统"冲孔抓槽"成槽施工。

3. 成槽施工对周边环境影响对比

"冲孔抓槽"使用的施工机械噪声巨大,且产生较大的振动,多台桩机同时施工时,对施工场地周边居民造成较大的影响。洛溪站〈3-2〉冲积中粗砂层较厚,为 15 ~17m,紧接砂层下的为〈7〉、〈8〉、〈9〉号岩层,冲孔施工过程进入至岩层后,〈3-2〉冲积中粗层易受机械振动坍塌,使周边建筑物基础桩受力发生改变而出现建筑物沉降异常等情况。

铣槽机使用液压驱动模式,其施工时所产生的噪声略大于一台 PC300 挖掘机工作时所产生的噪声。且一个工程一般只需要 1 ~2 台套铣槽机即可满足生产需要,不会因多台机械同时作业而造成过大的噪声。铣槽机施工过程无冲击性振动,只有铣轮与岩石产生小量、均匀的摩擦振动。在类似洛溪站地质情况下施工深入岩层时,铣槽机对岩层上部砂层造成影响小。

4. 成槽施工效果对比

冲孔施工中桩机采用柔性悬吊装置,钻头易偏心、倾斜,若钻进中遇较大孤石、探头石、局部坚硬土层或钻头受阻力不均等,易造成槽孔倾斜等情况,导致钢筋笼无法下放或连续墙侵限的质量事故。而且墙面不平整情况普遍存在,整体质量难于控制。从实体上观察,使用该工艺施工的南浦站连续墙虽满足质量要求,但存在的不足较多,如局部出现连续墙混凝土侵限,墙面不平整,存在较多冲锤齿印情况。

铣槽机铣刀架为稳定的大型刚性结构,铣削过程全电脑跟踪,随时进行纠正,所成槽精度高,孔形规则;在重力的作用下,大型的铣刀架对槽孔垂直度和平整度有正面作用。洛溪站施工期间,29m 长的钢筋网均可以一次下放到底,不存在任何障碍,混凝土浇筑充盈系数小于 1.05,槽孔质量非常良好。使用铣槽机施工的洛溪站连续墙墙面平整,顺直度非常良好,墙身及接头未见明显的漏水,为下步基坑开挖及地下主体结构施工提供了良好的前提条件。

五、工程实例

(一)项目概况

六号线黄沙站位于广州市荔湾区六二三路与大同路交叉口,车站主体在六二三路的机动车道以北的人行道上,地面为交通繁忙珠江隧道口、六二三路及密集的商业区、居民区,上部有广州市内环路高架桥,地下管网错综复杂,地面交通流量很大,地貌形态为珠江三角洲冲积平原地貌,地势低平,沿线地面标高基本介于 7.00 ~ 8.30m 之间。车站有效站台中心里程为 YCK8 + 071,为地下四层钢筋混凝土结构,10m 岛式站台车站(有效站台长 72m)。车站总长为 83.6m(不含围护结构),标准段外包总高/总宽为 25.77m/19.7m(不含围护结构)。

车站基坑深约 29.1m,车站顶板覆土厚 3.0m,车站总高约 25.77m,属浅埋车站。基坑支护结构采用混凝土连续墙加 5 层内支撑,其结构特点如下:

(1)连续墙厚 1000mm,嵌固深度为进入微风化嵌固深度不小于 2.0m,连续墙顶设高 × 宽为 1000mm × 1000mm 的冠梁。连续墙、冠梁混凝土强度等级为 C30。连续墙配筋:主筋 ϕ28mm@120mm,水平筋 ϕ20mm@150m,钢筋主筋保护层外侧为 70mm,内侧为 5cm。

(2)车站所处地下水的基本特征类型有第四系孔隙水、基岩裂隙水。根据抽水试验所测得的渗透系数,预测水量较大。第四系孔隙水含水层主要有〈3-1〉粉细砂层、〈3-2〉中粗砂层,场地分布的淤泥质土、冲(洪)积黏性土、残积土、全风化层为相对隔水层。

岩土分层及特征:本段基岩为白垩系上统红层,属陆源碎屑岩系。

(二)设计及施工方案

1. 地下连续墙槽段划分

本工程使用的双轮铣槽机宽度为 2.8m,根据地质条件、钢筋网起吊能力、地下连续墙结构、混凝土供应能力及交通疏导条件等确定标准单元槽段长度为:Ⅰ序槽为 6.6m 左右,Ⅱ序槽为 2.8m。转角处根据结构尺寸划分为"L"和"Z"形槽,共分为 48 个本槽段,其中"L"形和"Z"形槽段各 4 个,槽段划分及编号详见连续墙槽段划分图。

2. 地下连续墙施工

1)成槽方法

成槽工序是地下连续墙施工关键工序之一,既控制工期又影响质量。根据地质情况并结合工期要求,采用德国生产的双轮铣槽机直接铣槽施工,并用电脑控制成槽的垂直度。双轮铣槽机成槽如图 11-20 所示。

Ⅰ序槽分三刀切削,第一刀和第三刀长度为 2.8m,第二刀长度根据实际情况确定,可以在 0.4 ~ 2.4m之间调整,如图 11-21 所示。

根据铣槽机的宽度,Ⅱ序槽长度为 2.8m,不能改变。

2)接头施工

地下连续墙槽段间接头拟采用切削相接的形式。施工过程中,Ⅱ序槽施工时将Ⅰ序槽墙体混凝土切削掉 20 ~ 30cm,露出粗糙的新鲜混凝土面,使相邻槽段有效相接。接头施工示意图如图 11-22 所示。

图 11-20 双轮铣槽机成槽

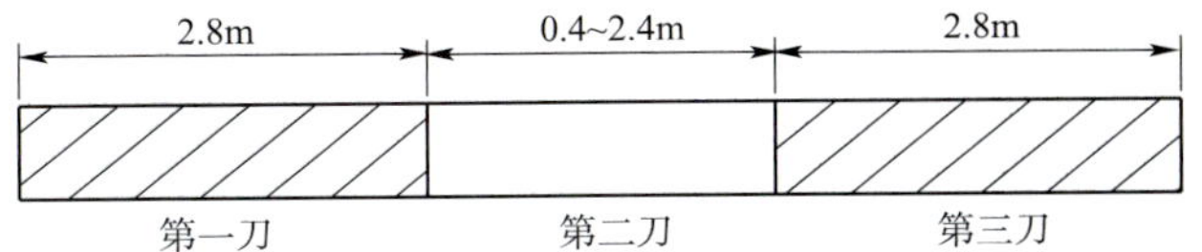

图 11-21 Ⅰ序槽分刀长度

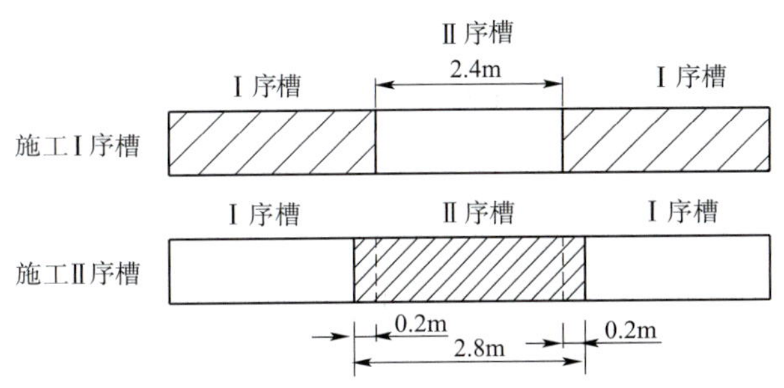

图 11-22 接头施工示意图

3)成槽过程遇突发事故的应急措施

当连续墙施工过程出现砂层塌孔等意外事故时,应立即停止铣槽,并加大供浆量,保持液面稳定或向槽内加倒泥粉,也可立即进行土方回填,避免事故扩大。而后分析原因,探明情况,并提出处理方案,方可继续施工。

4)垂直度控制

连续墙垂直度的控制关键在于导向孔的垂直度控制,因此在施工导向孔时,应每进尺 2m 左右就检查一次成孔垂直度,当检查出倾斜率超标时,可以用调节铣槽机油压的办法及时纠偏。如图 11-23 所示为垂直度检查布置图。

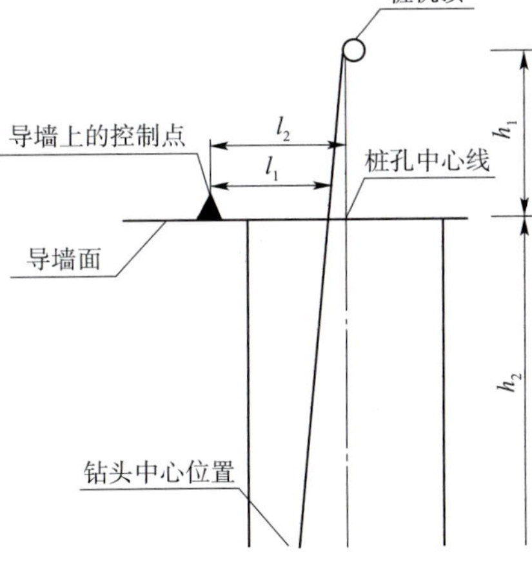

图 11-23 垂直度检查布置图

3. 地下连续墙施工质量标准

地下连续墙施工质量标准见表 11-3。

地下连续墙的质量标准采用《建筑地基基础工程施工质量验收规范》(GB 50202—2002),通过施工过程进行质量控制,并在施工完成后采用声波透射法进行检测。

(三)施工重难点

1. 开槽

黄沙站位于广州市老城区,地质情况复杂,有大量旧房屋基础和木桩,导致铣槽机开孔时出现了铣刀架倾斜和跳动的情况,尤其在遇到木桩的情况下,会出现铣轮抱死、泥浆系统堵塞的现象,使整个设备无法正常运转。针对以上情况的出现,采用长臂挖机对导墙内地面以下 5m 深的杂物进行清理,同时用冲击锤对导墙内遇到的旧桩基础进行破碎处理,解决了铣槽机开孔困难的问题。

地下连续墙施工质量标准　　表 11-3

分　项	序号	项　目		允许偏差或允许值	
				单位	数值
主控项目	1	墙体结构强度		设计要求	
	2	垂直度		1/300	
一般项目	1	导墙尺寸	宽度	mm	设计厚度 +40
			墙面平整度		<5
			导墙平面位置		±10
	2	沉渣厚度		mm	≤100
	3	槽深		mm	+100
	4	混凝土坍落度		mm	180～220
	5	地下连续墙表面平整度		mm	<100
	6	预埋件位置	水平向	mm	≤10
			垂直向		≤20

2. 接头处理

在进行Ⅱ序槽段成槽时,将Ⅰ序槽段的两侧约 100～200mm 的混凝土保护层切削掉,形成锯齿形的不光滑摩擦面,露出新鲜的混凝土接触面,然后浇筑二期混凝土,从而延长渗透路径达到良好的防渗效果。为确保地下连续墙良好的止水性,在二期槽段成槽施工结束后应对接头进行清理,下钢筋笼前应使用带有钢刷的冲槽清理接头。必须高度重视接头的清理质量,它将直接影响接头的止水效果。

3. 成槽过程

本工程地质勘探报告显示,岩石的最大强度为 37.1MPa,根据德国宝峨公司对不同强度岩层采用不同铣轮的分类,采用了双轮铣槽机配标准齿轮(见图 11-24)作为成槽设备。在进行Ⅰ槽段施工期间,刀齿、刀座出现了严重的磨损,施工进度非常缓慢,微风化岩层的成槽速度仅为 0.56m^3/h。以上情况出现后,重新对岩层进行了研究,并取岩芯做岩石抗压强度试验,该岩层的最大单轴抗压强度达到了 43～83MPa,且该种岩石为泥质砂岩,具有裂隙发育少、整体性好的特点。从这种岩石的特性和经济方面综合考虑,决定换用锥齿轮(见图 11-25),锥齿轮具有如下特点:

(1)标准齿轮的刀齿数为 80 个,而锥齿轮的刀齿数为 156 个,从而增加了对岩层的破碎面,提高了对微风化岩层的切削效率。

(2)锥齿轮的刀座与刀之间有一个控制环,能确保刀齿在切削岩石时能 360°转动,减少了岩层对刀齿的磨损,从而降低了成本。

(3)使用锥齿轮时,必须拆卸铣架上的刮泥板,因而在铣削强风化层时会出现“泥盘”的现象(即铣轮被全风化层包住的情况),但由于黄沙站地层中全风化层的厚度为 1.2m 左右,因此对成槽的时间影响不大。采用锥齿轮后,微风化岩层的成槽速度提高到 2.24m^3/h。

图 11-24　用于铣削松软土层的标准铣轮

图 11-25　用于铣削硬岩的锥齿轮

(四)实施要点

(1)项目实施前,必须对地质情况进行详细的了解和掌握,岩性是决定采用何种铣轮的前提条件。

(2)针对城市轨道交通线路穿越老城区且可能存在大量旧房屋基础和木桩的情况,成槽前可采用长臂挖机对导墙内地面以下 5m 深的杂物进行清理,同时用冲击锤对导墙内遇到的旧桩基础进行破碎处理。

(3)针对广州存在的岩石强度较高的地层,因其裂隙不发育,整体性较好,采用纯铣的方法会出现刀齿消耗大、成本过高的情况,因此可采用两钻一铣的施工方法,即先用旋挖钻机打导向孔,制造临空面,然后用双轮铣槽机在导向孔之间进行铣削成槽,通过这种施工方法的改进,能达到提高施工效率、降低成本的目的。

六、小结

(1)与传统工艺对比,铣槽施工工艺充分显示出了其优势:适应地质范围广、对施工场地要求少、施工效率高、噪声低、振动低、精度高。

(2)由于我国未能自发研制出铣槽机,国外铣槽设备成本高、维修费用大是目前施工单位普遍对铣槽机持较审慎态度的主要原因。

(3)铣槽机低廉的施工成本使其产生了良好的社会和经济效益,作为目前先进的成槽设备,铣槽机是值得在城市的深基坑工程中推广的。

(4)铣槽机设备难以与传统的机械设备竞争的劣势是合理的价格下不能大面积、多设备展开施工,对工期控制不利。

第四节　旋挖钻机应用

一、旋挖钻机

与传统的冲击和回旋钻机成孔设备相比，旋挖钻机（见图11-26）因具有施工速度快、成孔质量好、环境影响小、操作灵活方便、安全性能高及适用性强等优势，已逐渐成为钻孔灌注桩施工的重要成孔设备。

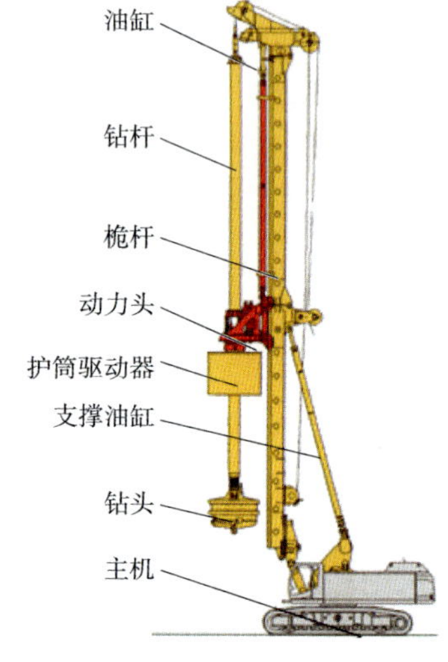

图11-26　旋挖钻机

（1）主机：履带自行式柴油发动机及卷扬机、高压油泵及自动化控制、操纵系统。

（2）动力头：经高压油管将压力油输入，驱动液压马达变速系统驱动钻杆旋转。

（3）钻杆：有六键式、三键式可伸缩的机锁钻杆和摩擦钻杆两种形式，靠主卷扬利用钻头的自重实现钻头、钻杆的上下运动，荷载大时，可利用动力头进行加压和上拔作业。

（4）钻头：为适应不同的地层，钻机可为用户配备多种形式的钻头，用户也可自行设计和加工钻头。一般地层为双底捞砂钻头；硬岩石地层为滚轮式岩芯钻头＋滚轮十字形钻头＋捞砂钻头等。干作业法成孔或软岩（单轴抗压强度小于20MPa时）用螺旋钻头效率较高。

（5）护筒：一般随具体的地质情况或工程设计要求，由施工单位自行加工。一般情况下要求护筒的厚度不低于8mm，当桩径大于1500mm时要求护筒厚度以10～16mm为宜。护筒长度以3～6m为最佳。钻孔时，驱动液压马达，使钻头作顺时针旋转，钻头与钻杆在其自重作用下旋转进入待钻地层，将土体转入钻头后提升钻头到地面，再驱动钻头作逆时针旋转排除钻头中渣土，如此反复作业，完成设计桩（孔）的成孔工序。可以利用护筒驱动器、起重机进行拔出护筒作业；若利用钻机本身拔出护筒困难时，可采用起重机辅以振动锤拔出钢护筒。

（6）桅杆调整油缸：通过调整油缸可调节孔的斜度，以适应垂直度或斜桩等要求。

二、旋挖钻施工原理

旋挖钻成孔工艺与其他机械桩基成孔工艺不同，成孔原理是在一个可闭合开启的钻头的底部及侧边，镶焊切削刀锯，在伸缩钻杆旋转驱动下，旋转切削挖掘土层，同时使切削挖掘下来的土渣进入钻头内，钻头装满后提出孔外卸土，如此循环形成桩孔。其中，旋挖钻工作时压力、扭矩传递顺序为：

（1）压力：动力头油缸→动力头→钻杆→钻头→切削刀。

（2）扭矩：动力头马达减速机→动力头轮毂→钻杆→钻头→切削岩土。

由此可以看出，旋挖钻机的动力转变为施工所需的钻进压力和扭矩，而传输过程中的压力和扭矩的利用率则取决于钻杆和钻头，且钻头的关键参数是斗齿刃前角，选择不同的斗齿刃前角，其钻进效果不同。

同时，由于旋挖钻机自重较大，钻进时也可依靠钻杆和钻头自重或加压切入土层，斜向斗齿在钻头回转时切下土块，并向斗内推进而完成钻孔取土；当遇硬土时，自重力不足以使斗齿切入土层时，可通过加压油缸对钻杆持续加压，强行将斗齿切入土中，完成钻孔取土。其中加压原理是在动力头传递扭矩的同时，通过筒式主轴内壁的板牙与钻杆矩形键间的正压力所产生的摩擦阻力实现向钻斗加压。

钻头内装满土后，由起重机提升钻杆及钻头至孔外，拉动钻头上的开关即可打开底门，钻头内的土依靠自重作用自动排出；当钻头内的渣土靠自重不易排出时，可反复旋转钻头，利用钻头旋转惯性将渣土排出,然后将钻杆向下,回转钻头关好斗门,开始二次钻进。

三、工法特点

(一)优点

(1)钻孔直径范围广。目前最大功率的旋挖钻机的成孔直径范围为60~300cm。

(2)适应地层广。尤其适用于一般土层、松软土层和砂卵(砾)石地层,其成孔速率特别高;岩石地层成孔速率也较普通钻机快许多;当孤石、漂石粒径小于钻孔直径的1/3时成孔速率较快,当孤石、漂石粒径大于钻孔直径的1/3时钻进较为困难。

(3)垂直度可控。通过主机桅杆控制系统可随时调整桅杆的垂直度,保证钻孔质量。以BG-22型钻机为例,可施作左右倾8°、后倾10°、前倾6°的斜孔。

(4)压拔护筒。利用护筒驱动器、动力头扭矩及压拔油缸可压入或拔出钢护筒。

(5)环境污染小。当为全护筒或在地下水位以上或冻土、黄土地区成孔时,可以干作业法成孔,避免泥浆循环及排放所造成的环境污染、冻土的热扰动和黄土的湿陷等。

(二)缺点

(1)旋挖钻机受施工地层的制约,主要适用于土层、砂层以及较松散的、粒径较小的卵砾石层,在黏性土层钻进效果最佳;而在硬岩层、较致密的卵砾石、孤石层施工比较困难,并容易发生孔内事故和机械事故,旋挖钻机的设计原理表明它不宜用于单轴抗压强度大于15MPa以上的岩石。与传统的潜水钻机相比,旋挖钻机的圆柱形钻头在提出泥浆液面时会使钻头下局部空间产生“真空”,同时钻头提升时泥浆对护筒下部与孔眼相交部位孔壁有冲刷作用,很容易造成护筒底孔壁坍塌,因此对护筒周围回填土必须精心进行夯实。

(2)成本较高。旋挖钻机的价格目前较贵,一台国产旋挖钻机价格都在400万~500万元,进口价格要600多万元人民币。对于一般的基础施工企业,一次性投资几百万元购置设备有一定困难。

(3)旋挖钻机的全负荷正常工作寿命为6000多个小时,超过这一寿命后,一些部件就需要更换修理,尤其是液压系统主泵、动力头以及钻杆钻具。另外,加工维修、设备搬迁费用所占成本偏高等,损坏后更换时间也较长,这就使得旋挖钻机在实际使用中的运行成本大大增加,相应提高了桩基的施工成本。使用旋挖钻机施工,虽然施工效率较高,工程质量也较好,但利润可能较低。

四、适用范围

(1)从对地层的适宜性来讲,既适用于黏性土,也适用于砂性土,还适用于强度不高的风化岩。

(2)从钻孔的方式来讲,既可以湿钻,也可以干钻。

(3)从钻孔桩的类型来讲,既可以钻直孔,也可以钻斜孔,最大桩径可达2.5m,最深桩长可达100m。

(4)从施工空间来讲,不需要提供较大的工作面即可作业,这是其他钻孔灌注桩所无法比拟的。

(5)对于流塑状态的黏性土和松散的砂性土,则必须解决泥浆问题,应慎重选用。

五、工程实例

(一)项目概况

1.设计概况

广州市轨道交通五号线潭村站位于广州市赛马场南侧的花城大道上,车站设计采用围护桩加钢管内支撑、桩间旋喷桩止水的基坑支护方案。围护桩采用钻孔灌注桩,桩径为1200mm,桩心间距1.35m,设计孔深约22m，总桩数为318根。桩的嵌固深度为进入黏土层(包括全风化层)不小于5.5m，进入强风化层不小于3.5m，进入中风化层不小于2.5m，进入微风化层不小于1.5m。桩孔清孔后沉渣厚度不大于200mm。采用泥浆护壁旋挖成孔灌注桩工艺，导管灌注水下混凝土，灌注混凝土完成面标高比设计桩顶标高高出800mm。

2. 场地及地质概况

施工场区位于珠江新城花城大道上，往来车辆多，对安全、文明施工和环境保护要求高。距围护结构外边0.7m有一条宽2.6m、埋深4.2m的混凝土电力隧道，内有多根220kV及110kV的电缆，电力隧道没有基础，基底地质为淤泥质土层，围护桩施工必须确保电力隧道的安全。本站地层自上而下分别为人工填土层、淤泥层、淤泥质土层、粉细砂层、中粗砂层、黏性土层、淤泥质土层、残积土层、全风化带、强风化带、中风化带、微风化带。围护结构桩端大部分落在〈7〉、〈8〉号地层上，进入〈7〉号层平均深度约4m，最少约为1.6m。进入〈8〉号层平均深度约为2m。桩底在〈7〉号层的桩约占总数的2/3，其余的均在〈8〉号层上。场地内地下水主要赋存于填土层、冲积砂层及下部基岩裂隙中。一是孔隙水，上部砂层含水量丰富，透水性好，为主要含水层。二是裂隙水，主要赋存于基岩裂隙中，地下水丰富，地下水水位埋深为1.4～2.9m。

(二)施工方案

1. 钻机定位与成孔

因工程工期紧、工作量大、场地小以及围护桩施工不能扰动电力隧道基础等不利因素，围护结构施工采用了2台R825HD型旋挖钻机与7台普通旋转钻机同时进行。如图11-27与图11-28所示为旋挖钻机钻孔和卸土施工图。

图11-27　旋挖机钻孔施工

图11-28　旋挖机卸土施工

2. 施工工艺流程

本工程全部灌注桩采用泥浆护壁，其施工工艺流程如图11-29所示。

3. 泥浆指标控制

本工程泥浆指标控制见表11-4。

泥浆指标控制　　表11-4

项　目	成　孔			清孔后泥浆
	黏土层	砂层	岩石层	
密度	1.05	1.2～1.3	1.2～1.25	1.15～1.25
黏度(s)	20～28	25～30	25～28	≤28
含砂率(%)	≤8	≤10～15	≤10	≤8

(三)施工重难点

(1)正确选择钻斗底部切削齿的形状和规格。软层可选用楔形齿套,切削角、刃角小,齿宽也稍大;硬层宜选用较大的切削角和较窄的弯角齿套。对于软层,特别是黏结性土层,齿间距离应大些,以免黏泥糊钻,糊钻将大大降低钻进效率,因此提钻后应经常检查底部切削齿,及时清理齿间黏泥,更换已磨钝的齿套。

(2)地质条件差时,如不含泥的砂层、流砂层、流塑淤泥层等,钻孔易坍塌,为保证孔壁稳定,应视表土松散层厚度,孔口下入长度适当的护筒。同时考虑适当增加泥浆相对密度,并保持泥浆液面高度,随着泥浆漏失及孔深增加,应及时向孔内补充泥浆。

(3)钻进岩层,如岩石硬度大,每回次钻进深度太小时,应换成螺旋钻或改用冲击钻机来施工。实践证明,当地层岩石强度大于40MPa时,会对旋挖钻头及机械造成较大损坏。如图11-30所示为螺旋钻头。

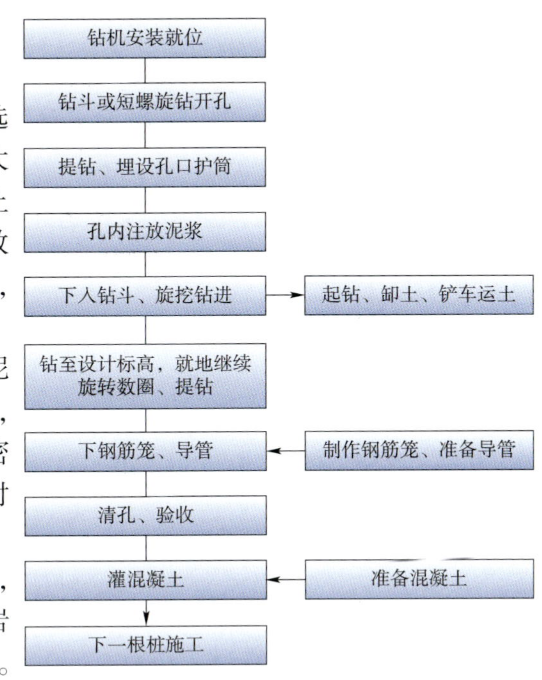

图11-29 旋挖成孔施工工艺流程图

图11-30 螺旋钻头

第五节 可回收锚索应用

一、岩土锚固技术

岩土锚固技术是把一种受拉杆件埋入地层中,以提高岩土自身的强度和自稳能力的一门工程技术。这种技术大大减轻结构物的自重、节约工程材料并确保工程的安全和稳定,具有显著的经济效益和社会效益,因而目前在工程中得到极其广泛的应用。岩土锚固的基本原理就是利用锚杆(索)周围地层岩土的抗剪强度来传递结构物的拉力以保持地层开挖面的自身稳定。由于锚杆锚索的使用,它可以提供作用于结构物上的承受外荷载的抗力;可以使锚固地层产生压应力区并对加固地层起到加筋作用;可以增强地层的强度,改善地层的力学性能;可以使结构与地层连锁在一起,形成一种共同工作的复合体,使其能有效地承受拉力和剪力。在岩土锚固中,通常将锚杆和锚索统称为锚杆。

二、可回收锚索简介

普通锚索的钢绞线留在地下，造成地下污染，并且成为后续工程施工的障碍物，影响将来地下空间开发及工程建设的可持续发展。回收锚索、减少地下建筑垃圾是基建和环保的一个重要课题，已经在全社会达成共识。欧美等西方发达国家或地区早已限制使用普通锚索。

目前可回收锚杆（索）基本上可分为三类。

第一类：拆锚型，可分为螺栓式和锚具松落式两种。前者是将锚固端做成螺栓式的。杆体常为刚性杆体，回收时利用特制的工具或者杆体本身旋转，使锚固螺母和杆体分离，从而将杆体回收。该种方式对设备要求较高，孔径一般较大，在岩层或煤层中应用较多。后者是采取一定的措施，使锚固端的锚具夹片松动脱落，从而将钢绞线拔出。

第二类：强拉失效型（又称定阈型）。锚固端设置有具有一定阈值的锚固节点和端板，采用挤压套或胀壳以及其他破断方式。钢绞线与注浆锚固体之间无黏结。钢绞线回收时，通过施加超过钢绞线设计抗拔力一定限值的拉力，将锚固节点中的挤压套张拉失效后将钢绞线强行拉出。该种方式锚杆承载力的提高与回收拉力的降低是矛盾的。承载力越高，钢绞线回收所需的拉力更高；且如果工作状况锚杆的拉力超过设计值时，锚杆失效的可能性较大。

第三类：回转型（又称 U 型）。该类锚杆是技术最成熟、操作最可靠、实际应用最多的一类可回收锚杆。它采用无黏结钢绞线在锚杆根部 U 型回转，并在回转部设置专门的承载体。其工作原理是：在钢绞线回收时放松张拉端，拉动单根钢绞线的一头，将钢绞线从锚杆锚固体内中拉出。该种方式锚杆能确保100% 回收，可靠性高，这是其最大的优点，也是在实际工程中用得最多的缘故。

三、JCE 可回收式锚索

目前广州地区普遍应用的可回收锚索为 JCE（Japan Conservation Engineers）可回收式锚索，其特点是：

（1）吸取了其他锚杆的技术专长，施工结构可靠，施工简便。

（2）受拉构件由 PC 钢绞线、传力体、套管、水泥砂浆四部分构成。PC 钢绞线在传力体端部处于压接状态，在套管内处于自由状态。

（3）拉伸荷载根据所使用的 PC 钢绞线的直径及根数来决定，荷载范围为 300 ~ 1000kN。

（4）传力构件的结构为端部压缩型结构，其长度仅为 1.5 ~ 2.5m。

（5）使用专用千斤顶回收 PC 钢绞线，安全快速、工人劳动强度低、易回收、回收率高。

（6）被回收的 PC 钢绞线能重复使用 2 ~ 3 次，因此整体价格低廉，能充分利用资源，具有高效环保的优点。

（7）锚头相对造价较高，锚头长度决定设计抗拔力，但锚头不能回收。

四、工程实例

（一）工程概况

广州市轨道交通八号线延长线宝岗大道站—沙园站区间轨排井兼施工竖井，基坑深 32m，采用人工挖孔桩加旋喷止水帷幕及可回收锚索预应力锚杆支护方案。基坑外侧土层为深厚的杂填土（岩性为松散欠固结），并有前期建筑人防工程地下支护桩、含钢筋的混凝土结构等建筑垃圾；地层为硬塑 ~ 可塑黏性土、粉质黏土，基岩为红层泥质砂岩—中粗砂岩互层，岩性为残积土层、强风化、中弱风化砂岩、较硬。

(二)地质情况

原设计中的地质情况如下:

左侧:人工填土层,埋深 0 ~ 2.50m;白垩系硬塑状残积土,埋深 2.5 ~ 12.0m;白垩系全风化层,埋深 12.0 ~ 12.5m;白垩系全风化层,埋深 12.5 ~ 23.4m;白垩系中风化层,埋深 23.4 ~ 27.0m;白垩系微风化层,埋深 27.0m 以下。

右侧:人工填土层,埋深 0 ~ 11.4m;白垩系全风化层,埋深 11.4 ~ 12.8m;白垩系中风化层,埋深 12.8 ~ 20.5m;白垩系微风化层,埋深 25.0m 以下。

(三)施工情况

1. 可回收锚索的构造

可回收锚索支承体为杆体四周密封的 ϕ103mm/ϕ108mm 钢质管,内将钢绞线夹牢,回收时,它可以在千斤顶 200 ~ 220kN 单股拉力拉动后顺利脱出,使用时通过千斤顶加压产生强拉拔力,控制基坑支护桩产生位移。保护体是一种硬塑波纹管,将全段钢绞线封闭保护,不让水泥浆液渗入,具有一定的抗压强度。第二次注浆时,由于侧压较大,保护体起抗侧压作用,而不发生变形,钢绞线仍处于可自由活动的状态,在"保护"液保护下防渗防漏;放入锚体需首先向"保护体"注液,并确认它内腔无漏液现象。钢绞线体中有一根钢筋长度稍长,它在回收时首先拉拔,拉动后全束均可逐根退出,实现安全回收。

2. 施工机械的选择

由于地层上软下硬且不同程度出现钢筋混凝土残体,选用地质勘探油压转机难以满足孔径 170mm 长套管护孔双套钻具施工的要求。因此,本工程土层选择勘测钻机,即常规 YU-100、YU-150 型油压钻机,以人造金刚石钻头穿越钢筋混凝土,以合金钻头穿越土层进入强风化基岩,下入 ϕ168mm 套管护孔。基岩采用东方 1500 型和 3000 型液压、气动、浅孔锤旋转冲击钻机(进口专业锚杆机),配 26m 容量的空压机穿越岩层,小钻机 3 台,空动机 1 台,注浆选用 BW150/50 往复泵注入水灰比(水:水泥)为 0.5 的水泥浆,注浆专用,并用专用制浆桶机械搅拌制浆,制备好的浆液由往复泵压出。

3. 锚索的布置

回收式地锚的水平间距为 1.4m,纵向方向左侧采用 7 道地锚、右侧采用 6 道地锚进行支护。左侧地锚间距为 4.0m、4.0m、4.0m、4.0m、4.5m、5.7m、3.27 ~ 3.7m,第一层锚杆的标高为 -1.5m。右侧地锚间距为 4.0m、4.0m、4.0m、4.0m、4.5m,第一层锚杆的标高为 -1.0m。锚索的打设角度为 25°。

最后分别进行锚固长度和自由段长度的计算,可回收锚杆基本设计计算结果及布置见表 11-5。

可回收锚杆基本设计计算结果及布置表 表 11-5

区间	设计荷载(kN)	PC 受力钢绞线根数(ϕ15.4mm)	锚固段长(m)	自由段长(m)	全长(m)
左侧	181.5	2	7.5	18.5	26.0
	544	3	14.5	16.5	31.0
	849	4	20.5	14.5	35.0
	826.2	4	12	15.5	27.5
	725.8	4	10.0	9.5	19.5
右侧	300.85	2	10.5	15.0	25.5
	377.0	2	7.5	13.0	20.5
	435.4	2	4.0	11.0	15.0
	436.9	2	4.0	8.5	12.5

(四)施工问题

本工程施工中,右侧的工程地质资料与实际不相符,在第三层地锚的施工中,受力不能满足设计要求,之后重新钻孔,取得相关地质资料,重新进行设计。新的地质资料如下所述:

(1)右侧人工填土层埋深0~14.6m,白垩系硬塑桩中密状残积土埋深14.6~18.6m,白垩系中风化层埋深18.6~26.5m,白垩系强风化层埋深26.5~34.4m,白垩系微风化层埋深34.4m以下。

(2)右侧间距为4.0m、2.0m、2.0m、2.0m、2.0m、4.0m、4.5m,第一层锚杆的标高为-1.0m。锚索的打设角度为25°。

根据新的地质资料,重新对锚索的锚固长度、自由段长度的计算和内力进行设计。右侧可回收锚杆基本设计计算结果及布置见表11-6。

右侧可回收锚杆基本设计计算结果及布置表　　表11-6

区间	设计荷载(kN)	PC受力钢绞线根数(ϕ15.4mm)	锚固段长(m)	自由段长(m)	全长(m)
右侧	250	4	11	18	29
	290	5	9.0	15	24
	600	5	24.5	12.5	37.0
	150	5	5.0	11.0	16.0
	800	5	13.0	10.5	23.0
	950	6	23.0	9.0	32.0

如图11-31所示为广州市轨道交通二/八线延长线昌岗中路—沙园站区间轨排井兼竖井支护工程施工图。

图11-31　广州市轨道交通二/八号线延长线昌岗中路—沙园站区间轨排井兼竖井支护工程施工

第六节　先盾构通过后明挖车站施工技术

一、施工流程

"先隧道通过后明挖车站"的施工有两种方法,方法一是先完成车站两端的围护结构,盾构机通过时直接破除围护结构;方法二是盾构机先行通过后再施工车站围护结构。

(1)方法一必须在盾构机到达车站前完成盾构机要穿过的围护结构施工,然后盾构机切车站主体围护结构桩身,穿过车站;方法二是盾构机先穿过车站区域,然后施工车站围护结构。

(2)开始车站主体结构土方开挖,开挖深度最大距盾构管片顶1m。

(3)盾构隧道完成后,从下一站盾构调出井调出,拆除过站盾构内临时轨道。

(4)车站过站盾构管片拆除。

(5)车站主体结构工程施工。

二、施工关键点

1. 车站围护结构

方法一在盾构机到达之前必须完成车站围护结构施工,为确保盾构掘进时不破坏围护结构与盾构刀盘,在盾构洞门范围内围护结构应为素混凝土结构或玻璃纤维筋,且混凝土强度等级不宜过高。方法二必须要处理好围护结构端头墙与盾构隧道的接口,一般采用水泥土挡墙或人工挖孔桩结合旋喷桩的方式。

2. 盾构过站

在盾构机到达围护结构前30m直至完全出站,盾构机必须降低推力与掘进速度,确保不对车站端头围护结构以及站内两侧围护结构造成破坏,切割车站端头围护结构时采取与穿越微风化地层相同的掘进模式,缓慢推进,完全穿过另一端围护结构后才能加大推力与掘进速度。在盾构隧道穿越车站范围期间,做好监测工作,提供信息化施工数据支持。

3. 盾构管片拆除

(1)盾构管片拆除时,基坑开挖是局部先挖后撑,因此必须做好基坑监测工作,严格控制基坑变形,必要时加密内撑,控制围护结构受力。

(2)在盾构管片内架设钢管架施工平台,使用活动顶托加力顶撑,拆除盾构管片K片(即每环盾构里最小的一块,安装方向与推进方向相反,为楔块)与旁边一块管片的纵横向连接螺栓,通过螺栓孔眼将该管片吊出基坑,完成该管片的拆除(如果先前土方开挖时未架设钢支撑,在该阶段完全拆除管片时必须先行架设该部位钢支撑)。

(3)按编号顺序拆除一环管片(2、3片)后松开活动顶托,将钢管架施工平台推行至下一施工位置,拆除其他管片和下一环盾构管片部分(1、K、2、3)。

(4)重复以上步骤,直至将盾构管片完全拆除。

三、"先隧后站"与"先站后隧"的对比分析

1. 车站设计

"先隧后站"比"先站后隧"的选择更为灵活,"先隧后站"可选择车站与隧道同时施工的设计,如逆作盖挖法,也可以选择车站与隧道不同时施工的设计,如顺作明挖法,但"先站后隧"无论是选择何种工法均不能达到车站与隧道同时施工的条件。

2. 工期

"先隧后站"一开始的优点就是有利于线路整体工期策划,但"先站后隧"现已发展到完成车站底板就可以满足盾构始发,再考虑两者的施工难度,在工期方面不相上下,"先隧后站"也就失去优势。

3. 投资

"先隧后站"的投资相对较高,主要体现在以下方面:

(1)在土方开挖阶段,容易造成施工不连续或窝工现象,在盾构机穿过车站后,开始车站主体结构土方开挖,开挖深度最深距离盾构管片顶1m,待临时轨道拆除完毕,前方盾构区间施工不再需要过站盾构隧道服务后,才能将站内盾构管片拆除。

(2)增加了车站区域内盾构管片(该部分开挖后废弃,不能再作为永久结构管片使用)。

(3)增加该范围盾构隧道的掘进和弃土外运,减少了车站的土方开挖及外运,但增加的单价远高于减少的单价。

(4)增加了车站端头环梁工程量。

四、工程实例

（一）工程概况

广州市轨道交通五号线五羊邨站东连珠江新城站，西接杨箕站，位于越秀区寺右新马路与广州大道中交汇处道路下方。本站两边均为居民小区，地理位置特殊，连接杨箕站的盾构区间转弯半径仅400m，场地非常狭小，车站可用长度仅150m左右，不具备盾构始发与吊出条件。为在狭小空间内施工车站，本站设计为地下三层结构形式，地下一层为站厅层，地下二层为设备层，地下三层为站台层。车站设计长度降低为121.8m，满足最低建筑面积要求。另外，取消盾构始发井，在盾构隧道穿过车站范围后再施工车站。

（二）作业流程

1. 工艺流程

五羊邨站工艺流程如图11-32所示。

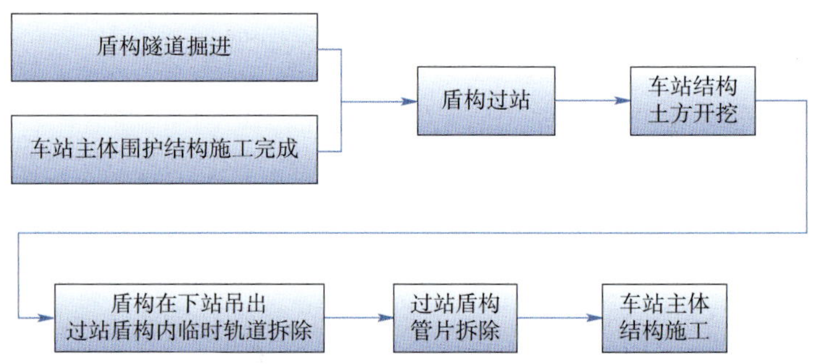

图11-32　五邨站工艺流程图

2. 施工流程

五邨站施工流程如图11-33所示。

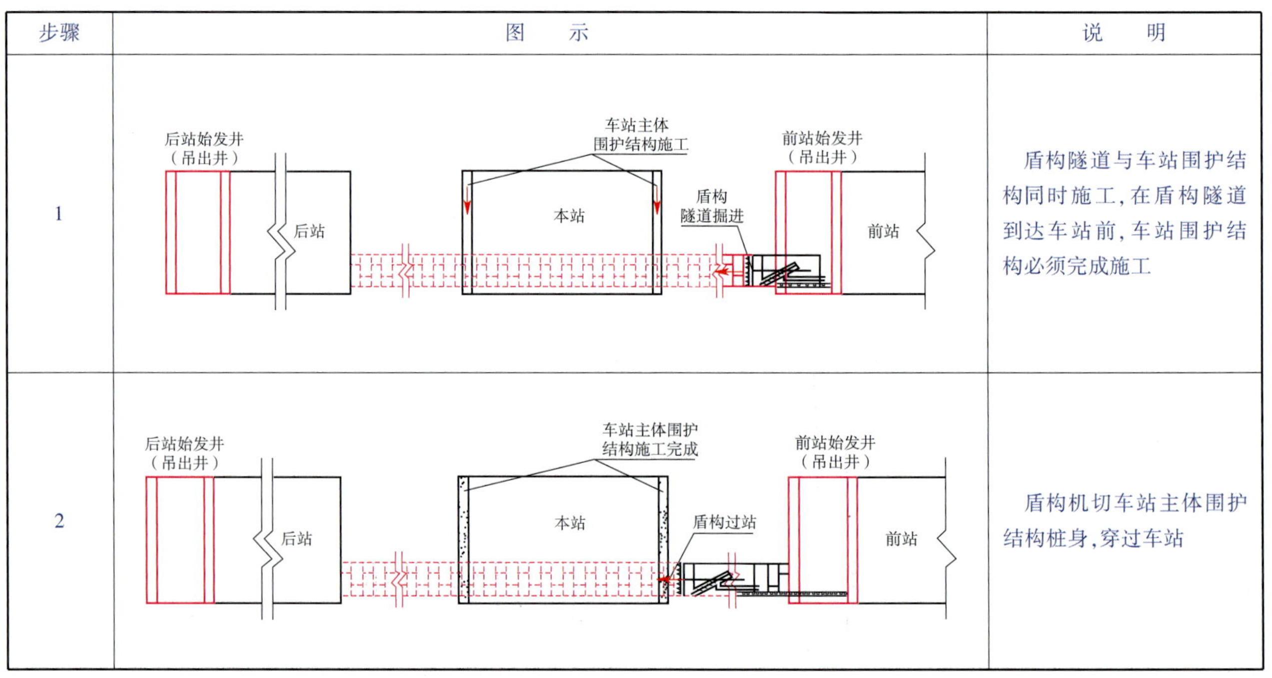

步骤	图示	说明
1		盾构隧道与车站围护结构同时施工，在盾构隧道到达车站前，车站围护结构必须完成施工
2		盾构机切车站主体围护结构桩身，穿过车站

图　11-33

续上表

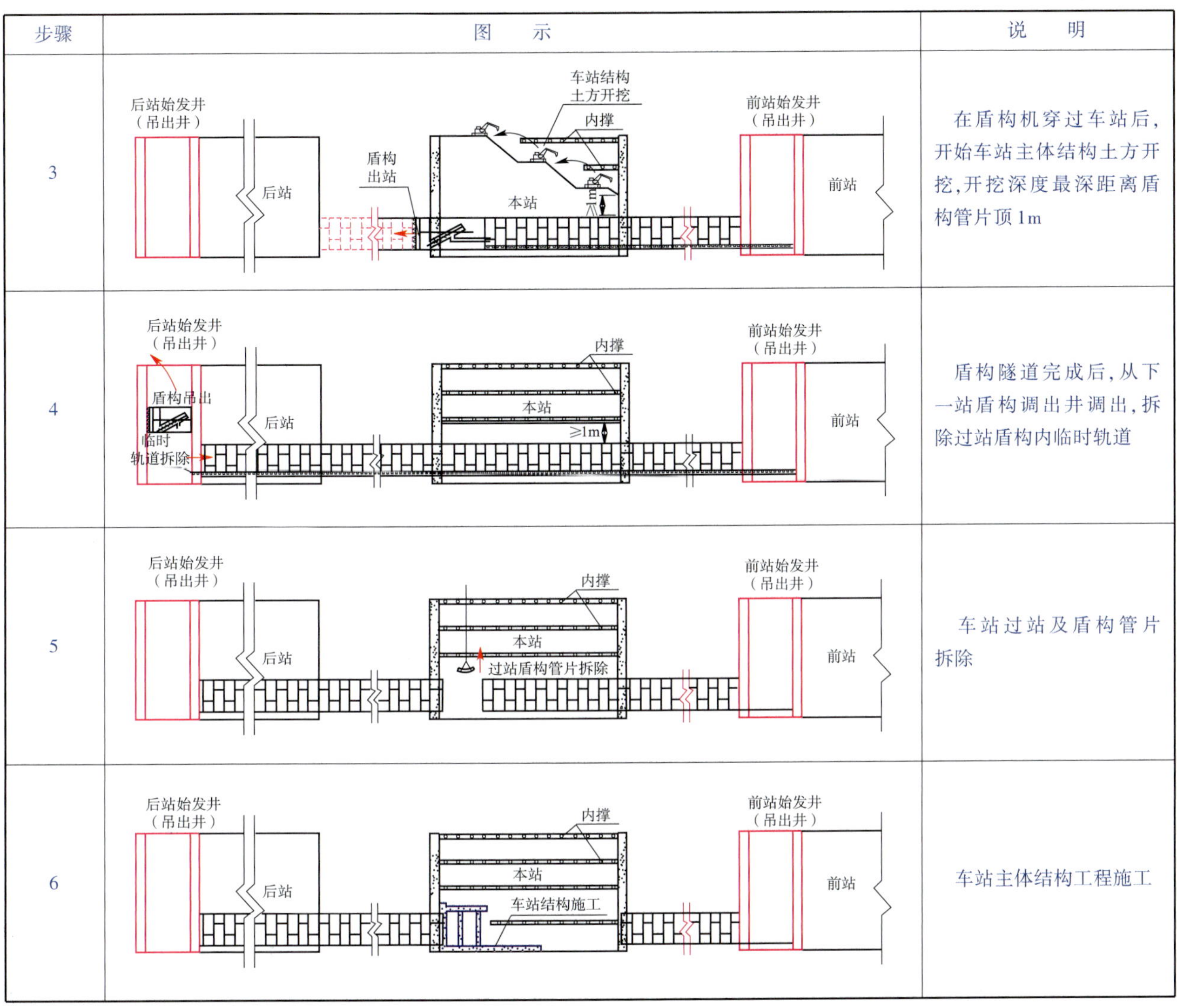

<table>
<tr><th>步骤</th><th>图　　示</th><th>说　　明</th></tr>
<tr><td>3</td><td>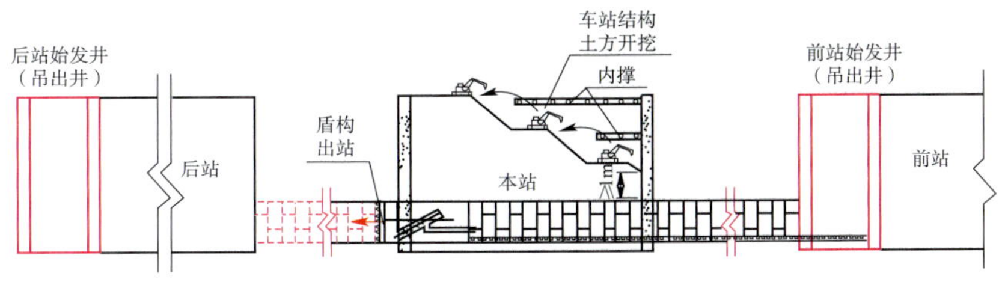
</td><td>在盾构机穿过车站后，开始车站主体结构土方开挖，开挖深度最深距离盾构管片顶1m</td></tr>
<tr><td>4</td><td>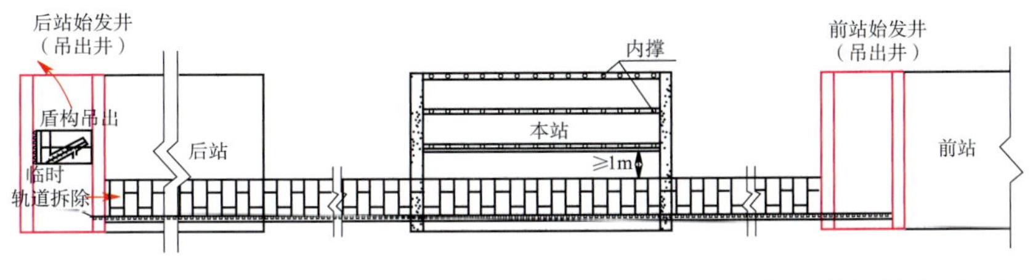
</td><td>盾构隧道完成后，从下一站盾构调出井调出，拆除过站盾构内临时轨道</td></tr>
<tr><td>5</td><td>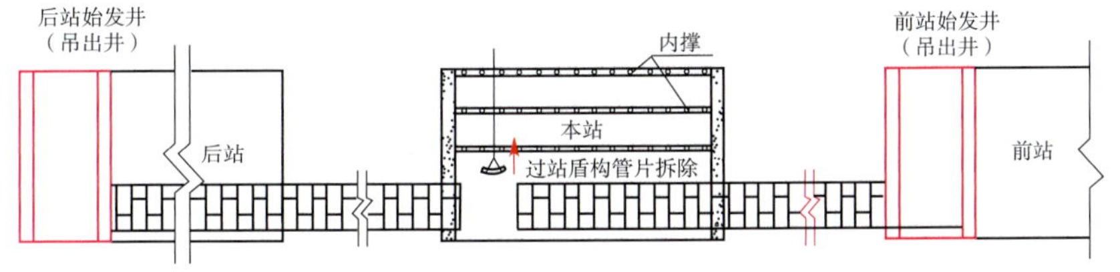
</td><td>车站过站及盾构管片拆除</td></tr>
<tr><td>6</td><td>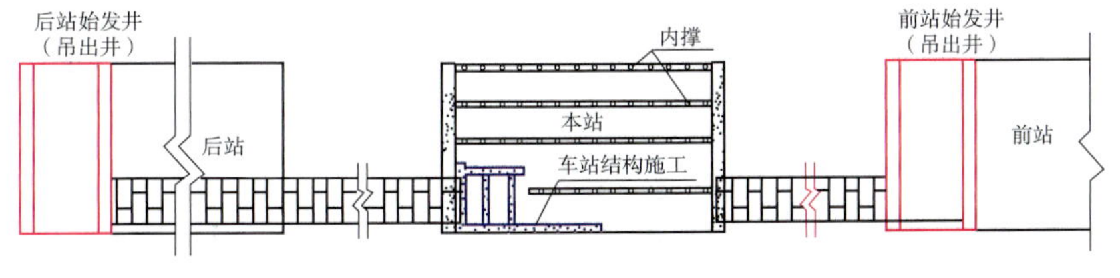
</td><td>车站主体结构工程施工</td></tr>
</table>

图 11-33　五�武站施工流程

(三)关键工序

1. 车站围护结构施工

车站围护结构采用排桩或者地下连续墙，为确保盾构隧道掘进时不破坏围护结构与盾构刀盘，在盾构机穿过区间范围内围护结构为素混凝土结构(为便于盾构机直接切割围护结构，降低混凝土等级，采用C20 混凝土)，在施作时应严格控制钢筋笼长度与标高，不得侵入盾构施工区域。如图 11-34 所示为围护结构特殊要求图。

2. 盾构过站及盾构管片拆除

如图 11-35 ~ 图 11-37 所示为管片拆除，如图 11-38 所示为基坑开挖与管片破除。

前面已详述，这里不再赘述。

五、工法总结

1. 应用范围

在工期策划可行与地质条件良好可控的情况下，所有地下车站均可采用本工法。

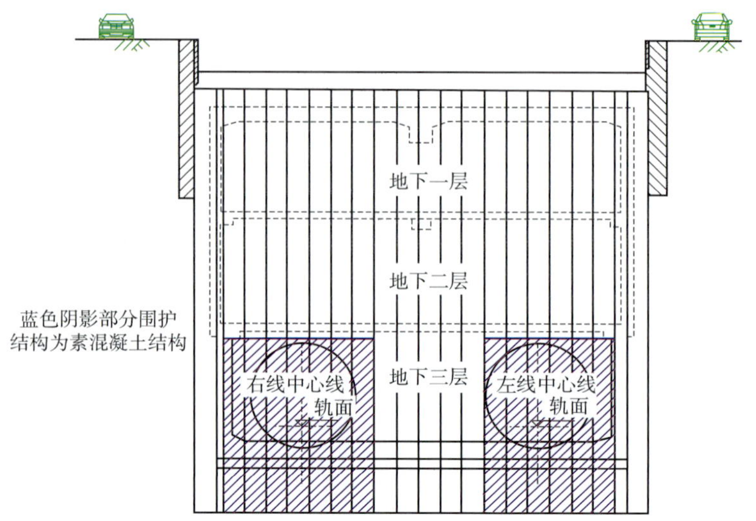

图 11-34　围护结构特殊要求图

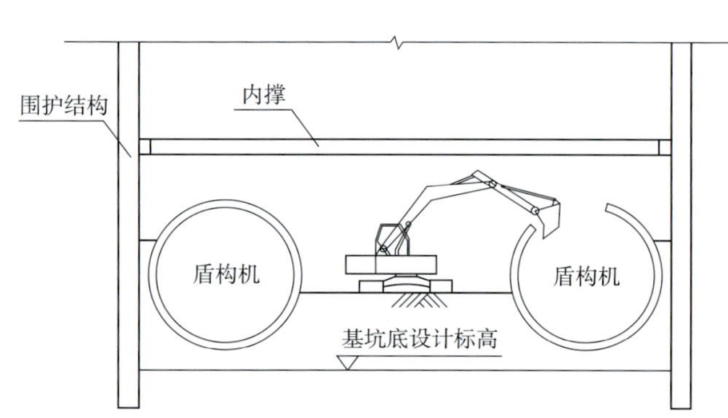

图 11-35　管片拆除示意图

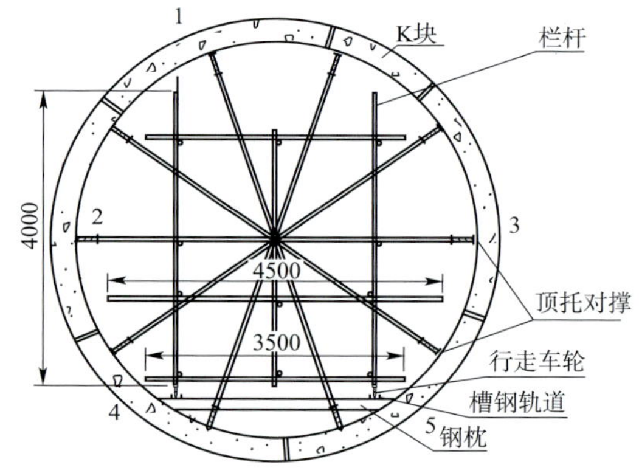

图 11-36　管片拆除架施工平台断面图(尺寸单位:mm)

图 11-37　管片拆除施工

2. 工法特点

(1)减少了一个盾构始发井工程,节省投资,解决了场地狭小不具备盾构吊出与始发的难题。

(2)减少了一个盾构吊出与一个盾构始发的过程,取消了车站为盾构吊出服务的时间,不但相应缩短了施工工期,同时也减少了盾构机的周转次数。

(3)拆除的完整的盾构隧道管片具有二次使用价值,可应用在其他车站盾构负环或作为过站管片使用。

(4)“先隧后站”工法车站与隧道交叉施工,对车站、盾构隧道、轨道安装各施工单位施工协调上提出了很高的要求,要求组织方具有很强的管理能力。

图 11-38 基坑开挖与管片破除

3. 应用前景

该工法能有效降低作业场地要求,在施工时车站围护结构未受到盾构过站影响,基坑监测数据稳定正常,在经济、技术方面均创造了良好的效益,利于总体工期策划,应用前景广阔。

第七节 凹凸形橡胶止水接头应用

地下连续墙是集止水挡土、支护和结构承重墙于一体的结构物,即常言的“三合一墙”。地下连续墙辅于半逆施法、全逆施法开挖技术,可满足各建设领域对地下结构的高难要求。地下连续墙必须无渗、无漏、受力均衡。单元槽段间的连接结构是地下连续墙体系的关键核心环节,槽段接头形式是地下连续墙施工工艺的核心技术。地下连续墙的接头形式和种类繁多,总共约有十多种,但在广州地区最为普及的是钢管接头和工字钢接头。

一、槽段接头功能

(1)止水:由构成槽段接头形式而定。

(2)挡混凝土:依靠槽段间的挡体(视接头形式而定)辅助于其他成熟的工艺,基本满足施工要求。

(3)传递应力:视槽段接头形式而定,结合墙顶锁口梁和支撑体系,能满足设计要求。

(4)抗剪切:由单元槽段之间的连接形式及自身的强度而定,一般都能达到设计要求。

止水和传递应力是决定地下连续墙结构稳定的主要因素,它们都是由槽段接头形式而定的。因此必须研究槽段接头形式,而选择最佳流水线路和最大限度重叠两单元槽段的刚性连接是保证地下连续墙具有防漏抗渗、传递应力的前提。

二、槽段接头形式及特点

1. 柔性接头

槽段下笼后在槽端下入直径或宽度与槽宽相等(或略小)的管体或箱体,灌注后留下与下一单元槽段相连接的不同形状的接头。

该接头具有一定的抗剪能力,能起止水挡混凝土的作用,但因与墙体是无刚性连接,传递应力差,缺乏抵抗弯矩的能力,同时因流水路线直而短,阻力小,易出现渗漏水现象。作为地下结构物的外墙须筑内衬墙,才能体现其优点,虽然加工方便,但安装易偏,起拔难度较大,附属设备多。

2. 刚性接头

刚性接头是利用钢板、工字钢或钢筋按一定的形状与钢筋笼焊成一体，入槽外填石子（或箱体）灌混凝土后，清理外侧石子并与另一种事先设计的钢筋（与钢筋笼焊成一体）交叉重叠灌混凝土的衔接形式。

刚性接头流水线路长，路线凹凸多、阻力大，不易出现渗、漏水的现象，止水效果佳，相邻两槽段钢筋笼衔接良好，传递应力好，具有较强的抗剪和抗弯曲能力；接头泥皮黏土易处理，接头混凝土强度得到保证，整体刚性好，但加工较复杂、安装困难、精度高，是目前国内外最常用的结构墙接头形式，该接头适用于所有深度的地下连续墙。

三、接头渗漏原因及预防措施

1. 接头未清刷干净

只要施工中对先浇槽段接触面的清刷工作稍有松懈，或因为泥浆护壁效果不佳，或清刷和下笼过程中不小心碰塌了侧壁的土体，都会使槽段接头处滞留沉渣或局部夹泥，从而导致渗漏水。预防措施主要有：精心配制槽段内的护壁泥浆，泥浆储量要足够，确保成槽及清槽过程中槽壁的土体稳定；成槽机在成槽过程中必须保证垂直匀速上下，尽量减少对侧壁土体的扰动；槽段两端的清刷作业必须仔细进行，清刷过程中严禁碰撞两侧土体，严禁未清刷干净就进行下一工序。

2. 钢筋笼偏斜

某些槽段由于条件的限制，不能采用跳跃式施工，只能顺序施工相邻槽段，致使后施工的槽段钢筋笼不对称，吊放时因偏心作用产生偏斜；由于接头处未清刷干净，留有前期槽段留下的混凝土块，仍强行吊放钢筋笼，从而产生偏斜。预防措施主要有：尽量避免相邻槽段的连续施工，消除偏心钢筋笼所造成的影响；钢筋笼下放过程中必须垂直、缓慢，如遇障碍物必须提起，摸清情况、清除障碍物后再行下放，切不可强行插入。

3. 支撑架设不及时

由于基坑开挖过快，支撑架设不及时，地下连续墙变形过大，从而造成接头处渗漏水。接头刚度较小，对基坑变形更为敏感。预防措施主要有：严格控制开挖进度，及时架设支撑，加强监测。

四、工程实例

（一）工程概况

广州市轨道交通五号线三溪站—鱼珠站明挖段土建工程，正线全长1077.677m，还包括600m三溪方向和420m鱼珠方向的两个出入段线，基坑深度为16～17m，围护结构主要采用地下连续墙。地层从上至下为〈1〉人工填土层、〈2-1A〉淤泥、〈2-2〉淤泥质砂、〈2-3〉中粗砂、粉质黏土、〈2-4〉粉土、〈3-2〉中粗砂、〈4-1〉粉质黏土、〈4-2〉河湖相淤泥质土、〈5-2〉硬塑粉质黏土、〈6〉全风化带、〈7〉强风化带、〈8〉中风化带、〈9〉微风化带。本工程地下水有两种类型，分别为孔隙性潜水及基岩裂隙水。地下水位埋深为0.45～3.8m。

该工程线路较长，地质复杂、工期也较长，为凹凸形橡胶止水接头在连续墙中的应用创造了极佳的条件。

（二）新型接头形式

凹凸形橡胶止水接头是在传统的圆形锁口管接头和工字钢接头形式上的创新，综合了圆形锁口管接头和工字钢接头的优点。同锁口管接头一样，凹凸形橡胶止水接头可重复使用，降低工程造价，同时具备工字钢接头的止水效果。地下连续墙凹凸形橡胶止水接头使Ⅰ、Ⅱ期单元槽段能够互相咬合紧密，地下连续整体性好,接头凹凸形再加上橡胶止水带,延长或阻断地下水渗透路径,止水效果较好。新型接头为柔性接头,在协调墙体变形方面具有优势。在墙体中间位置嵌入橡胶止水带,因橡胶止水带具有较好的延展性,在相邻单元槽段变形不协调时,不会因接头错位而渗漏。

(三)施工工艺

(1)第Ⅰ期槽段成孔,接头部位采用冲或钻成孔,以便于放入接头器,如图 11-39 所示。

(2)清孔完毕后放入带橡胶止水带的凹凸形接头器,接着放入第Ⅰ期槽段钢筋笼,如图 11-40 所示。

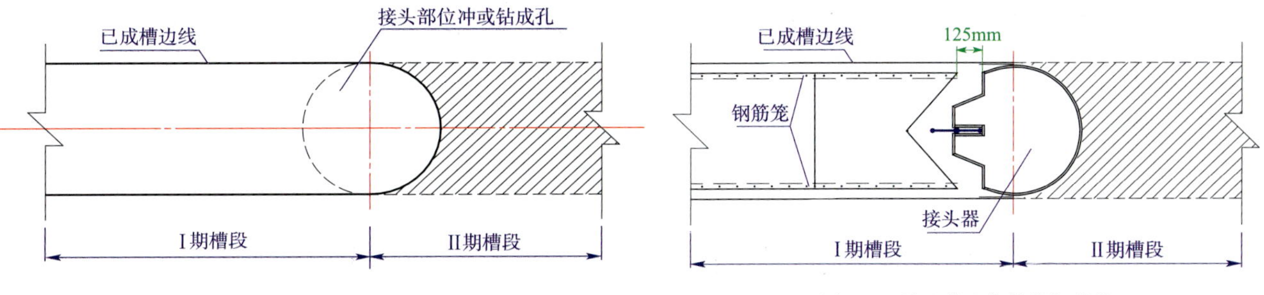

图 11-39　第Ⅰ期槽段成孔　　图 11-40 放入第Ⅰ期槽段钢筋笼

(3)如图 11-41 所示,按以下步骤操作:①浇筑第Ⅰ期槽段混凝土;②在浇筑过程中,在底部混凝土初凝后,间断地拔动接头器,使之不被混凝土黏住,并在全槽段的混凝土终凝后,将接头器拔出;③第Ⅱ期槽段成孔。

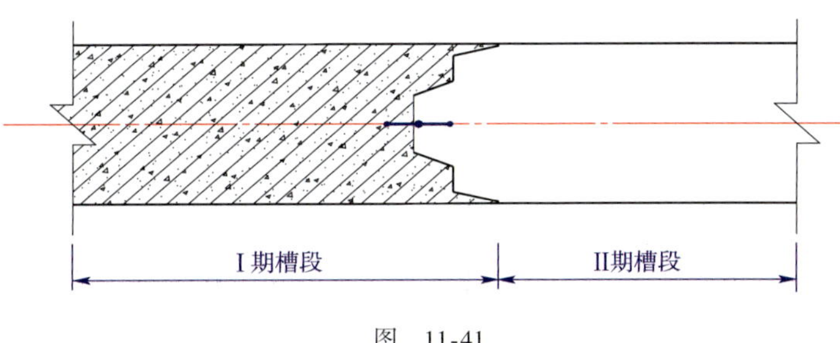

图　11-41

(4)如图 11-42 所示,按以下步骤操作:①第Ⅱ期槽段清孔;②放入第Ⅱ期槽段钢筋笼;③浇筑第Ⅱ期槽段混凝土。

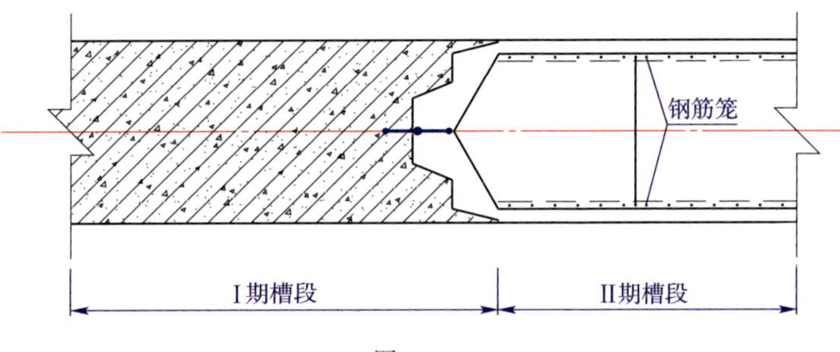

图　11-42

(5)地下连续墙完成后接头如图 11-43 所示。

(四)创新点

凹凸形橡胶止水接头作为一种新的接头,是接头形式的一种突破,与传统圆形锁口管接头和工字钢接头相比,具有以下创新的地方。

1. 整体性好

采用传统的圆形锁口管接头施工的地下连续墙,Ⅰ、Ⅱ期单元槽段接头处相对较平滑,接触面积小,如图 11-44 所示。

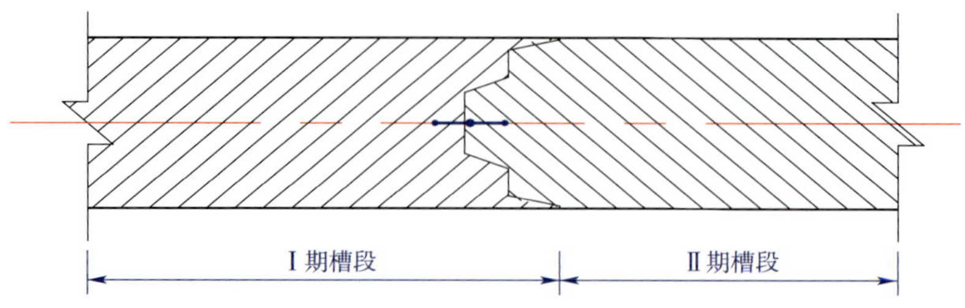

图 11-43　地下连续墙完成后接头

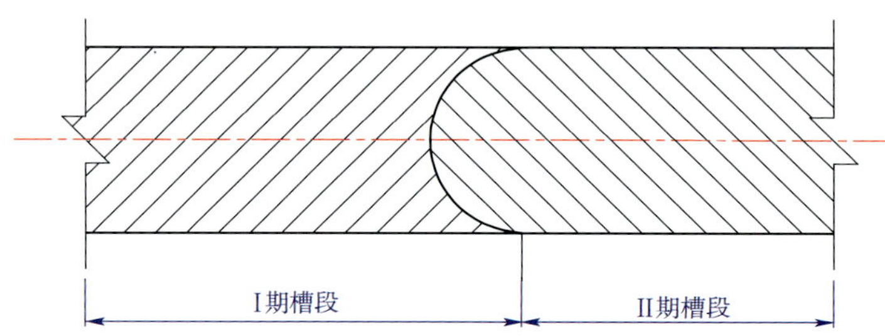

图 11-44　锁口管接头单元槽段接头示意图

而凹凸形橡胶止水接头使地下连续墙Ⅰ、Ⅱ期单元槽段接头处呈凹凸形，Ⅰ期单元槽段往内凹，Ⅱ期单元槽段往外凸，形成榫接，如图 11-45 所示。这种连接方式使Ⅰ、Ⅱ期单元槽能够互相咬合，结合更加紧密，地下连续墙整体性好。

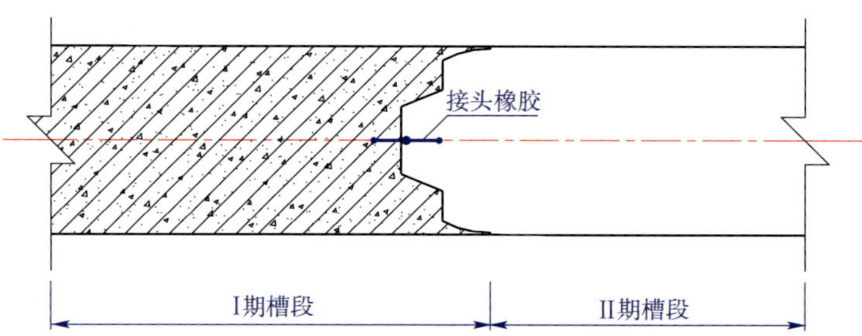

图 11-45　橡胶接头单元槽段榫接示意图

2. 止水效果好

凹凸形橡胶止水接头的凹凸形，再加上在墙中嵌套橡胶止水带，延长或阻断了地下水渗透路径，止水效果较好。圆形锁口管接头、工字钢接头、凹凸形橡胶止水接头三种接头形式的渗透路径示意如图11-46～图 11-48 所示，圆形锁口管接头渗透路径最短，接头处最平顺；工字钢接头次之，工字钢接头如第一期泥浆控制不理想，工字钢两侧会有两条渗透路径；凹凸形橡胶止水接头的渗透路径最长。

为了检验凹凸形橡胶止水带接头的实际形状是否符合设计要求，是否有效延长或阻断了地下水渗透路径，我们对其中的一个接头进行开挖检验，因安全考虑，开挖深度为 3.5m 左右。从开挖检查情况来看，效果比较理想，如图 11-49 所示。接头形状与凹凸形接头器吻合，表面无蜂窝，橡胶止水带安放在连续墙中间，有一半埋入Ⅰ期槽段内，一半露出，这样就延长了地下水渗透路径，改善了接头止水效果。

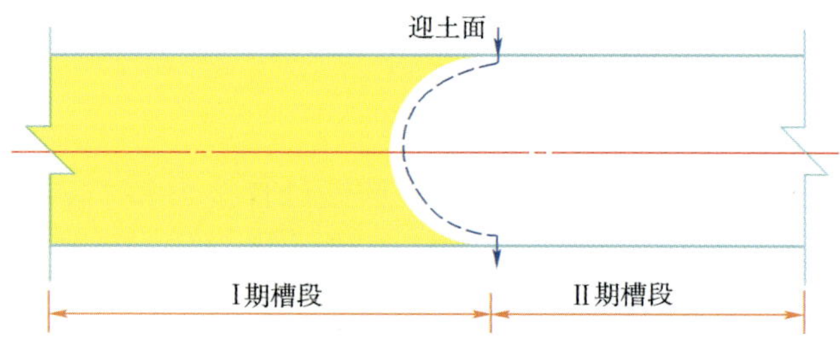

图 11-46　圆形锁口管接头渗透路径示意图

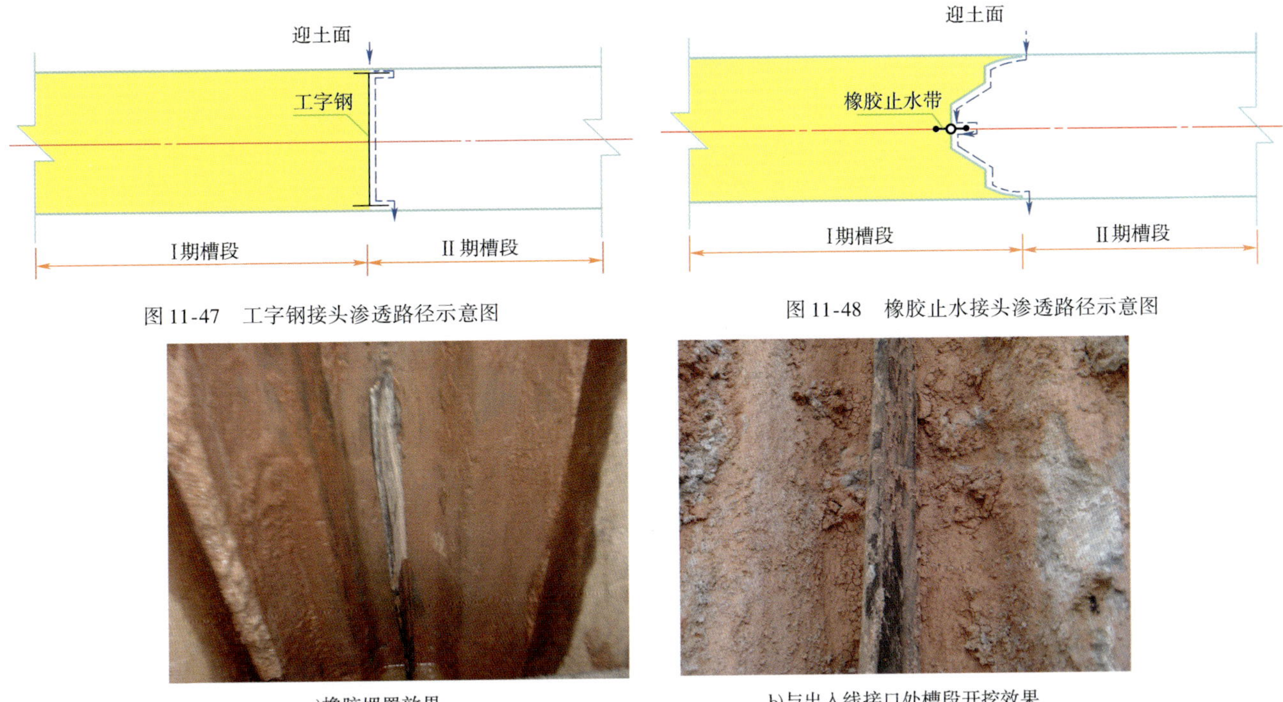

图 11-47　工字钢接头渗透路径示意图

图 11-48　橡胶止水接头渗透路径示意图

a)橡胶埋置效果

b)与出入线接口处槽段开挖效果

图 11-49　现场开挖效果图

3. 抗变形能力强

传统的圆形锁口管接头和工字钢接头为刚性接头，一旦相邻的单元槽段变形不协调，两幅墙体互相错开，将导致接头处渗漏。而新型接头在墙中间位置嵌入橡胶止水带，由圆形锁口管、工字钢等刚性接头变为柔性接头，并因橡胶止水带具有较好的延展性，在相邻单元槽段变形不协调时，不会因接头错位而渗漏。

本工程应用橡胶止水带接头，地下连续墙墙体最大变形控制在 30mm 以内，未发生有明显接头错位的情况(见图 11-50)，接头处未出现因变形相对过大而引起的渗漏，因此采用橡胶止水带接头在协调变形方面有优势。如图 11-51 所示是墙体相邻槽段变形不协调时，发生错位时防渗漏情况。

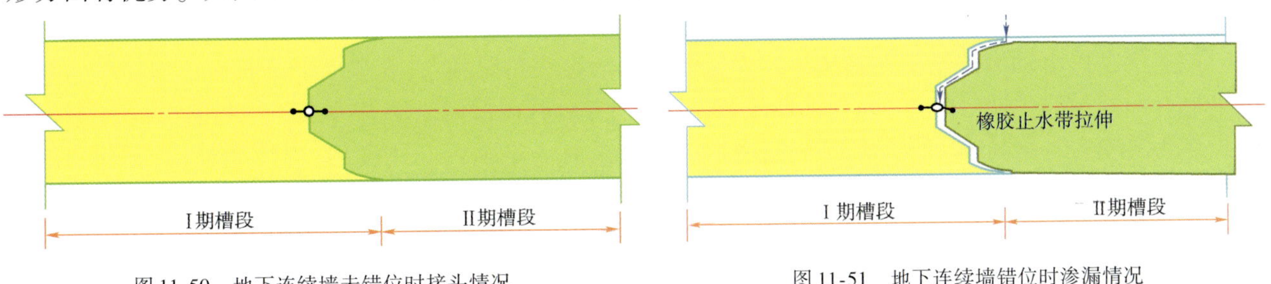

图 11-50　地下连续墙未错位时接头情况

图 11-51　地下连续墙错位时渗漏情况

(五)应用效果及总结

五号线三溪站—鱼珠站区间明挖段土建工程应用凹凸形橡胶止水接头 26 个。2006 年 12 月 11 日进行了第一个接头的试验，试验槽段接头位置为 YQ69 与 YQ70 的接头位置。随后又对另外 25 个地下连续墙单元槽段进行了橡胶止水接头的应用，施工时间为 2006 年 12 月 11 日～2007 年 5 月 4 日。为了便于与原设计的工字钢接头作比较，接头应用于不同位置，同一槽段既有工字钢接头，也有橡胶止水接头，也有连续几幅槽段都是橡胶止水接头的。左线应用 17 个接头，右线应用 9 个接头，单独应用接头 10 处，连续应用接头为 7 处。地下连续墙橡胶止水接头分布见表 11-7。每个接头开挖后检查，新型接头具备与工字钢接头同样的止水效果，未发现有渗漏之处，保证了基坑的安全。每个接头与原设计相比，经测算约节约造价 1.2 万元。

地下连续墙橡胶止水接头分布表 表 11-7

应用序号	槽段位置	左线或右线	连续或单独应用
4	ZQ10-ZQ11	左线	单独
2、6	ZQ12-ZQ13-ZQ14	左线	连续
9	ZQ20-ZQ21	左线	单独
3、5	ZQ24-ZQ25-ZQ26	左线	连续
7	ZQ38-ZQ39	左线	单独
15、18	ZQ61-ZQ62-ZQ63	左线	连续
19、16	ZQ66-ZQ67-ZQ68	左线	连续
20、24、26	ZQ69-ZQ70-ZQ71	左线	连续
25	ZQ73-ZQ74	左线	单独
23、14	ZQ86-ZQ87-ZQ88	左线	连续
8	YQ10-YQ11	右线	单独
11	YQ20-YQ21	右线	单独
10	YQ57-YQ58	右线	单独
12	YQ59-YQ60	右线	单独
13	YQ63-YQ64	右线	单独
17、22、1	YQ66-YQ67- YQ68-YQ69	右线	连续
21	YQ78-YQ79	右线	单独

第八节 SMW 工法应用

一、工法简介

SMW(Soil Mixing Wall)工法于 1976 年在日本问世，是日本一家中型企业——成辛工业株式会社所拥有和开发的一项专利。由于 SMW 工法具有多项优点，近年来该工法已在美国、法国、东南亚国家以及我国上海、南京、天津、杭州、台湾等地区广泛应用。

该工法是以多轴搅拌钻机在现场向一定深度进行钻掘，同时在钻头处喷出水泥系强化剂而与地基土反复混合搅拌，在各施工单元之间则采取重叠搭接施工，然后在水泥土混合体未硬结之前插入 H 型钢或钢板作为其应力补强材料，至水泥土结硬，便形成一道具有一定强度和刚度的、连续完整的、无接缝的地下墙体。SMW 工法最常用的设备是三轴搅拌钻机，其中钻杆有用于黏性土及用于砂砾土和基岩之分，此外还有其他一些机型用于城市高架桥下等施工空间受限制的场合，或海底筑墙、软弱地基加固等地方。

二、主要特点

SMW 工法与传统的深层搅拌桩工法的区别在于传统的深层搅拌是采用双轴搅拌钻机，施工时水泥浆注入、充填在原土间隙中，而 SMW 工法所采用的新型三轴搅拌钻机则在充填水泥浆时加入高压空气，同时钻机对水泥土进行充分搅拌，并换出大量原状土。由于采用的设备不同，新型的三轴钻机成桩体强度及桩身均匀性明显优于传统的双轴钻机，桩体的垂直性、桩与桩的平行性和搭接程度都十分良好，保证了优良可靠的防水性能，同时也有利于型钢的插入和回收。与传统的重力墙基坑围护方法相比，SMW 工法具有占地面积小、开挖深度大、施工进度快、可靠性强等许多优点。与目前经常采用的地下连续墙和钻孔灌注桩等施工方法相比，SMW 工法主要有以下特点：

(1)对周边环境影响小。SMW 工法施工对邻近土体扰动较小，不会产生邻近地面下沉、房屋倾斜、道路裂损及地下设施移位等危害;施工占用场地仅为其他施工方法的60% ~80%,有利于保护周边的建筑、道路及空中、地下管线;同时泥浆量少,比较容易处理,有利于保护环境卫生。

(2)连续施工防水效果好。SMW工法钻机的钻杆具有螺旋翼与搅拌翼相间设置的特色,随着钻掘与搅拌反复进行,可使水泥浆与土体得到充分均匀的搅拌,且水泥掺入量高,水灰比大,墙体全长无接缝,这样一方面使得形成的水泥土墙具有较高的抗压、抗剪强度,另一方面可使它比传统的连续墙具有更可靠的止水性。

(3)工程造价低,施工进度快。一方面SMW工法搅拌桩的水泥使用量远低于其他围护施工方法,另一方面SMW工法每台班可成桩390m以上,在压缩工期的同时节约了人工费。

三、施工工序

SMW工法施工工序如下:①导沟开挖:确定是否有障碍物及做泥水沟;②置放导轨;③设定施工标志;④SMW钻拌:钻掘及搅拌,重复搅拌,提升时搅拌;⑤置放应力补强材(H型钢);⑥固定应力补强材;⑦施工完成SMW;⑧废土运出;⑨型钢顶端连系梁施工,浇筑钢筋混凝土。

四、工程实例

(一)工程概况

为合理确定广州市轨道交通四号线新造车站附属结构基坑围护工程的施工方法,对地下连续墙、挖孔灌注桩以及SMW工法进行了比选。比选结果为:SMW工法与连续墙围护结构相比,其施工占用场地节省20% ~40%,工期节省50% ~100%,钢材节省90% ~95%;SMW工法比灌注桩工艺节省桩基用地每侧为3m,总费用节省20% ~50%;SMW工法环境污染小,而传统工艺都有大量水泥浆外运,因此最终选择SMW工法进行施工。

在施工中,由水泥土搅拌桩内插H型钢+压梁+围檩+水平钢支撑构成支护系统。水泥土搅拌桩身采用42.5级普通硅酸盐水泥,水泥掺入比为20%,水灰比为1.6~2.0,桩径为650mm,两桩间搭接长度为200mm,最大桩长16.5m。H型钢采用A3钢,规格尺寸为450mm×200mm,长度为16m,采用间隔插入方式。SMW工法施工如图11-52所示。

图11-52　SMW工法施工

(二)工程质量控制措施

(1)桩基垂直度控制。开机前必须探明和清除一切地下障碍物,须回填土的部位,必须分层回填夯实,以确保桩的质量;桩机行驶路轨和轨枕不得下沉,桩机垂直偏差不大于1%。

(2)合理选择水泥土配合比。水泥宜采用42.5级普通硅酸盐水泥,水泥掺入比为20%,水灰比一般选用1.6~2.0;土层主要为粉质黏土,宜掺入6%水泥用量的陶土粉外加剂,以增加搅拌的和易性;水泥浆搅拌时间不少于2~3min,滤浆后倒入集料池中,随后不断地搅拌,防止水泥离析。每班做边长7.07cm

立方体试块一组(6块),采用标准养护,28d后测定无侧限抗压强度。

(3)控制注浆量和提升速度。搅拌头提升速度控制在200cm/min以内,注浆泵出口压力控制在0.4~0.6MPa,防止出现夹心层或断浆情况。

(4)做好桩与桩搭接的工作。桩与桩搭接时间不应大于24h;如超过24h,则在第二根桩施工时增加注浆量20%,同时减慢提升速度;如因相隔时间太长致使第二根桩无法搭接,则在设计认可后采取局部补桩或注浆措施。

(5)插入H型钢的施工管理。尽可能在搅拌桩施工完成后30min内插入H型钢,若水灰比或水泥掺入量较大,H型钢的插入时间可相应增加。

每根H型钢到现场后,都要检验垂直度、平整度和焊缝厚度等,不符合规定要求的不得使用。

必须设置H型钢悬挂梁或其他可以将H型钢固定到位的悬挂装置,以免H型钢插入到位后再下沉。复合排桩完成后,凿除桩顶部水泥土,露出的H型钢表面需用隔离材料包扎或粘贴,然后制作压顶圈梁。

第九节　吊脚连续墙在深基坑围护结构中的应用

一、吊脚连续墙的特点

围护结构施工的快慢是控制车站施工工期的关键因素之一,围护结构在地质为软土地层或全强风化地层中施工进度一般较快,当遇到中微风化岩层,围护结构施工速度将大大降低。采用吊脚连续墙或吊脚桩,能有效决解上述问题,加快施工进度,提高整体效益。

吊脚连续墙顾名思义“吊脚”,即通过减少连续墙的入岩深度,以减少连续墙在硬岩层中的施工消耗,加快进度,并在基坑开挖过程中,对连续墙脚进行加固处理。与传统的连续墙相比,该方法有效地减少了连续墙在硬岩层中人力、物力、财力及时间的消耗,加快了连续墙的施工进度。在基坑开挖过程中,吊脚连续墙完全能满足围护结构的安全需要。

二、吊脚连续墙各支护结构形式及其优缺点

1.“吊脚连续墙”+“裸露岩体”支护结构形式

该支护形式上部土层或软岩层用连续墙+锁脚预应力锚索支护,锚索端部锚入下部硬岩层以提供较大的锚固力,维持上部土层或软岩层及“吊脚连续墙”稳定。下部硬岩层开挖后,用机器整平,喷射混凝土面层或直接裸露施工。采用该形式支护的原因是:认为岩层有很强的自稳能力,不需要进行额外的支护,但在实际工程中出现的问题较大。本类型适用于岩层整体性较好、岩体节理裂隙较少、强度高且基坑开挖对周边岩体扰动较小的情况。其优点是设计思路简单,工程造价低,施工方便。其缺点是施工安全得不到很好的保证,存在较大的安全隐患,支护结构位移较大,对周边建(构)筑物、道路及地下管线等影响较大。

2.“吊脚连续墙”+“锚喷”支护结构形式

该支护形式上部土层或软岩层支护同“吊脚连续墙”+“裸露岩体”支护结构形式,下部硬岩层分层开挖后,用机器整平,打设岩钉进行锚固,布设钢筋网,喷射混凝土面层。这种类型弥补了“吊脚连续墙”+“裸露岩体”支护结构形式中对下部硬岩层围护不够的缺点,大大提高了工程施工中的安全性。但是它同样存在一个问题,即在裂隙较多的情况下,在施工过程中会有“倒坡”现象出现,将严重损害锚喷面层与原岩结构的整体性,为支护结构埋下严重的安全隐患。

3.“吊脚连续墙”+“钢管桩”+“锚喷”支护结构形式

本支护形式是目前地质结构较为复杂的深大基坑“复合支护结构”中最新出现的形式,它在“吊脚连续墙”+“锚喷”支护结构形式的基础上加了微型钢管桩超前支护。在每层岩层开挖前先环绕基坑周边

打一圈微型钢管桩对岩层进行超前支护,以防止节理裂隙较多、自稳能力不足的岩体发生“倒坡”现象。本支护类型施工时间偏长,造价偏高,但施工安全得到了保证。

三、吊脚连续墙设计施工关键点

吊脚连续墙支护结构复杂,设计施工难度大,到目前为止依旧没有很理想的计算模型和合理的计算方法,还存在较多的难题,诸如吊脚连续墙嵌固深度的确定、墙脚预应力锚索的设置、岩肩留设宽度的确定、裂隙水的处理等。

四、工程实例

(一)工程概况

三号线北延段同和站位于广州市大道北同和路段,车站呈南北走向。车站总长为451.9m,主体基坑标准段宽度为19.5m,端头加宽段为24.1m,开挖深度由南往北为17~25m,围护结构采用800mm地下连续墙加内支撑形式。

(二)围护结构优化

车站南段连续墙须嵌入微风化花岗岩,为燕山期花岗岩,中粗粒结构,块状构造,RQD值为40~80,岩石天然抗压强度范围值为30.5~97.1MPa,平均值为65.4MPa,标准值为59.6MPa。因此,对于南段约80m范围地段入微风化岩连续墙进行了优化,采用吊脚连续墙。

本工程中预应力锚索的锚筋采用4×7ϕ15.24mm高强度钢绞线,按设计长度在加工厂制作加工完成,锚筋按要求的间距设对中支架。对裸露岩石处的锚杆采用ϕ20mm锚杆,先在钢筋制作场制作好,并按间隔在钢筋上设置对中支架。喷射混凝土强度等级为C20,其配合比为42.5R水泥:砂:石(粒径<1cm)=1:2:2(或1:2.5:2.5),喷射混凝土的水灰比一般采用0.4~0.45;粉状速凝剂的掺量一般为水泥质量的3%左右。如图11-53所示为吊脚连续墙锚索成孔。

图11-53 吊脚连续墙锚索成孔

(三)施工效果

本方法适用于连续墙进入微风化岩层时施工速度慢、工期紧张时的围护结构施工。该车站采用吊脚连续墙施工后,围护结构施工进度大大加快,为后序工序争取了宝贵的时间。同时,通过施工期间基坑监测数据显示,该基坑处于安全状态,满足基坑安全要求。

第十二章　特殊地层处理技术

第一节　岩 溶 处 理

一、处理目的

(1)减小围护结构在施工时产生坍塌的风险。

(2)预防土洞在地下水作用下迅速发展的风险,减小后期运营的风险。

(3)预防未查明的溶洞、岩溶通道在基坑开挖时的突、涌水对基坑及周边建(构)筑物的破坏,提高砂土地基抗岩溶局部坍塌的能力,提高车站结构的安全性。

二、处理原则与范围

(一)处理原则

(1)对明挖结构应遵循岩溶处理、基底处理、围护结构、主体结构、围护主体结构组合方案、抗浮方案、施工期涌水及运营期风险防治方案等多方面协调统一考虑的原则。

(2)影响工程安全的溶(土)洞均应处理。

(3)工程影响范围内的非全填充土洞均应处理,对于全填充土洞应根据填充物性质、地基承载力、周边环境等情况确定处理方案。

(二)处理范围

在满足列车高速运行条件下地基承载力要求的基础上,应结合基底以上是否有稳定隔水层及隔水层厚度确定岩溶处理范围,一般情况下可参照以下要求执行。

1. 嵌岩围护结构及嵌岩段

对嵌岩的围护结构及处于嵌岩段的溶洞需采用注浆处理,防止围护结构施工时发生塌陷。

2. 基底处于灰岩层段

(1)处于基坑开挖深度内的浅层溶洞需提前注浆充填处理。

(2)底板以下2m范围内的所有溶洞均处理。

3. 基底处于黏土层段

(1)底板以下、岩面以上有一定厚度且较稳定的隔水层时,其下灰岩所发现的岩溶原则上不需要处理;隔水层的厚度可根据基坑抗渗计算选取。

(2)基坑内隔水层厚度有变化时,可考虑设置"格栅"分区分别进行处理。

4. 基底处于砂层段

(1)基底砂层如已采用格栅状进行分隔处理,原则上仅对已发现的具有开放性的溶洞及浅层溶洞(溶洞顶板厚度小于1m溶洞)进行处理。

(2)基底采用水泥土墩柱加固的基坑,需对墩柱间已发现的顶板厚度小于2m的溶洞进行处理。

三、处理措施

溶(土)洞采用充填注浆的方法进行处理:

(1)充填压力需根据溶(土)洞的充填情况进行调整;未填充溶(土)洞采用水泥砂浆进行注浆充填;对于全填充溶(土)洞应根据填充物的情况确定是否处理。

(2)充填注浆需边勘察边注浆边摸查溶(土)洞的规模及处理后的状态。摸查方法为根据注浆量及注浆孔所检测到的溶(土)洞洞径,初步估算溶(土)洞的规模后再向周边布设检查孔。检查孔除需注意检查溶洞的延展状况外,尚需检查注浆充填状况,发现注浆不饱满的需利用检查孔继续注浆。

(3)规模较大的溶洞且其范围已超出城市轨道交通结构设定的安全限界时,可先在安全限界钻孔,采用速凝浆控制边界,并减少注浆的范围及注浆量。

(4)充填注浆需根据溶(土)洞所处的深度、地层条件分别采用振动沉管及钻孔埋管进行注浆。埋深较浅、围岩为砂土层的土洞可采用振动沉管方式进行充填注浆;溶洞需先成孔、后埋入注浆管并注意封闭溶洞顶板及注浆管与孔壁间的间隙后才能注浆;对于大于 3m 无填充溶(土)洞和半填充溶(土)洞,可采用 ϕ200mm 的 PVC 套管注水泥砂浆;对于非填充或半填充的较大溶洞,可采用泵送混凝土进行填充。

施工前应进行现场注浆试验,注浆参数根据试验情况进行调整。注浆量和注浆有效范围通过现场试验确定。

四、效果检验方法

在围护封闭及溶(土)洞处理完成的前提下,基坑开挖过程中采用分区抽水、水位观测等措施进一步检验。在基坑开挖过程中,若局部出现渗漏水或岩溶水通道,应采取基底注浆、接头止水、连续墙底注浆等处理方案。

五、工程实例

实例 1:二号线北延段溶(土)洞处理

(一)二号线北延段项目概况

1. 线路概况

自三元里站后折返线起,向北穿过机场路,转到规划白云新城中轴线,设飞翔公园站,然后线路一直沿中轴线行进,于体育馆西侧设白云公园站,于会议中心西侧设白云文化广场站,旧机场北端设萧岗站。之后线路折向西,穿过安华装饰材料城及黄石路,逐渐进入规划七路,于白云尚城西侧设江夏站,于时代玫瑰园东南侧的路口设黄边站。之后,线路下穿华南西路后,于岭南新世界花园西侧设二号线终点站嘉禾望岗站。北延段全长 9.35km。

2. 工程地质及水文地质条件

(1)构造:二号线北延段线路处于广花凹陷盆地东南缘,新市—嘉禾向斜的东翼,位于广从断裂以西,新市—嘉禾断裂组以东区域,南端在远景村附近被东西的三元里断裂切断,以北东向和东西向断裂组及其交接复合为主要构造骨架。

(2)岩性:石炭系中上统壶天群岩性为灰白色、深灰色灰岩、硅质灰岩,岩性较单一,质较纯,岩溶发育,沿线主要分布在二号线北延段三元里至陈田村一带。二叠系下统栖霞组岩性主要为灰黑色炭质灰岩,局部为炭质页岩、泥灰岩,南北走向,倾向西,倾角为 40°~50°,与下伏基岩呈整合接触,沿线主要分布在陈田村至嘉禾一带,在三元里站后折返线至广园西路、白云公园站后和萧岗站后亦有少量分布。

(3)水文地质条件:勘察期间揭露沿线地下水稳定水位埋深为0.40~9.60m,地下水位总体变化趋势由南向北逐渐变高。每年5~10月为雨季,大气降雨充沛,水位会明显上升,而在冬季因降雨减少,地下水位随之下降,年变化幅度为2.50~3.20m。

岩溶裂隙水主要赋存于二叠系栖霞组炭质灰岩和石炭系壶天群石灰岩岩溶发育地段,其赋存条件受岩溶发育程度、形态特征、规模大小以及裂隙充填情况等因素影响,富水性和渗透性及涌水量变化较大,很不均匀。

3. 岩溶、土洞发育特征

(1)岩溶:场地内无论是灰岩还是炭质灰岩地层,岩溶发育都比较强烈。从溶蚀发育深度上分析,溶蚀底板埋深在15~30m范围内的岩溶数约占岩溶总数的84%,溶蚀底板埋深超过30m的岩溶数约占岩溶总数的16%。结合区域岩溶现象的地质成因分析,沿线在勘探深度内揭露的溶蚀以表层竖向溶蚀发育为主,局部发育溶蚀深槽,下部溶蚀相对发育较差,但在纵横向总体上规律性较差,很不稳定。

(2)土洞:土洞基本上发育在岩石层面附近,埋藏深度一般为12.20~30.20m,最深达40.20m,充填物多为流塑状粉质黏土,局部为松散砂土。

(二)设计、施工方案

1. 线路敷设方式

由于二号线北延段溶(土)洞较发育,工程地质、水文地质条件均较复杂,因此,设计从施工风险、工期风险、投资风险、运营风险等方面进行了综合比较,做了大量细致的工作。由于前期征地拆迁等工作的协调难度较大,结合综合提高土地利用率、最大限度减少轨道交通对周边环境的影响等因素,线路敷设方式最终选择地下浅埋。

各工点的施工工法为:三元里站—飞翔公园站区间采用暗挖+盾构+明挖;萧岗站—江夏站区间采用盾构+明挖;其余7站及区间,包括嘉禾车辆段出入段线均为明挖。

2. 溶(土)洞处理方案

1)划分高低风险区

岩溶基岩面进入隧道结构底板下10m的区段为高风险区,否则是低风险区。

2)具体处理方案

(1)对已探测到的土洞及高风险区的溶洞处理

处理施工顺序:判定处理方法→处理→处理效果检测。

全充填洞体处理方法:静压灌浆加固。

半充填、未充填洞体处理方法:高度小于2.0m时,采用C15砂浆填充;高度大于2.0m时,采用吹砂或碎石回填+静压灌浆法。

如图12-1所示为溶(土)洞处理施工工艺示意图及其步骤。

(2)处理效果检测

溶洞:抽芯,无侧限抗压强度≥0.15MPa,渗透系数≤1.0×10^{-5}cm/s。

土洞:原位标贯测试,标贯击数≥10击。

3. 结构措施

1)车站结构

飞翔公园站、白云文化广场站:加大底板厚度至2m,增加结构刚度。

白云公园站、萧岗站:结合抗浮采用地下桥。

江夏站、黄边站:柱位下设水泥土墩柱,同时底板适当加厚。

嘉禾望岗站:结合抗浮采用地下桥,同时综合考虑土洞发育和防止较厚的连续砂层液化,基底采用间距1.5m梅花形布置的水泥搅拌桩加固措施。

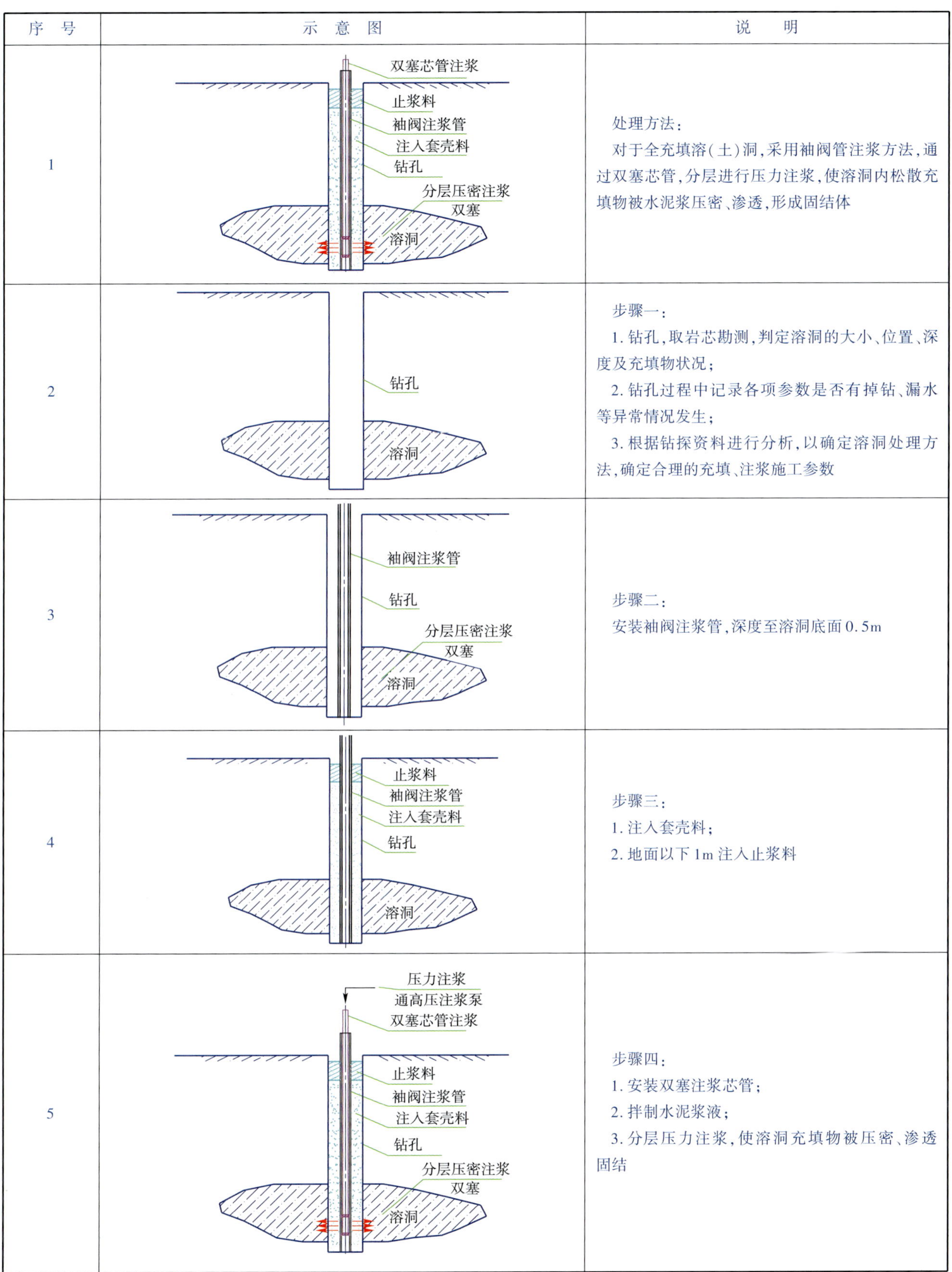

序　号	示　意　图	说　　明
1	双塞芯管注浆 止浆料 袖阀注浆管 注入套壳料 钻孔 分层压密注浆 双塞 溶洞	处理方法： 对于全充填溶(土)洞,采用袖阀管注浆方法,通过双塞芯管,分层进行压力注浆,使溶洞内松散充填物被水泥浆压密、渗透,形成固结体
2	钻孔 溶洞	步骤一： 1. 钻孔,取岩芯勘测,判定溶洞的大小、位置、深度及充填物状况； 2. 钻孔过程中记录各项参数是否有掉钻、漏水等异常情况发生； 3. 根据钻探资料进行分析,以确定溶洞处理方法,确定合理的充填、注浆施工参数
3	袖阀注浆管 钻孔 分层压密注浆 双塞 溶洞	步骤二： 安装袖阀注浆管,深度至溶洞底面0.5m
4	止浆料 袖阀注浆管 注入套壳料 钻孔 溶洞	步骤三： 1. 注入套壳料； 2. 地面以下1m注入止浆料
5	压力注浆 通高压注浆泵 双塞芯管注浆 止浆料 袖阀注浆管 注入套壳料 钻孔 分层压密注浆 双塞 溶洞	步骤四： 1. 安装双塞注浆芯管； 2. 拌制水泥浆液； 3. 分层压力注浆,使溶洞充填物被压密、渗透固结

图　12-1

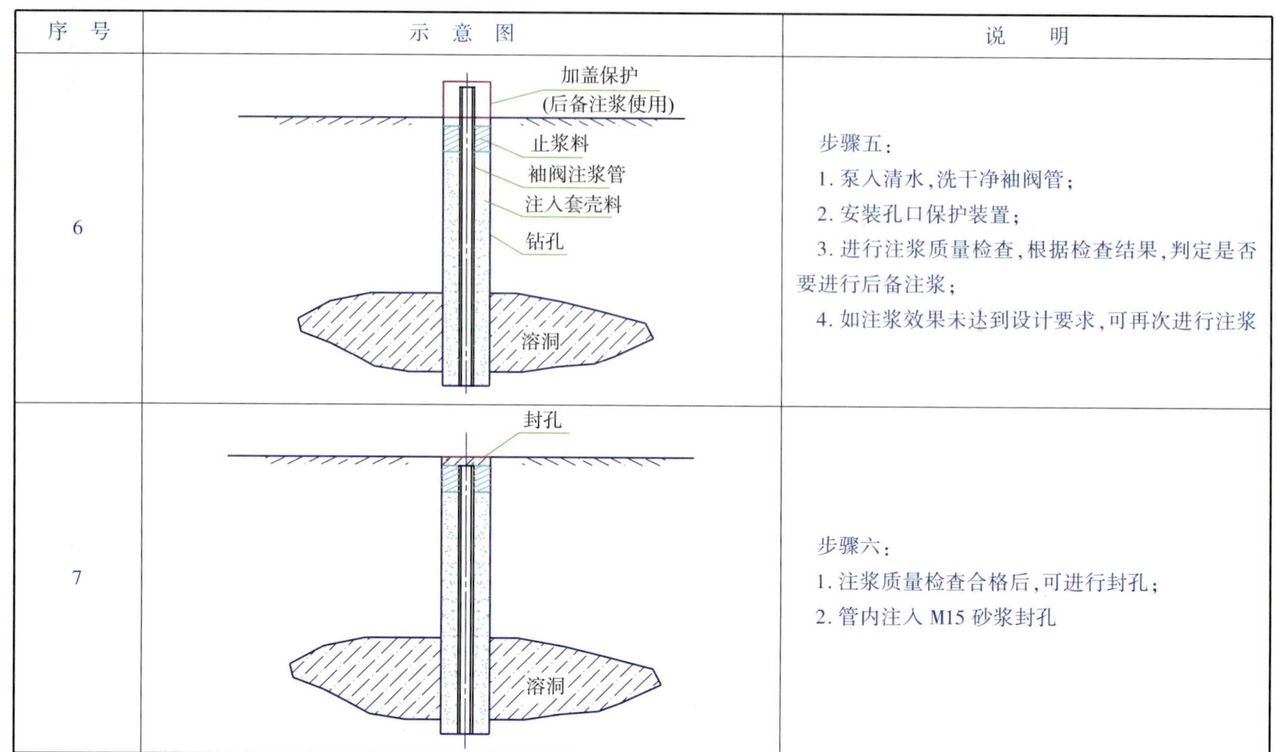

序　号	示　意　图	说　　明
6	加盖保护 (后备注浆使用) 止浆料 袖阀注浆管 注入套壳料 钻孔 溶洞	步骤五： 1. 泵入清水，洗干净袖阀管； 2. 安装孔口保护装置； 3. 进行注浆质量检查，根据检查结果，判定是否要进行后备注浆； 4. 如注浆效果未达到设计要求，可再次进行注浆
7	封孔 溶洞	步骤六： 1. 注浆质量检查合格后，可进行封孔； 2. 管内注入 M15 砂浆封孔

图 12-1　溶(土)洞处理施工工艺示意图及其步骤

2)明挖区间(高风险区段)

净距 10m 设 10m × 10m 搅拌桩水泥土墩柱，目的是提高基底强度，保证施工及运营安全，同时预防产生新的土洞。

(三)施工重难点

1. 基坑突水的风险

由于在施工过程中可能直接揭露岩溶水，引发突涌灾害，也可能当下伏土层自重不足以平衡承压水头差时，通过土层造成突涌灾害。虽然本工程区段岩溶水承压水头差不大，施工中不会造成毁灭性灾害，但因岩溶水管道径流较通畅，水量较充沛，且往往夹带泥砂，岩溶水可淹埋基坑造成施工困难，而且水位下降漏斗范围内可引发地面塌陷或沉降，造成周边房屋开裂甚至倒塌，以及道路管线的错裂破损。此外，地表水、污水下渗会造成岩溶水污染等环境灾害。因此，设计方、监理方、施工方都应把防基坑突水作为风险防范预案的重中之重。

2. 基坑涌砂的风险

本线路段场地地表下 20m 深度范围内堆积有第四系全新世冲洪积相饱和砂土(Q_{3+4}^{al+pl})，主要层位有〈3-1〉粉细砂层、〈3-2〉中粗砂层，从线路经过的场地分析，多呈透镜体状分布，为潜在的不良地质。

3. 成桩过程中偏孔、塌孔的风险

由于该段线路揭示岩溶、土洞较发育，有些地段砂层亦较厚，在钻(冲)孔过程中很可能会出现偏孔、塌孔，既影响成桩质量，又可能危及施工人员、机械的安全。

(四)实施方案的情况

1. 重、难点的处理措施

(1)放坡开挖时使用注浆花管代替普通钢筋土钉的方法，土钉竖向间距为 1.2m。由于下层土体在开挖之前已经进行了预加固处理，砂层的自稳性得到了很大的提高，同时其渗透系数也大大降低，在开挖时能够给喷混凝土、挂钢筋网赢得足够的时间。另外,喷锚的同时在砂层中预埋泄水管,泄水管端头做土工布反滤层处理。

(2)在平台以下施作双排水泥搅拌桩。

(3)尽可能缩短纵向开挖长度,严格控制每层的开挖深度,可以使涌砂影响范围控制到最小;同时加强应急处理措施,准备足够的砂袋、化学浆材。

(4)成桩过程中控制进尺,设置钢护筒,增加护壁泥浆密度,防止偏孔、塌孔的发生。

2. 明挖段溶(土)洞处理的经验及教训

1)设计方案的优势

在溶(土)洞较发育的广花盆地修建轨道交通,仅就工程地质、水文地质条件而言,采用高架是工程风险较小的工法。但由于环评条件的限制,沿线地块开发的诉求以及考虑土地综合利用价值等各种因素的影响,二号线北延段最终明确采用地下方案。针对工程实施条件,设计单位结合专家组的论证意见,拿出了浅埋明挖的设计方案。主体结构尽量用自重抗浮(厚底板)结构,围护结构尽量采用放坡加喷锚、上部放坡加下部排桩的支护形式,既满足工程实施需要,又尽量少触碰溶岩,避免基坑涌水、涌砂等灾害,同时节省了工期。

2)关于围护结构溶(土)洞处理范围的确定

本着既满足施工阶段和运营期间安全风险控制的要求,又尽量节约工程投资的原则,明确了以下处理原则:围护结构外 3m、放坡支护主体结构外 3 m 范围内的洞体采用充填、注浆处理。

根据围护桩与洞体的关系,具体处理原则如下:

(1)若洞体位于桩体以下,围护桩没有进入洞体,只要求围护桩满足嵌固深度要求。

(2)若洞体位于围护桩端,则检算主动土压力是否满足要求,并考虑桩体加长、加强,以便穿过洞体;充分考虑基坑内部分被动土参数偏低对围护结构稳定性的影响。

(3)若围护桩穿过洞体,则视作桩体穿过软弱层处理,应保证嵌固深度。

(4)若洞体位于开挖范围内且在结构底板以上,则不需处理。

3. 溶(土)洞注浆施工监控要点

施工时应采取分序跳注、先外后内、先下后上的注浆施工方法。

(1)在进行洞底注浆时,土洞底部可能与溶洞相连,易受活动地下水影响,注浆时为了避免活动地下水稀释浆液或将浆液带走,底板注浆时适当掺加速凝剂,控制浆液初凝时间在 60s 左右。

(2)分次注浆:为保证浆液不至于跑得太远,应采用间歇定量分次注浆的方法,间隔时间为 6 ~ 8h。

(3)任一钻孔注浆时,应将其相邻孔作为观察孔,观测孔内排气、排水、冒浆等情况,并做好详细记录,以确保浆液扩散情况。

(4)注浆施工时,应在每一个溶(土)洞洞体地表设置 3 ~ 5 个水准观测点进行监测,注浆前测定初始值,注浆过程中每隔 1h 进行一次监测,绝不允许发生地面产生裂缝和抬升超过 20mm 的情况。一旦发现有地面产生裂缝和抬升超过 20mm 的趋势,必须及时调整注浆压力和注浆量。

4. 土墩约束塌陷漏斗松动半径法的工程实践意义

土墩约束塌陷漏斗松动半径法的设计概念是用土墩限制溶(土)洞发生时,形成的塌陷漏斗的位置和最大松动半径。与原设计采用的地下桥法相比较,该法有以下优势:

(1)地下桥法的桥墩基础,终桩条件是桩底溶洞底板要有 3 倍桩径的完整连续基岩,而找到 3 倍桩径厚的完整连续基岩往往又很困难,桩柱可能很长,施工十分困难,工期难以保证。而加强结构纵向刚度,又怕结构下面溶(土)洞的塌陷漏斗直径可能很大以致刚性筒满足不了大跨度溶(土)洞的受力要求。土墩约束塌陷漏斗松动半径法可以解决上述两个难题。

(2)根据土墩约束塌陷漏斗松动半径法原理,在四个区间完善设计:在每段伸缩缝 60m 的跨间,中心距 20m 设 10m × 10m(标准段,宽度即为区间宽度)搅拌桩水泥土墩柱支承在基岩面。

(3)由于土墩柱是一个半刚性整体,因此下面不受溶(土)洞复活的影响。土墩柱之间,用结构筒的纵向刚度予以跨过,而且由于土墩柱是半刚性的,因此,仍可发挥筒底未处理土体(地层)的抗力作用。一旦土墩柱间的溶(土)洞复活,在底板下造成漏斗,由于半刚性墩的存在,漏斗不可能跨过墩体,从而控制了漏斗松动半径的扩展空间,达到溶(土)洞漏斗半径、位置均可控的目的。

(4)水泥搅拌桩土墩柱与地下桥法的桥墩相比较,既保证了施工阶段和运营阶段的安全,又可达到控制工期、节约投资的目的。

如图12-2所示为标准段区间水泥土墩柱平面图。

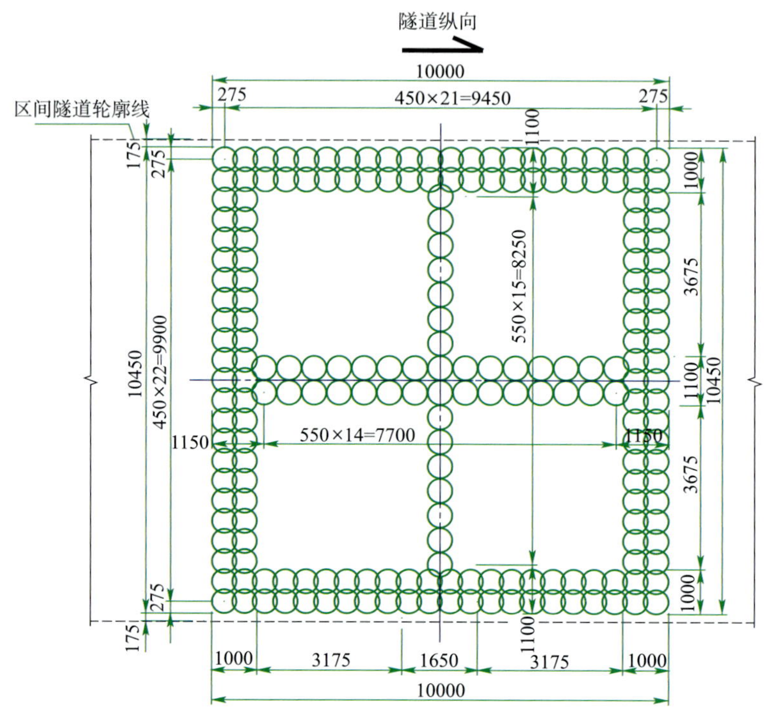

图12-2 标准段区间水泥土墩柱平面图(尺寸单位:mm)

5. 溶(土)洞处理效果

溶(土)洞处理效果良好,实现了设计意图。

旧机场段检测结果的汇总见表12-1。

旧机场段检测结果的汇总 表12-1

区段及检测项目	检测结果		
	设计标准值(原标准值)	检测结果最大值	检测结果最小值
1号区间土墩柱	0.5MPa	5.0MPa	0.6MPa
1号区间溶洞	0.2MPa	6.5MPa	0.6MPa
1号车站土墩柱	0.6MPa	4.4MPa	0.8MPa
1号车站土洞	标贯10击	标贯19击	标贯12击
1号车站溶洞	0.2MPa	7.2MPa	0.3MPa
2号区间土墩柱	0.6MPa	3.0MPa	0.6MPa
2号区间溶洞	0.2MPa	2.7MPa	0.9MPa
2号区间土洞	标贯10击	标贯18击	标贯8击

续上表

区段及检测项目	检 测 结 果		
	设计标准值(原标准值)	检测结果最大值	检测结果最小值
3 号区间土墩柱	0.6MPa	16MPa	0.6MPa
3 号区间溶洞	0.2MPa	6.6MPa	0.4MPa
3 号区间土洞	标贯 10 击	标贯 18 击	标贯 10 击
2 号车站土墩柱	0.6MPa	4.0MPa	0.7MPa
2 号车站土洞	标贯 10 击	标贯 19 击	标贯 14 击
4 号区间土墩柱	0.8 ~ 1.5MPa	13.5MPa	0.9MPa
4 号区间土洞	标贯 10 击	标贯 18 击	标贯 10 击
4 号区间溶洞	0.2MPa	6.8MPa	0.4MPa

溶(土)洞以及搅拌桩和旋喷桩土墩柱检测芯样如图 12-3 ~ 图 12-6 所示。

图 12-3　溶洞检测芯样

图 12-4　土洞检测芯样

图 12-5　搅拌桩土墩柱检测芯样

图 12-6　旋喷桩土墩柱检测芯样

实例 2:九号线清布站岩溶处理

(一)工程概况

广州市轨道交通九号线清布站位于广州市花都区,为地下两层车站,总建筑面积约为 21000m²,基坑开挖面积为 9146m²,深度为 15.3m。车站设在交通繁忙的迎宾大道中线下,道路两侧建筑物密集。本场地位于岩溶发育强烈地区,在 173 个地质勘察钻孔中发现溶洞的钻孔有 55 个,发现土洞的钻孔有 7 个,见洞率为

35.3%。虽然勘察区揭露土洞发育数量不多，但场地具备形成土洞的条件，同时人为活动影响还会加速土洞发展速度，对地基的稳定性和均匀性不利，可能造成地面沉陷、车站底部掏空等工程事故。该地区地下水非常丰富，钻孔揭示岩面以上有较厚粉、细砂层，开挖深基坑极易发生随地下水的流失而形成流砂、突涌现象。

（二）处理方式

对溶（土）洞、溶蚀槽进行注浆充填加固，要求溶（土）洞均应注满。注浆处理前，先进行溶（土）洞、溶蚀槽平面范围的试探测，尽可能探清其规模，即以揭示到溶（土）洞的钻孔为基准点加密钻孔，间隔为2.0m向四周扩散，探测孔可兼作注浆孔进行注浆充填。注浆采用花管注浆，注浆钻孔以揭示孔为中心向外至揭示的溶（土）洞边界布设钻孔，钻孔孔径为70～110mm，间距为2.0m，呈梅花形布置。注浆浆液采用42.5级普通硅酸盐水泥拌制，水灰比为0.8～1，注浆压力控制在0.4～1.0MPa，注浆速度为30～70L/min，施工时根据现场试验确定。终浆标准：各孔注浆压力稳定10min以上，且进浆速度小于开始进浆速度的1/4。如图12-7所示为溶洞注浆处理现场。溶（土）洞、溶蚀槽处理范围如下：

图12-7　溶洞注浆处理现场

（1）车站范围内、基坑底面以下5m范围内的所有土洞均应处理。

（2）底板以下5m范围内的所有溶洞、溶蚀沟（槽）均应处理。

（3）底板下5～10m范围，岩面之上为砂层时，溶洞需处理。

（4）围护结构内外为3m，墙（桩）底下的溶洞顶板厚度小于3.0m的必须处理。围护结构成槽（孔）时，若围护结构内外3m范围内有流塑或软塑土层时，应根据实际情况综合判断是否需要加固处理。

（5）上述原则有交叉处，按照较深的处理深度确定。

（6）对不在上述处理范围内的溶（土）洞，应根据其埋深、顶板厚度、充填状况、岩面覆盖情况等综合判定是否需要进行处理。

对于未揭示及潜在的溶（土）洞，为防止其发育、发展掏空车站底板下方土层而影响结构安全，应沿车站纵向设置水泥土墩台，一方面约束其掏空土层的范围，另一方面在局部土层被掏空后为车站底板提供地基承载力。水泥土墩台横向宽度为主体结构范围，纵向宽度为1.05～1.95m，纵向间距为5.20～11.00m，采用双排或四排直径为600mm的单管旋喷桩相互咬合而成，深度至岩面。旋喷桩施工前应进行工艺试桩确定施工参数，一般单重管法的高压水泥浆液压力应大于20MPa，提升速度为20～25cm/min，旋转速度为20～25r/min。水泥浆液采用42.5级普通硅酸盐水泥拌制，水灰比取1.0～1.5，每米实桩水泥用量不应小于250kg。钻孔的垂直偏差不应超过1%，射管分段提升的搭接长度不小于100mm。

由于溶（土）洞存在与基底透水层连通的可能，为了防止基坑开挖期间基底发生突涌事故，对于岩面之上为砂层地段采用花管注浆封堵（利用土墩台及部分纵向设置的单管旋喷桩组成的分格），每格注浆面高度为本格揭示的最高岩面上2m。区格内注浆采用花管注浆，钻孔孔径为70～110mm，间距为2.0m，呈梅花形布置。注浆浆液采用42.5级普通硅酸盐水泥拌制，水灰比为0.8～1，注浆压力控制在0.4～0.6MPa，注浆速度为30～70L/min，施工时根据现场试验确定。终浆标准：各孔注浆压力稳定10min以上，且进浆速度小于开始进浆速度的1/4。

（三）效果

基坑内土方开挖至基坑底部，开挖过程发现水泥浆液痕迹，证明岩面注浆在土层中有效起到渗透和劈裂的作用，同时基底没有发生涌水等现象，注浆效果良好。该方案有效地降低了岩溶地区深基坑施工的风险。

第二节　软弱地层处理

一、软土基坑失稳机理

基坑失稳有局部失稳和整体失稳两种情况。软土基坑的失稳是因其变形过大导致，由软土本身特征引起的变形，其速率稍慢，当为外界因素诱发时，常常呈现突发性。对软土基坑而言，外界条件影响较明显的因素主要有施工进度、施工振动、坑顶临时堆载、雨后上部土体重量的增加、降水的影响等。当上部土质条件较好时，超尺寸开挖施工常导致出现局部失稳情况，这种情况下，往往在坑顶的监测位移量不大时，坑底软土的流变性和触变性容易使变形过大而引起坑壁的中下部出现破坏；施工振动会使土质变差，易产生侧向滑动、沉降及基底变形等现象；坑顶临时堆载及雨后上部土体重量的增加均会引起坑底应力的增加，对强度较低的软土显然产生不利影响；本身为饱和状态的软土，在工程降水时，会加快固结作用，使变形增加。软土本身的特性、施工条件和环境条件的变化会引起结构的破坏，使其物理力学性质变差，基坑的稳定性降低以致失稳。

二、软土地层深基坑加固

软土地层深基坑施工中，为有效抑制围护结构的变形，在支护结构体系中除通过支撑体系实现外，还采取对被动土压区土体结构进行加固以提高土体的反力系数的措施。软土地层深基坑地基加固的常用方法有注浆加固、深层搅拌桩加固、高压旋喷桩加固等。

三、工程实例

(一)工程概况

二号线南延段南浦站位于广州市番禺区南浦岛碧桂大道上，车站站址周边大部分是农用地，东南侧有交通疏解道及2层无桩基础的商铺、一栋7层商业楼。车站基坑长380m，底板埋深17m，车站围护结构采用0.8m厚连续墙，围护支撑采用1道混凝土支撑+2道钢支撑。

(二)工程地质与水文地质

南浦站范围内工程地质条件差，〈2-1A〉淤泥分布广泛且厚度大。在勘察深度范围内除广泛埋藏有可液化地层外，场地内分布的〈2-1A〉海陆交互相淤泥和〈4-2〉冲积淤泥质粉质黏土属软土，另有〈2-2〉海陆交互相淤泥质细砂与〈2-1A〉淤泥呈互层状产出。由于软土分布于南浦站全场地且厚度巨大，南浦站主体及附属结构构筑物均坐落于该组地层中，其强度及稳定性均不能满足构筑物对地基基础持力层的设计要求，对于基坑工程施工亦有不利影响，需要采取工程措施，进行地基处理。

南浦站场地内分布的地表水系主要由沟渠、水塘等农田水利设施组成。其沟渠水位随潮水涨落而浮动，珠江支流距离车站400m处属珠江潮汐影响带，勘察期间测得其水位浮动幅度为0.5~1.5m。

(三)车站软土处理的难点

南浦站基底为〈2-1A〉等软土，具有天然含水量高(一般均大于液限)、孔隙比大、压缩性高、强度低、渗透系数较小等特点。软土处理应着重以下几方面：

(1)当南浦站地基原状土受到振动后，会很快变成稀释状态，易产生侧向滑动、沉降及基底变形等现象，土层加固应考虑防软土振陷性。

(2)当南浦站地基原状土软土除排水固结引起变形外,在剪应力作用下还会发生缓慢而长久的剪切变形,这对建筑地基沉降及地基稳定性均有不利影响,故土层加固应考虑防软土流变性。

(3)南浦站基底为〈2-1A〉等软土,属高压缩性土,存在低透水性、低强度和不均匀性,因其透水性弱和富水性强,对地基排水固结不利,不仅影响地基强度,同时延长了地基趋于稳定的沉降时间,软土处理应防止因其低透水性、低强度和不均匀性而导致车站主体及附属建筑物沉降过大。

(四)车站软弱地层加固形式选择

1. 车站软土加固思路

为了保证地基承载力及变形满足施工阶段及永久使用阶段的要求,需对基底地层进行搅拌桩加固处理。加固处理布置方式有两个方案:

(1)满堂红加固:即基底采用水泥土搅拌桩间隔一定的距离均匀加固地基,桩顶与底板之间设置褥垫层,水泥土搅拌桩和桩间土组成复合地基,地基的承载力提高,并消除软土振陷,使地基承载力满足要求。

(2)格栅抽条型加固:针对底板梁、柱和侧墙传力及底板变形的特点,在底板下有针对性地对地层进行加固,即在侧墙、纵梁下地基沿车站纵向采用搅拌桩加固,在柱下板带位置地基沿横向加固。

实际实施过程中,南浦站基底采用抽条加固与裙边加固相结合的布置方式,是针对主体箱形结构侧墙和底板纵梁及柱上板带对地基承载力要求较高的特点进行的设计。结构在正常使用期间的变位如图12-8 所示。

南浦站基底采用裙边加固与抽条加固相结合的布置方式,除满足竖向承载力要求外,还有以下优点:

(1)地基土受力更符合主体结构受力的特点,更有效地控制地基的压缩变形和主体结构的竖向沉降。

(2)可提高连续墙底部的被动土压力,控制连续墙的变位。

2. 软土加固设计方案确定

南浦站站地基加固采用裙边加固与抽条加固相结合的方式,如图 12-9 所示为搅拌桩施工,如图 12-10所示为加固设计方案。

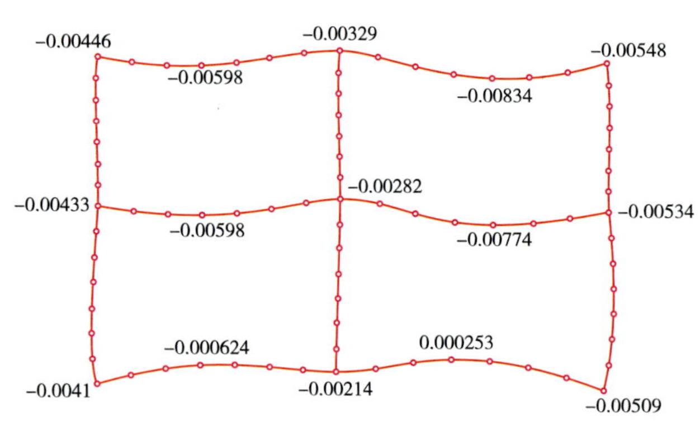

图 12-8 结构在正常使用期间的变位图

图 12-9 搅拌桩施工

(1)在靠近连续墙内侧 3.55m 范围内,采用 ϕ550mm@500mm 搅拌桩裙边与抽条相结合的加固方式对围护结构周边一圈进行加固,可提高连续墙底部的被动土压力,提高被动侧土体水平抗力,控制连续墙的变位。

(2)为满足地基承载力需要,在底纵梁及有柱主跨的位置都进行搅拌桩密排加固布置,其中在车站底纵梁反梁处搅拌桩横向间距为 500mm,纵向间距也为 500mm。

(3)考虑到基底可液化土层对地基承载力的不利影响,同时在加固格构中采用 ϕ550mm 搅拌桩进行

1200mm × 1200mm 的梅花形布置加固。

(4)在车站开挖到基坑底面后，还需要超挖 250mm，在复合地基与 C15 素混凝土垫层之间回填 250mm 厚级配砂石褥垫层。该做法可提高基底整体承载力，防止结构不均匀沉降。

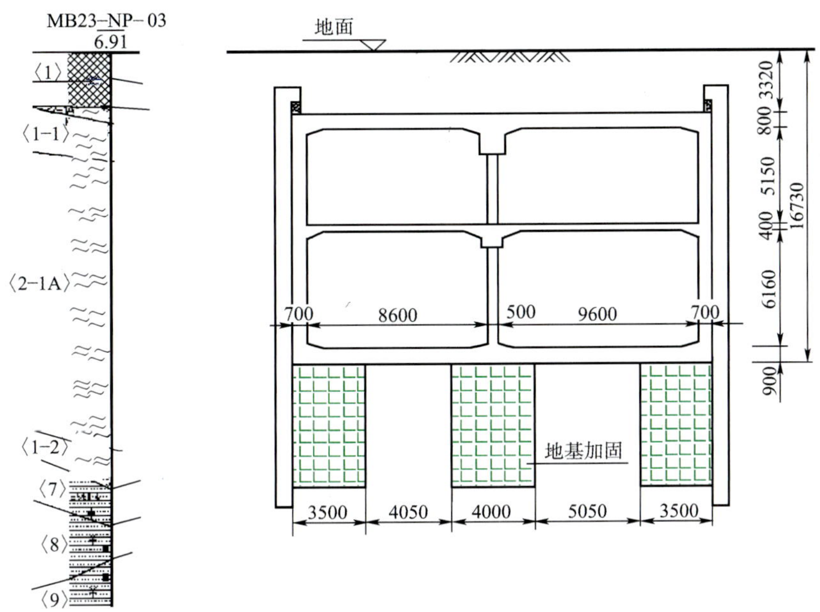

图 12-10 加固设计方案(尺寸单位:mm)

第三节 花岗岩风化层处理

广州地区工程地质、水文地质条件复杂，花岗岩风化土不良地层问题一直是困扰广州市轨道交通土建工程施工的主要难题之一。广州地区花岗岩风化土的工程性质特殊，在二号线越秀公园站、纪念堂站—越秀公园站区间、三号线天河客运站、天河客运站—华师站区间施工中都遭遇了很大的困难，四、五、六号线部分区间隧道都要穿越类似地层。

一、花岗岩风化层成因及地质特征

(一)花岗岩风化土层

1. 花岗岩残积土成因及分类

花岗岩残积土是由主要为石英、长石的花岗岩(侵入岩)和混合花岗岩(变质岩)的造岩矿物经物理风化和化学风化后残留在原地的碎屑物。花岗岩化学风化主要是其中占约三分之二的长石在水、空气中的氧与二氧化碳等作用下发生水解和碳酸化形成高岭石，进而风化成土状。花岗岩残积土主要是粉黏粒、砂粒和砾砂形成的混合体。花岗岩残积土属于第四系风化土类型(Q^{el})，主要分布于广州市北部及东南部，涵盖轨道交通二、三、四、五及六号线路的部分区段。据广州地区勘察资料显示，区内花岗岩残积土按母岩类型划分为花岗岩残积土和混合花岗岩残积土两大类，每大类按照土的可塑性状态分为可塑性残积土和硬塑性残积土。

2. 花岗岩残积土工程特性

(1)级配不均匀。残积土粒度具有“两头大、中间小”的分布特征，即颗粒成分中，粗颗粒(>0.5mm)的组分及颗粒小的组分(<0.005mm)的含量较多，而介于其中的颗粒成分则较少，粗粒组中的中、细砂及粉砂的含量较少。这种独特的组分特征，使其既具有砂土的特征，亦具黏性土特征；物质组成的不均匀性

和结构的不连续性显著，导致工程性质复杂、差异性大。

图 12-11　三号线天河客运站基坑开挖产生的基底土软化泥化现象

(2)遇水软化、崩解。残积土中粉粒、黏粒含量高，天然状态下具有较好的力学性质，遇水后“土变泥、泥变浆”，迅速软化、泥化、崩解，土体强度等力学性质急剧变差，甚至丧失承载力；原始组分中长石含量高，风化后所形成的黏土矿物越多，软化泥化性能越明显；一般砂土崩解性较强，黏性土崩解性较弱。如图 12-11 所示为三号线天河客运站基坑开挖产生的基底土软化泥化现象。

(3)局部区域花岗岩球状风化体较发育。燕山晚期第一、二阶段花岗岩残积土层中，常夹有中、微风化球状孤石，影响土的均匀性，对于盾构掘进和桩基施工不利，且球状风化体发育没有明显规律。

(4)近地表花岗岩残积土具有上硬下软特征。花岗岩分布区接近地表的残积土因受水的淋滤作用，氧化铁富集，并稍具胶结状态，形成网纹结构，土质坚硬，而其下强度低于上部土段，再往下由于风化程度减弱，强度逐渐增加。

(5)残积土中次生矿物主要为高岭石和伊利石，未见亲水性特别强的蒙脱石，自由膨胀率较低，不属于膨胀土。

(6)残积土以中等压缩性土为主，其次为高压缩性土。其中砂土以中等压缩性土为主，黏性土具高压缩性。土的类型由粗至细，其压缩模量具有由大到小的特点。

(7)残积土均为弱透水性土，渗透系数多为 $i\times10^{-4}\sim i\times10^{-6}$cm/s，但同一类土的透水性差异较大，大值为小值的数倍至数十倍。其中砂土的透水性变化比黏性土的透水性变化更大。

3. *花岗岩全风化层*

原岩组织结构已基本风化破坏，但尚可辨认，岩芯呈坚硬土柱状，遇水易软化崩解，局部夹强风化花岗岩碎块。

(二)花岗岩风化岩层

花岗岩强风化带原岩组织结构已大部分风化破坏，矿物成分已显著变化，风化裂隙很发育，岩石极破碎，长石、云母多已风化成高岭土或黏土，岩芯呈半岩半土状，岩芯遇水易软化崩解。

花岗岩中风化带原岩组织结构部分风化破坏，矿物成分基本未变化，风化裂隙较发育，裂隙被铁染并充填少量风化物，岩石较破碎，呈短柱状、碎块状。

二、花岗岩风化地层明挖基坑工程风险分析及对策

(一)工程风险

花岗岩残积土不良地层遇水软化、泥化、崩解特性引起明挖基坑工程风险主要有：

(1)大型挖土设备土方开挖将非常困难，开挖工效严重降低，甚至机械无法开挖，开挖面极易坍塌，并且随着开挖暴露时间的延长，影响范围将进一步扩大。

(2)土体强度等力学性质急剧变差，地基承载力降低甚至丧失，导致基坑内被动土压力降低，支撑轴力增大，围护结构变形加大，甚至造成围护结构失稳、坍塌以及周边建筑物沉降变形等风险。

(二)根本原因

解决花岗岩残积土不良地层工程风险关键是处理好“水”，因为该土层天然状态下具有较好的力学

性质,“水”就是风化土层软化、泥化的诱因。而“水”的来源及影响主要有以下两类。

1. 地下水的影响

地下水按赋存方式主要分为第四系孔隙水和基岩裂隙水。

(1)基坑开挖过程中,若无基坑内降水或降、排水效果不好,第四系松散土层孔隙水汇集到残积土层开挖面,造成土层软化、泥化;特别是冲积—洪积砂层为主要潜水含水层,富水性和透水性强,要做好降、排水措施。

(2)基岩裂隙水主要赋存于花岗岩强风化带和中风化带的节理与裂隙发育地段,富水性和透水性好;花岗岩的节理、裂隙,一是在其冷却过程中产生,呈层状、X 形展布,二是在后期的断裂构造中发展,具有较强的方向性与较好的连通性;裂隙水水力特点为承压水,水压大小与其埋深及补给来源相关。基坑开挖使强、中风化花岗岩上覆风化土层压力减少,具有承压性的基岩裂隙水通过上覆风化土中原生节理、孔隙通道向上渗流,渗流过程中不断将软化后的黏土矿物带出,逐渐形成更多、更大的导水通道;若基岩上覆风化土层压力难以承受裂隙水压力,土层甚至可能被承压水击穿,造成上覆风化土层遇水软化、泥化。

2. 明水的影响

广州地区降雨充沛,每年 5 ~ 10 月为雨季。若雨季进行花岗岩风化土层开挖,且基坑内排水措施不到位,土层软化、泥化问题将不可避免。另外,施工用水若不及时抽排,也会对花岗岩风化土层开挖造成不良影响。

(三)对策

针对花岗岩残积土层特性以及工程风险原因分析,目前研究、处理该不良地层的思路和方案主要有以下几个方面。

1. 围护结构加深

围护结构嵌入花岗岩微风化带 0.5 ~ 1.5m,切断基坑内外花岗岩强、中风化带间的水力联系;该方案适用于车站埋深较深或花岗岩岩面较浅地段,否则工程投资过大;根据设计验算,嵌入基底部分围护结构可采用素混凝土形式以降低工程投资。

2. 基底加固

基坑开挖前对基坑内基底以下一定范围内花岗岩风化土层(包括残积土、全风化土层)进行旋喷桩预加固形成复合地基,复合地基受水的影响相对较小,加固桩体成桩质量能够保证,复合地基承载力一般都能达到设计要求;该方案采用较保守、被动的思路去应对风化土遇水软化承载力不够问题,工程投资较大,仍存在基岩裂隙水通过加固体间土层向上渗流现象;加固体间风化土软化后需做换填处理,基岩裂隙水发育地段上述问题更为严重,甚至无法满足地基验收条件;裂隙水渗流失水过多,易导致基坑周边地表、建筑物沉降。

3. 基坑内注浆止水

基坑开挖前对基坑内基底以下一定范围内花岗岩风化土层采用梅花形布置进行袖阀管低压注浆,目的是充填土层内原生节理、孔隙,阻断基岩裂隙水向上渗流的通道。另外,注浆充填、挤密也对风化土有一定程度的改良。该方案以主动处理的思路来治水,理论上可行,但工程投资亦较大,从地表长距离在天然状态花岗岩风化土中进行低压注浆的注浆效果有待进一步论证和实践。

4. 基坑外注浆止水

基坑开挖前在基坑围护结构外围采用前进式注浆工艺对连续墙墙底以上 2m 向下至进入微风化带 1.5m 范围内的风化土层和岩层进行注浆止水,目的是在围护结构外侧形成一道防渗帷幕,减弱或切断基坑内外花岗岩强、中风化带间的水力联系。该方案亦以主动处理的思路来治水,适用于花岗岩岩面较浅的工程,否则注浆范围大导致工程投资较大;通过在三号线燕塘站、六号线长湴站实施发现,该工艺采用自上而下分段循环灌浆，可灌性好，基本能达到预期效果。

5. 基坑内系统降水

施工期间采用集水井(重力式)或井点(强制式)方式进行基坑内降水，目的是通过降水始终保持基坑内开挖面或基底面不泡水，井点降水常见有井点、管井等降水形式。该方案亦以主动处理的思路来治水，理论上可行，工艺很成熟，工程投资小，但花岗岩风化土层为弱微透水性土，该段地层采用重力式降水速度慢、工效低，采用井点式降水效果较好，但井点式降水工艺相对复杂，对基坑开挖进度有一定的影响。另外，采用降水方案应充分论证降水对基坑周边建(构)筑物的影响程度，因为广州地区地下水位浅，地下水丰富，水力联系复杂，降水不当可能会对基坑周边浅基础、摩擦桩基类型的建筑物或周边地下管线造成影响。因此，应详细调查工程周边环境、水文情况，通过科学、合理的验算和必要的试验来制订和完善降水方案。

(四)小结

花岗岩风化地层工程性质复杂、差异性大，每个车站工程设计边界条件、标准和参数都不同，上述处理方案也都各有利弊，到目前为止，我们仍在摸索、研究在经济、技术角度最优的处理方案，但研究、处理的总体方向应该是明确的，即采用围护结构隔水 + 主动式止水或降水方式。

三、工程案例

实例 1：六号线天河客运站基坑内降水施工

(一)工程概况

1. 设计概况

广州市轨道交通六号线天河客运站为地下四层岛式车站，车站主体结构外包总长 83.8m，标准段跨度 19.9m，加宽段跨度 22.8m，基底埋深 32.4m，围护结构采用 1000mm 厚地下连续墙 + 5 道混凝土支撑 + 墙幅接头 3 根 ϕ900mm 旋喷止水桩，基坑内采用孔径 800mm 重力式深井降水；连续墙嵌入基底深度为进入残积土层〈5H〉和全风化层〈6H〉不小于 7.5m、强风化层〈7H〉不小于 5.5m、中风化层〈8H〉不小于 3m 及微风化层〈9H〉不小于 2m。如图 12-12 所示为六号线天河客运站基坑内降水后的开挖面。

图 12-12 六号线天河客运站基坑内降水后的开挖面

2. 工程地质及水文地质

车站位于广从断裂以东，瘦狗岭断裂以北的构造区，属东西向增城凸起的西部，主体构造呈东西向。车站穿越的地层有第四系和燕山期侵入岩，基底基本处于〈6H〉、〈7H〉、〈8H〉中，地层从上至下依次为：第四系包括全新统(Q_4)和上更新统(Q_3)，其下缺失中更新统和下更新统，由人工填土(Q_4^{ml})、冲积—洪积砂层(Q_{3+4}^{al+pl})、冲积—洪积土层(Q_{3+4}^{al+pl})、河湖相沉积土层(Q_{3+4}^{al})及花岗岩残积土层(Q^{el})组成，其中〈5H-1〉和〈5H-2〉平均厚度分别为 2.85m 和 14.28m；全风化层厚度平均为 3.2m，下伏基岩为中生代燕山期侵入岩，属燕山晚期第二阶段的元岗岩体，以细、中粒花岗岩为主体岩石结构。地下水位平均埋深浅，基岩裂隙水较发育。

3. 周边环境

车站东侧和北侧是元岗批发市场，多为浅条形基础地上两层砖混结构，建筑密度较大、年代较久，对地下水水位及土体扰动沉降敏感，三号线车站施工已对其造成不同程度的影响；车站主体结构东北角附近有三号线天河客运站Ⅱ风亭(紧急疏散通道)、Ⅰ号通道和车站派出所,其中Ⅱ风亭(紧急疏散通道)为地下一层地面两层结构,距车站主体仅4m,三、六号线车站主体间平均间距为16m。车站主体施工区域内管线较少。

(二)基坑支护结构设计思路

车站基底基本处于花岗岩风化岩层上,地基承载力能够满足要求,设计采用适当加深连续墙以减弱或切断基坑内外花岗岩强、中风化带间的水力联系,减小基岩裂隙水流失对周边建(构)筑物的影响。通过实施该方案,车站周边房屋沉降值均控制在设计范围内,三号线天河客运站底板沉降总体可控。

(三)施工不足之处

个别连续墙接缝水下混凝土浇筑不密实,基坑开挖中接缝处出现渗漏;另外,个别连续墙终孔时对花岗岩中风化、微风化岩性判断不够准确,连续墙嵌入微风化岩层深度不够,导致该区域基坑内外岩层裂隙水没有有效阻断,裂隙水失水较多,造成周边房屋和三号线车站出现一定的沉降。

实例2:六号线长湴站注浆+降水+旋喷桩加固施工

(一)工程概况

1. 设计概况

广州市轨道交通六号线长湴站为地下两层岛式车站,主体结构外包全长348.9m,标准段跨度19.7m,基底埋深约18m,围护结构采用地下连续墙+2道混凝土支撑、1道钢支撑+墙外前进式注浆止水,基坑内采用孔径400mm重力式深井降水,基底局部采用ϕ500mm@450mm梅花式单管旋喷桩加固;连续墙嵌入基底深度为进入残积土层〈5H〉和全风化层〈6H〉不小于7.5m、强风化层〈7H〉不小于5.5m、中风化层〈8H〉不小于2.5m及微风化带〈9H〉不小于1.5m。

2. 工程地质及水文情况

车站位于广从断裂以东,瘦狗岭断裂以北的构造区,属东西向增城凸起的西部,主体构造呈东西向。车站穿越的地层有第四系和燕山期侵入岩,基底基本处于〈5H-2〉、〈6H〉中,地层从上至下依次为:第四系包括全新统(Q_4)和上更新统(Q_3),其下缺失中更新统和下更新统,由人工填土(Q_4^{ml})、冲积—洪积砂层(Q_{3+4}^{al+pl})、冲积—洪积土层(Q_{3+4}^{al+pl})、河湖相沉积土层(Q_{3+4}^{al})及花岗岩残积土层(Q^{el})组成,其中〈5H-1〉和〈5H-2〉平均厚度分别为5.3m和10m,厚度较大;全风化层平均厚度为3.48m,下伏基岩为中生代燕山期侵入岩,属燕山晚期第二阶段的元岗岩体,以中粒花岗岩为主体岩石结构。地下水位平均埋深1.44m,基岩风化裂隙水较发育。

3. 周边环境

车站位于广汕公路上,交通繁忙,车站东侧主要是1~5层建筑物,距车站主体15~20m,建筑物密度较大、年代较久和破旧,基础多为浅基础和摩擦桩基,个别建筑物基础资料不详;有一处加油站地下油库距离车站约20m;车站周边管线密集。

(二)花岗岩地层处理方案设计思路

该车站花岗岩地层处理原招标设计方案为梅花形袖阀管注浆,后经多方充分论证,在借鉴三号线燕塘站成功经验基础上,考虑到车站周边房屋保护要求高等因素,将方案调整为连续墙外前进式注浆+基坑内采用孔径400mm重力式深井降水+基底局部采用ϕ500mm@450mm梅花式单管旋喷桩加固方案,将围护结构阻水、主动式注浆止水、基坑内降水以及基底局部加固四项措施综合应用。

(三)施工效果及不足之处

1. 施工效果

基坑开挖完成后,连续墙基本无渗漏,旋喷桩成桩质量基本达到设计要求,基底承载力达到设计要求。

2. 不足之处

(1)基坑内花岗岩残积土层中重力式降水效果较差,原因一是在残积土层区域重力式降水速度慢、工效低,二是降水井设计孔径偏小,降水半径不够,降水井易堵塞且开挖中多次被破坏,造成土层含水量仍较大,开挖后孔隙水沿开挖面渗出。如图12-13所示为基坑内降水井堵塞后洗井,开挖面已泥化。

图12-13 基坑内降水井堵塞后洗井,开挖面已泥化

(2)基底个别部位出现少量冒水现象,初步分析是该部位基坑内外花岗岩强、中风化带间的水力联系没有有效切断,裂隙水向上渗流并击穿风化土层。采用增设排水盲沟、加强抽排水、局部换填处理以及分块快速封底等措施,保证了基底承载力等各项要求,但基坑周边有两处浅基础房屋出现不同程度的沉降和开裂。

实例3:六号线萝岗站降水施工

(一)工程概况

广州市轨道交通六号线萝岗站位于广州市开创大道与开达路交叉路口西北角规划的绿化山坡上,车站大致呈东西走向,沿开创大道方向呈一字形布置。如图12-14所示为萝岗站工程位置示意图。

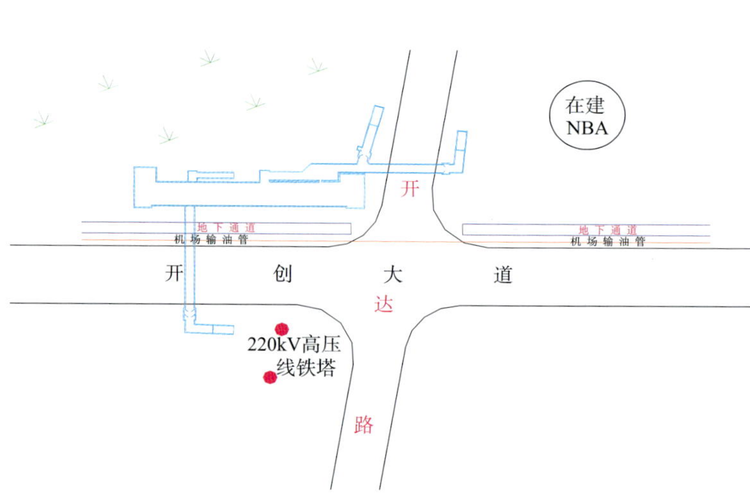

图12-14 萝岗站工程位置示意图

1. 设计概况

主体围护结构采用800mm厚连续墙+3道内支撑的支护形式。连续墙标准槽段宽度为6000mm,嵌固深度为8m,接头采用3根双管旋喷桩加固止水。基坑安全等级为一级,周边堆载不超过20kPa。连续墙顶设置1200mm×1000mm冠梁兼作压顶梁。

2. 工程地质与水文地质

本车站位于广从断裂以东,瘦狗岭断裂以北的构造区,属东西向增城凸起的西部。主体构造呈东西向，由早古生代变质岩中的东西向片理、片麻理及其一系列不对称褶皱，东西向的瘦狗岭断裂以及控制萝岗岩体入侵的东西向构造带组成。

萝岗站基坑范围内主要为〈1〉、〈3-1〉、〈3-2〉、〈4-1〉、〈4-2〉、〈4-3〉、〈5H-1〉、〈5H-2〉地层，基坑底板主要处在〈5H-1〉可塑状花岗岩残积土层、〈5H-2〉硬塑状花岗岩残积土层、〈6H〉花岗岩全风化带，地下连续墙底主要处于〈6H〉花岗岩全风化带。如图12-15所示为各地层所占比例图。

地下水主要类型有第四系松散土层孔隙水、块状基岩裂隙水。在裂隙发育地段，水量较丰富，属承压水，渗透系数为约为1.15m/d。初见水位埋深为0.50～3.80m，标高为27.57～38.64m；稳定水位埋深为1.20～8.10m，标高为27.27～35.14m。

3. 工程地质与水文地质对施工的影响

1）花岗岩残积土对基坑开挖的影响

本站水平方向上广泛分布有可塑～硬塑状花岗岩残积土层及花岗岩全风化带，呈黄褐色、红褐色、灰白色、灰褐色、黑褐色等颜色，组织结构已全部破坏，矿物成分除石英外大部分已风化成土状，以粉砂粒为主，含较多中粗砂、砾石，遇水易软化崩解，水浸泡易发生崩解和流砂，甚至塌方。

2）花岗岩球状风化孤石对连续墙施工及基坑开挖的影响

在本站勘查中，有6个详勘孔揭示有孤石（见图12-16），占全部钻孔的21.4%。弧石主要为微风化花岗岩，部分为中风化花岗岩。球状孤石顶面埋深为9.8～24.7m，地面埋深为2.2～7m，厚度为0.3～2.4。孤石抗压强度为40.9～80.7MPa，给连续墙成槽及基坑开挖带来一定的困难。

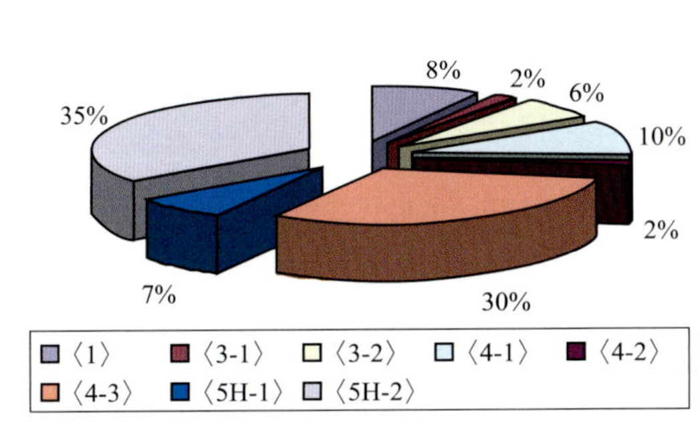

图12-15　各地层所占比例图

图12-16　巨大孤石

3）富水砂层对连续墙及基坑开挖的影响

本站砂层分布较广，富水性、渗透性好；基岩裂隙水富水性和透水性变化较大，具承压性，属强透水层。如果连续墙成孔施工时泥浆的物理指标不合适可能造成坍孔，难以保证连续墙成槽进度；基坑开挖施工时如果降排水不彻底，含水砂层容易引起基坑涌水或引发流砂现象，下伏基岩裂隙水易造成基坑底板涌水或突水事故，影响基坑开挖进度和基坑安全。本站位于开创大道与开达路交叉口西北侧的绿化山坡上，周边没有影响施工的既有建筑物，施工条件较好、施工干扰较少。

（二）基坑降水开挖技术

场地揭露的残积土粗颗粒含量较大，具有遇水、崩解的特性，受扰动后强度降低较快。车站基坑底板坐落于残积土层、全风化层中，其下部强、中风化岩层一般含水量较大，由于基岩裂隙水承压水头较高，且坑内降水会使水头差增大，动水压力也增强，可能导致基坑底隆起，甚至地下水击穿底板，导致基底突水。基坑开挖使强、中风化岩上覆的土层压力减少，具有承压性的节理裂隙水将软化风化土中的黏土矿物逐步带出，形成更多、更大的导水通道，一方面使基坑底的风化土迅速软化、泥化，另一方面使基坑外地下水位的下降，形成新的孔隙，造成基坑外土层的压缩再沉降。基坑底风化土的软化、泥化将产生两种灾难性的效果：一是基坑被动土压力减少，基坑围护结构产生变形，支撑轴力增大；二是基坑外地下水位的变化产生再固结沉降，将导致地面构建筑物的变形与沉降，危及施工安全。

在施工中主要采取如下对策：

(1)围护结构要有足够的嵌固深度，从而切割基坑内外间的水力联系。

(2)针对花岗岩残积土时效性快的特点，基坑开挖过程中严格遵守纵向分段、竖向分段以及先撑后挖的原则。

(3)为解决基坑开挖过程中花岗岩残积土软化、泥化的现象，采用基坑内井点降水进行处理。基坑内设置31口ϕ800mm降水井，降水井间距约为13.5m，降水井采用钻孔法成孔。如图12-17所示为降水井布置图。

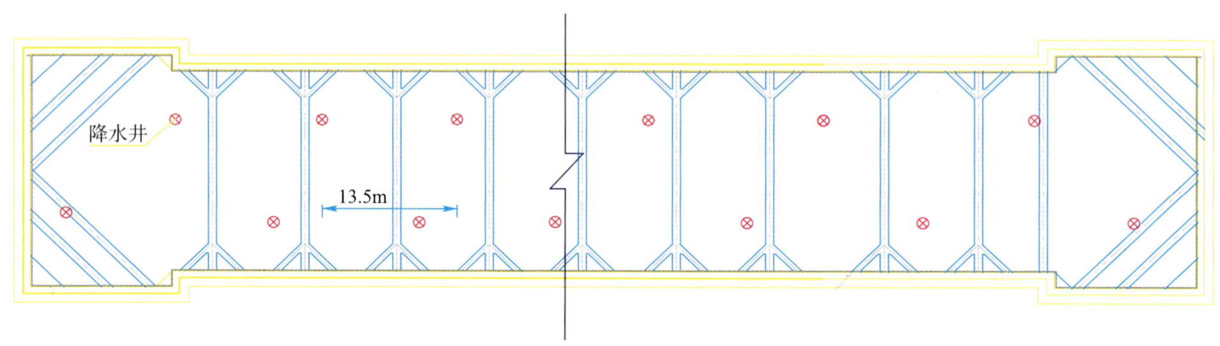

图12-17　降水井布置图

(4)基坑内设置双排降水井，降水过程专人专井24h连续降水，做好降水情况详细记录，在基坑开挖前保证基坑内地下水位位于开挖面以下0.5m。

萝岗站基坑降水采用每2h抽水一次、24h连续作业法进行管理。根据现场监测，基坑内水位降到基坑底下约30cm。

基坑开挖于2010年4月25日开始，2010年7月2日完成基坑开挖。基坑开挖过程中土质干燥，无泥化、软化，降水效果良好。如图12-18所示为基坑降水效果图。

(三)基坑围护结构变形、墙顶位移、地表沉降等情况

C21、C22、C23、C24、C28连续墙均产生较大变形，连续墙变形原因如下：

图12-18　基坑降水效果图

(1)降水井24h不进行抽水，基坑内水位标高约为15.03m，基坑底标高为15.3m，基坑内水位位于基坑底约30cm。现场基坑开挖揭示开挖土方主要为〈5H-2〉花岗岩残积土(主要为砂性黏土)，降水后基坑内开挖土方感觉很干燥，但出现松散状态。

(2)根据监测数据，C23幅(基坑南侧)累计变形达23mm，对面位置C59幅(基坑北侧)变形为14.2mm，北侧变形较小，但根据现场情况南侧施工便道为人行便道，无大型机械车辆通行，而北侧便道存在大型车辆通行，如混凝土泵车、钢筋货车、运土车等，基坑北侧荷载较大，现场预计北侧连续墙变形较大。所以，此结果可能由于南侧地下通道影响所致。

采取措施如下：

(1)先在C24幅连续墙第三道支撑位置增设支撑托盘，如架设第三道钢支撑后变形继续增大再加密钢支撑。

(2)停止或减少基坑内降水。

(3)在南侧C22幅位置架设2道钢支撑进行加强。

四、总结

(1)花岗岩风化地层工程性质复杂、差异性大,对地层工程性质的认识还存在不足和差异,特别是勘察须进一步认识并科学、准确、全面地描述该种地层岩土工程特性及各项参数。

(2)解决花岗岩风化不良地层问题的关键是处理好“水”。“水”是风化土层软化、泥化等问题的诱因,解决思路建议应从被动应对逐步转变为主动治水,如采取降水方案。

(3)花岗岩风化不良地层现有处理方案各有利弊,适用条件各不相同,须进一步研究。

第五篇 高架桥梁施工技术

第十三章　高 架 概 述

第一节　城市轨道交通高架简介

城市轨道交通运输事业的发展，为桥梁建设提供了良好的发展机遇。城市轨道交通线路铺设方式对工程建设投资的影响很大，同样规模的线路，按高架、地下的不同线路铺设，其土建投资比例一般为1:2。相对地下线路，高架线路运营成本也较少。同时，由于地质条件的原因，如岩溶发育地区、花岗岩地区（残积土及孤石等），如果采用地下敷设则施工风险大。为了减少造价并考虑施工及运营等的安全，城市轨道交通在城乡结合部和郊区等环境条件允许的情况下，往往采用高架线路。近年来，我国多个城市建成了轨道交通高架线路，比较典型的有上海轨道交通 M3 线，北京市轨道交通八通线、13 号线，武汉市轨道交通 1 号线，重庆市轨道交通 3 号线，广州市轨道交通四、五、六号线部分区间等。

通过对国内各城市已建成和在建的城市轨道交通高架区间桥梁进行调研统计，可以发现，结构体系以简支梁和三跨连续梁为主，常用跨度以 30 m 和 25 m 较多，梁的截面形式绝大多数采用了箱形梁，施工方式主要为现浇及预制架设。

一、城市轨道交通高架桥梁特点

公路桥梁相比，轨道交通高架桥梁在设计荷载、设计标准、设计参数和计算方法等方面都有较大差别，与一般城市高架道路桥梁也不同。虽与铁路桥近似，但也有其特殊性，主要体现为：①桥上铺设无缝线路无砟轨道结构；②具有城市轨道交通特有的桥面系布置及接口关系；③列车的运行密度大，维修时间短；④其所处环境大多是位于城市与城市周边区域，既有陆地，也有河流、沟壑，既要关注桥梁的基本特性，也要考虑高架桥梁在施工与使用过程中对城市交通、建筑、环境、景观的影响，以及在降噪、紧急疏散等方面的问题。

二、结构选型

高架桥梁结构的形式在考虑工程造价和施工工期等要求的前提下，应尽量采用标准跨径、统一梁型，以方便施工，节省投资，也使桥梁体系的景观较好。高架桥梁的选型内容主要包括结构体系、跨度、梁体截面形式、墩型等。

（一）结构体系

桥梁体系按照受力特点可分成简支、连续梁和刚构三种基本类型。根据轨道交通的特点以及整体道床和无缝线路的要求，多采用简支梁或连续梁体系，在特殊地段（跨河、谷地段）也可采用刚构体系。

1. 简支梁体系

简支梁具有结构简洁、受力明确、施工简单，工序少，易于维修等特点，容易做到设计标准化、制造工厂化、施工机械化，有利于控制整体质量，缩短施工工期。目前，在城市轨道交通高架桥梁的建设中，简支梁是最常用的一种结构体系。与连续梁相比，简支梁有如下优势：

（1）简支梁结构的支座布置为一端固定，一端活动，在同一个桥墩上只有一个固定支座，各墩受力均匀,因此下部结构可做到最大限度的优化。

(2)在城市轨道交通高架桥结构中,供电系统对上部结构的电腐蚀一直是个重要问题。由于高架桥一般采用预应力结构,高强预应力筋一旦受电腐蚀到一定程度就会造成预应力失效,这对结构的安全性是致命的。因为连续梁的预应力筋在中支点处距离桥面一般只有10cm左右,受腐蚀的几率相对简支梁结构大得多。因此,从结构的耐久性讲,简支结构较连续结构更为合理。

(3)简支梁可以做成标准跨径的预制装配式结构,有利于机械化施工,可缩短建设工期。而且简支梁在运营后期的维修养护甚至换梁都十分方便。

2. 连续梁体系

连续梁体系为超静定体系,其优点是结构整体刚度大,竖向变形小,动力性能好,有利于改善行车条件。与简支梁相比,结构受力有以下优势:

(1)在相同梁高时有更大的刚度和更好的平顺性。

(2)在相同刚度条件下能使梁高降低或具有更大的跨越能力。

(3)在较大跨度桥梁中应用能体现经济性。

此外,连续梁还具有线条流畅,景观效果好的优点。

广州市轨道交通四号线高架区间跨路口、跨江段一般采用连续梁,五号线西段高架跨越珠江段也采用连续梁。连续梁受力较简支梁复杂,下部结构的设计受墩柱刚度的影响很大,其固定墩的截面和桩基的尺寸相对于中间墩要大。另外,连续架还有现场工序较多,对支点不均匀沉降敏感等缺点。

3. 连续刚构体系

在连续梁桥的基础上,把主跨内较柔细的桥墩与梁部固结起来,就形成连续刚构体系。其特点是桥墩较为纤细,以承受轴向压力为主,表现出柔性墩的特性,这就使得梁部受力仍然体现出连续梁的受力特点。这种桥式除保持了连续梁的受力优点外,还节省了大量支座的费用,减少了桥墩及基础的工程量,改善了结构在水平荷载下的受力性能,有利于简化施工工序,适用于需要布置大跨、高墩的桥位。

广州市轨道交通四号线高架跨越沙湾的桥梁采用连续刚构体系,六号线的西端高架标准段也是采用连续刚构(完全无支座)体系。

4. 其他体系

除了上面三种常用的基本结构体系外,城市轨道交通高架桥梁还采用其他一些结构体系,包括拱桥、斜拉桥以及各种组合体系。在城市轨道交通系统中,对高架区间的一般地段多采用简支梁体系、连续梁体系或连续刚构体系,对于特殊地段及跨越道路、桥梁、河流的大跨度桥梁可采用拱桥、斜拉桥或各种组合体系等。广州市轨道交通六号线白沙河大桥采用单箱单拱钢—混组合系杆拱桥的形式,将成为白沙河上的一道亮丽风景。

(二)梁体截面形式

梁体的截面形式有T形截面梁、箱形截面梁、槽形梁(U形梁)等。

1. T形截面梁

多片式T形截面梁构造简单,容易设计成为各种标准跨径的装配式结构,多用于公路。多片式T形梁在分片架设后还可将横隔板和桥面通过施加横向预应力连成整体。对于采用的T形梁的片数,应根据双线轨道桥梁的桥面宽度要求,结合单片T形梁运输、起吊重量选择,一般采用4~6片。如图13-1所示为T形组合梁横截面图。

多片式T形梁桥外观繁杂、整体性与结构耐久性差,列车荷载作用下的动力性能也不够理想,而且成桥后梁体混凝土收缩徐变上拱较大,造成无砟轨道线路平顺性不易调整。

2. 箱形截面梁

箱形截面梁(简称箱梁)是目前国内外城市轨道交通高架线路普遍采用的结构形式。由于结构采用了闭合截面，其抗弯、抗扭性能好，并具有外观简洁、整体性强、刚度大、结构耐久性好的特点。箱梁架设后，无后续工作，可以立即作为运梁通道，加快了预制构件的运输、架设速度。此外，箱梁还具有较好的动力特性，在列车走行时产生的振动相对较小，有利于城市的环境保护；由于其刚度较大，混凝土后期徐变上拱较小，尤其适用于无砟轨道。但箱梁重量大，当桥面宽时，需具备重型架桥设备。此外，由于需要在箱内检查、维修，梁高不宜太低。因此，箱梁的跨度不能太小，其适用跨度为 25 ~ 40m。如图 13-2 所示为高架桥双箱单室箱梁断面图。

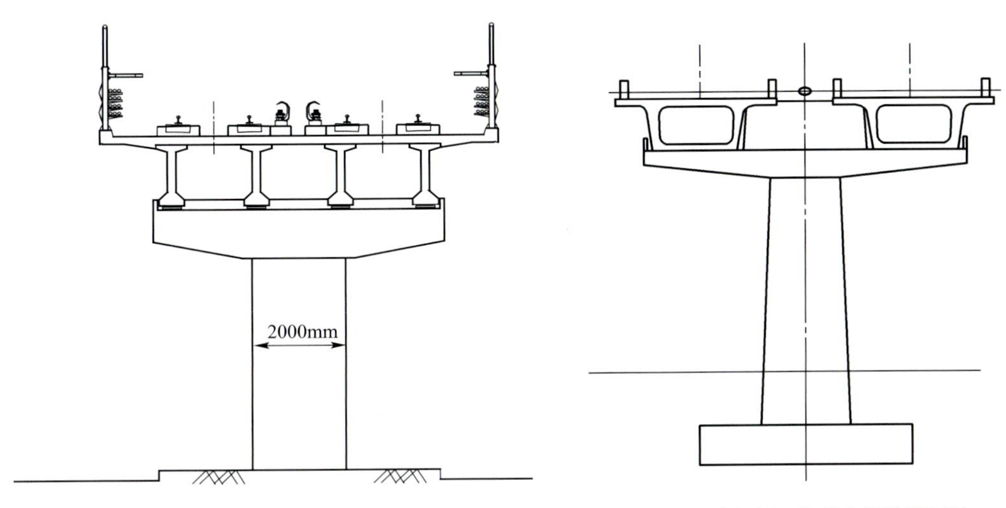

图 13-1　T 形组合梁横截面图

图 13-2　高架桥双箱单室箱梁断面图

根据不同的设计需要，箱梁可以采用单箱单室、双箱单室及单箱双室截面。腹板形式又有直腹板和斜腹板两种。斜腹板与直腹板的区别主要在于，斜腹板可减小下部结构的工程量，外观上也较直腹板箱梁美观，但模板设计及梁体钢筋的绑扎较直腹板困难。如图 13-3 所示为双线单箱单室箱梁断面图，如图 13-4 所示为四号线简支箱梁高架桥。

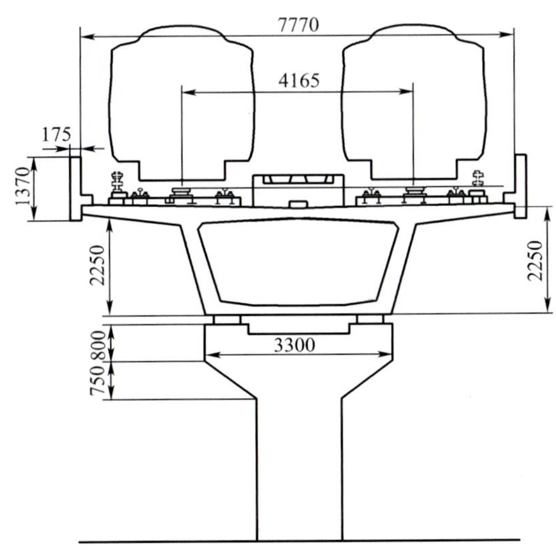

图 13-3　双线单箱单室箱梁断面图(尺寸单位：mm)

图 13-4　四号线简支箱梁高架桥

3. 槽形梁(U 形梁)

槽型梁是一种下承式受力结构。列车的轮重荷载通过轨道传递至槽型梁底板，底板将荷载横向传至两侧纵向主梁，因此主梁一般配三向预应力体系。如图 13-5 所示为单 U 槽形梁截面，如图 13-6 所示为双 U 槽形梁截面。

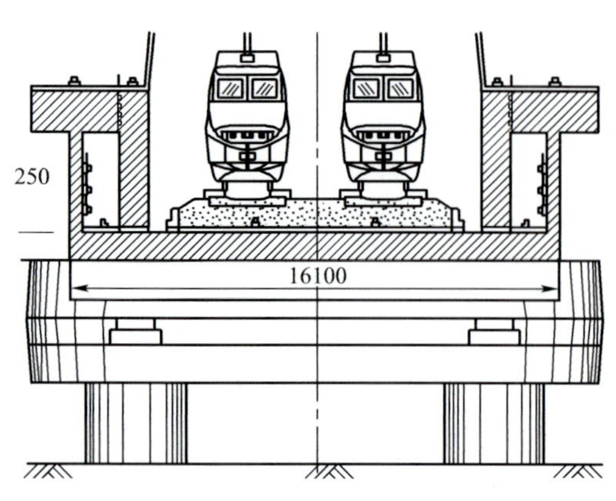

图 13-5　单 U 槽形梁截面(尺寸单位:mm)

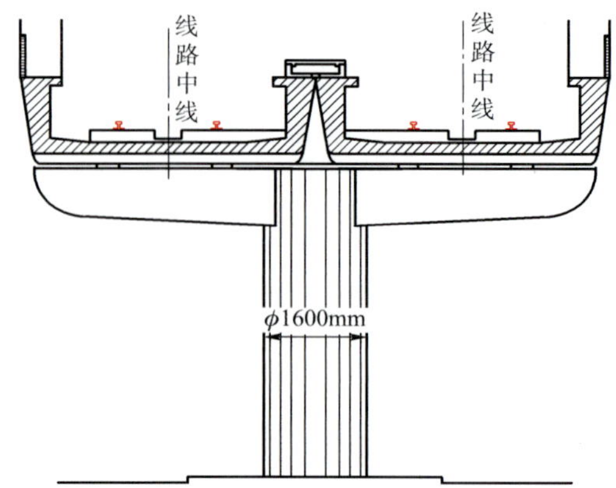

图 13-6　双 U 槽形梁截面

槽形梁主要优点:①建筑高度低;②列车在 U 形槽内行驶,车门下缘高度与槽形梁腹板上缘高度自然衔接,腹板顶面可作为紧急疏散和检修通道;③采用双 U 槽形梁时,由于每线双侧腹板均靠近行车轨道,噪声衍射高度较小,可起到部分声屏障的作用;④槽形梁的两道边墙可防止脱轨与翻车事故。

槽形梁不足之处:①槽形梁为开口截面,因此对构件的制作精度要求较高;②由于结构是开口截面,整体性不如箱梁好,抗扭刚度和腹板稳定性相对较弱;③采用双 U 槽形梁,线路间距较大,这将增加车站宽度;④槽形梁底板宽度较大,需采用 T 形墩支撑,顺桥向视觉效果稍差。

从前面的分析中可知,箱形截面结构具有抗扭刚度大、整体受力性能好等优点,并具有收缩变形数值小、动力性能良好等优点。由于顶板和底板都具有较大的面积,箱形截面易满足配筋要求。此外,箱形截面外形简洁,各视面平整,线条流畅,与多种墩型均能搭配,适用于区间直线段、曲线段及渡线段,是一种广泛采用的高架桥梁结构形式。因此,综合比较各种梁型并充分考虑桥梁跨度、工期、地质情况与环保等方面的要求,国内城市轨道交通高架桥梁梁体多采用箱形梁形式。

四号线采用斜腹板、大悬臂箱梁(见图 13-7),六号线的连续刚构也是采用箱梁。

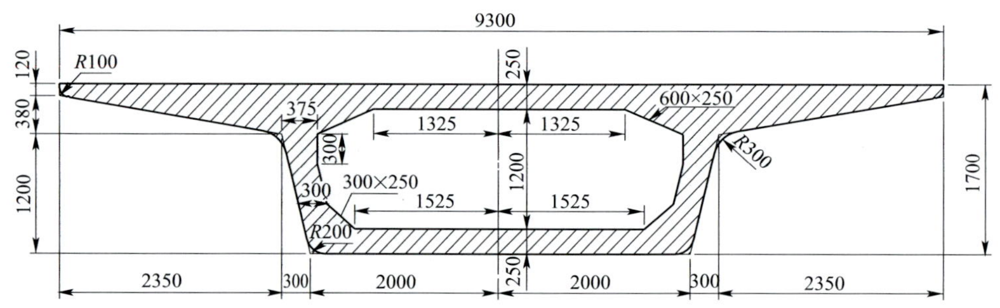

图 13-7　四号线斜腹板、大悬臂箱梁截面(尺寸单位:mm)

(三)经济跨度选择

桥梁跨度选择应综合考虑工程地质、城市环境、施工条件和投资等各方面因素,本着结构合理、安全美观、经济适用的原则,认真做好技术经济综合比选。

根据铁路和城市轨道交通桥梁建设经验,广州市轨道交通四号线桥梁设计中曾对 40m、30m、25m 三种跨度进行了综合比较,分析了各种跨度的高架桥梁在城市道路跨越能力、上下部结构的相协调能力、与施工机具相适应能力及综合造价指标等方面的比较。不同跨度梁的主要材料用量的平米指标比较见表 13-1。

不同跨度梁的主要材料用量的平米指标比较

表 13-1

跨　度(m)	混凝土(m^3/m^2)	钢绞线(t/m^2)	钢筋(t/m^2)	土建工程费用(元/m^2)
40	0.697	0.0326	0.112	3152
30	0.593	0.0277	0.094	2997
25	0.546	0.0255	0.087	3106

从表中几种跨度梁的比较可以看出:30m 和 25m 跨度较 40m 跨度无论在梁体主要材料平米指标还是综合造价平米指标方面都占据优势;30m 和 25m 跨度在梁体主要材料指标上基本相当,但考虑了下部结构与基础后,30m 跨度每平米造价指标优于 25m 跨度。而且 30m 跨度比 25m 跨度具有更好的跨越能力,能更好地满足规划要求。依据上述比较结果可知,跨度 30m 梁经济指标最好,综合造价最低。

(四)高架桥梁墩型选择

高架桥梁墩台除应有足够的强度和刚度,避免在荷载作用下的过大位移外,其造型应能使上部结构与下部结构协调一致,轻巧美观,与城市环境和谐、匀称。在墩台选型上,一般应服从梁部形式,同时,要充分考虑少占地、道路交通、通视等要求,通常有 T 形墩、Y 形墩、圆柱墩、双柱墩等基本形式。

1. T 形墩

T 形墩适于板梁、T 形梁和槽形梁等梁部为分片结构或梁部支承点相距较远的梁型,用于箱梁时,一般为一线一箱的分离式箱梁。由于 T 形墩有托盘,一般在满足梁部支承需要的前提下,可以减少墩柱的尺寸,节约圬工,减轻墩身重量。其主要优点为受力合理,但上下部过渡有转折,造型一般。

2. Y 形墩

Y 形墩主要用于轨道线间距较大的桥梁地段,如跨路及岛式车站站台两端。通过横梁支撑分修的左、右线梁,其中部仍可采用独柱,以减少下部占地。

3. 圆柱墩

圆柱墩柔和的外部曲线可降低土建结构的生硬和刻板,但上部需设置墩帽,对城市景观有一定的影响,在截面刚度控制下较矩形墩尺寸会有所增加,经济性较差。

4. 双柱墩

双柱墩适用于并置单线梁、道岔区地段的下部结构。其受力明确,整体稳定性、承载能力较好,墩柱尺寸可以做得纤细,材料利用率较高,但对下部空间占据较大,整体景观性较差,会给人凌乱的感觉。

第二节　城市高架轨道交通对城市的影响及发展方向

城市轨道交通线路敷设方式一般分为地下线、地面线和高架线三种基本形式。不同的线路敷设方式对轨道交通的工程造价、城市环境、城市景观等产生较大影响。据统计,截至 2008 年,我国主要城市在建高架线路的比例仅为 15.5% 左右,而已运营线路约为 41%,在建线路中高架线路呈明显下降趋势,而地下线路比例明显上升。这种趋势应引起重视,要认真研究各种线路敷设方式的利弊。

一、城市高架轨道交通对城市的影响

(一)对城市环境的影响

高架线路对城市环境的影响,主要表现在噪声、振动、电磁辐射等三个方面。这些影响是很实际的,直接影响到沿线居民的正常生活、工作等。

(1)高架线路的噪声主要产生于轮轨系统。当列车行驶在高架结构上时,将激发高架结构振动而产生噪声。

(2)列车振动是一个比较复杂的问题,影响因素很多,且具有随机性。

(3)高架线路电磁辐射主要的辐射源是:①牵引供电系统;②供电电源系统;③列车在运行中,受电弓与接触网产生瞬间离线,造成火花放电,该过程包含很宽的频谱,对沿线造成宽频带的射频电磁干扰。

(二)对城市景观的影响

轨道交通高架桥梁的出现在为城市交通带来快捷和便利的同时,也不可避免地带来了缺陷,其巨大的自身形象对城市景观的影响不容忽视,主要表现为:

1. 分割城市空间

城市空间破坏的表现之一就是形状的破碎,高架桥梁像藩篱一样穿越、切割着城市,易使城市空间成为孤立的、互不联系的各种尺寸碎片的集合物。

2. 破坏传统城市特色

轨道交通高架桥梁直接冲击周边城市空间形态,导致周边城市空间的文化意义与人文色彩日趋淡漠或逐渐丧失。绵延的高架桥梁空间同时也在一定意义上极大地限制了周边传统城市空间形态向广大城市地域的文化辐射,肢解了城市空间文化的横向脉络联系。

(三)影响城市开发

高架线路与地下线路相比,其投资、运营的费用都少很多,但会降低沿线土地开发利用价值。

二、城市高架轨道交通的发展方向

(1)城市轨道交通根据其功能特点分为市郊线(市域线)与市区线。市郊线具有引导城市发展的重要作用,是城市轨道交通的重要组成部分,一般遵循"1 小时到达城市中心区"的出行原则。市郊线路与市区线路在功能定位、客流特征、运营组织等方面均不相同。建地面线或高架线可大大节省投资;而且,车站可设停站股道和越行股道,为市郊线组织快慢车运营创造条件;地面、高架车站还有个优点,即有可能实行技术改造,形成树杈形发展,为以后建设市郊支线创造条件。

(2)制约高架线路发展的重要因素之一是对城市环境的影响,这需要通过城市轨道交通多种车辆制式的技术改进以及各种减振降噪措施的革新去克服。

(3)从现代城市设计的视角来看,高架桥梁的本体部分对城市景观有很大的影响,它是区域环境的有机"成员"。高架桥梁的景观设计,包括沿线的自然生态景观设计和城市的人文景观设计。轨道交通高架桥梁自身的结构体系(即桥型、梁墩、桥高、桥梁跨度、桥高与跨度的比例关系、梁高与跨度的比例关系、梁高与墩宽的比例关系)和桥梁美化必须与周边环境整体协调。

城市高架轨道交通景观的发展趋势主要表现为:①多样化趋势;②文化主题性趋势;③人性化趋势;④生态化趋势;⑤艺术化趋势。

(4)全预制混凝土桥梁技术的应用,将使高架桥梁建设更环保、少干扰、更安全、高质量及低消耗,利于混凝土桥梁可持续发展。目前,我国大陆城市高架桥梁上部结构已广泛使用了全预制技术,但城市高架桥的下部结构还主要采用现场浇筑施工方法,预制拼装下部结构技术尚未应用。今后还需抓紧大吨位运输、吊装、架设设备的研制和开发,并提出相应的施工工艺。

第三节　广州市轨道交通高架桥梁应用与研究创新简介

一、应用概况

广州市轨道交通四号线从出新造站以后至金洲站为高架线路,长度为 30.2km。全线高架桥梁以

30m 标准跨简支梁为主(677 孔),以 25m 跨为辅(133 孔)。施工以整孔预制架设(357 孔)及节段预制拼装(526 孔)简支梁工法为主,以支架现浇连续梁、悬臂浇筑连续梁(连续刚构)、节段预制拼装连续梁为辅。广州市轨道交通四号线有 2 座跨越江河的特大桥,即跨市桥沥水道 52.5m + 2 × 80m + 52.5m 悬臂浇筑连续梁特大桥、跨沙湾水道 70m + 2 × 120m + 70m 悬臂浇筑连续刚构特大桥。

五号线从起点窖口至大坦沙岛西端跨珠江段为高架线路,长度为 1.63km。其中跨珠江桥为 4 × 50m + 3 × 50m两联七孔预应力混凝土连续箱梁,均为现浇施工。

六号线西段金沙洲和大坦沙岛上约 3.1km 高架(见图 13-8),其标准段为连续刚构,一般三孔一联,孔径以 40m 为主,采用架桥机拼装。跨越白沙河大桥结构形式为钢箱刚构组合式单面系杆拱桥,跨度组合为 40m + 40m + 150m + 40m + 40m,桥梁全长 310m,主要由两侧预制悬拼节段箱梁、两个预应力 Y 形刚构主墩、Y 构上现浇混凝土主梁边跨、钢箱主拱、桥面系杆及预制悬拼预应力混凝土主梁组成。

图 13-8　六号线高架

二、主要研究创新成果

高架线路以其投资经济、施工周期快、运营成本低、线路适应性良好等优点,逐渐在城市轨道交通建设中得到越来越广泛的运用。但高架线路也存在着很多弊端和技术问题,广州市轨道交通进行了大量研究创新,取得了显著成果。

(1)在国内城市轨道交通高架结构的建设中,首次大规模采用节段预制拼装梁,在近 30km 的高架结构中,沙湾水道以南近 20km 主要采用节段预制拼装梁。拼装方式有架桥机整体拼装和悬臂拼装两种,积累了短线法节段预制与拼装的技术和经验。

(2)六号线连续刚构节段拼装先简支后连续的施工方法在国内首次用于轨道交通工程中。

(3)30m 整孔预制箱梁重达 400 多吨,探索了一整套简支箱梁整孔预制、运输和架设技术,为国内同类桥梁的施工打下了基础。

(4)对节段预制拼装梁的预应力孔道压浆密实性及胶拼缝的密实性进行超声波和地质雷达的无损检测,为确保节段的施工质量提供了科学依据。

(5)对各具有代表性的桥梁进行了大规模的成桥静动载试验研究,全面评价了结构的应力(强度)、刚度、动力特性(振型、模态阻尼比等)及行车动力响应特性。

(6)对具有代表性的桥跨进行了长期徐变的跟踪观测,掌握了桥跨结构的徐变变形特性,为结构的长期安全运营提供了科学依据。

(7)对不同类型桥梁预应力孔道摩阻损失进行了试验研究,得出了整孔预制梁、节段拼装梁和悬臂浇筑梁等不同类型桥梁预应力孔道摩阻系数 μ 和孔道偏差系数 k,用来指导实际施工,确保了梁体的有效预应力。

第十四章　梁体预制

梁体预制包括节段预制和整孔预制。节段预制拼装箱梁的最大优点是解决了整孔预制需要在沿线设置大规模预制梁场问题。梁体预制工艺在国外发达国家甚至一些发展中国家已是十分成熟的技术，得到广泛应用。广州市轨道交通四号线和六号线的高架也采用了预制梁的施工工法，四号线为节段预制和整孔预制，六号线为节段预制。

第一节　梁体节段预制技术

节段预制拼装法是将桥梁纵向分成若干节段，节段在工厂内预制，节段与节段之间设镶合对接用的凹凸剪力键。预制节段运输至工地后，用节段拼装架桥机拼装成梁体，并张拉梁体预应力筋。为了确保节段间接头镶合密贴，防止空气、水、灰尘等进入接头甚至进入未饱满灌浆的预应力管道而导致梁体受损，一般在镶合面上涂抹环氧树脂。

节段预制通常有两种方式：长线法节段预制和短线法节段预制。这两种节段预制法的不同点在于：长线法实际上是把梁体结构从桥位平移至工厂的地面上来，所有梁段按照各自的正确相对位置在浇筑台上浇筑，短线法则要求所有梁段都在同一地方用固定模板浇筑。

长线法因所有节段按照各自的正确相对位置在浇筑台上浇筑，所以能精确地复制考虑预拱度在内的桥梁结构的纵向线形。长线法一般用一套或多套模板沿着生产线移动，逐段制造出所有的预制节段。

短线法预制浇筑时，在浇梁段一端设固定模板，另一端则为已浇好的前一梁段，以形成匹配接缝来确保相邻块体拼接精度。当后一梁段浇筑完成并初步养生后，前一节段即运走存放，再把新浇梁段移到匹配位置上，如此周而复始，每个预制台座的长度按照三个梁段长加上内外模的操作空间来考虑。节段梁采用短线法预制时，多个台座可以同时作业，从而节省工期。

广州市轨道交通四号线车陂南站—金洲站区间施工6～11标上部结构和六号线金沙洲段高架均采用了短线法预制节段梁。这是国内轨道交通桥梁施工首次大规模采用短线法预制节段梁。

一、短线法节段预制的线形控制原理和方法

（一）短线法线形控制原理

短线法是一种在有限场地上进行桥梁节段预制的有效方法。该方法将梁体划分为若干节段，只采用一套模板（有一端为固定端模）进行节段预制。预制从第1节段开始，第1节段在固定端模和浮动端模之间浇筑，这个节段通常被称为起始节段；然后将该节段前移作为匹配梁（充当浮动端模）进行第2节段浇筑，这样能保证相邻节段之间的匹配质量。重复这个过程，将第i节段前移进行第$i+1$节段浇筑，直到所有节段预制完毕。

短线法预制线形控制就是通过每次调整匹配梁的空间位置来保证梁体的设计线形，包括两方面：匹配梁理论安装位置和每次制造误差的补偿修正。假设梁体的设计线形为整体坐标，即将浇筑的相邻节段为局部坐标，这就需要进行一定的坐标转换来确定匹配梁的理论安装位置。

(二)线形控制方法

预制节段拼装工法的线形控制采用三维定位软件及测量控制系统,主要是在预制场完成,本文主要以短线预制法进行说明。短线预制法的线形控制是通过每一次密接匹配预制时精确地调整匹配节段的方位及模板的相对方位来实现的。

首先在预制场内设置稳定的观测塔和目标塔,在观测塔上架设测量仪器来进行调控。在节段预制过程中,观测塔、目标塔及观测塔上的测量仪器均不得有任何移位,否则必须重新建立测量控制系统。

端模板必须永远保持垂直、水平和方正,所有线形控制是依预制曲线移动旧节段(匹配节段)来进行的,如图 14-1 和图 14-2 所示。当第一个节段已浇筑了混凝土,顶板抹面平整后,四个高程标钉和两个中线标钉必须随即做好,匹配预制之前再次测量上述六点并做好记录,此时这个节段方可进行密接匹配预制。

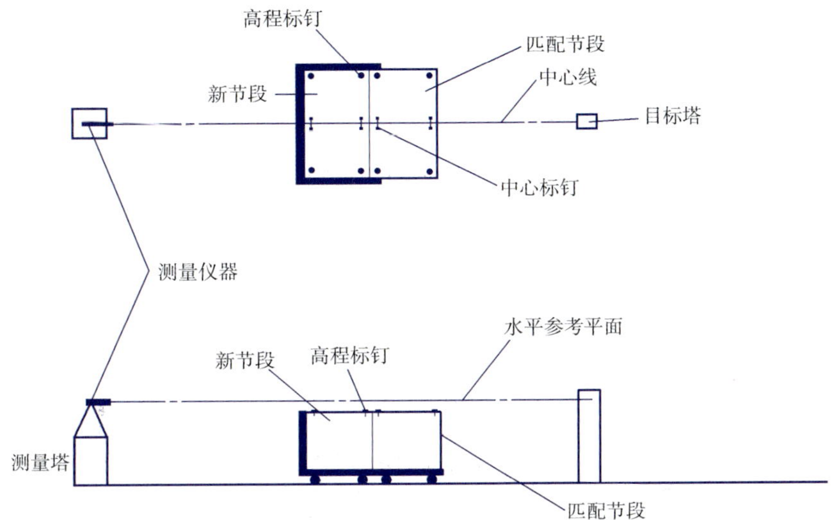

图 14-1　三维定位测量立面图

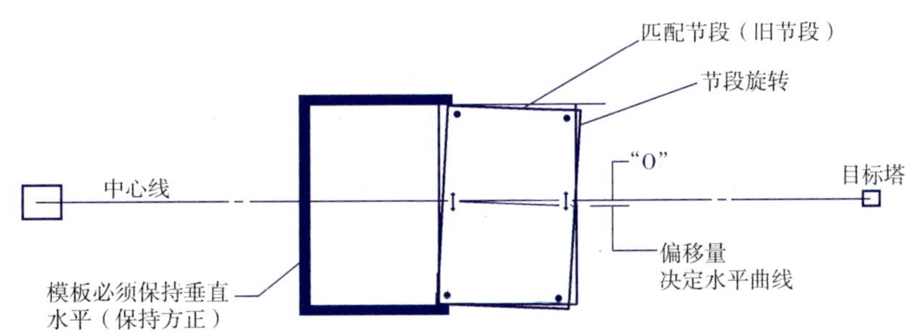

图 14-2　三位定位测量平面图

当旧节段(匹配节段)移到密接匹配预制位置后,依据预制曲线的指示(三维数字定位软件计算结果)重设方位,直线桥中线保持不变,曲线桥则有偏移量。竖曲线的控制方法与上述相似,底模应设置可调整以适应桥面竖曲线和补偿挠度的预拱值变化。即使是每段曲线桥还是要作竖向的调控,调整量的大小决定于施工图中的预制曲线。

节段梁预制的线形控制必须要有专职测量工程师驻守在工地现场,精确详实地进行测量、记录,测量记录实行双检制,确保节段预制的精确度。

当旧节段(匹配节段)调整到位后,新节段的预制准备也已完成,就可以浇筑混凝土了。在旧节段(匹配节段)移走之前,必须再次测量,以确定浇筑混凝土当中旧接块是否有移动。这种移动的情况时常会发生,其因素如模床沉陷、振动器的影响,以及封模时的外力都可能造成旧节段(匹配节段)的移动。

浇筑混凝土前的测量记录及调控极为重要,但是混凝土浇筑后,这些控制点的数据很难保持与浇筑前相同，所以浇筑混凝土后的测量是极为关键的。虽然这种移动量可能很小，但它会发生，因此浇筑混凝土后须如实记录这些数据（利用三维数字定位软件），作为下一个新节段定位时补偿前一个节段制造误差的计算依据。

事实上线形控制的技巧就是顺着制造误差的轨迹走下去，再修正补偿这些误差。

（三）预制曲线

传统预制方法以折线梁替代曲梁，本方法以三维空间控制原理生产曲梁，在预制时把桥梁的平曲线、竖曲线、超高等线路参数反映到每个节段的六点坐标，利用六点坐标来调整匹配段与旧节段的相对位置关系从而实现曲线梁的预制。

预制曲线（见图14-3）由以下两个重要部分组成：①设计的几何外观图：包括平曲线图、竖曲线图和超高。②挠度总和：施工中产生的挠度与长期挠度的总和。

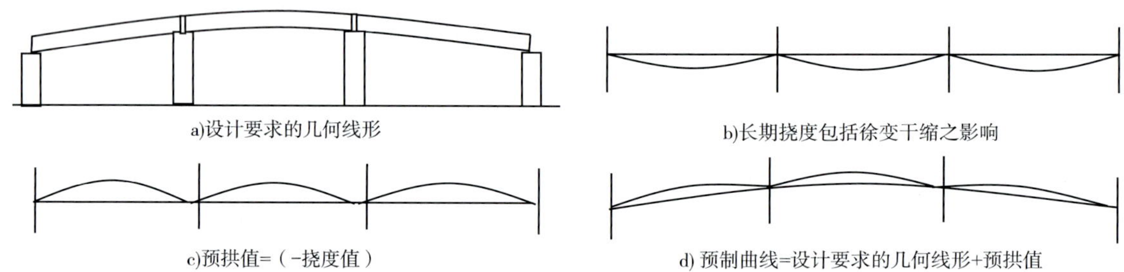

图14-3 预制曲线

由于轨道交通梁在荷载及预应力作用下，以及受混凝土徐变等因素影响后，梁是下挠，因此，预制曲线应为设计要求的几何线形加上预拱值。

二、短线法节段预制的施工测量及监控

（一）施工测量

采用短线法预制时，为保证各梁段相对位置及相对几何尺寸，首先在预制台座上建立施工测量控制基线及横纵向控制基准点（经常校核、联测，并设强制对中装置），然后采用全站仪、精密水准仪以及鉴定钢尺控制测量预制节段端线、横纵轴线以及几何尺寸，精确控制预制节段平面位置及标高。每个预制节段需要不断地调整和校正，测量的微小差错可能对最后拼装完成的结构产生很大影响。为满足设计要求的几何尺寸及线形，在每个节段上设立六个控制测点，这些控制点用作每个匹配节段的定位以及决定每个刚浇筑好节段的实际浇筑位置。观测塔测量控制点及观测塔测量校核控制点的基础采用桩基，确保其稳定性。节段梁预制施工测量控制平面布置示意图如图14-4所示，图中四角的小圆点为悬拼施工节段控制测点（用刻有十字丝的圆钢制作，并预埋），未编号的小圆点为预制节段施工控制测点。

平曲线段以及竖曲线段箱梁采取分段计算，首先将施工现场采用的绝对坐标转换成相对坐标，建立相对坐标系，以便于预制节段梁放样，严密计算曲线要素以及每个预制节段六个控制测点三维坐标（相对坐标及挠度值），精密控制预制节段梁线形及轴线。在预制梁段上标出梁号、中轴线以及横轴线。现场测量控制点布置示意图如图14-5所示。

（二）线形及几何尺寸的监控

（1）根据设计的要求和施工方案按正装迭代法计算得到节段梁各节段无应力状态下的预制线形，为节段梁预制提供每个节段的控制参数。

由于采用短线预制，相邻节段的定位应满足相当高的精度要求，这对预制模板及台座的要求较高。

在预制过程中,施工控制系统会对每一预制节段的精度进行判断和修正,使各节段误差不产生积累,以便使预制梁段的预制精度很高。

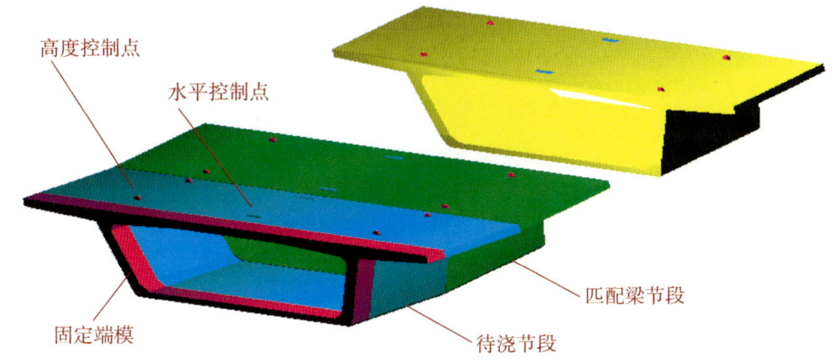

图 14-4　节段梁预制施工测量控制平面布置示意图

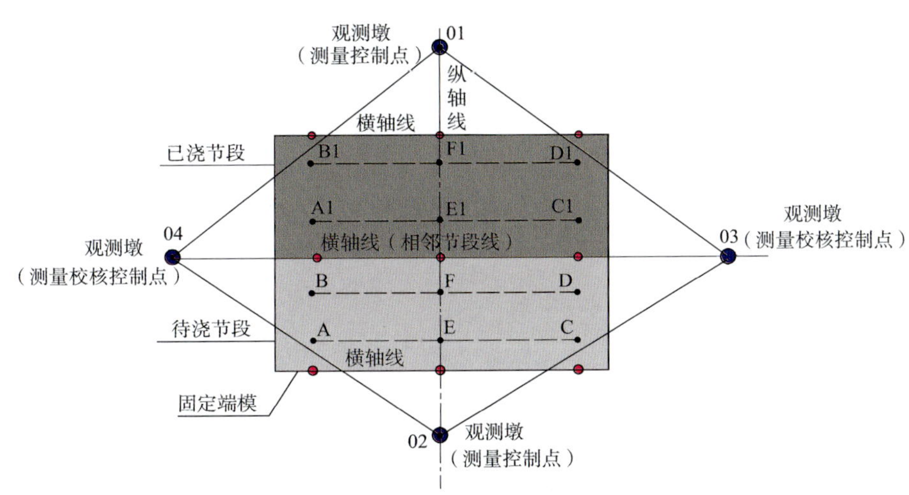

图 14-5　现场测量控制点布置示意图

(2)在施工中,当实际线形与理论线形出现偏差时,通过误差分析和预测,可对后续拼装节段的相对定位标高和几何尺寸进行调整,以保证整桥线形平顺,达到设计要求。

三、节段梁预制施工

(一)施工工艺

1. 施工工艺流程

标准节段(含渐变及转向鞍座节段)工艺流程图如图 14-6 所示。

2. 标准梁(简支梁)和连续梁节段块的预制顺序

简支梁预制顺序一般从第 2 节段或第 4 节段开始预制,从第 4 节段开始可以同时向两个方向预制,以加快同一孔梁的预制速度。标准节段预制完成后,最后预制两个端节块。节段块的长度一般均衡等分长度,长度根据预制厂到施工安装现场的运输制约条件确定。

如四号线考虑线路较长,现场场地困难,不在现场设置预制厂,沿线运输有较多的收费站等因素,因此节段长度为 2.5m。对于非 2.5m 倍数的孔跨,则应该在孔跨中部标准段中进行调节,如 28.6m 孔跨,有 1.1m 为零碎节段,可分成四个段分散在中部四个节段中消化。连续梁预制顺序从 1 号块开始对称向两个方向预制,0 号块一般为现浇块(见图 14-7)。

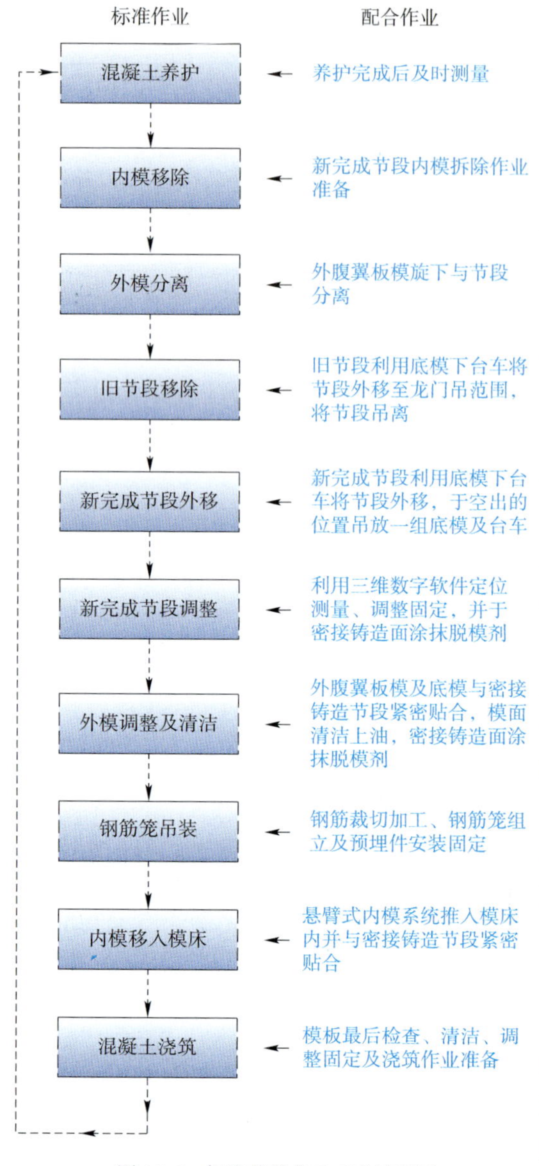

图 14-6　标准节段施工工艺流程图

(二)预制场场地布置

以四号线为例，节段预制拼装简支梁共 526 孔，梁长为 25 ~ 40m。

根据预制节段箱梁的节段数量、工期安排，结合已选场址的实际情况，预制场按纵列式布置。场内设施包括节段箱梁生产区、钢筋生产及加工区、存梁场、混凝土搅拌站和砂石料存放区、桥梁挡板预制区、定点测量塔、中心试验室、蒸养锅炉房、场内道路以及生产、生活区等。

1. 节段箱梁生产区

节段箱梁生产区占地 8400 ~ 10000m^2，短线制梁单元设在预制场中部及存梁场单层存放区端部，共设置短线制梁单元 22 个，每个制梁单元配置 1 套制梁钢模板、1 个蒸气养生罩。短线制梁单元分三部分：2 个纵列区、1 个端部区。每个纵列区内设 9 个短线制梁单元，端部区设 4 个短线制梁单元。

每个短线制梁单元长 17m、宽 13m。按其功能分为内模脱离段、箱梁浇筑段、箱梁匹配段、箱梁整修段，并在头部和尾部方向设置相应的观测塔、目标塔，以便为三维数字软件控制模板调整提供详尽、准确的数据。

节段箱梁脱模后在整修区临时存放，完成隔离剂的清除、表面的打磨及底板的检查工作，然后将成品梁段滑移至存梁场。

短线制梁单元生产线示意图如图 14-8 所示。

2. 钢筋加工区

钢筋加工区占地 2800m^2，三个钢筋加工区分别设置在纵向布置的制梁区端部。每个短线制梁单元配备定型钢筋笼绑扎台架一座，所有加工好的钢筋在绑扎台架上绑扎成型后，再由龙门吊吊装入模。预制场共配备钢筋绑扎台架 22 座。

3. 存梁区

存梁区占地 10752m^2，最大存梁能力为 520 个梁段。存梁区位于制梁区两侧，分别是存梁一区和存梁二区。存梁一区主要存放标准双线简支节段箱梁，占地 6656m^2，设存梁台座 162 个，双层存放时可存梁段 324 节；存梁二区主要存放单线简支节段箱梁、异形双线简支节段箱梁和双线连续节段箱梁，占地 4096m^2，设存梁台座 98 个，双层存放时可存梁段 196 节。

短线制梁单元制成的成品梁段采用卷扬机台车轨道拖入存梁区后，再分别利用存梁区 65t 或 45t 龙门吊吊入存梁台位。存梁区节段箱梁混凝土养护采用喷淋水雾自然养生。

双层存梁台座存梁示意图如图 14-9 所示。

(三)预制模板设计

1. 标准梁(简支梁)模板设计方案

1)侧模方案

(1)侧模的安装过程：

①模板底部丝杆顶向上旋,将模板向箱内侧旋转。

②模板旋转到位后,将翼缘挡板处丝杆顶旋紧。

③安装底部侧模对拉。

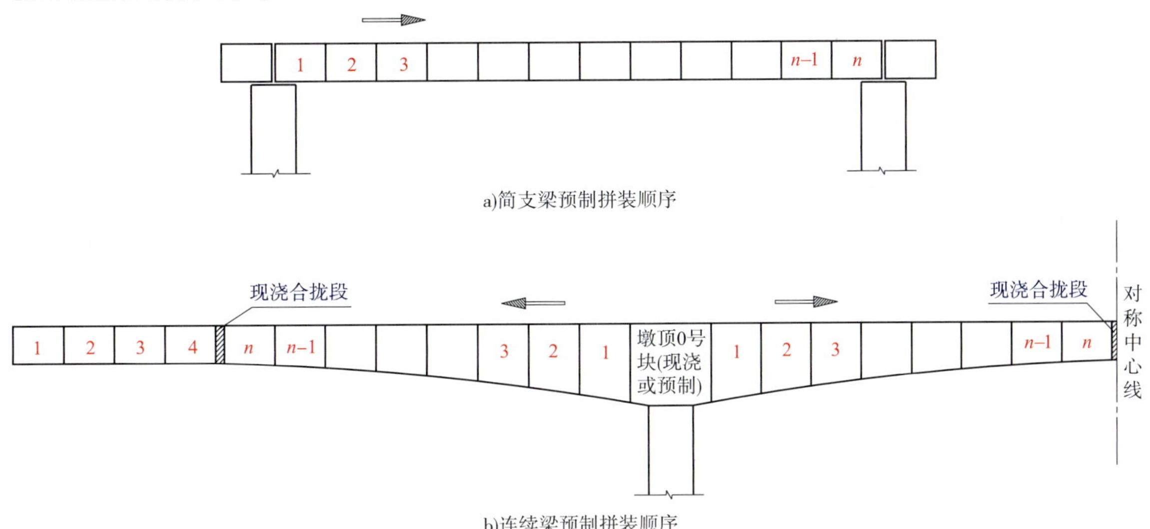

b)连续梁预制拼装顺序

图 14-7　节段预制顺序

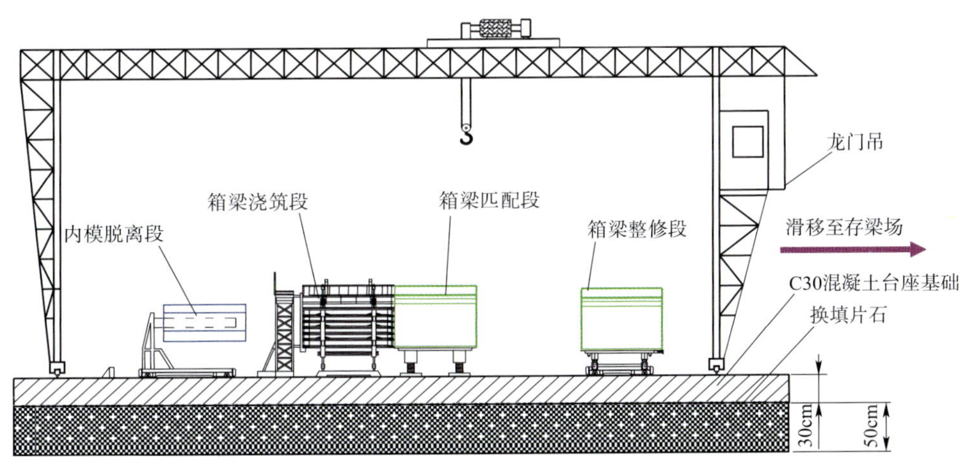

图 14-8　短线制梁单元生产线示意图

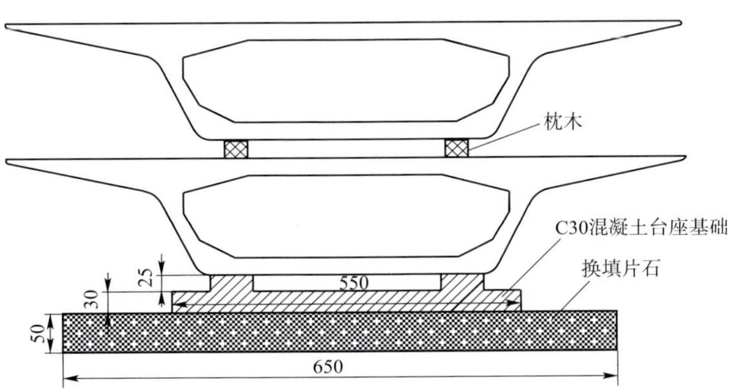

图 14-9　双层存梁台座存梁示意图(尺寸单位:cm)

(2)侧模拆除过程:

①拆除底部侧模对拉杆。

②将顶部翼缘挡板丝杆顶松开。

③将底部侧模丝杆顶向下旋，内模向外旋转。

2）内模板设计方案

（1）内模总体布置：内模总体布置如图14-10所示。

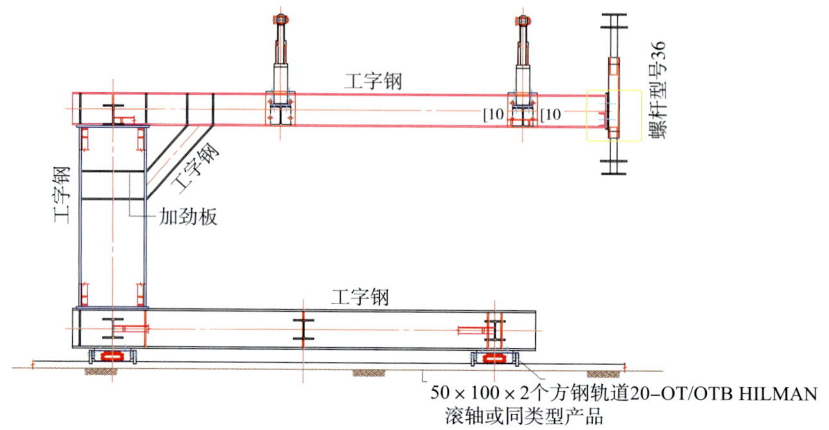

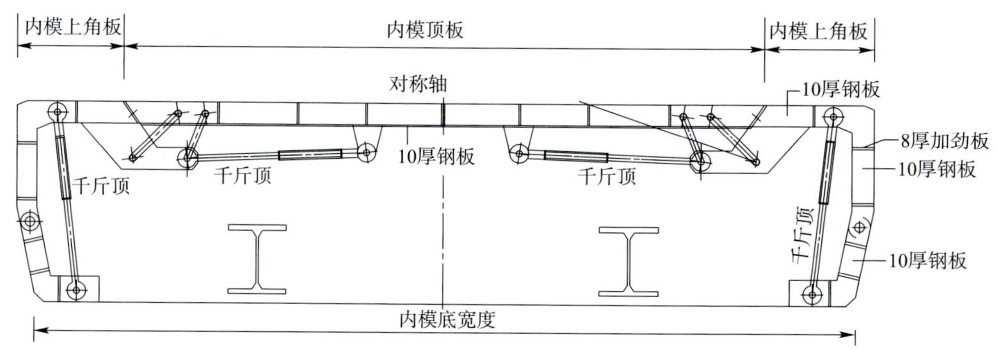

图14-10 内模总体布置图

（2）内模的安装过程：

①引内模台车前移到位。

②将滑移梁前端支撑在匹配梁上，并旋紧其底部丝杆顶。

③利用液压推手将两侧侧板安装到位。

④将拐角模安装到位。

⑤将顶板模板顶升到位。

（3）内模拆除过程：

①顶板模板下降。

②两侧内模旋转脱离混凝土面。

③两侧内模向内收缩。

④将支撑在匹配梁上的丝杆顶放松。

⑤内模台车携带内模向外滑移。

3）底模板方案

底模设计总体原则：

（1）底模板要求刚度大，平整光滑。

（2）为方便与匹配梁相咬合，将底模板分为两块，一大一小，小块模板控制在0.2m长度之内。

（3）底模板肋间变形控制在1/800。

(4)底模纵横向均要设置大分配梁,以保证底模在制梁及台车运输时受力安全。

4)端模板设计方案

(1)端模总体布置:端模总体布置图如图 14-11 所示。

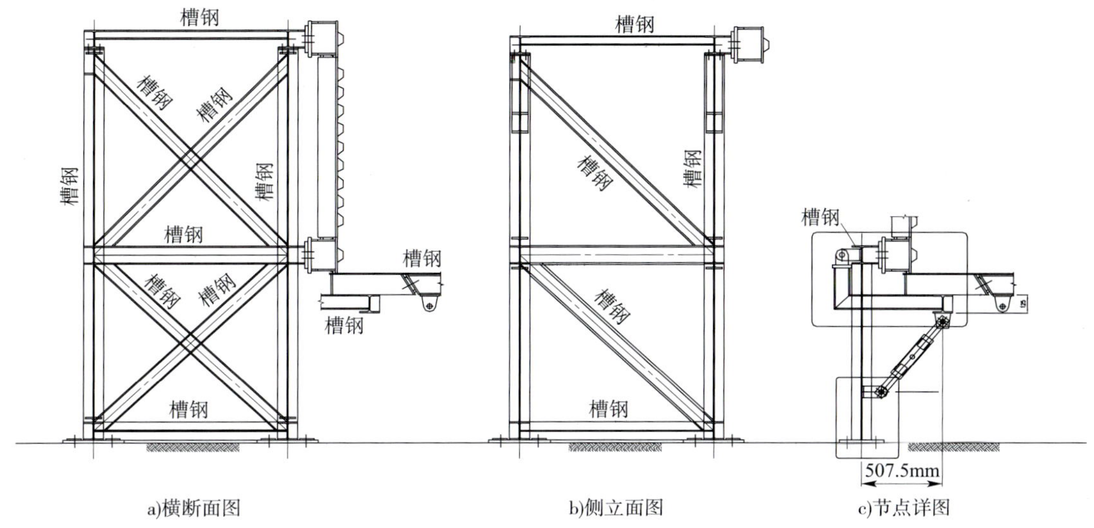

图 14-11　端模总体布置图

(2)端模设计总体原则:

①端模板要求刚度大,平整光滑,安装时要保证其与大地垂直。

②端模上剪力键应固定在端模上。

③端模上预应力孔道开孔应准确,并要做好堵缝工作。

④端模支架应变形控制在 0.5mm 以内。

⑤模板肋间变形控制在 1/800。

2. 连续梁模板设计方案

连续梁与简支梁模板原理相同,主要差别在于底模、腹模和端模。底模要进行高度调节,端模和腹模大小要相应变化。其总体方案图如图 14-12 所示。

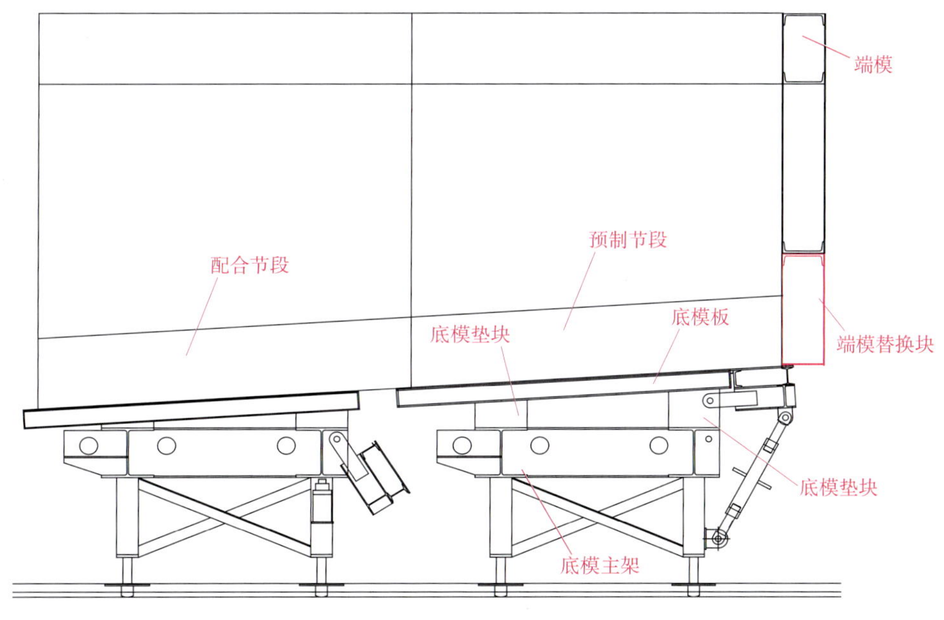

图 14-12　连续梁模具总体方案图

1)底模方案

底模用不同的垫块调节高度,如图14-13所示为70m跨度连续梁底模调节图。0号块采用现浇,2号块、3号块等依此降低高度,并使用图中拆除下部大的调节块来调节50cm左右高度的变化,小的变化用底模支腿上的丝杆微调高度。

图14-13　70m跨度连续梁底模调节

2)端模方案

(1)端模上部固定在刚性支架上,端模顶部高度不变。

(2)用不同的端模替换块来调节端模大小(见图14-14)。

3)内模方案

连续梁节段预制过程中,内模的高度也在变化,1.7m高度以上的部分基本不变,1.7m以下部分为可调节部分,每完成一个节段就拆除部分杆件和调整高度一次。

4)腹模方案

腹模每一节均要调整厚度和高度,因此,腹模部分固定,部分需要调换,如图14-15所示。

图14-14　端模调节

图14-15　腹模调节

第二节　梁体整孔预制技术

广州市轨道交通四号线车陂南至黄阁段(不含大学城专线)土建工程共有357孔整孔箱梁的预制(里程YCK27+972.840~YCK40+106.740,其中30m整孔箱梁296孔,25m整孔箱梁48孔,8种非标准跨梁13跨)。

箱梁截面类型为单箱单室等高度整孔箱梁,底板、腹板局部向内侧加厚,桥梁挡板内侧净宽为8.9m,桥梁建筑总宽度为9.3m。30m梁全长为29.9m,计算跨度为28.8m,梁高1.7m,支座中心线至梁端为0.55m,横桥向支座中心距为2.8m;25m梁全长为24.9m,计算跨度为23.8m,梁高1.7m,支座中心线至梁端为0.55m,横桥向支座中心距为2.8m。30m梁在预制时设下拱度36mm,25m梁在预制时设下拱度17mm。梁体预留压缩量:30m梁上缘为1.7mm,下缘为13.0mm;25m梁上缘为1.3mm,下缘为7.4mm。

本梁场共设制梁台座12个、存梁台位48个。根据现场地质情况,制梁台座基础为3根条形基础;存梁台位基础为2根长度为52m、底宽为4.5m、顶宽为1m的阶梯形弹性地基梁;制梁台座条形基础和弹性地基梁相连,形成整体。

整孔箱梁预制主要施工工序包括模板工程、钢筋工程、混凝土工程、混凝土养护、预应力张拉、顶移梁、压浆和封端等。

整孔箱梁预制施工工艺流程如图14-16所示。

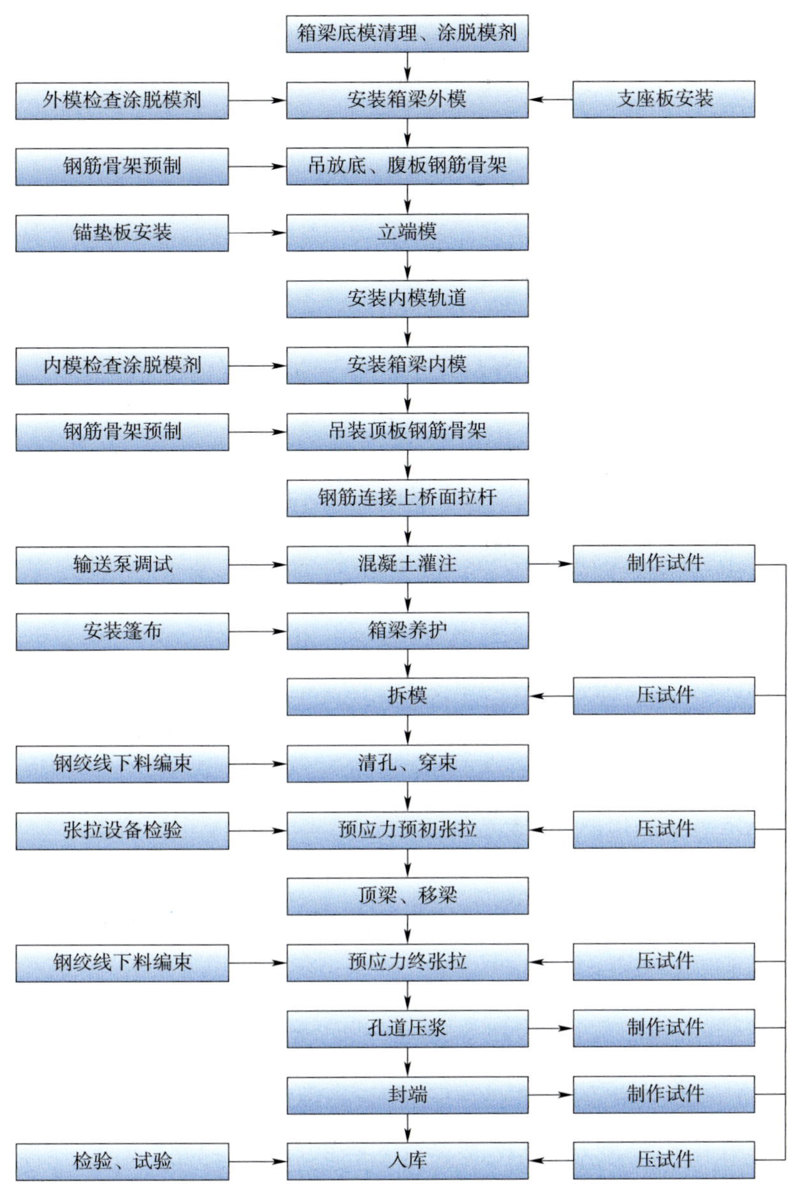

图 14-16　整孔箱梁预制施工工艺流程图

一、模板工程

本预制场采用全新液压钢模板。由于四号线 357 孔整孔箱梁中有标准梁和非标准梁，跨径达 10 种之多，有直线梁和曲线梁，每孔箱梁的内腔均设有标准截面及两端的变截面，内腔狭小并形成端口小内腔大的倒喇叭形状。设计时，每两制梁台座配置一套可移动内模及一套可移动外侧模，可移动内模及外侧模在预先设置的轨道上滑动供两制梁台座预制箱梁，自动化程度高，大大减少了模板的周转时间，提高了效率；底模和外侧模适应预拱度的变化，模板系统设有一个微调机制，以便使模板模面能够调整以满足预拱度要求；左右外侧模均可以在制梁台座间作纵向移动；端模板设计成自由移动式的，可做多向移动，满足曲线梁和不同跨径箱梁施工需要；内模为全自动液压式，可沿特殊的轨道系统拖拉，内模的自动收缩和伸展由液压系统提供。此箱梁预制全新液压钢模板在国内较先成功使用。

模板工程是箱梁预制施工过程中的重要结构及工序，不仅关系到箱梁几何外形尺寸，且对施工进度、施工质量影响较大。

模板是保证质量的前提，因此要求模板要具有一定的强度、刚度和稳定性，能可靠地承受施工过程中产生的荷载，保证结构的设计形状、尺寸和模板各部件之间相对位置的准确性，并要求模板表面光滑平整、接缝严密，确保不漏浆。

模板施工分为底模铺设调整，外模、端模及内模安装和拆除。

（一）底模铺设、调整

制梁台座在基础施工时按照设计图纸在条形地基梁上预埋钢板，预埋钢板顶面标高按照二次曲线进行控制，在其上铺设100mm工字钢，在工字钢上铺设8mm蒙面钢板，测设反拱（反拱度25m梁在跨中处为17mm，30m梁在跨中处为36mm）。非标准梁的生产在对相应的混合制梁台座底模的预留反拱度进行调整后进行。

图14-17　完成安装后的模板

（二）模板安装

本预制梁场采用全新整体液压钢模，两个台位共用一套内、外模。侧模拖拉就位后，在横移油缸的作用下，在外模台车上将外模横移至与底模密贴。侧模调整时，高度和宽度应同时达到要求。用经纬仪定出侧模的中点，对箱梁长度进行控制，放出端模安装端点。如图14-17所示为完成安装后的模板。

二、钢筋工程

本项目施工的整孔箱梁钢筋规格多，按常规方法加工绑扎钢筋无法满足施工需求。为满足施工需要、加快进度，梁体钢筋批量制成半成品，然后分底腹板、顶板在钢筋绑扎胎具上进行绑扎成型。最后通过两台龙门吊把成型的底腹板钢筋骨架、顶板钢筋骨架吊装入模。

三、混凝土工程

灌注混凝土时应注意：混凝土的入模温度应控制在28℃以下，中心温度和表面温度的差值不应大于25℃，混凝土灌注遵循“先底板，再腹板，最后顶板，从中间到两端再到中间”的原则，其灌注采用连续整体灌注。灌注时采用斜向分段、水平分层的方法灌注。其工艺斜度以30°~40°为宜，水平分层厚度不得大于30cm，先后两层的间隔时间不得超过初凝时间。采用两台布料机由箱梁两端对称灌注。

四、预应力施工

在混凝土强度达到设计值的50%时，进行预张拉，张拉束为N4及靠近梁体中心线的N2，张拉力为设计值的50%。在混凝土强度达到设计值的80%后，进行初张拉，张拉束为剩余钢束，张拉力为设计值的50%。终张拉在混凝土强度及弹性模量达到设计值后，龄期不少于10d时进行，张拉顺序为N4、N2、N5、N1、N3，并应左右对称进行，最大不平行束不应超过一束。

五、封锚、压浆及封端

1. 封锚

每孔梁的各钢绞线在全部张拉完24h后检查无滑丝时，即可进行端头钢绞线切割。切割处距锚具40~50mm。

钢绞线切割完成后，用高强度等级水泥砂浆或环氧砂浆对锚头进行封锚。

2. 压浆

预应力钢绞线施加应力完毕后，必须在两天内进行压浆。压浆采用活塞式灰浆泵，泵压力应取0.5～0.7MPa。水泥浆按规定配合比搅拌时方可进行压浆。

压浆按先下后上顺序进行，如有串孔现象，应对串孔的孔道同时进行压浆。每个孔道的压浆必须一次完成，中间不得停顿。

3. 封端

为加强封端混凝土与梁体的连接，梁端锚穴处应凿毛处理，封端钢筋绑扎在一起。封端混凝土的保护层厚度不宜小于30mm。

封端施工技术要求：封端混凝土灌注之前，先将锚头上的水泥浆清除干净，封端混凝土要求密实、无蜂窝麻面，并与梁端面平齐。

为保证封端混凝土与梁体颜色一致，应通过试验配制颜色一致的灰浆对封端表面进行抹面。

第十五章 架 桥 施 工

轨道交通高架桥梁最常用的施工方法有预制运输架设法、满堂支架现浇法、移动模架现浇法、节段预制拼装法。

预制运输架设法是轨道交通高架桥梁最基本的桥梁架设施工方法。根据工点情况,梁体在工厂整孔或分片预制,在合适的时候用专用设备通过已架设好的桥梁或其他道路运至工地,用架桥机、吊车等设备将预制梁安装就位。预制运输架设法施工的优点为:可使桥梁上下部结构同时施工,提高整座桥梁的施工效率,缩短桥梁建设工期;预制梁架设时间短、施工速度快,对沿线的道路、环境影响较小。此外,由于梁体的制作、预应力筋的张拉都集中在制梁厂中进行,施工质量有保证。此施工方法的缺点为:需设置专门的箱梁预制场,要占用一定的临时用地,增加了临时工程费用的投入;同时一次性投入的大型机械和资金较多,施工单位还需具有运梁车、架桥机、提梁机等大型设备。

广州市轨道交通四号线在标准梁段及跨路口的连续梁大都采用预制运输架设的方法施工,实施中根据征地拆迁、梁场设计和周边环境等条件,在新造—金洲段高架工程中以沙湾水道和市桥沥水道为分界,江北段采用整孔预制架设,江南段采用节段预制拼装法为主、现浇法为辅的实施方案。六号线西段高架的标准段也是采用节段预制拼装法施工的。

第一节 架桥机的选型与配置

一、架桥机的类型及适应条件

(一)整孔箱梁运架一体式架桥机

运架一体式架桥机具有技术先进、功能齐全、作业范围广、作业效率高、全液压传动、操作方便、安全可靠、作业人员少的特点。

(1)技术先进:与其他类型架桥机相比,运架一体式架桥机体积小、重量轻、结构紧凑、作业重心低、主要作业技术参数先进、运行平稳、工地转移便捷、对桥面桥墩及桥台施工载荷小。

(2)功能齐全:运架一体式架桥机集吊梁、运梁、架梁为一体,从工地预制梁场取梁,运到架设地点并架梁不需要任何辅助设备,减少了大型龙门吊车和运梁车的配置,极大地降低了箱梁运架设备的投资费用。

(3)作业范围广:可架设32m内双线预应力混凝土箱梁,可在桥梁30‰坡度,300m曲线半径架设,并能满足海拔高度1000m、工作环境-20℃、最大风力8级(风速20m/s)时的作业要求,自带照明系统,不需要外接电源即可进行夜间施工。

(4)作业效率高:在6km范围内,运架一体式架桥机从安装吊具开始至返回制梁厂取梁,架设一跨工作循环为6h。纯架梁作业时间从运架一体式架桥机行至架梁地点落梁后返回仅需2h,较国内其他类型架桥机工作效率提高一倍以上。

(5)全液压传动:运架一体式架桥机从绞盘、走行、转向至下导梁前移、回缩、支腿安设等均为液压传动。液压系统设计合理,构思新颖。液压元件选购德国力士乐产品并配备自动平衡装置,在起吊、走行、转向、落梁过程中平稳可靠。

(6)操作方便:运架一体式架桥机设置了前后驾驶室,行驶方便。可做90°转向,在吊梁、运梁、架梁作业时减少了运架梁机的移动空间;可进行场地调头,缩小梁场吊梁、梁场到正线的引入线的资金投入;配备了遥控装置,可在起吊、落梁过程中紧靠作业现场,视线良好,操作便捷,安全可靠。同时,提升横梁配备有微调装置,可在 ±150mm 范围内纵、横向移动,对位方便,落梁准确。

(7)安全可靠:运架梁一体式架桥机的运梁机部分配备了起吊监控报警装置、紧急制动装置和方向定位装置,下导梁配备了液压千斤顶护套、支腿拉杆和地锚杆装置进行稳固,起到了多功能保险的作用。驾驶室内配置了故障诊断仪电脑显示器,发生故障后即可检查出行走、起吊、转向及发动机的故障部位。

(8)作业人员少:运架一体式架桥机取梁、运梁、架梁全部工序仅配备36人(见表15-1),劳动强度低,工作效率高,较常规的架桥机架设施工人员大大地减少。

机组人员配备表 表15-1

序号	岗　　位	人员数量(人)	主要工作内容
1	机长	1	负责架桥机管、用、养、修工作
2	吊运指挥	1	负责架桥机提梁、运梁、架梁指挥
3	移导梁指挥	1	负责下导梁和支腿倒运指挥
4	架桥机司机	1	负责架桥机操作
5	内燃司机	2	负责运架梁机及导梁上发动机及设备保养
6	电工	2	负责架桥机电气维修、保养(含运架梁机及下导梁)
7	安装支座	4	负责梁体预埋钢板检查及安装支座
8	吊梁	4	负责吊具紧固、监视起吊梁工况
9	运梁	4	负责道路情况及前后左右监护运行
10	喂梁	4	负责运梁小车对位、托联及安装保险装置
11	落梁	4	负责落梁检查、安装支座、尾工处理作业
12	导梁前移	8	负责支腿转移作业
合计		36	

四号线高架工程采用整孔预制架设工法,使用两台运架一体架桥机进行箱梁架设,如图15-1与图15-2所示。

图15-1　J-550t 运架一体式架桥机

图15-2　LC31.5-740 运架一体式架桥机

(二)节段箱梁架桥机

节段箱梁架桥机按架桥机主梁结构形式可分为上桁式架桥机(承重主梁在箱梁节段上方)与下承式架桥机(承重主梁在箱梁节段下方)两种形式。节段拼装按拼装方式分为整跨拼装与悬臂拼装两种工法。上桁式架桥机适用于整跨拼装,也适用于悬臂拼装工法,而下承式架桥机仅适用于整跨拼装工法。

节段箱梁架桥机选择原则:连续梁、连续刚构一般采用悬臂拼装工法;简支梁通常采用整跨拼装工法。在悬臂拼装工法中,桥梁跨度小于50m时,架梁设备通常选用上桁式架桥机(见图15-3);当桥梁跨度大于50m时,架梁设备通常选用挂篮式吊机(见图15-4)。

图15-3 悬臂拼装工法中的上桁式架桥机

图15-4 悬臂拼装工法中的挂篮式吊机

1. 悬臂拼装工法与设备选型

悬臂拼装工法架梁设备选型见表15-2。

悬臂拼装法架桥设备选型表　　表15-2

机　　型	上桁式架桥机	挂篮式吊机
桥上空间不足时	不适合	适合
桥下空间不足时	适合	适合
桥面运节段梁	适合	不适合
地面运节段梁	适合	适合
桥梁孔跨	中等跨度(40~50m以内)	大跨度

2. 整跨拼装工法与设备选型

整跨拼装工法设备主要有上桁式架桥机、下承式架桥机及支架拼装三种。这三种设备中,下承式架桥机的工效最高,支架拼装工效最低。上桁式架桥机与下承式架桥机可根据表 15-3 进行选型。

整跨拼装法设备选型表 表 15-3

机　　型	上桁式架桥机	下承式架桥机
桥上空间不足时	不适合	适合
桥下空间不足时	适合	不适合
桥面运节段梁	适合	适合
地面运节段梁	适合	适合
收口跨高位张拉	方便	不够方便(需专项设计)
爬坡能力(大于 2%)	专项设计	专项设计
小转弯半径($R<300$m)	主梁铰接设计	主梁铰接设计

架桥机选择除了表中所列原则性差异外,尚须考虑许多细微因素,诸如墩柱的形状、高矮、断面大小以及墩柱承受偏心(弯矩)的能力,还有节段的形状、大小、旋转就位的位置等差异。除此之外,还应考虑其对不同跨度的适应性,如四号线由于受各种障碍物影响,跨度在 20 ~ 32.5m 之间变化。因此,架桥机主梁在相应的支承点应加强设计,并配置相应的加强肋板。

二、架桥机的选型配置示例

(一)整孔箱梁运架一体式架桥机

1. 四号线区间 3 标的 YJ-550t 运架一体式架桥机

YJ-550t 运架一体架桥机最大起吊重量为 550t。该架桥机曾在秦沈客运专线成功架设 24m 跨双线梁,经改造后可架设 30m 跨度箱梁,适应四号线区间 3 标的要求。

该架桥机由运架梁机及下导梁两大部分组成,其主要钢结构采用的高强度钢材屈服强度达到 500MPa。运架梁机主要由主梁、走行轮组、平衡系统、转向系统、吊运系统、柴油发动机组和液压泵站、电气系统、液压系统、操纵装置组成。

下导梁主要由主梁、支腿、运梁小车、吊装系统四部分组成。

J-550t 运架一体式架桥机主要技术参数见表 15-4。

J-550t 运架一体式架桥机主要技术参数表 表 15-4

序号	运 架 梁 机		下　导　梁	
1	外形尺寸	60m×5.5m×7.5m	外形尺寸	71m×2.0m×1.9m
2	总质量	240t	总质量	175t
3	额定起吊质量	550t	承载能力	550t
4	轴距	2300mm	运梁小车行程	40m
5	前后轮组间距	3200mm	运梁小车速度	5m/min
6	轮距	4300mm	运梁小车沿主梁滑道间距	1600mm
7	起吊高度	4500mm	主滚轮支腿	7t
8	起吊速度(重载/空载)	0 ~ 1.5/0 ~ 5m/min	副滚轮支腿	7t
9	起吊装置移动量	±150mm	爬坡能力	30‰
10	行走速度(重载/空载)	0 ~ 3.5/0 ~ 7km/h	导梁动力组	15kW
11	爬坡能力	30‰		
12	功率	2×247kW		

2. 四号线区间4标的LC31.5-740运架一体式架桥机

该运架一体架桥机由主机和导梁组成，可独立完成整孔箱梁的提梁、运梁和架梁作业。主机由主梁、驱动台车（前后驱动台车相同）、起吊装置、电气系统、液压系统等组成。主梁由最大单节长度为12m的箱形钢梁拼接而成。主梁两端配有两个驾驶室，分别为正、副驾驶室。正副操作不能同时进行。

导梁主梁为箱形结构，单节最大长度为12m；导梁上表面有一对运架梁小车轨道，下表面有一对自行过孔用轨道；支腿的纵移通过链驱动装置来完成。导梁下部有4个主支腿，每个支腿配有4个螺旋千斤顶和4个带锁紧环的液压油缸，它们在导梁过孔时起调位支撑作用。运架梁小车配备有4个液压锁的顶升油缸，在架梁过程中，运架梁小车顶升油缸顶起主机前驱动台车，前轮组悬空，并替代其牵引功能，完成在导梁上的纵移过跨。LC31.5-740运架一体式架桥机技术参数见表15-5。如图15-5所示为LC31.5-740运架一体式架桥机在桥面正面，如图15-6所示为LC31.5-740运架一体式架桥机在桥面侧面。

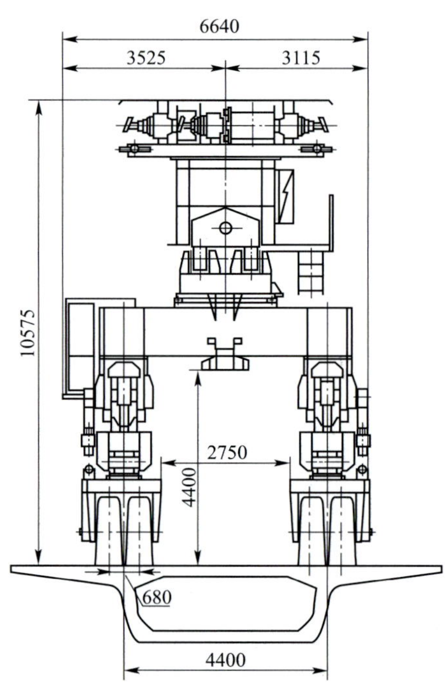

图15-5 LC31.5-740运架一体式架桥机在桥面正面（尺寸单位：mm）

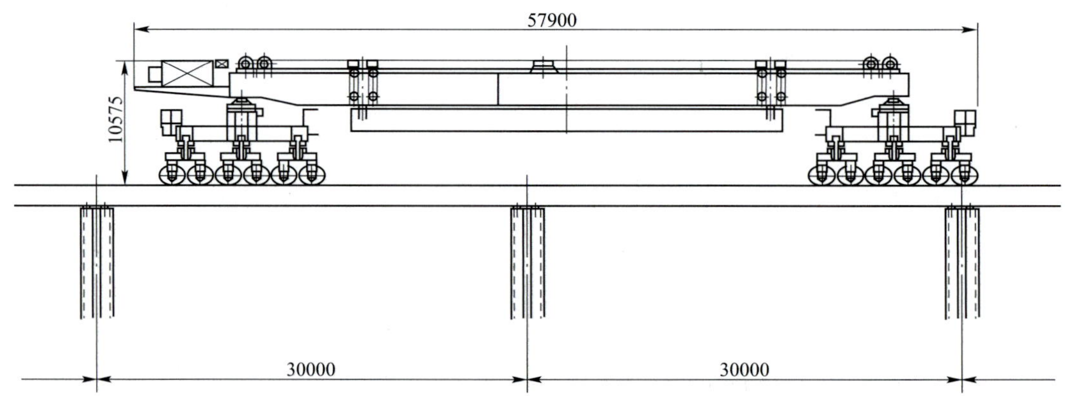

图15-6 LC31.5-740运架一体式架桥机在桥面侧面（尺寸单位：mm）

LC31.5-740 运架一体式架机主要技术参数表 表 15-5

序号	项　　目	技 术 参 数
1	外形尺寸（长×宽×高）	57.9m×6.64m×10.575m
2	运行及架设期间可承担的最大荷载	7400kN
3	最大跨径	31.5m
4	最小跨径	20.0m
5	最大纵向爬坡能力	35‰
6	桥面最大纵向坡度	30‰
7	桥面最大横向坡度	38‰
8	最小架梁半径	600m
9	主梁长	49200mm
10	主梁高	3000mm
11	前后轮组间距	45000mm
12	轴距	1950mm
13	轮距	4400mm
14	导梁长度	75500mm
15	设备的整体总质量	555t

（二）节段箱梁架桥机

1. 四号线区间 9 标的 VSL500t 下承式架桥机

四号线区间 9 标节段梁架设选用 VSL500t 下承式架桥机（见图 15-7），由于该标段跨度以 30m 为主，两孔 40m 跨度，桥墩较高（11～13m），线路上方有较多高压线横穿，地面运输条件较好，经方案比选最后确定采用下承式架桥机实施架梁。

图 15-7　VSL500t 下承式架桥机

VSL500t 下承式架桥机由主导梁、滚动支座、支撑托架、移梁小车、节段梁支撑系统、行走动力系统和安全防滑走道几部分组成。

VSL500t 下承式架桥机设计性能参数与本工程桥梁结构设计参数见表 15-6。

VSL500t 下承式架桥机设计性能参数与本工程桥梁结构设计参数 表 15-6

序号	技术性能	架桥机主要设计参数	本工程桥梁结构设计参数
1	最大满跨起质量	500t	450t
2	最大跨越跨度	35m	32.5m
3	最重节段	55t	42t
4	节段宽度	8～10m	9.3m
5	节段高度	1.8m	1.7m
6	每跨最大节段数	13 块	12 块
7	桥面纵向最大坡度	±60‰	-7‰，+8‰
8	桥面横向最大坡度	±20‰	0
9	桥最小水平转弯半径	545m	1000m
10	运梁方式	桥上、桥下均可	桥上、桥下均可

2. 四号线区间 8 标的 600t 架桥机

四号线区间 8 标线路情况与区间 9 标类似，因此选择 600t 下承式架桥机（见图 15-8），系统由两个主梁和四个鼻梁组成，前后鼻梁用螺栓与主梁连接形成铰接结构。设备总长为 76m，吊车部分坐落在主梁上。主梁上安装了可供吊具行走的轨道，整个设备由安装在墩柱上的托架支撑，荷载通过墩柱侧面的竖向支撑传到承台上。

图 15-8 600t 下承式架桥机

600t 下承式架桥机设计性能参数见表 15-7。

600t 下承式架桥机设计性能参数 表 15-7

序号	项目	描述	序号	项目	描述
1	跨度	35m	7	最低墩柱	3m
2	结构类型	节段拼装，可高于设计标高 2m 张拉	8	最高墩柱	15m
3	最大行走距离	35m	9	节块分段长度	2.5m
4	平曲线半径	＞1500	10	节块质量	380kN
5	最大纵坡	±20‰	11	单跨质量	35m 跨可承重大于 600t
6	最大横坡	±20‰	12	节块起吊高度（地面至桥面）	15m

3. 四号线区间 6 标、7 标的 WE460S 上桁式架桥机

四号线区间 6、7 标桥墩较矮，线路上方障碍物较少，因此采用 WE460S 上桁式架桥机（见图 15-9）。本架桥机整机总质量 260t，总长 70m，总高 8.8m，可以进行最大跨度 30m、最大单块悬拼质量 45t、整孔梁最重 460t 的混凝土节段梁的整孔悬拼架设工作。架设其他跨度节段梁时，仅需改变各支腿之间的距离

即可实现,架桥机架完一跨梁后,可自行实现过孔。

架桥机由主钢箱梁、提梁绞车、前后支腿、前后滚轮支腿等构成,如图15-10～图15-15所示。

图15-9　WE460S上桁式架桥机

图15-10　WE460S上桁式架桥机主钢梁

图15-11　WE460S上桁式架桥机提梁绞车

图15-12　WE460S上桁式架桥机前支腿

图15-13　WE460S上桁式架桥机前滚轮支腿

图15-14　WE460S上桁式架桥机后滚轮支腿

主钢梁:架桥机左右主钢梁各由六段组成,5×12m+10m=70m。主梁间距为3.3m,主梁尺寸为1.95m×1.0m,主梁总质量为204t。主钢箱梁下部有轨道,在提升小车与滚轮支腿锚固时可实现自行,其主要功能是支撑提梁绞车及悬吊节段梁。

4.四号线试验线高架2标的450t下承式架桥机

高架2标节段梁架设选用450t下承式架桥机(见图15-16),由于该标段桥墩不高(5～13m),地面运输条件较好,经方案比选最后确定采用450t下承式架桥机实施架梁。该架桥机由主梁、鼻梁桁架、推进台车、支承托架、节段担梁、主吊机、液压系统组成(见图15-17～图15-22),是四号线所采用架桥机中自动化程度较高的一台。

主梁设计为由钢板组合而成的矩形断面箱形梁,全长共约38m。两座主梁是独立单元,可以独立进行纵向推进。

每一个节段重量都由主梁上的四个节段小千斤顶所承载,这些节段的荷重经由主梁及支承托架传递至桥梁墩柱基础上。节段小千斤顶对节段的支撑位置在节段翼板边缘80cm处。

图15-15 WE460S上桁式架桥机后支腿

图15-16 450t下承式架桥机

图15-17 450t下承式架桥机主梁

图15-18 450t下承式架桥机鼻梁桁架

图15-19 450t下承式架桥机主梁与鼻梁桁架铰接

图15-20 450t下承式架桥机推进台车

图15-21 450t下承式架桥机支撑托架

图15-22 450t下承式架桥机主吊机

每台架桥机有三对制式的支承托架，上方主梁的载重首先传至支承托架，再经托架支撑杆传至基础承台上，所以架桥机的荷载(节段重)与自重基本上都不使桥墩产生太大的弯矩荷载。支承托架承受推进台车主梁和主梁上的所有载重，每个支承托架都配备一组横向推进液压缸及液压千斤顶。架桥机设计有调整已吊装好的整跨桥的功能。垂直方向调整是由支承托架上的主千斤顶动作来完成。

主吊机台由架桥机上的两个主钢梁同时支撑，可在架桥机的主梁全长范围活动，并可采用桥下喂梁和由桥上后方喂梁两种方式。吊起的节段可以旋转360°,所以节段可以以任何角度起吊。

第二节　节段简支梁施工

节段箱梁拼装一般可采用支架拼装和架桥机拼装两种方式。整跨拼装工法设备主要有三种,包括上桁式架桥机、下承式架桥机及支架拼装。这三种设备中,下承式架桥机的工效最高,支架拼装工效最低。由于支架拼装工效低、投入大,所以使用较少,除非个别孔跨架桥机无法架设时,才使用支架拼装。如四号线区间9标过黄阁北站,由于车站Y形墩既要承重轨道梁,又要承重屋面系统,用架桥机架梁将使Y形墩分两期施工,对墩柱受力不利,所以只能用支架拼装。

节段的连接方式又分使用湿接(现浇)缝方式与使用干接(环氧树脂胶拼)缝方式两种,通常使用湿接(现浇)缝与否不影响架桥机的选择。

一、节段简支箱梁架设工艺

节段拼装法架梁过程由架桥机(组装)就位、箱梁节段运输起吊对位、环氧树脂胶拼、临时预加压力顶紧、预应力张拉成梁、落梁定位压浆成桥等工序组成。箱梁架设线形控制工艺始终贯彻施工的整个过程,因此,需有配套测量系统对架梁工程进行全程跟踪测量。

(一)架设线形控制

1. 测点布置

测点是在梁节段预制过程中,预制厂根据线路的设计参数(桥梁平、竖曲线及预拱度设置)在待安装节段顶面预埋有轴线控制点、高程控制点,简称六点控制坐标,如图15-23所示。架梁时根据预制厂提供的六点控制坐标及埋设的标记实施控制。

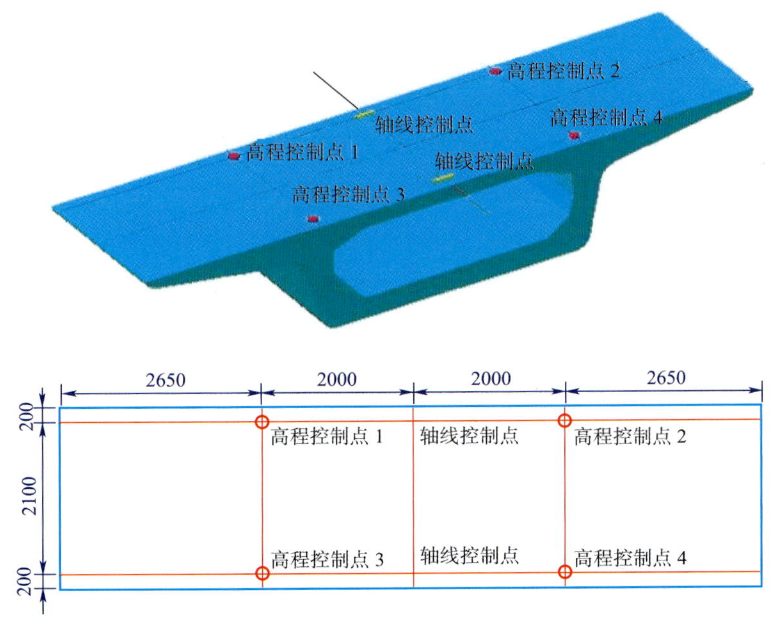

图15-23　测量控制六点坐标(尺寸单位:mm)

2. 起始节段测量控制

节段梁中的第一段是整跨的起点,直接控制着整跨的线形及轴线,故在进行安装时,必须精确定位起始节段。

(1)里程控制:吊梁小车沿架桥机主梁纵向移动,使其里程达到设计要求。

(2)轴线控制:在已完成的桥面上设轴向控制点,用经纬仪校核节段梁轴线,如有偏差,利用吊梁小车上的水平千斤顶将梁体顶至正确位置。

(3)高程控制:调整吊梁小车竖向千斤顶或梁端悬挂主液压油缸,测量第一段节段梁顶面的高程控制点,使其达到设计要求。

3. 整跨节段测量控制

一般来说,起始节段梁的位置可精确定位,直接支承于永久支座上,而后续节段的定位均以此为标准。由于拼装过程累计误差或起始梁节段定位不准确的存在,最后一块节段梁的位置难免出现一定的偏差,应先采用临时支座支承。在预应力束尚未张拉之前,梁体未形成整体,不宜调整其位置。因而,一般在梁体完成张拉预应力束并卸载之后,用扁平千斤顶进行整体调整。

(二)胶拼工艺

根据工程的施工特点和要求,预制节段之间的黏结材料选用无溶剂型环氧树脂胶结剂(见表15-8),即采用"胶结"的方法将相邻的两块预制节段黏结成一个整体。

环氧树脂胶黏剂的主要性能指标表　　表15-8

项　　目	设计要求性能指标	检验规程
抗剪强度(MPa)(钢—钢)	9.0(钢—钢)	GB/T 2954—2008
抗剪强度(MPa)(混凝土—混凝土)	大于C50混凝土抗剪强度	GB/T 2954—2008
抗压强度(MPa)	24h强度36.5,7d强度75	GB/T 2969—2008
抗拉强度(MPa)	大于C50混凝土抗拉强度3.08	GB/T 2968—2008
抗压弹性模量(MPa)	7500	国标
耐热性(℃)	50	国标
触变性(mm)	3.0	国标
凝胶时间(min)	45	国标
抗老化指标	除厂家提供外,委托有检测资质单位做老化试验,要求推算100年老化后强度指标不得小于原指标80%	

(1)涂胶:当一跨内节段全部吊装后,从1号节段起按挤胶张拉顺序进行涂胶作业。涂胶厚度单个面为1~1.5mm,即能覆盖住混凝土表面为宜。当1号、2号节段涂完胶后,主吊机吊运2号节段块向1号节段靠拢,调整节段位置,使中线、标高、接缝完全吻合后,进行挤胶张拉工作,按照同样的方法胶拼其他节段。

(2)挤胶张拉(临时预应力预紧):挤胶张拉是为了使接缝紧密接触,将节段拼成整体,并保证在永久张拉之前一段时间内,节段之间不会发生错动。

张拉前应检查,孔道内如有异物或孔口边缘有环氧树脂胶,立即清除干净。挤胶张拉利用顶板和底板上的凸块,采用ϕ25mm精扎螺纹钢棒、JLM型锚具和YC60A型张拉千斤顶进行张拉。张拉力的控制为每根螺纹钢棒不超过400kN,使混凝土表面产生不小于0.3MPa的压应力,并应保证在大气温度下节段任何截面不产生拉应力为宜。

挤胶张拉在胶拼后应立即组织施工,以保证拼装质量。挤胶张拉完成后应及时清理挤出的胶,以保证梁体外观整洁,并用通孔器清理预应力孔道,排除可能被挤入预应力孔道的胶体。

(三)临时预应力张拉

根据设计要求,临时预应力采用精轧螺纹钢筋,直径为25mm。每段预制节段梁顶面沿中心线间隔

1.25m设置两块疏散平台立柱台座，兼作临时预应力紧固台座。同时底板上再另设置两块混凝土齿坎，在节段预制时一起浇筑。

（四）预应力张拉

本工程跨度32.5m、30m、25m梁均采用体内预应力筋布束，腹板内预应力束在梁端附近向梁顶板弯起。所有预应力束采用两端分批张拉，张拉顺序根据计算确定。

钢绞线应综合考虑其曲率、锚固端层厚度、张拉伸长值及混凝土压缩变形等因素，并应根据不同的张拉方法和锚固形式预留张拉长度，确定钢绞线下料长度。波纹管接头应尽量少，相邻波纹管的接头应相互交错至少30cm。

二、整跨拼装架梁工序

（一）上桁式架桥机拼装架梁

上桁式架桥机拼装架梁工序如图15-24所示。

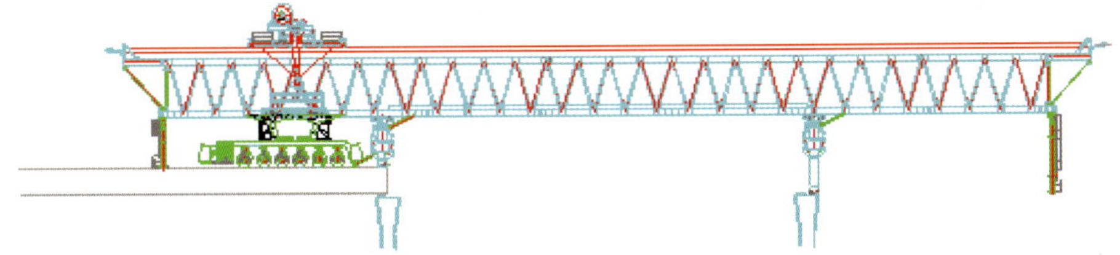

步骤1　架桥机准备开始吊混凝土节段架块：

①使用放在平衡装置上的油缸顶升主钢桁架（在吊装混凝土架块阶段，主钢桁架不能与滚轮直接接触）；

②位于主支腿轨道下面的主油缸，用机械锁定装置锁定；

③主支腿A与桥架锚固在一起（利用吊架孔）；

④主钢桁架与主支腿A锚固在一起；

⑤架块由75t载质量的运架车运输；

⑥载有混凝土架块的运架车开到主桁架下，连接主桁架的主吊架和辅助吊架将混凝土架块吊起

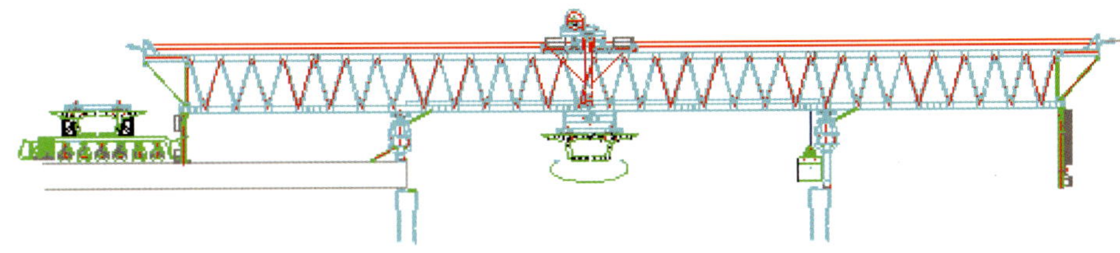

步骤2　架桥机开始吊混凝土节段架块：

①节段架块从运架平车起吊后，前移；

②至图示位置后，旋转架段90°；

③再将架段吊至指定位置；

④开始吊装下一节段

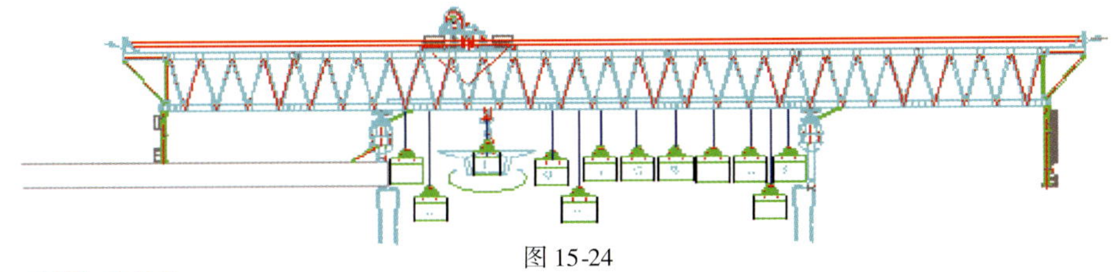

图15-24

步骤3　混凝土节段架块吊运：

①顺次将S1～S9和S11、S12吊到图示位置；

②最后吊装 S10

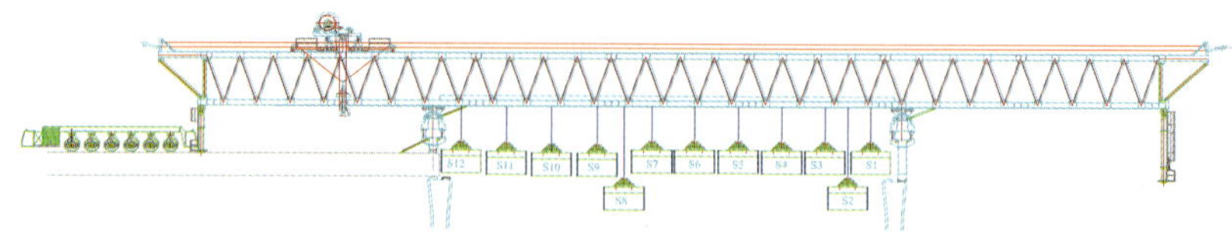

步骤 4　压浆作业：

①确认梁段运输完成后，对上一孔的预应力孔道进行压浆；

②节段梁块作业胶拼；

③将 S12 移动到设计位置，并采取固定措施；

④以 S12 为基准，依次胶拼各个梁段，并张拉临时预应力；

⑤复核梁体的线形

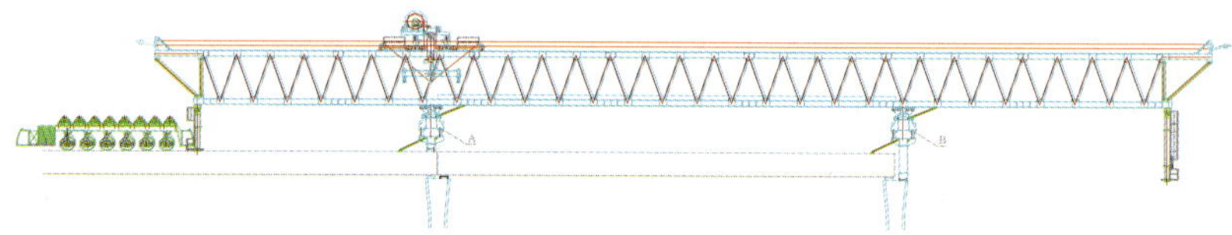

步骤 5　预应力施工：

①穿钢绞线；

②张拉钢绞线，张拉时梁端底部要用 4 个 200t 千斤顶适时顶紧；

③落梁；

④拆除辅助吊架，用运梁车运走，最后到存梁场

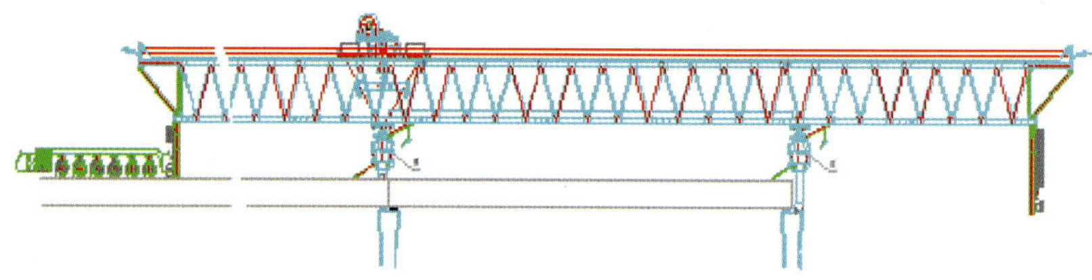

步骤 6　架桥机前移(一)：

①移动龙门吊至主支腿 A 正上方并与主支腿 A 锚固；

②将主支腿 B 与架顶锚固；

③拆除主支腿 A 与主桁架的锚固；

④前移主桁架

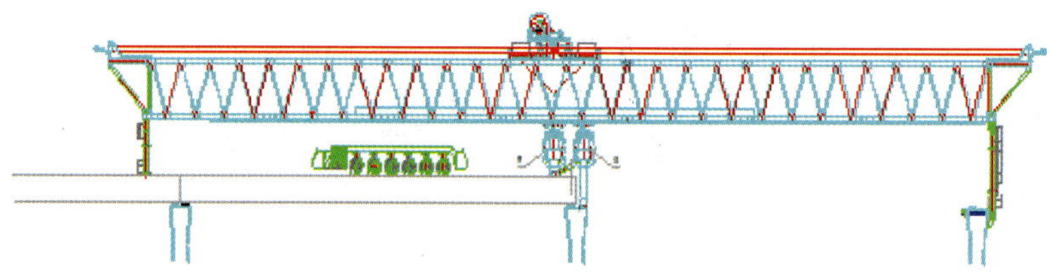

步骤 7　架桥机前移(二)：

①主桁架移到图示位置后，停止前移；

②拆除主支腿 A 架顶的锚固，并松开主支腿与吊架小车；

③用吊架小车吊起主支腿 A 前移至图示位置，并与架顶锚固

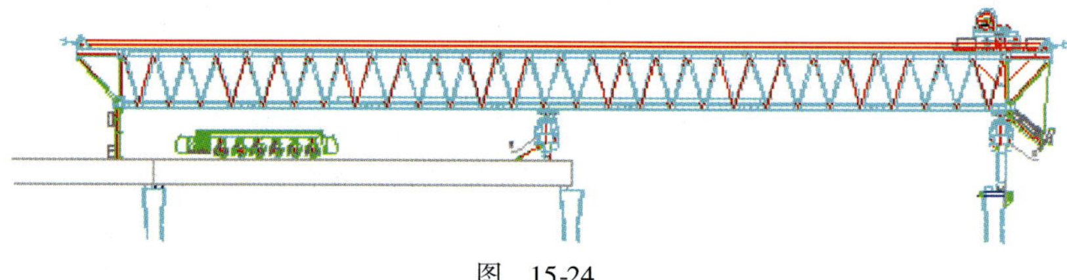

图　15-24

步骤8　架桥机前移(三):
①松开主支腿B与架顶的锚固,用吊架小车将主支腿B移至下一墩顶位置。
②将吊架小车移至主支腿A正上方,并与之锚固;
③前移钢桁架

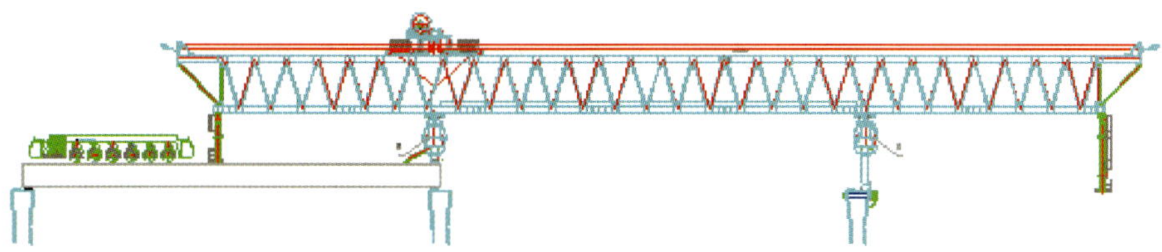

步骤9　架桥机前移(四):
①钢桁梁到图示位置后,停止前移;
②松开吊梁小车与主支腿A,拆除主支脚A与梁顶的锚固,用吊梁小车将主支腿A移至图示位置;
③再次将主支腿A与梁顶锚固

图15-24　上桁式架桥机拼装架梁工序

(二)下承式架桥机拼装架梁

下承式架桥机拼装架梁工序如图15-25所示。

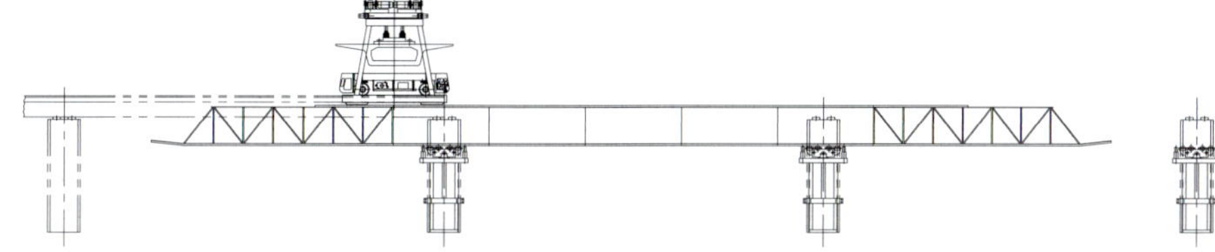

步骤1　架桥机准备就绪,运梁车(从桥上或桥下)运第一块节段,移动门吊取梁

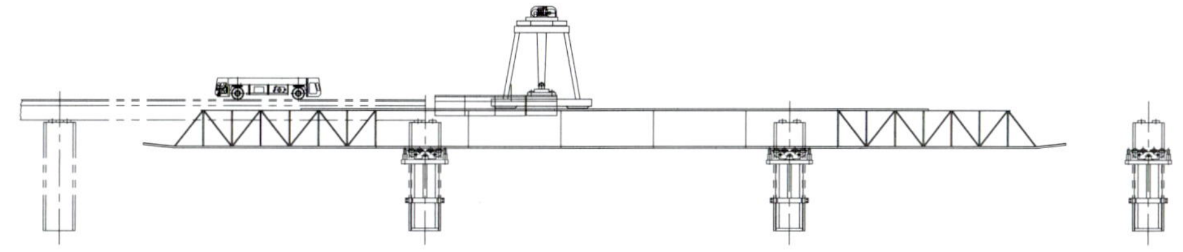

步骤2　移动门吊将第一块节段放置到支承座,调整好高度后临时固定;作为后续节段的导向块,后续节段依次放置在架桥机主钢梁支承座(节段悬挂钢梁,串联式千斤顶可以吊一节胶拼一节)上并调整好位置

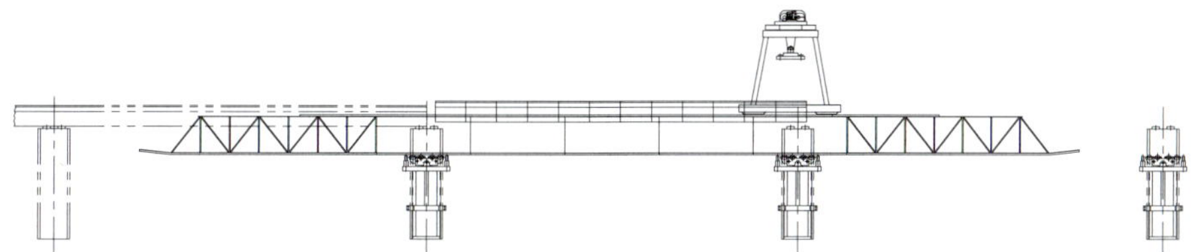

步骤3　一孔梁的所有节段全部放置到架桥机主钢梁支承(座)上后,调整好梁的线形;节段依次胶拼并张拉临时预应力

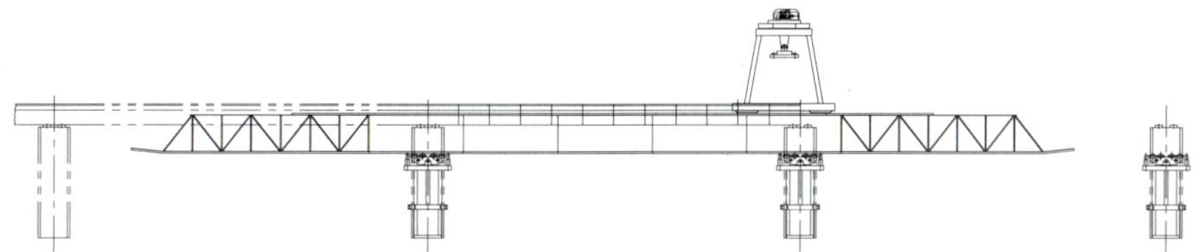

步骤4　整孔梁组装完毕,穿钢束进行永久预应力张拉成梁,收起主梁上各支承油缸(或调整梁端节段悬挂梁主油缸),放置箱梁到位

图　15-25

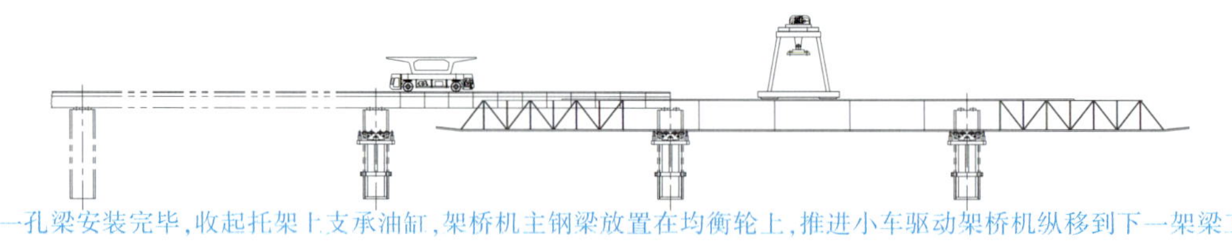

步骤5　一孔梁安装完毕，收起托架上支承油缸，架桥机主钢梁放置在均衡轮上，推进小车驱动架桥机纵移到下一架梁工位

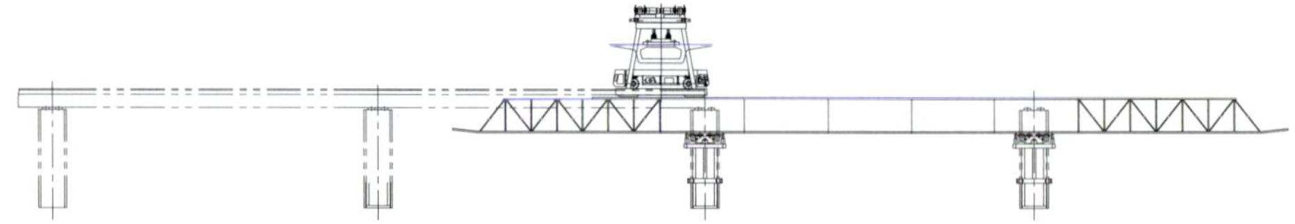

步骤6　倒换架桥机支承托架，架桥机就位，进入下一孔的作业

图15-25　下承式架桥机架梁工序

图15-26　节段梁支架拼装

(三)支架拼装架梁

以四号线区间9标为例，本标段跨越黄阁北一路和黄阁北路，为两跨非标大跨径节段梁标段。黄阁北一路为DZ182～DZ183跨，跨度40m；黄阁北路为DZ212～DZ213跨，跨度41.9m。两跨节段梁均分成18个节段，梁高为2.3m，单块节段最大质量约为50t，满跨质量分别约为670t、690t，超越了本工程中所采用的500t×35m下桁式架桥机的架设能力。同时，在架设这两跨节段梁时，两侧的节段梁已架设完成，为满足预应力张拉空间的要求，这两跨节段梁必须采用支架法高位拼装、整跨落梁的方法进行施工，整跨节段梁需抬高2.3m。如图15-26所示为节段梁支架拼装。

第三节　连续梁施工

广州市轨道交通四号线南延段有连续梁6联(里程YCK50+280～YCK55+149，线路全长4.861km，总计1914节)，连续梁梁段最大吊装质量为61.8t。这6联桥的跨径组成为：跨蕉门河桥，跨径布置45m+70m+45m；跨环岛西路桥，跨径布置37m+65m+39m；跨滨水大道桥，跨径布置36m+52m+39m；跨蕉前路桥，跨径布置37.5m+52m+37.5m；跨林荫路桥，跨径布置45m+70m+45m；跨进港大道桥，跨径布置35m+65m+37.5m。连续梁采用单箱单室斜腹板变截面箱梁，顶板宽均为9.3m，梁高为1.7～4.0m(从跨中至墩台处)，底板宽为4.0～4.1m(从墩台至跨中)。梁跨不对称布置设计的原因主要是根据规划道路要求，桥墩不能布置在道路的路中间而只能设在隔离带上。该6联连续梁由于受场地限制均采用悬臂拼装施工。

一、连续梁悬臂拼装架设工序

(一)节段运输及存放

连续梁的节段尺寸长度与简支梁一样，但每个节段的梁高均不相同，梁的重量变化较大，故在运输设备及运输线路上应做好提前安排和准备。如四号线70m跨的连续梁最大节段质量接近70t，要求车辆的载重能力及车况都较好，且场内运输的便道保持良好状况。

运至工地存梁场的梁段，通过跨墩龙门吊机沿存梁场顺序摆放好，存放位置对应于安装位置。为适应梁段底面的坡度，用不同高度的木支垫来支承梁段。

(二)0号块和1号块的施工

无论是采用上桁式架桥机还是采用挂蓝式吊机进行悬臂拼装，第一个节段0号块一般是现浇的。1号段是紧邻0号段两侧的第一个箱梁节段，可作为整个悬拼T构的基准梁段。就位好的1号块一侧可当0号现浇块的模，另一侧作为全跨安装的基准面。为了保证1号块安装位置的准确，在0号段现浇以前，先将两侧1号块精确安装就位，作为0号段的端模板，再进行0号段的现浇作业。

0号节段断面较大，普通钢筋及预应力管道密集，给混凝土入模带来较大的困难。在灌注底板混凝土时，采取顶板预留孔灌注的方法；在灌注腹板混凝土时，采取在腹板内侧开天窗的方法。梁段底板和腹板(两侧应同时分层)要分层灌注，分层厚度为30～40cm，灌注顶板及腹板混凝土时，从外侧向内侧灌注。

预应力施工：当混凝土强度达到设计强度后，先张拉竖向预应力粗钢筋(张拉方法同预制场其他梁段)，再张拉横向预应力钢筋并压浆。钢绞线的张拉及真空压浆工艺同简支梁。

(三)2～12号段悬臂拼装施工

以各墩中心线对称往两侧同时移动吊机和挂篮，悬臂对称拼装2号节段，调整梁段各方向的位置，使梁段初对位，测量中线、标高符合设计要求后，移开梁段约40cm，涂胶、穿束，正式定位后，张拉临时束，待强度达到要求后，按设计要求张拉预应力筋，先张拉2号段的纵向预应力钢束，再张拉2号段的竖向预应力粗钢筋，待全部预应力束张拉完毕，进行压浆后，移开托架，再拼装下一节段。

重复以上步骤，对称拼装3～12号节段，并张拉锚固箱梁相应各节段的纵向竖向预应力粗钢筋及横向预应力钢束。需要注意的是，要对称张拉两侧节段的预应力钢束，直至全部节段拼装完毕。对水中桥拼装施工时，节段块需要用船运至安装位置。悬拼的线形控制与现浇挂篮施工类似，施工过程中全程测量控制每一个节段的高程和轴线，且控制精度要求更高。现场悬拼如图15-27所示。

图15-27　现场悬臂拼装

节段挂篮悬拼工艺流程如图15-28所示。

节段悬拼质量标准：拼接时，同一T构两端的节段应同时对称悬拼。节段拼装过程中允许误差：相邻两节段接缝处的高差不大于3mm；相邻两节段中线的位置不超过3mm；节段前端高程不大于5mm，当同一T构两端节段的高程超过允许偏差时，应及时调整。竖向和横向偏离设计线形不大于10mm，否则应进行调整。总体要求线形基本平顺，无明显转折，拼接缝平整密实，颜色一致。

(四)边跨直线段施工

(1)搭设膺架：对地面进行混凝土硬化处理，利用八三墩杆件搭设满堂支架，支架顶设置垫梁、滑道、千斤顶，构成临时施工膺架。

(2)膺架预压：边跨直线段梁段干拼前，需对膺架进行预压，预压时间大于24h，消除膺架非强弹性变形，并检测下沉量(下沉量不大于10mm)。

(3)梁段拼装：

①梁段安装：利用龙门吊机将梁段放置于膺架上，并测量箱梁三维坐标，根据设计图纸进行调整。边跨直线段施工如图15-29所示。

②梁段初对位：首先将靠近边墩的第一个梁段吊装就位，调好梁段标高后，将第二个梁段起吊就位，与第一个梁段进行初对位。初对位要求梁段榫头(密齿键)吻合，对接精度满足要求。

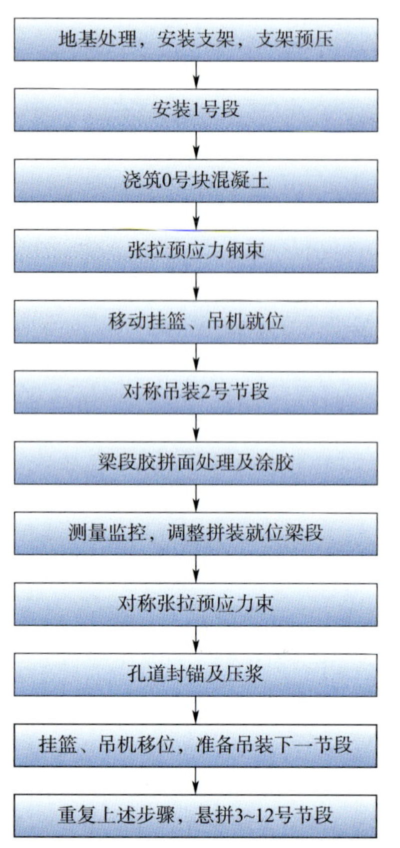

图 15-28　节段挂篮悬拼施工工艺流程图

③梁段移位、抹胶：梁段初对位符合要求后，将第二个梁段移开 40cm，均匀抹胶，工艺同简支梁。

④梁段对接、张拉临时束：将抹好胶的第二个梁段利用千斤顶移位，并与第一个梁段对接，张拉临时束，保证对接面压应力符合设计要求。直线段临时束的设置同简支梁。

⑤重复上述步骤，安装直线段其余各梁段。

（五）合龙段施工

浇筑合龙段混凝土是连续梁桥施工的关键，若施工程序考虑不完善，容易造成混凝土开裂，严重影响工程质量。因为从合龙段的混凝土浇筑后到预应力钢束的张拉，需要有一段混凝土待强时间，在这段时间里，梁体温度变化对合龙段产生很大内力，同时新浇混凝土的早期收缩、两侧 T 构箱梁的收缩和徐变等将使梁体变形，所以在浇筑合龙段时，需要在箱梁上增加一些临时构造措施和张拉一部分临时预应力钢束（张拉吨位低于设计吨位），以抵抗这些附加的变形和内力，使合龙段混凝土不产生裂缝，从而保证工程质量。如图 15-30 所示为合龙段施工。

合龙段施工是连续梁桥施工的一项极为重要的工序，关系到全桥的工程质量，因此在施工中要做到工作细，要求严。应注意以下问题：

（1）温度变化对箱梁的变形影响极为明显，因此在进行合龙段施工时，要选择气温变化较小的良好自然条件。同时还要采取一些减少温差的措施，尽量减小箱梁的变形。

（2）施工时应观测合龙段两侧箱梁悬臂端的中线和高程。轴向偏差不能大于 1cm，其高差不得超过 ±1cm，如若超过，必须予以调整。其调整方法一方面是在施工过程中不断地进行调整（即根据已完成梁段的实际高程来调整待悬拼梁段的高程），另一方面是利用压重进行调整。因为 T 构两侧箱梁悬臂端的高程在施工中进行了严格的控制和调整，一般情况下不会相差很大，因而利用压重引起箱梁悬臂的竖向弹性变形来调整合龙段两侧箱梁的高差是完全可行的。

图 15-29　边跨直线段施工

图 15-30　合龙段施工

（3）合龙段设置劲性骨架和张拉临时预应力钢束是保证合龙段混凝土不被拉裂和压坏的根本措施，对大跨径连续刚构尤为重要，因为大跨径连续刚构合龙时产生的轴力和温差影响产生的附加力很大，混凝土在未达到充分的强度前，是不能抵抗这些内力的，必须依靠临时连接构造和张拉临时预应力钢束来承担。临时连接构件宜在一天中气温最低时进行焊接，并在合龙段混凝土强度达到 85% 和张拉一部分预应力束后及时解除。

（4）边跨合龙段合龙前后箱梁的变形值应符合设计要求，严格控制在容许范围之内，否则将对中跨合龙段乃至全桥产生不利影响，所以要求各跨在施工过程中出现的问题力争在各跨内设法予以解决，不要将问题遗留到合龙时再解决。

（5）预应力施工要按设计要求的程序进行，要保证质量。张拉顺序为先张拉纵向底板束和竖向预应力筋，并左右对称进行；先张拉梁中心线附近的钢束，防止横向产生无穷大变形；先长束，后短束，并将原来临时张拉的钢束补拉至设计吨位。因为预应力准确与否直接关系到箱梁的变形和内力，施工程序不当，不但会引起应力大小改变，而且还引起应力性质改变。

（6）合龙段的锁定强度应能抵抗由于温度变化、梁体伸缩产生的边跨支点摩擦力，以及梁体顶面升温产生的弯矩影响，保证合龙段混凝土在凝固过程中不受拉力和压力。合龙段锁定温度应根据安装季节和支座预偏量的计算温度确定，锁定结构的焊缝/连接件应重点检查。锁定强度、两阶段张拉的预应力钢筋编号及吨位根据设计要求确定。

二、连续梁悬臂拼装架设施工监控

大跨度连续梁（刚构）桥的施工控制是一个施工—测量—识别—修正—预测—施工的循环工程。施工控制中最基本的原则是确保施工过程中桥梁结构的安全，在桥梁施工过程安全性满足要求的前提下，再对施工过程中结构的变形、应力（变）进行双控，而其中又以变形控制为主，确保桥梁最终线形和内力满足预期目标。监控的主要工作是全程跟踪，按监控实施细则，及时发现问题并通过理论分析计算后，下达监控指令，对重大问题及时向业主及监理反映进行处理。所有节段按短线法预制，按六点坐标进行控制。

（一）施工控制流程

大跨径梁桥施工过程复杂，影响参数多，如结构刚度、梁段的重量、施工荷载、混凝土的收缩徐变、温度和预应力等。求解施工控制参数的理论设计值时，都假定这些参数值为理想值。为了消除因设计参数取值的不确切所引起的施工中设计与实际的不一致性，在施工过程中对这些参数进行识别和预测。对于发现的重大的设计参数误差，提请设计方进行理论设计值的修改；对于常规的参数误差，通过优化进行调整。

1. 设计参数识别

在典型施工状态下将状态变量（位移和应力、应变以及收缩徐变系数与预应力损失等）实测值与理论值进行比较，并分析设计参数影响，最终识别出设计参数误差量。

2. 设计参数预测

根据已施工梁段设计参数误差量，采用合适的预测方法（如灰色模型等）预测未来梁段的设计参数可能误差量。

3. 优化调整

施工控制主要以控制标高、控制截面内力或应力为主，优化调整也就以这两方面的因素建立控制目标函数（和约束条件）。通过设计参数误差对桥梁变形和内力的影响分析，应用优化方法调整本梁段与未来梁段的预应力以及未来梁段的定位标高，使成桥状态最大限度地接近理想设计成桥状态，并且保证施工过程中受力安全。

（二）理论分析计算

1. 理论模型的建立

采用先进的专用程序“桥梁博士”3.0 版和 MIDAS6.5 软件进行理论分析。因为连续梁桥计算理论和方法大致相同，所以在本工程连续梁桥中选择具有代表性的跨焦门河道（45 + 70 + 45）m 连续梁来叙述理论模型的建立方法。梁体单元划分与设计图纸节段单元基本一致，主桥全桥共有75个节点，74个单元，3种材料特性，19种截面几何特性，节段施工3d。如图15-31所示为跨焦门河大桥有限元模型。

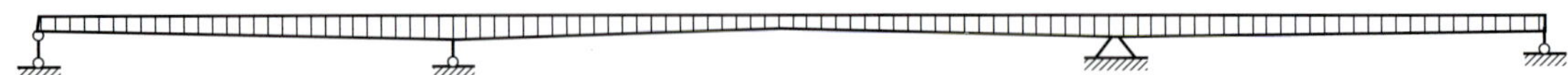

图15-31 跨焦门河大桥有限元模型

根据定性分析确定初步的桥梁施工程序，按初步确定的施工程序进行计算，根据计算结果调整初步确定的施工程序，反复进行，最后确定该桥的全桥仿真理论计算工况为48个。有限元模型中按48个计算步骤计算工况，每个计算步骤均反应了现行设计的每个施工过程。

2. 施工控制中的计算与分析

施工控制中的结构计算方法不仅能对整个施工过程进行描述，反映整个施工过程的受力行为，而且还能确定结构各个阶段的理想状态，为施工提供中间目标状态。施工控制中桥梁结构的计算方法主要有正装计算、倒装计算、无应力状态计算等方法。本项目主要采用如下方法：

(1)采用6座桥梁的设计资料和设计参数的规范值，进行正装迭代计算。对成桥和主要施工阶段的变形、设计线形等进行计算并与设计方的结果进行相互校核对比，找出两组数据的差别，双方共同探讨、相互校核，找出原因，反复独立计算直至两套数据基本接近为止。

(2)根据对实际施工情况的观测、反馈调整桥梁设计参数。对挠度变形、应力应变的实测值和理论值间存在的差别，通过参数识别法拟合出新的设计参数，使理论值和实测值的差别达到最小(如主梁容重、弹性模量、梁的刚度、混凝土收缩徐变系数等)，并依次调整，作为下一梁段计算的控制数据。

在上述6座悬拼连续梁桥的整个施工监控工作中，把成桥状态(大桥通车运营3年后的主梁状态：应力、线形)作为施工监控的最终目标；把施工的中间一系列状态(对应各工况下的主梁各控制截面的应力、标高)作为中间控制目标和调整参数的依据；把节段定位标高作为监控工作控制和调整的重点；把各工况对应产生的主梁挠度变形和应力变化作为观测工作的着眼点和计算参数分析的出发点。采用基于最小二乘法的最优化参数识别算法，体现桥梁施工的自适应控制思想。

(三)现场监控工作

1. 主梁线形控制

控制精度和原则：在拼装过程中，0号块为现浇，临时固结在支座上，1号块作为0号块的端模使用，从1号块开始，每一个节段都用预制六点坐标测量控制。悬臂平衡拼装施工中线形控制是关键问题，通过湿接缝精确定位1号块的标高及纵横轴线，为后续节段的拼装创造条件。在节段拼装工程中，梁段线形一般可以通过调整临时(或永久)张拉力进行调整，必要时可以通过千斤顶进行调整，也可以通过在胶缝材料中嵌垫软金属片(如铜)或者石棉网来调整(每次不宜垫得太厚，以小于5mm为宜)，并通过计算逐步调整。当在拼装过程中梁段线形误差较大，难以用其他方法进行补救时，可以增设一道湿接缝来调整，所增设的湿接缝宽度必须用凿除节段梁端面混凝土厚度的办法来完成；或用设计极限荷载施压来调整。六点坐标利用节段预制时预埋钉子标示出来。控制要求如下：

(1)节段定位标高测量必须在一天中相对稳定均匀温度场(一般为日出前)完成。

(2)节段定位标高允许误差：-20～+50mm。

(3)已浇梁段系统控制误差：±20mm。

(4)主梁质量控制要求：按施工规程要求对主梁横截面尺寸的误差进行严格控制。

(5)其他：主梁轴线、桥面平整度等参数允许误差按有关规范取值。

2. 应力监控

1)应变测点布置

对蕉门河桥各跨的支点、$1/4L$、$1/2L$梁体控制截面进行应力控制，每个截面布置10个测点。在钢筋绑扎过程混凝土浇筑前，将钢弦式应变计固定在相应位置上，并引出读数导线，测试精度控制在±0.2MPa以内。

2）测试方法

根据焦门河大桥连续梁桥施工控制实施细则，对每一施工梁段的每一工况：移挂篮前后、节段拼装前后、预应力张拉前后，都进行了应变观测。将观测值与理论值进行比较，以掌握主梁的内部应力情况，确保施工期主梁的安全。

（四）跨蕉门河桥线形监控结果

跨蕉门河桥 23 号墩施工中，前 4 块节段悬拼施工与设计符合较好，大里程方向从 5 号块开始，中轴线及高程均出现偏差突变，4 号块轴线偏差为 6mm，5 号块偏差为 13mm，6 号块轴线偏差为 17mm，7 号块试拼轴线偏差达 28mm，同时前端面出现顺时针角度扭转，高程差值达到 40mm，轴线及高程偏差均将接近限值。从预制块体尺寸实测数据可看出，其尺寸偏差对施工偏差的形成有明显影响。

虽然 1～4 号块体悬拼误差不大，但是从张拉后实测数据看并未达到指令要求，重新模拟试拼了 7～12 块，发现按模拟试拼延续至合龙段轴线偏差将会达到 8.7cm，监控施工指令中明确要求采取切实有效措施进行纠偏，以免影响全桥顺利合龙。后续节段经不断采取措施调整基本控制在了允许范围内。

24 号墩前面节段拼装比较顺利，但 2006 年 10 月 19 日完成 9 号块的张拉工作并对 10 号块进行试拼时，发现大里程方向轴线发生突变，偏差增大至 5.5cm，分析发现，该轴线变形是由于 10 号预制块左右长度偏差达 13.8cm 造成的。经在 9～10 号块间增加湿接缝后，偏差保持在了允许范围内。

（五）结论与评价

由于节段短线法预制悬臂拼装连续梁在国内较少采用，在城市轨道交通中则更为少见，预制及拼装施工等缺乏足够经验，而且本工程中预制及拼装是不同施工及监控单位，增加了施工及监控难度。在节段预制及胶拼过程中均出现过较大的偏差现象，但在悬拼监控过程中及时发现，并予以纠正和上报，经采取各种纠偏措施（包括增加湿接缝）后，将施工线形控制在一定范围内，并顺利地完成了合龙。

分析各桥施工监控结果，可以发现其挠度变化具有很强的规律性，这些规律可以概括为以下几点：

（1）挠度变化规律：预拼装节段之后，悬臂梁呈下挠变形；张拉预应力后，悬臂梁呈上挠变形；挂篮前移后，悬臂梁呈下挠变形。上述各工况中挠度变形均随着悬臂长度的增加而增大。

（2）对称性：各种工况下，各墩两侧的悬臂端的挠度变化基本是对称的。

（3）无横向扭转现象：各工况下，同一梁段上的 6 个挠度监测点实测挠度变化几乎相等，说明在各工况下，箱梁没有出现横向扭转现象。

短线法预制节段拼装施工在国际上是成熟的工法，只要解决好各个环节，完全可以发挥其优越性，并取得良好的效果。

本工程在施工过程中，主桥应力、应变均控制在允许范围内。从各截面的应力变化来看，应力的变化趋势和理论值吻合较好；从应力大小来看，各截面均受到压应力作用，应力最大值小于混凝土设计强度，且顶面应力大于底面应力，腹板处应力大于中心线和翼缘处应力。

第四节　节段连续刚构梁施工

一、工程概况

广州市轨道交通六号线西段高架工程除白沙河大桥及跨越路口的桥梁工程外，标准段为连续刚构体系，施工中除白沙河大桥上部结构边跨、次边跨以及线路起点 XH01 ~ XH12 号墩为现浇箱梁外，其余高架段均采用预制拼装节段箱梁。全线共 18 联，其中两跨一联有 3 联，三跨一联有 10 联，四跨一联有 5 联。每一联当中，中墩墩顶为现浇梁段，边墩墩顶为预制梁段。

本工程预制节段梁数量为 752 块，节段梁截面形式为单箱单室，梁高 2m，底板宽 2.4m，标准段顶宽 9.3m，加宽段顶宽 9.3 ~ 11.2m，加宽部分采用翼缘加宽方式，悬臂宽 1.75 ~ 2.7m，顶板厚 0.25m，底板厚 0.3 ~ 0.5m，腹板厚 0.3 ~ 0.5m。

桥梁拼装时采用先简支后连续的施工方法，即先对一联中的每一跨进行拼装，形成简支梁落在桥墩上，预制梁段与墩顶现浇梁段间预留 30cm 宽度，待本联各跨完成拼装后再对该预留的 30cm 宽度进行现浇湿接缝连接，形成连续的刚构体系。三跨一联的箱梁一般构造图如图 15-31 所示。

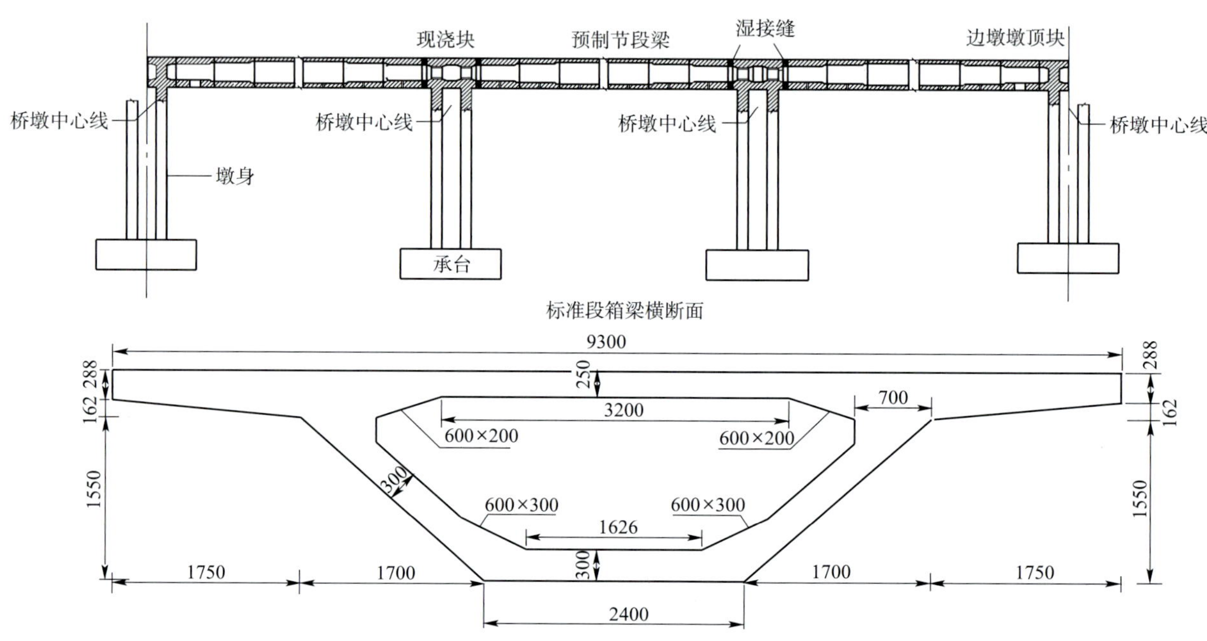

图 15-31　三跨一联的箱梁一般构造图（尺寸单位：mm）

二、节段梁拼装施工方法

本工程节段梁安装以单跨为一个拼装及架设单元，拼装遵循以下步骤：节段梁起吊→首片梁固定→节段梁试拼装→拌胶和涂胶→梁段下放。在拼接过程中还应该注意线形的控制。节段梁安装工艺流程如图 15-32 所示。

（一）节段梁起吊试拼

梁段运输至现场后，架桥机依次起吊梁段直至梁顶面高度高于设计桥面 2.2m 左右，整跨节段梁起吊完毕后，无论中跨或边跨的梁段，安装时均以该跨首片预制梁来控制该跨梁段的匹配顺序。

节段梁在胶拼前，为检查节段梁拼装后线形是否满足设计和规范要求，减少涂胶后梁段位置的调节时间，先进行试拼装。试拼时，调整待拼节段标高，将梁段拼接面靠拢，保证梁段拼接面完全匹配，检查梁段中线和匹配面的情况以及预应力孔道接头对位情况。试拼完成后将待胶拼梁段移开 0.3 ~ 0.4m（方便涂胶），此时梁段除纵向进行平移外，标高和倾斜度不再进行调整。

试拼发现梁段线形偏差较大时，需要进行矫正，矫正方法可以采取在梁段接触面垫环氧树脂垫片或涂胶来调整，以保证调整后线形满足设计要求。

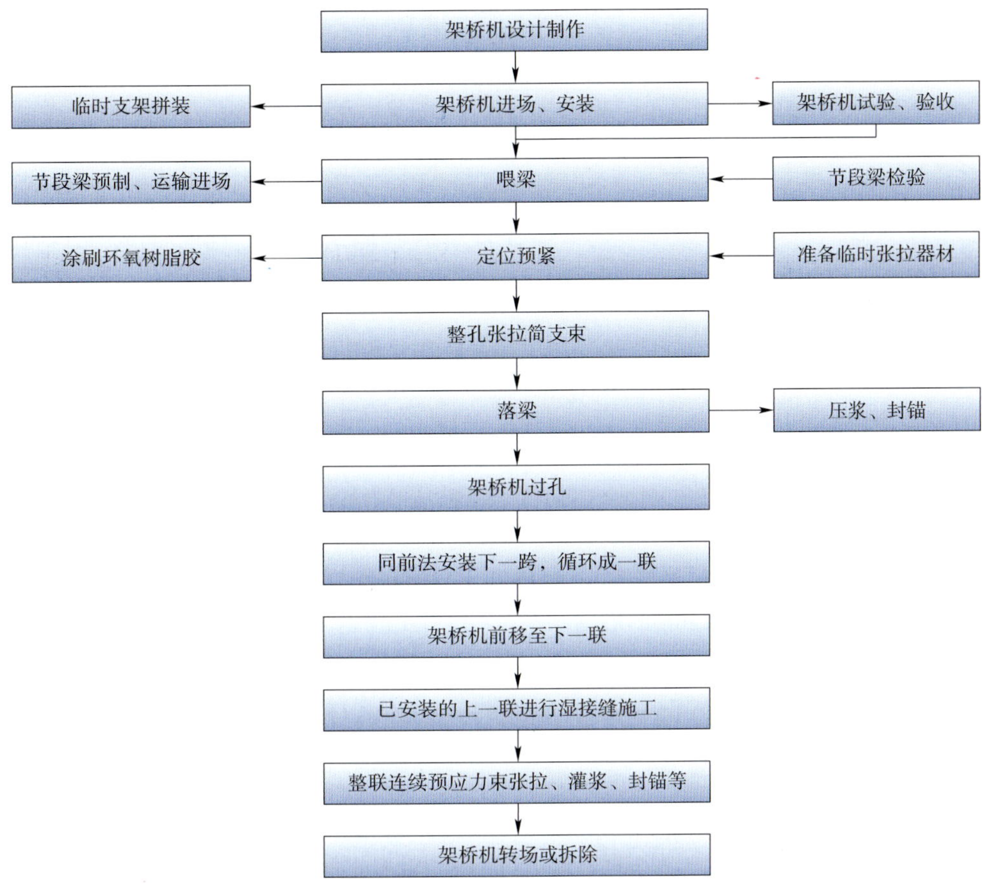

图 15-32　节段梁安装工艺流程图

(二)起始节段梁定位

节段梁中的第一片梁 S1 是整跨的起点,直接控制着整跨的线形及轴线,在进行安装时,必须精确定位 S1 节段。需及时做好桥面控制测点几何数据的采集工作并与设计单位提供的拼装阶段的几何控制数据相比照,只有误差在设计及规范允许范围内,方可进行下一节段梁的拼装作业。测量控制包括里程控制、轴线控制和高程控制。

(三)整孔梁段拼装

将第 S1 梁段定位后,开始拼装该孔节段梁。每个节段拼装前需清理待胶拼的梁段混凝土面,涂胶前表面要干燥或烘干。涂胶的混凝土表面温度不宜低于5℃,否则须采取加温措施。涂胶时应取2 组试件,与梁体胶拼面同条件件养护。

涂刷完毕后,安装预应力管道密封圈后,移动待拼梁段,对位进行拼接。张拉临时预应力束,使环氧树脂胶在不小于 0.3MPa 的压力下固化,挤压后的胶缝宽度宜在 0.5 ~ 1.0mm 之间,且不应出现缺胶现象。用检孔器清理预应力孔道,排除可能进入预应力孔道的胶体,必要时 0.5h 后再通孔一次,确保孔道的畅通。

误差处理:对成型桥梁在已发生误差的情况下,将依据桥梁的变形特征估算至合龙段的预测误差值,而且该预测误差值不应超过表 15-9 的允许误差范围。如安装时高程控制点误差超出允许范围,则采取在梁端上缘或下缘垫环氧垫片的方法进行调整。

节段梁拼装质量标准 表 15-9

项次	检验项目	规定值或允许偏差(mm)	检验频率		检查仪器
			范围	点数	
1	轴线偏移量	5	每跨	3	经纬仪
2	相邻节段间顶面接缝高差	3	每条接缝	2	直尺
3	节段拼装立缝宽度	≤3	每条接缝	2	尺
4	梁长	+10，-20	每跨	3	尺

误差纠偏方法是通过对上部结构变形特征的估算以及监控工程师的判断，在梁段间的某些部位设2～3mm的楔形垫片调整。楔形垫片的材质可采用环氧树脂垫片，这些环氧树脂垫片也可层层相叠以形成更厚的楔形垫片。

环氧树脂垫片的具体尺寸以满足与其紧密接触的混凝土面不被压裂为原则。

（四）临时预应力张拉

临时张拉台座安装时，采取先在临时支座部进行注浆，确保临时支座与梁体均匀接触，然后再安装精轧螺纹钢预应力筋进行张拉。边梁单个临时张拉支座采用单根ϕ^{j}32mm精轧螺纹钢进行张拉，中梁单个临时张拉支座采用两根ϕ^{j}32mm精轧螺纹钢进行张拉。A类张拉台座单根张拉力按467.3kN控制，B、C、D、E、F、G类张拉台座单根张拉力按400.5kN控制。采用60t液压千斤顶进行张拉，千斤顶使用前与油泵配套标定，按标定后的顶力与油压的线性方程确定张拉时的压力表控制读数。

张拉时顶板与底板上下同时张拉，横向按先中间后两边对称张拉。临时预应力张拉顺序图如图15-33所示。

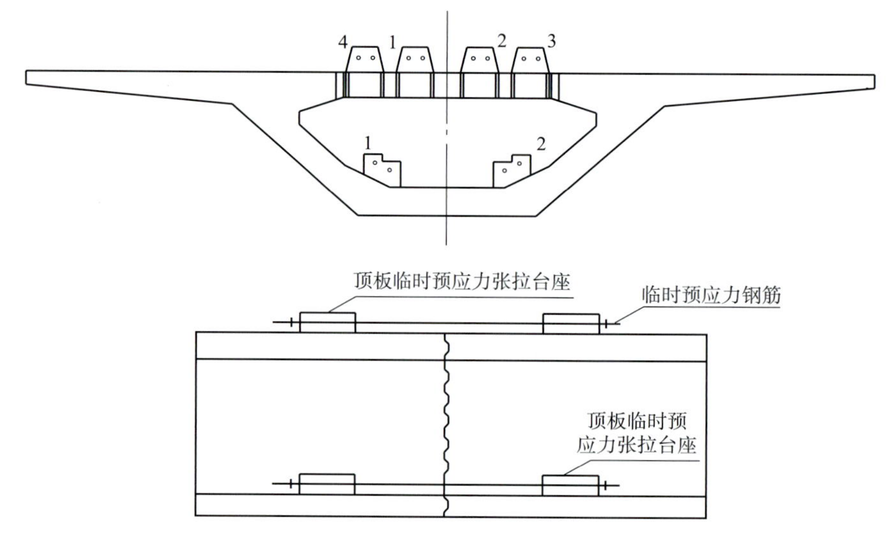

图 15-33 临时预应力张拉顺序图

（五）临时预应力解除

临时预应力的解除，必须滞后该节段拼装后完成2个以上节段施工。如解除顺序不当，箱梁节段下缘可能产生拉应力，节段将产生有害裂缝。

按同样方法依次安装其余节段，待所有接缝处环氧树脂胶凝固后才能施加预应力（张拉工艺见后）。

（六）整孔梁落放

张拉完成后通过架桥机整孔落梁至临时支架上，落梁过程中通过微调端吊杆调整整孔梁的平面位置,使梁的中线及顺桥向里程符合设计要求。

架桥机卸载完成并纵移过孔至下一跨后,对该跨的标高和线形进行复核。当标高与理论值偏差大于10mm时,需采用600t扁平千斤顶进行调整,分次调整到设计标高。扁平千斤顶总高为180mm,行程为50mm。

为了防止整孔梁段下放时,边跨边梁预留孔与墩身预埋钢筋发生冲突,先下放边梁到墩顶位置,如与墩顶预留钢筋的位置有冲突,应对墩身预埋钢筋和预制墩顶块钢筋进行调整,以满足下放要求,防止整跨梁段拼装好后下放而增加梁段架设难度。

三、架桥机架设不同工况的介绍

本工程全线共设5处平面曲线,最小曲线半径为380m,最大曲线半径为550m,竖曲线最大坡度为50‰。其中与白沙河大桥连接的大坦沙岛侧高架段,小半径大纵坡同时存在。根据不同的线形,节段梁架设方法有所不同,以下按一般节段梁、Y构桥梁、上坡、下坡、曲线段架设五种工况介绍。

1. 一般节段梁架设(桥下喂梁)

架桥机架梁过程支腿落点位置应放至桥墩中心位置,并采取措施确保其偏离墩中心线距离不得大于5cm;节段梁下落至临时支架过程,应采取有效措施确保节段梁吊点受力均匀;临时支架上设置调梁千斤顶以便对梁体标高进行调整,并方便临时支架拆除。

2. Y构桥梁架设(尾部喂梁)

当场地受限制,无法直接下起吊梁段时(如跨北环高速Y构),采取架桥机尾部喂梁的方式,利用70t履带吊起吊节段梁至已安装好梁段的桥面上,然后由桥上运梁小车运至架桥机后方进行。

架桥机尾部喂梁示意图如图15-34所示。架桥机后端喂梁要注意留出最后梁块的转动空间。

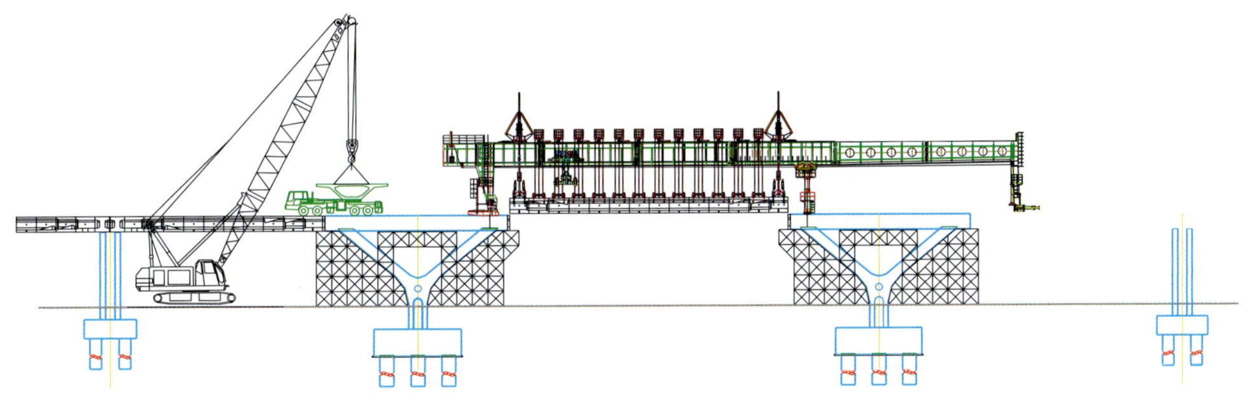

图15-34 架桥机尾部喂梁示意图

3. 上坡50‰架设

由于本段竖曲线坡度最大为50‰,因此架桥机架梁作业时可能遇到上下坡架设等工况。架桥机支腿本身能调整30‰坡度,在架设50‰坡度桥面时机臂设有20‰坡度。本架桥机架设上坡桥是以中支腿作为基准的。架桥机上坡架梁示意图如图15-35所示。

完成架设后要将架桥机主梁与桥面调平,顺坡过孔。

4. 下坡50‰架设

下坡架桥机架梁作业情况与上坡相反,如15-36图所示。

完成架设后要将架桥机主梁与桥面调平,顺坡过孔。

5. 曲线段架设

以40m跨,$R=380$m的圆曲线线路上架梁为例,当架桥机在$R=380$m的圆曲线上架梁时,架桥机、桥

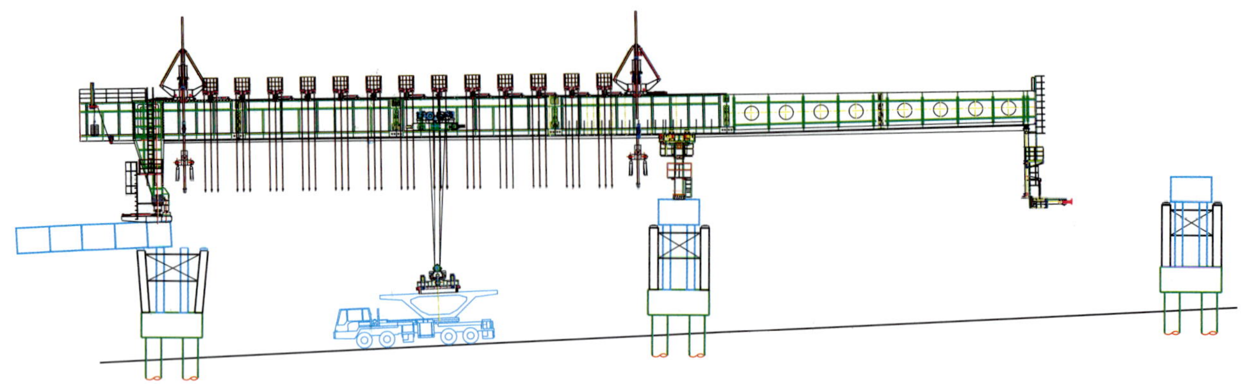

图 15-35 架桥机上坡架梁示意图

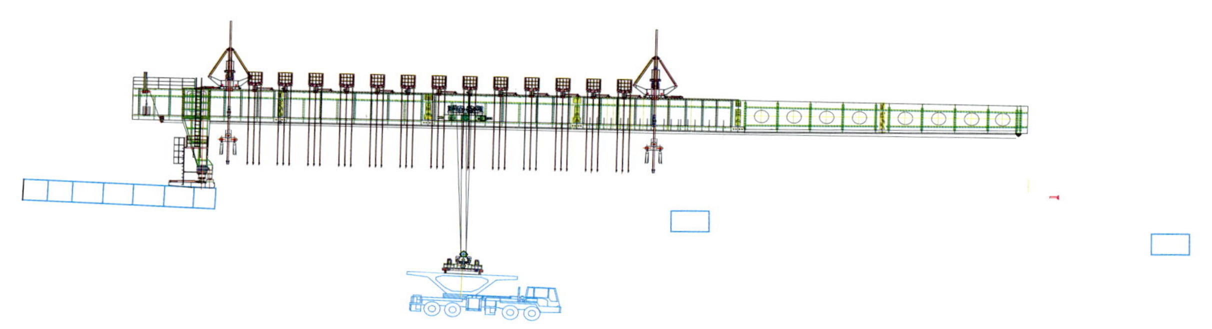

图 15-36 架桥机下坡架梁示意图

墩、线路中线三者的相对位置如图 15-37 所示。

由图 15-37 可知，如果架桥机按弦线就位，即图中所示之$\overset{\frown}{A_1B_1C_1}$位置。显然，这时想在架桥机上将节段沿弧线$\overset{\frown}{A_1A_2B_1}$拼装成形，则节段偏离架桥机中线的最大横移量 $f_1=52.7\text{cm}$，此偏心距太大。合理的方法应是将架桥机按割线布置，如图 15-38 所示。

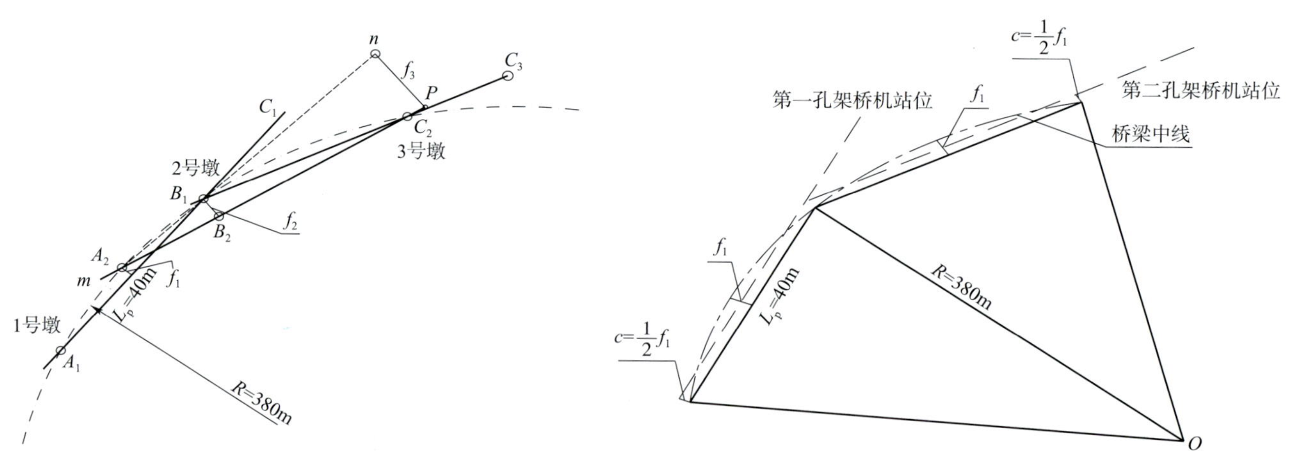

图 15-37 架桥机桥上按弦线布置过曲线示意图

图 15-38 架桥机桥上按割线布置过曲线示意图

于是，简支箱梁空中曲线坐标的定位程序是：架桥机按割线方向就位，使割距等于矢距的一半，即 $c=1/2f_1=26.4\text{cm}$（以 $R=380\text{m}$，$L_p=40\text{m}$ 为例）。横担在机臂上的悬挂横梁设有横向调整油缸和纵向调整油缸，均可实现 ±300mm 的调距量。

四、桥面连续施工

由于节段梁安装以单跨为一个拼装及架设单元进行，所以单跨拼装完成后应进行每一联的连续施工才能形成连续刚构。

（一）湿接缝施工

预制节段梁与现浇中墩墩顶块之间采用后浇30cm湿接缝相连接，其中中跨湿接缝设置在中跨两端的位置，边跨湿接缝设置在靠近中墩处。

湿接缝施工时，先对湿接缝两端的箱梁的几何位置进行复核，位置准确后，安装预应力波纹管并用防水胶带缠绕严密，防止漏浆。

湿接缝混凝土采用C60微膨胀混凝土，混凝土采用分层浇筑，每层分层厚度控制在30cm左右，以表面泛浆、无明显气泡排出、表面无明显下沉为原则进行振捣。

如图15-39所示为湿接缝模板示意图，如图15-40所示为湿接缝预应力管道安装，如图15-41所示为湿接缝混凝土浇筑。

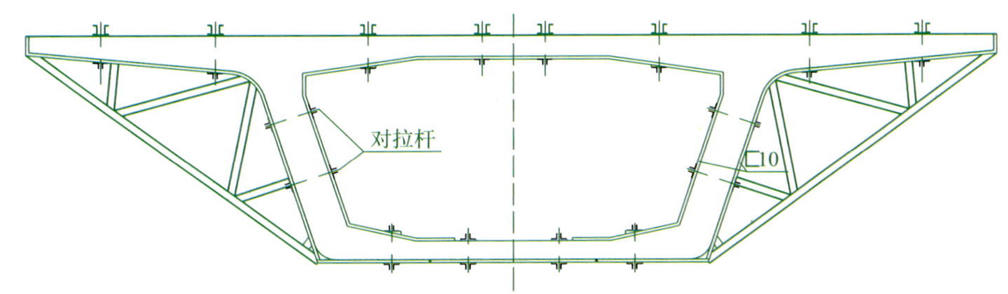

图15-39　湿接缝模板示意图

图15-40　湿接缝预应力管道安装

图15-41　湿接缝混凝土浇筑

（二）预应力施工

本工程节段梁预应力钢绞线采用符合《预应力混凝土用钢绞线》（GB/T 5224—2003）270级钢绞线，规格为ϕ^{j}15.24mm，标准强度为1860MPa，钢绞线分四种类型：①顶板横向预应力；②单跨简支箱梁预应力；③多孔连续箱梁预应力；④预制节段梁与边墩固结竖向预应力。如图15-42所示为穿索机穿索图。

1.顶板横向预应力张拉

顶板横向预应力采用张拉BP15-3或BP15-4扁锚张拉，张拉控制应力为标准强度的3/4，即1395MPa，此预应力在梁段安装前在预制场内进行张拉。

横向预应力采用25t前夹式液压千斤顶单端单根张拉，普通压浆工艺施工。

图 15-42　穿索机穿索图

2. 单跨简支箱梁预应力张拉

简支箱梁预应力张拉是在梁段拼装成简支状态，整孔落梁前进行的张拉。箱梁顶板与底板纵向预应力钢束张拉顺序：简支箱梁预应力束在该孔节梁段拼装完成后进行穿束，两端张拉。

3. 多孔连续箱梁预应力张拉

多孔连续箱梁预应力张拉是在一联各孔箱梁均形成简支并落梁后进行的张拉。当湿接缝混凝土达到设计强度后，穿束并张拉体内永久连续预应力束，按先顶板后底板、先长束后短束的原则进行张拉，采取对称张拉方式，共有 15-12 束、15-15 束、15-17 束、15-19 束等四种形式。设计张拉控制应力为标准强度的 7/10，即 1302MPa。

4. 预制节段梁与边墩固结竖向预应力张拉

竖向预应力束仅存在于边墩墩顶箱梁节段中。当一联箱梁由简支变为连续梁，边墩墩顶段与边墩间后浇混凝土达到设计强度后，张拉墩顶段与边墩竖向预应力。竖向预应力共 2 束，每束由 12 根钢绞线组成，为承台及墩身施工时先穿预应力，其每束张拉控制力为 2187.4kN。

（三）孔道压浆

预应力管道压浆宜在张拉完成后尽早进行，纵向预应力管道采用真空辅助压浆工艺。压浆要求如下：

（1）压浆前应用中性洗洁水清洁孔道，并使用不含油的压缩空气将孔道内的积水吹出。

（2）压浆顺序要求从低位孔道向高位孔道进行。

（3）整个压浆过程应保持缓慢、均匀进行，且不得中断，相邻孔道宜尽量连续进行压浆，不能连续压浆时，后压浆的孔道应在压浆前用压力水冲洗干净。

（4）水泥浆自拌制至压入孔道的延续时间一般为 30 ~ 45min。

（5）压浆采用活塞式压浆泵。

（6）当气温高于 35℃时，压浆宜在夜间进行。

（7）压浆过程中，必须按规范规定抽取试件，以评定水泥浆质量。

（四）封锚

压浆完成后，用砂轮切割机割除长余的钢绞线，其外露长度大于 3cm，并对需封锚的部位及时进行混凝土浇筑。封锚施工时，先对锚具周围的箱梁混凝土进行人工凿毛并冲洗干净，支立模板并浇筑混凝土；封锚混凝土的强度应符合设计要求。

五、施工监测

由于本段桥梁均为超静定结构，在施工过程中结构体系将随施工阶段发生变化，施工阶段和成桥后的受力状态以及所受荷载大小存在着较大差异，因此成桥后的桥面标高和内力的大小与施工阶段是不同的。由于现场施工荷载和温度是不定值，结构的实际参数与设计参数肯定存在着差异，使施工过程中的内力和变位偏离设计值，这种偏离的积累不仅影响成桥后的正常使用，还可能危及施工中的结构安全。因此施工时必须对线形和内力监控数据进行认真分析，及时掌握结构设计状态，并采取相应的措施，防止施工中的误差积累，保证成桥线形和施工期及使用期的结构安全。

标准段连续刚构桥梁施工监测的主要工作包括施工过程中的内力监测、预制节段拼装三维定位监控、施工过程的桥梁线形监控等，主要检测内容包括墩部内力施工监测、主梁内力施工监测、预制节段拼装过程线形监测和主梁施工过程挠度监测。

第五节　整孔简支梁施工

大学城专线终点到沙湾水道以北共357孔整孔箱梁，里程为YCK27+972.840~YCK40+106.740，其中30m整孔箱梁296孔，25m整孔箱梁48孔，8种非标准跨梁13跨。整孔箱梁全部采用运架一体机架设。

一、运架梁机提梁

主机一次对位运行至横移旋转平台相对纵向位置停车，根据不同梁跨调整横移旋转平台中心距离后旋转臂打开，支撑于已架桥面；提梁机提箱梁放置于横移旋转平台，用遥控器操作主机提升箱梁离开横移旋转平台约20mm，静停5min，然后将箱梁提升至规定高度（吊梁扁担上表面距离主机主梁下表面150~200mm）；撤除后驱动台车轮组止轮木楔，主机提梁运行。如图15-43所示为运架一体机提梁。

二、运架梁机运梁

取掉后驱动台车止轮木楔后主机走行运行，重载运行速度不得大于3km/h。当通过曲线半径小于600m路段和梁缝时应严密监控轮组运行情况，通过现浇梁和地面线时要严密监控现浇梁或地面线的承载情况。

三、主机与下导梁驮联

主机运行至导梁后端30m时，以降至0.3km/h的速度接近导梁，在距导梁后端5m处一度停车；再以0.3km/h的速度进行横向及纵向对位，纵向对位距离：主机前驱动台车最前端第一轮组轴中心距已架箱梁梁端850mm；主机发动机降至怠速，指挥运架梁小车进行纵向精确对位；确认运架梁小车与主机对位良好，将主机前驱动台车轮组保险钢丝绳进行穿接，并张紧。

操作运架梁小车油缸顶升，确保橡胶垫完全与主机支座位置吻合后顶升加载20~30min。

检查确认主机、导梁及四个顶升油缸水平后继续顶升主机至最高位（大坡道时须先解除4号支腿锁定）；支撑运架梁小车油缸保险支座，并挂上保险链条。

检查油缸锁帽距油缸顶面托盘下部都是45mm，然后操作油缸同步下降，使保险支座均匀受力，同时检查主机与导梁的水平。

四、主机过跨

主机发动机提至高速，驱动主机与运架梁小车同步向前运行；运架梁小车挟主机完全通过2号支腿位置并确认3号支腿已经承载，将3号支腿与导梁进行锁定；继续前行过跨，用线锤测量所吊箱梁后端距已架箱梁梁端50mm处停止过跨，主机发动机降至怠速。如图15-44所示为主机过跨。

图15-43　运架一体机提梁

图15-44　主机过跨

五、导梁前移

解除3号支腿与导梁间的锁定，卸载2号支腿至最低位；推出导梁后端2号支腿起吊装置并锁定，操作运架梁小车驱动导梁前移，使2号支腿起吊装置钢丝绳对位至2号支腿中心垂直位置。如图15-45所示为导梁前移。

移除1号支腿，将2号支腿转移小车推至已架箱梁梁端约1m的中心位置(30m以下梁)；将2号支腿起吊装置钢丝绳与2号支腿连接加载，解除2号支腿锚固和泵站的液压管路连接，吊起2号支腿约150mm，收机具料至2号支腿后起升2号支腿至最高位；导梁后退将2号支腿放于2号支腿运输小车上(架设30m梁时将2号支腿放于已架箱梁端)，扣上安全夹板；安装导梁后端轨道止挡，导梁继续缓慢前移，直至导梁轨道后端止挡距3号支腿支撑轮踏面20mm时停止(假设曲线半径为600m时导梁前移离开已架箱梁梁端约2m处停止)，调整4号支腿向曲线内侧横移200～300mm后再前移导梁到位。

六、主机落梁

落梁在支座距桥台约600mm时停止下落，安装支座锚栓，继续指挥落梁，在支座锚栓距桥墩支撑垫石约50mm时停止落梁；调整吊梁台车纵横移油缸使锚栓基本对正垫石锚栓孔，满足锚栓能够进入后，继续落梁，当支座下表面距支撑垫石约15mm时停止落梁；调整对正好支座与垫石中心线后落梁就位。摘除主机吊钩与箱梁的连接，把与吊杆相匹配的螺帽和垫板重新安装到吊杆上。在起升吊钩吊杆高于导梁约1m左右位置，调整吊梁台车纵横移油缸回至中位。如图15-46所示为主机落梁。

图15-45　导梁前移

图15-46　主机落梁

第六节　跨江(河)桥水中基础施工

一、工程概况

(一)四号线市桥沥、沙湾特大桥

市桥沥、沙湾两座特大桥，连接石基镇和东涌镇，在观音沙中部跨越市桥沥和沙湾两条水道，属珠江水系。市桥水道在桥位下游的观音沙尾与沙湾水道汇流后注入狮子洋。桥址处沙湾水道一般河宽250～300m，水深一般在4.0m以上，最深处4.6m，主槽居河中，河道稳定。水流平缓，涨潮时流速较小，退潮时流速较大，平均流速为1.12m/s。最大潮差达+3.07m(落潮)，平均潮差约为+1.5m。

沙湾水道航道等级为国家内河Ⅰ级，通航净空要求为110m×18m双孔通航或220m×18m单孔双向通航；沙湾最高通航水位为20年一遇洪水位，高程为7.46m，设计水位为300年一遇洪水位，高程为7.93m。

市桥水道航道等级为国家内河Ⅳ级，通航净空要求为 45m×8m 双孔通航或 90m×8m 单孔双向通航；最高通航水位为 10 年一遇洪水位，高程为 7.29m，设计水位为 300 年一遇洪水位，高程为 7.93m。

沙湾大桥主墩墩身采用 6.9m×3.0m 板式截面，承台尺寸为 13.6m×9.1m×4.0m，桩基础采用 6 根 ϕ2.2m 钻孔桩，桩长 50m；边墩墩身采用 7.3m×3.0m 板式截面，承台尺寸为 11.4m×8.2m×3.5m，桩基础采用 6 根 ϕ1.8m 钻孔桩，桩长 44.5m。水中承台均采用高桩承台，承台顶标高为 +6.356m。承台混凝土强度等级为 C40。

市桥沥大桥墩身采用板式截面，水中 DD037 墩承台为低桩承台，水中其他墩均为高桩承台，水中桩基础采用 4 根 ϕ2.2m 钻孔桩，桩长 36.5～38.8m；边墩桩基础采用 4 根 ϕ1.8m 钻孔桩。水中桥墩承台尺寸为 9.1m×9.1m×3.5m，其中 DD037 墩承台顶标高为 −3.5m，位于水下 10.5m，DD036 和 DD038 墩承台顶标高为 +3.0m。承台混凝土强度等级为 C40。

（二）五号线跨珠江桥

五号线高架区间跨珠江桥均位于大坦沙三茂铁路及新建的广佛放射线北桥西北侧，紧贴、平行新建的广佛放射线北桥。

本区段在地貌上属于珠江三角洲冲积平原，地势平坦，河道宽阔，水流平缓，水位受潮汐影响，河流冲蚀、冲刷作用微弱。本场区地质分层主要有冲积—洪积砂层（Q_3^{al+pl}），冲积—洪积土层（Q_3^{al+pl}），岩石全风化带（层号〈6〉），岩石强风化带（层号〈7〉），岩石中等风化带（层号〈8〉），岩石微风化带、洞穴。该地段溶洞及断裂带发育，地质变化明显：桥墩 W1～W3 以红岩为主；W4～W8 以灰岩为主，溶洞发育，普遍出现串珠状，多层分布。大部分溶洞无填充物，局部充填可塑状粉质黏土。

珠江广州河道为感潮河流，潮汐类型为不规则半日潮，每日基本上有两涨两落，往复流十分明显，历年最高潮位 7.62m，百年一遇潮位 7.79m，最低潮位 3.64m，多年平均潮位 7.02m，年平均潮差 1.50m；广州河道除遇较大洪水外，基本受潮流控制，即使在汛期，潮流影响仍很显著。据取样分析，地表水对混凝土无腐蚀性，对混凝土中的钢筋有弱腐蚀性，对钢结构具有腐蚀性。五号线跨珠江桥桥址处常水位约为 +6.8m。

跨珠江桥为 4×50m+3×50m 两联七孔预应力混凝土连续现浇箱梁，采用桩基础，共有 W1～W8 八个承台，水中施工的承台有六个（W2～W7），其中 W3、W4、W5、W7 为四桩承台，桩径为 1.8m；W2、W6 为六桩承台，桩径为 2m。桩按行列式布置。四桩承台尺寸为 6.9m×6.9m×3.0m，六桩承台尺寸为 11.6m×8.2m×3.0m。承台顶标高为 +1.00～3.85 不等，承台混凝土强度等级为 C25。

（三）六号线白沙河大桥

六号线白沙河大桥位于白沙河水道——珠江右航道白沙河入口处，桥轴线与河道斜交，斜交角度为 123°42′27″，跨越水域宽度约为 300m。桥址起讫桩号为 YCK2+195.2～YCK2+505.2，白沙河大桥结构形式为钢箱刚构组合式单面系杆拱桥，跨度组合为 40m+40m+150m+40m+40m，桥梁全长 310m，主要由两侧预制悬拼节段箱梁、两个预应力 Y 形刚构主墩、Y 构上现浇混凝土主梁边跨、钢箱主拱、桥面系杆及预制悬拼预应力混凝土主梁组成。全桥共有 6 个墩台，墩位编号为 SH13～SH18，其中 SH15 、SH16 为主墩，除 SH18 墩位于大坦沙岛岸上外，其余均在水中。

工程场地软土层为第四系海陆交互相淤泥、淤泥质土层，具有含水量高、压缩性高、强度低的特点，易发生压缩变形进而导致桩径缩小。另广泛分布着海陆交互相沉积淤泥质粉细砂层、冲积—洪积粉细砂层，其液化等级为中等～严重，为潜在的不良地质体。场地的粉砂岩、细砂岩，遇水易软化，在地下水浸泡后强度易降低。场地地下水位埋藏较浅，稳定水位埋深为 0.10～4.78m。每年 5～10 月为雨季，大气降雨充沛，水位会明显上升；冬季因降雨减少，地下水位随之下降，年变化幅度为 2.5～3.0m。白沙河大桥桥位主墩处设计参数情况如下：

	SH15 号墩	SH16 号墩
施工平台标高	+9.5m	+10.0m
河床面标高	+3.0m	-1.76m
承台顶标高	-2.0m	-2.0m
承台底标高	-7.0m	-7.0m
封底混凝土底标高	-10m	-10m
水流流速	约为 0.5m/s	

从以上资料看出，从河床面以下计算，SH15 号墩承台基坑较 SH16 号墩深近 5.0m，因此本方案以 SH15 号为主进行叙述。白沙河大桥主墩承台结构尺寸如图 15-47 所示。SH15 号主墩处地层情况如图 15-48 所示。

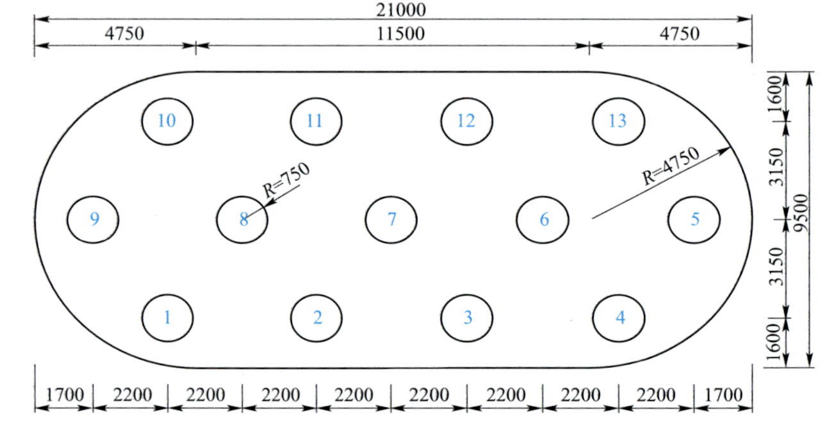

图 15-47　白沙河大桥主墩承台结构尺寸图(尺寸单位:mm)

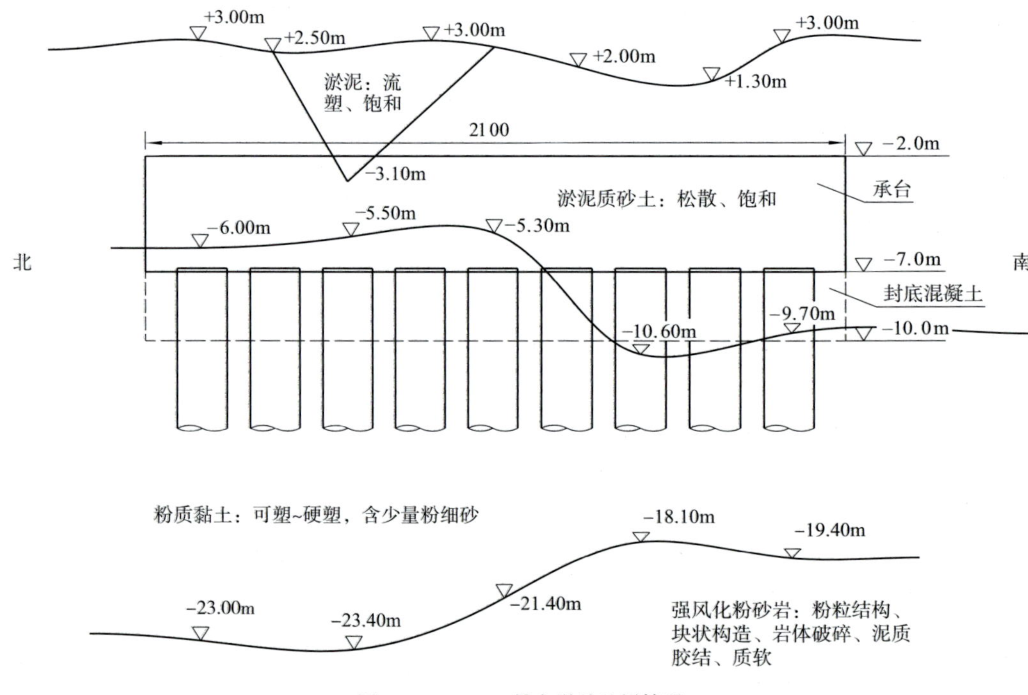

图 15-48　SH15 号主墩处地层情况

二、下部基础施工方案

由于上述几座桥的桩径较大、桩基础较长，而且五号线桥位处岩溶发育，为了保证桩基在成孔过程中不会受潮汐的影响而塌孔、不会因土压力太大而造成桩孔变形并保证桩基质量,采用钢护筒护壁的施工方法。钢护筒直径比桩径大 20cm,钢护筒厚度为 20mm,市桥沥大桥和沙湾水道大桥的钢护筒顶面标高与施工平台一致。五号线珠江桥的钢护筒顶面高出最高水位 50 ~ 100cm。水中承台均采用钢板桩围堰围护施工。

(一)桩基础施工

水上桩基础施工工艺流程如图 15-49 所示。

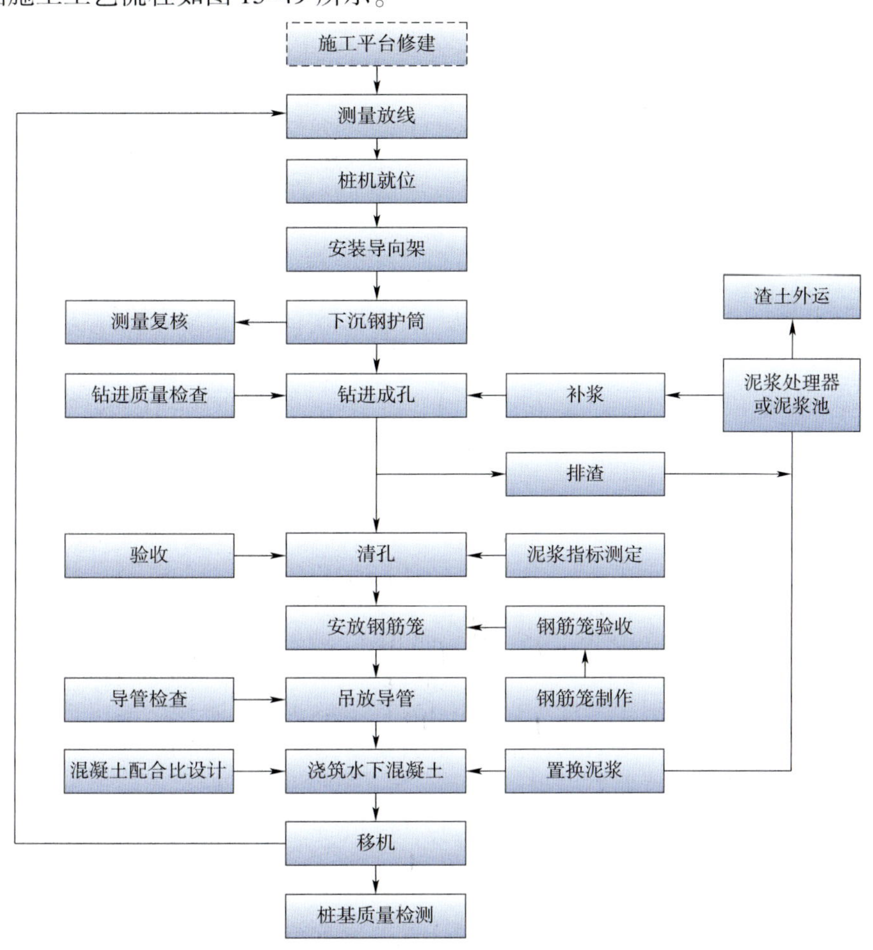

图 15-49　水上桩基础施工工艺流程图

桩基平台及钢护筒:水上桩基础通过搭设的水上施工平台和栈桥进行施工。在水上桩基施工过程中,钢护筒的埋设是整个水上桩基施工的重中之重。

钢护筒施工采用高频振动锤分节施打振动下沉,每节长度可根据起吊能力分为 2 ~ 4m 不等,护筒的节数根据护筒下放时起吊机具能力的大小而定。钢护筒连接时应保证竖直,接缝应密合不漏水。下沉好的护筒应焊接固定在施工平台上,以防止发生坍孔时护筒沉落或偏斜。

桩基础冲孔:针对四号线桥桩径大、桩身长的施工难点,采用 10 ~ 12t 的冲桩机进行施工;五、六号线的桩基础采用冲击钻施工。若遇溶洞时,采用低锤轻冲的方法将溶洞顶板打破,然后及时将提前准备的黄泥、片石抛进孔内,堵住溶洞口;及时加长钢套管,用振动锤施打,使钢套管穿越溶洞。

(二)水中承台施工

水中承台施工工艺流程如图 15-50 所示。

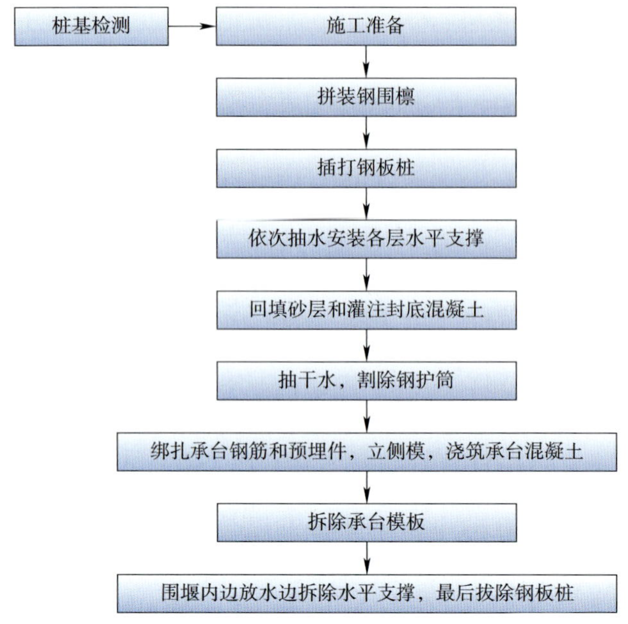

图 15-50 水中承台施工工艺流程图

1. 钢板桩围堰设计及施工

由于钢板桩围堰可以更精确地控制围堰位置，更容易下沉，拆除方便，在对钢板桩围堰外力、变形、稳定和反涌上浮等进行分析和计算后，可以针对其薄弱环节，强化内支撑受力体系，使其满足深水、长桩、深软基状况下的受力、变形、稳定性和基底反涌上浮等方面的要求，所以四、五、六号线的水中承台都采用钢板桩围堰进行施工。

1）四号线

市桥沥大桥 DD036、DD038 水中桥墩承台及沙湾大桥 DD066 ~ DD068 水中桥墩承台围堰采用 FSP－Ⅲ型钢板桩，桩长 21m。市桥沥大桥 DD037 水中桥墩采用 FSP Ⅳ 型钢板桩，用两根（12m）接驳为一根 24m 长。

支撑体系：市桥沥大桥 DD036、DD038 由两层支撑组成，支撑采用 2132a 工字钢组合支撑；两个墩的第一层围檩采用 2132a 工字钢组合围檩，第二层围檩采用 2156a 工字钢组合围檩。DD037 由六层支撑组成，支撑采用 2156a 工字钢组合支撑；第一层围檩采用 2132a 工字钢组合围檩，其余各层均采用 2156a 工字钢组合围檩。

沙湾大桥三个桥墩均由一层支撑组成，采用 2132a 工字钢组合支撑，2145a 工字钢组合围檩。

2）五号线

水中承台钢板桩围堰采用拉森Ⅲ型钢板桩，根据详勘资料揭示的岩面深度，W2、W3、W4、W6、W7 墩使用 18m 钢板桩，W5 墩使用 22m 钢板桩。

围堰支撑体系：W2、W3、W4、W5、W6 墩承台的围堰支撑由三层支撑组成；W7 水中承台钢板桩围堰支撑由两层支撑组成，支撑采用 2132a 工字钢组合支撑；围檩采用 2145a 工字钢组合围檩。

3）六号线

由于承台尺寸大，长 21.8m，宽 9.5m，所以承台支撑体系比四、五号线复杂。钢围堰所用型钢及钢构件皆为 Q235 钢。

钢板桩施工时先下放围檩，利用第一层围檩作为导向架，在导向架上安装限位导向器。利用平台上的 25t 汽车吊多点起吊钢板桩并靠着导向架后，汽车吊起吊振动锤并夹桩。振动下沉钢板桩至封底混凝土底标高（即 －10.000m）时，准备浇筑封底混凝土。如图 15-51 所示为钢板桩下沉顺序，如图 15-52 所示为钢板桩施工图。

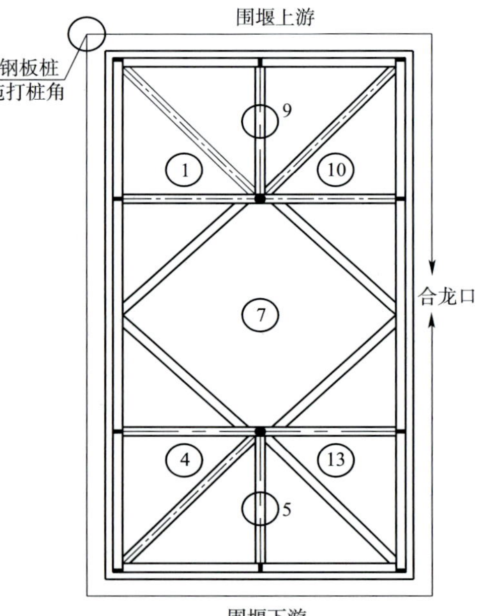

图 15-51 钢板桩下沉顺序

浇筑封底混凝土：根据本桥围堰水下混凝土所具有的特点，封底混凝土采取分仓分层依次浇筑的施工方案。围堰分为 6 个仓，用两套浇筑导管进行浇筑。

2. 承台施工

由于六号线的承台尺寸大，而且墩身断面形状为中间矩形两端接半圆，所以，其支撑系统及模板工程等均比四、五号线的承台复杂。下面以六号线的承台施工为例进行介绍。

在钢板桩及水平支撑、封底混凝土等施工完成后，承台的施工还需要如下工序。

1）割除钢护筒

将围檩及支撑系统与钢板桩固接，并将竖向支撑安装在封底混凝土顶面的预埋钢板上，然后对整个围檩及支撑系统检查加固，并将原支撑钢护筒与围檩的支撑系统焊接连接在一起，从设计桩顶标高位置割除钢护筒至承台顶标高。此时原支撑钢护筒则变为吊在内支撑上。

2）围堰的拆除

第一次承台混凝土浇筑完成后，承台标高为 -4.5m，第二次承台施工高度为 -4.5 ~ -2m，而最下层围檩标高为 -4.0m，因此第二次承台施工时需要拆除最下层（第四层）围檩（见图 15-53）。这就需要进行一次围檩支撑系统受力转换。

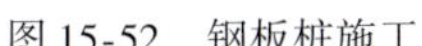

图 15-52　钢板桩施工

图 15-53　围檩支撑系统拆除

第一次承台混凝土浇筑完毕拆除模板后，在承台与钢板桩之间的空隙内充填 2.2m 厚的细砂，范围为 -7.0 ~ 4.8m。然后在砂的顶面浇筑一层 C30 混凝土，厚 0.3m，顶标高为 -4.5m。待混凝土强度达到设计强度的 70% 后，拆除第四层围檩及内支撑。此时，第四层围檩所受的力由混凝土传至承台承受。在垫层混凝土表面支立模板进行承台第二次混凝土的浇筑。

围堰的整体拆除：在承台施工完毕，并安装上部施工的支架出水面后，开始整体拆除钢板桩围堰。

由于钢板桩拔出后，围檩及内支撑系统受水流的冲击，会发生移动，所以在内支撑与钢护筒之间安装限位装置用来对围檩及支撑系统进行限位，同时钢护筒上口之间用型钢成剪刀状连接以增加稳定性，以免受水流冲击发生位移，如图 15-54 所示。

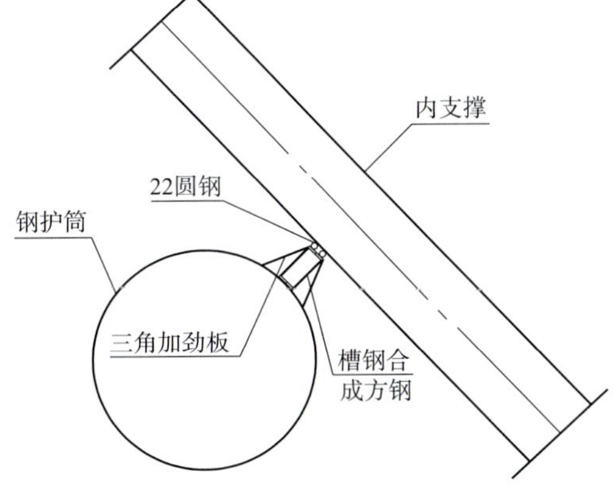

图 15-54　内支撑与钢护筒之间安装限位装置

安装围檩支撑系统的竖向支撑于预埋件上，使整个系统竖向受力于封底混凝土上，在钢护筒上桩顶设计标高位置割除所有钢护筒。

3）桩头凿除

对超浇筑桩基桩头进行凿除，控制桩头标高满足设计要求。如有低于该控制标高者，将桩头表面水泥砂浆和松弱混凝土清理干净，待浇筑承台混凝土时一并进行浇筑。

4）钢筋工程施工

根据设计要求和承台分层施工工艺，钢筋绑扎施工顺序为：承台底面钢筋铺设→承台钢筋架立绑扎（第一次施工）→承台第一次支模混凝土浇筑→承台钢筋架立绑扎（第二次施工）→墩身预留钢筋施工→承台第二次支模混凝土浇筑。

5）冷却水管施工

承台内共布置四层冷却水管，第一、三层冷却水管平行承台长边布置，第二、四层冷却水管垂直第一、三层冷却水管布置。水管水平间距为 0.8m,垂直间距为 1.0m。冷却水管采用 ϕ40mm 钢管(壁厚 2.0mm),接头采用胶管接头(胶管内径等于钢管外径),接头处缠黏胶带,确保其不漏水。

6)模板工程施工

承台侧模采用 2.00m×0.50m 的组合钢模组拼成大块钢模,设双根脚手管肋带及型钢背带。如图 15-55 所示为承台模板拼装图。

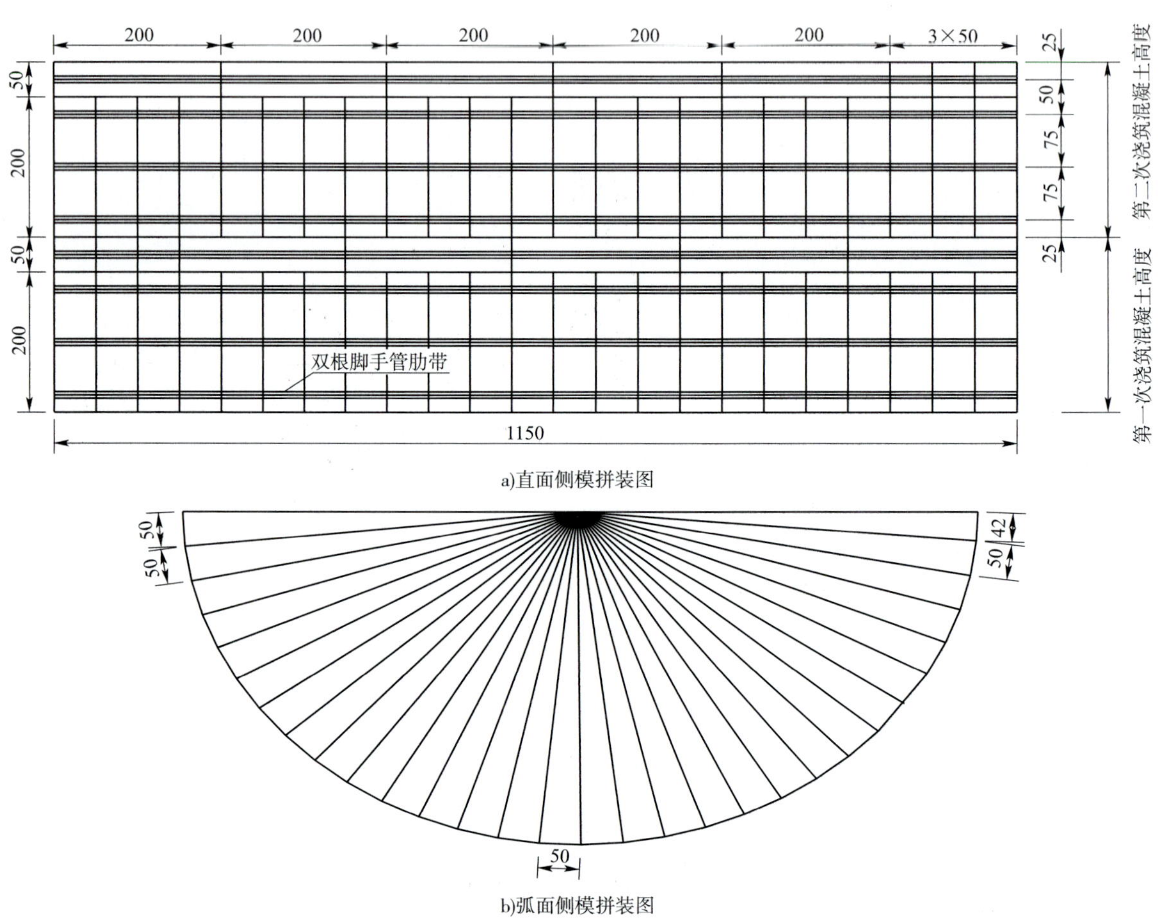

a)直面侧模拼装图

b)弧面侧模拼装图

图 15-55 承台模板拼装图(尺寸单位:cm)

由于承台水平尺寸较大,不易设置对拉螺栓,故在侧模支立固定时,采用型钢支撑于钢板桩或围檩系统支架上,型钢背带底口限位在封底混凝土表面埋设的预埋件上。主墩承台均按 2.5m+2.5m 两次施工,所以承台侧模也分两次施工,根据模板尺寸,拼装成 2.0m 和 0.5m 两部分,其中 0.5m 高度部分作为第二次承台施工的接口模板。为防止在拆除下面模板时松动接口模板,考虑在接口模板部分设置对拉螺杆,与水平钢筋进行连接,以进行加固。

根据主墩墩身施工需要,在承台顶应埋设墩身第一节段模板支立预埋件、Y 构施工支架预埋件等,预埋件位置由测量放样确定。

7)混凝土工程施工

混凝土采用强度等级为 C30 的商品混凝土,罐车运输,现场一次浇筑成型,浇筑前预埋好上部结构施工的支架预埋件及墩顶预留钢筋。为保证混凝土浇筑质量,采取分层浇筑、分层振捣的方式,混凝土浇筑分层厚度为 30cm。混凝土浇筑步骤如图 15-56 所示。

3. 水中承台大体积混凝土施工

由于上述几个承台尺寸较大,需要浇筑的混凝土方量大,为大体积混凝土,况且承台受力复杂,不允许出现任何有害裂纹，必须采取有效的施工技术措施，降低混凝土的水化热，保证混凝土不开裂。在实施中从混凝土的原材料、配合比、搅拌及运输、混凝土的浇筑时间、混凝土内部安装循环水管降温及混凝土养生等方面采取了一系列技术措施。如选用低水化热水泥，掺用适量粉煤灰和缓凝型外加剂，减少水泥用量以减少水化热；在混凝土搅拌前对集料进行洒水降温或采用拌和水冷却进行降温，控制混凝土的入模温度在28℃以下；保证混凝土在搅拌站有足够的搅拌时间，使水泥的水化热反应充分、完全。混凝土中心温度与表面温度的差值不大于25℃，混凝土表面温度与大气温度的差值不大于25℃；混凝土初凝后，采用麻袋覆盖承台混凝土并淋水养护，以减少混凝土的内外温差；混凝土终凝后，开始向循环冷却水管进行灌水冷却，冷却循环至养护期7d后停止。

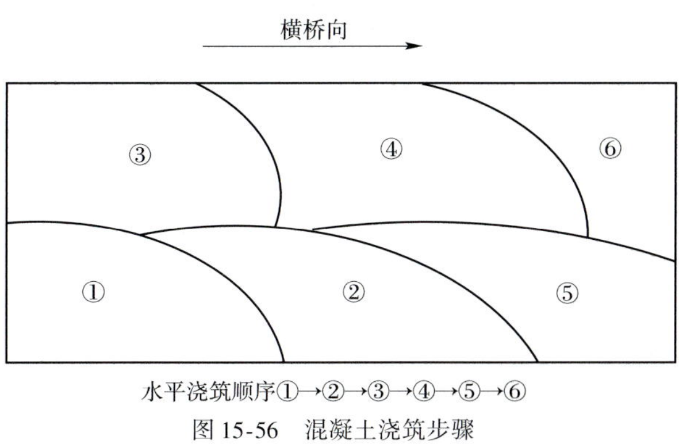

图15-56　混凝土浇筑步骤

第七节　跨江(河)桥上部结构施工

一、四号线沙湾大桥和市桥沥大桥上部结构施工

(一)工程概述

沙湾特大桥为(70+2×120+70)m四跨变截面连续刚构，梁体为单箱单室斜腹板截面，中支点处梁高为6.5m，边支点及跨中处梁高为3.5m，主梁采用C50混凝土，三向预应力体系。如图15-57所示沙特大特立面布置图。

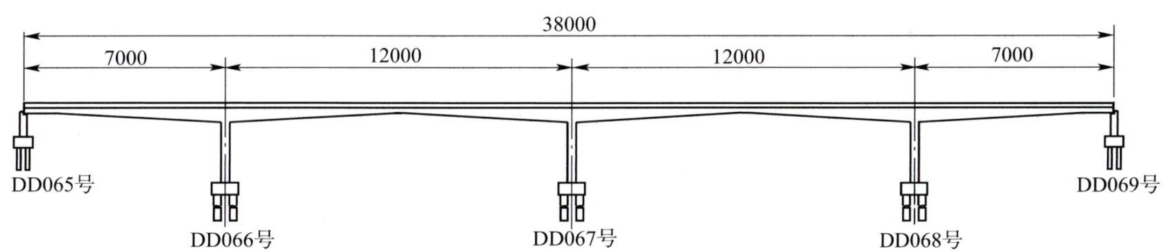

图15-57　沙湾大桥立面布置图(尺寸单位:mm)

市桥沥大桥采用(52.5+2×80+52.5)m四跨一联预应力混凝土变高度连续梁。箱梁采用单箱单室结构，箱梁跨中梁高为2.5m，支点梁高为4.5m，梁体采用斜腹板，箱梁顶板宽为9.3m，横向为平坡，箱梁底板梁端及跨中合龙段处宽为5.0m，其余位置随梁高而变化，水平放置。箱梁梁体两翼悬臂长度为1.8m，全联顶板厚度保持不变，均为25cm。底板为变厚度，中墩支座处为65cm，梁端支座处为40cm，跨中为30cm。腹板亦为变厚度，中墩支座位置附近为65cm，梁端为55cm，除腹板变化段外，其余均为40cm。横隔板沿梁全长共设置5道，端支点隔板厚度为90cm，中墩支点隔板厚度为250cm。采用挂篮悬臂施工。如图15-58所示为市桥沥大桥立面布置图。

(二)桥梁上部悬臂浇筑施工工艺

1. 主桥上部结构0号节段梁施工

市桥沥大桥0号节段梁支点处梁高4.5m，沙湾大桥0号节段梁支点处梁高6.5m。两桥0号节段底板均为变厚度,0 号节段梁采用 C50 混凝土,采用纵向、竖、横向预应力系。纵向预应力钢束:沙湾大桥采用 19-7ϕ5mm 钢绞线,市桥沥大桥采用 19-7ϕ5mm 和 12-7ϕ5mm 钢绞线。竖、横向预应力:两桥 0 号节段梁竖向预应力均采用 JL32 精轧螺纹钢筋,横向预应力钢束均采用 5-7ϕ5mm 钢绞线。

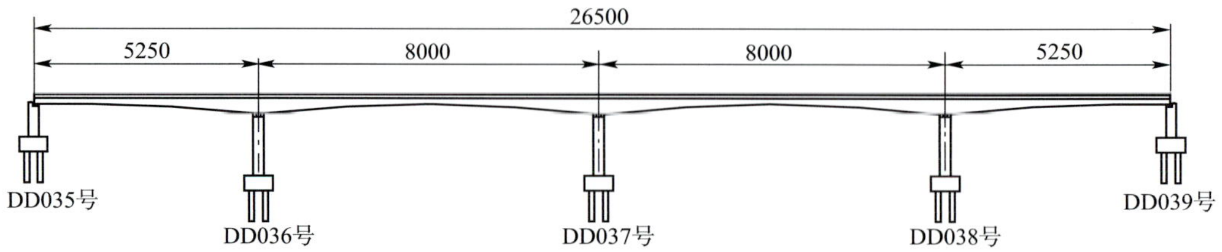

图 15-58　市桥沥大桥立面布置图(尺寸单位:mm)

两主桥上部结构 0 号节段梁均采用临时支墩托架的方法进行施工。市桥沥大桥 DD036 墩 0 号节段临时支墩采用 4 组 ϕ800mm 的钢管混凝土柱,DD037、DD038 临时墩采用 ϕ1200mm 混凝土圆柱。沙湾大桥 0 号节段临时支墩采用在墩柱两边各立 2 根 ϕ800mm 的钢管作为支架。

施工流程:市桥沥大桥 0 号节段梁施工除需在墩顶先安装支座外,其他的工序与沙湾大桥施工流程基本一样。

施工步骤:临时支墩及平台搭设→平台预压及调整→底模和外侧模安装→底板及腹板钢筋绑扎→底板及腹板预应力管道安装→0 号节段梁底板及腹板预应力筋安装→内模板安装→顶板底层钢筋绑扎→顶板预应力管道预应力筋安装→顶板顶层钢筋绑扎→混凝土浇筑及养护→拆除端模→预应力筋张拉及压浆→内模、侧模拆除。

2. 上部结构悬浇节段箱梁施工

两座大桥上部结构箱梁均采用三角形挂篮悬浇施工,市桥沥单 T 构分为 9 个节段,沙湾大桥单 T 构分为 14 个节段,悬浇每个节段周期大概为 8d。

(1)挂篮荷载试验:0 号节段梁施工完后即开始进行挂篮的安装及荷载试验,施工荷载的计算以设计图中最重的一个悬臂段重量乘以施工荷载的系数 1.2 作为挂篮预压时的加载值。施工加载按总加载值的 10%、30%、50%、70%、90%、100% 分级加载,加载过程进行挂篮的中部挠度、吊杆的伸长值测量,用测得的中部挠度减去吊杆的伸长值所得差值再除以 2 即得挂篮在施工荷载下的前端挠度值,以此测量结果作为施工时挂篮预拱度的参考。

(2)挂篮施工流程:挂篮拼装上梁(或移位)→ 挂篮底、外侧模的调整→ 底板底层、腹板外侧钢筋绑扎→ 梁段内预应力构件埋设→ 顶板面层、腹板内侧钢筋绑扎→ 挂篮内模拼装→ 顶板钢筋绑扎及预应力件埋设→ 锚垫板、端模安装→ 混凝土浇筑、养护→ 拆端模、松内、外侧模,混凝土养护→ 预应力张拉、封锚→预应力管道压浆→ 端部混凝土凿毛。

(三)主桥上部结构直线段现浇施工

市桥沥大桥边跨现浇直线段长 11.4m,梁高为 2.25m。沙湾大桥边跨现浇直线段长 8.9m,梁高为 3.5m。直线段梁体均采用 C50 混凝土,双向预应力体系。

边跨直线段现浇箱梁采用搭设施工膺架的方式进行施工。除市桥沥大桥 35 号边跨直线段采用钢管脚手架作支撑外,市桥沥大桥 39 号边跨直线段及沙湾大桥边跨现浇直线段采用搭设施工托架进行施工。两个边跨直线段现浇箱梁采取交错平行施工。

(四)主桥上部结构合龙段施工

(1)沙湾大桥合龙段总体施工顺序:边跨现浇段施工→边跨合龙段施工→现浇段支架拆除及落梁→两中跨同时施加顶推力 3200kN→中跨 1 合龙段施工→中跨 2 合龙段施工。

（2）市桥沥大桥合龙段总体施工顺序：35、39 号边跨现浇段施工→边跨合龙段施工→现浇段支架拆除及落梁→拆除 36、38 号墩临时支墩及落梁→两中跨合龙段结构同时施工→拆除两中跨合龙段支架及模板→拆除 37 号墩临时支墩及落梁

（五）工程施工技术难点及新技术、新工艺应用情况

市桥沥大桥和沙湾大桥上部结构均采用悬臂施工方法，均采用三角挂篮作为悬臂施工平台。

1．悬浇施工的技术重点和难点

（1）梁体线形和标高控制。纵向梁底的曲线线形控制是由挂篮通过底模的标高调整来实现的。影响悬臂浇筑施工标高的因素较多，如预应力、混凝土自重误差、混凝土龄期的收缩、钢束应力的损失、混凝土徐变等，这些因素的影响较难估计；但考虑到现场施工中涉及的影响，可通过预压计算挂篮的弹性变形。

（2）挂篮施工。在悬臂施工中要注意的问题有：①在混凝土浇筑过程和移动挂篮过程中要求尽量两边对称，平衡进行，避免产生过大的不平衡力矩；同时，在浇筑混凝土之前要仔细检查挂篮的后锚情况，避免挂篮发生倾覆。②在浇筑混凝土前要进行标高和轴线的复测，避免在挂篮施工中发生较大的变位，对大桥的线形造成大的影响。③预应力是大桥的主要受力结构，在节段梁预应力施工时要按设计要求的顺序和张拉力大小进行；挂篮前移一定要在钢绞线张拉完毕后进行。

（3）合龙段施工。市桥沥大桥（连续梁）和沙湾大桥（连续刚构）合龙段施工是全桥施工的关键点，对大桥成型后的线形和受力都有重大的影响。如图 15-59 所示为施工中的沙湾大桥，如图 15-60 所示为施工中的市桥沥大桥。

图 15-59　施工中的沙湾大桥

图 15-60　施工中的市桥沥大桥

（4）沙湾大桥合龙段顶推施工。沙湾大桥中跨合龙段在浇筑混凝土之前要进行 3200kN 永久顶力的施工，要求在梁体顶推后进行顶力的转换，使之变成梁体外的顶力，所以要求在梁体外安装一个能承受 4000kN 力的反力架装置。顶力太大，给反力架的设计带来很大的困难。同时顶推过程对梁体会产生影响，所以在顶推过程中要进行监测，主要监测内容有两端 14 号节段箱梁标高监测、合龙段宽度监测、墩身摆偏监测、桥梁轴线监测、边墩支座偏量监测。

2．工程施工主要采用的技术措施

针对施工过程中可能出现的技术问题，在施工过程中提前采用一些技术措施，以保证施工质量。

（1）挂篮施工过程中，先对挂篮进行预压，确保其安全可靠性，再进行节段梁的施工。节段梁施工中强调对称、平衡施工。在浇筑混凝土时，如果挂篮后锚没有锚固好或挂篮前移时后锚松掉都有可能使挂篮出现倾覆情况，所以在挂篮前移时要求有一个后锚不能完全松掉，以便起保护作用。因此在浇筑混凝

土之前应进行后锚检查。

(2)两座大桥在合龙段施工前要控制梁体合龙时的线形,控制重点是梁体纵立面的曲线线形,桥梁在合龙施工前由测量人员进行标高和平面线形的复测。当合龙段两侧的先浇节段梁标高与设计值有较大的误差时,利用压重的方式对T构梁体的一端进行配重以调整标高,尽量达到能满足的最小误差(标高误差控制在2cm,轴线误差控制在1cm),然后进行后续工序的施工。合龙段顶推过程中做好各方面监测。

(3)合龙段混凝土的浇筑选择在一天中温度最低的时候进行,混凝土等级高于梁体混凝土一个等级,以便及时张拉预应力束。

二、五号线珠江西桥上部结构施工

(一)跨珠江桥现浇箱梁施工方案及措施

五号线跨珠江桥为(3×50m+4×50m)两联七跨预应力混凝土连续箱梁,根据设计方案,现浇箱梁采用满堂红支架的施工方法。考虑到现场实际情况,珠江西桥施工时,先搭设箱梁施工水中钢平台和支架,再进行现浇箱梁的施工。

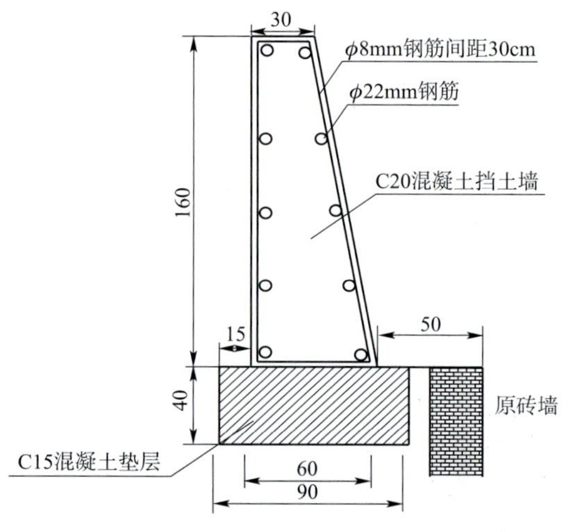

图15-61 堤岸加固(尺寸单位:cm)

先在两岸现浇箱梁钢平台侧各设置一座钢平台码头。考虑到通航要求,箱梁采用倒边施工,先施工W4~W8跨现浇箱梁,将W3~W4跨作为通航孔,待箱梁混凝土强度达到设计要求,钢绞线张拉及压浆施工完成后,拆除W4~W5支架,将其作为通航孔,然后搭设W3~W4水中钢平台和支架。

在珠江西桥施工期间,岸边采用钢筋混凝土挡墙结构进行堤岸加固,堤岸加固如图15-61所示。珠江西桥现浇箱梁施工工艺流程如图15-62所示。

(二)主要施工方法

1. 现浇箱梁钢平台设计与施工

由于上部结构的桥面宽度约为9.5m,现浇箱梁钢平台平面宽按12.5m进行设计。为了不影响河道通航又有利于施工的正常开展,施工时保证一道40m净宽的通航孔不受阻碍。

现浇箱梁钢平台采用ϕ630mm及ϕ529mm钢管作为基础,为保证施工的安全可靠,钢管基础设计入河床深度大于10m,施工中应振至不能振下为止。

W1轴和W8轴位于岸上,所以钢平台基础采用地梁支承,每岸设置两条地梁,每条地梁长15m。

为了保证现有的通航要求,W3~W4一孔留作为通航孔,不搭设连接,珠江西桥施工过程中的材料、设置的转运均采用运输船进行。

工程所在地珠江常水位为6.8m,高水位为7.5m,低水位为4.5m。钢平台面标高为9.1m,高出高水位1.6m。钢平台在主桥上部结构施工结束后拆除。

2. 支架施工

珠江西桥现浇箱梁施工支架采用ϕ48mm钢管搭设,搭设采用满堂式,钢管安装在宽20cm、厚度为5cm的垫板上。钢管顺桥向间距为45cm,横桥向箱梁底钢管间距为45cm,两侧翼板底钢管间距为80cm。

3. 现浇箱梁施工

现浇箱梁全部采用钢模板施工,模板材料的面板采用5mm钢板,法兰采用60mm×8mm钢板,筋板采用 60mm×6mm 扁钢。

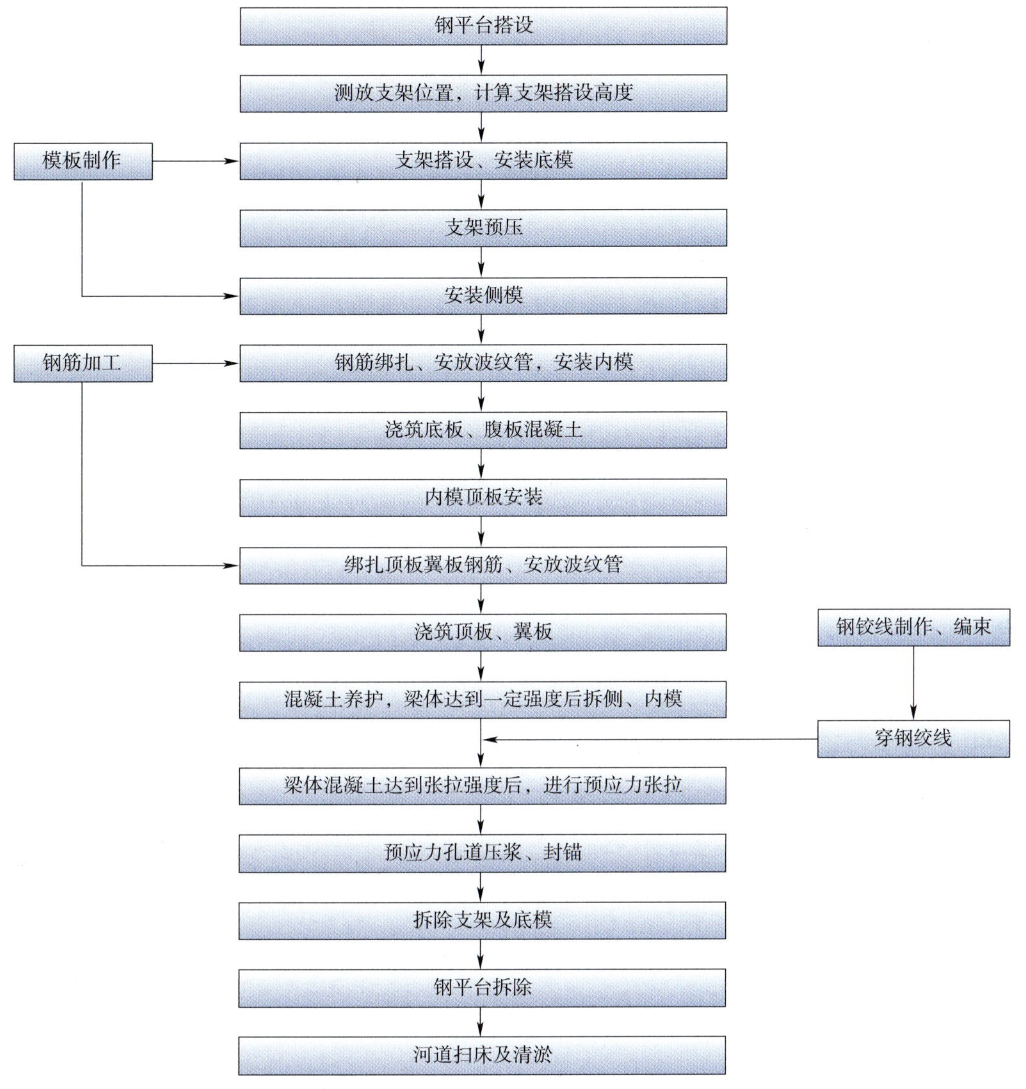

图 15-62　珠江西桥现浇箱梁施工工艺流程图

现浇箱梁浇筑完毕拆除内模后，穿引预应力钢绞线。长钢绞线用卷扬机辅助穿塑料波纹管，钢绞线两端须穿出波纹管 80cm 以方便张拉施工。

待钢绞线张拉完成，对预应力波纹管进行充填注浆。

三、六号线白沙河大桥上部结构施工

（一）上部结构概况

白沙河大桥上部结构由侧边跨预制混凝土悬拼节段箱梁、边跨现浇混凝土箱梁（即 Y 形刚构上现浇混凝土主梁边跨）、主跨预制混凝土悬拼节段箱梁、钢箱主拱、主跨桥面系杆索及吊杆索组成。主跨悬拼节段箱梁共 43 片，箱梁为单箱单室斜腹板构造，顶板宽 11.2m，底板宽 2.4m，梁高 2.0m，标准节段长 2.6m。总吊装长度为 111.8m，单节段最大吊装质量为 52.7t，悬吊总质量约 2100t。两侧拱脚处桥面梁为现浇合龙段，合龙段长度为 1.5m。主拱拱肋为 1.8m×2.0m（宽×高）的等截面的钢箱梁，拱轴线线形为二次抛物线。拱顶至桥面总高度为 27.179m，拱箱净跨为 114m。

(二)总体安装方法及施工流程

1. 总体安装方法

本桥主跨的施工主要由主拱的拼装和主梁的安装两部分构成。根据桥位所处地理地势、河道水文及桥型构造等技术要求,通过与相关部门的沟通,在满足通航要求宽度60m的情况下,施工方案对拱肋按照三大节段现场吊装方式的要求进行划分和制造,拱肋节段布置划分为22m+70m+22m(水平投影长度方向,估算质量为96t+260t+96t=452t)。对其中两个侧拱采用起重能力为300t的浮吊直接吊装,搁置于搭设在水中的临时支撑墩上;中间拱采用设置在临时支撑墩上的拱肋提升吊机整体提升以进行拱肋的合龙拼装。

预制混凝土主梁采用在已成型的拱肋上设置的拱上提梁吊机对称实施逐块拼装。其施工工艺流程如图15-63所示。

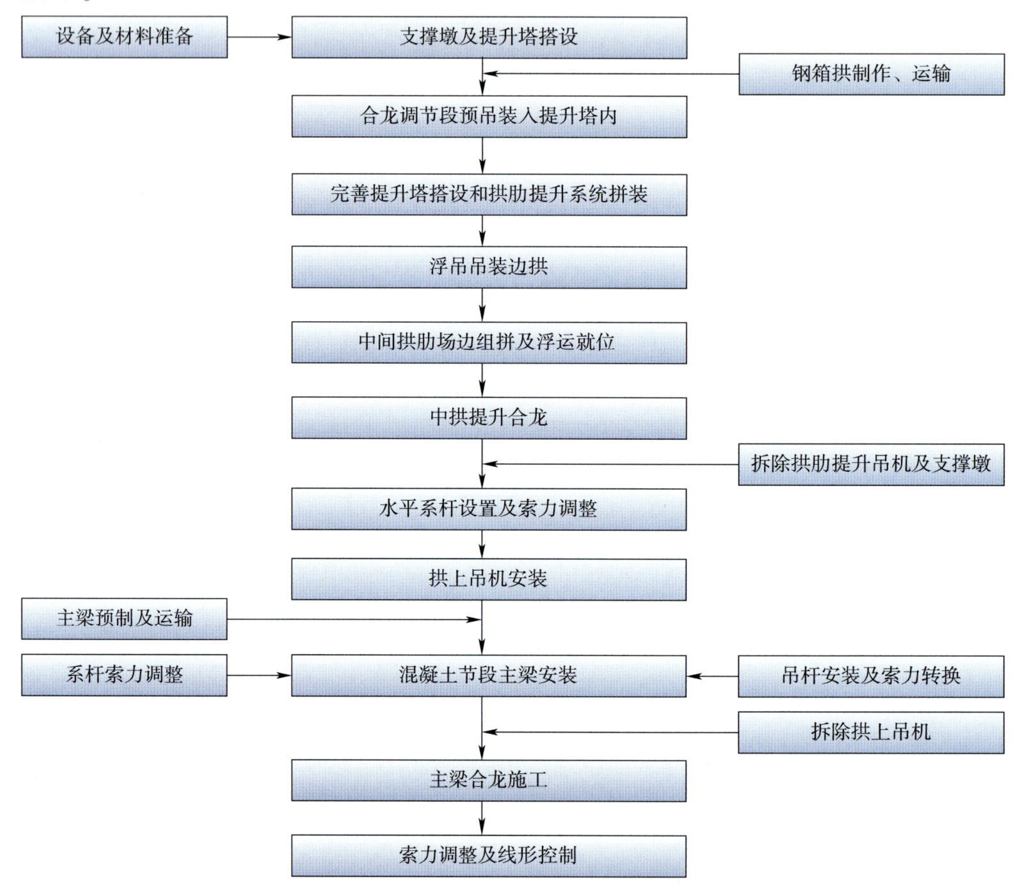

图15-63 预制混凝土主梁施工工艺流程图

2. 主要施工工艺

本方案有三台关键设备:拱肋提升吊机、拱上吊机、300t起重船。

1)水中临时支撑墩施工

在中间拱肋70m节段对应的航道两侧,对称设置水中临时钢管桩支撑墩,每个水中临时支撑墩采用ϕ1000mm×12mm的钢管桩,基础布置为┑形,共8根,钢管桩间距按3.6m考虑;上部提升塔为4根,组成3.6m×3.6m的正方形。

桥轴线与水中临时支撑墩在上部提升塔的轴线重合。在支撑墩外围设置11根ϕ800mm×12mm的钢管桩作为防撞墩,同时也作为靠船桩。防撞墩钢管桩之间用型钢连接。支撑墩顶部采用2HW700mm×300mm的H型钢作为提升纵梁,并设置提升天梁和相应的牛腿支撑。自提升塔顶部以下每间隔一定距离设置水平连接型钢。

采用 CZ90 型振动锤和 300t 起重船将钢管桩沉入河床的基岩面。驳船运送材料及提升吊机用起重船进行拼装。拱肋提升吊机系统布置如图 15-64 所示。

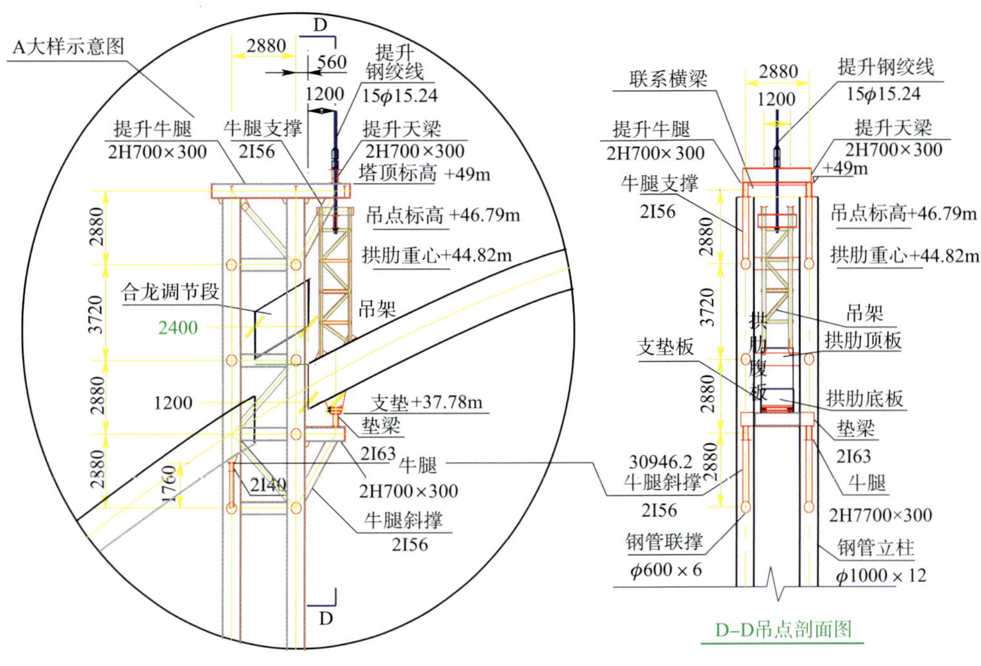

图 15-64　水中支撑墩及提升塔平面布置示意图(尺寸单位:mm)

2)拱脚处水中临时支墩

在拱脚处的水中,同方式施打拼装单排四根 φ800mm × 10mm 的钢管桩临时支撑墩至拱肋的拱脚底部,并与 Y 构的支架进行纵向连接。该支墩也可在混凝土主梁合龙时作为现浇合龙段的支架。水中支撑墩及提升塔平面布置如图 15-65 所示。

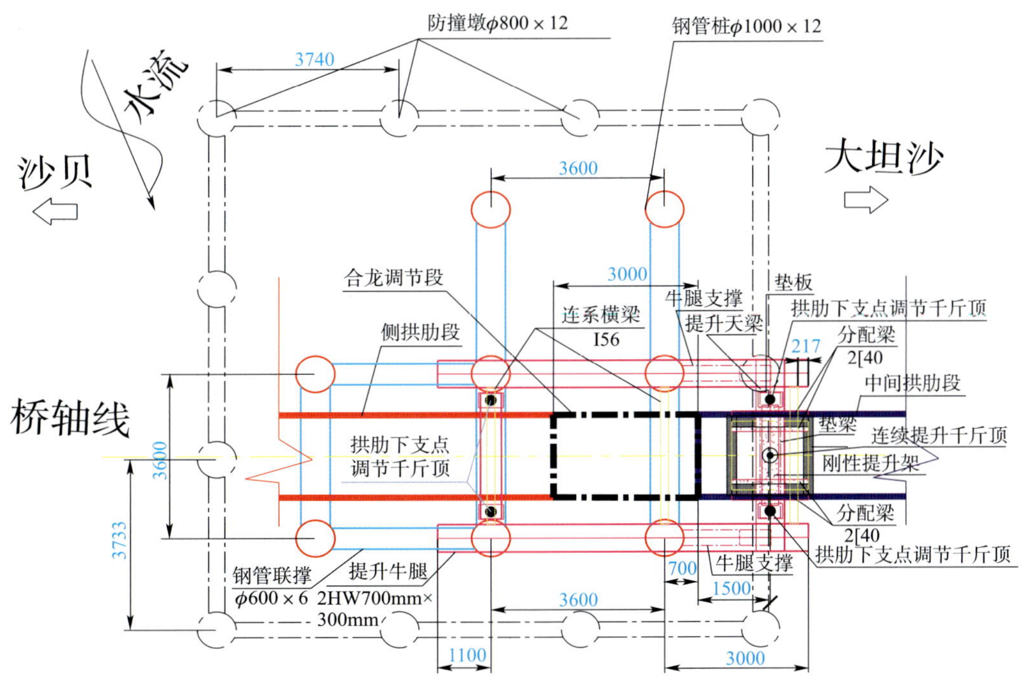

图 15-65　拱肋提升吊机系统布置示意(尺寸单位:mm)

3)拱肋提升吊机组装

当水中临时支撑墩组拼搭设完毕后,在支撑墩顶,利用 300t 浮吊对拱肋提升吊机的提升梁系统进行组装。拱肋提升吊机系统分为主提升纵梁、主提升天梁、牛腿支撑、拱肋下支点及调节系统和连续千斤顶起重系统等五部分。

在提升塔内部，前后两排钢管桩之间（也即侧拱与中间拱之间）设置了一个“合龙调节段”，整个拱肋的合龙焊拼施工在此完成。

起重系统布置于提升天梁上，采用连续千斤顶和 15×ϕ15.2mm 的钢绞线，设计起重量为 250t。吊点距提升塔中心为 4.0m。

4）拱肋安装

侧拱安装：两个侧拱采用 300t 浮吊，由水中直接吊装侧拱肋于支撑墩上，拱脚处进行精确对位后与 Y 构前悬臂拱脚钢混凝土结合段进行临时固定。

中间拱安装：在桥位下游航道线以外金沙洲侧的浅滩处，采用 1000t 驳船（船体尺寸为长 50m×宽 12m×深 3.0m）顺河道方向作为 70m 中间拱的现场组拼平台。用 ϕ600mm×8mm 钢管和型钢组拼搭设拱肋弧形门架式胎架，用浮吊将分段运输的中间拱按照设计和规范要求在胎架上进行现场焊拼。门架顶部纵向之间采用 I20 型钢连接，并在距离驳船面高 4.0m 处再设置一道。如图 15-66 所示为弧形门架式胎架拼装示意图。

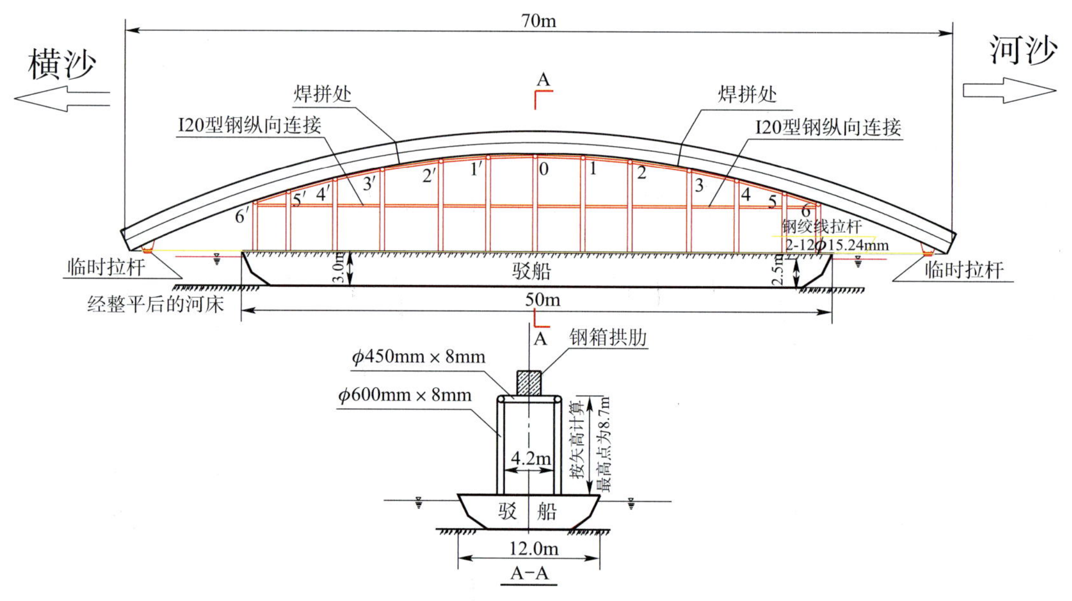

图 15-66　弧形门架式胎架拼装示意图

中间拱现场组拼：首先用浮吊将最中间的单元拱肋精确安放于胎架中部，经校核无误后，将拱肋临时锁定于门架上，然后浮吊进行两侧单元拱肋的吊装拼接。

当中间拱肋及刚性吊架拼接完毕，为消除中间拱在提升时的弹性变形和端头截面的扭转，以及满足设计要求的成拱后的内力状态，确保拱整体肋拼装的精度，须对刚性吊架的正下方的拱肋底板处设置的临时拉杆进行预张拉。

中拱吊装：驳船经抽水上浮后，用拖轮进行拖运，将 70m 拱肋运抵现场桥位下方，缓慢对位后，用支撑墩上的拱肋提升吊机系统提升专用吊具将拱肋整体提升就位。拱肋提升吊机起吊的是刚性吊架，且作用点为刚性吊架的顶部锚具锚梁，两端吊点的跨度为 67m。同时支撑拱肋的支点在与临时拉杆同一平面位置的横向垫梁上，支点跨距亦为 67m。

合龙施工：为确保拱肋的合龙能够满足桥梁线形的要求，在拱肋合龙时设置一节较短的调节段，该调节段长度为 1.0～1.5m，拟定位置为中间拱与侧拱之间，当中间拱通过拱肋提升吊机安装就位并准确调位后，最后进行该调节段的对位拼装。“合龙调节段”是整个拱肋最后合龙焊拼的重要步骤。

对位拼装前,测量各方面数据,通过施工监控的缜密计算,得到实际的合龙数据,对调节段进行修正后,进行最终合龙拼装的作业。

5)拱上提梁吊机拼装混凝土主梁

主拱安装完成后,在拱脚处安置拱上提梁吊机,2 台吊机对称布置,每台可沿拱肋在其半跨范围内纵向行走,吊机起重能力为 55t(不含吊具自重)。所有预制梁段安装完成后,拱上吊机退回至拱脚,用 300t 浮吊拆除。

混凝土主梁拼装:混凝土主梁由 250t 驳船运至桥下,拱上吊机下放吊钩吊具起吊主梁,主梁提升至桥面相应位置,精确定位后,进行抹胶、吊钩吊杆受力转换、锁定主梁工作。

标准梁段安装:梁段由两端向跨中逐段对称安装。

拱上吊机定位:拱上吊机通过牵引系统行走至待安装主梁的正上方,定位后,将拱上吊机与拱肋锁固,下放吊钩吊具起吊主梁。

首对梁段安装:梁段经起重天车起吊至与已浇 Y 构梁段相同高度后,通过天车纵横调节系统,缓慢将天车向设计安装位置靠拢,待梁段稳定后,将吊杆与梁段相连。调整梁段平面位置及标高,满足设计要求后拉紧吊杆并临时紧固。

主跨合龙段施工工艺为:梁段安装完成→安装施工支架→注水压载→选择最佳合龙温度锁定→浇筑合龙段混凝土→平衡卸载→张拉预应力,灌浆封锚→ 拆除支架。

第八节　桩基础溶(土)洞处理

一、工程概况

广州市轨道交通五号线在金沙洲及大坦沙岛上高架通过。本区场地工程地质条件差异大,第四纪覆盖土层厚度为 3.7 ~ 44.8m,土层厚度变化很大,上覆土层主要有人工填土层、淤泥(淤泥质土)、粉细砂、粗(中)砂、砾砂、(粉质)黏土、粉土、粉质黏土,土层性质较复杂;下伏基岩层面埋深为 3.7 ~ 44.8m,起伏大,岩性主要有泥岩、泥质粉砂岩、灰岩(沉积岩)、辉绿岩(火成岩)、和角砾岩(断层构造岩)等。其岩性在水平和垂直方向的分布变化较大。

工程范围内有广三断裂和珠海断裂通过,在大坦沙岛段及珠江西桥段基岩为灰岩,大部分孔位均揭示有溶洞发育,且有串珠状溶洞,其中大的溶洞洞高达 11m,且高架区间主要所在的大坦沙岛是由河流逐渐沉积形成的,岛上灰岩上覆有平均 10m 左右的砂层,自稳性差,整个场地的工程地质条件复杂。

五号线高架区间:YAK0 +789.94 ~ YAK2 +420.06(F1 ~ D28 轴),全长约 1.63km,其中包括芳村高架段 12 跨,珠江西桥 7 跨,大坦沙岛高架段 49 跨,高架车站 3 跨以及五、六号线联络线的高架段 1 跨。全高架区间桥梁均采用钻孔灌注桩基础,要求嵌入微风化岩深度大于 1 倍桩径,采用冲击钻施工。

二、施工重难点

在岩溶区施工时,一旦发生埋钻、掉钻等事故,将影响到成孔桩基的作业安全或引起地表覆盖层塌陷等地质灾害,足以对交通繁忙的道路和临近的民舍以及水中平台栈桥等造成破坏,可能会导致道路交通安全事故,对居民区造成房屋开裂或倒塌甚至水上施工重大安全事故,无论从工程质量还是社会影响都存在极大的隐患。所以,设计及施工中应重点考虑如下问题:

(1)如何在详勘阶段尽可能探明地层中溶土洞的分布及发育情况,以尽可能给设计及施工提供准确依据。

(2)冲孔施工时遇到溶洞后,如何保证孔位护壁及周边土体稳定,以降低塌孔风险。

(3)溶洞区施工钻孔桩如何保证成桩的质量及安全。

三、桩基础溶(土)洞各阶段处理措施

(一)详勘方案

因初勘揭示工程所处地段有断裂带通过,且溶洞发育,为准确揭示溶洞情况,给设计及施工提供详实准确的地质依据,经研究,详勘采用钻孔取样+管波物探的方法:每个桩位在桩中心进行一个详勘钻孔,地质取样后,再在孔位处进行管波物探,并将两种地质勘察方法的结果互相对照验证,以全面揭示桩位处的地质情况,尤其是溶洞发育情况。

(二)设计及施工方案

为尽量规避溶洞对施工带来的不利影响,经研究讨论,针对灰岩地段的溶洞采用如下方案处理:

(1)桩基础终孔原则:嵌入持力层1倍桩径以上,且桩底有3倍桩径厚的完整连续基岩。

(2)冲孔护壁形式:为尽量减小或规避冲孔过程中击穿溶洞可能会发生的塌孔风险,在常规的泥浆护壁基础上增加钢护筒护壁(钢护筒的直径比桩径大20cm),以增强孔壁的稳定性,降低发生塌孔的可能性。

(3)溶洞处理:冲孔时,在击穿溶洞顶板后,先采用抛填黏土或片石措施回填,再冲孔穿过溶洞。

(三)溶洞处理方案

1. 无溶洞或单体小溶洞(溶洞的高度<1m)桩基础

桩位处地质勘测资料显示为无溶洞或小溶洞的地质情况下,孔口先下放钢护筒,再按照正常的钻孔灌注桩施工工艺流程实施,同时在孔口周围储备充足的泥浆及片石和黄泥,遇到突发漏浆的情况时,及时提起钻头并进行补浆和回填黄泥片石处理,孔内液面稳定后继续冲孔施工直至终孔。

2. 单体大溶洞或多体溶洞(1m≤溶洞的高度)桩基础

1)超前注浆法

桩位处遇到溶洞后,对较小溶洞,用注浆泵向孔内压注水泥浆对溶洞及其周围裂隙自下而上进行分段灌注,待浆液初凝后再进行冲孔桩施工;对于大溶洞,先进行超前钻探,用灌砂的方式对注浆孔周围的溶洞空间进行充填,再压注水泥浆对所灌的砂进行固结,直到桩孔周围填满为止,注浆结束后12h开始冲孔施工。当钻机冲孔深度到达基岩面以下1m时,下放长度可伸入岩面下50cm的钢护筒后继续冲孔施工,冲孔过程中如有漏浆现象发生,可采用抛填黄泥和片石的方式对漏浆的部位进行挤密处理,待孔内液面稳定后,继续冲孔施工直至终孔。

2)钢护筒法+黄泥片石法

桩基开孔后先沉放直径比正常钢护筒大10cm的开孔钢护筒,当钻机冲孔深度到达基岩面以下1m时,此时下放长度足以伸入岩面下的钢护筒再继续冲孔,当冲孔深度至溶洞顶板被冲破的一刻突然出现漏浆现象时,应立即提起钻头向孔内补浆并回填黄泥和片石,待孔内泥浆面稳定后继续冲孔施工直至终孔。

四、几种处理方案利弊分析

1. 超前注浆法

注浆法是利用地质钻机超前钻探成孔后,从孔内下入注浆管,先将孔口1m深的范围内用浓水泥浆封住后,再利用注浆泵通过注浆内管(注浆枪头),自下而上进行分段封闭式压力注浆,通过浆液的渗入、劈裂、存积作用,在岩体中形成纵横交错的网状浆脉或浆体,使注浆段的岩体的孔隙或孔洞被浆液充填或挤密,以减少在冲孔施工过程中出现塌孔的概率,确保钻孔桩施工的顺利进行。优点:超前注浆是对溶洞

采取的一种主动处理办法,能保证冲孔成桩的质量和控制桩基施工的工期。对于附近有重要建(构)筑物的桩基,施工采取超前注浆能有效降低施工的风险,避免发生大面积塌孔而引起的不良影响。缺点:会增加一定的施工成本,同时要先对溶洞进行注浆处理,然后才能进行冲孔桩施工,增加了一道工序作业时间。

2. 黄泥片石 + 钢护筒法

大量地抛填黄泥片石是在溶洞已被击穿且漏浆等现象已经发生后采取的补救措施,此时需将钻机的钻头迅速提离孔口,才能进行回填处理。优点:黄泥片石配合钢护筒使用是处理已塌孔桩基比较有效的办法,遇到塌孔时虽不能阻止四周土体下陷和塌孔,但一定程度上减缓了这个变化过程。缺点:当护筒进入地下的一定深度时,因四周土体和岩体的摩擦力逐渐增大,将增加护筒的埋设难度,如强力施打会引起护筒倾斜或底口变形,由此还会引起冲桩锤冲不下去甚至卡锤的现象,如果钻头提不起来,将导致设计桩位变化。

另外,若遇到较大溶洞或多个溶洞裂隙相互联通的情况,当溶洞顶板被击穿后,泥浆流失迅速、水头损失快,钻机钻头还未提离,孔壁就会因压力消失而迅速垮塌,而且由于基岩顶面的不规则,护筒底口与基岩的接触不可能为全封闭的,当溶洞被击穿后,仍会发生泥浆流失现象,土体因压力消失而垮塌,造成护筒外的土体坍塌,进而导致护筒倾斜变形,甚至塌孔致使护筒被埋,引发安全事故。

当处理串珠状溶洞时,也需采用多层钢护筒护壁,一般采取小一些的护筒来穿越溶洞部位。但当溶洞层数较多时,则越处在上面的护筒直径将越大,如溶洞有 4 层、桩径为 1.5m 时,最上一级护筒至少需 2.2m,钻机的钻头也随之调整,甚至调整钻机的型号。不同型号的钻机、钻头、护筒等设备,施作的环节较多,作业时间长,因而成孔周期长,对地基的扰动增多,塌孔的可能性也增大,而一旦塌孔,则钢护筒被埋,处理塌孔和重新成桩的时间将难以控制。

上述两种处理方案,超前注浆法属主动处理办法,能有效降低出现塌孔的概率和由塌孔引发的安全风险;黄泥片石 + 下钢护筒法是在钻孔桩已开钻后,钻孔施工过程中对出现的溶洞采取的一种被动处理方法,在遇到较大溶洞、覆盖层稳定性较差时,则极易引发安全事故。

但任何一种办法并不都是万无一失的,实际施工过程中需要根据现场情况作出准确判断并采取几种方式相结合的应对措施,以保证成孔质量和施工的安全。

五、方案实施效果及经验教训

(1)详勘采用一桩一钻孔 + 管波物探揭示的地质情况基本准确,但不能完全反映溶洞的发育情况。灰岩地层地质情况变化复杂,有时平面相差 1m,其岩面高度及溶洞发育情况突变很大,钻孔取样虽能直观准确揭示孔位范围地质情况,但毕竟只是一孔之见;而管波物探只能对无充填物或只有水充填的溶洞进行准确判定,对于岩面的破碎带和有充填物的溶洞判定不清晰。

实际施工时很多桩位在详勘报告揭示为基岩的标高段发现有破碎带或溶洞,尤其在桩基终孔标高的判定上误导了施工。五号线全桥桩基在抽芯检测中有 7 根桩在持力层范围内发现溶洞,不满足设计终孔持力层 3 倍桩径完整连续基岩的要求,不得不采用注浆充填措施对持力层进行加固。因此要准确揭示灰岩溶洞地区的地质情况,每桩至少要 3 个详勘钻孔同时结合管波物探才能比较准确地揭示灰岩地区地质变化情况。

(2)对于地质资料揭示有溶洞发育的桩基础,采用钢护筒做桩孔的孔壁,效果非常显著。五号线整个高架区间 238 根桩基础,施工过程中只有 2 根桩发生了大面积坍塌,且因有钢护筒护壁的存在,延缓了坍塌时间,未造成任何人员伤亡事故。因此灰岩溶洞地区桩基础施工采用全程钢护筒护壁是非常必要的一个安全保证措施,且钢护筒必须有足够的刚度。

(3)桩基冲孔施工前要提前做好准备,在桩孔附近堆放足够的黄泥或黏土包和片石,泥浆池储存足够的泥浆，一旦冲穿溶洞，马上向孔内投入袋装黏土或黄泥及小块片石，同时补充泥浆，保证泥浆面的高度，并取低锤轻击，将抛填物挤入溶洞孔壁或溶洞裂缝，以加固护壁，防止漏浆和塌孔。有的溶洞采用抛填黄泥片石无法完全堵塞时，可以采用灌注素混凝土及注浆等方法进行堵塞溶洞和加固护壁处理。

针对灰岩地区岩面起伏大、容易偏孔的情况，当发现偏孔后，采用抛填黄泥片石进行校正修孔，以保证成孔的垂直度和中心位置满足设计要求。

(4)在进行钢护筒护壁施打时，尽可能要采用高频振动锤，以保证钢护筒能下到足够深度，最好嵌入岩面。但当快要冲穿溶洞顶时应采用低锤轻击，防止高锤冲穿溶洞而卡锤。

五号线施工时，用120kW高频振动锤施打，因护筒壁摩阻力影响，一次只能下到12～16m深，而岩面平均深度约为20m，为使钢护筒到达岩面，再采用冲锤引孔一定深度后，用边振边打的方法将护筒振下，直到岩面。

(5)冲孔施工时要密切注意施工的动态，尤其是泥浆面的变化情况。当施工过程中突然出现浆面异常下降，要立刻把锤拉起，并向孔内加浆，抛填黄泥包和片石，保持孔内浆面稳定。

总之，由于溶洞位于地下，看不见摸不着，且溶洞的发育规律性不强等，施工时必须凭借经验，针对溶洞的具体情况，采用实际的技术措施进行处理，确保施工安全。

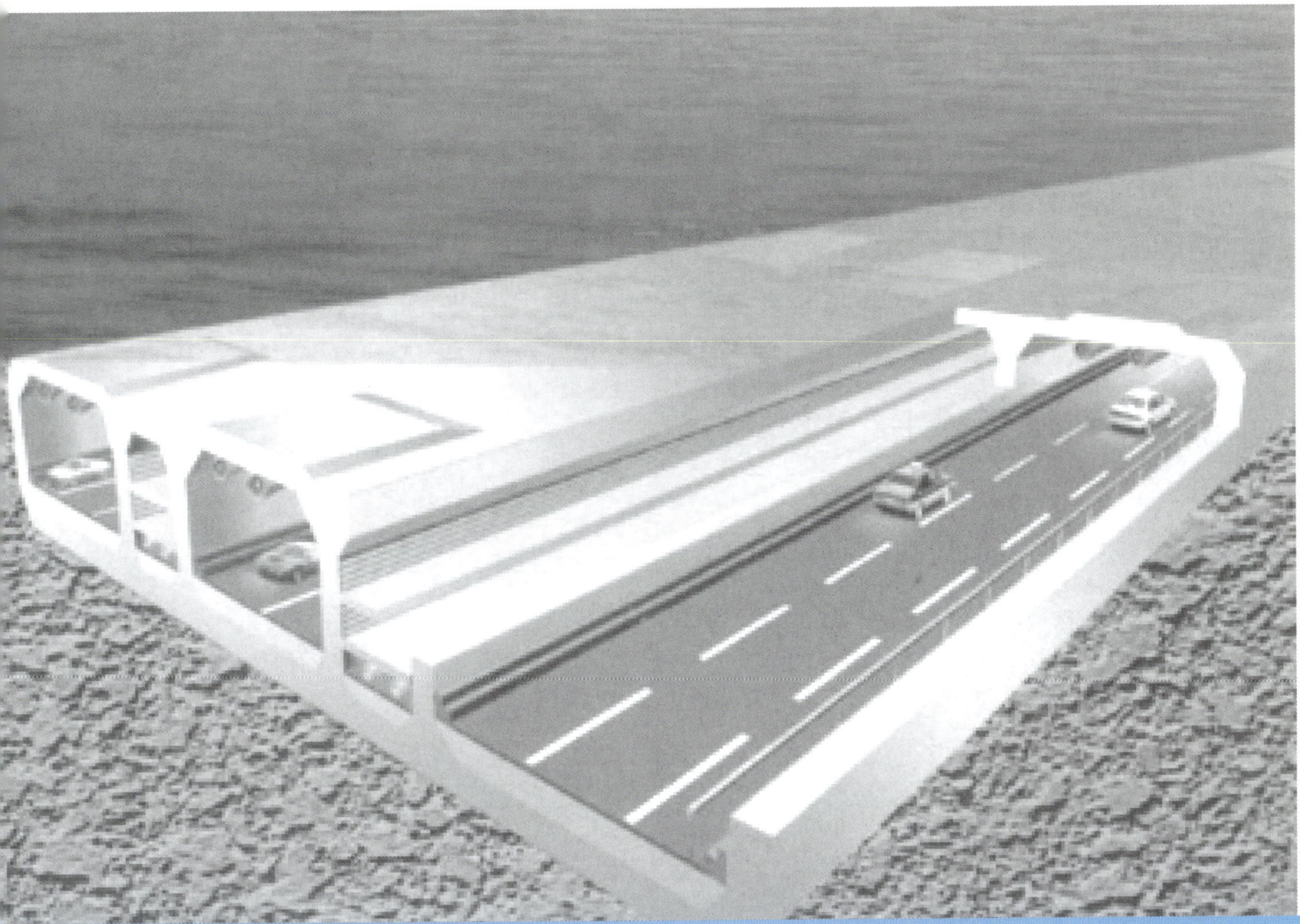

第六篇 沉管法施工技术

第十六章　沉管法概述

第一节　沉管法简介

所谓沉管法，就是按照隧道的设计形状和尺寸，先在隧址以外的干坞中或船台上预制隧道管段，并在两端用临时隔墙封闭，然后将其浮运至隧址位置，沉放到江河中预先挖好的沟槽中，并连接起来，最后充填基础和回填砂石将管段埋入原河床中。用这种方法修建的隧道称为水下隧道或沉管隧道。如图16-1所示为沉管法施工示意图。

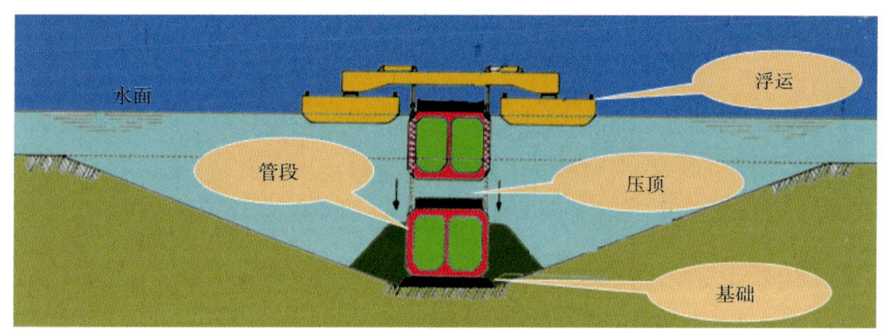

图16-1　沉管法施工示意图

一、沉管法发展历史

沉管法最早于1810年在伦敦的泰晤士河修筑水底隧道时进行了试验研究，1894年利用沉管法在美国波士顿正式建成世界上第一条城市排水隧道。1910年，底特律水底铁路隧道的建成，标志着沉管法修建水底隧道技术的成熟。1959年，加拿大迪斯(Deas)隧道采用水下压接法进行管段连接成功后，沉管隧道施工方法逐步在世界范围内得到应用。日本是东亚第一个建成沉管隧道的国家。目前世界上最长的沉管隧道是美国旧金山海湾地区快速交通隧道，全长5825m，由58节管段组成。管段最宽的隧道是比利时亚伯尔隧道，宽达53.1m，全长336m。单节管段最长的隧道是荷兰海姆斯普尔隧道，最长一节管段长268m、宽21.5m。

我国应用沉管法修建水底隧道虽然起步较晚，但发展较快。1972年，香港修建了我国第一条跨港沉管隧道，1984年台湾修建了高雄海底隧道，1993年在广州珠江下建成了内地第一条沉管隧道，1996年在浙江宁波成功修建了甬江沉管隧道，这两条隧道都是我国自行设计和施工的，标志着我国在这一领域进入一个新的发展阶段。到1997年，全国建成有8条沉管隧道(其中香港5座，台湾1座)。进入21世纪初，我国内地又有宁波常洪、杭州湾、上海外环路3条沉管隧道相继建成，其中上海外环路沉管隧道2880m，结构为三孔双向八车道(左右孔分别为单向三车道，中间一孔为双车道，这两条车道并不固定)，宽44m、高9.55m(有3层楼高)、最大节长108m(共7节)，单节管重达4.5万t，号称亚洲第一世界第二沉管隧道。目前在广州、浙江等珠江、长江流域有多座沉管隧道正在规划、建设之中。

二、沉管法隧道结构

沉管法隧道一般由敞开段、暗埋段、岸边竖井与沉埋段等组成，如图16-2所示。沉埋段两端通常设置竖井作为起讫点，竖井起到通风、供电、排水和监控等作用。根据两岸地形与地质条件，也可将沉埋段与暗埋段直接相接而不设竖井。水下沉管隧道的整体结构是由管段基槽、基础、管段、覆盖层等组成，整体坐落于河(海)水底。

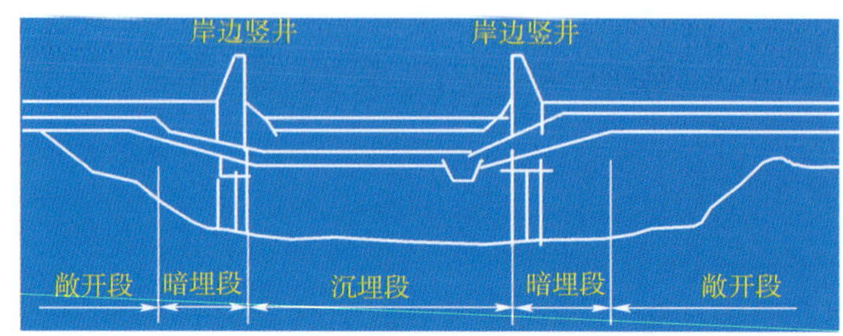

图16-2　沉管法隧道构成

三、沉管法优缺点

(一)优点

1. 对地质水文条件适应能力强

(1)因基槽开挖一般较浅，基槽开挖和基础处理的施工技术比较简单。

(2)因沉管受到水的浮力，作用于地基的荷载较小。

(3)因管段采用先预制再浮运沉放的施工工艺，避免了难度较大的水下作业，故可在深水施工，且对潮差和水流速的适应能力强。

2. 可浅埋，与两岸道路衔接容易

与埋深较大的盾构隧道相比，沉管隧道路面标高可抬高，与岸上道路隧道很容易衔接。

3. 防水性能好

每节预制管段很长，一般约100m，而盾构隧道预制管片环宽仅为1～1.5m，因而沉管隧道接缝数量少。

4. 施工工期短

由于每节预制管段较长，一条沉管隧道只用几节预制管段就可完成，预制管段和基槽开挖可同时进行，且预制管段不在隧址，施工干扰时间短。

5. 造价低

水底挖基槽土方量少，比地下挖土单价低，管段预制与盾构相比，所需费用低。

6. 施工条件好

沉管隧道施工时，预制和浮运沉放管段等主要工序大部分在水上进行，水下作业极少，除少数潜水工外，工人们都在水上作业，且不需在气压下工作 。

7. 可做成大断面多车道结构

一个沉管隧道横断面可同时容纳4～8条车道，结构尺寸不限。对于盾构隧道，由于受尺寸限制，一般只能做成双车道。

(二)缺点

(1)管段制作混凝土工艺要求严格，需保证干舷高度与抗浮系数。

(2)车道较多时,需增加沉管隧道高度,这会导致压载混凝土量、浚挖土方量与沉管隧道引道结构工程量增加。

四、沉管隧道类型

沉管隧道按管段制作材料分,有钢壳混凝土和钢筋混凝土;按断面形状分,有圆形、矩形和混合形;按断面布局分,有单孔式和多孔组合式;按管段制作方式分,有干坞型和船台型。

钢壳混凝土管段是钢壳与混凝土的组合结构。钢壳有单层和双层两种,单层钢壳管段的外层为钢板,内层为钢筋混凝土环;双层钢壳管段的内层为圆形钢壳,外层为多边形钢壳,内外层之间浇筑抗浮压重混凝土。钢壳管段的内断面为圆形,外轮廓有圆形、八角形等多种,一般用于双车道,若需设四车道,则可采用双筒双圆形组合式断面。

钢筋混凝土管段横断面多为矩形,可同时容纳 2 ~ 8 个车道,有的还设置有维修、避险、排水设施等专用管廊。如上海外环路沉管隧道为八车道,设有 3 个车辆通行孔和 2 个管廊孔(设于每两个通行孔之间)。矩形管段一般比圆形管段经济,故目前国内外多采用矩形沉管。

五、选择沉管隧道的原则

(1)与城市总体规划要求的两岸交通疏解方案相协调。要保证隧道与两岸所需衔接的道路具有良好的连接。

(2)具有较为合适的河(海)航道、水文及河(海)床条件。沉管隧道多在江河的下游修建,这是因为下游河床较平坦,水流缓。水流急或不稳定,河床有深沟、陡壁,都会给管段的沉放与对接造成困难。

(3)施工条件满足要求。如航道能否有足够的水深和宽度实施浮运、转向和储放;隧址附近有无合适的干坞修建地带等。

第二节　沉管法施工主要工序

一、沉管法施工流程

沉管法施工流程为:干坞修筑→管段预制(基槽开挖)→管段浮运与沉放→水下连接→基础处理→覆土回填→设备安装与内装修。

二、干坞修筑

干坞是坞底低于水面的水池式建筑物,是修建矩形沉管隧道的场所,通常是在隧址附近开挖一块低洼场地用于预制隧道管段。干坞是一项临时性工程,隧道施工结束后便完成其使命。如图 16-3 所示为港珠澳大桥干坞。

干坞的规模应根据施工组织、经济性、管段长度及管段数量等情况来决定。如果工期很紧,干坞的规模要很大,在一次封堤中把所有管段全部预制完毕。如果沉管段长、管段数多,也可以考虑分批预制管段。为此,应作干坞工程规模与管段分批预制的方案比较,找出既能满足工期需要又能节省干坞工程投资的方案。为了不使一个干坞的规模过大,对于沉管段较长、管段数较多的沉管隧道,亦可考虑设置两个干坞来预制管段,以优化施工组织。

图 16-3　港珠澳大桥干坞

三、管段预制

沉管管段是在地面预制的，所以其基本工艺与地上制作其他大型钢筋混凝土构件类似。由于沉管预制管段采用浮运沉放的施工方式，而且最终是埋设在水中，因此对预制管段的对称均匀性和水密性要求很高。为保证浮运和下沉，管段上还要设置端封墙和压载设施。

图 16-4　沉管法隧道管段预制

预制管段的长度通常为 100 ~ 200m，在现浇作业中再将管段分成若干作业段进行，每一作业段混凝土的浇筑顺序为先底板，再侧墙与中隔墙，最后浇筑顶板，所以在现浇过程中须对管段底板进行纵、横向受力分析，控制混凝土中可能出现的裂缝。

管段预制设计与施工中，重点要考虑的问题有混凝土强度、几何尺寸精度及防水等。根据 100 年的耐久性使用要求，混凝土强度等级不应小于 C30，抗渗等级不小于 P8，混凝土重度一般在 24kN/m^3 左右，混凝土重度变化对管段浮运时的干舷高度影响十分敏感。如图 16-4 所示为沉管法隧道管段预制。

四、浚挖工作

沉管隧道的浚挖工作一般有沉管的基槽浚挖、航道临时改线浚挖、出坞航道浚挖、浮运管段线路浚挖、舾装泊位浚挖。如图 16-5 所示为浚挖设备。

图 16-5　浚挖设备

基槽施工主要是利用浚挖设备，在水底沿隧道轴线按基槽设计断面挖出一道沟槽，用以安放管段。基槽浚挖是所有浚挖工作中最为重要一环，应根据现场地质与水力资料确定合理的浚挖方式和浚挖设备。

基槽底宽一般为管段最大外侧宽度加两侧预留量，预留量约为 1.5m，如采用管段外喷砂基础处理方法时，预留量可适当加大。根据河（海）床基槽的地质条件来进行基槽边坡稳定性分析计算，然后根据沉管段所处位置的水力学因素（潮汐、淤积和冲刷等）进行修正，最终可得出基槽开挖横断面。

沉管隧道的基槽深度应能包容隧道底部铺筑的基层、管道全高及管顶至少 1.5m 的回填保护层。某些情况下，如航道以外及两岸附近，允许部分管段凸出于天然河床之上，但管身两侧需筑水下抛石护堤。

五、管段浮运与沉放

管段在干坞中预制好、沉管基槽开挖及基础处理好后便可进行管段的出坞、浮运、沉放与水下连接工作，这是沉管隧道难度最大的一道工序。

管段浮运前，应做好充分的准备工作。首先，应做好管段沉放点的基槽检查，包括临时支座安放位置及顶面标高的检查、已完工的岸上段对接端面或已沉放好管段对接端面的检查、系泊锚块安放位置的检查等。其次，要对预定浮运沉放段日期前后7~10d的气象作出预报，估算浮运沉放作业时最大风速，一般应小于10m/s。再次，要进行浮运沉放日水文调查，浮运沉放时间宜选在上午。水文调查包括水的相对密度和水温、两次高潮位的时间及潮高、两次低潮位的时间及潮高、水流速度。最后，向港务及港监部门申请浮运沉放作业时间。管段浮运与沉放的基本施工过程如下。

1. 管段出坞

管段在干坞内预制施工完毕后，安装全部浮运、沉放及水下对接的施工附属设备及设施后，向干坞内灌水，管段在坞内起浮，直到坞内外水位平衡为止，打开坞门（或破坞堤），管段出坞。

2. 管段浮运

管段在浮运时，虽然其在水中重量较轻，但是由于管段质量大，惯性力和水阻力也很大，因此要用很大拖曳力才能使静止的管段起动或运动的管段停下。在拖航时，主拖轮与侧拖轮一起实现拖航，并在管段后部用制动拖轮来系曳缆。

3. 管段沉放

管段应在高潮位时下沉就位，若一个潮期不能沉放好，要使管段保持在基槽内，以减少水流对管段的影响，待下一个潮期时再沉放，但应力争在一个潮期沉放完毕。管段锚泊系统的锚泊力应能抗拒最大水流速度时整个系统的总阻力。

在沉放过程中，要注意管段底面下的河（海）水的重度将随着管底与基槽间隙的减少而逐渐加大，尤其是在泥砂含量较高的江、河中更为明显，需及时调整负浮力或采取其他措施，保证管段能继续下沉就位。如图16-6所示为管段沉放。

六、对接作业

管段沉放就位后，还要与已连接好的管段连成一个整体。该项工作在水下进行，故又称水下连接。水下连接技术的关键是要保证管段接头不漏水。水下连接有混凝土连接和水力压接两种方法。混凝土连接法作业工艺复杂，潜水工作量大，密封的可靠性差，故目前一般不再采用。水力压接法是20世纪50年代由丹麦工程师在加拿大开发应用，它工艺简单，施工方便，施工速度快，水密性好，基本上不用潜水工作，故目前普遍采用。如图16-7所示为通过水压力完成对接。

图16-6　管段沉放

图16-7　通过水压力完成对接

（一）水下混凝土连接法

1. 应用范围

早期均使用该法，目前只用于最终接头连接。

2. 施工方法

先在接头两侧管段端部安设平堰板（与管段同时制作），管段沉放后在前后两块平堰板的左右两侧，于水中安放圆弧形堰板，围成圆形钢围堰。同时在隧道衬砌的外边用钢堰板把隧道内外隔开，最后往围堰内灌注水下混凝土，形成管段连接。

（二）水力压接法

1. 作用原理

利用作用在管段上的巨大水压力使安装在管段前端面周边上的一圈胶垫发生压缩变形，形成一个水密性相当可靠的管段接头。沉放对位后拉紧相邻管段，接头胶垫第一次压缩初步止水；抽出封端墙之间的水，提高空气压力，作用于后封端墙的巨大压力二次压缩胶垫使相邻管段紧密连接。

2. 接头胶垫

（1）GINA 尖肋型橡胶垫（安装于管段接头竖直面上）。

（2）Ω 形或 W 形橡胶板（用扣板与螺栓连接）安装于管段接头水平方向。

3. 施工顺序

（1）对位：着地下沉后，管段对位连接精度应满足要求。鼻式托座与卡式托座可确保定位精度。

（2）拉合：用带有锤形拉钩的千斤顶将管段拉紧，压缩尖肋型橡胶垫初步止水。

（3）压接：打开既设管段后封端墙下部的排水阀，排出前后两节沉管封端墙之间被胶垫所封闭的水。后封端墙水压力高达数十兆牛到数百兆牛，从而使管段紧密连接。

（4）拆除封端墙：拆除封端墙，安装 Ω 形或 W 形橡胶板，使管段向岸边延伸。

七、基础处理与回填

尽管沉管隧道基础所承受的荷载通常较低，对地质条件的适应性比较强，但由于在基槽开挖过程中，不论使用哪一种挖槽方法，槽底表面都不会太平整，槽底表面与沉管底面之间必将存在很多不规则的空隙，导致地基土受力不均匀而局部破坏，从而引起不均匀沉降，使沉管结构受到局部应力而开裂，故必须进行基础处理（基础填平）。在管段沉放前进行的处理方法称先铺法，又叫刮铺法，包括刮砂法和刮石法；后填法是先将管段沉没在沟槽底的临时支座上，随后再补填垫实，它包括喷砂法、灌砂法、灌囊法、压砂法、压浆法等。后填法的优点是在处理过程中基本上不干扰航运，不需特殊的专用设备，不受气象条件的影响，不需大量潜水作业，便于日夜连续施工，操作简易、省工省费用，可全过程进行信息化控制。所以，目前大型沉管隧道的基础处理多用后填法，如喷砂法、压砂法、压浆法。

1. 刮铺法

（1）在管段沉放前采用专用刮铺船上的刮板在基槽底刮平铺垫材料（粗砂或碎石或砂砾石）作为管段基础。

（2）采用刮铺法开挖基槽底应超挖 60 ~ 80cm，在槽底两侧打数排短桩，安设导轨，以便在刮铺时控制高程和坡度。

2. 喷砂法

（1）从水面上用砂泵将砂、水混合料通过伸入管段底下的喷管向管段底喷注、填满空隙。砂垫层厚度为 1m 左右。

（2）可沿着轨道纵向移动的台架外侧挂 3 根 L 形钢管，中间为喷管，两侧为吸管。

3. 压注法

在管段沉放后向管段底面压注水泥砂浆或砂作为管段基础。根据压注材料不同分成压浆法和压砂法两种。

压浆法：开挖基槽时应超挖 1m 左右，然后摊铺一层厚 40 ~ 60cm 的碎石。两侧抛堆砂石封闭栏后，通过隧道内预留压浆孔注入由水泥、膨润土、黄砂和缓凝剂配成的混合砂浆。

压砂法：与压浆法相似，但注浆材料为砂水混合物。

4. 桩基法

(1)当沉管地基特别软弱时,采用桩基础支撑后的承载力与沉降都能满足要求,抗震能力也较强。

(2)桩顶不平处理措施:水下混凝土传力法、砂浆囊袋传力法、活动桩顶法。

基础处理结束后,还要对管段两侧和顶部进行覆土回填,以确保隧道的永久稳定。回填材料为级配良好的砂、石。为了使回填材料紧密地包裹在沉管管段上面和侧面不致散落,需要在回填材料上面再覆盖石块、混凝土块。

回填覆盖采用"沉放一段,覆盖一段"的施工方法,在低平潮或流速较小时进行。管段两侧应对称回填,回填应均匀,不要出现堆积和空洞现象。

第三节　沉管法发展前景与悬浮隧道

一、沉管技术发展趋势

从美、日、荷沉管隧道工程发展历史以及我国建造沉管隧道的实践中,特别是几大标志性沉管隧道工程,包括首座混凝土隧道工程 Maas 隧道、首次实现盾构与沉管对接的香港轨道交通过海隧道、采用竖向立模全断面浇筑节段混凝土的 Tuas 电缆隧道、工厂化全天候预制节段的 Oresund 海峡隧道、干坞内移动模架全断面水平浇筑节段的 Busan 隧道和目前最深的海底沉管隧道 Bosphorus 海峡隧道,大致可以看出世界沉管隧道的技术发展趋势。

(1)每节管段长度越来越长,每节管段中的车道数越来越多。1910 年,在美国底特律河下用沉管法施工的隧道全长只有 782m,由 10 节管段组成,平均每节长 78.2m。而 1970 年,在旧金山建成的海湾地区快速交通运输系统海底隧道全长 5825m,由 57 节管段组成,平均每节长 102.2m。目前世界上的沉管隧道单节管段长度一般为 100 ~ 130m,最大质量一般为 30000 ~ 40000t。如荷兰京斯麦尔隧道仅有 4 节管段,每节长度 268m,质量达 50000t。

城市道路或公路的沉管隧道,过去多为双车道,目前普遍为四、六车道,甚至八车道。美国采用钢壳结构形式的 FortMcHenry 隧道,以及荷兰采用矩形钢筋混凝土结构形式的 Drecht 隧道,这两条结构形式截然不同的沉管隧道是世界上车道数最多的水下道路隧道。我国上海的黄浦江下游城市高速公路的沉管隧道,为世界上第三座八车道的水下道路沉管隧道。

(2)从单一用途向多用途发展。最初的沉管隧道和用矿山法或盾构法修建的隧道一样,用途较为单一,即为城市道路(公路)或为铁路(轨道交通)水下隧道。随着沉管技术的发展,特别是矩形钢筋混凝土结构沉管隧道的出现,其横断面宽度尺寸可以较大,这样就出现了城市道路与轨道交通、公路与铁路共管设置,甚至可同时设置公共管廊。通行轨道运输系统的沉管隧道最近亦发展为能通行高速铁路的水下隧道,隧道内的行车速度最大可达 200km/h,平均达 160km/h。

(3)沉管隧道的地基适应性越来越广。沉管隧道可修建在较坚硬地基(河、海床)上,亦可修建在软弱地基(河、海床)上。大断面沉管隧道主要的问题在于抗浮,对地基承载能力要求并不高。只要有先进的清淤技术(包括设备和工艺),同时采用合适的基础处理方法,就能顺利地在软弱地基上修建沉管隧道。

(4)制造管段材料逐步由钢筋混凝土取代,并趋向于采用高性能的混凝土。

(5)发展更灵活、更可靠的混凝土管段预制技术,包括全断面节段浇筑技术,消除施工冷缝,以提高管段的自防水可靠性。为了增加管段结构的抗拉强度,还采用了纵向预应力措施。另外,也有采用钢纤维或化学纤维混凝土,如高强聚丙烯单丝或网状纤维,可以极为有效地控制管段混凝土塑性收缩及离析裂缝,大大改善钢筋混凝土管段的抗渗能力。

图 16-8　移动干坞

(6)从传统固定干坞发展到移动干坞(见图 16-8)。移动干坞就是利用半潜驳或浮船坞作为沉管管段的制作平台，然后在上面预制钢筋混凝土管段，管段完成后通过拖轮将半潜驳拖航到预定位置进行下潜，管段浮离半潜驳，然后进行二次舾装、管段沉放对接，最终与岸上贯通。

(7)吸收预应力混凝土箱梁桥的预制节段拼装工法、工艺的优点，开发沉管管段预制、管段连接和管段运输最优的施工工艺和结构体系。

(8)沉管设计计算逐渐趋于规范化，防水体系向标准化方向发展。

(9)融合钢壳沉管工法，开发混凝土管段分部预制和浮态浇筑技术，以及先铺法碎石基础的精细工法。

二、沉管法应用前景

就跨越江河湖海的可选方式而言，目前主要有轮渡、桥梁与水下隧道。轮渡方式虽然投资少，但由于其受交通运输量小、等候时间长、气候影响大等不利因素的限制，与现代城市快节奏交通运输不相适应，所以现在选用较少。跨越江河湖海的方式越来越多地在水下隧道与桥梁之间做出选择。近 20 年来，随着经济的高速发展、隧道修建技术的日臻完善以及人们环保意识的不断增强，国内外有优先考虑采用水下隧道作为跨越江河湖海首选方式的趋势。

目前修建水下隧道的施工方法有矿山法、盾构法、围堰明挖法、沉管法、暗挖法、气压沉箱法、顶推法等。在大型的水下隧道工程中，沉管法和盾构法适用范围较广，几乎不受地质条件限制，被世界各国广泛采用。而其他几种施工方法因要受到地质条件限制，难以推广使用。由于沉管隧道在经济、技术上的独特优点，并随着沉管法隧道设计和施工中的关键技术问题，如结构形式、管身防水、水下基槽开挖和地基处理、管段水下对接和接头防水等的逐步解决和日趋完善，并随着沉管法在世界各国的广泛成功采用，沉管隧道受到越来越多国家的重视，逐渐成为了水下大型隧道工程的首选施工方法。

沉管技术在我国已经显示出蓬勃的生命力，同时也向我们提出严峻的挑战。通过学习国内外先进技术与经验，以及一大批沉管隧道建成运营，我国已掌握了用沉埋法修建水底隧道的关键技术，且在应用新材料、新机具、新工艺方面取得了很多成果。我国的航运资源十分丰富，多个重要城市均有大江大河通过，而且还有众多的跨海工程正在规划之中，沉管隧道的应用在我国具有广阔的前景。

三、悬浮隧道

(一)悬浮隧道简介

随着科学技术的发展，水下隧道除了沉管隧道、深埋隧道(盾构法、矿山法等施工技术修建的隧道)之外，又出现了一种新的结构形式——悬浮隧道(Submerged Floating Tunnel，简称 SFT)，在意大利又称“阿基米德桥”，简称 PDA 桥。悬浮隧道是一种跨越海峡、湖泊以及其他水域的交通结构物，它一般由浸没在水中一定深度的管状结构、防止过大位移的锚固系统以及近岸连接的构筑物组成。从结构荷载以及结构形式的角度来看，悬浮隧道更像是一种全封闭的水下桥梁，而与普通意义上的隧道有很大差别；但从使用角度来看，这种结构具有隧道的所有特点，因而被认为是“隧道”而不是“桥梁”。如图 16-9 所示为悬浮隧道示意图。

(二) 悬浮隧道特点

(1) 对结构物周围的环境影响很小。

(2) 与钻爆法、盾构法、TBM 法以及沉管隧道等其他方法修建的隧道以及桥梁方案相比，悬浮隧道坡度更小，通行车辆的能量消耗大大减少。

(3) 可以方便铺设跨江、海峡的各种供水、电力管线，且在同等条件下，悬浮隧道长度是最小的。对于长度超过 1000m 及水深超过 50m 的连接工程，采用悬浮隧道比其他解决方案可能更具有竞争力。

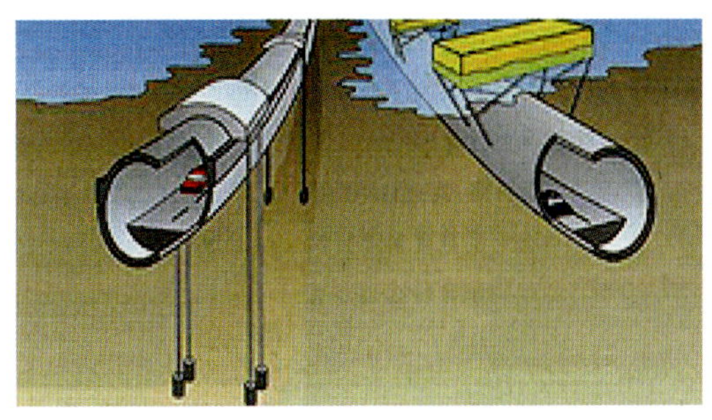

图 16-9 悬浮隧道示意图

(4) 土方开挖量最小，如果悬索锚固技术突破的话，悬浮隧道将成为修建成本最低的隧道，但需要考虑运营中安全风险问题，如大型动物袭击等。

(5) 深埋隧道受制于地质条件，沉管隧道则对水底的地形地貌要求较高，而悬浮隧道大体上避开了这些问题的困扰。

(6) 和沉管隧道一样，悬浮隧道的管段长，接头少，加上施工质量易得到保证，在很大程度上减少了渗漏的机会；悬浮隧道施工平行作业点多，施工速度快，但也一样要受水流速度的影响；同时悬浮隧道在施工期间也会影响水域的航运，但仅限于沉放一节管段的空间和时间，程度有限。

第四节 广州市轨道交通沉管法应用及研究创新概况

一、应用简介

1994 年 1 月 18 日，我国第一条大型沉管隧道在广州市跨越珠江正式运营。珠江主河道由西北向东南方向流入广州市区，把广州分隔成三大块，即市中心的河北区、河南区和芳村区。其中，芳村区总面积为 40.8km^2（相当于市中心区的 40.9%），区内有冶炼、造船、制药、建材、机械、食品等工业及大型仓库区、港区、火车站等。芳村区是广州市联系西南方向的佛山、珠海、中山、江门、茂名、湛江、肇庆等城市的重要通道之一。为了加强芳村区与市中心区的交通联系，加快芳村区的发展，有利于市中心区的人口向芳村区迁移，降低市中心区的人口密度，广州市人民政府决定修建广州珠江隧道工程。该隧道是连接广州市中心的河北与芳村区的主要交通通道，也是广州市轨道交通一号线过江接芳村线路的组成部分。根据广州市城市规划要求，经方案比较结果选定，隧道从沙面西端沙基涌口横穿珠江，北岸与广州内环线上的黄河大道、六二三路高架路衔接，南岸与芳村大道及花地大道、芳村立交桥接通，该隧道的江中段采用沉管法施工，如图 16-10 所示。

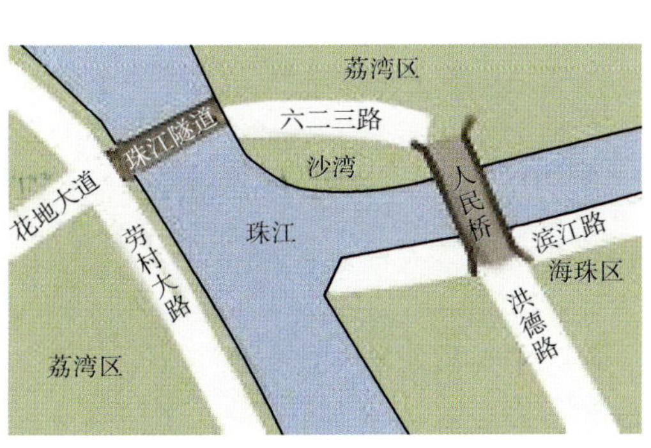

图 16-10 珠江沉管隧道平面示意

隧道横断面采用四孔箱形钢筋混凝土结构，其中两孔为双车道单向运行的机动车道，另一孔作为一号线区间通道，同时设有管线设备廊。根据限界要求，结合结构设计，本隧道外轮廓尺寸为宽 33m，高 7.956m。

整条隧道由黄沙岸上段、江中段和芳村岸上段三大部分组成。机动车道建筑总长度为 1238.5m，其中江中段长为 457m，采用预制管段沉放施工，分五节在干坞场内预制，然后分节浮运沉放。第一节管段为 105m，第二、三节管段为 120m，第四节管段为90m,第五节管段为22m。

沉管管段分四次(共五节)在芳村干坞场内制作,除第四、五节管段合并一次制作外,其他管段每次预制一节,每制作完一节就浮运出干坞并拖到预定位置加载沉放,沉放顺序由黄沙开始逐一沉至芳村。

在纵向设计中,考虑到温度变化、混凝土干缩、不均匀沉降、地震等影响,管段之间接头采用柔性接头形式,以GINA橡胶止水带作为第一道止水,以OMEGA带作为第二道止水带,接头处还设置垂直、水平剪切键,并以Ω钢板作为纵向连接弹簧,以防地震发生时,纵向位移量大于GINA带、OMEGA带允许位移量而产生破坏漏水。

经综合比较,沉管隧道采用砂流法后填基础,即首先在挖好的基槽上设置临时支座,沉管放在临时支座上,管底与基槽间预留约60cm空隙,用千斤顶调整位置,然后用砂泵把砂水混合物灌入基槽,直至管段下面空隙完全填满为止,然后放松千斤顶使管段落在砂垫层上。这种基础具有施工简易、造价低的优点,并且能明显改善管段纵、横向受力状态。

二、研究创新简介

根据广州市城市总体规划要求,经过专家反复论证,于1984年7月正式提出在广州黄沙修建连接市中心河北与芳村两区的珠江水下道路隧道。同时,国务院正式批准了广州市城市总体规划,该规划中包括了城市轨道交通十字线的路网,其中将连接芳村、天河两新区且贯穿市中心旧城区的东西线列为一号线。一号线过江段与道路隧道同步设计施工。同年8月正式开展了黄沙至芳村珠江水下隧道可行性研究。经过对桥与隧、隧道的形式与工法的技术方案的可行性论证,并根据隧址的地理环境、河道水深、码头及航道、海轮调头区、过河通道衔接两岸道路等情况及一号线站位、埋深等规划要求,过河通道只能采用沉管隧道形式。1986年12月原广州市隧道开发公司与香港华德海洋工程公司签订了利用外资建设隧道的协议,同时原市计委批准了可行性研究报告,珠江沉管隧道的建设进入了实施阶段。鉴于当时我国内地在这一技术领域尚未有过实践,曾有过选择有经验的外国公司进行设计、施工的设想,但均因报价过高未被采纳,因此,只能依靠国内的力量来进行设计施工。为确保设计和施工顺利进行,建设单位耗费了400多万元人民币,委托国内多家科研、高校、设计等单位,对沉管法的各项关键技术进行了大量基础理论研究及关键工序的施工工艺试验研究,并在规划、科研、设计和施工全过程中吸取了国外先进技术。珠江沉管隧道工程取得的科技成果和修建技术总体上达到了国际先进水平。该科技成果的主要创新点和突破点如下:

(1)采用最后一节管段与隧道岸上段合成一体,使所有中间接头成为柔性接头,解决了同类工程最终接头复杂的难题。

(2)首次在7度地震设防区域成功地采用了不掺胶凝材料的后填砂流法基础,有效地控制了隧道的沉降。

(3)根据珠江水文特性,放弃沉放对接中传统的鼻托构造,成功地采用4个支承块、单起重船吊挂(宽度超过20m的沉管)的沉放对接短工工艺,保证了接头的精确对接。

(4)经对方案深入研究对比,选用了道路和轨道交通共用的矩形钢筋混凝土沉管隧道。该方案具有显著的技术经济合理性。

(5)应用橡胶止水带、Ω钢板及剪切键的紧密配合,消除了隧道温度应力、地震应力的影响,形成只有立体结构刚度1/500的柔性接头。

(6)采用管段的浮力设计原则,有效控制了管段的干舷高度、形心位置,保证了浮运沉放的安全施工和隧道的安全运营。

(7)通过试验研究解决了纵向通风推力平衡计算的关键参数选择难题。

世界上几座大型沉管隧道关键技术处理的比较见表16-1。

世界上几座大型沉管隧道关键技术处理的比较　表 16-1

序号	名　称	沉放方法	基础处理	接头形式	通风方式
1	迪斯岛隧道	双方驳自抬式沉放	喷砂基础	柔性接头	半横向通风
2	旧金山海湾轨道交通隧道	双方驳式抬式沉放	先铺刮平基础	柔性抗震接头	列车活塞效应
3	弗拉克隧道	横向布置浮筒吊沉	砂流法		纵向通风
4	东京港公路隧道	双方驳式抬式沉放	注浆基础	柔性抗震接头	半横向通风
5	高雄跨港隧道	双驳船沉放	砂流法(渗4%颗粒水泥)	柔性抗震接头	纵向通风
6	吉尔堡海峡隧道	计算机控制压载水沉放	喷砂法	柔性接头	纵向通风
7	埃姆斯河隧道	两浮筒沉放	喷砂法	柔性接头	纵向通风
8	香港东区隧道	双方驳式抬式沉放	砂流法	柔性接头	全横向通风
9	利弗肯希克隧道		砂流法	柔性接头	全横向通风
10	广州珠江隧道	单起重船沉放	砂流法	柔性抗震接头	纵向通风

第十七章　沉管法施工

第一节　沉管隧道干坞修筑

修建沉管水底隧道时,应先修筑专门预制管段的场地,场地既能分节预制管段,又能在管段制成后灌水浮起,这个场地即称作干坞。干坞虽然是个临时性工作坑,但它在沉管隧道的施工中占有重要地位。干坞的位置应选择距隧址较近,且地质条件较好,便于浮运的地方。

一、干坞选址

干坞位置应根据以下原则选择:

(1)应距隧址较近,且干坞附近的航道具备浮运条件,以便管段浮运和缩短运距。

(2)干坞附近应具备浮存系泊若干节预制好的管段的水域。

(3)干坞场地土的承载力应满足设计要求。

(4)交通运输方便,具有良好的外部施工条件。

(5)征地拆迁费用较低,具有可重复利用的开发价值。

二、干坞规模的确定

干坞的规模应根据施工组织、经济性、管段长度及管段数量等情况确定。

1. 主要因素

决定干坞规模的主要因素有:

(1)管段的长度与宽度。

(2)一次性预制管段的数量。

(3)管段端部的间距。

(4)管段侧面的间距。

(5)管段端部至干坞两端边坡底的距离。

(6)干坞边坡顶面至坞底的车辆运输路线,以及坞底内车辆运输路线。

(7)坞内管段预制设备的占地规模(包括模板台车、模板、模板外支撑系统等)。

2. 其他因素

其他因素主要指干坞边坡顶面的附属设施,如:

(1)粗、细集料堆放场地及水泥仓库。

(2)混凝土搅拌站、混凝土输送设备。

(3)码头。

(4)钢筋加工厂。

(5)起吊设备。

(6)施工用电设备。

(7)管段在干坞内起浮后的系泊设施。

三、干坞构造

干坞一般由坞墙、坞底、坞首及坞门、排水系统、车道组成。

1. 坞墙(边坡)

(1)干坞的四周,大多可采用简单的自然土坡为坞墙。

(2)在确定干坞边坡坡度时,要进行抗滑稳定性的验算。

(3)为保证稳定安全,一般多用防渗墙及设井点系统。

(4)防渗墙多用钢板桩、塑料板或1mm厚的黑铁皮构成,或在上堤中加设厚度不小于250mm的喷射混凝土,以防地下水渗漏。

(5)在多雨地区,边坡坡面可采用敷设一层塑料薄膜、加砂袋固定的保护措施,以防止雨水冲刷边坡引起坍滑。

2. 坞底

可以采取以下几种处理措施:

(1)先铺设一层250~300mm厚的无筋混凝土或钢筋混凝土,为了防止管段起浮时被“吸附”,在混凝土面层上再铺一层砂砾或碎石。

(2)先铺一层10~250mm厚的黄砂,为防止黄砂流失,并保证坞室灌水时管段能顺利地浮起,可在黄砂层的上面再铺200~300mm厚的砂砾或碎石,以防管段起浮时被“吸住”。

(3)当遇到很松软的黏土或淤泥层时,坞底则需进行加固处理。如采用土石换填,一般换填1.0m厚的碎石,则可满足预制管段对地基承载力的要求,也可结合换填用桩基加固坞底。

3. 坞首与坞门

在干坞的出口处要设坞首及坞门,其构造和做法如下:

(1)在一次性预制管段的大型干坞中,可用土围堰或钢板桩围堰作坞首,不用设坞门,管段出坞时,局部拆除坞首围堰,便可将管段逐一拖拉浮运出坞。

(2)在分批预制管段的中、小型干坞中,要设坞首和坞门,以便重复使用干坞。常用双排钢板桩作坞首,也可用一段单排钢板桩作坞门(见图17-1)。坞门两侧土坞应采取加固措施,防止坡堤开坞时土体产生严重坍塌事故。每次拖运管段出坞时,将此段单排钢板桩临时拔除,把管段拖运出坞后再恢复坞门。

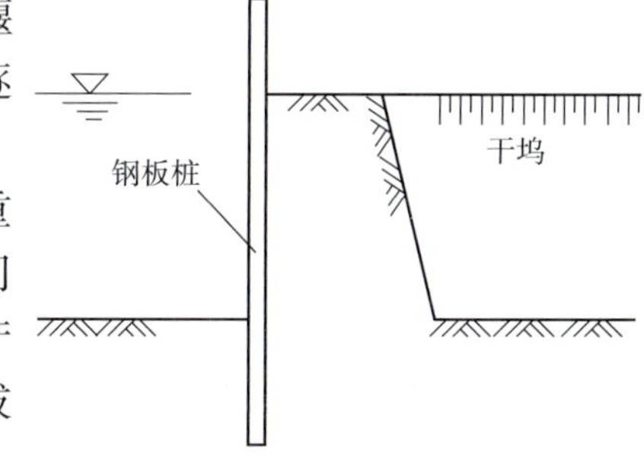

图17-1 单排钢管桩坞门

4. 临时干坞的车道与排水系统

(1)从坞外到坞底要修筑车道,以便运输施工机具、设备和混凝土原材料等。

(2)干坞的排水系统通常采用井点法降水或在坞底设明沟、盲沟和集水井,用泵将水排到坞外。

(3)坞外设截水沟和排水系统。

四、干坞施工流程

干坞施工步骤如下:

(1)先沿干坞四周施作混凝土防渗墙,隔断地下水。

(2)用推土机、铲运机从里面向坞口开挖土坑,挖出的土方大部分运至弃土场,一部分土用来回填作堤。

(3)在坞底和坞外设截水沟、排水沟、盲沟、集水井点降水、抽水泵站等排水系统。

(4)在土边坡坡面,用塑料薄膜满铺并压砂袋,以防雨水冲刷。

(5)在整面的坞底铺砂、碎石,再用压路机压实、压平整,并在坞门至坞内修筑车道等。

干坞施工工艺流程如图 17-2 所示。

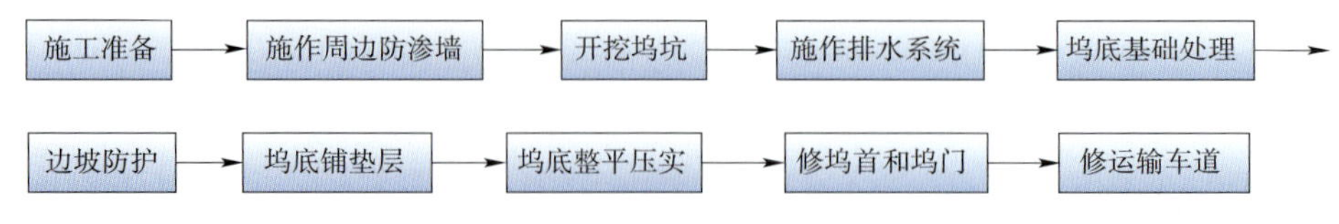

图 17-2 干坞施工工艺流程

五、工程实例

以珠江沉管隧道为例阐述。

1. 干坞选址

广州珠江隧道建设初期，曾对大坦沙、塞坝口、芳村口部等三个坞址做过方案比选。其中大坦沙、塞坝口坞址分别距隧址约 1950m 和 2650m。其覆盖层为淤泥质土、粉细砂层、中粗砂层，透视性强，基岩埋深较深，干坞底板只能建在砂层或软土层上，而且运输线路需要开挖，工程量大。经过多次专家会议进行讨论，全面考虑三个坞址的技术经济条件，最终决定选用芳村隧道口部位置作为干坞坞址。该坞址具有地质条件较好、工程量小、运输线路短、拆迁量少等优点。

2. 干坞规模确定

干坞规模的确定主要考虑两个因素，即总工期和工程造价。为了达到控制投资和缩短工期的统一，结合本隧道工程的实际条件，进行全面分析，在保证工程质量的前提下，采用一次预制一节沉管的小型干坞规模是比较合理的。虽然，小型干坞在总工期上可能比中型干坞方案约多两个月，但可以大大降低工程造价，且减少拆迁和各种干扰。从施工角度来看，小型干坞也可以减少一些不可遇见的干扰因素，这对总工期也是有利的。最后的实践证明，采用小型规模的干坞是正确的。

3. 干坞布置和结构

干坞的布置关系到干坞的技术可行性、施工方便性、使用的安全性和经济性。芳村口部干坞位于隧道轴线南端暗挖段和敞开段，东侧与新隆沙直街九层楼西侧相距 6.85m，西至新隆沙小学操场，北起隧道轴线桩号 K0 +870m，南至桩号 K0 +675m，干坞和辅助设施施工用地面积为 4.37ha，主要以拆除西面新隆街小学操场附近的零星破旧平房，确保西侧北面七层和东侧九层居民大楼安全为原则进行干坞布置。

根据施工现场的地形地貌和地质条件及设计要求，决定干坞施工场地的地表标高为 7.5m，干坞坞底标高为 -3.75m；干坞主要由进坞段、坞身段、坞门段和引航段等四部分组成。

图 17-3 干坞爆破分层开挖

4. 干坞施工

干坞全长为 344m，其中坞墩长度约为 20m，坞身长约为 150m。坞尾交通道路长约为 150m，坞内地质情况分别为：杂填土→淤泥→亚黏土→强风化红砂岩→中风化红砂岩→微风化红砂岩，坞身宽约为 48 ~ 55m，开挖底标高为 -3.5m；坞坎宽约为 36.5m，开挖底标高为 -8.00m，坞尾从 -3.5m 向上纵坡 7% 至地面，地面标高约为 7.80m，坞底周边设排水沟。主要工程量：土石方 128239.00m^3，其中土方 75773.23m^3，石方 46246.90m^3，地障拆除 6218.87m^3；防震孔为 6664.71m。

本工程土石方开挖采用爆破分层开挖（见图 17-3），先排水后开挖，交叉施工。在爆破施工中采取宏观调查、钻防震孔及微差控制爆破等有效措施，既保证周围居民、房屋以及重点文物的安全，又确保施工质量。

第二节　沉管隧道管段预制

预制场准备和管段预制是沉管施工过程中的最基础工序。两岸岸上段结构、洞口建筑及道路工程和沉管段的基槽开挖根据情况可以同步进行。

一、管段预制场地

1. 干坞

干坞是用于预制混凝土管段的场所之一。管段需要在干坞内预制、存放、舾装，然后起浮、拖运、沉放以及对接。

干坞根据其规模，可以分为：①小型干坞，每次预制 1 ~ 2 节管段；②中型干坞，每次预制 3 ~ 5 节管段；③大型干坞，每次预制 6 节及 6 节以上管段。

干坞根据其构造形式，一般分为移动干坞和固定干坞两类。其中固定干坞根据与隧道位置的关系又可以分为轴线干坞和另选位置干坞。广州仑头—生物岛隧道在国内首次采用移动干坞预制沉管管段工艺，即利用半潜驳作为沉管管段的制作平台，管段预制完成后通过拖轮将半潜驳拖航到隧址位置沉放对接。

2. 船台

船台也是管段预制的场所之一。一般万吨级船台宽度在 30m 左右，因此在船台预制的管段一般宽度小于 30m，长度小于 70m。由于受船台下水处深度的限制，管段下水时吃水深度一般小于 7m，因此，船台预制管段需要较高的干舷，管段结构形式一般为钢与混凝土的复合结构。钢结构制作完成后，浇筑内部部分混凝土，另一部分混凝土待管段下水后在浮态下浇筑。

二、管段预制技术要求

（一）混凝土要求

（1）根据 100 年使用寿命，混凝土强度等级不应小于 C30，抗渗等级不应小于 P8。

（2）为满足管段预制的特殊要求，应由试验室专门设计混凝土配合比并经试块验证，其中除常规试验项目外，还要专门进行水泥水化热、水泥干缩、混凝土收缩、混凝土温升等一系列项目的试验论证，从而得到符合强度、抗渗、耐久性要求的最优配合比。

（3）混凝土不允许出现贯穿裂缝，尽量避免表面裂缝，如有表面裂缝，其宽度不大于 0.2mm。

（4）浇筑混凝土时的入仓温度小于 28℃，内外温差小于 25℃。

（5）混凝土的重度对管段浮运、沉放关系重大，在管段预制时应根据设计的混凝土重度标准值进行控制。

（二）几何尺寸要求

1. 管段外形几何尺寸误差

管段外形几何尺寸误差将直接引起管段混凝土体积变化，即引起管段重量变化，干舷高度也随之变化，同时还会引起管段起浮和浮运时重心变化，影响其浮运时的稳定性。管段几何尺寸中的端面误差，将导致管段安装位置的误差而直接影响隧道线路平、纵剖面线形，同时也影响管段的对接质量及接头的水密性。

（1）内空净宽：$\Delta = +0 \sim 10\text{mm}$；

(2)内空净高:$\Delta = +0 \sim 10$mm;

(3)管段宽度:$\Delta = +5 \sim -20$mm;

(4)管段高度:$\Delta = +5 \sim -20$mm;

(5)管段长度:$\Delta = -30 \sim +30$mm;

(6)壁厚:$\Delta = +0 \sim -10$mm。

2. 两端面的精度

表面不平整度小于3mm,每延米内不平整度小于1mm,横向垂直度(左、右两点之差)小于3mm,竖向倾斜度(上、下两点之差)小于3mm。

(三)管段防水技术要求

(1)钢筋混凝土管段以自身混凝土防水为主,必须达到抗渗设计要求。

(2)管段的所有施工缝均应设置止水带,止水带应能满足抗渗指标。

(四)施工技术要求

(1)模板控制要求:模板必须有足够的刚度才能保证管段尺寸的精度,一般要求钢模台车在实际应用中的变形量小于6mm。

(2)材料质量要求:钢筋、砂、石、水泥以及止水带等材料均应符合设计要求。

(3)混凝土工艺:水灰比应小于0.5,坍落度为10~14cm,混凝土需进行缓凝处理,且要适应泵送的要求,同时要求限制水泥用量。

(4)施工工艺:在浇筑每一个管段施工作业段(15~20m)时,侧墙纵向施工缝离底肋应不小于200mm,横向施工缝间距应符合防裂要求,底板及顶板纵向不允许设置施工缝。

三、管段预制施工工艺

(一)管段制作工艺流程

沉管隧道的管段长度从几十米到上百米不等,制作时需按照管段的长度分成数次浇筑混凝土。在管段的同一作业段内,按底板、墙身、顶板三个施工作业块,进行混凝土流水浇筑作业。模板根据施工需要而定,如5个作业段时采用两套模板,6、7个作业段时采用三套模板等。单个管段同一作业段的制作工艺流程如图17-4所示。

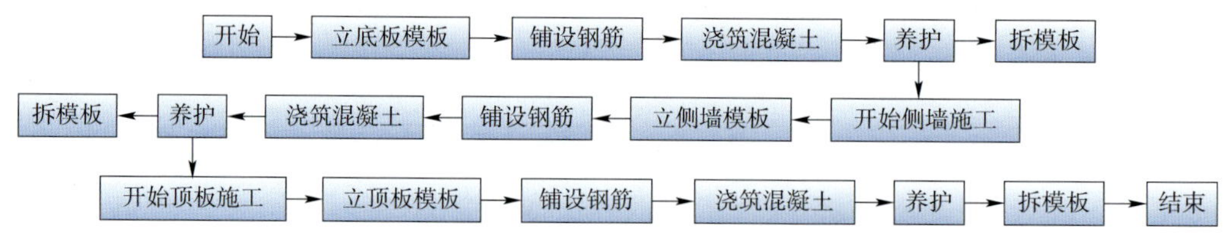

图17-4 单个管段同一作业段制作工艺流程图

(二)操作工艺

1. 混凝土的浇筑

(1)底板、顶板:混凝土由泵送至浇筑仓面,由人工平仓。为保证混凝土在初凝前浇筑完毕,可采用三台阶方式浇筑,分层高度小于500mm,浇筑方向从一端往另一端,每层方向相同,不允许逆向。

(2)墙体:墙体需分层浇筑,每层厚在500mm以内,由于墙体高,而每层混凝土用量又不大,如不控制上升速度,混凝土对模板的侧压力可能会过大。除放慢浇筑速度外,在侧墙混凝土浇筑时应尽量拉开上下层铺设的时间距离，但必须在下层混凝土初凝前铺设上层混凝土，建议施工中控制的上升速度 v = 500mm/h 。

2. 止水带及施工缝处理

管段施工缝的止水带设置，一般纵向水平缝设置一道止水带，横向缝设置两道止水带，并应根据设计选用的止水带形式、材料性质、技术要求来确定设置安装方法。采用橡胶止水带时要采用合适的措施以防止浇筑混凝土时产生卷边现象。施工缝的端面应作凿毛处理，混凝土浇筑前要进行冲洗。

3. 混凝土重度控制

具体措施为：一是计量衡器器械的检验认可，各种材料均需过秤，称量的衡器有电子秤、杠杆秤、电子流量计、量桶等，这些衡器均应由计量部门在现场抽样核定、检验认可；二是在施工计量实施中由试验人员每天不定时地进行核对修正，使配合比中各种材料的误差控制在规范允许以内，从而保证实际的重度控制在标准值允许误差范围之内。

4. 管段体形尺寸控制

管段体形的控制靠精心施工及有足够刚度的模板系统来实现。随着施工的进展，对所有几何尺寸均必须进行放样、校对、检查、复查、验收等多次反复，从而保证设模位置准确。

5. 裂缝控制

1）混凝土级配

（1）水泥。首先必须选择合适的水泥品种，水泥的化学成分对水化热有较大的影响，应尽量减小水化热。含潜伏水硬性胶结剂的水泥，如含火山灰、粉煤灰、磨细的火山石粉或矿渣粉的水泥可产生较小的水化热。其次是通过控制水泥用量来减少水化热，但需考虑满足混凝土强度和抗渗性要求来确定最小极限的水泥用量。大多数情况下，每立方米混凝土的水泥用量为 250 ~ 300kg。

（2）粗集料。使用颗粒级配合适的粗集料，可以减少水泥用量。为了使钢筋周围混凝土的密实度符合要求，需要限制集料的大小。

（3）水灰比。减少水灰比可降低单位时间产生的水化热量，但也会降低混凝土的工作性能，可采用添加剂如磨细粉煤灰或高效减水剂等来改善混凝土工作性能。

2）控制混凝土的浇筑温度

主要措施如下：

（1）集料实行高堆内取，集料的堆放高度不低于 6m，可通过料堆底部地垄取料。集料入料仓并停放 48h 后才能使用，其目的是使集料趋向于月平均温度。在料堆仓及皮带运输机上方设置防雨遮阳棚，防止太阳辐射和雨淋，有利于控制混凝土的浇筑温度。

（2）选择浇筑混凝土的时间，避开当天高温时段，选择在温度较低的夜间。

（3）可掺冰水拌和混凝土。

（4）缩短施工作业段内的侧墙与顶板混凝土的浇筑间隔时间，以减少相邻混凝土块的温差。

（5）调整施工作业段长度，设置后浇带，在每一施工作业段间设置 1.4m 宽的后浇带，待混凝土浇筑 30 ~ 42d 后才浇筑后浇带的混凝土。

（6）调整管段矩形箱体结构的纵向配筋率（即按横向受力配筋量的百分数计，一般可提高纵向配筋率 5%），以增强混凝土的抗裂能力。

（7）可在管段个别部位（如侧墙）预埋循环冷却水管进行降温，以控制裂缝产生。

3）提高混凝土的抗拉和抗裂能力

可对管段施加纵向预应力以提高其纵向的抗拉能力；还可往混凝土中添加钢纤维或化学纤维。

6. 裂缝处理

（1）未贯穿的裂缝：进行表面封堵处理。

（2）贯穿裂缝：采用缝内灌浆处理。

裂缝经过处理后，要经受浮运、沉放、运行及气候冷热周期性变化的考验，隧道投入运营后，还要继续观察，如再发生裂缝，在运营期间利用维护保养时间，进行裂缝处理。

7. 防水底钢板的制作及安装

如管段设置防水底钢板，则要考虑防水底钢板的制作及安装，防水底钢板一般为6mm厚的A3钢板。管段设置防水底钢板时一般都相应设置了两端的端钢壳。

1）配料

应充分利用钢板规格，减少钢板切割，提高钢板利用率。

2）焊缝

端钢壳与防水底钢板连接处按钢板规格整块布置且以长边连接，并在拼装时先焊此缝。防水底钢板采用工形对接焊缝。如在防水底钢板下铺设了碎石垫层及钢轨，则需在焊缝底部设置垫块，防止钢板与钢轨在焊接时粘连。

3）焊接步骤

先在焊接处每隔200mm焊20mm，然后跳格施焊，焊缝分两次填满，即焊完一次后打渣，然后填满，焊接从中间开始向四周施焊。为防止防水底钢板焊接时变形，可在其外侧贴焊角钢以增加刚度，在其内侧每隔一定距离设角钢斜撑以保证其垂直度。底板焊接每隔一定距离设自制夹钳用以固定钢板，施焊前用工字钢在焊缝两侧压紧，并采用跳焊、间断焊等方法予以配合。

4）钢板焊接产生变形的矫正方法

手工矫正：主要是采用锤击法，从凸起中点开始锤击，然后向四周扩展。

火焰矫正：根据凸起的大小采用不同的加热位置和加热形状（点或条形等）及加热量，一般采用点状加热，点间距为150mm，呈梅花形布设，少数采用条形加热，加热温度为600～800℃。

8. 钢壳的制作和安装

（1）配料时应考虑加工误差、装配需要的公差及间隙，同时还要考虑焊接、火焰矫正等的收缩量，经过具体计算得出下料尺寸后进行放样。放样后须进行校对，确认无误后，用手工乙炔、氧气进行切割，亦可用数控自动切割机切割。

（2）坡口加工是金属结构制造中的重要工序，它直接关系到焊接的质量和强度。端钢壳制作中的坡口加工主要靠手工气割和半自动气割机来完成，坡口加工应正确掌握好坡口的大小和合适的角度。

（3）端钢壳体积大，但本身刚度不大，如在工厂组装焊接好后再运到工地，则极易出现变形，且安装就位困难。故一般不在工厂组装焊接为成品，而是将端钢壳分段焊接，制成半成品后再到现场进行组装焊接。

（4）在安装端钢壳前，须先设立安装支架，用以支承端钢壳并作为操作平台。支架还能夹紧端钢壳的半成品部件，将其固定在正确位置并抵抗浇筑混凝土的侧向推力。半成品工件按各自位置对号入座后须设置必要的临时支承，以便固定在支架上，同时在支架上设置楔块及调整螺栓来进行安装前的微调。然后复查中心线、对角线及端斜面等各个控制参数，当其误差符合有关规范或设计要求时，用设置在安装支架上的对顶螺栓夹紧。最后施焊连接，焊接以间断焊为主。拆除安装支架前，还应对端钢壳再作一次全面的测量，测定各向尺寸及控制线的所有数据，以供管段安装时参考。

9. 端封门的制作与安装

端封门有钢端封门和钢筋混凝土端封门两种形式。

1）钢端封门

为确保管段的水密性要求，钢端封门与管段端部焊接为一体。钢端封门面积大，整块制作安装有许多困难，因此先制成片块然后现场组装。片块划分原则：保证片块相接处不太复杂，便于安装时操作，便于各项尺寸校对，不改变或不削弱结构的强度、刚度及受力状态，安装后所有技术参数能满足设计要求。

2）钢筋混凝土端封门

在管段端部立模现浇制作即可。

10. 压载水箱的设置

压载水箱面积大，整块制作安装有困难，因此先制成片块然后再现场组装。安装完毕后要进行试漏，试漏应包括压载水箱本体、阀门及管道系统。

河水或海水的密度是确定压载水箱容量的主要因素。压载水箱容量应包括：①保持 100mm 干舷高度所需水量；②保持足够下沉力时所需的水量；③施工期间保证抗浮力达到 1.05 安全系数时所需水量。

沉管隧道主体工程完工后，逐步拆除压载水箱，并用底部混凝土压重层代替，最后在混凝土压重层上进行路面工程作业。

11. 预埋件的设置

在解决预埋件与钢筋冲突时，应采取以预埋件为主，钢筋让位的原则。必要时切断钢筋再进行补强；预埋件与施工缝及预留孔洞距离不足 500mm 时，需进行相应的调整，以满足预埋件安装时的操作空间。同时以结构钢筋及模板为基点设置支撑，固定预埋件的空间位置。

12. 止水带的设置

目前，沉管隧道普遍采用 GINA 橡胶止水带，须按管段周边的外形，在厂里制作成完整环状，然后运到管段制作场整环安装。其构造形式与安装设置如图 17-5 所示，图 17-5b）中左侧是安装了 GINA 止水带的管段端部，右侧是接受 GINA 止水带压紧的管段端部。

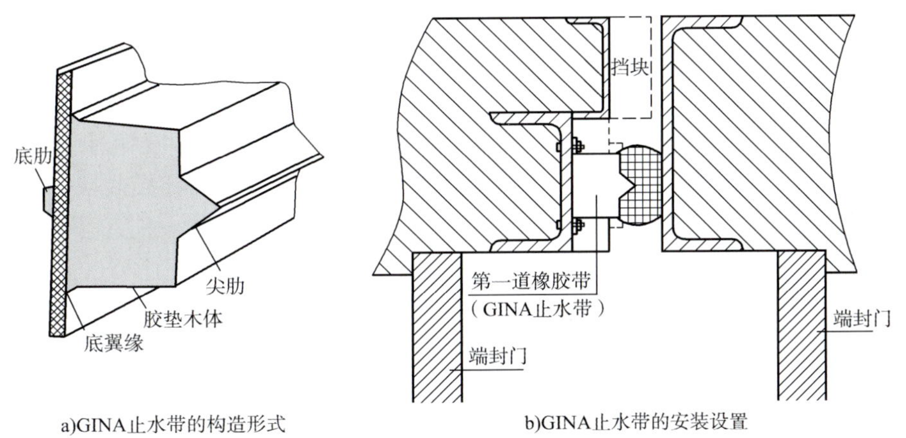

a)GINA止水带的构造形式　　b)GINA止水带的安装设置

图 17-5　GINA 橡胶止水带

四、工程实例

以广州珠江隧道混凝土管段预制为例进行阐述。

（一）隧道断面构造与管段长度划分

1. 隧道断面构造

隧道的断面一般有圆形和矩形两种形式。由于圆形断面埋设深度要比矩形断面大，相应的增加了隧道长度和基槽的开挖量，经过比较论证，本隧道选用矩形断面。根据汽车流量和轨道交通的长远规划，设置两个汽车通道孔、一个轨道交通通道孔；同时为使配电、通信电缆、给排水管道、消防等设施检修方便，又设置了一个管廊（同时兼作紧急情况下的疏散通道），故黄沙—芳村珠江隧道断面为四孔箱形断面。

根据设计，隧道沉管断面宽为 33m，高为 7.9m，底板厚为 1200mm，顶板和外侧壁均为 1000mm，内侧壁分别为 700mm 和 500mm。隧道沉管底部设 6mm 厚防渗钢板，各管段之间接头设置了 GINA 橡胶带和 OMEGA 橡胶带。

2. 管段长度划分

隧道水下部分的沉管管段预制时的长度是根据航道深度、浮运作业、隧道纵向断面曲线要求来划分的。根据探测，芳村侧河道水深为3～6m，黄沙侧河道水深为6～12m，同时考虑到预制管段的干坞规模，将水下部分总长457m隧道沉管划分为五节。从黄沙至芳村各管段的编号依次为E1、E2、E3、E4和E5，其中E1管段长105m，E2、E3管段长120m，E4管段长90m，E5管段长仅22m。

（二）管段预制

如图17-6所示，本工程选用了整体移动式钢模台车，钢模台车分为内模台车和外侧模台车，主要由模板、承力车架、行走系统和调整装置等部分组成。该钢模台车具有装拆快速、方便、准确的特点，大大减少了装拆模板的劳动量和缩短了施工工期，有效地减轻了工人的劳动强度，而且在窄小的施工场地中仍能做到文明施工。

图17-6　管段预制

由于隧道沉管管段是靠自浮拖运至隧道设计位置进行沉放对接的，同时设计要求浮运时干舷高度（即浮运时管段需出水面高度）在14cm以内。因此混凝土重度和体形尺寸精度对于舷大小和管段之间的接头质量有着直接影响。再者隧道长期处在水中，混凝土的抗渗要求高。可见，混凝土的浇筑质量是极为重要的。

每一管段的制作程序是先浇底板，再浇侧壁，然后浇筑顶板，即分三阶段制作。这样，由于水泥水化热的作用，在浇筑侧壁和顶板混凝土时，其与底板之间会产生温差，在降温和收缩过程中受到底板的约束而可能产生裂缝，为此每一管段浇筑混凝土时又按施工缝间距20～24m划分作业段。E1、E2、E3管段按长度方向划分为5个作业段，E4管段划分为4个作业段，E5为1个作业段。对于多个作业段的管段，浇筑混凝土时采取跳跃式的作业顺序。

为了不影响混凝土的质量，又相应增大混凝土的坍落度，增加其流动性，以利于混凝土泵输送，在混凝土中掺入一定量的粉煤灰和缓凝剂，以便推迟混凝土温升峰值的出现和降低温升峰值。

（三）E1管段裂缝原因分析

预制混凝土构件产生裂缝的原因往往是多方面的，多数情况下是由某一因素起主导作用，其他因素则使裂缝加剧。经过分析，E1管段产生裂缝的因素主要有如下几个方面。

（1）沉管管段体形大。沉管管段为一体形较大的多孔箱形混凝土预制构件，其内力分布较复杂，预制过程中的很多因素都有可能诱导构件内应力的变化。当内拉应力超过了混凝土的抗拉强度时，便会造成构件产生裂缝。

（2）相邻作业段混凝土的约束作用。E1管段全长105m，分5个作业段浇筑混凝土，这样，前作业段的混凝土对后作业段混凝土的变形便产生约束作用，从而产生边界约束应力，加之管段每一作业段的长度偏大，相应约束应力也较大。

（3）混凝土的水灰比和水泥用量大。由于管段混凝土量大（超过1万m^3），采用了泵送混凝土工艺，基于混凝土可泵性要求，其水灰比和每立方混凝土的水泥用量较大，混凝土硬化过程中的水化热和收缩量相应增加，从而导致混凝土温度应力及收缩应力增大。

（4）水泥水化热较高。由于资源条件限制，采用了52.5级普通硅酸盐水泥，且水泥用量偏大，混凝土的温度应力亦随之增大。

（5）自然条件的影响。因管段预制施工周期较长，而构件一直裸露，饱受风吹日晒雨淋。由于干坞两侧地势较高，上侧有高楼耸立，气流量大，风速快，以致昼夜温差大，使构件表面的温湿度经常发生急剧变化。

(四) E1 管段裂缝的处理

E1 管段的表面裂缝主要采用表面封堵法处理,其工艺过程为:清理表面,吹干,涂抹环氧胶泥。深裂缝采用缝内灌浆封堵工艺,其工艺过程为:凿槽(宽度 2 ~ 3cm),冲洗干净,埋设灌浆管,清理槽内粉尘等,封槽,灌注环氧树脂浆液。

(五) 其他管段防止裂缝产生的措施

通过对 E1 管段的裂缝原因分析,可知裂缝产生的影响因素并非是单一的,而是多种因素共同作用结果。所以必须相应的采取综合性的防治技术措施。其他管段预制时主要采取了如下几方面措施。

(1) 改善约束条件和合理选择施工缝间距。从 E2 管段开始,每一作业段的长度由原来的 20 多米缩短为 15m 左右,同时在相邻工作段之间设置了宽度为 1.4m 的后浇带,这样有效地减少和缓解了相邻施工段中已浇筑混凝土的作业段对后浇筑混凝土所产生的约束应力。

(2) 合理选择原材料。尽量选用低热水泥配制混凝土,并严格控制每立方米混凝土水泥量不超过 300kg。其次在保证泵送混凝土可泵性要求条件下,尽量减小水灰比,严格控制砂、石的含泥量,避免使用粉砂;同时选择良好级配的集料,以提高混凝土的密实性和抗拉强度。

(3) 改善施工工艺。严格实行各作业段间隔地分层浇筑混凝土的制度,每层厚度不大于 30cm,以利于振捣密实和加快热量散发,并使混凝土温度分布均匀;其次是混凝土捣实采用二次振动法;同时在管段混凝土初凝后、终凝前进行多次抹压,以提高混凝土的表面密实性。

(4) 控制混凝土温度。首先是在构件的混凝土中预埋水管,通过水管内的循环水降低混凝土温度;其次采取措施尽量降低混凝土的入模温度。

(5) 采取其他措施。如在水泥中掺入水泥用量 9% 的膨胀剂、适当增加一些构造配筋、采用真空脱水法密实混凝土、加强混凝土早期养护及适当延长养护时间等。

第三节　沉管隧道基槽开挖

穿越水域修建沉管隧道,面临的一个首要问题就是开挖疏浚沉管基槽。在水下开挖沟槽与在陆地上开挖沟槽有较大区别,由于水中情况难以观测,难度要大许多,特别是挖深较大的沉管基槽更是如此。

一、开挖流程

1. 非岩石类沉管基槽

(1) 待挖表面的清理。主要是在测量好的待挖范围内清理石块、杂物等障碍物,用抓斗式挖泥船较适合。如两岸有妨碍定位测量的障碍物也应一并清理,清理后用测深仪测深,以求大致反映出基槽的开挖全貌。

(2) 基槽切滩。这一阶段要借助定位测量仪器挖除高于水底自然轮廓的浅滩(亦即水中高地)。

(3) 基槽粗挖。根据所探明的地质情况,采用相适合的挖泥船进行粗挖。粗挖是指分层开挖基槽时每层的开挖深度较大,效率高,但精度较低的开挖。由于铰吸式挖泥船的效率高,一般进行粗挖可采用铰吸式挖泥船。采用抓斗式、链斗式、耙吸等其他种类的挖泥船亦可。

(4) 基槽精挖。这一阶段每层的开挖深度较小,速度稍慢,但开挖精度高。如果开挖地层地质条件许可的话,精挖采用自航耙吸式挖泥船较合适。在定位测量仪器和电子计算机配合下,采用"自航耙吸式挖泥船电子图形控制系统",耙吸式挖泥船可以高效率、高精度地开挖基槽。在每一层开挖完成之后应准确测深,为下一层的开挖做好准备,或确定基槽开挖是否已符合设计要求。将精挖放在临近管段沉放的时间进行,还可减少成型后基槽中泥砂的淤积,减少清淤的工作量。如果选用抓斗式挖泥船进行精挖,则应选用斗容稍小的挖泥船，因为斗容较小的挖泥船定位精度较高，可以使开挖的基槽成型更准确。

2. *岩石类沉管基槽*

通过地层为岩石类的沉管基槽，其工序与通过地层为非岩石类的沉管基槽有所不同，大体上可以分为三步。

(1)借助定位测量仪器准确定出待开挖的范围，并设立标志。用挖泥船对待挖基岩表面进行清理(清理表层泥砂可用耙吸船)，并同时用测深仪测深，以了解待挖基槽的表面状况。

(2)利用炸礁船按设计要求在基岩上钻孔，装填炸药，将基槽深度范围内的岩石炸开。然后，用抓斗式挖泥船将炸碎的砂石清除。如果岩石深度大，还应分层爆破。开挖结束后，可用钻船探摸法测深，若发现探摸的断面标高未达到设计深度，可用钻进法来判断该断面的实际情况，较易钻进的可视为漏挖处理，较难钻进的可用局部爆破法作补炸处理。

(3)用探杆配合经纬仪、水准仪、测深仪进行平面和水深测量，以最后确认基槽开挖是否符合设计要求。

二、挖泥船舶的选择

在水下进行挖掘疏浚工程，使用的挖泥船种类较多，有耙吸、铰吸、链斗、抓斗、铲斗、射流等多种形式。

根据施工地段水文和地质情况的不同，沉管基槽对开挖方法和开挖设备的要求也不尽相同。对于水深较浅、开挖地层较为软弱的泥、砂、土的地段，采用航道疏浚部门现有的一般设备即可开挖；对于水深较深地段，则需较特殊的或专门制作的挖深较大的设备；对于通过地层为岩石的地段，还需水下爆破才能进行开挖。

(1)在挖泥船的选择上应注意经济性。挖泥船的成本较高，一般中型船的价格在几千万元甚至上亿元，所以对于较少开挖的沉管基槽工程，应尽可能使用现有的设备，避免单纯追求施工进度而使设备投资过大。

图 17-7　抓斗式挖泥船作业

(2)不同种类的挖泥船技术性能各不相同，可以满足不同的需要。

抓斗式挖泥船适应性强，不仅可以开挖泥、砂、土地层，还适宜于开挖碎石类(如鹅卵石、爆破后的岩层)地层，而且相对挖深较大，但效率较低。如图 17-7 所示为抓斗式挖泥船作业。

铰吸式挖泥船开挖效率高，而且适用于较密实的泥、砂、土地层，但挖深一般不大。

自航耙吸式挖泥船开挖精度较高，特别是配备“水深测量计算机自动成图系统”之后，可以使施工过程的定位、测量基本处于全受控状态，能较精确地开挖沟槽。

链斗式挖泥船适合于实际开挖地层较深且成型的基槽，效率较高，但很少适用于较大水深(如 20m 以上)的情况。

三、开挖注意事项

1. *沉管段的基槽及其邻接的两岸上段对接区基槽内水力条件变化的影响*

无论如何开挖，在未放置管段的基槽区域水深都将增加，水力条件变化会造成淤积或影响基槽开挖后的横断面，往往亦会影响到管段沉放至基槽内的浮力。在低潮汐能的河流河口或海洋，这种影响可能不大明显；而在高潮汐能为主的地方，这个问题不可忽略。一般可采用基槽内水流模拟分析，根据分析计算结果调整横断面设计，避免基槽边坡开挖得太陡，导致边坡塌陷形成基槽偏差。因此，边坡的稳定除考虑地质条件外，还要考虑水动力、波浪、湍流以及边坡土或岩石物理力学性质的影响。

2. 基槽开挖深度加深值的研究

基槽开挖后会显著地降低当地的水流速度，降低潮汐水流对淤积物质的运载能力，在砂质河口处还会使基槽内沉积物增加以及基槽周围河床形状发生变化。因此，基槽实际开挖深度要加大，并预留出一定的余量，一般可用计算机模拟计算出基槽的加深值。其步骤如下：

(1)河床形状可按正交于单一边坡的疏浚基槽的河流潮汐的形式来考虑。

(2)使用简单的流动连续性来计算基槽深度，计算中假定平均潮速、潮水深度和速度都按简单的正弦函数变化。

(3)实际施工中为了保证基槽开挖的标高均小于设计标高，一般以设计标高为基准按相关的施工规范进行超挖。

影响基槽开挖加深值的主要因素为潮流、潮流平均深度、沉积物质的粒径以及水温(在夏季取最大值)的大小。较深的基槽(深度大于10m，)，其预计值主要取决于当地的水流条件。

3. 基槽开挖过程中泥砂流失的控制

沉管隧道隧址的江河或海域如有严格的环保要求时，则须对基槽开挖过程中泥砂流失加以控制。一般的控制方法如下：

(1)将开挖工作控制在拦幕内(或可使用临时移动的拦幕)。

(2)采用铰吸挖泥船时，可根据地质情况将铰刀转速、分段长度及开挖深度降低到一定范围。

(3)进行水流速度和泥砂流失监测，发现超标时随时调整开挖参数。

四、管段沉放对接临时支座施工

1. 临时支座需要放置在钢管桩上的施工流程

(1)沉管段基槽开挖。

(2)对于采用抛石垫层以及后填法进行基础处理时，应事先设置测量平台，临时支座放置处不抛填块石。

(3)通过事先设置的测量平台，对钢管桩施工船舶进行定位锚定。在此之前，在预制场内进行钢管桩制作，以及临时支座制作及养护。

(4)钢管桩施工。

(5)钢管桩头的标高测量及标高调整。

(6)将临时支座放置在钢管桩上，并进行调整(一般用钢筋混凝土垫块)。

2. 临时支座不需要放置在钢桩上的施工流程

(1)沉管段基槽开挖。

(2)施工前设置测量平台，对开挖临时支座基坑的开挖船舶进行定位、锚定。

(3)在已开挖好的沉管段基槽内进行临时支座基坑的开挖(一般用抓斗船来开挖)。

(4)与此同时，在预制场内进行临时支座的制作及养护。

(5)向已开挖好的临时支座基坑抛填块石。

(6)对抛填好块石的垫层进行水下整平(一般亦可由潜水员来进行)并进行标高测量。

(7)放置临时支座。

(8)临时支座放置完毕后，对后填法基础处理按要求抛填一定厚度的块石垫层，然后进行水下粗整平和测量。

3. 临时支座放置的测量平台布置

使用鼻式托座定位(对接时)，每节管段需要两个临时支座。不使用鼻式托座定位(对接时)，每节管段需要四个临时支座。

五、工程实例

珠江沉管隧道于 1994 年建成通车，其沉管段全长 457m，由长度 22 ~ 120m 的 5 节管段组成。

珠江水深在 4.29 ~ 11.01m 之间，沉管基槽挖深为 20m 左右。沉管基槽底宽 36m，基槽底比原河床低约 10m，横坡依次为 1:0.75、1:2 及 1:4，在边坡中间部位设置一平台，宽 2.5m，芳村—黄沙纵坡为 3.5%、3.5%、3.0%、3.0%、0.37%、3.0%、3.5%。沉管基槽主要通过块状和完整的岩层带，所以需要爆破才能进行开挖。

图 17-8　自航耙吸式挖泥船

珠江隧道基槽待挖基岩表面泥砂清理使用了自航耙吸式挖泥船（见图 17-8）。为了爆破施工地段的岩层（岩质为红砂岩），配备了炸礁船。基槽开挖配备了 $13m^3$ 抓斗式挖泥船（最大挖深 50m）、$8m^3$ 抓斗式挖泥船（最大挖深 50m）、$4m^3$ 铲扬式挖泥船（最大挖深 15m），以上三种设备均为日本制造。此外，还配备有 $4m^3$ 和 $6m^3$ 抓斗式挖泥船、$8m^3$ 反铲式挖泥船，挖深从 15 ~ 40m 不等。工程采用的定位测量设备主要为 DP2 型测距定位仪。

第四节　沉管隧道浮运沉放

管段在干坞内预制完成后，就可在干坞内灌水使预制管段逐渐浮起，浮起的过程中利用在干坞四周预先为管段浮运布设的锚位，用地锚绳索固定上浮的管段。然后通过布置在干坞坞顶的绞车将管段逐节牵引出坞。管段出坞后，先在坞口系泊。当分批预制管段时，也可在临时拖运航道边选一个具备条件的水域临时抛锚系泊，这样可使管段未沉放前就可以出坞，而不会影响下批管段按期预制。

当管段浮运就位后，需将管段沉放到水底，在事先开挖的基槽中与相邻管段对接。管段沉放是沉管隧道施工的重要环节，它受到气象、水流、地形等自然条件的直接影响，还受到航运条件的制约。因此在施工时需根据自然条件、航道条件、沉管本身的规模以及沉管的设备条件因地制宜地选用合适的沉放方法，详细制订水中作业方案，安全稳定地将管段沉放到设计位置。

一、施工流程

管段浮运沉放施工流程如图 17-9 所示。

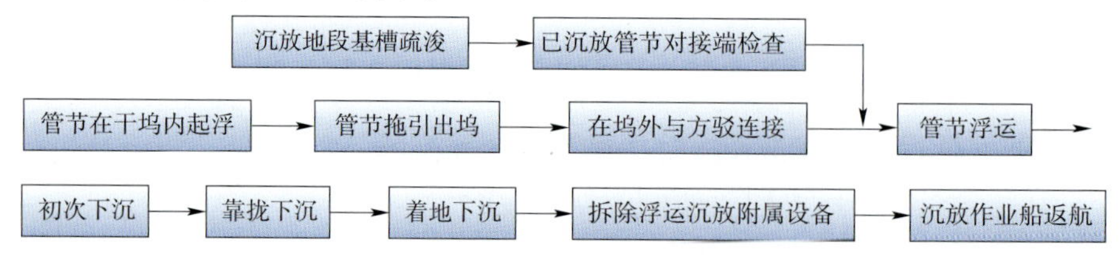

图 17-9　管段浮运沉放施工流程

二、管段浮运方法

1. 拖轮拖运（见图 17-10）

（1）四船拖运管段：一种形式是将两艘拖轮并排在管段的前面领拖，另两艘拖轮并排在管段的后面反拖，并制动转向。另一种形式是前一艘主拖轮作为领拖，管段两边各用一艘拖轮帮助，后面一艘拖轮进行反拖，并制动管段转向。

（2）三船拖运管段：一种形式是用两艘拖轮在前拖，一艘拖轮在后反拖，并制动转向。另一种形式是用一艘主拖轮在前面拖拉，两艘动力较小的拖轮系靠在管段后面两侧控制导向。

图 17-10 拖轮拖运

2. 岸上绞车拖运和拖轮顶推管段浮运

当水面较窄时，可在岸上设置绞车拖运，也可采用绞车拖运与拖轮顶推方式，即在沉放管段接头处位置的前方，抛锚布置一艘方驳，在方驳上安置一台液压绞车作为管段的制动力，浮运时三艘拖轮顶潮协助浮运，一艘拖轮在上游作为备用。

三、管段沉放方法

1. 起重船吊沉法（见图 17-11）

（1）采用 2～4 艘起重能力为 1000～2000kN 的起重船提着管段顶板预埋吊环。

（2）逐渐给管段压载，使管段慢慢沉放到规定位置上。

（3）吊环位置应能保证每个吊力的合力通过管段中心。

（4）这种方法的缺点是占用水面较宽，对航道交通互相干扰较大。

2. 浮箱吊沉法（见图 17-12）

图 17-11 起重船吊沉法

图 17-12 浮箱吊沉法

（1）在管段顶板上方采用四只浮力为 1000～1500kN 的方形浮箱（尺寸为 10m×10m×4m），直接将管段吊起。

（2）吊索起吊力要作用在各浮箱中心。

（3）四只浮箱分前后两组，每两只浮箱用钢桁架连接起来，并用四根锚索抛锚定位。

（4）起吊的卷扬机和浮箱定位卷扬机均安放在浮箱顶部。

(5)也可以不采用浮箱组的定位锚索,只用管段本身身上的六根定位索进行控制,使水上沉放作业进一步简化。

3. 自升式平台吊沉法

(1)自升式平台一般由四根柱脚与船体平台两部分组成。

(2)移位时靠船体浮移,就位后柱脚靠液压千斤顶下压至河床以下,平台沿柱脚升出水面,利用平台上的起吊设备吊起沉放管段。

(3)管段沉放施工完后落下平台到水面,利用平台船体的浮力拔出柱脚,浮运转移使用。

(4)自升式平台吊沉法适于在水深或流速较大的河流或海湾沉放管段,施工时不受洪水、潮水、波浪的影响,不需要锚碇,对航道干扰小。

(5)这种方法的缺点是设备费用较大。

4. 船组杠吊法(见图 17-13)

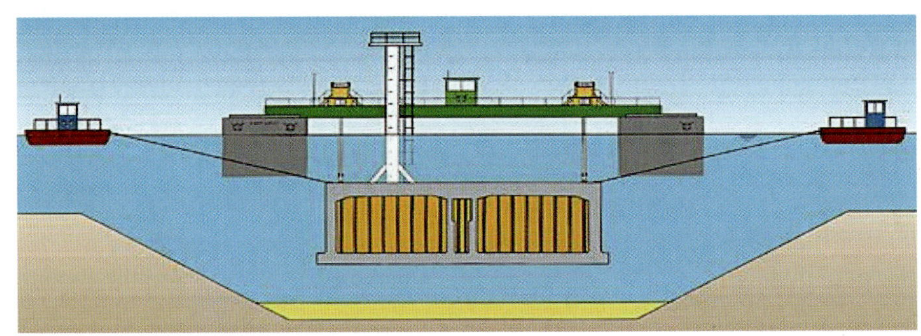

图 17-13 船组杠吊法

(1)每组船体可用两组浮箱或两只铁驳船组成,将两组钢梁(杠棒)两头担在两只船体上,构成一个船组,再将先后两个船组用钢桁架连接起来形成一个整体船组。

(2)船组和管段各用六根锚索定位(均为四边锚及前后锚),所有定位卷扬机均安设在船体上,起吊卷扬机则安设在杠棒上,吊索的吊力通过杠棒传到船体上。在船组杠吊法中,需要四只铁驳或浮箱,其浮力只需用 1000~2000kN 就足够了。

(3)亦可采用两只吨位较大的铁驳(驳体长 60~85m、宽 6~8m、型深 2.5~3m)代替四只小铁驳进行管段沉放作业,称为双驳杠吊法。

(4)这种方法的主要特点是船组整体稳定性好,操作较方便,并且可把管段的定位锚索省去,而改用对角方向张拉的斜索系定于整体稳定性好的双驳船组上。

(5)双驳杠吊法大型驳船等设备费较贵,一般很少采用。一般只在具备下列条件之一时,才适合采用双驳杠沉法:

①小型管段沉放时,工程规模较大,管段沉放量较多,沉放时较平稳,且浮运时还可利用铁驳船组挟持着管段航行,使浸水面积对浮轴的惯性矩成倍增大,使浮运时抗倾覆稳定性及安全度极大地提高;

②计划准备在附近连续修建多余沉管隧道;

③沉管工程完毕之后,大型方驳可移作他用(如改用作浮码头等)。

四、管段浮运与沉放作业

1. 管段浮运作业

(1)向干坞内灌水,使预制管段逐渐浮起。

(2)利用在干坞四周预先为管段浮运布设的锚位,用地锚绳索固定浮起的管段。

(3)通过布置在干坞坞顶的绞车将管段逐节牵引出坞。

(4)管段向隧址浮运:可采用拖轮拖运,或用岸上的绞车拖运。

2. 沉放前的准备

(1)为保证管段浮运与沉放的顺利进行,施工前应收集气象、水文等基础资料。

(2)制订管段浮运与沉放的方法和实施计划。

(3)进行管段沉放地段的沟槽开挖与清淤工作。

(4)准备浮运与沉放的机具和设备。

(5)制订航道管制计划,与港务、港监等部门商定航道管理有关事项,并通知有关部门。

(6)设置水底临时支座和地锚。

(7)设置浮运与沉放过程的控制测量站(点)。

3. 管段就位

(1)在高潮平潮之前,将"背着"浮箱的管段或挟持着管段的作业船组拖运到指定位置上,并挂好地锚,校正好前后左右位置。

(2)此时管段所处位置,可距规定沉埋位置 10 ~ 20m,但中线要与隧道轴线基本重合,误差不应大于 10cm。管段的纵向坡度亦应调整到设计坡度。

(3)定位完毕后,可开始灌注压载水,至消除管段的全部浮力为止。

4. 管段下沉

(1)管段下沉的全过程,一般需要 2 ~ 4h,因此应在潮位退到低潮平潮之前 1 ~ 2h 开始下沉。开始下沉时的水流速度宜小于 0.15m/s,如流速超过 0.5m/s,则要另行采取措施。

(2)下沉作业一般分为三个步骤,即初次下沉、靠拢下沉和着地下沉。

①初次下沉。先灌注压载水至下沉力达到规定值的 50%。随即进行位置校正完毕后,再继续灌水至下沉力达到规定值的 100%,并开始按 40 ~ 50cm/min 速度将管段下沉,直到管底离设计标高 4 ~ 5m 为止。下沉时要随时校正管段位置。

②靠拢下沉。先将管段向前节既设管段方向平移至距既设管段 2m 左右处,然后再将管段下沉到管底离设计标高 0.5 ~ 1m,并较正好管段位置。

③着地下沉。先将管段继续前移至距前节既设管段约 50cm 处。矫正管段位置后,即开始着地下沉。最后 1m 的下沉速度要非常慢,并应同时进行位置矫正。着地时先将前端搁上鼻式托座或套上卡式定位托座,然后将后端轻轻地搁置到临时支座上。搁好后,各吊点同时卸荷。先卸去 1/3 吊力,校正位置后再卸至 1/2 吊力。待再次校正位置后,卸去全部吊力,使整个管段的下沉力全部都作用在临时支座上。

(3)前后两节管段的沉埋时间间隔视各方配合与准备情况而定。大多数工例采用一个月周期,即一个月沉埋一节。

五、工程实例

以珠江沉管隧道浮运沉放方案比选为例进行阐述。

(一)浮运方案比选

浮运方式受航道条件、浮运距离、水文和气象等多种因素控制,从可行性分析中主要有以下两种施工方案。

1. 拖轮浮运

采用五艘拖轮浮运,一艘拖轮提供浮运主动力,其余四艘均用作提供顶潮力和控制管段运动方向。该方式的优点是易于操作控制,长距离浮运安全可靠,但拖轮和管段前后占了约 20m 的水域,对于本隧道只有40m浮运距离的情况，利用率低，交接麻烦，而且有大量淤泥卷入已开挖的基槽。

2. 绞车拖运、拖轮顶推方式

其原理是在管段的接头之前布置一艘方驳，其上安装一台液压绞车作为管段出坞、浮运的主动力，芳村岸上的两台液压绞车作为管段的制动力，浮运时三艘拖轮进行顶潮协助施工，一艘在上游作为备用。这种方案占用航道时间短，施工中淤泥不会卷入基槽，工序交接较简单，故经权衡利弊浮运方式选用该方案。

(二)沉放方案比选

沉放方法的选定与管段的结构计算、在施工状态下的受力情况、着力点的布置、干舷高度及抗浮系数都有着密切的关系。在方案设计中主要有以下三种沉放方式。

1. 双驳船吊挂沉放方法

施工采用两艘较长的驳船布置在管段两侧，驳船之间通过大型钢梁作为吊沉的承力梁。此方案受力明确，操作方便，但不宜于横断面较大的管段施工。

2. 自抬式吊挂沉放方法(国外称为SEP工法)

采用管段顶上的两个平台伸展出来的悬臂梁作为承力梁。这方案同样是受力明确，操作简易，但需要管段有较大的干舷高度，还需起重船吊装平台。

3. 起重船吊挂沉放方法

其原理是利用方驳作为起重船稳定的根基，管段由起重船的双钩作八点受力的沉放施工。该方法施工可行、费用低、工序较简单，但操作人员需要有一定的施工经验，要求有性能可靠的液压起重设备。如图17-14所示为管段沉放准备。

图17-14　管段沉放准备

这几种方法中，前两种较多用于水深、流速大、浪涌高的工程地区，还需要占用沉放施工设备或具有可改造的设备，其中第二种方法还受到管段浮运时干舷值的限制，仅宜用于管段较长、需要全横向通风系统而使管内净高度增大、具备足够干舷高度的管段。最后一种方法则较多用于内河沉管隧道的沉放作业或水深较浅、水流速度不大、浪涌较小的工程地区。

从经济方面分析，选用起重船吊挂沉放方法。该工法浮运沉放作业的工程概算情况为：浮运沉放作业专用设备制造或购置费占总费用的15%，浮运沉放作业设备技术改造费占总费用的20%，浮运沉放作业工程费占总费用的65%。这种工法对设备的投资还是比较少的，能够有效地控制投资。因此，结合隧道所在地段的航道情况、水文条件、沉管段的纵剖面、管段分段、管段结构和干舷值以及本地区施工条件、经济可行性等因素，经综合考虑确定沉放方法为起重船吊挂沉放方法，即根据广州地区的条件用500t起重船与2000t定位方驳船进行联合沉放作业。

第五节　沉管隧道对接技术

一、管段水下连接方法

(一)水下混凝土连接法

先在接头两侧管段的端部与管段同时制作、安设平堰板，待管段沉放完毕后，在前后两块平堰板左右两侧水中，安设一个圆形的钢围堰板，同时在衬砌的外边，用钢堰板把隧道内外隔开，再往围堰内灌筑水下混凝土,形成管段水下的连接。混凝土连接法一般只在管段的最终接头时采用。

(二)水力压接法

这是目前沉管隧道普遍采用的管段对接工艺。其步骤如下:

1. 拉合

利用安装在管段竖壁上带有锤形拉钩的拉合千斤顶,将对好位的管段拉向前节既设管段,使胶垫的尖肋部产生初压变形和初步止水作用。

拉合作业程序为:先推出拉杆,将锤形拉钩插入刚沉放管段中的临时支架的连接部分,再旋转 90°即可固定,然后收缩拉杆,即完成拉合作业。拉合作业也可以用定位卷扬机完成。拉合作业完成后,应再次测量与调整。

2. 压接

拉合完成之后,即可打开已设管段后端封墙下部的排水阀,排出前后两节沉管封墙之间被包围封闭的水。排水阀用管道与既设管段水箱连接。排水开始后不久,须立即开启安设在既设管段后端顶部的进气阀,以防端封墙受到反向的真空压力,因为一般端封墙设计时,只考虑单向的水压力。当封端墙间水位降低到接近水箱水位时,应开动排水泵助排,否则水位不能继续下降。

排水之后,作用在新设管段的前封端墙上的水压力消失,于是作用在该管段后封端墙上的巨大水压力就将管段推向前方,接头胶垫(GINA 橡胶止水带)被挤压,前后管段实现紧密对接,这样对接的管段接头具有非常可靠的水密性。

二、管段柔性接头

利用水力压接时所用的 GINA 橡胶止水带吸收变温伸缩位移与地基不均匀沉降所致角位移,以消除或减少管段所受变温或沉降应力。为加强防水效果,往往还在管段接头缝外以 OMEGA 橡胶止水带再形成一道防水带,这就是管段柔性接头。

三、接头防水

从目前沉管隧道接头的防水体系来说,GINA 外止水带加 OMEGA 内止水带组成接头的双重防水系统愈来愈被人们所接受。但是,人们对于 GINA 止水带的作用和结构形式的选择等尚有不同看法。如图 17-15 所示为止水带。

图 17-15 止水带

四、工程实例

以珠江沉管隧道对接技术为例进行阐述。

（一）接头形式的选择

接头形式选择的原则主要有以下几个方面：

（1）根据沉管段纵向计算结果进行选择；

（2）根据温差变化在沉管段内引起的纵向温度应力及变形量来选择；

（3）根据接头的施工工艺难易程度进行选择；

（4）根据接头的经济性进行选择。

根据上述原则，珠江水下隧道沉管段的接头主要有如下三种选择方案：

（1）所有接头均为刚性接头；

（2）所有接头均为柔性接头；

（3）部分为柔性接头，部分为刚性接头。

经综合分析比较，选择所有接头均为柔性接头的方案。需要说明的是，由于接头内加入了 Ω 形钢板，接头并非完全柔性，此处沿用"柔性接头"的名词。该方案主要有如下优点：

（1）能使沉管段随着基础的沉降而沉降，能适应基础的不均匀沉降，不至于在沉管内产生过大的内力；

（2）在地震作用下，柔性接头比刚性接头耐震；

（3）有利于吸收温度变形和尚未完成的混凝土干燥收缩变形。

（二）Ω 形橡胶止水带的选型

Ω 形橡胶止水带是柔性接头的第二道防水设施，该止水带主要承受隧道长期运营所产生的轴向、垂直、横向位移量。根据各接头的水压力，选择荷兰 VREDESTEIN 公司的 B300-701Ω 形 OMEGA 橡胶止水带。

（三）沉放对接

当管段完成吊挂作业后，利用调节缆调整好管段的位置，在管内开始强制灌水作业。完成灌水后，尽可能在平潮内下沉管段，管段底距基槽 2～2.5m 处停止沉放，利用起重船的吊钩对管段进行调坡（即基本上与设计坡度相似）。然后平移起重船、定位方驳，使管段的对接端面相距 600mm 左右，初步调整各项误差，再连续下沉至距设计标高 500mm 处，此时导向装置起水平导向作用。利用导向装置不断减少管段的横向振幅，并自然对中，以提高安装精度，管段继续缓慢下沉，直至后支承装置较导向装置提早 100mm 高差着地，即后临时支承开始起作用。当管段基本稳定后，管段前端继续下沉至导向装置（起垂直导向作用），此时通过测量校正误差。拆除 GINA 橡胶止水带保护罩，派潜水员检查 GINA 橡胶止水带及对接端面是否有附着物或有损坏。一切准备好后，就可吊装拉合油缸，并进入工作状态。对接拉合的速度最大不大于 7cm/min，当两端面相距 210mm 时，对管段进行精细的微调，直至满足设计的安装精度要求，再继续拉合到初步止水，潜水员检查初步止水没问题后，进行水压接，压接速度不小于 2cm/min，完成水压接后，垂直调整系统起临时支承作用，支承起管段的砂基础沉降预留量，同时灌水加载负浮力。加载过程应保持管段的基础预沉量。加载完毕后，撤除起重船及起重设施、其他船舶，撤除锚泊系统，解除封航，同时接通黄沙岸上的电力、通风系统，测量管段安装后各项误差，随后拆除管段顶面的施工设备（除需要的外）。如图 17-16 所示为潜水员准备。

图 17-16　潜水员准备

第六节　沉管隧道基础处理与覆土回填

一、沉管隧道基础处理特点及目的

沉管隧道基础处理是沉管隧道的关键技术之一，其特点是沉管隧道水中的沉管段对基础要求不高，可以说，沉管段是怕浮起，而不是重点考虑其对基础承载能力的要求。沉管隧道沉管段对各种地质条件的适应性强，一般不需构筑人工基础，但施工时仍须进行基础处理，其目的不是为了对付地基土的固结沉降，而是为了解决基槽开挖作业所造成的基底不平整问题。因为不论使用何种的挖泥船，浚挖后的基槽底表面，总留有15～50cm的不平整度(铲斗挖泥船可达100cm)，这使基槽底表面与管段底面之间存在着众多不规律的空隙，导致地基土和管段结构受力不均而局部破坏，引起不均匀沉降。所以沉管隧道的基础处理就是将基础垫平，以消除这些有害空隙。

二、沉管隧道基础处理方法选择

沉管隧道基础处理方法大致可分为先铺法和后填法两大类。

(一)先铺法

先铺法实际上只有刮铺法一种，只是因所用铺垫材料颗粒的大小不同，又分为刮砂法和刮石法两种。两者的操作工艺基本相同。

1. 工艺流程

先铺法工艺流程如图17-17所示。

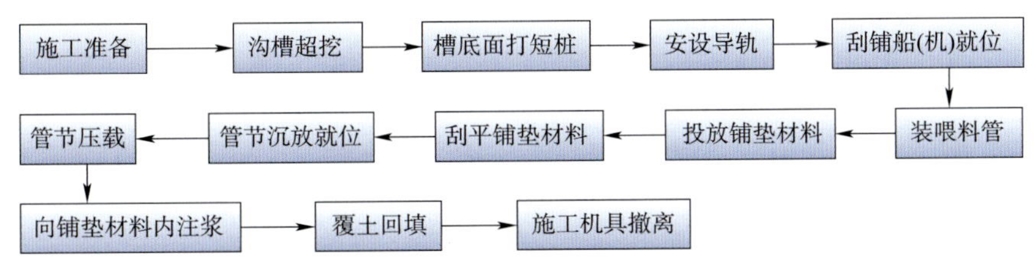

图17-17　先铺法工艺流程

2. 基本工序

(1)在浚挖沟槽时先超挖0.6～0.8m。

(2)沿沟槽底面两侧打数排短桩，安设导轨以便在刮铺时控制高程和坡度。

(3)用抓斗或通过刮铺机的喂料管，在宽度为管段底宽加1.5～2m，长度为一节管段长度的范围内，投放铺垫材料。

(4)按导轨所规定的厚度、高程以及坡度，用刮铺机将铺垫材料刮平。

(5)在管段里灌足压载水，有时再压砂石料，使其产生超载，从而使垫层压紧密贴；若铺垫材料为碎石，通过管段底面上预埋的压浆孔，向垫层里压注水泥膨润土混合砂浆。

3. 缺点

(1)需要特制的专用刮铺设备。

(2)作业时间长，干扰航道。

(3)刮铺完后需经常清除回淤土或坍坡的泥土。

(4)当管段底宽较大，超过15m左右时，施工较困难。

(二)后填法

1. 工艺流程

后填法工艺流程如图 17-18 所示。

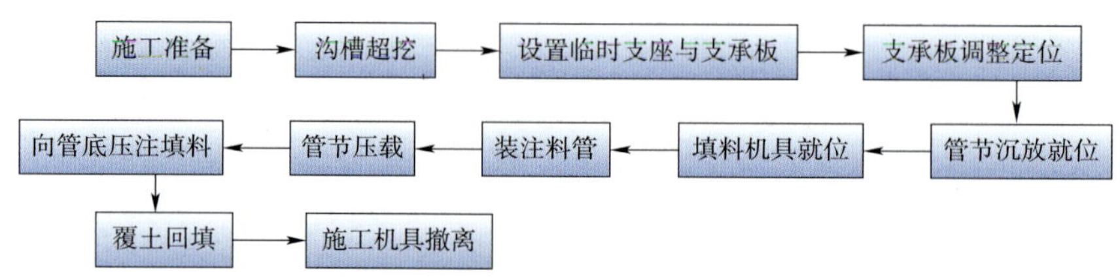

图 17-18 后填法工艺流程

2. 施工类型

1)喷砂法

(1)此法主要是从水面上用砂泵将砂、水混合料通过伸入管段底下的喷管向管底喷注,填满空隙。喷填的砂垫层厚度一般是 1m 左右。

(2)喷砂作业需一套专用的台架,台架顶部突出在水面上,可沿铺设在管段顶面上的轨道作纵向前后移动。

(3)在台架的外侧,悬挂着一组(3 根)伸入管段底部的 L 形钢管。中间一根为喷管,直径为 100cm,旁边两根为吸管,直径为 80mm。

(4)作业时将砂、水混合料经喷管喷入管段底下空隙中,喷射管作扇形旋移前进。在喷砂进行的同时,经两根吸管抽吸回水。从回水的含砂量中可以测定砂垫的密实程度。

(5)喷砂时从管段的前端开始,喷到后端时,用浮吊将台架吊移到管段的另一侧,再从后端向前端喷填。

(6)喷砂作业的施工进度约为 $200m^3/h$。当管段底面积为 3000 ~ $4000m^2$ 时,喷砂作业的实际时间仅 15 ~ 20h,大约 2d 便可完成。

(7)喷砂完毕后,随即松卸临时支座上的定位千斤顶,使管段的全部(包括压载物)重量压到砂垫层上去进行压密。这时产生的沉降量一般在 5mm 以下。通车以后的最终沉降量一般都在 15mm 以内。

(8)喷砂法的优缺点与适用性:

①优点:在清除基槽底的回淤土时十分方便,可在喷砂作业前,利用喷砂设备逆向作业系统进行。

②缺点:喷砂台架体积庞大,占用航道,影响通航;设备费用昂贵;对砂子的粒径要求较严,因而增加了喷砂法的费用。

③适用于宽度较大的沉管隧道。

2)灌囊法

(1)首先在开挖好的基槽底面先铺一层砂、石垫层,然后于管段沉放前在管段底面下预先系扣上空囊袋一并下沉,先铺垫层与管段底面之间留出的 15 ~ 20cm 空间。

(2)待管段沉放完毕后,从工程船上向囊袋内灌注由黏土、水泥和黄砂配置成的混合砂浆,直至管段底面以下的空隙全部填满为止。

(3)囊袋的尺寸按一次灌注量而定,一般不宜过大,以能容纳 5 ~ $6m^3$ 为度。制造囊袋的材料要有一定牢度,并有较好的透水性和透气性,以便灌注砂浆时顺利地排出囊袋中的水和空气。

(4)混合砂浆的强度要求不高,只需略高于基槽原状土即可,但其流动性应较大。

(5)灌浆时,从水面通过 1m 直径的消防软管,靠砂浆自重自行灌注,而不加压。灌注时须采取适当措施防止管段顶起,除密切观测外,还可采取间隔(跳挡)轮灌等措施。

3）压浆法

（1）这是一种在灌囊法的基础上进一步改进和发展而来的处理方法，可省去较贵的囊袋、繁复的安装工艺、水上作业和潜水作业。

（2）在浚挖沟槽时，也是先超挖1m左右，然后摊铺一层厚约0.4～0.6m的碎石，但不必刮平，只要大致整平即可。再堆设临时支座所需的道碴堆，完成后即可沉埋管段。

（3）在管段沉埋结束后，沿着管段两侧边及后端底边抛堆砂、石封闭栏至管底以上1m左右，以封闭管底周边。

（4）从隧道内部，用压浆设备通过预埋在管段底板上的ϕ80mm压浆孔，向管底空隙压注混合砂浆。

（5）混合砂浆由水泥、膨润土、黄砂和缓凝剂配成，强度应低于原地基强度。压浆材料也可用低强度等级、高流动性的细石子混凝土。压浆的压力不必太大，一般比水压大0.1～0.2MPa。压浆时同样对压力要慎加控制，以防顶起管段。

（6）压浆法可解决地震区软弱地基的液化问题（如我国宁波甬江水底隧道就是采用此种基础处理方法）。

4）压砂法

（1）此法与压浆法很相似，但压入的不是水泥砂浆，而是砂、水混合料。所用砂的粒径为0.15～0.27mm，注砂压力比静水压力大50～140kPa。

（2）压砂法具体做法如下：

①在管段内沿轴向铺设ϕ200mm输料钢管，接至岸边或水上砂源，通过泵砂装置及吸料管将砂水混合料泵送（流速约为3m/s）到已接好的压砂孔，打开单向球阀，混合料压入管底空隙。

②停止压砂后，在水压作用下球阀自动关闭。每次只连接三个压砂孔，当一个压砂孔灌注范围填满砂子后，返回重压先前的孔，其目的是填满某些小的空隙。

③完成一段后再连接另外的孔，进行下一段压砂作业。压砂顺序是从岸边注向中间，这样可避免淤泥聚积在隧道两端。待整个管段基础压砂完成后，再用焊接钢板封闭压砂孔。

（3）压砂法的优缺点：

①优点：设备简单，工艺容易掌握，施工方便；对航道干扰小，受气候影响小。

②缺点：在管底预留压砂孔时，要认真施工和处理，否则容易造成渗漏，危及隧道安全；此外，砂基经压载后会有少量沉降。

5）桩基法

（1）当沉管隧道下的地基特别软弱时，其容许承载力很小，仅作“垫平”处理是不够的。采用桩基础支撑沉管，承载力和沉降都能满足要求，抗震能力也较强，桩较短，费用较小。

（2）沉管隧道采用水底桩基础后，由于施工中桩顶标高不可能达到齐平，为使各桩能均匀受力，必须在桩顶采取一些措施。这些措施大体有以下三种：

①水下混凝土传力法。基桩打设好后，在桩群顶灌注水下混凝土，并在其上铺一层砂石垫层，使沉管荷载经砂石垫层和水下混凝土层均匀传递到桩基上。

②灌囊传力法。在管段底面与桩群之间，用灌囊法填实。

③活动桩顶法。在所有的基桩上设一小段预制混凝土活动桩顶。活动桩顶与预制混凝土之间留有一空腔。管段沉埋完毕后，向空腔中灌注水泥砂浆，将活动桩顶顶升至与管底密贴接触。待砂浆强度达到要求后，卸除千斤顶，管段荷载便能均匀地传到桩群上。活动桩顶可用钢桩制作，在基桩顶部与活动桩顶之间，用软垫层垫实，垫层厚度按预计沉降来确定。管段沉放完毕后，再于管段底部与活动桩顶之间，灌注水泥砂浆填实。

3. 基本工序

（1）浚挖沟槽时，先超挖1m左右。

(2)在沟底安设临时支座(此项工作是后填法中的一项比较主要的工序),具体如下:

①水底临时支座,多数是用道碴堆成。

②道碴堆的常用尺度为7m×7m×(0.5~1.0)m。

③搁在临时支座上的支承板通常随管段一起浇制,一起沉埋,其尺寸一般为2m×2m×0.5m。

④支承板由设在与管段底面之间的液压千斤顶实现调整定位。

(3)管段沉埋完毕(在临时支座上搁妥)后,往管底空间回填垫料。

三、覆土回填

(一)覆土回填工艺

回填工作是沉管隧道施工的最终工序,包括沉管侧面回填和管顶压石回填。

沉管外侧下半段一般采用砂砾、碎石、矿渣等材料回填,上半段则可用普通土砂回填。

顶部回填处理分四层进行:①部片石保护层;②碎石反滤层;③一般回填材料;④经挑选过的回填材料。

(二)注意事项

对沉管管段基础两侧及顶部进行回填处理时,应注意以下几点:

(1)全面回填工作必须在相邻的管段沉放完后方能进行,采用喷砂法进行基础处理或采用临时支座时,则要等到管段基础处理完,落到基床上再回填。

(2)采用压注法进行基础处理时,先对管段两侧回填,但要防止过多的岩渣存落管段顶部。

(3)管段上、下游两侧(管段左右侧)应对称回填。

(4)在管段顶部和基槽的施工范围内应均匀地回填,不能在某些位置投入过量而造成航道障碍,也不得在某些地段投入不足而形成漏洞。

如图17-19所示为覆土回填示意图。

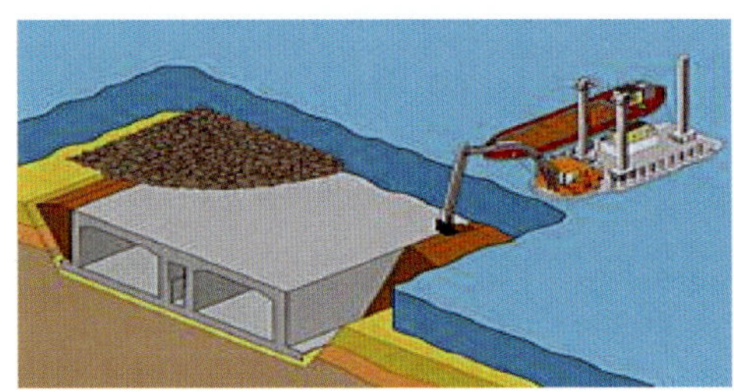

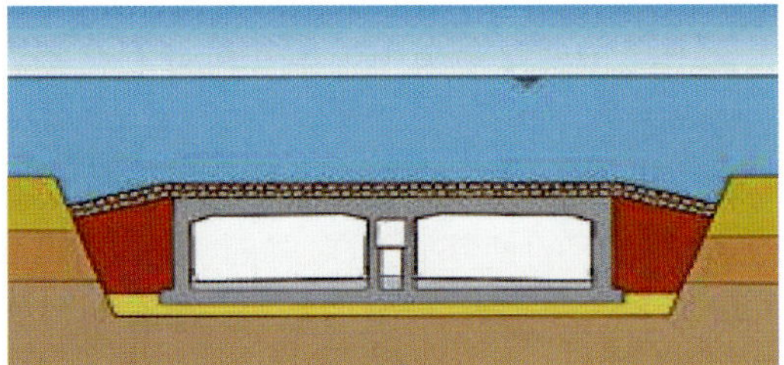

图17-19　覆土回填示意图

四、工程实例

以珠江沉管隧道为例进行阐述。

(一)基础处理方案比选

由于沉管受到水的浮力作用,对基础的荷载很低,把管段直接放在开挖槽坑底上,其承载力是足够的,特别是本隧道地质情况又比较好,但考虑到珠江隧道是轨道交通和公路两用隧道,动载大,宽度较大,为了使隧道受力均匀,寿命更长,所以对沉管的基础要进行处理。

最初,推荐采用碎石刮平法(先铺法),亦即在沉管沉放前,铺以碎石垫层,采用专用刮平设备将碎石层刮平到设计要求,然后将沉管沉放到碎石垫层基础上。但考虑到下列因素,这种方法没有被采纳。

(1)采用碎石刮平法,需要有专用的刮平设备。当时广东地区的施工单位没有能满足要求的设备,要新制作一套,费用太大。

(2)施工困难,且精度难以控制。由于基础宽36m,要刮平比较困难,而且珠江水混浊,能见度极低,要靠潜水员水下观测来使基础达到设计要求是很难控制的。

(3)刮铺作业时间长,作业船在水上时间长,对航道影响大。

(4)回淤。由于碎石刮铺法是在整节沉管的基础全部刮平之后才沉放管段,待一端刮平,另一端就会有大量的淤泥进到开挖的基槽里,而且回淤土还不断地覆盖在刮好的碎石垫层上,需不断地加以清除。

(5)由于基础下伏岩层沿隧道方向起伏不平,岩层强度和变形特性都不同,且本隧道是公路和轨道交通两用隧道,动载大,每管段间采用柔性接头,犹如链条结构,砂垫层比碎石垫层更能适应基础变形,使沉管底受力更均匀,避免出现过大应力集中。

在进行分析比较之后,我们推荐了砂流法,这是一种后填法,即在沉管沉放对接后进行基础的灌砂。这种施工方法有利于克服回淤和控制基础质量。在考虑砂流法时提出两种施工方案:一种是管外灌砂法,就是在管外进行灌砂施工的方法,即在底板预留灌砂孔并与管外保持相通,用砂驳船上的灌砂设备进行灌砂。另一种是管内灌砂法,就是在底板预留灌砂孔,与沉管内铺设的灌砂管相连,在沉管内进行灌砂施工。对管外灌砂法和管内灌砂法进行分析后,认为这两种方法都是可行的,经过经济比较,管外灌砂法的费用比管内灌砂法高,为了降低工程造价,最后决定采用管内灌砂的砂流法。

(二)灌砂施工

按沉管沉放对接的先后顺序施工,即先从黄沙第一节沉管灌砂,从北向南施工。当第一节沉管浮运到黄沙时,加压沉放并与黄沙暗埋段对接,在提供60cm的空隙高度和坡度之后,开始按灌砂孔编号顺序单孔灌砂。当安装在注浆管孔口的压力表的压力值剧变时或打开相邻注浆管孔口有砂流冒出时,表明半径7.5m的砂盘接近形成。此时,逐渐关闭此孔,打开相邻灌砂孔进行灌砂施工,当灌砂剩下接近端最后的3个孔时,暂时停止灌砂。当下一步沉管对接后,再从上一节最后的3个孔开始灌砂。当第二节沉管灌砂完毕,则测量第一节沉管的标高、坡度,确认符合设计后便放松4个垂直千斤顶。根据下沉情况,初判密实度情况,若下沉大,则砂垫层不太密实,应设法补灌;若下沉不大,则可进行冲击坑和灌砂孔的注浆,而千斤顶可卸掉以安装在第三节沉管上使用。整个过程循环往复,直到全部砂垫层施工完毕为止。

(三)注浆充填和防水封堵

(1)在灌砂结束后便使用垂直千斤顶卸载,等下沉稳定后,利用观察孔将灌砂孔口处的冲击坑灌浆充填,并将灌砂孔充填,最后将观察孔也注浆充填。注浆采用50″砂浆稳定性浆液,压力为0.1~0.2MPa。同时利用注浆管将砂盘之间的槽沟空隙也充满,最后封堵注浆管本身。

(2)设防渗圈,通过加设防渗圈防止从管的外壁渗水。

(3)在沉管孔内及灌砂孔周围留设小槽,用以充填防水材料。

(4)将注浆管和灌砂管用堵头或法兰盖板封死。

(四)效果

珠江隧道现已通车多年,根据目前使用的情况,基础稳定,沉管内无渗漏水,表明基础的处理和防水的处理是很成功的。

第七篇

顶管法施工技术

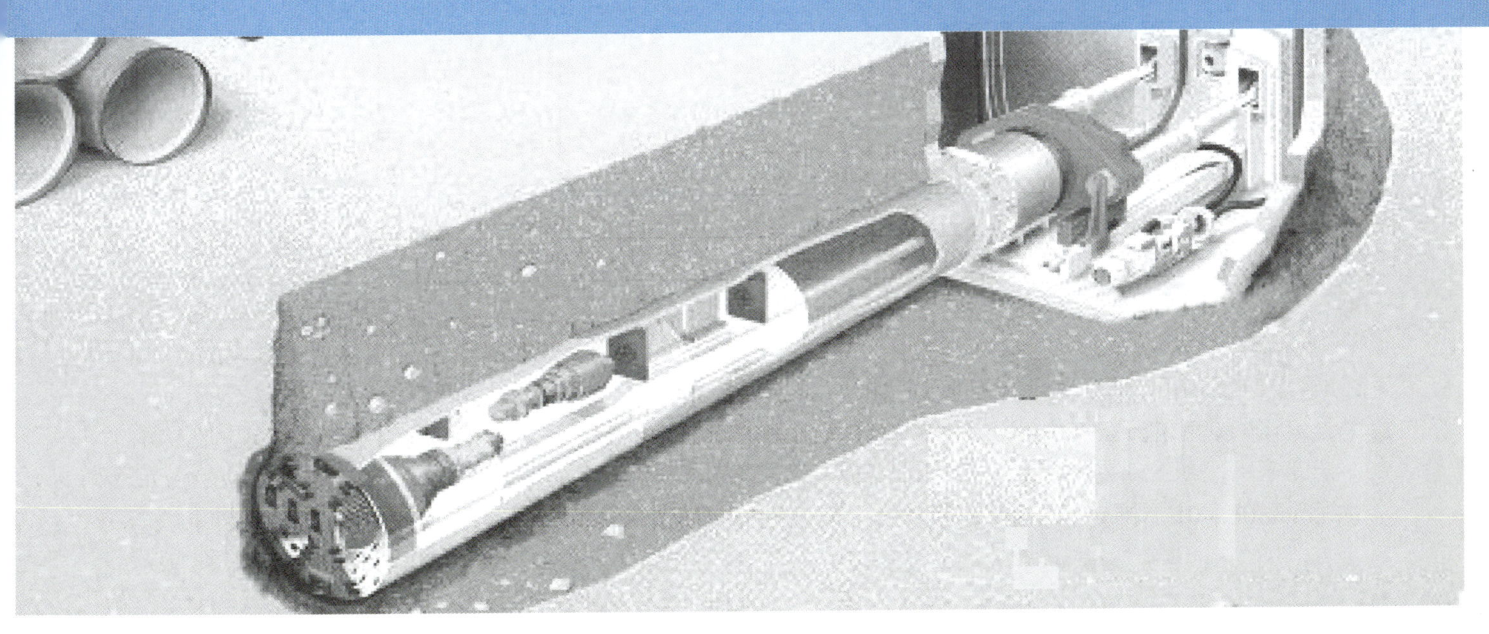

第十八章　顶管法概述

第一节　顶管法简介

一、顶管法发展历史

顶管技术被认为最早运用于古罗马时代。当时人们利用杠杆原理,在地下将一根木制的管道从侧面顶进一条罗马的供水渠道来非法窃取水资源。尽管动机不同,但目的是相同的——不干扰地面的情况下铺设地下管道。

据可查文字记录,美国北太平洋铁路公司在1896～1900年间完成了早期的顶管施工作业。早期为顶管技术的推广应用做出杰出贡献的是美国的Augustus Grinffin工程师,他于1906～1918年期间在从事灌溉研究工作时,发明了在铁路下面采用铸铁管的顶管施工技术。随后,许多铁路公司都将这项技术确定为铁路下顶进铸铁管道的标准方法。

成熟的顶管施工技术是在盾构法问世以后的盾构机械应用时开始的。盾构机械及配套施工技术的迅速发展,促进了顶管施工技术不断成熟和迅速发展。20世纪20年代初期,波纹钢管取代铸铁管投入顶管施工。20世纪20年代后期,混凝土管道开始用于顶管施工工程。20世纪30年代,美国太平洋铁路公司对顶管使用的混凝土管道进行规范化。但直到20世纪60年代之前,美国的顶管施工方法发展速度一直相对较慢。然而与此同时,欧洲(主要是英国、德国)和日本的顶管技术得到了较快的发展。进入20世纪60～70年代,顶管施工技术从主顶设备到配套技术都进行了较大改进,奠定了现代顶管施工技术的基础。

我国自1953年开始采用顶管法施工以来,经过几十年的工程实践,对该技术的应用已比较成熟。1981年我国在浙江甬江的顶管技术已达到可顶管径2600mm,单边连续一次顶进达581.9m,成为当时继美国依里诺斯州单边一次顶进558m之后,世界上单边一次顶进最长的顶管工程。1997年我国上海又成功地完成了两条长756m穿越黄浦江的倒虹管(从浦西至浦东处于黄浦江底-26m深的位置),管径2.2m。顶管法不仅用于排水圆管的顶进,也适用于其他断面。我国早在20世纪70年代天津修轨道交通需要穿越长达60多米的列车货场时就采用了顶管法,断面为双车道矩形断面。其竣工后效果良好,地表未见严重的沉降,基本上没有影响货车的通行。

二、顶管法施工原理

顶管法是一种类似于盾构法的地下工程非开挖管道铺设方法,它是采用液压油缸将管段顶入由切削刀盘或掘进机形成的钻孔中并构成衬砌的施工方法,因此顶管技术也被称为液压顶进技术。该方法的实质就是所用顶进的管道在主顶工作站的作用下,由始发井始发,顶进至目标工作井。

施工时,先制作顶管工作井及接收井,作为一段顶管的起点和终点,工作井中有一面或两面井壁设有预留孔,作为顶管出口,其对面井壁是承压壁,承压壁前侧安装有顶管的千斤顶和承压垫板(即钢后靠),千斤顶将工具管顶出工作井预留孔,而后以工具管为先导,逐节将预制管段按设计轴线顶入土层中,直至工具管后第一节管段进入接收井预留孔,施工完成一段管道。为进行较长距离的顶管施工,可在管道中间设置一至几个中继间作为接力顶进，并在管道外周压注润滑泥浆。顶管施工可用于直线管道，也可用于曲线等管道。

一般情况下，顶管机的操作和控制可以直接在地下的工作现场由操作人员来完成；特殊情况下，也可以通过位于地表的控制台进行遥控。岩石的破碎方法可以在工作面上通过手工、机械或者水力的方法进行分步破碎来实现，也可以通过机械全断面破碎来实现。破碎下来的岩粉或泥土可以通过压力墙上的进土口进入顶管机，并通过已铺设好的管道运至地表。顶管施工对管段的截面形状没有特殊要求，但通常以圆形截面居多，也可以是矩形。掘进机的外形尺寸通常要和顶进的管道外径较好地吻合，以便消除或减小管道与孔壁间的环装间隙。如图 18-1 所示为顶管施工示意图。

图 18-1　顶管施工示意图

三、顶管分类

1. 按所顶进的管子口径大小分

顶管分为大口径顶管、中口径顶管、小口径顶管和微型顶管四种。大口径多指直径在 2m 以上的顶管，人可以在其中直立行走。中口径顶管的直径多为 1.2 ~ 1.8m，人在其中需弯腰行走，大多数顶管为中口径顶管。小口径顶管直径为 500 ~ 1000mm，人只能在其中爬行，有时甚至爬行都比较困难。微型顶管的直径通常在 400mm 以下，最小的只有 75mm。

2. 按一次顶进的长度（指顶进工作坑和接收工作坑之间的距离）分

顶管分为普通距离顶管和长距离顶管。顶进距离长短的划分目前尚无明确规定，过去多指 100m 左右的顶管。目前，千米以上的顶管已屡见不鲜，可把 500m 以上的顶管称为长距离顶管。

3. 按顶管机的类型分

顶管分为手掘式人工顶管、挤压顶管、水射流顶管和机械顶管（泥水式、泥浆式、土压式、岩石式）。手掘式顶管的推进管前只是一个钢制的带刃口的管子（称为工具管），人在工具管内挖土。顶管机破土方式与盾构机类似，也有机械式和半机械式之分。

4. 按管材分

顶管分为钢筋混凝土顶管、钢管顶管以及其他管材的顶管。

5. 按顶进管子轨迹的曲直分

顶管分为直线顶管和曲线顶管。

四、顶管法应用

顶管施工主要用于地下进水管、排水管、煤气管、电讯电缆管等的施工。它不需要开挖地面,并且能够穿越公路、铁道、河川、地面建筑物、地下构筑物以及各种地下管线等,是一种非开挖的敷设地下管道的施工方法。随着科学的进步,顶管技术也与时俱进地得到迅速发展,应用范围也越来越广泛,如在轨道交通出入口过街通道、联络通道、冷却系统给排水管等施工中采用。目前,国内城市轨道交通采用顶管法较多的是上海、南京等城市。顶管法在南京市轨道交通盾构区间隧道联络通道施工中首次成功应用,为在软塑土地质条件下修建联络通道施工方案的选取开拓了新的思路。

五、盾构法和顶管法的主要异同点

1. 相同点

(1)两者都属于暗挖法施工大口径(>900mm)地下工程的主要施工方法。

(2)两者都要开挖工作基坑(工作井和接收井)。

(3)两者工作面的开挖方法,出、进洞施工技术基本相似。

(4)两者都要注意接缝防水处理、地表沉降控制、周边环境保护等问题,都要进行注压浆。

2. 不同点

(1)盾构法的衬砌为管片,且每环管片要在盾构机的盾尾进行拼装,拼装好后一般不会再移动;顶管法的衬砌为管段,且每环管段是一次预制成功的,由顶进装置依次顶进,直至第一节管段到达接收井位置。

(2)盾构法施工的盾构千斤顶布置在盾构机的支撑环外沿,而顶管法施工的主顶进装置布置在工作井内,如果顶力不足要加设中继间。

(3)盾构千斤顶活塞的前端必须安装顶块,顶块必须采用球面接头,在顶块与管片的接触面上安装橡胶或柔性材料的垫板。顶管法的主顶千斤顶的行程短,不能一次将管段顶到位时,必须在千斤顶缩回后在中间加垫块或几块顶铁。O 形顶铁是使主顶千斤顶的推力可以较均匀地加到所顶管道的周边,U 形顶铁是为了弥补千斤顶行程不足而用。

(4)盾构机内有拼装管片的拼装机,而顶管机内没有。

(5)盾构法主要用于大断面城市地下隧道、水工隧道、公路隧道的施工,顶管法主要适用于断面稍小一些的城市地下管线的铺设。

六、顶管法发展趋势

随着顶管理论日益完善及机械制造工艺的提高,各种顶管新技术及新工艺不断出现,促进了顶管技术飞跃发展。

(一)超长距离顶管技术

随着管道工程逐渐增多及多样化,超长距离顶管技术也越来越多地被实际工程所采用。超长距离顶管的特点是技术复杂,投入设备多。对超长距离顶管来说,设计制造一种性能优越的中继环是关键所在,对超长距离水下顶管来说更是关键设备。

(二)大断面小间距平行顶管技术

由于城市地下空间的限制和已有管线的制约,不可避免地会面临小间距平行顶管施工。根据位置不同,平行顶管可以分为水平平行顶管和垂直平行顶管,前者在工程中应用较多。佛山市南海区桂城街道

19、20 街区地段 C 地块地下空间项目顶管工程，采用四条并行矩形顶管水平平行布置，相邻顶管间净距为 0.5m，管顶埋深为 5.6m，顶管截面尺寸为 6.9m × 4.9m，总长为 242m。

(三)新的顶管技术、顶管设备不断涌现

1. 直接铺管法

直接铺管法由德国海瑞克公司首创，并于 2007 年 10 月在德国莱茵河穿越试验项目中成功应用。直接铺管法是由一套新型推管机提供推动管道的推力，推管机被固定在入土端，管道被推管机的夹持装置夹紧后，向前推动进入土层，管道直接与可遥控式的掘进设备相连，推力通过管道传递至刀盘，开挖出来的渣土通过管路中的泥浆管道排出。

2. 真空挖掘法

Vermeer 公司首创真空挖掘法，它适用于坡度要求比较高的地方，铺设的管道直径为 250 ~ 350mm，最大能达到 500mm，铺设距离达到 107m，铺设管道可以采用回拖或顶进两种方式进行。该工法采用真空抽吸钻屑原理，挖掘设备由四部分组成，即钻机、钻机动力单元、真空动力单元和真空回收箱。

3. 复合型盾构顶管机

复合型盾构顶管机是将顶管与微型隧道施工相结合的一种设备，由日本首先研发，它可同时进行顶管及盾构施工，特别适用于长距离、急曲线施工。复合型盾构顶管机机头可看作顶管机机头与盾构机机头的集合体。在长距离顶管施工时，由于所需顶力过大，常常会超过顶管机最大顶力或管道承受界限，为此，复合型盾构顶管机当面临顶进所需顶力过大时，可改顶管工法为盾构工法，即实现施工方法的改变。这样可克服长距离顶管工程中顶力过大问题。对于某些有特殊性要求或地层限制原因的急曲线顶管工程，由于顶管施工所允许的弯曲曲率有限，施工要求难以达到。复合型盾构顶管机能够在急弯曲段变顶管施工为盾构施工，通过组装预制弯曲管片来满足急曲线施工，其曲线半径可达 15m。

第二节　矩形顶管机

顶管施工是继盾构施工技术之后发展起来的一种铺设地下管道的施工方法，可在不影响地面设施的情况下穿越河道、公路、建筑物等进行施工，具有高效、环保等特点，得到愈来愈广泛的应用。正确选择顶管机是顶管施工的首要任务。目前顶管机的形式很多，性能各异，如果选择不当，会造成不良后果。在广州地区复合地层的施工环境下，可供轨道交通过街通道、联络通道等选择的矩形顶管机类型只有两种，即泥水平衡式矩形顶管机和土压平衡式矩形顶管机。泥水平衡式矩形顶管机和土压平衡式矩形顶管机所适应的地层条件不同，各有优缺点。

一、主要系统配置

(一)刀盘与刀具

1. 刀盘

国内所用的顶管机刀盘有多种形式，如偏心多轴式(见图 18-2)、组合多刀盘式(见图 18-3)等。偏心多轴式刀盘盘体通过偏心驱动轴和推进油缸，使刀盘在顶进中进行偏心平面运动，对前方土体进行切削，同时带动装在其后面的搅拌棒对切削下的土体进行搅拌。采用偏心多轴的运行方式最大优点是可以对任意形状的断面完成全断面切削。组合式多刀盘顶管机刀盘由双平面刀盘组成，其中主刀盘布置在中部，属切削作业的第一刀盘平面，该刀盘嵌入土体；副刀盘布置在切削头的四边角部；主、副刀盘有独立的电力驱动系统。切削搅拌由中心处一只大刀盘和周边四只小刀盘共同来完成。其中,大刀盘由五根放射状的刀排在轴套上构成;小刀盘由四根放射状的刀排在轴套上构成。刀排的前方焊有刀座及刀片,刀排的后方焊有搅拌棒。轴套用花键固定在主轴上。主轴与轴套之间有一组特殊的密封装置,它能确保主轴在工作过程中封住泥土和水,不让其侵入到机内。在轴套的前端焊有一把三角形的中心刀。

图 18-2 偏心多轴式刀盘

图 18-3 组合式多刀盘

2. 刀具

刀具大致分为软土型和硬岩型两种形式。设计选型时,必须考虑到刀具挖掘能力和耐磨性能。对于软土地层,一般采用刮刀、齿刀,硬岩一般采用滚刀。图 18-4 为球面齿,图 18-5 为平面十字齿。

图 18-4 球面齿

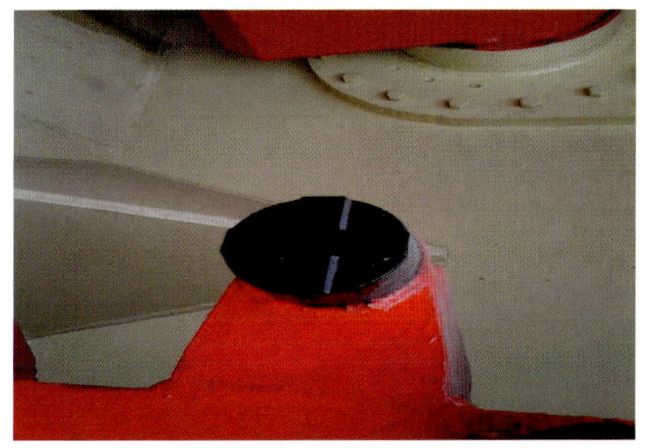

图 18-5 平面十字齿

(二)刀盘驱动系统

刀盘驱动可分为液压驱动和电机驱动。液压驱动可实现低速大扭矩及多机同步驱动,在早期的顶管机中被广泛采用,但它也存在效率较低、泵站系统体积庞大、油路及阀块空间布置繁杂的弊端,加之我国的液压产品可靠性较低,给检修带来不便。随着科技的发展,变频电机及变频器的技术趋于完善,其产品规格已系列化,价格不断下降,同时在结构上布置简单,便于更换维修,现已有取代液压驱动的趋势。

如图 18-6 所示为刀盘动力系统,如图 18-7 所示为曲轴驱动。

(三)壳体

顶管机设有前、后壳体。为了减轻起吊重量和方便拆装及运输,壳体可以拆卸成两段。如图 18-8 所示为顶管机前体,如图 18-9 所示为顶管机后体。

图 18-6　刀盘动力系统

图 18-7　曲轴驱动

图 18-8　顶管机前体

图 18-9　顶管机后体

(四)出渣系统

1. 泥水平衡式矩形顶管机出渣系统

1)进排泥系统

进排泥系统(见图 18-10)主要设备包括进排泥浆泵、泥浆管、泥水处理装置、泥水箱等。进排泥系统主要有两个作用:一是排土;二是平衡地下水。

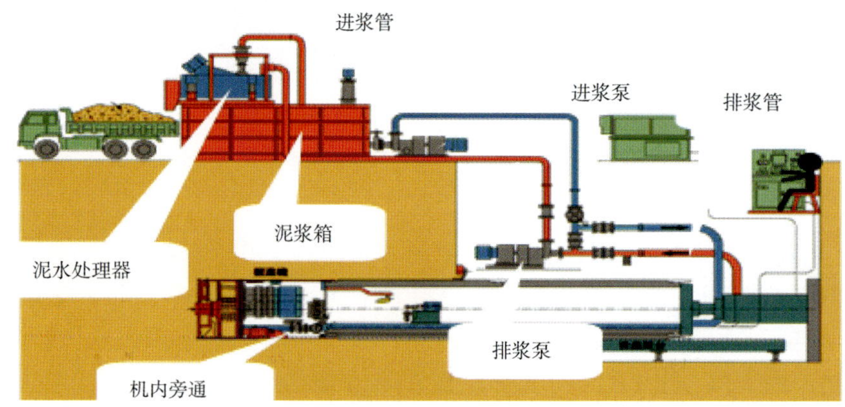

图 18-10　进排泥系统

2)泥水处理系统

泥水处理是指泥水平衡顶管过程中排放出来的泥水的二次处理,即泥水分离(见图 18-11)。一般采用振动筛与旋流器组合起来进行泥水分离。由振动筛把较粗的颗粒(一般在 1.0mm 以上)分离出来,然后由旋流器把较细的颗粒再分离出来。如果颗粒比较细,分离出来的土的含水量比较高,可在其中掺入一定比例的吸水剂,如丙烯酸盐,这种吸水剂可吸去土中的水分,使原来流淌的土变成可运输的干土。

图 18-11　泥水分离器

2. 土压平衡式矩形顶管机出渣系统

螺旋输送机在土压平衡掘进过程中起着重要作用,通过控制排土量,维持工作面正常土压,可以有效防止地面沉降。切削后的泥土进入土仓,在土仓内泥土与开挖面压力取得平衡的同时,通过螺旋输送机将土仓内已开挖的土连续排出,其入口位于顶管机土仓隔板的底部,前端槽体为前壳体的一部分,后端用法兰与中段槽体连接。

(五)主顶系统

主顶系统装置(见图 18-12)由主顶油缸、主顶油泵和操纵台及油管等四部分构成。主顶千斤顶沿管道中心按左右对称布置。主顶装置除了主顶千斤顶以外,还有千斤顶架,用以支承主顶千斤顶;供给主顶千斤顶压力油的是主顶油泵;控制主顶千斤顶伸缩的是换向阀。油泵、换向阀和千斤顶之间均用高压软管连接。主顶油缸的压力油由主顶油泵通过高压油管供给。

图 18-12　主顶系统装置

(六)测量系统

测量系统由激光经纬仪、测量靶和监视器组成。

图 18-13　顶管机纠偏千斤顶

（七）纠偏系统

顶管要按设计要求的轴线、坡度进行顶进，以保证管道线形，而纠偏是完成管道线形的主要手段。纠偏系统由纠偏千斤顶、油泵站、位移传感器和倾斜仪组成。如图 18-13 所示为顶管机纠偏千斤顶。

（八）触变泥浆系统

在顶进过程中，随着距离的增长，管道的摩阻力也随之增大。为了提高顶进施工的效率，在施工过程中尽可能地降低管道外侧的阻力，通常情况下往管外侧加注触变泥浆，降低顶进的阻力。触变泥浆系统主要设备由拌浆、注浆和管道部分组成。如图 18-14 所示为机头触变泥浆管的布置，如图 18-15 所示为管段触变泥浆管的布置。

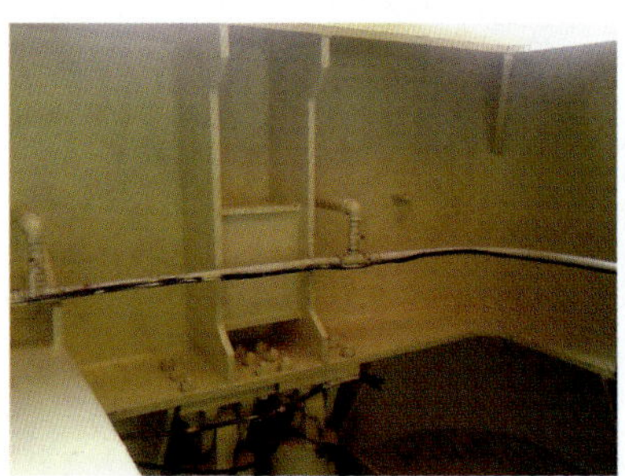

图 18-14　机头触变泥浆管的布置

图 18-15　管段触变泥浆管的布置

二、顶管机选型

（一）选型原则

根据工程条件及水文地质条件，严格按照适用性、可靠性、先进性、经济性四者科学统一的原则进行顶管机的选型。

（二）选型依据

顶管机的选型考虑多方面的因素，如穿越地层情况、地下水位、线路情况、地面建筑物、施工要求、地面沉降控制要求等。

1. 工程地质

顶管机的性能及其与地质条件的适应性是顶管施工成败的关键，所以采用顶管法施工，必须严格根据工程地质条件，选择最适宜的顶管机。泥水平衡式顶管机适用的土质范围较广，特别是在地下水压力很高及变化范围较大的情况下也适用。

2. 管道的敷设深度及管径

管道的敷设深度对顶管机选型有影响，如果覆土较浅又在砂土中顶进，用土压平衡式顶管机最好，它可在最浅覆土深度仅为4/5顶管机外径的情况下施工，而采用泥水平衡式顶管机则容易"冒顶"。小口径顶管用泥水平衡式顶管机较好，而大口径顶管则用土压平衡式顶管机较好。

3. 设备方面

在设备的维护管理方面，泥水平衡式顶管机较复杂，易损件也较多，在这方面土压平衡式顶管机稍优。另外在曲线顶进能力上，土压平衡式顶管机也稍优。

4. 经济方面

设备造价是每一个设备选购单位必考虑的问题，应结合自身经济情况进行合理取舍。从设备的结构可以看出，土压平衡式顶管机较泥水平衡式顶管机造价低。另外，泥水平衡式顶管机弃土的运输和存放比较困难，运输、处理成本较高。

5. 环境因素

施工应考虑保护环境，以满足环保要求。在这方面，泥水平衡式顶管机因采用泥水处理设备，所以噪声比较大，现场泥水处理对环境会造成污染。

表18-1为顶管机和相应施工方法选择参照表。

顶管机和相应施工方法选择参照表 表18-1

编号	顶管机形式	适用管道内径 D 及管顶覆土厚度 H	地层稳定措施	适用地层	适用环境
1	手掘式	D:900 ~ 4200mm H:≥3m 或≥1.5D	1. 遇砂性土用降水法疏干地下水； 2. 管道周围注浆形成泥浆套	黏性或砂性土，在软塑和流塑黏土中慎用	允许管道周围地层和地面有较大变形，正常施工条件下变形量可为10 ~ 20cm
2	挤压式	D:900 ~ 4200mm H:≥3m 或≥1.5D	1. 适当调整推进速度和进土量； 2. 管道周围注浆形成泥浆套	软塑和流塑型黏土，软塑和流塑的黏性土夹薄层粉砂	允许管道周围地层和地面有较大变形，正常施工条件下变形量可为10 ~ 20cm
3	网格式（水冲）	D:1000 ~ 2400mm H:≥3m 或≥1.5D	1. 适当调整开口面积； 2. 调整推进速度和进土量； 3. 管道周围注浆形成泥浆套	软塑和流塑型黏土，软塑和流塑的黏性土夹薄层粉砂	允许管道周围地层和地面有较大变形，精心施工条件下变形量可小于15cm
4	斗铲式	D:1800 ~ 2400mm H:≥3m 或≥1.5D	1. 气压平衡工作面土压力； 2. 管道周围注浆形成泥浆套	地下水位以下的砂性土和黏性土，但黏性土渗透系数应不大于 10^{-4}cm/s	允许管道周围地层和地面中等变形，精心施工条件下地面变形量可小于10cm

续上表

编号	顶管机形式	适用管道内径 D 及管顶覆土厚度 H	地层稳定措施	适用地层	适用环境
5	多刀盘土压平衡式	D:900～2400mm H:≥3m 或≥1.5D	1. 胸板前密封舱内土压平衡地层和地下水压力； 2. 管道周围注浆形成泥浆套	软塑和流塑型黏土，软塑和流塑的黏性土夹薄层粉砂，在黏性粉土中慎用	允许管道周围地层和地面有中等变形，精心施工条件下地面变形量可小于10cm
6	刀盘全断面切削土压平衡式	D:900～2400mm H:≥3m 或≥1.5D	1. 胸板前密封舱内土压平衡地层和地下水压力； 2. 以土压平衡装置自动控制； 3. 管道周围注浆形成泥浆套	软塑和流塑型黏土，软塑和流塑的黏性土夹薄层粉砂，在黏性粉土中慎用	允许管道周围地层和地面有中等变形，精心施工条件下地面变形量可小于5cm
7	加泥式机械土压平衡式	D:600～4200mm H:≥3m 或≥1.5D	1. 胸板前密封舱内土压平衡地层和地下水压力； 2. 以土压平衡装置自动控制； 3. 管道周围注浆形成泥浆套	地下水位以下的黏性土、砂质粉土、粉砂，在地下水压力>200kPa，渗透系数≥10^{-3}cm/s时慎用	允许管道周围地层和地面有中等变形，精心施工条件下地面变形量可小于5cm
8	泥水平衡式	D:250～4200mm H:≥3m 或≥1.5D	1. 胸板前密封舱内的泥水压力平衡地层和地下水压力； 2. 以泥浆平衡装置自动控制； 3. 管道周围注浆形成泥浆套	地下水位以下的黏性土、砂性土，在地下水流速较大时，严禁护壁泥浆被冲走	允许管道周围地层和地面有中等变形，精心施工条件下地面变形量可小于3cm
9	混合式	D:250～4200mm H:≥3m 或≥1.5D	上述方法中两种工艺的结合	根据组合工艺而定	根据组合工艺而定
10	挤密式	D:150～400mm H:≥3m 或≥1.5D	将泥土挤入周围土层而成孔，无需排土	松软可挤密地层	允许管道周围地层和地面有较大变形

第三节　广州市轨道交通顶管法应用与创新概况

一、顶管施工发展及应用

广州应用顶管法施工的轨道交通工程较少，目前，成功案例有六号线东湖站、广佛线桂城站和南桂站、二/八号线东晓南站的过街通道。顶管法由于具有不污染环境、不影响交通、施工周期短、综合成本低等优点，无疑会在广州市轨道交通新线建设中获得广泛的应用。目前，广州市轨道交通新线建设准备采用顶管法的有六号线海珠广场站和文化公园站出入口过街通道。

二、复合地层顶管施工

与上海等顶管施工发达地区相比，目前广州地区采用顶管技术进行地下管线、过街通道等施工的比例比较小。主要原因：一方面是顶管施工设备一次性投资大，有关管理、设计、施工以及投资人对这项技术及其优越性了解不够，片面理解施工成本，只注重直接的施工成本，而不考虑综合成本、社会效益和环境影响等因素；另一方面是广州地区地质条件复杂，虽然顶管设备性能超凡，技术先进，但是在采用该施工技术进行施工时，必须深刻了解广州地区的复合地层特点，认真考虑设备的适应性。

广州地区地质条件复杂，地层比较多，在顶管线路上的地层经常发生变化，导致顶管施工难度大。广州地区第四系地层中含砂、含砾的地层较多，这一点不同于上海软土；此外新鲜基岩、基岩风化带在地表出露很多，所以顶管施工还有可能遇到风化岩石类介质；而且广州地区地下水位较浅，所以顶管施工过程中地下水问题不容忽视。因此，广州地区顶管设备选型及施工必须综合考虑到复合地层的特点和止水、防水等问题。

三、广州市轨道交通所采用的顶管机

广州市轨道交通六号线东湖站Ⅱ号出入口过街人行通道与二/八号线东晓南路站Ⅲ号出入口东晓南路过街人行通道采用了土压平衡式顶管机，广佛线桂城站和南桂站采用了泥水平衡式顶管机。

第十九章　矩形顶管掘进技术

第一节　土压平衡式顶管施工

一、稳定工作面的原理

工作面与顶管机之间设有隔板，经刀盘切削的泥土中被加入高浓度人造泥浆或泡沫等材料，经过搅拌棒的强力搅拌后，形成具有流动性、止水性、塑性的“三性”介质，充满土仓及螺旋输送机内，顶管千斤顶推力使土仓内形成土压力，用以平衡工作面的地下水压力和土压力。

二、优缺点

1. 优点

土压平衡式顶管机能在覆土比较浅（最浅覆土深度仅为4/5 顶管机外径）的状态下正常工作，这是其他形式的顶管机无法做到的。弃土的运输、处理都比较方便、简单，且处理费用较低，没有泥水平衡式顶管机那样的泥水处理装置。

2. 缺点

由于出土的不连续性，加上注浆减摩所产生的注浆压力，土压平衡式顶管机对管道周围土体造成的挤压力非常大，且引起的深层土体水平位移较大，在砂砾层和黏粒含量少的砂层中施工时，必须采用添加剂对土体进行改良。若孔隙水压较高，富水性较大，则有可能产生喷涌，工作面压力难以保证；遇砂砾地层或黏土地层时，刀盘会因扭矩增大而加速磨损。

三、工程实例

六号线东湖站Ⅱb 出入口通道为穿越东湖路的过街人行通道，覆土仅 4m，隧底埋深约为 8m，隧道几乎在砂层中穿越；通道所处位置为广州市主要交通道路，人流量和车流量都很大。由于地层为饱和含水砂层，采用普通暗挖施工风险极大，而采用明挖施工又无法进行分期占道的交通疏解，且地下管线众多，迁改难度极大，迁改费用极高，考虑周边环境及地质情况，对下穿东湖路由东向西方向的长 64.5m 的过街通道采用顶管法施工。顶管始发井位于东湖路东侧东湖公园内，接收井位于东湖路西侧人行道边志联房产公司肯辛顿大楼前。

（一）顶管通道的工程概况

Ⅱb 过街通道设计为矩形，断面尺寸为 6000mm（宽）×4300mm（高），内净空尺寸为 5000mm×3300mm。顶管结构全部采用预制矩形钢筋混凝土管段，管段接口采用 F 形承插式，接缝防水装置采用锯齿型止水圈和双组分聚硫密封膏。始发井与Ⅱa 出入口通道设计统筹考虑，前期顶管施工时为始发井，后期为通道结构，平面位置在东湖路东侧（东山湖公园内），采用地下连续墙围护，明挖法施工，在结构内衬施作完成后方能开始顶管施工；接收井与Ⅱb 出入口结构设计相结合，前期作顶管吊出井，后期为Ⅱb 出入口结构，采用钻孔桩围护，明挖法施工，同样在结构内衬施作完成后方能完成顶管接收与吊出。

顶管隧道洞身在〈3-1〉冲积—洪积粉细砂层中，在到达接收井时洞底与粉砂质泥岩的强风化带相遇，但其强度不是很高。

(二)工程特点、难点与风险

1. 工程特点与难点

本工程地质条件复杂(为饱和含水的粉细砂层，具体表现为黏粒含量少，含水量极高，最大含水量高达33%)；保护要求高(工程地处广东省委附近，地面道路是城市的交通枢纽干道)；施工难度大(顶管通道覆土极浅，不足1倍洞跨，最大埋深为3.9m；断面大，断面尺寸为4.3m×6m；通道长度长，超过60m)，不可预见因素较多。采用顶管方法施工，虽可靠合理，但需要突破若干关键技术，归纳起来为施工安全和环境保护两个方面。

2. 工程风险

因东湖路车流量大，交通不可中断且工程覆土太浅，地下管线多，施工时对地表沉降的控制和地下管线的安全保护是本工程的风险之一。

因地层为饱和含水砂层，如何克服顶管施工时的喷涌是本工程的风险之二。

断面设计为矩形，顶管施工时盲区不可避免，确保合理的顶进参数，确保顶进时的顺利是本工程风险之三。

(三)矩形顶管相关的设计及选型

1. 顶管机的刀盘设计与选型

由于过街通道设计断面为矩形，所以刀盘无论怎么设计都存在有切削盲区的情况。对顶管机的刀盘的设计只能做到盲区越小越好，因而采用组合式多刀盘无疑是最佳的选择。组合式刀盘由中心处1只大刀盘和周边4只小刀盘组成，大刀盘由5根放射状的刀排在轴套上构成；小刀盘由4根放射状的刀排在轴套上构成。此刀盘的切削面积可达90%，其中大刀盘达60%，小刀盘达30%。

2. 顶管管段接口的设计

管段采用预制的钢筋混凝土结构，管段外形尺寸为6000mm×4300mm，管壁厚为500mm，长度为1.5m，混凝土强度等级为C50，抗渗等级为P8。管段的接口有T形、F形、企口形等多种形式，但由于T形和企口形均有各自的缺点，采用F形接口均可避免前两种接口形式的缺点。

F形接口的优点是钢套环的一半埋入混凝土中，增加了刚度，运输中不易变形；最大张角可达3°，也不会产生接口渗漏，可靠性能高；接口间接触面积大，长距离顶管比较适用。为了防止钢套环与混凝土接合面产生渗漏，在该处设置了一个遇水膨胀的橡胶止水圈，增加了接口的防水性能。

3. 管段吊装技术

管段预制时，在管壁四周按固定的尺寸预留吊装孔。从管段的正剖面看，上、下两侧的四个吊装孔是管段预制场在预制管段时脱模或管段转场运输过程中所用，左右两侧四个吊装孔称为翻身孔，是管段在起调安装过程中所用。每一个吊孔在吊装或转移管段时，均插入实心的对应孔径的钢插销，插销与起吊用的U形钢梁及钢丝绳共同组成起吊用的"扁担"。起吊时，吊车吊起"扁担"，把钢插销插入吊装孔内，通过180t的覆带吊机吊装管段。如图19-1所示为管段吊装。

图19-1　管段吊装

4. 管段防水技术

顶管法施工的地下通道的防水主要是通过管段的自防水来实现，预制管段采用P10的抗渗混凝土。管段与管段间连接部位通过钢套环和两道橡胶止水带来防水。预制管段设计为承插式，每个管段（长度1.5m）的两端头尺寸不一，称为雌雄头，雌头大，雄头小。雌头处设置一道宽度为32.5cm的钢套环，该钢环有一半是嵌入本节混凝土中，在钢环与管段钢筋笼连接时通过塞焊钢筋连接，在埋入混凝土的钢环内壁，贴有一道防水性能较好的橡胶止水带，保证钢环与混凝土耦合时的防水质量；外露端头是与下一个管段的雄头相接，在雄头同样安装有一个宽度为2cm的钢环，钢环与管段钢筋笼的连接同样是通过焊接拉筋连接，雄头钢环与混凝土的接触面涂有一层防水性能较好的单组分水膨胀密封胶。在雄头钢环外壁再装上一道防水性能较好的橡胶止水带，管段连接时，雄头端插入上一管段的雌头端，橡胶止水带通过挤密实现接缝处的防水。

5. 工作井的设计

在顶管工程中，工作井的大小尽量满足顶管机的前壳体、后壳体的分部整体吊装，减小拼装时的难度。一般宽度方向比通道宽度宽4m，左右侧各2m；长度方向比顶进机机身总长长5m，且始发井设计时考虑利用始发井后壁土体作后座墙。考虑到顶进过程中的施工误差，为了防止误差过大而影响接收，接收井的洞圈尺寸比机头外径尺寸在条件许可的情况下尽量放大。

在地下水位以下进行顶管施工时，顶进通道的纵坡尽量为上坡，按逆管道上坡方向顶进，有利于排水。

由于始发井需要布置大量设备，地面上要堆放管段、注浆材料和泥浆分离及渣土运输设备，始发井尽量避开房屋、地下管线、池塘，以方便施工。

6. 后座墙的设计

后座墙的功能是在顶进过程中自始至终地承担主顶工作站顶管前进时的后坐力。后座墙的设计强度必须保证在设计顶进力的作用下不被破坏，要求其本身的压缩回弹量为最小，以利充分发挥主顶千斤顶的顶进效率。在设计和安装时，应使其满足如下要求：

（1）充分的强度：在顶管施工中能承受主顶千斤顶最大反力而不致破坏。

（2）足够的刚度：当受到主顶的反作用力时，后座墙材料受压缩而产生变形，卸荷后要恢复原状。如压缩回弹量大，会导致大量行程在后座墙压缩变形上，从而大大降低千斤顶的有效冲程，使顶进效率降低，故后座墙必须要有足够的刚度。

（3）后座墙表面要平直：后座墙表面要平直，并垂直于顶进管道的轴线，以免产生偏心受压，使顶力损失和发生质量、安全事故。

（4）材质要均匀：后座墙材质要均匀一致，以免承受较大的后坐力时造成材料压缩不均，出现倾斜现象。

（5）结构简单，装拆方便：装配式或临时性后座墙都要求采用普通材料，装拆方便。

（四）关键施工技术措施

采用顶管掘进法施工首先应考虑如何保证挖掘面的稳定。影响挖掘面稳定的因素主要包括施工地层的类型和可变性、地层应力和地下水状况、施工中的推进速度、采用的施工方法等。此外，在顶管施工中仅考虑挖掘面的稳定性是不够的，地层的变形和挖掘面的稳定要同时考虑才能确保顶管施工的安全顺利。

1. 地面沉降预控技术

土压平衡式顶管施工对地面沉降的控制主要通过土压平衡的原理，随时根据测量监控数据及土仓压力，通过调整螺旋输送机排土速度控制土仓压力，从而控制地表沉降或隆起变形。只要保证土仓的压力值恒定在设计值或与设计值出入较小的范围内波动，地表就不会发生较大沉降或隆起。

2. 矩形顶管法不同地质条件下渣土改良技术

适用于顶管法施工的地下工程，其地质条件均为软土（非岩）地层，而矩形顶管法施工出土均是通过螺旋输送机将掘进的渣土从密闭的胸板前方输送至洞内。要保证螺旋输送机出土的连续和畅通，必须根据土质情况适时调整加入泥浆的配比浓度和加泥量，以改善土的流动性，维持螺旋输送机的正常排土。

同时,矩形顶管机的刀盘与盾构机不同,在刀具磨损的条件下是无法更换的,为减小掘进过程中切削刀具的磨损,也要通过在顶管机胸板前方的注浆孔注入改良浆液的方式,改良前方的土体性能以保护刀具,该技术称为渣土改良技术。

砂层的浆液浓度配比及加泥量参照表 19-1 设定,在顶进过程中根据实际土质情况、刀盘扭矩和螺旋机排土量等情况进行调整。初始顶进阶段泥浆加注处于试验调整过程,可断续加注,在调整稳定后宜连续加注。

泥浆浓度及加泥量表 表 19-1

土质类别	泥浆浓度(%)	加泥量/切削弃土量(%)
亚砂层	5~15	≤10
细砂层	15~30	≤30
砂砾层	30~50	≤30

由于东湖站Ⅱb 出入口过街通道地层基本为〈3-1〉粉细砂层,黏粒含量少,且含水量高达 33%,要使渣土具有较好的流、塑性和止水性,其土质改良的难度较大。在实际施工过程中,经过前期反复的摸索试验,最终是靠增加预留在刀盘及胸板的注浆孔和加大注浆量来实现的。注浆孔由原设计的 11 孔增加了 8 个,改良浆液的配比为:膨润土 4.4%,黏土 2.2%。注浆量/切削弃土量的百分比为 35%~47%。

3. 矩形顶管法在不同地质条件下触变泥浆减阻技术

在顶管顶进过程中,顶管机壳体及管段重量产生与土体间的摩阻力,该阻力与顶进力是一对反力。在施工过程中通过采用触变泥浆来减少该阻力,保证后顶力在设计的允许范围内。具体施工中在顶管管段的管壁上设置了注浆孔,在顶管顶进时,通过管壁的注浆孔注入减摩浆液,在管段前进的通道外壁形成一个完整的泥浆套,减少管壁与周边土体的摩擦,达到润滑减阻的目的。如图 19-2 所示,设置的注浆孔能充分保证浆液先在钢套环与混凝土管外壁间空隙里形成一个浆套。为保证浆液挤出后不返回,在混凝土管段外壁的注浆孔迎土面侧装有单向阀。

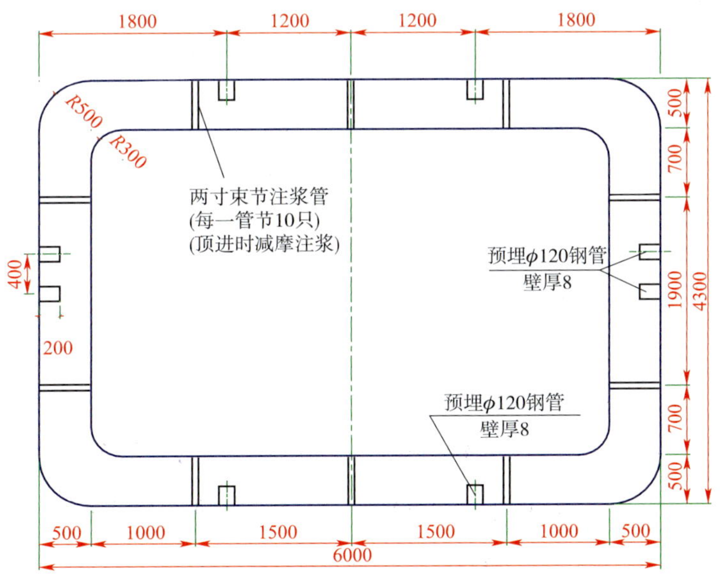

图 19-2 顶管管段外壁注浆孔布置图(尺寸单位:mm)

该触变泥浆的配合比应按管道周围土层的类别、膨润土的性质以及触变泥浆的技术指标确定。

东湖站Ⅱb 出入口过街通道由于地层原因,覆土极浅,在实际推进中触变泥浆很快就被砂层吸失,其损失量无法估计,封闭浆套的形成很困难。按常规方法配制的触变泥浆,减摩效果不好,刀盘扭矩过大,千斤顶的顶力上升很快,实际推进中累计顶进 10.5m 时,千斤顶累计顶力已达 13000kN,若不采用特殊的方法而要完成全通道的顶进,顶管机后顶力将超过设计的最大值28000kN。为解决这些问题,在触变泥浆配制时引进了一种新型材料——遇水膨胀树脂(俗称枣泥),该材料的特性是遇水膨胀。由于东湖车站过街通道地层含水量大,选用的遇水膨胀树脂的膨胀能力为400倍。膨胀树脂体积膨胀后填补细砂层的孔隙,增加了触变泥浆的止水性,保证了润滑浆套形成。用此材料与一定的高分子聚合物HL润滑剂、HL-1非开挖水泥复合剂按一定的配比混合,使浆套形成难度大大降低(止水能力增强,触变泥浆损失减少),减摩的效果明显好转。其配比如下:水:高分子聚合物HL润滑剂:高分子聚合物:HL-1非开挖水泥复合剂:遇水膨胀树脂=714:25:1.7:1.3(质量比)。

施工中是否添加遇水膨胀树脂应由地层条件决定,若为黏性土层的顶管,添加该种材料的效果不好;在砂性土层中,加入该种材料效果较好,具体添加量应由现场土样试验配比确定。表19-2为触变减阻材料配比。

触变减阻材料配比　　表19-2

序号	膨润土	水	纯碱	CMC(CMS)	乳化油
1	200~250	350	2.5~4.5	1.5~2.5	
2	170	1000	5		7

4.土压平衡式顶管综合推进控制技术

1)土压力控制技术

土压平衡式顶管机推进过程的控制参数主要有掘进时的土压力、掘进速度和出土速度、顶管机的油泵压力、千斤顶的推力和总推力、大小刀盘的扭矩、纠偏油缸的行程、每箱土的注浆量。如图19-3所示为土压平衡式顶管机工作原理图。

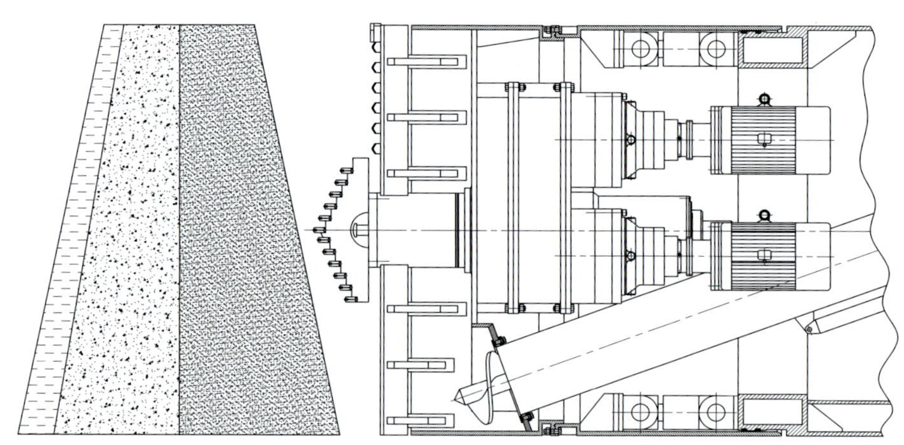

图19-3　土压平衡式顶管机工作原理图

土压力的控制,需进行两阶段的工作。第一阶段的工作是土压力的设定。第二阶段的工作是土压力平衡的保持。

矩形顶管机掘进时的土压力大小控制与以下几个运转条件有关:

(1)顶进速度:螺旋机输土量不变,土压力与顶进速度成正比。

(2)螺旋机的排土量:若顶进速度恒定,土仓内的土压力与螺旋机的排土量成反比。

(3)顶速与螺旋机排土量同时改变,也可以将土仓内的土压力值保持在恒定的范围内。当推进速度提高时,土压力随之上升,与此同时,也提高螺旋输送机的排土量。反之,推进速度降低时,土压下降,降低螺旋机的排土速度。在排土量达到进尺空间土质量的95%~100%时,都应视为正常。

顶管机在顶进过程中如果遇到中粗砂或砂卵石层，则必须通过设在顶管机主轴中间的土仓上部注浆孔向土仓内注入10%～30%改良土体用的以黏土、膨润土为主的作泥材料制成的黏稠浆液。

2）顶进过程轴线测量控制与纠偏技术

（1）顶进过程的纠偏技术

矩形顶管顶进过程中轴线控制好坏与激光测量和顶管机姿态倾斜测量的工作质量有密切关系。纠偏的实施是根据激光测量和姿态倾斜测量的数据进行偏差的综合分析，判断顶管机走向误差及其发展趋势，决定是否实施纠偏以及确定纠偏方向和纠偏力度。具体纠偏应按以下要求进行：

①纠偏要编组进行，每次使用四个支点中相邻两个支点上的千斤顶，分别实现向上、向下、向左、向右的纠偏动作。

②在高程和中线同时出现误差均需要纠偏的情况下，仍应严格按照编组实施纠偏，即高程和中线误差的纠正必须分步实施。不允许使用一个或三个支点的千斤顶进行斜向纠偏。

③纠偏千斤顶的伸出量必须根据土质和偏差数值等情况来设定，并进行记录。千斤顶的伸出量不得超出设备说明书限定的最大行程。

（2）顶进过程中的轴线控制技术

为实现对顶管机偏离轴线误差的动态测量、提高施工测量效率，顶管机尽量采用激光导向和姿态监控技术。在顶管机的设备配型时，机仓封闭胸板后装有12个（共4组）纠偏油缸。顶管在正常顶进施工中，必须密切注意顶进轴线的控制。在每节管段顶进结束后，必须进行机头的姿态测量，并做到随偏随纠，且纠偏量不宜过大，以免土体出现较大扰动及管段间出现张角。

5. 矩形顶管工程地表及周边建筑物变形的监控量测技术

根据设计要求对顶管工程施工影响范围内的地表或周边建筑物进行监测布点，布点应在顶管工程开始施工前取得初始值，监控的基准点必须在施工影响区域范围外，并具有良好的通视与防干扰条件。

地表隆、沉的监测点应沿顶进时的轴线方向对称布置。具体布设尺寸应结合初始顶进试验，由施工设计确定。对需要保护的建筑物、构筑物等应设监测点。

监测的频率也根据施工的节奏进行动态调整。

以东湖站过街通道为例，其地表沉降点布置如图19-4所示。

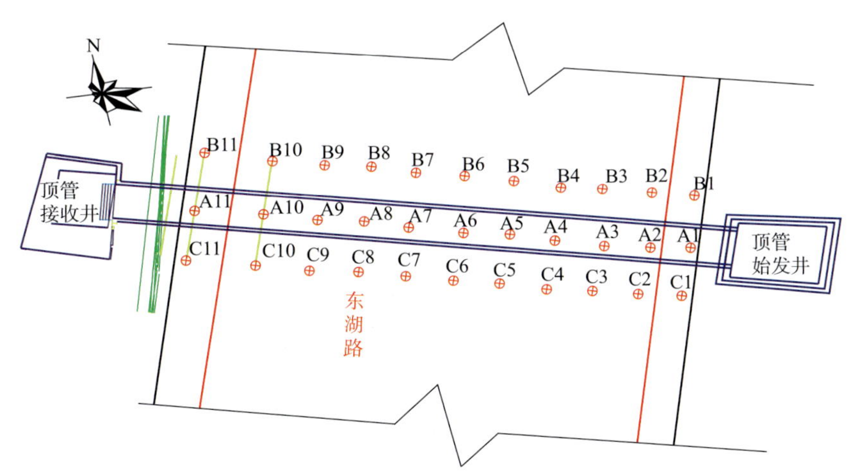

图19-4　顶管过街通道地表沉降点布置平面图

监测结果显示，顶管施工时，刚开始地面隆起较大。这是因为始发段地体加固时旋喷桩强度过高，顶管机在出始发段时，顶力较大，且顶管机后壳体还未进入土体，土仓的土压没法形成，土压平衡尚无法建立，造成前方土体受挤压后地表隆起。

顶管机进入原状土后，由于前期土体改良效果不好，存在砂土卧机头这种现象，顶进不能连续，存在顶进长时间中断情况，刀盘需冲空才能重启，为此，此段沉降数据较大。在顶管的后期，土体改良效果较好，不存在顶进中断情况，地表沉降较小。

6. 矩形顶管进出洞段掘进的关键技术

1）顶管工作井洞口止水技术

常用的洞口止水方式是在工作井内衬结构施作时，始发井和到达接收井的端面墙内根据洞门的结构尺寸留置一道钢筋混凝土止水圈梁，圈梁表面装有一道止水的钢环梁。圈梁安装完成后，再装上钢压板、橡胶止水圈。在钢环上焊有数根安装橡胶圈和压板用的螺栓，在钢环焊好后橡胶止水圈及压板再安装上去，压板上开有长槽使压板沿洞口直径方向移动，以调整由于混凝土管段与洞口止水圈不同心而可能造成的止水圈橡胶板外翻。如图 19-5 所示为洞门止水钢环图。

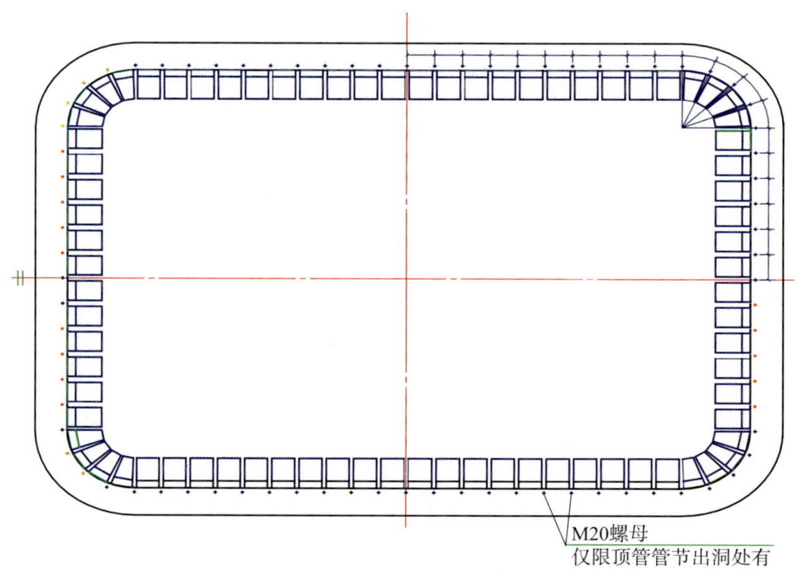

图 19-5　洞门止水钢环图

橡胶止水圈的形式有多种，有平板形、齿形和馒头形。无论何种形式，对橡胶的质量要求都较高，其拉伸量不小于 300%，肖氏硬度在（50 ± 5）度范围以内，必须具有一定的耐磨性和较大的扯断拉力。

2）顶管工程进出洞段土体加固技术

始发井基坑围护结构采用地下连续墙，内衬结构为现浇钢筋混凝土。因此混凝土连续墙即为工作井的洞圈封门，但因顶管机不能切割钢筋混凝土结构物，因此无论始发进洞或接收出洞时都必须破除工作井的围护结构。为此，在大断面矩形顶管工程施工中必须对进、出洞段土体进行预加固。

根据地质条件和周边环境的不同，土体加固的方法也不相同。常用的有搅拌桩加 H 型钢加固、旋喷桩加固或拉森钢板桩加固等方法。如果采用旋喷桩或搅拌桩加固时，必须根据地层条件做试桩，要求加固体的单轴抗压强度不大于 1.5MPa。

7. 矩形顶管工后沉降的控制技术

在顶管施工过程中，由于掘进机机头比后壳体及管段外壁外形尺寸均大了 2cm，在这个空隙里填充润滑泥浆来实现减摩。在顶管结束后，由于该泥浆长时间静止，且停止连续补浆，其胶凝状况将不会保持，稳定性发生改变，将会引起地表沉降，即工后沉降。矩形顶管施工中通过浆液置换来控制工后沉降。

在管段预制时，管壁上预留的注浆孔分两部分：第一部分是注减摩泥浆所用；第二部是在顶管结束后，从该孔内注入水泥浆，将前期的润滑泥浆置换掉，使顶管工程结束后不会产生较大的工后沉降。

(五)在工程实施中遇到的主要问题及解决措施

1. 掌子面失稳崩塌

在顶管施工全过程,必须对地表及地下管线进行全方位的沉降变形监测,结合地层损失分析的结果,及时调整土仓的土压,确保掌子面的土压与机仓土压平衡,防止掌子面失稳。若沉降变形的速率加快,但尚在允许范围内,则适当加大机仓土压;若沉降超限,且理论出土量与螺旋输送机的实际出土量有较大偏差时,在加大机仓土压的同时,关闭螺旋输机的闸门,防止喷涌发生,并调整减阻泥浆的配比,保证掌子面的平衡。

由于是采用多刀盘组合式土压平衡式顶管机,在进行顶进操作时,必须先启动主顶千斤顶,根据试顶所设定的正面平衡土压值和传感器的实测平衡土压值,分别调节螺旋输送机转速和主顶千斤顶的顶进速度,保证切削量和排泥量达到平衡,以控制地表的隆起或沉降。在顶进过程中必须做到四同步,即切土、排土、顶进和注浆作业同步进行,方能保证平衡状态。

在暂停顶进作业时,必须按以下程序进行操作:

(1)停止主顶系统的推进;

(2)关闭螺旋机的出土阀门;

(3)关闭加泥、润滑系统;

(4)停止刀盘前的注浆;

(5)停止顶管机内纠偏油泵。

2. 顶进过程中排土不畅或砂层固结事故的预防及处理措施

本工程矩形顶管通道通过〈2-1B〉层淤泥质黏土及〈3-1〉层冲积—洪积粉细砂层,由于该层流塑性、止水性差,含有砂性土,在掘进中会产生排土不畅或砂层固结,造成土仓土压不稳定以及推力增大现象。为了防止这种现象出现,采用以下措施:

(1)在刀盘面板上设置了19个添加剂注入孔,配置了泡沫和添加剂注入系统,可根据需要向开挖面添加泡沫、膨润土或聚合物,改善渣土的流动性、止水性。

(2)在刀盘转臂及搅拌棒的搅拌作用下能使渣土与添加材料充分搅拌混合,使渣土具有很好的流塑性,利于出土。

(3)掘进中要注意土仓中土压力控制,防止由于土压力的失稳从而引起螺旋机喷发和开挖面失稳,引起地面沉降。

3. 顶管施工中控制地面不均匀沉降的措施

(1)施工过程中根据地质资料,预先对将穿越的地层进行充分的分析,了解地质的物理及力学特性,掘进时再比较出土试样,及时调整掘进机的姿态,加强施工控制。

(2)顶管结束后,选用1:1的水泥浆液,通过注浆孔置换管道外壁浆液,加固通道外土体,消除对通道今后使用过程中产生不均匀沉降的影响。

(3)顶进时按设计要求的轴线、坡度进行,施工过程中纠偏措施很重要,主要原则如下:

①勤测勤纠:即每顶进一段距离,测量一次轴线及高程的偏差情况,再进行纠偏。

②小角度纠偏:每次纠偏的角度要小,一般控制在0.50以下。

纠偏过程中不能大起大落,如果发现在某处产生了较大的偏差,这时也要保持通道以适当的曲率半径逐步返回到轴线上来,尽量避免猛纠造成相临两段形成很大的夹角。

4. 顶管机进、出洞常见问题及解决方法

(1)为防止发生顶管机出洞后地表下沉,以及出现越顶越低的现象,首先对出洞端土体进行加固,提高其承载能力,必要时在洞口内安装一副延伸导轨。本工程始发井结构混凝土施工完成后才将顶管机吊装下井,确保其基底的承载能力。同样在顶管机到达时,接收井也是全部完成内衬结构施工后进行接收的。在顶管机尚未入土时，安装后续管段，并把后续管段与顶管机尾部联结在一起，其目的是用后续管段来挑起顶管机。也可适当抬高导轨的标高，弥补顶管机下沉所造成的误差。

(2)本工程所处地层为含水砂层，必须对始发段和接收段土体进行加固，增加其止水和挡土的性能。

(3)由于加固段桩体强度过高，始发时顶进推力过大，在机头已顶入原状土，后壳体尚在加固段时，人行道的地面隆起过大。出现这种情况时只能降低顶进速度，减少顶进时的推力，增加润滑减摩的效果。

图19-6　成型的顶管通道

(六)实际施工效果

东湖站顶管工程施工效果良好，可用"省时、省力"来概括。顶管施工全过程仅用两个月时间完成；在顶管施工期间，对地面交通、周边环境影响小；工程施工完成后，地面沉降值较小，管线无变形。如图19-6所示为成型的顶管通道。

第二节　泥水平衡式顶管施工

一、稳定工作面的原理

工作面与顶管机之间设有隔板，工作面被加以大于孔隙水压力的泥浆压力，表面形成泥水黏膜及渗透膜，在刀盘配合下使工作面得以稳定。

二、优缺点

1. 优点

适用的土质范围比较广，如在地下水压力很高以及变化范围较大的条件下也能适用，可有效地保持挖掘面的稳定。对所顶管段周围的土体扰动比较小，引起的地面沉降也比较小。与其他类型顶管施工比较，泥水平衡式顶管施工时的总推力比较小，尤其是在黏土层则表现得更为突出，所以适宜于长距离顶管。工作坑内的作业环境比较好，作业也比较安全，由于采用泥水管道输送弃土，不存在吊土、搬运土方等容易发生危险的作业，工人劳动强度低。由于泥水输送弃土的作业是连续不断地进行的，所以作业进度比较快。排土采用泥水管输送，水压较高地段也不会出现喷涌现象。由于使用泥水，需要扭矩较小，刀具不易磨损。

2. 缺点

弃土的运输和存放比较困难，运输、处理成本较高，所需作业场地大，设备成本高。采用泥水处理设备往往噪声很大，对环境造成污染。如果遇到覆土层过薄或渗透系数特别大的砂砾、卵石层，作业容易受阻。遇黏土地段时，排泥口有可能堵塞而导致泥水仓压力变动，工作面不稳定。

三、工程实例

(一)工程概况

广佛线桂城站过街通道位于南海大道与南桂东路交汇处，横穿南桂东路；南桂路站顶管过街通道位于桂澜路与南桂东路交汇处，横穿桂澜路。施工区域属佛山市南海区桂城商住、办公区，交通繁忙，周边高档住宅小区、商场、办公楼林立，地下管线丰富，施工涉及军用光缆、燃气管、通信光缆、高压电缆、给排水管等管线的保护工作。桂城站过街通道顶管主要通过〈2-2〉、〈2-4〉、〈3-1〉地层。地下水类型主要有两种：一种为赋存于第四系土层中的孔隙水；另一种是赋存于基岩风化层中孔隙水。第四系孔隙水主要存在于〈3-1〉粉细砂层及〈3-2〉中粗砂层中。〈3-1〉粉细砂层中的地下水类型为孔隙潜水，不具承压性；〈3-2〉中粗砂层中地下水类型为孔隙潜水，具承压性。基岩赋存裂隙水，其透水性中等。〈3-1〉粉细砂层及〈3-2〉中粗砂层中的孔隙潜水与基岩风化层中孔隙水有较好的水力联系。工程概况如图19-7～图19-9所示。

图19-7　南桂路顶管段的路段

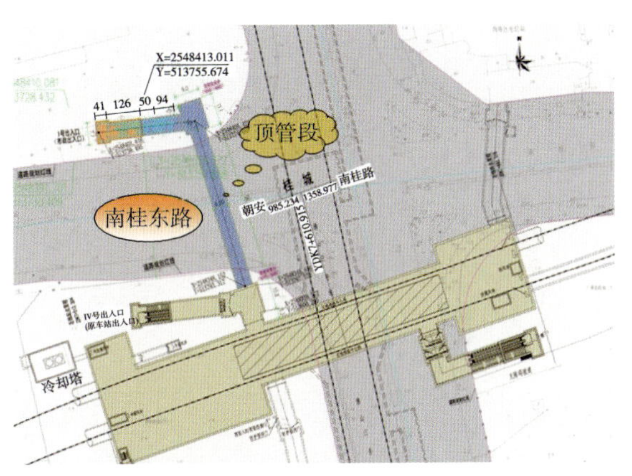

图19-8　工程平面图

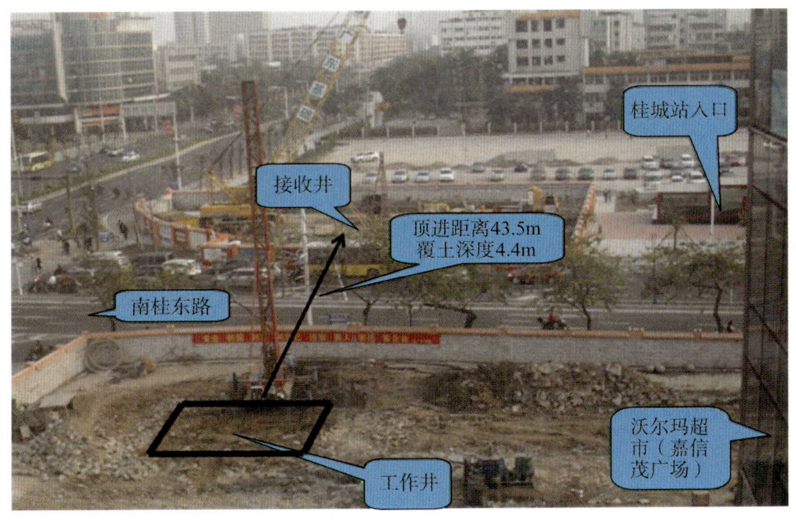

图19-9　桂城站顶管通道整体平面

(二)工程重难点

南海区过街通道工程重点、难点与风险分析对策见表19-3。

(三)顶管机选型

1. 地质概况

本顶管工程通道主要穿越地层为黏土层、淤泥质砂层，场地地下水位埋深比较浅，地下水丰富，对施工极为不利。

南海区过街通道工程重难点与风险分析对策表　　表 19-3

序号	工程重点、难点或风险点	对应风险分析	风险等级	针对性监控措施
1	顶管机的始发与到达	基座变形；后靠支撑位移及变形；凿除钢筋混凝土产生涌水、涌砂	地质条件较差，列为1类风险	顶管机基座的底面与工作井的地板之间要垫平垫实，保证接触面积满足要求；在推进过程中合理控制千斤顶的推力，且尽量使千斤顶合理，在拆除封门前布置观察孔，检测端头加固效果
2	顶管机下井与吊出	地面承载力不足、起重吊装风险及高空作业风险	列为2类风险	对吊装方案进行严格把关，要求设计核算地面承载力、地面外加荷载；选择资质满足要求的专业施工单位，吊装指挥、司索工等工种的人员资格符合要求；严格按照起重作业的相关要求进行吊装作业
3	在淤泥质粉砂段施工，地表沉降、塌陷	顶管机施工对地层产生扰动，使地表发生沉降、塌陷	地质条件较差，列为1类风险	做好顶管机选型；根据具体的地段和地质条件，选择适宜的掘进模式、参数；督促承包人制订专项施工方案，组织专家会审，估计施工的困难和复杂性；加强监测，及时反馈监测信息以指导施工加强施工过程控制管理
4	临近周边建筑物沉降	周边的临近建筑物距工作井较近，施工技术难度较大	列为2类风险	在筹备期督促承包人进行了建筑物基础的调查工作，制订针对性的周边建筑物保护方案；在过程实施中同时督促承包人加强监控量测工作；根据监测结果适时调整保护方案和施工方法，确保周边建筑物和管线的安全
5	管段的垂直运输	物体打击、高处坠落	列为3类风险	吊车由有资质的单位进行检测安装，经有关部门验收合格后方可使用；加强安全管理，起重人员持证上岗，落实“十不吊”；作业前应检查吊绳、吊具、吊点、被吊物、场地等情况，确认安全后方可作业
6	土方开挖及钢支撑的架设	开挖时发生围护结构崩塌及基底涌水、涌砂	列为2类风险	事前对方案进行了论证，可行；过程中对土方的开挖及钢支撑架设进行安全方面的监控

2. 顶管机选型

顶管机选型的正确与否将对顶管工程的成败起到决定性的作用。本工程通道顶距地面最小距离仅为4m，且穿越主要地层为砂层，施工条件差，故保持工作面稳定、控制地面沉降难度较大。结合场地的地质情况、周边环境和场地条件等因素，权衡利弊，该工程采用泥水平衡式顶管机。

（四）施工问题及处理

1. 顶管始发端头区塌陷处理

1）事件经过

2011 年 5 月 31 日始发顶进，顶管机开始进入一道厚 1000mm 的低等级素混凝土墙。

初始穿墙顶进时，顶进速度为 1 ~ 2mm/min，推力约为 1000kN，泥水压力为 0.03MPa，泥浆黏度为 18s（根据顶管的埋深及水头压力，泥水压力设定为 0.08MPa，泥浆黏度设定为 22 ~ 25s），刀盘转动较轻松。当顶管机穿越主体结构墙与连续墙的止水板缝时，主体结构的横框梁、洞门帘板、纠扭翼板等均出现了不同程度的漏浆，由于处于始发阶段，认为局部渗漏浆属顶管施工的正常现象，始发完成砂土会堵塞各缝隙，不需单独处理。

6月1日，顶进素墙约400mm，由于泥水压力偏低，造成刀盘底部沉渣较多，致使矩形刀盘转动到下部，机头抬头摆动，刀盘逐渐被卡住，决定后退机头150mm，再次启动推进，两刀盘相向转动，泥水循环排出少量的碎石，刀盘解困。

6月2日17时，穿顶进墙至800mm时，仍使用原顶进参数，右边刀盘运转时突然卡住，之后多次调试无法再转动。再次决定后退机头，尝试启动刀盘，多次后退尝试，左、右两刀盘无法启动。

在顶管机多次后退处理过程中，土仓内泥水压力波动较大，由于掌子面只剩余约200mm素墙，无法自稳，直接造成掌子面开裂坍塌，大量的淤泥质粉细砂及回填土涌进机头泥土仓内，砂土不断由钢洞门帘布的间隙及横框梁缝隙中流出。

端头加固区的地表出现明显的下沉，当即停止顶进，注浆保压到0.08MPa，但地表沉降继续加大，约2h后，现场地面沉陷出一个约2m(长)×1.5m(宽)×1.0m(深)的塌陷区。如图19-10所示为现场漏水情况。

图19-10 现场漏水情况

2)原因分析

经分析，导致这次端头区塌陷的主要原因有以下两点。

(1)始发时洞门等多处漏浆，未建立有效的泥水平衡

顶管机始发存在多处严重漏浆，一是主体结构环框梁与围护结构间存在一道防水裂隙；二是矩形帘布包裹顶管机不严密，存在着缝隙；三是顶管机机身电机底座连接缝及纠扭翼板接缝钢板加工不严密，存在漏浆的缝隙。

顶管顶进过程中，通过注浆管高压输入土仓的泥浆，由于外部存在诸多裂隙，大量泥浆从环框梁和洞门防水橡胶圈缝隙中涌出，少许泥浆从电机底座缝隙流出，致使泥水仓压力仅只能保持到0.02～0.03MPa，而远远未达到设定的泥水平衡压力0.08MPa，平衡前方土体及水头压力明显偏低。

(2)刀盘受困后，擅自决定使顶管机后退多次，直接造成掌子面垮塌

顶管机刀盘形式为矩形平面刀盘，刀盘仅布置齿刀，破岩能力较差，刀盘运动轨迹也是矩形，刀盘运转到下部时，易受阻被卡。顶管机始发顶进后，由于素混凝土连续墙强度偏高(约8MPa)，局部的混凝块沉积在土仓的底部，造成刀盘运转困难，沉渣较多时，就将刀盘牢牢卡住。

顶管机自身本设有防后退装置，但承包人为使刀盘解困，多次拆除防后退装置，使顶管机弹回后退，造成土仓的泥水压力波动巨大，剩余的200mm厚素混凝土墙在地下水及土压力的作用下坍塌，直接导致掌子面垮塌，加固体外的泥砂顺掌子面缝隙大量涌入土仓，引起地层沉陷。

3)处理措施

(1)端头塌陷区处理措施

端头区塌陷事件发生后，承包人立即启动应急预案，调剂人力及设备对塌陷现场进行了紧急处理，主要措施如下：

①顶管机停止顶进，泥水平衡的压力保持至0.08MPa。

②对端头塌陷区进行回填土，用机械挖开塌陷区的硬化层，并对塌陷区有较完整清晰认识。如图19-11所示为现场回填情况。

③用机械设备将塌陷区摊平压实，再用黄泥黏土进行回填，最后夯实处理。

④回填结束后，再在面层浇筑约30cm厚的混凝土，使部分地层加固到能够自稳的状态。

⑤为了确保该区域地层土体的稳固，防止土层在下一步掘进时坍塌，封闭地面时在旁边预留观测孔和监测点，用以观测回填土体的沉降变形。

图19-11　现场回填情况

(2)对顶进过程中各漏浆点的处理措施

①封堵漏浆缝隙。

②主体结构与地下连续墙之间的缝隙处理方法是将地下连续墙侧壁和主体结构上表面凿毛10cm，冲洗干净墙间缝隙，用快速凝结水泥砂浆（堵漏灵）灌注缝隙，上部素混凝土压顶。如图19-12所示为主体结构与地下连续墙之间的缝隙处理方法。

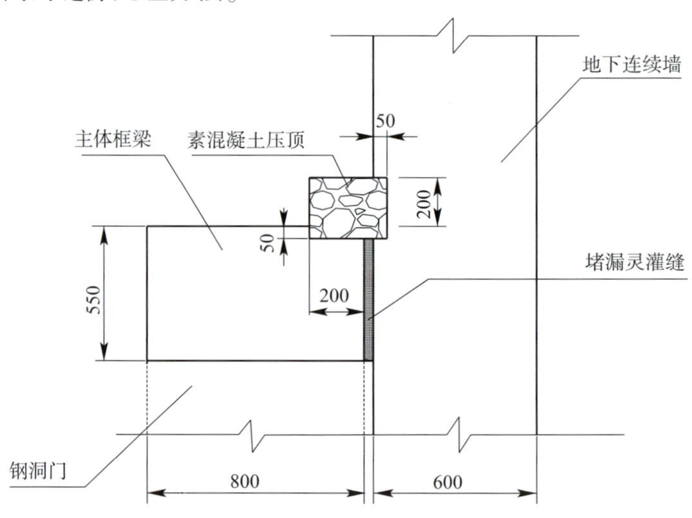

图19-12　主体结构与地下连续墙之间的缝隙处理方法（尺寸单位：mm）

③洞门防水橡胶圈拉裂部分采用在洞门防水橡胶圈拉裂位置焊接一块钢板，堵住漏水位置。

④在电机底座缝隙处嵌填一圈油麻绳，外部用钢板压住，钢板焊在机身钢板上。

2. 矩形刀盘被卡解困事件

接上案例，当顶管机穿越素墙顶进至800mm时，土仓下部素混凝土块沉淀较多，不能及时排出，而顶管机为矩形平面刀盘，摆式转动，破碎能力较差，刀盘运动到下部时，初时顶管机频频抬头，当素墙的大量混凝土块堆积在土仓的下部时，左、右刀盘运转突然卡住，多次调试无法再转动。两刀盘被彻底卡住，无法解困。如图 19-13 所示为矩形刀盘被卡形象图。承包人采取多种方法尝试两刀盘解困,历时近一个月才解决,主要措施如下。

1)旋喷清渣法

旋喷清渣法是在刀盘前钻孔,然后通过高压旋喷注浆,冲击土仓底沉淀物,使之向四周喷散,再利用浓泥浆循环带走沉淀物来解决沉积物较多问题的方法。具体操作如下:在机头前方 250mm 开一排 10 个孔,间距 600mm;采用高压旋喷浓泥浆将刀盘周边积砂喷散,特别是将底部的硬块和小碎石击散,泥浆压力保持在 25 ~ 27MPa,然后采用直喷泥浆对刀盘积砂进行冲洗,最后转动刀盘。如图 19-14 所示为盘前高压旋喷注浆。

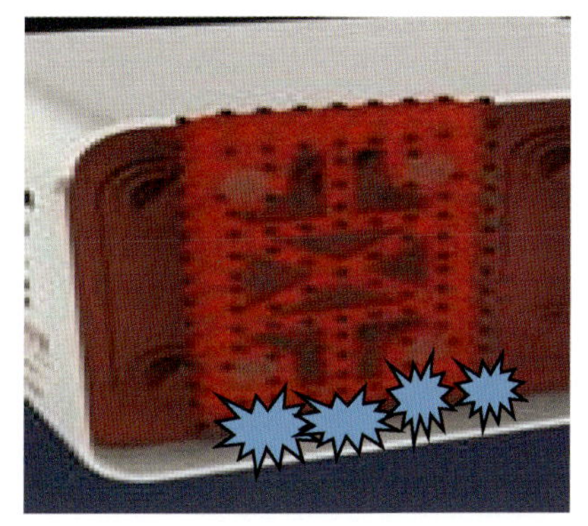

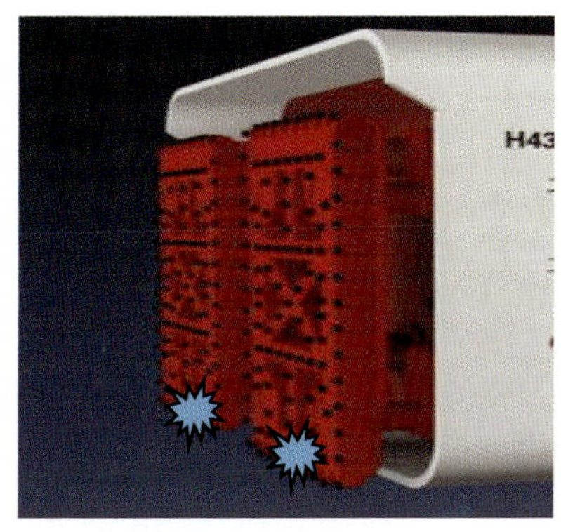

图 19-13　矩形刀盘被卡形象图

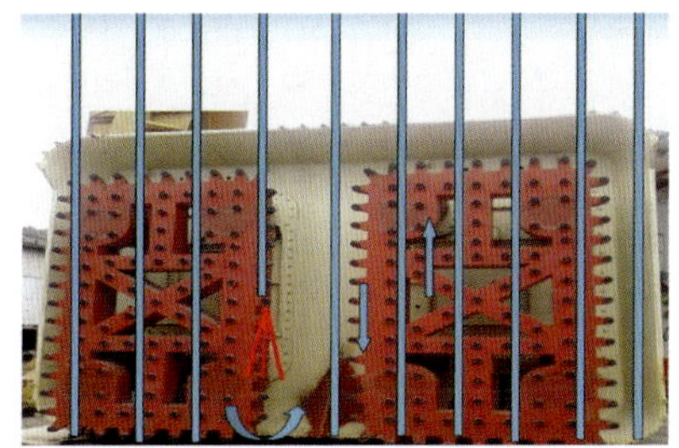

图 19-14　刀盘前高压旋喷注浆

高压旋喷后左刀盘恢复转动,右刀盘能转动少许,左边进排浆管可以正常循环,右边仍不时堵塞。初时排出的碎石量较多,左刀盘转动前排砂量约为 $4m^3$,多次启动后能正常转动。为了防止再次卡刀,继续部分排砂。

2)采用定点横喷对土仓沉积物进行冲刷

考虑到旋喷注浆虽然压力大,但直接冲刷作业的泥浆量较小,效果有限。为了加快泥水流量,采用并排四条直喷泥浆管至仓底,泥浆管一端接缩径 ϕ25mm 弯头,泥浆管另一端接上四台 2.2kW 潜水泵。启动水泵直接对刀盘沉积进行冲刷,再启动泥水循环系统,初时排出的碎石量较多,刀盘下沉积物减小,不断尝试转动右侧刀盘,但右刀盘只能转动4/5圈,不能全部转动,转到底部被硬块顶住,还是不能完全转动。初步分析:刀盘底部有大量的硬块,包括小碎石、坍塌的 8MPa 素混凝土墙块。如图 19-15 所示为对刀盘沉积物进行冲刷。

图 19-15　对刀盘沉积物进行冲刷

3)成槽清渣法

在右刀盘前方 10cm 外采用 ϕ400mm 钻机成槽,槽长 3.2m,深 11m,比顶管机底深 1.5m。成槽后采用空压机清槽,清槽后将顶管机缓慢顶进,将机头处阻碍刀盘转动的渣土推入槽坑中,从而恢复右刀盘转动。

在用空压机清渣过程中，一根 ϕ150mm 进浆镀锌钢管被渣土埋住。在用吊机拔管时，钢管在接头处断裂，断管遗落在清渣槽中，管段长度 6m。

为了彻底清理断管及仓底沉渣，再次用旋挖钻机在原 400mm 宽槽段前钻三个直径 1000mm 的孔，孔深 11m，三孔连接成槽并与原槽连通成更宽的槽；派专业潜水员潜水捞取出断裂钢管，并进一步人工清除右刀盘障碍物。至此，右侧刀盘才彻底脱困。

（五）经验教训

经过上述案例事件，我们可以吸取的经验教训是：

（1）顶管机设计缺陷：刀盘设计为摆式刀盘，扭矩小，刀具破岩能力差，运动过程中刀盘下部易被卡。

（2）土仓内泥水循环的进、出浆口相距较近，形成有效泥水环流小，土仓底部的渣土易沉淀。

（3）始发井环框梁、洞门帘布、顶管电机密封等处多处漏浆严重，未及时封堵，直接造成泥水压力较低，掌子面不稳定。

（4）操作指挥失误：刀盘下部被卡后，多次让顶管机退缩，造成泥水压力波动大，直接造成掌子面垮塌，加固体前的砂土流入土仓。

第三节　小间距平行矩形顶管施工

随着城市经济的发展和城市规模的不断扩大，各种地下管道、隧道采用顶管法施工正日趋上升。由于城市地下空间的限制和管线的制约，不可避免地会面临小间距平行顶管施工。

一、小间距平行顶管的特点

在顶管施工过程中，顶进管在管轴纵向和横跨管轴方向同时受到荷载作用，主要有管道自重、土压力、地下水压力、注浆压力、交通荷载、顶推力、管壁摩阻力、掘进机的迎面阻力等。对于平行顶管施工，后续管道施工时还应考虑已有管道施工时对土体产生的扰动以及后续管道施工对已有管道的影响。由于管道之间的相互影响，特别是复杂地质条件下，当轴线距离较近时会对周围环境造成较大危害。水平平行顶管施工时，中间区域受到双重扰动，产生的地面沉降较大。由于先建顶管隧道施工对周围土体产生的扰动会使后建隧道顶管施工时对周围土体产生的扰动加剧，在同样条件下，后建顶管引起的最大地面沉降值与沉降槽宽度都要大于先建顶管。平行顶管施工产生的地面沉降主要由土体损失、受扰动土体再固结和次固结引起，土体受扰动后产生的超孔隙水压力是导致工后沉降的原因。在欠固结土中，工后沉降与时间基本成对数关系。

二、引起的附加荷载与地面沉降

近距离平行顶管施工，对相邻管道内力及变形的扰动是一个复杂的动态变化过程。后施工顶管是通过扰动周围土体所产生的附加应力间接施加到先施工管道上的。后施工顶管在顶进时首先因为顶推力和注浆压力使已有管道的侧向荷载出现一定的增大，使已有管道处于更加有利的受力状态，环向弯矩绝对值减小，分布趋于均匀；然后当顶管推过后，由于土体产生卸载，已有管道的侧向压力减小，使已有管道处于不利的受力状态，环向弯矩绝对值增大，分布趋于不均匀。后施工顶管施工过程中，已有管道拱顶、拱底的土压力一般变化很小。

水平平行顶管施工引起的横向地面沉降曲线形状与两顶管轴线距离有关。当距离较远时，可忽略先施工顶管对后施工顶管的影响；当距离较近时，先施工顶管对周围土体产生的扰动会使后施工顶管施工时对周围土体产生的扰动加剧，后施工顶管由土体损失引起的最大地面沉降值和沉降槽宽度都变大，且地面沉降曲线是不对称的，其最大沉降点向先施工顶管方向偏移。中间区域由于受到双重扰动，会产生较大的地面沉降，因此应尽可能地减小先施工顶管引起的土体扰动程度。

三、施工措施

由于管道之间的相互影响，水平平行顶管产生的沉降大于单顶管。在顶管施工过程中，要加强施工监测，并采取相应的控制措施，保证施工安全与顺利进行。主要措施如下：

(1)两管前后纵距的合理确定对于减少两管相互干扰及对管间土体的扰动至关重要。

(2)合理控制注浆工艺，做到注浆孔布设均匀，使注浆压力沿管道周边均匀分布；及时补充压浆，力求使地层与管道结构间的缝隙始终由浆液密实充填；及时调整注浆压力，求使其与管段所在位置的水土压力值相等。

(3)管道顶进速度对相邻管道有较大影响。所以，施工中应控制施工速度，不能过快。

(4)合理控制掘进机的开挖量、掌子面的注浆压力以及顶推力，使得这些因素引起的土体应力变化达到平衡，减小施工扰动。

(5)加强施工监测。在后施工管道的顶进过程中，为保证施工安全，对先施工管道进行跟踪监测，主要监测内容包括管道钢筋应力、管土接触压力、管段间接缝纵向变位。

四、工程实例

(一)工程概况

佛山市南海区桂城街道19、20街区地段C地块地下空间项目顶管工程，其设计为四条并行顶管通道，通道外包尺寸为6.9m × 4.9m，管段壁厚0.45m，标准管段长1.5m，共120节，7.5m的异形管段2节，4.54m的异形管段10节，每个通道各长60.5m，间距0.5m。如图19-16所示为平行顶管通道间距，如图19-17所示为通道编号。

图19-16　平行顶管通道间距

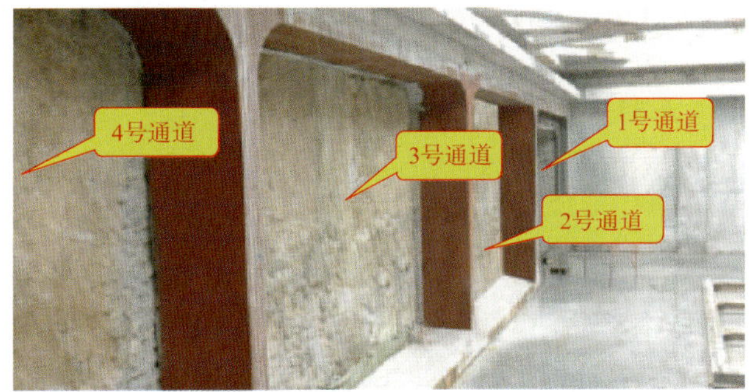

图19-17　通道编号

(二)工程特点及措施

1. 多管小间距矩形顶管工程施工时易产生的问题

(1)顶进过程中产生的侧压力易对邻近已成型通道产生影响，引起相邻管段发生变形和位移，甚至造成破坏。

(2)已成型通道四周土体受相邻顶管顶进施工的影响而再次扰动，易引起地面及管线沉降叠加，造成周边环境破坏。

2. 多管小间距顶管施工顺序

根据本项目四条大断面矩形顶管近距离并行的特点，如采用1—2—3—4的顶进顺序施工，会造成1号通道施工完成后，施工2号通道时，2号通道一侧为已成型的1号顶管通道管段，另一侧为地下原状土体，易形成2号顶管通道偏压，不利于控制顶管姿态及地面沉降。为尽可能减小偏压对后续顶进施工的影响，采用“跳隔”顶进的施工顺序，即按照1—3—2—4的顺序进行施工。

3. 为减小近距离施工对地面沉降及已成型通道的影响所采取的控制措施

1）对地面沉降采取的控制措施

对顶进施工参数进行调整，总结分析先行施工的1、3号顶管顶进参数，将2号通道顶进速度控制在20～30mm/min范围内，并保持匀速顶进。结合监测数据，2号通道顶进时土压力设置较1、3号通道降低0.01～0.02MPa，以便能更好地控制地面沉降。

2）对已成型通道采取的保护措施

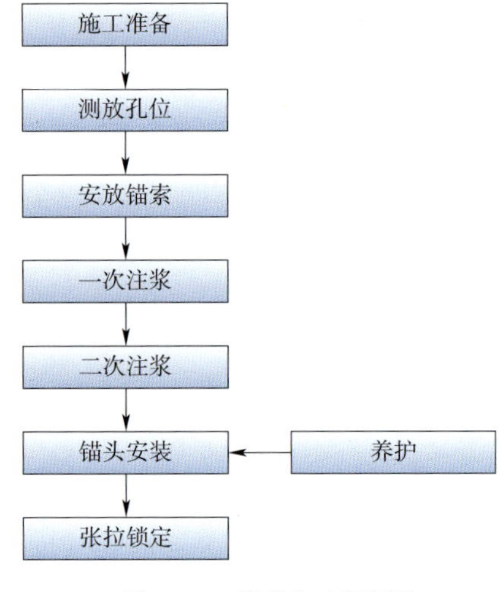

图19-18 锚索施工流程图

（1）对先施工已成型通道通过管段的注浆孔进行先行注浆以固定管段，注浆以注双液浆为宜。

（2）由于顶管管段邻近地下管线及建（构）筑物，且每条顶管施工时对已经施工完成的顶管可能产生侧向不平衡推力，故需要对每条顶管通道进行纵向刚度加强，采用后张法预应力钢绞线将管片纵向拉结在一起。如图19-18所示为锚索施工流程图。

顶管施工完成后，采用5ϕ15.2mm的高强度低松弛预应力钢绞线把管段从纵向上连接成整体，其标准强度为1860MPa。预应力钢束采用两端对称跳孔张拉，张拉控制应力值为1395MPa。预应力张拉完毕后采用真空灌浆工艺，密实压浆，强度等级为C40。锚索张拉锁定完成后，切去多余的钢绞线，浇筑C25细石混凝土包住锚头，保证锚头净保护层不小于50mm，并作为永久防锈。如图19-19所示为施工完成后平行顶管通道。

图19-19 施工完成后平行顶管通道

第八篇

地基处理与建筑物保护

第二十章　车辆段与停车场地基处理技术

广州市轨道交通车辆段及综合基地或停车场的地基处理主要包括软土地基处理和岩溶处理。

第一节　车辆段与停车场软土地基处理

一、软基情况

广州地区向南跨过珠江以后，从大石镇开始一直到新造、新垦、灵山、东涌黄阁、横沥，除局部山丘地带外，几乎都覆盖着厚厚的软弱淤泥地层。例如，三号线夏滘车辆段场区内地层由人工填土、河间海陆交互相沉积层、残积层和基岩风化带组成；四号线新造车辆段场区内多为果园及植物所覆盖，谷地多为人工开挖形成的鱼塘，上部为全新统人工填筑层，以素填土、腐殖土为主，全新统海陆交互相沉积的淤泥质土层下部为海相冲积砂层，主要为细砂、局部为中砂，底部为混合岩残积土层，由花岗质混合岩残积作用而形成；五号线鱼珠车辆段分布有较深的淤泥质软土，工程地质条件较差。二号线大洲停车场场区地层岩性为上覆第四系海陆交互相沉积层、残积土层，下伏基岩为白垩系下统白鹤洞组下段的泥质粉砂岩，从上而下依次为人工填土层、淤泥、淤泥质粉质黏土、淤泥质粉细砂、淤泥质中砂、细砂、粉质黏土、淤泥质土、粉质黏土以及基岩风化带。

二、处理方案

由于车辆段面积较大，根据各区域的布置情况及功能，对工后沉降的标准要求也不同，一般情况下，各功能区工后沉降要求如下：综合楼、主变电站按30cm控制，库内碎石道床地段及咽喉区按15cm控制，出入段线及库内整体道床按2cm控制，辅助检修间、调机库等按5cm控制。

根据场区内的沉降要求，对于软土地基范围主要采用深层搅拌桩、塑料排水板、土工格栅、强夯等措施进行处理。

三、处理效果监测检测

广州市轨道交通车辆段及综合基地或停车场的软土地基处理一般采用堆载(超载)预压排水固结、搅拌桩复合地基以及强夯法等方法进行处理，从现有的监测结果和使用情况来看，地基处理效果基本上能满足使用要求。

(一)搅拌桩检测

深层搅拌桩7d后，开始进行7d轻便触探检测，按照设计图纸和规范要求，轻便触探抽检1%；施工28d后方可进行抽芯检测，抽芯检测0.2%。

(1)标准贯入试验：通过贯入阻抗估算土的物理力学指标，检验不同龄期的桩体强度变化和均匀性，检测频率为1‰。

(2)轻便触探试验：搅拌桩在成桩7d内用轻便触探器钻取桩身加固土体，观察搅拌均匀程度，同时根据轻便触探击数判断桩身强度，检验桩的数量为施工总桩数的1%。当桩身7d龄期的轻便触探击数

(N10)大于15击时,桩身强度满足设计要求;轻便触探深度一般不超过4m。

(3)检验桩的均匀性:用轻便触探器中附带的勺钻,在搅拌桩身中心钻孔,取出水泥土桩芯样,观察其均匀性。

(4)取芯检验:在成桩28d后,用双管单动取样器钻取水泥土搅拌桩桩芯,直观地检验桩体强度和搅拌的均匀性,任意抽检的检验数量为施工总桩数的0.2%。

(5)开挖检验:根据施工重量情况,经触探检验对桩身强度有怀疑时,可选取一定数量的桩体进行开挖,检查加柱体的外观质量、搭接质量和整体性等。

(6)采用低应变法进行桩长和成桩均匀性的定性检查。

(7)静载荷试验:每一深层搅拌桩加固区复合地基载荷试验和单桩载荷试验检验数量为桩总数的0.5%~1%,且每项单体工程不应少于3点;深层搅拌桩的复合地基静载荷试验,在28d龄期后进行,其单桩复合地基载荷试验的压板面积为一根桩承担的处理面积;多桩复合地基载荷试验的压板尺寸按实际桩数承担的处理面积确定;压板底标高与软基顶面设计标高相同,压板下设中粗砂层;加荷等级分8~12级,总加载量为设计荷载的2倍;设计复合地基容许承载力为150~200kPa。

(二)强夯法质量检测

一是工程质量自检,即施工单位自行检查,主要检测试验内容包括密实度试验、颗粒分析试验、含水量及密度试验、室内土工试验;二是质量监测部门检测试验,其主要内容包括单点夯试验、静载试验、动力触探试验等。

强夯处理完成后28d后对地基进行承载力检验,数量为每片夯击场地3~6点。

(三)堆(超)载预压排水固结监测结果与分析

在施工过程中,对地表的沉降和位移、地基不同深度的沉降、软土孔隙水压力消散情况进行监测,其数据可作为控制加荷速率、推算地基最终沉降以及确定固结程度、沉降和时间关系的依据,并可为卸荷时间提供依据。

四、工程实例

(一)三号线夏滘车辆段

三号线夏滘车辆段综合基地位于广州市番禺区大石镇厦滘村,占地面积约369600m²,主要建(构)筑物包括检修厂房、调机库、变电所、下穿隧道、列检棚、停车场、转运办公楼等。

1. 土层地质条件

根据勘察资料,场区内地层由人工填土、河间海陆交互相沉积层、残积层和基岩风化带组成。从上到下,土层结构如下:〈1〉人工填土、〈2-1〉淤泥或淤泥质土、〈2-2〉淤泥质细砂层、〈3-2〉中粗砂层、〈5-2〉残积黏土层、〈6〉岩石风化带、〈7〉强风化带基岩。

其中〈1〉、〈2-1〉、〈2-2〉土层是搅拌桩必须穿过的土层;〈3-2〉砂层厚度大,标贯击数高、承载力大,是软基处理搅拌桩的持力层;〈5-2〉土层或〈6〉岩层是出入段挡土墙深层搅拌桩持力层和嵌固层。

2. 水文地质条件

建设场地位于珠江水系的河网地段,地势低平,地表水系十分发育,除苗圃中的沟渠外,珠江主干河流从施工场区北侧300m处穿过。

区内地下水位埋深为0.5~1.8m,主要含水地层有人工填土层,淤泥质粉细砂层、中粗砂层和基岩风化带,其中人工填土层内含上层滞水,受大气降水和河流补给;淤泥质粉细砂层内含孔隙承压水,受径流补给,水量不大;中粗砂层是主要的含水层,富含承压水,地层孔隙大,连通性好,含水层厚度大,受径流补给;基岩风化带内含裂隙水,孔隙连通性差,水量不大。

3. 软基处理方案

根据场区内的沉降要求,主要采用深层搅拌桩和塑料排水板处理。

深层搅拌桩施工范围主要分布以下区域:

(1)库区外整体道床基底范围、环车辆段四周边坡脚外3m至内侧10m范围,以上范围均采用600mm桩径,正三角形布置,间距为1.1m。

(2)出入段线路堑搅拌桩采用500mm桩径,正三角形布置,间距为1.0m,挡土墙范围内的深层搅拌桩从地面至路堑路基面段为空桩。

(3)RDK0+872~RDK0+940左侧长68m、CDK0+929~CDK0+997右侧长68m出入段与隧道分界处两门洞之间27m长路堑挡土墙墙背设计八排深层搅拌桩(A型壁状深层搅拌桩,桩径500mm,间距0.43m×0.375m),RDK0+940~RDK0+981左侧长41m、CDK0+997~CDK1+038右侧长41m挡土墙墙背设计六排深层搅拌桩(B型壁状深层搅拌桩,桩径500mm,间距0.43m×0.375m)成壁状做隔水帷幕,兼做边坡开挖支护。壁状深层搅拌桩要求伸入岩石风化带或残积土层中不小于0.5m。

软基处理深层搅拌桩总工程量约为1328353m,塑料排水板桩共1119323m,呈正三角形布置,塑料排水板间距分别有1.0m、1.1m、1.2m、1.3m四种间距布置。如图20-1所示为水泥搅拌桩现场施工,如图20-2为塑料排水板现场施工,如图20-3为深层搅拌桩处理地基结构断面图。

图20-1 水泥搅拌桩现场施工

图20-2 塑料排水板现场施工

(二)四号线新造车辆段

四号线新造车辆段(车辆段及综合基地地基工程)位于番禺区新造镇曾边村蔡盒岗,兴业大道以东,场地地势起伏较大,地面标高17.6~34.5m,区内多为果园及植物所覆盖,谷地多为人工开挖形成的鱼塘,并有少量的房屋,抗震设防烈度为7度,车辆段本身控制用地面积约为150000m²,加上周边外扩15m用作边坡绿化用地、进场道路用地、排水渠用地,总用地面积约203000m²。站坪长约810m,宽约240m。设计范围包括新造车辆段及综合基地(含主变电站)±0.00以下场站部分平基土石方工程,车辆段周边排水工程;车辆段及综合基地(主变电站)软土地基处理;防护挡土墙、涵洞等。

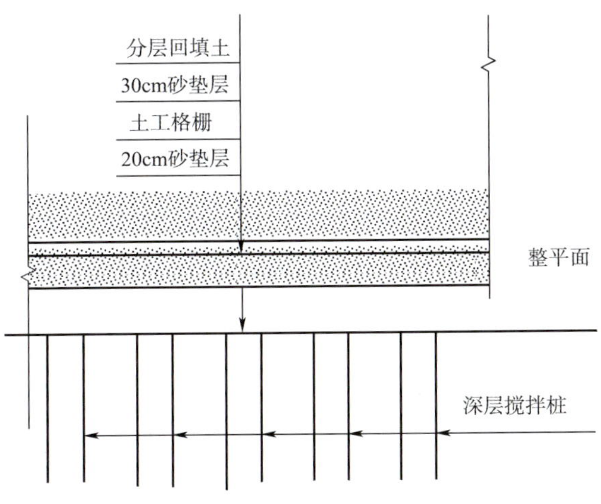

图20-3 深层搅拌桩处理地基结构断面图

车辆段平基土石方设计路基面高程一般采用23.20m,

库内场坪高程与轨面平即23.83m，车辆段平基土石方在软土地基处理后方可填筑。路基面土石方基本上移挖作填咽喉区，路基横坡采用1%～2%的横坡，库内线路地面为平坡。车辆段周边边坡防护采用液压喷播植草及浆砌片石护坡。

1. 地质情况

车辆段及综合基地地处珠江三角洲平原，位于丘陵及山河谷地，天河向斜褶皱南翼，由上元古界震旦系变质岩东西片麻岩理褶皱（流褶曲）组成。近场区无控制性断裂构造经过。本区上覆第四系地层，下伏上元古界震旦系地层，由上而下分述如下：

（1）第四系平均厚22.45m，上部为全新统人工填筑层，以素填土、腐殖土为主，全新统海陆交互相沉积的淤泥质土层下部为海相冲积砂层，主要为细砂、局部为中砂；底部为混合岩残积土层，由花岗质混合岩残积作用而形成。

（2）上元古界震旦系地层（Z）平均厚度为22.79m（全风化～微风化）。

2. 软基加固方案

软土地基处理：部分场地采用深层搅拌桩、土工格栅，其余场地当填土大于2m时采用强夯，当填土小于2m时采用碾压及翻挖分层碾压，DK0+226～0+298采用抗滑桩处理。

车辆段场坪区内鱼塘底软土地基范围采用深层搅拌桩加固软弱地基。深层搅拌桩总工作量为607862m，其中增加的主变电站工作量为74688m，分布在设计图中四个区域，总面积约为64500m²。深层搅拌桩在软土地基内采用1.0～1.2m间距，呈正三角形布置，桩径为0.5m，深层搅拌桩底部伸入下卧砂层不少于0.5m。深层搅拌桩固化剂采用42.5硅酸盐水泥，掺灰量初拟为18%（质量比）。设计要求室内块体试验无侧限抗压强度不低于2000kPa，单桩竖向承载力标准值不低于120kN，复合地基承载力不小于150kPa。

图20-4　土工格栅施工

在CDK0+657～CDK0+706.24段路基底范围人工填土层设深层搅拌桩加固。挡土墙底部深层搅拌桩间距可适当减小到0.8～1.0m，设计的搅拌桩复合地基承载力为200kPa。

深层搅拌桩加固区顶面（即路堤基底面）设置一层土工格栅。每一层土工格栅设计抗拉强度横向不小于30KPa。

1）土工格栅

在用深层搅拌桩进行软基处理后，上铺20cm中粗砂后，开始铺设土工格栅，材料选用TGSG30-30双向塑料土工格栅，土工格栅经向与坡脚连线方向垂直，然后在土工格栅上铺30cm中粗砂。如图20-4所示为土工格栅施工。

材料选用TGSG30-30双向塑料土工格栅，其主要性能指标见表20-1。

TGSG30-30双向塑料土工格栅主要性能指标　　表20-1

性能指标	数　值	性能指标	数　值
每延米纵向拉伸屈服力	≥30kN/m	纵向2%的伸长率时的拉伸力	≥11kN/m
每延米横向拉伸屈服力	≥30kN/m	横向2%的伸长率时的拉伸力	≥13kN/m
纵向屈服伸长率	≤30	纵向5%的伸长率时的拉伸力	≥15kN/m
横向屈服伸长率	≤30	横向2%的伸长率时的拉伸力	≥15kN/m

2）强夯工程

对于车辆段库内整体道床或检查坑位，当地基土为人工填土时，为保证地基的沉降变形能满足结构要求，当人工填土层大于2m时，在其填方基底即地表面采用强夯法处理，以提高地基承载力并降低压缩性。

强夯设计参数:单击夯击能 2000kN·m,锤重 100~150kN;锤(气孔式)的底面采用圆形锤径 $D=2\sim2.5\text{m}$;落距 $H\geqslant15\text{m}$;底面静压力 25~40kPa;击数 8~12 次。遍数:点夯 2 遍,时隔 5 日,最后以低能量满夯 2 遍;满夯时第一遍连夯,第二遍达夯,拍平。

3. 实施效果

四号线新造车辆段建成后约两年时间里,搅拌桩复合地基的沉降最大值约达 40mm,大部分区域的沉降水平为 20~30mm,与搅拌桩处理工法的处理效果是协调的,也与其他类似的地基处理工程的监测结果是接近的,在现有荷载作用下地基沉降已趋于稳定。

(三) 五号线鱼珠车辆段

五号线车辆段地处黄埔大道东北侧,中山大道西南侧,处于五号线三溪站与鱼珠站线路北侧。车辆段场地长约为 1.15km,宽为 180~350m,现地面标高为 5.7~7.9m,场坪设计标高为 8.745m。车辆段地处珠江三角洲后缘地带,为珠江水网交错的平原区,区间内有一西北至东南方向的深涌,河涌宽 10~25m,水深 0.8~3.5m,河涌水位与珠江潮汐水位密切相关,涨落差为 2.1m,并沿东向有一支流。场地地势开阔平坦,现大部分为村民的荔枝林及菜地,部分为仓库用地。

鱼珠车辆段及综合基地 ±0.00 以下部分工程为:车辆段平基土石方工程;车辆段及综合基地软土地基处理;车辆段周边侧沟及排水槽排水工程;场坪内支挡工程;出入段内 U 形槽;改沟工程;桥梁工程。

车辆段平基土石方设计路基面标高根据防洪水位和出入段线桥梁标高一般采用 8.745m,填土高度为 1.145~2.645m,部分填土高度为 0.5m。车辆段平基土石方在软土地基处理后方可填筑。

1. 场区地质概况

该地区分布有较深的淤泥质软土,工程地质条件较差。车辆段内岩土层基岩层为含砾粗砂岩;残积土层为硬塑粉质黏土;上更新世冲洪坡积层为中粗砂、粉质黏土、河湖相淤泥质土;全新世海陆交互相沉淀层为淤泥、淤泥质土、淤泥质细中砂;人工填土层主要为第四系全新统人工填筑的素填土、杂填土及耕植土。

2. 水文地质概况

场地属亚热带季风性气候,年平均气温为 21.5℃,极端最高气温为 38.1℃,最低气温为 0.6℃,年降雨量为 1739.1mm,有台风干扰,风力为 6~9 级,最大风速为 37m/s;场区抗震设防烈度为 7 度。

3. 软基处理方案

根据场地地质情况,确定软土地基处理方案为:根据软土地基分区分别采用塑料排水板超(等)载预压固结和深层搅拌桩复合地基两种处理方法。工后沉降标准:综合楼、主变电站按 30cm 控制;库内碎石道床地段及咽喉区按 15cm 控制;出入段线及库内整体道床按 2cm 控制;辅助检修间、调机库等按 5cm 控制。如图 20-5 所示为搅拌桩桩头,如图 20-6 所示为塑料排水板。

图 20-5　搅拌桩桩头

图 20-6　塑料排水板

施工前,取地基原状土做室内配比试验和现场工艺性成桩试验,以确定最佳掺灰量,确定成桩工艺。

每个分区的试桩数为3根，要求90d龄期桩身无侧限抗压强度不小于2000kPa。做壁状加固时，桩与桩的搭接时间不应大于24h。

（四）二号线大洲停车场

1. 工程地质、水文地质条件

根据勘察资料，建设场区地层岩性为上覆第四系海陆交互相沉积层、残积土层，下伏基岩为白垩系下统白鹤洞组下段的泥质粉砂岩，从上而下依次为人工填土层、淤泥、淤泥质粉质黏土、淤泥质粉细砂、淤泥质中砂、细砂、粉质黏土、淤泥质土、粉质黏土以及基岩风化带。

工地属于海陆交互式冲积平原，有大河涌贯穿其中，地势平坦，场地标高为4.04～6.56m，场坪设计为标高8.2m，区内软土具有连续性好、埋藏浅（厚度大，厚度为4.3～20m）、含水量高、空隙率大、有机质含量高等特点。

（1）地质条件差，软土厚度大。施工场地全部位于软土地基上，场内软土层连续性较好，埋藏较浅，淤泥、淤泥质粉质黏土、淤泥质细砂及淤泥质中砂分布厚度大，一般厚4.30～20m，局部厚达21.7～25.5m，具有天然含水量高、孔隙比大、有机质含量高、强度低等特点，故软土地基工程性质较差。

（2）周边环境复杂，鱼塘分布多，围堰、抽水、清淤工作量大。拟建场地北部、南部均密布棋盘状大小不一的鱼塘，中部为蕉田、苗圃等分布区，施工前应做好与鱼塘、蕉田、苗圃的产权人协调关系，做好隔离保护措施，对于鱼塘做好围堰隔离。

2. 软基处理方案

由于场区全部位于软土地基上，分别采用塑料排水板及深层搅拌桩进行处理，深层搅拌桩采用湿法施工。其中工程如下：塑料排水板587131m，砂砾石垫层62512m^3，土工格栅122055m^2，深层搅拌桩446981m。由于地质条件复杂，插塑板区堆载及固结施工工期较长。

第二节　软基处理经验总结

根据三号线夏滘车辆段、四号线新造车辆段及五号线鱼珠车辆段的设计、施工和监测结果，结合其他几个正在设计和施工的车辆段的情况来看，总的来说，目前广州市轨道交通车辆段及综合基地（停车场）的软基处理基本上能解决软土地基的变形问题、稳定问题及工后沉降问题，满足城市轨道交通车辆段的工期计划、使用功能以及施工安全、造价经济等方面的要求，但也存在需要深入研究、探讨、改进和完善的地方。

一、监测结果

目前，三号线夏滘车辆段、四号线新造车辆段及五号线鱼珠车辆段已建成使用多年。三号线夏滘车辆段和五号线鱼珠车辆段软土层普遍分布，分别采用了搅拌桩复合地基和堆载（超载）预压排水固结处理，并且对车辆段沿周边一圈的路堤范围进行了复合地基加固。四号线新造车辆段因为软土层分布范围有限，直接采用了搅拌桩复合地基进行加固处理。

三号线夏滘车辆段预压排水固结处理区域施工期监测到的地基沉降为50～75cm，并多为60～70cm，根据沉降过程推算的最终地基沉降为60～78cm，结合孔隙水压力监测结果来看，到卸载（或下阶段施工）时软土层固结度基本上已达到90%～98%，早就达到了堆载（超载）预压的目的；在施工完毕后约26个月的时间里，地基沉降为40～50mm，且沉降已趋于稳定。理论上虽然地基沉降还会继续，但沉降量非常有限，这与根据施工期的监测结果推算的地基总沉降量是协调的。搅拌桩复合地基处理区域施工完毕后约26个月的时间里，地基的沉降为20～35mm，基本上能反映该区域的沉降水平，且到后期沉降也已稳定。

四号线新造车辆段建成后约两年时间里,搅拌桩复合地基的沉降最大值约达40mm,大部分区域的沉降水平为20~30mm,与搅拌桩处理工法的处理效果是协调的,也与其他类似的地基处理工程的监测结果是接近的,在现有荷载作用下地基沉降已趋于稳定。

五号线鱼珠车辆段预压排水固结处理区域施工期监测到的地基沉降达50~60cm,根据沉降过程推算的最终地基沉降约达67cm,结合孔隙水压力监测结果来看,到卸载(或下阶段施工)时软土层固结度基本上已达到88%,满足设计要求,可以进行卸载。目前对鱼珠车辆段软土地基的工后沉降监测还在进行。

二、经验小结

(一)搅拌桩复合地基

目前,搅拌桩复合地基在广州市轨道交通车辆段及综合基地(停车场)的软基处理中主要用在工后沉降要求较高、工期较紧的区域,如车辆段内整体道床区域限制工后沉降不超过20mm,其他多数限制工后沉降在100~150mm以内的区域往往也因为工期等多方面的原因采用搅拌桩复合地基。综合各方面的情况分析来看,车辆段内搅拌桩复合地基主要存在如下问题。

1. 工后沉降能否满足设计要求

通常工后沉降主要是指软土地基在软基处理施工完毕以后产生的沉降。对于采用排水固结处理的软土地基来说,由于软土的固结变形需要很长时间,软基处理施工完毕后还会发生沉降,所以工后沉降的说法用在排水固结处理的软土地基里会更合适。对于搅拌桩复合地基而言,理论上荷载作用下的地基沉降是在瞬时发生和完成的,确切来讲用工后沉降的说法还不太恰当,但为了与施工期的沉降区分开来,这里对不管用什么方法处理的软土地基,软基处理、填土施工完成后发生的沉降都统一用工后沉降表述。对搅拌桩复合地基而言,对上部结构使用有影响的地基变形主要是在上部结构和使用荷载作用下复合地基的变形沉降。

根据规范,搅拌桩复合地基的沉降主要包括两部分:搅拌桩复合土层的压缩变形及下卧硬层的沉降。如三号线夏滘车辆段,根据地质勘探结果,根据规范的计算方法,计算得铺设轨道地段在使用荷载作用下(等效为2m均布填土荷载)的工后沉降为30~40mm,这一沉降水平与实测结果及其他大量的搅拌桩复合地基的监测结果是一致的。因此,可以说,目前的搅拌桩复合地基比较难以满足轨道交通车辆段一些区域限制工后沉降不超过20mm的要求。如果一定要用这种方法,那么只能提高搅拌桩的面积置换率,这样引起工程量的增加将是非常巨大的。实际上,从车辆段的设备情况及其使用要求来看,应该是限制工后沉降差不超过20mm,因此,可能需要从设计的思路或要求上进行调整。

2. 搅拌桩的施工能力

目前,由于受施工设备的限制,搅拌桩的施工深度一般在13~15m内质量比较有保障,超过这个深度的搅拌桩一般难以达到设计要求。因此,对于软土层底深度超过15m的情况,如果还用搅拌桩复合地基,设计提出的承载能力和工后沉降要求是有相当的风险的,需要进行足够的论证和监控,以满足车辆段的使用要求。如广佛线夏南车辆段及二/八号线延长线大洲停车场都存在软土层底的深度远远超过15m的情况,但目前还是采用了搅拌桩复合地基进行处理,出现了不均匀沉降,而且根据监测资料,沉降还没有停止。

3. 水泥搅拌桩对有机质土的适应性

一般情况下,淤泥和淤泥质土多含有有机质,这与淤泥和淤泥质土的形成过程有极大的关系,只是有含量多少的差别及成分差异。大量的工程实践都发现在含有某些有机质的淤泥或淤泥质土里水泥搅拌桩的成桩质量难以保证,强度较低。目前从原理上通过加入某些添加剂可以改善水泥搅拌桩成桩质量,但大面积大量使用这些添加剂的长期效果对地基土体性质的影响还少有研究。如五号线鱼珠车辆段的搅拌桩施工就碰到了这种情况，经过多方论证后采用大大增加搅拌桩的水泥掺入量来解决这个问题，这不仅大大增加了工程成本，其长期效果也还有待观察。

4. 工程造价比较高

在各种各样的复合地基中，水泥搅拌桩复合地基的工程造价算是比较低的。但是正如前文所述，由于地铁车辆段应用搅拌桩复合地基的区域一般对工后沉降要求都比较高，这无疑对水泥搅拌桩的面积置换率、长度、水泥掺入量等的要求也要比一般工程高，加上地基处理面积大，所以往往导致地基处理的成本比较高。

（二）堆载（超载）预压排水固结处理

如果时间允许，堆载（超载）预压固结排水是软基处理最经济实惠的方法，效果也比较好。目前，在广州市轨道交通车辆段的软基处理中，堆载（超载）预压固结排水方法主要用在工期比较宽余、工后沉降要求较低的区域，设计时一般填土高度为3～5m，分3～4级填土，每级填土高度为0.7～1.5m，填土工期为6～10个月。从现有的车辆段软基处理设计、施工来看，堆载（超载）预压排水固结方法存在如下主要问题。

1. 填土速度

目前采用堆载（超载）预压固结排水时分级填土高度较低、分级填土次数较多、分级填土间隔时间较长，结果导致填土达到设计高程后预压时间比较有限，对总工期要求也比较长，这就大大限制了这种地基处理方法的应用范围。

通常来讲，由于软土地基强度较低，堆载（超载）预压固结排水一般都需要通过分级加载来实现。在第一级填土荷载预压一段时间后，软土经过这一段时间的排水固结，强度得以提高，然后才能进行第二级填土加载，如此反复，直到填土达到设计高程。每一级填土加载需要满足不引起地基失稳破坏为前提。实际上，车辆段的填土高度即使计入超载预压土体在内，也少有达到5m的。通过一些具体分析，在满足地基稳定的前提下，车辆段的填土施工速度可以大大加快。即便考虑到一些施工荷载以及一定的安全系数等因素，其填土一般分1～2级即可，最多可以不超过3级，填土施工工期可以控制在3～5个月内。三号线夏滘车辆段在填土施工过程中发现，如果按原设计的分级填土加载进行预压固结排水，那么实际需要的工期就远远无法满足整个线路预定的工期要求。所以当时经过深入细致的分析，认为三号线夏滘车辆段在前期施工的条件下，即使是从原地面一次性填土加载到设计高程都不会有地基失稳问题，因此剩余的填土一次性填到设计标高，大大缩短了施工工期，满足了三号线预定的工期要求。

2. 固结时间

影响堆载（超载）预压排水固结使用的另一个重要原因是预压排水固结时间问题。实际上，以目前已建和在建的车辆段为例，结合广州地区的地质构造特点，一般软土层多含少量砂或砂层透镜体，这使得这些软土层的渗透系数一般远高于纯淤泥或淤泥质土的渗透系数；软土层下也多分布有砂层，连同预压排水施工时在地面铺设的砂垫层，对于软土相当于双面排水固结。在这两个因素作用下，本来就不算太厚的软土层在预压荷载下的排水固结速度比较快，从而所需固结时间也大大缩短。正如前文所述，三号线夏滘车辆段到卸载（或下阶段施工）时，堆载（超载）预压排水固结区域的固结度多达到90%～98%，施工完毕后约26个月的时间里，地基沉降仅为40～50mm，其固结速度和效果得到了充分的验证。

（三）土工格栅的应用

目前在广州市轨道交通车辆段及综合基地（停车场）的软基处理中，几乎无论是堆载（超载）预压排水固结处理区域，还是搅拌桩复合地基处理区域都采用了1～2层土工格栅，其设计目的主要是用来减少地基的不均匀沉降。实际上，土工格栅主要考虑其抗拉性能，一般用在软土性质比较差、填土比较高的情况下，用于约束侧向变形，提高填土及地基的整体稳定性。但就目前广州市轨道交通车辆段及综合基地（停车场）

的软基处理而言，如前所述，一般填土高度不会太大，填土坡度不会太陡，软土性质不算很差，且多有较厚的杂填土或素填土覆盖层，因此，从提高整体稳定性的意义上讲，土工格栅的运用显得不是很有必要。从原理上讲，利用土工格栅来减少地基的不均匀沉降也是不太现实的，有些区域还会对后续施工带来麻烦，如三号线夏滘车辆段和五号线鱼珠车辆段一些区域在施工工程桩时，就需要将大片土工格栅挖出后才能方便施工。

(四)软基处理的监测

大面积软基处理往往需要进行合理的监测，以指导软基处理的施工和工程运用，也为后续工程提供借鉴和指导。但由于多方面的原因，目前广州市轨道交通车辆段及综合基地(停车场)的软基处理的系统监测工作往往是在施工开始较长时间后才能进行，而且软基处理施工期和施工结束后的监测基本上都是独立进行，时间的连续性不能保证，监测点的破坏现象严重，大大削弱了监测结果的系统性、完整性和准确性。

(五)软基处理与上部结构基础的协调

软基处理的目的实际上是为上部结构提供满足强度和变形要求的地基基础，因此在进行地基处理设计和施工时需要紧密根据上部结构要求，做到设计合理、施工方便、安全经济。但由于上部结构的设计与地基基础的设计往往是分开进行的，目前广州市轨道交通车辆段及综合基地(停车场)的软基处理与上部结构的要求还存在一些相互冲突或不协调或脱节的方面，如搅拌桩与其他工程桩的桩位冲突、前文所述的土工格栅对工程桩施工的影响，以及其他方面的脱节问题，都需要统一协调设计。

第三节　岩溶处理

一、处理方案

对于岩溶发育地区，场区内一般先对溶(土)洞进行压密注浆处理，对溶沟、溶槽及破碎带(含岩溶坍塌区)采用搅拌桩进行处理。车辆段工程范围内发育的溶(土)洞处理原则如下：

(1)对于拟建场区内发育的土洞，为避免土洞向上发展，引起地面沉陷，全部进行处理。

(2)对于溶洞，当洞体顶板厚与洞体直径之比大于2时，不进行处理。

(3)溶洞顶板厚与洞体直径之比小于2，但顶板厚度大于1m，且其上覆土厚度大于3倍洞高、覆土厚度大于5m(不含砂层厚度)时，不处理。

(4)不满足(2)和(3)条规定的溶洞需处理。

二、处理效果检测

质量检验前应先统计计算浆量，对灌浆效果进行判断，可先对有疑问灌浆段进行质量检查。质量检查在灌浆结束后7d进行，每个分区单元内检查孔的数量按灌浆孔总数的2%控制，检验手段采用以下几种方法(抽芯检查必做)：

(1)静力触探测试加固前后土体强度指标变化，确定加固效果；

(2)抽水试验测定加固土的渗透系数；

(3)通过钻孔取样进行物理力学指标分析，能对灌浆效果进行比较确切的评价；

(4)钻内弹性波试验测定加固土体的力学性能；

(5)物探测试。

对处理的溶(土)洞随机布孔抽查(有疑问灌浆段必须检查),要求加固体的平均标贯击数不小于7击,压缩性达到中等。

岩面注浆效果检查:原位标贯击数大于10击,灌浆固结体28d的单轴无侧限强度不小于0.3MPa,渗透系数不大于1.0×10^{-7}cm/s。

三、工程实例

广州市轨道交通嘉禾车辆段位于广州市白云区嘉禾镇、嘉禾站的东北方向,设于规划七路和规划八路之间,北临60m的规划大道,南临既有道路松园路,是二、三号线共用车辆段。

工程所在场地位地势总体上呈东高西低态势,地形平缓,地面高程为10.68~14.40m。场地内主要有菜地、农田和少量临时民宅,部分地段为鱼塘。场地中部发育一条南北向小河涌,该河涌贯穿整个场地,宽5~6.5m。已探明的给水管(钢ϕ1800mm)位于出入段线咽喉区,埋深为1.6~2.09m,其余地段没有管网分布。

本工程平面展布呈东西向,场坪设计高程为14.2m,总占地面积为33.273ha。场区建筑物主要有综合楼、二号线运用库、三号线运用库、检修库、材料总库和桥涵框架桥等。综合楼为钢筋混凝土框架结构,地下一层、地上四层(局部五层),采用片筏基础;其他厂房车间均为单层,采用钢筋混凝土框架、排架结构,基础采用桩基或钢筋混凝土条基,规划七路框架桥、永泰涌框架桥及其试车线框架桥均为闭合箱形结构。

(一)工程地质、水文地质概况

拟建车辆段范围内岩土分层主要为人工填土、上更新统冲积—洪积砂层、土层;基岩主要为二叠系下统栖霞组深灰、灰黑色含炭质灰岩。

1.不良地质

(1)砂土液化:场地内普遍分布的〈3-1〉和〈3-2〉砂层为液化地层,场地以轻微液化为主,局部为中等或严重液化。液化砂层分布不稳定,基本上连片分布,分布深度较大。

(2)软土:场地内的〈4-2〉淤泥质土层,分布很局限,呈透镜体状分布,具备软土特性,具高含水量,大孔隙比,高压缩性,固结性差,易发生压缩变形,软土地层易导致地面建筑物产生不均匀沉降。

(3)岩溶:场地下伏〈9C-1〉二叠系栖霞组灰岩和〈9C-2〉石炭系壶天群石灰岩地层,岩面埋深于地表面以下17~40m,深度较大,岩溶发育强烈,规律性差,形态规模各异,主要表现为溶坑、溶槽、溶隙、溶洞等。

①揭露的洞体中最大高度达10.86m,发育的最大深度达50.36m,同时由于溶蚀作用,岩层层面起伏变化很大,局部形成溶蚀深槽。岩溶洞体充填不好,多呈未充填、半充填状,充填物工程性质软弱;洞体顶板厚度相对洞跨较小,多属于不稳定洞体。

②本场地内分布有两个相对集中的风化深槽(A)和(B)和风化深坑(C)和(D)。

(4)土洞:土洞发育在岩石层面附近,主要分布层位为〈5C-1B〉可塑状风化残积土,埋藏深度一般为20.00~27.80m,最深达44.50m,最大洞体高度为7.35m,以无充填或半充填状态为主,充填物为流塑状粉质黏土,局部为松散砂土。土洞危害性大,外界条件的改变或人为活动影响会加速土洞发展速度,可导致地面沉陷,对地基的稳定性和均匀性很不利。

2.水文地质

第四系孔隙潜水补给来源主要靠大气降水和地表水径流补给,排泄方式主要表现为大气蒸发或向小河涌排泄;岩溶裂隙水主要由侧向径流补给以及在水位下降时由第四系砂层水层越流补给,排泄方式主要表现为大气蒸发或人工抽汲地下水。

第四系地层水位埋深相对浅,岩溶水埋藏深,水位变化受岩溶发育影响变化复杂,黏土层分布在砂层和岩层之间,厚度一般较稳定,起到相对隔水作用,两层水水力联系较差。揭露地下水稳定水位埋深为0.60～2.80m,年变化幅度为2.009～3.00m。场地地下水对混凝土结构具弱腐蚀性,对钢筋混凝土结构中的钢筋无腐蚀性,对钢结构具弱腐蚀性。

3. 场地的稳定性评价

本场地内不良地质作用发育,灰岩岩层中岩溶发育强烈,分布规律性差;岩层面附近残积土层发育土洞,存在潜在的危害性,在外界条件变化情况下可导致地面塌陷;钻探施工过程中由于岩溶和土洞的发育,场地发生较严重地面塌陷;场地内饱和砂土为液化地层,以轻微液化为主,局部为中等或严重液化,属液化场地。

场地属抗震不利地段或抗震危险地段,建筑场地类别为Ⅱ类。

(二)岩(土)洞处理

1. 处理原则

处理原则之前已介绍,这里不再赘述。

2. 处理措施

1)岩溶洞穴及土洞处理

对于场地内发育的土洞及需要处理的溶洞采取压密灌浆处理。如图20-7所示为灌浆钻孔施工。根据洞内充填物情况及其空洞大小,采取如下措施:

图20-7　灌浆钻孔施工

(1)覆盖层中的土洞及溶洞有充填物,充填物呈流塑～软塑或松散状态,空洞范围大于2m,为小洞穴,采用常规的处理方法,即进行压密灌浆处理,并在洞顶布置透气孔,观察透气孔返浆情况,便可基本掌握洞内充填情况是否满足要求。

(2)洞穴无充填物或有充填物,空洞范围大于2m,为大洞穴,采用压密灌浆措施,提供成孔(钻孔直径不小于30cm)条件打穿洞顶后,灌注混合砂浆或充填碎石等集料,待凝后,扫孔,再灌入水泥浆,利用浆液的流动性,在压力作用下充满空洞。溶洞内有地下水流动时,可先填入砂石骨料再进行灌浆。

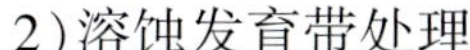

2)溶蚀发育带处理

水泥搅拌桩固化剂采用42.5级普通硅酸盐水泥,应是国家免检产品,桩长10m,桩径60cm,搅拌桩纵横桩间距均为1.2m。

3. 充填灌浆法处理技术要求

(1)水泥:使用普通硅酸盐水泥,强度等级为42.5级。

(2)黏土:要求塑性指数不宜少于14,黏粒含量不宜低于25%,含砂量不宜大于5%,有机物含量不宜大于3%。

(3)砂:砂的粒径不宜大于2.5mm,含泥量和有机物含量不宜大于3%。

(4)水玻璃:模数宜为2.4～3.0,浓度宜为30～45°Be′。

(5)根据灌浆需要,可在水泥浆液中加入速凝剂(水玻璃、氯化钙、三乙醇胺等)、减水剂(木质素磺酸盐类减水剂等)、稳定剂(膨润土及其他高塑性黏土等)等外加剂。

(6)施工前,应做室内浆材试验和现场灌浆试验,以确定浆液配比、扩散半径等参数,优化设计。

(7)灌浆浆液及充填料:浆液为单液水泥浆,它是以水泥浆为主,添加一定量的外加剂组成。充填料有混合砂浆和碎石、块石两种。

(8)配合比设计:混合砂浆一般要求水与干料比应低于1.0,黏土水泥质量比不大于0.5,掺砂量不大于水泥质量的200%。对于大体积回填灌浆,黏土水泥质量比也可达到1.0。

单液水泥浆水灰比一般为2:1、1:1、0.5:1三个比级,要求膨润土掺量不超过水泥质量的3%~5%,木质磺酸钙掺量不超过水泥质量的2%~3%,氯化钙不超过水泥质量的1%~2%。

各类浆液掺入掺和料和加入外加剂的种类及其掺加量应通过室内浆材试验和现场灌浆试验验证确定。

(9)灌浆压力和浆液变换:灌浆压力值与地层土的密度、初始应力、钻孔深度及灌浆次序有关。灌浆压力的控制一般采用分级升压法,一般为0.5~5.0MPa。灌浆压力、浆液的浓度变换通过灌浆试验、工程实际情况进行调整。

(10)浆液扩散半径:由于溶洞、土洞及裂隙充填物特性各异,其孔隙率、渗透系数变化大,据工程经验数据,浆液扩散半径暂定为1.5m,在现场进行灌浆试验后进一步验证确定。

(11)灌浆孔根据洞穴大小可为单排孔、多排孔,排距及孔间距拟为5m,加密孔间距为2.5m,并通过现场试验验证。如果在灌浆施工过程中,发现浆液扩散范围不足,则可采用缩小孔距、加密钻孔的办法来补救。

(12)根据灌浆区域大小采用孔底一次灌注和分段灌注。分段灌浆段段长一般不大于6m。

(13)灌浆结束条件:在设计压力下,注入率不大于2L/min,稳压不少于15min;每孔至少复灌2次以上。

4. 施工工艺

1)工艺流程

钻孔→套筒跟进(或下袖阀管)→灌注集料→灌浆→质量检查(检查孔施工)→封孔清场。

2)钻孔施工顺序

Ⅰ序孔:从强岩溶发育区中心、弱岩溶发育区揭露的洞体中心向四周按10m间距钻孔,进一步查明洞体范围,确定洞体形态,要求全部取芯钻进,作岩性描述。

Ⅱ序孔:将已施工的10m间距孔加密成5m间距的钻孔,确定洞体边界和投注集料孔,灌注集料。

Ⅲ序孔:在已钻成的两孔之间加孔,形成2.5m网格间距的灌浆孔。

如遇前期勘察遗留钻孔套管处,孔位可适当调整,以满足施工不受干扰为原则。

第二十一章　建(构)筑物保护技术

第一节　建(构)筑物保护技术概述

城市轨道交通线路一般都穿越繁华市区,隧道、车站施工对路面、地下管线和建(构)筑物都会造成一定的影响。因此,保护周围环境,避免城市轨道交通施工和运营期间对建(构)筑物造成不利影响,是城市轨道交通设计和施工必须考虑的因素。对于建(构)筑物的安全可能会受到隧道、基坑施工中影响的须进行预先加固处理,对桩基侵入隧道的须采取基础托换。地基基础多以桩基础为最深,对地下建(构)筑物地基托换多为桩基托换。

一、桩基托换施工技术

桩基托换技术一般用于建筑物地下基础改造,是进行地基处理和加固的一种方式,它主要解决既有建筑物的地基加固问题、既有建筑物基础下需要修建地下工程以及新建建筑工程影响到既有建筑物安全时需要处理等问题。桩基托换技术是一种技术难度大、费用较高、工期较长、风险性较大的特殊施工方法,具有涉及专业类别多、科技含量高、环境安全保护问题突出的特点。

1. 托换分类

托换技术可根据托换的原理、方法、性质和时间进行分类。按托换原理可分为补救性托换、预防性托换和维持性托换。按托换性质可分为既有建筑物地基设计不符合要求、既有建筑物加固或纠偏、建筑物整体迁移、邻近基坑开挖或城市轨道交通穿越。按托换时间可分为临时性托换和永久性托换。按托换时力的转换方式可分为主动托换和被动托换。

(1)主动托换是原桩在卸载之前对新桩和托换结构施加荷载,以部分消除托换体系长期变形的时随效应,并在上部的荷载转换过程中,对托换结构及上部结构的变形可以运用顶升装置进行动态调控,一般用于托换荷载大或结构变形要求高的托换工程,相对可靠性较高。如图 21-1 所示为桩梁式主动托换示意图。

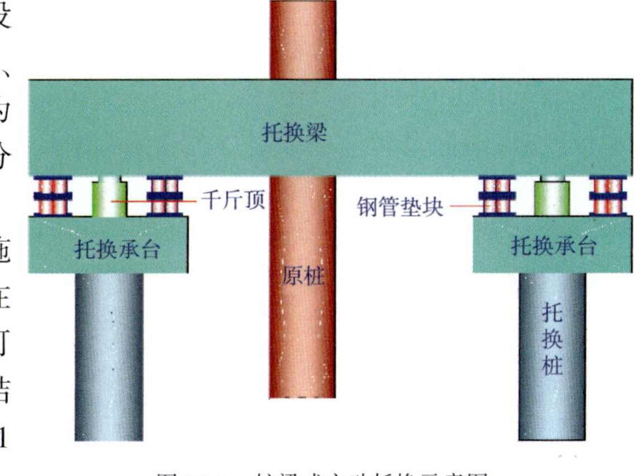

图 21-1　桩梁式主动托换示意图

(2)被动托换技术是原桩在卸载的过程中,上部结构荷载随托换结构的变形,被动地转换到新桩,托换后对上部结构的变形无法进行调控,一般用于托换荷载较小的托换工程,相对可靠性较低。

2. 适用条件

桩基托换技术适用于隧道施工时需要将建筑物的桩基切断或者可能使其产生过大的变形从而危及建筑物安全时,在盾构法和矿山法施工的隧道中均有大量的应用。该方法对环境影响较大,造价较高。

二、注浆加固技术

1. 注浆加固技术简介

注浆是将具有充填胶结性能的材料配成浆液,以泵压作为动力源,用注浆设备通过注浆管将其注入到加固对象,浆液以渗透、充填、压密等方式扩散,通过材料自身凝固、硬化,使其与被加固对象胶结成一个整体,形成一个结构新、强度大、抗渗性好的"结合体"。注浆作为改善岩土性质的重要技术,能在原位对岩土进行加固或改性,使一定范围内的岩土体成为工程结构不可分割的一部分,充分挖掘岩土体的潜力,较为完善地解决了一些棘手的岩土工程稳定与安全问题,受到岩土界的高度重视,广泛应用于各种以堵水和加固为目的的岩土工程中。

注浆加固技术是指在建筑物附近进行城市轨道交通工程施工时,为减少开挖引起的土体位移及变形对建筑物桩基础的影响,采用洞内超前注浆或者从地面对建筑物基础周围地层进行注浆来改善地层的一种方法,该技术广泛应用于城市轨道交通工程对周边建筑物的保护中。

2. 适用条件

注浆加固技术适用于隧道在基础下方通过或隧道与基础水平距离很近,但桩基未侵入隧道的建(构)筑物,以及基坑邻近建(构)筑物的保护。一般适用于无黏结性的砂层、砂卵(砾)石层。该方法对环境影响较小,造价较低。

第二节　广州市轨道交通托换技术应用与创新简介

一、应用简介

我国城市轨道交通工程的基础托换始于20世纪90年代中期,在广州市轨道交通一号线长寿路—中山七路盾构区间,首次采用了桩基托换技术,对4栋建筑物的152根桩进行了托换,托换后最大沉降仅为7.3mm。随后在广州市轨道交通各条新线以及广佛线工程建设过程中,均有采用基础托换的工程。广州市轨道交通不但是我国城市轨道交通工程中基础托换的开拓者,也是基础托换应用最多、技术成熟的城市。广州市轨道交通的基础托换不但解决了城市轨道交通工程的难题,而且将这一技术发扬和拓展,形成了自己的特色。其特点如下。

(1)桩基托换规模大。在一号线和二/八号线盾构区间工程中,分别一次对多栋建筑物的上百根桩进行托换;市区几乎每条线都应用了基础托换技术,解决了线路和拆迁问题;被托换桩既有单桩基础,也有群桩基础。

(2)采用多种托换形式。各种托换形式被广泛采用,如浅基础加宽法、桩—筏板基础托换法、梁拱式托换、树根桩托换、桩梁托换,其中桩基托换应用最多。

(3)微型钢管桩技术广泛应用。根据地层特点,微型钢管桩作为摩擦桩和摩擦端承桩,广泛应用于多层建筑物基础的托换工程中。

二、创新简介

(1)一号线长寿路—中山七路区间托换工程4栋6~9层楼的桩基群共152根,为ϕ480mm、ϕ600mm的沉管灌注桩,采用钻孔桩、微型钢管桩、树根桩托换形式,为国内城市轨道交通工程第一次大型托换项目,属被动托换。如图21-2所示为长中区间托换方案示意图,如图21-3所示为长中区间托换梁钢筋绑扎。

(2)三号线广州东站车站站台层主体隧道下穿一号线底板,需对侵入右线隧道的4根基础桩进行托换处理,采用梁拱式托换,为国内城市轨道交通首次应用,属主动托换。

(3)五号线杨箕—珠江新城区间托换工程4层过街楼6个ϕ1200mm挖孔桩的轴力为9000kN,采用1个竖井+6个导洞群组成的托换空间,在洞内进行人工挖孔桩—梁托换,为国内首个利用专门导洞群空间进行地下托换的项目,属主动托换。

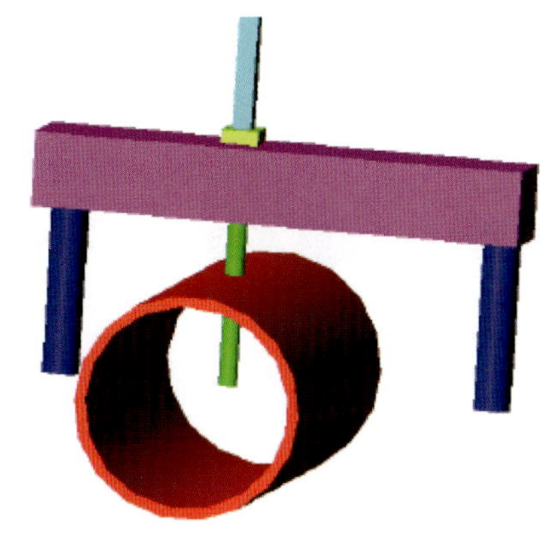

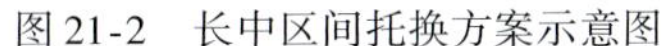

图 21-2 长中区间托换方案示意图

图 21-3 长中区间托换梁钢筋绑扎

第三节 桩梁托换技术

一、桩梁式托换结构

桩梁式托换结构是指用新的托换桩和托换大梁组成的托换结构体系来替代受城市轨道交通穿越影响承载力的原有桩基。托换桩可采用钻孔灌注桩、挖孔灌注桩或钢管灌注桩等桩型；托换梁采用预应力钢筋混凝土大梁，以减小梁的竖向变形；托换大梁通过新旧混凝土交接面的处理与被托换建筑物的柱子相连接，使原建筑物的上部荷载通过柱子较均匀地传递至新的托换结构上。

二、桩梁式托换结构的变形控制措施

(一)结构措施

在现场条件许可的情况下，尽可能减少托换梁跨度、提高托换梁抗弯刚度，并采用嵌岩桩作为托换桩。

(二)预应力钢筋张拉技术

在托换梁内采用预应力钢筋张拉技术，通过张拉预应力钢筋产生反拱作用来抵消托换结构的部分变形。在对托换梁的预应力钢筋实施张拉时，上部结构已经客观存在，下部被托换桩基尚未与托换结构截断分离，上部结构和下部桩基对托换梁都有一个竖向的约束作用，张拉过程并不是一个自由的反拱过程，而是一个在复杂约束条件下的小变形反拱过程。在这一反拱过程中，实测反拱变形并不大，但已经完成了上部结构向托换结构施加部分荷载、被托换桩基向托换桩基转移部分荷载的过程，从而可以减少分离托换桩基时因荷载转移而产生的变形。在进行桩基托换工程的过程中，预应力钢筋宜采用高强度低松弛的钢绞线，钢绞线的数量主要依据变形控制要求来确定。

(三)桩底注浆技术

为了避免钻孔灌注桩施工时桩底沉渣造成托换桩的沉降过大，在制作安装托换桩钢筋笼时，预埋两根注浆管，注浆管端部伸至桩底。在注浆管端部500mm高的范围内预留注浆孔，采用橡胶薄膜封闭注浆孔和管端孔口。待桩身混凝土终凝后，采用水泥浆液对桩底可能存在的沉渣进行压力注浆使之固结。

以上变形控制措施能够很好地控制托换结构的变形，在一般情况下，无需通过千斤顶的顶升来补偿

托换变形。

三、工程实例

实例1:八号线凤凰新村站临时存车线桩基托换

(一)概况

凤凰新村站临时存车线暗挖区间隧道由凤凰新村站沿工业大道北至同福西站,暗挖隧道右线里程YCK12+784.886处上方为工业大道北和南田路交汇处高架桥。该处高架桥的SB4墩下的2根钻孔灌注桩处于暗挖区间隧道开挖范围内。暗挖隧道施工前,需首先对该桥墩下两根桩基进行托换处理。

1. 设计概况

托换梁:原桥墩承台尺寸为长6.3m×宽2.5m×高1.5m。托换梁采用长12.65m×宽8.15m×高2.5m的长方体预应力钢筋混凝土结构,托换梁混凝土为C40P8防水混凝土,长、短边方向均配置抗拉强度标准值为$f_{ptk}=1860MPa$的高强度低松弛钢绞线作为预应力钢束。

托换桩:原桥桩采用2根ϕ1500mm钻孔灌注桩。托换桩采用4根ϕ1200mm的人工挖孔桩,混凝土强度等级为C30。挖孔桩按端承桩设计,桩长约22m,施工时,以桩端进入微风化岩层不小于2.0m,单桩设计承载力不小于9500kN为准。

托换梁和被托换桩、承台及桥墩的连接:托换梁和被托换桩、承台及桥墩之间抗剪设计主要通过它们相互之间的咬合界面处理和植筋实现,即把被托换桩、承台及桥墩在与托换梁相接触部位表面凿毛,深度宜为10~20mm,并进行界面处理,再沿被托换桩周围植埋钢筋,钢筋和桩之间的缝隙用强植筋胶充填。

预顶:在托换梁底和横梁顶分别预埋钢板,待托换梁及横梁达到设计强度后,把千斤顶安放在横梁顶的预埋钢板上,分级加载,同时要求加强对被托换桩、托换梁和桥墩、高架桥面板的监测。待托换梁、桥梁结构及托换桩基变形稳定后,在横梁和托换梁之间浇筑C30微膨胀混凝土,将横梁和托换梁连接成为一个整体,同时将千斤顶浇筑其中。

切桩:待横梁和托换梁之间浇筑的混凝土达到强度后,在隧道内用线锯切除原桥桩,并全程监测。

2. 工程地质

根据钻探揭露,分层情况及其工程特征从上而下为:〈1〉人工填土层(Q_4^{ml}),层厚15~30cm;〈4〉冲积—洪积土层(Q_3^{al+pl}),层厚0.6~3.80m;〈5〉残积土层(Q^{el}),层厚2.47m;〈6〉岩石全风化带(K_{2s}^{2a}),层厚0.70~4.60m;〈7〉岩石强风化带(K_{2s}^{2a}),层厚0.40~10.80m;〈8〉岩石中风化带(K_{2s}^{2a}),层厚0.60~25.90m;〈9〉岩石微风化带(K_{2s}^{2a}),层厚5.20~29.50m。

区间与高架桥桥桩位置关系如图21-4所示。

(二)重难点分析

(1)新老承台之间的界面处理,要保证新旧混凝土的界面能够满足抗压、抗剪、抗裂等要求。

(2)新承台大体积混凝土的施工及预应力的施工。

(3)桥墩的顶升及力的转换。

(4)切桩。

(5)对横跨托换梁顶部110kV电缆的保护。

(三)桩基托换施工技术

1. 施工总体流程

基坑开挖及支护→施作4根ϕ1200mm人工挖孔桩→施作基坑底部垫层→施作横梁→施作托换梁→

在托换梁达到强度的90%以后,对托换梁施工预应力及管道真空压浆→按照被动托换的方式在横梁顶架设托换用千斤顶及钢楔块→对千斤顶加荷至上部荷载设计值的100%→浇筑横梁和托换梁之间的混凝土,并将千斤顶和钢垫块浇筑其中→在隧道内采用线锯截桩→覆土完成桩基托换。如图21-5所示为桩基托换现场。

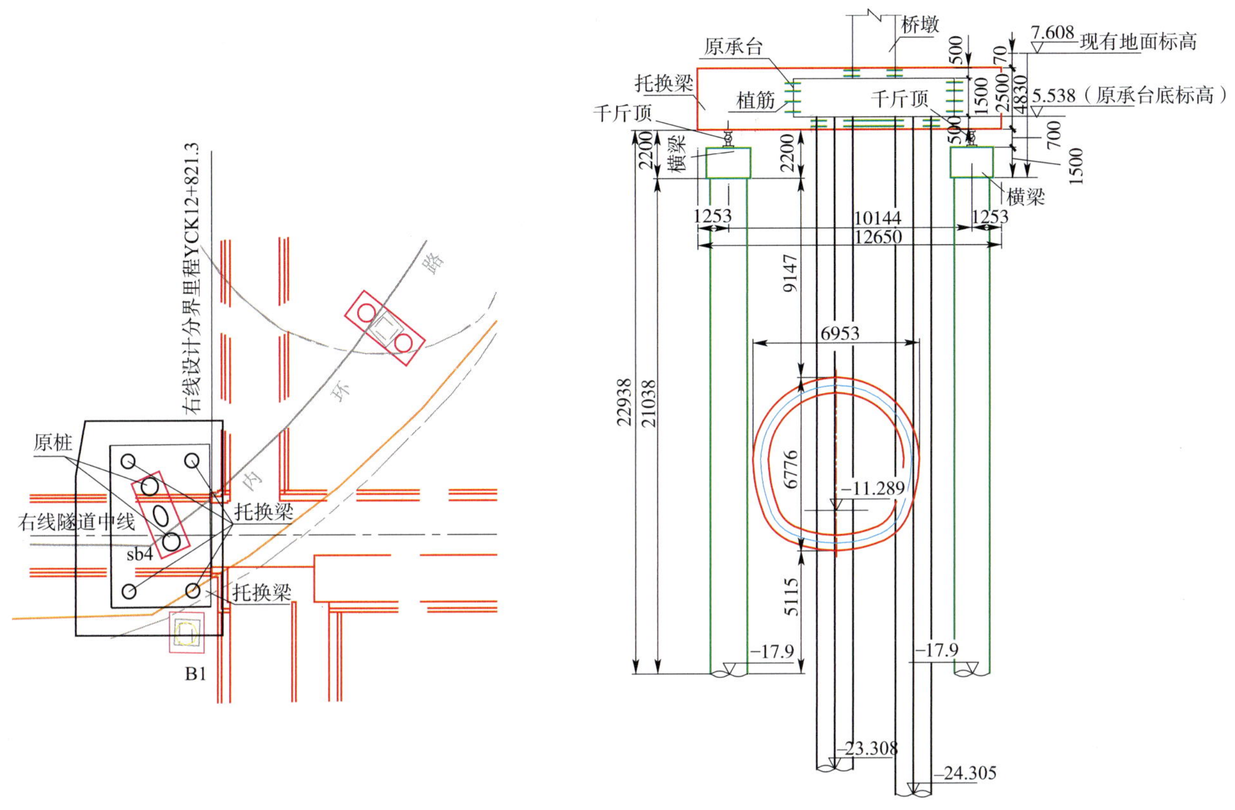

图21-4　区间与高架桥桩基位置关系(尺寸单位:mm;高程单位:m)

本工程的关键在于托换梁的施工和托换力的转换。本例仅对托换梁和托换进行描述,其余的施工工艺与传统工艺一样。

1)托换梁施工

托换梁为预应力混凝土梁,混凝土强度等级为C40,抗渗等级为P8,在托换基坑内采取现浇后张法施工。托换梁外形尺寸(长×宽×高)为12.65m×8.15m×2.5m。托换梁在预应力钢绞线张拉过程中将会不同程度地产生上拱位移,为了防止托换梁的上拱对既有桥墩位移造成影响,在托换大梁钢绞线张拉过程中必须对托换的桥墩顶位移进行监测。

图21-5　桩基托换现场

施工工艺流程:基底预埋灌浆孔→原桩植筋、刻槽→钢筋制安→安设波纹管→模板安装→托换梁施工→养护→穿束→张拉→压浆→封锚。

托换梁钢筋及混凝土工程:由于新承台要将旧承台包裹,因此采用了预应力钢筋混凝土结构。预应力钢筋采用ϕ15.2mm的高强度底松弛的钢绞线,在纵向和横向、面层和底层均有布置。纵向布置有17束,面层有7束,底层有10束,在底层除3束采用3根钢绞线外,其余均采用7根钢绞线。横线布置有46束,面层有12束,底层有34束,每束均用1根钢绞线。混凝土施工中除留28d强度试块外,还留设2d及7d试块作为模板拆除及预应力张拉时的强度计算依据。

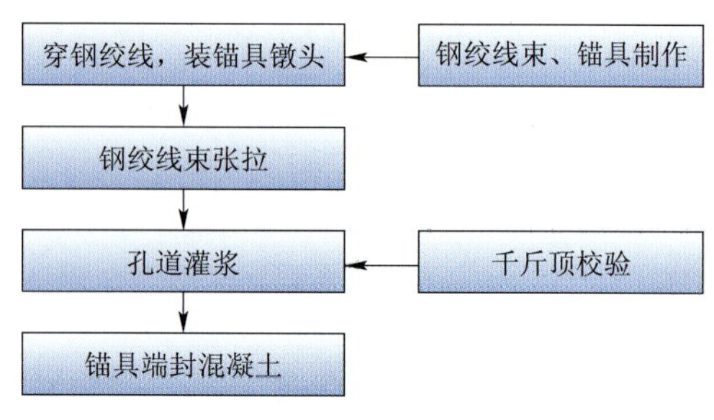

图 21-6　后张法预应力施工工艺图

托换梁预应力施工：为减少托换梁的挠度，进一步提高托换梁的抗裂性、刚度和耐久性能，以及提高新旧混凝土的抗剪力，在横向、纵向托换梁采用后张法施工。后张法预应力施工工艺如图 21-6。

2）千斤顶顶升及混凝土的回填

托换千斤顶的安装、顶升与拆卸采用 500t 自锁式千斤顶 8 个外加 26 个三管钢垫块进行顶升，在桩基托换开始至暗挖隧道变形稳定的整个过程中，被托换桥墩的最大允许竖向位移控制在 2mm，且沉降速率不大于 0.2mm/d。观测的精度要求非常高，位移测量精度为 0.1mm。

桩顶横梁作为顶升施工平台，顶升平台与托换梁底面之间预留 70cm 的顶升空间，桩顶部钢筋与托换梁之间的连接采用挤压螺旋套筒（既能满足托换顶升要求，又能保证钢筋连接需要）。为了保证既有桥梁结构与托换大梁之间的可靠连接和整体性，增强新旧结构之间的抗剪能力，对既有承台底面和穿越托换梁的管桩表面分别植筋并进行凿毛处理。待整个主动托换顶升完成以及托换桩的沉降稳定后，需及时将托换梁与托换桩之间进行刚性连接，以确保桥梁托换后的使用安全。

千斤顶及钢垫块安装后，通过顶升及塞钢楔块的方法使其与转换梁底处于紧压状态。千斤顶安装后保证有 18cm 的行程，以便千斤顶在整个调整时期内不需回油。

（1）预顶方法：施工时在托换新桩顶架设一道横梁，并使横梁和托换梁之间预留一空隙，高约 700mm，沿横梁方向在每根托换桩两侧各放一台千斤顶，实现桩、梁间可控的作用力。

（2）托换桩的千斤顶的顶升力取包括托换梁自重和上部桥梁传至桥墩的荷载组合设计值的 100%。

（3）千斤顶的荷载根据在预顶过程中每根托换桩基承受的荷载设计值确定，各千斤顶加载须按比例同步增加。

（4）应采用带自锁装置的千斤顶，千斤顶的组合形心必须与托换桩的形心重合。

（5）托换预顶加载采用分级加载原则，共分十级加载，每级荷载增量为千斤顶加载上限值的 10%，不可一次加载到最大值。每级加载需保持 10min，等结构稳定后方可加下一级荷载。被托换桥墩顶部的上抬量不能大于 2mm，大于此值应停止加载。在加载过程中同时应严格检测托换梁裂缝的产生及发展，最大裂缝宽度大于 0.15mm 时，停止加载。

（6）预顶时，必须严格控制千斤顶的顶升力和托换梁两端的位移，各千斤顶顶升力达到控制值而桥墩顶部位移未达到位移范围值 1 ~ 2mm，或桥墩顶部位移值已达到控制值（ −2mm）而顶升力未达到控制值时，应立即通知设计单位，以便对设计参数进行调整。

（7）每级预顶过程中要注意调整钢墩和托换梁之间的螺栓连接，并将钢楔块打紧，保证托换结构的整体稳定性。

如图 21-7 所示，千斤顶的顶升与柱的沉降量及转换梁两端顶升量的监测紧密相关。依据柱沉降及转换梁两端顶升量观测，调整千斤顶的顶升量以满足柱的沉降量及转换梁两端顶升量差值小于设计要求。千斤顶顶升使柱的抬升量达到 1mm，并塞紧钢垫块上的钢楔。但顶升力达到设计要求后停止顶升，同时将三管钢垫块楔紧。预顶完成且全面观测沉降变形稳定后，将千斤顶逐级卸荷，各千斤顶卸荷须根据预顶时的加载分级及加载量，采用分级卸荷，每级卸荷完成需保持 10min，方可进行下一级卸荷。卸荷作业时，各千斤顶卸荷量应保持按比例同步降低，直到降至托换梁自重和上部桥梁传至桥墩的恒载标准值的 100%。

图 21-7　桩基托换

3)封桩及截桩

托换梁顶升及力转换完成后,将桩、梁预留钢筋采用挤压套筒进行连接,浇筑微膨胀混凝土封桩。在托换梁和托换桩之间浇筑混凝土时可在桩顶预留注浆管,若浇筑不密实可再注浆。待桩头达到一定强度后,拆除千斤顶,在横梁和托换梁之间浇筑微膨胀混凝土,将钢墩浇筑其中。

待上部桥梁结构及下部托换结构全部稳定后,方可截桩。为了保证整体结构的平衡,要求两根桩的截除同时进行,且尽可能做到截桩时对称。

(四)小结

本托换于2008年5月顺利完成,整个被托换的桥墩沉降小于1mm,完全满足相关的规范及桥墩的各项指标,取得的经验和教训有以下几点:

(1)托换前一定要对周边的各种情况调查清楚,主要是桥墩原有的设计及施工情况,托换可能产生影响的周边建筑物,托换场地内的重大管线,特别是高压电缆和煤气管。

(2)根据工程的实际及施工场地的情况选取相应的托换方式(主动托换或被动托换)。

(3)顶升(即力的转换)前一定要做好充分的准备,要做好各种相应的应急预案。

实例2:二号线彩虹花园桩基托换

(一)工程概况

二号线南延段洛溪站—南洲站盾构区间下穿彩虹花园3号楼(五幢之一、之二)、8号楼(四幢之一、之二)、9号楼(六幢之一),其中3号楼为7层框架结构,8号楼、9号楼为8层框架结构,桩基为预制混凝土管桩,共有79根侵入隧道,24根处于隧道外1m范围,即有103根原桩需要进行托换或加固处理。如图21-8所示为托换房屋与隧道关系,如图21-9所示为被托换房屋现状。

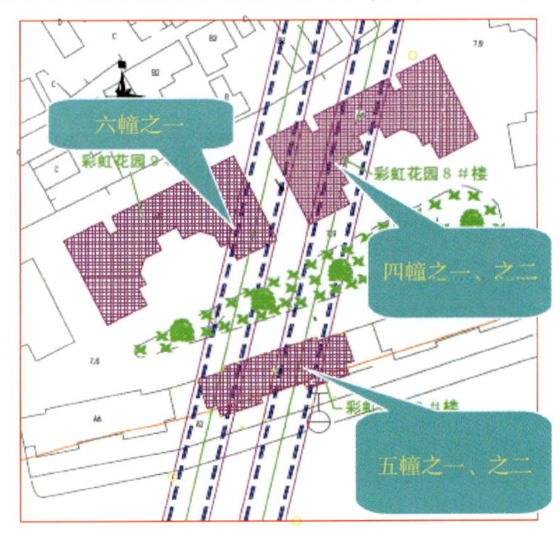

图21-8　托换房屋与隧道关系

图21-9　被托换房屋现状

(二)托换方案

本工程对于侵入隧道的桩基主要采用桩梁式托换,即通过托换桩、托换主次梁,将原建筑物桩基受力体系转移。托换梁与原建筑物基础间采用植筋处理。如图21-10所示为托换方案示意图。

(三)托换施工

1.前期准备

做好建筑物桩基的复测工作,明确桩基位置,清理施工场地并做好二楼通往地面的楼梯改移工作,探明施工场地内的管线、化粪池等并进行迁改，拆除地面一层范围内非承载结构。

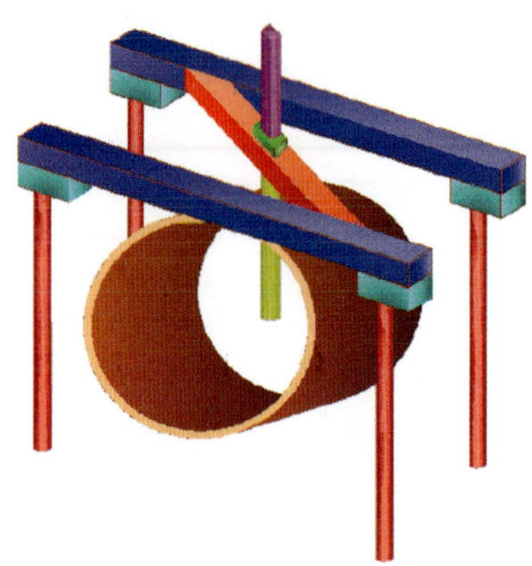

图 21-10　托换方案示意图

2. 桩基托换基槽施工

桩基处理施工前需开挖基槽，施工基槽大部分采用放坡开挖，8 号楼局部采用钢管配合锚杆支护，同时，坑内托换梁的施工基槽参照主基槽支护方式进行支护处理。

3. 钢管桩施工

钢管桩施工时先用钻机成孔，然后放置钢管，钢管每隔 0.5m 均匀开 3 个小孔，放置一次注砂浆管及二次桩底注浆管；再用砂浆进行孔内灌浆操作，在桩顶插入 4 根 ϕ18mm 钢筋。

4. 托换承台、扩大承台施工

钢管桩施工完成后，进行托换承台施工。部分需补强加固的原承台，在补强桩施工完成后，进行扩大承台的施工，扩大承台包括界面处理，即对新老承台接触面进行凿毛和植筋。

5. 托换梁施工

托换承台施工完成后，进行托换梁施工。在 3 号楼桩梁托换中，部分托换梁需半包或全包原承台，因此需要对新老混凝土接触面进行界面处理，处理方式参照扩大承台中界面处理方式进行。

6. 预顶、封桩

托换梁施工完成并达到设计强度的 75% 时，即可进行预顶操作，在托换承台上布置千斤顶，对托换桩施加压力，消除托换桩桩身变形和桩端的沉降；千斤顶顶力达到设计预顶力后，稳压 10min，打进钢楔并加强对托换梁及托换承台的变形监测；预顶过程中，观察托换梁梁身裂缝开展情况，同时保持对原建筑物沉降、倾斜等的监测，不得上抬原柱。

7. 截桩

截桩作业待盾构机到达时开仓进行；截桩过程中对建筑物沉降、倾斜等进行不间断监测，并通过反馈数据指导截桩作业。如图 21-11 所示为侵入隧道的管桩，如图 21-12 所示为手持式液压破碎锤破除管桩。

图 21-11　侵入隧道的管桩

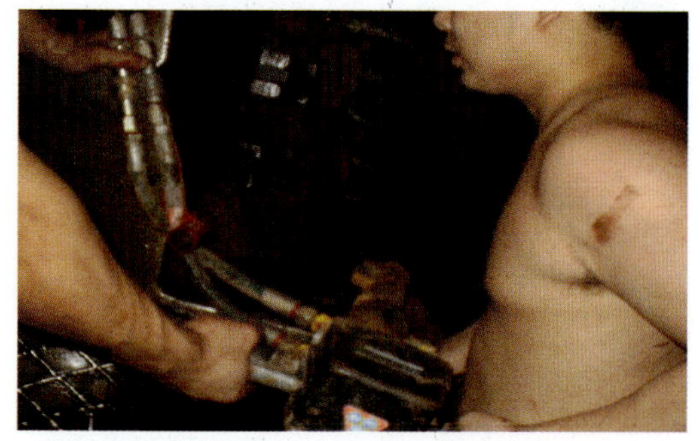

图 21-12　手持式液压破碎锤破除管桩

8. 回填恢复

桩基托换施工完成后，对施工基槽进行回填夯实，并恢复施工前地面及建筑物一层至二层楼梯原状。

第四节　筏板＋注浆加固技术

一、筏板基础

当上部结构荷载较大，而所在地的地基承载力又较软弱时，采用简单的条形基础或井格基础已不能适应地基变形的需要时,常将墙或柱下基础连成一片,使整个建筑物的荷载作用在一块整板上,这种基础称为筏板基础或片筏基础。筏板基础在地基反力的作用下,相当于一个倒置的钢筋混凝土楼盖,扩大了基底的面积,提高了基础的整体性,能有效地调整地基的不均匀沉降。筏板基础分梁板式和平板式两种类型。

平板式基础一般用于荷载不很大,柱网较均匀且间距较小的情况。梁板式基础整体性好,抗弯刚度大,可充分利用地基载力,调整上部结构的不均匀荷载和地基的不均匀沉降,适用于土质较软弱、不均匀,上部荷载很大的情况,在高层建筑和横墙较密集的多层建筑基础工程中被广泛应用。

二、筏板基础底预注浆加固与跟踪注浆

为减少隧道掘进时对筏板基础变形影响,当筏板基础混凝土强度达到75%后,对筏板基础底进行注浆施加预应力。注浆控制标准一般为筏板上抬不大于2mm,柱间沉降差不超过0.2%。为了防止隧道掘进过程中或之后出现建筑物沉降变形过大,预先在筏板基础底埋袖阀管,必要时进行跟踪补偿注浆。根据建筑物的结构类型及对沉降的敏感程度、沉降的允许值,制定建筑物及地面变形控制警戒值,建立完善的监测网,及时反馈信息。若在隧道施工过程中或之后出现较大的沉降,针对该情况,通过新增结构中预埋的注浆管,对新增基础下的地层进行注浆加固,使新增结构持力层密实,提高地层承载力,防止沉降加大。

三、工程实例

(一)工程概况

广佛线季华园站—祖庙站区间从汾江南路底下由南往北方向前进,过同济路站后穿密集建筑群,位于线路隧道上的建筑物约有12栋(其中有10栋房屋对隧道施工影响较大),层数为4~9层,建筑物基础形式有天然基础、锤击灌注桩、钻孔桩等,一般桩长10~17m,多数为13~14m。

经现场勘察,有49号、54号、55号、57号、59号、60号、62号、64号共8幢房屋的桩在隧道范围,这些建筑物将对隧道施工产生重大影响。由于上部建筑物、地层和隧道结构与施工会存在相互影响,因而必须采取有效措施对周边建筑物进行保护。针对本段的地质情况,对于57号、59号、60号、54号、55号、62号、64号和49号这8栋房屋采用筏板基础,筏板基础做成厚板或由板和梁组成的、刚度较大的能调节不均匀沉降的筏板结构。对筏板结构下的软弱地层,为确保其满足承载力要求,必要时对基底下的地层进行加固处理。

(二)筏板加固

施工加固前先确定被加固的桩基并按施工图进行测量放线,然后对被加固桩位承台下的土体进行注浆加固;加固后拆除一层的地板面,开挖基槽并施作新加梁式托换基础;在原柱和承台上进行新旧混凝土界面处理,并采用齿槽和锚筋,绑扎梁钢筋,预留跟踪注浆孔和孔洞,浇筑梁混凝土。筏板基础达到强度后,进行二次注浆,对筏板基础施加预应力。最后在盾构掘进时,通过注浆孔进行跟踪注浆和二次注浆,减少建筑物的变形。盾构施作完成且被托换楼房变形稳定后进行原样修复。如图21-13所示为筏板基础施工流程图。

对被加固楼房及其周边的楼房在施工期间长期设点,对其下沉、位移、倾斜、开裂等动向进行严密监测记录、分析,发现问题及时上报监理,并研究采取相应的措施。

基槽标高满足要求后先浇筑C10混凝土垫层,厚度为100mm,垫层表面平整度控制在±5mm之内。为实现盾构掘进时跟踪注浆,在筏板施工时预埋注浆管,孔位为正三角梅花形布置,且与地基加固注浆孔

相互错开，注浆管为 ϕ50mm 袖阀管，孔深至筏板底 2.6m，筏板以下采用钻机成孔，孔径为 110mm，然后注封壳料插入袖阀管，具体详见地基注浆加固部分。

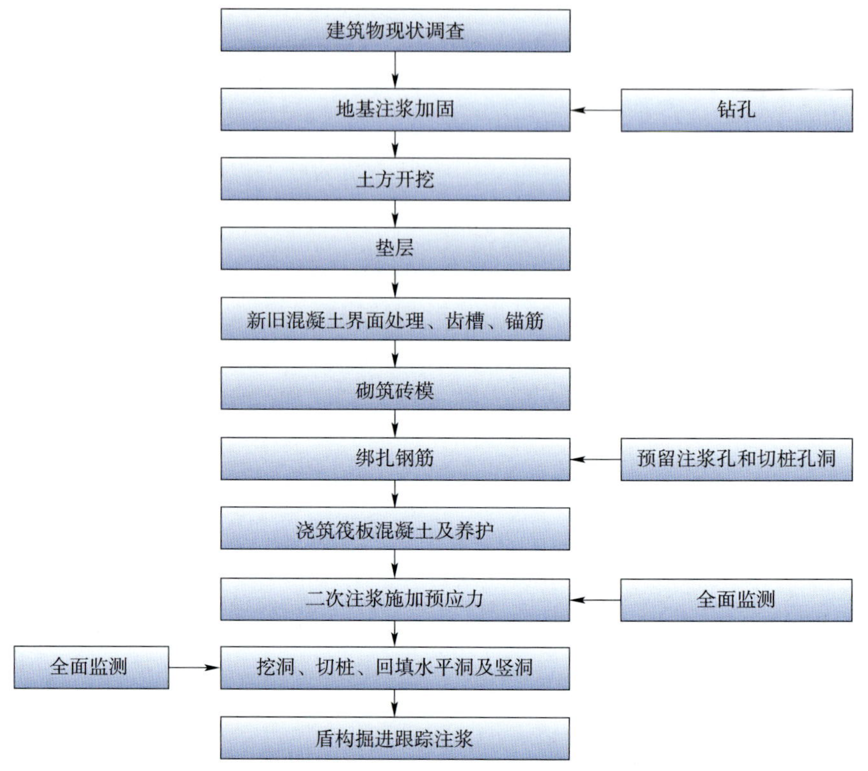

图 21-13　筏板基础施工流程图

二次注浆：当筏板基础混凝土强度达到 75% 后，为减少盾构掘进时的变形，对筏板基础底进行注浆施加预应力。注浆控制标准为筏板上抬不大于 2mm，柱间沉降差不超过 0.2%。注浆材料为 32.5R 级普通硅酸盐水泥，施工工艺参见地基加固注浆部分。

(三) 地基注浆加固

为使筏板底地基承力大于 120kPa，采用袖阀管灌注水泥进行加固，加固范围为筏板范围及筏板以外 1m 的范围，加固深度为筏板底面以下 2.6m。

1. 注浆工艺设计

1) 注浆材料及配方

根据地层地质条件和注浆目的，注浆材料选择 R32.5 级普通硅酸盐水泥，水灰比为 0.75 ~ 1:1，掺减水剂 0.3% ~0.5%。

2) 注浆孔布置

根据浆液在地层中的扩散能力，注浆孔采用正三角梅花形布置，相邻孔间距为 1.5m，浆液扩大散半径 R = 1.2m。

3) 注浆参数

根据注浆材料及地质条件，采用袖阀管分段注浆，根据以往施工经验，注浆参数选择见表 21-1。

2. 注浆施工

1) 注浆施工工艺流程

后退式袖阀管注浆施工工艺流程如图 21-14 所示。

注浆参数表　　表21-1

参数名称	参数值	备注
注浆孔间距	1500mm	正三角梅花形布置
注浆钻孔开孔直径	110mm	地质钻机XY-100开孔
袖套注浆管	硬质塑料管 ϕ50mm	承受压力3MPa
袖套管注浆孔距	450mm	
水灰比	0.75～1:1	掺减水剂0.2%～0.5%
注浆量	每延米150kg	注浆分两次进行
注浆速度	30～50L/min	每次间隔不小于12h
注浆压力	0.5～1.0MPa	

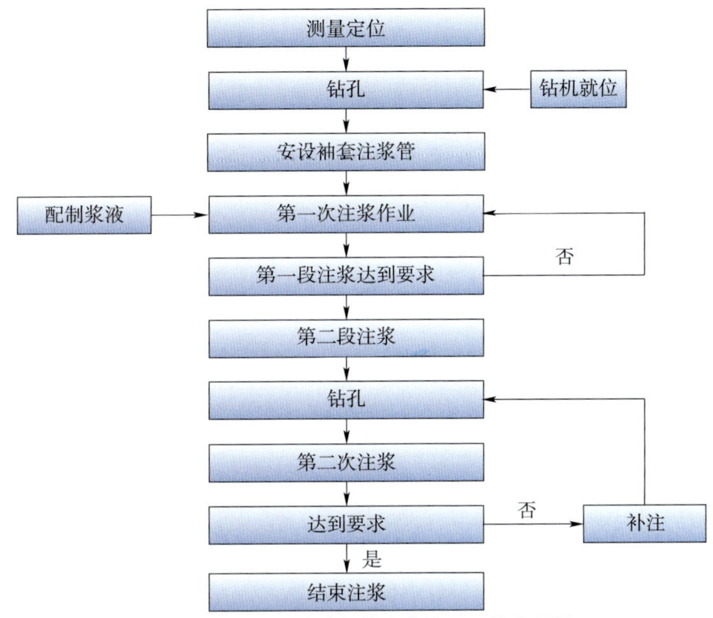

图21-14　后退式袖阀管注浆施工工艺流程图

注浆水泥浆配合比见表21-2。

注浆水泥浆配合比表　　表21-2

注浆顺序	配合比	每延米水泥用量(kg)	备注
沉放袖阀管		6	
第一次	0.75:1	75	掺减水剂0.2%～0.5%
第二次	0.75:1	75	掺减水剂0.2%～0.5%

2)注浆施工控制标准

主要以压力控制为主,每次注浆量和总注浆量为施工控制手段。注浆施工中应通过现场试验对注浆参数及浆液配比作进一步确定,并根据现场实际情况适当调整,确保注浆效果。

(四)跟踪注浆及二次注浆

盾构通过时,为减少建筑物变形,通过预埋袖阀管进行同步注浆和二次注浆。

1.同步注浆与二次注浆工艺设计

(1)注浆材料及配比

根据工程特点、注浆目的和地层条件,同步注浆和二次注浆材料选择为普通水泥—水玻璃,普通水泥强度等级为32.5R,水玻璃浓度为35°Be′,模数为2.6,其配比为1:1～1:0.3,详细见注浆参数。

(2)注浆孔布置

同步注浆和二次注浆孔采用正三角梅花形布置，与地基加固注浆错开，详细见地基加固章节。

(3)注浆参数

根据注浆目的和地质条件选用注浆参数，具体见表21-3。

注浆参数表　　表21-3

参数名称	参数值	备注	参数名称	参数值	备注
注浆材料	普通水泥—水玻璃		凝胶时间	30″～2′30″	同步注浆取大值
扩散半径	0.5～0.6m		注浆压力	初压0.5～1.0MPa 稳压1.0～2.0MPa	二次注浆可即小值
水泥浆水灰比(w:c)	0.75～1:1		注浆速度	30～50L/min	
体积比(c:s)	1:1～1:0.3	开始时取较大值	水玻璃浓度	35°Be′	m=2.6

2. 同步注浆及二次注浆施工

盾构掘进时根据施工监测结果，及时进行同步注浆，盾构通过后，根据监测结果，沉降接近警戒值时，进行二次注浆，具体施工操作如下：

(1)施工顺序按照跳孔施工，根据施工监测结果，先对沉降大柱位进行浇筑，控制沉降差后再浇筑沉降小的部位。根据施工监测可进行多次注浆，直至建筑物变形稳定。

(2)施工控制标准：跟踪注浆以压力控制为主，加强施工监测，控制筏板上抬量不大于2mm，柱间沉降差不超过0.2%。

3. 建筑物恢复施工

恢复工作包括基坑回填(回填土要分层夯实)，地下室侧墙、底板，供、排水管，化粪池，内外门窗饰面、地面、天花，室外通道，围墙栏杆等。

第五节　梁拱式托换技术

本节所叙梁拱式托换是目前国内城市轨道交通工程施工中的第一次尝试，为特定条件下桩基托换的一个成功案例，它区别于以前城市轨道交通工程施工时采用的软土地基的注浆加固、筏板式托换和梁柱式托换，具有施工工期短、工程造价低、施工操作方便和托换过程可进行有效控制等优点，对类似工程具一定的参考价值。

一、梁拱式托换技术简介

梁拱式托换就是采用纵梁加拱式的方式，将托换结构主受力方向设为托换拱，在托换梁与地基之间设置千斤顶，在既有桩基卸载和托换拱模筑、受力过程中，通过顶升托换梁，保持既有桩基的微量位移。

托换施工步骤如下：

(1)在被托换结构下方暗挖施工托换工作隧道；

(2)在既有桩上凿抗滑槽和植筋，加强既有桩与托换梁连接节点；

(3)浇筑托换梁；

(4)采用混凝土将工作隧道回填密实，并实施回填注浆；

(5)依次架设临时立柱，施加预顶，使既有桩基荷载初步转移至托换纵梁，然后开挖托换纵梁下岩体，实施截桩，同时通过监测和预加载控制位移、变形在允许范围内；

(6)浇筑托换拱，托换拱内预留注浆管，对拱脚、拱背后进行注浆；

(7)待托换拱混凝土达到设计强度后，逐步卸载临时立柱的轴力，并拆除临时立柱；

(8)采用混凝土对隧道二次衬砌外轮廓实施回填。

二、梁柱式托换与梁拱式托换比较

梁柱式托换技术成熟,安全可靠,但在暗挖隧道内进行梁柱施工难度大,工期长,造价高。梁拱式托换技术在广州市轨道交通三号线广州东站第一次应用,没有可以借鉴的成功经验。其优点是:①充分利用了永久结构的外形特点,优化了托换结构的受力条件,减小了托换结构的工程量和施工难度;②工作隧道开挖量较小,施工对既有结构影响较小;③增加临时立柱,通过分步预顶和分步开挖,使被托换桩基的荷载转移先于开挖卸载,也可开挖后实施二次预顶,有较强的可控性;④工程造价低、施工工期短。

三、工程实例

广州东站三号线车站站台层主体隧道下穿一号线底板,需对 F 区侵入右线隧道的 4 根基础桩进行托换处理,采用主动托换方式,如图 21-15 所示。另有部分桩基距施工隧道结构较近,最近的距拱顶 1.2m,开挖时需采用微振动爆破,以减小影响。桩基托换及主体隧道施工时,一号线底板变形和应力必须控制在一定范围内,以保证一号线的正常运营。

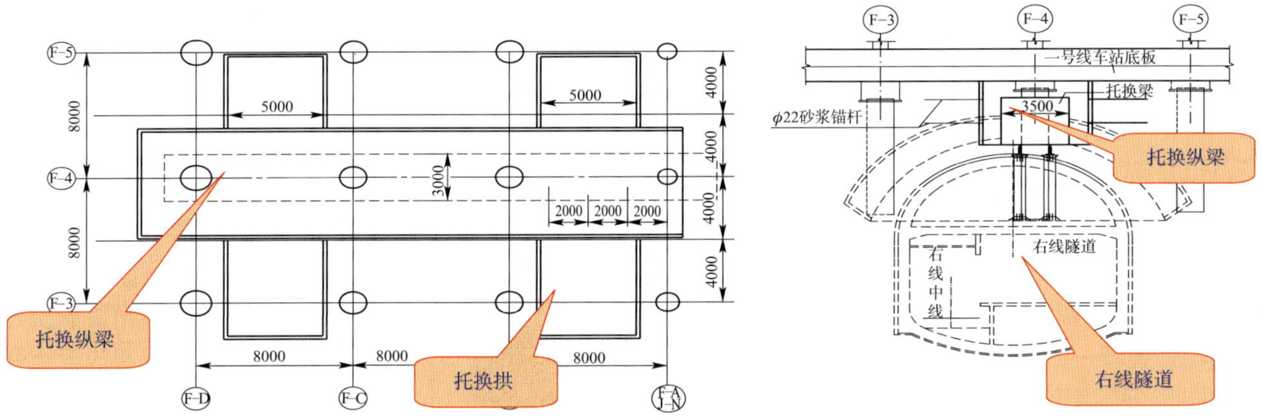

图 21-15 桩基托换示意图(尺寸单位:mm)

(一)工艺流程

桩基托换施工主要包括施工准备、竖井第一开挖区开挖、工作隧道施工、托换纵梁施工、工作隧道回填、主线隧道上台阶施工、临时立柱支撑及支顶、双套拱施工、破除被托换桩基、拆除临时支撑及全方位施工监测等。其工艺流程见表 21-4。

桩基托换施工流程 表 21-4

序号	图 示	施工步骤及技术措施
1	F-3 F-4 F-5 一号线车站底板 −13.074 −22.520 (−8.016) −22.850 (−8.346) −22.400 (−7.896) 右线隧道	1. 测量、放线; 2. 竖井第一次开挖区域开挖深 6.0m

续上表

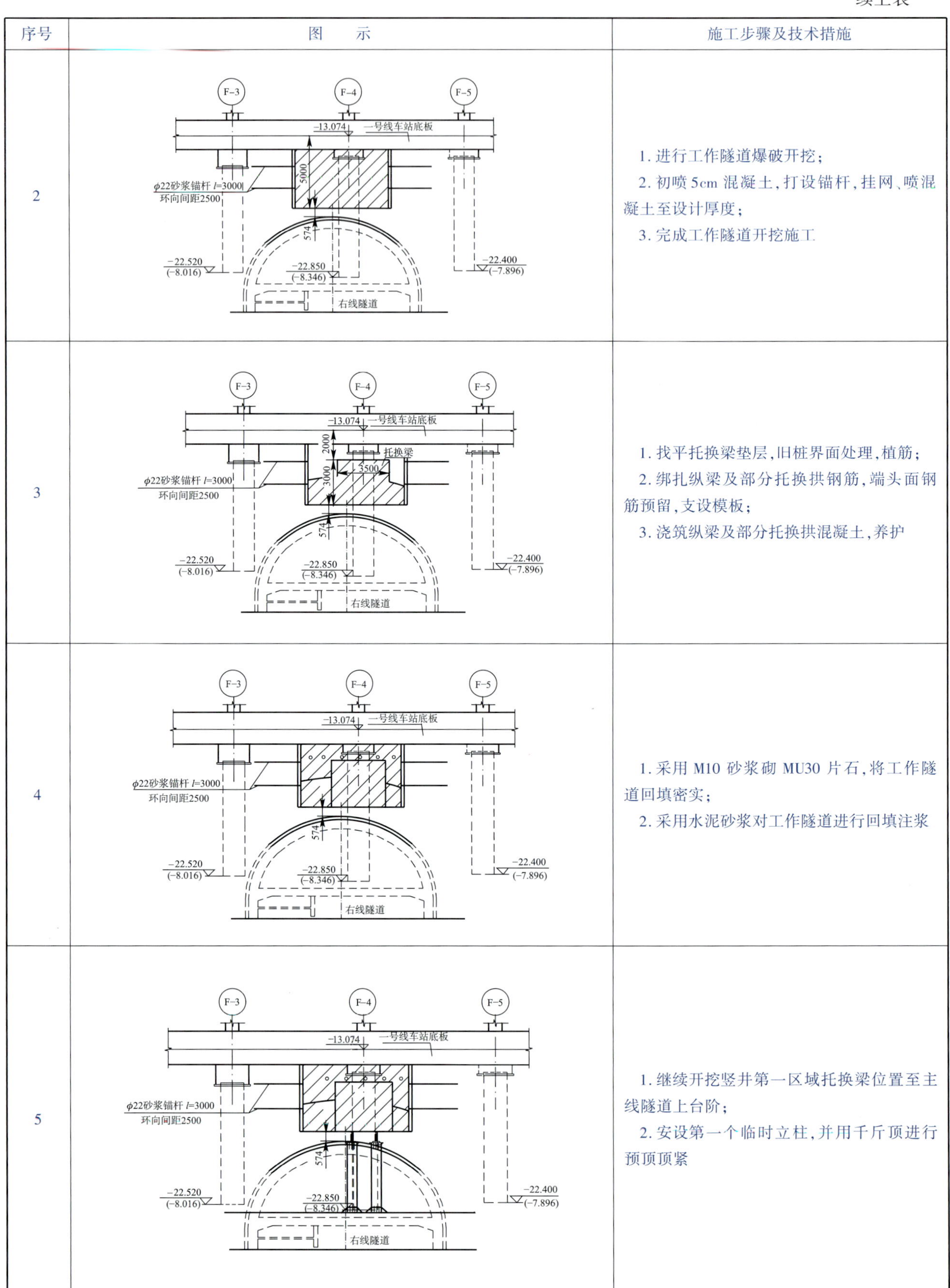

序号	图示	施工步骤及技术措施
2		1. 进行工作隧道爆破开挖； 2. 初喷 5cm 混凝土、打设锚杆、挂网、喷混凝土至设计厚度； 3. 完成工作隧道开挖施工
3		1. 找平托换梁垫层，旧桩界面处理，植筋； 2. 绑扎纵梁及部分托换拱钢筋，端头面钢筋预留，支设模板； 3. 浇筑纵梁及部分托换拱混凝土，养护
4		1. 采用 M10 砂浆砌 MU30 片石，将工作隧道回填密实； 2. 采用水泥砂浆对工作隧道进行回填注浆
5		1. 继续开挖竖井第一区域托换梁位置至主线隧道上台阶； 2. 安设第一个临时立柱，并用千斤顶进行预顶顶紧

续上表

序号	图　　示	施工步骤及技术措施
6	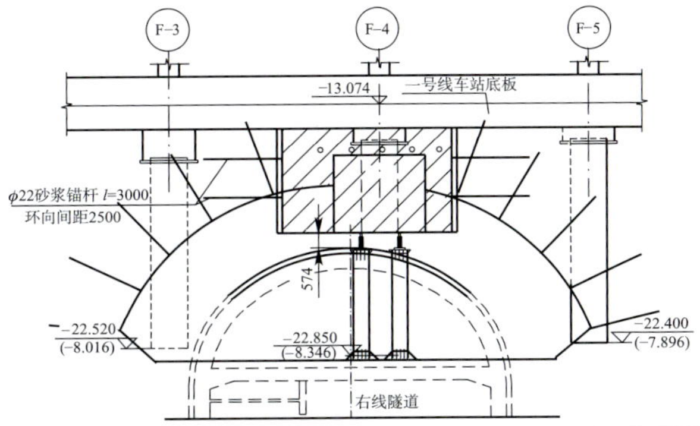 F-3 F-4 F-5 −13.074 一号线车站底板 φ22砂浆锚杆 l=3000 环向间距2500 574 −22.520 (−8.016) −22.850 (−8.346) −22.400 (−7.896) 右线隧道	1. 开挖主线隧道上台阶，初喷5.0cm，打设锚杆，挂网，喷混凝土至设计厚度； 2. 开挖达到3.0m可架设临时立柱时，架设临时立柱，并安设千斤顶进行预顶； 3. 通过分步开挖分布架设临时立柱直至开挖至套拱位置，放大开挖套拱断面，停止向前掘进
7	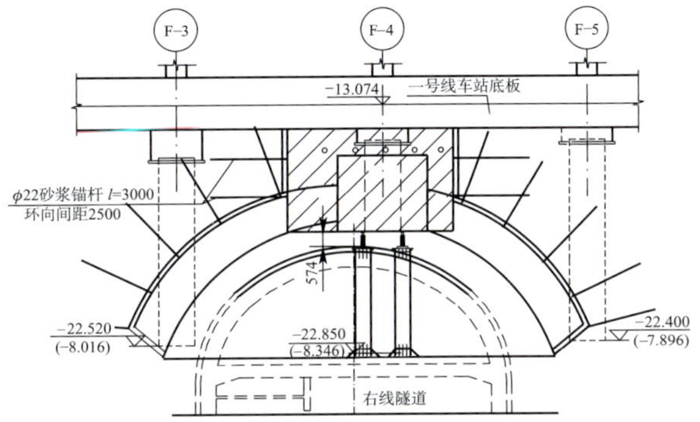 F-3 F-4 F-5 −13.074 一号线车站底板 φ22砂浆锚杆 l=3000 环向间距2500 574 −22.520 (−8.016) −22.850 (−8.346) −22.400 (−7.896) 右线隧道	1. 支设第一个套拱拱架； 2. 绑扎套拱钢筋，安设套拱模板，浇筑套拱混凝土并进行养护
8	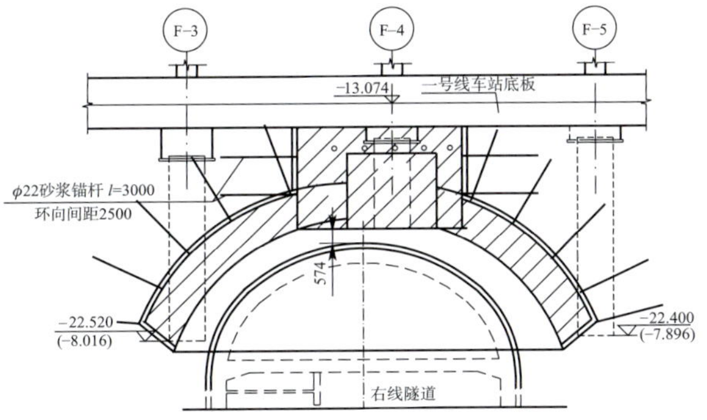 F-3 F-4 F-5 −13.074 一号线车站底板 φ22砂浆锚杆 l=3000 环向间距2500 574 −22.520 (−8.016) −22.400 (−7.896) 右线隧道	1. 待第一个套拱混凝土达到要求时，继续开挖掘进主线隧道上台阶，同样方法施工第二个套拱； 2. 采用人工手持风镐截断旧桩，拆除临时立柱

注：尺寸单位为mm，高程单位为m。

(二)施工工艺

1. 工作隧道及套拱隧道微振动控制爆破施工工艺

1)施工要点

(1)坚持"短进尺、弱爆破"原则，炮孔深度控制在0.6～1.0m之间。

(2)起爆顺序：将开挖分成掏槽区、剥离区及周边区，先爆破掏槽区，掏槽区选在距一号线较远的左下角，爆破后清渣完成后再沿其空腔向外进行薄层剥离爆破，分一次或多次爆破到光爆层，最后进行弱扰动光面爆破。

(3)加强爆破震动监测，及时调整爆破参数。底板和桩基均为钢筋混凝土结构，为确保安全，确定其允许振速不大于2.5cm/s，并根据监测情况调整爆破参数。如图21-16所示为振动爆破监测。

图21-16　振动爆破监测

(4)加强地面沉降及变形位移等监测工作。

2)炮孔布置

工作隧道炮孔布置如图21-17所示,套拱隧道炮孔布置如图21-18所示。

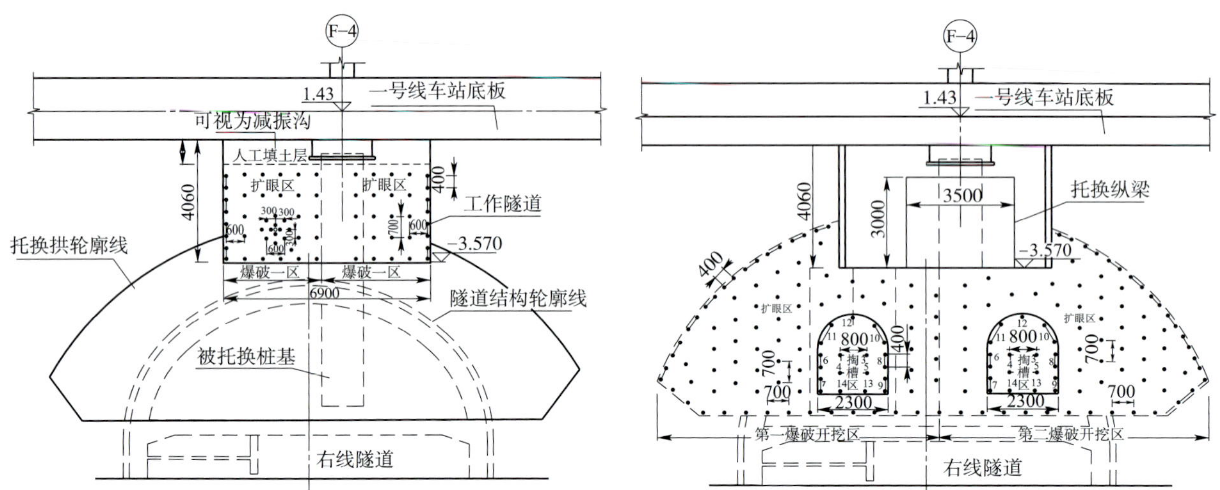

图21-17 工作隧道炮孔布置图(尺寸单位:mm;高程单位:m)

图21-18 套拱隧道炮孔布置图(尺寸单位:mm;高程单位:m)

3)爆破参数

工作隧道钻爆破参数见表21-5,套拱隧道主要技术指标见表21-6。

工作隧道钻爆参数表 表21-5

参数名称			爆眼类别			
			掏槽眼	掘进眼	周边眼	底眼
循环进尺(m)	0.8	钻眼深度(m)	1.0	0.9	0.9	0.9
		装药量(kg)	0.15~0.2	0.15	0.08~0.1	0.15~0.2
		孔间距(m)	0.7	0.7	0.4	0.7
	0.5	钻眼深度(m)	0.7	0.6	0.6	0.6
		装药量(kg)	0.10~0.15	0.12	0.08	0.10~0.15
		孔间距(m)	0.5	0.5	0.4	0.5
周边眼线装药密度(kg/m)			0.15			
炸药单耗(kg/m³)			0.4~0.7			

套拱隧道开挖主要技术指标 表21-6

炮孔类别	炮孔深度(m)	炮孔数目(个)	单孔装药量(kg/孔)	药量小计(kg)	雷管数目(个)
掏槽眼	1.0	8	0.20	1.6	8
掘进眼	0.9	83	0.15	12.5	83
周边眼	0.9	61	0.10	6.1	61
底眼	0.9	30	0.20	6.0	30
共计		182		26.2	182
开挖面积(m²)		79.77			
循环进尺(m)		0.80			
每立方炮孔个数(个/m³)		3.02			
单位耗药量(kg/m³)		0.417			

2. 双套拱桩基托换施工工艺

(1)利用明挖站厅基坑开挖所提供作业面,在一号线底板下方爆破开挖托换工作隧道,并喷锚支护,形成托换纵梁的作业空间。

(2)铺设托换纵梁垫层,对4根被托换桩表面进行凿毛、凿抗滑槽和植筋,绑扎钢筋,浇筑托换纵梁及托换拱上段部分混凝土,采用M10砂浆砌MU30片石将工作隧道回填密实,并注浆。

(3)沿托换纵梁方向依次架设ϕ600mm钢管临时立柱,千斤顶按施工设计图布置,顶升装置采用500t级的机械自锁千斤顶,逐级施加预顶力,使被托换桩基荷载初步转移至托换纵梁,然后爆破开挖托换拱工作隧道,同时通过监测和预加载控制位移、变形在允许范围内。如图21-19所示为托换梁顶升。

(4)爆破开挖托换拱岩石,绑扎安设钢筋并浇筑托换拱混凝土,拱内预留注浆管,对拱脚、拱背后进行注浆。

(5)待托换拱混凝土达到设计强度后逐步卸载临时立柱的支顶力,人工手持风镐实施截桩,并拆除临时立柱。

(6)用C15混凝土按主体右线隧道二次衬砌外轮廓实施回填,转入隧道开挖。

图21-19 托换梁顶升

3. 实施效果

从桩基托换工作隧道开始开挖到托换完成及车站暗挖隧道施工完成,均进行了爆破震动和沉降位移的跟踪监测,从监测结果来看,一号线车站内底板及托换梁本身沉降变化在0~3mm之间,变化速率小于0.1mm/d。三号线桩基托换施工基本没有给一号线带来不良影响,一号线运营安全、结构稳定。

传统桩基托换按主动托换和受力独立于拟建隧道主体结构外的原则进行设计,一般采用梁柱式托换。新的托换结构在托换过程中完成托换柱预变形,力转换后引起原结构变形较小,但要求梁、柱的截面大。梁柱体积增大,使得底板下开挖空间要足够大,挖孔桩(托换柱)施工难度大,托换完成后悬臂受力,使用阶段的长期变形相对会大些。采用梁拱结构托换方式,托换梁与拱截面较小,开挖面积小,与上述传统托换方案比较节省了直接费用44.3万元,工期缩短15d。

第六节 树根桩托换技术

一、树根桩简介

树根桩是一种小直径钻孔灌注桩(也称微型桩),其直径通常为100~250mm,有时也有采用300mm的,其成桩过程为:先利用钻机钻孔,满足设计要求后,放入钢筋或钢筋笼,同时放入注浆管,用压力注入水泥浆或水泥砂浆而成桩,亦可放入钢筋笼后再灌入碎石,然后注入水泥浆或水泥砂浆而成桩。小直径钻孔灌注桩可以竖向、斜向设置,网状布置如树根状,故称为树根桩。树根桩适用于碎石土、砂土、粉土、黏性土、湿陷性黄土和岩石等各类地基土。

二、树根桩特点与施工工序

1. 树根桩技术特点

树根桩技术的特点是:①机具简单,施工场地小;②施工时振动和噪音小,施工方便;③托换加固时不存在对墙身有危险;④不扰动地基土和干扰建筑物的正常工作情况;⑤不仅可承受竖向荷载,还可承受水平向荷载。

2. 树根桩施工工序

施工工序：桩孔定位→调校倾角→钻进成孔→钢管安置→埋设灌浆管→充填碎石→清洗桩孔→灌注水泥浆→清洗工具、移机。

三、工程实例

1. 工程概况

工程起点处由北向南从广州好得利电子公司的1号宿舍楼、3号宿舍楼以及2号厂房的底部穿过，隧道顶部埋深约为10m。其中1号宿舍楼及2号厂房的桩基础侵入隧道结构约0.2m，3号宿舍楼桩基础侵入隧道结构2.0～2.5m。为保证盾构隧道通过时建筑物的安全，采用树根桩基础加固原有的群桩基础进行托换处理。

2. 技术方案

托换新桩主要采用ϕ250mm斜树根桩，部分采用ϕ250mm直树根桩。施工空间为首层，层高约为3.0m。根据场地的情况，采用改装后的XY-100、XY-2PC地质钻机进行施工。托换结构采用包柱（承台）的主次梁，钢筋混凝土结构。新旧混凝土结构界面植筋并采用人工手持钢凿进行凿毛，托换结构混凝土采用分段分层的方式浇筑。盾构机通过时开仓截桩。

如图21-20所示为树根桩施工，如图21-21所示为托换梁钢筋。

图21-20　树根桩施工

图21-21　托换梁钢筋

施工过程中的监测包括两方面的监测：

（1）桩基托换施工全过程的监测。包括各柱的沉降监测、楼房的倾斜监测、托换施工中压顶梁的变形监测、楼房结构的裂缝监测。

（2）盾构掘进施工过程中被托换建筑物影响的监测。

3. 托换效果

本次托换施工过程中和盾构通过后，通过对1号宿舍楼、3号宿舍楼以及2号厂房的不间断监测，其垂直位移最大为-1.321mm（小于3mm），倾斜为4.652mm（小于20mm），建筑物未出现任何异常。

由以上监测结果可知，托换取得了满意的效果，确保了托换质量，托换施工对建筑物结构安全没有影响。

第七节　袖阀管注浆加固技术

一、袖阀管注浆工法原理

袖阀管注浆工法是由法国 Soletanche 灌浆公司首创的一种注浆工法,因此该工法也称索列坦休斯工法。由于该工法具有许多优点,灌浆效果好,因此在国内外被广泛采用。

袖阀管注浆工法是在浆液经过注浆泵加压后,通过连通管进入注浆管,聚集到袖阀管注浆管段,然后通过钻有直径为6mm 的泄浆孔的 PVC 管(即袖阀管),在内压力的作用下,将包裹在 PVC 外的橡胶圈胀开和套壳料挤碎。当压力逐渐增大到一定程度,被加压的浆液就会沿着地层结构产生充填、渗透、压密、劈裂流动,此时由于供浆量小于进入量,压力会自动回复到平衡状态,续后的浆液在压力作用下,使得劈裂裂缝不断向外延伸,浆液在土体中形成固结体,从而达到增加地层强度、降低地层渗透性的目的。逐次提升或降低注浆内管即可实现分段注浆。

橡胶圈的作用是当孔内加压注浆时橡胶圈胀开,浆液从泄浆孔进入地层,停止注浆时橡胶圈在袖阀管外部浆液的作用下封闭泄浆孔,阻止泥土和地下水逆向进入袖阀管内。

套壳料的作用是在袖阀管周围形成具有一定强度的保护层,注浆时浆液在袖阀管有孔的部位挤碎套壳料,而上部和下部的套壳料仍具有一定强度,可以阻止浆液的上下流动。这样浆液就只在很小的范围横向流动,以增加地层加固半径。双塞管的作用是增压,当浆液通过注浆内管进入双塞管后,浆液从内管上的4cm 长的出浆孔流出。当浆液进入袖阀管和双塞管中间时,在压力作用下,橡皮帽被顶起,随着浆液的聚集,压力达到一定程度后,袖阀管外侧的橡胶圈被胀开,套壳料被挤碎,从而浆液被挤压到地层中。袖阀管注浆需分段进行,每段注浆应一次完成。

二、袖阀管注浆工法特点

该工法同其他注浆工法相比,具有以下特点:

(1)一般适用于50m 以内的地表注浆,也可以在洞内进行水平注浆。

(2)具有上下两个阻塞器,能将浆液限定在注浆区域的任一段范围内进行灌注,达到分段注浆的目的。

(3)阻塞器在光滑的袖阀管中可以自由移动,可根据需要在注浆区域内某一段反复注浆。

(4)注浆前,不必设较厚的混凝土止浆岩墙;采取较大的注浆压力时,发生冒浆和串浆的可能性小。

(5)根据地层特点,可在一根注浆管内采用不同的注浆材料,选用不同的注浆参数进行注浆施工。

(6)钻孔、注浆可采取平行作业方式,提高工作效率。

三、袖阀管注浆工法工艺流程

袖阀管注浆工法工艺流程如图21-22 所示。

采取分段式注浆。花管长度为注浆步距长度。注浆步距一般选取0.7~1m,这样可以有效地减少地层不均一性对注浆效果的影响。对于砂层,注浆步距宜选用低值;对于砂卵石或破碎岩层,注浆步距宜选用高值。

注浆过程中,每段注浆完成后,向上或向下移动一个步距的心管长度。宜采用提升设备移动,或人工采用两个管钳对称夹住心管,两侧同时均匀用力,将心管移动。每完成 3 ~ 4m 注浆长度,要拆掉一节注浆心管。注浆结束后,在注浆管上盖上闷盖,以便于复注施工。

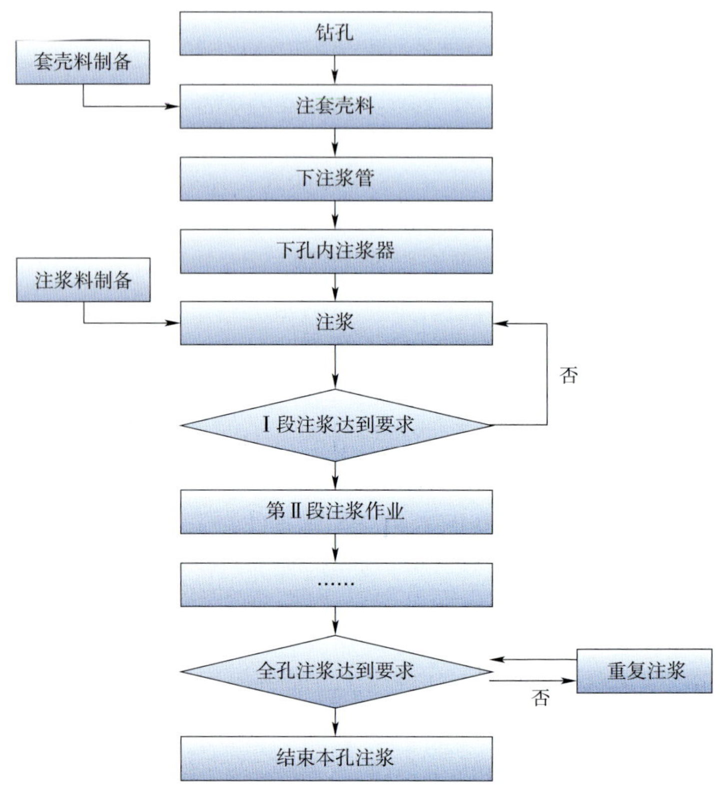

图 21-22　袖阀管注浆工法工艺流程图

四、工程实例

五号线西场站位于和平新村小区内,横穿东风西路,车站分南、北两个站厅,站厅通过横穿东风西路的过街通道连通,南站厅位于和平南小区内,属粤电生活区;北站厅位于和平新村内,属自来水公司生活区,工地周边均为居民楼。车站全长 162.2m,为地下一层、地面一层的两层式结构。车站站台为明挖、暗挖结合分离式站台,站台宽为 26.6m,线间距为 29.6m,站台层标准段总宽为 36.1m,轨面埋深为 28m。车站外包总高:地下五层处深为 31.92m,地下一层处深为 8.4m。

暗挖隧道工程包括左、右线站台隧道,南、北两个站台横通道,南、北两个扶梯斜通道,南、北两个风道及一个站厅联络通道,一个屏蔽门控制室,共 15 种隧道断面类型,最大断面尺寸为高 × 宽 = 10.277m × 11.049m。

西场站位于海珠断裂带以北、广从断裂以西的构造区内,站址北侧有清泉街断裂通过。车站下伏基岩为白垩系上统大塱山组三元里段地层,主要岩性为杂色砾岩、粗砂岩夹紫红色及褐红色泥质粉砂岩、细砂岩,为河流相的粗—细碎屑岩建造。第四系覆盖层主要为海陆交互相沉积或冲击—洪积形成的土层和砂层及残积土层。钻孔揭露岩土自下而上为:〈1〉人工填土层、〈2-1B〉海陆交互相淤泥、淤泥质土层、〈3-1〉冲积—洪积粉细砂层、〈4-1〉冲积—洪积土层、〈5-1〉可塑或稍密 ~ 中密状残积土层、〈5-2〉硬塑或稍密 ~ 中密状残积土层、〈6〉泥质粉砂岩全风化带、〈7〉红色碎屑岩强风化带、〈8〉红色碎屑岩中风化带、〈9〉红色砂岩微风化带。

(一)设计方案的选择

1. 房屋情况介绍

西场站北站厅基坑为大基坑内套小基坑,深度分别为9.4m和31.4m,基坑北边有一A8居民楼,暗挖隧道和站厅基坑距A8居民楼5~8m。A8居民楼始建于1982年,为钢筋混凝土框架结构,基础为承台桩基础,承台平面尺寸有1900mm×1900mm、1900mm×2700mm、1900mm×1000mm,承台上面为钢筋混凝土连系梁,每个承台下有四根直径为340mm的锤击桩,桩长为6.1~10.8m不等。基础桩穿越〈1〉杂填土、〈2-1B〉淤泥、〈3-2〉冲积—洪积砂层、〈5-1〉残积土层。如图21-23所示为西场站北站厅平面布置图。

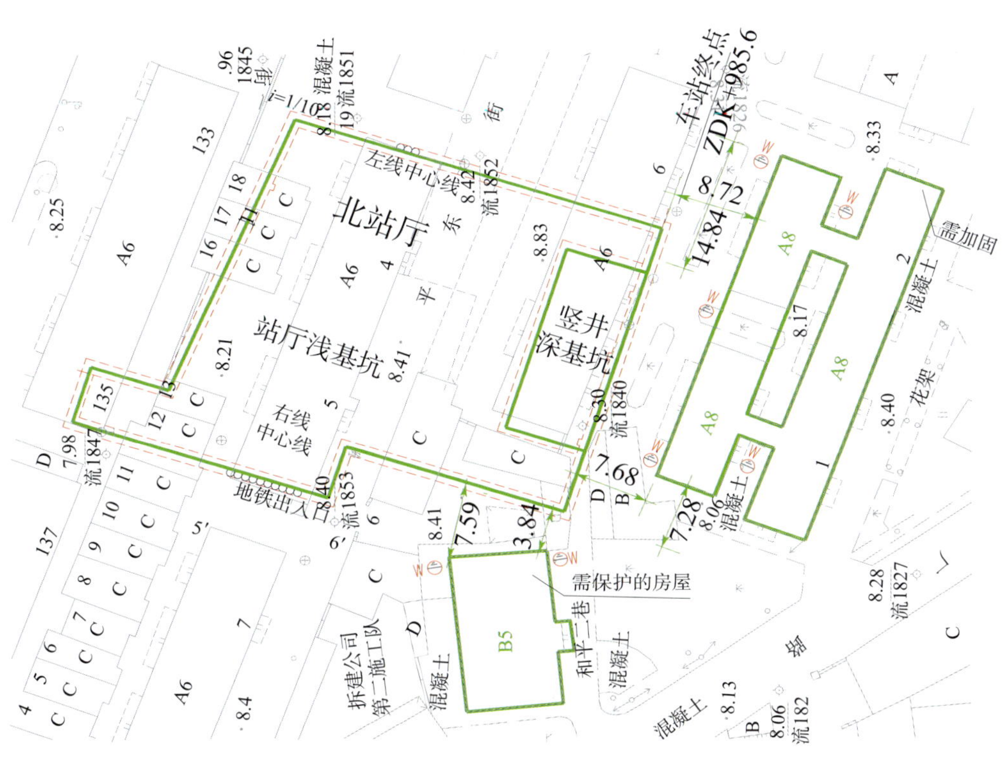

图21-23 西场站北站厅平面布置图

2. 沉降情况分析

暗挖站台隧道施工对围岩产生扰动,引起围岩应力重新分布,特别是在隧道左线施工临近A8居民楼房屋时,洞内出现大量失水,造成A8居民楼房屋沉降加剧。暗挖隧道开挖完成后,A8居民楼房屋大部分监测点的沉降值已超过警戒值,沉降最大点为A108号点,超过警戒值40.12mm,A107号点超过警戒值34.46mm。北站厅基坑与房屋距离较近,由于隧道开挖已引起A8居民楼房屋沉降,基坑开挖势必导致围护结构发生变形,产生侧向位移,而地下水流失将引起桩基位置地层产生固结,最终导致A8居民楼房屋继续沉降变形或倾斜,因此需采取有效措施,以确保基坑开挖及A8居民楼房屋安全。

3. 加固方案选择

A8居民楼房屋的基础结构形式为锤击灌注桩,桩端主要是〈5-1〉残积土层,其沉降主要原因是隧道开挖对围岩扰动及失水引起桩周摩阻力降低。结合现场的环境及场地情况,决定采用注浆加固桩基周边土体,以增大桩周摩阻力,减少因地下水流失固结产生的沉降,从而保证基坑及房屋安全。

结合现场周边环境复杂、场地狭小的情况以及A8居民楼房屋的基础结构形式,设计方案采用袖阀管注浆工艺对A8居民楼房屋进行加固保护。按不同角度在A8居民楼房屋桩的两侧一定深度范围设置袖阀管，对A8居民楼房屋的桩基础底部和周边土体进行加固。如图21-24所示为西场站加固平面图。

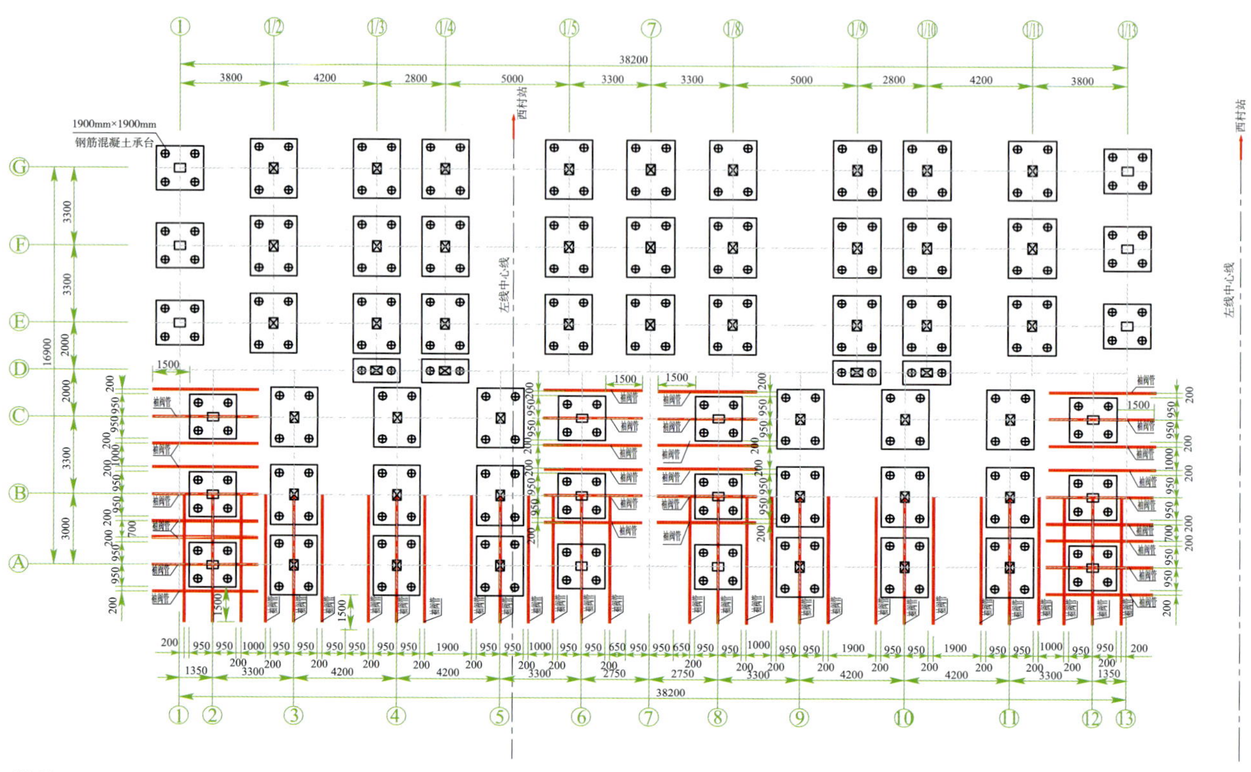

说明：

1.本图尺寸均以mm计；

2.根据现场实际情况，所有预埋的袖阀管必须在基坑开挖前进行注浆，由于Ⓐ轴线与②~⑥、③~⑨轴线交点桩基承台靠近北站厅基坑，且Ⓐ轴线与②、⑥、⑧、⑫轴线交点处桩基承台位于A8房屋拐角点，沉降较大，不均匀沉降明显，是整个注浆工作的重点，注浆时应予以重视；

3.注浆过程中应边注浆边观测房屋的沉降速度和倾斜速度是否发生变缓，对于房屋拐角点的监测频率要加密，并将监测结果及时通知各方单位，以便及时调整注浆参数和注浆量；

4.其余位置的袖阀管应根据监测情况进行注浆，如不均匀沉降过大，应考虑临时搬迁一层住户，加大注浆范围；

5.如本图中布置的袖阀管与已有的管线冲突，可做稍微的调整再进行注浆

图21-24　西场站加固平面图

（二）施工方法

1.袖阀管布置

沿居民楼房屋基础周边斜向钻孔埋设两排袖阀管，孔径为100mm。根据现场实际作业条件，与基坑平行方向的袖阀管，其内侧一排钻孔与水平面成60°角深入房屋底部，布孔间距为0.95m，袖阀管长7.35m；外侧一排钻孔与水平面成70°角伸至房屋基础桩底，布孔间距为0.95m，袖阀管长12.35m；与基坑垂直方向的袖阀管，内侧一排钻孔与水平面成55°角深入房屋底部，布孔间距为0.95m，袖阀管长10.5m；外侧钻孔与水平面成60°角钻至基础桩底部，布孔间距为0.95m，袖阀管长13.5m。如图21-25所示为西场站袖阀管布置图。

2.注浆材料

房屋基础注浆加固选用符合质量要求的32.5R级普通硅酸盐水泥；水玻璃选用出厂浓度为42~45°Be′、相对密度为1.42~1.45、模数为2.4~2.8的水玻璃浆液。

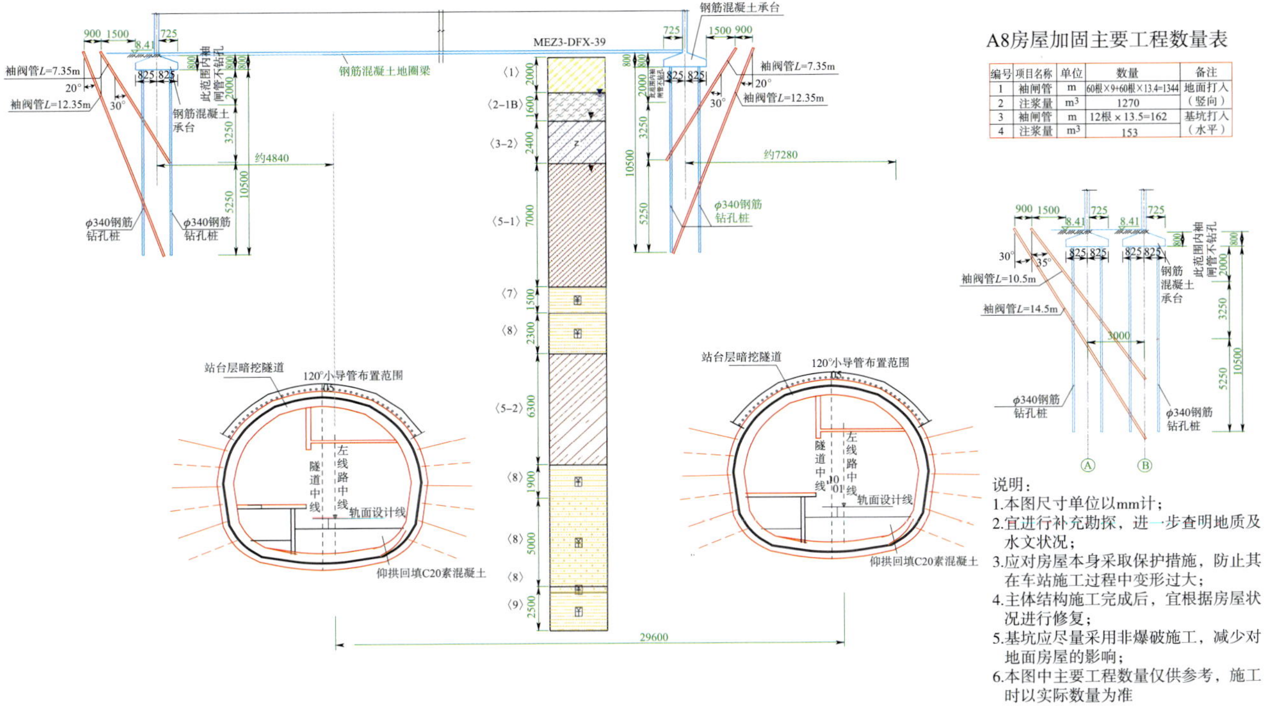

A8房屋加固主要工程数量表

编号	项目名称	单位	数量	备注
1	袖闸管	m	60根×9+60根×13.4=1344	地面打入（竖向）
2	注浆量	m^3	1270	
3	袖闸管	m	12根×13.5=162	基坑打入（水平）
4	注浆量	m^3	153	

图 21-25　西场站袖阀管布置图

3. 注浆参数

袖阀管注浆参数见表 21-7。

袖阀管注浆参数表

表 21-7

项目名称		内　　容	备　注
注浆孔直径(mm)		100	
袖阀管外径(mm)		50	
注浆范围		A8 房屋桩基周边 1.5m 范围内土体	
注浆方法		双塞注浆管，自下而上分段注浆	
扩散半径(m)		1.0	
注浆参数	水泥用量	≥50kg/m	
	水玻璃		必要时加入
	注浆压力(MPa)	初压浅部土层：0.3～0.6；初压深部地层：0.6～1.0；稳压：1.0～2.0	
	水灰比	0.5:1～1:1	
	注浆次数	2～3	
	提管间隔高度(cm)	100	

4. 工艺流程

袖阀管主要施工工艺流程如图 21-26 所示。

注浆次序：先房屋转角处后中间段，并隔孔交替注浆。如发现地下有水流通道，孔内漏浆严重时，可掺入适量的水玻璃作为速凝剂。水泥浆与水玻璃体积比为 1:(0.5～1)，其中水玻璃浓度为 42°Be′，模数 $m=2.4\sim2.8$。

间歇注浆：全孔段注浆完成后，间歇一段时间再进行第二次注浆，间歇时间控制在 10～30min 之内。

终灌标准如下：

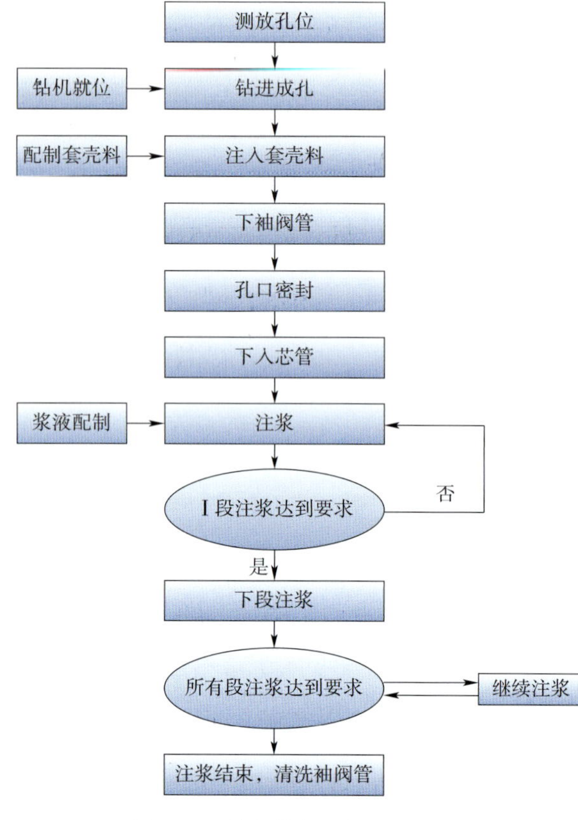

图 21-26　袖阀管主要施工工艺流程图

(1)当注浆压力超过 0.6MPa,吸浆量小于 2.5L/min,稳定时间为 25min 时,停止注浆。

(2)发现被加固建筑物周边有上抬的趋势时,立即停止注浆。

(3)发生窜浆或浆液漏失严重时,立即停止注浆。

后备注浆:每孔注浆完毕后,用 ϕ20mm 水管插入袖阀管内,泵入清水把袖阀管内残留水泥浆冲洗干净,以备复注,管口用胶布封上,以备在以后开挖过程中,地面出现沉降时,进行重复注浆。

(三)房屋加固效果分析

1. 房屋监测情况

该房屋共进行了两次加固,第一次加固在基坑开挖前(2007 年 12 月 26 日),历时 15d,加固过程中房屋最大沉降点下沉 1.4mm,加固完成后进行基坑开挖,开挖过程中未见明显渗漏水,房屋各监测点沉降速率均在 0.1mm 以下,房屋、基坑均处于稳定状态。

第二次加固(2008 年 4 月 30 日 ~ 2008 年 5 月 9 日)历时 10d,加固过程中房屋最大沉降点下沉 3.0mm,注浆完成后至基坑开挖至设计标高并完成封底(基坑深 31.4m),房屋监测点最大沉降为 3.3mm。

自基坑开挖至封底,工期为 6 个月,经过前后两次注浆加固,A8 居民楼房屋最大沉降点累计沉降值为 15.3mm,基坑及房屋均处于安全、可控状态。随后,西—草右线盾构始发(2008 年 3 月始发)、左线盾构到达(2008 年 11 月到达西场站)进出洞过程中,A8 居民楼房屋无明显沉降。

2. 效果分析

(1)注浆加固过程中,由于采用单液浆,房基周边土体扰动、软化等负作用比较明显,注浆过程中的房屋各监测点均发生不同程度的下沉。

(2)基坑开挖到底,进行风道暗挖施工,渗水比较严重,但房屋沉降并不明显。通过以上分析,采用袖阀管注浆对灌注桩的桩底和桩周进行加固,较明显地改良了桩底和桩周的土体性能,对控制房屋沉降具有较明显效果。由于袖阀管注浆工艺对场地需求较小,分节注浆可针对不同地层调整注浆参数,能较好地改良软弱地层的性能,在控制房屋沉降方面,其可操作性较强,具有较大的运用潜力。

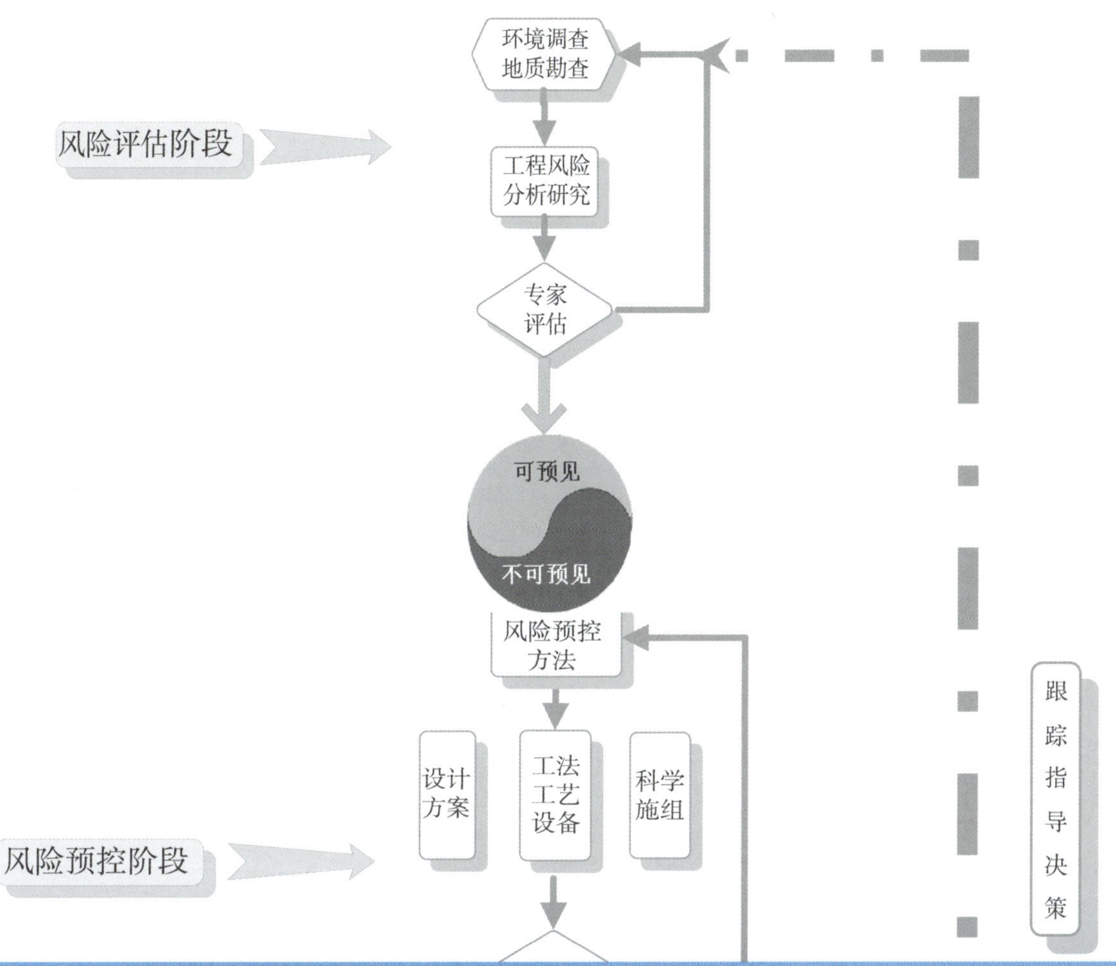

第九篇

工程监测与风险管理

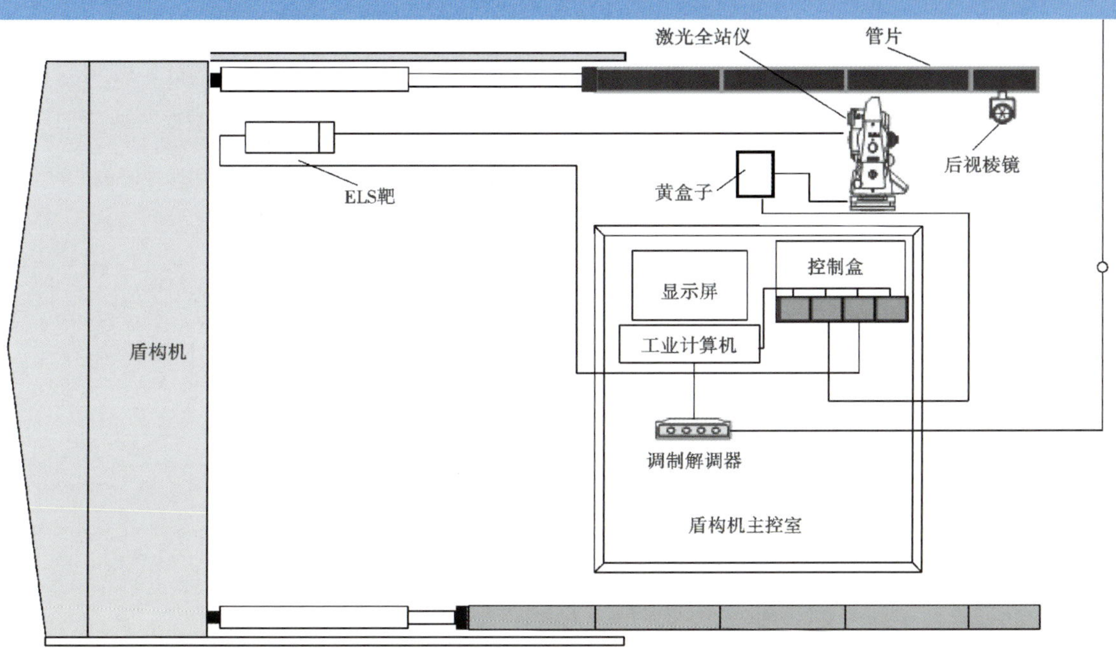

第二十二章　工 程 监 测

第一节　城市轨道交通工程监测概述

一、城市轨道交通工程监测的必要性与目的

城市轨道交通工程是一个工程规模庞大、工期较长的大型建设项目，通常穿越城市繁华闹市区。城市轨道交通无论采用何种施工方法都不可避免地会对地层产生扰动、引起地层变形，可能导致工程本身的质量安全问题以及周边既有建(构)筑物的损坏。城市轨道交通工程施工监测对城市轨道交通工程的施工质量、施工安全，以及周边既有建(构)筑物的保护具有举足轻重的作用。通过施工监测可以及时发现并预测地层变形的发展，反馈指导施工，控制施工质量，以及对周边环境的影响。因此，对城市轨道交通工程及其周围环境进行监控量测是十分必要的。监控量测的主要目的如下：

(1)了解地层在施工过程中的动态变化，明确工程施工对地层及周边环境的影响程度及可能产生失稳的薄弱环节，并对可能发生的危及工程本身与周边环境安全的隐患或事故提供及时、准确的预报，以便及时采取有效措施，避免事故的发生。

(2)了解支护(围护)结构、围岩及周边建(构)筑物的变形及受力状况，并对其安全稳定性进行评估。

(3)了解施工方法的实际效果，并对其进行适用性评价，及时反馈信息，调整相应的设计、施工技术参数。

(4)收集数据，为以后的工程设计、施工提供参考和积累经验。

二、监测方案

城市轨道交通区间结构的监测范围一般为轨道交通结构外沿两侧各 30m 范围内的车站施工地段。原则上，应以两侧各不小于两倍基坑(或隧道)深度的范围作为监测范围，同时应视车站周围环境和建(构)筑物情况予以适当加大。

监测项目包括地面建(构)筑物的沉降、倾斜，道路、地表及管线的沉降，地下水位，围护结构及地层水平位移，基坑支撑轴力，隧道拱顶下沉、收敛等必测项目以及其他选测项目。施工监测单位应根据监测设计图具体要求来确定监测项目和监测断面测点布置位置、数量；第三方监测单位应按合同中工程量清单的规定来确定监测项目和测点数量、位置。

监测频率应与施工进度密切结合，并针对不同工法和不同施工步序分别制定相应的监测频率。

三、监测内容与技术要求

根据施工方法不同，监测施工内容和项目也不大一样，但其目的是一致的，即利用科学的施工监测方法和手段，在科学计算和数据的指导下，确保城市轨道交通工程施工安全和临近建筑物的安全。

采用矿山法、盾构法、明挖法或盖挖法、高架等工法进行设计和施工的地铁工程，必须将现场监测纳入工程设计文件和施工组织文件中。监测的设计文件应根据工程地质及水文地质条件、城市轨道交通工程周边环境条件、埋深及结构形式等进行编制，同时考虑监测工作的经济性。施工中应按施工进度及时

进行监测，对监测数据进行分析处理后，及时反馈给建设、设计、监理和施工单位。对于穿越重要建（构）筑物、河流等的城市轨道交通工程，除应对工程本身进行施工监测外，还应对所穿越建（构）筑物、河流等进行穿越施工期间24h不间断监测；在穿越一般建（构）筑物时应按要求进行较高频率的监测。

四、城市轨道交通工程监测管理模式

城市轨道交通工程与一般的工业及民用建筑不同，其监测通常分为两个层次，即第三方监测和施工监测。第三方监测是由建设单位直接委托或招标选取，在建设单位的名义下独立进行工作，负责全线施工监测的统筹工作，类似于专业监理的地位。因此，第三方监测与监理单位通常是一个平行的工作关系，即两者工作各有侧重，在工作中相互协调、补充，共同监督、管理施工单位。而施工监测是指土建承包人按施工合同有关要求在满足监测技术规程的要求下，自行组织对城市轨道交通工程实施的监控量测工作。

第三方监测与施工监测虽然都是在土建施工过程中实施的监测工作，但却有所区别，主要包括：①施工监测测点较多、频率较高，第三方监测测点数量和监测频率相对较少，主要起到抽测、复核的监督作用。②施工监测隶属于工程承包单位，监测工作缺乏独立性，而第三方监测工作则完全独立，其监测数据具有客观公正性。③第三方监测的技术要求高于施工监测，在监督施工监测的同时，还指导施工监测队伍开展日常的监测工作。

目前，城市轨道交通监测管理模式主要有以下三种。

（1）各标段的施工监测队伍直接由建设单位委托，其监测数据直接报送给建设单位，无第三方监测。此模式优点为施工监测和工程承包单位无经济合同关系，其数据具有独立性。缺点为全线施工监测队伍较多，技术水平参差不齐，缺乏统一的管理。

（2）由建设单位直接委托一家或两家第三方监测单位负责全线监测工作，取消施工监测。此模式优点为直接对建设单位负责，技术水平要求高，便于统一的管理。缺点为对第三方监测单位所投入的人员、仪器设备、技术水平要求较高，第三方监测工作量相对较大，监测信息反馈及时性差，与施工控制联系不紧密。

（3）由建设单位直接委托一家或两家第三方监测单位负责全线监测管理工作，各土建标段自行组织施工监测队伍，第三方监测在管理的同时辅以抽测以达到监督管理施工监测队伍的目的。此模式优点为第三方监测直接对建设单位负责，技术水平要求高，在建设单位的领导下管理施工监测队伍，此外在加强施工监测管理的同时又能及时反馈监测数据。从管理成效和国内其他城市轨道交通监测管理模式来看，第三种管理模式相对应用较多，管理成效也相对较好。广州市轨道交通从五号线开始，在国内最早引入第三方开展全线第三方监测。

第二节　第三方监测

第三方监测是我国近年在重大工程建设，特别是城市轨道交通建设领域，参照国际惯例推行的一项科学管理制度。第三方监测是业主依据《中华人民共和国安全生产法》，为确保施工安全而采用的一种先进的管理模式。广州市轨道交通工程建设的土建施工阶段为实施、履行“客观、独立、公正”的管理制度，从五、六号线建设开始，也实行了土建施工第三方监测管理。本节将以广州市轨道交通第三方监测为例，对工程实施第三方监测情况进行介绍。

一、第三方监测管理模式的目的和作用

为了在工程施工期间独立、公正地评价施工对周边环境的影响程度，确保施工安全，并为处理施工过

程中发生的纠纷提供公正的数据依据,我国实施了由独立于业主和施工单位之外的第三方监测单位介入土建施工全过程,开展土建施工第三方监测工作的管理模式,从而为工程建设安全提供了保障。采用第三方监测管理模式的主要目的和作用在于:

(1)对承包人的施工监测数据进行复核、检验,尽量避免监测错误,以及施工单位瞒报现象的发生。

(2)施工期间对周边建(构)筑物、管线及道路的位移、沉降实施监测,为业主提供及时可靠的信息,评定工程施工对周边环境的影响,并对可能发生的危及环境安全的隐患或事故提供及时、准确的预报,使有关各方能及时采取措施,避免事故的发生。

(3)当发生投诉事件时,第三方监测提供独立、客观、公正的监测数据,作为有关机构评定和界定相关单位责任的依据。

二、主要工作内容与监测项目

(一)主要工作内容

第三方监测单位在监测实施阶段工作内容主要包括以下三大部分。

1. 监测方案

审阅承包人提出的监测方案并提出审阅意见,编制第三方监测方案并报审。

第三方监测单位按照招标文件技术要求、第三方监测招标图纸、土建施工图监测设计方案并结合现场实际情况,编制监测方案。第三方监测布点数量,原则上不得低于第三方监测招标图纸的要求。

监测方案送监理审核后报送业主审阅,抄送设计方,或必要时由监理组织各方审查第三方监测单位监测方案。监理审核时需根据实际情况核定所要监测的建(构)筑物数量,若出现合同变更项目时,由业主组织相关单位人员,按照合同变更管理办法办理。

第三方监测单位按审批后的方案实施独立监测,并作为计价的依据。

2. 现场工作

配合监理对承包人的监测点埋设工作进行监督、指导并验收;埋设第三方监测点,实施独立监测;提供监测成果分析、现场实际问题处理等技术服务,反馈施工监测工作中存在的问题等。

3. 成果反馈

利用信息化监测系统进行及时反馈,按要求编制并上报书面监测报告。成果反馈要求及流程如图 22-1 所示。

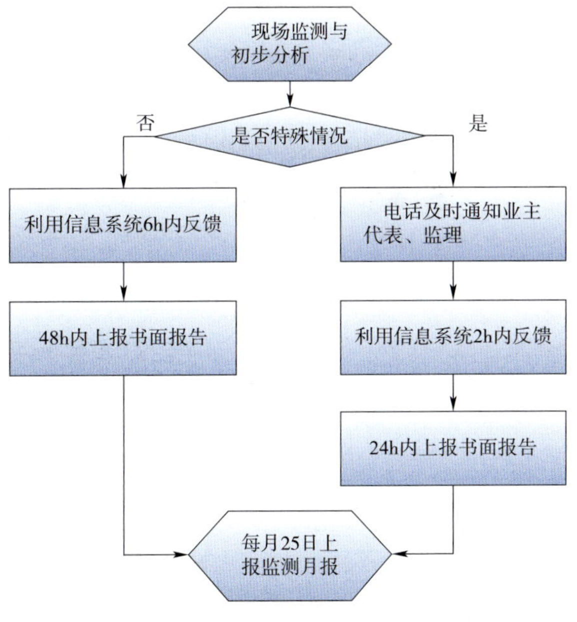

图 22-1　成果反馈要求及流程

(二)监测项目

第三方监测的监测项目、测点布置和监测精度要求见表 22-1。需保护的建(构)筑物的测点埋设由第三方监测单位负责,其他的第三方监测的测点和须先行埋设的材料和仪器由土建承包人负责埋设。

第三方监测的监测项目、测点布置和监测精度要求　　表 22-1

序号	监测项目	位置或监测对象	测点布置	仪器	监测最小精度	备注
1	支护结构桩(墙)顶水平位移	支护结构桩(墙)顶	边长大于 30m 的,按间距 30m 布点(按四舍五入原则计);小于 30m 的,按一点布置	全站仪	1.0mm	
2	支护结构变形	支护结构内	边长大于 30m 的,按间距 30m 布点(按四舍五入原则计);小于 30m 的,按一点布置。同一孔测点间距为 0.5m	测斜管、测斜仪	1.0mm	
3	支撑轴力	钢管支撑:端部;钢筋混凝土支撑:中部	车站基坑每层 5 根。通道、风道、出入口、施工竖井、区间风井、盾构井每层支撑道数超过 5 根的,按 2 根计,5 根以下,按 1 根计	钢管支撑:轴力计;钢筋混凝土支撑:应变计	≤1/100F.S	
4	锚杆拉力	锚杆位置或锚头	每层锚杆总数超过 25 根,按 20% 计;每层锚杆总数大于 10 根且小于 25 根的,按 5 根计;小于 10 根的,按 2 根计	钢筋计、压力传感器	≤1/100F.S	
5	支撑立柱沉降监测	支撑立柱顶上	立柱总数超过 25 根的,按 20% 计;总数大于 10 根且小于 25 根的,按 5 根计;小于 10 根的,按 1 根计	水准仪	1.0mm	
6	爆破振速监测	需保护的建(构)筑物	不少于总爆破次数的 20%	传感器、放大器、记录器	1.0mm/s	仅需对重要建(构)筑物进行监测
7	沉降、倾斜	需保护的建(构)筑物	每个建(构)筑物不少于 3 个测点	全站仪、水准仪	1.0mm	

三、第三方监测管理

1. 管理架构及各方关系

根据合同,第三方监测工作的管理架构如图 22-2 所示。在监测实施过程中,第三方监测单位、土建监理、土建承包人、设计单位等各方的关系如图 22-3 所示。

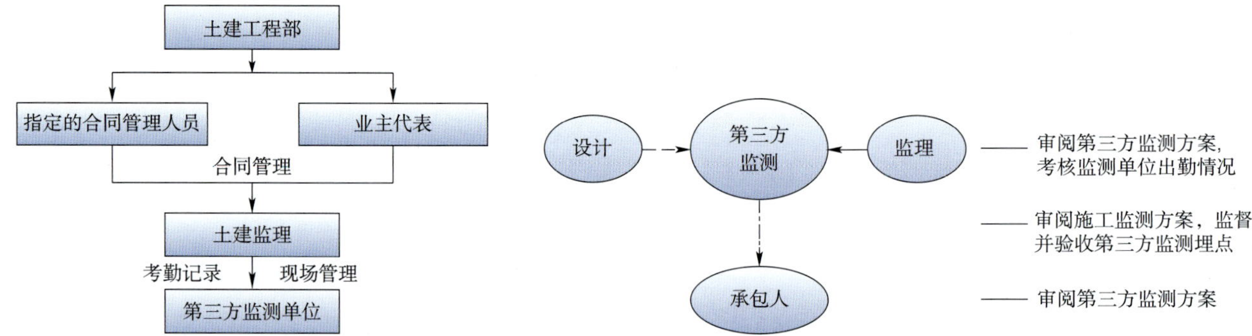

图 22-2　第三方监测工作的管理架构

图 22-3　第三方监测工作实施过程中各方的关系

2. 第三方监测的考核办法

依据第三方监测服务合同,根据监测人员到位情况、监测工作出勤率、对承包人监测工作的监督与指导、监测成果质量及反馈等四个方面进行考核,考核结果作为付款的依据之一。

第三节　城市轨道交通工程监测信息系统

城市轨道交通作为城市地下工程的重要组成部分，在施工过程中存在很多影响城市周边环境和建（构）筑物安全的不利因素，如城市轨道交通工程引起的道路地表变形可能危及周边建筑物、地下管线的安全，地下工程本身的安全问题，加上地质条件差、周边环境复杂、结构埋深较大、围岩稳定性难以判断等问题，更使得工程施工过程充满潜在风险，因此及时有效地开展施工变形和受力监测显得十分重要。广州市轨道交通建立了一套基于无线网络环境的工程施工监测信息系统，保证了监测数据及时反馈指导设计与施工。

一、土木工程无线远程监测网络技术

（一）系统架构

随着科技的发展，以及土木工程监测应用需求在内容、时间及空间等方面的拓展，网络化的感测、信息获取与处理已逐渐成为当今监测技术领域的重要发展方向。网络化监控系统可以实现监测数据的有效可靠传输和数据集成。监测网络以多个分布在施工现场、具有数字通信能力的传感器作为网络节点，采用规范化的通信协议，将桥梁、隧道施工现场的传感器监测数据通过局域网总线网关、无线网关、无线中继节点发送至以太网关，由此接入商用无线以太网，为实现土木工程远程无线监测提供了技术支持，第三代移动通信技术（3G）的广泛应用为数据传输实时化提供了可能性。

智能传感器节点、控制系统和监测数据处理系统的组织架构是决定一套监测系统效率和质量的关键因素。传统监控方法采用驱动程序的方式实现传感器与控制系统之间的信息共享，而现场总线技术则实现了大量监测传感器节点的网络化，它通过一种规范化的标准接口协议实现了智能传感器节点的连接和控制。对于土木工程施工监测而言，通过如下架构实现无线远程监测过程：

（1）通过现场总线把分布相对集中的一些智能传感器节点组成若干有线网络，数据控制器和数据通信网关同时接入该有线网络。

（2）通过（1）中的数据通信网关、无线中继节点、商用无线 AP 网关连接成为无线通讯网络，对于没有商用无线网络信号覆盖的桥梁和地下工程尤其方便和实用。

（3）在商用无线通信信号有效覆盖区域，通过商用无线以太网关接入移动通信网络，从而利用商用以太网实现远程数据通信。

（4）在数据处理中心，通过商用无线以太网关和计算机网络数据库技术实现监测数据的分析和处理，并及时更新数据库中的监测数据和监测分析报表；根据需要可将预警信息通过短信方式发送至有关管理人员手机中，以达到信息的及时性和有效性。

（5）通过有线、无线以太网络，被授权的用户可以及时查询、下载相关监测数据和分析报表。

如图 22-4 所示是隧道施工无线远程监测系统的组织架构示意图。

无线远程通信包括了远程 PC 机与无线以太网关、以太网与本地网关、本地网关与无线中继、无线中继与 CAN 总线之间的通信，数据以 16 进制格式打包传送，包括上行包和下行包两种，下行包是命令包或控制包，上行包是应答包，其工作原理框图如图 22-5 所示。

（二）土木工程监测系统的信息融合技术

众所周知，由于土木工程施工过程的复杂性，现场监测均采用位移、变形、温度、应力、应变、振动等多物理量进行现场监测，同时由于现场施工各种干扰因素的影响，为了提高监测信息准确度和数据通信效率，减少需要传输的数据量，必须采用信息融合技术。在各个传感器节点采集数据的过程中，利用节点本

地嵌入式计算和存储能力进行数据融合,去除冗余信息,从而达到节省能量的目的。由于传感器节点的易失效性,传感器网络也需要数据融合技术对多份数据进行综合,最大限度地提高信息的准确度。

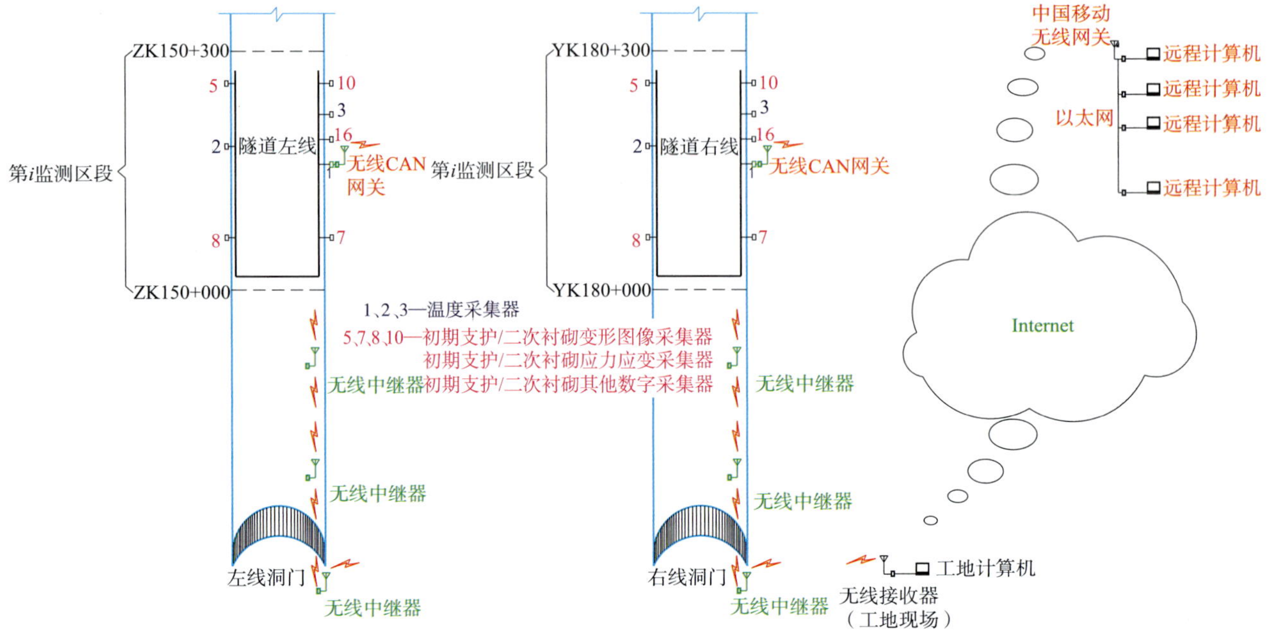

图 22-4　隧道施工无线远程监测系统组织架构示意图

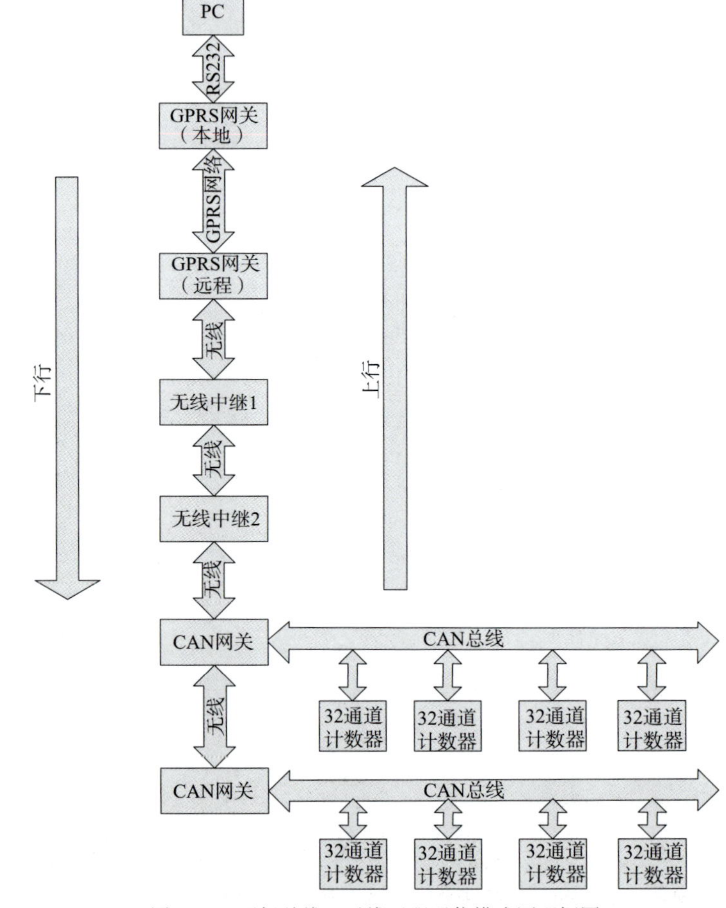

图 22-5　现场总线 + 无线远程通信模式原理框图

数据融合技术可以与传感器网络的多个协议层次进行结合。在应用层设计中,可以利用分布式数据库技术,对采集到的数据进行逐步筛选,达到融合的效果;在网络层中,很多路由协议均结合了数据融合机制,以期减少数据传输量。随着科学技术的发展和实际工程需要,数据融合技术已日益得到较广泛的重视和应用。

(三)计算机网络数据库技术的应用

随着计算机 Internet 网络技术的普及,利用 Internet 进行信息查询已成为最广泛的应用,因此对网络数据库的支持就成为最基本的需求。简单地说,网络数据库就是能满足网络应用需求的数据库,是跨越单一计算机在 Internet 网络上创建、运行的数据库。上网查询信息的过程是,用户利用网络浏览器作业输入接口,输入所关心的内容数据,浏览器将这些数据传送给网站,而网站对这些数据进行查询操作等处理后,把操作结果回传给浏览器,通过浏览器将结果告知用户。

网络最显著的功能是分享信息,网络数据库的特点如下:

(1)大量的并发访问用户。同一条信息在网络上可能对大量的用户都有价值,而且众多用户可能会同时提出查询请求。

(2)支持的数据类型大为扩展。除了传统的数据类型外,Internet 网络上还有复杂的文档型和多媒体型数据资源。因此,网络数据库采用面向对象的概念,对支持的数据类型进行了扩展。

(3)安全性。人们关心的信息(输入)和得到的信息(输出)都要通过网络协议进行传输,信息的安全性可通过相关技术得到保证。

二、城市轨道交通监测信息系统方案设计

(一)城市轨道交通监测信息系统

城市轨道交通监测信息系统是指利用计算机技术对工程施工监测工作所产生的监测动态数据和基础信息数据进行存储管理、综合分析,利用网络通信技术进行数据的传输、发布,以便设计、施工、监理、业主能够实时掌握工程施工监测信息,为设计、施工、监理等及时判断前一阶段施工工艺和施工参数的合理性提供保证,是动态施工与动态设计的必要手段。

城市轨道交通监测信息系统是以自动化采集数据为主的监测信息反馈系统,可实现数据的自动化录入、系统自动分析与报表生成功能。城市轨道交通监测信息系统在用户使用层具有查询报表、监测成果表、监测曲线图以及信息互动等功能,在数据中心层具有数据输入、查询、报表编制、系统管理、报警处理功能、工点建立等功能。其主要功能如下:

(1)监测数据的自动采集。借助近几年电子技术发展形成的各类电子仪器,可在施工监测数据采集方面实施全野外自动数据采集。如近年内发展起来的数字电子水准仪 DiNi12、全站仪 TCA2003 等仪器均能自动读数、自动记录,这样不仅能提高效率而且能避免由于人工读错、听错所带来的错误。

(2)监测数据的自动处理。数据采集完毕后通过数据接口进入数据自动平差模块,这一过程主要对外业采集来的数据进行分析处理并自动生成报表。

(3)数据的网上发布。报表自动生成后结合当时的工况通过互联网进行网上发布,并同时生成变形过程曲线图、变形速率及变形预测图,这样不管管理人员身处何方,只要有互联网的地方就能使人们直观地了解建筑物的实时变形过程。

以上实现过程如图 22-6 所示。

(二)城市轨道交通监测系统的设计思路

1. 监测系统的网络环境

城市轨道交通监测系统是建立在 Windows 操作平台、地理信息系统(MAPGIS)及 ORACLE 数据库的

基础上，主要基于 B/S 架构(部分 C/S 架构)开发的应用系统。该系统可同时运行在单位内部局域网和互联网上;可利用 CDMA 1X 网卡和 VPN 网络技术，实现数据采集层至数据中心层的无线数据传输，并保证数据的安全;可通过短信发送平台实现预警值的手机短信提示。

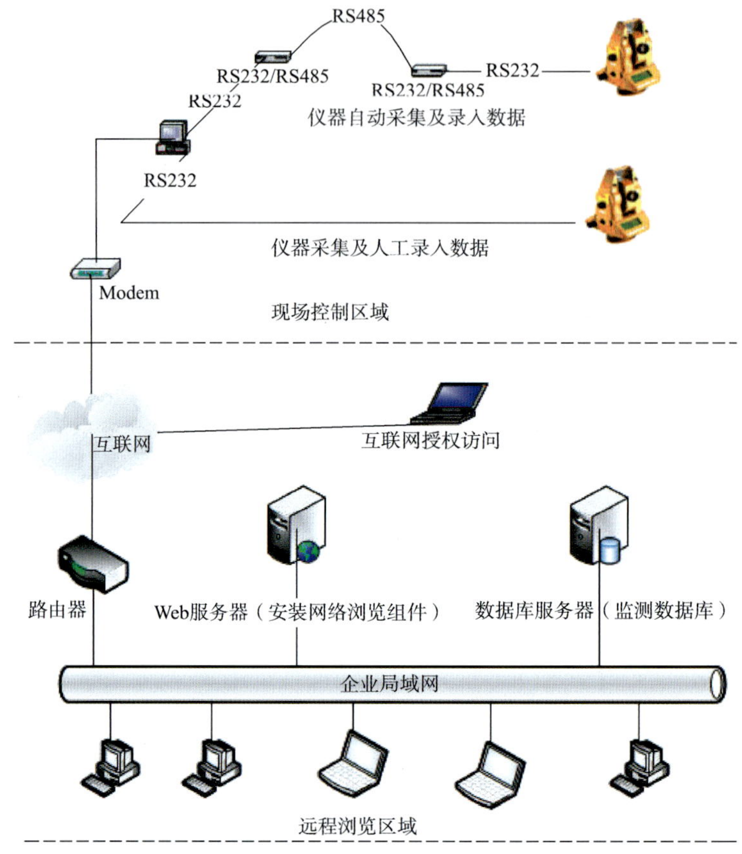

图 22-6　城市轨道交通监测系统功能实现过程

系统硬件环境配置：DELL 2850 服务器，短信发送平台(SIEMENS TC35IT)，VPN 防火墙，CDMA 1X 网卡和远程专用光纤。

监测数据工作流程：在数据采集层实现数据采集后，通过互联网将数据传输至服务器上的数据中心层进行分析处理，再发送至客户端(即用户)，如图 22-7 所示。

2. 监测系统的层次结构

城市轨道交通监测系统层次结构划分为三层，即用户使用层、数据中心层和数据采集层(见图 22-8)。

各层功能如下：

(1)用户使用层：监测数据预警功能、本期数据查询功能、历史数据查询功能、数据使用提示功能、图形查询功能、工程进度查询功能。

(2)数据中心层：工点图形设计功能、系统权限管理功能、数据分析预测功能、系统数据修改功能、平差处理计算功能、监测报表生成功能。

(3)数据采集层：人工采集数据记录功能、仪器自动采集记录功能。

3. 监测系统特点

(1)图形操作、三点到位。该系统在用户使用层能够实现轨道交通线路平面图至工点基坑平面图，工点基坑平面图至各监测点，以及各监测点各项数据、图表的图形化连接。

(2)多功能的预警系统。该系统在预警系统中建立手机短信提示、系统界面及声音提示三种方式。

(3)该系统能实现多种监测数据与采集方法的集成。

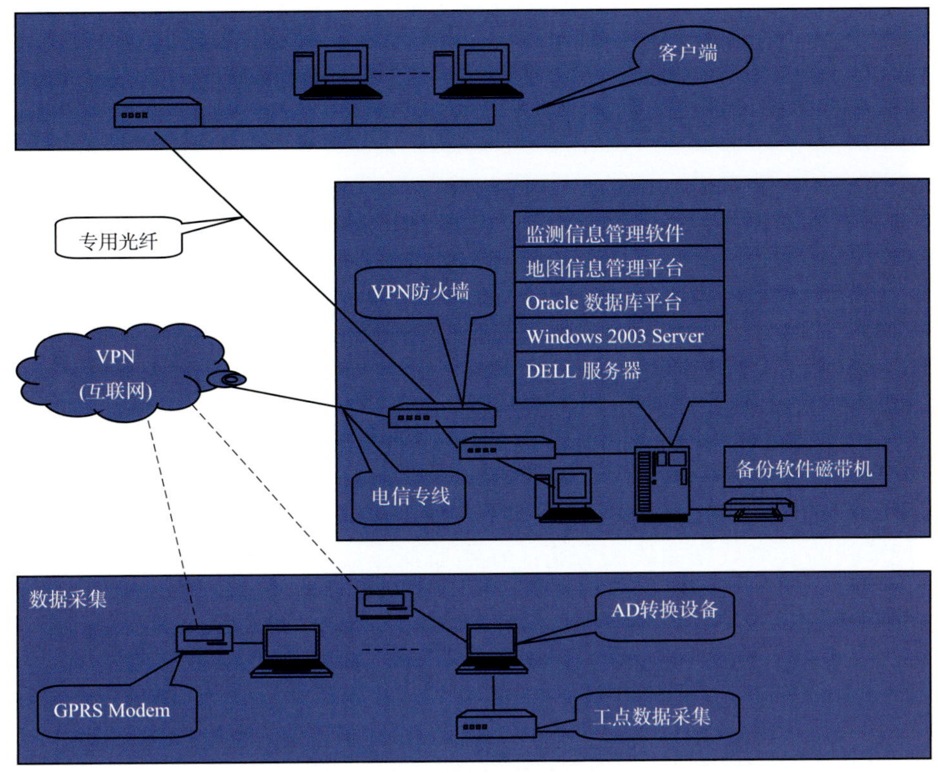

图 22-7　监测系统网络流程图

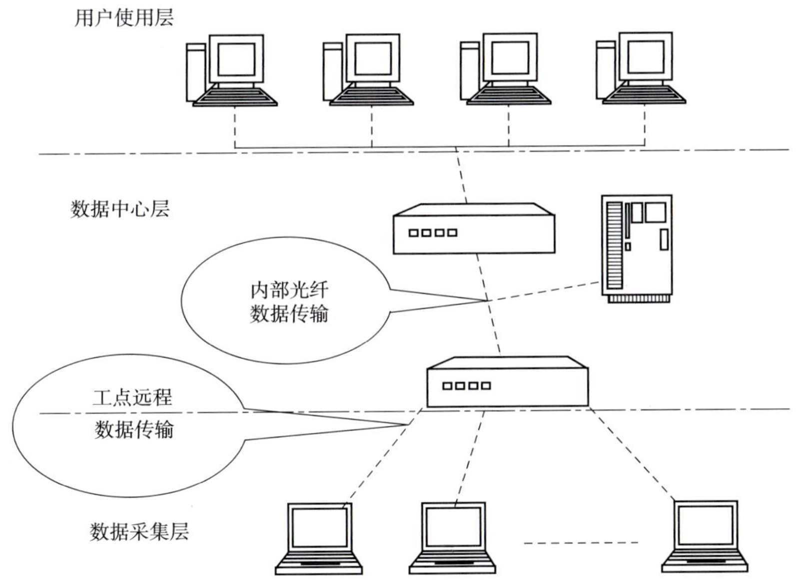

图 22-8　监测系统层次结构图

在基坑监测中，因监测项目很多，大体上可分为光学类和非光学类，该系统能够将不同类的监测数据及施工状况集成，以便进行协调分析，同时该系统还实现了不同数据采集方式的集成，包含自动采集与人工采集的集成。

该系统在保证监测数据及时性方面发挥了重要作用，可以实现监测外业工作完成后 4h 内监测数据到达业主等用户手中，同时该系统可实现短信、系统平台报警功能，能够及时有效地将工程重要监测数据反馈各级管理人员。

使用该系统可了解工程的基本施工情况，如基坑开挖深度、支撑架设情况，各监测点附近的施工状况等。

城市轨道交通监测信息系统与常规的监测报表相比，其反映的数据量大(可以根据需要查询任意时间段的数据)、信息反馈及时、工程施工信息量大、数据存储完备。

三、监测数据反馈指导设计与施工的应用

1. 监测数据反馈指导设计与施工的定义

监测数据反馈指导设计与施工是指在地下工程施工过程中，根据施工信息，对设计所确定的结构形式、支护参数、施工方法、施工工艺以及各工序施作的时间等进行的检验和修正。

2. 应用监测信息系统判断工程安全性

在本监测系统的设计建立过程中，首先考虑监测数据的反馈及时性。只有及时反馈各施工状况的监测数据，对信息化施工与设计才有指导意义，才能保证工程的安全性。利用本监测信息系统可以从如下几方面判断监测数据的合理性与工程安全：

(1)利用系统反映的监测数据曲线图分析。在本监测系统中，监测数据的曲线图包含变化量曲线图、累计变化量曲线图以及变化速率曲线图三类。在设计中，对监测点的变化量、变化速率及累计变化量一般都有控制值与警戒值。当工程出现异常时，一定时段的变化速率曲线图和累计变化量曲线图都会出现明显异常情况。在工程施工中，若发现一个或多个监测项目在相同位置的监测曲线图异常，可判断工程存在潜在危险。

另外，系统中测斜监测曲线图的变化情况还能反映出测斜管埋设质量。如测斜监测数据曲线图底部出现连续移动(俗称“踢脚”)，则反映出测斜管埋设深度不够；若测斜变形速率曲线图连续出现较大值的正负交替变化，则反映出测斜仪器不稳定或测斜管埋设过程中部分段存在未填实、出现空洞的现象。

(2)利用监测数据进行工程安全性分析。本监测系统建立了报警功能，可以对监测项目设定报警值。当监测数据超过报警值后，系统能够自动闪烁红色报警标记，发出报警短信，提示工程的潜在危险。

在利用监测数据分析工程安全性时，数据的异常变化可以通过相同位置不同监测项目的数据进行检核，以判断异常情况是属于观测误差，还是工程本身的变形。

3. 利用监测数据反馈指导设计与施工

利用监测数据反馈指导设计与施工的基本思想源于新奥法。隧道设计施工的基本原理是根据经验初步选定设计参数，在施工过程中通过监测地下工程的变形数据，判断地下工程的稳定性及支护加固的效果，并据此修正有关支护加固参数或方案。

城市轨道交通监测信息系统的建立与应用，保证了监测数据的及时性，为监测数据反馈指导设计与施工提供了条件，同时该系统对监测数据进行集成分析，也部分消除了监测过程中的观测粗差，保证了用于反馈指导设计与施工的监测数据的准确性。

四、工程实例

广州市轨道交通建立的城市轨道交通监测信息系统在广州市轨道交通五号线第三方监测工作中得到了成功应用。

如图22-9所示是五号线猎德站2006年10月第三方监测监测点平面布置图，监测数据曲线图如图22-10～图22-13所示。从图中可知，2006年10月9日在猎德站的C018孔附近出现了监测数据异常，两种不同监测方法均反映出基坑出现较大变形，且情况基本一致，由此可以判断基坑异常。由工程施工情况可知，2006年10月9日，施工单位在该位置处出现土方超挖(超挖深度1m)，第三层锚索未加力，基坑周边出现裂缝。由气象情况记录可知，2006年10月8日夜间，广州市出现持续暴雨。综合以上情况，可

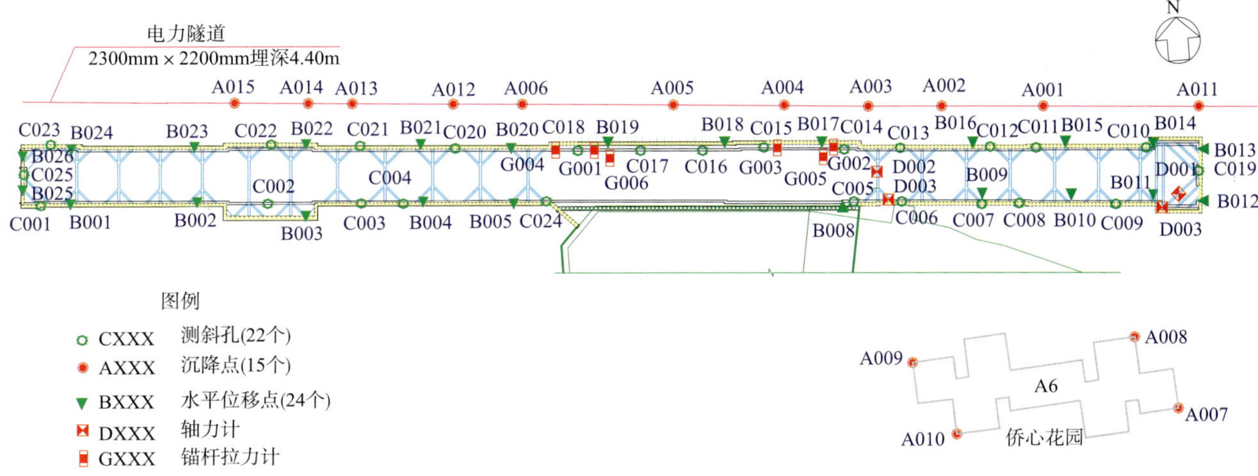

图 22-9　猎德站第三方监测监测点平面布置图

以判断基坑围护结构的较大变形是由施工不规范及大雨造成。针对该情况，施工单位及时采取措施，对基坑周边裂缝进行封堵，对第三道锚索及时加力。监测单位对各监测项目进行加密监测，至 2006 年 10 月 10 日，监测数据表明该处围护结构趋于稳定。

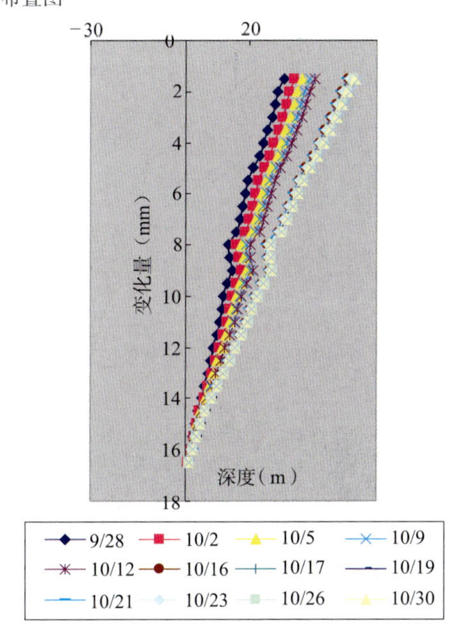

图 22-10　猎德站测斜项目累计变化量—时间曲线图

五、效果评价

从以上城市轨道交通施工信息化监测系统的应用情况看，仍需要进行系统改进工作。主要有以下几点：

（1）随着无线通信技术和计算机网络技术的发展，城市轨道交通施工信息化监测系统存在很大的技术升级改造空间。第三代移动通信技术平台、无线通信技术、计算机测控总线技术及网络视频技术都为城市轨道交通施工信息化监测系统提供了更为先进的技术支持。目前有关科研单位和高校已在该方面进行了多年研发工作，有很多成熟技术成果可供选用，如公路隧道施工和运营阶段变形和受力监测系统、桥梁和隧道健康监测系统等。

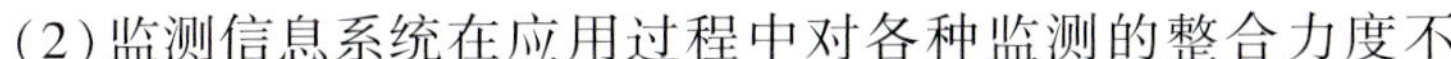

（2）监测信息系统在应用过程中对各种监测的整合力度不

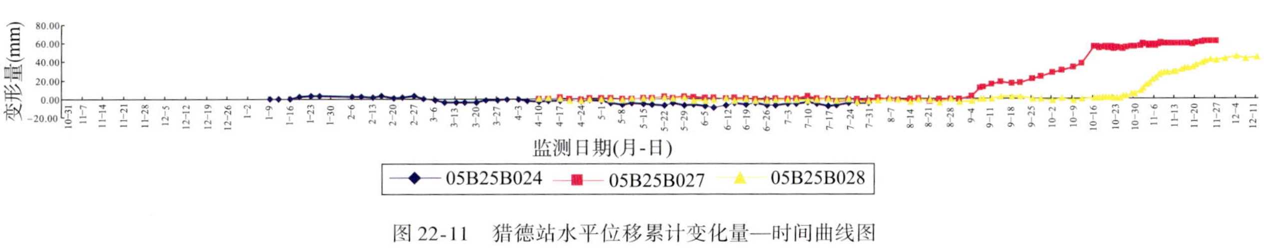

图 22-11　猎德站水平位移累计变化量—时间曲线图

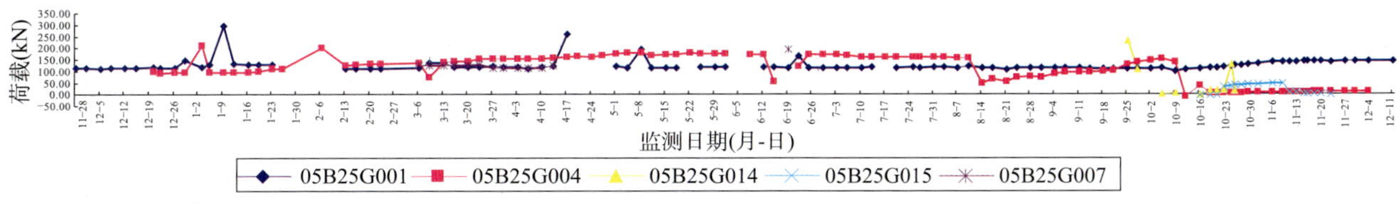

图 22-12　猎德站锚索拉力荷载—时间曲线图

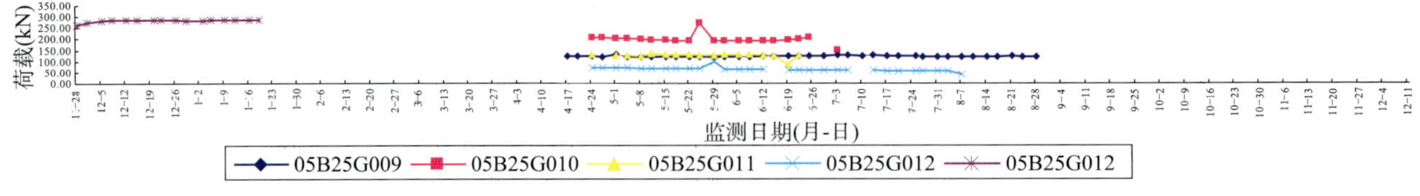

图 22-13　猎德站锚索拉力荷载—时间曲线图

足。从时间方面看,系统能反映各监测项目不同时段的监测数据及曲线图,工程人员能够从系统的数据表及曲线图判断工程的安全性;但从竖向坐标方面看,各监测项目数据变化量之间相互关系的整合力度不够,应结合岩土力学、结构力学及材料特性等方面的专业知识进行进一步的融合分析,剔除外界因素对各监测数据的影响值,确保各项监测数据的一致性。具体思路包含如下几点:第一,对各监测项目进行误差分析,尽量消除外界因素对监测数值的影响;第二,选择一些在地质特征、结构设计、施工工法上有代表性的基坑监测数据及施工数据,对各施工状况进行反分析模拟,统计不同施工状态下各监测项目的相关性;第三,通过大量的已有监测项目的相关性数据,建立各监测项目的修正公式,以此修正各监测项目的监测数据,从而保证各监测数据的一致性。

(3)系统缺乏完善的分析预测系统。系统现有的数据分析与预测是建立在单独监测项目的基础上,按照一定的公式进行简单预测,其预测结果与工程实际情况出入较大。系统在进一步完善过程中,应与有限元等反分析法相结合,利用系统内的监测数据及工程信息进行自动分析。该工作首先要建立适当的反分析模型,再将修正后的监测数据带入分析模型中进行预测。在反分析模型的建立过程中,应考虑基坑的地质特征、结构设计、施工工法等各种因素,确保模型参数的合理性。

(4)与其他工程管理系统相结合。将监测信息系统、工程施工管理系统相结合,建立完善的工程施工信息数据系统,为动态设计与施工提供充分的、及时的工程数据,在设计、施工、监测三者之间构建起互动体系,实现信息的及时反馈,从而提高工程管理水平,保证工程质量和施工安全。

第四节　盾构机穿越既有轨道交通线路实时自动监测

一、实时监测的必要性及目的

在施工过程中,应贯彻信息化施工的原则,制定详细的信息传递网络,对施工全过程制定有针对性的监测措施,特别是对地面沉降变形和建/(构)筑物的沉降变形以及隧道的位移变形和收敛、地下水位、开挖面变形等必须进行及时准确的监测,并通过监测数据信息化指导施工。

1. 实时监测的必要性

既有轨道交通内部结构及线路设备能够承受的变形数值有限,在超出一定限度后可能引发严重安全事故。工程实例证明,新建工程施工下穿正在运营的地下铁道结构会对既有轨道交通结构及线路造成影响(主要包括既有结构的沉降、弯曲和扭曲变形、开裂,变形缝的扩展和错动),并造成结构性能指标下降。结构变形严重时,可能会引起结构与道床的剥离、轨道设备几何形位的改变,如轨道水平、轨道前后高低、直线轨向(或曲线正矢)的改变,严重时形成“三角坑”、“吊板”、“暗坑”等病害,使行车平顺性变差,诱发冲击、摇晃甚至于造成脱轨,对行车安全造成重大威胁。因此,在盾构机穿越既有轨道交通线路施工时,必须对既有线路进行实时监测。

2. 实时监测的目的

险情的发生往往具有突然性,只有进行足够密度的监测数据采集,才能从监测数据上发现连续的变化征兆,进而能够提供信息给决策人员,并使其及时采取措施,排除险情,消除隐患。采用实时自动化监测系统可实时掌握在新建线路建设过程中对既有线隧道结构形状和道床、轨道状况的影响,提供动态监测数据，为建设方及运营方提供及时可靠的数据和信息，以便及时评定工程施工对既有线结构和轨道的影响，及时指导施工采取必要预案措施、运营加强维修养护措施，并对可能发生的事故提供及时、准确的预报，使有关各方有时间做出反应，避免恶性事故的发生，确保既有线安全运营。

二、自动监测系统构成

1. 自动监测系统结构

自动监测系统主要由如下四个单元构成：监测设备、参考系、变形体和控制设备，如图22-14所示。其中，监测设备一般由TCA2003测量机器人、结构变形自动化监测系统软件和监测控制房组成，参考系由若干个基准点组成，变形体由若干个变形监测点组成，控制设备由工控机及远程控制电脑组成。

2. 监测使用仪器

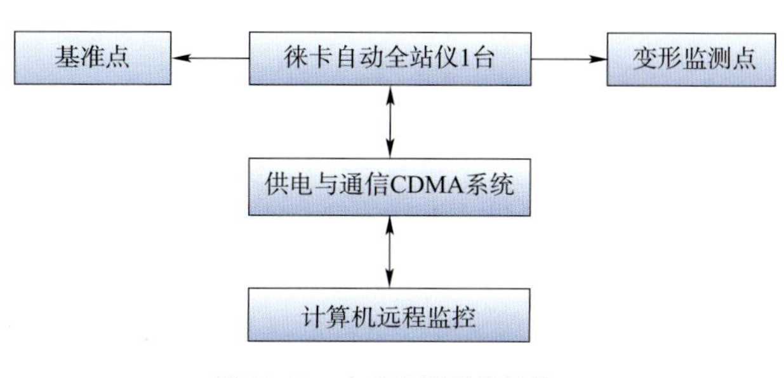

图22-14　自动监测系统结构

一般采用徕卡TCA2003全站仪和配套的硬软件实现对结构有关变形的自动监测。徕卡TCA系列自动化全站仪，又称“测量机器人”，该仪器精度高、性能稳定，其内置自动目标识别系统可以自动搜索目标、精确照准目标、跟踪目标、自动测量、自动记录数据，在几秒内完成一目标点的观测，像机器人一样对多个目标作持续和重复观测，并具有计算机远程控制等优异性能。采用结构变形自动化监测系统进行变形监测，可以实现无人值守及自动进行监测预报，即实现变形监测全自动化。它不仅便捷、准确，而且可以减少传统意义上形变观测中的人为观测误差及资料整编分析中可能造成的数据差错。

3. 工作基站及校核点设置

为使各点误差均匀并使全站仪容易自动寻找目标，工作基站布设于监测区中部，先制作全站仪托架，托架安装在站台侧壁或车站侧壁，离道床高度0.2m左右，以便全站仪容易自动寻找目标。校核点（基准点）布设在变形区和最外观测断面以外20m左右的车站或隧道中。

三、监测项目、频率和周期

城市轨道交通运营线路的自动化监测项目有道床（钢轨）的沉降及水平位移监测、轨距变化监测，主体结构的沉降、水平位移及径向变化监测。对城市轨道交通运营线路的自动化监测，一般情况下1次/（3～4h），当施工影响较大或出现变形征兆时进行连续监测（1次/2h）。监测结果显示，自工程施工前一周测定初始值开始至工程施工结束后，沉降变形稳定。

四、监测项目警戒值

城市轨道交通运营线路的变形监测：轨行区不均匀沉降量不超过6mm（报警值为4mm）；结构沉降不大于10mm。水平位移和沉降的警戒值定为6mm，报警值为4mm。隧道底板监测点的沉降差不超过4mm。车站站台监测点的变形不大于10mm。水平：相邻两根钢轨高程差不大于4mm；轨距：相邻两根轨道轨距变化范围为+6～－2mm；高低：10m弦长轨面高程差不大于4mm；结构沉降不大于5mm。

五、工程实例

（一）工程概况

六号线如意坊站—黄沙站盾构区间土压平衡盾构机从黄沙站始发后，过六二三路与大同路交叉路口，下穿已开通运营的一号线，沿黄沙大道到达如意坊站。盾构机始发掘进40余米后，从一号线黄沙站下方交叉穿过，长度为30m左右。新建六号线盾构隧道线路位于半径为250m的圆曲线上，隧道埋深22m左右。如图22-15所示为工程位置示意图。

图22-15　工程位置示意图

1. 工程地质情况

左线盾构隧道穿越一号线，地层为少量〈7〉全风化泥岩和大量〈9〉微风化泥质粉砂岩，呈棕红色，岩石组织结构部分破坏，矿物成分基本未变化，有少量风化裂隙泥质、钙质胶结，岩质稍硬，RQD = 90%，岩石单轴抗压强度为12.37 ~ 24. 30MPa。右线盾构隧道过一号线，穿过的地层为〈8〉褐红色粉砂质泥岩中风化带和〈9〉微风化泥质粉砂岩，其中〈8〉中风化泥质粉砂岩为棕红色，岩石局部裂隙发育，〈9〉微风化泥质粉砂岩为棕红色，岩石局部见少量细微裂隙，RQD = 95%，岩石天然单轴抗压强度值为22. 60 ~ 27. 60MPa。如图22-16所示为地质钻孔抽芯图。

a)钻孔编号：RHBZ-26

b)钻孔编号：RHBY-15

图22-16　地质钻孔抽芯图

2. 既有一号线黄沙站情况

一号线黄沙站为地下两层结构，车站长255. 951m、宽19. 6m；围护结构为地下连续墙，厚0. 6m、深18. 5m；主体结构底板厚1. 0m，埋深13. 8m。

3. 新建盾构隧道与既有一号线黄沙站位置关系

根据一号线工程竣工资料及如意坊站—黄沙站盾构区间隧道纵平面图，左线在黄沙始发46. 317m后与一号线黄沙站附近交叉，长度为21. 374m；如意坊站—黄沙站盾构区间右线在黄沙始发43. 332m后与一号线黄沙站附近交叉，长度为 21.226m，其平面位置关系如图 22-17 所示。

其中如意坊站—黄沙站盾构区间下穿一号线段盾构隧道，埋深为 22m 左右，与一号隧道竖向净间距为 8.1m 左右，六号线左、右线盾构隧道与车站围护结构最近距离为 2.99m，走向与其成 65°角。如图 22-18 所示为一号线黄沙站与盾构隧道竖向关系图。

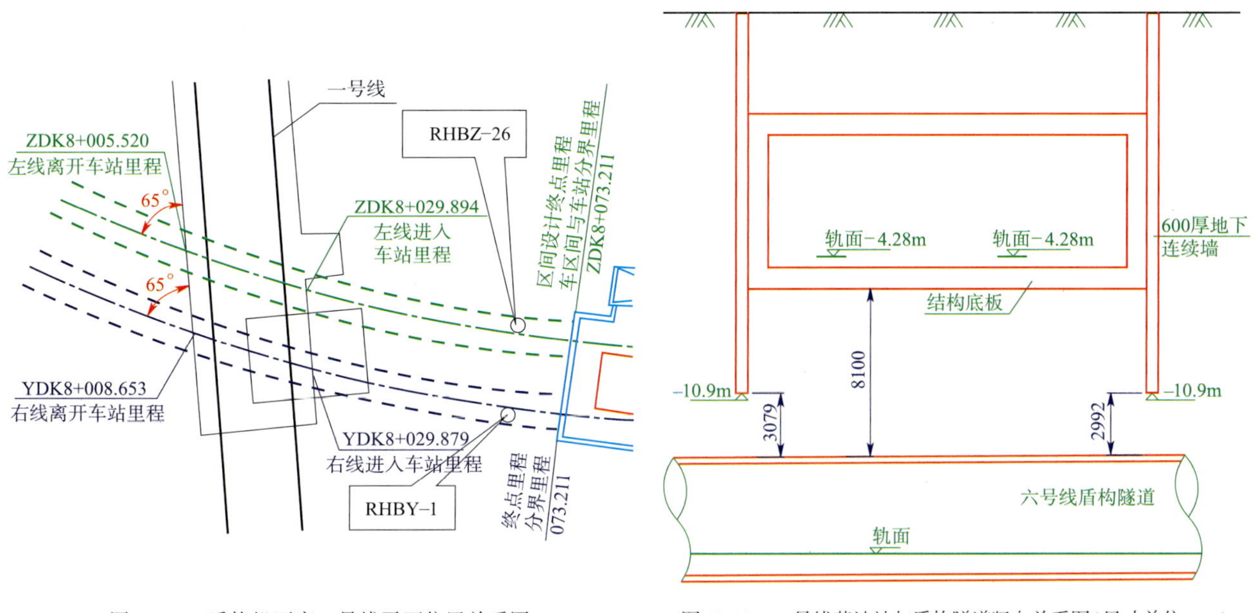

图 22-17　盾构机下穿一号线平面位置关系图

图 22-18　一号线黄沙站与盾构隧道竖向关系图(尺寸单位:mm)

(二)监测实施方案

1. 监测断面布置

按设计要求，本工程在一号线黄沙站及隧道左右线共布置 32 个监测断面，上下行隧道各布置 16 个监测断面，监测断面平面布置如图 22-19 所示。

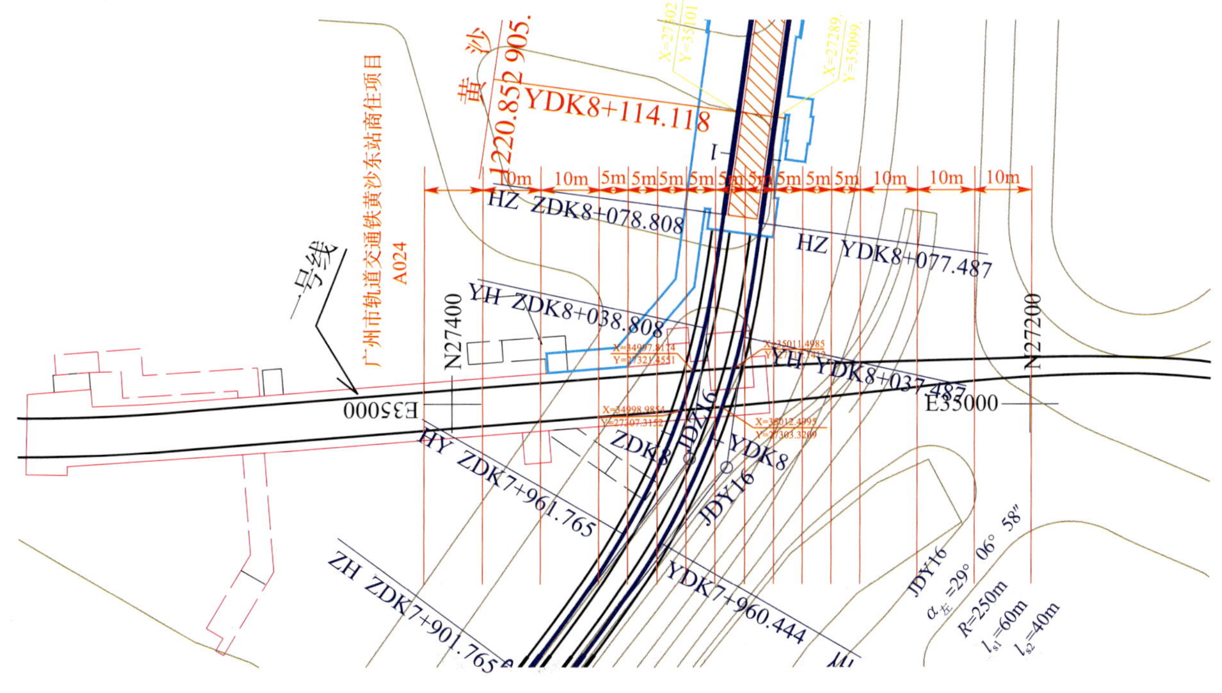

图 22-19　监测断面平面布置图

2. 监测点布设

由图 22-19 可以看出,监测断面部分在车站,部分在区间,车站与区间隧道的形状有差异,故监测点的布设位置要分别考虑。

1)车站监测点布设

每个断面在轨道附近的道床上布设 2 个监测点,中腰位置布设 2 个监测点,因车站断面形状的特殊性,一点布设在站台板底部,另一点布设在边墙靠近广告牌下部的位置,此两点需使用支架连接反射棱镜,顶部布设 1 个监测点,即每个监测断面布设 5 个监测点。3 个观测点用连接件配小规格反射棱镜,用膨胀螺丝及云石胶锚固于监测位置的侧壁及道床的混凝土中,棱镜反射面指向工作基点。

布设监测点应严格注意避免侵入设备限界。车站断面不同于区间,因一号线运营区间屏蔽门遮挡,无法详细了解黄沙站轨行区的实际情况,通过现场了解一号线侧式站台车站花地湾站的站台板下部情况及停车时所观察到的广告牌一侧边墙的情况后,制订两套观测方案,其中变形监测点位及测站点的具体布置如图 22-20 所示。设备安装期间即可通过现场察看最终确认最优的方案并进行自动化监测,布设时根据现场实际情况及运营长期监测点位置进行调整。

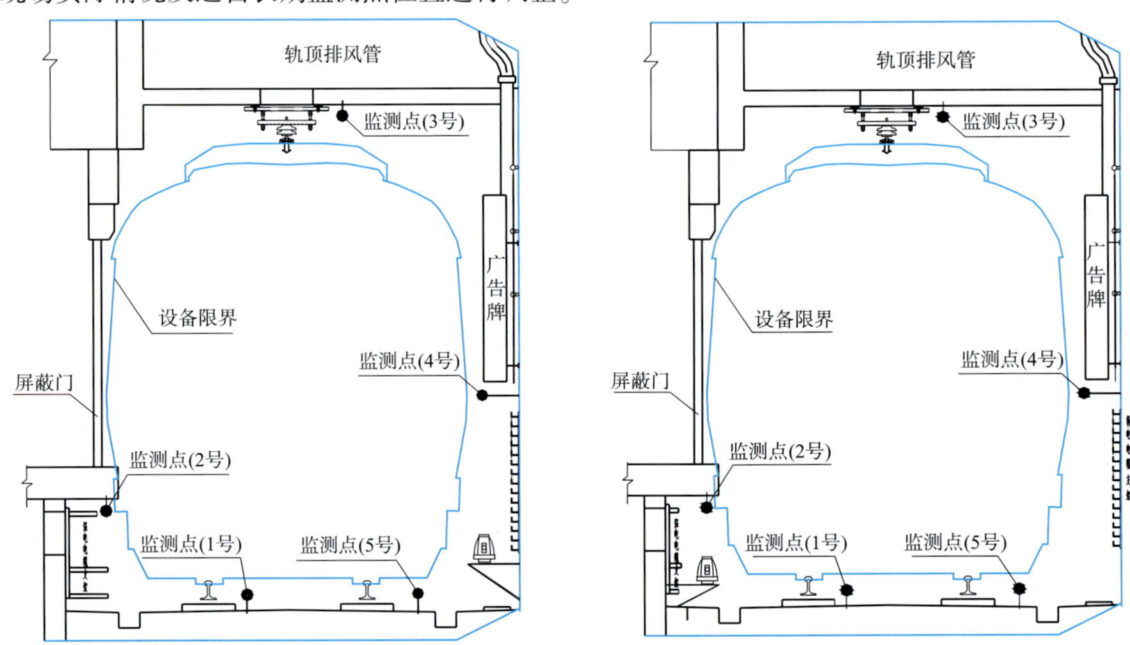

图 22-20　变形监测点位及测站点的具体布置

2)区间监测点布设

变形监测点按设计要求的断面布设,每个断面在轨道附近的道床上布设 2 个监测点,侧墙中腰位置两侧各布设 1 个监测点,隧道顶布设 1 个监测点,即每个监测断面布设 5 个监测点。各观测点用连接件配小规格反射棱镜,用膨胀螺丝及云石胶锚固于监测位置的侧壁及道床的混凝土中,棱镜反射面指向工作基点。

3. 监测点编号

每个监测断面内各布设 5 个监测点,其中监测点编号规则遵循:线路号 + 监测断面号 + 监测点编号,如 XA1 表示下行线 A 断面 1 号监测点,SA1 表示上行线 A 断面 1 号监测点。

(三)监测方法

将 TCA 自动化全站仪安置在隧道侧壁的强制对中托盘架上,现场通过变压稳压设备对其进行不间断供电,保证对其本身的长效供电电池充电。全站仪数据通过 CDMA 模块传输到数据中心(办公室),同时将监测指令传输到采集设备(全站仪),以实现远程自动的变形监测。

(四)实施效果

通过对黄沙站轨行区自动化即时监测成果的分析,盾构机下穿通过一号线黄沙站时,黄沙站最大累计沉降量为 -1.85mm,远低于报警值4mm。在盾构机掘进施工期间,黄沙站主体结构稳定,没有给一号线运营造成不良影响。同时,根据近期监测成果,日平均沉降变形速率最大为0.08mm/d,所有监测点均处于稳定状态。此时,右线盾构机已过一号线黄沙站约162m,左线盾构机已过一号线黄沙站约46m,盾构机穿越既有一号线施工获得圆满成功。

第二十三章 风险管理

第一节 风险管理概述

一、城市轨道交通工程建设风险管理的历史及应用

风险管理是一门新兴的管理学科，最早起源于美国。20 世纪 70 年代以后，风险管理运动逐渐兴起，美国、英国、法国、德国、日本等国家先后建立起全国性和地区性的风险管理协会。1983 年在美国召开的风险和保险管理协会年会上，世界各国专家学者云集纽约，共同讨论并通过了“101 条风险管理准则”，这标志着风险管理的发展已进入了一个新的发展阶段。1986 年，由欧洲 11 个国家共同成立的“欧洲风险研究会”将风险研究扩大到国际交流范围。1986 年 10 月，风险管理国际学术讨论会在新加坡召开，风险管理已经由环大西洋地区向亚洲太平洋地区发展。与城市轨道交通工程密切相关的风险管理文件是 2002 年 10 月 21 日国际隧道协会刊印的《隧道工程风险管理指南》，它从理论上具体指出了风险源识别的方法和计算方法，并为隧道工程的风险管理提供了一个指导性的范本。

我国对于风险管理的研究开始于 20 世纪 80 年代，是由一些学者将风险管理和安全系统工程理论引入国内，并在少数企业试用。但我国大部分企业缺乏对风险管理的认识，也没有建立专门的风险管理机构。作为一门学科，风险管理学在我国仍旧处于起步阶段。

2007 年 11 月我国建设部发出了“关于印发《地铁及地下工程建设风险管理指南》(试行)的通知”。《地铁及地下工程建设风险管理指南》(试行)(下称《指南》)分别按风险的来源或损失产生原因、项目建设阶段、项目建设目标和承险体、风险管理层次关系与技术影响因素将风险分为若干类型。《指南》根据工程建设期的五个阶段，对风险源和风险管理的内容做了规定。该指南将风险发生的概率分为五级，参见表 23-1；将风险发生的损失分为五个等级，参见表 23-2；根据不同的风险发生的概率和风险损失等级，建立风险分级，参见表 23-3。

风险发生概率分级表 表 23-1

等级	A	B	C	D	E
	不可能	很少发生	偶尔发生	可能发生	频繁
区间概率	$P<0.01\%$	$0.01\% \leq P < 0.1\%$	$0.1\% \leq P < 1\%$	$1\% \leq P < 10\%$	$P \geq 10\%$

风险造成的损失分级表 表 23-2

等级	1	2	3	4	5
	可忽略	需考虑	严重	非常严重	灾难性

风 险 分 级 表　　表 23-3

等　级	后　果				
	可忽略	需考虑	严重	非常严重	灾难性
A:$p<0.01\%$	一级	一级	二级	三级	四级
B:$0.01\% \leqslant p < 0.1\%$	一级	二级	三级	三级	四级
C:$0.1\% \leqslant p < 1\%$	一级	二级	三级	四级	五级
D:$1\% \leqslant p < 10\%$	二级	三级	四级	四级	五级
E:$p \geqslant 10\%$	二级	三级	四级	五级	五级

二、风险识别理论应用的案例

案例:广深港铁路客运专线狮子洋隧道 SD Ⅱ 和 SD Ⅲ 标风险评估

广深港铁路客运专线狮子洋隧道是目前国内隧道最长、标准最高的海底铁路盾构隧道，是广深港铁路客运专线的控制性工程。

该工程全长 10800m，水下部分共采用同一制造商生产的 4 台泥水盾构机施工。南北两端为 SDIII 标和 SDII 标的始发井，分别由两家施工单位施工，隧道在海底对接。

盾构隧道穿越复合地层，其上部为第四系淤泥层，下部为白垩系碎屑沉积岩，两个标段的地层组合大体上一致，基本上有三种情况：①全断面淤泥层或砂层；②上软下硬复合地层；③全断面白垩系碎屑沉积岩。

广深港铁路客运专线隧道 SDII 标由北向南施工，找出了 12 种风险源并进行了分析，具体见表 23-4。

SDII 标 风 险 源　　表 23-4

序号	施 工 风 险	风险概率		风 险 后 果		风 险 等 级	降低风险措施
		概率(%)	等级	后果	等级		
1	盾构始发风险	2	3	成本增加 300 万元	3	合理可靠降低区	对间隙进行二次注浆
2	浅覆土地段风险	3	3	成本增加 40 万元	2	可接受	#
3	盾构过江堤风险	5	4	工期延误 1 个月	3	合理可靠降低区	建议增加措施
4	小虎沥江底穿越风险	1	3	工期延误 1 个月	3	合理可靠降低区	建议采取措施
5	上软下硬地层风险	1	3	工期延误 15 天	2	可接受	#
6	联络通道风险	3	3	工期延误 4 个月	4	合理可靠降低区	建议进一步加强措施
7	盾构换刀风险	5	4	1 人以上死亡	4	可接受	需增加措施
8	盾尾密封失效	0.3	2	成本增加 100 万元	3	可接受	#
9	盾构过建筑物风险	0.3	2	成本增加 200 万元	3	可接受	可能需增加措施
10	地中对接风险	3	3	工期延误 3 个月	3	合理可靠降低区	可能需增加措施
11	微膨胀岩盾构卡壳风险	2	3	成本增加 50 万元	2	可接受	#
12	其他施工风险	0.1	2		3	可接受	加强动态管理

广深港铁路客运专线隧道 SDIII 标由南向北施工，与 SDII 标隧道在海底对接，最终找出了 8 种风险源并进行了分析，具体见表 23-5。

SDIII 标 风 险 源 表 23-5

序号	风 险 因 素	风险出现的可能性	风 险 评 价	风 险 级 别
1	盾构适应性和可靠性	难得	3b	三级
2	盾构始发	偶尔	3c	三级
3	开挖面失稳	偶尔	3b	三级
4	盾构江中换刀	难得	3b	三级
5	盾尾密封失效	难得	3b	三级
6	江底对接	难得	3b	三级
7	联络通道施工塌方	偶尔	3c	三级
8	微膨胀岩土卡壳	难得	3b	三级

上面案例对风险的评估是在施工地质环境大体一样且使用的盾构机完全相同的情况下进行的，其计算结果至少有两点需引起注意：一是为什么不同的承包人分析出来的风险源数量和项目不完全一样；二是为什么对同一个风险源（比如江中换刀）计算出来的风险级别不完全一样。

当然，要想把风险原因百分之百地找出来，特别是在施工之前百分之百地找出来，并找到完全可靠的对应措施是很困难的。尽管如此，有理由提出这样的要求，即对同一个项目，由不同的人或不同的承包人应能识别出大体上一样的风险源，并得出较为一致的风险评估结果。只有做到了这一点，才能说明人们对某一具体工程项目风险源的识别是客观的、是科学的。

为此，首先要统一风险源的大分类，使人们在同一个范畴中讨论风险管理问题；其次要统一风险源的识别方法（三维程式）。

第二节　风险源识别的三维程式

一、风险源识别的三维程式

马克·吐温曾经说过，世界第一击剑手并不害怕第二击剑手，他害怕的是那些从未拿过剑的未知的对手。在盾构施工过程中，事实上人们的确并不特别担心那些已知的风险，而是怕那些未被识别的风险。

在轨道交通工程施工过程中到底有多少风险，用什么方法将这些风险源准确地识别出来，此问题很难确切地回答，因为不同地区情况是不同的。南京市轨道交通二号线和一号线南延段在建线路中有 323 个风险源，乍看起来，这是一个挺吓人的数字，好像隧道建设四面楚歌，步履维艰，处处都是陷阱。然而即便如此，这个数字仍未涵盖施工过程中的所有风险，因为更大量的风险是那些“从未拿过剑的未知的对手”，是那些人们事先没有能够预测到的风险。

风险源数量的预测尽管难以穷尽，但理论上它是有限的，而且，在特定的地质环境中真正起作用的风险源是有限的，关键是采用何种方法或手段准确地识别出那些真正的风险源。

根据这样的思路，竺维彬和鞠世健提出三维程式识别法以期解决这个问题。

如图 23-1 所示，三维程式可以理解如下：

第一，分别用 A、B、C 三轴来表示自然风险源、设备风险源和人为风险源。

第二，将每一风险源（A、B、C）细分为若干风险源因素（A_i、B_j、C_k）。

第三，最终发生事故的风险源并不是 A_i、B_j、C_k 的全部，很可能是其中的某一个或某几个因素的组合。

人们希望通过建立形如下式这样的公式把具体的风险因素发生的可能性计算出来。

$$T = f(A_i, B_j, C_k) \qquad T = \{\text{引发事故的风险源}\}$$

目前，做到这一点不难，但是，对于计算出来的结果不应抱有太大的奢望。这里面存在着一个思路上的悖论，即如果能将风险源计算出来，那也就无所谓风险可言了，因为人们不会任由可计算出来的风险发展成事故。该问题的关键是人们无法将地质、设备和人的风险源进行准确、客观、科学地数量化，况且，地质环境在施工过程中一直是动态变化着的。

但如果用集合论来说明就可理解如下：

若有：

A = {地质可能风险因素} = {A_1、A_2、A_3、…、A_i}；

B = {设备可能风险因素} = {B_1、B_2、B_3、…、B_k}；

C = {人的管理或操作可能风险因素} = {C_1、C_2、C_3、…、C_j}；

T = {引发事故的风险源}；

U = {风险源全集}。

则有：第一种情况：只与人（管理）有关（见图 23-2）；

第二种情况：事故的发生与 A 和 C 或 B 和 C 两种因素有关（见图 23-3 和图 23-4）；

第三种情况：与 A、B、C 三种因素有关（见图 23-5）；

第四种情况：与 A、B、C 无关，是狭义风险（见图 23-6）。

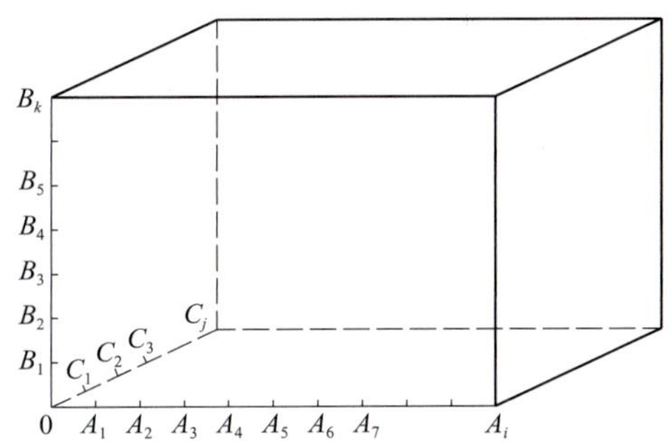

图 23-1　风险识别源的三维程式模型

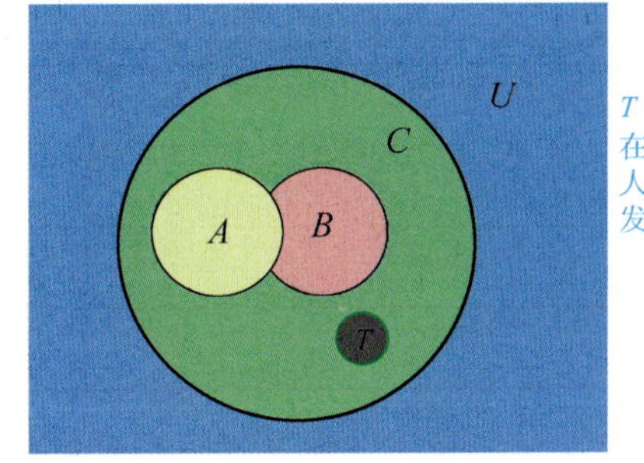

图 23-2　只与人（管理）有关

图 23-3　与地质和人（管理）有关

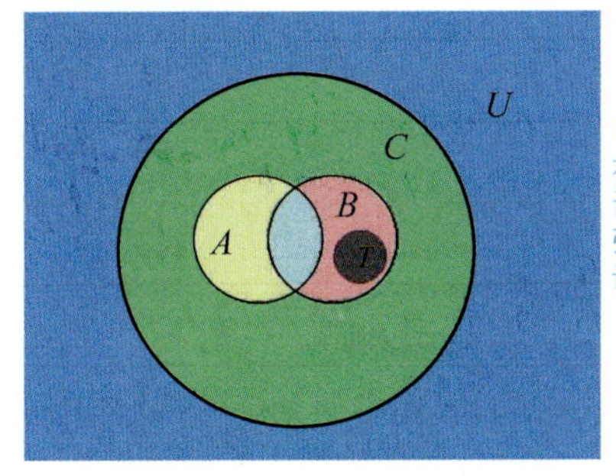

图 23-4　与机械和人（管理）有关

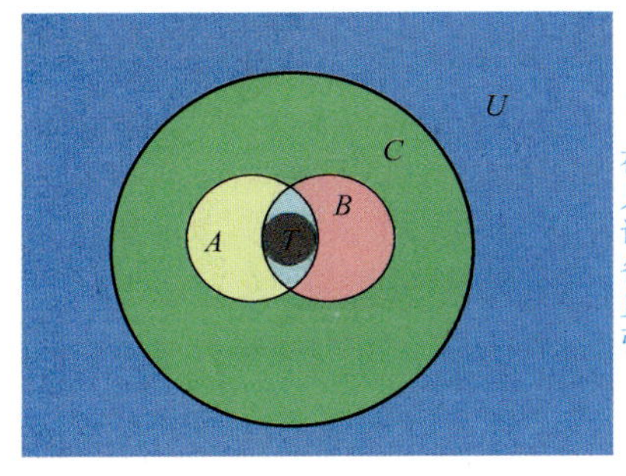

图 23-5　与地质、机械适应性和人（管理）有关

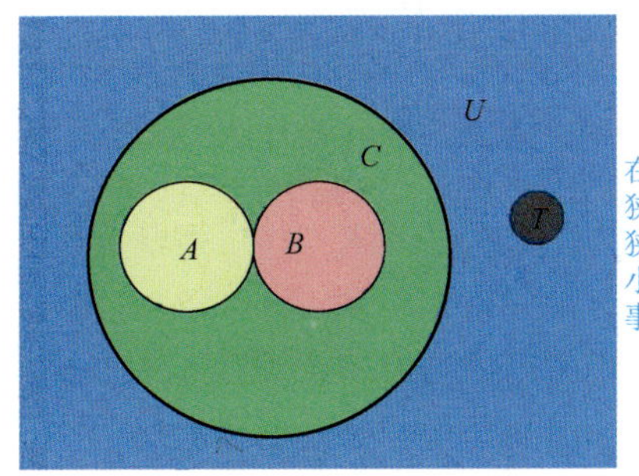

图 23-6　自然风险：T 不属于 A、B、C 中的任何元素

值得说明的是，为什么没有单一的地质因素或单一的设备因素造成的风险源，作者认为，地质是要靠人去认识的，设备是人设计和制造的，人是根本的。也就是说，在处理人与物（地质或设备）的关系中，没有人就没有施工活动，故单纯的（广义）地质风险或设备适应性风险不可能形成事故。

二、风险源三维程式的应用

第一步：形成三维网。

（1）盾构施工风险源是由三方面组成，即 A、B、C 三个集合。

（2）每个集合可以分为若干次一级因素（见图 23-7）。

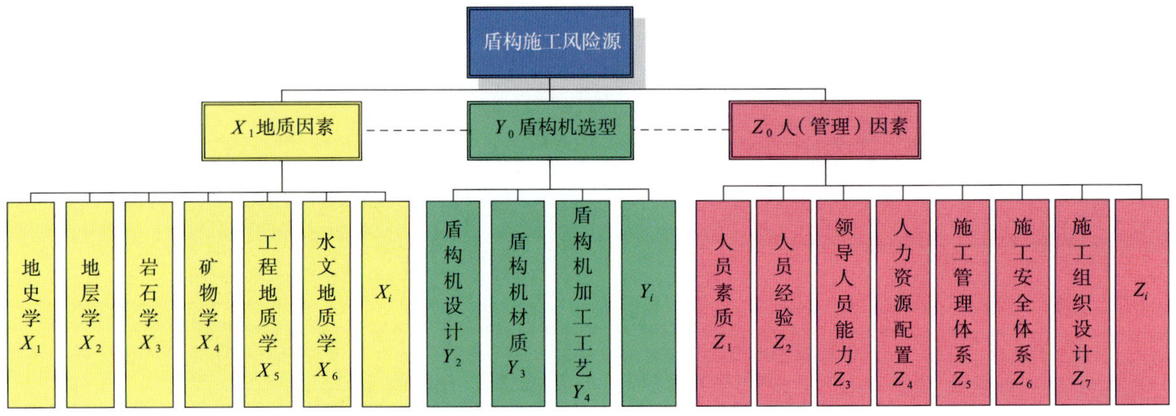

图 23-7　三个风险源又可划分为若干子风险因素示意图

（3）每个次一级因素又可细分为若干次级因素，越细越好，如图 23-8 所示。

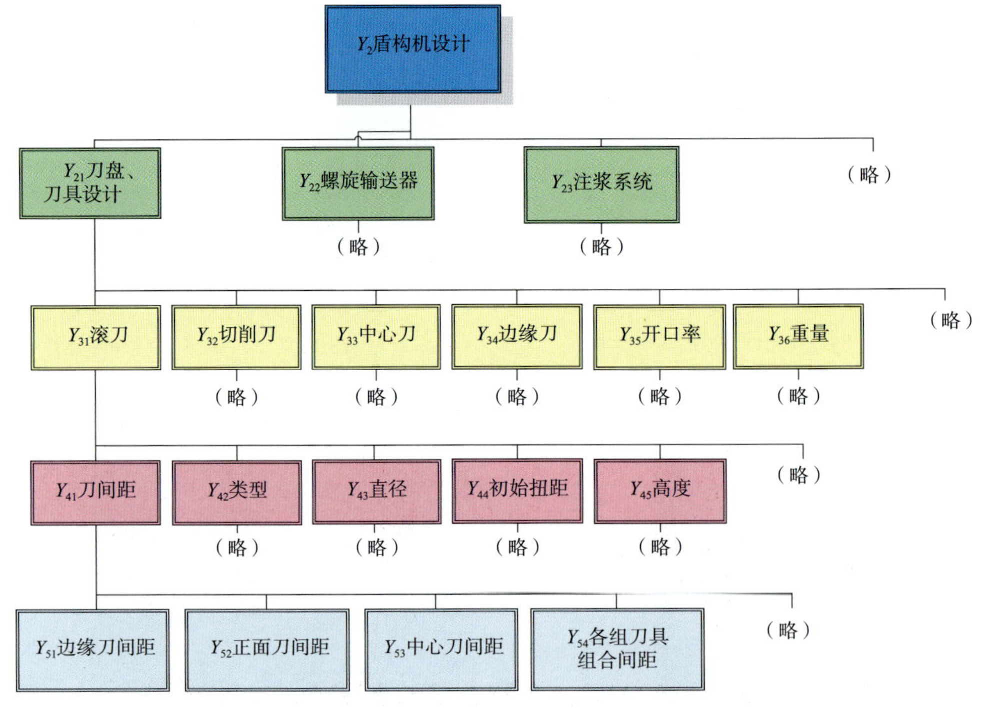

图 23-8　可层层划出更小的风险元素示意图（以 Y_2 盾构机设计为例）

第二步：对三维网中的因素进行分析和研究。

(1)分别分析 A、B、C 三个集合中的各个元素是否可能成为盾构施工的风险源。

(2)分析是否存在 $A\cap B$ 或 $A\cap C$ 或 $B\cap C$ 共同作用形成的风险源。

(3)分析是否存在 $A\cap B\cap C$ 共同作用形成的风险源。

第三步：根据上述识别出的风险源制订应对措施。

第四步：动态施工过程中，在规避原始风险源的基础上识别新产生的风险源。

三、几个主要问题

(1)每一个轴以 10 个风险因素计，那么在这个三维程式模型中，理论上最多就会有 1000 个风险源。而每一个自然风险源、设备适应性风险源和人为风险源远不止 10 种元素。因此施工过程中的风险源放在三维模型中分析将产生一个巨大的数字，这是一个人力无法承受的工作量。

但是对于一个具体的项目而言，并不是理论上成百上千的风险源在同时起作用，而只是特定的地质环境中的有限风险源才是有意义的。因此可以说，建立三维程式的目的不在于解方程 $T=f(A_i,B_j,C_k)$，不是走进定量计算的死胡同，而主要是确定风险源识别的一种思维方法和一种尽可能找准找全风险源的程序。

(2)以广州市轨道交通盾构工程为例，在花岗岩地区，重点要研究花岗岩球状风化体问题和上软下硬地层施工盾构机姿态控制、掘进功效问题；在石灰岩地区，重点要研究石灰岩中的溶洞和残积层中的土洞问题。而广州其他地区是第四系沉积物和白垩系红层为主的复合地层，没有花岗岩和石灰岩，就不存在上述问题。这样，在一个特定的地区，真正要研究的地质问题实际上就只限制在有限的一个或几个地质问题上，而不是理论上的那么多。

(3)在设备这个集合当中，研究的主要是它的适应性。以盾构工程为例，这集中地反映在刀盘的特点和刀具配置的适应性、注浆系统和添加剂系统的合理性、气压系统的完备性等，以及在施工过程中的不可逆零件（大轴承、三大密封、刀盘的加工等）的质量上。至于盾构机其他钢结构的质量、其他零件材料的选择、机加工和组装质量等，主要由盾构机制造商来控制。这样，在特定的地质环境中的盾构机适应性因素也就很有限了。

(4)最后还是要回归到人的问题上来。当人们找出了特定的病害地质，比如软土的饱和粉细砂层或流塑状淤泥层，比如断面上部为砂质黏土层、下部为 120MPa 的花岗岩，比如浅覆土上部有基础差的建筑物或构筑物，比如隧道断面已经确定有花岗岩球状风化体等，人们要选择什么设备，采取什么施工工艺等，其决策决定着是否会出现施工故障或事故，决定着施工的后果。

第三节　三维程式法在盾构换刀和刀盘修复中应用

2004～2005 年广州市轨道交通在极其复杂的地质施工情况下有 18 台次盾构机顺利穿越了珠江水系，其中 3 台盾构刀盘或刀具在施工中严重损坏，广州市轨道交通的管理者应用风险控制技术，果断选择了江底修复的思路并指导承包人成功实施，最终 3 台盾构机都顺利完成过江。本节结合这 3 个特殊案例，研究了风险控制技术在江底盾构刀盘维修工作中的应用，为复合地层中盾构机穿越江河湖海积累了极其难得的风险控制经验。

(一)风险识别和定性评价

1. 主要风险因子确定

江底盾构机维修往往面临着复杂的工况：不同的水文地质、不同的刀盘损坏情况、不同类型的刀盘

(土压或泥水,滚刀为主或齿刀为主)、不同加固的工况。从中可以归纳出以下风险因子:

A:开挖面(原地层)稳定性(以时间为分类标准)

1. 一个月及以上:中微风化的花岗岩,变质岩,基本无裂隙;
2. 一周:中微风化的洪层,强风化花岗岩,变质岩,有裂隙发育;
3. 24h 以内:强、中风化洪层,裂隙较发育;
4. 失稳:砂层,淤泥层,花岗岩残积层

B:地层透水性(以可排性为分类标准)

1. 地层无水;
2. 用泵可排水或用气压可阻止地下水流入;
3. 水流量超过泵能力,地层漏气,加气压失败,地下水可能降低地层稳定性

C:修复所需空间性(以刀盘面板和土仓胸板为界)

1. 土仓内上部作业:刀盘挡板和挡板间隙中的临时支护可保护人员;
2. 土仓内下部作业:下部人员不易撤离,水不容易彻底排清;
3. 土仓外刀盘前作业:用盾构机退后或人工开挖方式形成空间;
4. 土仓外刀盘前上或下部作业:必须人工开挖,可能击穿上部隔水层

D:维修修复所需时间

1. 24h;
2. 一周以内;
3. 一个月及以上

E:盾构刀盘配置先进性

1. 刀盘配置了保护措施:如可在辐条内换刀(大盾构),伸缩的面板可封闭刀盘,刀盘和土仓可 180°旋转;
2. 配备有气压舱,可进行压气作业;
3. 无任何特殊保护设备

F:修复工艺选择性

1. 预先进行加固且质量可靠,盾构机可掘进至加固区;
2. 盾构机无法掘进,必须临时加固,加固可能包裹盾构;
3. 需要临时破坏胸板以输送构件入土仓

对各风险因子应该依靠试验进行判断:①降压试验对 A;②抽水试验对 B;③压气试验对 B;④岩土抽芯对 F;⑤堵水试验对 F。

2. 定性风险分析

江底盾构刀盘维修的风险危害主要有两个方面:①对人的伤害;②对整个工程的危害(工期、费用和成败)。据此将风险划分为高、中、低三个等级(见表 23-6)。

风险等级划分　　表 23-6

编号	风险级别	对人员危害	对工程危害	对策措施
Ⅰ	低	无或轻微伤害	有轻微影响	按照正常的操作程序
Ⅱ	中	中度以上伤害	有较大影响	要求采取一定的辅助措施(加固,加气)
Ⅲ	高	重伤或死亡	严重影响,甚至导致工程失败	必须采用严格加固和检测措施,但仍然有相当的危险,须慎重判断

将风险因子加以组合,可得定性风险组合矩阵,见表 23-7。

定性风险评价矩阵 表 23-7

编号		A				B			C				D			E			F		
		1	2	3	4	1	2	3	1	2	3	4	1	2	3	1	2	3	1	2	3
A	1	Ⅰ																			
	2		Ⅱ																		
	3			Ⅲ																	
	4				Ⅲ																
B	1	Ⅰ	Ⅰ	Ⅱ	Ⅲ	Ⅰ															
	2		Ⅰ	Ⅱ			Ⅱ														
	3			Ⅲ				Ⅲ													
C	1		Ⅰ	Ⅰ	Ⅲ	Ⅰ	Ⅰ		Ⅰ												
	2		Ⅱ	Ⅱ			Ⅱ			Ⅱ											
	3	Ⅱ		Ⅲ			Ⅱ				Ⅲ										
	4				Ⅲ							Ⅲ									
D	1	Ⅰ	Ⅰ	Ⅱ	Ⅲ	Ⅰ	Ⅱ	Ⅲ	Ⅰ	Ⅱ	Ⅲ	Ⅲ	Ⅰ								
	2		Ⅰ	Ⅱ			Ⅱ		Ⅰ	Ⅱ	Ⅲ			Ⅱ							
	3		Ⅱ	Ⅲ			Ⅰ		Ⅰ	Ⅱ	Ⅲ				Ⅲ						
E	1			Ⅰ					Ⅰ					Ⅰ		Ⅰ					
	2		Ⅱ	Ⅱ	Ⅲ		Ⅱ	Ⅲ	Ⅱ	Ⅲ	Ⅲ		Ⅱ	Ⅱ	Ⅱ		Ⅱ				
	3		Ⅰ	Ⅱ			Ⅱ		Ⅰ	Ⅱ	Ⅲ		Ⅰ	Ⅱ	Ⅲ			Ⅲ			
F	1			Ⅰ					Ⅰ					Ⅰ			Ⅰ		Ⅰ		
	2			Ⅲ					Ⅲ					Ⅲ			Ⅲ			Ⅲ	
	3		Ⅱ	Ⅲ	Ⅲ		Ⅱ	Ⅲ	Ⅱ	Ⅲ	Ⅲ		Ⅱ	Ⅲ	Ⅲ		Ⅱ	Ⅲ			Ⅲ

注:1. B2E3 组合仅是"排水"参与组合,"气压"不参与组合。

2. 不存在组合用蓝方格标识,如 E1F3 组合。

3. 高风险因子并不是最终决定风险等级的关键,如 A1 的地层经过 F1 的处理可靠,风险等级就下降,又如 E1 先进的盾构机在各种情况下风险都较低。

(二)江底严重损坏的盾构刀盘刀具控制实例

常用的风险应对策略和措施有风险规避、风险缓解、风险转移、风险自留和风险利用,以及这些策略的组合。在具体案例中特别要重视风险的具体情况分析,要有效利用风险的有利条件开展控制工作。

1. T1 刀具严重磨损修复案例

T1 号盾构机(见图 23-9)为土压盾构机,刀具配置为 4 把中心双刃滚刀、31 把单刃滚刀、64 把切刀、16 把弧形刮刀和 1 把超挖刀。该盾构机负责施工穿越"仑头海"隧道(珠江支流,水面宽约 418.87m,一般水深 11.16m,最深 12.55m),2005 年 2 月 12 日将近完成过江掘进(已到达岸边的水闸附近)时,螺旋输送机出口闸门突然出现突水、喷涌现象,大量淤泥喷出,刀盘附近的河涌和岸滩随之发生大规模沉陷,水闸结构开裂;与此同时盾构掘进速度缓慢(1 ~4mm/min),掘进参数偏高(推力为 19500 ~23000 kN,扭矩为 3400 ~4000 kN · m),渣土温度超过 55 ℃。

图 23-9 T1 号盾构机

T1 刀具严重磨损修复对策见表 23-8。

广州市轨道交通四号线小谷围—新造区间地质纵断面如图 23-11 所示,盾构机穿越地层上软下硬,上为软弱的〈2-1B〉,下为单轴抗压强度达 26.2 ~90MPa 的〈8Z〉变质岩。盾构机由上次换刀至此掘进 110 环,结合掘进技术参数分析可得:严重磨损的刀具已无法对隧道下部的中风化岩进行破碎,长时间的扰动造成隧道上部淤泥层塌陷。

T1 刀具严重磨损修复对策 表 23-8

1. 为防止堤坝和水闸继续变形，紧急回填砂、石粉，在堤岸边形成围堰；另一方面立即用螺旋机往土仓充填黏性土
2. 采用旋喷桩和袖阀管注浆组合进行地面加固（加固区平面、剖面、地质剖面图见图 23-10），旋喷桩无法施工处，采用斜孔袖阀管注浆进行加固处理，注浆采用速凝双液浆（凝固时间 30～40s）
3. 为防止盾构机被水泥浆裹住，在盾构机上方施工旋喷桩时，每隔 3h 向刀盘土仓、盾壳外表面和同步注浆管道内注入一次膨润土，每次不少于 1.5m³，并转动刀盘，确保向加固土体注入的双液浆不串入上述各个部位而固结盾构机
4. 加固达到龄期后，进行加气压和保压试验并取得成功，随即开展气压进仓换刀作业，至 4 月 6 日共换单刃滚刀 28 把，双刃滚刀 4 把，盾构机恢复掘进并直至隧道贯通

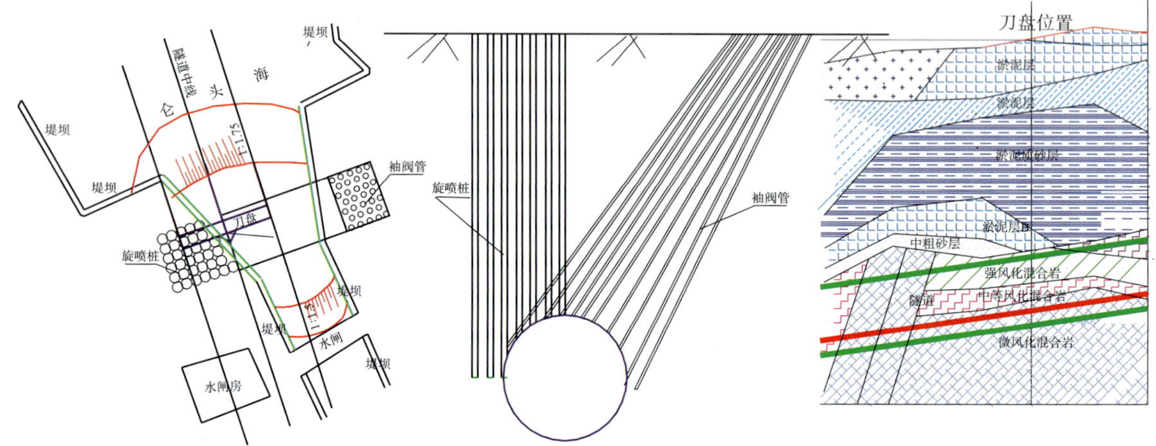

图 23-10 加固区平面、剖面、地质剖面图

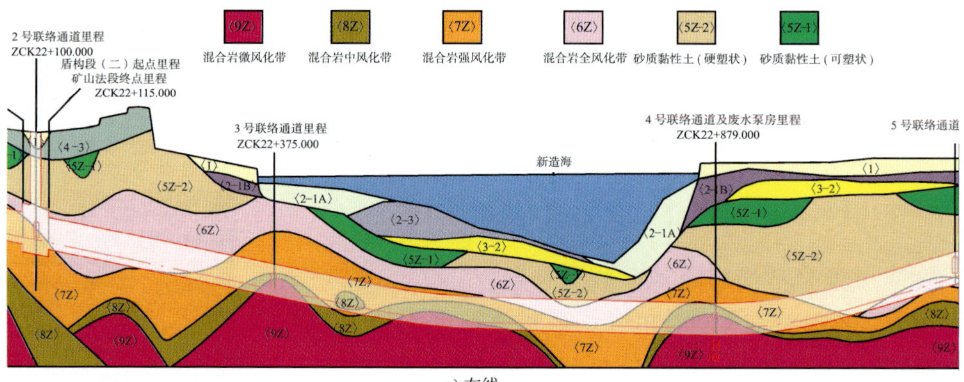

a) 左线

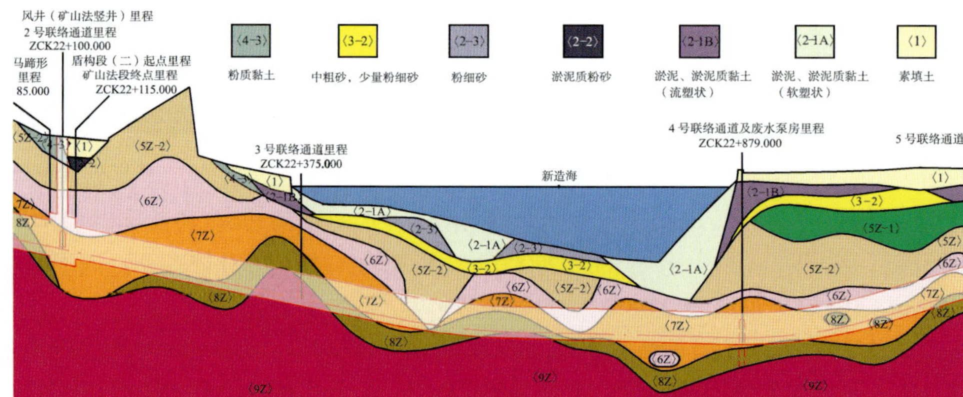

b) 右线

图 23-11 广州市轨道交通四号线小谷围—新造区间地质纵断面图

更换刀具作业面临风险 A4、B3、C1、D3、E2 和 F2。具体工况：富水砂层为强透水性，加气压试验时发现水面有大量气泡涌出，气压进仓方案无法实施；加固区域受到限制，由于原有堤坝基础施工时有回填片石，并且堤坝基础为钢筋混凝土结构，常规工法加固的制约因素多，加固质量不容易保证。

2. T2 刀盘严重磨损修复案例

T2 号盾构机为土压盾构机，为负责施工穿越“新造海”隧道（珠江支流，水面宽约 510m，一般水深 5～15.0m，最深 17.1m）。

新造海位于里程 Z(Y)DK22＋363～Z（Y）DK22＋874 范围内，平面设计为直线，剖面分别设计了 4.21‰、33.9‰两个纵坡。新造海段隧道顶部覆盖土层较复杂，覆盖地层有〈2-1A〉、〈2-1B〉、〈2-3〉、〈3-2〉、〈5Z-1〉、〈5Z-2〉、〈6Z〉、〈7Z〉地层，隧道洞身范围内主要为砂质黏性土〈5Z-2〉、混合岩全风化〈6Z〉、混合岩强风化〈7Z〉、混合岩中风化〈8Z〉、混合岩微风化〈9Z〉地层，实际施工中发现勘测不够准确，新造海区间地质揭示〈9Z〉混合岩约占 30%，普遍上软下硬、软硬不均、变化频繁，这给盾构机在海底施工增加了很大的难度。

T2 号盾构刀盘直径为 6200mm，刀盘开挖直径为 6210mm，刀盘开口率为 40%，刀盘进渣口 12 个；刀盘配置中心刀 8 把，单刃滚刀 20 把，滚刀直径为 17 寸（滚刀伸出刀盘面的高度为 110mm，为保护刀盘刀座，在刀盘表面加焊钢板保护，降低刀具伸出高度），齿刀 106 把（齿刀伸出刀盘面的高度为 75mm），刮刀 36 把，先行刀 30 把。如图 23-12 所示为完好的 T2 刀盘。

在江底掘进中，由于掘进参数修正滞后于地质改变，再加上刀具密封性能不佳，多次发生刀具非正常磨损（见图 23-13），刀具磨损降低掘进速度，随之加大地层扰动，引发江底塌方，塌方又妨碍了换刀作业。如此恶性循环，最终刀具的失效导致了刀盘本体的严重磨损，13～15 号、14～16 号中心刀的严重损坏，造成了刀盘环状磨损带（见图 23-14），最大磨损量达到 130mm，磨损宽度为 680～700mm，并造成刀盘中部泡沫管路损毁，刀盘面临着结构解体的危险。刀盘修复面临风险 A2、B3、C4、D3、E2 和 F3。具体工况：围岩裂隙发育，下部硬岩需要爆破；由于处在主航道，水深大，水面加固方案较难实施。

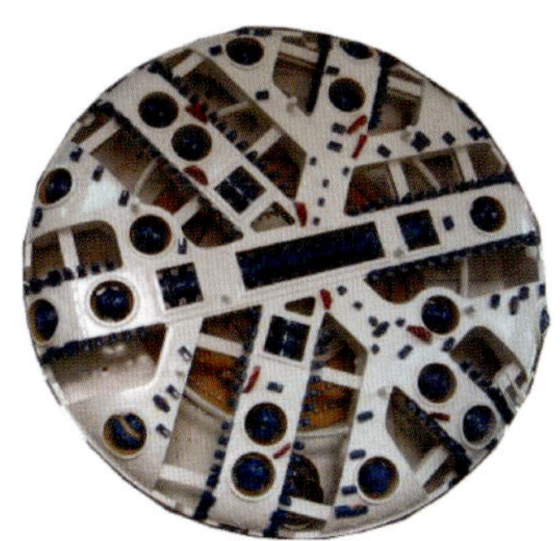

图 23-12 完好的刀盘

图 23-13 磨损的滚刀

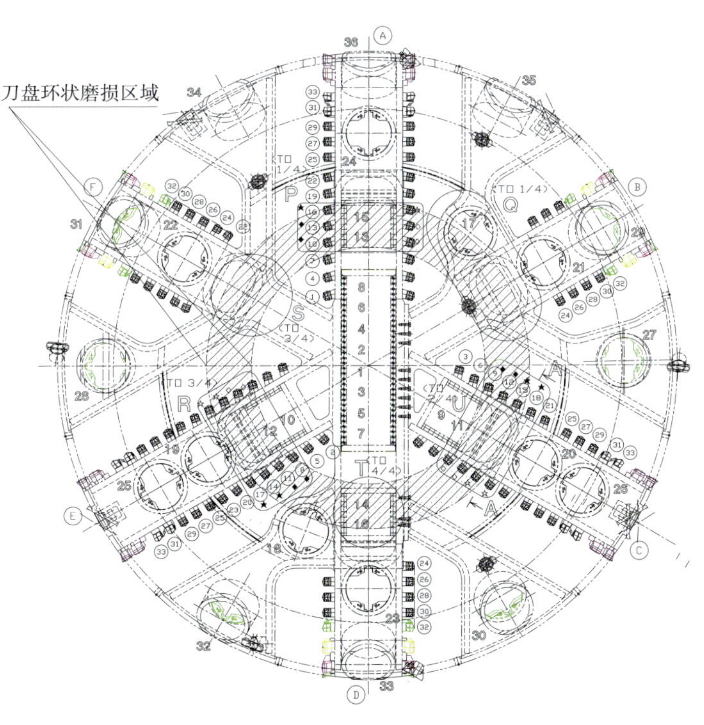

图 23-14 T2 刀盘破损概况（阴影为磨损带）

T2 刀盘严重磨损修复对策见表 23-9。

T2 刀盘严重磨损修复对策　　表 23-9

1. 选择盾构前方一个地层相对稳定位置(491 ~495 环)地方为加固区,利用先期已经贯通的临近隧道(右线)对左线实施洞内管棚注浆加固
2. 要绝对避免管棚侵入盾壳范围内,并且管棚不能过多偏离盾体,偏差不得大于 10cm,注浆浆液为单液超细水泥浆,理论的水灰比为 1:1。注水泥浆结束后,补充注入聚氨酯充填微细裂隙
3. 利用该段围岩较为稳定的有利条件,用矿山法实施联络通道作业,从右线 495 ~496 环中部掘 2m × 2m 通道至左线,在左线中下部形成 2m × 2m 洞室,左线洞室施工至离盾构计划停机处 2m;待盾构机到达小洞室前 2m 的加固区域,进行降压试验,试验成功后再人工开挖剩余部分,打通洞室至刀盘,开始进行修补及更换刀具作业

联络通道法如图 23-15 所示,加固区域及修理洞室平面图如图 23-16 所示。

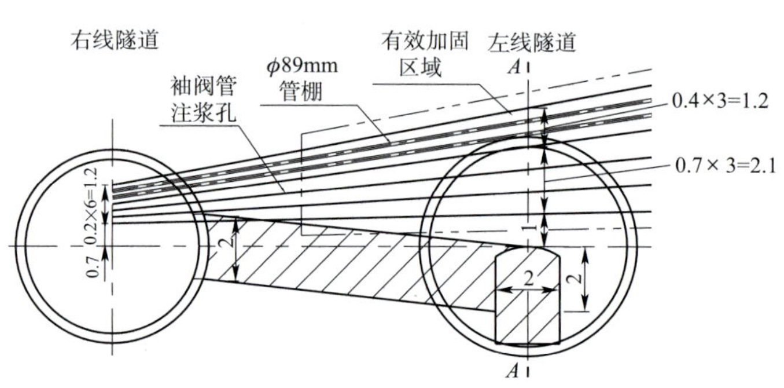

图 23-15　联络通道加固法(尺寸单位:m)

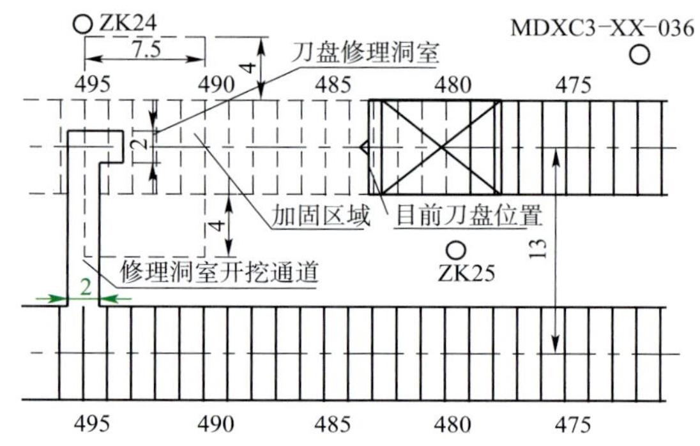

图 23-16　加固区域及修理洞室平面图(尺寸单位:m)

截至 2005 年 7 月 13 日,该方案成功修复磨损刀盘——钢结构、钢结构内部的泡沫管路和更换刀具,最终保证了盾构隧道贯通。

3. *T3 刀盘局部结构性解体修复案例*

T3 号为泥水盾构机,刀盘为轮辐式挡板式,采用中间式支撑(齿轮圈外直径约为 3.15m),6 个牛腿,刀盘外径 6.28m,厚 493mm,全重约 30t,完好的 T3 刀盘如图 23-17 所示。刀具配置为 49 把先行刀(齿刀),中心为 350mm 高的鱼尾刀,108 把切刀。2005 年 6 月,在“南珠江”主航道下施工时发生近 1/3 的刀盘结构性解体事故:一根辐条及其旁边的两块辐板折断并脱落(见图 23-18 和图 23-19);土仓胴体局部变形外卷或开裂(见图 23-20),10 点 ~2 点范围,最大变形达 10cm,8 点 ~10 点外卷达到 12cm,6 点位置,变形达到 4.5cm。由于在开仓前反复转动刀盘和洗仓,掌子面拱部有轻微塌方现象。

图 23-17　完好的 T3 刀盘

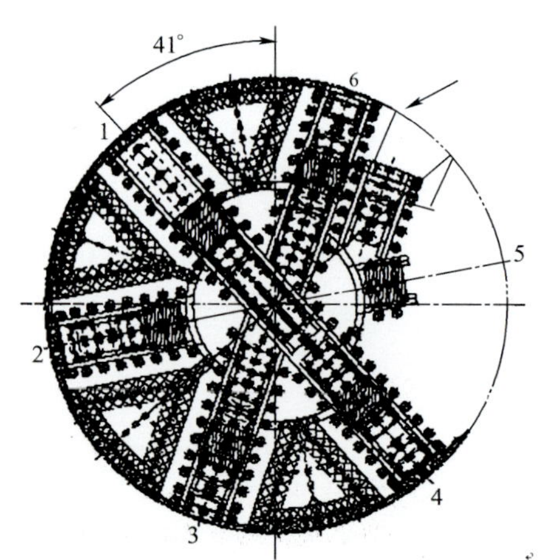

图 23-18　T3 刀盘破损概况

图 23-19　刀盘的碎块

图 23-20　筒体开裂

事故发生时刀盘在 825 环(见图 23-21),位于珠江水面下 22m 处(拱顶埋深 13m,水深 8 ~9.5m),属侵蚀河谷地貌。825 环前方有一地质钻孔 2(中线右 4.17m),该孔具有极高的参考性;同时该孔在隧道范围外 1.03m,其对隧道的不利影响(如地质孔未有效封堵)的可能性较小。如图 23-22 所示,从上到下地层分别是〈2-2〉淤泥(无法自稳),〈3-2〉中粗砂层(透水性极大,富水性强),〈4-1〉硬塑粉质黏土和〈6〉全风化层(自稳性不良,但其隔水性良好);隧道通过地段为〈7〉强风化、〈8〉中风化泥质粉砂岩,〈8〉最高抗压强度不超过 20MPa,岩面裂隙发育但仍算完整,无断裂破碎构造。总体而言,〈7〉和〈8〉岩层可以满足短时间稳定,但在裂隙水长时间作用下岩层稳定性会降低;这里的〈4-1〉也是一个重要的稳定因素,一方面将岩层与透水砂层隔绝,另一方面即使岩层发生小规模塌方,〈4-1〉可能会形成土塞堵塞塌方漏斗口,防止江水瞬间涌入。以上分析判断是无加固且无压进仓检查刀盘的依据,也是为开展下一步地层加固的前提条件。盾构刀盘损坏严重,修复刀盘面临风险 A2、B2、C4、D3、E3 和 F3。具体工况:①珠江主航道正中,不允许围堰施工;②掌子面拱部轻微塌方的空间可避免人工开挖;③刀盘缺损的辐条及其旁边的两块辐板形成了到土仓前部的通道。

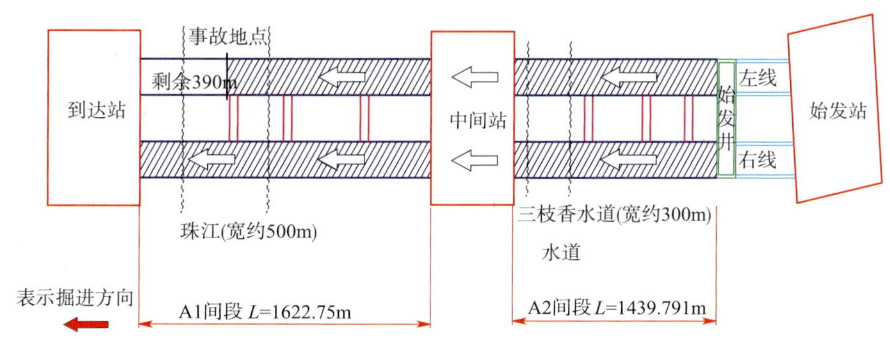

图 23-21　沥—大区间平面简图

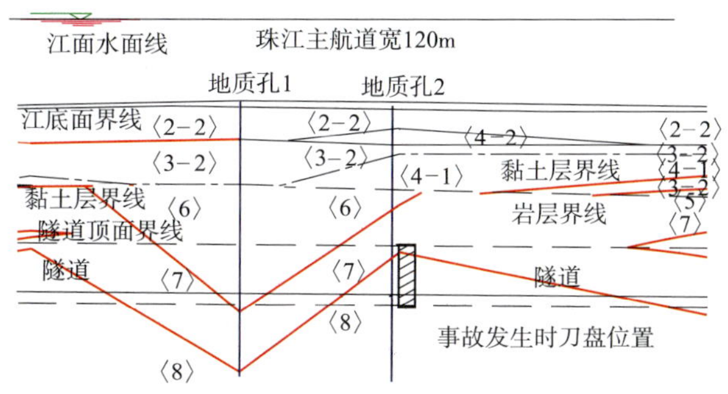

图 23-22　事故处地质剖面简图

T3 刀盘局部结构性解体修复对策见表 23-10。

T3 刀盘局部结构性解体修复对策　　表 23-10

T3 刀盘局部结构性解体修复对策
1. 将塌方的空间加固成稳定的维修空间;塌方区拱部采用隧道轴线方向的工字钢加钢格栅连接,喷射混凝土充填,如图 23-23 所示为架设钢架
2. 由于格栅受塌方空间形状限制,没有形成半圆,因此需对工字钢采取特殊支撑措施:工字钢一端嵌入前方土体,一端用木方架在盾构胴体上,在刀盘上焊接圆钢支撑工字钢,最后打土锚钉固定工字钢。以上措施既给工字钢提供牢固支撑,也保证盾构机恢复掘进时,工字钢能稳定地挂在岩土层中,不会掉入土仓
3. 最后对刀盘前部土体采用挂竹网喷射混凝土封闭

刀盘修复任务是恢复刀盘的整体结构,在整体结构上修复刀具,然后恢复刀盘对开挖颗粒的大小限制功能,最后采取的措施和步骤如下:

(1)安装 5 号破断辐条。辐条为本次维修的最大构件,制造新件再运入土仓较困难,考虑原脱落辐条较完整,遂重新焊接复位。在此基础上将 5 号破断辐条的部分盖板以及内板和先行刀恢复,最后在 5 号、2 号辐条的中央部位安装加强板。

(2)安装 5 号辐条两边的连接肋板。由于原辐板已损毁,大尺寸钢板无法由人闸进入。为了防止大颗粒进入土仓堵塞排泥口,必须限制开口尺寸,遂采用隔板形式肋板代替,构造上增加一道隔板限制开口尺寸。

(3)对刀盘进行整体加固。在各辐条和辐板间焊接加强钢板,在刀盘边缘各开口部位安装加强钢板,最终形成包括刀盘边缘圈在内的两个环形圆箍,如图 23-24 所示为刀盘前方焊接作业。

图 23-23　架设钢架

图 23-24　刀盘前方焊接作业

(4)修补胴体变形的位置。如图 23-25 所示,在拱部 10 点 ~12 点位置,将胴体割口后用葫芦内拉,使其向外变形不超过 2cm,然后将割口焊好;将 8 点 ~10 点范围变形严重部分割除;由于无法将土仓水降到底部,无法进行 6 点位置胴体维修,而且此时刀盘正面土体局部松方塌落,遂决定在刀盘外圈增加 3 把超挖刮刀,使开挖范围超过胴体变形范围,即开挖直径由原来的 6280mm 达到 6350mm。

2005 年 7 月 4 日完成刀盘修复(见图 23-26)后,盾构机恢复掘进并直至隧道贯通。如图 23-27 所示为出洞后的刀盘。

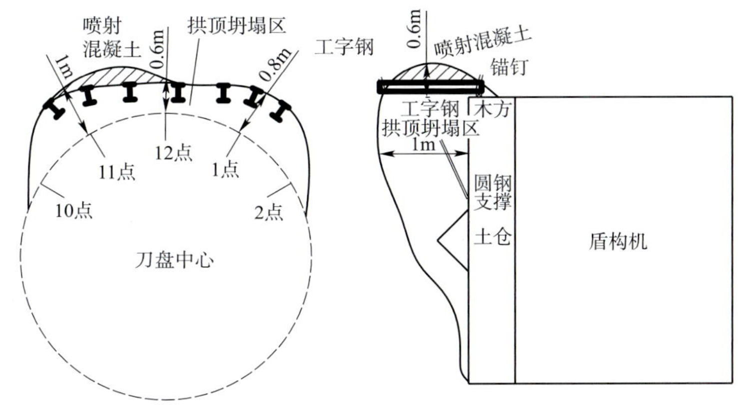

图 23-25　刀盘前部塌方及加固示意图

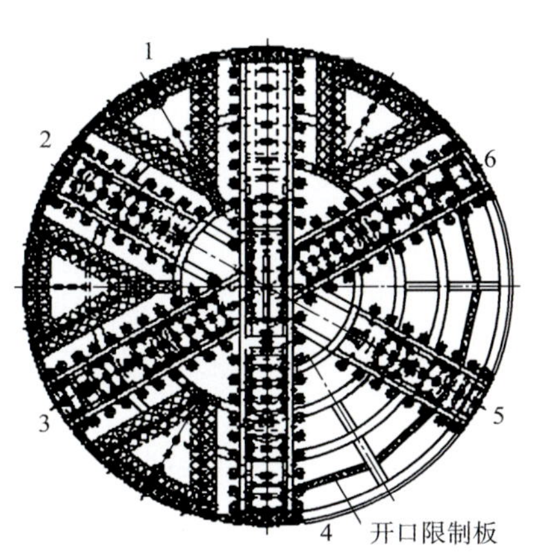

图 23-26　修复后的 T3 刀盘

图 23-27　出洞后的刀盘

第四节　广州市轨道交通工程重大地质风险控制模式研究

目前，全国的轨道交通建设正迅猛发展，但是，这一发展规模和速度远远超过了现有"人、财、物"的适应能力，风险事故频发，风险的预防和控制仿佛已成为全社会高度关注的一大政治热点。如何有效控制工程风险，各方认识不一、众说纷纭。

现阶段，在建筑市场尚不规范的前提下，各级政府、建设单位、施工单位、监理单位等参建单位大多仍以追求速度、投资控制、利润最大化为实际的终极目标或理念，将风险控制放在次要地位或侥幸地位。因此，人为的质量、安全事故的增加是必然的趋势。

广州市轨道交通已经开通了 8 条共 236km 线路及 148 座车站，投资少工期短，单条线路总工期最长 5 年，最短 2.5 年。200 多千米轨道交通线路的艰苦实践，克服了罕见的各种风险磨难。仅就地质风险而言，地形地貌复杂，上百次穿越珠江水系，有含水量超过 70% 的软土地层，有易液化的粉细砂层，有水位潮起潮落的透水粗砂层，有分选极差的砾石层，有强度超过 150MPa 的花岗岩及其球状风化体，有灰岩构成或演变的地下石林、溶洞、土洞，有煤层和沼气，有活动断裂带和富水破碎带，更有上述两种或两种以上组合而成的复合地层。工程常见的地质断面是前后左右不均匀，上软下硬或上硬下软，前进一米就突变，"一脚踩空就掉窟窿"，真是时时刻刻是风险，随时随地求应变。

基于这种"地狱般"的磨炼，广州市轨道交通更坚定了"地下工程管理应以风险管理为核心"的理念。

一、广州市轨道交通风险控制模式

广州市轨道交通风险管理控制的思路或模式是：在施工环境调查的基础上，认真细致地进行地质勘探，即在详勘基础上增加工法勘探或补充勘探，系统地研究地质条件，评估原生风险（原生风险：客观存在可能会对地下工程实施产生损害性的所有风险）；吸收先进的风险控制设计理论；制订科学合理的方案；引进先进的施工设备、工法、工艺等，强化全员、全方位、全过程的风险管理、科学实施，控制次生风险（次生风险：在对可预见风险实施预控后，在施工过程中演变产生的风险）与不可预见风险或事故，建立"以认识地质为基础、创新方法为手段、精细管理为根本的'以人为本'"的风险控制模式。

如图23-28所示为广州市轨道交通风险控制模式图。这一模式将风险控制全过程依次分成风险评估、风险预控、风险控制三个阶段。风险评估阶段力求人的认知水平，最大限度地预见原生风险；风险预控阶段力求人的智慧、专业能力，充分应用风险控制的理论与方法规避、转移或降低大部分或全部可预见的风险；风险（或事故）处理阶段，在做到应急预案的基础上，力求人的胆识、应变能力，掌握工程及其风险的时空变化规律，降低次生和不可预见的风险的概率和级别，避免伤亡事故和重大工程事故。因此，这一模式是真正体现了"以人为本"的风险控制模式。

二、重大地质风险源分析

1. 富水软弱淤泥地层

（1）岩土特征：天然含水量高，孔隙比及压缩性较大，承载力低，内摩擦角小，不能自稳，易发生次生固结和流动。

（2）地质成因：多由淤塞沉积和松散回填而成，堆积时间短，尚未压缩密实。

（3）工程危害：淤泥的触变性和软弱性易造成基坑围护结构突泥、基底底涌，盾构法和矿山法隧道施工振动易造成上覆的摩擦桩沉陷。

2. 富水砂层

（1）岩土特征：天然含泥量低，含水量高、孔隙比较大，松散；一般情况下具有一定承载力；容易连通地面径流和地下暗流，地下水位潮起潮落。

（2）地质成因：由河流漫滩和海岸边滩沉积而成，未固结，水动砂动。

（3）工程危害：地基加固困难，基坑涌水涌砂，盾构机带压作业气密性差。

3. 富水断裂破碎带

（1）岩土特征：岩屑粒径大小不一，物质成分杂，分选性差，磨圆度差，存在大小不一的空隙或空洞，连通性好，容易形成动水流径。

（2）地质成因：由地质构造活动、次生成岩作用形成。

（3）工程危害：易造成水压无常的突水事故，泥水盾构机易堵管。

4. 花岗岩残积层

（1）岩土特征：原状土地基承载力较高，渗透系数不大，可作为较好的工民建基础；明挖暴露后，遇水软化，崩解塌落，各种力学性能急剧下降，类似于流动的富水砂层。

（2）地层成因：由花岗岩完全风化而成，含有一定量（小于50%）的石英晶粒，长石晶粒风化成黏土，吸水后颗粒变小，空隙率急剧增大。

（3）工程危害：基底遇水软化后，高水压下基底管涌，围护结构变形；盾构机土仓易结泥饼。

5. 花岗岩球状风化体

（1）地质成因：球状风化是花岗岩的一种特殊的风化现象，即在深度风化的花岗岩地层中残留了微风化的较新鲜坚硬的球状花岗岩体。常见于古山丘地貌顶部和邻近位置。

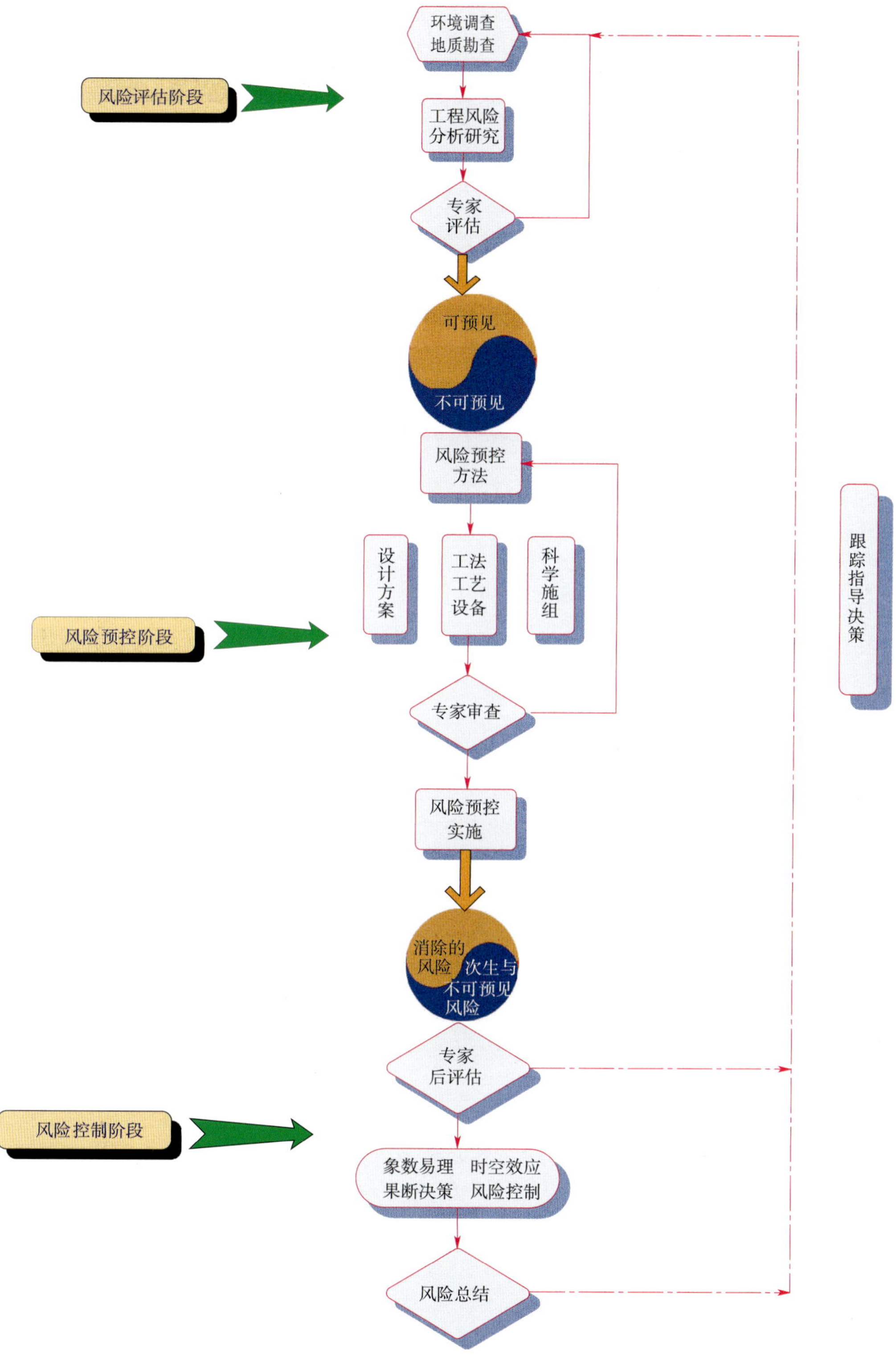

图 23-28　广州市轨道交通风险控制模式图

(2)工程危害:围护结构无法正常施工,一般机械无法有效破除。

6. 岩土洞发育的岩溶地层

(1)地质成因:地质历史上岩溶地层(如灰岩)经构造破碎和水溶蚀共同作用形成。

(2)工程危害:广州岩溶区地层的溶洞和土洞常见发育不规则,并为埋藏性岩溶,易发生塌方和沉陷事故。

7. 煤成气和沼气地层

(1)地质成因:由地史时期发育煤层和近代植物、微生物堆积腐烂缺氧沉积而产生,主要成分为CH_4,CO,H_2S等气体。

(2)工程危害:可在开挖工作面突发逸出;也能吸附于水,随水流动,当水温度和压力降低时,逐步逸出,聚集到一定浓度时,会毒害施工人员或遇火星发生爆炸。

8. 复合地层

开挖断面范围内和开挖延伸方向上,由两种或两种以上不同地层组成,且这些地层岩土力学、工程地质和水文地质等特征相差悬殊,对各种工法的选择及其施工参数影响较大,可能会引发工程危害叠加。

原生风险中可预见性风险是长期工程实践经验教训经总结研究得来的,诸如系统的规范、规定和办法,都是人类改造自然的结果,必须采取科学合理有针对性设计方案、工法或措施进行预控。

三、预控可预见性风险的设计和施工方案

1. 明挖法

明挖法地质风险应对设计或施工方案见表23-11。

明挖法地质风险应对设计或施工方案　　表23-11

对策措施	地层							
	八	一	二	三	四	五	六	七
加大围护结构插入比	√	√		√				
优先采用刚度较大止水效果好的连续墙	√	√	√	√				
加大基坑内土体抗侧压力系数(基底加固或坑内降水)	√	√		√				
降低基坑外水土压力(坑外降水)	√	√		√				
对溶(土)洞进行注浆填充						√		
划分岩溶高低风险区,对高风险区采取水泥土墩柱加固						√		
在围护结构外施作止水墙,控制坑外渗水		√	√	√				
对妨碍围护结构施工的岩块进行爆破					√			
预先进行地面放气和置换注浆							√	
设计需仔细选择站位和围护结构形式			√			√		√

注:地层序号对应第二小节风险源分析。

2. 盾构(顶管)法

盾构(顶管)法地质风险应对设计或施工方案见表23-12。

3. 暗挖法

暗挖法地质风险应对设计或施工方案见表23-13。

盾构(顶管)法地质风险应对设计或施工方案　　表 23-12

对策措施	地层							
	一	二	三	四	五	六	七	八
采用混合式泥水盾构,上软下硬地层和软弱地层优先采用	√	√	□	√	√	√	√	√
采用混合式土压盾构	□	□	√	√	√	□	□	√
对溶(土)洞进行注浆填充						√		
软弱地层隧底加固	√	√						
采用矩形顶管,地面交通、管线复杂优先采用	√	√						
加密勘探,结合物探手段勘察孤石和溶(土)洞					√	√		
采用地面钻孔预爆破、人工挖孔桩或冲孔桩预破除					√			√
预先进行地面放气和置换注浆							√	
优化线路设计,尽量避开			√			√		√

注:√为优先采用,□为可选用。

暗挖法地质风险应对设计或施工方案　　表 23-13

对策措施	地层					
	六	一	二	三	四	五
WSS 工法或 TSS 工法	√	√	√	√	√	
前进或后退式注浆	√	√	√	√	√	
加密勘探,结合物探手段勘察孤石和溶土洞			√		√	√
冻结法	√	√	√	√		

四、预控原生风险的设备选型、新工艺的应用

工欲善其事,必先利其器;没有金刚钻别揽瓷器活。只有采用先进的科技手段或装备才能更有效地应对地下工程中的各种风险因素。工程机械代表了当代土木工程技术的最新发展,先进工程机械的合理应用越来越成为地下工程中的控制性因素,如何做好机械选型和工艺应用已成为风险控制中的至关重要的课题。

(一)明挖法

1. 液压双轮铣槽机

液压双轮铣槽机作为专用的地下连续墙施工设备,其成槽施工效率高(较之抓斗法高 2~3 倍)、槽形规则(墙体垂直度可控制在 0.3% 以下)、安全环保、适应地层范围广,更换不同类型的刀具即可在淤泥、砂、砾石、卵石及中硬强度的岩石、混凝土中开挖。

广州市轨道交通应用实例:六号线如意坊站、黄沙站,二八延长线洛溪站等。

2. 旋挖钻机

旋挖钻机是钻孔灌注桩的专用成孔施工机械,具有机动灵活、施工效率高(岩石单轴抗压强度 20MPa 时,效率通常是普通回转钻机的 10~14 倍)、环保等特点,配合不同钻具,适应我国大部分地区的土壤及岩层地质条件。

广州市轨道交通应用实例:五号线谭村站,二/八延长线东晓南站等。

(二)暗挖法

悬臂式掘进机是一种进行巷道掘进的联合机组,能完成切割、装载、转载渣块,并具有自己行走等功

能。悬臂式掘进机功效高于一般的钻爆工法，开挖轮廓规整、节约投资，在大大降低工人劳动强度的同时，还能有效避免爆破对周边环境的影响。

广州市轨道交通应用实例：三号线天河客运站站后折返线冻结法隧道、六号线东湖站。

（三）盾构机

盾构隧道施工体系是由地质、盾构机和人三大元素组成的。其中盾构机适应性问题是盾构法最大风险之一。

广州等珠江三角洲地区的40m埋深（一般轨道交通隧道的最大埋深）地层大多是“半砂半土”或“半土半岩”并具有“上软下硬”的特性，即浅层为软弱的地层，深层为硬土层甚至是岩层。地质的复杂性和地表密集的建（构）筑物都对盾构隧道工程提出了极高的要求。针对复合地层的特性，需重点做好盾构机选型和始发到达环节的风险控制。根据广州和其他城市多年来近300台盾构施工风险控制的经验和教训，盾构机适应性的优化或创新的措施如下。

1. 混合盾构刀盘

在复合地层中，刀盘刀具既能适应软土，又要破碎中硬岩石，因此在刀具组合上综合配备滚刀、齿刀、刮刀等刀具。合理的刀具类型、规格、材质、间距和扭矩设计能满足不同的破岩要求，合理的刀具高度梯次设计可以分别满足破岩和刮渣的要求。

2. 添加剂注入系统

通常的添加剂功效如下：改善渣土的和易性，防止喷涌，维持动态平衡；防止在黏粒含量高的地层中掘进时结泥饼。添加剂注入系统的作用是预防土压失衡和泥饼风险。注入材料分为高分子材料、泡沫、膨润土和水，注入的位置分为土仓内、刀盘中心正面、刀盘边缘、刀盘辐条侧面及螺旋输送机。针对不同地层在不同位置注入不同的材料，才可实现针对性的渣土改良功能。

3. 优化开口率的刀盘

传统理念认为在软弱地层中刀盘的开口率一般为20%～30%，但近年来随着泡沫等多种多样的添加剂的发明和广泛应用，结构强度设计和制造水平不断提高，采用大开口率（30%～70%）的盾构机得以成功实践。大开口率刀盘可以让砂土卵石及时进入土仓，从而防止砂石阻塞在刀盘前导致刀具磨损（滞排现象）。

4. 优化螺旋输送机的出土能力

采用双螺旋输送机预防喷涌。

应用实例：广州市轨道交通六号线大坦沙站—黄沙站区间。

增大螺旋输送机伸入土仓的长度，提高“主动”出土能力，以适应大开口率刀盘的开挖，预防滞排、卡刀盘、卡盾体，并预防“铁板砂”的形成。

5. 优化盾构始发到达方案和措施

因盾构机的外径大于管片外径15～30cm（对应于直径6.0～6.5m盾构机），如果加固体在隧道轴线方向上长度不足或加固品质有缺陷，盾构机始发或到达时常发生涌水涌砂甚至塌方的事故。近年来，广州市轨道交通进一步创新应用了土中到达和钢套筒到达方案，即盾构机先行进入钢套筒，再封闭洞门结构，最后钢套筒和盾构机解体。

（四）顶管机

城市密集区车站的出入口往往要穿越已建成道路，而繁忙的交通和密集的管线往往制约了工程的顺利开展。采用非开挖的矩形顶管技术不仅能有效控制工程风险，还能取得较好的经济和社会综合效益。

应用实例：广州市轨道交通六号线。

附　录

附录1　海瑞克盾构机的基本参数表

项　目	名　称	技术参数	备　注
概貌	设备总长	75000mm	从刀盘至后部设备
	盾壳长度	7565mm	—
	总质量	520t	—
	盾构形式	EPB	铰接式
适用管片	外径	6000mm	—
	内径	5400mm	—
	宽度	1500mm	—
	数量	5 + 1	—
	质量	4.5t	最大块
	整环重量	20.15t	—
盾体	外径	6250mm	前体
		6240mm	中体
		6230mm	盾尾
	总长度	7565mm	前体1700mm + 中体2580mm + 盾尾外露部分3285mm
	质量	92t	前体
		31.4t	中体
		26 t	盾尾
	土压传感器	5	土仓5个,螺旋输送器2个
	盾尾密封形式	三排钢丝刷型	—
刀盘及驱动	旋转方向	正/反	—
	开口率	29% ~32 %	—
	开挖直径	6280mm	安装新边缘刮刀时
	超挖刀	1把	—
	超挖量	50mm	相对于新刀开挖直径6280mm位置,其伸缩行程为 -10 ~ +50mm
	驱动液压马达数量	8	双排量马达
	最大扭矩	Range Ⅰ: 4500 kN · m Range Ⅱ: 1970 kN · m	—
	脱困扭矩	5300kN · m	—
	刀盘转速	0 ~6.1r/min	—
	工作油压	30MPa	—

续上表

项　　目	名　　称	技术参数	备　　注
刀盘及驱动	油泵电机功率	945kW	3×315kW
	主轴承外径	2600mm	—
	质量	57t	刀盘
		6.64t	主轴承
	主轴承使用寿命	10000h	—
人闸	形式	1个	双舱型
	外形尺寸	1800mm×2550mm×1600mm	长×宽×高
	工作压力	0.3MPa	—
	试验压力	0.45MPa	—
	容纳人数	3+2	普通舱3人，紧急舱2人
	质量	4t	—
管片安装器	自由度	6	—
	旋转角度	±200°	与盾构机轴线垂直平面
	举升行程	1000mm	与盾构机轴线垂直平面
	举升质量	12t	—
	举升速度	0～8mm/min	—
	纵向行程	2000mm	沿盾构机轴线
	纵向移动推力	5t	—
	纵向行走速度	0～8mm/min	—
	安装头旋转	±2.5°	沿转轴自身轴线
	安装头前后倾角	±2.5°	—
	安装头左右倾角	±2.0°	调节左右举升臂各自的行程来实现
	回转力矩	150 kN·m	—
	驱动功率	55 kW	—
	质量	18.6 t	—
推进系统	千斤顶数量	30个	单缸与双缸各10组
	总推力	34210kN	每个千斤顶1140kN
	工作压力	30MPa	最大工作压力35MPa
	最大推力	3989t	最大工作压力时
	伸出行程	2000mm	—
	最大伸出速度	80mm/min	无负载时
	最大回缩速度	1400mm/min	—
	撑靴	橡胶垫板	弹簧传力可贴紧管片侧面施力
铰接油缸	工作压力	30MPa	—
	油缸尺寸	ϕ180mm/ϕ80mm	—
	牵引力	7340kN	—
	行程	150mm	—
	数量	14个	—

续上表

项 目	名 称	技术参数	备 注
螺旋输送机	形式	中心轴式螺旋	一端悬浮
	外径	900mm	—
	驱动功率	315kW	—
	最大扭矩	215kN·m	—
	转速	0~22.4r/min	无级调速
	最大出土能力	$300m^3/h$	—
	通过最大块度	500mm×600mm	—
	螺旋输送器闸门	液压式	耐压 $p=0.3$MPa
皮带输送机	驱动形式	电机驱动	—
	皮带宽度	800mm	—
	皮带机长度	45m	—
	驱动电机功率	30 kW	—
	皮带运行速度	2.5m/s	—
	最大输送能力	$750m^3/h$	—
后部设备	冷却系统	1套	泵、油冷却器、阀
	注浆设备	KSP-12注浆泵	2台
	发泡系统	1套	发泡装置、注入管道等
	盾尾注脂泵送系统	1套	油脂泵1台
	控制室	1个	—
	高压电缆卷筒	1个	用于前进过程中连续供给高压电
	水管卷盘	1个	用于前进过程中连续供给冷却循环水
	软风管储存筒	1个	用于前进过程中连续供给新鲜风
	管片送进系统	1套	管片送进器、管片吊车
	数据采集系统	1套	VMT
	自动导向系统	1套	SLS-T激光导向系统
	后部拖车	5辆	1号拖车用于与盾体连接
	通信系统	1套	含机内电话、数据传输接口
供电	初级电压	10000V	—
	次级电压	380 V	—
	变压器容量	2000kVA	—
	控制电压	24/230V	—
	照明电压	230V	—
	电磁阀控制电压	24V	—
	电源频率	50Hz	—
	防护等级	IP55	—

续上表

项　　目	名　　称		技术参数	备　　注
功率配置	主	刀盘驱动(主泵站)	945 kW	3台×315kW
	驱动系统	补油泵	75kW	—
		冷却油泵	18kW	—
		控制油泵	5kW	—
		过滤泵	15kW	—
		小计	1058kW	—
	推进系统	推进油泵	75kW	—
		冷却油泵	11kW	—
		过滤泵	4kW	—
		小计	90kW	—
	管片安装系统	管片安装机泵站	55kW	—
		管片吊机	4kW	—
		小计	63kW	—
	出渣系统	螺旋输送机泵站	315kW	—
		皮带输送机	30kW	—
		小计	345kW	—
	渣土改良系统	膨润土泵	30kW	—
		泡沫泵	2.2kW	—
		水泵	11kW	—
		小计	43.2kW	—
	注浆系统	注浆系统	30kW	—
	其他	二次通风	11kW	—
		空压机	55kW	—
		水管卷筒	2.2kW	—
		电缆卷筒	2.2kW	—
		照明与空调	32.4kW	—
		小计	157.8kW	—
	总装机功率		1705kW	—

附录2 维尔特盾构机的基本参数表

序号	项 目	特 征	参 数 值
总体	主机	—	—
	主机总长	9500mm	—
	主机总质量	320t	—
	前护盾构件质量(带设备)	91t	—
	中间护盾构件质量(带设备)	75t	—
	尾盾构件质量(带设备)	44.5t	—
1	刀盘	辐条式开口率27%,开挖直径6280mm	1
	主体结构	焊接结构	1
	普通刮刀	硬质	104
	片式刮刀	硬质	33
	焊接保护刀	焊接	12
	副刀	—	2
	副刀油缸	行程85mm,直径100mm/65mm	2
	搅拌棒	—	2
	泡沫注射喷嘴	—	4
2	驱动装置	—	1
	主轴承	圆柱形滚轮,3排;直径3.3m	1
	内层密封保护装置	套	1
	外层密封保护装置	套	1
	密封形式	每套5排	—
	齿轮及齿轮承轴	套	6
	液压马达	容积350mL/r,油压28/36MPa	6
	齿轮箱	速比87.41	6
	旋转接头	4条油管、4条泡沫管	1
	循环油泵	流量25 L/min	1
	循环油泵电机	功率1.1kW,转速1440r/min,电压410V	1
	油路过滤器	—	1
	副刀及安全门电力装置	功率:11kW,转速1440r/min,电压410V	1
	副刀泵装置	容量:16mL/r	1
3	前体	焊接结构,外径6260mm	1
	主体	密封螺栓连接件	2
	土压传感器	—	4
4	中间盾体	焊接结构,外径6255mm	1
	铰接油缸	行程200mm,直径200mm/100mm	8
	推进油缸	行程2100mm,直径260mm/210mm	20

续上表

序号	项　目	特　征	参数值
5	尾护盾	焊接钢结构，外径 6250mm	1
	尾盾密封布置	线刷型，3 排	1
	尾盾密封注射系统	4 套双管线，包括气动阀和压力传感器	1
6	人闸	—	1
	主人闸室	—	1
	紧急闸室	—	1
	控制室	—	1
7	螺旋输送机	内径 700mm	1
	壳体	3 段带密封螺栓连接件	1
	叶片	3 焊接件，15 螺距	1
	叶片抗磨板	—	112
	液压马达	容积 4.4 L/r，工作压力 250Pa	1
	齿轮箱	速比 4.09	1
	轴承支承组件	—	1
	安全闸门	—	1
	安全闸门油缸	行程 440mm，直径 160/90mm，最大压力 21MPa	2
	出渣闸门	—	1
	出渣闸门油缸	行程 745mm，直径 100mm/50mm，最大压力 21MPa	1
	延长电缆编码器	—	1
	土压传感器	—	1
	伸缩油缸	行程 1070mm，直径 125mm/80mm，最大压力 14MPa	1
	管片安装器	额定能力 40kN；自由度 220 °，6 自由度	1
	液压马达带安全制动器	容积 63mL/r，工作压力 15MPa	1
	齿轮箱	速比 133	1
	提升油缸	行程 900mm，直径 100mm/50mm，最大压力 21MPa	2
	称动油缸	行程 800mm，直径 80mm/45mm，最大压力 21MPa	2
	管片夹持油缸	行程 60mm，直径 80mm/45mm，最大压力 21MPa	1
	平衡油缸	行程 60mm，直径 60mm/40mm，最大压力 21MPa	3
	转动油缸	行程 60mm，直径 60mm/40mm，最大压力 21MPa	1
	电缆卷轴	—	1
	无线电控制器	—	1
	无线电控制器蓄电池	—	1
	蓄电池充电器	—	1
	皮带输送机	长度 56m，宽度 800mm	1
	皮带	3 层织物，橡胶厚度 6mm + 3mm	1
	电机	功率 30kW，转速 1450r/min，电压 410V	1
	齿轮箱	速比 10.7	1
	驱动卷筒	直径 425mm	1
	回返卷筒	直径 334mm	1
	辊子支承装置	辊子直径 108mm	30
	卸渣装置	—	1
	刮板组件	—	2

附录3　三菱盾构机的基本参数表

项　目	参　数
盾构机	
盾构外径	6260mm
盾尾内径	6060mm
盾尾部外板	6060mm
间隙	30mm
盾构总长	约 11850mm
盾构机身长度	8170mm
盾构主体长度	7670mm
机罩部长度	750mm
环形梁长度	3528mm
盾尾部长度	3392mm
盾尾密封件	刷形,3 列
主体分区数	环切 2 + 上下 2 分区
刀盘	
刀头形式	半圆顶式
刀盘支撑方式	中间支承方式(轴承式)
圆盘式刀盘挖掘外径	6310mm
刀头挖掘外径	6280mm
转数	0.2 ~ 3.4r/min
装配扭矩 最高扭矩	6 327kN · m(a = 25.7)
驱动方法	油压马达驱动
回转方向	左、右
彷型刀形式	油压千斤顶形式
彷型刀装配数量	1 台
超挖量	130mm(以盾构外径为基准)
方向控制装置	
俯仰摇摆计	电动式 / 测锤式
盾构千斤顶速度行程计	NO.1、NO.7、NO.18 千斤顶
中折装置	V 形平面中折方式(最大中折角度 1.5°)
中折行程计装配部位	NO.1、NO.5、NO.8、NO.18 千斤顶
管片拼装机	
形式	环形齿轮门形式
转数	0.78/ 1.53r/min
回转角度	左右各 220°
推入力	在 14MPa 的使用压力下:110kN × 2
提升力	在 14MPa 的使用压力下: 75kN × 2
升降行程	700mm
回转处理质量	约 60kN
有效空间	约 ϕ3050mm
握柄滑动量	前 400mm,后 100mm
旋转驱动方式	油压马达驱动
警报	警示灯

续上表

<table>
<tr><th colspan="2">项　　目</th><th colspan="3">参　　数</th></tr>
<tr><td colspan="5">送排泥装置</td></tr>
<tr><td colspan="2">送泥管</td><td colspan="3">尺寸 10B</td></tr>
<tr><td colspan="2">排泥管</td><td colspan="3">尺寸 10B</td></tr>
<tr><td colspan="2">备用排泥管</td><td colspan="3">尺寸 10B</td></tr>
<tr><td colspan="2">旁路管</td><td colspan="3">尺寸 8B</td></tr>
<tr><td colspan="2">排空管</td><td colspan="3">尺寸 2B</td></tr>
<tr><td colspan="5">挖掘面水压机</td></tr>
<tr><td colspan="2">挖掘面水压机安装用法兰</td><td colspan="3">50A × 装配数量 1</td></tr>
<tr><td colspan="2">隔膜式压力机</td><td colspan="3">15A × 装配数量 1</td></tr>
<tr><td colspan="5">人孔闸</td></tr>
<tr><td colspan="2">形式</td><td colspan="3">2 人用双舱式</td></tr>
<tr><td colspan="2">数量</td><td colspan="3">1 台</td></tr>
<tr><td colspan="5">千斤顶</td></tr>
<tr><td colspan="2">盾构挖掘面面积平均推力</td><td colspan="3">1169kN/m²</td></tr>
<tr><td colspan="2">盾构千斤顶伸长速度</td><td colspan="3">6.7 cm/min(全数运行时)</td></tr>
<tr><td>名　　称</td><td>推力(kN)</td><td>行程(mm)</td><td>使用压力(MPa)</td><td>装配数量(支)</td></tr>
<tr><td>盾构千斤顶</td><td>1500</td><td>1950</td><td>35</td><td>24</td></tr>
<tr><td>中折千斤顶</td><td>2000</td><td>190</td><td>35</td><td>16</td></tr>
<tr><td>拼装机升降千斤顶</td><td>110</td><td>700</td><td>14</td><td>2</td></tr>
<tr><td>拼装机滑动千斤顶</td><td>70</td><td>500</td><td>14</td><td>1</td></tr>
<tr><td>拼装机支护千斤顶(A)</td><td>43</td><td>150</td><td>14</td><td>2</td></tr>
<tr><td>拼装机支护千斤顶(B)</td><td>43</td><td>150</td><td>14</td><td>2</td></tr>
<tr><td>彷型刀盘千斤顶</td><td>200</td><td>150</td><td>21</td><td>1</td></tr>
<tr><td>圆形保持推举千斤顶</td><td>200</td><td>400</td><td>21</td><td>2</td></tr>
<tr><td>圆形保持滑动千斤顶</td><td>43</td><td>1750</td><td>14</td><td>2</td></tr>
</table>

附录4　广州市轨道交通矿山法应用情况汇总表(已建成开通线路)

序号	线路	工　点	断面形式	最大隧道跨度	主要工法	主要工程措施
1	一号线	烈东区间	马蹄形	5~6m	台阶法	小导管超前支护
2	一号线	东杨区间	马蹄形	10m	台阶法、CD法	小导管超前支护
3	一号线	杨体区间	马蹄形	5~6m	台阶法	小导管超前支护、地面注浆加固
4	一号线	体体区间	马蹄形	5~6m	台阶法	小导管超前支护、洞内注浆加固
5	一号线	体广区间	马蹄形	5~6m	台阶法	小导管超前支护、洞内注浆加固
6	二号线	三元里折返线	马蹄形	10m	CRD法	小导管超前支护、地面注浆加固
7	二号线	广州火车站过街隧道	矩形隧道	9m	双侧壁导坑法	大管棚超前支护
8	二号线	越秀公园站	马蹄形	10m	CRD法	全断面TSS注浆
9	二号线	纪越区间	马蹄形	5~6m	台阶法	小导管超前支护
10	二号线	公纪区间	马蹄形	21.6m	CD法、CRD法双侧壁导坑法	双层大管棚超前支护
11	二号线	海公区间	马蹄形	5~6m	台阶法	小导管超前支护
12	二号线	江南西站	马蹄形	10m	CD法、CRD法	小导管超前支护
13	二号线	晓江区间	马蹄形	12m	CD法、CRD法	小导管超前支护
14	二号线	中晓区间	马蹄形	5~6m	台阶法	小导管超前支护
15	二号线	鹭中区间	马蹄形	5~6m	台阶法	小导管超前支护
16	二号线	鹭江折返线	马蹄形	10m	CD法、CRD法	小导管超前支护
17	二号线	客村联络线	马蹄形	14m	CD法、CRD法、双侧壁导坑法	大管棚超前支护
18	三号线	广州东站	马蹄形	16m	CD法、CRD法	小导管超前支护
19	三号线	广林区间	马蹄形	5~6m	台阶法	小导管超前支护
20	三号线	林和西站	联拱隧道	9m	中洞法	大管棚超前支护
21	三号线	林体区间	马蹄形	5~6m	台阶法	小导管超前支护
22	三号线	体西站	联拱隧道	9m	台阶法	大管棚超前支护
23	三号线	体西折返线	联拱隧道		中洞法	大管棚超前支护
24	三号线	天河客运站折返线	马蹄形	10m	CRD法	洞内水平冻结法加固
25	三号线	天华区间	马蹄形	10m	CRD法	大管棚超前支护、地面旋喷洞内水平注浆加固
26	三号线	华岗区间	马蹄形	5~6m	台阶法	小导管超前支护
27	三号线	岗石区间	马蹄形	5~6m	台阶法	小导管超前支护
28	三号线	石体区间	马蹄形	5~6m	台阶法	小导管超前支护
29	三号线	体珠区间	马蹄形	5~6m	台阶法	小导管超前支护
30	三号线	客大区间	马蹄形	5~6m	CD法、CRD法	大管棚超前支护
31	三号线	番禺广场折返线	马蹄形	5~6m	CD法、CRD法	大管棚超前支护
32	四号线	新市区间	马蹄形	5~6m	台阶法	小导管超前支护
33	四号线	小谷围联络线	马蹄形	5~6m	CD法、CRD法	小导管超前支护
34	五号线	中山八存车线	马蹄形	10m	CD法、CRD法	大管棚超前支护

续上表

序号	线路	工　点	断面形式	最大隧道跨度	主 要 工 法	主要工程措施
35	五号线	西场站	马蹄形	10m	CRD 法	小导管超前支护
36	五号线	西村站	马蹄形	10m	CRD 法	小导管超前支护
37	五号线	广州火车站	马蹄形	10m	CD 法	小导管超前支护
38	五号线	小北路站	马蹄形	10m	CD 法、CRD 法	小导管超前支护、洞内 TSS 注浆加固
39	五号线	淘区区间	马蹄形	15m	CD 法、CRD 法	小导管超前支护
40	五号线	区庄站	马蹄形	21m	CD 法、CRD 法、双侧壁导坑法	大管棚超前支护
41	五号线	动物园站	马蹄形	10m	CD、CRD 法	小导管超前支护
42	五号线	珠猎区间	马蹄形	5～6m	台阶法	小导管超前支护、洞内 WSS 注浆加固
43	六号线	如意坊折返线	马蹄形	15m	CD 法、CRD 法	小导管超前支护
44	六号线	文化公园站	马蹄形	15m	CD 法、CRD 法	大管棚超前支护、地面洞内注浆加固
45	六号线	一德路站	马蹄形	10m	CD 法	小导管超前支护
46	六号线	海珠广场站	马蹄形	10m	CD 法	小导管超前支护
47	六号线	越秀南站	马蹄形	10m	CD 法	小导管超前支护
48	六号线	东湖站	马蹄形	13m	CD 法、CRD 法、顶管法	小导管超前支护
49	六号线	东山口站	马蹄形	10m	CD 法、CRD 法，先隧后站法	大管棚超前支护、洞内水平注浆加固
50	六号线	黄花岗站	马蹄形	10m	CRD 法	大管棚超前支护、洞内水平注浆加固
51	六号线	黄沙区间	马蹄形	5～6m	台阶法	小导管超前支护、洞内 WSS 注浆加固
52	六号线	沙河站	马蹄形	10m	CD 法、CRD 法	大管棚超前支护
53	二八号线	凤凰新村站	马蹄形	10m	CD 法、CRD 法	小导管超前支护
54	二八号线	江昌区间	马蹄形	5～6m	台阶法	小导管超前支护
55	二八号线	晓昌区间	马蹄形	5～6m	台阶法	小导管超前支护
56	二八号线	江泰路存车线	马蹄形	12m	CD 法、CRD 法	大管棚超前支护
57	二八号线	会石区间	马蹄形	5～6m	台阶法	小导管超前支护
58	三号线北延段	广燕区间	马蹄形	5～6m	台阶法	小导管超前支护、水平袖花管注浆
59	三号线北延段	白云大道站通道	马蹄形	6m	台阶法	小导管超前支护、洞内 TSS 注浆加固
60	APM	天河南一路站	马蹄形	10m	CD 法、CRD 法	大管棚超前支护

参考文献

[1] 竺维彬，鞠世键. 地铁盾构施工风险源及典型事故的研究[M]. 广州：暨南大学出版社，2009.

[2] 竺维彬，鞠世键，史海欧. 广州地铁三号线盾构隧道工程施工技术研究[M]. 广州：暨南大学出版社，2007.

[3] 竺维彬，鞠世键. 复合地层中的盾构施工技术[M]. 北京：中国科学技术出版社，2006.

[4] 竺维彬，鞠世键，等. 复合地层盾构施工技术理论和实践的集成研究[R]，2009.

[5] 林志元，孔少波，陈乔松，等. 广州市轨道交通三号线土建施工技术研究[M]. 广州：暨南大学出版社，2010.

[6] 陈馈，洪开荣，吴学松. 盾构施工技术[M]. 北京：人民交通出版社，2009.

[7] 广州市地下铁道总公司建设事业总部土建三部. 广州市轨道交通五号线及珠江新城旅客自动输送系统(APM)土建工程技术研究[R]，2011.

[8] 广州市地下铁道总公司建设事业总部土建四部. 广州市轨道交通二、八号线土建工程技术总结[R]，2011.

[9] 广州市地下铁道总公司建设事业总部土建二部. 广州市轨道交通四号线高架结构施工技术研究[R]，2010.

[10] 林本海，杨树庄，等. 广东省地质构造与岩土工程基本特征[J]. 岩石力学与工程学报，2006，25(增刊).

[11] 林本海. 广东岩土地层特点与地层归一性划分方法[J]. 建筑监督检测与造价，2009，2(1)：1-11.

[12] 谢明. 广州地铁沿线岩土分层系统的建立和特征以及在地铁、轻轨勘察规范中增设岩土分层规定的必要性和可行性[J]. 地铁与轻轨，2005，59：17-24.

[13] 彭卫平，容穗红. 广州市水文地质特征分析[J]. 城市勘测，2006，3：59 -63.

[14] 陈穗，杨成奎，陈立根. 浅谈广州城市地质环境与建筑工程的关系[J]. 国土资源导刊，2006，6：54 -57.

[15] 郑建生，刘瑞华. 广州地区地下水类型特征及其对城市建设环境的影响[J]. 热带地理，2006，26(3)：264 -268.

[16] 李平日，整建生，方国祥. 广州地区第四纪地质[M]. 广州：华南理工大学出版社，1999.

[17] 黄希强，刘辉东. 断裂与广州地铁建设[J]. 广州建筑，2006，5：25 -26.

[18] 黄希强. 广州地铁岩土分层系统与隧道围岩分类[J]. 西部探矿工程，2006，8：153-154.

[19] 张华. 浅谈广州地铁隧道围岩分级[J]. 广州建筑，2006，5：49 -51.

[20] 蒲勇，刘成军，程东海，等. 广州地铁工程范围岩土层物理力学参数区划[C]// 广州地铁科技文集，2011：3 -7.

[21] 林培源. 林培源文集[M]. 北京：中国建筑业出版社，2008.

[22] 何其平. 土压平衡盾构刀盘结构探讨[J]. 工程机械，2003，11：10 -16.

[23] 刘光波. 德国 ϕ6.28m 盾构刀具的工作机理探讨[J]. 工程机械，2006，37(10)：24 -26.

[24] 赵红军. 北京地层地铁盾构选型[J]. 山西建筑，2007，33(6)：281-282.

[25] 黄健. 盾构机选型的依据[J]. 工程机械与维修，2008，12：130-131.

[26] 付艳斌. 上软下硬地层中盾构法隧道施工技术[J]. 交通科技与经济，2009，54(4)：80 -81.

[27] 朱伟，秦建设，魏康林. 土压平衡盾构喷涌发生机理研究[J]. 岩土工程学报，2004，26(5)：589-593.

[28] 吴能森. 花岗岩残积土的崩解性及软化损伤参数研究[J]. 河北建筑科技学院学报，2006，23(3)：

58-62.
[29] 吴能森，赵尘，侯伟生. 花岗岩残积土的成因、分布及工程特性研究[J]. 平顶山工学院学报,2004,13(4):1-4.
[30] 戴继，高广运，王铁宏. 花岗岩残积土的地区差异及对其工程特性的研究[J]. 港工技术,2009,46(1):56-59.
[31] 王清，唐大雄，等. 中国东部花岗岩残积土物质成分和结构特征的研究[J]. 长春地质学院学报,1991,21(1):70-81.
[32] 张抒. 广州地区花岗岩残积土崩解特性研究[D]. 武汉:中国地质大学,2009.
[33] 赵运臣. 盾构始发与到达方法综述[J]. 现代隧道技术,2008:86-90.
[34] 王吉华. 土压平衡盾构始发掘进施工技术[J]. 山西建筑,2009,35(9):335-336.
[35] 李宁宁，董亚男，孙建成. 上软下硬地层基坑支护型式—吊脚桩支护结构分析[J]. 河南城建学院学报,2013,22(2):14-18.
[36] 许满吉. 吊脚连续墙在深圳地铁5号线深基坑施工中的应用[J]. 铁道标准设计,2011,8:89-93.
[37] 谢明. 广州地铁沿线岩土分层系统的建立和特征以及在地铁、轻轨勘察规范中增设岩土分层规定的必要性和可行性[J]. 地铁与轻轨,2000,1:17-24.
[38] 谭顺辉. 几种土压平衡盾构在功能配置及使用上的区别[J]. 隧道建设,2005,25(3):67-68,76.
[39] 李于辉，张季超，丁晓敏，等. 广州地下空间开发利用的环境岩土工程问题[J]. 地下空间与工程学报,2009,5(2):1455 -1458.
[40] 肖正茂. 广佛线过街通道矩形顶管施工技术总结报告[R],2011.
[41] 广州市地下铁道总公司建设事业总部土建一部. 广州地铁六号线东湖站出入口通道矩形顶管施工技术总结报告[R],2010.
[42] 邢苏宁. 矩形箱涵顶管掘进机刀盘仿形组合形式的研究[J]. 地质装备,2007,8(4):17 -18.
[43] 卢京，吴著，张传英. 电力隧道顶管工程顶管机的选型[J]. 广东土木与建筑,2002,10:54 -55.
[44] 张卫军. 顶管掘进机选型分析[J]. 建筑机械,2006,6:100 -101.
[45] 刘平，戴燕超. 矩形顶管机的研究和设计[J]. 市政技术,2005,23(2):92 -95.
[46] 安关峰，黄仕元，刘学山. 广州地区顶管施工技术可行性分析[J]. 西部探矿工程,2002,77(4):119 -120.
[47] 王承德. 顶管机的选择[J]. 特种结构,2008,25(5):89-91.
[48] 焦冬雪，刘元雪，陆新，等. 单洞双层隧道围岩力学特性分析[J]. 后勤工程学院学报,2010,26(2):11-16.
[49] 龚云，付恩喜. 地下铁道单洞双层隧道施工技术研究[J]. 山西建筑,2009,35(3):312-313.
[50] 刘广钧. 如何解决重叠隧道施工中的技术难题[J]. 铁道建筑技,2002,6:38-41.
[51] 王建山. 罗湖～国贸区间重叠盾构隧道施工[J]. 施工技术,2008,37(9):47-50.
[52] 赵巧兰，林巍. 小净距、长距离重叠盾构隧道设计、施工技术[J]. 铁道标准设计,2009,10:78-83.
[53] 李德才，扈森，王明年. 深圳地铁重叠隧道设计与施工技术要点[J]. 现代隧道技术, 2006, 43(4):23-26.
[54] 张永昌. 变断面隧道综合施工技术[J]. 石家庄铁道学院学报, 2008, 21(2):115-118.
[55] 张炳根. 地铁渡线地段大断面浅埋暗挖综合施工技术研究[J]. 现代隧道技术, 2007, 441(2):25-30.
[56] 李非. 浅埋暗挖法地铁折返线变断面隧道施工技术[J]. 隧道与地下工程, 2010, 281(4):95-98.
[57] 周倩. 暗挖大断面地铁车站侧洞法和洞柱法施工力学转换机理对比研究[D]. 北京:北京交通大学,2008.

[58] 姚海波. 大断面隧道浅埋暗挖法下穿既有地铁构筑物施工技术研究[D]. 北京:北京交通大学,2005.
[59] 张民庆. TSS 型注浆管及其注浆技术的研究与应用[J]. 铁道工程学报, 2000, 2:50-57.
[60] 詹浩伟,杨党校. WSS 工法注浆技术及其应用[J]. 科技创业月刊, 2009, 5:152-153.
[61] 田家琳,杨为民. WSS 工法在城市地铁施工中加固土体的应用[J]. 郑州铁路职业技术学院学报, 2009, 21(3):25-28.
[62] 孙星亮,徐文明,姚铁军. 国内外水平旋喷注浆加固技术应用发展概况[J]. 世界隧道, 2000, 6:42-47.
[63] 王喜胜,王学成. 悬臂式掘进机在地铁施工中的应用[J]. 煤炭工程, 2007, 10:42-45.
[64] 袁勇,王胜辉,章勇武,等. 双联拱隧道中墙力学行为研究[J]. 岩石力学与工程学报, 2003, 22(1):2313-2316.
[65] 张志强,何川. 联拱隧道中隔墙设计与施工力学行为研究[J]. 岩石力学与工程学报, 2006, 25(8):1632-1638.
[66] 韩继勇. 联拱隧道施工方法研究[J]. 山西建筑, 2007, 33(4):321-322.
[67] 唐亮. 双联拱隧道施工方法[J]. 重庆交通学院学报, 2004, 23(2):31-35.
[68] 杜玉霞,张洪新,谷柏松. 浅谈五羊村地铁站先隧后站施工[J]. 广东建材,2008, 2:41-42.
[69] 廖景. 地铁先隧后站新工法应用分析[J]. 广东土木与建筑, 2011,9:42-44.
[70] 熊乾. 地铁先隧后站法施工技术[J]. 铁道标准设计, 2009,12:106-110.
[71] 王巨创. 城市渐变小间距隧道施工关键技术探讨[J]. 隧道建设, 2007,27(5):54-56.
[72] 刘明高,高文学,刘冬,等. 小净距隧道中夹岩加固技术研究[J]. 施工技术, 2006, 35:172-174.
[73] 黄波. 小净距隧道施工技术要点[J]. 公路交通技术, 2004,5:112-114.
[74] 刘明高,高文学,张飞进. 小净距隧道建设的关键技术及其应用研究[J]. 地下空间与工程学报, 2005, 1(6):952-955.
[75] 刘广钧. 如何解决重叠隧道施工中的技术难题[J]. 铁道建筑技术, 2002, 6:38-41.
[76] 李德才,扈森,王明年. 深圳地铁重叠隧道设计与施工技术要点[J]. 现代隧道技术, 2006, 43(4):21-25.
[77] 卫晓波. 地铁浅埋暗挖重叠隧道施工技术[J]. 城市建设, 2010, 70:234-236.
[78] 赵巧兰,林巍. 小净距、长距离重叠盾构隧道设计、施工技术[J]. 铁道标准设计, 2009, 10:78-83.
[79] 时亚昕,王明年,李强. 单洞双层地铁隧道施工力学行为[J]. 岩石力学与工程学报, 2006, 25(1):2985-2990.
[80] 赵春华. 软弱围岩中单洞重叠隧道施工技术及研讨[J]. 现代隧道技术, 2004, 41(3):11-16.
[81] 张炳根. 软弱地层深基坑地基加固措施对比分析研究[J]. 铁道工程学报,2006,93(3):1-4.
[82] 高夕良. 软土地区基坑工程变形分析及围护结构设计探讨[D]. 成都:西南交通大学,2006.
[83] 薛海龙,李宝霞. 软土地区深基坑施工要点[J]. 建厂科技交流,2006,33(1):18-20.
[84] 唐兰远. 地下连续墙槽段接头形式的探讨[J]. 探矿工程(岩土钻掘工程),2004,9:20-22.
[85] 马铭,徐赞云,吴学芹. 地下连续墙接头形式及渗漏分析[J]. 建筑工程,2009,10:252-253.
[86] 杨峻. 半盖挖法施工在广州地铁晓港站工程中的应用[J]. 广东土木与建筑, 2002, 3:17-18.
[87] 程国华. 地铁换乘车站半盖挖法设计[J]. 山西建筑, 2012, 38(13):196-197.
[88] 夏铭. 超深基坑开挖施工技术[J]. 国防交通工程与技术, 2008, 1:60-63.
[89] 甄精莲,段仲源,贾瑞晨. 深基坑支护技术综述[J]. 工业建筑, 2006, 36:691-694.
[90] 杨玉平,王亚微,李磊. 超深基坑施工技术探讨[J]. 公路交通科技, 2012,2:164-166.
[91] 彭社琴. 超深基坑支护结构与土相互作用研究[D]. 成都:成都理工大学, 2009.

[92] 袁彬. 深基坑支护方案优选与优化设计研究[D]. 淮南:安徽理工大学, 2008.
[93] 王大顺,王永龙,熊伟,等. 可回收楔式锚杆的研究[J]. 煤矿机械, 2008,29(8):119-120.
[94] 陆观宏,倪光乐,莫海鸿. 一种新型的可回收锚索技术[J]. 岩土工程界, 2009,5:38-39.
[95] 萧岩,汪波,王光明. 盖挖法和盖挖法施工[J]. 市政技术, 2004,22(6):359-370.
[96] 马琳琳. 复杂岩溶地基处理[J]. 河南科技大学学报, 2004,25(4):75-77.
[97] 郦华伟,王国建,潘益民. 诸永高速公路浦阳东江大桥桩基础施工溶洞处理技术[J]. 公路交通技术, 2010,1:65-69.
[98] 谢琪. 广州地铁在岩溶地区溶洞治理方案的实施与探讨[J]. 工程建设与管理, 2004,5:153-154.
[99] 谭贻荣. 浅谈广州地铁二号线北延段溶洞、土洞处理方案[J]. 广东建材, 2007,7:63-66.
[100] 唐兰远. 地下连续墙槽段接头形式的探讨[J]. 探矿工程, 2004,9:20-24.
[101] 马铭,徐赞云,吴学芹. 地下连续墙接头形式及渗漏分析[J]. 建筑工程, 2004,9:252-254.
[102] 王健. 广东地区地下连续墙接头的研究[J]. 西部探矿工程, 2005,8:17-19.
[103] 蒋永红,余天庆,范瑛. 城市高架桥的弊端及防治对策[J]. 湖北工业大学学报, 2006,21(2):90-93.
[104] 牛帅,李青宁. 城市高架桥特点及分类[J]. 山西建筑, 2008,34(28):3-4.
[105] 周龙翔,童华炜,王梦恕,等. 广州软土的工程特性及地基处理方法的对比研究[J]. 北京交通大学学报, 2006,30(1):17-20.
[106] 阙金声,陈剑平,石丙飞. 广州大学城软土的工程地质性质统计分析[J]. 煤田地质与勘探, 2007,35(1):49-52.
[107] 雷金山,阳军生,周灿朗,等. 广州轨道交通岩溶地质模型相似材料试验研究[J]. 铁道科学与工程学报, 2007,4(6):73-77.
[108] 方燎原. 广州地铁岩溶地质条件[J]. 地球与环境, 2005,33(4):89-91.
[109] 雷金山,阳军生,肖武权,等. 广州岩溶塌陷形成条件及主要影响因素[J]. 地球与环境, 2009,45(4):488-492.
[110] 广州地铁设计研究院有限公司. 广州市轨道交通九号线工程岩溶处理设计总体技术要求[R], 2010.
[111] 乔书光. 地铁工程建设岩溶风险评估及应用[J]. 湖北广播电视大学学报, 2009,29(7):159-159.
[112] 杨挺. 城市地下工程穿越既有建筑物加固技术及工程应用[J]. 江苏建筑, 2008,6:22-25.
[113] 陈远元,程刚. 桩基托换技术研究与设计[J]. 广东土木与建筑, 2005,10:15-19.
[114] 杨仁杰,马建民. 树根桩托换技术应用[J]. 西部探矿工程, 1995,7(2):23-24.
[115] 饶富鹏,江世祥. 树根桩托换技术在广州地铁琶仑盾构区间的应用[J]. 西部探矿工程, 2005,111:60-61.
[116] 毛桂平,黄小许. 桩梁和桩筏式托换结构体系设计探讨[J]. 工业建筑, 2005,35(9):46-49.
[117] 刘国宝. 广州东站桩基拱式托换设计与施工[J]. 铁道勘测与设计, 2004,3:94-96.
[118] 郑小雪,漆泰岳. 地铁施工对地表及建筑物的影响[J]. 岩土工程与地下工程, 2009,29(1):79-81.
[119] 竺维彬,廖鸿雁,黄威然. 广州地铁工程重大地质风险控制模式研究[C]//第八届海峡两岸隧道与地下工程学术与技术研讨会, 2009.
[120] 陈韶章,陈越. 沉管隧道设计与施工[M]. 北京:科学出版社,2002.
[121] 王珊. 地铁工程设计与施工新技术实用全书[M]. 长春:银声音像出版社,2004.
[122] 管敏鑫,万晓燕等. 沉管隧道的作用、作用组合与工况[J]. 世界隧道, 1999, 1:4-9.
[123] 管敏鑫,任孝思,等. 沉埋隧道的接头防水和水力压接[C]//中国土木工程学会隧道及地下工程学

会第八届年会论文集,1994:115-123.
[124] 陈越. 从广州地区沉管隧道建设谈沉管隧道的建造设想[J]. 现代隧道技术,2008,45(1):10-15.
[125] 梁禹. 广州地铁一号线越江隧道运营期结构变形监测[J]. 现代隧道技术, 2008,45(3):84-87.
[126] 金锋. 广州珠江沉管隧道设计工作中的几点体会[C]//中国土木工程学会隧道及地下工程学会第八届年会论文集,1994:362 -367.
[127] 陈越, 庐陵江. 广州珠江隧道浮运沉放施工方案[C]//中国土木工程学会隧道及地下工程学会第七届年会暨北京西单地铁车站工程学术讨论会论文集(上),1992:319 -324.
[128] 陈越,徐一平,吴鸣泉. 广州珠江隧道钢结构工程[C]//中国土木工程学会隧道及地下工程学会第七届年会暨北京西单地铁车站工程学术讨论会论文集(上),1992:313 -318.
[129] 陈韶章,任孝思. 广州珠江隧道工程简介[J]. 地铁与轻轨,1993,5:2-5.
[130] 陈韶章,黄国源,等. 珠江沉管隧道的几何设计[J]. 世界隧道, 1996, 6:7-11.
[131] 陈越,管敏鑫,等. 珠江沉管隧道浮运沉放技术[J]. 世界隧道, 1996, 6:27-33.
[132] 刘应海,任孝思,等. 珠江沉管隧道管段预制技术[J]. 世界隧道, 1996, 6:20-26.
[133] 陈韶章,陈越,等. 珠江沉管隧道基础处理技术[J]. 世界隧道, 1996, 6:34-39.
[134] 任孝思,陈越,等. 珠江沉管隧道接头设计及处理技术[J]. 世界隧道, 1996, 6:12-19.
[135] 韩大建,周阿兴,黄炎生. 珠江水下沉管隧道的抗震分析与设计—时程响应法[J]. 华南理工大学学报:自然科学版,1999,27(11):117-121.
[136] I Van Loenen . 隧道管段的浮运[J]. 隧道译丛,1987.
[137] V L Molenear. 隧道管段的沉放[J]. 隧道译丛,1987.
[138] 江民隆雄,等. 东京港隧道工程(沉管法)[J]. 隧道译丛,1987.
[139] 村上良丸. 荷兰的沉管隧道施工法[J]. 隧道译丛, 1987.
[140] Tan GiokLiong. 荷兰的沉管隧道[J]. 隧道译丛, 1987.
[141] 浦江恭知,等. 试论沉管法的施工精度——记川崎港海底隧道工程[J]. 隧道译丛,1987.
[142] Hein Duddeck. 沉管隧道的设计准则[J]. 隧道译丛, 1990.
[143] V L Molenear. 沉埋技术在水下施工中的应用[J]. 隧道译丛, 1990.
[144] 宋建,陈百玲. 沉管隧道穿越江河海湾的优越性[J]. 现代隧道技术, 2005,42(3):28-36.
[145] 王艳宁,熊刚. 沉管隧道技术的应用与现状分析[J]. 现代隧道技术,2007,44(4):1-4.
[146] 管敏鑫, 唐英,等. 沉管隧道技术在我国的应用[J]. 岩石力学与工程学报,1999,18:1000-1004.
[147] 张石波,徐家慧,钟辉虹. 广州生物岛—大学城隧道沉管段与暗埋段接口处关键技术处理[J]. 岩土工程,2007,27(4):85 -87.
[148] 袁真秀. 广州市大学城隧道沉管段岩土工程勘察[J]. 铁道勘察,2009,2:53-56.
[149] 张旭,赵国勇,叶冠林,等. 沉管接头简化方法及三维抗震有限元分析[J]. 地下空间与工程学报,2011,7:1292-1297.
[150] 肖晓春,林家祥,何拥军,等. 沉管隧道的一种最终接头形式及施工方法[J]. 现代隧道技术,2005,42(5):66-70.
[151] 吴维. 关于沉管法修建长江水下隧道若干问题的研究[J]. 现代隧道技术,2003,40(4):1-4.
[152] 管敏鑫. 越江沉管隧道管段及接头防水[J]. 现代隧道技术,2004,41(6):57-59.
[153] 傅琼阁. 沉管隧道的发展与展望[J]. 中国港湾建设,2004,5:53-58.
[154] 杨文武. 沉管隧道工程技术的发展[J]. 隧道建设,2009,29(4):397-404.
[155] 王华. 沉管隧道与悬浮隧道[J]. 隧道译丛,1994(12),26-45.
[156] 程乐群,刘学山,顾冲时. 国内外沉管隧道工程发展现状研究[J]. 水电能源科学,2008,26(2):112-115.

[157] 董满生,葛斐,惠磊,等. 水中悬浮隧道研究进展[J]. 中国公路学报,2007,20(4):101-107.

[158] 杨群,谢立广. 悬浮隧道技术应用前景的探讨[J]. 四川教育学院学报,2009,25(7):113-114.

[159] 项贻强,薛静平. 悬浮隧道在国内外的研究[J]. 中外公路,2002,22(6):49-52.

[160] 钟伟春. 过江隧道混凝土沉管预制新技术[J]. 施工技术,2012,41(362):81-84.

[161] 王梦恕. 水下交通隧道发展现状与技术难题[J]. 岩石力学与工程学报,2008,27(11):2162-2172.

[162] 朱升,毛军. 沉管隧道水中浮运施工的数值模拟研究[C]//CDAJ – China 中国用户论文集,2009:1-10.

[163] 詹德新,张乐文,赵成璧,等. 大型管段水面浮运及沉放数值模拟和可视化实现[J]. 武汉理工大学学报,2001,25(1):16-20.

[164] 彭红霞,王怀东. 仑头—生物岛沉管隧道管段浮运方案探讨[J]. 隧道建设,2007,27(4):85-88.

[165] 潘永仁. 上海外环沉管隧道大型管段浮运方法[J]. 施工技术,2004,33(5):52-54.

[166] 李志坚. 广州珠江隧道干坞爆破开挖技术的探讨[J]. 西部探矿工程,2002:255-256.

[167] 彭红霞,王怀东. 沉管隧道干坞方案比选[J]. 田国襄湾建设,2001,1:42-45.

[168] 司海峰,陈胜. 移动干坞预制沉管隧道管段技术研究及应用[J]. 广东土木与建筑,2006,8:29-31.

[169] 叶作楷,谢尊渊,胡琼初. 珠江隧道沉管管段预制时裂缝的防治[J]. 施工技术,1994,11:30-31.

[170] 叶作楷,谢尊渊,胡琼初. 珠江隧道沉管管段制作中裂缝原因分析与治理[J]. 华南理工大学学报,1995,23(3):62-65.

[171] 傅智伟. 沉管隧道基槽开挖及设备[J]. 世界隧道,2000,6:14-16.

[172] 钟辉虹,李树光,刘学山,等. 沉管隧道研究综述[J]. 市政技术,2007,25(6):490-494.

[173] 潘永仁,彭俊,Naotake Saito. 上海外环沉管隧道管段基础压砂法施工技术[J]. 现代隧道技术,2004,41(1):41-45.

[174] G W E Milligan. General Report: Mechanized Tunneling[A] . Preccedings of World Tunnel Congrss'98 On Tunnelsand Metropolises [C],1998.

[175] Shani Wallis. Qinling China Railway [J] . World Tunneling,1998(5).

[176] W. P. S. Janssen, F. F. M. de Graaf. Immersed concretetunnels in perspective [C] // Reclaiming the UndergroundSpace: Proceedings of the ITA World Tunnelling Congress,2003. Amsterdam, TheNetherlands, 2003: 313-319.

[177] L. C. F. Ingerslev. Considerations and strategies behind thedesign and construction requirements of the Istanbul Straitimmersed tunnel [J]. Tunnelling and Underground SpaceTechnology, 2005, 20(6): 604-608.

[178] Ghosh S, Sasaki S, Yang J. L.. Quality in ready- mixedconcrete - a case study on specializedmarine concreting in Singapore [C] // Proceedings of 23rd conference on our world in concrete & structure, Singapore, 1998: 253-266.

[179] Xiang yiqiang, Gan yong, Xu xing. Spatial Analysis of the Submerged Floating Tunnel in the Jintang Strait,Seventh International Symposium on Structural Engineering for Young Experts,2002.

[180] B Faggiano, F M Mazzolani, R-Landolfo. Design and Modeling Aspects Concerning the Submerged Floating Tunnels: an Application to the Messina Strait Crossing, 2000.

[181] 欧洲联盟道路研究实验室. Analysis of the Submerged Floating Tunnels Concept[R],1996.

[182] 仇航. HPE 工法垂直插入钢管柱施工工艺及监理控制要点[J]. 建筑管理,2010,9:60-62.

[183] 中西涉,中西康晴,朱庆麟. 高压喷射注浆加固地基 RJP 工法及北京现场试验[J]. 中国安全科学学报,1997,7(4):35-42.

[184] 张志勇,李淑海,孙浩. MJS 工法及其在上海某地铁工程超深地基加固中的应用[J]. 探矿工程,

2012,39(7):41-45.

[185] 梁利,李恩璞,王庆国,等. MJS工法在轻轨车站换乘通道中的工程实践[J]. 地下空间与工程学报,2012,8(1):135-139.

[186] 尹文平. MJS工法桩在地铁换乘通道中的应用[J]. 市政公用建设,2012,3:38-39.

[187] 张帆. 二种先进的高压喷射注浆工艺[J]. 市政技术,2010,32(2):406-409.

[188] 卜秋华. 紧贴多条运营地铁线的先拆后建深基坑变形控制[J]. 地基基础,2012,4:284-285.

[189] 王亚林. SMW工法及其在地铁工程中的应用[J]. 施工技术,2006,26(3):159-160.

[190] 郑石. 多种围护结构形式在万胜围站的灵活运用[J]. 山西建筑,2006,32(13):95-96.

[191] 孟辉. SMW工法在广州某软土深基坑围护结构中的应用[J]. 广东土木与建筑,2008,,10:13-15.

[192] 林炳周. 广州地铁南浦站基坑变形控制实践与体会[J]. 广东土木与建筑,2008,10:25-27.

[193] 汪朝晖,徐广民. 广州地铁3号线车辆段及综合基地软土地基处理质量控制技术[J]. 线路与路基,2008,10:9-11.

[194] 申益民. 广州地铁车辆段超宽路堤软土地基设计[J]. 路基工程,1999,2:16-19.

[195] 高永涛. 广州地铁二号线某车辆段及综合基地大面积软基处理实例[J]. 广东土木与建筑,2004,12:31-33.

[196] 郑元沁,何智铭,王明军,等. 广州地铁五号线鱼珠车辆段排水固结处理技术[J]. 广东土木与建筑,2008,1:46-48.

[197] 屈科,罗筱青. 广州地铁一号线工程车辆段软土地基及场地条件评价[J]. 地质灾害与环境保护,1995,6(2):42-45.

[198] 包海峰. 广州市地铁车辆段大面积软基处理[J]. 广东建材,2006,11:65-67.

[199] 周诩民. 城市机道交通的发展趋势及其动因介析[J]. 百家论坛,2000,2:1-4.

[200] 徐洋,黄学军. 城市轨道交通的形式和发展趋势[J]. 城市发展,1999,2:26-27.

[201] 欧阳洁,钟振远,罗竞哲. 城市轨道交通发展现状与趋势[J]. 中国新技术新产品,2008,12:32.

[202] 吕高乐. 盖挖逆作法在城市地铁车站施工中的运用[J]. 应用技术,2010,9:128-129.

[203] 钱清泉,何正友. 轨道交通的发展及高新技术的应用[J]. 铁道建筑技术,2004,1:1-6.

[204] 葛世平. 国内外地铁换乘枢纽站的发展趋势[J]. 应用技术,2001,9:6-8.

[205] 国家建委建研院建筑情报研究所二室. 国外城市地下建设[R]. 国外资料综述,2008,48:49.

[206] 任安萍. 浅谈我国全自动无人驾驶地铁的发展[J]. 科技视界,2012,9:207-208.

[207] 赵红军. 浅析我国城市轨道交通现状及发展趋势[J]. 学术研讨,2011,8:45-46.

[208] 申力扬. 日本新一代地铁系统的车站设计理念[J]. 地铁安全,2004,2:57-62.

[209] 曹小曙,林强. 世界城市地铁发展历程与规律[J]. 地理学报,2008,63(12):1257-1267.

[210] Cervero R, Landis J. Assessing the impacts of urban rail transit on local real estate markets using quasi-experimental comparisons[J]. Transportation Research Part A, 1993, 27(1): 13-22.

[211] Lin J J, Gau C C. A TOD planning model to review the regulation of allowable development densities around subway stations[J]. Land Use Policy, 2006, 23(3): 353-360.

[212] Du Hongbo, Mulley C. The short-term land value impacts of urban rail transit[J]. Quantitative evidence from Sunderland, UK. Land Use Policy, 2007, 24(1): 223-233.

[213] Knowles R D. Transport impacts of greater Manchester's metrolink light rail system[J]. Journal of Transport Geography, 1996, 4(1): 1-14.

[214] Golias J C. Analysis of traffic corridor impacts from the introduction of the new Athens metro system[J]. Journal of Transport Geography, 2002, 10(2): 91-97.

[215] Crampton G R. Urban economic structure and the optimal rail system[J]. Urban Studies, 2000, 37

(3):623-632.

[216] Kim T J. Effects of subways on urban form and structure[J]. Transportation Research, 1978, 12(4): 231-239.

[217] Zhu X, Liu S X. Analysis of the impact of the MRT system on accessibility in Singapore using an integrated GIS tool[J]. Journal of Transport Geography, 2004, 12(2): 89-101.

[218] Hill R. The Toulouse metro and the South Yorkshire Supertram: A cross cultural comparison of light rapid transit developments in France and England[J]. Transport Policy, 1995, 2(3): 203-216.

[219] Vuk G. Transport impacts of the Copenhagen metro[J]. Journal of Transport Geography, 2005, 13(3): 223-233.

[220] Friedman M, Cordovil C. The Rio de Janeiro subway system[R]: A case study in applying theory to practice. Transportation Research Part A, 1979, 13(2): 125-130.

[221] Costa F J,Noble A G. The growth of metro systems in Madrid[J], Rome and Athens. Cities, 1990, 7(3): 224-229.

[222] Knowles R D. Light rail transit development in Britain[J]. Geography, 1992, 77(1): 17-21.

[223] Godard X. Some lessons from the LRT in Tunis and the transferability of experience[J]. Transportation Research Part A, 2007, 41(10): 891-898.

[224] Ovenden M. Metro maps of the world[J]. Middlesex: Capital Transport Publishing, 2003.

[225] Cities, surface area (square kilometers) (discontinued) [76 countries, 1983-1999]. Available from < http://unstats. un. org/unsd/cdb/cdb_series_xrxx. asp? series_code = 14721 >, Retrieved 4 December 2007.

[226] 王梦恕. 隧道工程近期需要研究的问题[J]. 隧道建设,2000,2:1-5.

[227] 陈希林,翟永山,郭彩霞. 我国地铁建设风险管理及发展趋势[J]. 管理论坛,2012,5:167-169.

[228] 郭陕云,万姜林. 我国地铁建设概况及修建技术[J]. 现代隧道技术,200,1,41(4):1-6.

[229] 郭印. 我国未来城市交通发展趋势探讨[J]. 科学之友,2008,6:44-45.

[230] 张奎福. 中国城市轨道交通的发展趋势与展望[J]. 学术研讨,2011,8:27-28.

[231] 王梦恕. 中国铁路、隧道与地下空间发展概况[J]. 隧道建设,2010,30(4):351-364.

[232] 张庆贺,朱忠隆. 21 世纪地铁施工技术展望[J]. 施工技术,1999,28(1):9-10.

[233] 钟春玲,叶增. 城市地下工程施工新技术发展综述[J]. 管理论坛,2011,28(6): 7-10.

[234] 常瑞杰. 地铁车站施工工法的优化选择[J]. 都市快轨交通,2010,23(2):83-87.

[235] 陆云涌. 地铁工程施工技术综述[J]. 山西建筑,2009,35(48):129-130.

[236] 张广新. 地铁施工技术的发展及展望[J]. 市政与路桥,2011,8:222.

[237] 朱伟,陈仁俊. 盾构隧道施工技术现状及展望[J]. 岩土论坛,2001,5(1):18-20.

[238] 伶丽华,王占生,张成满,等. 土建施工新技术在北京地铁 5 号线的应用[J]. 市政技术,2004,22: 286-290.

[239] 梁波,洪开荣,梁庆国. 我国城市地下工程施工技术分类及发展趋势[J]. 公路隧道,2008,4:1-6.

[240] 刘国琦,杜文库. 我国地铁施工技术的发展及展望[J]. 施工技术,1996,1:6-8.

[241] 张希黔,周敬,张利. 我国地下工程施工新技术综述[J]. 施工技术,2006,35(7):10-14.

[242] 王梦恕. 我国地下铁道施工方法综述与展望[J]. 地下空间,1998,18(2):98-103.

[243] 熊诚. 大截面矩形顶管施工在城市地下人行通道中的应用[J]. 建筑施工,2006,28(10):776-778.

[244] 王源容,杨先亢,冯金良,等. 顶管技术最新发展[J]. 非开挖技术,2011,2:73-76.

[245] 王承德. 近十年来超长距离顶管发展状况[J]. 特种结构,1997,14(4):16-21.

[246] 施文捷,张志勇. 矩形顶管施工周边地质环境变化规律分析[J]. 上海地质,2010,31(3):53-57.

[247] 刘乔. 浅谈顶管技术在我国的发展[J]. 价值工程,2012,18:105-106.
[248] 姚敏亚. 深度探讨顶管施工技术应用进展[J]. 科技资讯,2009,5:75.
[249] 龚云强,郭魏峰,章忠华. 大直径水平平行顶管穿堤施工及控制[J]. 隧道建设,2011,31(1):110-113.
[250] 丁良平. 近距离平行顶管施工监测与技术分析[J]. 地下空间与工程学报,2007,3(8):1421-1425.
[251] Milligan G W E, Nomis P. Site based research in Pipe-jacking objectives, procedures and acase history[J]. Tunneiling and Underground Space Technology,1996,11(1):3-24.
[252] 朱剑锋. 双排平行顶管施工技术探讨[J]. 城市建材,2007,3:93-95.
[253] 邹长中. 吴闵污水外排穿越黄浦江顶管的施工[J]. 地下空间,1998,18:413-418.
[254] 樊振宇,黄宏伟,陈亚东,等. 小间距平行顶管推进引起附加荷载的力学效应分析[C]. 第十届全国岩石力学与工程学术大会论文集,2007:466-470.
[255] 赵晖,周振宇. 在软土层中顶管施工的技术问题与措施[J]. 广东土木与建筑,2004,7:48 -50.
[256] 赵蕾. 大口径双排平行顶管施工技术措施探讨[J]. 黑龙江交通科技,2011,7:63-64.
[257] 魏纲,魏新江,屠毓敏. 平行顶管施工引起的地面变形实测分析[J]. 岩石力学与工程学报,2006,25:3299-3304.
[258] 魏新江,魏纲. 水平平行顶管引起的地面沉降计算方法研究[J]. 岩土力学,2006,27(7):1129-1134.
[259] Cording E J, Hansmire W H. Displacements around soft ground tunnels[A]. 5th Pan-American Conference on Soil Mechanics and Foundation Engineering[C]. Argentina: [s. n.], 1975:571-633.
[260] Bartlett J V, Bubbers B L. Surface movements caused by bored tunnelling[A]. Conference on Subway Construction[C]. [s. l.]: Budapest-Balatonfured, 1970:513-539.
[261] Addenbrooke T I, Potts D M. Twin tunnel interaction: surface and subsurface effects[J]. The International Journal of Geomechanics, 2001, 1(2): 249-271.
[262] Peck R B. Deep excavations and tunneling in soft ground [A]. 7th International Conference on Soil Mechanics and Foundation Engineering[C]. Mexico City: [s. n.], 1969:225-290.
[263] Loganathan N, Poulos H G. Analytical prediction for tunneling-induced ground movement in clays[J]. Journal of Geotechnical and Geoenvironmental Engineering, 1998, 124(9): 846-856.
[264] O'Reilly M P, New B M. Settlements above tunnels in the United Kingdom- their magnitude and prediction[A]. Proceedings of Tunneling'82[C]. London: Institution of Mining and Metallurgy, 1982:137-181.
[265] 吴辉. 断裂对广州地铁工程施工的影响及勘察对策[J]. 广州建筑,2006,5:7 -9.
[266] 姚江,樊启胜. 广从断裂对广州地铁三号线北延段工程的影响及措施建议[J]. 中国科技信息,2011,1:36-37.
[267] 钟显奇,蒋学文,叶勇. 岩溶地区深基坑支护及止水方法[J]. 广东土木与建筑,2006,25:462-471.
[268] 张智. 对我国当前盾构施工技术存在问题的探讨[J]. 建材与装饰,2008,1:172-173.
[269] 王丽丽,张格尔,王丽. 盾构施工技术的发展及展望[J]. 建材技术与应用,2011,1:8 -9.
[270] 辜长军. 广州地铁复合地层盾构掘进施工技术[J]. 工程科技,2008,1:49-59.
[271] 谢鸿辉. 岩溶、土洞复合地层地铁隧道盾构施工技术分析[J]. 技术与市场,2011,18(2):41-43.
[272] 孙魁. 盾构区间端头地层的水平加固技术[J]. 建筑科学,2008,19:77-78.
[273] 江玉生,杨志勇,江华,等. 论土压平衡盾构始发和到达端头加固的合理范围[J]. 隧道建设,2009,29(3):264 -266.
[274] 孙振川. 城市地铁盾构法隧道软土地段端头地层加固技术[J]. 西部探矿工程,2003,89(10):

81-83.
[275] 孙魁. 地铁盾构隧道端头加固设计与施工[J]. 建筑科学,2008,19:77-78.
[276] 王琪,番茜,李霄辉. 盾构端头素混凝土连续墙加固技术[J]. 都市快轨交,2008,21(5):60-63.
[277] 包世波,刘宝许,王建军. 盾构机到达富水砂层时的技术措施[J]. 铁道建筑,2011,1:27-28.
[278] 潘茜,王丽丽. 盾构区间端头加固的设计探讨[J]. 山西建筑,2009,35(1):345 -346.
[279] 李斌汉. 广州地铁工程复合式盾构施工技术研究[D]. 重庆:重庆大学,2006.
[280] 徐资. 广州盾构始发和到达端头加固方法浅析[J]. 山西建筑,2011,37(13):177-178.
[281] 黄志军,殷红伟. 浅谈盾构法施工中端头加固的设计[J]. 山西建筑,2005,31(13):121-122.
[282] 赖伟文. SEW 工法在广州地铁施工中的应用[J]. 工程抗震与加固改造,2008,30(3):77-82.
[283] 黄威然,竺维彬,米晋生. 盾构工程渠箱下端头水平加固技术[J]. 广东土木与建筑,2012,4:50-52.
[284] 袁敏正,竺维彬. 盾构技术在广州地铁的应用及发展[J]. 广东土木与建筑,2004,8:3-7.
[285] 王世君,叶雅图. 盾构始发端头地层加固形式探讨[J]. 都市快轨交通,2010,,23(2):79-82.
[286] 周治文. 浅谈盾构隧道端头加固在广州地铁 5 号线的应用[J]. 甘肃科技,2010,26(12):113-115.
[287] 王礼贵. 人工挖孔桩在泥水盾构始发端头中的应用[J]. 广东土木与建筑,2001,11:6-8.
[288] 刘胜利,麦家儿,游杰. 砂层地带盾构井端头加固计算与应用[J]. 隧道建设,2006,29(3):301-309.
[289] 谢军,张凯. 水平注浆在盾构始发端头加固中的应用[J]. 广东土木与建筑,2008,12:48-50.
[290] 刘光武. 标准化城市轨道交通工程安全风险管理体系的建设[J]. 铁路计算机应用,2012,21(5):6-10.
[291] 钱家怡. 广州地铁工程风险分析[J]. 广州建筑,2008,36(4):36-38.
[292] 刘光武. 广州地铁工程建设安全风险管理信息系统研究与应用[J]. 铁路计算机应用,2012,21(5):29-33.
[293] 刘光武. 广州地铁开展安全风险管理的探索与实践[J]. 都市快轨交通,2007,20(5):21-24.
[294] 曾建军. 广州地铁岩溶地段工程建设风险探讨[J]. 城市轨道交通,2012,4:83-85.
[295] 林培源. 试论岩溶地层的工程地质风险评估与其工程应对措施[J]. 都市快轨交通,2010,,23(2):477-482.
[296] 唐亚琳. 城市轨道交通高架桥的景观美学设计[J]. 都市快轨交通,2009,22(6):48-52.
[297] 余凤翔. 城市轨道交通高架桥选型的探讨[J]. 铁道工程学报,2001,1:71-75.
[298] 方昌福,胡京涛,陈磬超. 城市轨道交通高架线的设计研究[J]. 铁道工程学报,2006,5:91-96.
[299] 周翊民,孙章,季令. 城市轨道交通市郊线的功能及技术特征[J]. 城市轨道交通,2007,8:1-5.
[300] 王凤元. 津、沪轨道交通高架桥梁的设计实践[J]. 地下工程与隧道,2006,4:8-11.
[301] 刘扬,徐建亮. 美国快速轨道交通噪声与振动控制综述[J]. 环境工程,199,7(5):46-50.
[302] 吴春雷. 浅析城市高架轨道交通景观的价值与发展趋势[J]. 山西建筑,2010,36(4):10-11.
[303] 李国平. 全预制混凝土桥梁技术概论[J]. 都市快轨交通,2007,20(5):146-149.
[304] 全文燕,芦建国. 城市高架轨道交通景观研究综述[J]. 中国城市林业,2012,10(3):37-39.
[305] 倪志杭. 城市轨道交通高架节段拼装施工技术研究[J]. 工程管理,2010,,23(2):345.
[306] 高山,葛胜锦,潘长平. 城市轨道交通高架桥梁景观设计[J]. 科技创新导报,2010,18:151-152.
[307] 姜艳丽. 地铁高架桥设计探析[J]. 科技创新与应用,2012,4:143-144.
[308] 陆明. 对城市轨道交通高架线路的思考[J]. 综合运输,2009,8:32-34.
[309] 方迎利. 高架桥与地铁结构结合设计初探[J]. 探索技术,2011,6:49-51.
[310] 姜艳丽. 轨道交通高架桥梁设计特点探究[J]. 中国新技术新产品,2012,9:51.

[311] Stamnas P, Whittemore M. All- Preeast Substrueture Accelerates Construetion of Prestressed Conerete Bridge in New Hampshire[J]. PCI Journal,2005,50(3):26-39.

[312] D Schaap. Local attitudes towards an international project: a study of residents attitudes towards a future high speed rail line in general and towards annoyance in particular[J]. Journal of Sound and Vibration, 1996,193: 411-415.

[313] C Pronello. The measurement of train noise: a case study in northern Italy[J]. Transportation Research: Part D,2003(8) : 113-128.

[314] L Schillemans. Impact of sound and vibration of the North- South high- speed railway connection through the city of Antwerp Belgium[J]. Journal of sound and vibration,2003(267) : 637-149.

[315] 林文泉. 昆明城市轨道交通高架桥景观方案及技术经济分析[J]. 桥梁,2011,4:49-51.

[316] 游又能. 桥建合一式高架车站设计在莞惠城际轨道交通中的应用研究[J]. 铁路客站,2012,8: 121-125.

[317] 刘博,邱常绿,王军炜. 亦庄线高架区间下部结构设计[J]. 市政技术,2010,2:43-46.

[318] 俞展猷. 中运量城市轨道交通型式应用综述[J]. 机车电传动,2010,1:13-18.

[319] 钱七虎. 地下空间的未来发展之道[J]. 施工技术,2011,7:5-7.

[320] 王梦恕,皇甫明. 海底隧道修建中的关键问题[J]. 建筑科学与工程学报,2005,22(4):1-4.

[321] FU KUCHI G. Seikan tunnel and water [A] . Tunnels and Water [C] . Rotterdam: Balkema , 1989:1189-1194.

[322] PALMSTROM A. Norwegian experience with subsea rock tunnels [A] . Tunnels and Water [C] . Rotterdam: Balkema ,1989:927-934.

[323] PALMSTROM A. The challenge of subsea tunneling [J]. Tunnelling and Underground Space Technology , 1994 ,9 (2) :145-150.

[324] ESLAVA L F ,MARULANDA A ,RODRIGUEZ A J . Tunnelling in friable sandstone under high water pres2 sure[A] . Tunnels and Water [C] . Rotterdam:Balkema , 1989:1325-1332.

[325] BACKER L ,BL INDHEIM O T. The Oslofjord subsea road tunnel crossing of a weakness zone under high water pressure by freezing[A] . Challenges for the 21st Century[C] . Rotterdam:Balkema ,1999: 309-316.

[326] 乔云飞,杨延忠. 浅论新奥法施工的原理及其特点[J]. 四川水力发电,2007,2:44-49.

[327] 刘昌用,蒋中庸,王梦恕. 试论城市地下工程浅埋暗挖技术[J]. 市政技术,2010,2:43-46.

[328] 王梦恕. 隧道工程浅埋暗挖法施工要点[J]. 隧道建设,2006,5:1-8.

[329] 廖胜君. 新奥法在陈家岭隧道围岩施工中的应用[J]. 黑龙江交通科技,2010,7:98-100.

[330] 郑勇. 浅论隧道修建技术发展的趋势[J]. 交通建设,2012,11:120-122.

[331] 刘启琛,邵根大. 北京地铁建设中采用的浅埋暗挖法[J]. 铁道建筑,1998,12:2-6.

[332] 段海峰,王波. 山岭隧道两种常规施工方法的比较[J]. 工业建筑,2005,35:817-821.

[333] 习仲伟. 我国交通隧道工程及施工技术进展[J]. 北京工业大学学报,2005,31(2):141-146.

[334] 王峰,董涛. 浅谈隧道施工超挖的预防与控制[J]. 中华建设,2012,10(3):76-77.

[335] 彭跃松. 软弱地层浅埋暗挖隧道技术问题探讨[J]. 科技资讯,2012,2:69.

[336] 王立志. 谈城市地铁区间隧道施工方法[J]. 山西建筑,2012,30:197-199.

[337] 杨峻. 半盖挖法施工在广州地铁晓港站工程中的应用[J]. 广东土木与建筑,2002,3:17-18.

[338] 臧小龙. 盖挖法在地铁车站施工中的应用前景分析[J]. 山西建筑,2008,34(8):269-270.

[339] 阮日晖. 半盖明挖顺作法在广州地铁二号线晓港站施工中的应用[J]. 广东水利水电,2002,4: 15-16.

[340] 胡汉德. 半盖挖地铁基坑取消支撑梁立柱桩的施工方法研究[J]. 城市轨道交通,2008,6:43-46.
[341] 周灿,陈少波. 超大型深基坑施工技术方案的探讨[J]. 地下工程与隧道,2010,4:29-31.
[342] 王元湘. 盖挖法在浅埋地铁车站施工中的应用[J]. 世界隧道,1995,5:2-11.
[343] 刘招伟,马英明,王梦恕. 广州地铁公园前车站换乘节点受力分析与试验研究[J]. 工程力学,1996(增刊):1-6.
[344] 高文华,沈蒲生,彭良忠. 基坑工程的发展现状与展望[J]. 湘潭矿业学院学报,1999,14(4):67-72.
[345] 马铁威. 基坑施工信息化监测系统发展趋势初探[J]. 山西建筑,2010,36(24):142-143.
[346] 陈远洲. 某超大超深基坑围护结构设计方案研究[J]. 山西建筑,2010,36(15):108-110.
[347] 赵巨川,詹黎明. 铺盖法在城市地铁车站施工中的应用[J]. 铁道建筑技术,2002,2:15-16.
[348] 徐加民. 浅谈引进装配式铺盖法修建地铁车站[J]. 铁道工程学报,2009,132(9):90-92.
[349] 赵花丽,傅少君. 深基坑工程的现状与发展[J]. 孝感学院学报,2005,3:94-96.
[350] 仝学让. 深圳地铁车站盖挖顺作施工技术[J]. 现代隧道技术,2004,41(1):64-66.
[351] 李良生. 深圳地铁岗厦站某路段盖挖半逆作法施工技术[J]. 西部探矿工程,2004,7:114-115.
[352] 刘国琦,杜文库. 我国地下工程施工技术的发展及展望[J]. 建筑技术,1997,7:480-483.
[353] 孙静. 我国基坑工程发展现状综述[J]. 黑龙江水专学报,2010,37(1):50-56.
[354] 黄美群. 一种值得推介的地铁车站形式[J]. 都市快轨交通,2005,18(3):54-58.
[355] 程知言,李晓昭,周健华,等. 栈桥支撑体系在超大超深基坑中的应用[J]. 施工技术,2009,38:195-197.
[356] 刘斌. 超大超深基坑复合围护施工技术[J]. 江苏建筑,2010,5:45-47.
[357] 侯昭路. 成都地铁2号线牛王庙车站半盖挖法设计[J]. 现代隧道技术,2009,46(1):8-14.
[358] 李振科. 地下工程的开发管理与应用[J]. 应用技术,2012,8:89.
[359] 姚怡文,蒋理华,范益群. 地下空间结构预制拼装技术综述[J]. 城市道桥与防洪,2012,9:286-292.
[360] 陈敏,高维强. 盖挖法施工技术研究[J]. 安徽建筑,2012,1:100-101.
[361] 宣瑜良. 盖挖顺作法施工技术浅析[J]. 科技创新与应用,2012,7:194.
[362] 杨光华. 广东深基坑支护工程的发展及新挑战[J]. 岩石力学与工程学报,2012,11:2277-2284.
[363] 廖喜元. 基坑支护施工新技术趋势理性探讨[J]. 科技创新导报,2009,34:76.
[364] 叶建国. 论述铁道施工中几种常见的施工技术[J]. 民营科技,2010,11:280-281.
[365] 阮国勇. 某地铁车站半盖挖法设计研究[J]. 隧道建设,2011,6:693-700.
[366] 闫顺. 软土地区地铁车站半盖挖深基坑施工[J]. 铁道建筑,2011,8:76-77.
[367] 戴兵,范志强,马洪涛. 深基坑明挖隧道施工技术[J]. 铁路技术创新,2012,3:72-74.
[368] 胡琦. 新型盖挖法在轨道交通号线常熟路站工程中的应用[J]. 上海建设科技,2009,1:44-46.
[369] 谷伟平,李国雄. 广州市地铁一号线基础托换工程的理论分析与设计[J]. 岩土工程学报,2000,1:95-100.
[370] 吕剑英,薛煌. 利用地下导洞实现桩基托换的设计方法[J]. 现代隧道技术,2007,1:27-30.
[371] 曾凡新. 我国常用地基处理技术综述[J]. 化工矿产地质,2004,4:248-252.
[372] 胡安沁. 广州地铁1号线桩基梁拱式托换施工技术[J]. 工程实践,2005,4:31-35.
[373] 吕剑英. 我国地铁工程建筑物基础托换技术综述[J]. 施工技术,2010,9:8-12.
[374] 魏敏志. 不同工法在岩溶区地铁隧道施工的适宜性[J]. 西部探矿工程,2007,11:163-164.
[375] 竺维彬,王晖,鞠世健. 复合地层中盾构滚刀磨损原因分析及对策[J]. 现代隧道技术,2006,4:72-76.

[376] 袁敏正,鞠世健,竺维彬. 广州地铁一号线和二号线盾构机适应性研究与探讨[J]. 现代隧道技术,2004,3:31-39.

[377] 彭勃. 广州地铁花岗岩残积土工程分类方法研究[J]. 中国水运,2009,6:176-177.

[378] 阳志元. 大断面浅埋暗挖隧道施工过程数值模拟[J]. 山西建筑,2008,9:318-320.

[379] 刁志刚,李春剑. 大断面隧道在上软下硬地层中施工方法研究[J]. 隧道建设,2007,8:433-436.

[380] 李飞. 城市地铁大断面软土层浅埋隧道施工技术研究[D]. 天津:天津大学,2006.

[381] 苏立华. 富水浅覆不均匀地层大断面隧道快速施工技术研究[J]. 铁道建筑,2012,1:51-53.

[382] 刘益平. 大断面越江盾构隧道衬砌结构分析与施工动态模拟研究[D]. 上海:同济大学,2008.

[383] 张利燕,邱业建. 复合地层隧道施工技术研究[J]. 采矿技术,2009,5:23-26.

[384] 曾毅,范学义. 复合地层中的暗挖隧道施工[J]. 地下工程与隧道,2010,2:41-46.

[385] 帅小兵. 广州地铁区庄站南站厅隧道超前大管棚施工技术[J]. 广东建材,2008,6:78-80.

[386] 徐向东. 广州市轨道交通区庄站南站厅双层三跨联拱隧道设计[J]. 铁道标准设计,2009,6:99-101.

[387] 刘镇,房明,周翠英,等. 交叉隧道施工中新建隧道周围复合地层与间距对既有隧道的沉降影响研究[J]. 工程地质学报,2010,5:736-741.

[388] 阳志元. 大断面浅埋暗挖隧道施工过程数值模拟[J]. 山西建筑,2008,9:318-320.

[389] 王菊芳,牛瑞. TSS 管后退分段式注浆在含水砂层中的应用[J]. 山西建筑,2010,32:347-348.

[390] 丁锐. TSS 型注浆管的研制及在饱和含水砂层的应用[J]. 铁道工程学报,2000,1:98-101.

[391] Chungsik Yoo, Dongyeob Lee. Deep excavation-induced ground surfacemovement characteristics-A numerical investigation[J]. Computers and Geotechnics, 2008,35:231-252.

[392] Eric L, Barry. Leonard. i Settlements induced by tunneling in softGround[J]. Tunnelling and Underground Space Technology, 2007, (22): 119-149.

[393] Liao SM, Gao LQ, ZhuHH. Softgroundmovementunder small disturbance of shield driving[C]. Soil and Rock Behavior and Modeling-Proceedings of the GeoShanghai Conference. [S1.1]: ASCE, 2006:62-69.

[394] Richard J, Finno, Frank T, et al. Evaluating damage potential in buildings affected by excavations[J]. Journal of Geotechnical and GeoenvironmentalEngineering, 2005,131(10): 1199-1210.

[395] Jenck O, Dias D. 3D-finite difference analysis of the interaction between concrete building and shallow tunneling[J]. Geotech-nique, 2004,54(8): 519-528.

[396] Yuchao Zheng, Wenge Qiu. 3- D FEM analysis of closely spaced vertical twin tunnel [C]. ITA2005WTC, Proceedings. Balkama Press, 2005.

[397] F. HageChehade, I. Shahrour. Numericalanalysis of the interaction between twin-tunnels: Influence of the relative position and construction procedure[J]. Tunnelling and Underground Space Technology, 2008, (23): 210-214.

[398] 张文. TSS 注浆技术在某地下通道工程中的应用[J]. 世界桥梁,2005,4:76-78.

[399] 丁锐,张文强. TSS 注浆技术在天津地铁工程中的应用[J]. 铁道工程学报,2006,3:62-65.

[400] 曾德光, 谢保良, 肖双泉, 等. WSS 工法灌浆技术的应用研究[J]. 市政技术,2006,4:237-240.

[401] 王志德. WSS 工法在城市隧道穿越基础加固工程中的应用[J]. 施工技术,2005(增刊):291-295.

[402] 赵高亮. WSS 工法在下穿京密引水渠暗挖地铁施工中的应用[J]. 铁道标准设计,2010,3:95-97.

[403] 范畅明. 二重管 WSS 注浆加固技术在富水砂粘层中的应用[J]. 建筑与工程,2011,9:686-688.

[404] 张臻. 二重管无收缩双液 WSS 工法注浆技术在基坑施工中的应用[J]. 建筑技术,2009,2:138-140.

[405] 黄嘉恒,万俊. 浅埋暗挖车站无收缩双浆液 WSS 工法注浆地层加固方案[J]. 广东科技,2010,

229:178-180.
[406] 许家华,吴锋. 大管棚超前支护施工技术[J]. 铁道建筑技术,2009,5:126-129.
[407] 陈湘生,杨未来. 北京和上海地铁水平冻结施工技术[J]. 岩石力学与工程学报,1999,18:978-981.
[408] 田淮胜. 地铁工程冻结法施工常见事故原因分析[J]. 山西建筑,2008,36:309-310.
[409] 周晓敏,苏立凡. 北京地铁隧道水平冻结法施工[J]. 岩土工程学报,1999,3:319-323.
[410] 郭晓江. 冻结法在广州地铁二号线暗挖隧道中的应用[J]. 煤炭工程,2001,12:27-29.
[411] 彭少杰. 水平旋喷加固体的成桩机理与直径分析研究[J]. 地下工程与隧道,2008,3:42-44.
[412] 李显峰. 水平旋喷桩在浅埋暗挖隧道工程中的应用研究[J]. 市政技术,2008,4:323-325.
[413] 张云星,崔江余. 影响水平旋喷桩质量的因素和事故处理[J]. 西部探矿工程,2004,12:322-323.
[414] 蔡凌燕. 水平旋喷搅拌技术在广州地铁二号线工程中的应用[J]. 广东水利水电,2002,3:52-56.
[415] 黄建明. 水平旋喷搅拌桩在暗挖隧道超前支护中的应用[J]. 铁道建筑,2007,7:26-28.
[416] 张建华,梁杰忠. 水平旋喷桩工艺在广州地铁 2 号线工程施工中的应用[J]. 水运工程,2002,8:72-75.
[417] 梁杰忠. 广州地铁二号线[新—磨区间东段]暗挖段水平旋喷桩施工[J]. 煤炭工程,2001,12:27-29.
[418] 张武建. 袖阀管法灌浆施工质量控制[J]. 化工矿产地质,2004,1:51-53.
[419] 应金星. 袖阀管注浆加固设计与施工工艺研究[J]. 吉林水利,2009,7:22-24.
[420] 殷金虎,贺子奇. 地下工程注浆材料与注浆技术的研究应用现状[J]. 建材技术与应用,2007,9:13-15.
[421] 柳建国,刘钟,刘波,等. 隧道超前支护与水平旋喷技术开发[J]. 现代隧道技术,2008(增刊):398-403.
[422] 李成学. 注浆技术在含水粉细砂地层隧道中的应用研究[D]. 北京:北京交通大学,2005.
[423] 张希良,王炳河,张立军,等. 悬臂式掘进机在软岩隧道施工中的应用[J]. 铁道建筑技术,2001,4:28-30.
[424] 麻凤海,李盾,吕培印,等. 地铁隧道工程悬臂式掘进机施工风险分析[J]. 辽宁工程技术大学学报,2012,2:145-148.
[425] 关则廉. 悬臂式掘进机在地铁工程暗挖隧道施工中的应用[J]. 现代隧道技术,2009,5:73-75.
[426] 杨仁树,王旭. 大断面半煤岩巷快速掘进施工技术研究[J]. 中国矿业,2012,4:87-88.
[427] 任葆锐,王虹. 煤及半煤岩巷道掘进设备技术发展概况与思考[J]. 煤矿机电,2000,5:63-66.
[428] 李云. 浅析我国悬臂式掘进机的发展现状与前景[J]. 工程技术,2004,1:107.
[429] 黄全强. 分析研究"先隧后站"施工方法对地面沉降变形及管片内力的影响[J]. 甘肃科技,2012,2:106-108.
[430] 王晓志. 先隧后站地铁扩挖施工监测技术[J]. 铁道建筑技术,2009,7:90-93.
[431] 刘江峰, 漆泰岳, 旷文涛. "先隧后站"法施工引起地表沉降分析[J]. 铁道标准设计,2009,4:80-82.
[432] 刘泽. 浅埋偏压小净距公路隧道开挖施工技术[J]. 隧道与地下工程,2010,4:98-100.
[433] 李云鹏, 王芝银, 韩常领. 小间距隧道围岩变形控制条件及其工程应用[J]. 公路,2010,7:202-206.
[434] 吕奇峰,黄明利,韩雪峰. 重叠隧道施工顺序研究[J]. 铁道标准设计,2010,10:102-105.
[435] 廖景. 地铁重叠隧道计算分析[J]. 广东土木与建筑,2011,7:43-48.
[436] 赵东平,王明年,宋南涛. 浅埋暗挖地铁重叠隧道近接分区[J]. 中国铁道科学,2007,6:65-69.

[437] 麦家儿. 广州地铁3号线支线与主线交叉重叠段的设计与施工[J]. 城市轨道交通研究,2005,2:63-68.

[438] 刘广钧. 地铁单洞双层隧道施工技术[J]. 岩土工程界,2002,6:67-69.

[439] 黄毅. 矩形地下隧道设备与施工技术研究[J]. 盾构工程,2012,5:64-67.

[440] 桂林. 广州地区非开挖顶管工程市场分析[J]. 西部探矿工程,2008,10:243-245.

[441] 丁文学. 矩形土压平衡式顶管在广州地铁工程中的应用[J]. 现代城市轨道交通,2012,1:36-38.

[442] 杨峻,陈克华. 无掘进顶管在海珠广场地铁站的应用[J]. 广东水利水电,2002,2:65-66.

[443] 崔京浩,陈肇元,宋二祥. 一个顶管法穿越高速公路的施工方案[J]. 特种结构,2001,18(3):44-47.

[444] 陈晓武,李建斌,周少奇. 顶管机刀盘的选型及其在广州石井河截污工程中的应用[J]. 贵州环保科技,2003,3:45-48.

[445] 陈庆国,沈焕生. 顶管掘进机选型辅助系统[J]. 地下工程与隧道,1992,4:32-36.

[446] 郭映聪. 砾石破碎型泥水平衡顶管机的选型方法[J]. 都市快轨交通,2007,20(4):71-74.

[447] 钟显奇,周志强,黎东辉. 西江引水工程大直径钢管顶管施工关键技术措施及效果[J]. 给水排水,2011,32(2):93-95.

[448] 雒红卫. TBS2200大刀盘土压平衡顶管机[J]. 建筑机械化,2005,9:33-34.

[449] 赵明. 顶管机及顶管施工技术[J]. 工程机械与维修,2010,9:130-135.

[450] 贾朝阳. 顶管掘进机液压油缸同步控制系统设计[J]. 煤矿机电,2007,5:31-35.

[451] 贾朝阳. 顶管掘进机自动导向系统设计[J]. 煤矿机电,2011,4:71-75.

[452] 石艺华,方臻,丁伟红. 多功能顶管掘进机在我国的开发应用前景[J]. 煤矿机械,2001,9:5-7.

[453] 陈佳璋. 多级行星齿轮减速器在顶管机中的应用研究[J]. 机械设计与研究,2001,17(3):54-57.

[454] 邢苏宁. 矩形箱涵顶管掘进机刀盘仿形组合形式的研究[J]. 地质装备,2007,18(4):17-19.

[455] 顾国明. 泥水式土压平衡顶管机研制[J]. 设计开发,2006,4:24-26.

[456] 石艺华,贺勇,石小红. 土压平衡顶管掘进机螺旋出土系统的设计[J]. 煤矿机械,2001,10:1-4.

[457] 冯淑娟, 王兆铨. 遥控顶管机的电路实现及其改进[J]. 科技通报,2006,22(2):271-275.

[458] 谢芳. 玻璃钢夹砂管顶管试验综述[J]. 市政技术,2004,22(6):347-350.

[459] 王军. 长距离顶管施工技术要点分析[J]. 建材与装饰,2007,8:185-187.

[460] 杨转运. 超浅层顶管施工引起路基地层移动数值模拟[J]. 重庆建筑大学学报,2008,5:58-65.

[461] 卢海宁. 从南洲水厂原水管线工程浅谈顶管施工技术[J]. 工程技术,2011,4:211-212.

[462] 熊旺. 大口径玻璃钢夹砂管进行顶管施工可行性试验的应用实践[J]. 煤矿机械,2001,9:118-127.

[463] 陈裕康,何立军. 地铁联络通道顶管法施工技术及分析[J]. 地下工程,2007,17(4):48-52.

[464] 魏纲,魏新江,徐日庆. 顶管施工引起的挤土效应研究[J]. 岩土力学,2006,27(5):717-719.

[465] 魏纲,陈春来,余剑英. 顶管施工引起的土体垂直变形计算方法研究[J]. 岩土力学,2007,28(3):619-626.

[466] 魏纲,黄志义,徐日庆,等. 顶管施工引起地面变形的计算方法研究[J]. 岩石力学与工程学报,2005,24(2):5808-2812.

[467] 魏纲,吴华君,陈春来. 顶管施工中土体损失引起的沉降预测[J]. 岩土力学,2007,28(2):359-365.

[468] 梁健伟,房营光,骆桂海,等. 广州麒麟至天河电力隧道顶管施工安全监测[J]. 施工技术,2008,37(9):67-72.

[469] 王业荣. 泥水平衡法顶管施工在市政软基中的应用[J]. 西部探矿工程,2008,1:173-182.

[470] 李广文. 泥水式顶管施工中的质量与安全控制[J]. 施工技术,2010,3:73-75.
[471] 陈少锋. 平行短管距顶管施工技术应用[J]. 广东土木与建筑,2007,5:57-62.
[472] 黎东辉. 平行多排越短管距夹砂玻璃钢管顶管施工技术[J]. 广东科技,2007,8:185.
[473] 李志成. 谈广州白云湖引水工程大孔径顶管施工技术[J]. 中国水运,2010,10(6):108-109.
[474] 陈镇松. 西江引水工程大直径钢管泥水平衡顶管施工技术[J]. 给水排水,2011,37(2):97-99.
[475] 覃伟,杨平,金明,等. 地铁超长联络通道人工冻结法应用与实测研究[J]. 地下空间与工程学报,2010,6(5):1065-1071.
[476] 苏立华. 富水浅覆不均匀地层大断面隧道快速施工技术研究[J]. 铁道建筑,2012,1:51-56.
[477] 陈日胜,周翰斌. 上软下硬地层超深 T 形地连墙成槽施工难题的处理[J]. 水运工程,2011,11:232-237.
[478] 张洁溪,郭福成,雷刚. 上软下硬地层浅埋暗挖工法适应性模拟[J]. 地下空间与工程学报,2011,7(1):1415-1421.
[479] 刘松涛,张国安,杨秀竹,等. 上软下硬地层铁路隧道下穿既有高速公路施工方法研究[J]. 铁道科学与工程学报,2011,5:35-42.
[480] 袁伟强. 隧道动态分部施工工法力学原理与施工技术[J]. 中国新技术新产品,2010,17:56-57.
[481] 韩科周,王在泉,管洪振,等. "上软下硬"地层条件下地铁车站合理埋深确定[J]. 地下空间与工程学报,2011,2:1594-1598.
[482] 闫丽,李日润,刘英文,等. 不同地层条件下复合土钉墙轴力的研究[J]. 煤田地质与勘探,2003,5:43-47.
[483] 徐玉峰,杨建华. 不同地质条件下竖井施工方法[J]. 施工技术,2009,38(1):55-59.
[484] 杨长龙,王晓波,汪精河. 盾构隧道竖井围护结构施工技术研究[J]. 科技论坛,2011,5:9-10.
[485] 卢智强,王超峰. 二元结构上软下硬地层地下连续墙施工技术[J]. 岩土工程界,2005,9(5):60-62.
[486] 臧延伟,章立峰,吴向东. 浅埋暗挖隧道下穿房屋段结构方案设计[J]. 山西建筑,2010,36(26):304-306.
[487] Barbara Stack. 软地层隧道工程机械的现代化趋势[J]. 水运工程,2011,11:37-40.
[488] 范学义. 上软下硬复合地层中竖井围护结构设计概述[J]. 地下工程与隧道,2011,4:48-51.
[489] 孙加明. 土岩组合地层盖挖逆作地铁基坑的变形及竖向受力特性研究[D]. 青岛:青岛理工大学,2010.
[490] 郑松,苏华友. 桥梁桩基复合地层施工中的振动测试分析[J]. 科技创新导报,2012,3:103-104.
[491] 林本海,杨树庄,朱伯善,等. 广东省地质构造与岩土工程基本特征[J]. 岩石力学与工程学报,2006,2:3337-3342.
[492] 严国柱. 广州—从化断裂构造带的基本特征及其形成演化的研究[J]. 华南地震,1986,4:8-14.
[493] 胡建华,李静. 广州"红层"地区地铁工程勘察应注意的问题[J]. 西部探矿工程,2006,8:13-14.
[494] 严国柱. 广州—罗浮山断裂构造带的基本特征及其形成演化的研究[J]. 中山大学学报,1985,1:63-70.
[495] 张素君,陈浩权. 广州城市三维地质结构模型构建方法[J]. 学习月刊,2010,4:113-114.
[496] 刘瑞华,唐光良,刘卫平,等. 广州地区风化壳特征及其对城市建设的影响[J]. 中国地质灾害与防治学报,2007,18(3):121-126.
[497] 陈伟光,赵红梅,常郁. 广州地区活动断裂的特征及其与工程抗震的关系[J]. 华南地震,2000,20:47-52.
[498] 林思蔚. 广州构造地质研究与建筑[J]. 地下工程与隧道,2011,4:31-37.

[499] 王忠忠,刘华. 广州南部地区水文地质特征及含水层结构分析[J]. 地下水,2011,4:79 82.
[500] 林碧华,马晓轩. 广州市区地基工程地质分类及其对高层建筑的适宜性[J]. 地质灾害与环境保护,1996,1:77-84.
[501] 陈小云. 广州市突发性地质灾害基本特征及成因分析[J]. 资源环境与工程,2009,6:830-834.
[502] 陈穗,杨成奎,陈立根. 浅谈广州城市地质环境与建筑工程的关系[J]. 国土资源导刊,2006,6:54-58.
[503] 肖文,蒋祖浩. 从环境岩土工程问题看广州的城市建设[J]. 广东工业大学学报,2003,3:80-82.
[504] 刘成军. 广州地铁5号线主要工程地质问题及其处理措施[J]. 城市轨道交通,2006,7:37-40.
[505] 张定邦,李慈. 广州地铁二号线工程地质分层特征[J]. 广东水电科技,1996,3:21-24.
[506] 刘尚仁. 广东的红层岩溶及其机制[J]. 中国若溶,1994,13:395-401.
[507] 刘尚仁,黄瑞红. 广东红层岩溶地貌与丹霞地貌[J]. 中国若溶,1991,3:,183-189.
[508] 栾茂田,罗锦添,李焯芬,等. 不排水条件下全风化花岗岩残积土工程特性与本构模型[J]. 大连理工大学学报,2000,1:83-87.
[509] 戴继,高广运,水伟厚,等. 对花岗岩残积土变形模量的分析研究[J]. 建筑结构学报,2008,5:135-142.
[510] 吴能森. 花岗岩残积土的崩解性及软化损伤参数研究[J]. 河北建筑科技学院学报,2006,3:58-64.
[511] 聂晓东. 花岗岩残积土地基的加固试验[J]. 科技资讯,20008,20:246.
[512] 单华喆. 浅谈地铁工程中基底花岗岩残积土的预处理[J]. 广东土木与建筑,2008,1:49-50.
[513] 许碧铨. 浅析花岗岩残积土的化学成分特征及其工程性质[J]. 福建地质,2003,3:270-275.
[514] 王光栋,孙霞,王忠民,等. 日照市区花岗岩残积土工程地质特性研究[J]. 山东国土资源,2009,9:29-35.
[515] 蔡文鹤. 残积土层中的孤石与强风化带中球状风化残留体的判别方法及利用[J]. 城建建材,2007,1:51-54.
[516] 李熙福. 冲击钻机钻孔遇孤石的处理方法[J]. 广东土木与建筑,2011,2:47-51.
[517] 李玉春. 盾构法隧道球状风化孤石处理关键技术[J]. 中国科技信息,2009,23:75-76.
[518] 古力. 盾构机破碎孤石条件及预处理方法[J]. 隧道建设,2006,2:12-15.
[519] 冯涛,吴光,王华,等. 广东花岗岩地段球状风化地下分布特征分析[J]. 铁道建筑,2007,1:104-106.
[520] 陈利杰. 含孤石软弱围岩浅埋隧道施工方法[J]. 隧道建设,2009,4:455-464.
[521] 李政,林本海. 花岗岩孤石区管桩复合地基的应用[J]. 广州建筑,2012,1:14-18.
[522] 邓志华. 花岗岩球状风化地质条件下钻孔桩施工与检测[J]. 施工技术,2008,1:27-30.
[523] 李建强,冯涛,何平. 花岗岩球状风化综合勘察技术研究[J]. 铁道建筑,2008,10:73-78.
[524] 李建强,冯涛. 球状风化花岗岩工程特性综合分析方法的探讨[J]. 西部探矿工程,2006,12:139-141.
[525] 王凯. 桩基施工中孤石处理方法[J]. 桥梁隧道,2011,11:204-207.
[526] 杨兴富,梅英宝,郑世兴,等. 地铁穿越房屋桩基的可行性分析及监测[J]. 建筑施工,2006,28:412-416.
[527] 王孟弯. 模糊分析方法及时序分析模型在变形监测中应用[D]. 西南交通大学研究生学位论文,2009.
[528] 徐万鹏. 微空间高精度变形监测研究[D]. 成都:西南交通大学,2002.
[529] 郭奕清. 振弦式传感器在桩基托换施工监测中的应用[J]. 现代城市轨道交通,2007,6:61-63.

[530] 李术希. 地铁盾构井的变形监测与施工控制方法[J]. 长沙铁道学院学报,2007,1:215-216.
[531] 马利华, 魏晓玉, 何於琏. 盾构掘进机土压舱和刀具工作状况监测的方案设计[J]. 郑州轻工业学院学报,2009,24(2):91-94.
[532] 赵宝虎,王燕群,岳澄,等. 盾构始发过程反力架应力监测与安全评价[J]. 工程力学,2009,9:105-110.
[533] 赵运臣. 广州地铁二号线某区间盾构工程地表沉降监测[J]. 西部探矿工程,2002,3:70-75.
[534] 蔡佳骏. 联拱隧道结构稳定性分析及施工监控监测技术研究[D].武汉:武汉理工大学,2005.
[535] 杨虎荣,柯在田,邓安雄. 大轴力桩基托换监测分析[J]. 中国铁道科学,2004,3:44-52.
[536] 安关峰,宋二祥,高俊岳. 广州地铁小谷围岛站基坑支护设计与监测分析[J]. 岩土力学,2006,2:317-321.
[537] 孙振川. 城市地铁盾构法隧道软土地段端头地层加固技术[J]. 西部探矿工程,2003,10:81-86.
[538] 周龙翔,童华炜,王梦恕,等. 广州软土的工程特性及地基处理方法的对比研究[J]. 北京交通大学学报,2006,1:17-22.
[539] J HE,W J VLASBLOM,卓永军. 泥膜对软土泥水盾构隧道施工的影响[J]. 科技资讯,2007,4:84-86.
[540] 秦汉礼. 软弱地层盾构始发施工技术[J]. 隧道建设,2006,26:15-22.
[541] 杨永平,周顺华,庄丽. 软土地区地铁盾构区间隧道近接桩基数值分析[J]. 地下空间与工程学报,2006,4(2):561-564.
[542] 孙宇坤,吴为义,张土乔. 软土地区盾构隧道穿越地下管线引起的管线沉降分析[J]. 中国铁道科学,2009,1:80-85.
[543] 白云,汤竞. 软土地下工程的风险管理[J]. 地下空间与工程学报,2006,1:21-25.
[544] 董鹏,周健. 软土地下建筑物的地震响应及动力可靠性分析[J]. 防灾减灾工程学报,2003,1:21-26.
[545] 胡承军. 软土基坑坑外加固对基坑变形的影响分析[J]. 建筑技术,2009,2:136-140.
[546] 吴波,刘维宁,索晓明,等. 城市地铁施工近邻短桩桥基加固效果研究[J]. 土木工程学报,2006,7:99-104.
[547] 付润生. 顶承静压桩式托换在地基加固和建筑物纠偏中的应用[J]. 工业建筑,2006,36:829-836.
[548] 王小忠. 盾构掘进中地面塌陷加固技术[J]. 工程实践,2006,3:45-52.
[549] LOGANATHAN N, POULOS H G. Analytical Prediction for Tunneling-Induced Ground Movements in Clays [J]. Journal of Geotechnical and Geoenvironmental Engineering, 1998, 124 (9): 846-856.
[550] PARK K H. Analytical Solution for Tunnelling-Induced Ground Movement in Clays [J]. Tunnelling and Underground Space Technology, 2005, 20 (3): 249-261.
[551] 魏余广,张爱新. 高压旋喷注浆法在建筑物桩基托换加固中的应用[J]. 地球科学与环境学报,2006,28(3):66-69.
[552] 冯卫星,韩文忠,丁维利. 广州地铁三号线大-沥盾构区间桩基加固处理[J]. 岩土力学,2004,3:486-489.
[553] 黄彪. 广州地铁五号线大沙地站基底加固处理[J]. 中国科技信息,2007,11:51-52.
[554] 黄志刚. 静压桩托换基础技术在加固危房中的应用[J]. 山西建筑,2007,2:132-134.
[555] 钟小春. 南京某车站盾构端头井加固方案及辅助措施[J]. 山西建筑,2009,36:147-152.
[556] 陈可帅. 微型灌注桩托换技术在地基基础加固工程中的应用[J]. 福建建设科技,2006,2:20-21.
[557] 何晖,赵敏,韩永强,等. 微型静压桩托换技术在建筑物加固中的应用[J]. 西安工业学院学报,2004,3:284-286.

[558] 王庆国,孙玉永. 旋喷桩加固对控制盾构下穿铁路变形数值分析[J]. 地下空间与工程学报,2008,5:860-862.
[559] 高成梁,梁小强. 旋喷桩在盾构法隧道端头井洞口土体加固工程中的应用[J]. 探矿工程,2009,12:69 -76.
[560] 陈国政,陈守安. 柱基加固顶升纠偏复位工程实践[J]. 勘察科学技术,2007,2:34-38.
[561] 李登华. 桩基加固及托换工程施工技术[J]. 铁道建筑,2002,12:21-24.
[562] 路刚. 地铁建设中桩基托换技术应用研究[D]. 天津:天津大学,2007.
[563] 毕经东. 地铁施工中的桩基托换技术研究[D]. 石家庄:石家庄铁道大学,2007.
[564] 张继清. 北京地铁 5 号线蒲—天区间的桩基托换施工设计[J]. 现代城市轨道交通,2004,2:35-36.
[565] 赵俊中,宋玲坤,余建军,等. 北京地铁 10 号线穿越稻香园桥桩桩基托换施工技术[J]. 铁道标准设计,2008,12:124-130.
[566] 黄欣. 北京地铁 10 号线黄庄站—科南路站桩基托换施工技术[J]. 铁道标准设计,2009,9:71-74.
[567] 孔斌. 城市地铁地下主动桩基托换施工技术[J]. 科技资讯,2008,21:41.
[568] 涂强. 大轴力桩基托换变形控制值确定[J]. 铁道工程学报,2008,2:26-32.
[569] 赵有明,柯在田,张澍曾. 大轴力桩基托换技术研究[J]. 现代城市轨道交通,2004,3:31-36.
[570] 高俊合,张澍曾,柯在田,等. 大轴力桩基托换梁—柱接头模型试验[J]. 土木工程学报,2004,9:69-72.
[571] 刘胜利,周大举,游杰. 地铁盾构区间桩基托换设计与施工[J]. 山西建筑,2009,35(21):112-113.
[572] 冯永耀,于军. 地铁工程中超大荷载主动桩基托换的实施[J]. 广东土木与建筑,2004,11:18-20.
[573] 杨俊泉. 地下铁道桩基托换及其微振动控制爆破施工技术[J]. 山东建筑工程学院学报,2006,1:86-89.
[574] 杨俊泉. 地下铁道桩基托换及微振动控制爆破施工技术[J]. 铁道建筑,2006,5:45-49.
[575] 刘海刚. 顶承静压桩托换施工技术[J]. 探矿工程,1998,6:13-19.
[576] 刘启峰. 洞内托换施工在地铁设计的应用[J]. 隧道建设,2009,3:295-299.
[577] 柯书梅. 钢管桩基础托换技术在地铁的应用[J]. 岩土工程界,2007,11:42-46.
[578] 韦廷彦. 高层建筑物桩基托换的受力分析与接头强度试验[J]. 石家庄铁道学院学报,2004,3:84-89.
[579] 关锦生. 广佛地铁朝桂区间桩基托换工程方案设计[J]. 建材与装饰,2008,6:293-297.
[580] 陈建桦. 广州地铁 5 号线珠猎区间桩基托换技术研究[J]. 施工技术,2008,37:140-142.
[581] 李小波,李国雄. 广州地铁楼房桩基托换工程技术总结[J]. 广东土木与建筑,1999,3:61-65.
[582] 桂林. 广州地铁三号线某区间桩基托换施工技术[J]. 市政技术,2005,3:154-158.
[583] 张原,黄小许,李国雄,等. 广州地铁一号线楼房桩基托换工程施工[J]. 施工技术,1998,9:5-9.
[584] 张海舟. 广州地铁一号线桩基托换施工技术[J]. 铁道建筑技术,2004,4:31-35.
[585] 李松柏,方理刚. 广州美术学院 030 号楼桩基托换有限元分析[J]. 山西建筑,2004,19:71-72.
[586] 李冬梅,仇文革. 基于深圳地铁一号线国大段特大轴力桩基托换的风险管理[J]. 隧道建设,2007,8:582-585.
[587] 吕剑英,薛煌. 利用地下导洞实现桩基托换的设计方法[J]. 现代隧道技术,2007,1:27-31.
[588] 刘国彬,蒋锋平. 锚杆静压桩桩基托换机理探讨[J]. 施工技术,2004,1:12-15.
[589] 杨小勇. 某隧道桩基托换分析[J]. 科技信息,2007,13:98-99.
[590] 周志伟. 深圳地铁大轴力桩基托换技术[J]. 隧道建设,2003,4:39-42.
[591] 柯在田,高岩,张澍曾. 深圳地铁大轴力桩基托换模型试验研究[J]. 中国铁道科学,2003,5:

15-19.
[592] 吴胜文,杨明举,郑成宇,等. 深圳地铁邻桩施工及桩基托换数值分析[J]. 东北水利水电,2001,8:10-15.
[593] 杨明举,刘波. 深圳地铁施工及桩基托换技术的数值分析[J]. 特种结构,2001,4:47-49.
[594] 范磊,武艳霞. 深圳地铁一期皇岗站桩基托换[J]. 山西建筑,2003,1:48-52.
[595] 石坚,王希玲. 石灰桩基础托换处理湿陷事故实例分析[J]. 西安科技学院学报,2006,2:122-124.
[596] 刘建国,朱成杰. 托换技术及其在深圳地铁的应用[J]. 西部探矿工程,2002,1:97-99.
[597] 王世君. 微型钢管灌注桩在房屋基础托换工程中的应用[J]. 甘肃科技,2006,1:40-42.
[598] 孙海. 一种新型预应力托换节点的试验研究[J]. 工业建筑,2003,12:61-63.
[599] 李铁强,吴蕴,余楠. 一种新型预应力托换结点的试验研究[J]. 四川建筑科学研究,2003,3:54-56.
[600] 陈国政,赵来顺,陈守平. 预压桩托换法和建筑物的顶升纠偏[J]. 土工基础,2003,4:29-32.
[601] 宫海光. 运营地铁下双套拱托4桩桩基托换技术[J]. 石家庄铁道学院学报,2006,19:43-46.
[602] 张文强. 重叠隧道施工对桩基托换区的沉降影响分析[J]. 隧道建设,2006,1:56-59.
[603] 焦增现,曹正喜,李治国. 重叠隧道施工中大轴力桩基主动托换技术[J]. 隧道建设,2006,6:41-44.
[604] 贾强,张鑫,应惠清. 桩基础托换开发地下空间不均匀沉降的数值分析[J]. 岩土力学,2009,11:3500-3505.
[605] 熊小刚,江见鲸. 桩基托换对上部结构影响的非线性有限元分析[J]. 特种结构,2003,1:8-10.
[606] 崔天麟,董新平. 桩基托换工程中桩基刚度计算方法探讨[J]. 隧道建设,2003,3:1-5.
[607] 杨哲峰. 桩基托换技术在广州地铁工程中的应用[J]. 铁道建筑,2004,7:50-52.
[608] 王世君. 桩基托换技术在广州地铁三号线工程中的应用[J]. 施工技术,2006,6:49-53.
[609] 孙伟辉. 桩基托换施工技术及其在深圳地铁中的应用[J]. 建材与装饰,2007,7:188-192.
[610] 李照星,卢耀荣,孙宁. 桩基托换抬梁时钢轨受力计算分析[J]. 现代城市轨道交通,2008,1:25-27.
[611] 乔晓锋. 桩基托换在盾构施工中的应用[J]. 广东建材,2006,6:57-60.
[612] 殷红伟,黄志军,董建刚. 桩基托换在广州地铁三号线中的应用[J]. 山西建筑,2005,12:93-94.
[613] 卜建清,孙宁,柯在田. 桩基主动托换技术进展[J]. 铁道建筑,2009,4:73-76.
[614] 桂林. 钻孔嵌岩微型钢管灌注桩在桩基托换工程中的应用[J]. 土工基础,2005,4:2004-2005.
[615] 邓家喜. 广西典型岩溶发育区路基基底勘察及处治技术的研究[D]. 南宁:广西大学,2006.
[616] 桂林. 广州地铁五号线岩溶地区盾构隧道工程技术研究[J]. 桂林工学院学报,2008,3:324-327.
[617] 谢琪. 广州地铁在岩溶地区溶洞治理方案的实施与探讨[J]. 工程建设与管理,2004,7:153-154.
[618] 陈晓东,韩健庄. 某矿山岩溶地面塌陷成因分析[J]. 采矿技术,2009,3:61-63.
[619] 喻小勇. 浅析某越江隧道工程岩溶的处理措施[J]. 山西建筑,2009,11:290-292.
[620] 徐正宣. 深圳地铁3号线工程岩溶洞穴勘察及病害处理技术研究[D]. 成都:西南交通大学,2008.
[621] 袁道先. 碳循环与全球岩溶[J]. 第四纪研究,1993,1:1-6.
[622] 王琪. 岩溶地层隧道施工技术体会[J]. 西部探矿工程,2009,2:134-136.
[623] 杨育僧,吴昊,许建飞,等. 岩溶地层中的盾构隧道施工[J]. 铁道工程学报,2007,7:56-59.
[624] 林培源. 岩溶地基的病害与灌浆(旋喷)处理[J]. 岩石力学与工程学报,1986,6:57-63.
[625] 史宗社. 岩溶地区土洞的发育机制及治理[J]. 西部探矿工程,2001,6:5-6.
[626] 李焯均,陈建平. 岩溶发育机理研究在隧道岩溶超前预报中的应用[J]. 隧道建设,2009,4:427-431.

[627] 朱鹏飞. 宜万铁路岩溶隧道风险管理[J]. 中国工程科学,2009,12:20-24.
[628] 张宝民,刘静江. 中国岩溶储集层分类与特征及相关的理论问题[J]. 石油勘探与开发,2009,1:12-16.
[629] 李文波,李桂来,吴春远. 隧洞施工污水处理技术[J]. 西部探矿工程,2005,11:115-119.
[630] 崔学忠,陈强. 小半径、大纵坡、浅覆土立交盾构隧道的施工对策[J]. 四川建筑,2008,1:199-201.
[631] 郑世加,王飞,郑余朝. 小半径曲线盾构地段的纵向结构分析[J]. 四川建筑,2007,1:96-98.
[632] 王岩,钱新,矫伟刚. 盾构小半径曲线下穿特级风险源施工难点及对策[J]. 铁道标准设计,2010,7:99-103.
[633] 黄雪梅,钱新. 小半径盾构隧道下穿多轨道铁路风险源的研究[J]. 隧道与地下工程,2010,3:115-119.
[634] 叶雅图,王世君,王琪. 小半径上下重叠地铁盾构隧道设计与施工[J]. 地下空间与工程学报,2008,4:696-701.
[635] 郑鸷能. 盾构区间施工小半径急曲线段施工工艺探讨[J]. 四川建材,2008,3:187-189.
[636] 吴远忠. 盾构中折装置在小半径转弯施工中的应用[J]. 建筑施工,2005,7:34-36.
[637] 刘建卫. 华东地区盾构小半径曲线施工技术研究[J]. 铁道标准设计,2010,3:101-104.
[638] 刘建卫,孟江锋. 无锡轨道交通盾构小半径曲线施工技术[J]. 施工技术,2010,5:9-13.
[639] 李海. 小半径曲线地铁隧道盾构法掘进技术[J]. 铁道建筑技术,2009,9:99-112.
[640] 陈强. 小半径曲线地铁隧道盾构施工技术[J]. 隧道建设,2009,4:446-450.
[641] 李翔. 小半径曲线盾构掘进时管片破损分析[J]. 现代城市轨道交通,2006,6:47-48.
[642] 王亚林. SMW 工法及其在地铁工程中的应用[J]. 四川建筑,2006,3:159-160.
[643] 郑石. 多种围护结构形式在万胜围站的灵活运用[J]. 山西建筑,2006,13:95-97.
[644] 阮国勇. 某地铁车站半盖挖法设计研究[J]. 隧道建设,2011,6:693-697.
[645] 彭社琴. 超深基坑支护结构与土相互作用研究[D]. 成都:成都理工大学,2009.
[646] 孟维军. 地铁车站地下连续墙处理技术研究及其应用[D]. 哈尔滨:哈尔滨工程大学,2007.
[647] 肖华. 地铁深基坑施工事故原因分析及对策[J]. 建筑与工程,2008,7:98-104.
[648] 刘浩,孟江锋. 非饱和土深基坑变形机理研究[D]. 天津:河北工业大学,2007.
[649] 黎科. 深基坑开挖对邻近桥桩的影响研究[D]. 天津:天津大学,2007.
[650] 司玲. 深基坑内支撑支护结构上的土压力分布研究[D]. 杭州:浙江工业大学,2009.
[651] 腾春生. 深基坑支护技术在工程中的应用[D]. 哈尔滨:哈尔滨工程大学,2008.
[652] 孙巍. 深基坑支护设计的分析与研究[D]. 合肥:合肥工业大学,2008.
[653] 李晓芳. 深基坑支护施工技术的研究与应用[D]. 天津:天津大学,2008.
[654] 雷立争. 深基坑工程施工质量控制要点[J]. 辽宁建材,2006,4:61-64.
[655] 王亚君,周钰龙. 深基坑工程施工中技术要点分析[J]. 中国新技术新产品,2010,10:104.
[656] 李兆鑫. 深基坑施工技术之浅见[J]. 城建建材,2011,8:69-72.
[657] 许杰,安文忠,徐荣强. PDC 钻头钻复合地层技术在旅大油田的应用[J]. 石油钻探技术,2008,1:76-79.
[658] 邓华. 广州地铁纪念堂站溶洞密集区钻孔桩施工技术[J]. 山西建筑,2006,12:131-133.
[659] 胡建华. 广州地铁五号线草淘盾构区间溶洞处理方案[J]. 西部探矿工程,2006 增刊:270-271.
[660] 李惠玲. 广州卫生学校基础溶洞处理实例[J]. 广东科技,2006,10:77-78.
[661] 娄吉宏,于森,胡桂娟. 袖阀管注浆法在广州白云国际机场飞行区溶洞处理工程中的应用[J]. 广西大学学报,2005,1:17-21.
[662] 吴行忠. 关于软土地基深基坑开挖施工技术的探讨[J]. 黑龙江科技信息,2005,12:125.

[663] 张强,邓祎文. 广州软土各向异性在基坑稳定中的应用[J]. 广东建材,2009,3:57-61.
[664] 吴敏宏. 浅谈软土地区基坑工程开挖与支护要点[J]. 价值工程,2005,4:50.
[665] 蒋伟建. 软土地基深基坑施工技术初探[J]. 探索技术,20011,12:71-74.
[666] 刘万兰,鞠丽艳,高文杰. 软土地区基坑施工风险评估准则与方法研究[J]. 岩土工程学报,2010,2:590-597.
[667] 龚友宝,刘佳. 软土地区深基坑变形及加固机理研究[J]. 工程建设与管理,2004,7:262-263.
[668] 王耿. 软土地区深基坑施工技术研究[J]. 中国新技术新产品,2011,20:58.
[669] 潘勇飞,周燕国. 软土基坑变形影响因素及控制措施[J]. 科技向导,2011,32:237.
[670] 黄希强,刘辉东. 断裂与广州地铁建设[J]. 广州建筑,2006,5:25-26.
[671] 郑建生,刘瑞华. 广州地区地下水类型特征及其对城市建设环境的影响[J]. 热带地理,2006,3:264-268.
[672] 彭卫平,容穗红. 广州市水文地质特征分析[J]. 城市勘测,2006,3:59-63.
[673] 雷金山,阳军生,肖武权,刘成军. 广州岩溶塌陷形成条件及主要影响因素[J]. 地质与勘探,2009,4:488-491.
[674] 李孝荣,杨秀权,许燕锋. 土压平衡盾构在地铁施工中的应用[J]. 西部探矿工程,2003,9:81-84.
[675] 李志东. 含水砂层中地下连续墙的施工技术[J]. 佛山科学技术学院学报,2008,1:49-54.
[676] 罗锦华. 广州市郊前进金矿地质特征[J]. 西部探矿工程,2005,10:44-47.
[677] 邓广玉. 广州石灰岩地区土(溶)洞的地质特征、判别标志及灌浆处理的施工技术概述[J]. 科技风,2004,7:115-116.
[678] 刘晓彬. 广州南沙地区地质条件与分布状况分析[J]. 广东土木与建筑,2009,3:43-46.
[679] 桂林. 广州轨道交通五号线盾构施工关键技术[J]. 铁道工程学报,2007,11:76-83.
[680] 张良辉. 广州复合地层中盾构施工技术难点及应对措施[J]. 施工技术,2005,6:21-26.
[681] 吕剑英. 广州地铁越~三区间盾构隧道的设计[J]. 现代隧道技术,2003,6:7-12.
[682] 靳世鹤. 广州地铁硬岩段土压平衡盾构掘进施工的对策[J]. 都市快轨交通,2007,3:64-68.
[683] 竺维彬,鞠世健,钟长平,等. 广州地铁一号线盾构工程[J]. 建筑施工,2000,3:39-41.
[684] 王典. 广州地铁岩土工程勘察的重点和难点[J]. 广州建筑,2006,5:58-64.
[685] 白中仁. 广州地铁修建中的盾构选型[J]. 现代隧道技术,2004,1:10-14.
[686] 桂林. 广州地铁五号线盾构隧道工程施工技术[J]. 施工技术,2008,9:54-57.
[687] 靳世鹤. 广州地铁特殊地质土压平衡盾构施工方法[J]. 都市快轨交通,2009,3:55-56.
[688] 刘晓彬. 广州南沙地区地质条件与分布状况分析[J]. 广东土木与建筑,2009,3:43-46.
[689] 丁志诚,张志勇,白云. 广州地铁隧道施工中的盾构选型及盾构改进应用[J]. 岩石力学与工程学报,2002,12:1820-1823.
[690] 陈丽娜. 广州地铁四号线仑头盾构井基坑支护设计[J]. 广东土木与建筑,2005,5:39-42.
[691] 宫海光. 广州地铁石灰岩地层中的盾构施工技术[J]. 国防交通工程与技术,2007,2:49-52.
[692] 张世琴,张光辉. 广州地铁三号线施工方法[J]. 四川水利,2008,6:41-45.
[693] 黄壮鹏. 广州地铁三号线某区间泥水盾构过村施工技术[J]. 广东土木与建筑,2005,8:43-46.
[694] 肖禅娟. 广州地铁三号线汉溪站结构设计[J]. 广东土木与建筑,2004,7:13-14.
[695] 赵运臣. 广州地铁三号线过南珠江段盾构选型方案浅析[J]. 西部探矿工程,2003,4:10-14.
[696] 杜建华. 广州地铁三号线盾构法穿越珠江施工技术[J]. 铁道建筑,2008,10:41-47.
[697] 冯卫星,韩文忠,丁维利. 广州地铁三号线大—沥盾构区间桩基加固处理[J]. 岩土力学,2004,3:486-489.
[698] 杜建华,沈红云. 广州地铁复杂地质条件下的土压平衡盾构掘进技术研究[J]. 隧道建设,2006,4:

68-72.
[699] 马云新. 广州地铁复合地层中盾构机掘进适应性分析[J]. 山西建筑,2009,6:322-323.
[700] 叶康慨. 广州地铁二号线越—三区间盾构施工刀盘适应性分析[J]. 隧道建设,2002,4:44-46.
[701] 竺维彬,鞠世健,张弥,等. 广州地铁二号线旧盾构穿越珠江的工程难题及对策[J]. 土木工程学报,2004,1:56-58.
[702] 林志,朱合华,于宁,等,张厚美. 广州地铁二号线 EPB 盾构隧道研究综述[J]. 地下空间,2003,4:357-359.
[703] 傅常庆. 广州地铁二八号线延长线盾构小净距平行施工技术[J]. 广东建材,2009,12:43-46.
[704] 王金龙. 广州地铁盾构隧道下穿过街通道桩基础处理[J]. 武汉大学学报,2007,3:61-64.
[705] 欧树召,郑健生,陈立根. 广州地铁地质灾害危险性预测评估[J]. 中国地质灾害与防治学报,2008,1:50-54.
[706] 杨书江. 广州地铁大石—汉溪区间盾构工程施工关键技术[J]. 现代隧道技术,2004,6:37-41.
[707] 何旭升. 广州地铁车—万盾构掘进施工措施[J]. 山西建筑,2007,20:310-311.
[708] 卢明. 广州地铁长寿路站地质参数的选择问题[J]. 路基工程,1997,5:18-22.
[709] 刘洪震,赵运臣. 广州地铁“越—三”区间盾构工程地表沉降原因分析[J]. 隧道建设,2002,1:20-23.
[710] 陈馈. 广州地铁 4 号线小新区间盾构施工技术[J]. 盾构相关技术,2002,4:144-146.
[711] 蒙辉颖. 广州地区饱和砂土液化判定方法研究[J]. 山西建筑,2008,12:134-135.
[712] 方燎原. 广州城市环境地质问题[J]. 地球与环境,2005,33:614-619.
[713] 彭卫平,刘伟. 广州城市地质研究与城市可持续发展[J]. 城市勘测,2005,6:51-56.
[714] 杨宏伟. 复杂分层地质条件下大型地铁竖井的设计与施工[J]. 铁道建筑,2006,9:20-24.
[715] 郭磊. 复合式盾构应用技术分析[J]. 现代隧道技术,2005,6:36-42.
[716] 张良辉,张厚美. 盾构施工新技术在广州地铁工程中的应用[J]. 岩土工程界,2004,12:59-61.
[717] 叶均良. 盾构施工新技术在广州地铁二号线[赤—鹭区间隧道]盾构工程中的应用[J]. 隧道建设,2006,2:33-36.
[718] 杨自华. 地质素描法在广州地铁二号线施工中的应用[J]. 国外建材科技,2004,3:56-58.
[719] 靳世鹤. NFM 盾构机开挖系统在广州地铁中的应用[J]. 都市快轨交通,2007,6:60-63.
[720] 瞿万波. 城市地铁洞桩法施工力学效应研究[D]. 重庆:重庆大学,2009.
[721] 甘百先. 地铁车站盖挖顺作法施工技术研究[D]. 成都:西南交通大学,2003.
[722] 刘清文. 地铁工程防水技术研究[D]. 成都:西南交通大学,2005.
[723] 王绍君. 洞桩法及 CRD 工法地铁施工对地表沉降影响研究[D]. 哈尔滨:哈尔滨工业大学,2007.
[724] 李鹏. 高速公路复杂地层双联拱隧道施工工艺控制与优化[D]. 武汉:中国地质大学,2003.
[725] 孙永刚. 广州地铁三号线客村—大塘盾构区间盾构机掘进技术研究[D]. 成都:西南交通大学,2000.
[726] 安桂香. 哈地铁黑大站逆作与盖挖法评价研究[D]. 哈尔滨:哈尔滨工业大学,2007.
[727] 熊建明,刘波,潘强. 地铁盾构施工泡沫剂改良土体控制渗害的试验研究[J]. 中国安全生产科学技术,2008,1:4-6.
[728] 竺维彬,鞠世健. 盾构施工泥饼(次生岩块)的成因和对策[J]. 地下工程与隧道, 2003,2:33-36.
[729] 张厚美,张良辉,罗劲. 广州地铁 2 号线区间隧道盾构施工引起的地面沉降规律分析[J]. 地球与环境,2005,33:614-619.
[730] B Maidl,M Herrenknecht,L Anheuser. Mechanised Shield Tunnelling[J]. Berlin:Ernst & Sohn,1996:21-22.

[731] Fang Y S, Lin S J. Time & settlement in EPB shield tunneling[J]. Tunnels & tunneling, 25(November 1993), 27-28.

[732]彭强. 岩溶地区地铁站基底处理[J]. 广东水利水电,2011,4:57-59.

[733] 项宝. 浅谈岩溶地区地铁基坑的设计[J]. 广东建材, 2011,2:86-87.

[734] 黄希强. 广州地铁九号线隐伏岩溶工程问题及对策[J]. 广东土木与建筑,2011,6:28-32.

[735] 汤文涛. 浅谈花岗岩明挖基坑降水施工技术[J]. 中国科技信息,2012,12:71-72.

[736] 徐顺明. 地铁土建工程第三方监测管理探讨[J]. 铁道勘察,2008,(1):85-87.

[737] 徐顺明. 地铁矿山法施工隧道监控量测技术与方法[J]. 铁道勘察,2008,(5):7-11.

[738] 竺维彬,张志,陈智辉. 等. 广佛线盾构隧道管片处理中冻结法封水的监测分析[J]. 现代隧道技术,2011,48(1):99-101.

[739] 丁建隆. 王建平. 全断面地铁隧道水平冻结在广州的应用[C]//矿山建设学术会议论文选集,2002:155-161.

[740] 周程. 冻结辅助工法在城市地下工程中的应用[J]. 湖南工业职业技术学院学报,2007,7(4):22-25.

[741] 陈志伟. 基坑围护结构吊脚桩施工处理实例[J]. 广东土木与建筑,2005(6):5-6.

[742] 徐涛,张明强. "吊脚桩"在深基坑支护设计的应用[J]. 武汉勘察设计,2012,3:44-47.

[743] 梁海风. 名盛广场多层地下室工程新技术应用[J]. 广东土木与建筑, 2003,6:58-59.

[744] 马林. 浅谈"土岩二元结构"中各支护形式[J]. 价值工程,2012,9:87.

[745] 曾凡锐. 吊脚连续墙在深基坑围护中的应用[J]. 黑龙江科技信息,2007,7(4):264-265.

[746] 司海峰. 基坑围护结构地下连续墙遇微风化岩施工技术优化研究及应用[J]. 广东土木与建筑,2009,(12):20-22.

跋

POSTSCRIPT

2006年年底，广州市轨道交通已建成开通一、二、三、四号线，累计里程116公里，位居上海之后，历史性地瞬列全国第二位。

广州市轨道交通梦始于20世纪50年代末，限于当期的经济、技术能力，尤其是广州特别复杂的地质条件和施工环境，曾经几上几下、举步维艰；至20世纪90年代初，以黎子流为市长的广州市市政府，用世界眼光考量城市建设，以大无畏的胆略和艰苦奋斗的工作作风，果断启动一号线，拉开了广州市轨道交通建设的序幕。

自一号线开建到2006年年底，广州地铁坚持走“技术创新和管理创新”之路，发扬“第一个吃螃蟹”的精神，诸如建成全国第一条沉管隧道；率先引进、吸收日本和法国当时的最新盾构技术，在复合地层中尝试掘进；全国第一次应用高架节段预制拼装工法；广东第一次应用冷冻工法等。总之，广州地铁率先应用土建工法之多，全国罕见。

创新有风险，尤其在号称“地质博物馆”的广州，从事土建工法的创新蕴藏着更大的风险。有的工法其他城市适用，广州不一定适用。建设者必须勇敢面对挑战，走出去向发达国家学习，请进来指导广州，但实际应用中碰到的困难较理论分析更复杂。

值得欣慰的是，广州地铁没有被困难所吓倒，理论联系实际，几代人呕心沥血，历尽无数艰难困局，勇于面对时而出现的险情，果断采取一系列针对性措施对险情予以控制。之后，及时总结经验尤其是教训，不断提升，继之又指导新线建设。

期间，广州地铁在土建工法方面取得的最大成果是建立了“复合地层盾构施工技术体系”，这一体系的建立不仅仅对广州地铁今后各种复杂地质条件下盾构隧道设计和施工决策有重要的指导意义，而且大大拓宽了盾构技术的地质应用范围，为全国各个领域优质、高效、环保地进行隧道建设开拓了思路，提供了案例和指南。其次，广州率先开放盾构工程承包市场，为全国培养了大批盾构施工队伍及优秀的技术人才。再者，占据全国盾构机市场"半壁江山"的海瑞克公司首先在广州投入巨资，合资合作建厂，为我国盾构产业的发展和盾构机的国产化创造了重要条件。另外，在20世纪90年代还因地质条件复杂或结构断面转换频繁等原因，长期争论"是选用盾构法还是用矿山法"，至今对该问题已达成共识，即能用盾构法就用盾构法。目前，全国正在应用的盾构机超过500台，足以证明广州地铁在此工法创新发展和推广方面做出了卓有成效的贡献。

类同盾构法创新发展的贡献，广州地铁尚有许多工法创新，但一直到2006年年底都没有进行很好的总结，长期分管城市轨道交通建设、亲历几乎所有险情并参与决策的我，亦难免其咎，实为遗憾。遗憾来自两个方面：一方面，随着116公里轨道交通线路的建成开通，积累了"海量"的工程资料尚未深化研究，同时经历许多重要事件的老一代工程技术人员又将退离；另一方面，广州申办亚运会时承诺2010年10月前要建成开通200公里以上线网，必须招收许多新员工加入建设队伍。因此，如何让大批新员工借鉴前人的经验和教训，防止重蹈以往的遗憾，快速成才并进一步创新工法，平安顺利推进城市轨道交通建设，成为我殚精竭虑、刻不容缓的"梦想或宏愿"。

于是，2007年年初，在我还兼任建设事业总部总经理之时，就想任内完成"土建工程工法应用与创新研究"之梦：组织所有土建员工，利用业余时间，加快总结116公里轨道交通线路建设的经验教训，结合新线工程的实践，进一步创新理论和工法，待亚运会轨道交通线路开通236公里之时，将广州的土建工法研究成果公之于世。为广州今后的新一轮大规模建设乃至全国30余座城市的轨道交通建设提供参考，为我国城市轨道交通行业的发展做一点应有的贡献。

"梦想"已起，看似简单，行将极难。

经过近一年的资料搜集、整理、调研、讨论，2007年12月就形成课题提纲（即出版提纲），但随着对资料分析研究的深入，以及亚运新线建设过程中遇到的各类新情况、新难题，越来越感觉到要想把各类工法都总结清楚，确实是一件工程量巨大且非常复杂，甚至是超出作者知识水平而难以完成的任务。但"宏愿"已发，绝不能半途而废，我们放弃无数休息时间，经常通宵达旦的边阅边审边改，历时6年多，克服了一个又一个难题，增删数次，几易其稿，终于在2013年2月完成初稿。

随后，进入详细的审核修改阶段。我们对全书的整体结构、实例材料进行了更为细致的梳理和取舍，对每一张图片、每一个表格都进行了整理和完善，甚至对每一个词的定义都进行了仔细推敲，努力做到逐字、逐句、逐图的斟酌和编排，前后又"修正"了9次。然而世上最怕"认真"两字，未曾想，看的次数越多，可完善的地方就越多，此项工作竟然耗费了大约8个月的时间。

虽经多次认真修改，但我们始终忐忑不安，担心囿于现有的认知水平，精华的东西没有写好，遗漏不少，并且还有错误没有被发现，一直不敢轻易定稿。然而俗话说，丑媳妇终究要见公婆，忐忑之余，我们心里又非常期待本书能尽快付梓，早日得到读者反馈、批评、指正。

阐述二十年奋斗史的广州市轨道交通土建工法创新和应用的研究成果即将“破土而出”。通过这次对广州市轨道交通重要土建工程的重新梳理、分析、总结和反思，我们对土建工法有了更深、更客观的认知和感悟。

所谓土建工法，其对象是岩土，目的是建筑人类具有使用价值的空间和建(构)筑物，是改造自然、造福人类最直接的方法。土建工法与其他工法有很大的差异性。其特点是：①历史继承性：土建工法的历史与人类历史同步，是劳动人民长期改造自然和持续继承发展的结果。②实践性：所有土建工法都要经历不断实践、不断修正、逐渐成熟的道路。③风险性：航天工程可以借用现代技术，准确测控；但地下岩土因预测和勘探技术的局限性，以致存在“看不清，摸不着”的难题，即不可预知性，而且处于“动态的地下水”为地下工程的第一风险元素，这些因素决定了所有土建工法都隐藏着较其他类工法更大的风险性。④艺术和生态性：随着社会发展进步，建(构)筑物的美观性、与自然界的协调性越来越被重视。⑤节能和低碳性：无论是建设过程还是应用过程，都尽可能减少产生 CO_2，避免增加“温室效应”的负荷。⑥耐久性和维修技术：可利用的自然资源越来越少，短命结构、重复建设都将造成资源浪费，听之任之，必将危及人类生存和发展，故今后要用“全寿命周期的概念”考虑耐久性和维修技术。

当代的土建工法除有其自身特点外，像其他工法一样，还需与现代的勘探技术、机电一体化技术、监测技术、风险控制理论、工程地质新理论等紧密结合。因此，土建工法要创新不仅需要着重考虑上述六个方面，还需大胆地吸收各类新技术、新工艺、新设备，如此才能最大限度地将“人在土中，天在看”改变成“机在土中，人在看”的局面，才能进一步将土建工法推陈出新。

最后，我衷心感谢像朱六兵同志一样的百余位同事历时七年为本书的编著出版所付出的不懈努力和心血，更感谢全体建设者为广州市轨道交通2013年年底建成开通260公里线路所做出的无私奉献。希望本书具有一定的实用价值，能指导广州新一轮累计12条线(段)的轨道交通建设，同时也能为国内外其他城市轨道交通建设提供参考与借鉴。真诚地希望各位前辈、同行给予批评指正，促使我们不断进步。让我们共同努力，促进我国的城市轨道交通建设更安全、更顺利、更和谐，城镇化之“梦”更圆满！

竺维彬

于2013年中秋圆月之夜笔记